전자회로

: 핵심 개념부터 응용까지

강문식, 신경욱 지음

한빛아카데미
Hanbit Academy, Inc.

지은이 강문식 mskang@gwnu.ac.kr

연세대학교 공과대학 전자공학과에서 전자공학 학사, 공학 석사, 박사를 취득하고, 미국 펜실베이니아 대학 전기 및 전자공학과에서 Post-Doc Fellow과정을 거쳤다. 퍼듀대학교 전기 및 컴퓨터학과에서 방문연구를 수행하였으며, 또한 일리노이 공과대학 전기 및 컴퓨터공학과에서 Research Associate으로 차세대 이동 네트워크에 관한 연구를 수행하였다. 1993년 이래로 강릉 원주대학교 공과대학 전자공학과 교수로 재직 중이다. 주 관심연구 분야는 차세대(4G) 융합 초고속 네트워크 구조 및 최적화 기술, 무선 네트워크의 QoS 트래픽 제어기법과 그 응용, 이동 멀티미디어 트래픽 모델링과 그 응용 등이다. '마르퀴즈 후즈 후(26th/27th Edition of Marquis Who's Who in the World)' 세계인명사전에 등재되었으며, IBC(International Biographical Center)의 최상위 100대 공학자에 선정되었다.

지은이 신경욱 kwshin@kumoh.ac.kr

한국항공대학교 전자공학과에서 공학사(1984)를 취득, 연세대학교에서 공학석사(1986)와 공학박사(1990)를 취득하였다. 박사 후, 한국전자통신연구원(ETRI) 반도체연구단에서 근무하였으며, 1991년 7월부터 금오공과대학교 교수로 재직하고 있다. 일리노이 주립대학교 전기 및 컴퓨터공학과(1995)와 캘리포니아 주립대학교 전기 및 컴퓨터공학과(2003)에서 방문연구를 수행하였다. 저서로는 『CMOS 집적회로 설계』(2004, 청문각), 『VHDL과 FPGA 실습 기초부터 따라하기』(2010, 아진), 『Verilog HDL을 이용한 디지털 시스템 설계 및 실습』(2013. 카오스북), 『핵심이 보이는 전자회로』(2013, 한빛미디어), 『CMOS 디지털 집적회로 설계』(2014, 한빛아카데미), 번역서로는 『기초 전기회로실험』(2000, 한국맥그로힐) 등이 있다. 주 연구 분야는 반도체 회로설계, 통신 및 신호처리용 SoC 설계, 정보보호 SoC 설계, 반도체 IP 설계 등이다.

전자회로 : 핵심 개념부터 응용까지

초판발행 2013년 07월 18일
7쇄발행 2020년 07월 30일

지은이 강문식, 신경욱 / **펴낸이** 전태호
펴낸곳 한빛아카데미(주) / **주소** 서울시 서대문구 연희로2길 62 한빛아카데미(주) 2층
전화 02-336-7112 / **팩스** 02-336-7199
등록 2013년 1월 14일 제2017-000063호 / **ISBN** 978-89-98756-48-2 93560

책임편집 박현진 / **기획** 김은정 / **편집** 이원휘 / **진행** 김평화
디자인 여동일 / **전산편집** 심용희 / **제작** 박성우, 김정우
영업 이윤형, 길진철, 김태진, 김성삼, 이정훈, 임현기, 이성훈, 김주성 / **영업기획** 김호철, 주희

이 책에 대한 의견이나 오탈자 및 잘못된 내용에 대한 수정 정보는 아래 이메일로 알려주십시오.
잘못된 책은 구입하신 서점에서 교환해 드립니다. 책값은 뒤표지에 표시되어 있습니다.

홈페이지 www.hanbit.co.kr / 이메일 question@hanbit.co.kr

원리를 알면 IT가 맛있다

IT COOKBOOK

1시간 강의를 위해 3시간을 준비하는 마음!

:: 군더더기 없는 핵심 원리 + 말랑말랑 쉬운 컨텐츠

핵심 원리 하나만 제대로 알면 열 가지 상황도 해결할 수 있습니다.
친절한 설명과 명확한 기승전결식 내용 전개로 학습 의욕을 배가시켜줍니다.

:: 핵심 원리 → 풍부한 예제와 연습문제 → 프로젝트로 이어지는 계단 학습법

기본 원리를 다져주는 예제, 본문에서 배운 내용을 촘촘하게 점검해 볼 수 있는 연습문제,
현장에서 바로 응용할 수 있는 프로젝트를 단계별로 구성해 학습의 완성도를 높였습니다.

:: 학습욕구를 높여주는 현장 이야기가 담긴 IT 교과서

필드 어드바이저의 인터뷰와 주옥 같은 현업 이야기를 담았습니다.
강의실 밖 현장의 요구를 접하는 기회를 제공하고,
학생들 스스로 필요한 공부를 할 수 있도록 방향을 제시합니다.

>>

저자 머리말

Preface

전자회로 해석과 설계의 근간이 되는 기본 개념과 회로 해석의 통찰력 제시

오늘날 전자공학은 TV, DVD 플레이어, 냉장고, 오디오 등의 가전기기와 MP3 플레이어, PMP, 디지털 카메라 등의 휴대형 멀티미디어 기기 그리고 휴대폰, 컴퓨터, 인터넷 등의 IT 분야에서 산업기기, 의료, 국방, 우주 탐사에 이르기까지 수없이 많은 응용 분야와 밀접하게 관련된다. 전자회로는 이러한 시스템들의 내부에 필수적으로 포함되며, 전자회로의 발전은 전자공학의 발전과 직결된다고 해도 과언이 아니다. 20세기 들어 지속적으로 발전하던 전자공학은 1947년 트랜지스터라는 소자의 발명과 1958년 잭 킬비(Jack Kilby)에 의해 집적회로(Integrated Circuit ; IC)가 개발된 이후, 엄청난 속도로 발전을 거듭해오고 있다.

전자회로는 전자 · 전기 · 정보 통신공학 관련 학과의 학생들이 필수적으로 이수하는 교과목으로서 아날로그 및 디지털 집적회로, 전력전자회로, RF 회로, 제어 시스템 등 다양한 분야의 기초가 된다. 이 책은 학부 수업을 위한 기본 교재로 사용할 수 있도록 집필하였으며, 전자회로에 대한 기본 이론과 회로 해석법 및 설계의 개념을 명확하게 이해하도록 심혈을 기울였다. 핵심 개념을 쉽게 이해할 수 있도록 자세한 설명과 함께 예제와 확인 문제를 제시하였고, 또한 필요에 따라 컴퓨터 시뮬레이션 결과를 비교해 이해도를 높였다. 각 장마다 학습목표와 학습요약, 연습문제 등을 두어 스스로 공부하고 학습내용을 점검할 수 있도록 구성하였으며, 응용회로 해석과 설계과제를 제시하여 학생 스스로 응용능력을 키울 수 있도록 하였다.

학부 과정 학생이 필수적으로 알아야 할 핵심적인 내용만을 간추려 총 12장으로 구성하였으며, 기본적으로 두 학기에 강의하는 것을 권장하나 필요에 따라 한 학기에 강의할 수도 있다. 각 장의 주요 내용은 다음과 같다.

▶ 1장에서는 이 책의 내용을 학습하는 데 꼭 알아야할 기초개념과 회로이론 관련 기본 지식을 간략히 요약하였다.

- ▶ 2장에서는 전자회로를 구성하는 반도체 소자 중 하나인 PN 접합 다이오드에 대해 설명하였다. 반도체 물질의 물리적 특성에 대한 개략적인 소개와 함께 PN 접합의 구조와 바이어스의 개념에 대해 설명하였다. PN 접합 다이오드의 DC 해석과 등가모델 그리고 소신호 등가모델 등 다이오드 응용회로 해석에 있어서 매우 중요한 내용을 다루었다. 또한 제너 다이오드의 특성과 응용회로에 대해서도 설명하였다.
- ▶ 3장과 4장에서는 두 개의 PN 접합을 갖는 바이폴라 접합 트랜지스터(Bipolar Junction Transistor; BJT)와 BJT 증폭기(amplifier)에 대하여 기술하였다. BJT의 기본구조와 전류-전압 특성, 그리고 DC 해석과 등가모델에 대하여 상세히 설명하였고 CE, CC, CB 등 BJT 증폭기(amplifier)의 기본 구조와 동작 특성에 대하여 구체적으로 설명하였다.
- ▶ 5장과 6장에서는 전계효과 트랜지스터(FET: Field Effect Transistor)와 MOSFET 증폭기를 소개하였다. MOSFET를 중심으로 기본구조와 동작특성을 설명하였고, 소신호 모델을 이용한 해석법을 비중있게 다루었다.
- ▶ 7장에서는 연산 증폭기, 오디오 증폭기 등 많은 종류의 아날로그 IC들을 구성하는 차동 증폭기(differential amplifier)와 다단 증폭기의 구조와 특성, 능동부하(active load), 그리고 다양한 형태의 정전류원 회로 등을 설명하였다.
- ▶ 8장에서는 증폭기 회로를 구성하는 결합(coupling) 커패시터와 부하 커패시터, 그리고 트랜지스터 내부의 기생 정전용량 성분들에 의해 나타나는 주파수 응답 특성을 설명한다. 증폭기의 대역폭(bandwidth)에 관련된 기본 개념과 파라미터들을 설명하고, 대역폭에 영향을 미치는 요인, 대역폭을 개선하기 위한 회로 구조 등에 대해 설명하였다.
- ▶ 9장에서는 부귀환(negative feedback)의 개념을 체계적으로 정리하고, 부귀환 증폭기가 갖는 여러 가지 특성을 살펴본다. 또한 부귀환 증폭기를 4가지 형태로 구분하여 구조를 이해하고, 해석방법을 상세히 설명한다. 부귀환 증폭기의 안정도 판별과 주파수 보상 방법에 관한 내용을 설명하며, 이를 잘 이해하기 위해서는 7장에서 설명된 주파수 응답특성에 대한 충분한 이해가 필요하다.
- ▶ 10장에서는 큰 진폭의 신호를 부하에 공급하기 위한 전력 증폭기(power amplifier)의 바이어스 방법과 회로 구조 그리고, 바이어스 방법에 따른 증폭기의 전력변환 효율에 대해 설명한다. 또한 증폭기에 사용되는 트랜지스터 소자의 정격전력, 안전동작영역, 방열대책 등에 대해서도 설명하였다.
- ▶ 11장에서는 연산 증폭기(operational amplifier)란 무엇인지, 어떤 기능과 특성 파라미터를 갖는지, 그리고 어떤 응용회로에 사용되는지를 설명한다. 연산 증폭기 회로의 해석과 설계에 기본이 되는 가상접지와 가상단락 등 중요한 개념들에 대해 상세히 설명하며, 또한 시판되고 있는 연산 증폭기 IC들의 특성 파라미터와 함께 다양한 응용회로에 대해서도 설명하였다.

▶ 12장에서는 외부의 입력신호 없이 회로 자체의 동작에 의해 특정 주파수의 정현파를 생성하는 발진기 회로, 슈미트 트리거 회로와 555 타이머 IC를 이용한 구형파 및 펄스 발생기 회로 등 다양한 아날로그 응용회로들에 대해 설명한다. 또한 안정화되지 않은 전원전압으로부터 안정화된 DC 전압을 부하에 공급하는 전압 레귤레이터(voltage regulator) 소자와 전원회로에 대해 설명하였다.

각 장의 마지막 절에는 장의 주제와 관련된 응용회로의 해석과 설계과제를 제시하였으며, 이를 통해 각 장의 내용들을 정리하고 종합할 수 있도록 하였다. 학생들 스스로 해석 및 설계과제를 수행해 본다면 전자회로에 대한 이해와 응용력뿐만 아니라 실무능력 향상에도 큰 도움이 되리라 생각한다. 전자회로의 해석과 설계 기법에 대하여 그동안의 강의를 통하여 축적된 경험을 바탕으로, 나름대로는 가능한 쉽고 정확하게 설명하고자 최선의 노력을 다하였다. 혹시 내용 중에 오류가 발견되거나 보완해야 할 부분이 있다면, 저자에게 알려주기 바라며 개정판에 반영하도록 하겠다.

이 책을 만드는 데 도움을 주신 주위의 모든 분들과 부족한 원고를 가다듬어 완성도를 한층 높여주신 한빛아카데미(주) 관계자 여러분께 감사의 마음을 전한다.

아무쪼록 이 책이 여러분에게 전자회로를 이해하는 데 많은 도움이 되었으면 한다.

저자 강문식, 신경욱

교과목 범위표 살펴보기

목표를 세우지 않고 학습할 경우 끈기 있게 학업을 지속하지 못하고 중간에 포기하기 쉽다.
목표를 세우고 그 목표를 향해 전진할 때 현재 학업에 더욱 몰입할 수 있고, 꿈을 이루려는 열정이 강해진다.
전자회로와 관련된 과목을 살펴보고 학습 계획을 세워 보자.

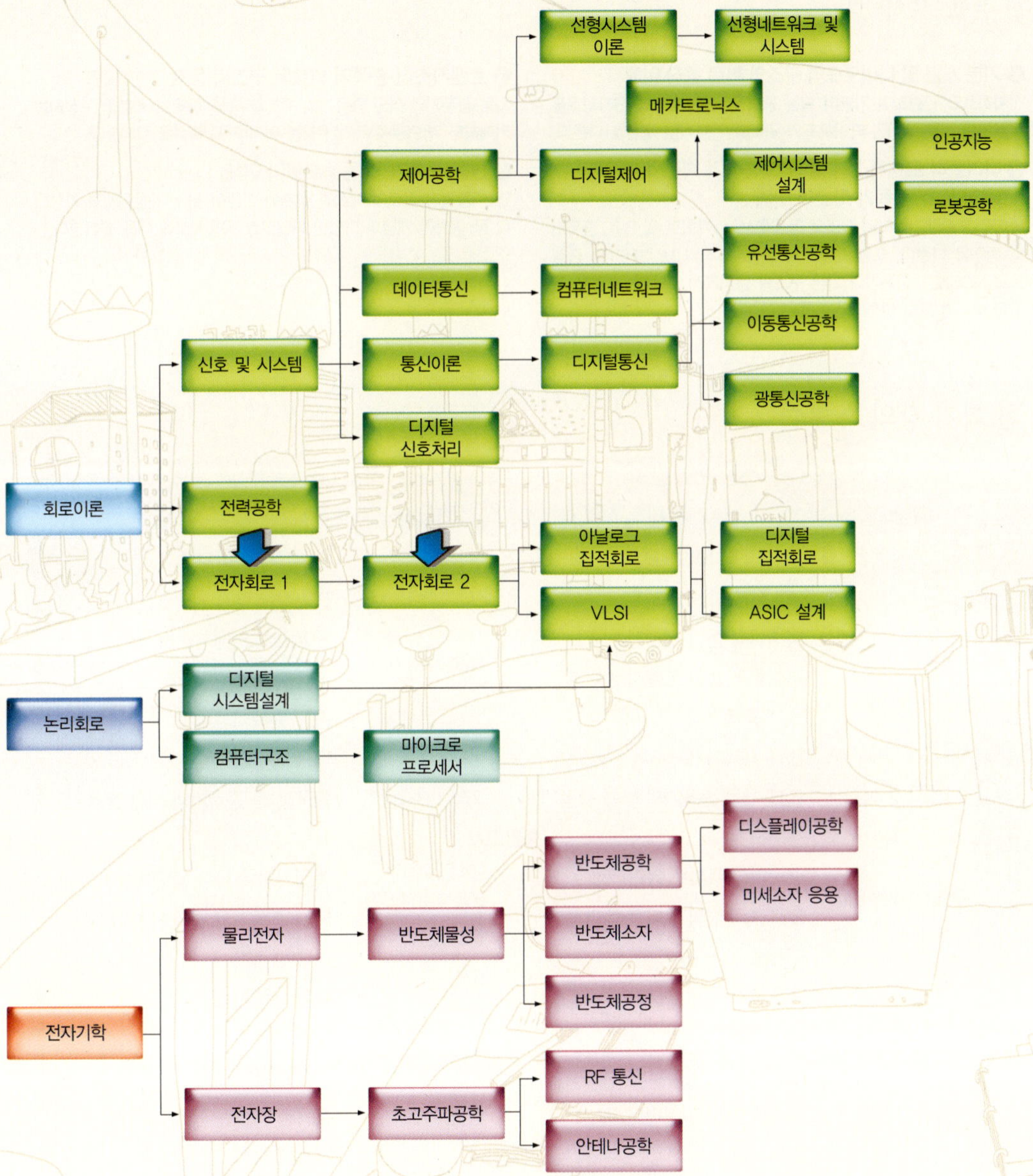

>>

강의 계획

무엇을 배우나?

이 책은 학부생이 꼭 알아야 할 핵심 내용만을 간추렸으며, 명쾌한 설명과 시뮬레이션 결과를 통해 전자회로에 대한 이해력과 응용력을 함께 기르는 데 초점을 두고 있다. 또한 예제와 연습문제를 통해 실무에 직접 적용할 수 있도록 하였다.

❶ 기본 개념 및 다이오드의 구조와 회로 동작 이해(1~2장)
전자회로와 관련하여 기본이 되는 중요한 기초 개념과 전자회로를 구성하는 기본 소자인 다이오드의 구조와 기본적인 특성을 다룬다.

❷ 바이폴라 트랜지스터 및 BJT 증폭기 회로와 FET 및 MOSFET 증폭기 회로의 이해(3~6장)
바이폴라 트랜지스터의 구조와 동작특성, 등가회로 및 BJT 증폭기의 동작을 다룬다. 또한 전계효과 트랜지스터와 MOSFET를 중심으로 MOSFET 증폭기의 기본 구조와 동작특성, 소신호 모델을 이용한 해석법 등을 다룬다.

❸ 트랜지스터 증폭기 회로의 구조와 동작(7~10장)
차동 증폭기와 다단 증폭기의 구조와 특성, 증폭기 회로를 구성하는 커패시터, 부귀환 증폭기가 갖는 여러 가지 특성을 살펴본다.

❹ 연산 증폭기 및 응용회로의 이해(11~12장)
연산 증폭기 회로의 해석과 설계에 기본이 되는 가상접지와 가상단락 등 중요한 개념과 다양한 아날로그 응용회로에 대해 살펴본다.

한 학기 강의 스케줄

	BJT를 중심으로 강의		FET를 중심으로 강의	
주	해당 장	주제	해당 장	주제
1	2장	PN 접합 다이오드 Ⅰ	2장	PN 접합 다이오드 Ⅰ
2		PN 접합 다이오드 Ⅱ		PN 접합 다이오드 Ⅱ
3	3장	바이폴라 접합 트랜지스터 Ⅰ	5장	전계효과 트랜지스터 Ⅰ
4		바이폴라 접합 트랜지스터 Ⅱ		전계효과 트랜지스터 Ⅱ
5	4장	BJT 증폭기 Ⅰ	6장	FET 증폭기 Ⅰ
6		BJT 증폭기 Ⅱ		FET 증폭기 Ⅱ
7	7장 1,2,4절	BJT 차동 증폭기와 다단 증폭기	7장 1,3,4절	FET 차동 증폭기와 다단 증폭기
8	중간고사			
9	8장 1,2,3,5절	증폭기의 주파수 응답특성	8장 1,2,4,5절	증폭기의 주파수 응답특성
10		BJT 증폭기의 주파수 응답특성		FET 증폭기의 주파수 응답특성
11	9장	귀환 증폭기 Ⅰ	9장	귀환 증폭기 Ⅰ
12		귀환 증폭기 Ⅱ		귀환 증폭기 Ⅱ
13	11장	연산 증폭기 Ⅰ	11장	연산 증폭기 Ⅰ
14		연산 증폭기 Ⅱ		연산 증폭기 Ⅱ
15	12장(10장)	응용회로(또는 전력 증폭기)	12장(10장)	응용회로(또는 전력 증폭기)
16	기말고사			

강의 보조 자료

PPT 자료와 연습문제 해답

- 한빛아카데미에서는 교수/강사님들의 효율적인 강의 준비를 위해 온라인과 오프라인으로 강의 보조 자료를 제공합니다.
- 다음 사이트에서 회원으로 가입하신 교수/강사님에게는 교수용 PPT 자료와 연습문제 해답 및 풀이를 제공합니다.
  http://www.hanbit.co.kr
- 온라인에서 자료를 다운받으시려면 교수/강사 회원으로 가입한 후 인증을 거쳐야 합니다.

두 학기 강의 스케줄

	1학기		2학기	
주	해당 장	주제	해당 장	주제
1	2장	PN 접합 다이오드 Ⅰ	8장	증폭기의 주파수 응답특성 Ⅰ
2		PN 접합 다이오드 Ⅱ		증폭기의 주파수 응답특성 Ⅱ
3		PN 접합 다이오드 Ⅲ		증폭기의 주파수 응답특성 Ⅲ
4	3장	바이폴라 접합 트랜지스터 Ⅰ	9장	귀환 증폭기 Ⅰ
5		바이폴라 접합 트랜지스터 Ⅱ		귀환 증폭기 Ⅱ
6	4장	BJT 증폭기 Ⅰ		귀환 증폭기 Ⅲ
7		BJT 증폭기 Ⅱ	10장	전력 증폭기 Ⅰ
8	중간고사			
9	5장	전계효과 트랜지스터 Ⅰ	10장	전력 증폭기 Ⅱ
10		전계효과 트랜지스터 Ⅱ	11장	연산 증폭기 Ⅰ
11	6장	FET 증폭기 Ⅰ		연산 증폭기 Ⅱ
12		FET 증폭기 Ⅱ		연산 증폭기 Ⅲ
13	7장	차동 증폭기와 다단 증폭기 Ⅰ	12장	응용회로 Ⅰ
14		차동 증폭기와 다단 증폭기 Ⅱ		응용회로 Ⅱ
15		차동 증폭기와 다단 증폭기 Ⅲ		응용회로 Ⅲ
16	기말고사			

>> 목차 Contents

Chapter 03 | 바이폴라 접합 트랜지스터

Chapter 04 | 바이폴라 접합 트랜지스터(BJT) 증폭기

>>

목차 Contents

Chapter 07 | 차동 증폭기와 다단 증폭기

>> 목차 Contents

Chapter 08 증폭기의 주파수 응답특성

Chapter 09 귀환 증폭기

>> 목차 Contents

Chapter 12 | 응용회로

Chapter 01

기본 개념

학습목표

- 전자회로의 기본이 되는 중요한 기초 개념과 회로이론을 이해함으로써, 다양하고 복잡한 실제 전자회로에 대한 분석과 설계가 가능하도록 한다.
- 아날로그 신호와 디지털 신호의 개념을 학습하여 전자회로의 동작을 이해한다.
- 수동소자에 대한 기초적인 개념을 이해하고 키르히호프 법칙, 테브냉 등가회로 등과 같은 회로에 관한 기본적인 이론을 활용하여 복잡한 회로에 대한 해석이 가능하도록 한다.
- 주파수 응답과 시간 응답의 개념을 이해한다.

전자회로와 전자공학

전자공학은 20세기 후반, 전기통신 분야에서 진공관이 등장한 이후 비약적인 발전을 이루었다. 오늘날 전자공학은 기초적인 분야에서부터 응용에 이르기까지 광범위한 내용을 포함하고, 일상생활은 물론 의료, 국방, 우주 탐사에 이르기까지 수없이 많은 분야와 밀접하게 관련되어 있다.

초기 전자공학 시스템은 진공관 기술의 발전과 더불어 시작되었다. 그러나 진공관은 수명이 짧을 뿐 아니라, 무겁고 부피가 커서 사용하는 데 한계가 있었다. 이러한 단점을 보완하기 위해 발명된 트랜지스터는 진공관에 비해 훨씬 작고 전력 소비가 적으며 수명도 길기 때문에 진공관을 빠르게 대체하며 널리 쓰이게 되었다. 1960년대에는 많은 트랜지스터들을 단일 칩(chip)으로 집적화하는 기술이 개발되었다. 초기의 집적된 트랜지스터 회로는 소량의 소자만을 포함했지만, 집적회로(IC) 기술이 발전하면서 하나의 칩에 집적되는 소자의 수가 급격하게 증가하였다. 지금의 IC는 반도체 칩 하나에 연산, 논리, 메모리 등 거의 모든 기능을 담고 있다.

전자공학의 성과는 오늘날 일상생활을 크게 변화시켜, 수많은 전자공학 시스템이 생활 속에 친숙하게 들어와 있다. 냉장고, 전자레인지 등과 같은 가전 시스템, 스테레오 오디오와 MP3 플레이어 등의 음향기기, 형광등과 같은 조명기기, 트랜지스터를 이용한 전자시계, 제어장치를 갖춘 디지털 카메라, 휴대폰, 컴퓨터, 인터넷 등이 그 예에 속한다.

이러한 시스템들은 내부에 전자회로를 포함하고 있다. 전자회로의 발전은 곧 전자공학의 발전을 의미한다. 회로기술은 저항, 인덕터, 커패시터 등을 포함하는 회로이론(circuit theory)과 수동소자를 비롯하여 다이오드, 트랜지스터 등과 같은 능동소자(active device)를 함께 포함하는 전자회로(electronic circuit) 기술로 구분할 수 있다.

이번 장에서는 회로이론 및 전자회로에 관한 기본적인 개념을 살펴보고자 한다. 먼저 아날로그 신호와 디지털 신호로 구분하여 신호에 대한 개념, 수동소자의 특성을 설명하고, 이어서 회로해석에 있어서 매우 중요한 키르히호프의 전류 및 전압법칙, 테브냉 등가회로, 노턴 등가회로 등에 대하여 정리한다. 마지막으로 주파수 응답의 개념에 대하여 알아보도록 한다.

1.1 아날로그 신호와 디지털 신호

대부분의 전자회로는 입력과 출력 관계로 설명된다. 적절한 입력 신호가 전자회로에 인가되면 그에 따른 출력신호가 나오도록 설계된다. 그렇다면 신호란 무엇인가? 신호는 시스템의 동작을 일으키는 물리량을 말한다. 전압이나 전류는 전기적인 신호의 대표 예이다. 나아가 신호는 정보(사용자 정보와 제어 정보를 포함)에 대한 표현이 된다. 정보의 전송과정이 실제로는 신호의 변환 및 전송 과정인 셈이므로, 전자회로는 이와 같은 신호를 다루는 물리적인(physical) 시스템이 된다. 신호는 아날로그 신호와 디지털 신호로 구분되는 데 먼저 각 신호의 개념부터 알아보도록 하자.

1.1.1 아날로그 신호

아날로그(analog) 신호는 연속적인 물리량을 나타내는 데 사용된다. 자연에서 얻는 신호는 대개 아날로그 신호이다. 예를 들어 빛의 밝기, 소리의 높낮이나 크기, 바람의 세기 등이다. 아날로그 신호는 전압이나 전류처럼 연속적으로 변화하는 물리량을 표현한다. 사람의 목소리와 같이 연속적으로 변하는 신호도 역시 아날로그 형태이다.

아날로그 신호는 정보와 신호의 관점에서 구분하여 표현할 수 있다. 정보 관점은 음성, 영상 신호 등과 같이 실생활에서 다루는 대부분의 정보 신호의 표현을 말하고, 신호 관점은 시간에 따라 크기와 패턴이 계속해서 바뀌는 전자기파나 정현파(sine wave: 진폭, 주파수, 위상 등의 속성을 가짐) 등과 같이 신호에 대한 표현을 의미한다. 경우에 따라 아날로그 신호란 연속적으로 변화하는 물리량을 이용하여 전류나 전압을 표현하거나 측정한다는 의미를 포함한다는 것에 유의하자.

1.1.2 디지털 신호

디지털(digital) 신호는 이산적(discrete)인 물리량을 나타내는 데 사용된다. 임의의 시간값을 최솟값의 정수배로 표현하고, 그 이외의 값은 취하지 않는다. 예로 디지털 시계를 생각해 보면 시계침이 없다. 연속적으로 시간을 표시하는 것이 아니라 숫자로 시, 분, 초를 구분하여 표시한다. 이처럼 디지털 신호는 데이터를 한 자리씩 개별적으로 구분하여(즉, 이산적으로) 다루는 방식이기 때문에, 조건에 따라서 높은 정확도를 기대할 수 있다.

오늘날 사용하는 대부분의 컴퓨터는 디지털 신호를 다룬다. 즉, 0과 1을 기본단위로 하는 이산적인 물리량으로 각종 연산이 수행되도록 설계된다. 이에 비해 아날로그 시계처럼 데이터를 연속적인 양으로 다루는 컴퓨터를 아날로그 컴퓨터라 하는데, 이는 미분 방정식과 같은 연산 처리에 적합하여 다양한 장치의 제어 시스템 설계 등과 같은 특수한 용도로 이용된다.

디지털 신호도 아날로그 신호와 마찬가지로 정보와 신호의 관점에서 구분하여 나타낼 수 있다. 먼저 정보 측면에서는 문자, 정수, 온/오프(on/off), 0/1(비트), 옥텟(octet, 바이트) 정보에 대한 표현이 있으며, 신호의 관점에서는 불연속적인 신호 변화나, 이진 펄스(binary pulse) 정보 등과 같은 표현이 사용된다.

디지털 신호와 아날로그 신호를 더 비교해보자. 복사를 하는 경우 디지털 신호는 원본과 동일한 복사가 가능하나, 아날로그 신호는 변형을 동반하므로 원본과 차이가 생길 수 있다. 디지털 신호를 전송하게 되면 신호에 대한 간섭이나 데이터의 손실이 발생하지 않지만, 아날로그 신호는 외부 영향에 의한 간섭과 손실이 발생할 수 있다. 디지털 신호는 양자화되기 때문에 편집/수정이 용이하나, 아날로그 신호는 편집이 용이하지 못하다. 디지털 신호는 아날로그 신호에 비해 전달매체의 영향을 더 많이 받는다.

아날로그 신호를 디지털 신호로 바꾸기 위해서는 표본화(sampling), 양자화(quantization), 부호화(coding) 과정이 필요하다. 표본화는 아날로그 신호에서 일정한 구간마다 신호의 값을 선택하는 것을 말한다. 양자화란 표본화에서 선택된 신호의 값을 결정하는 것으로, 표본화된 신호의 크기를 몇 비트의 크기로 표현할 것인가를 결정하는 단계이다. 표본화에서 선택된 각 신호를 8비트(bit)로 표현하면 256가지의 레벨로 크기를 구분할 수 있고 16비트로 표현하면 65,536가지의 레벨로 구분할 수 있다. 표현하는 비트 수가 많을수록 표현은 보다 정확해지나, 이에 따라 필요한 저장 공간이 증가하는 단점이 있다. 부호화를 통해 샘플값은 부호(code)로 변환된다.

디지털 카메라에서 사용되는 전자회로의 예를 살펴보면서, 이를 통해 신호와 전자회로에 대한 개념을 분명히 이해하자.

1.1.3 디지털 신호와 디지털 카메라

디지털 카메라(digital camera)는 오늘날 널리 사용되고 있는 대표적인 전자기기로, 한 예가 [그림 1-1]에 나타나 있다. 기존 아날로그 방식의 카메라는 필름이 있어야 촬영이 가능했다. 따라서 필름을 소지해야 하는 불편함이 있었고, 필름에 따라 찍을 수 있은 사진이 제한됨은 물론, 사진을 보기 위해서는 인화 과정을 거쳐야만 했다. 그러나 디지털 카메라는 이러한 문제점을 대부분 해결하였다. 필름이 없어도 사진을 찍는 것이 가능할 뿐만 아니라, 사진 장수에 대한 제한도 대폭 줄어들었다. 또 사진 촬영 후 곧바로 결과를 확인할 수 있고, 컴퓨터나 휴대기기 등으로 즉시 전송할 수 있다.

[그림 1-1] 디지털 카메라[1)]

그렇다면 디지털 카메라의 내부는 어떤 구조이며, 동작원리는 무엇일까? 디지털 카메라는 빛을 필터로 걸러낸 후 이미지 센서를 통해 전기 신호로 변환하고 아날로그-디지털 변환기(A/D converter)를 통해 아날로그 신호를 디지털 신호로 바꾸어 주는 원리이다. 디지털 신호로 변환된 신호를 다시 몇 단계 처리를 거쳐서 기록 매체에 이미지 파일 형식으로 저장한다. 이러한 동작이 가능하도록 이미지 센서, A/D 변환기, 메모리 등의 전자회로 소자를 포함하는 전자회로가 내장되어 있다. [그림 1-2]는 디지털 카메라의 동작과정을 기능별로 나타낸 그림이다.

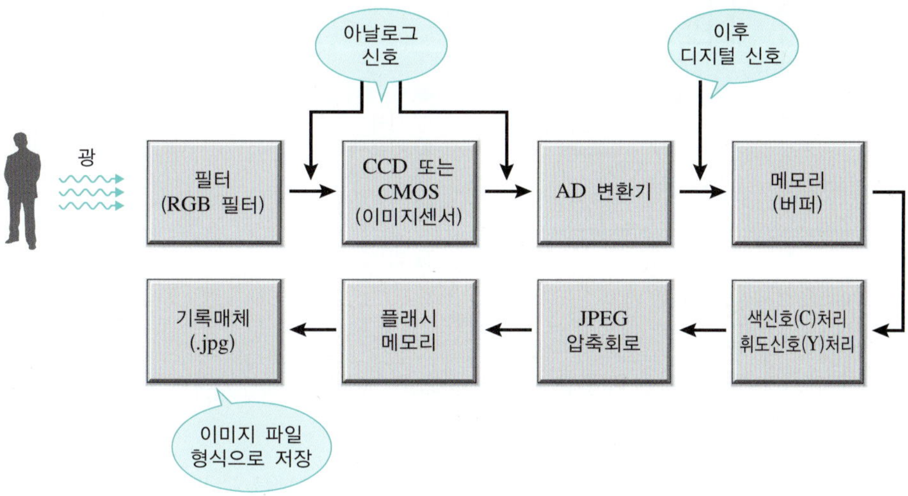

[그림 1-2] 디지털 카메라의 동작과정

우선 빛이 카메라의 '전면부'를 통해 들어오면 배열된 픽셀(pixel: picture element의 약자로 이미지를 나타내는 최소 단위)을 통해 들어온 빛은 전기로 변환된다. 아래의 [그림 1-3]은 빛의 세기에 비례하여 전류를 생성하는 소자인 '광다이오드(photodiode)'를 포함하는 회로를 나타낸 것이다. 광다이오드(그림에서 ❶로 표시)는 빛이 가해지면 다이오드 전류(I_d)를 발생시키는 소자이다. 셔터(❷)를 누르면 광다이오드로부터 발생한 전류 I_d가 흐르게 되고, 커패시터(❸)의 양단에는 전류 변화에 비례하는 크기의 전압이 발생한다. 이 전압은 증폭기(❹)를 거치면서 증폭되고, ❺❻을 거쳐서 행과 열이 선택된다. ❼은 커패시터의 리셋(reset)이 가능하도록 한다. 이처럼 광다이오드로 구성된 각 픽셀마다 빛의 세기에 비례하여 전압이 발생하게 된다.

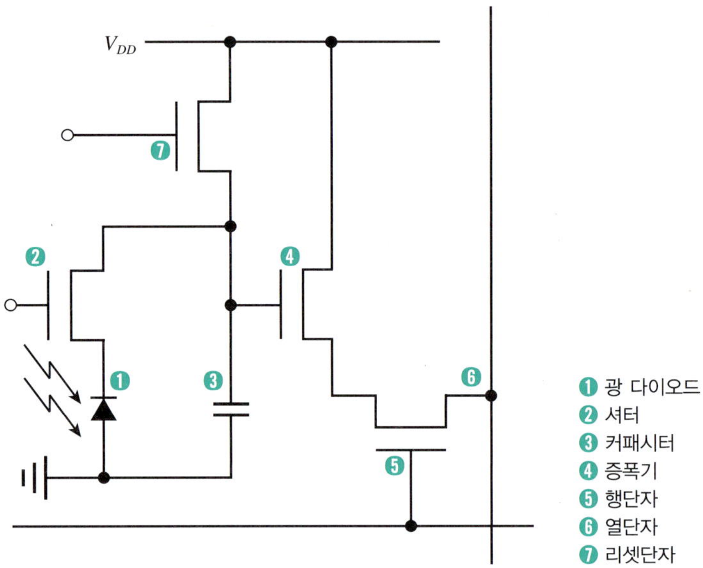

[그림 1-3] CMOS 이미지 센서의 픽셀 회로[2)]

[그림 1-4]는 디지털 카메라의 픽셀 배열을 나타낸 것으로, 수백만 개 이상의 픽셀을 통해 들어온 빛이 전기 신호로 변환된다.

수많은 픽셀들로부터 들어오는 아날로그 형태의 신호는 신호처리 블록에서 A/D 변환기를 거쳐 디지털 신호로 변환된다. 수집된 디지털 신호들은 불필요한 메모리의 크기를 줄이기 위해 압축되어 처리된다.

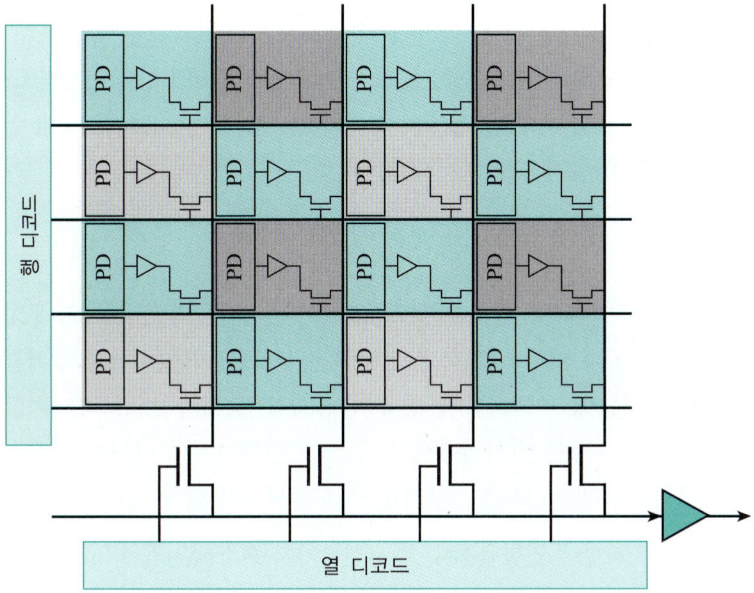

[그림 1-4] 이미지 센서의 회로 구조(PD : photodiode, 광 다이오드)[3]

또 다른 예로 온도계에서 사용되는 온도 검출회로가 있다. [그림 1-5]와 같은 회로를 이용하여 0℃~100℃까지 온도 측정이 가능하다. 온도 측정을 위해 0℃에서 가변저항인 VR_1을 조정하여 정확한 측정값이 되도록 설정하고, 100℃에서 또 다른 가변저항인 VR_2를 조정하여 정확한 값이 되도록 한다. 이때 PN 접합은 2 mV에서 2.5 mV/℃ 정도로 변하게 된다.

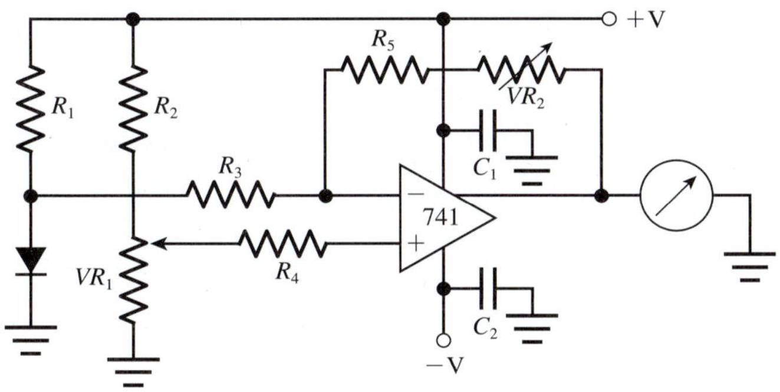

[그림 1-5] 온도검출 회로의 예

1.2 수동소자(R, L, C)

복잡한 전자회로를 해석하기에 앞서 기본적인 수동소자, 즉 저항(R), 인덕터(L), 커패시터(C) 등이 갖는 기본적인 특성에 대하여 정리한다. 다음 장에서 자세히 살펴볼 다이오드의 특성과 어떤 차이점이 있는지 유의하면서 내용을 살펴보자.

1.2.1 저항

임의의 도체에 자유전자가 흐르게 되면 원자와 충돌이 일어나고, 이때 입자들의 충돌에 의해 빛이나 열이 방출된다. 자유전자의 충돌이 더욱 증가하면 전자의 자유로운 이동은 점점 줄어들고, 전류의 흐름 역시 줄어들게 되는데, 이와 같이 전류의 흐름을 방해하는 정도를 저항(resistance)으로 표현한다. 그러므로 저항은 전기에너지가 빛 또는 열에너지로 바뀌는 물리적인 현상과 관련된다. 저항의 단위는 옴(Ohm, Ω)을 사용하며, 기호 R로 표시한다.

저항은 무엇에 의해 영향을 받을까? 저항에 영향을 주는 주요한 4가지 요소에는 물질(material), 길이(length), 단면적(cross section area), 온도(temperature) 등이 있다. 일반적으로 도체의 저항은 온도에 비례하여 증가한다. 온도가 증가할수록 도체 내부의 입자들의 운동이 활발해져서 자유전자의 운동을 방해하기 때문이다. 또한 도체의 저항은 길이(l)에 비례하고, 단면적(A)에 반비례한다. 수식으로 나타내면 식 (1.1)과 같다.

$$R = \rho \frac{l}{A} \tag{1.1}$$

여기서 l은 길이를 나타내며(단위는 m), A는 단면적을 나타낸다. 또한 ρ는 도체의 고유저항 또는 저항률(resistivity)이라 부르며, 도체의 재질에 따라 결정되는 상수로 단위는 옴미터(Ohm-meter, Ωm)를 사용한다. 예를 들어 상온(20℃)에서 순수한 구리(Cu)는 고유저항값이 1.72×10^{-8} Ωm이고, 은(Au)은 1.59×10^{-8} Ωm, 니크롬(Ni-Cr)은 1.10×10^{-6} Ωm 정도가 된다.[4] 고유저항 ρ의 역수는 도전율(conductivity)이라 하며, σ로 표시한다. 단위는 모/미터(mho/meter, ℧m)를 사용한다. [그림 1-6]이 저항의 일반적인 구조이다.

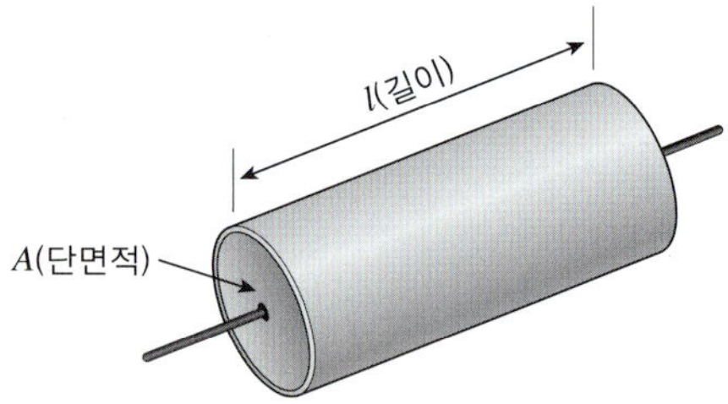

[그림1-6] 저항의 외형과 구조

저항은 전자부품 중 가장 많이 사용되는 수동소자 중의 하나로, 사용 용도와 저항값 크기에 따라 그 종류 또한 매우 다양하다. 먼저, 탄소피막저항은 [그림 1-7]과 같이 세라믹 봉(ceramic rod)에 피막 형태로 탄소분말을 입힌 다음 나선형으로 홈을 파서 만들어진다. 이 나선형 홈이 저항값을 조절한다.

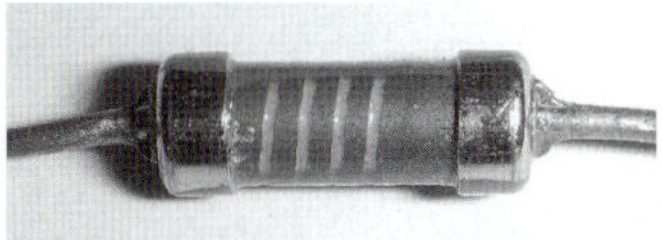

[그림1-7] 탄소피막저항의 외형[5]

탄소피막저항은 저항의 표면에 절연 도장을 씌우며, 절연 도장에 따라 비절연형, 간이절연형, 절연형 등으로 구분된다. [표 1-1]은 탄소피막저항의 특성을 정리한 것이다. 탄소피막저항의 장점은 가격이 저렴하고 사용온도 조건 내에서 저항값의 분포가 양호하다는 점이다. 반면 저항 온도계수가 크며, 전류잡음이 크다는 단점이 있다.

[표 1-1] 탄소피막저항의 특징

저항 범위	1.0 Ω ~ 100 MΩ
전력 범위	1/8W, 1/4W, 1/2W
오차 범위	±5%, ±2%
온도 계수	+350 ~ −1300ppm/℃

다음으로 금속피막저항은 탄소피막저항보다 오차가 적은 높은 정밀도의 저항값이 필요한 경우에 사용된다. 허용오차(±1% 정도)나 온도계수, 잡음 등 모든 면에서 상대적으로 우수하지만, 가격이 비싸기 때문에 오디오 회로 등과 같은 고정밀도가 요구되는 경우에 부분적으로 사용된다. 브리지(bridge) 회로, 필터(filter) 회로와 같이 저항값의 오차가 회로의 성능에 크게 영향을 미치는 경우 또는 아날로그의 잡음에 예민한 회로 등에 사용된다. 저항기의 저항체 재료로는 탄소(carbon), 니크롬(nichrome), 세라믹(ceramic), 플라스틱(plastic) 등이 사용되고 있다.

어레이 저항은 동일한 저항값을 갖는 여러 개의 저항을 [그림 1-8]과 같이 일체형으로 만들어 놓은 것이다. 저항값이 인쇄된 부분을 기준으로 하여, 그 방향에서 보았을 때 맨 왼쪽의 다리(pin)가 여러 개의 저항에 공통적으로 연결되어 있다. 어레이 저항은 동일한 값의 저항으로 여러 개의 소자를 제어하는 경우나 디지털 회로와 같이 동일한 회로에 다수의 저항이 요구되는 경우에 사용된다.

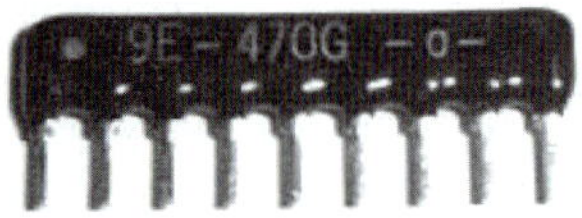

[그림 1-8] 어레이(array) 저항 외형

가변저항

볼륨저항이라고도 불리며 사용자가 언제든지 저항값을 바꿀 수 있는 저항기이다. 가변저항과 유사한 것으로 반고정 저항이 있다. 보통 반고정 저항의 저항값을 바꾸지 않지만, 필요에 따라 저항값의 변경이 가능하다. 반고정 저항의 종류에는 저렴한 탄소피막형에서부터 플라스틱 몰드형, 금속피막형 등이 있다. 또 다른 형태의 저항으로는 [그림 1-9]와 같이 기어(gear)를 조합하여 여러 회전에 걸쳐 저항값을 세밀하게 조정할 수 있는 전위차계(potentiometer)가 있다.

[그림 1-9] 가변저항을 사용하는 전위차계

저항의 기호

[그림 1-10]은 저항의 기호(symbol)를 나타낸 것으로, [그림 1-10(a)]는 고정된 저항값을 갖는 일반저항을 나타내는 기호이다. [그림 1-10(b)]처럼 일반저항 기호 위에 화살표를 추가하면 가변저항을 나타낸다.

(a) 일반저항 (b) 가변저항

[그림 1-10] 저항의 기호

저항의 직병렬연결

다수의 저항을 상호간에 연결을 하는 경우가 종종 발생한다. 이러한 경우 총 합성저항값은 어떻게 구해질까? 먼저 [그림 1-11] 처럼 n개의 저항을 직렬로 연결하는 경우, 즉 직렬(series) 회로에서의 합성저항값은 각 저항의 값을 더하여 구해진다. 그 이유는 각 저항이 자신의 저항값에 비례하여 전류의 흐름을 방해하기 때문이다. 합성저항값을 R_T라 하면, 이 값은 각 저항의 합과 같으므로 식 (1.2)로 계산된다.

$$R_T = R_1 + R_2 + R_3 + \cdots + R_n \tag{1.2}$$

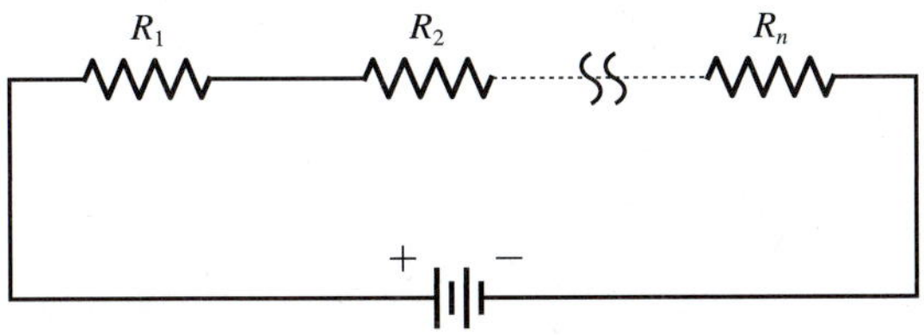

[그림 1-11] 직렬회로의 합성저항

다음으로 병렬(parallel)로 연결한 경우를 생각해 보자. 동일한 두 지점에 두 개 이상의 저항이 연결된 상태를 병렬연결이라 한다. 그러므로 병렬연결에는 두 개 이상의 전류경로(이를 가지(branch)라 함)가 있다. 따라서 병렬연결 시 전류의 흐름이 보다 원활해지므로 합성저항값은 감소한다. [그림 1-12]처럼 n개의 저항이 병렬로 연결되어 있다면, 총 합성저항값은 가장 작은 저항값보다 작게 되며, 이때 총 합성저항값은 다음과 같이 계산된다.

$$\frac{1}{R_T} = \frac{1}{R_1} + \frac{1}{R_2} + \frac{1}{R_3} + \cdots + \frac{1}{R_n} \tag{1.3}$$

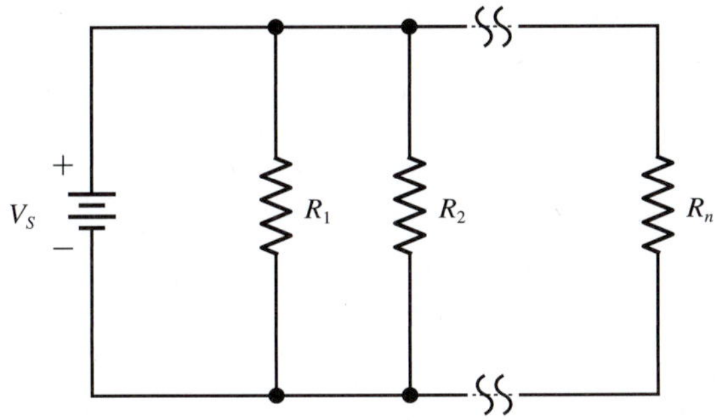

[그림 1-12] 병렬회로의 합성저항

1.2.2 인덕터

인덕터(inductor)는 구리나 알루미늄 등을 절연성 재료로 감싼 다음, 그 둘레를 도선으로 감아 놓은 형태의 소자이다. [그림 1-13]과 같이 도선을 감아서 코일 형태로 만들면 기본적인 인덕터가 되기 때문에, 코일(coil)이라고 불리기도 한다. 인덕터에 전류를 흐르게 하면 전자기장이 형성되고, 전류를 변화시키면 전자기장도 변화한다. 즉, 전류가 증가하면 전자기장이 확장되고, 전류가 감소하면 전자기장이 축소된다.

이와 반대로 전자기장이 변화하면 전류의 변화를 방해하는 방향으로 코일 내에 유도전압(induced voltage)이 발생된다. 이러한 특성을 인덕턴스(inductance: 코일에 흐르는 전류의 변화에 의해 전자기유도로 생기는 역기전력의 비율을 나타내는 양으로 단위는 H(헨리)이다. 자속(磁束) 변화의 원인에 따라 자체 인덕턴스와 상호 인덕턴스로 나뉜다)라고 하며, L로 표기한다. 코일의 인덕턴스(L)와 전류의 시간변화율 $\frac{di}{dt}$은 유도전압을 결정한다. 이때 유도전압 v는 L과 $\frac{di}{dt}$에 비례하기 때문에 식 (1.4)로 표현된다.

$$v=L\frac{di}{dt} \tag{1.4}$$

이 식은 인덕턴스가 클수록 그리고 코일의 전류변화가 빠를수록 유도전압이 크다는 것을 의미한다. 인덕턴스는 전류의 변화량에 따라 전압이 유도되면서 급격한 전류의 변화를 억제하는 기능도 한다.

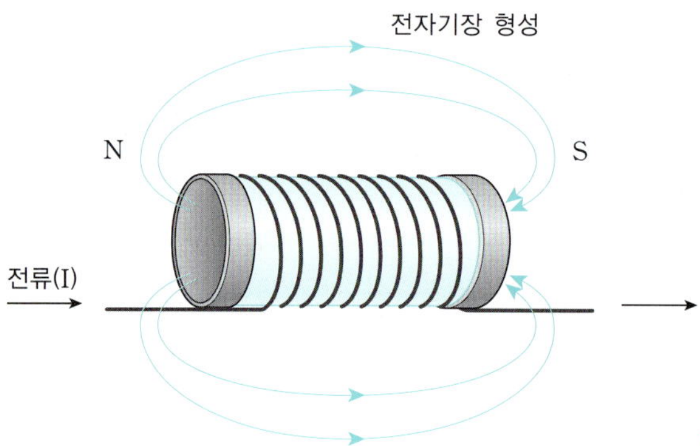

[그림 1-13] 기본적인 인덕터의 구조

인덕터의 종류 중에서 고주파 초크 코일(RFC)은 회로에서 교류성분을 제거하는 데 사용되는 코일로 고주파용과 저주파용이 있다. 고주파에 대해 높은 임피던스를 가지며, 회로에서 고주파 전류를 제한하고 직류나 저주파 전류를 통과시키려는 목적에 사용된다.

전원용 초크 코일은 저주파에 대해 큰 저항을 갖고 있기 때문에 전원 잡음(noise) 방지 필터나 평활 회로의 필터에 사용한다. 특히 입력 전원용 필터나 스위칭 전원의 출력 필터로 사용되고 있다. 전원 변압기는 전류의 용량이 크고 주파주가 낮은 대형 코일로, 출력 전압과 전류 용량에 따라서 다양한 종류가 있으며, AC 전원을 DC 전원으로 변환한다. 무겁고 큰 모양의 전원 변압기를 사용하는 방식은 점차 감소하고 있는 추세이다. 하지만 간단하고 저렴한 전원장치를 사용할 때는 [그림 1-14]와 같은 전원 변압기를 이용한다. [그림 1-14(a)]는 전원 변압기의 내부 회로이다.

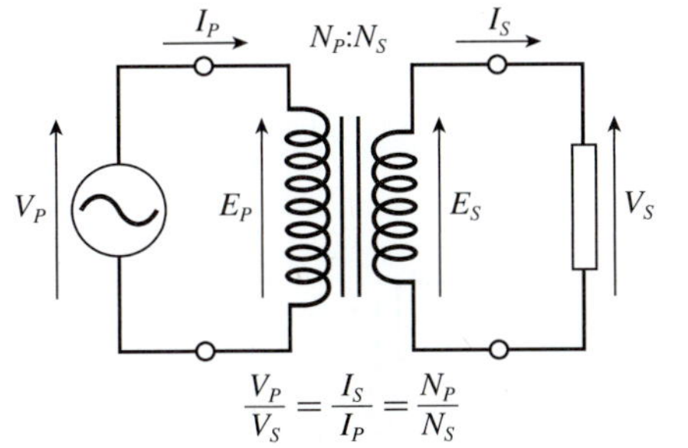

(a) 회로

(b) 전원 변압기

[그림 1-14] 변압기 회로와 전원 변압기

인덕터의 직병렬연결

인덕터의 연결에 대해 알아보자. 편의상 인덕터 상호간의 전자유도 작용은 무시한다. 저항과 마찬가지로 인덕터도 직렬 또는 병렬로 연결되었을 때, 그에 적합한 식을 유도할 수 있다.

먼저 [그림 1-15]와 같이 n개의 인덕터가 직렬로 연결되어 있다고 가정하자. 직렬로 연결을 하면 인덕턴스는 증가한다. 이때 총 합성인덕턴스의 값은 저항의 직렬연결에서의 총 합성저항을 구하는 방법과 동일한 방법으로 얻어진다.

인덕터의 직렬연결에 따른 총 합성인덕턴스의 값은 식 (1.5)와 같이 계산된다.

$$L_T = L_1 + L_2 + L_3 + \cdots + L_n \tag{1.5}$$

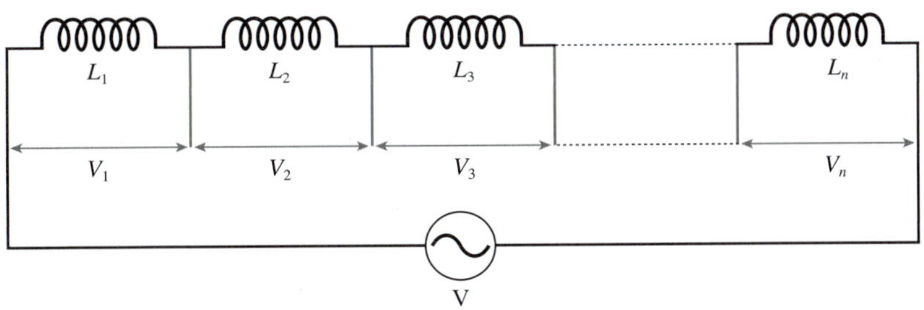

[그림 1-15] 인덕터의 직렬연결

n개의 인덕터가 [그림 1-16] 처럼 병렬로 연결되어 있다면 총 인덕턴스는 감소한다. 총 인덕턴스는 식 (1.6)처럼 병렬로 연결된 총 합성저항을 구하는 방법과 동일한 방법으로 구해진다.

$$\frac{1}{L_T} = \frac{1}{L_1} + \frac{1}{L_2} + \frac{1}{L_3} + \cdots + \frac{1}{L_n} \tag{1.6}$$

만일 인덕터 두 개가 병렬로 접속되어 있다면 식 (1.7)과 같이 간단히 표현된다.

$$L_T = \frac{L_1 L_2}{L_1 + L_2} \tag{1.7}$$

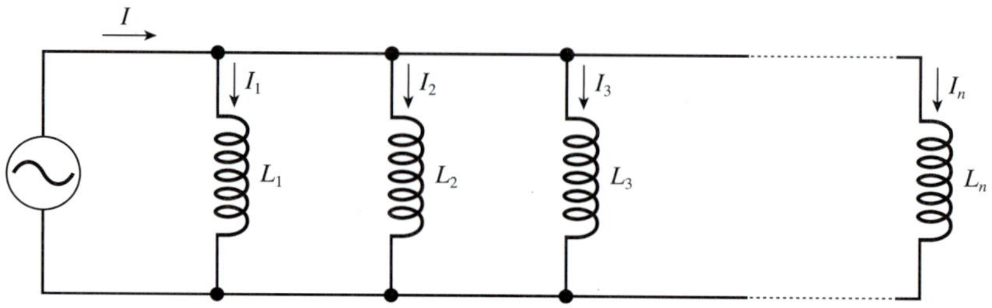

[그림 1-16] 인덕터의 병렬연결

1.2.3 커패시터

커패시터(capacitor)는 두 도체 사이의 공간에 전하를 모으는 소자로, 축전기 또는 콘덴서라고 부르기도 한다. 커패시터는 보통 두 개의 도체 판으로 구성되어 있으며, 그 사이에 절연체가 들어간다. 각 판의 표면과 절연체의 경계 부분에 전하가 축적되고, 양 표면에 모이는 전하량의 크기는 같지만 부호는 반대이다. 커패시터의 전기용량(일정한 전압에서 저장되는 (혹은 분리되는) 전하의 양으로 정전용량 또는 커패시턴스(capacitance)라고도 한다)은 전하량과 전위차로 나타낼 수 있다. 정전용량을 C, 전하량을 Q, 전위차를 V라고 하면 이들 사이의 관계는 다음 식 (1.8)과 같다.

$$C = \frac{Q}{V} \tag{1.8}$$

커패시터는 저항과 마찬가지로 고정된 값을 갖는 고정 커패시터와 가변적인 값을 갖는 반고정 커패시터로 구분된다. 반고정 커패시터의 예로는 동조회로 등에 많이 쓰이는 소자로 값의 조절이 가능한 트리머 커패시터가 있다. 고정 커패시터의 예로는 세라믹 커패시터, 마일라 커패시터, 전해 커패시터 등이 있다. [그림 1-17]은 대표적인 커패시터의 종류와 표기법을 나타낸 것이다.

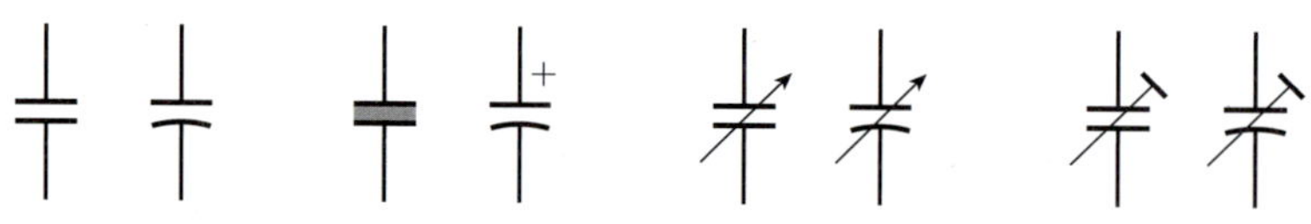

(a) 커패시터 (b) 전해 커패시터 (c) 가변 커패시터 (d) 트리머 커패시터

[그림 1-17] 커패시터의 종류

세라믹 커패시터는 일반적으로 [그림 1-18]과 같이 납작한 원판 모양으로 만들어진다. 유전체로는 세라믹(산화 티타늄, 티탄산 바륨) 재질이 사용되고, 극판은 은(Ag) 혼합물로 코팅되어 있다. 용량은 5 pF~0.05 μF까지 있으며 비교적 값이 작으나 다양한 값을 갖는다. 내압이 아주 높아서 용량이 10 KV 정도인 것도 있다. 고주파 특성이 좋아서 고주파 바이패스 용도로 흔히 사용된다. 만일 세라믹 커패시터에 103이라고 쓰여 있다면, 이는 10×10^3 pF을 의미하므로, 10 nF이 된다.

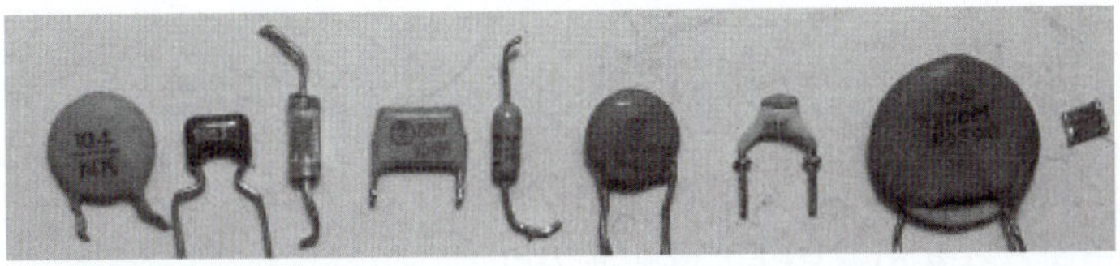

[그림 1-18] 세라믹 커패시터

전해 커패시터는 유전체로써 얇은 산화막을 사용하고, 전극으로는 알루미늄을 사용한다. 회로 설계 시 커패시터의 극성을 잘못 연결하거나 너무 높은 전압을 인가하면 커패시터가 파괴된다. 용량은 1 μF부터 수천 μF, 수만 μF까지 다양하며, 주로 전원의 평활회로나 저주파 바이패스 등에 사용된다.

탄탈 커패시터는 전극에 탄탈륨이라는 재료를 사용하고 있는 전해 커패시터이다. 알루미늄을 사용하는 전해 커패시터와 유사하게 비교적 큰 용량을 얻을 수 있다. 탄탈 커패시터는 주파수 특성과 온도 특성 모두 전해 커패시터보다 우수하다. 일반적으로 극성이 있어서 전극을 표시하고 있으므로 극성을 잘못 연결하지 않도록 주의해야 한다. 이는 온도에 의한 용량 변화가 엄격한 회로에 주로 사용된다.

커패시터의 직병렬연결

커패시터도 저항과 같은 방식으로 병렬연결과 직렬연결에 따른 총 합성용량을 계산할 수 있다. 정전용량을 증가시키기 위해서는 병렬로 연결하면 된다. 만일 직렬로 연결하면 총용량이 감소한다.

먼저 커패시터가 [그림 1-19]와 같이 병렬로 연결되어 있다고 가정하자. 각 커패시터의 양단에 걸리는 전압은 동일하고, 전체용량은 각 커패시터 용량의 합과 같다. 정전용량이 각각 C_1, C_2, C_3인 3개의 커패시터를 [그림 1-19]처럼 병렬로 연결하여 단자 a-b사이에 V전압을 가했을 때, 각 커패시터의 전극 사이에는 V의 전압이 가해지고, 각 커패시터에 축적되는 전하는 식 (1.9)와 같이 표현된다.

$$Q_1 = C_1V,\ Q_2 = C_2V,\ Q_3 = C_3V \tag{1.9}$$

따라서 단자 a, b에서 보면 축적된 전체 전하 Q_T는 식 (1.10)과 같이 각각의 합과 같다.

$$Q_T = Q_1 + Q_2 + Q_3 = (C_1 + C_2 + C_3)V \tag{1.10}$$

그러므로 합성 정전용량 C_T는 식 (1.11)과 같다.

$$C_T = \frac{Q_T}{V} = \frac{(C_1 + C_2 + C_3)V}{V} = C_1 + C_2 + C_3 \tag{1.11}$$

결과적으로 커패시터 n개를 병렬연결하면 합성용량은 다음과 같다.

$$C_T = C_1 + C_2 + \cdots + C_n \tag{1.12}$$

즉, 커패시터를 병렬로 연결했을 때의 합성용량은 각 커패시터 정전용량의 합과 같고, 식 (1.13)이 성립하게 된다. 각 커패시터에 축적되는 전하의 양은 각 커패시터의 정전용량의 비로 주어진다.

$$Q_1 : Q_2 : Q_3 = C_1V : C_2V : C_3V = C_1 : C_2 : C_3 \tag{1.13}$$

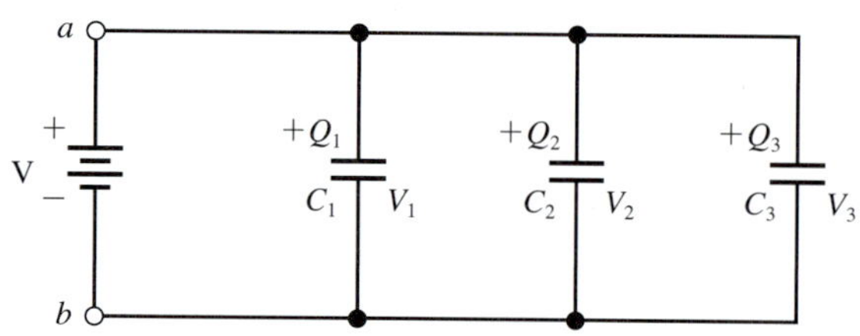

[그림 1-19] 커패시터의 병렬연결

다음으로 커패시터가 직렬로 연결된 경우를 생각해 보자. 커패시터를 직렬로 연결하면 각 커패시터의 전하가 같다. 정전용량이 각각 C_1, C_2, C_3인 3개의 커패시터를 [그림 1-20]과 같이 직렬로 연결하여 단자 a, b 사이에 전압 V를 가했을 때, 단자 a, b 사이에 Q_T의 전하가 축적되었다면, 각 커패시터의 전극에는 정전 유도현상에 의하여 정전용량의 크기에 관계없이 같은 양의 전하가 축적되므로, 식 (1.14)와 같은 관계가 성립된다.

$$Q_T = Q_1 = Q_2 = Q_3 \tag{1.14}$$

각 커패시터 양단의 전위차를 각각 V_1, V_2, V_3이라 하면, 식 (1.15)와 같이 표현된다.

$$V_1 = \frac{Q_1}{C_1},\ V_2 = \frac{Q_2}{C_2},\ V_3 = \frac{Q_3}{C_3} \tag{1.15}$$

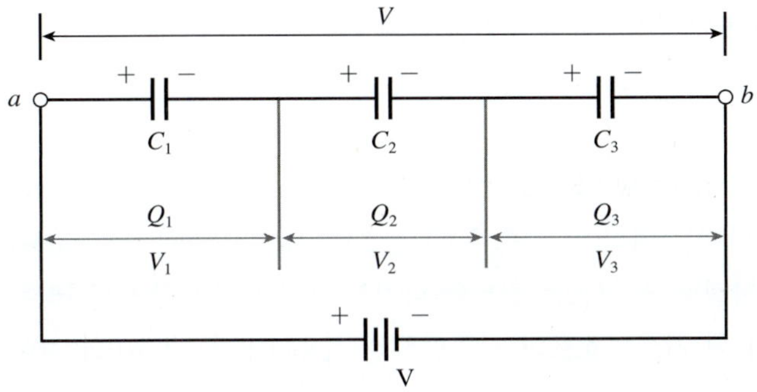

[그림 1-20] 커패시터의 직렬연결

이제 [그림 1-20] 회로에 키르히호프의 전압법칙을 적용해보자.

$V = V_1 + V_2 + V_3$이므로 식 (1.16)으로 표현되고,

$$V = \frac{Q_1}{C_1} + \frac{Q_2}{C_2} + \frac{Q_3}{C_3} = \left(\frac{1}{C_1} + \frac{1}{C_2} + \frac{1}{C_3}\right)Q_T \tag{1.16}$$

따라서 단자 a-b 사이의 총 합성 정전용량 C_T는 식 (1.17)과 같이 정리된다.

$$C_T = \frac{Q_T}{V} = \frac{Q_T}{\left(\frac{1}{C_1} + \frac{1}{C_2} + \frac{1}{C_3}\right)Q_T} = \frac{1}{\frac{1}{C_1} + \frac{1}{C_2} + \frac{1}{C_3}} \tag{1.17}$$

즉, 커패시터를 직렬연결했을 때의 총 합성용량은 각 커패시터 정전용량의 역수의 합의 역수와 같다. 식 (1.17)을 다시 쓰면 식 (1.18)로 표현되고, 이 식은 n개의 커패시터를 직렬로 연결하는 경우에 총 합성용량이 된다.

$$\frac{1}{C_T} = \frac{1}{C_1} + \frac{1}{C_2} + \cdots + \frac{1}{C_n} \tag{1.18}$$

식 (1.19)는 커패시터를 직렬로 연결했을 때, 각 커패시터에 분배되는 전압의 비가 정전용량의 역수의 비와 같다는 것을 나타낸다.

$$V_1 : V_2 : V_3 = \frac{Q_1}{C_1} : \frac{Q_2}{C_2} : \frac{Q_3}{C_3} = \frac{1}{C_1} : \frac{1}{C_2} : \frac{1}{C_3} \tag{1.19}$$

1.3 키르히호프 전류 및 전압법칙, 옴의 정리

일반적인 전기회로(electric circuit)는 전류 또는 전압 소스와 수동소자인 저항(R), 인덕터(L), 커패시터(C) 등으로 구성된다. 이 절에서는 RLC를 포함하는 회로의 해석에 있어서 매우 유용하게 사용되는 키르히호프의 전류 및 전압법칙이란 무엇인지 살펴보자.

1.3.1 키르히호프의 전류법칙

키르히호프의 전류법칙(Kirchhoff's current law: KCL)이란, 전하보존(conservation of charge) 법칙에 근거하여 전류의 연속성을 나타내는 법칙이다. 즉, KCL은 회로 내의 임의의 노드(node: 둘 이상의 구성요소들이 연결되는 접합점)에 들어오는 전류와 나가는 전류의 대수합이 0이라는 것을 명시하는 법칙이다. [그림 1-21]에 키르히호프의 전류법칙을 적용하면 식 (1.20)과 같이 표현된다.

$$I_1+(-I_2)+I_3+(-I_4)=0 \tag{1.20}$$

위 식은 어떤 노드에서도 전하가 축적될 수 없음을 의미한다. 식 (1.20)을 달리 표현하면 $I_1+I_3=I_2+I_4$가 된다. 즉, 임의의 노드에 들어오는 전류 I_1와 I_3의 합은 나가는 전류 I_2와 I_4의 합과 같다는 뜻으로, 이것을 키르히호프의 전류법칙이라 한다.

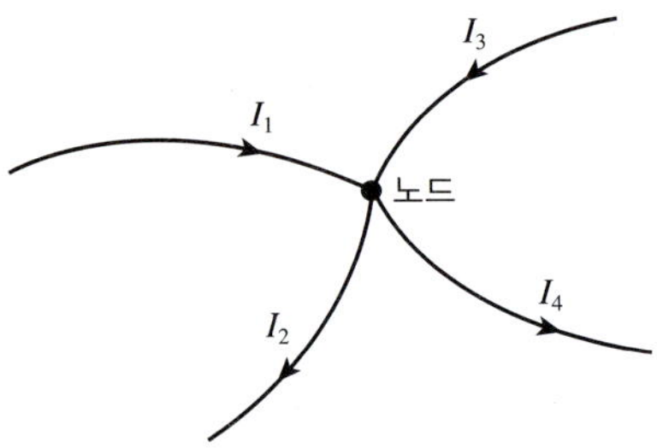

[그림 1-21] 키르히호프의 전류법칙

이러한 법칙을 활용하면 다음의 예제 문제를 쉽게 해석할 수 있다.

예제 1-1

다음 [그림 1-22] 회로에서 $I_T=30$ A, $I_1=5$ A, $I_2=10$ A, $I_4=7$ A일 때, I_3을 구하라.

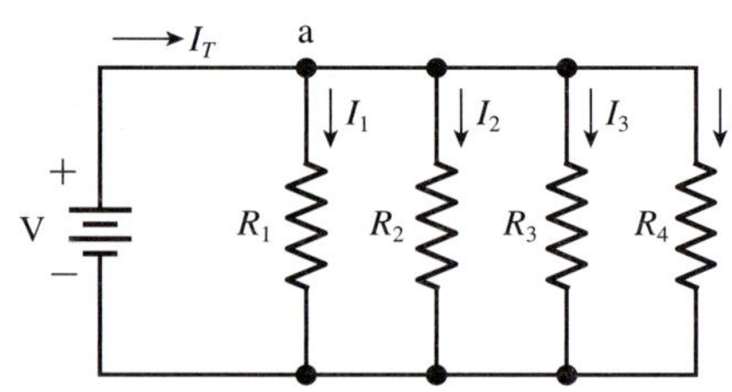

[그림 1-22]

풀이

I_T는 노드 a로 들어오는 전류이고 I_1, I_2, I_3, I_4는 나가는 전류이다. 그러므로 노드 a에서 키르히호프의 전류법칙(KCL)을 적용하면 다음과 같이 표현된다.

$$I_T=I_1+I_2+I_3+I_4$$

이 식을 I_3에 대해 정리하여 계산하면 다음과 같다.

$$I_3=I_T-I_1-I_2-I_4=30-5-10-7=8\text{ A}$$

예제 1-2

다음 [그림 1-23]의 회로에서 전류 I_2, I_4, I_6을 구하라.

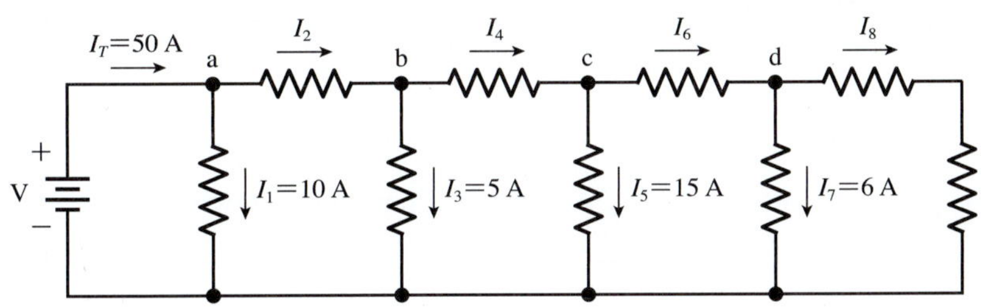

[그림 1-23]

풀이

이 문제 역시 키르히호프의 전류법칙을 적용하면 쉽게 해결된다. 각 노드에서 전류법칙을 적용해 보자. 노드 a에서 $I_T=I_1+I_2$가 되고, 이를 이용하여 I_2를 구한다.

$$I_2=I_T-I_1=50-10=40\text{ A}$$

노드 b에서 $I_2=I_3+I_4$가 되고, 이 식을 이용하여 I_4를 구한다.

$$I_4=I_2-I_3=40-5=35\text{ A}$$

노드 c에서 $I_4=I_5+I_6$가 되고 I_6은,

$$I_6=I_4-I_5=35-15=20\text{ A}$$

노드 d에서 $I_6=I_7+I_8$가 되고, I_8은 다음과 같다.

$$I_8=I_6-I_7=20-6=14\text{ A}$$

1.3.2 키르히호프의 전압법칙

키르히호프의 전압법칙(Kirchhoff's voltage law: KVL)은 에너지 보존법칙(principle of energy conservation)에 근거한 법칙으로, 임의의 폐회로(closed loop)를 한 방향으로 움직이면서 취한 전압의 대수합이 0이라는 것을 명시하는 법칙이다. KVL을 적용할 때는 이동하는 방향으로의 전압상승은 (+)로 표기하고, 전압강하는 (−)로 표기한다. [그림 1–24]의 회로를 분석해보자. 시계방향으로 이동한다면 V_1, V_3은 전압상승이고 V_2, V_4는 전압강하이다. 키르히호프의 전압법칙은 다음과 같이 3가지로 표현되나, 그 결과는 모두 동일하다.

첫째, 전압상승의 합은 영이다(전압상승의 합=0).

$$V_1 - V_2 + V_3 - V_4 = 0 \tag{1.21}$$

둘째, 전압강하의 합은 영이다(전압강하의 합=0).

$$-V_1 + V_2 - V_3 + V_4 = 0 \tag{1.22}$$

셋째, 각 소자에서 (+) 부호가 붙은 단자에서는 (+)로, (−)부호가 붙은 단자에서는 (−)로 계산한다.

$$-V_1 + V_2 - V_3 + V_4 = 0 \tag{1.23}$$

이동하는 방향이 시계방향이든 반시계방향이든 어느 쪽으로 하여도 그 결과는 항상 동일하다.

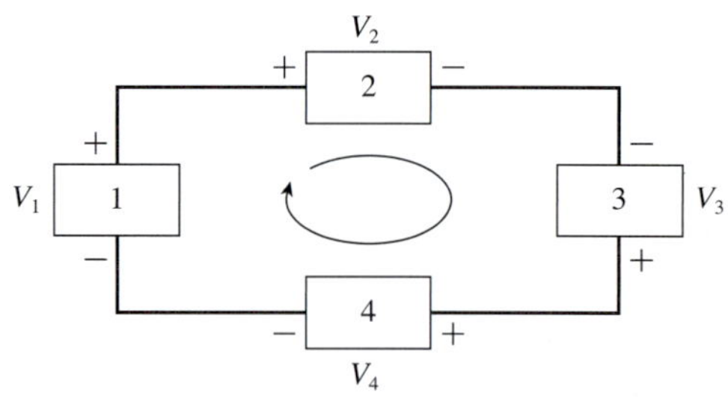

[그림 1–24] 키르히호프의 전압법칙

예제 1-3

[그림 1-25]의 회로에서 $V_1=2$ V, $V_2=5$ V, $V_3=3$ V일 때, 인가전압 V를 구하라.

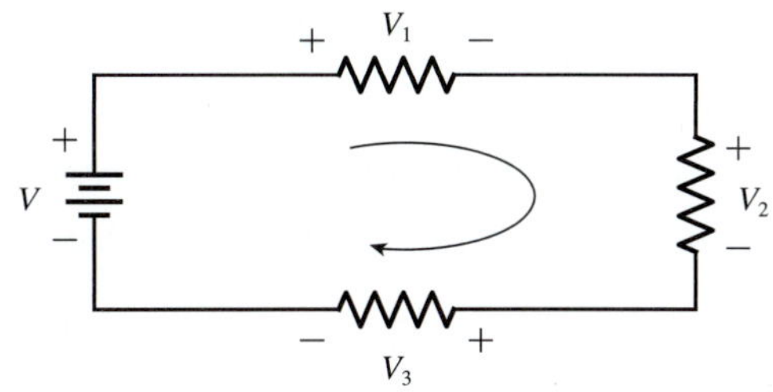

[그림 1-25]

풀이

키르히호프의 전압법칙을 이용한다. 회로에 대해 시계방향으로 전압상승식을 적용하면, 다음과 같이 계산된다.

$$V-V_1-V_2-V_3=0$$

$$V=V_1+V_2+V_3=2+5+3=10\text{ V}$$

예제 1-4

[그림 1-26]의 회로에서 $V_A=35$ V, $V_B=5$ V, $V_2=12$ V, $V_3=10$ V일 때, V_1전압을 구하라.

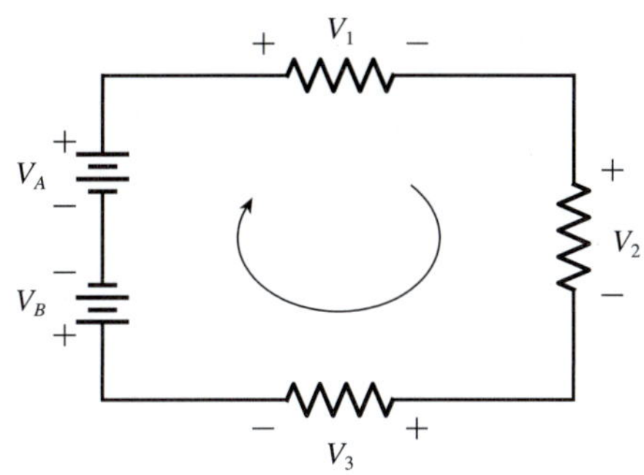

[그림 1-26]

풀이

회로에서 시계방향으로 이동하며 키르히호프의 전압법칙을 적용하면 다음과 같다.

$$(-V_B)+V_A-V_1-V_2-V_3=0$$

구하고자 하는 전압 V_1에 대해 정리하면 아래와 같다.

$$V_1=V_A-V_B-V_2-V_3=35-5-12-10=8\text{ V}$$

1.3.3 옴의 법칙

옴의 법칙(Ohm's law)은 전압의 세기를 V 볼트(volt), 전류의 세기를 I 암페어(ampere), 저항의 크기를 R 옴(ohm)이라 할 때 이들의 관계를 식 (1.24)와 같이 나타낼 수 있다는 것이다. 이것은 1872년 독일의 물리학자인 옴(Ohm)에 의해서 알려진, 저항과 전류, 전압 사이의 관계를 규정하는 매우 중요한 법칙이다. 이 식은 정상상태의 모든 회로에 적용된다.

$$V = IR \text{ V} \tag{1.24}$$

즉, 식 (1.24)는 저항 R에 전류 I가 흐를 때, 저항 양단에는 이들 두 인수를 곱한 크기의 전압강하가 발생한다는 것을 나타낸다. 또한 회로에 흐르는 전압은 전류와 저항에 비례한다는 것을 의미한다. 옴의 법칙은 식 (1.25)와 같이 전압 혹은 저항을 구하는 식으로 표현 가능하다.

$$I = \frac{V}{R} = GV \text{ A} \tag{1.25}$$

식 (1.25)는 회로에 흐르는 전류는 전압에 비례하고, 저항에 반비례한다는 것을 알려준다. 여기서 G는 저항의 역수로 컨덕턴스(conductance)라고 한다. 단위는 모(Mho[℧]) 혹은 지멘스(Siemens[S])를 사용한다.

1.4 테브냉 등가회로와 노턴 등가회로

테브냉 등가회로와 노턴 등가회로는 기본적인 회로해석에 자주 사용된다. 이 두 가지를 사용하면 복잡한 회로의 동작을 쉽게 이해할 수 있고, 해석에 따른 수식표현도 간소화된다. 또한 회로해석을 하는 데 있어서 보다 폭넓은 안목을 갖게 해준다.

먼저 테브냉 등가회로부터 알아보도록 하자.

1.4.1 테브냉의 정리

테브냉의 정리(Thevenin's theorem)란 무엇인가? 이는 두 개의 단자를 지닌 전압원, 전류원, 저항 등의 어떠한 조합이라도 이 중 임의의 선형 2단자 회로망을 테브냉 전압원 V_{TH}와 테브냉 저항 R_{TH}을 직렬로 연결한 등가회로로 대체할 수 있다는 것이다. 이렇게 테브냉 등가회로로 변환되면, 회로해석이 쉬워진다.

테브냉 등가회로를 사용하면, 부하저항에 연결된 복잡한 회로가 있을 경우 부하저항을 제외한 나머지 회로를 간단한 전압원과 저항으로 대체할 수 있다.

[그림 1-27]을 보면 입력전압 V에 여러 개의 저항이 서로 연결되어 있다. 저항 R_L의 양단에 걸리는 전압 혹은 전류를 구하는 문제를 생각해 보자. 테브냉의 정리를 이 문제에 적용하지 않을 경우, R_L에서부터 그 옆에 있는 직렬로 연결된 저항값을 더한 후, 또다시 병렬연결되어 있는 저항을 구하는 등 하나하나 복잡한 계산과정을 따라야만 한다.

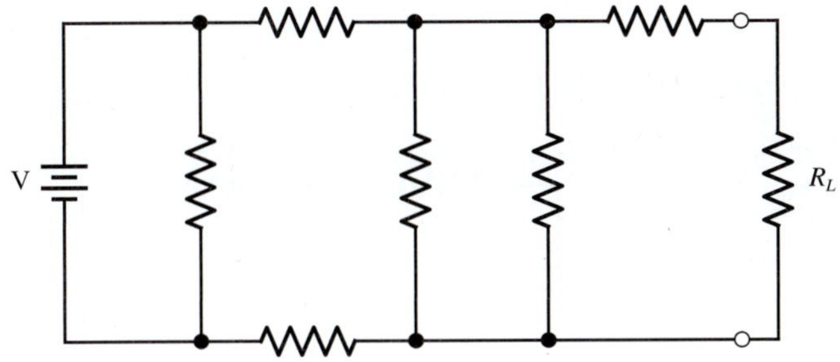

[그림 1-27] 전압 V와 부하저항 R_L 사이에 저항이 복잡하게 연결된 회로의 예

테브냉의 정리를 이용하면 쉽게 회로를 해석할 수 있다. 부하저항 R_L을 제외한 나머지 회로 부분을 전압원 V_{TH}와 저항 R_{TH}로 바꾼 다음, 부하저항 R_L을 연결한다. 그 결과 회로가 테브냉 등가회로가 되는데, 그림으로 그리면 [그림 1-28]과 같다. 그림에서 보는 바와 같이, 테브냉 등가회로가 구성되면 이제 더 이상 복잡한 회로가 아닌 간단한 회로가 되기 때문에, 옴의 법칙을 이용하여 부하에 흐르는 전류와 전압을 쉽게 구할 수 있다.

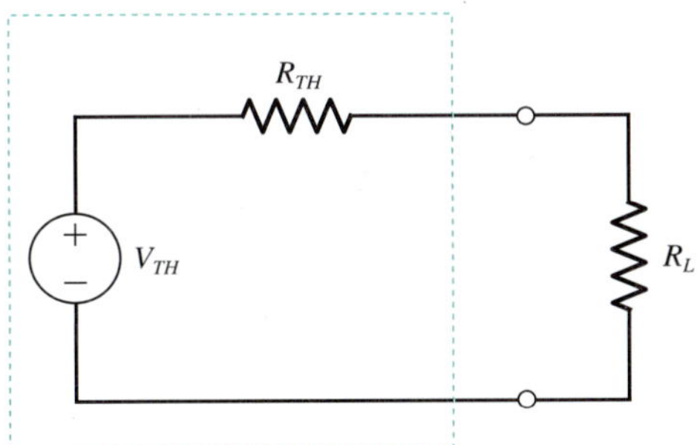

[그림 1-28] 테브냉 등가회로

여기서 V_{TH}와 R_{TH}는 어떻게 구할까? 이 값들을 구하기 위해서는 다음 내용을 고려해야 한다.

- 테브냉 등가전압 V_{TH}은 부하저항을 개방한 상태에서 부하의 양단에 걸리는 등가전압이다.
- 테브냉 등가저항 R_{TH}는 회로에서 전압원을 단락시키고(전류원인 경우에는 개방시키고), 부하 쪽에서 회로 쪽을 본 등가저항이다.

예제를 통해 테브냉 등가회로를 이해해 보자.

예제 1-5

[그림 1-29]의 회로를 테브냉 등가전압 V_{TH}와 테브냉 등가저항 R_{TH}를 이용하여 테브냉 등가회로로 대체하라.

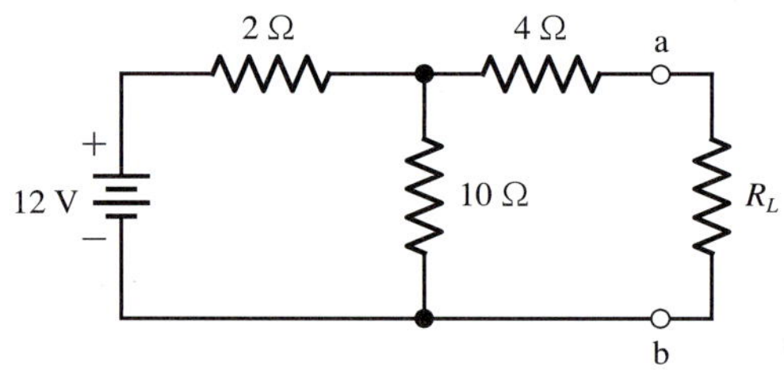

[그림 1-29]

풀이

먼저, 테브냉 등가전압 V_{TH}를 구하기 위해서는, 부하저항을 개방한 상태가 되어야 하며, 개방 단자 전압 V_{TH}는 아래와 같이 구해진다.

$$V_{TH}=\frac{10}{2+10}\times 12=10\text{ V}$$

테브냉 등가저항 R_{TH}는 전압원을 단락시켰을 때 부하 쪽에서 본 저항이다.

$$R_{TH}=4+\frac{10\times 2}{10+2}=4+1.67=5.67\ \Omega$$

따라서 테브냉 등가회로를 그리면 [그림 1-30]이 된다.

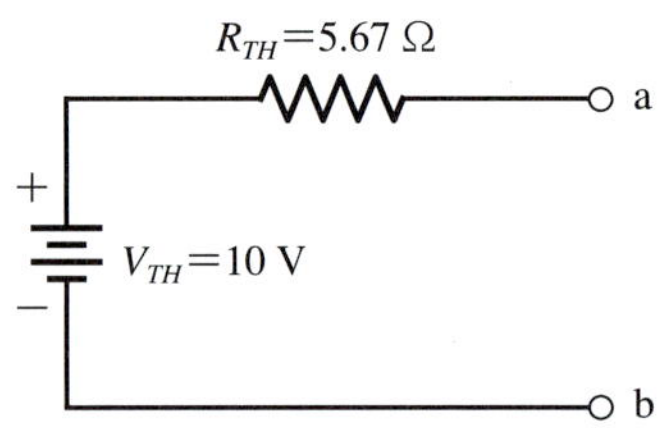

[그림 1-30]

예제 1-6

[그림 1-31]의 회로에서 테브냉 정리를 이용하여 부하저항 R_L에 흐르는 전류 I를 구하라.

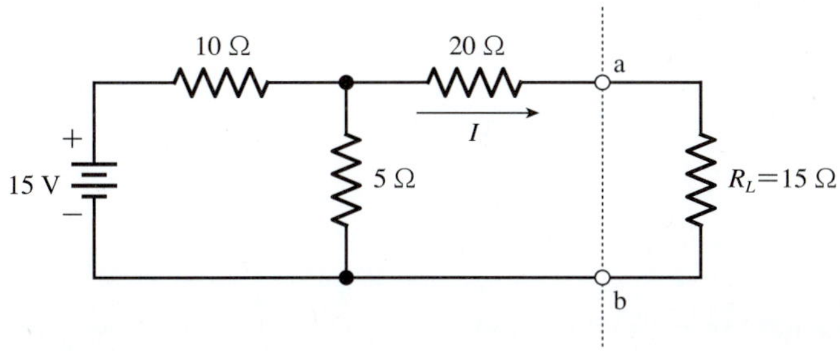

[그림 1-31]

풀이

[그림 1-31]을 테브냉 등가회로로 바꾸기 위해서는, 우선 테브냉 등가전압 V_{TH}를 구해야 한다. V_{TH}는 부하저항을 개방한 상태에서 부하 양단에 걸리는 전압을 의미하므로, 그림의 회로에서 부하저항 R_L을 제거하자. 이때 단자 a와 단자 b 사이에 걸리는 전압이 테브냉 등가전압이다.

$$V_{TH}=\frac{5}{10+5}\times 15=5\text{ V}$$

다음으로 테브냉 등가저항 R_{TH}을 구하자. R_{TH}는 전압원을 단락시킨 상태에서 구해야 한다. 즉 전원을 단락시킨 상태에서 단자 a와 단자 b 사이에서 회로 쪽을 바라본 저항이 바로 R_{TH}이며, [그림 1-32]의 회로에서 R_{TH}를 구한다.

$$R_{TH}=20+\frac{5\times 10}{5+10}=20+3.3=23.3\ \Omega$$

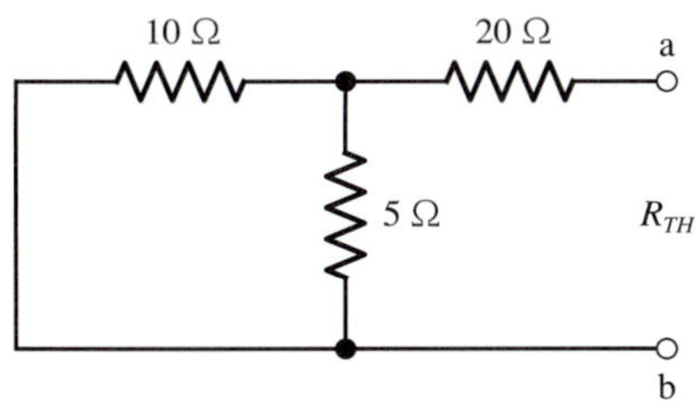

[그림 1-32] R_{TH}를 구하기 위한 회로

이제 테브냉 등가전압 V_{TH}와 테브냉 등가저항 R_{TH}를 직렬로 연결하고, 단자 a와 단자 b 사이에 원래의 부하저항인 R_L을 직렬로 연결하여 [그림 1-33]과 같은 테브냉 등가회로를 완성한다.

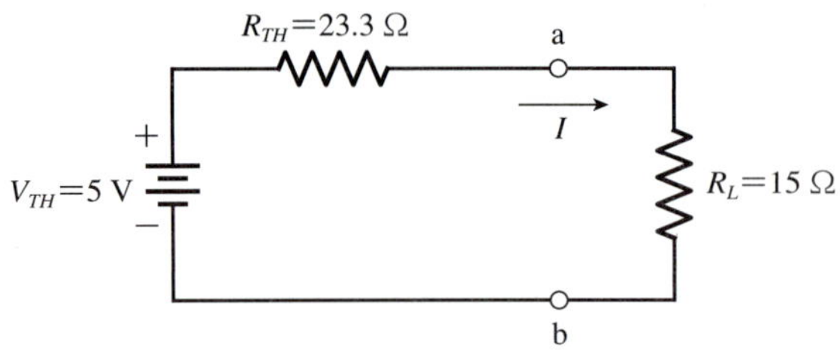

[그림 1-33]

따라서 부하전류 I는 옴의 법칙에 의해 다음과 같이 계산된다.

$$I=\frac{V_{TH}}{R_{TH}+R_L}=\frac{5}{23.3+15}=130.5\ \text{mA}$$

결과적으로 부하에 흐르는 전류 I는 130.5 mA가 됨을 알 수 있다.

1.4.2 노턴의 정리

노턴의 정리(Norton's theorem) 또한 테브냉의 정리와 함께 복잡한 회로를 간략화하여 해석하는 데 사용한다. 노턴의 정리란 두 개의 단자를 지닌 전압원, 전류원, 저항 등의 어떠한 조합이든 이것을 포함하는 회로를 노턴 등가전류원 I_N과 노턴 등가저항 R_N을 병렬로 연결한 등가회로로 나타낼 수 있다는 것이다. 예를 들어 보자. [그림 1-34]는 일반적인 회로와 이를 노턴 등가회로로 바꾸어 그린 것이다.

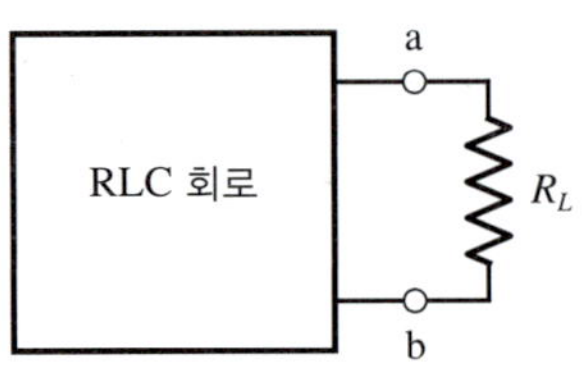

(a)

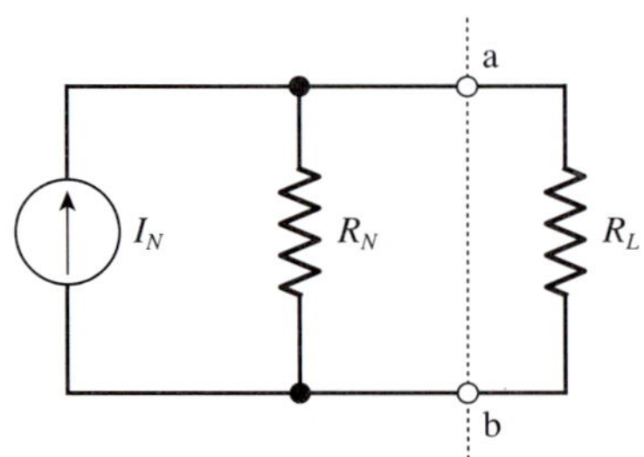

(b)

[그림 1-34] (a) 일반적인 RLC 회로, (b) 노턴 등가회로

노턴 등가회로로 변환하는 방법을 알아보자. 우선 [그림 1-34(a)]에서, 부하저항을 없애고 단자 a와 단자 b 사이를 단락시킨다. 그리고 단락된 곳에 흐르는 전류를 계산하면 바로 노턴 등가전류 I_N이 되는 것이다.

부하저항 R_L을 제거한 후, 회로 쪽을 바라 본 저항이 노턴 등가저항 R_N인데, 이 노턴 등가저항 R_N은 테브냉의 등가저항 R_{TH}를 구했던 방법과 동일한 방법으로 구하면 된다.

다음 예제를 풀면서 노턴 등가회로를 정리해 보도록 하자.

예제 1-7

[그림 1-35]의 회로에서 노턴의 정리를 이용하여 부하저항 R_L에 흐르는 전류 I_L을 구하라.

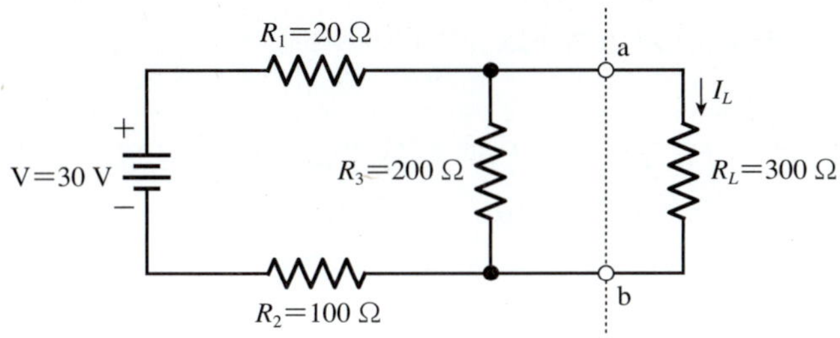

[그림 1-35]

풀이

노턴 등가전류 I_N은 부하저항 R_L을 단락시키고 여기에 흐르는 전류를 계산함으로써 구할 수 있다. [그림 1-35]의 회로에서 부하저항 R_L을 단락시키면 이에 의해 R_3도 단락되므로, 아래의 [그림 1-36]과 같다.

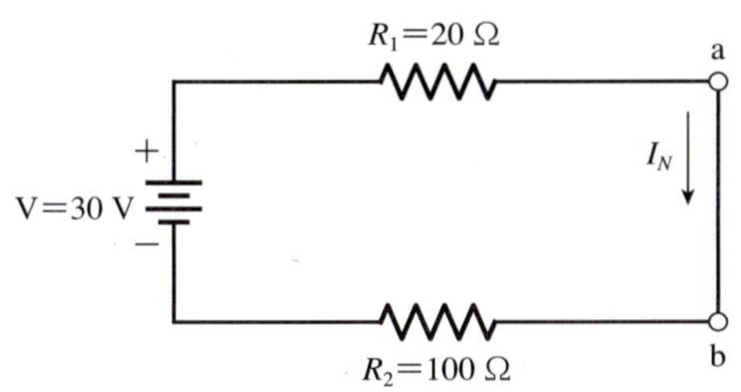

[그림 1-36] R_L에서 R_3이 단락된 회로

이때 단락된 단자 a, b 사이에 흐르는 전류가 바로 노턴의 등가전류 I_N이며, 아래와 같이 계산하여 250 mA가 구해진다.

$$I_N = \frac{V}{R_1 + R_2}$$
$$= \frac{30}{20+100} = \frac{30\ \text{V}}{120\ \Omega} = 250\ \text{mA}$$

다음으로 노턴 등가저항을 구해보자. 이는 테브냉 등가저항 R_{TH}와 동일한 방법으로 구한다. 즉, 회로에서 전압원을 단락시키고 부하 쪽에서 회로 쪽을 본 등가저항을 계산하면 된다. [그림 1-37]과 같이

[그림 1-35]에서 전압원 V를 단락하고 R_L을 제거한 후 단자 a, b 사이에서 저항값을 측정하면 노턴 등가저항 R_N이 된다.

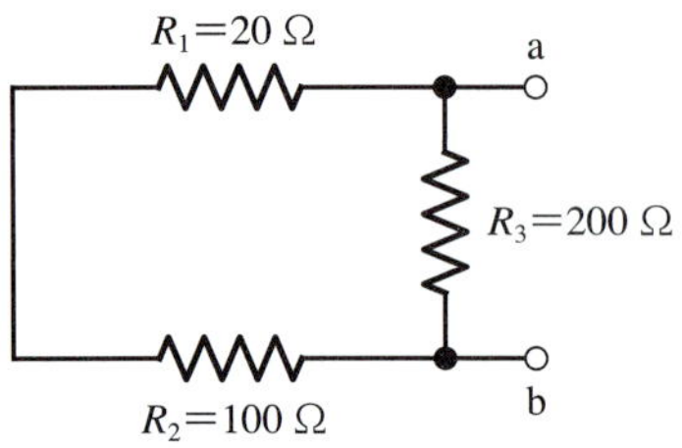

[그림 1-37] 노턴 등가저항을 구하기 위한 회로

위의 [그림 1-37]에서 단자 a, b 사이의 저항을 구해보자. R_1과 R_2는 직렬로 연결되어 있고, R_3은 이들과 병렬로 연결되어 있으므로, 노턴 등가저항은 다음과 같이 계산된다.

$$R_N=\frac{(R_1+R_2)\times R_3}{(R_1+R_2)+R_3}$$
$$=\frac{(20+100)\times 200}{20+100+200}=75\ \Omega$$

따라서 노턴 등가전류는 $I_N=250$ mA이고 노턴 등가저항은 $R_N=75\ \Omega$이다. 노턴 등가전류 I_N과 등가저항 R_N을 병렬로 연결하고 여기에 부하저항 R_L을 병렬로 연결함으로써, [그림 1-38]과 같은 노턴 등가회로가 구해진다.

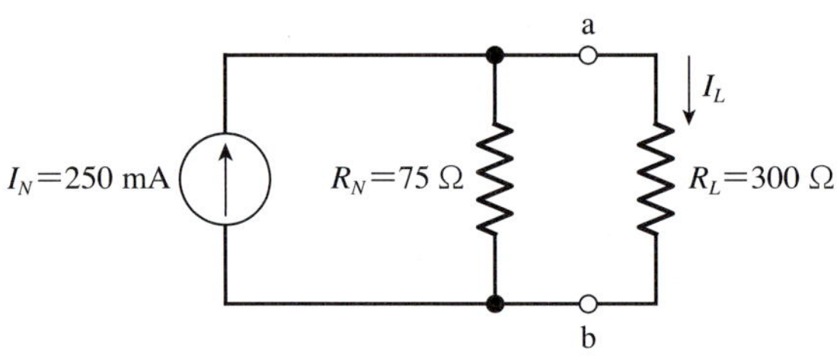

[그림 1-38] [그림 1-35] 회로의 노턴 등가회로

부하저항 R_L에 걸리는 전류 I_L은 전류 분배법칙을 사용하여 다음과 같이 계산된다.

$$I_L=I_N\times\frac{R_N}{R_N+R_L}$$
$$=250\text{ mA}\times\frac{75}{75+300}=50\text{ mA}$$

따라서 부하저항 R_L에 흐르는 전류 I_L은 50 mA가 된다.

1.5 주파수 응답

지금까지 전자회로 해석에 있어서 필수적인 키르히호프의 전류 및 전압법칙, 테브냉 등가회로와 노턴 등가회로 등에 대하여 살펴보았다. 이 절에서는 주파수 응답이란 무엇인가에 대하여 간략하게 설명하고, 8장에서 보다 구체적으로 살펴보기로 하자.

회로의 주파수 응답(frequency response)이란 다양한 주파수 성분을 포함하는 입력신호가 회로에 입력으로 들어왔을 때, 주파수 성분에 따른 출력의 크기와 위상 변화를 말한다. 즉, 주파수 응답은 신호 주파수의 변화에 따른 회로 응답의 변화를 나타낸다. 그러므로 회로의 유형에 따라 주파수 응답의 형태가 매우 다양하게 나타난다. 저주파에서 응답특성이 좋은 회로이거나, 고주파 응답특성이 좋은 회로, 또는 어느 특정 주파수만을 억제하는 회로 등 다양한 형태가 존재한다.

주파수 응답에 따른 입력신호와 출력신호의 비를 전달함수라고 한다. 회로의 전달함수(transfer function)는 일반적으로 $H(\omega)$로 표기하는데, 이는 입력신호를 $X(\omega)$, 출력신호를 $Y(\omega)$라고 할 때 주파수에 따른 응답의 비(ratio)로 표현된다. [그림 1-39]에서와 같은 선형 회로망의 전달함수를 수식으로 나타내면 식 (1.26)과 같다. 이때 전달함수 $H(\omega)$는 복소수로 표현되며, 크기 $|H(\omega)|$와 위상 $\angle\phi$으로 구분된다.

$$H(\omega)=\frac{Y(\omega)}{X(\omega)} = |H(\omega)|\angle\phi \tag{1.26}$$

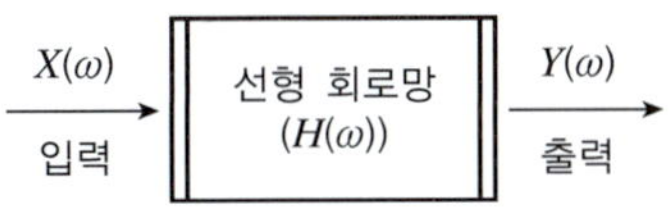

[그림 1-39] 선형 회로망의 블록 다이어그램

전달함수의 유형

선형 회로망에서 입력과 출력은 회로상 임의의 부분에서 전압 또는 전류가 될 수 있기 때문에, 다음과 같은 4가지 형태의 전달함수를 생각할 수 있다.

$$H(\omega)=\text{전압이득(voltage gain)}=\frac{V_o(\omega)}{V_i(\omega)} \tag{1.27}$$

$$H(\omega)=\text{전류이득(current gain)}=\frac{I_o(\omega)}{I_i(\omega)} \tag{1.28}$$

$$H(\omega)=\text{전달임피던스(transimpedance)}=\frac{V_o(\omega)}{I_i(\omega)} \tag{1.29}$$

$$H(\omega)=\text{전달어드미턴스(transadmittance)}=\frac{I_o(\omega)}{V_i(\omega)} \tag{1.30}$$

위와 같은 수식을 이용하여 전달함수를 구하려면, 저항(R), 인덕터(L), 커패시터(C) 대신에 임피던스인 R, $j\omega L$, $1/j\omega C$을 사용하여 주파수 영역에서의 등가회로를 구한 다음, 회로분석을 통해 주파수 변화에 따른 주파수 응답을 구하면 된다.

[예제 1-8]을 통해서 전달함수와 주파수 응답에 대한 이해를 보다 명확히 하자.

예제 1-8

[그림 1-40]의 RC 회로에서 입력 $V_S = V_m\cos(\omega t)$일 때, 전달함수 $\frac{V_O}{V_S}$와 주파수 응답을 구하라.

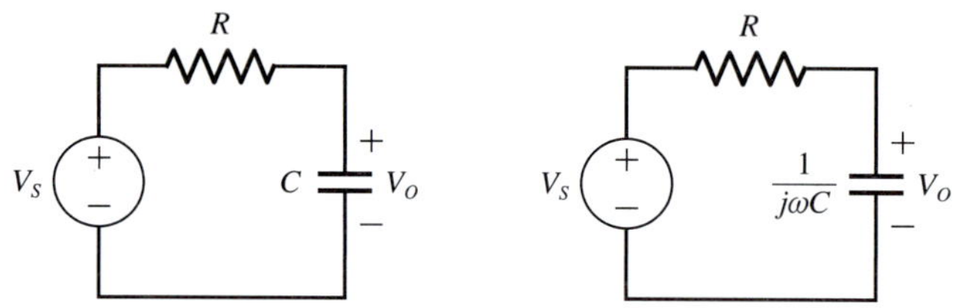

(a) 시간 영역 (b) 주파수 영역

[그림 1-40] 일반적인 RC 회로

풀이

[그림 1-40(a)]를 보면 입력 신호가 V_S이고, 출력이 V_O이다. 이것을 주파수 영역에서 나타내면 [그림 1-40(b)]의 회로가 된다. 즉, 커패시터가 $1/j\omega C$로 대체된다. 따라서 전달함수 $H(\omega)$는 다음과 같이 계산된다.

$$H(\omega) = \frac{V_O}{V_S} = \frac{1/j\omega C}{R + 1/j\omega C} = \frac{1}{1 + j\omega RC} = \frac{1}{1 + j\omega/\omega_0}$$

여기서 $\omega_0 = \frac{1}{RC}$이다. 이 값에 대해서는 뒤에서 다시 설명하도록 한다. 주파수 응답은 크기와 위상 응답으로 구분된다. 크기 응답 $|H(\omega)|$은 다음과 같고,

$$|H(\omega)| = \frac{1}{\sqrt{1 + (\omega/\omega_0)^2}}$$

위상 응답 $\angle\phi$은 다음과 같다.

$$\angle\phi = -\tan^{-1}(\omega/\omega_0)$$

이렇게 구한 주파수 응답을 그림으로 나타내기 위해서, ω/ω_0 값에 따라 주파수 응답의 크기와 위상 응답값을 다음 [표 1-2]와 같이 구하고, 이를 기본으로 하여 그린 그래프가 [그림 1-41]이다.

[표 1-2] 주파수 응답의 크기와 위상 응답값

ω/ω_0	$\|H(\omega)\|$	$\angle\phi$	ω/ω_0	$\|H(\omega)\|$	$\angle\phi$
0	1(0 dB)	0	10	0.1	−84°
1	0.707(−3 dB)	−45°	20	0.05	−87°
2	0.45	−63°	∞	0	−90°

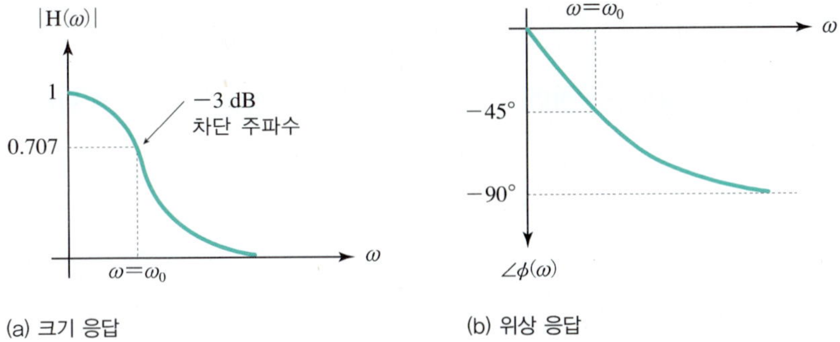

[그림 1-41] 주파수 응답(크기와 위상 응답)

주파수 응답의 크기는 일반적으로 데시벨 단위로 측정한다.

$$G_{\mathrm{dB}} = 10\log_{10}\frac{P_2}{P_1} \tag{1.31}$$

주파수 응답을 나타내는 특성 파라미터로는 대역폭(bandwidth)과 차단 주파수(cutoff frequency)가 자주 사용된다. 대역폭은 두 차단 주파수 사이의 영역으로 표현된다.

차단 주파수

차단 주파수는 전압(voltage)값이 기준값에 비해 $1/\sqrt{2}$로 감소되는 주파수를 말한다. 이는 소자의 전력(power)값으로 보면 기준값에 비해 1/2로 감소하는 주파수가 되는 것을 의미한다. 즉 1/2전력점 주파수가 차단 주파수이다. [예제 1-8]에서 차단 주파수는 $H(\omega)$값이 $1/\sqrt{2}$이 되도록 구하면 된다. 구한 결과가 $\omega_0 = \frac{1}{RC}$이며, 이 값이 차단 주파수에 해당한다.

차단 주파수는 필터에서 자주 사용되는 특성 파라미터이다. 저주파 통과필터(lowpass filter)가 직류(dc)에서부터 차단 주파수까지 통과하도록 설계된다면, 고주파 통과필터(highpass filter)는 차단 주파수 이상의 주파수 성분이 통과하도록 설계된다.

지금까지 저항, 인덕터, 커패시터와 같은 수동소자로 구성되는 전기회로의 해석에 있어서 필수적인 수동소자의 기본적인 특성, 키르히호프의 전류 및 전압법칙, 테브냉 등가회로와 노턴 등가회로, 주파수 응답 등에 대하여 알아보았다. 다음 장에서는 반도체 소자인 pn 접합 다이오드를 포함하는 전자회로에 대하여 구체적으로 알아본다.

1.6 요약

■ **저항** 전류의 흐름을 방해하는 정도를 말하며, 도체의 저항은 고유저항 ρ와 길이(l)에 비례하고 단면적(A)에 반비례하며, 다음과 같이 표현된다.

$$R=\rho\frac{l}{A}$$

- 직렬연결된 저항의 총 저항값은 각 저항값의 합으로 구해진다.

$$R_T=R_1+R_2+R_3+\cdots+R_n$$

- 저항이 병렬로 연결된 경우, 총 저항값은 다음과 같이 구해진다.

$$\frac{1}{R_T}=\frac{1}{R_1}+\frac{1}{R_2}+\frac{1}{R_3}+\cdots+\frac{1}{R_n}$$

■ **인덕터** 구리나 알루미늄 등을 절연성 재료로 감싸고 이 둘레를 도선으로 감싼 소자이다.

- 인덕터가 직렬연결된 경우, 총 인덕턴스 값은 직렬연결된 저항의 총 저항값과 같은 방법으로 구해진다.

$$L_T=L_1+L_2+L_3+\cdots+L_n$$

- 인덕터가 병렬로 연결된 경우, 총 인덕턴스의 값은 다음과 같이 구해진다.

$$\frac{1}{L_T}=\frac{1}{L_1}+\frac{1}{L_2}+\frac{1}{L_3}+\cdots+\frac{1}{L_n}$$

■ **커패시터** 두 도체 사이의 공간에 전하를 모으는 소자로, 보통 두 개의 도체 판으로 구성되고 그 사이에 절연체가 채워져 있다.

- 정전용량을 C, 전하량을 Q, 전위차를 V라고 하면 다음 관계가 성립한다.

$$C = \frac{Q}{V}$$

- 커패시터 n개가 직렬로 연결된 경우, 총 합성용량은 다음과 같다.

$$\frac{1}{C_T} = \frac{1}{C_1} + \frac{1}{C_2} + \cdots + \frac{1}{C_n}$$

- 커패시터 n개를 병렬연결 시 합성용량은 다음과 같다.

$$C_T = C_1 + C_2 + \cdots + C_n$$

■ **테브냉 등가회로와 노턴 등가회로** 복잡한 회로를 간단하게 해석하기 위해 사용한다.

- 전압원, 전류원, 저항 등의 조합으로 이루어진 선형 2단자 회로망은 테브냉 전압원 V_{TH}와 테브냉 저항 R_{TH}를 직렬연결한 등가회로로 대체할 수 있다.
- 테브냉 등가전압 V_{TH}은 부하저항을 개방한 상태에서 부하의 양단에 걸리는 전압이며, 테브냉 등가저항 R_{TH}는 회로에서 전압원을 단락시키고(전류원은 개방) 부하 쪽에서 회로 쪽을 본 저항이다.
- 노턴의 정리를 이용하면 전압원, 전류원, 저항의 어떠한 조합이라도 노턴 등가전류원 I_N과 노턴 등가저항 R_N을 병렬로 연결한 등가회로로 나타낼 수 있다.
- 노턴 등가전류 I_N은 부하저항을 없애고 그 자리를 단락시킨 후에 그 곳에 흐르는 전류를 계산한 값이다.
- 노턴 등가저항 R_N은 부하저항 R_L을 제거한 후 회로 쪽을 바라본 저항으로, 테브냉의 등가저항 R_{TH}를 구하는 방법과 동일한 방법으로 구할 수 있다.

■ **주파수 응답** 입력신호에 대하여 시스템의 출력신호가 주파수에 따라 변하는 특성

- 회로의 전달함수 $H(\omega)$는 입력신호 $X(\omega)$와 출력신호 $Y(\omega)$의 주파수에 따른 응답의 비로써, 다음과 같이 표현된다.

$$H(\omega) = \frac{Y(\omega)}{X(\omega)} = |H(\omega)| \angle\phi$$

1 http://en.wikipedia.org/wiki/Digital_camera

2, 3 http://ko.wikipedia.org/wiki/%EC%8B%9C%EB%AA%A8%EC%8A%A4_%EC%9D%B4%EB%AF%B8%EC%A7%80_%EC%84%BC%EC%84%9C

4 http://www.encyber.com/search_w/ctdetail.php?gs=ws&gd=&cd=&d=&k=&inqr=&indme=&p=1&q=%BA%F1%C0%FA%C7%D7&masterno=81826&contentno=81826

5 http://en.wikipedia.org/wiki/Resistor

Chapter_01 연습문제

1.1 [그림 1-42]의 회로에서 총 합성저항을 구하라.

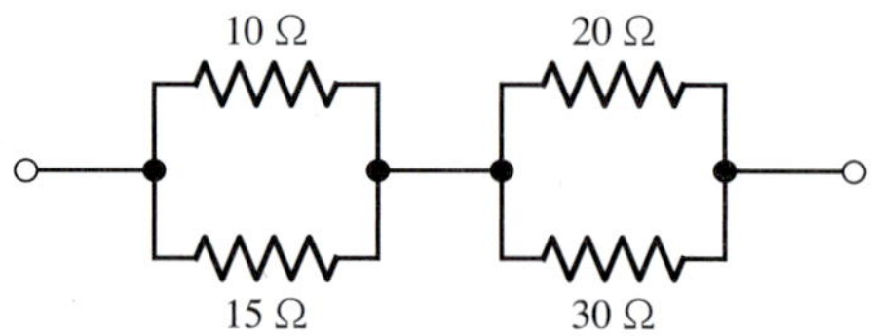

[그림 1-42]

1.2 3개의 커패시터 정전용량은 각각 5 μF, 10 μF, 15 μF이다. 이들을 직렬로 연결할 때와 병렬로 연결할 때 합성 정전용량은 몇 μF인지 구하고 결과값을 비교해 보라.

1.3 다음과 같이 인덕터들이 연결되어 있을 때 총 인덕턴스를 계산하라.

(a) 2 mH와 15 mH의 직렬연결

(b) 5 mH와 10 mH의 병렬연결, 이것을 다시 3 mH와 직렬연결

1.4 [그림 1-43]에서 단자 a, b 사이의 전압이 15 V이고 단자 a, b에서 본 회로망 N의 임피던스가 $3+j5$ Ω일 때, 단자 a, b에 새로운 임피던스 $Z=3-j2$ Ω를 연결할 경우 단자 a, b에 흐르는 전류를 구하라.

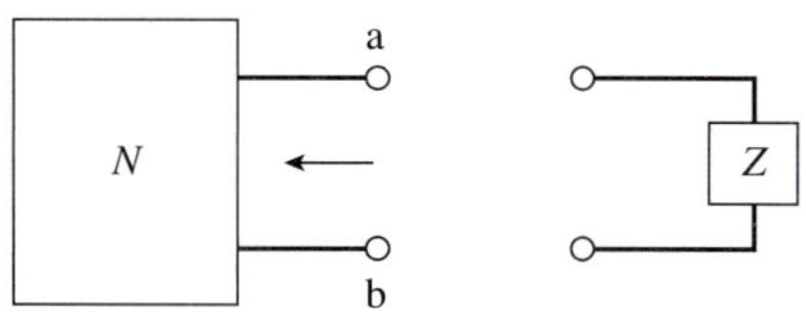

[그림 1-43]

1.5 [그림 1-44]의 (a)회로를 (b)와 같은 등가회로로 대체하고자 할 때 V_{TH}와 R_{TH}값을 구하라.

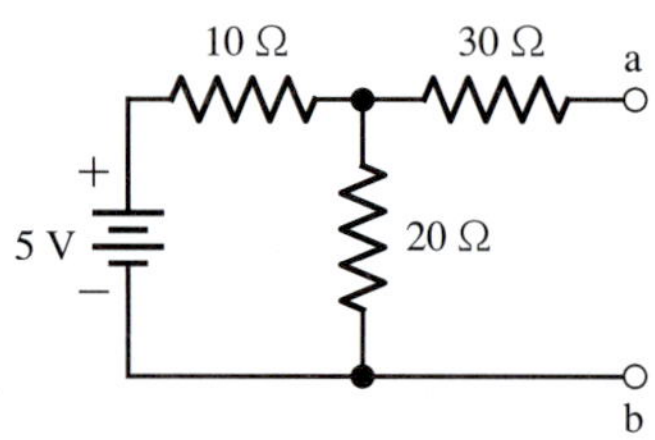

(a)

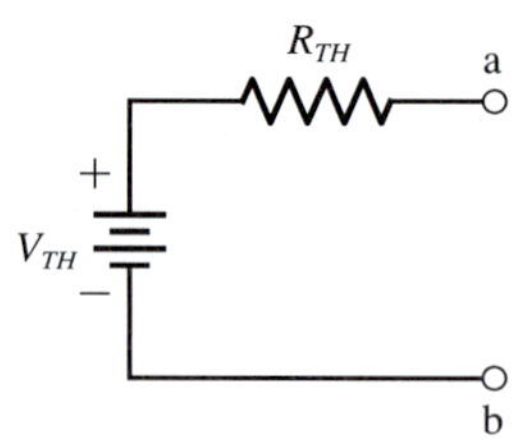

(b)

[그림 1-44]

1.6 [그림 1-45]의 회로를 테브냉 등가회로로 변환하고, 부하저항 R_L에 흐르는 전류 I_L을 테브냉의 정리를 이용하여 구하라.

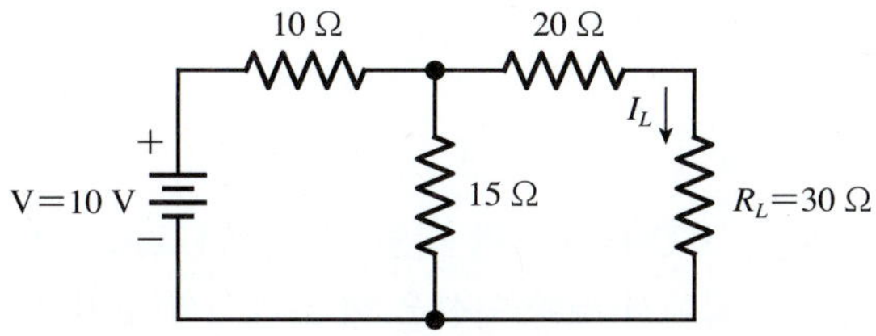

[그림 1-45]

1.7 [그림 1-46] 회로를 노턴 등가회로로 변환하고, 부하저항 R_L에 흐르는 전류 I_L을 구하라.

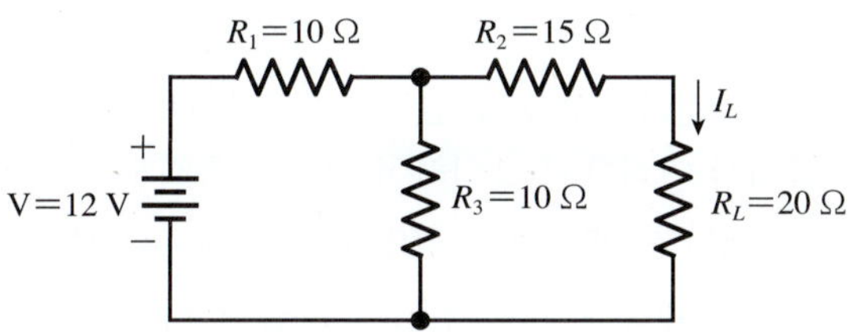

[그림 1-46]

1.8 [그림 1-46] 회로에서 $R_1=20\ \Omega$, $R_2=30\ \Omega$, $R_3=15\ \Omega$이라고 할 때, 부하저항 R_L에 흐르는 전류 I_L을 구하라.

1.9 [그림 1-40(a)]의 RC 회로에서 입력이 $V_S=100\cos(\omega t)$일 때, 차단 주파수 이하에서 주파수 응답을 구하라.

1.10 [그림 1-47]의 회로에서 $R=10\ \text{K}\Omega$이고, $C=0.05\ \mu\text{F}$일 때 차단 주파수를 구하라.

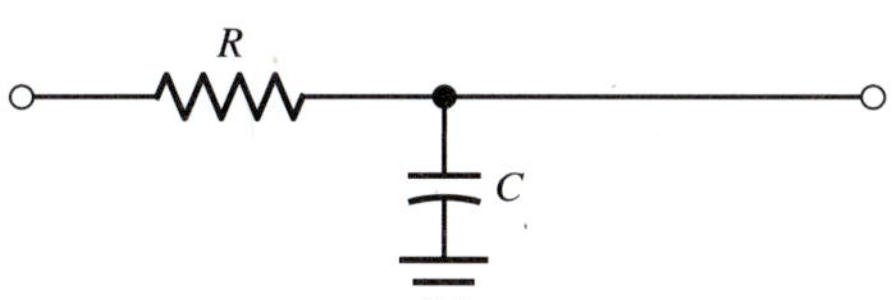

[그림 1-47]

현/장/의 목/소/리 #01

문제의 원인을 정확히 파악하라

글. **김봉주** _한양대학교 BME연구실 연구원

CINE보드 개발 시 리프레시(refresh) 시점 결정 문제

회사에서 CINE 보드를 개발할 때의 일이다. CINE 보드란 리얼 타임(real time) 영상의 일정 프레임을 연속으로 저장한 후, 원하는 시점에서 해당 영상을 한 프레임씩 보거나 연속적인 영상을 볼 수 있게 해주는 기능으로 일반적으로 의료용 초음파 진단기 영상에서 많이 사용한다.

일반적인 CINE 보드의 경우, 전원을 OFF시키면 메모리에 저장된 영상을 보존하지 않는다. 그러나 당시의 설계 사양은 CINE 모드에서 원하는 영상을 선택하여 다시 DRAM에 저장하고, 해당 영상의 부가정보를 원하는 시점에서 언제든지 복원하여 화면에 출력하는 기능이 필요하였다. 해당 CINE 모드를 설계할 당시에는 플래시 메모리(flash memory)가 보급되기 전이고 SRAM에 32FRAM의 영상을 저장하기에는 원가에 상당한 부담이 되었기에, 우리는 원가절감을 위해 DRAM을 백업하여 영상을 저장하기로 하였다.

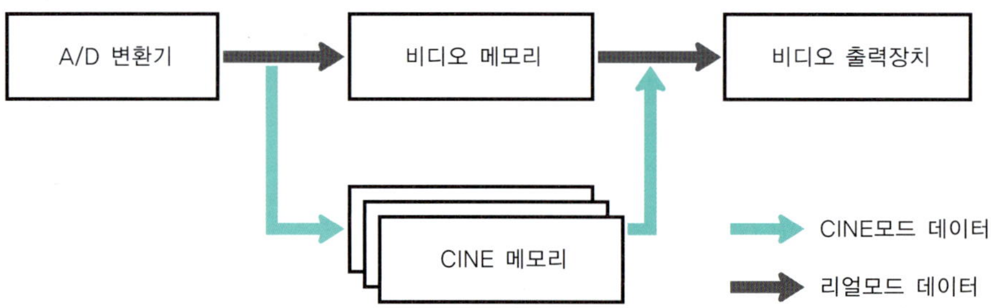

• CINE 모드처리 개념도

설계 당시에 예상되는 여러 가지 문제점들이 있었으나, 대부분은 일정에 맞추어 큰 무리 없이 진행되었다. 전원이 OFF될 때 DRAM의 리프레시(refresh) 시점을 결정하는 것이 설계상의 가장 큰 문제로 대두되었다. 예상대로 CINE 기능을 구현한 시점에서도 이 문제는 상당한 골칫거리였다.

우선 우리가 정상상태에서 사용하는 CINE 메모리의 리프레시(refresh) 모드는 RAS only refresh 모드를 이용하고 있었으며, 전원이 OFF된 이후에는 self-refresh 모드로의 전환이 필요했다. 그러나 막상 전원을 OFF한 후, 다시 전원을 ON하여 저장된 영상을 복원해 보니, 영상에 가로로 하얀 점들이 간간히 그리고 불규칙적으로 보이기 시작하였다.

처음에는 이 문제를 CINE 보드에서 구동되는 리프레시(refresh) 회로의 설계상 결함으로 오해하였으나, 디버깅을 진행하는 과정에서 리프레시(refresh) 시점이 문제였다는 것이 발견되었다. 즉, 사용자가 전원을 OFF시켜도 실상 CINE보드의 전압이(전압이 0 V로 내려가는 시점이 일정하지 않아, 리프레시(refresh) 주변회로가 오동작하는 사례가 발생) 완전히 0 Voltage로 내려가기까지에는 수 ms에서 수십 ms까지도 걸리는데, 이 시점이 일정하지 않아 일부 디지털(digital) 회로는 전원이 내려가는 시점까지도 동작하는 것이 문제였다.

(사용자가 전원을 끄면, 더 이상 장비를 사용하지 않는 것이다. 즉, CINE 보드의 입장에서 볼 때, 전원을 OFF한 시점과 ON한 시점에서의 리프레시(refresh) 모드가 다르게 동작하도록 설계를 한 것인데, 전원을 OFF한 시점에서도 CINE보드의 리프레시(refresh) 모드가 전원을 ON한 시점의 리프레시(refresh) 모드로 오동작하는 사례가 발생하였다.)

정상적으로 출시되다

우리는 이 문제를 해결하기 위해서 사용자가 전원을 OFF시키면 이 시점을 일정하게 유지하도록, 사용자가 전압을 내린 후 CINE 보드의 전압이 DC 5V에서 DC 3.7V까지는 정상 전압으로 간주하고 CINE 보드의 리프레시(refresh) 모드를 정상상태의 리프레시 모드로 동작하게 하였다. CINE 보드의 전압이 DC 3.7V 미만으로 내려가는 시점을 확인하여 이 시점에서는 백업(backup) 회로가 구동되어 DRAM을 백업하고, 자동 리프레시(auto refresh) 모드가 구동되도록 전압 검출(voltage detection) 회로를 설계하여 CINE 보드에 추가하였다.

물론 이후에도 자그마한 문제가 간혹 발생하기는 하였으나, 이 문제에 비하면 아주 사소한 문제들이기에 해당 CINE 보드는 정상적으로 출시되었다. 지금은 웃으면서 이야기할 수 있지만, 당시 우리가 이 문제를 해결하지 못했다면 필자가 속해 있던 팀은 얼마 지나지 않아 해체되었을지 모른다.

Chapter 02

PN 접합 다이오드

학습목표

- 전자회로를 구성하는 기본 소자인 다이오드의 구조와 기본적인 특성을 이해한다.
- 다이오드의 DC 해석과 소신호 등가회로에 대하여 이해하고, 이를 다이오드 응용회로 해석에 활용한다.
- 다이오드를 이용한 다양한 응용회로의 동작과 특성을 이해하고 분석하여, 다이오드 응용회로의 설계가 가능하도록 한다.

R, L, C 수동소자로 구성되는 회로의 기본적인 개념에 대하여 1장에서 살펴보았다. 이번 장에서는 PN 접합 다이오드(diode)의 특성과 응용회로에 대하여 구체적으로 알아보려 한다.

먼저 반도체란 무엇인지 그 개념을 정리한다. 오늘날 대부분의 전자회로는 다이오드, 트랜지스터 등의 반도체 소자로 구성된다. 따라서 반도체라는 물질의 특성을 이해하는 것은 전자회로의 동작과 특성을 정확하게 이해하고 분석하는 데 기본이 된다. 반도체에 대한 이해를 돕기 위해서 물질의 구조적인 특성을 살펴보고, 이어서 PN 접합과 공핍층 형성, 바이어스의 개념에 대해 설명한다. PN 접합으로 구성되는 다이오드는 그 구조가 간단하면서도 응용 분야가 매우 다양하다. 다이오드의 DC 해석과 등가모델, 소신호 등가모델 등은 다이오드 응용회로의 해석에 있어서 매우 중요한 내용이다. 이와 같은 핵심적인 내용을 자세히 살펴보고, 이를 기반으로 다이오드 응용회로의 해석과 설계가 가능하도록 구성하였다.

또한 이번 장의 내용은 3장에서 살펴볼 BJT와 4장에서 다루는 BJT 증폭기의 기초가 되는 중요한 내용이므로 충분한 이해가 요구된다.

2.1 반도체란 무엇인가

2.1.1 도체와 반도체

실제 전자회로를 구성하는 대부분의 전자소자들은 도체와 절연체 또는 반도체 재료로 되어 있다. 절연체(insulator)란 플라스틱, 나무, 유리 등과 같이 정상적인 조건에서 전류가 흐르지 못하는 물질을 말하고, 도체(conductor)는 대부분의 금속처럼 전류가 잘 흐르는 물질을 뜻한다. 반도체(semiconductor)는 도체와 절연체의 중간적인 도전성을 갖는 물질이다. 실리콘(Si), 게르마늄(Ge), 탄소(C) 등은 단일 원소로 구성된 반도체이며, 갈륨비소(GaAs), 인듐인(InP) 등은 화합물 반도체이다. 반도체의 특성을 보다 구체적으로 이해하기 위해서 물질의 원자구조를 살펴보자.

모든 물질은 원자(atom)로 구성되며, 원자는 양전하를 띠는 양성자와 전기적 중성인 중성자로 구성된 원자핵(nucleus) 그리고 핵 주위를 돌고 있는 음전하를 띠는 전자(electron)로 구성된다. 전자들은 원자핵 주위에 띠(궤도) 형태로 확률적으로 분포하고 있는데, 가장 바깥 궤도(orbit)에 위치하고 있는 전자를 가전자(valence electron)라고 하며, 이 가전자의 수가 물질의 특성과 직접적으로 관련된다. 가전자가 1개인 물질은 가장 좋은 도체로서의 특성을 가지며, 가전자가 8개인 물질은 가장 좋은 절연체로서의 특성을 갖는다.

대표적인 반도체 물질인 실리콘(Si)의 경우, 4개의 가전자를 갖는 4가 원소이며 인접한 원자의 가전자들이 서로 공유되어 격자모양으로 공유결합을 형성하고 있다. [그림 2-1]은 실리콘 원자가 인접한 4개의 원자들과 각각 1개씩의 가전자를 공유하여 결합하고 있는 상태를 2차원적으로 표현한 것이다. 이와 같은 공유결합이 3차원적으로 이루어져 실리콘 결정이 형성된다.

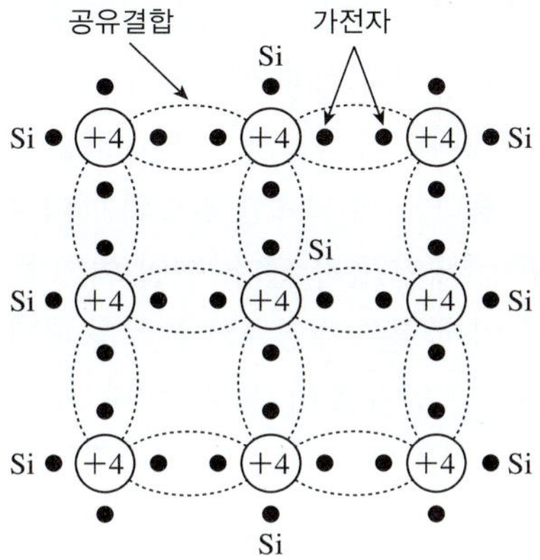

[그림 2-1] 실리콘 결정을 형성하고 있는 공유결합의 2차원적인 표현

절대온도 0K (−273℃)일 때 실리콘의 가전자들은 모두 공유결합에 의해 구속되어 있으므로 전계가 가해지더라도 전자가 이동하지 않는다. 따라서 실리콘이 반도체일지라도 0K에서는 절연체의 특성을 가진다. 그러나 가전자가 에너지(열 또는 빛 에너지 등)를 얻게 되면 상황은 달라진다. 가전자가 에너지를 얻으면, 공유결합이 파괴되어 원래의 공유결합 위치로부터 이탈되는데, 이렇게 이탈한 가전자를 자유전자 또는 전도전자(conduction electron)라고 한다. 공유결합이 파괴되어 전자가 이탈되면, 원래 전자가 있던 공유결합 위치에 전자의 빈자리가 남게 되는데 이것을 정공(hole)이라 한다. [그림 2-2]는 공유결합의 파괴에 의해 전자-정공쌍이 생성된 모습이다.

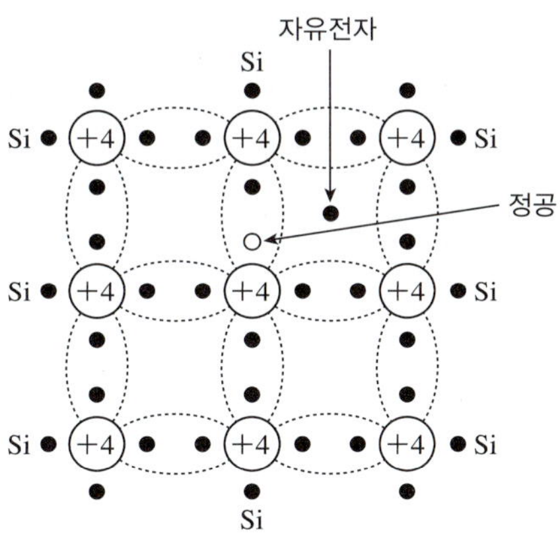

[그림 2-2] 공유결합이 끊어져서 생성된 전자-정공쌍

고체의 도전현상은 양자역학적인 에너지 대역(energy band) 개념으로 보다 쉽게 이해될 수 있다. 에너지 대역에 대한 상세한 설명은 이 책의 범주를 벗어나므로, 여기에서는 기본적인 개념만 설명한다.

[그림 2-3]은 고체의 에너지 대역이다. 가전자들이 존재하는 가장 높은 에너지 상태를 가전자대역(valence band) 또는 충만대역이라고 하며, 이 보다 더 높은 에너지 상태를 전도대역(conduction band)이라고 한다. 가전자대역과 전도대역 사이의 에너지 상태에는 전자가 존재할 수 없으며, 따라서 금지대역(forbidden band)라고 한다. 금지대역의 폭을 밴드갭(band gap) 에너지라고 하며, 가전자가 공유결합을 끊고 전도대역으로 이동하는 데 필요한 최소의 에너지라고 생각할 수 있다. [그림 2-3(a)]에서 밴드갭 에너지는 $E_g = E_c - E_v$가 된다. 만일 어느 물질의 밴드갭 에너지가 3~6 eV(electron volt: 전자볼트)이면 이 물질은 절연체의 특성을 띠게 되는데, 그 이유는 상온에서 어떤 물질도 이 정도의 큰 에너지를 얻지 못하기 때문이다. 일반적으로 반도체의 경우 대략 1 eV 정도의 밴드갭 에너지 값을 가지며, 실리콘의 밴드갭은 약 1.2 eV이다.

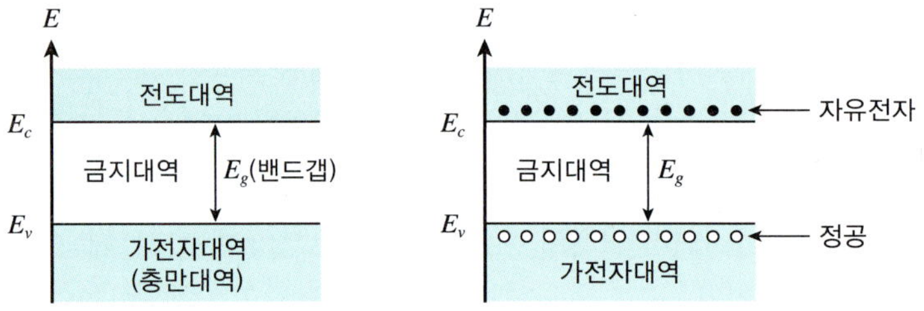

(a) 절연체 (b) 반도체

[그림 2-3] 절연체와 반도체의 에너지 대역

고체의 도전성은 가전자대역과 전도대역의 상태와 관계가 있다. [그림 2-3(a)]와 같이 가전자대역이 가전자들로 완전히 채워져 있고 전도대역은 모두 비어 있으면, 움직일 수 있는 캐리어(전자 또는 정공)가 없으므로 전류가 흐를 수 없다. 이 상태는 모든 가전자들이 공유결합에 의해 속박되어 있는 상태와 같으며, 절연체와 절대온도 0K에서 실리콘의 상태이다.

밴드갭보다 큰 에너지가 인가되어 가전자가 전도대역으로 이동하게 되면, 가전자대역에는 이동된 전자의 수만큼 정공이 생긴다. [그림 2-3(b)]는 이와 같은 상태를 보이고 있으며, 이 상태에서 전계가 인가되면 전도대역의 전자와 가전자대역의 정공이 이동하여 전류가 흐르게 된다.

전도대역에 있는 자유전자는 결정구조 내에서 불규칙적으로 운동한다. 그러나 외부에서 전계가 가해지면 전자는 쉽게 양극(+) 쪽으로 끌려가게 되고, 이것은 전자전류(electron current)를 발생시킨다. 또한 가전자대역에서 이동하는 정공은 정공전류(hole current)를 발생시킨다. 가전자대역에 존재하는 전자들은 자유전자처럼 결정구조 내를 자유롭게 이동하지는 못하지만, 에너지 준위의 변화 없이 인접한 정공 속으로 이동할 수 있으며 전자가 빠져나온 그 자리가 또 다른 정공이 된다. 결과적으로 정공은 결정구조 내의 한 장소에서 다른 장소로 이동하는 것이 되고, 이것이 정공전류를 발생시킨다. 이처럼 반도체에서 전자와 정공의 이동은 전류의 형성과 직접적으로 관련된다. 전자와 정공은 한 장소에서 다른 장소로 전하를 운반하기 때문에 캐리어(carrier)라고 불린다.

2.1.2 진성 반도체와 불순물 반도체

진성 반도체

진성 반도체(intrinsic semiconductor)란 불순물(dopant)이 첨가되지 않은 순수한 반도체를 의미한다. 즉, 결정구조에서 다른 형태의 원자가 존재하지 않는 단결정 반도체 물질로, 고유 반도체라고도 한다. 진성 반도체는 열적으로 생성된 전자와 정공만이 캐리어가 되므로 자유전자와 정공의 농도가 같다. 따라서 진성 반도체에서 진성 캐리어 농도 n_i는 정공뿐 아니라 자유전자의 농도를 나타내며, 밴드갭 에너지(E_g)와 온도(T)에 따라 다음과 같이 결정된다.

$$n_i = BT^{\frac{3}{2}} e^{\left(\frac{-E_g}{2kT}\right)} \tag{2.1}$$

여기서 k는 볼츠만 상수(Boltzman constant)로 $k = 8.6 \times 10^{-5}\ eV/K$이고, B는 특정 반도체 물질에 관련된 계수이며, 실리콘의 경우 $B = 5.23 \times 10^{15}\ \mathrm{cm}^{-3} K^{-3/2}$이다. $T = 300\mathrm{K}$에서 실리콘 진성 반도체의 캐리어 농도를 식 (2.1)로 계산하면, $n_i = 1.5 \times 10^{10}\ \mathrm{cm}^{-3}$이다.

진성 반도체의 캐리어 이동도는 불순물이 첨가된 반도체에 비해 크다. 이는 첨가된 불순물이 없어 이온화 불순물 산란의 영향을 받지 않기 때문이다. 진성 반도체는 상온에서의 캐리어 농도 $n_i = 1.5 \times 10^{10}\ \mathrm{cm}^{-3}$가 실리콘 원자의 농도 $5 \times 10^{22}\ \mathrm{cm}^{-3}$보다 매우 작으므로, 전류가 아주 작아 그 용도 또한 매우 제한적이다. 따라서 진성 반도체에 적당량의 불순물(3가 또는 5가)을 첨가하여 사용한다.

불순물 반도체

진성 반도체는 캐리어 농도가 매우 낮아 도전성이 아주 작으므로, 적당량의 불순물을 도핑하면 도전성이 증가된다. 진성 반도체에 3가 또는 5가 불순물을 첨가하여 전자 혹은 정공의 수를 증가시키는 과정을 도핑(doping)이라 하며, 불순물이 도핑된 반도체를 불순물(extrinsic) 반도체라고 한다. 이처럼 도핑 과정을 통해 반도체에서 자유전자와 정공의 양을 조절할 수 있다.

불순물 반도체는 도핑 물질에 따라 N형 반도체와 P형 반도체로 구분된다. 진성 실리콘에 인(P), 비소(As), 안티몬(Sb)과 같은 5가 불순물을 첨가하면, [그림 2-4(a)]와 같이 결정격자에서 실리콘이 차지했던 자리에 불순물 원자가 들어간다. 그러면 불순물이 가지고 있던 5개의 가전자 중 4개는 주변의 실리콘 원자들과 공유결합을 이루고, 나머지 1개는 불순물 원자에서 이탈하여 자유전자가 된다. N형 반도체는 진성 실리콘에 5가 불순물을 첨가하여 음(−)전하를 띠는 전자의 농도를 증가시킨 반도체이다. 이때 5가 불순물은 자유전자를 제공하므로 도너 불순물(donor impurity)이라고 한다.

진성 실리콘에 붕소(B), 인듐(In), 갈륨(Ga)과 같은 3가 불순물을 첨가하면, [그림 2-4(b)]와 같이 결정격자에서 실리콘이 차지했던 자리에 불순물 원자가 들어간다. 불순물 원자는 3개의 가전자를 가지고 있으므로, 주변의 실리콘 원자들과 공유결합을 이루기 위해 1개의 가전자가 부족하게 되고, 이는 1개의 정공을 생성한다. 이렇게 3가 불순물은 정공을 제공하므로, 억셉터 불순물(acceptor impurity)이라고 한다.

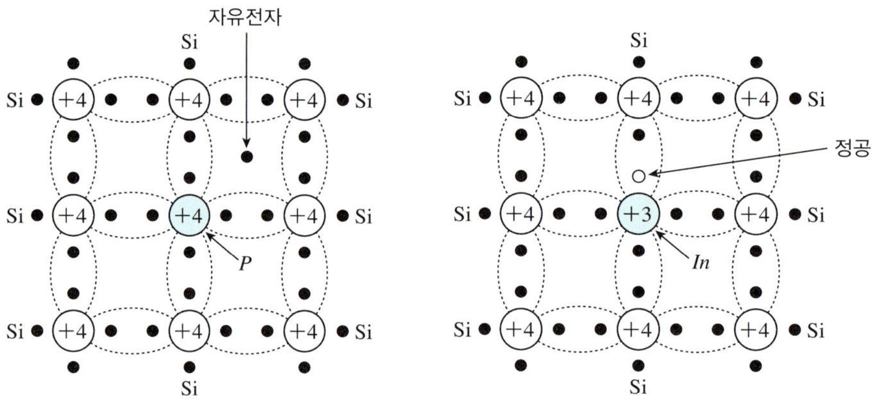

(a) N형 반도체　　(b) P형 반도체

[그림 2-4] 불순물 반도체

불순물 반도체에서 다수 캐리어와 소수 캐리어의 농도가 실제로는 어느 정도일까? 예를 들어, $N_D = 2 \times 10^{16}\,\text{cm}^{-3}$으로 도핑되어 있는 N형 반도체와 $N_A = 10^{17}\,\text{cm}^{-3}$으로 도핑되어 있는 P형 반도체의 전자와 정공의 농도를 계산하여 비교해 보자. 주입된 불순물이 모두 이온화되어 전자 또는 정공을 생성했다고 가정한다.

N형 반도체에서 전자농도는 $n_n = N_D + n_i$이다. 진성 반도체의 전자농도는 $n_i = 1.5 \times 10^{10}\,\text{cm}^{-3}$이며, 도핑된 불순물의 농도 N_D에 비해 상당히 작으므로 n_i는 무시할 수 있다. 따라서 N형 반도체의 전자농도 n_n은 다음과 같이 계산된다.

$$n_n \approx N_D = 2 \times 10^{16}\text{cm}^{-3} \tag{2.2}$$

한편, N형 반도체의 정공농도 p_n은 다음과 같이 계산된다.

$$p_n \approx \frac{n_i^2}{N_D} = \frac{(1.5 \times 10^{10}\,\text{cm}^{-3})^2}{2 \times 10^{16}\text{cm}^{-3}} = 11.25 \times 10^{3}\text{cm}^{-3} \tag{2.3}$$

다음으로 P형 반도체에서의 정공과 전자의 농도를 구해보자. 먼저 정공의 농도를 구한다. P형 반도체에서 정공농도는 $p_p = n_i + N_A$인데, 도핑된 불순물의 농도 N_A가 n_i에 비해 매우 큰 값이므로 p_p는 다음과 같이 계산된다.

$$p_p \approx N_A = 10^{17}\text{cm}^{-3} \tag{2.4}$$

P형 반도체에서의 전자농도 n_p도 N형 반도체에서 p_n을 구했던 것과 동일한 방법으로 구할 수 있다.

$$n_p \approx \frac{n_i^2}{N_A} = \frac{(1.5 \times 10^{10}\,\text{cm}^{-3})^2}{10^{17}\text{cm}^{-3}} = 2.25 \times 10^{3}\text{cm}^{-3} \tag{2.5}$$

계산 결과에서 알 수 있듯이, N형 반도체에서는 전자의 농도가 정공의 농도보다 매우 크므로 전자가 다수 캐리어가 되고, 반대로 P형 반도체에서는 정공이 다수 캐리어가 된다.

2.1.3 반도체에서의 전류흐름

PN 다이오드, 바이폴라 접합 트랜지스터(Bipolar Junction Transistor, BJT), FET(Field Effect Transistor) 등 반도체 소자는 N형 반도체와 P형 반도체의 접합을 기본으로 하여 구성된다. 따라서 반도체 소자에 흐르는 전류는 N형 반도체의 전자와 P형 반도체의 정공에 의해 운반되며, 이들 캐리어의 농도와 밀접한 관계를 갖는다.

반도체에 흐르는 전류는 캐리어의 농도 차에 의해 발생되는 확산전류(diffusion current) 성분과 인가되는 전계에 의해 캐리어가 이동하여 발생되는 표류전류(drift current) 성분으로 구성된다.

확산전류

일반적으로 자연계의 물질은 농도가 큰 쪽에서 작은 쪽으로 퍼져나가는 확산현상을 가지며, 반도체에서도 마찬가지이다. 반도체 내부에 캐리어(전자 또는 정공)의 농도가 균일하지 않으면, 농도가 높은 영역에서 낮은 영역으로 이동하는 확산현상이 발생하며, 이와 같은 캐리어의 확산에 의해 발생하는 전류를 확산전류라고 한다.

확산전류는 반도체 내부의 캐리어의 농도 기울기에 비례하며, 전자의 확산전류 밀도는 다음과 같이 표현된다.

$$J_n = qD_n \frac{dn}{dx} \tag{2.6}$$

여기서 $q = 1.6 \times 10^{-19}$ C는 전자의 전하량을 나타내며, D_n은 전자의 확산계수를 나타내고, $\frac{dn}{dx}$은 전자농도의 기울기이다. 정공의 확산전류 밀도는 다음과 같이 표현되며,

$$J_p = -qD_p \frac{dp}{dx} \tag{2.7}$$

D_p은 정공의 확산계수이고 $\frac{dp}{dx}$는 정공농도의 기울기이다.

표류전류

외부에서 반도체에 전계를 인가하면 캐리어가 무질서한 운동을 하면서 전계방향으로 이동하는데, 이와 같은 캐리어 표류(drift)에 의해 흐르는 전류를 표류전류라고 한다. 전계 E가 인가되었을 때, 전자와 정공의 표류전류 밀도는 각각 식 (2.8)과 식 (2.9)와 같이 표현된다.

$$J_n = qn\mu_n E \tag{2.8}$$

$$J_p = qp\mu_p E \tag{2.9}$$

여기서 q는 전자의 전하량, n과 p는 각각 전자와 정공의 농도, μ_n과 μ_p는 각각 전자와 정공의 이동도(mobility)를 나타낸다. μ_n은 일반적으로 1,350 $\text{cm}^2/\text{V-s}$이고, μ_p은 480 $\text{cm}^2/\text{V-s}$정도의 값을 갖는다.

반도체는 전자와 정공을 모두 포함하므로, 전체 표류전류 밀도는 식 (2.10)으로 표현된다.

$$\begin{aligned} J &= q(n\mu_n + p\mu_p)E \\ &= \sigma E \\ &= \frac{1}{\rho} E \end{aligned} \tag{2.10}$$

여기서 σ는 반도체의 전도율, ρ는 저항률을 나타내며, 전도율은 다음과 같이 표현된다.

$$\sigma = q(n\mu_n + p\mu_p) \tag{2.11}$$

식 (2.11)은 선택적인 도핑을 통해 반도체의 전도율을 조절할 수 있음을 알려준다. 반도체에 5가 불순물을 높은 수준으로 도핑하여 전자농도 n을 매우 크게 하면, 그 소자는 N형 반도체가 되어 전도율이 매우 커지게 된다.

캐리어의 확산계수와 이동도의 비는 식 (2.12)의 아인슈타인 관계(Einstein relation)로 표현되는 연관성을 가지며, 상온에서 약 26 mV가 된다.

$$\frac{D_n}{\mu_n} = \frac{D_p}{\mu_p} = \frac{kT}{q} \cong 26 \text{ mV} \tag{2.12}$$

2.2 PN 접합 다이오드

P형 반도체와 N형 반도체를 접합시켜 만드는 PN 접합(junction)은 가장 기본적인 반도체 소자인 다이오드(diode)의 기본 구조가 된다. 다이오드는 전류가 한쪽 방향으로만 흐르고 반대 방향으로는 흐르지 못하는 특성을 가져 정류기, 클램퍼 등 다양한 전자회로에 폭넓게 사용된다. 이번 절에서는 PN 접합 다이오드의 구조와 기본적인 동작특성을 설명한다.

2.2.1 평형상태의 PN 접합

PN 접합은 [그림 2-5]와 같이 3가 불순물이 도핑된 P형 반도체와 5가 불순물이 도핑된 N형 반도체가 서로 접합된 형태로 만들어진다. P형 반도체 영역에는 정공의 농도가 전자보다 매우 크며, N형 반도체 영역에는 전자의 농도가 정공보다 매우 크다. 다이오드의 P형 영역에 연결된 전극을 애노드(anode), N형 영역에 연결된 전극을 캐소드(cathode)라고 하며, 다이오드의 전류는 애노드에서 캐소드 방향으로 흐른다.

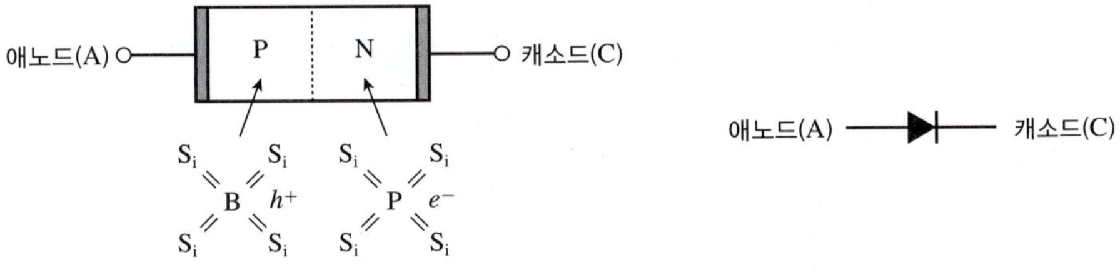

(a) PN 접합의 구조

(b) 다이오드의 기호

[그림 2-5] PN 접합의 구조와 다이오드의 기호

PN 접합 다이오드의 특성을 보다 잘 이해하기 위해서는 P형 반도체와 N형 반도체를 접합시켰을 때 접합면 근처에서 일어나는 물리적인 현상에 대해 알아야 한다. 일반적으로 PN 접합은 확산 접합에 의해 만들어진다. N형 반도체를 가열시킨 상태에서 3가 원소 기체를 주입하면 억셉터 이온이 N형 반도체 속으로 확산되어 P형 반도체 영역이 형성된다. 반대로 P형 반도체에 5가 원소를 주입하여 도너 이온이 P형 반도체 속으로 확산되도록 하여 N형 반도체 영역을 형성하기도 한다.

PN 접합이 형성되는 과정에서 시간이 지남에 따라 접합면에서 일어나는 현상을 개념적으로 나타내면 [그림 2-6]과 같다. PN 접합의 두 단자가 개방되어 외부에서 아무 전압도 인가되지 않은 평형상태에서 PN 접합면에서는 다음과 같은 현상이 일어난다. P영역에는 정공의 농도가 전자의 농도보다 매우 크며, N영역에는 전자의 농도가 정공의 농도보다 매우 크다. 따라서 시간이 지나면서 P영역의 정공은 N영역으로 확산되어 그곳의 전자와 재결합된다. 반대로 N영역의 전자는 P영역으로 확산되어 그곳의 정공과 재결합된다. 여기서 전자와 정공의 재결합은 전자가 들어갈 빈자리(정공)에 전자가 들어가는 것을 의미한다. 이때, 확산에 의해 전자가 P영역으로 빠져나가면 N영역의 도너 원자는 전자를 잃어버린 양(+) 이온으로 이온화되고, 정공이 N영역으로 빠져나간 P영역의 억셉터 원자는 정공을 잃어버린 음(−) 이온으로 이온화된다. 따라서 접합면 왼쪽에는 억셉터 음이온이 존재하고, 오른쪽에는 도너 양이온이 존재하는 얇은 층이 형성되며, 이를 공간전하영역(space charge region)이라고 한다. 공간전하 영역은 움직일 수 있는 캐리어가 없는 영역이므로 공핍영역(depletion region)이라고도 한다. 공핍영역에는 양이온에서 음이온 쪽으로 향하는 전계가 발생되며, 이 전계는 캐리어의 확산을 저지하는 역할을 한다. 즉, 공핍영역에 형성되는 전계는 캐리어가 상대영역으로 확산되는 것을 막는 전위장벽으로 작용한다. 따라서 PN 접합이 형성되는 시점($t=0$)으로부터 일정 시간이 경과한 후에 캐리어가 더 이상 상대영역으로 확산되지 못하는 평형상태가 된다. 확산에 의해 다수 캐리어가 상대영역으로 많이 넘어갈수록 공핍영역의 폭이 넓어지며, 따라서 전위장벽이 높아져 더 이상의 확산을 막는다. 공핍영역의 폭은 P영역과 N영역의 도핑 농도에 관계된다.

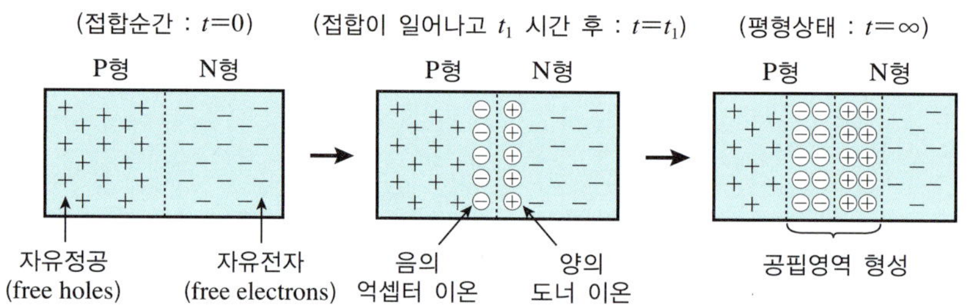

[그림 2-6] PN 접합에서 공핍영역의 형성과정

공핍영역의 이온화된 원자들에 의해 공핍영역에 발생되는 전위차(potential difference)를 고유전위장벽(built-in potential barrier) 또는 고유전위(built-in potential)라고 한다. [그림 2-7]은 평형상태에서 PN 접합에 발생되는 고유전위를 보이고 있다. 고유전위는 N영역과 P영역의 도핑 농도에 관계되며, 다음과 같이 표현된다.

$$V_0 = V_T \ln\left(\frac{N_A N_D}{n_i^2}\right) \tag{2.13}$$

여기서 N_A와 N_D는 각각 P영역에 도핑된 억셉터 농도, N영역에 도핑된 도너 농도를 나타내고, n_i는 진성 반도체의 캐리어 농도를 나타내며, $V_T = \frac{kT}{q}$는 열전압을 나타낸다. 예를 들어 $N_A = 1 \times 10^{16}\text{cm}^{-3}$이고 $N_D = 2 \times 10^{17}\text{cm}^{-3}$인 경우에, $T = 300$ K에서 고유전위는 $V_0 = 0.775$ V가 된다.

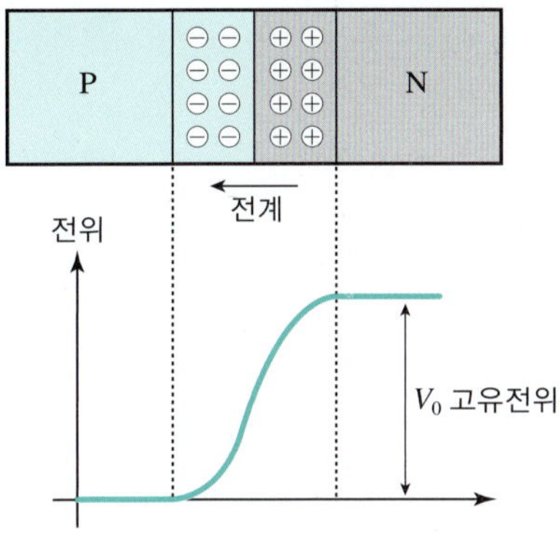

[그림 2-7] PN 접합의 고유전위

2.2.2 PN 접합과 바이어스

순방향 바이어스

앞에서 설명된 바와 같이, PN 접합의 단자가 개방되어 외부에서 전압이 인가되지 않은 상태(즉 평형상태)에서는 PN 접합 경계면에 형성된 고유전위에 의해 캐리어가 이동할 수 없으며, PN 접합에 전류가 흐르지 않는다. 따라서 PN 접합에 전류가 흐르도록 하기 위해서는 PN 접합의 고유전위를 낮추어 주어야 한다. PN 접합의 전위를 조정하기 위해 외부에서 인가하는 전압을 바이어스(bias) 전압이라고 한다. 바이어스의 개념은 PN 접합의 동작특성을 이해하는 데 매우 중요한 의미를 갖는다.

[그림 2-8(a)]와 같이 P영역에 양(+)의 전압을, N영역에 음(−)의 전압이 인가된 상태를 순방향(forward) 바이어스가 인가되었다고 한다. PN 접합에 순방향 바이어스 V_F가 인가되면, [그림

2-8(b)]와 같이 PN 접합의 전위장벽이 V_F만큼 낮아지게 되며, 따라서 P영역의 다수 캐리어인 정공은 N영역으로 확산되고, 반대로 N영역의 다수 캐리어인 전자는 P영역으로 확산되어 P영역에서 N영역 쪽으로 전류가 흐르게 된다. 이 현상은 다음과 같이 설명될 수도 있다. 즉, P영역에 인가된 양의 전압이 N영역의 다수 캐리어인 전자를 끌어당겨 전자전류를 형성하고, 반대로 N영역에 인가된 음의 전압은 P영역의 다수 캐리어인 정공을 끌어당겨 정공전류를 형성하므로 PN 접합에 전류가 흐르게 된다. 이상을 종합하면, PN 접합에 순방향 바이어스가 인가되면 애노드에서 캐소드 쪽으로 전류가 흐른다.

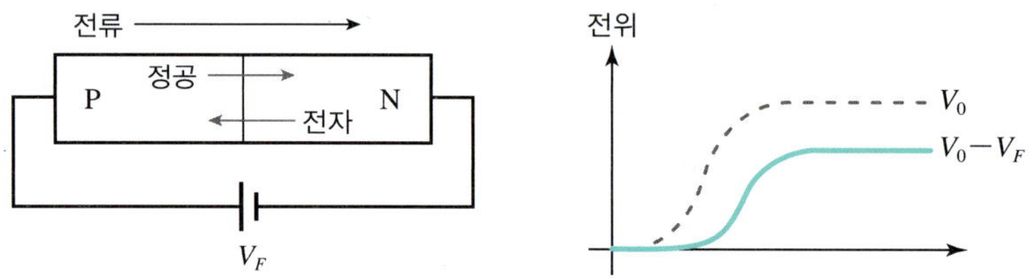

(a) 순방향 바이어스 V_F의 인가 (b) 전위장벽의 감소

[그림 2-8] PN 접합에 순방향 바이어스가 가해진 경우

역방향 바이어스

[그림 2-9(a)]와 같이 P영역에 음(−)의 전압을, N영역에 양(+)의 전압이 인가된 상태를 역방향(reverse) 바이어스가 인가되었다고 한다. PN 접합에 역방향 바이어스 V_R이 인가되면, [그림 2-9(b)]와 같이 PN 접합의 전위장벽이 V_R 만큼 높아지게 되며, 따라서 각 영역의 다수 캐리어가 상대영역으로 확산되지 못한다. 이 현상을 다시 설명하면, P영역에 인가된 음의 전압이 P영역의 다수 캐리어인 정공을 애노드 쪽으로 끌어당기고, N영역에 인가된 양의 전압은 N영역의 다수 캐리어인 전자를 끌어당겨 PN 접합을 통한 다수 캐리어의 이동이 불가능한 것이다. 그러나 각 영역에 존재하는 매우 적은 수의 소수 캐리어는 PN 접합을 통해 이동한다. 즉, P영역의 소수 캐리어인 전자는 캐소드에 인가된 양의 전압에 의해 N영역으로 이동하고, 반대로 N영역의 소수 캐리어인 정공은 애노드에 인가된 음의 전압에 의해 P영역으로 이동하게 된다. 그러나 소수 캐리어의 농도는 매우 낮으므로, 소수 캐리어에 의해 PN 접합에 흐르는 전류는 매우 적은 양이 되며, 이 전류를 역방향 포화전류(reverse saturation current)라고 한다. 역방향 포화전류는 $10^{-15}\sim10^{-13}$ A 범위이다. 역방향 포화전류를 무시한다면, 역방향 바이어스가 인가된 PN 접합에는 전류가 흐르지 않는다.

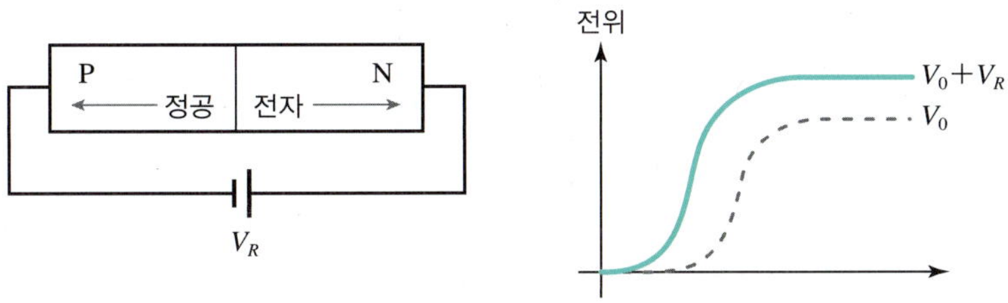

(a) 역방향 바이어스 V_R의 인가 (b) 전위장벽의 증가

[그림 2-9] PN 접합에 역방향 바이어스가 가해진 경우

2.3 다이오드의 DC 해석과 등가모델

지금까지 PN 접합의 구조와 기본적인 동작특성을 알아보았다. 이제 회로 해석을 위한 다이오드 모델에 대하여 알아보자. 기본적으로 다이오드의 동작을 나타내기 위한 모델은 이상적(ideal) 모델, 비선형 모델, 정전압(constant-voltage) 모델 3가지로 구분된다.

2.3.1 이상적 다이오드 모델

이상적(ideal) 다이오드 모델은 가장 간단한 모델로 다이오드의 동작을 개방상태와 도통상태를 갖는 스위치로 취급하는 모델이다. 이상적 다이오드에서 전류의 흐름은 [그림 2-10]과 같이 교차로에서 교통신호의 제어를 받는 자동차의 흐름에 비유할 수 있다. 다이오드에 순방향 바이어스(forward bias)가 인가된 것은 교차로에서 파란 신호등이 켜져 자동차가 순조롭게 달리는 것에 비유할 수 있다. 앞절에서 설명한 바와 같이, 다이오드에 순방향 바이어스가 인가되면, 접합전위가 낮아져 다이오드에 전류가 잘 흐르게 되며, 다이오드는 이상적으로 도통(on)된 스위치로 동작된다. 반대로 다이오드에 역방향 바이어스가 인가되면, 이것은 교차로에 빨간 신호등이 켜져 자동차가 진행할 수 없는 것으로 비유할 수 있다. 접합전위가 높아져 다이오드에 전류가 흐르지 못하고, 다이오드는 이상적으로 개방(off)된 스위치로 동작된다. 이와 같이 이상적 다이오드 모델은 전위장벽, 역방향 전류 등의 영향을 모두 무시하고 있다. 그럼에도 불구하고 다이오드가 적절하게 동작하는지 여부를 결정할 때 유용하게 사용된다.

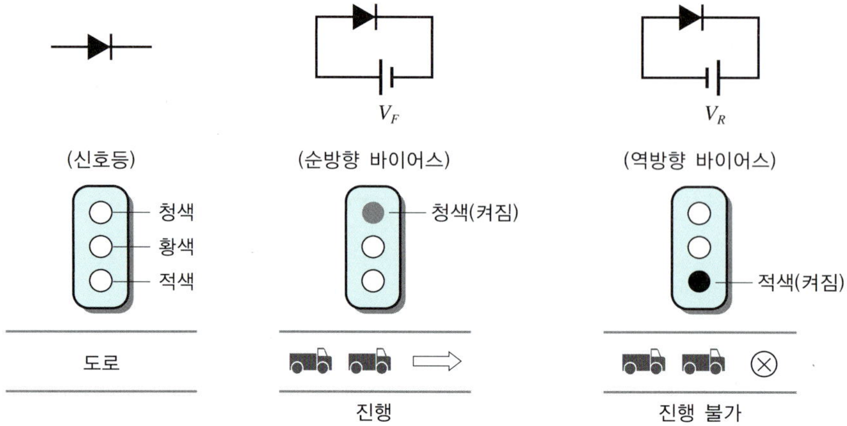

(a) 이상적 다이오드 (b) 순방향 바이어스 상태의 동작 (c) 역방향 바이어스 상태의 동작

[그림 2-10] 다이오드의 이상적 동작과 신호등 동작의 비유

■ 이상적 다이오드의 등가회로

이상적 다이오드의 동작을 등가회로로 나타내면 [그림 2-11]과 같다. $V_D>0$인 순방향 바이어스 상태가 되면 다이오드에 전류가 흐르고, 이는 스위치가 도통된 상태와 동일하게 해석된다. $V_D<0$인 역방향 바이어스 상태가 되면 다이오드에 흐르는 전류는 0이 되어 개방 스위치와 같은 상태로 해석된다.

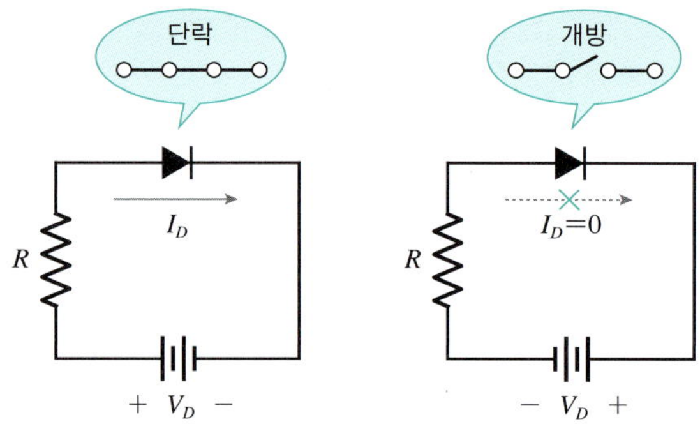

(a) 순방향 바이어스 상태 (b) 역방향 바이어스 상태

[그림 2-11] 이상적 다이오드의 등가회로

■ 전류-전압 특성

이상적 다이오드의 전류-전압 특성은 [그림 2-12]와 같이 모델링할 수 있다. 순방향 바이어스 상태에서는 [그림 2-12(a)]와 같이 저항이 0이고 ∞의 전류가 흐르는 것으로, 역방향 바이어스 상태

에서는 [그림 2-12(b)]와 같이 저항이 ∞이고 전류가 0인 것으로 모델링할 수 있다. 즉, 이상적 다이오드는 $V_D>0$이면 $I_D=\infty$가 되어 $R=0$으로 해석되고, $V_D<0$이면 $I=0$이 되어 $R=\infty$로 해석되어 [그림 2-12(c)]와 같은 전류-전압 특성으로 모델링된다.

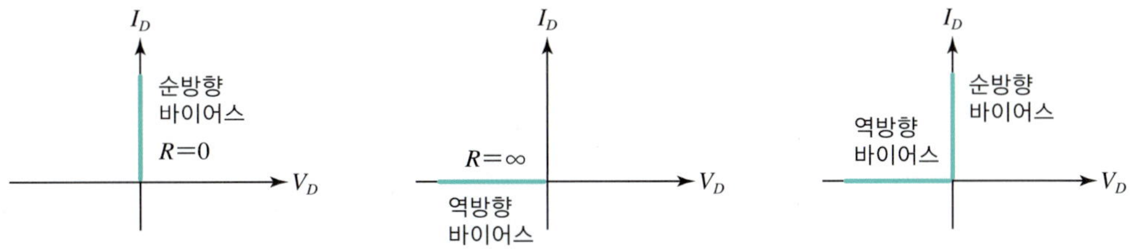

(a) 순방향 바이어스 상태 (b) 역방향 바이어스 상태 (c) 이상적 모델

[그림 2-12] 이상적 다이오드의 전류-전압 특성

예제 2-1

PN 접합 다이오드가 포함된 [그림 2-13]의 회로에 대해 이상적인 다이오드 모델을 적용하여 해석하고, 입출력 전달특성을 그래프로 그려라.

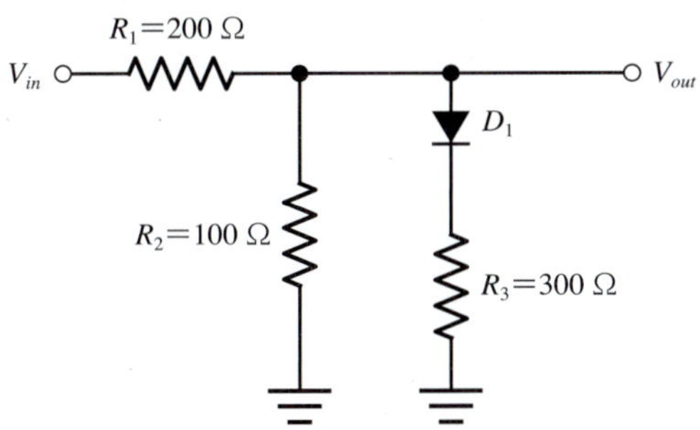

[그림 2-13]

풀이

이상적인 다이오드 모델은 다이오드 양단에 인가된 전압이 0보다 크면 도통(on) 상태이고, 0보다 작으면 개방(off) 상태이다. V_{in}의 값이 0보다 크면 다이오드는 도통 상태로 간주되므로, 출력전압 V_{out}은 $R'=R_2 \| R_3$에 걸리는 전압과 같다. 따라서 R'에 걸리는 전압은 다음과 같이 계산된다.

$$V_{out}=\frac{R'}{R_1+R'}\times V_{in}=\frac{75}{200+75}\times V_{in}=\frac{3}{11}V_{in} \quad (V_{in}>0\text{인 경우})$$

V_{in}이 0보다 작으면 다이오드는 개방된 것과 같아지므로, 이때의 출력전압 V_{out}은 R_2에 걸리는 전압과 같다. 따라서 출력전압은 다음과 같이 계산된다.

$$V_{out}=\frac{R_2}{R_1+R_2}\times V_{in}=\frac{100}{200+100}\times V_{in}=\frac{1}{3}V_{in} \quad (V_{in}<0\text{인 경우})$$

위에서 계산된 결과를 정리하면, $V_{in} > 0$인 경우는 $V_{out} = \frac{3}{11}V_{in}$이고, $V_{in} < 0$인 경우는 $V_{out} = \frac{1}{3}V_{in}$이므로 [그림 2-13] 회로의 입출력 전달특성은 [그림 2-14]와 같다.

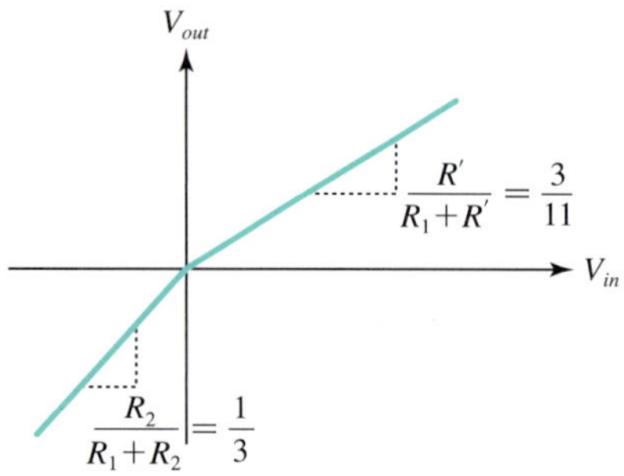

[그림 2-14] [예제 2-1] 회로의 입출력 전달특성

2.3.2 비선형 다이오드 모델

실제 다이오드의 동작특성은 이상적인 모델과 다르므로, 회로해석을 위해서는 보다 정확한 다이오드 동작모델이 필요하다. 다이오드의 동작특성은 다이오드에 인가된 전압 V_D와 전류 I_D 사이에 비선형적인 관계를 가지며, 식 (2.14)와 같이 모델링된다. 식 (2.14)의 유도는 (이 책의 범주를 벗어나므로) 반도체공학 관련 서적을 참고하기 바란다.

$$I_D = I_S(e^{V_D/V_T} - 1) \tag{2.14}$$

여기서 V_T는 열전압(thermal voltage) 또는 온도등가 전압이라고 하며, I_S는 역방향 포화전류(reverse saturation current)이다. 앞절에서 설명된 바와 같이, 역방향 포화전류는 P영역과 N영역에 존재하는 소수 캐리어의 이동에 의해 발생되는 전류로서 PN 접합의 구조와 온도에 따라 결정되며, 통상 $10^{-15} \sim 10^{-13}$ A 범위이다. V_T 값은 상온(300K)에서 26 mV 정도의 값을 갖는다.

식 (2.14)는 바이어스 전압 V_D에 따라 순방향 바이어스 상태와 역방향 바이어스 상태로 구분하여 다음과 같이 근사적으로 표현될 수 있다. $V_D \gg V_T$이면 역방향 포화전류 I_S를 무시할 수 있으므로, 다이오드 전류 I_D는 식 (2.15)와 같이 근사화된다.

$$I_D \simeq I_S e^{V_D/V_T} \tag{2.15}$$

만약 $V_D < 0$이고 $|V_D| \ll V_T$이라면, 다이오드에 흐르는 전류는 식 (2.16)과 같이 근사화될 수 있다. I_S는 매우 작은 양이므로 역방향 바이어스된 다이오드의 누설전류(leakage current)라고 할 수 있다.

$$I_D \simeq -I_S \tag{2.16}$$

이상을 종합하면 다이오드에 순방향 바이어스가 인가되면 다이오드 전류는 식 (2.15)에 따라 애노드에서 캐소드로 흐르게 되고, 반면에 역방향 바이어스가 인가되면 다이오드 전류는 식 (2.16)에 따라 캐소드에서 애노드로 아주 작은 전류만 흐른다. 따라서 다이오드는 [그림 2-15]와 같은 비선형 전류-전압 특성을 갖는다.

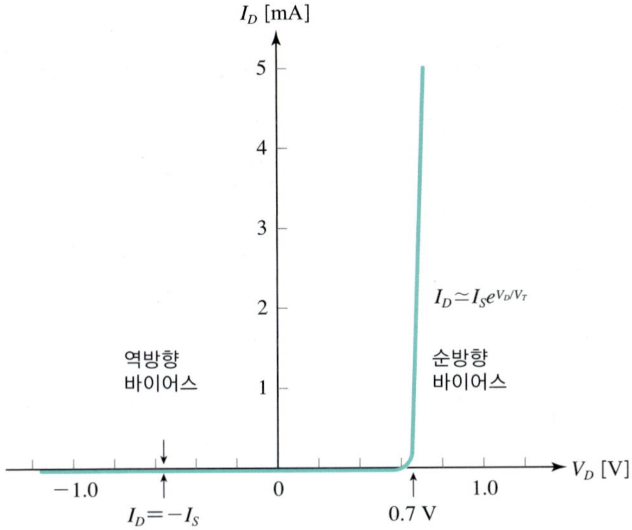

[그림 2-15] PN 다이오드의 비선형 전류-전압 특성

예제 2-2

[그림 2-16]의 회로에서,

(a) 비선형 다이오드 모델을 적용하여 다이오드 전압 V_D를 해석하라.

(b) $V_{DD}=9$ V, $R=5$ kΩ일때 V_D를 구하라. 다이오드의 역방향 포화전류는 $I_S=10^{-13}$ A로 가정한다.

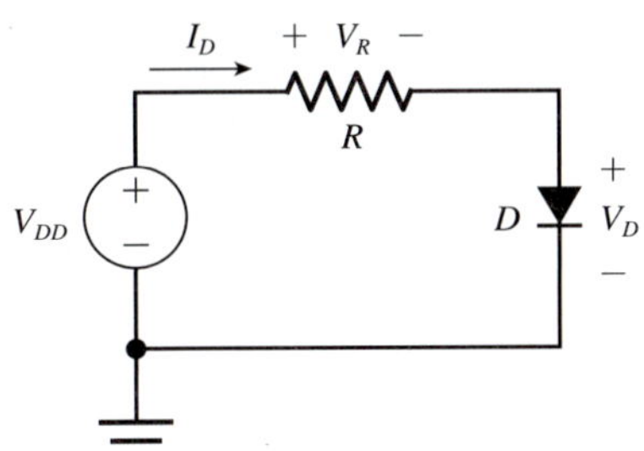

[그림 2-16]

풀이

(a) [그림 2-16]의 회로에 KVL을 적용하면 다음과 같다.

$$V_{DD}=I_D R+V_D \tag{1}$$

다이오드 전류 I_D는 식 (2.14)로 주어지므로, 이를 식 (1)에 대입하면 다음과 같다.

$$V_{DD}=I_s(e^{\frac{V_D}{V_T}}-1)R+V_D \tag{2}$$

(b) 식 (2)에 $I_S=10^{-13}$A, $V_{DD}=9$ V, $R=5$ kΩ를 대입하여 다시 표현하면 다음과 같다.

$$9=10^{-13}\times 5\times 10^{3}\times(e^{V_D/0.026}-1)+V_D \tag{3}$$

식 (3)에서 V_D가 지수에 포함되어 있으므로 반복 해석법을 적용하여 V_D를 구해본다. $V_D=0.6$ V 라고 가정하여 식 (3)의 우변을 계산하면, 5.86 V가 되며, 이는 좌변의 값인 9 V에 미치지 못하는 값이다. 따라서 $V_D=0.63$ V 라고 가정하여 다시 계산하면, 식 (3)의 우변은 17.31 V가 된다. 이로부터 0.6 V$<V_D<$0.63 V 임을 알 수 있다. $V_D=0.612$ V를 식 (3)에 대입하여 계산하면 우변은 8.96 V가 되고, 이는 좌변의 값인 9 V에 매우 근접한 값이다. 따라서 다이오드 양단에 걸리는 전압은 근사적으로 $V_D\simeq 0.612$ V라고 할 수 있다.

이상적인 모델이나 정전압 모델과 비교하면, 비선형 다이오드 모델을 적용한 결과가 더 정확한 값을 갖는다. 그러나 위의 식 (2)에서 보듯이 V_D의 계산과정이 매우 복잡하다. 따라서 다이오드가 포함된 복잡한 회로의 동작을 해석하거나 예측하는 경우, 다음에 설명될 정전압 모델을 사용하는 것이 보다 일반적이다.

2.3.3 정전압 다이오드 모델

식 (2.14)가 나타내는 비선형 다이오드 모델은 지수(exponential)함수를 포함하고 있어 다이오드 전류와 전압이 비선형적 관계를 갖는다. 회로를 구성하는 소자의 비선형 특성은 회로해석을 복잡하게 만드므로, 다이오드의 특성을 지수함수 형태가 아닌 선형(linear)함수로 근사화하는 방법이 사용되기도 한다.

[그림 2-15]에서 볼 수 있듯이, 다이오드는 $V_D<0.7$ V이면 전류가 거의 0이고, 0.7 V 근처에서 전류가 급격히 증가한다. 따라서 [그림 2-17]과 같이 다이오드를 정전압으로 모델링할 수 있다. [그림 2-17]에서 다이오드의 전류가 급격히 증가하기 시작하는 임계전압 V_γ를 턴온(turn-on) 전압 또는 커트인(cut-in) 전압이라고 하며, 실리콘 PN 접합 다이오드의 경우 700~800 mV 정도의 값을 갖는다.

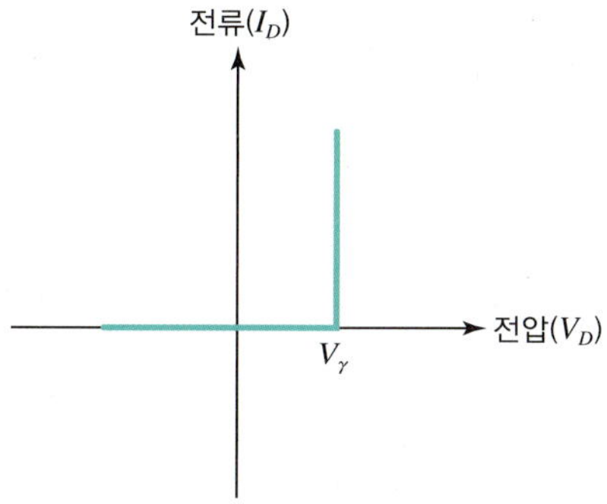

[그림 2-17] 정전압 다이오드 모델의 전류-전압 근사화

[그림 2-18]은 앞에서 설명된 3가지 다이오드 모델의 비교를 보이고 있다. [그림 2-18(c)]의 정전압 모델에서 다이오드 양단의 전압이 $V_D < V_\gamma$이면 다이오드는 개방회로(open circuit)로 동작하고, $V_D \geq V_\gamma$이면 정전압 소스(constant-voltage source) V_γ로 동작한다.

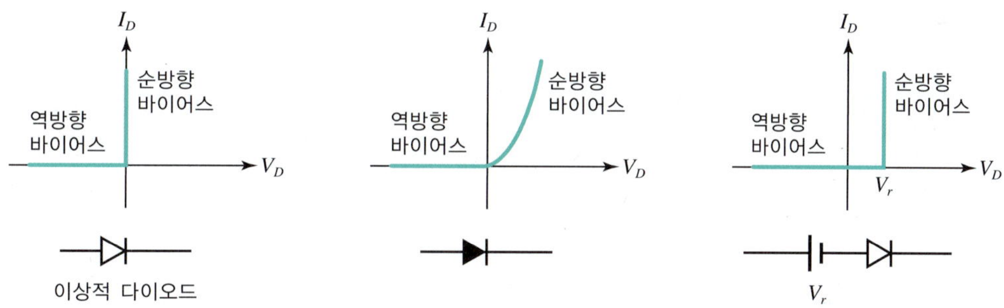

(a) 이상적 모델 (b) 비선형 모델 (c) 정전압 모델

[그림 2-18] 다이오드 모델

예제 2-3

[그림 2-19]의 회로에 대해 정전압 다이오드 모델을 적용하여 해석하고, 입출력 전달특성을 그래프를 그려라.

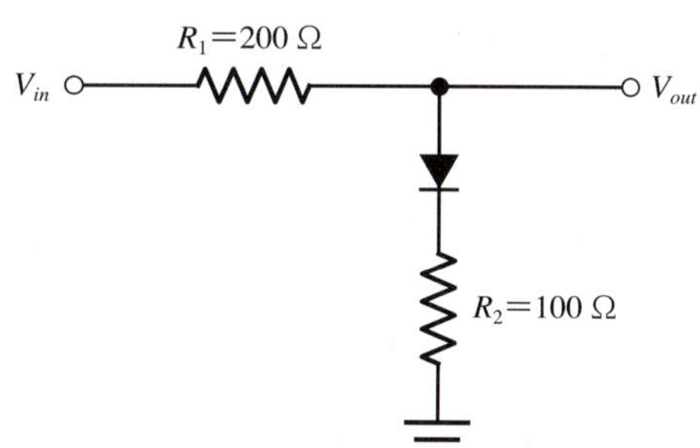

[그림 2-19]

풀이

정전압 모델을 적용하는 경우에 [그림 2-19] 회로의 입력전압 V_{in}이 V_γ보다 크면, 다이오드는 이상적인 다이오드처럼 단락(short)되는 것이 아니라, 일정한 전압 V_γ를 갖는 DC 전압원으로 간주된다. 따라서 $V_{in} \geq V_\gamma$인 경우에는 [그림 2-20]의 등가회로로 변환된다.

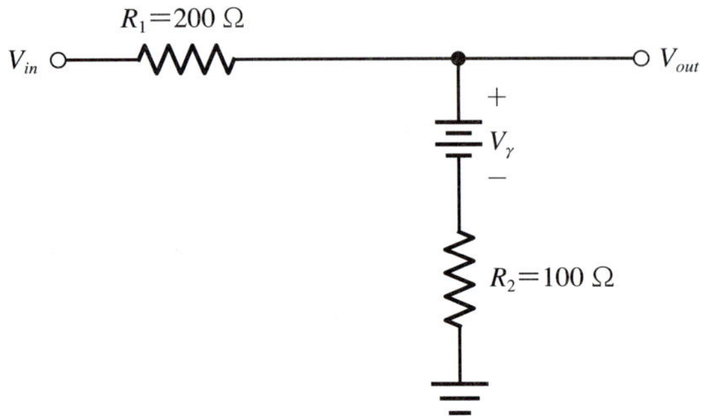

[그림 2-20] $V_{in} \geq V_\gamma$인 경우의 등가회로

[그림 2-20]의 등가회로로부터 출력노드에서 KCL을 적용하여, 출력전압 V_{out}을 구하면 다음과 같다.

$$\frac{V_{in}-V_{out}}{R_1}=\frac{V_{out}-V_\gamma}{R_2}$$

$$V_{out}=\frac{R_1}{R_1+R_2}V_\gamma+\frac{R_2}{R_1+R_2}V_{in}=\frac{2}{3}V_\gamma+\frac{1}{3}V_{in} \quad (V_{in} \geq V_\gamma\text{인 경우})$$

입력전압 V_{in}이 V_γ보다 작으면 다이오드는 개방된 것으로 간주된다. 이때의 출력전압은 입력전압을 그대로 따라가게 되므로, 다음과 같이 표현된다.

$$V_{out}=V_{in} \quad (V_{in}<V_\gamma\text{인 경우})$$

따라서 [그림 2-19] 회로의 입출력 전달특성을 그래프로 그리면 [그림 2-21]과 같다.

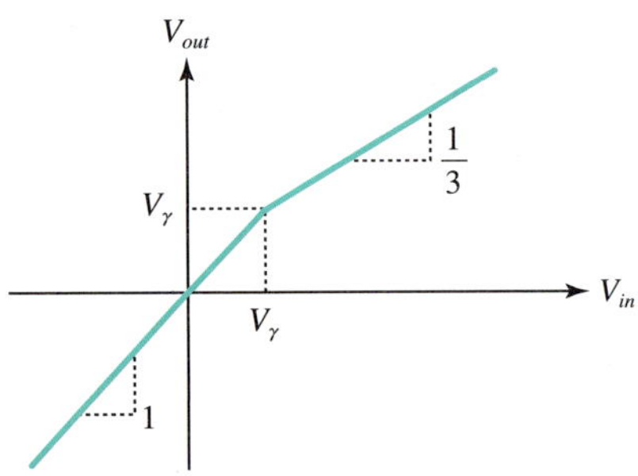

[그림 2-21] 정전압 다이오드 모델을 적용한 결과

2.3.4 역방향 항복

다이오드에 큰 역방향 바이어스 전압이 인가되면 갑자기 과도한 전류가 흐르게 되는 항복(breakdown) 현상이 발생한다. 항복현상이 발생하는 이유는 다음과 같다. PN 접합에 큰 역방향 바이어스 전압이 인가되면, 강한 전계에 의해 공유결합이 끊어지고, 이에 의해 전자-정공 쌍이 급격하게 많이 발생되어 큰 전류가 흐르게 된다. 이 현상을 발견한 사람의 이름을 붙여 제너 항복현상(Zener breakdown)이라고 한다. 제너 항복이 발생되면 다이오드 양 단자의 전압은 거의 일정한 값 V_Z로 유지되면서 전류만 급격하게 증가한다. 항복영역이 포함된 다이오드 전류-전압 특성은 [그림 2-22]와 같다. 이와 같은 역방향 항복특성을 이용해서 일정한 전압을 발생시키도록 만들어진 소자가 제너다이오드(Zener diode)이며, 이에 대한 자세한 설명은 2.6절에서 하기로 한다.

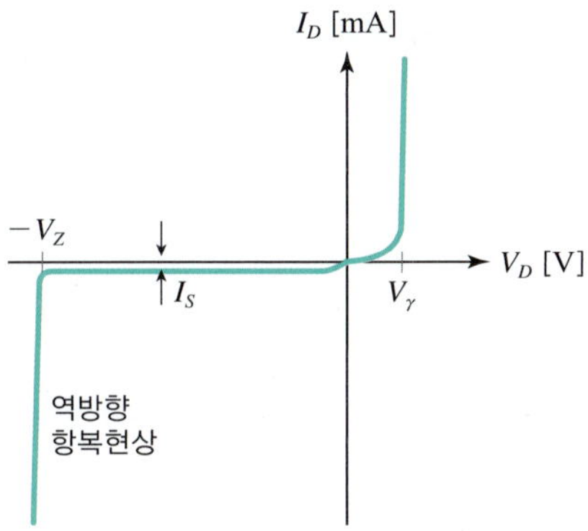

[그림 2-22] 역방향 항복특성이 포함된 다이오드 전류-전압 특성

2.4 다이오드의 소신호 등가회로

지금까지 다이오드에 인가되는 전압의 변화가 비교적 클 때 다이오드 동작을 나타내기 위한 DC 모델, 즉 비선형 모델과 정전압 모델에 대해 살펴보았다. 그러나 회로의 전압이나 전류에 작은 변화가 있는 경우의 동작도 매우 중요하며, 이 경우에는 DC 모델이 아닌 소신호(small-signal) 모델이 유용하게 사용된다. 소신호 모델에서는 신호값의 변화가 아주 작다는 사실에 유의하자. 상대적으로 전압 또는 전류 변화가 큰 값을 갖는 경우에 사용하는 대신호 해석은 소자의 특성이 비선형적으로 표현되어 해석에 많은 불편함이 있다. 하지만 소신호 모델은 소자의 특성을 '선형적인' 모델로 표현하여 용이하게 해석할 수 있다. 이제부터 소신호 동작 및 등가모델에 대해서 알아보자.

2.4.1 소신호 동작

소신호 등가모델은 DC 바이어스에 AC 신호성분이 중첩되어 있는 상태에서 AC 신호의 작은 변화에 의한 다이오드의 동작을 나타내기 위해 사용된다. 그렇다면 DC 바이어스는 왜 필요할까? 만일 소신호만 인가한다면 인가된 소신호의 기준점은 원점이 된다. DC 바이어스를 인가하여 신호파형의 기준점을 이동시켜 출력파형의 변화가 모두 포함되도록 동작영역을 확보하기 위해 DC 바이어스가 필요하다. [그림 2-23]은 V_{DC} 만큼의 DC 바이어스 성분을 갖는 정현파 신호를 나타내고 있다.

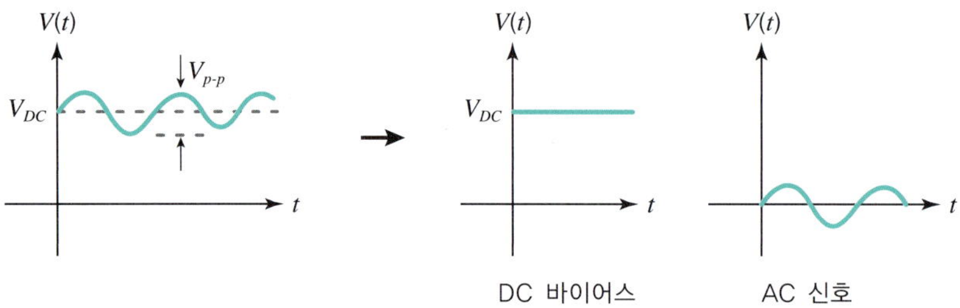

[그림 2-23] DC 바이어스와 정현파 신호

이제 소신호 동작을 살펴보자. [그림 2-24]에서 다이오드 양단에 걸리는 전압이 V_{D1}(단, $V_{D1} > V_\gamma$)일 때, 다이오드에 흐르는 전류가 I_{D1}이라고 하자. 소신호 동작을 적용하기 위해 V_{D1}으로부터 작은 전압 변화, 즉 ΔV_D 만큼을 인가하여 V_{D2}가 된다고 가정하면(즉, $V_{D2} = V_{D1} + \Delta V_D$), 식 (2.14)를 사용해서 전압의 작은 변화 ΔV_D에 의한 다이오드 전류의 변화 ΔI_D를 구할 수 있다.

식 (2.14)에 의해 다이오드 전류는 식 (2.17)과 같이 근사화된다.

$$I_{D1} \cong I_S e^{V_{D1}/V_T} \tag{2.17}$$

$V_{D2} = V_{D1} + \Delta V_D$일 때의 전류를 I_{D2}라고 하면, I_{D2}는 식 (2.18)과 같이 표현된다.

$$I_{D2} \cong I_S e^{(V_{D1} + \Delta V_D)/V_T} \tag{2.18}$$

식 (2.18)을 다시 정리해보면,

$$I_{D2} = I_S (e^{V_{D1}/V_T} \cdot e^{\Delta V_D/V_T}) \tag{2.19}$$

$\Delta V_D \ll V_T$라고 가정하면 테일러(Taylor) 급수에 의해 식 (2.20)의 근사화가 성립하므로,

$$e^{\frac{\Delta V_D}{V_T}} \approx 1 + \frac{\Delta V_D}{V_T} \tag{2.20}$$

식 (2.20)을 식 (2.19)에 대입하면 다음과 같다.

$$I_{D2} \cong I_S e^{V_{D1}/V_T}\left(1+\frac{\Delta V_D}{V_T}\right) \quad (2.21)$$
$$= I_{D1}\left(1+\frac{\Delta V_D}{V_T}\right)$$

따라서 ΔV_D에 의한 다이오드 전류의 변화 ΔI_D는 다음과 같다.

$$\Delta I_D = I_{D2} - I_{D1} = \frac{\Delta V_D}{V_T} I_{D1} \quad (2.22)$$

식 (2.22)에 따르면 다이오드 양단의 전압변화 ΔV_D가 V_T에 비해 매우 작은 소신호 동작에서는 다이오드 전류를 직선으로 근사시킬 수 있으며, 이렇게 근사된 특성곡선의 기울기는 $\frac{I_{D1}}{V_T}$가 된다. [그림 2-24]에서 보는 바와 같이 작은 ΔV_D 범위에서 ΔI_D와 ΔV_D는 선형적인 관계를 갖는 직선으로 표현될 수 있으며, 이를 다이오드의 소신호 동작이라고 한다.

소신호 해석에서는 어느 한 점의 작은 변화에 의해 회로의 동작이 발생할 때, 이러한 변화가 직선상에서 발생하는 것으로 해석한다. 이때의 한 점을 **바이어스 점(bias point)이라고 한다.** 이는 **Q점(quiescent point)** 혹은 **동작점(operating point)**이라고도 한다.

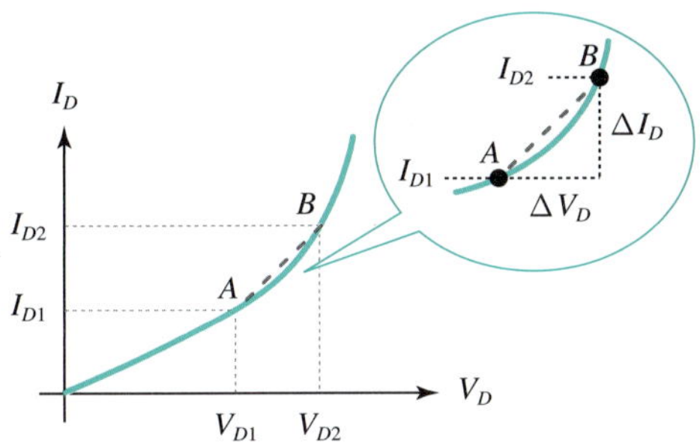

[그림 2-24] 비선형적 다이오드 특성의 선형적 근사화 ($\Delta V_D \ll V_T$인 경우)

2.4.2 소신호 등가모델

다이오드의 소신호 동작을 해석하는 경우, 전류와 전압의 변화는 식 (2.22)가 나타내는 바와 같이 선형적인 관계로 표현되며, 이에 따라 다이오드를 저항으로 모델링할 수 있다.

$$r_d \simeq \left.\frac{\Delta V_D}{\Delta I_D}\right|_{V_{DQ}} = \frac{V_T}{I_{DQ}} \quad (2.23)$$

여기서 I_{DQ}는 순방향 바이어스 전압 V_{DQ}에 의한 다이오드 전류를 나타낸다. 다이오드의 소신호 등가저항 r_d는 [그림 2-25]에서 보는 바와 같이 동작점에서 전류-전압 특성곡선의 기울기 역수가 되며, 식 (2.23)에서 보는 바와 같이 열전압 V_T와 바이어스 전류 I_{DQ}의 비로 주어진다.

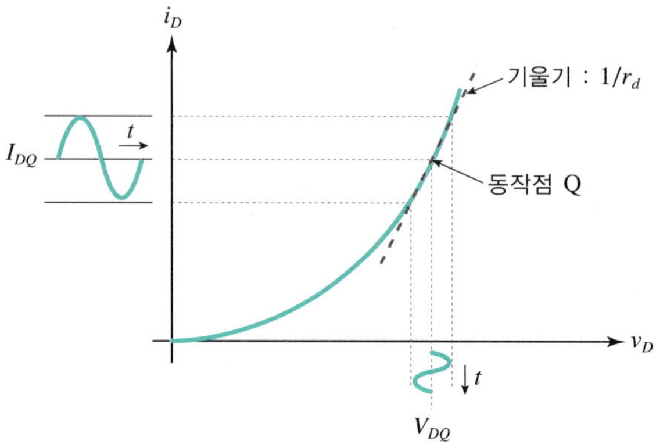

[그림 2-25] 다이오드의 동작점과 소신호 등가저항

다이오드가 포함된 회로를 소신호 해석하는 경우, 식 (2.23)에 의해서 다이오드를 저항 r_d로 대체할 수 있다. [그림 2-26(a)]의 다이오드 회로를 소신호 등가회로로 나타내면 다이오드가 저항 r_d로 대체되어 [그림 2-26(b)]와 같이 된다. 소신호 해석에서는 이와 같이 다이오드의 전류-전압 관계를 선형적인 관계로 다룰 수 있으므로, 비선형 소자인 다이오드를 선형소자인 것처럼 취급할 수 있으며, 따라서 회로 해석이 매우 간편해진다.

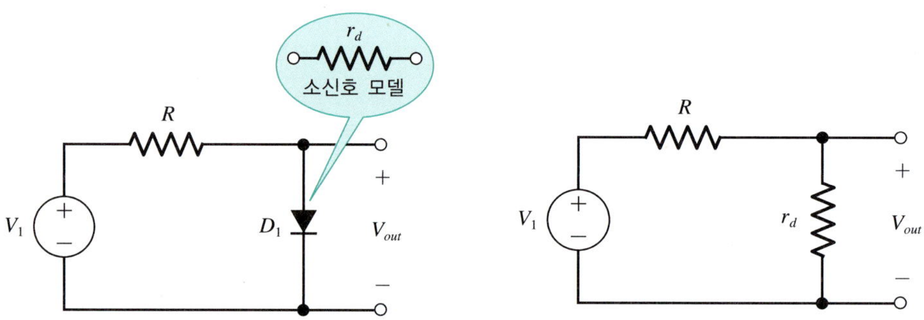

(a) 다이오드 회로

(b) 소신호 등가회로

[그림 2-26] 다이오드 회로와 소신호 등가회로

다음 예제를 통해서 다이오드의 소신호 동작을 다시 한 번 정리하도록 하자.

예제 2-4

다이오드의 바이어스 전류가 2 mA라고 가정할 때, (단, $V_T=26$ mA)

(a) V_D가 5 mV만큼 변할 때 다이오드 전류의 변화를 구하라.

(b) I_D의 15% 변화에 대한 V_D의 변화를 구하고 설명하라.

풀이

(a) 다이오드의 전압 V_D가 5 mV 변한다고 하였으므로 $\Delta V_D=5$ mV가 된다. 따라서 $\Delta V_D=5$ mV, $V_T=26$ mV, $I_D=2$ mV를 식 (2.22)에 대입하면 다이오드 전류의 변화는 다음과 같다.

$$\Delta I_D=\frac{5\text{ mV}}{26\text{ mV}}\times 2\text{ mA}=0.38\text{ mA}$$

따라서 V_D가 5 mV 변할 때 다이오드 전류는 0.38 mA 만큼 변한다.

(b) I_D가 15% 변하는 경우에, 다이오드 전류의 변화량은 다음과 같다.

$$\Delta I_D=2\text{ mA}\times 15\%=0.3\text{ mA}$$

식 (2.22)를 ΔV_D에 관한 식으로 바꾸면 $\Delta V_D=\frac{V_T}{I_D}\Delta I_D$가 된다. 여기에 값을 대입하면 다음과 같이 계산된다.

$$\Delta V_D=\frac{26\text{ mV}}{2\text{ mA}}\times 0.3\text{ mA}=3.9\text{ mV}$$

따라서 I_D가 15% 변할 때 다이오드 전압은 3.9 mV 만큼 변하게 됨을 알 수 있다.

예제 2-5

[그림 2-27]은 5 V의 DC 입력을 인가하여 2 V DC 전압을 생성하는 회로이다. 저항 $R_1=200\ \Omega$을 가정하여 다음 값을 구하라.

(a) $V_{out}=2$ V가 되도록 하는 다이오드 역방향 포화전류 I_S은 얼마인가?

(b) 입력이 200 mV 변했을 때 소신호 등가모델을 이용하여 해석하고, 출력전압의 변화를 구하라.

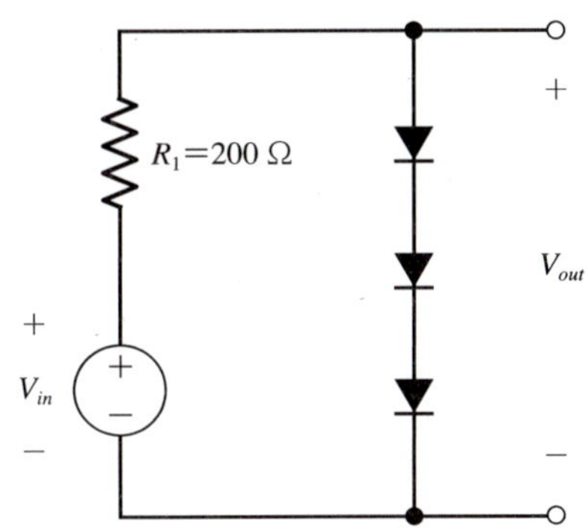

[그림 2-27]

풀이

(a) DC 5 V에 의해 저항 R_1에 흐르는 전류가 다이오드의 바이어스 전류 I_{DQ}가 되며, 다음과 같이 계산된다.

$$I_{DQ}=\frac{V_{in}-V_{out}}{R_1}=\frac{5\text{ V}-2\text{ V}}{200}=15\text{ mA}$$

개별 다이오드에 걸리는 전압을 V_D라 하면, $V_{out}=3V_D=2$ V가 성립한다. 따라서 $V_D=0.667$ V가 되고, 이것을 다이오드 전류식에 대입하면 다음과 같다.

$$15\text{ mA}=I_S e^{667/26} \qquad (1)$$

식 (1)로부터 I_S를 구하면, $I_S=1.083\times10^{-13}$ A가 된다.

(b) 소신호 등가모델에서 다이오드의 전류와 전압이 선형적인 관계로 표현되기 때문에 다이오드를 저항 r_d로 대체하면 [그림 2-28]과 같은 소신호 등가회로가 얻어진다.

한편, 다이오드의 동작점 전류 I_{DQ}로부터 소신호 등가저항을 구하면 다음과 같다.

$$r_d=\frac{V_T}{I_{DQ}}=\frac{26\text{ mA}}{15\text{ mA}}=1.73\ \Omega$$

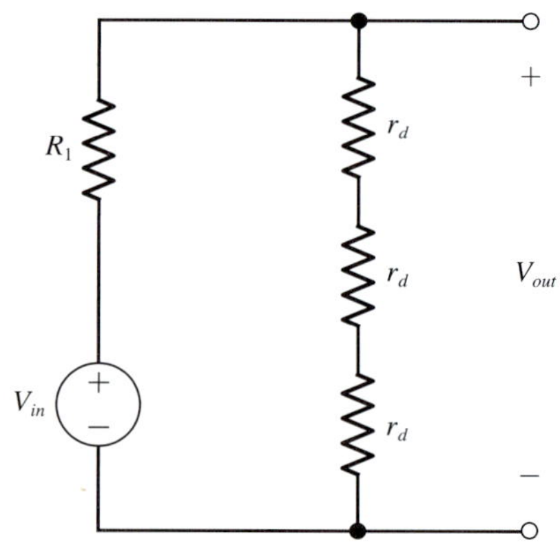

[그림 2-28] 소신호 등가회로

따라서 입력전압의 변화 ΔV_{in}에 의한 출력전압의 변화 ΔV_{out}은 [그림 2-28]로부터 다음과 같이 구해진다.

$$\Delta V_{out}=\frac{3r_d}{R_1+3r_d}\Delta V_{in} \qquad (2)$$

소신호 해석 과정에서 입력의 변화 ΔV_{in} 값만을 고려하면 된다. 문제에서 입력의 변화를 200 mV라고 하였으므로, 식 (2)에 값을 대입하면 다음과 같이 계산된다.

$$\Delta V_{out}=\frac{3\times1.73}{200+(3\times1.73)}\times200\text{ mV}$$

$$=5.07\text{ mV}$$

따라서 입력 V_{in}이 200 mV 변하게 되면, 이에 따라 출력 V_{out}은 5.07 mV 변한다.

2.5 다이오드 응용회로

다이오드는 그 응용분야가 매우 다양하다. 정류기, 리미터, 클램퍼 등이 대표적이며, 전자회로에서 얼마나 중요한 비중을 차지하는가를 잘 보여준다.

전력회사에서는 보다 효율적으로 전기를 전송하기 위해 교류전력을 소비자에게 공급한다. 따라서 직류전압이 필요한 경우에는 교류전압을 직류로 변환할 필요가 있다. 다이오드는 한 방향으로 전류를 흐르게 하고 반대방향으로 전류를 차단하는 특성이 있으므로 교류전압을 직류로 변환하는 정류기에 사용된다. 리미터와 클램퍼는 교류신호의 진폭을 제한하거나 교류 전압을 미리 정한 레벨로 제한하기 위해 사용되며, 정류기와 더불어 다이오드의 중요한 응용 예이다. 리미터는 정현파를 구형파로 바꿀 수 있고 교류 전압의 정, 부 변화의 한 쪽이나 양쪽을 제한할 수 있으며, 다른 유용한 파형을 만들기 위해 사용된다.

2.5.1 정류기

정류는 교류전압을 직류전압으로 변환하는 과정이다. TV 수상기, DVD, 오디로 기기 등과 같은 가전제품은 물론 산업용 제어기, 컴퓨터 등 대부분의 전자 기기는 직류전원 공급장치(DC power supply)를 필요로 한다. 직류전원 공급장치란 표준 교류전압을 일정한 직류전압으로 바꾸어 주는 장치, 다시 말해서 정류장치인 셈이다. 실제로 직류전원 공급장치로부터 나오는 일정한 직류전압이 대부분의 전자 기기의 전원으로 공급된다. 따라서 정류기(rectifier)는 직류전원 공급장치의 중요한 구성요소 중의 하나이다. 정류기는 반파 정류기 또는 전파 정류기의 형태로 만들 수 있는데, 먼저 반파 정류기에 대하여 설명한다.

반파 정류기

반파 정류기(half-wave rectifier)는 다이오드와 저항으로 간단하게 구성된다. [그림 2-29]에서 보는 것처럼, 다이오드와 저항을 직렬로 연결하고, 저항의 양단에서 출력이 나오도록 하면 반파 정류기가 구성된다. 여기에 사용되는 다이오드를 정전압 모델(constant-voltage model)로 가정하여 해석해 본다. 한쪽 방향으로 전류를 흐르게 하고 반대방향으로 전류를 차단하는 다이오드의 특성을 그대로 이용한 것이다. 다이오드의 전압강하를 V_γ라고 할 때, 애노드가 캐소드에 비해 V_γ 만큼 높은 전압인 경우에만 다이오드가 도통(on)된다. 다시 말해서 V_{in}의 값이 V_γ보다 크면, 다이오드의 애노드가 캐소드에 비해 양의 전압을 갖게 되므로 도통되어 전류가 흐르게 된다. 이때의 출력전압 V_{out}은 저항 R에 걸리는 전압이 되며, V_{in}에서 다이오드의 전압강하 V_γ를 뺀 값이 된다.

$$V_{out}=V_{in}-V_{\gamma} \qquad (\text{단}, V_{in} \geq V_{\gamma}) \tag{2.24}$$

반대로 다이오드의 애노드가 캐소드에 비해 V_{γ} 보다 작은 값을 가지면 다이오드는 개방(off)되어 전류가 흐르지 못하게 되고, 따라서 출력전압은 0이 된다.

$$V_{out}=0 \qquad (\text{단}, V_{in} < V_{\gamma}) \tag{2.25}$$

이상을 정리하면 다음과 같다.

- $V_{in} \geq V_{\gamma}$이면, 다이오드는 도통이고, 출력전압은 $V_{out}=V_{in}-V_{\gamma}$
- $V_{in} < V_{\gamma}$이면, 다이오드는 개방이고, 출력전압은 $V_{out}=0$

정현파 입력에 대한 반파정류 회로의 출력은 [그림 2-29(b)]와 같다. 정현파 입력의 진폭이 V_{γ} 보다 큰 경우에만 V_{γ} 만큼 감쇄되어 출력되고, 그 이외의 경우에는 출력이 0이 됨을 볼 수 있다. 반파정류 회로의 입출력 전달특성은 [그림 2-29(c)]와 같으며, $V_{in} \geq V_{\gamma}$인 입력전압 범위에 대해 기울기가 1인 직선이며, 그 이외의 입력전압 범위에서는 기울기가 0인 직선이 됨을 볼 수 있다.

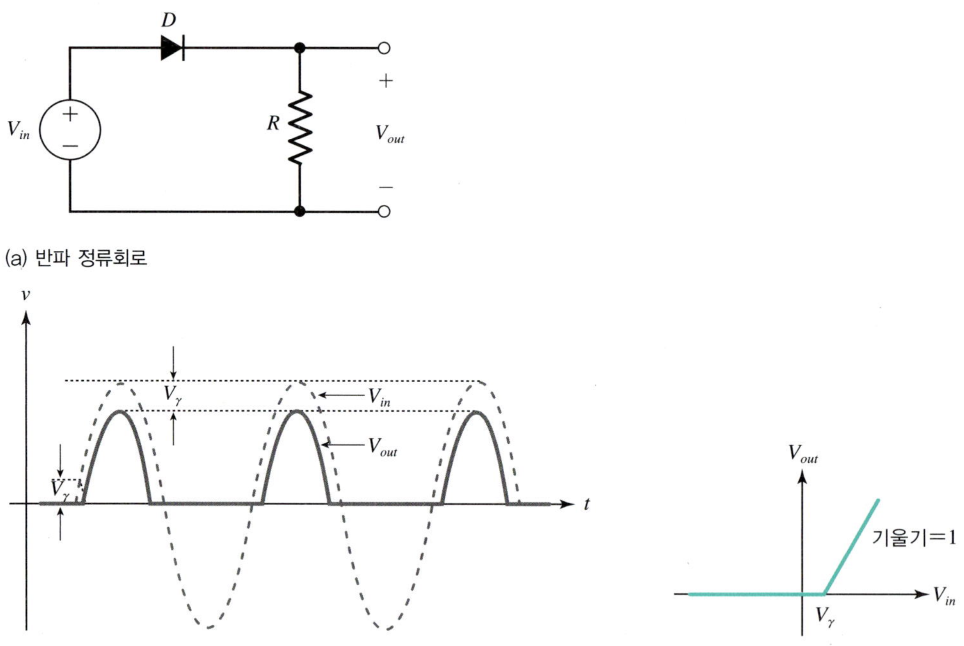

(a) 반파 정류회로

(b) 입력 및 출력파형

(c) 입출력 전달특성

[그림 2-29] 양의 반 주기를 출력하는 반파 정류회로

[그림 2-29(a)] 회로에서 다이오드의 방향을 반대로 연결해 [그림 2-30(a)]와 같이 만들면 어떤 동작을 할까? 다이오드가 도통되려면 애노드의 전압이 캐소드보다 V_γ 만큼 높아야 하므로, 상대적으로 다이오드의 캐소드 전압을 $-V_\gamma$라고 하면 입력전압이 이보다 작아야 다이오드가 도통된다. 즉, $V_{in} \leq -V_\gamma$일 때 다이오드가 도통되며, 이때의 출력전압은 다음과 같다.

$$V_{out} = V_{in} + V_\gamma \qquad (\text{단}, V_{in} \leq -V_\gamma) \tag{2.26}$$

$V_{in} > -V_\gamma$이면 다이오드가 개방되어,

$$V_{out} = 0 \qquad (\text{단}, V_{in} > -V_\gamma) \tag{2.27}$$

이 된다.

정현파 입력에 대한 출력파형은 [그림 2-30(b)]와 같다. $V_{in} \leq -V_\gamma$ 범위의 음의 반 주기 동안 진폭이 V_γ 만큼 감쇄되어 출력되고, 나머지 입력전압 범위에서는 출력이 0이 됨을 볼 수 있다. 따라서 음의 반 주기를 출력하는 반파 정류회로로 동작한다. [그림 2-30(a)] 회로의 입출력 전달특성은 [그림 2-30(c)]와 같고 $V_{in} \leq -V_\gamma$인 입력전압 범위에 대해 기울기가 1인 직선이며, 그 이외의 입력전압 범위에서는 기울기가 0인 직선이 됨을 볼 수 있다.

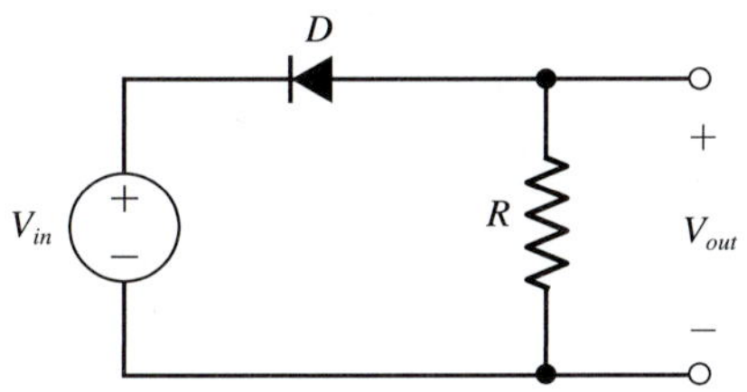

(a) 반파 정류회로

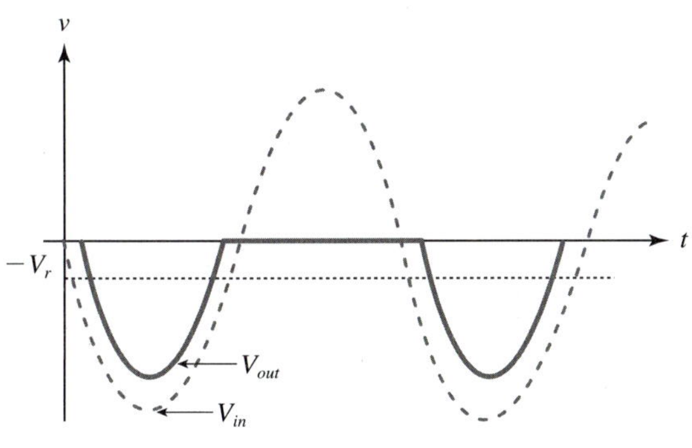

(b) 입력 및 출력파형

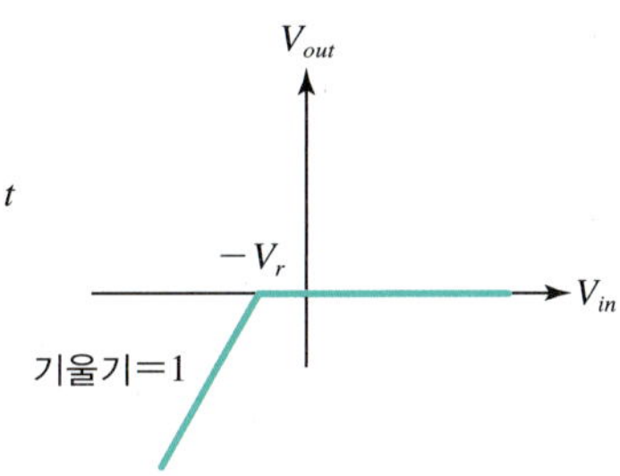

(c) 입출력 전달특성

[그림 2-30] 음의 반 주기를 출력하는 반파 정류회로

[그림 2-29]와 [그림 2-30]의 반파 정류회로에서 얻어지는 정류된 출력전압은 시간에 따라 계속 변하기 때문에, DC 전압을 필요로 하는 곳에 사용하기에 적합하지 못하다. 그러나 [그림 2-31]과 같이 커패시터를 이용하면 반파 정류된 전압을 필터링하여 직류를 얻을 수 있다.

[그림 2-31]의 동작을 살펴보자. V_{in}은 0에서부터 정현파로 증가하는데, 이 값이 V_γ보다 작을 때는 다이오드가 개방되어 있으므로 V_{out}은 0이다. V_{in}이 V_γ보다 커지는 순간, 다이오드의 애노드와 캐소드의 전압차가 V_γ보다 커지면서 다이오드는 도통된다. 이때의 출력전압 V_{out}은 커패시터에 걸리는 전압 즉, V_{in}에서 다이오드의 전압강하 V_γ 만큼 감소한 값이 된다. 이후로 V_{in}이 증가함에 따라 V_{out}은 V_γ 만큼의 차이를 두고 함께 증가하여, V_{in}이 최댓값인 V_p에 도달하는 순간 V_{out}도 최댓값에 도달한다. V_p를 지나며 V_{in}은 다시 감소하는데 V_{in}이 V_p보다 작은 값을 갖게 되는 순간(즉, t_1을 지나는 순간)에 다이오드의 애노드는 V_p보다 작은 값이고, 다이오드의 캐소드는 $V_p - V_\gamma$이다. 따라서 V_{in}이 V_p인 점을 지나는 순간부터는 다이오드가 개방된다. 이때 커패시터는 방전할 경로가 없으므로 커패시터가 이상적인 특성을 갖는다면, $V_{out} = V_p - V_\gamma$의 값을 그대로 계속 유지하게 된다. 따라서 출력전압은 일정한 값을 유지하여 DC가 얻어진다.

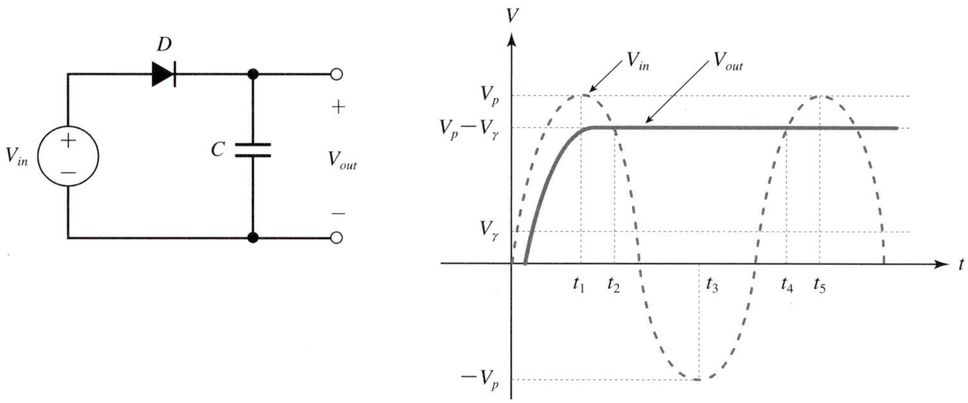

(a) 반파 정류회로 (b) 입력 및 출력파형

[그림 2-31] 커패시터 필터링을 갖는 반파 정류회로와 파형

2.3.1절에서 설명된 바와 같이, 다이오드에 큰 역방향 전압이 인가되면 항복현상이 발생하여 정류기로 동작하지 못한다. 항복현상을 방지하기 위해 다이오드가 최대로 견딜 수 있는 내압은 역방향으로 걸리는 최대 전압과 관계된다. 다이오드에 걸리는 역방향 전압의 최댓값은 입력 V_{in}이 최솟값인 $-V_p$가 될 때(즉, $t = t_3$일 때)이며, 식 (2.28)과 같다.

$$\text{역방향 최대 전압} = (V_p - V_\gamma) - (-V_p) = 2V_p - V_\gamma \tag{2.28}$$

따라서 항복현상을 예방하기 위해서는 역방향 내압이 식 (2.28)의 값보다 큰 다이오드를 선택해야 한다.

이제 [그림 2-32(a)]와 같이 부하(load) R_L이 커패시터 C에 병렬로 연결되어 있는 실제적인 정류회로의 동작을 이해해 보자. 이 경우에도 V_{in}이 증가하여 V_γ보다 큰 값을 갖게 되면 V_{out}은 $V_{in}-V_\gamma$이 된다. V_{in}이 계속 증가하면 V_{out}도 V_γ 만큼의 차이를 두고 계속 증가하며, 커패시터는 충전된다. V_{in}이 최댓값 V_p에 이르면 V_{out}도 최댓값 V_p-V_γ에 도달하고, 그 이후 V_{in}이 감소하면서 다이오드의 애노드와 캐소드의 전압차가 V_γ보다 작아져 다이오드는 개방상태가 된다.

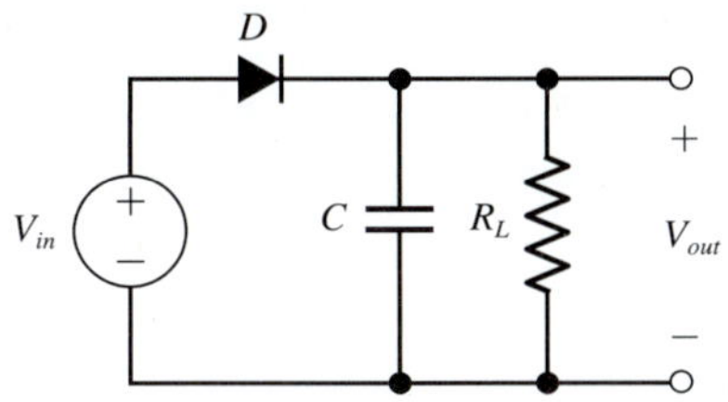

(a) 부하를 갖는 반파 정류회로

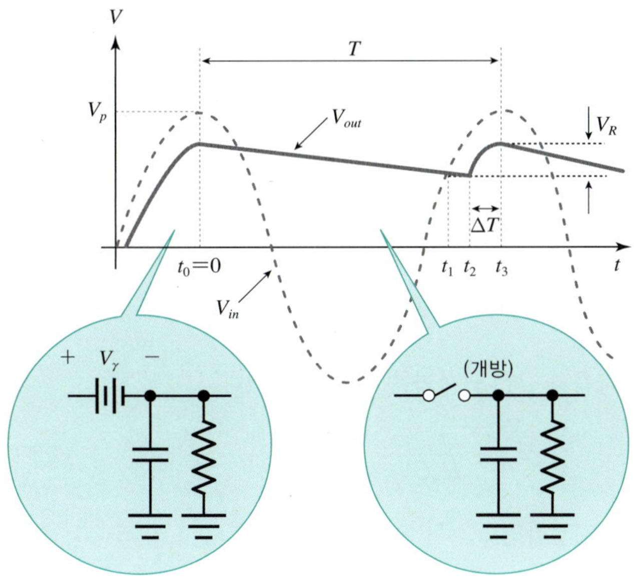

(b) 입력 및 출력파형

[그림 2-32] 부하저항 R_L이 포함된 반파 정류회로와 파형

저항 R_L이 커패시터 C에 병렬로 연결됨으로써 [그림 2-31]의 회로와 달라지는 점은, 커패시터에 충전된 전압이 R_L을 통해 방전된다는 점이다. [그림 2-31]의 회로에서는 출력전압 V_{out}이 일정한 값 $V_p - V_\gamma$를 유지했으나, [그림 2-32(a)]의 회로에서는 입력전압이 최댓값 V_p를 지난 이후(t_0 이후)에 커패시터가 R_L을 통해 방전되면서 V_{out}도 점차 감소한다. V_{in}이 $-V_p$ 이후에 다시 증가하다가 $V_{in} > V_{out} + V_\gamma$인 점을 지나면($t = t_2$), 개방되어 있던 다이오드가 다시 도통되면서 커패시터는 다시 충전된다. V_{in}이 V_p를 지나는 순간($t = t_3$) 다시 커패시터는 방전되어 앞에서 설명된 과정을 반복한다. 이때 V_{out}의 변화를 리플(ripple)이라고 하고, 커패시터 C는 리플을 감소시키는 필터 역할을 한다. 커패시터의 방전 시정수(time constant)는 $\tau = R_L C$가 되므로, C를 큰 값으로 선택함으로써 리플의 크기를 줄일 수 있다. 리플 전압 V_R은 통상 V_p의 5~10% 이하가 되도록 한다.

리플의 크기 V_R과 C 값의 상관관계를 알아보자. [그림 2-32(b)]를 다시 한 번 살펴보면, 리플 전압 V_R은 $t_0 \le t \le t_2$에서 출력전압의 변동이다. 입력전압이 최댓값(첨두) V_p에 도달한 이후에 커패시터의 방전에 의한 출력전압의 감소는 다음과 같이 표현된다.

$$V_{out}(t) = (V_p - V_\gamma) e^{-\frac{t}{R_L C}} \qquad (\text{단, } t_0 \le t \le t_2) \tag{2.29}$$

$t_0 = 0$이라고 가정하면, 리플의 크기는 다음과 같이 표현된다.

$$\begin{aligned} V_R &= V_{out}(0) - V_{out}(t_2) \\ &= (V_p - V_\gamma) - V_{out}(t_2) \end{aligned} \tag{2.30}$$

식 (2.29)로부터 $t = t_2$에서의 출력전압 $V_{out}(t_2)$를 식 (2.30)에 대입하면,

$$\begin{aligned} V_R &= (V_p - V_\gamma) - (V_p - V_\gamma) e^{-\frac{t_2}{R_L C}} \\ &= (V_p - V_\gamma)\left(1 - e^{-\frac{t_2}{R_L C}}\right) \end{aligned} \tag{2.31}$$

$t_2 \ll R_L C$라고 하면 $\frac{t_2}{R_L C} \ll 1$이므로, 다음과 같은 근사화를 적용할 수 있다.

$$e^{-\frac{t_2}{R_L C}} \simeq 1 - \frac{t_2}{R_L C} \tag{2.32}$$

식 (2.32)의 근사화 결과를 식 (2.31)에 대입하면,

$$\begin{aligned} V_R &\simeq (V_p - V_\gamma)\left[1 - \left(1 - \frac{t_2}{R_L C}\right)\right] \\ &= (V_p - V_\gamma) \frac{t_2}{R_L C} \end{aligned} \tag{2.33}$$

입력신호의 주기를 $T=t_3-t_0$라 하고, $\Delta T=T-t_2$에 대해 $\Delta T \ll T$이면, t_2는 식 (2.34)와 같이 근사화될 수 있다.

$$t_2 \simeq T \qquad (\text{단, } \Delta T \ll T) \tag{2.34}$$

식 (2.34)를 식 (2.33)에 대입하면, 리플의 크기는 식 (2.35)와 같이 표현된다.

$$V_R = \frac{(V_p - V_\gamma)T}{R_L C} = \frac{V_p - V_\gamma}{R_L C f_{in}} \tag{2.35}$$

여기서 $f_{in}=1/T$은 입력전압의 주파수이다. 식 (2.35)로부터 리플의 크기가 커패시터 C 값에 영향 받음을 알 수 있다. C가 커지면 커패시터에서 방전이 느리게 진행되어 리플의 크기가 작아진다.

전파 정류기

[그림 2-32(a)]의 반파 정류회로는 입력전압의 음의 반 주기 동안 입력이 차단되며, 거의 한 주기 동안 ($t_0 \leq t \leq t_2$) 커패시터가 방전되어 리플 전압이 크다는 단점을 갖는다. 또한 커패시터 C의 값을 크게 해서 시정수를 늘리더라도 리플의 크기를 줄이는 데 한계가 있다. 출력전압의 리플을 줄이기 위해서는 [그림 2-33]과 같이 입력의 전체 주기 동안 출력이 얻어지는 전파 정류회로가 사용된다. 입력의 반 주기만 출력에 사용되는 반파 정류기와는 달리, 전파 정류기(full-wave rectifier)는 입력의 음의 반 주기를 양으로 반전시켜 양의 반 주기와 함께 출력하는 회로이다.

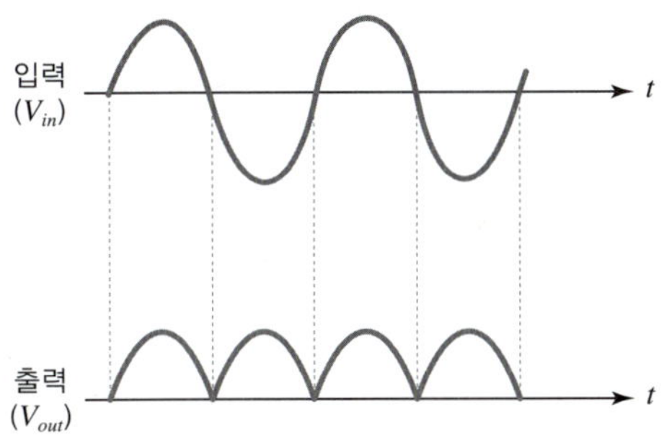

[그림 2-33] 정현파 입력의 전파 정류 출력파형

전파 정류기는 [그림 2-34(a)]와 같이 브릿지(bridge) 회로 형태로 구현될 수 있다. [그림 2-34(b)]는 음의 반 주기 정현파 입력에 대한 동작이다. 다이오드의 단방향 도통특성에 의해 $V_{in} \leq -2V_\gamma$인 음의 반 주기 동안에 다이오드 D_1과 D_2가 도통되어 $D_1 \rightarrow R_L \rightarrow D_2$의 방향으로 전류가 흐르며, 다이오드 D_3과 D_4는 개방상태를 유지한다. 따라서 $V_{in} \leq -2V_\gamma$일 때의 출력은 다음과 같다.

$$V_{out} = -V_{in} - 2V_\gamma \quad (\text{단}, V_{in} \le -2V_\gamma) \tag{2.36}$$

양의 반 주기 정현파 입력에 대한 동작은 [그림 2-34(c)]와 같다. 다이오드 D_3과 D_4가 도통되어 $D_3 \rightarrow R_L \rightarrow D_4$의 방향으로 전류가 흐르며, 다이오드 D_1과 D_2는 개방상태를 유지한다. 따라서 $V_{in} \ge 2V_\gamma$일 때의 출력은 다음과 같다.

$$V_{out} = V_{in} - 2V_\gamma \quad (\text{단}, V_{in} \ge 2V_\gamma) \tag{2.37}$$

정현파 입력에 대한 전파 정류회로의 출력은 [그림 2-35(a)]와 같다. 앞에서 설명된 바와 같이, 입력의 양의 반 주기와 함께 음의 반 주기가 반전되어 출력되므로 입력의 전체 주기가 출력됨을 볼 수 있다. [그림 2-35(b)]는 전파 정류회로의 전달특성을 보이고 있다. $V_{in} \le -2V_\gamma$인 입력전압 범위에 대해서는 기울기가 -1인 직선이고, $V_{in} \ge 2V_\gamma$인 입력전압 범위에서는 기울기가 $+1$인 직선이 되며, $-2V_\gamma \le V_{in} \le 2V_\gamma$인 범위에서는 기울기가 0인 직선이 됨을 볼 수 있다.

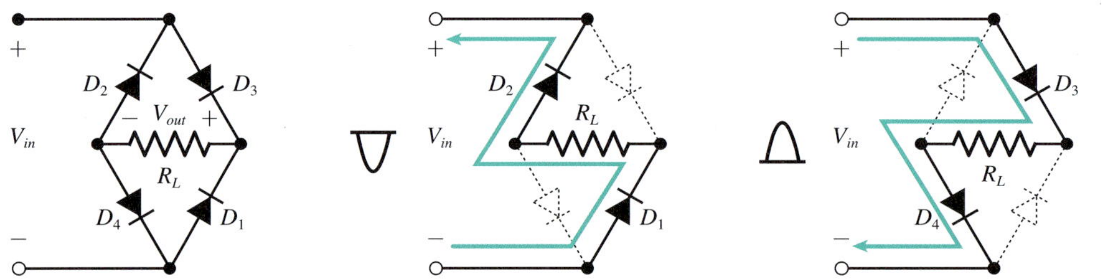

(a) 브릿지 전파 정류회로 (b) 음의 반 주기 입력에 대한 전류 경로 (c) 양의 반 주기 입력에 대한 전류 경로

[그림 2-34] 전파 정류회로와 동작

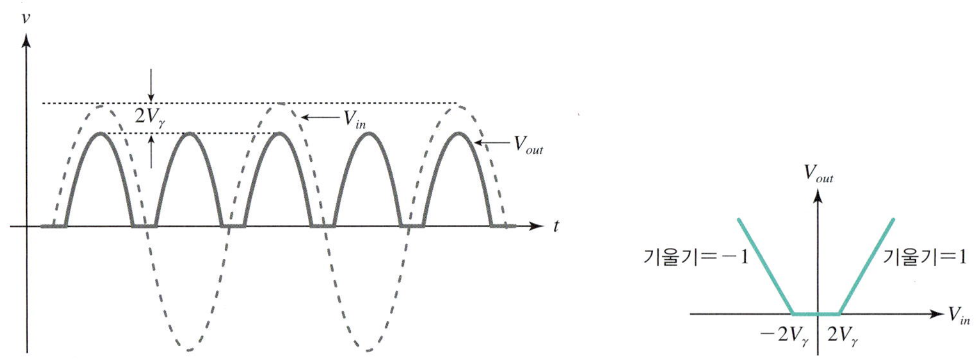

(a) 입력과 출력파형 (b) 전달특성

[그림 2-35] 전파 정류회로의 정현파 입력에 대한 출력파형 및 전달특성

[그림 2-36]은 필터 커패시터와 부하저항이 포함된 전파 정류회로와 입력 및 출력파형을 보이고 있다. 반파 정류회로는 거의 한 주기 동안 커패시터가 방전되지만, 전파 정류회로는 커패시터의 방전기간이 반 주기 이하이기 때문에 리플의 크기가 반파 정류회로의 약 1/2 정도가 된다. 다이오드에 걸리는 역방향 전압의 최댓값은 다음과 같이 표현된다.

$$\text{역방향 최대 전압} = V_p - V_\gamma \tag{2.38}$$

이는 식 (2.28)로 주어진 반파 정류기의 $2V_p - V_\gamma$에 비해 약 1/2 정도가 되는 값이다.

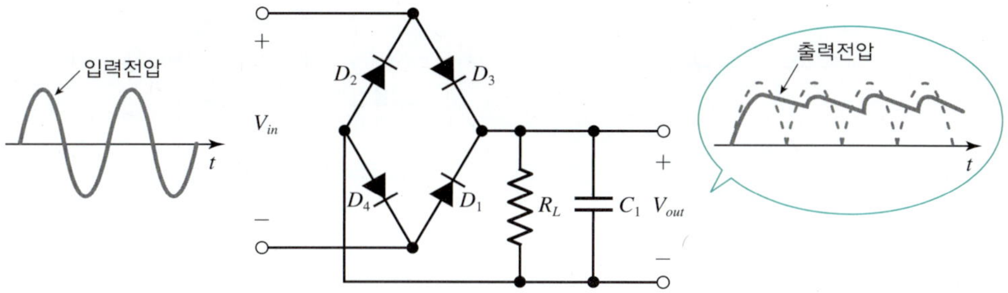

[그림 2-36] 커패시터와 부하 저항을 포함하는 전파 정류회로와 입출력 파형

2.5.2 리미터

교류신호의 진폭을 제한하거나 교류전압을 미리 정한 레벨로 제한하기 위해 사용되는 회로를 리미터(limiter) 라고 한다. 리미터는 입력신호의 크기를 제한하는 회로로써 작은 진폭의 신호는 그대로 통과시키고 특정 임계값을 넘으면 크기를 제한하는 동작을 하며, 과도한 신호 크기에 의한 오동작이나 소자 파괴를 방지하기 위한 보호회로에 사용된다.

양 리미터

[그림 2-37(a)]은 양의 임계값으로 출력을 제한하는 양(positive) 리미터 회로이다. $V_{in} \geq V_B + V_\gamma$이면 다이오드가 도통되어 출력전압은

$$V_{out} = V_\gamma + V_B \tag{2.39}$$

으로 제한된다. 이때 V_{in}이 증가하더라도, V_{out}은 $V_\gamma + V_B$로 일정하게 유지된다. 반면에 $V_{in} < V_B + V_\gamma$이면 다이오드는 개방되며, 따라서 V_{out}은 V_B에 영향을 받지 않고

$$V_{out} = V_{in} \tag{2.40}$$

가 된다. 따라서 이 회로는 출력을 $V_B + V_\gamma$로 제한하는 회로로 동작한다.

[그림 2-37(b)]는 양 리미터 회로의 입출력 전달특성을 보이고 있다. $V_{in}<V_B+V_\gamma$의 입력 범위에 대해서는 기울기가 1인 직선이 되고, $V_{in}\geq V_B+V_\gamma$의 입력 범위에 대해서는 기울기가 0인 직선이 된다.

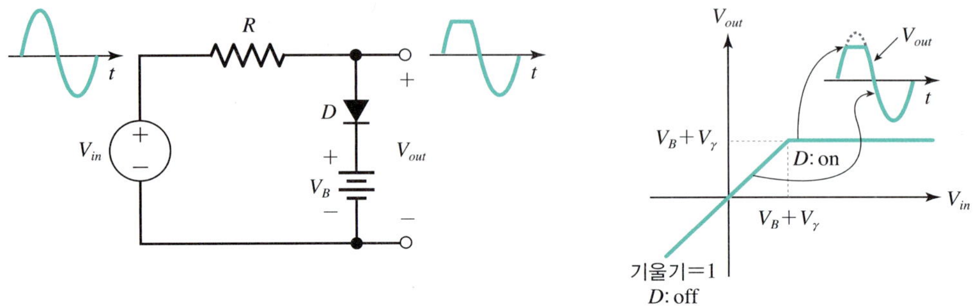

(a) 양 리미터 회로 (b) 입출력 전달특성

[그림 2-37] 양 리미터 회로와 동작특성

음 리미터

[그림 2-37(a)]의 회로에서 다이오드와 전압 V_B의 방향을 반대로 바꿔 [그림 2-38(a)]와 같이 만들면, 출력을 음의 일정한 값으로 제한하는 음(negative) 리미터 회로로 동작한다.

$V_{in}\leq-(V_B+V_\gamma)$인 경우, 다이오드가 도통되어 출력이

$$V_{out}=-(V_B+V_\gamma) \tag{2.41}$$

으로 제한된다. 이때 V_{in}이 감소하더라도 V_{out}은 $-(V_\gamma+V_B)$로 일정하게 유지된다. 반면에 $V_{in}>-(V_B+V_\gamma)$인 경우에는 다이오드가 개방되어 출력은 V_B에 영향을 받지 않고

$$V_{out}=V_{in} \tag{2.42}$$

가 된다. 따라서 이 회로는 출력을 $-(V_\gamma+V_B)$로 제한하는 회로로 동작한다.

[그림 2-38(b)]는 음 리미터 회로의 입출력 전달특성을 보이고 있다. $V_{in}>-(V_B+V_\gamma)$의 입력 범위에 대해서는 기울기가 1인 직선이 되고, $V_{in}\leq-(V_B+V_\gamma)$의 입력 범위에 대해서는 기울기가 0인 직선이 됨을 볼 수 있다.

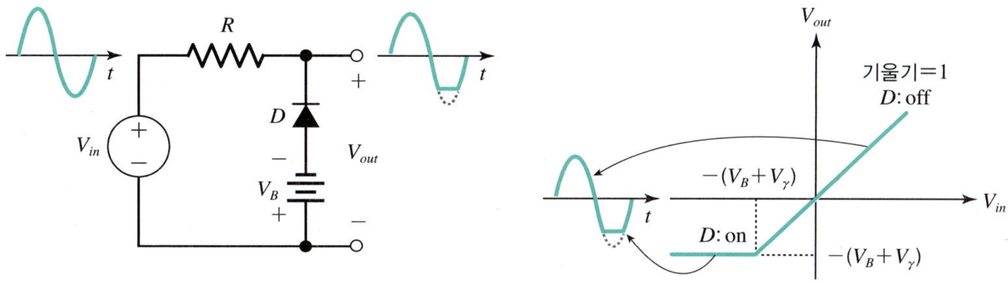

(a) 음 리미터 회로 (b) 입출력 전달특성

[그림 2-38] 음 리미터 회로와 동작특성

[그림 2-37(a)]와 [그림 2-38(a)]를 결합하여 [그림 2-39(a)]와 같이 회로를 구성하면, 양의 값과 음의 값을 모두 제한하는 양방향 리미터 회로가 된다. $V_{in} \geq V_{B1}+V_\gamma$이면 다이오드 D_1은 도통되고 D_2는 개방되므로 출력은,

$$V_{out}=V_{B1}+V_\gamma \tag{2.43}$$

$V_{in} \leq -(V_{B2}+V_\gamma)$이면 다이오드 D_1은 개방되고 D_2는 도통되므로 출력은,

$$V_{out}=-(V_{B2}+V_\gamma) \tag{2.44}$$

$-(V_{B2}+V_\gamma) < V_{in} < V_{B1}+V_\gamma$ 인 경우에는 D_1과 D_2 모두 개방되므로 출력은,

$$V_{out}=V_{in} \tag{2.45}$$

따라서 이 회로는 양의 값과 음의 값을 모두 제한하는 회로로 동작한다.

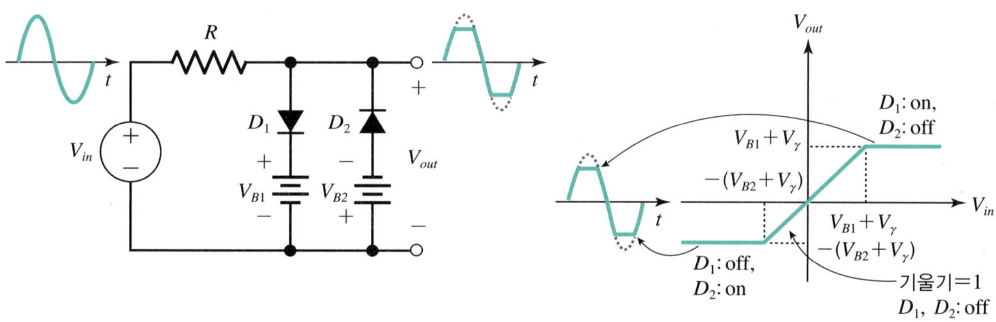

(a) 양방향 리미터 회로 (b) 입출력 전달특성

[그림 2-39] 양방향 리미터 회로와 동작특성

예제 2-6

입력신호를 ±200 mV로 제한하는 양방향 리미터 회로를 설계하라. 단, 다이오드의 커트인 전압은 $V_\gamma = 0.6$ V로 가정한다.

풀이

[그림 2-39(a)]의 회로에서 DC 전압 V_{B1}과 V_{B2}를 다음과 같이 구한다. 먼저 출력이 200 mV로 제한되기 위해서는 다이오드 D_1이 도통되고 D_2는 개방되어야 하므로, 식 (2.43)으로부터 $V_{B1} = V_{out} - V_\gamma = 0.2 - 0.6 = -0.4$ V가 되어야 한다. 다음으로 출력이 −200 mV로 제한되기 위해서는 D_1이 개방되고 D_2는 도통되어야 하므로, 식 (2.44)로부터 $V_{B2} = -V_{out} - V_\gamma = -(-0.2) - 0.6 = -0.4$ V가 되어야 한다. 따라서 설계된 회로는 [그림 2-40(a)]와 같이 다이오드의 D_1의 캐소드 쪽에 −400 mV의 DC 전원이 인가되고, D_2의 애노드 쪽에 +400 mV의 DC 전원이 인가된다. 구해진 전압 V_{B1}과 V_{B2}가 모두 음수이므로, [그림 2-39(a)]의 회로에서 전압 V_{B1}과 V_{B2}의 극성을 반대로 연결하여 [그림 2-40(a)]의 회로가 구현됨에 유의한다.

다이오드의 커트인 전압이 600 mV라고 하였으므로 D_1의 애노드에 +200 mV 이상의 전압이 인가되면 다이오드 D_1은 도통되며, 이때 D_2는 개방상태를 유지한다. 또한 D_2의 캐소드에 −200 mV 이하의 전압이 인가되면 다이오드 D_2는 도통되며, 이때 D_1은 개방상태를 유지한다. 따라서 V_{out}은 ±200 mV로 일정하게 유지하게 된다. $-200\text{ mV} < V_{in} < 200\text{ mV}$의 범위에서는 다이오드 D_1과 D_2가 모두 개방되어 $V_{out} = V_{in}$이 된다. [그림 2-40(b)]는 설계된 양방향 리미터 회로의 입출력 전달특성을 보인 것이다.

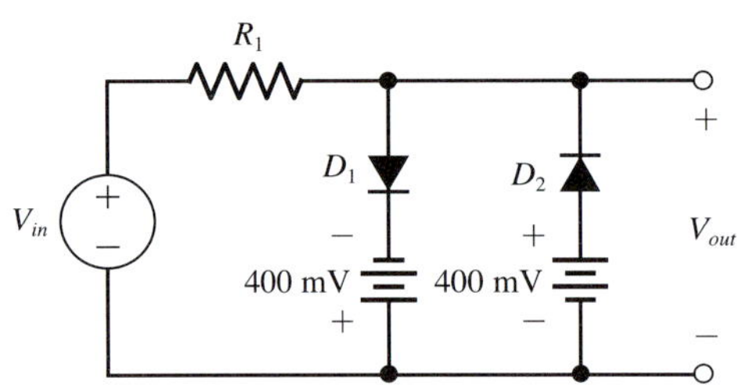

(a) 설계된 양방향 리미터 회로

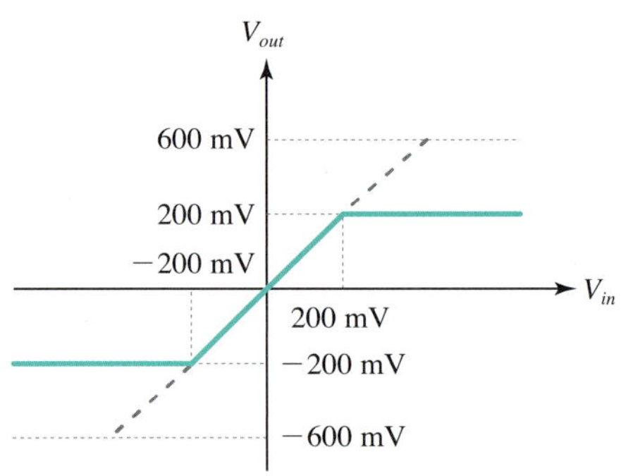

(b) 입출력 전달특성

[그림 2-40] [예제 2-6]의 설계 결과

응용 2-1

[그림 2−41]의 각 리미터 회로에 대해 정현파 입력에 대한 출력파형을 그려라.

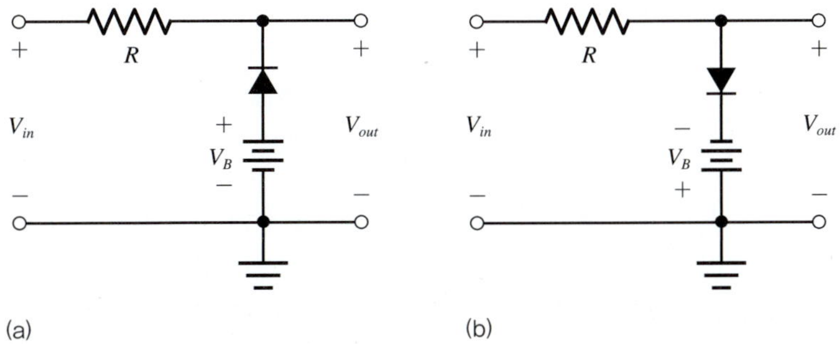

[그림 2−41]

응용 2-2

[그림 2−42]의 각 리미터 회로에 대해 정현파 입력에 대한 출력파형을 그려라.

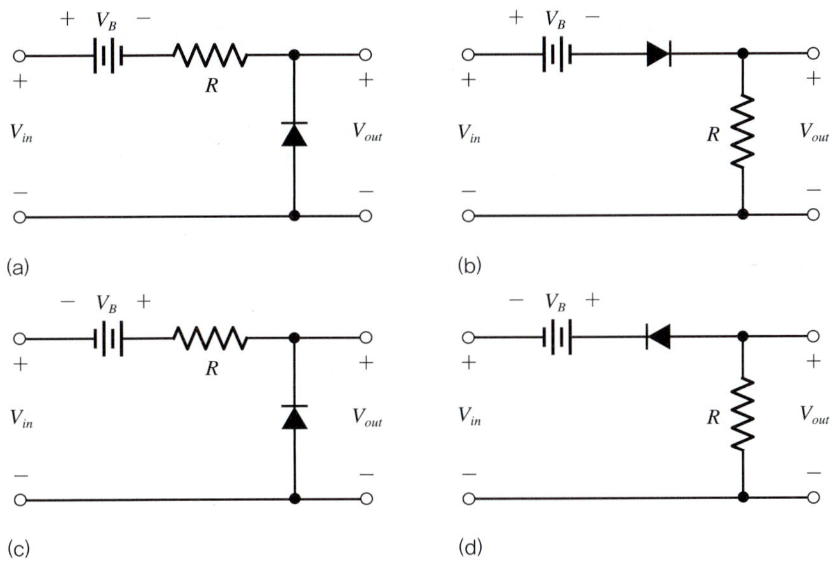

[그림 2−42]

2.5.3 클램퍼

클램퍼(clamper) 회로는 신호를 특정 DC 전압만큼 이동시키는 회로이다. 즉, 입력신호의 파형모양을 변화시키지 않고 특정 레벨에 고정(clamp)시키는 회로이다. 이는 신호가 다음 회로로 옮겨갈 때에 신호의 DC 레벨을 변경하기 위해 사용된다. 클램퍼는 [그림 2-43(a)]와 같이 기본적으로 다이오드, 커패시터 및 저항으로 구성되며, 순방향 바이어스에서 다이오드 전압이 일정하다면 전류도 일정하므로, DC 전원으로 동작하여 신호 레벨의 이동이 가능해진다는 것을 이용한다.

먼저 [그림 2-43(a)]의 회로에서 $V_B=0$인 경우를 생각해 본다. [그림 2-43(b)]와 같은 정현파 입력 $v_I=V_P\sin\omega t$의 처음 $90°(\pi/2)$ 동안에 다이오드는 도통되어 커패시터 양단의 전압은 입력과 동일하게 되어 $v_C=v_I$가 된다. v_I가 첨두치 V_P에 도달한 후, v_I가 감소하기 시작하면 다이오드는 역바이어스 상태가 되어 개방되므로, 커패시터의 전압은 [그림 2-43(c)]와 같이 $v_C=V_P$로 일정하게 유지된다. KVL을 적용하여 출력전압 v_O를 구하면 다음과 같다.

$$v_O=v_I-v_C=V_P(\sin\omega t-1) \tag{2.46}$$

따라서 출력전압은 입력신호의 진폭 $-V_P$ 만큼 이동되어, [그림 2-43(d)]와 같이 0 V로 클램프된다. 정상상태에서 입력과 출력신호의 파형은 동일하고, 출력신호는 입력에 비해서 $-V_P$ 만큼 이동된 결과이다. 이제 전원 $V_B>0$인 경우를 생각해보면, [그림 2-43(d)]의 출력신호 전체에 V_B가 더해지므로, 출력신호가 V_B 만큼 위로 이동되어 [그림 2-43(e)]와 같이 V_B로 클램프된다.

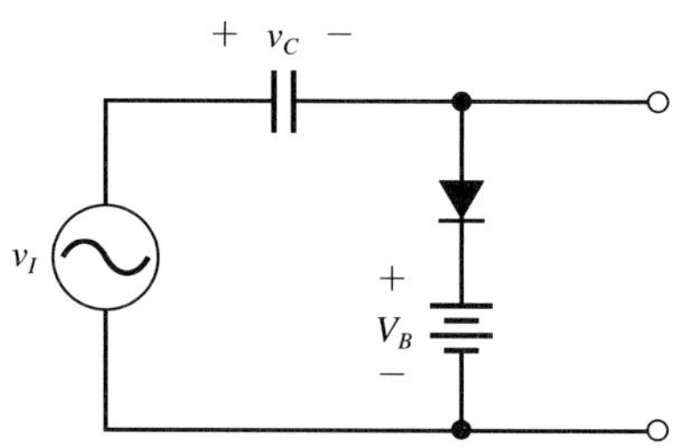

(a) 클램프 회로

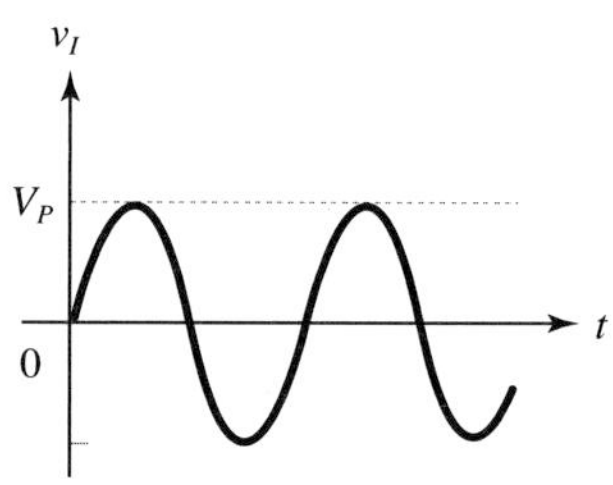

(b) 입력신호

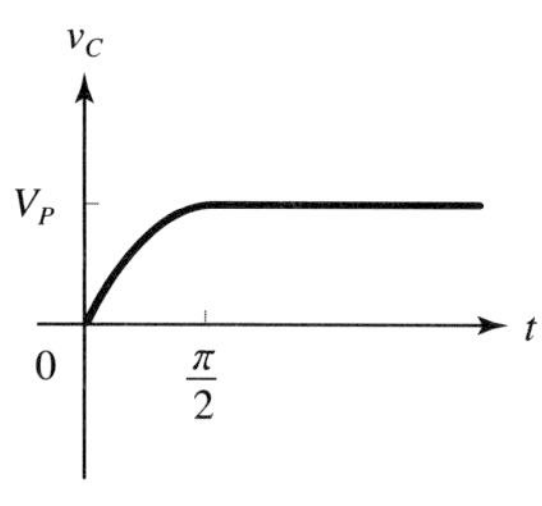

(c) $V_B=0$인 경우의 커패시터 전압

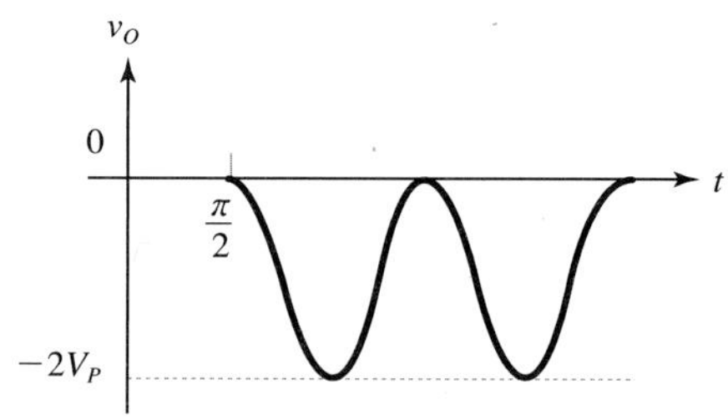

(d) $V_B=0$인 경우의 출력전압

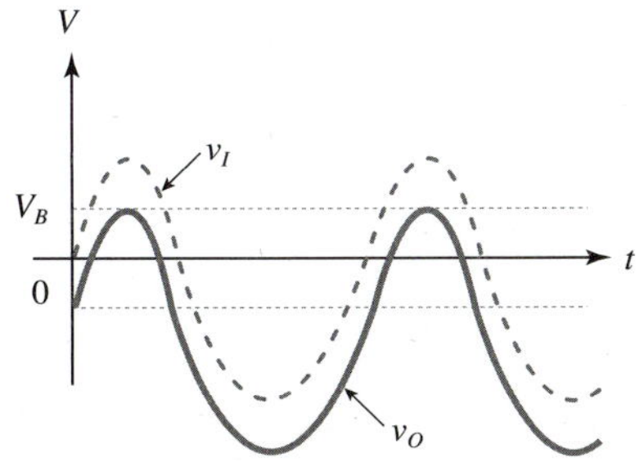

(e) $V_B > 0$인 경우의 출력전압

[그림 2-43] 클램프 회로의 동작과 입출력 파형

2.6 제너다이오드와 그 응용

일반적인 다이오드는 전류를 한쪽 방향으로만 흐르게 하는 특성이 있어 순방향 바이어스를 인가해야만 전류가 흐르며, 역방향 바이어스가 인가되면 다이오드에는 전류가 흐르지 못한다. 만약 매우 큰 역방향 전압이 인가되면 다이오드가 파괴될 수 있다. 그러나 제너(Zener) 다이오드는 일반적인 다이오드의 특성과는 달리 역방향 전압이 걸려있더라도 전류를 흐르게 하는 다이오드이다.

2.6.1 제너다이오드의 특성

제너다이오드는 일반적인 다이오드와 달리 [그림 2-44]와 같은 기호로 나타낸다.

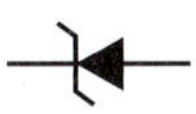

[그림 2-44] 제너다이오드의 기호

일반적인 다이오드는 항복영역에서 소자가 파괴될 수 있기 때문에 이 영역에서는 사용할 수 없다. 그러나 제너다이오드는 특정한 역방향 바이어스 영역에서 사용할 수 있도록 설계된 소자이다. 제너다이오드의 전류-전압 특성곡선은 [그림 2-45]와 같다. 역방향 전류가 거의 흐르지 않다가 항복전압 근처에서 갑자기 큰 전류가 흐르는 특성을 보이며, 이 임계전압을 제너전압 V_Z라고 한다. 항복현상이 발생하는 이유는 다음과 같다. PN 접합에 큰 역방향 바이어스 전압이 인가되면, 강한 전계에 의해 공유결합이 끊어지고 이에 의해 전자-정공쌍이 급격하게 많이 발생되어 큰 전류가 흐르는 항복현상이 발생된다. 제너 항복이 발생되면 다이오드 양 단자의 전압은 거의 일정한 값 V_Z로 유지되면서 전류만 급격하게 증가한다. [그림 2-45]에서 볼 수 있듯이, 제너전압 V_Z는 제너다이오드에 흐르는 역방향 전류 I_Z와 밀접한 관계를 갖는다.

제너다이오드는 전압과 부하저항이 변하더라도 부하 전압을 일정하게 유지시켜 주는 전압 조정기(voltage regulator) 또는 정전압 기준 회로(voltage reference circuit)의 기본 소자로 많이 사용되며, 제너전압이 수 V인 소자에서부터 수백 V인 소자까지 다양한 형태가 상용화되어 있다.

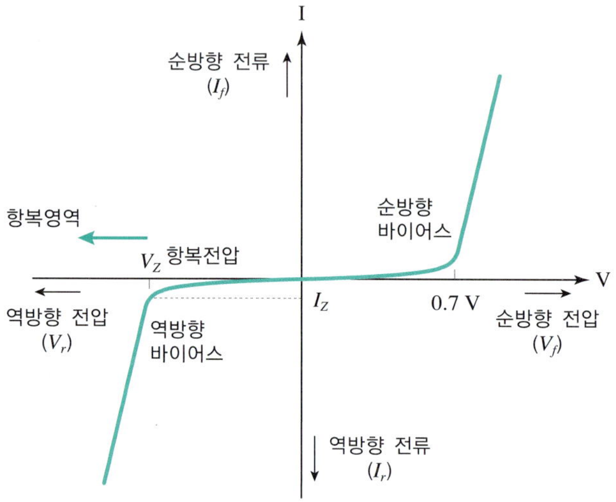

[그림 2-45] 제너다이오드 전류-전압 특성

2.6.2 전압 기준 회로

[그림 2-46]은 제너다이오드를 이용한 전압 조정기 회로이다. 이 회로는 출력 부하저항 값이 넓은 범위에 걸쳐 변하거나, 입력전압이 특정 범위에 걸쳐 변하더라도 출력전압이 일정하게 유지되도록 한다.

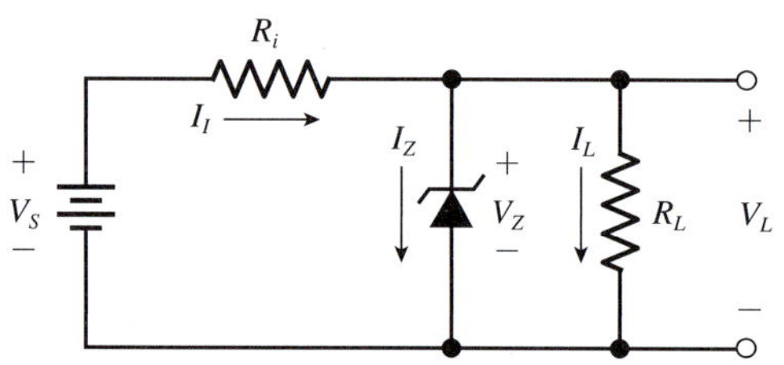

[그림 2-46] 제너다이오드를 이용한 전압 조정기 회로

[그림 2-46]에서 부하 R_L에 일정한 전압 $V_L=V_Z$를 공급하기 위해 필요한 저항 R_i는 다음과 같이 결정된다.

$$R_i=\frac{V_S-V_Z}{I_I}=\frac{V_S-V_Z}{I_Z+I_L} \tag{2.47}$$

식 (2.47)을 다이오드 전류 I_Z에 관하여 정리하면 식 (2.48)을 얻는다.

$$I_Z = \frac{V_S - V_Z}{R_i} - I_L \tag{2.48}$$

[그림 2-46] 회로가 올바로 동작하기 위해서는 제너다이오드가 항복영역에서 동작해야 하며, 이를 위한 기본적인 조건은 다음과 같다.

1. 부하 전류가 최대이고 입력전압이 최소일 때, 다이오드 전류는 최솟값을 가진다.

   $\therefore I_{L,max}$ & $V_{S,min} \rightarrow I_{Z,min}$

2. 부하 전류가 최소이고 입력전압이 최대일 때, 다이오드 전류는 최댓값을 가진다.

   $\therefore I_{L,min}$ & $V_{S,max} \rightarrow I_{Z,max}$

위의 조건을 식 (2.47)에 대입하면 식 (2.49)와 식 (2.50)을 얻는다.

$$R_i = \frac{V_{S,min} - V_Z}{I_{Z,min} + I_{L,max}} \tag{2.49}$$

$$R_i = \frac{V_{S,max} - V_Z}{I_{Z,max} + I_{L,min}} \tag{2.50}$$

위 두 식의 값은 같으므로, 이로부터 다음의 관계가 성립한다.

$$(V_{S,min} - V_Z) \times (I_{Z,max} + I_{L,min}) = (V_{S,max} - V_Z) \times (I_{Z,min} + I_{L,max}) \tag{2.51}$$

예를 들어, 최소 제너 전류를 최대 제너 전류의 $\frac{1}{10}$로 정하고, 식 (2.51)에 $I_{Z,min} = 0.1 I_{Z,max}$를 대입하면 제너다이오드의 최대 전류는 식 (2.52)와 같이 주어진다.

$$I_{Z,max} = \frac{I_{L,max}(V_{S,max} - V_Z) - I_{L,min}(V_{S,min} - V_Z)}{V_{S,min} - 0.1 V_{S,max} - 0.9 V_Z} \tag{2.52}$$

제너다이오드에서 소비되는 최대 전력은 다음과 같으며,

$$P_{Z,max} = I_{Z,max} V_Z \tag{2.53}$$

따라서 제너다이오드의 정격전력은 식 (2.53)의 최대 전력소모보다 커야 한다.

예제를 통하여 전압 조정기 회로를 설계해 보자.

예제 2-7

[그림 2-46]의 전압 조정기 회로가 10 V~12.5 V 범위에서 변하는 전원으로부터 부하에 $V_L=5$ V의 전압을 공급해야 한다. 부하전류가 0~50 mA 범위의 값을 갖는다고 가정하고, $I_{Z,min}=0.1I_{Z,max}$가 되도록 전압 조정기 회로를 설계하라. 또한 제너다이오드의 정격전력을 구하라.

풀이

식 (2.52)로부터 제너다이오드의 최대 전류는 다음과 같이 계산된다.

$$I_{Z,max}=\frac{50\times10^{-3}\times(12.5-5)-0}{10-0.1\times12.5-0.9\times5}=88.24\text{ mA}$$

식 (2.50)으로부터 전류제한 저항은 다음과 같이 계산된다.

$$R_i=\frac{V_{S,max}-V_Z}{I_{Z,max}+I_{L,min}}=\frac{12.5-5}{(88.24+0)\times10^{-3}}=85\ \Omega$$

제너다이오드의 최대 소비전력은 $I_{Z,max}$를 이용하여 다음과 같이 구해지며, 따라서 설계된 회로의 제너다이오드는 441.2 mW 이상의 정격전력을 가져야 한다.

$$P_{Z,max}=I_{Z,max}\times V_Z=88.24\times10^{-3}\times5=441.2\text{ mW}$$

한편, 식 (2.49)로부터 전압 조정기 회로의 정상동작을 위한 제너다이오드의 최소 전류는

$$I_{Z,min}=\frac{V_{S,min}-V_Z}{R_i}-I_{L,max}=\frac{10-5}{85}-50\times10^{-3}=8.82\text{ mA}$$

가 되어, $I_{Z,min}=0.1I_{Z,max}$가 된다.

2.7 응용회로 설계 및 PSPICE 시뮬레이션

설계 예제와 PSPICE 시뮬레이션을 통해 다양한 다이오드 응용회로들을 이해해 본다.

■ 설계 1

[그림 2-47]의 회로에서 110 V, 60 Hz의 교류전압이 변압기를 거쳐 진폭 $V_p=4.6$ V로 변환된 후, 다이오드를 이용한 반파 정류와 커패시터 평활회로를 통해 직류전압으로 변환된다. 직류출력의 리플 크기가 0.1 V 이하가 되도록 커패시터 C의 값을 결정하라. 단, 다이오드의 커트인 전압은 $V_\gamma=0.7$ V이고 부하저항은 $R_L=1.2\ \Omega$으로 가정한다.

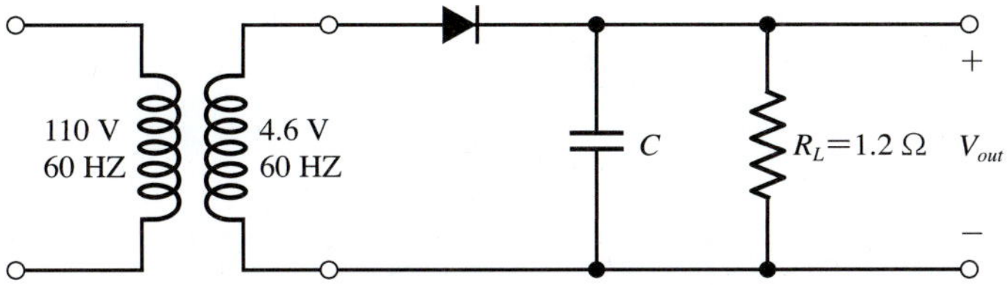

[그림 2-47]

입력 교류전압의 주파수가 60 Hz이므로 주기 T를 구하면 다음과 같다.

$$T=\frac{1}{f}=\frac{1}{60}=16.7\text{ ms}$$

식 (2.35)로부터 커패시터 C의 값은 다음과 같이 계산된다.

$$C=\frac{V_p-V_\gamma}{R_L}\times\frac{T}{V_R}=\frac{4.6-0.7}{1.2}\times\frac{16.7\times10^{-3}}{0.1}=0.54\text{ F}$$

■ 설계 2

[그림 2-48]은 부하저항 R_L이 포함된 양방향 리미터 회로이다 PSPICE를 이용하여 시뮬레이션하라. 단 $R_1=1$ kΩ, $R_L=3.5$ kΩ이고, $V_1=4.5$ V, $V_2=4.5$ V이며, 입력전압은 진폭이 12 V이고 주파수가 2 kHz인 정현파로 가정한다.

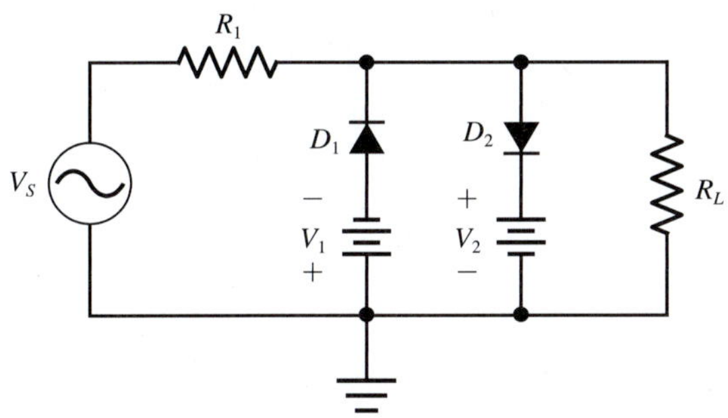

[그림 2-48]

시뮬레이션 결과

PSPICE 시뮬레이션을 위한 회로도와 동작점 해석 결과는 [그림 2-49]와 같다. 시뮬레이션 결과는 [그림 2-50]과 같으며, 다이오드 D1, D2와 DC 전원 V1, V2에 의해 출력전압이 ±5.187 V 로 제한되어 양방향 리미터로 동작함을 확인할 수 있다.

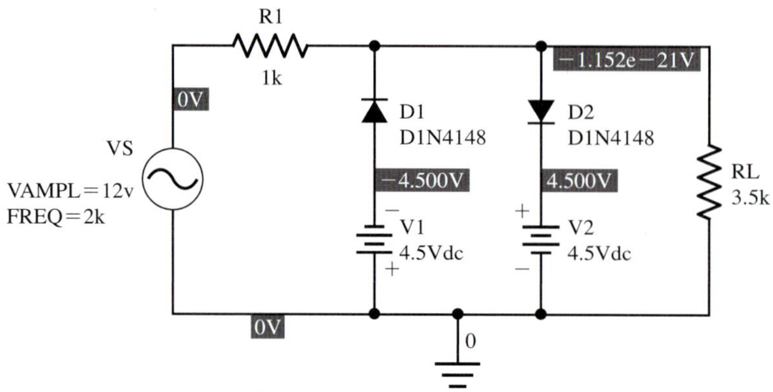

[그림 2-49] PSPICE 회로도와 동작점 해석 결과

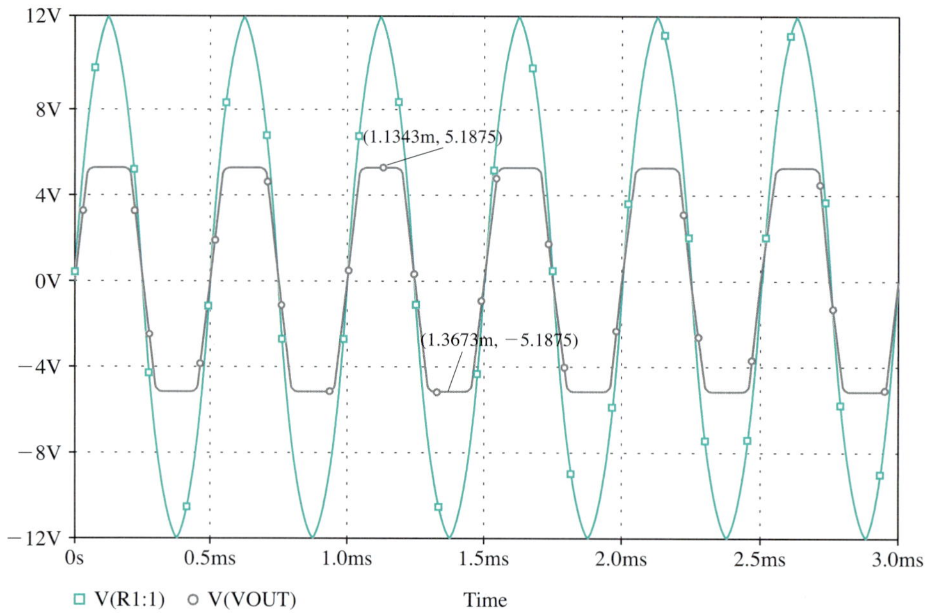

[그림 2-50] [설계 2]의 PSPICE 시뮬레이션 결과

■ 설계 3

[그림 2-51]의 클램퍼 회로를 PSPICE 시뮬레이션으로 해석하라. 입력 V_{in}은 -3 V와 7 V를 반복하는 구형파를 사용한다.

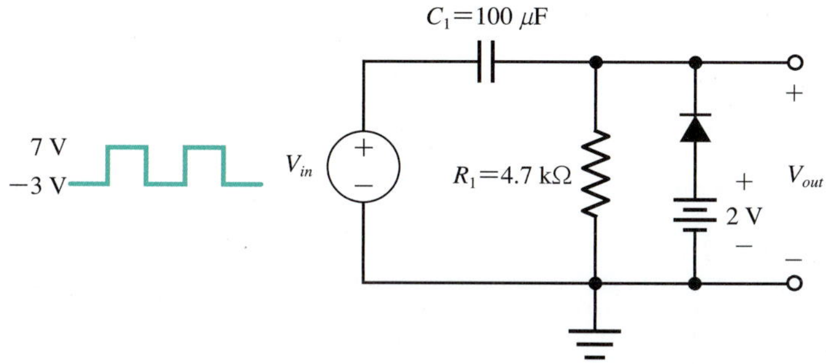

[그림 2-51]

시뮬레이션 결과

PSPICE 시뮬레이션을 위한 회로도와 동작점 해석 결과는 [그림 2-52]와 같다. 시뮬레이션 결과는 [그림 2-53]과 같으며, -3 V~7 V의 구형 펄스가 1.4 V~11.4 V로 이동되어 클램프 회로로 동작함을 확인할 수 있다.

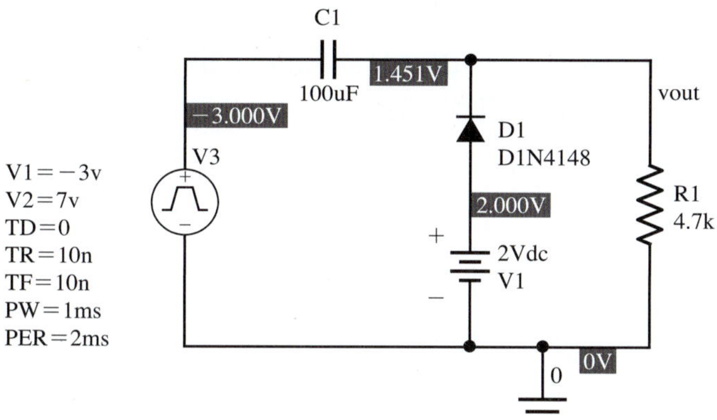

[그림 2-52] PSPICE 회로도와 동작점 해석 결과

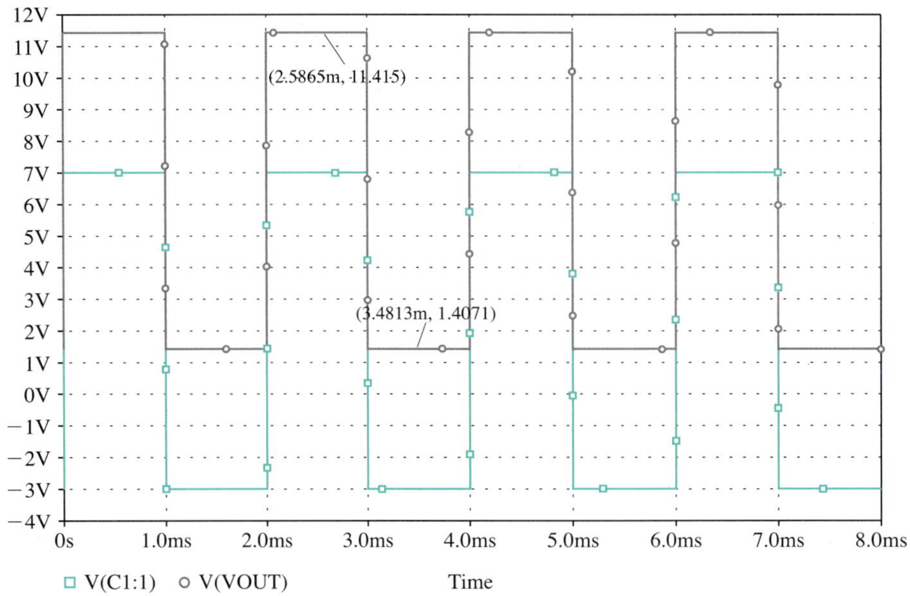

[그림 2-53] [설계 3]의 PSPICE 시뮬레이션 결과

■ 설계 4

[그림 2-54]의 회로에서 진폭이 0.5 V인 60 Hz의 리플이 DC 6 V에 포함되어 있다. PSPICE 시뮬레이션을 통해 V_{out}과 제너다이오드에 흐르는 전류의 파형을 확인하라.

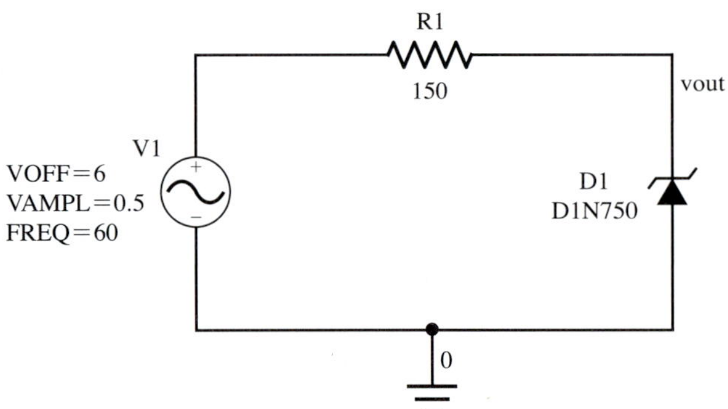

[그림 2-54]

시뮬레이션 결과

PSPICE 시뮬레이션을 위한 회로도와 동작점 해석 결과는 [그림 2-55]와 같으며, 제너전압은 V_Z=4.657 V이고 제너다이오드 전류는 I_Z=8.954 mA이다. 시뮬레이션 결과는 [그림 2-56]과 같

으며, DC 6 V에 포함된 500 mV의 리플이 41.7 mV로 약 1/12로 감소했으며, 제너전압 4.65 V로 안정화된 DC가 출력됨을 확인할 수 있다. [그림 2-56]에서 정현파 모양의 I(R1) 신호는 제너다이오드에 흐르는 전류의 파형이며, 전류 리플의 크기는 약 3.19 mA임을 확인할 수 있다.

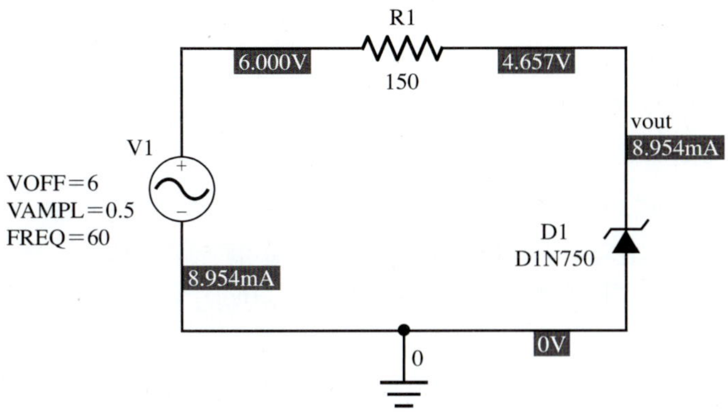

[그림 2-55] PSPICE 회로도와 동작점 해석 결과

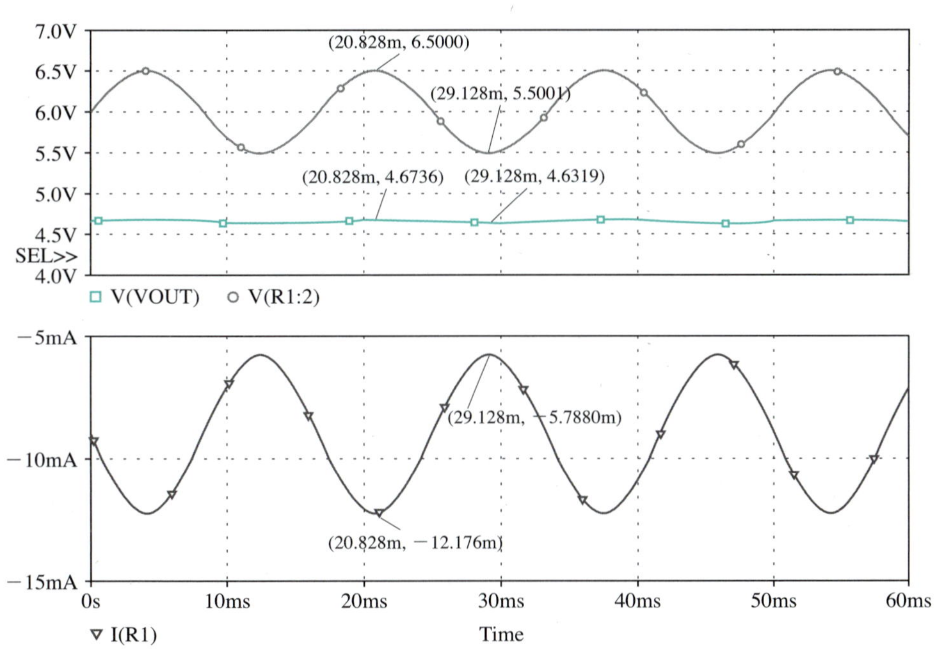

[그림 2-56] [설계 4] 회로의 PSPICE 시뮬레이션 결과

2.8 요약

■ 반도체는 도체와 절연체의 중간적인 도전성을 갖는 물질이며, 대표적인 반도체 물질인 실리콘(Si)은 4개의 가전자를 갖는 4가 원소로서 인접한 원자의 가전자들이 서로 공유되어 격자모양으로 공유결합을 형성하고 있다.

■ 진성 반도체(intrinsic semiconductor)는 불순물(dopant)이 첨가되지 않은 순수한 반도체로서 결정구조에서 다른 원자가 존재하지 않는 단결정 반도체 물질이다. 열적으로 생성된 전자와 정공만이 캐리어가 되며, 자유전자와 정공의 농도가 같다.

■ N형 반도체는 진성 실리콘에 인(P), 비소(As), 안티몬(Sb)과 같은 5가 불순물을 첨가하여 음(−) 전하를 띠는 전자의 농도를 증가시킨 반도체이다. P형 반도체는 진성 실리콘에 붕소(B)나, 인듐(In), 갈륨(Ga)과 같은 3가의 불순물을 첨가하여 양(+)전하를 띠는 정공(hole)의 농도를 증가시킨 반도체이다.

■ P형 반도체와 N형 반도체를 접합시키면, 열적 평형상태의 PN 접합 근처에는 움직일 수 있는 캐리어가 없는 공핍영역(depletion region)이 형성된다. 공핍영역의 이온화된 원자들에 의해 공핍영역에 고유전위(built-in potential)가 발생되며, N영역과 P영역의 도핑 농도에 의해 다음과 같이 표현된다.

$$V_0 = V_T \ln\left(\frac{N_A N_D}{n_i^2}\right)$$

■ PN 접합 다이오드의 P영역에 양(+)의 전압을, N영역에 음(−)의 전압을 인가하면 순방향(forward) 바이어스가 되며, 전위장벽이 낮아져 전류가 흐를 수 있게 된다.

■ PN 접합 다이오드의 P영역에 음(−)의 전압을, N영역에 양(+)의 전압을 인가하면 역방향(reverse) 바이어스가 되며, 전위장벽이 높아져 전류가 흐를 수 없게 된다.

■ PN 접합 다이오드의 전류-전압 특성은 이상적 다이오드 모델, 정전압 모델, 비선형 모델 등으로 모델링할 수 있다.

- 이상적 다이오드 모델 : 다이오드에 순방향 전압이 인가되면 도통(on)으로 간주하고 역방향 전압이 인가되면 개방으로 간주한다.
- 정전압 모델 : 커트인 전압 V_γ 보다 큰 순방향 전압이 걸리면, 다이오드가 도통된 것으로 해석한다.
- 비선형 모델 : 전압 V_D가 인가되면, $I_D = I_S(e^{V_D/V_T} - 1)$의 전류가 흐른다.

■ 다이오드에 큰 역방향 바이어스 전압이 인가되면 갑자기 과도한 전류가 흐르게 되는 항복(breakdown) 현상이 발생한다.

- 신호의 변화가 충분히 작은 경우에는 다이오드의 비선형적인 전류–전압 특성을 선형적으로 모델링할 수 있으며, 이를 소신호 등가모델이라 한다.
- 소신호 해석에서, 다이오드는 저항 $r_d = \frac{V_T}{I_D}$ 로 모델링할 수 있다.
- 다이오드는 정류기, 리미터 등 다양한 응용회로에 사용된다.
  - 반파 정류기 : 입력파형의 양(또는 음)의 반 주기를 통과시키고, 음(또는 양)의 반 주기는 차단시킨다. 반파 정류기의 출력 리플의 크기는 다음과 같이 표현된다.

$$V_R = \frac{(V_P - V_\gamma)}{R_L C f_{in}}$$

  - 전파 정류기 : 입력의 음의 반 주기를 양으로 반전시켜 양의 반 주기와 함께 출력하는 회로이다.
  - 리미터 : 교류신호의 진폭을 제한하거나 교류전압을 미리 정한 레벨로 제한하기 위해 사용되는 회로이다.
  - 클램퍼 : 신호의 파형모양을 변화시키지 않고 특정 DC 전압만큼 이동시켜 특정 레벨에 고정시키는 회로이다.
  - 제너다이오드 : 항복영역에서 사용할 수 있도록 설계되어, 전압 조정기 회로에 사용되는 소자이다.

Chapter_02 연습문제

2.1 도너 원자의 농도가 $N_D=8\times10^{15}\,\mathrm{cm}^{-3}$인 실리콘 반도체가 있다. $T=300$ K에서 이 반도체의 전자와 정공의 농도를 구하고, N형인지 P형인지를 판단하라.

2.2 억셉터 원자의 농도가 $N_A=2\times10^{16}\,\mathrm{cm}^{-3}$인 실리콘 반도체의 $T=300$ K에서 전자와 정공의 농도를 계산하고, 이 반도체가 N형인지 P형인지를 판단하라.

2.3 다수 캐리어인 전자의 농도가 $n_n=6\times10^{15}\,\mathrm{cm}^{-3}$인 N형 반도체를 만들기 위해 진성실리콘에 첨가되어야 하는 불순물의 농도를 구하고, 또한 소수 캐리어인 정공의 농도가 $p_n=3\times10^6$ cm^{-3} 보다 크지 않기 위해 허용되는 최대온도를 구하라. 단, 실리콘의 밴드갭 에너지는 $E_g=1.1eV$이다.

2.4 P형 실리콘 반도체의 전도율이 $\sigma=2.5(\Omega-\mathrm{cm})^{-1}$이고, 단면적은 $A=2\times10^{-4}\,\mathrm{cm}$이다. 이 반도체에 인가된 전계가 $E=15$ V/cm라고 할 때, 표류 전류(drift current)를 구하라.

2.5 실리콘의 정공 농도가 $p(x)=2\times10^4+3\times10^{15}\exp(-x/L_p)$(단, $x\geq0$)의 분포를 갖는다. $x=10$ μm지점에서 정공에 의한 확산 전류밀도를 계산하라. 단, $L_p=15$ μm이고 정공의 확산계수는 $D_p=20\ \mathrm{cm}^2/\mathrm{s}$이다.

2.6 실리콘 PN 접합에서 N영역의 도너 불순물 농도가 $N_D=8\times10^{15}\,\mathrm{cm}^{-3}$이고, 억셉터 불순물 농도가 $10^{15}\leq N_A\leq10^{18}\,\mathrm{cm}^{-3}$일 때, 이 범위에서 억셉터 농도 N_A와 고유전위 V_0의 관계를 그래프로 표현하라.

2.7 실리콘 PN 접합 다이오드에서 0.1 V의 순바이어스 전압에 대한 전류와 0.1 V의 역바이어스 전압에 대한 전류의 비를 구하라.

2.8 역방향 포화전류 $I_S=5\times10^{-12}$ A인 PN 접합 다이오드에 200 μA의 전류가 흐르기 위해서 필요한 순방향 바이어스 전압의 값을 구하라.

2.9 실리콘 PN 접합 다이오드가 순방향 바이어스 영역에서 동작된다고 가정할 때, 전류가 15배 증가하도록 하기 위한 순방향 바이어스 전압을 계산하라.

2.10 $2\times10^{-14}\leq I_S\leq10^{-12}$ A 범위의 역방향 포화전류를 갖는 다이오드가 $I_D=5$ mA로 바이어스 되기 위해 필요한 순방향 바이어스 전압의 범위를 구하라.

2.11 다음 회로에서 다이오드의 전압과 전류를 구하라. 단, $R_1=80$ kΩ, $R_2=50$ kΩ, $V_S=2.5$ V 이고, 다이오드의 역방향 포화전류는 $I_S=10^{-13}$ A이다.

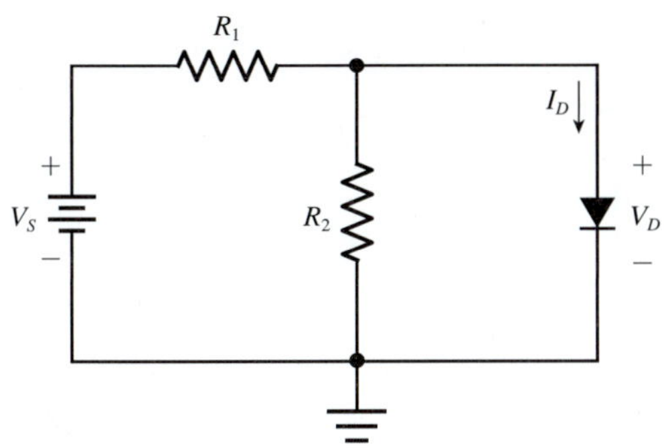

[그림 2-57]

2.12 다음 회로는 $5\leq V_S\leq10$ V의 전원전압 범위에서 다이오드가 도통상태로 바이어스되어야 하며, 최소 다이오드 전류는 $I_{D(\min)}=3$ mA이다. 다이오드의 최대 전력소모가 15 mW로 제한되도록 하려면, R_1과 R_2의 값은 얼마가 되어야 하는가? 단, 다이오드의 턴온 전압은 $V_\gamma=0.7$ V이다.

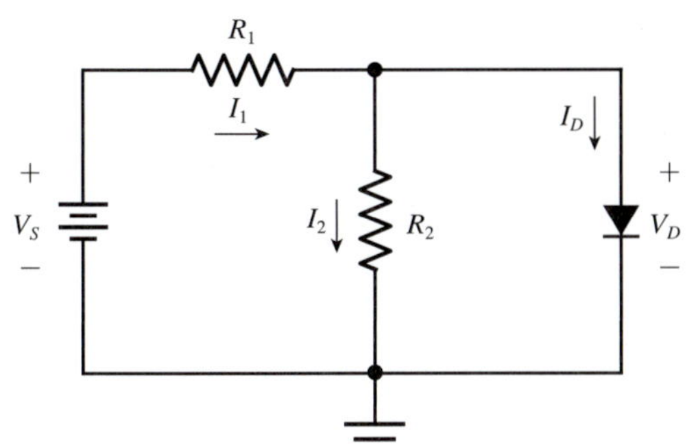

[그림 2-58]

2.13 다음 회로에서 전류 $I_D=0.5$ mA가 되기 위한 다이오드 전압 V_D와 전원 전압 V_X를 구하고, 다이오드에서 소비되는 전력을 계산하라. 단, $R=3$ kΩ이고, 다이오드 턴온 전압은 $V_\gamma=0.7$ V이다.

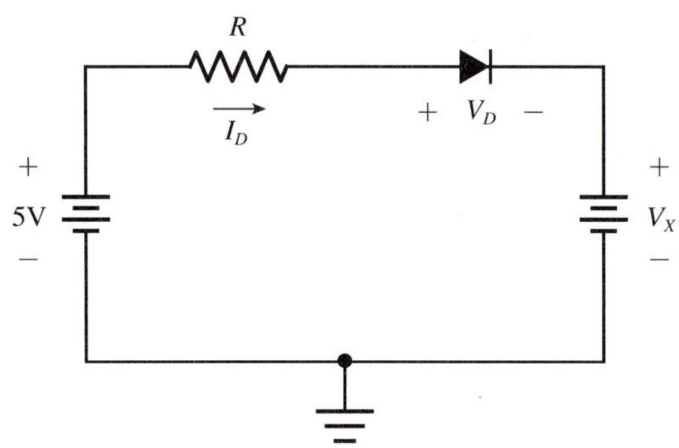

[그림 2-59]

2.14 다음 회로에서 입력 전압 $V_I=5$ V가 인가되는 경우에, $I_{D1}=0.5I_{D2}$이 되기 위해 필요한 R_1의 값은 얼마인가? 단, $R_2=2$ kΩ이고, 각 다이오드의 턴온 전압은 $V_\gamma=0.7$ V이다.

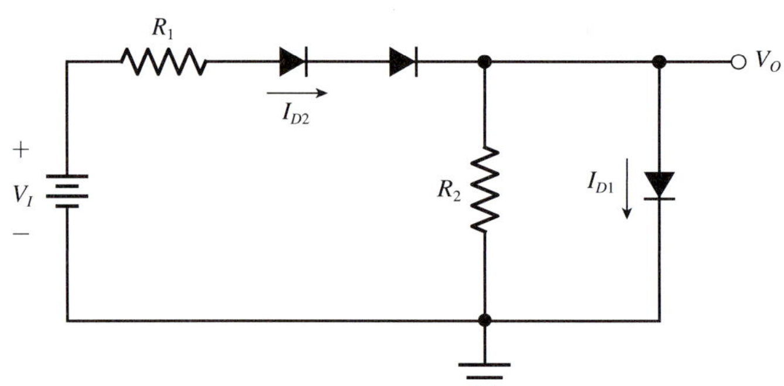

[그림 2-60]

2.15 다음 회로에서 다이오드는 정전류원 I로 바이어스되어 있고, 정현파 신호 v_s는 R_S와 C를 통해 인가된다. 소신호 등가모델을 이용하여, 출력전압 V_O와 V_S의 관계를 구하라. 단, 커패시터 C는 매우 큰 값으로 가정한다.

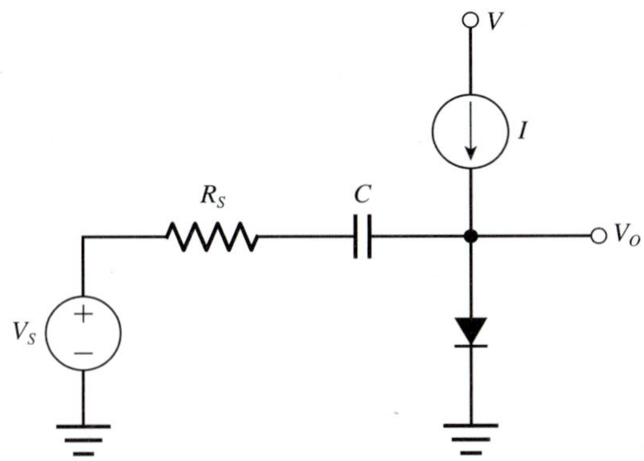

[그림 2-61]

2.16 다음의 회로에서 제너전류 I_Z와 출력전압 V_O 그리고 제너다이오드의 소비전력을 구하라. 단, $V_S=10$ V, $R=1$ kΩ, $R_L=5$ kΩ이고, 제너전압은 $V_Z=6$ V이며, 제너다이오드의 소신호 등가저항은 $r_z=0$ Ω으로 가정한다.

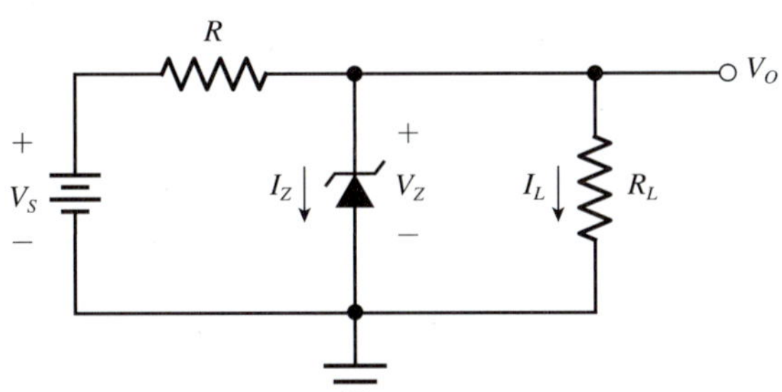

[그림 2-62]

2.17 문제 **2.16**의 회로에서 $V_S=15$ V이고, 제너전류 $I_Z=0.2$ mA에서 제너전압 $V_Z=6$ V이며, 제너다이오드의 소신호 등가저항은 $r_z=50$ Ω이다. 부하 저항값이 아주 큰 값($R_L=\infty$)을 갖는 경우에 대해 출력전압 V_O를 구하라.

2.18 다음 회로에 30 V의 첨두-첨두(peak-to-peak) 진폭을 갖는 삼각파를 인가하였다. 입력 삼각파의 한 주기(cycle) 동안 출력전압 v_O의 파형이 어떻게 변화하는지 그래프로 나타내라. 단, 입력 삼각파의 시간 평균전압은 영(0)이고, $R=2\ \text{k}\Omega$이며, 다이오드 파라미터는 $V_\gamma=0.7$ V, $r_d=50\ \Omega$이다.

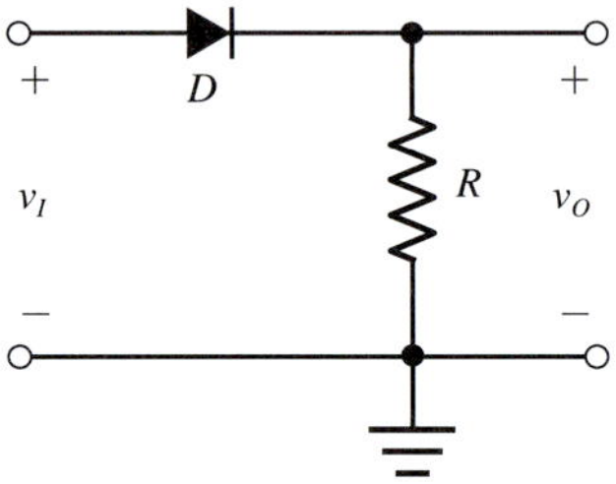

[그림 2-63]

2.19 다이오드 턴온 전압을 $V_\gamma=0.7$ V라고 할 때 입력신호를 800 mV로 제한하는 양(positive) 리미터 회로를 설계하고, 입출력 전달특성곡선을 그려라.

2.20 다음의 반파정류 회로에서 $R=100\ \Omega$이고, 필터 커패시터 C가 R에 병렬로 연결되어 있다. 변압기의 1차측 전압 v_I의 진폭은 15 V이며, 주파수가 80 Hz일 때, 출력 v_O의 리플전압이 0.5 V를 넘지 않도록 필터 커패시터 C의 값을 구하라. 단, 다이오드의 턴온 전압은 $V_\gamma=0.7$ V이다.

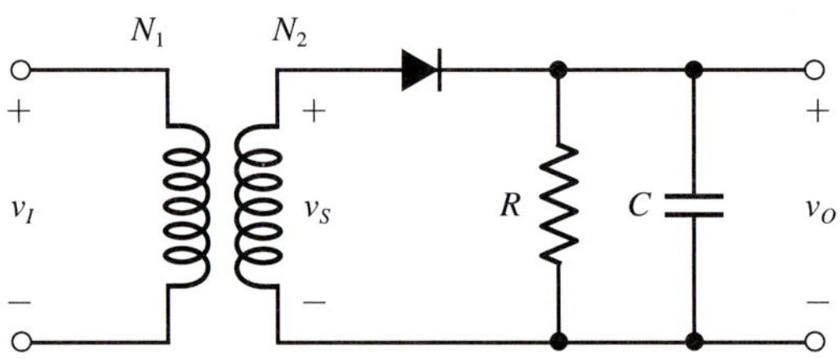

[그림 2-64]

2.21 다음 회로에 $v_i=10\sin\omega t$ V인 정현파가 입력될 때 출력 v_o의 rms값을 구하고, v_o의 파형을 그려라. 단, 다이오드의 턴온 전압은 $V_\gamma=0$ V로 가정한다.

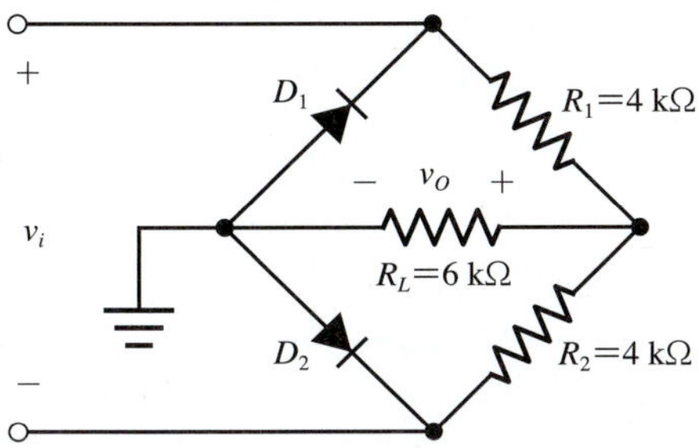

[그림 2-65]

2.22 다음의 회로에서 제너다이오드에 흐르는 전류 I_Z와 부하저항에 흐르는 전류 I_L을 계산하고, 또한 제너다이오드의 소비전력을 구하라. 단, $V_S=5$ V, $R=5$ kΩ, $R_L=10$ kΩ이고, 제너전압은 $V_Z=3$ V이며, 제너다이오드의 소신호 등가저항은 $r_z=0$ Ω으로 가정한다.

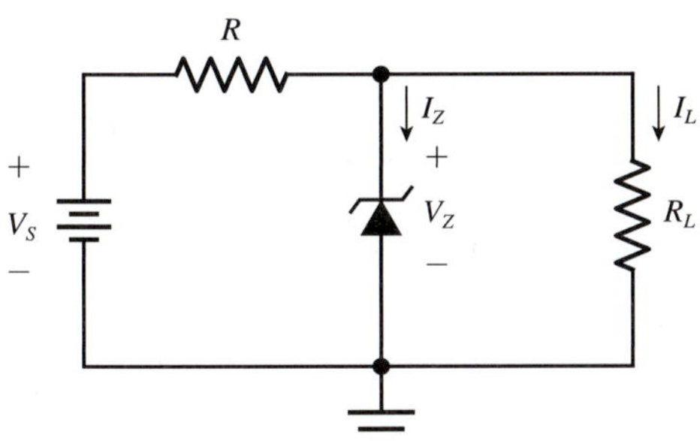

[그림 2-66]

2.23 다음 회로에서 $-20 \le v_I \le +20$ V의 입력전압 범위에 대해 v_I와 v_O의 관계를 그래프로 나타내라. 단, $R=15$ kΩ, 제너전압은 $V_Z=7$ V이며, 다이오드의 턴온 전압은 $V_\gamma=0$ V로 가정한다.

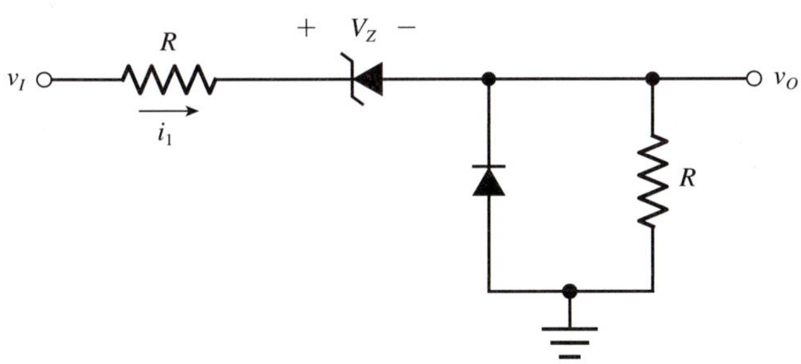

[그림 2-67]

2.24 다음 회로에서 $0 \le v_I \le 12$ V의 입력전압 범위에 대해 v_I와 v_O의 관계를 그래프로 나타내라. 단, $R_1 = R_2 = 0.5$ kΩ, $R_3 = 1$ kΩ, $V_S = 10$ V이고, 다이오드의 턴온 전압은 $V_\gamma = 0.7$ V로 가정한다.

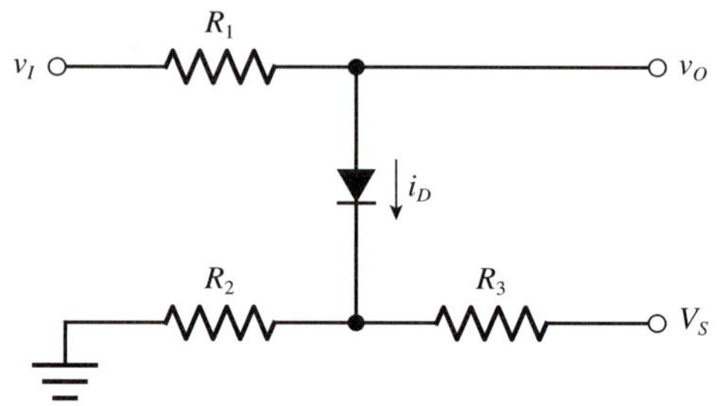

[그림 2-68]

2.25 다음 회로에서 $-25 \le v_I \le +25$ V의 입력전압 범위에 대해 v_I와 v_O의 관계를 그래프로 나타내라. 단, $R = 0.5$ kΩ, $V_S = 5$ V이고, 다이오드의 턴온 전압은 $V_\gamma = 0.7$ V, 소신호 등가저항은 $r_d = 20$ Ω이다.

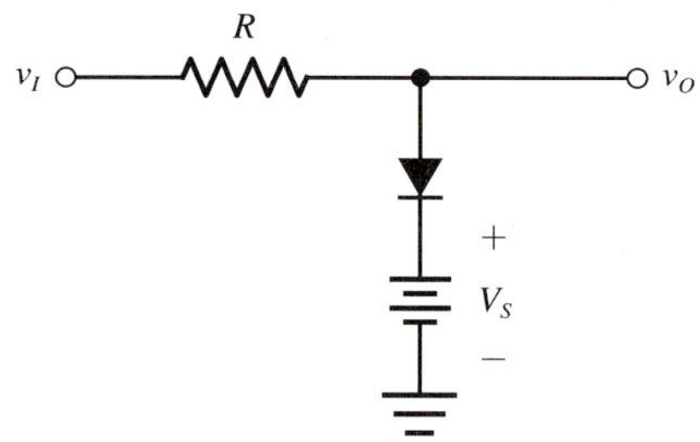

[그림 2-69]

2.26 다음 회로에서 각각의 입력전압에 대해 출력전압 V_O와 다이오드 전류 I_{D1}, I_{D2}를 구하라. 단, $R_1 = R_2 = 1$ kΩ, $R_L = 9$ kΩ이고, 다이오드의 턴온 전압은 $V_\gamma = 0.7$ V, 소신호 등가저항은 $r_d = 0$ Ω으로 가정한다.

(a) $V_1 = 10$ V, $V_2 = 0$ V,

(b) $V_1 = 5$ V, $V_2 = 0$ V,

(c) $V_1 = 10$ V, $V_2 = 5$ V,

(d) $V_1 = 10$ V, $V_2 = 10$ V

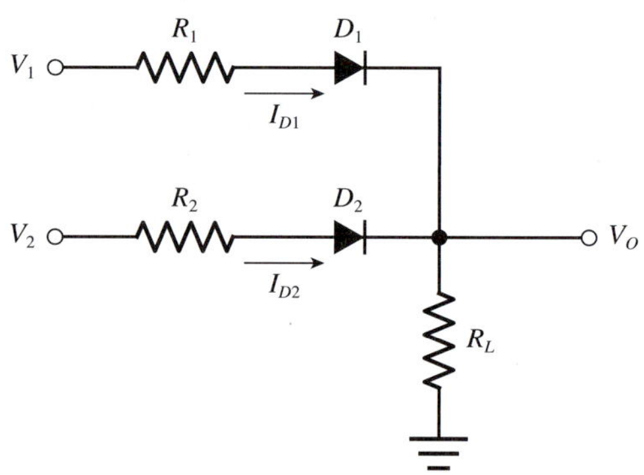

[그림 2-70]

2.27 다음 회로에서 각각의 입력전압에 대해 출력전압 V_O와 다이오드 전류 I_{D1}, I_{D2}를 구하라. 단, $R_1 = R_2 = 1\ \text{k}\Omega$, $R_L = 9\ \text{k}\Omega$, $V_S = 10\ \text{V}$이고, 다이오드의 턴온 전압은 $V_\gamma = 0.7\ \text{V}$, 소신호 등가저항은 $r_d = 0\ \Omega$으로 가정한다.

(a) $V_1 = V_2 = 10\ \text{V}$, (b) $V_1 = V_2 = 5\ \text{V}$,

(c) $V_1 = 10\ \text{V}$, $V_2 = 5\ \text{V}$, (d) $V_1 = V_2 = 0\ \text{V}$

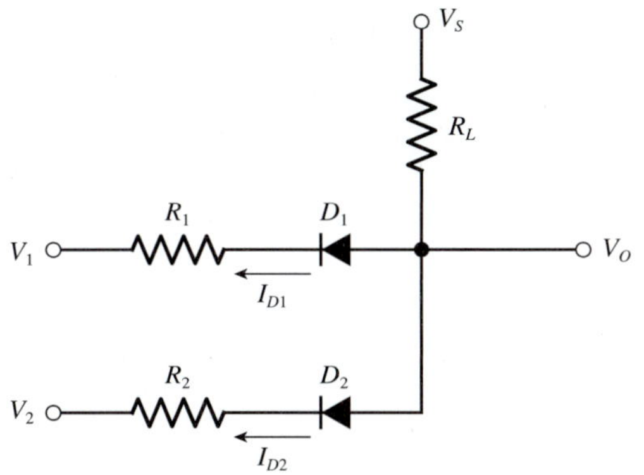

[그림 2-71]

2.28 다음 회로에서 각 저항값에 대해 I_{D1}과 V_O를 구하라. 단, 각 다이오드의 턴온 전압은 $V_\gamma = 0.7\ \text{V}$이다.

(a) $R_1 = 10\ \text{k}\Omega$, $R_2 = 20\ \text{k}\Omega$,

(b) $R_1 = 20\ \text{k}\Omega$, $R_2 = 10\ \text{k}\Omega$

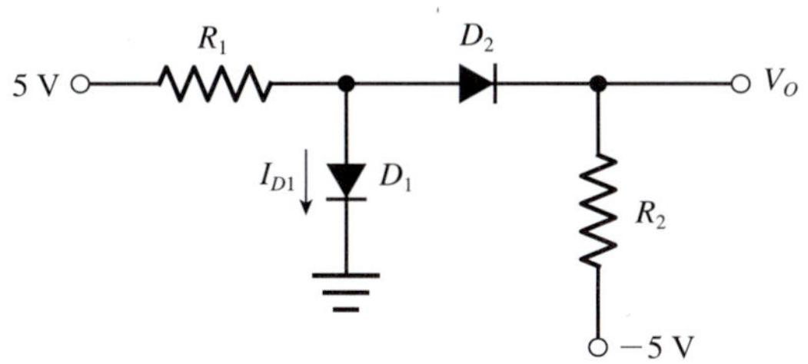

[그림 2-72]

2.29 다음 회로에서 I_D와 V_O을 구하라. 단, $R_1=1\ \text{k}\Omega$, $R_2=R_3=2\ \text{k}\Omega$, $V_S=5\ \text{V}$이고, 각 다이오드의 턴온 전압은 $V_\gamma=0.7\ \text{V}$이다.

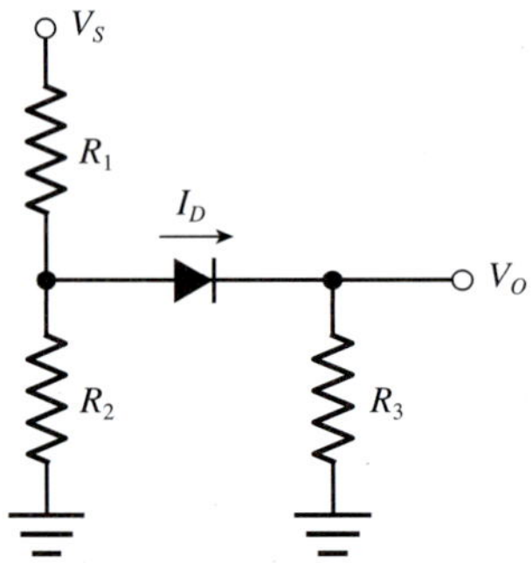

[그림 2-73]

2.30 아래의 회로는 다이오드 AND 논리 게이트의 출력이 2차측 다이오드 AND 논리 게이트의 입력에 연결되어 있다. 다음 각각의 입력전압에 대해 출력 V_{O1}과 V_{O2}을 구하라. 각 다이오드의 턴온 전압은 $V_\gamma=0.7\ \text{V}$이다.

(a) $V_1=V_2=10\ \text{V}$, (b) $V_1=0\ \text{V}$, $V_2=10\ \text{V}$, (c) $V_1=V_2=0\ \text{V}$

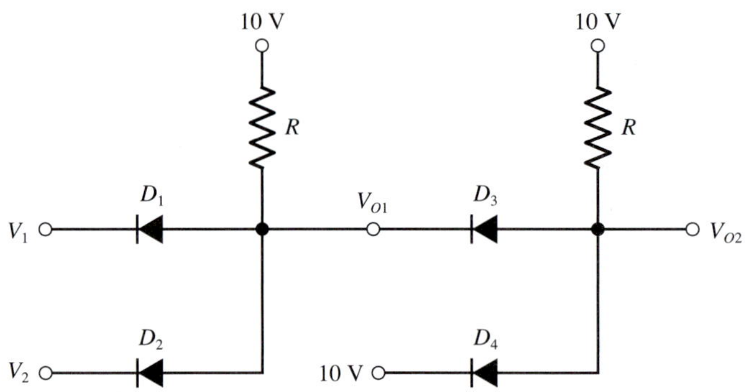

[그림 2-74]

Chapter

03

바이폴라 접합 트랜지스터

학습목표

- 바이폴라 접합 트랜지스터(BJT)의 기본 구조를 이해하고, 전류-전압 특성을 이해한다.
- BJT의 DC 해석과 등가모델을 이해하여 복잡한 회로에 응용한다.
- BJT의 바이어스 방법과 회로를 이해하고, 동작점을 해석할 수 있다.
- BJT의 소신호 등가회로와 파라미터를 이해하고 이를 회로해석에 적용한다.

20세기 들어 지속적으로 발전하던 전자공학은 트랜지스터라는 소자의 발명으로 새로운 차원의 세계로 진입하는 계기를 맞게 된다. 전자공학 역사상 매우 중요한 소자인 트랜지스터는 1947년 미국 벨 연구소의 윌리엄 쇼클리(William Shockley), 존 바딘(John Bardeen), 월터 브래튼(Walter Brattain) 등에 의해서 개발되었다(1956년 노벨상 수상). 트랜지스터의 발명은 1958년 집적회로의 개발로 이어지면서 전자혁명의 시발점이 되었다.

앞장에서 PN 접합 다이오드의 특성과 응용회로에 대하여 자세히 살펴보았다. 이제 두 개의 PN 접합을 갖는 바이폴라 접합 트랜지스터(Bipolar Junction Transistor; BJT)에 대하여 알아보려 한다. 앞서 살펴본 바와 같이 PN 접합 다이오드는 전류나 전압을 정류하는 기능을 가지나, 입력 전류나 전압의 크기를 크게 하는 증폭 기능은 없다. 이제부터 살펴볼 바이폴라 접합 트랜지스터는 다른 회로소자와 결합하여 전류와 전압을 증폭하여 이득을 제공한다.

트랜지스터의 대표적인 형태로는 이번 장에서 살펴보게 될 바이폴라 접합 트랜지스터(BJT)와 전기장 효과를 이용한 전계효과 트랜지스터(Field Effect Transistor; FET)가 있다. FET에 대해서는 5장과 6장에서 다루기로 한다.

오늘날 CMOS 집적회로(IC)의 사용이 보편화되고 있음에도 불구하고, BJT는 고주파 특성이 우수하고 다양한 소자 선택이 가능하여 여전히 널리 사용되고 있는 중요한 소자이다. 이제부터 바이폴라 접합 트랜지스터에 대하여 구체적으로 살펴보도록 한다.

3.1 BJT의 구조 및 동작모드

3.1.1 BJT의 기본 구조

바이폴라 접합 트랜지스터(BJT)는 [그림 3-1]과 같이 N형과 P형으로 도핑된 세 개의 반도체 영역과 이들에 의해 형성되는 두 개의 PN 접합으로 구성된다. 각 도핑 영역은 외부로 단자가 연결되며, 각각 이미터(Emitter), 베이스(Base), 컬렉터(Collector)라고 불린다. BJT는 이미터, 베이스, 컬렉터의 도핑 형태에 따라 NPN형과 PNP형으로 구분된다. NPN형 BJT는 [그림 3-1(a)]과 같이 이미터가 N형, 베이스가 P형, 컬렉터가 N형으로 구성되며, PNP형 BJT는 [그림 3-1(b)]과 같이 이미터가 P형, 베이스가 N형, 컬렉터가 P형으로 구성된다.

실제 BJT는 [그림 3-1(c)]의 단면도와 같이 이미터 영역과 컬렉터 영역의 기하학적 구조가 다르며, 이미터, 베이스, 컬렉터 세 영역의 도핑 농도도 각기 다르게 만들어진다. 이미터 영역은 전류운반 캐리어(전자 또는 정공)를 제공하고 베이스나 컬렉터 영역에 비해 불순물 농도가 가장 높게 도핑되며, 따라서 통상 N^+ 또는 P^+로 표시된다. 컬렉터는 베이스 영역을 지나온 캐리어가 모이는 영역이며, 이미터나 베이스 영역에 비해 불순물 농도가 가장 낮게 도핑된다. 이미터와 컬렉터 사이에 존재하는 베이스 영역은 이미터에서 주입된 캐리어가 컬렉터로 도달하기 위해 지나가는 영역으로 중간 정도의 도핑 농도를 가지며, BJT의 전류 증폭률을 크게 만들기 위해 폭이 매우 얇게 만들어진다.

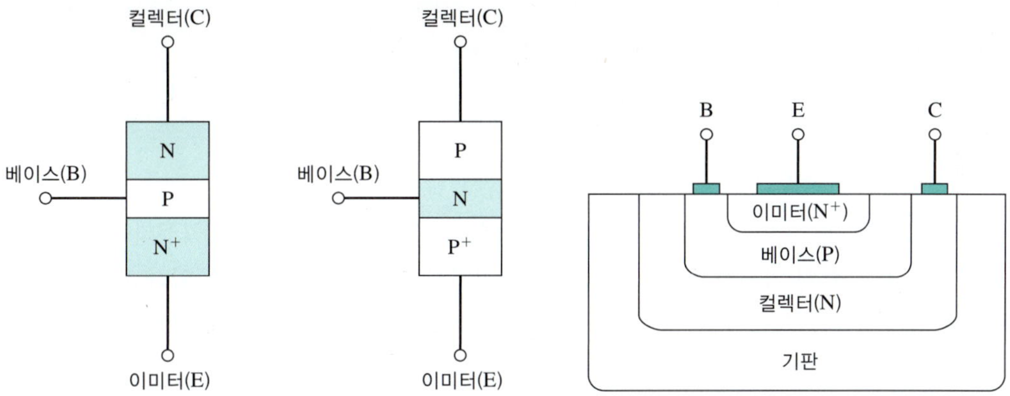

(a) NPN형 BJT (b) PNP형 BJT (c) NPN형 BJT의 단면도

[그림 3-1] BJT 소자의 구조

[그림 3-2]는 BJT의 회로기호와 전류, 전압의 극성을 보이고 있다. NPN형 BJT는 베이스가 P형이고 이미터가 N형이므로, [그림 3-2(a)]와 같이 베이스에서 이미터로 향하는 화살표로 NPN형 BJT임을 나타낸다. NPN형 BJT에서 각 단자에 흐르는 전류는 그림에 표시된 바와 같으며, 베이스와 컬렉터 단자로 들어간 전류가 이미터로 나가는 동작을 뜻한다. [그림 3-2(b)]는 PNP형 BJT의 회로기호이며, 베이스가 N형이고 이미터가 P형이므로 이미터에서 베이스로 향하는 화살표로 PNP형 BJT임을 나타낸다. PNP형 BJT는 이미터로 들어간 전류가 베이스와 컬렉터로 나가는 동작이다. 이상의 사실을 종합하면, BJT의 회로기호에서 이미터의 화살표 방향이 이미터-컬렉터 사이에 흐르는 전류의 방향을 나타냄을 알 수 있다.

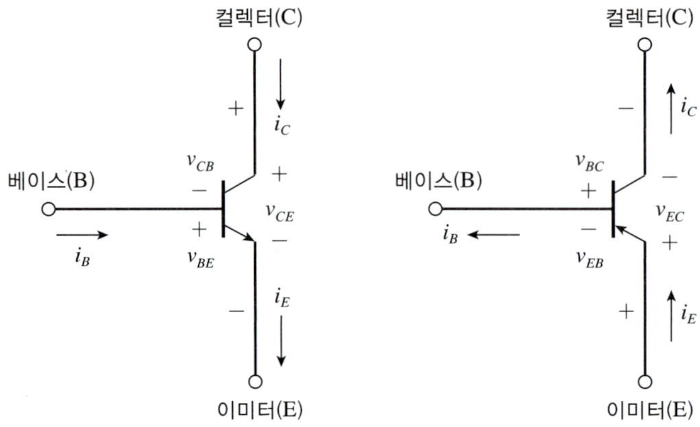

(a) NPN형 BJT (b) PNP형 BJT

[그림 3-2] BJT의 회로기호와 전류, 전압 표시

3.1.2 BJT의 동작모드

[그림 3-2]에서 볼 수 있듯이, NPN형과 PNP형의 BJT는 서로 반대의 전압극성과 전류방향을 가지므로, 이들 중 한 가지의 동작을 이해하면 나머지 형태도 쉽게 이해할 수 있다. 이 절에서는 NPN형 BJT를 기준으로 하여 트랜지스터의 동작모드와 전류-전압 특성을 살펴본다. PNP형 BJT의 전류방향과 전압극성은 NPN형과 반대가 됨을 유의한다.

PN 접합은 바이어스에 따라 순방향 또는 역방향의 두 가지 동작모드를 가지므로, 두 개의 PN 접합으로 구성되는 BJT는 PN 접합의 바이어스 조건에 따라 [표 3-1]과 같이 네 가지 동작모드를 갖는다. 베이스-이미터(B-E) 접합과 베이스-컬렉터(B-C) 접합이 모두 역방향 바이어스 되어 있는 상태를 차단(cutoff)모드라고 하며, BJT는 개방(off)된 스위치로 동작한다. B-E 접합이 순방향 바이어스되고, B-C 접합이 역방향 바이어스되면 활성(active)모드가 되며, 증폭기로 사용되는 경우의 동작모드이다. 포화(saturation)모드는 B-E 접합과 B-C 접합 모두 순방향 바이어스된 상태이며, BJT는 도통(on)된 스위치로 동작한다. 역활성모드는 B-E 접합이 역방향 바이어스되고, B-C 접합이 순방향 바이어스되는 경우인데 일반적으로 사용되지 않는다.

[표 3-1] 바이어스에 따른 BJT의 동작모드

동작모드	베이스-이미터 접합	베이스-컬렉터 접합	동작
차단(cutoff)모드	역방향 바이어스	역방향 바이어스	개방 스위치
활성(active)모드	순방향 바이어스	역방향 바이어스	증폭기
포화(saturation)모드	순방향 바이어스	순방향 바이어스	도통 스위치
역활성(reverse active)모드	역방향 바이어스	순방향 바이어스	-

활성모드

NPN형 BJT가 활성모드에서 동작하기 위해서는 B-E 접합은 순방향 바이어스가 되고, B-C 접합은 역방향 바이어스가 되어야 하므로, 활성모드를 위한 바이어스 전압조건은 $V_{BE}>0$와 $V_{BC}<0$를 만족해야 한다. 이미터, 베이스, 컬렉터의 단자전압을 각각 V_E, V_B, V_C로 표시할 때, 두 단자 사이의 전압은 $V_{BE}=V_B-V_E$, $V_{BC}=V_B-V_C$, $V_{CE}=V_C-V_E$로 표시한다. B-E 접합이 순방향 바이어스라는 것은 $V_B>V_E$가 되어 $V_{BE}>0$ 됨을 의미하며, B-C 접합이 역방향 바이어스라는 것은 $V_B<V_C$가 되어 $V_{BC}<0$됨을 의미한다.

BJT가 활성모드에서 동작하기 위한 전압조건과 활성모드에서 일어나는 동작을 [그림 3-3(a)]의 예를 통해 이해해 보자. NPN형 BJT의 이미터를 접지시키고 베이스에 0.8 V의 전압을 인가하면, $V_{BE}=0.8$ V가 되어 B-E 접합이 순방향 바이어스된다. 또한 컬렉터에 1 V를 인가하여 $V_{CE}=1$ V로 만들면, $V_{CB}=V_C-V_B=0.2$ V가 되어 C-B 접합은 역방향 바이어스되며, 따라서 BJT는 순방향 활성모드로 동작하게 된다.

[그림 3-3(b)]는 BJT의 B-E 접합과 B-C 접합을 두 개의 PN 다이오드로 등가적으로 표현한 것이다. [그림 3-3(b)]에서 B-E 접합의 다이오드 D_1은 순방향 바이어스 상태이므로 B-E 접합에 전류가 흐른다. 역방향 바이어스 상태인 B-C 접합의 다이오드 D_2에는 이미터에서 베이스를 거쳐 컬렉터로 이동된 전자에 의해 컬렉터 전류가 흐른다. 따라서 이미터 전류는 베이스 전류와 컬렉터 전류의 합이 된다. 참고로 개별 PN 다이오드에 역방향 바이어스가 인가되면 전류가 흐르지 못하지만, BJT에서 역방향 바이어스된 B-C 접합에는 이미터에서 주입된 전자가 베이스(P형)를 통과하여 컬렉터(N형)로 이동하므로 B-C 접합에 컬렉터 전류가 흐른다는 사실에 유의하기 바란다.

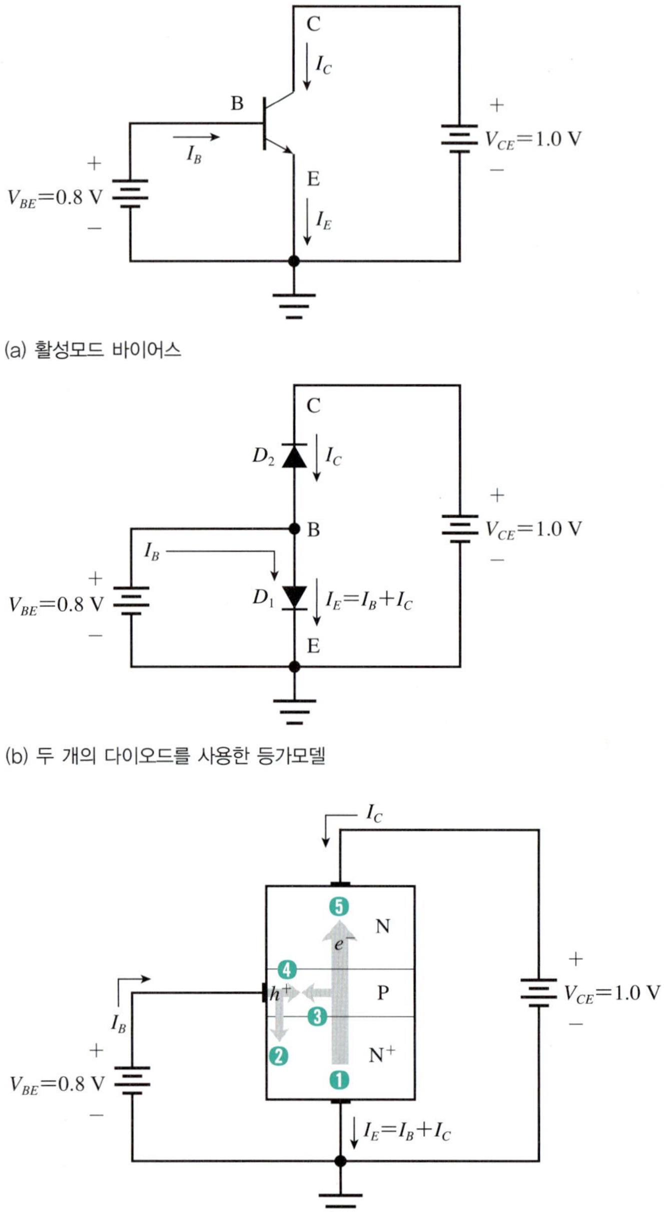

(a) 활성모드 바이어스

(b) 두 개의 다이오드를 사용한 등가모델

(c) 활성모드에서 BJT의 전류성분

[그림 3-3] 활성모드에서 BJT의 동작

[그림 3-3(c)]는 활성모드에서 BJT의 전류성분들을 보여주고 있다. B-E 접합이 순방향 바이어스이므로, B-E 접합의 전위장벽이 낮아져 이미터(N형) 영역의 다수 캐리어인 전자가 베이스 영역으로 주입(❶로 표시된 성분)되고, 베이스(P형) 영역의 다수 캐리어인 정공은 이미터 영역으로 주입(❷로 표시된 성분)된다. 3.1절에서 설명되었듯이 이미터 영역은 N^+로 높게 도핑되므로, 이미터에서 베이스로 주입되는 전자가 베이스에서 이미터로 주입되는 정공보다 훨씬 많다. 이미터에서 베이스로 주입된 전자 중 일부(❸으로 표시된 성분)는 베이스 영역의 다수 캐리어인 정공(❹로 표시된 성분)과 재결합하여 소멸된다. 따라서 [그림 3-3(c)]에서 베이스 전류 I_B는 ❷와 ❹로 표시된 정공에 의한 전류이다. 한편, 이미터에서 베이스로 주입된 전자 중, 베이스에서 재결합된 일부를 제외한 나머지(❺로 표시된 성분)는 컬렉터로 넘어가 컬렉터 전류 I_C를 형성한다. 따라서 이미터 전류 I_E는 베이스 전류와 컬렉터 전류의 합이 됨을 알 수 있다.

활성모드에서 이미터(N형)의 다수 캐리어인 전자가 베이스를 거쳐 컬렉터로 이동하므로, 이미터는 캐리어(전자)를 방출(공급)하는 역할을 수행하고, 컬렉터는 베이스를 통해 도달한 전자를 수집하며, 베이스는 캐리어의 수를 제어하는 역할을 한다. BJT 소자의 단자이름은 이와 같은 각 단자의 동작을 나타내도록 붙여진 것이다.

■ 활성모드에서의 컬렉터 전류

앞에서 설명한 대로 NPN형 BJT에서 활성모드의 컬렉터 전류는 이미터에서 베이스로 주입된 전자가 컬렉터에 도달하여 발생한다. 컬렉터에 도달하는 전자의 수는 이미터에서 베이스로 주입된 전자의 수에 비례하며, B-E 전압 V_{BE}의 함수로 식 (3.1)과 같이 표현된다. 이는 순방향 바이어스가 인가된 다이오드의 전류식과 유사한 지수함수 형태를 갖는다.

$$I_C = I_S \exp\left(\frac{V_{BE}}{V_T}\right) \tag{3.1}$$

여기서 V_T는 상온(300K)에서 일정한 값(26 mV)을 갖는 열전압을 나타낸다. I_S는 역방향 포화전류를 나타내며, 온도에 따라 값이 변하지만 상온에서 일정한 값을 유지한다. 한 가지 유의할 점은 식 (3.1)이 활성모드에서만 성립하므로, 이 식을 적용하기 위해서는 활성모드 조건이 만족되는지를 우선적으로 확인해야 한다.

[그림 3-4]는 활성모드에서 BJT의 동작특성을 보이고 있다. 활성모드에서 컬렉터 전류 I_C는 식 (3.1)과 같이 전압 V_{BE}에 의해 결정되는 일정한 값을 가지며, 컬렉터 전압 V_C와 무관하다. 따라서 활성모드의 컬렉터 전류는 [그림 3-4(a)]와 같이 전압 V_{BE}에 의해 제어되는 전압제어 전류원(voltage-controlled current source)으로 모델링될 수 있다.

활성모드에서 BJT의 전류-전압 특성은 [그림 3-4(b)]와 같다. 컬렉터 전류 I_C는 식 (3.1)에 의해 전압 V_{BE}에만 관계되고 컬렉터 전압 V_C에 무관하므로, 전압 V_{CE}가 증가하여도 컬렉터 전류는 일정한 값을 유지하여 x축과 수평이 된다. 이는 활성모드에서 나타나는 2차 효과(secondary effect)의 영향을 무시하는 경우이며, 2차 효과에 의한 현상은 뒤에서 따로 설명된다. [그림 3-4(b)]에서 전압 V_{BE}와 컬렉터 전류 I_C가 선형적인 관계를 가짐에 주목해야 한다. 이는 증폭기 동작에 활성모드가 사용되는 기본 이유가 된다. 활성모드에서 베이스 전류(전압 V_{BE}에 의해 결정됨)와 컬렉터 전류는 선형적인 관계를 가지므로, 이 조건을 만족하는 V_{CE}와 I_C 영역을 선형(linear) 동작영역이라고 한다.

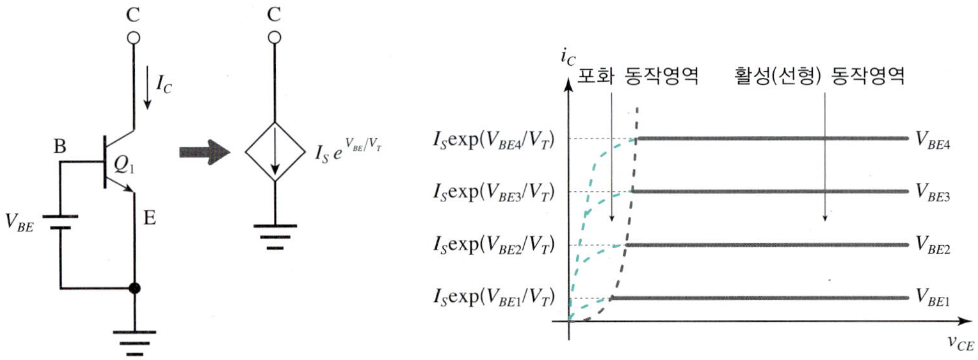

(a) 전압제어 전류원으로 동작하는 BJT

(b) 활성모드의 전류-전압 특성

[그림 3-4] 활성모드의 BJT 동작특성

식 (3.1)은 활성모드에서만 성립하므로, B-E 접합은 순방향 바이어스되고 B-C 접합은 역방향 바이어스되어야 하며, 따라서 $V_B > V_E$, $V_C > V_B$의 조건이 충족되어야 한다. [그림 3-4(b)]에서 실선으로 표시된 선형 동작영역의 전류-전압 특성은 각각의 V_{BE} 전압에 대해 $V_C > V_B$의 조건을 만족하는 영역이다. 선형 동작영역의 왼쪽에 점선으로 표시된 전류-전압 특성은 포화모드의 동작을 나타내며, 이에 대해서는 뒤에서 설명된다.

[예제 3-1]을 통해서 활성모드의 동작특성을 다시 확인해 보자.

예제 3-1

[그림 3-5]의 회로에서 컬렉터 전압 V_C를 구하고 BJT Q1이 활성모드에서 동작함을 확인하라. 단, $I_S = 2 \times 10^{-16}$ A이다.

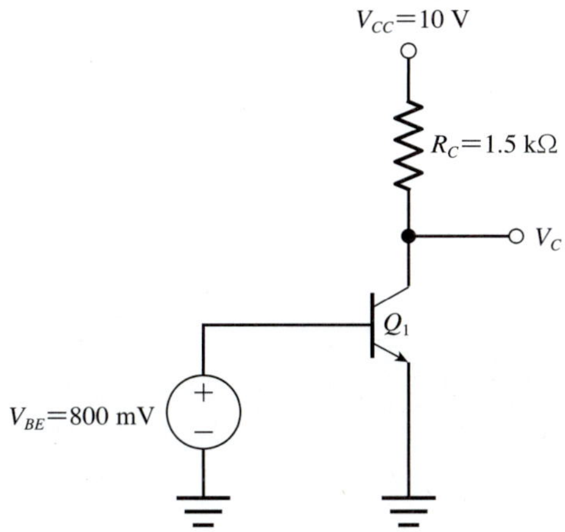

[그림 3-5]

풀이

BJT가 활성모드에 있다고 가정하고 컬렉터 전류를 구한다. 식 (3.1)에 $V_{BE}=800$ mV를 대입하면 활성모드 컬렉터 전류는,

$$I_C = I_S \exp\left(\frac{V_{BE}}{V_T}\right) = 2 \times 10^{-16} \times \exp\left(\frac{800\text{ mV}}{26\text{ mV}}\right) = 4.61\text{ mA}$$

컬렉터 전류 I_C에 의한 저항 R_C의 전압강하는,

$$V_{RC} = R_C I_C = 1.5\text{ k}\Omega \times 4.61\text{ mA} = 6.92\text{ V}$$

따라서 컬렉터 전압은 다음과 같다.

$$V_C = V_{CC} - V_{RC} = 10\text{ V} - 6.92\text{ V} = 3.08\text{ V}$$

$V_{BE}=800$ mV이므로 B-E 접합은 순방향 바이어스이고, $V_{BC}=V_B-V_C=0.8-3.08=-2.28$ V이므로, B-C 접합이 역방향 바이어스되어 BJT Q1은 활성모드로 동작한다.

■ 활성모드에서의 베이스와 이미터 전류

앞에서 살펴본 바와 같이 활성모드의 컬렉터 전류는 컬렉터 전압에 무관하게 일정한 값을 갖는다. 그렇다면 활성모드에서 베이스와 이미터 전류는 어떨까?

[그림 3-3(c)]를 [그림 3-6]에서 다시 보자. NPN형 BJT에서 베이스 전류는 정공에 의한 전류이며, 다음과 같은 두 가지 성분으로 구성된다. 첫째, 순방향 바이어스된 B-E 접합을 통해 베이스에서 이미터로 넘어가는 정공에 의한 전류로 [그림 3-6]에서 ❷로 표시된 전류 성분이다. 둘째, 이미터에서 주입된 전자가 베이스 영역을 통과하면서 그중 일부가 베이스 영역의 정공과 재

결합하며, 재결합에 의해 소멸된 정공을 보충하는 전류로 [그림 3-6]에서 ❹로 표시된 전류 성분이다.

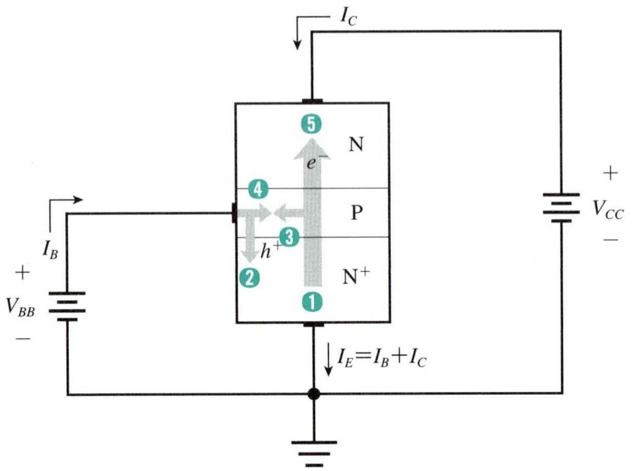

[그림 3-6] 활성모드에서 BJT의 베이스 전류와 이미터 전류

앞에서 설명된 바와 같이, 활성모드에서 베이스 전류와 컬렉터 전류는 선형적인 관계를 가지며, 아래의 식 (3.2)와 같이 표현된다.

$$I_C=\beta_{DC}I_B \tag{3.2}$$

여기서 β_{DC}는 공통 이미터 DC 전류이득이라고 하는데 베이스 전류 I_B가 컬렉터 전류 I_C로 증폭되는 증폭률을 나타내며, 식 (3.3)과 같이 정의된다. 일반적으로 β_{DC}는 50~200 사이의 값을 갖는다. β_{DC}는 3.4절에서 설명되는 소신호 전류이득 β_{ac}와 구별되어 사용된다.

$$\beta_{DC}\equiv\frac{I_C}{I_B} \tag{3.3}$$

이제 이미터 전류에 대해 생각해 보자. 이미터 전류는 순방향 바이어스된 B-E 접합을 통해 이동하는 전자([그림 3-6]에서 ❶로 표시된 성분)와 정공(❷)에 의해 흐른다. 베이스로 주입된 전자 중 일부(❸)는 베이스 영역의 정공(❹)과 재결합되고, 나머지(❺)는 컬렉터로 넘어간다. 따라서 이미터 전류는 베이스 전류와 컬렉터 전류의 합이 되며, 이는 [그림 3-6]에 표시된 각 단자의 전류방향으로부터 쉽게 이해할 수 있다. 컬렉터 전류와 베이스 전류는 NPN 트랜지스터 내부로 들어가는 방향이고 이미터 전류는 밖으로 나오는 방향이므로, KCL을 적용하면 이미터 전류 I_E는 다음과 같이 표현된다.

$$I_E=I_C+I_B \tag{3.4}$$

식 (3.2)~식 (3.4)를 이용하면 이미터 전류와 베이스 전류, 컬렉터 전류 사이의 관계를 다음과 같이 표현할 수 있다.

$$I_E = (1+\beta_{DC})I_B = \left(\frac{1+\beta_{DC}}{\beta_{DC}}\right)I_C \tag{3.5}$$

이미터 전류와 컬렉터 전류의 비를 다음과 같이 정의하며,

$$\alpha \equiv \frac{I_C}{I_E} \tag{3.6}$$

여기서 α는 공통 베이스 전류이득이라고 한다. 앞에서 설명된 바와 같이, 순방향 활성모드에서 이미터에서 베이스로 주입된 전자는 일부가 베이스 영역의 정공과 재결합하여 소멸되고 나머지는 컬렉터에 도달하여 컬렉터 전류를 구성하므로, α는 이미터에서 베이스로 주입된 전자들 중 컬렉터에 도달하는 비율을 나타내며 $0<\alpha<1$의 값을 갖는다.

식 (3.5)와 식 (3.6)으로부터 α와 β_{DC}의 관계는 다음과 같다.

$$\alpha = \frac{I_C}{I_E} = \frac{\beta_{DC}}{1+\beta_{DC}} \tag{3.7}$$

식 (3.2)와 식 (3.7)로부터 β_{DC}는 식 (3.8)과 같이 표현되며, 따라서 α가 1에 가까울수록(즉, 이미터에서 베이스로 주입된 전자들 중 컬렉터에 도달하는 비율이 1에 가까울수록) 전류이득 β_{DC}가 커짐을 알 수 있다.

$$\beta_{DC} = \frac{I_C}{I_B} = \frac{\alpha}{1-\alpha} \tag{3.8}$$

위의 수식들은 트랜지스터가 활성모드일 때만 성립하는 것에 주의해야 한다.

예제 3-2

$I_S = 2\times10^{-17}$ A인 BJT가 $V_{BE}=850$ mV로 순방향 활성 동작영역에서 바이어스되어 있다. 전류이득 β_{DC}가 80~200의 범위에서 변할 때, 단자 전류들의 최댓값과 최솟값을 구하라.

풀이

V_{BE}가 주어졌으므로 이를 식 (3.1)에 대입하면, 컬렉터 전류 I_C는 다음과 같이 계산된다.

$$I_C = 2\times10^{-17}\times\exp\left(\frac{850\text{ mV}}{26\text{ mV}}\right) = 3.16\text{ mA}$$

식 (3.2)로부터 베이스 전류는 $I_B = \frac{1}{\beta_{DC}}I_C$로 표현되므로, $\frac{I_C}{200} \le I_B \le \frac{I_C}{80}$ 범위의 값을 가지며, 컬렉터 전류를 대입하면 $15.8\ \mu\text{A} \le I_B \le 39.5\ \mu\text{A}$가 된다.

이미터 전류는 식 (3.5)에 의해 $I_E = \left(\frac{\beta_{DC}+1}{\beta_{DC}}\right)\times I_C$로 주어지므로, $1.005I_C \le I_E \le 1.0125I_C$의 값을 가지며, 여기에 컬렉터 전류값을 대입하면 $3.18\text{ mA} \le I_E \le 3.2\text{ mA}$ 사이의 값을 갖는다. 계산 결과를 요약하면 [표 3-2]와 같다.

한편, $\beta_{DC} \gg 1$이면 $\frac{\beta_{DC}+1}{\beta_{DC}} \simeq 1$이므로 큰 β_{DC} 값에 대해서는 $I_E \simeq I_C$가 된다.

[표 3-2] 단자 전류들의 최솟값과 최댓값

	최솟값	최댓값
I_C	3.16 mA(일정)	
I_B	15.8 μA	39.5 μA
I_E	3.18 mA	3.2 mA

응용 3-1

BJT에 베이스 전류 $I_B=20\ \mu$A가 인가되는 경우의 컬렉터 전류와 이미터 전류를 계산하라. $\beta_{DC}=120$이고, BJT는 순방향 활성모드에서 동작한다고 가정하라.

[정답 : $I_C=2.4$ mA, $I_E=2.42$ mA]

응용 3-2

BJT의 공통 베이스 전류이득이 $0.975 \leq \alpha \leq 0.995$인 경우에, β_{DC} 값의 범위를 구하라.

[정답 : $39 \leq \beta_{DC} \leq 199$]

응용 3-3

두 BJT의 공통 이미터 전류이득이 각각 $\beta_{DC1}=95$와 $\beta_{DC2}=150$이다. 각 BJT의 공통 베이스 전류이득 α를 구하라.

[정답 : $\alpha=0.989$, $\alpha=0.993$]

차단모드

BJT가 차단모드로 동작하기 위해서는 B-E 접합과 B-C 접합이 모두 역방향 바이어스되어야 한다. [그림 3-7]은 NPN형 BJT가 차단모드로 동작하기 위한 전압조건을 보이고 있다. B-E 접합을 역방향 바이어스로 만들기 위해서는 $V_B < V_E$가 되어야 하므로, B-E 접합의 전압은 다음의 조건을 만족해야 한다.

$$V_{BE} < 0 \tag{3.9}$$

B-E 접합이 역방향 바이어스되면 PN 접합의 전위장벽이 높아져 이미터와 베이스 사이에 전자와 정공이 이동할 수 없다. 따라서 베이스 전류와 이미터 전류가 모두 0이 되며, 컬렉터 전류도

0이 된다. 즉, BJT의 세 단자에 흐르는 전류는 모두 0이 되며, 이와 같이 동작하는 상태를 차단 모드라고 한다.

[그림 3-7]에서 $I_C=0$이므로 컬렉터 전압은 $V_C=V_{CC}-I_CR_C=V_{CC}$이다. B-C 접합이 역방향 바이어스되기 위해서는 다음의 전압 조건을 만족해야 한다.

$$V_B < V_{CC} \tag{3.10}$$

식 (3.9)와 식 (3.10)을 만족하면 B-C 접합, B-E 접합 모두 역방향 바이어스 상태가 되어 BJT에 흐르는 전류는 0이 되며, BJT는 개방(open)된 스위치로 동작하게 된다.

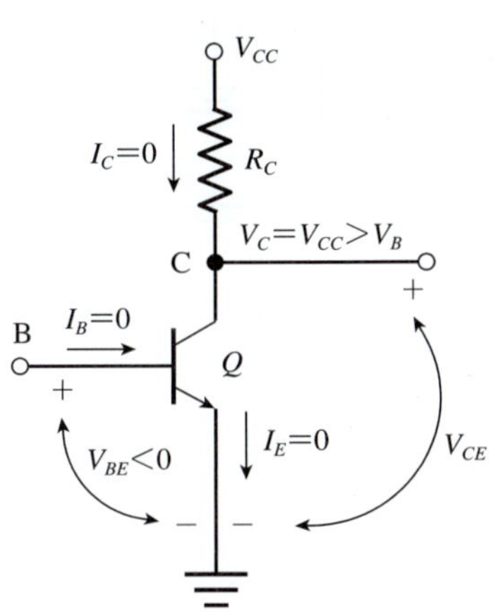

[그림 3-7] BJT의 차단모드 전압조건과 전류

포화모드

차단모드가 스위치의 개방 동작과 유사하다면, 포화모드는 스위치의 닫힘(closed) 동작과 유사하다. 포화모드의 동작은 B-E 접합과 B-C 접합이 모두 순방향 바이어스인 경우에 이루어진다.

[그림 3-8(a)]는 NPN형 BJT가 포화모드로 동작하기 위한 전압조건을 보이고 있다. $V_{BE}=750$ mV라고 가정하면, B-E 접합은 순방향 바이어스 상태가 된다. 이제 컬렉터 전압을 큰 값에서 작은 값으로 서서히 감소시켜 보면 어떻게 될까? 이미터가 접지되어 있으므로 $V_{CE}=V_C$이고, V_C가 감소할수록 B-C 접합의 역방향 바이어스 전압은 감소하게 된다. $V_{CE}=V_{BE}$가 되는 순간까지 이미터에서 베이스로 주입된 전자들이 컬렉터에 모이는 동작이 계속되며 $V_{CE}<V_{BE}$가 되는 순간, 즉 $V_{BC}>0$이 되는 순간부터 B-C 접합은 순방향 바이어스 상태가 된다. 이와 같이 B-E 접합과 B-C 접합이 모두 순방향 바이어스되는 상태를 포화모드라고 한다.

[그림 3-8(b)]는 포화모드일 때 전자와 정공의 흐름을 보이고 있다. 베이스 영역의 다수 캐리어인 정공은 순방향 바이어스된 B-E 접합과 B-C 접합을 통과하여 이미터와 컬렉터로 이동하며 베이스 전류를 구성한다. 이미터 영역의 다수 캐리어인 전자는 이미터에서 베이스로 주입되며, 그중 일부는 베이스 영역에서 정공과 재결합되고 나머지는 다시 B-C 접합을 지나 컬렉터로 모인다. 따라서 포화모드에서 이미터 전류와 컬렉터 전류는 전자와 정공 모두에 의해 흐르게 된다.

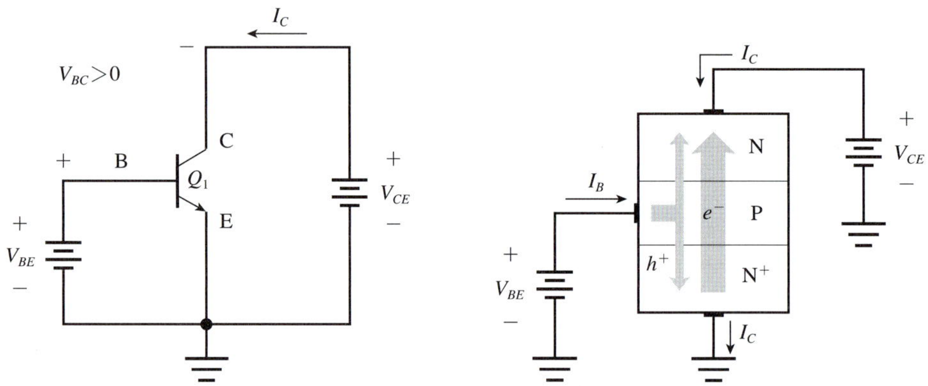

(a) 포화모드의 전압조건

(b) 전자와 정공의 흐름

[그림 3-8] BJT 회로의 포화모드 동작

컬렉터 전압이 감소할수록 V_{BC}가 커져서 B-C 접합의 순방향 바이어스가 증가하고, 따라서 베이스에서 컬렉터로 흐르는 정공도 증가한다. 즉, 컬렉터 전압 V_C가 감소할수록 베이스에서 컬렉터로 이동하는 정공이 급격히 증가하므로 더 많은 정공이 베이스 단자에 공급되어야 하며, 컬렉터로 주입된 정공은 컬렉터 영역의 전자와 재결합하여 소멸되므로 컬렉터 전류가 감소하게 된다. 따라서 포화모드에서 컬렉터 전압 V_C가 감소할수록 베이스 전류는 급격히 증가하고 컬렉터 전류는 감소하여 전류이득 β_{DC}는 활성모드의 β_{DC} 보다 매우 작아진다.

포화모드 동작과 [그림 3-4(b)]의 활성모드 동작이 합쳐진 BJT의 전류-전압 특성은 [그림 3-9]와 같다. 그림에서 점선의 포물선은 포화모드와 활성모드의 경계, 즉 $V_{CE}=V_{BE}$가 되는 점들을 나타낸다. $V_{CE}>V_{BE}$이면 활성모드가 되어 3.1.2절의 식 (3.1)이 성립하므로, 컬렉터 전류는 V_{CE}에 무관하게 일정한 값을 유지한다. 컬렉터 전압이 점점 감소하여 $V_{CE}<V_{BE}$가 되면 BJT는 포화모드가 되며, 컬렉터 전류는 급격히 감소한다. 즉, 포화모드의 컬렉터 전류는 베이스 전류와 V_{CE}에 영향을 받는다.

포화모드에서 베이스 전류가 증가해도 컬렉터 전류의 증가는 매우 작으므로 "포화(saturation)"라는 표현이 사용된다. 포화모드에서는 베이스 전류의 증가에 따른 컬렉터 전류의 증가가 선형적이지 않으므로 증폭기에서 사용되지 않는다. 참고로 순방향 활성모드에서는 베이스 전류의 증가에 대해 컬렉터 전류가 선형적으로 증가하는 특성을 가지므로 선형 동작영역이라고 하며, BJT가 증폭기로 사용되는 동작모드이다.

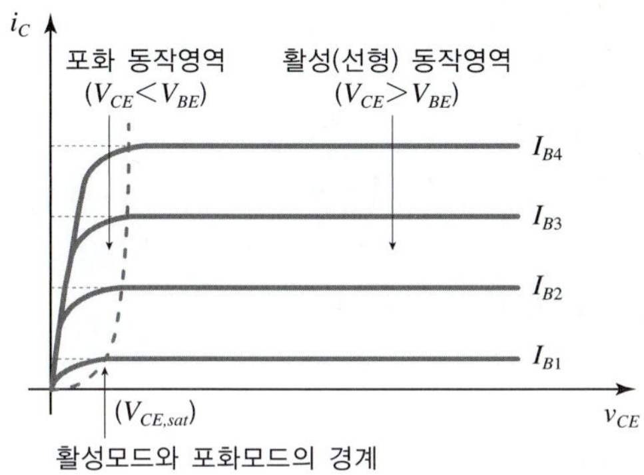

[그림 3-9] NPN형 BJT의 전류-전압 특성

3.2 BJT의 DC 해석과 등가모델

지금까지 BJT의 동작모드와 전압-전류 특성에 대해서 살펴보았다. 이 절에서는 BJT의 DC 해석과 부하선, 동작점에 대하여 알아보도록 하자. NPN형 BJT가 활성모드로 동작하려면 $V_{BE}>0$와 $V_{BC}<0$가 만족되어야 한다는 것은 앞절에서 강조하였다. 이번 절에서 다루는 회로는 BJT가 활성모드에서 동작한다고 가정한다.

3.2.1 DC 해석과 등가모델

기본적인 BJT 증폭기 회로 중 하나인 공통 이미터(common-emitter) 회로에 대해 DC 해석과 등가모델에 대해 알아보자. [그림 3-10(a)]는 NPN 트랜지스터의 이미터가 접지로 연결된 공통 이미터 회로이며, 가장 기본적인 증폭기 회로이다. BJT가 활성모드로 동작할 때, 순방향 바이어스가 걸린 B-E 접합은 턴-온(turn-on) 전압 $V_{BE(on)}$을 갖는 PN 다이오드로 모델링할 수 있으며, 활성모드의 컬렉터 전류는 베이스 전류의 함수인 제어전류원 $\beta_{DC}I_B$로 모델링할 수 있다. 따라서 BJT의 DC 등가모델은 [그림 3-10(b)]와 같다.

[그림 3-10(b)]의 회로에서, B-E 루프에 KVL을 적용하면 베이스 전류는 식 (3.11)과 같이 표현된다.

$$I_B = \frac{V_{BB} - V_{BE(on)}}{R_B} \tag{3.11}$$

활성모드에서 동작되려면 $V_{BB} - V_{BE(on)} \geq 0$ 조건을 만족해야 한다. 만일 $V_{BB} - V_{BE(on)} < 0$가 되면 트랜지스터는 차단모드가 되어 $I_B = 0$이 된다. 활성모드에서 컬렉터 전류는 식 (3.2)로부터 $I_C = \beta_{DC} I_B$가 되고, 이미터 전류는 식 (3.5)로부터 $I_E = (1 + \beta_{DC}) I_B$의 관계를 갖는다.

BJT의 C-E 루프에 KVL을 적용하면 식 (3.12)로 표현된다.

$$V_{CC} = I_C R_C + V_{CE} \tag{3.12}$$

따라서 C-E 전압은 다음과 같다.

$$V_{CE} = V_{CC} - I_C R_C \tag{3.13}$$

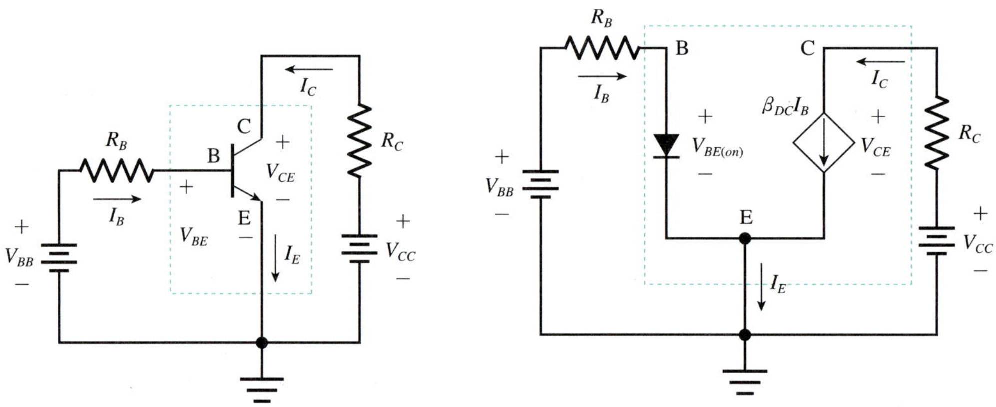

(a) NPN형 BJT 공통 이미터 회로

(b) DC 등가회로

[그림 3-10] 공통 이미터 회로와 DC 등가회로

다음 예제를 통해 BJT의 DC 해석 방법을 익혀보자.

예제 3-3

[그림 3-11]의 공통 이미터 회로에서 베이스 전류, 컬렉터 전류, 이미터 전류와 C-E 전압 V_{CE}를 구하라. 사용되는 파라미터의 값은 각각 $V_{BB} = 3$ V, $R_B = 220$ kΩ, $R_C = 3$ kΩ, $V_{CC} = 10$ V, $V_{BE(on)} = 0.7$ V 그리고 $\beta_{DC} = 150$으로 가정하라.

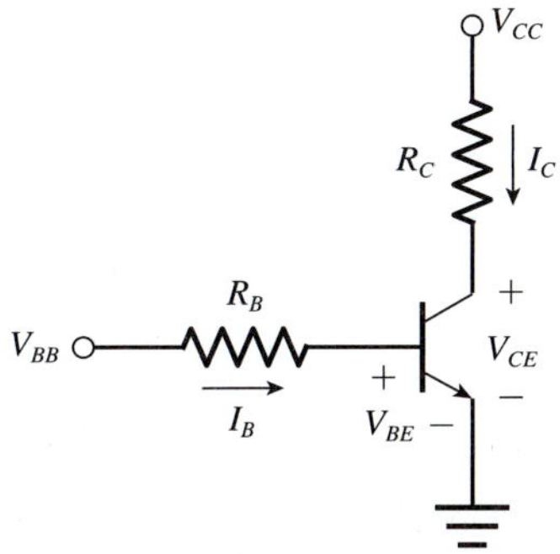

[그림 3-11]

풀이

식 (3.11)로부터 베이스 전류를 구하면 다음과 같다.

$$I_B = \frac{V_{BB} - V_{BE(on)}}{R_B} = \frac{3-0.7}{220 \times 10^3} = 10.45\ \mu\text{A}$$

식 (3.2)에 의해 컬렉터 전류는 $I_C = \beta_{DC} I_B = (150)(10.45\ \mu\text{A}) = 1.57$ mA이다. 또한 식 (3.5)에 의해 이미터 전류는 $I_E = (1+\beta_{DC})I_B = (151)(10.45\ \mu\text{A}) = 1.58$ mA가 된다. 따라서 식 (3.13)에 의해 C-E 전압은 다음과 같이 구해진다.

$$V_{CE} = V_{CC} - I_C R_C = 10 - (1.57)(3) = 5.29\ \text{V}$$

예제 3-4

[그림 3-12]의 PNP형 BJT 공통 이미터 회로에서 I_B, I_C, I_E의 값을 구하고, $V_{EC} = \frac{1}{2}V_{EE}$가 되도록 R_C의 값을 구하라. 단, $V_{BB} = 2$ V, $R_B = 800$ kΩ, $V_{EE} = 5$ V, $V_{EB(on)} = 0.6$ V, $\beta_{DC} = 120$으로 가정하라.

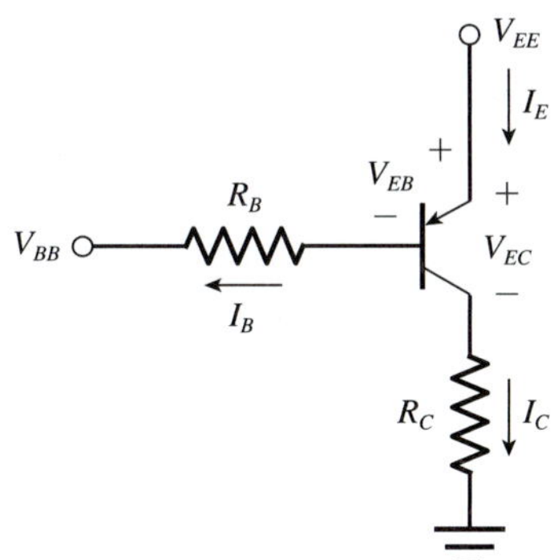

[그림 3-12]

풀이

E−B 루프에 KVL을 적용하면,

$$V_{EE}=V_{EB(on)}+R_B I_B+V_{BB}$$

이로부터 베이스 전류를 구하면 다음과 같다.

$$I_B=\frac{V_{EE}-V_{EB(on)}-V_{BB}}{R_B}=\frac{5-0.6-2}{800\times10^3}=3\ \mu\text{A}$$

따라서 컬렉터 전류는 $I_C=\beta_{DC}I_B=120\times3\ \mu\text{A}=0.36\ \text{mA}$가 되며, 이미터 전류는 다음과 같이 계산된다.

$$I_E=(1+\beta_{DC})I_B=121\times3\ \mu\text{A}=0.363\ \text{mA}$$

E−C 전압이 $V_{EC}=\frac{1}{2}V_{EE}=2.5\ \text{V}$가 되기 위한 컬렉터 저항 R_C는 E−C 루프에 KVL을 적용하여 다음과 같이 계산된다.

$$R_C=\frac{V_{EE}-V_{EC}}{I_C}=\frac{5-2.5}{0.36\times10^{-3}}=6.94\ \text{k}\Omega$$

3.2.2 부하선과 동작점

트랜지스터 회로의 해석과 동작을 이해하는 데는 부하선(load line) 개념이 널리 사용된다. 부하선은 선형회로가 비선형 소자(트랜지스터)에 대해 나타낼 수 있는 부하의 모든 궤적을 나타내는 직선이며, 트랜지스터의 동작점(operating point, quiescent point 또는 Q점)이 부하선 상에 설정된다.

BJT의 부하선은 B−E 특성에 대해 그려지는 입력 부하선과 E−C 특성에 대해 그려지는 출력 부하선으로 구분된다. [그림 3−13(a)]의 공통 이미터 회로에 대해 부하선 방정식을 구해 보자. 먼저, 입력 부하선은 B−E 루프에 KVL을 적용하여 얻어지는 다음 수식에 의해 그려진다.

$$I_B=\frac{V_{BB}}{R_B}-\frac{V_{BE}}{R_B} \tag{3.14}$$

식 (3.14)에 의해 그려지는 입력 부하선은 [그림 3−13(b)]와 같다. 식 (3.14)로부터 부하선은 기울기가 $\frac{-1}{R_B}$이며, 부하선과 x축의 교점($I_B=0$인 경우)은 V_{BB}이고, 부하선과 y축의 교점($V_{BE}=0$인 경우)은 $I_B=\frac{V_{BB}}{R_B}$가 된다. [그림 3−13(b)]의 입력 부하선 상에 표시된 Q점은 BJT의 입력 바이어스 전압과 전류를 나타내고 있으며, Q점에서의 베이스 전류를 I_{BQ}라고 한다.

다음으로 출력 부하선에 대해 알아보자. E−C 루프에 KVL을 적용하면,

$$V_{CE}=V_{CC}-I_C R_C \tag{3.15}$$

이를 컬렉터 전류 I_C에 대하여 나타내면 다음과 같은 출력 부하선 방정식이 된다.

$$I_C=\frac{V_{CC}}{R_C}-\frac{V_{CE}}{R_C} \tag{3.16}$$

출력 부하선 방정식은 컬렉터 전류 I_C와 전압 V_{CE} 사이의 선형관계를 나타내며, 식 (3.16)이 나타내는 출력 부하선은 [그림 3−13(c)]와 같다. 식 (3.16)으로부터 부하선은 기울기가 $\frac{-1}{R_C}$이며, 부하선과 x축의 교점($I_C=0$인 경우)은 V_{CC}이고, 부하선과 y축의 교점($V_{CE}=0$인 경우)은 $I_C=\frac{V_{CC}}{R_C}$가 된다.

[그림 3−13(c)]의 출력 부하선 상에 표시된 Q점은 BJT의 출력 바이어스 전압과 전류를 나타내고 있다. Q점에서의 베이스 전류를 I_{BQ}로, 컬렉터 전류를 I_{CQ}로, C−E 전압을 V_{CEQ}로 표시한다.

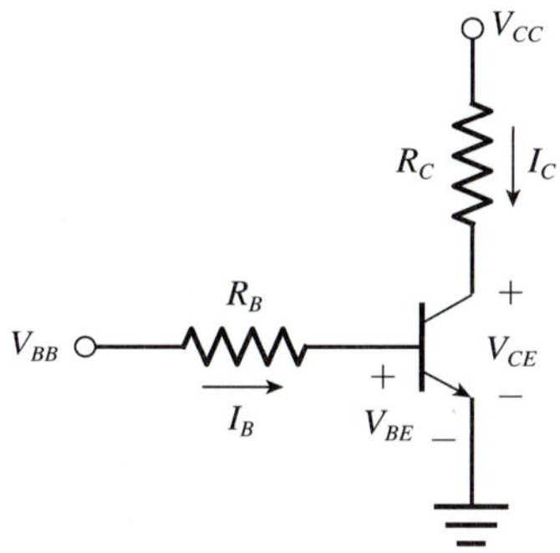

(a) 공통 이미터 증폭기

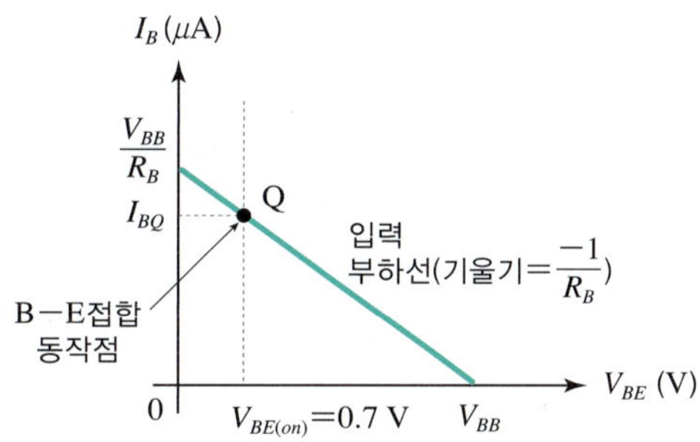

(b) 입력 부하선

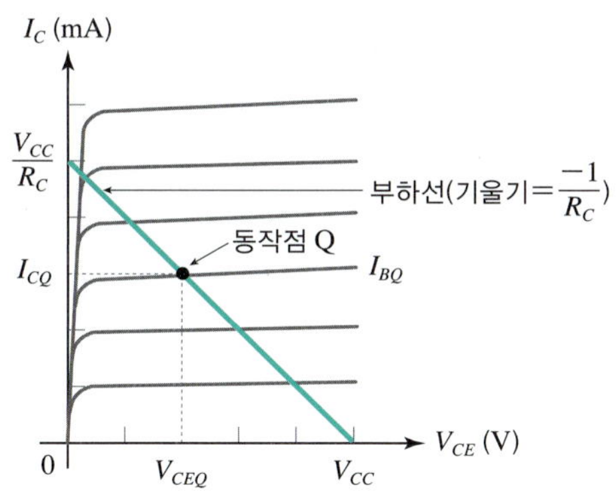

(c) 출력 부하선

[그림 3−13] 공통 이미터 회로의 부하선과 동작점

[예제 3-5]와 [예제 3-6]을 통해 부하선과 동작점의 관계를 이해해 보자.

예제 3-5

[그림 3-14]의 회로에서 $V_1=800$ mV, $R_C=5$ kΩ, $V_{CC}=15$ V일 때 동작점 전류와 전압을 구하고, 부하선을 그려 표시하라. $\beta_{DC}=100$, $I_S=10^{-16}$ A, $V_T=26$ mV로 가정하라.

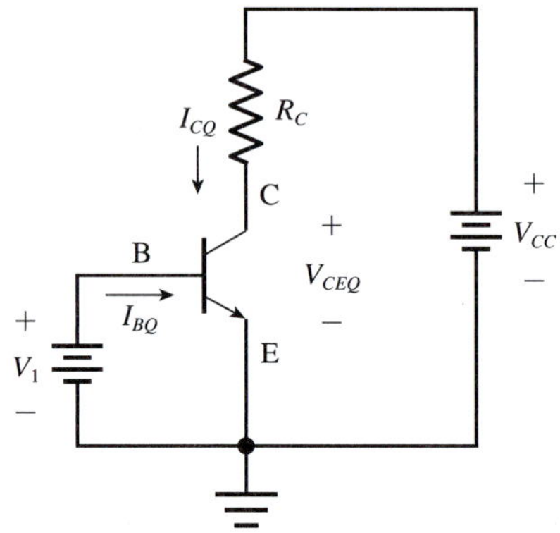

[그림 3-14]

풀이

① 트랜지스터가 순방향 활성모드에서 바이어스된다고 가정하고, 식 (3.1)을 이용하여 I_{CQ}를 구한다.

$$I_{CQ}=I_S\exp\left(\frac{V_{BE}}{V_T}\right)$$

$$=10^{-16}\times\exp\left(\frac{800\text{ mV}}{26\text{ mV}}\right)=2.31\text{ mA}$$

② 식 (3.15)를 이용하면 전압 V_{CEQ}는 다음과 같이 구해진다.

$$V_{CEQ}=V_{CC}-R_CI_{CQ}=15-(5\times2.31)=3.45\text{ V}$$

따라서 $V_{CE}>V_{BE}$이므로, 가정했던 것처럼 BJT는 순방향 활성모드로 바이어스되었음을 확인할 수 있다.

③ 베이스 바이어스 전류는 다음과 같이 계산된다.

$$I_{BQ}=\frac{I_{CQ}}{\beta_{DC}}=\frac{2.31\text{ mA}}{100}=23.1\ \mu\text{A}$$

따라서 부하선과 동작점(Q점)을 그림으로 나타내면 [그림 3-15]와 같다.

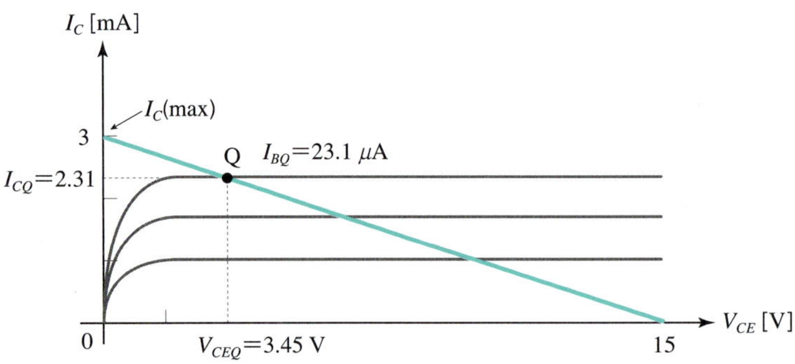

[그림 3-15] [예제 3-5] 회로의 부하선과 동작점

예제 3-6

[그림 3-16]의 회로가 활성모드에서 동작한다고 할 때 바이어스 전류, 전압을 구하고 부하선을 그려 동작점을 표시하라. 단, $I_S=10^{-17}$ A, $V_{BE}=800$ mA, $V_{CC}=3$ V, $R_L=1$ kΩ, $\beta_{DC}=150$, $V_T=26$ mV으로 가정하라.

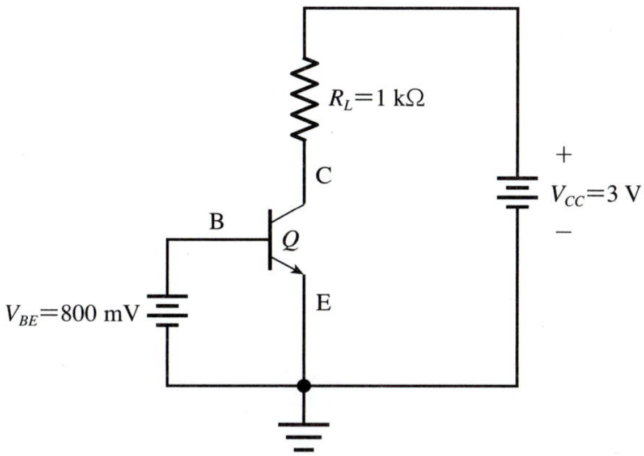

[그림 3-16]

풀이

BJT가 활성모드에서 동작한다고 하였으므로 다음과 같이 I_{CQ}를 구한다.

$$I_{CQ}=I_S\exp\left(\frac{V_{BE}}{V_T}\right)$$

$$=10^{-17}\times\exp\left(\frac{800}{26}\right)=0.23\text{ mA}$$

I_{CQ}로부터 I_{BQ}는 다음과 같이 구할 수 있다.

$$I_{BQ}=\frac{I_{CQ}}{\beta_{DC}}=\frac{0.23\text{ mA}}{150}=1.53\ \mu\text{A}$$

따라서 $I_{EQ}=I_{BQ}+I_{CQ}\simeq I_{CQ}=0.23$ mA와 같이 계산된다.

C−E 루프에 KVL을 적용하면, V_{CEQ}는 다음과 같이 계산된다.

$$V_{CEQ}=V_{CC}-R_LI_{CQ}=3-1\times0.23=2.77\text{ V}$$

$V_{CEQ}=2.77$ V이고 $V_{BEQ}=800$ mV이므로, 활성모드 동작 조건인 $V_{CE}>V_{BE}$가 만족되어 BJT는 활성모드에서 동작함을 확인할 수 있다. 계산된 결과로부터, 부하선과 동작점을 나타내면 [그림 3-17]과 같다.

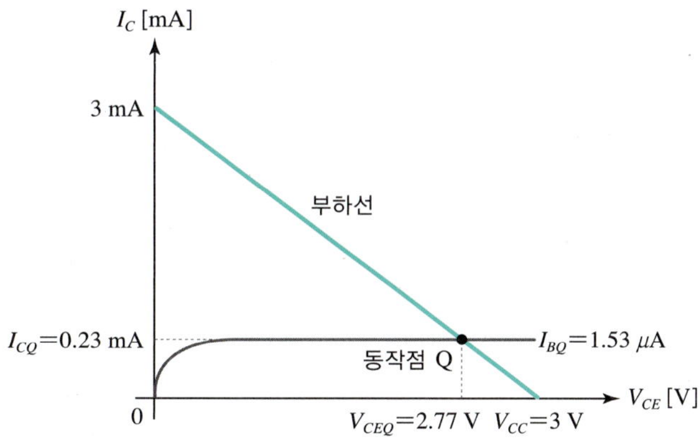

[그림 3-17] [예제 3-6] 회로의 부하선과 동작점

3.3 바이어스 회로

3.1절에서 설명된 바와 같이 BJT는 인가되는 바이어스에 의해 동작모드가 결정되며, 증폭기 회로에 사용되기 위해서는 활성모드로 바이어스가 설정되어야 한다. 증폭기에서는 입력신호와 출력신호 사이의 선형성이 중요한 요소이므로, 선형 동작영역의 중앙 근처에 BJT의 동작점이 설정되도록 바이어스를 인가한다. 이 절에서는 증폭기로 사용되는 BJT의 다양한 바이어스 방법과 회로에 대해 살펴본다.

3.3.1 고정 바이어스 회로

[그림 3-18]은 BJT에 바이어스를 인가하는 기본 개념을 보이고 있다. B-E 접합은 V_{BB}와 R_B에 의해 순방향 바이어스로 인가되며, B-C 접합은 V_{CC}와 R_C에 의해 역방향 바이어스로 인가된다. 이 회로에 대한 DC 해석은 3.2절에서 상세히 설명되었으므로, 여기서는 해석을 생략한다. [그림 3-18]의 바이어스 방법은 두 개의 전원 V_{BB}와 V_{CC}가 필요하므로 일반적으로 잘 사용되지 않는다.

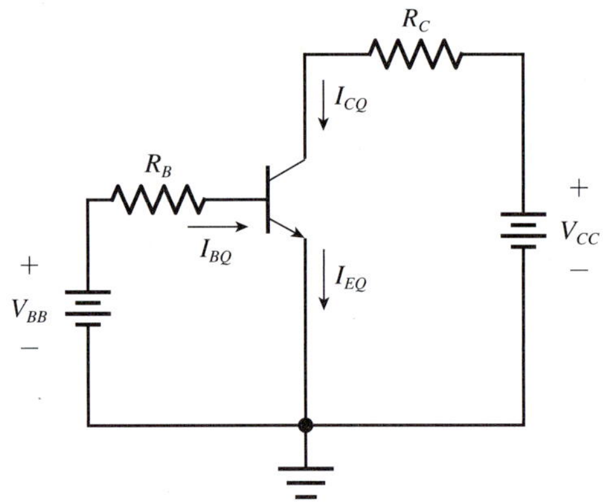

[그림 3-18] 두 개의 전원을 이용한 바이어스

[그림 3-18]을 [그림 3-19]와 같이 변형하면 하나의 전원 V_{CC}를 사용하여 활성모드로 바이어스 할 수 있으며, 이를 고정 바이어스(fixed bias) 방법이라고 한다. 전원 V_{CC}, 저항 R_B와 R_C에 의해 결정되는 동작점 전류 I_{BQ}, I_{CQ}, V_{CEQ}를 구해보자.

그림에서 B-E 루프에 KVL을 적용하면 다음과 같으며,

$$V_{CC} = R_B I_{BQ} + V_{BE(on)} \tag{3.17}$$

이로부터 베이스 바이어스 전류를 구하면 식 (3.18)과 같다.

$$I_{BQ}=\frac{V_{CC}-V_{BE(on)}}{R_B} \tag{3.18}$$

또한 식 (3.2)로부터 컬렉터 전류 I_{CQ}는 식 (3.19)와 같이 표현된다.

$$I_{CQ}=\beta_{DC}I_{BQ}=\beta_{DC}\frac{V_{CC}-V_{BE(on)}}{R_B} \tag{3.19}$$

C-E 루프에 KVL을 적용하여 V_{CEQ}를 구하면 식 (3.20)과 같다.

$$V_{CEQ}=V_{CC}-R_CI_{CQ} \tag{3.20}$$

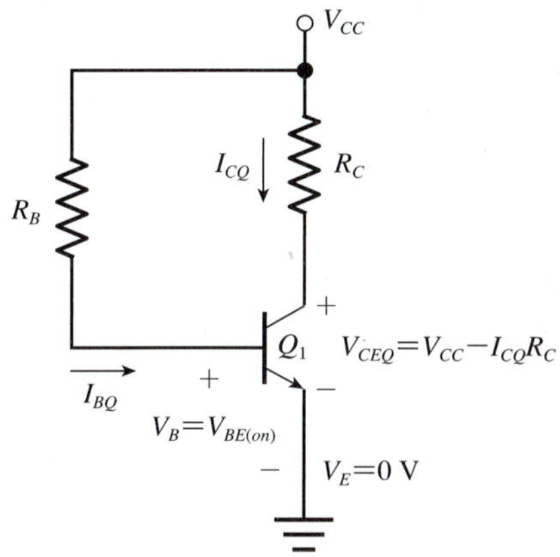

[그림 3-19] 고정 바이어스 방법

식 (3.20)을 이용하여 이 회로의 바이어스 안정도를 생각해 보자. 식 (3.19)와 식 (3.20)의 I_{CQ}와 V_{CEQ}에 대해 자세히 살펴보면, 이들 바이어스 전압과 전류(즉, 동작점)는 β_{DC}와 $V_{BE(on)}$에 직접적으로 영향받는 것을 알 수 있다. BJT의 β_{DC}와 $V_{BE(on)}$는 트랜지스터에 따라 약간씩 차이가 있으며, 온도에 비교적 민감하게 영향을 받는다. 따라서 [그림 3-19]의 바이어스 방법은 온도와 트랜지스터 특성의 변화가 동작점 I_{CQ}와 V_{CEQ}에 영향을 미치게 되어 바이어스 회로의 안정도가 좋지 않다는 단점을 갖는다.

3.3.2 전압분배 바이어스

[그림 3-20(a)]와 같이 두 개의 저항 R_1, R_2로 전원전압 V_{CC}를 분배하여 베이스에 고정된 바이어스 전압을 생성하는 방법을 전압분배 바이어스라고 한다.

[그림 3-20(a)]의 회로에 테브냉 정리를 적용하면 바이어스 전류와 전압을 쉽게 구할 수 있다. 베이스 단자에서 테브냉 등가전압 V_{TH}와 등가저항 R_{TH}를 구하면 다음과 같다.

$$V_{TH}=\frac{R_2}{R_1+R_2}V_{CC} \tag{3.21}$$

$$R_{TH}=R_1 \| R_2 \tag{3.22}$$

따라서 [그림 3-20(b)]와 같은 등가회로로 변환할 수 있다. [그림 3-20(b)]에서 B-E 루프에 KVL을 적용하면, 베이스 바이어스 전류는 다음과 같이 된다.

$$I_{BQ}=\frac{V_{TH}-V_{BE(on)}}{R_{TH}} \tag{3.23}$$

따라서 컬렉터 바이어스 전류는 다음과 같고,

$$I_{CQ}=\beta_{DC}I_{BQ}=\frac{\beta_{DC}(V_{TH}-V_{BE(on)})}{R_{TH}} \tag{3.24}$$

C-E 바이어스 전압은 다음과 같이 결정된다.

$$V_{CEQ}=V_{CC}-I_{CQ}R_C \tag{3.25}$$

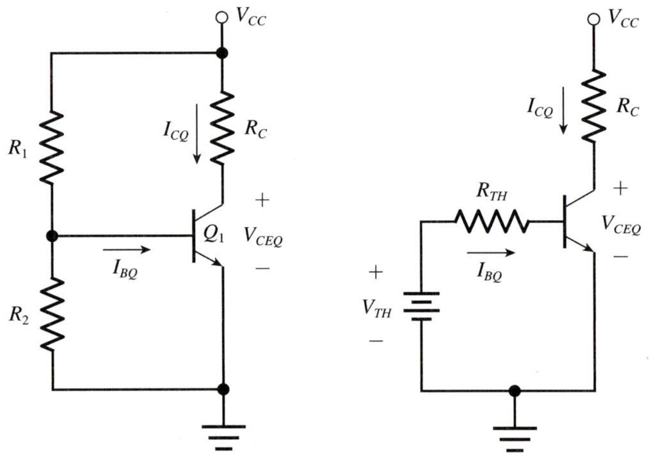

(a) 전압분배 바이어스 회로 (b) 등가회로

[그림 3-20] 전압분배 바이어스 방법

전압분배 바이어스 방법의 안정성은 어떨까? $I_{CQ}=\beta_{DC}I_{BQ}$이고 β_{DC}가 온도와 트랜지스터에 따른 편차 등에 영향을 받으므로, 동작점 I_{CQ}와 V_{CEQ}도 영향을 받아 바이어스 안정도가 좋지 않다.

3.3.3 자기 바이어스 회로

[그림 3-20(a)]의 전압분배 바이어스 회로의 단점인 바이어스 안정도를 개선하기 위해서 [그림 3-21(a)]와 같이 이미터에 저항 R_E를 추가한 바이어스 방법을 자기 바이어스(self-bias)라고 한다.

[그림 3-21(a)] 회로의 베이스 단자에서 테브냉 등가전압 V_{TH}와 등가저항 R_{TH}를 구하면 다음과 같다.

$$V_{TH}=\frac{R_2}{R_1+R_2}V_{CC} \tag{3.26}$$

$$R_{TH}=R_1 \| R_2 \tag{3.27}$$

따라서 [그림 3-21(b)]와 같은 등가회로로 변환할 수 있다. [그림 3-21(b)]에서 B-E 루프에 KVL을 적용하면 다음과 같다.

$$V_{TH}=I_{BQ}R_{TH}+V_{BE(on)}+I_{EQ}R_E \tag{3.28}$$

$I_{EQ}=(1+\beta_{DC})I_{BQ}$를 식 (3.28)에 대입하여 베이스 바이어스 전류를 구하면 다음과 같다.

$$I_{BQ}=\frac{V_{TH}-V_{BE(on)}}{R_{TH}+(1+\beta_{DC})R_E} \tag{3.29}$$

따라서 컬렉터 바이어스 전류는 다음과 같고,

$$I_{CQ}=\beta_{DC}I_{BQ}=\frac{\beta_{DC}(V_{TH}-V_{BE(on)})}{R_{TH}+(1+\beta_{DC})R_E} \tag{3.30}$$

C-E 바이어스 전압은 다음과 같이 결정된다.

$$V_{CEQ}=V_{CC}-I_{CQ}R_C-I_{EQ}R_E \tag{3.31}$$

$(1+\beta_{DC})R_E \gg R_{TH}$이고 $\beta_{DC} \gg 1$이면, 식 (3.30)은 다음과 같이 근사화될 수 있다.

$$I_{CQ}\simeq\frac{V_{TH}-V_{BE(on)}}{R_E} \tag{3.32}$$

식 (3.32)로부터, 컬렉터 바이어스 전류 I_{CQ}가 근사적으로 β_{DC}에 무관하게 되어 동작점이 안정화된다. 전압분배 바이어스 회로([그림 3-20(a)])의 컬렉터 바이어스 전류 $I_{CQ}=\beta_{DC}I_{BQ}$와 비교하여, [그림 3-21(a)]의 자기 바이어스 회로는 R_E에 의해 I_{CQ}가 β_{DC}에 무관하게 만들어져 동작점이 안정화되는 것이다. 따라서 이 회로를 자기 바이어스라고 한다. 한편 이미터 저항 R_E는 동작점을 안정화시키는 역할과 함께 증폭기의 이득을 감소시키는 단점도 가지는데, 이는 4장에서 설명하겠다.

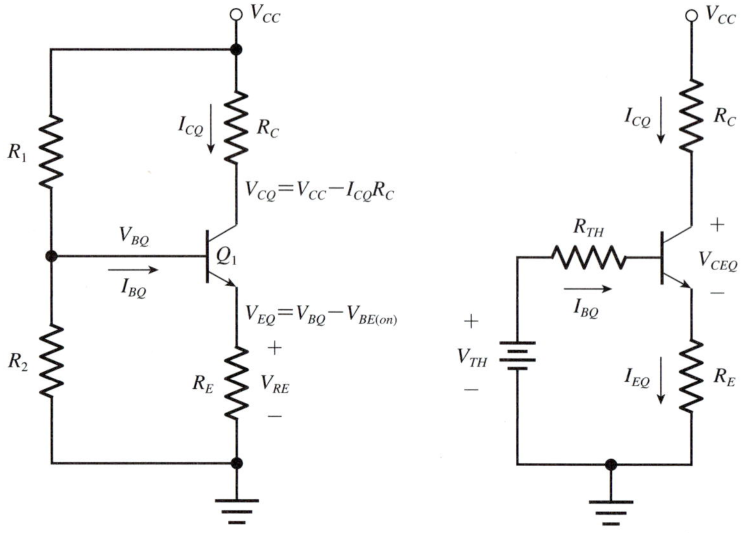

(a) 자기 바이어스 회로　　　(b) 등가회로

[그림 3-21] 자기 바이어스 방법

예제 3-7

[그림 3-22]의 회로에 대해 동작점 전류와 전압을 구하라. 단, $R_1=50\ \text{k}\Omega$, $R_2=10\ \text{k}\Omega$, $R_C=2\ \text{k}\Omega$, $R_E=0.5\ \text{k}\Omega$, $V_{CC}=12\ \text{V}$, $V_{BE(on)}=0.7\ \text{V}$, $\beta_{DC}=100$이다. 또한 β_{DC} 값이 10% 증가할 때 동작점의 변동에 대하여 설명하라.

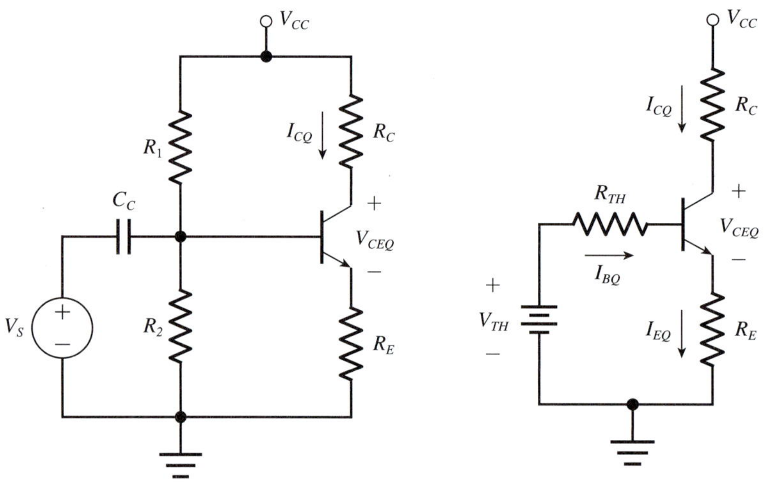

(a)　　　(b)

[그림 3-22]

풀이

① 먼저, $\beta_{DC}=100$인 경우의 동작점을 해석해 보자. 테브냉 등가회로의 등가저항과 등가전압은 다음과 같이 계산되고,

$$R_{TH}=R_1 \| R_2=50 \| 10=8.33\ \text{k}\Omega$$
$$V_{TH}=\frac{R_2}{R_1+R_2}\times V_{CC}=\frac{10\times 12}{50+10}=2\ \text{V}$$

테브냉 등가회로로 변환하면 [그림 3-22(b)]와 같다. 식 (3.29)로부터 베이스 바이어스 전류를 구하면 다음과 같다.

$$I_{BQ}=\frac{V_{TH}-V_{BE(on)}}{R_{TH}+(1+\beta_{DC})R_E}=\frac{2-0.7}{[8.33+(101\times 0.5)]\times 10^3}=22.10\ \mu\text{A}$$

따라서 컬렉터 전류와 이미터 전류는 다음과 같이 계산된다.

$$I_{CQ}=\beta_{DC}I_{BQ}=100\times 22.10\ \mu\text{A}=2.21\ \text{mA}$$
$$I_{EQ}=(1+\beta_{DC})I_{BQ}=101\times 22.10\ \mu\text{A}=2.23\ \text{mA}$$

식 (3.31)으로부터 C-E 전압은 다음과 같이 계산된다.

$$V_{CEQ}=V_{CC}-I_{CQ}R_C-I_{EQ}R_E=12-(2.21\times 2)-(2.23\times 0.5)=6.47\ \text{V}$$

이 결과는 트랜지스터가 활성영역에서 바이어스되어 있음을 보여준다.

② 다음으로, β_{DC} 값이 10% 증가한 경우의 동작점을 해석해 본다. 즉, $\beta_{DC}=110$이 되면,

$$I_{BQ}=\frac{V_{TH}-V_{BE(on)}}{R_{TH}+(1+\beta_{DC})R_E}=\frac{2-0.7}{[8.33+(111\times 0.5)]\times 10^3}=20.37\ \mu\text{A}$$

따라서 컬렉터 전류는 $I_{CQ}=\beta_{DC}I_{BQ}=110\times 20.37\ \mu\text{A}=2.24\ \text{mA}$가 되고, 이미터 전류는

$I_{EQ}=(1+\beta_{DC})I_{BQ}=111\times 20.37\ \mu\text{A}=2.26\ \text{mA}$가 된다.

이 값들로부터 C-E 전압은 다음과 같이 계산된다.

$$V_{CEQ}=V_{CC}-I_{CQ}R_C-I_{EQ}R_E=12-(2.24\times 2)-(2.26\times 0.5)=6.39\ \text{V}$$

결과값을 비교해 보면, β_{DC} 값의 10%(100→110) 변동에 대하여 컬렉터 바이어스 전류는 1.36%(2.21 mA→2.24 mA) 변했으며, V_{CEQ}는 1.24%(6.47 V→6.39 V) 변하여 동작점의 변동이 거의 없음을 알 수 있다. 이는 이미터 저항 R_E에 의해 I_{CQ}가 근사적으로 β_{DC}에 무관하게 되어 동작점이 안정화되었음을 의미한다.

예제 3-8

[그림 3-23]의 BJT 회로는 두 개의 전원 $V_{CC}=10$ V와 $V_{EE}=-10$ V에 의해 바이어스된다. 동작점 전류와 전압을 구하라. 단, $R_1=24.8$ kΩ, $R_2=4.2$ kΩ, $R_C=1$ kΩ, $R_E=0.2$ kΩ이고, $\beta_{DC}=190$, $V_{BE(on)}=0.7$ V이다.

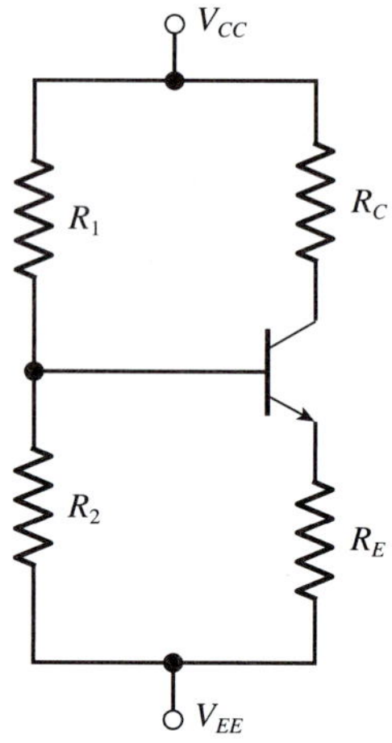

[그림 3-23]

풀이

베이스 단자를 테브냉 등가회로로 변환하면 [그림 3-24]와 같으며, 테브냉 등가저항과 등가전압은 각각 다음과 같이 계산된다.

$$R_{TH}=R_1 \| R_2=24.8 \| 4.2=3.59 \text{ k}\Omega$$

$$V_{TH}=\frac{R_2}{R_1+R_2}\times(V_{CC}-V_{EE})+V_{EE}$$
$$=\frac{4.2\times 20}{24.8+4.2}-10=-7.10 \text{ V}$$

[그림 3-24]의 등가회로에서 E-B 루프에 KVL을 적용하여 베이스 바이어스 전류를 구하면 다음과 같다.

$$I_{BQ}=\frac{V_{TH}-V_{BE(on)}-V_{EE}}{R_{TH}+(1+\beta_{DC})R_E}=\frac{-7.1-0.7+10}{[3.59+(191\times 0.2)]\times 10^3}=52.64\ \mu\text{A}$$

따라서 컬렉터 전류는 $I_{CQ}=\beta_{DC}I_{BQ}=190\times 52.64\ \mu\text{A}=10.0$ mA가 되고 이미터 전류는,

$$I_{EQ}=(1+\beta_{DC})I_{BQ}=191\times 52.64\ \mu\text{A}=10.05 \text{ mA}$$

이 값들로부터 C-E 전압은 다음과 같이 계산된다.

$$V_{CEQ}=V_{CC}-I_{CQ}R_C-I_{EQ}R_E-V_{EE}$$
$$=10-(10.0\times 1)-(10.05\times 0.2)+10$$
$$=7.99 \text{ V}$$

컬렉터의 DC 전압은 $V_{CQ}=V_{CC}-I_{CQ}R_C=10-(10.0\times 1)=0$ V가 된다. 이는 컬렉터에서 나오는 교류신호가 거의 접지를 기준으로 출력됨을 의미하며, 양(+)과 음(−)의 두 개 전원을 사용하는 바이어스 방법의 장점이라고 할 수 있다.

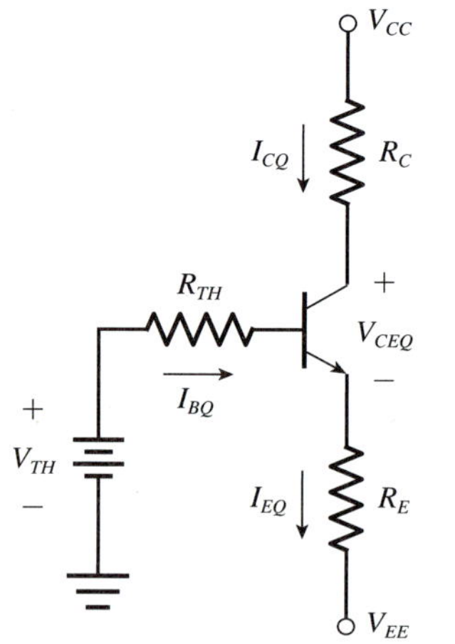

[그림 3-24] [예제 3-8] 회로의 테브냉 등가회로

[그림 3-25]는 [예제 3-8] 회로의 PSPICE 시뮬레이션 결과로서 [그림 3-25(a)]는 바이어스 전압값들을 보이고 있으며, [그림 3-25(b)]는 바이어스 전류값들을 보이고 있다. 수식에 의해 계산된 값들과 유사한 결과를 보이고 있다.

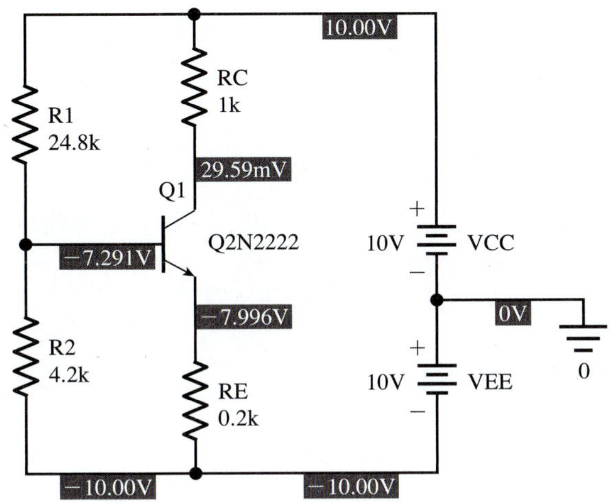

(a) 바이어스 전압

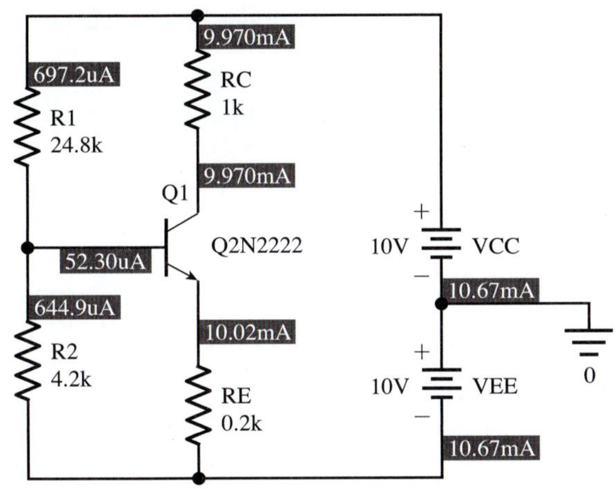

(b) 바이어스 전류

[그림 3-25] [예제 3-8] 회로의 PSPICE 시뮬레이션 결과

3.4 BJT의 소신호 등가회로

증폭기는 동작점을 중심으로 신호를 증폭하게 되며, 이때 BJT는 선형적인 특성을 가져야 증폭된 신호에 왜곡이 발생하지 않는다. [그림 3-9]에서 보는 바와 같이, BJT는 근본적으로 비선형적인 전류-전압 특성을 갖는다. 그렇다면 비선형 특성을 갖는 BJT를 이용하여 어떻게 선형적인 증폭 특성을 얻을 수 있을까? 다행스럽게도 BJT가 활성영역에서 동작하는 경우에 동작점을 중심으로 신호가 작은 크기로 변하면 선형적인 특성을 가지며, 이를 소신호(small-signal) 특성이라고 한다. 이 절에서는 활성영역에서 동작하는 BJT의 소신호 동작특성을 나타내는 소신호 등가회로와 파라미터에 대해 알아본다. 소신호 등가회로는 4장에서 설명하는 BJT 증폭기의 해석과 설계의 기본이 되는 중요한 내용이므로 충분히 이해할 필요가 있다.

3.4.1 전달컨덕턴스와 소신호 공통 이미터 전류이득

전달컨덕턴스

3.1절의 [그림 3-4]에서 설명된 바와 같이, 활성영역에서 동작하는 BJT의 컬렉터 전류는 제어 전류원으로 모델링될 수 있다. 식 (3.1)이 나타내는 바와 같이, 활성영역의 컬렉터 전류는 전압 V_{BE}에 의해 제어되는 일정한 값을 가지므로 전압제어 전류원(voltage controlled current source)으로 동작하며, 이 특성을 전달컨덕턴스(transconductance)로 모델링할 수 있다. 전달컨덕턴스는 증폭기의 전압이득에 직접적으로 관련되는 중요한 파라미터이다.

전달컨덕턴스의 개념을 이해하기 위해서 [그림 3-26]과 같이 베이스와 이미터 사이의 전압변화에 대한 컬렉터 전류의 변화를 생각해 보자. BJT는 전압 V_{BEQ}에 의해 활성모드로 바이어스되어 있다고 가정한다. 회로에서 B-E 전압을 ΔV_{BE} 만큼 변화시키면, 컬렉터 전류도 ΔI_C 만큼 변할 것이다. 그렇다면 ΔV_{BE}에 따른 컬렉터 전류의 변화 ΔI_C을 구해보자. 식 (3.1)에 $V_{BEQ}+\Delta V_{BE}$를 대입하면, 다음과 같다.

$$I_{CQ}+\Delta I_C=I_S\exp\left(\frac{V_{BEQ}+\Delta V_{BE}}{V_T}\right) \tag{3.33}$$
$$=I_S\exp\left(\frac{V_{BEQ}}{V_T}\right)\exp\left(\frac{\Delta V_{BE}}{V_T}\right)=I_{CQ}\exp\left(\frac{\Delta V_{BE}}{V_T}\right)$$

테일러 급수전개 $e^x=1+x+\frac{x^2}{2!}+\frac{x^3}{3!}+\cdots$를 이용하여 식 (3.33)을 근사화시키면 다음과 같이 쓸 수 있으며,

$$I_{CQ}+\Delta I_C\simeq I_{CQ}\left(1+\frac{\Delta V_{BE}}{V_T}\right) \tag{3.34}$$

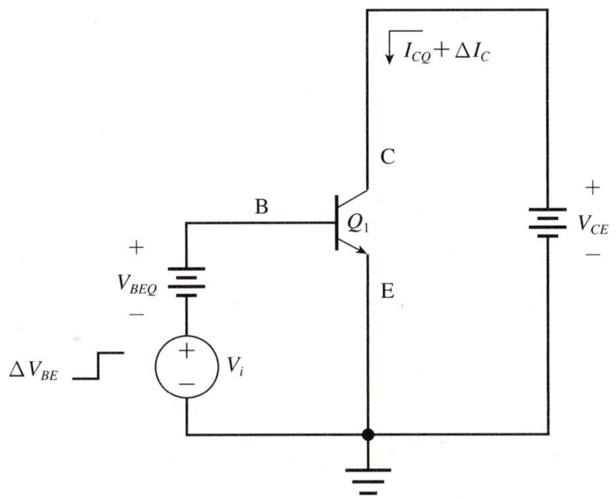

[그림 3-26] 전달컨덕턴스 g_m을 측정하기 위한 회로

따라서 B−E 전압의 변화 ΔV_{BE}에 대한 컬렉터 전류의 변화 ΔI_C는 다음과 같다.

$$\Delta I_C = \frac{I_{CQ}}{V_T}\Delta V_{BE} \tag{3.35}$$

이때 $\frac{\Delta I_C}{\Delta V_{BE}}$가 작은 변화인 경우에 $\frac{di_C}{dv_{BE}}$에 수렴하는 값을 가지므로, 이 값을 전달컨덕턴스라고 하며 기호 g_m으로 나타낸다. 즉, BJT의 전달컨덕턴스는 다음과 같이 정의할 수 있다.

$$g_m \equiv \frac{di_C}{dv_{BE}}\bigg|_{\text{Q점}} = \frac{I_{CQ}}{V_T} \tag{3.36}$$

식 (3.36)에서 전달컨덕턴스 g_m이 동작점 Q에서 정의된다는 점을 유의해야 하며, 따라서 동작점에서의 컬렉터 전류(즉, 컬렉터 바이어스 전류) I_{CQ}에 영향을 받는다. 또한 식 (3.36)으로부터 전달컨덕턴스의 단위는 Ω^{-1} 또는 지멘스(S)가 됨을 알 수 있다(지멘스는 전기 전도율의 단위로 전기 저항의 단위인 옴(ohm)의 역수가 된다. 보통 모(mho, ℧)라는 단위를 쓰며, 이는 독일의 물리학자 지멘스(Siemens, E.W.)의 이름에서 유래되었다).

식 (3.36)을 식 (3.35)에 대입하면 다음과 같으며,

$$\Delta I_C = g_m \Delta V_{BE} \tag{3.37}$$

식 (3.37)로부터, B−E 전압의 변화 ΔV_{BE}와 컬렉터 전류 변화 ΔI_C 사이의 비례상수가 전달컨덕턴스 g_m이며, 이는 V_{BE}의 작은 변화 ΔV_{BE}에 대해 BJT가 선형소자로 동작함을 의미한다. 물

론 식 (3.34)에서 근사화가 적용되었으므로, 작은 ΔV_{BE}에 대해 선형 파라미터로 모델링된 것이다.

식 (3.36)으로 정의된 전달컨덕턴스는 BJT의 $V_{BE}-I_C$ 전달특성에 의해 [그림 3-27]과 같이 시각화될 수 있다. 전달컨덕턴스 g_m은 동작점 Q에서 $V_{BE}-I_C$ 전달특성곡선의 기울기 값으로 정의되며, 따라서 동작점 Q에 영향을 받는다. 이는 식 (3.36)에서 $g_m=\frac{I_{CQ}}{V_T}$로 표현된 것과 동일한 의미로 해석될 수 있다.

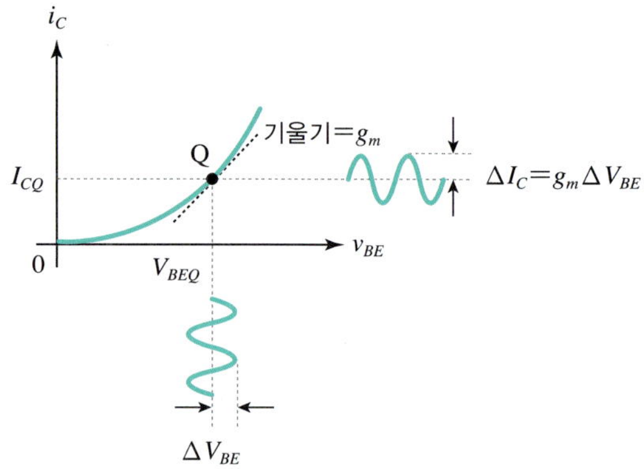

[그림 3-27] 입출력 특성곡선 상의 전달컨덕턴스 정의

소신호 공통 이미터 전류이득

3.1절의 식 (3.3)으로 정의된 β_{DC}는 BJT의 DC 전류이득을 나타내며, 증폭기로 동작하는 경우의 소신호 전류이득과 구분된다. BJT가 증폭기로 사용되는 경우의 소신호 전류이득을 β_{ac}로 나타내며, 식 (3.38)과 같이 정의된다. β_{ac}를 소신호 공통 이미터 전류이득이라고 한다(β_{ac}를 β_o로 표현하기도 한다).

$$\beta_{ac}\equiv\frac{di_C}{di_B}\bigg|_{\text{Q점}}=\frac{i_c}{i_b} \tag{3.38}$$

3.4.2 소신호 등가모델

하이브리드-π 저주파 소신호 등가모델

앞절에서 활성모드로 동작하는 BJT는 작은 동작범위에서 선형적인 특성 $\Delta I_C=g_m\Delta V_{BE}$를 갖는다고 설명하였다. 일반적으로 증폭기 회로는 소신호 등가모델을 이용하면 비교적 쉽게 해석하고 설계할 수 있으므로, BJT 증폭기(4장)를 이해하기 위해서는 소신호 등가모델에 대한 이해가 필요하다. BJT의 소신호 등가모델은 주파수 특성이 포함되지 않은 저주파 소신호 등가모델과 주파수 특성이 포함된 고주파 소신호 등가모델로 구분된다. 고주파 소신호 등가모델에 대해서는 8.1.4절에서 설명되며, 이 절에서는 저주파 소신호 등가모델에 대해서만 설명한다.

BJT 증폭기의 해석에 가장 널리 사용되고 있는 저주파 소신호 등가모델은 하이브리드(hybrid)-π 등가모델이며 [그림 3-28]과 같다. "저주파(low frequency)"라는 단어가 사용된 것은 BJT 내부의 기생 정전용량(parasitic capacitance), 즉 BJT가 갖는 주파수 특성을 고려하지 않는다는 의미이다. 이제 [그림 3-28]의 저주파 소신호 등가모델에 포함된 파라미터들에 대해 살펴보자.

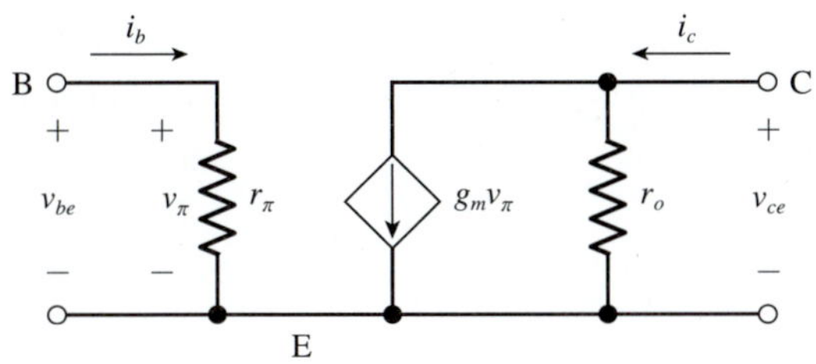

[그림 3-28] BJT의 하이브리드(hybrid)-π 저주파 소신호 등가모델

먼저 베이스와 이미터 접합에 존재하는 저항성분 r_π에 대해 알아보자. BJT가 증폭기로 사용되기 위해서는 활성모드로 바이어스되어야 하므로, B-E 접합은 순방향 바이어스된 PN 접합으로 동작한다. 이 책의 2.4.2절에서 설명된 바와 같이, 순바이어스된 PN 접합에는 저항성분 r_d가 존재하므로, BJT의 B-E 접합 사이에도 이와 유사한 저항성분 r_π가 존재한다. r_π의 정확한 의미를 이해하기 위해 수식을 정의해 보자. B-E 사이의 전압 변화 ΔV_{BE}에 의한 컬렉터 전류의 변화가 ΔI_C이고 BJT의 소신호 전류이득이 β_{ac}이면, 식 (3.37)을 이용하여 다음과 같이 표현할 수 있다.

$$\Delta I_C = g_m \Delta V_{BE} = \Delta I_B \beta_{ac} \tag{3.39}$$

이로부터 ΔV_{BE}와 베이스 전류의 변화 ΔI_B의 비를 구하면 다음과 같다.

$$\frac{\Delta V_{BE}}{\Delta I_B} = \frac{\beta_{ac}}{g_m} \tag{3.40}$$

따라서 순방향 바이어스된 B-E 접합의 저항성분 r_π를 다음과 같이 정의할 수 있다.

$$r_\pi \equiv \left. \frac{dv_{BE}}{di_B} \right|_{\text{Q점}} = \frac{\beta_{ac}}{g_m} \tag{3.41}$$

식 (3.41)로부터 BJT의 전류이득 β_{ac}는 식 (3.42)와 같이 표현할 수 있으며, 따라서 β_{ac}와 전달 컨덕턴스 g_m을 알면 r_π 값을 구할 수 있다.

$$\beta_{ac} = g_m r_\pi \tag{3.42}$$

r_π는 BJT의 바이어스 전류 I_{BQ} 또는 I_{CQ}로부터 계산될 수도 있다. 식 (3.36)의 $g_m = \frac{I_{CQ}}{V_T}$를 식 (3.41)에 대입하면 다음과 같다.

$$r_\pi = \beta_{ac} \frac{V_T}{I_{CQ}} = \frac{V_T}{I_{BQ}} \tag{3.43}$$

식 (3.43)을 통해, r_π는 동작점 전류에 영향을 받음을 알 수 있다.

다음으로 BJT의 컬렉터 전류성분 i_c에 대해 알아본다. 식 (3.37)로부터 B-E 전압의 변화 ΔV_{BE}를 소신호 성분 v_π로 나타내고, 이에 의한 컬렉터 전류의 변화 ΔI_C를 소신호 성분 i_c로 나타내면, 컬렉터 전류는 다음과 같이 표현할 수 있다.

$$i_c = g_m v_\pi \tag{3.44}$$

식 (3.44)로부터 BJT의 컬렉터 전류는 B-E 전압 v_π에 의해 제어되는 전압제어 전류원으로 모델링할 수 있으며, 따라서 [그림 3-28]에서 보는 바와 같이 $g_m v_\pi$의 전압제어 전류원이 컬렉터-이미터 사이에 연결된다.

다음은 BJT의 컬렉터 단자에 존재하는 저항성분 r_o에 대해 알아본다. BJT가 이상적인 특성을 갖는다고 가정하면, 컬렉터 전류는 식 (3.44)와 같이 전달컨덕턴스 g_m과 v_π에 의해 결정되며 컬렉터 전압에 무관하다. 3.1절의 [그림 3-4]에서 활성영역의 컬렉터 전류는 컬렉터 전압 V_C에 무관하므로 전압 V_{CE}가 증가하여도 일정한 값을 유지하여 x축과 수평이 된다고 설명하였다. 그러나 실제 BJT는 이와 같은 이상적인 경우와 약간 다른 특성을 갖는다.

[그림 3-28]의 소신호 등가회로에서 컬렉터에 존재하는 저항성분 r_o의 물리적인 의미를 먼저 살펴보자. r_o는 활성모드로 동작하는 BJT의 컬렉터 전압을 증가시켰을 때 일어나는 현상과 관련이 있다. 활성모드에서 BJT의 B-C PN 접합은 역방향 바이어스되며, 컬렉터 전압 V_C가 증가(즉, V_{CE}가 증가)할수록 B-C 접합의 공핍영역이 확대된다. 그런데 실제 BJT는 큰 β_{ac}, β_{DC} 값을 갖도록 베이스 폭이 매우 얇게 만들어지므로, 전압 V_{CE}가 증가할수록 B-C 접합의 공핍영역이 확대되어 유효 베이스 폭이 감소하는 "베이스 폭 변조효과"가 발생한다. 따라서 이미터에서 주입된 캐리어가 베이스 영역에서 재결합되지 않고 컬렉터로 도달하는 비율이 증가하여 컬렉터 전류가 증가하게 된다. 즉, BJT의 컬렉터 전압이 증가할수록 컬렉터 전류가 증가하고, 이는 컬렉터 저항성분 r_o로 나타난다. 이와 같은 현상을 얼리(Early) 효과라고 하며, [그림 3-29]에서 얼리 효과가 고려된 BJT의 전류-전압 특성을 볼 수 있다.

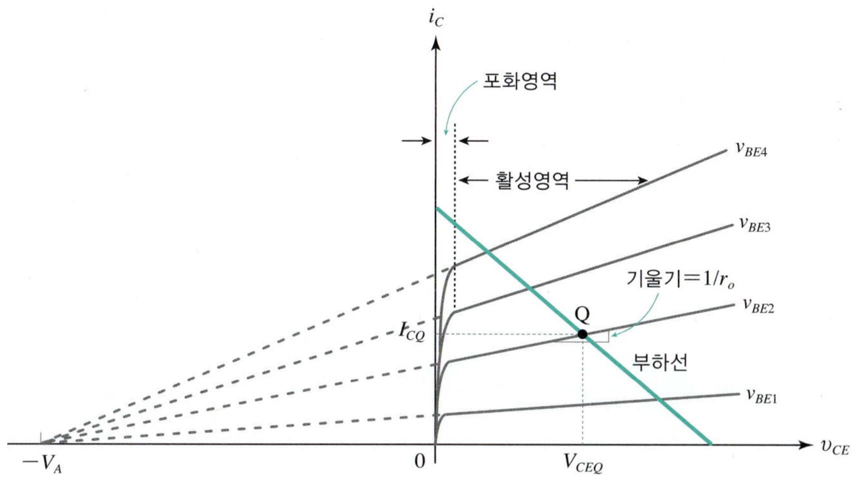

[그림 3-29] 얼리 효과가 고려된 BJT의 전류-전압 특성

[그림 3-29]에서 전압 v_{CE}가 증가할수록 컬렉터 전류 i_C가 증가함을 볼 수 있다. 동작점 Q에서 특성곡선의 기울기를 식 (3.45)와 같이 정의할 수 있으며, 이 기울기의 역수가 바로 BJT의 컬렉터 저항성분 r_o이다.

$$\frac{1}{r_o} \equiv \left.\frac{di_C}{dv_{CE}}\right|_{Q점} \simeq \frac{I_{CQ}}{V_A} \tag{3.45}$$

[그림 3-29]에서 활성영역의 컬렉터 전류 성분들에 접선을 그으면 음의 x축 한 점에서 만나게 되며 이 전압을 얼리 전압 V_A로 정의한다. 식 (3.45)로부터, r_o는 BJT의 얼리 전압 V_A와 동작점 전류에 의해 결정됨을 알 수 있다. r_o가 무한대에 가까운 큰 값을 가질수록 BJT는 식 (3.44)의 이상적인 전압제어 전류원 특성에 가까워진다.

예제 3-9

[그림 3-30]의 BJT 회로에서 입력 v_i는 마이크로폰에서 발생하는 신호이다. $v_1=0$일 때, Q_1의 하이브리드-π 소신호 등가회로 파라미터 g_m과 r_π의 값을 구하라. 마이크로폰에서 발생하는 신호의 크기가 2 mV라면, 컬렉터 전류와 베이스 전류의 변화는 각각 얼마인가? 단, $I_S=2\times10^{-16}$ A, $\beta_{ac}=120$이고, $r_o\rightarrow\infty$로 가정하며, 트랜지스터 Q_1은 활성모드에서 동작한다고 가정한다.

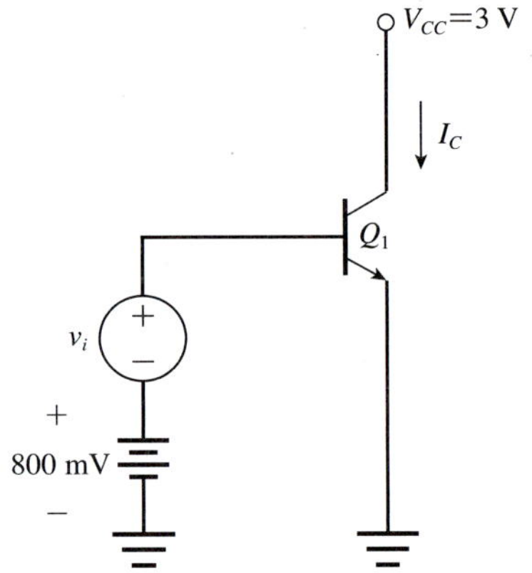

[그림 3-30]

풀이

① $I_{CQ}=I_S\exp\left(\frac{V_{BEQ}}{V_T}\right)$에 값을 대입하면,

$$I_{CQ}=2\times10^{-16}\,\text{A}\times\exp\left(\frac{800\text{ mV}}{26\text{ mV}}\right)=4.61\text{ mA}$$

식 (3.36)을 이용하면, 전달컨덕턴스는 다음과 같이 계산된다.

$$g_m=\frac{I_{CQ}}{V_T}=\frac{4.61\text{ mA}}{26\text{ mV}}=0.18\ \mho$$

식 (3.42)로부터, r_π는 다음과 같이 구해진다.

$$r_\pi=\frac{\beta_{ac}}{g_m}=\frac{120}{0.18}=676.67\ \Omega$$

② [그림 3-28]의 소신호 등가회로에서 $v_i=v_\pi$이므로 $v_\pi=2$ mV가 된다. 따라서 컬렉터 전류의 변화는 식 (3.44)로부터 다음과 같이 구해진다,

$$i_c=g_m v_\pi=g_m v_i=0.18\ \mho\times2\text{ mV}=0.36\text{ mA}$$

식 (3.38)로부터 베이스의 전류변화는 다음과 같이 계산된다.

$$i_b=\frac{i_c}{\beta_{ac}}=\frac{0.36\text{ mA}}{120}=3.0\ \mu\text{A}$$

예제 3-10

[그림 3-31]은 [예제 3-9] 회로의 컬렉터에 저항 R_C가 추가된 회로이다. 저항 R_C는 컬렉터 전류를 전압으로 변환시킨다. 이때 트랜지스터가 활성모드에서 동작하는지 여부를 판단하라. 또한 마이크로폰에서 1.5 mV의 신호를 발생시킬 때의 출력전압은 얼마인가?

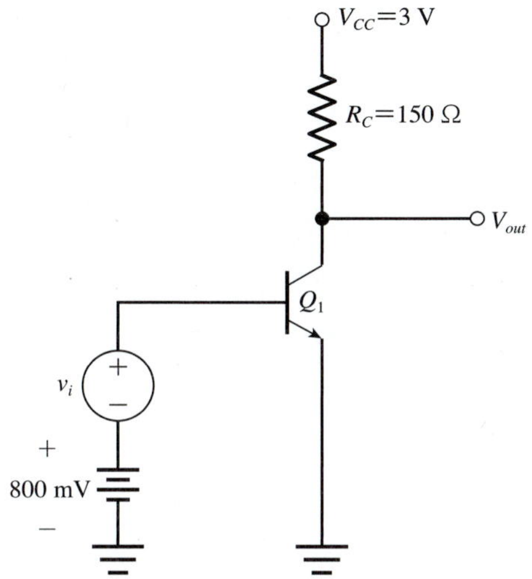

[그림 3-31]

풀이

① 베이스와 이미터 사이의 전압은 [예제 3-9]와 같으므로, 컬렉터 바이어스 전류도 4.61 mA로 같다. 이 컬렉터 전류는 R_C를 통해 흐르며, $I_{CQ}R_C = 0.69$ V의 전압강하를 발생시킨다. 따라서 [그림 3-31]에서 컬렉터 전압은 다음과 같이 구해진다.

$$V_{CQ} = V_{CC} - I_{CQ}R_C = 3 - 0.69 = 2.31 \text{ V}$$

따라서 B-C 접합은 역방향 바이어스이고, B-E 접합은 순방향 바이어스이며, BJT는 활성모드에서 동작한다.

② [예제 3-9]와 유사하게 1.5 mV의 입력전압 변화에 대한 컬렉터 전류를 계산하면, $i_c = 0.27$ mA가 된다. 따라서 컬렉터 전류의 변화에 의한 전압강하는 다음과 같이 계산된다.

$$i_c R_C = 0.27 \text{ mA} \times 150 \ \Omega = 40.5 \text{ mV}$$

결과를 분석해 보면, 마이크로폰(입력)에서 1.5 mV가 입력되면 그에 따른 출력전압은 40.5 mV가 된다. 즉, 이 회로는 입력 신호를 27배 증폭시키는 회로이다.

r 파라미터 소신호 등가모델

BJT의 소신호 동작 해석에는 앞에서 설명된 하이브리드-π 등가모델이 일반적으로 사용되며, 경우에 따라서는 r 파라미터가 사용되기도 한다.

r 파라미터는 H 파라미터와 관련이 있다. H 파라미터는 트랜지스터를 해석하고 설계하기 위해 수학적인 접근방법에 따라 만들어졌으며, 트랜지스터의 내부동작이 아닌 단자에서 일어나는 현상을 고려하기 때문에 옴의 법칙과 같은 회로의 기본법칙을 그대로 적용하기에는 어려움이 있다. 그래서 회로의 기본법칙을 그대로 트랜지스터의 해석에 적용할 수 있도록 만든 것이 r 파라미터이다.

BJT 증폭기의 소신호 해석에 사용되는 r 파라미터 모델은 [그림 3-32]와 같다. α는 공통 베이스 소신호 전류 증폭률을 나타내며 $\alpha \equiv i_c/i_e$로 정의된다. r_e는 소신호 이미터 저항을 나타내며, 이미터-베이스 전압 v_{be}와 이미터 전류 i_e의 비(ratio)로 정의되며, 이미터 바이어스 전류 I_{EQ}에 의해 다음과 같이 계산된다.

$$r_e \equiv \left.\frac{v_{be}}{i_e}\right|_{\text{Q점}} = \frac{V_T}{I_{EQ}} \tag{3.46}$$

BJT 증폭기 회로의 해석에 사용되는 소신호 파라미터를 [표 3-3]에 요약하였다.

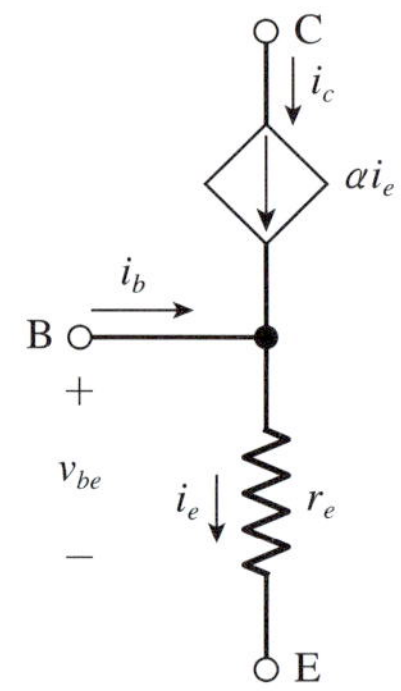

[그림 3-32] BJT의 r 파라미터 소신호 모델

[표 3-3] BJT 소신호 등가모델의 파라미터

소신호 파라미터	설 명
α	공통 베이스 소신호 전류 증폭률(i_c/i_e)
β_{ac}	공통 이미터 소신호 전류 증폭률(i_c/i_b)
r_e	소신호 이미터 저항
r_π	베이스 단자에서 본 B-E 소신호 입력저항
r_o	소신호 컬렉터 저항
g_m	소신호 전달컨덕턴스

3.5 응용회로 설계

지금까지 BJT의 구조와 전류–전압 특성 그리고 DC 해석 및 소신호 등가회로 등에 대하여 알아보았다. 이제 지금까지 다루었던 내용들을 활용하여 BJT의 동작점 설계와 해석에 응용해 보자.

■ 설계 1

[그림 3–33]의 BJT 회로가 활성모드에서 동작할 수 있는 R_C 값 중에서 최댓값을 선택하여 회로를 설계하라. 단, $V_{BE}=800$ mV, $V_{CC}=3$ V, $I_S=2\times10^{-17}$ A로 가정하라.

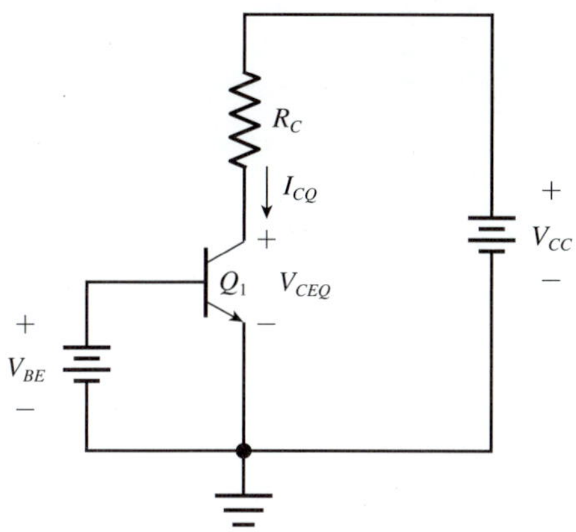

[그림 3–33]

활성모드에서 동작을 가정하면 식 (3.1)로부터 I_{CQ}는 다음과 같이 계산된다.

$$I_{CQ}=I_S\times\exp\left(\frac{V_{BE}}{V_T}\right)=2\times10^{-17}\times\exp\left(\frac{800\text{ mV}}{26\text{ mV}}\right)=0.46\text{ mA}$$

C–E 루프에 KVL을 적용하면, 다음 식이 얻어진다.

$$V_{CEQ}=V_{CC}-R_CI_{CQ} \qquad (1)$$

V_{CC}는 DC 전원으로 고정되어 있으므로, R_C 값이 증가하면 V_{CEQ}는 감소한다. 식 (1)로부터 $V_{CEQ}=3-(0.46\text{ mA})R_C$이므로, 이를 R_C에 대해 그래프로 그리면 [그림 3–34(a)]와 같이 기울기가 -0.46 mA인 직선이 된다. $V_{CEQ}=800$ mV(최솟값)일 때 R_C가 최댓값을 가지므로, 이를 식 (1)에 대입하여 R_C의 최댓값을 구하면 다음과 같으며, 최종적으로 설계된 회로는 [그림 3–34(b)]와 같다.

$$R_C=\frac{V_{CC}-V_{CEQ,min}}{I_{CQ}}=\frac{3-0.8}{0.46\times10^{-3}}=4.78\text{ k}\Omega$$

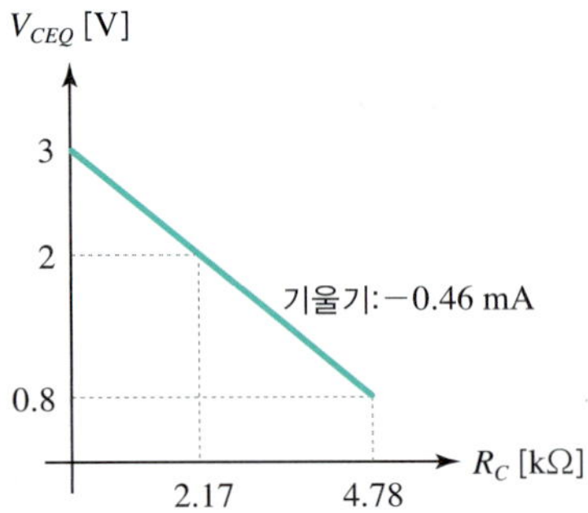

(a) R_C 값에 따른 V_{CEQ}

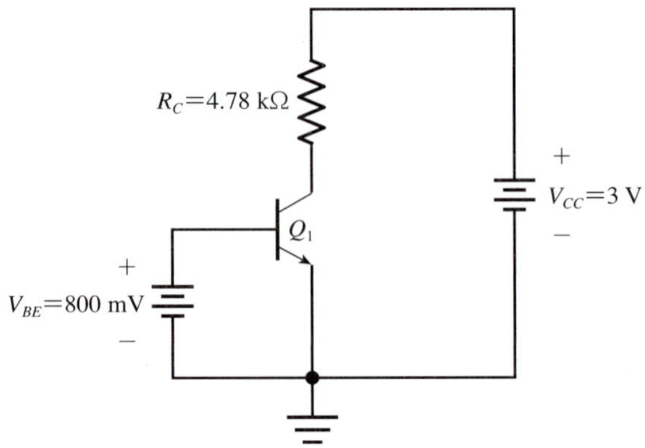

(b) 설계된 회로

[그림 3-34] [설계 1]의 설계결과 회로

다음으로, 바이어스 회로를 설계해 보자. 주어진 조건과 원하는 전류, 전압을 얻으려면 복잡한 계산을 거쳐야 한다. 다음 문제를 통해 바이어스 회로를 어떻게 설계하는지 알아본다.

■ 설계 2

[그림 3-35]의 자기 바이어스 회로를 설계하라. 단, BJT의 파라미터는 $\beta_{DC}=100$, $I_S=5\times10^{-17}$ A, $g_m=\frac{1}{52}$ ℧이고, 전원전압 $V_{CC}=2.5$ V이다. $R_C=1$ kΩ으로 가정한다.

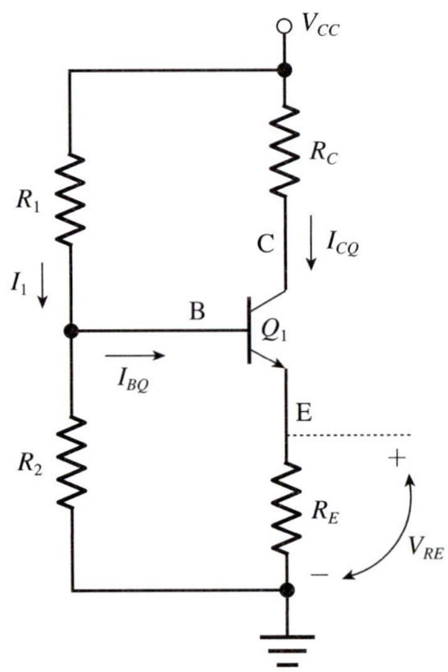

[그림 3-35]

식 (3.36)으로부터, 컬렉터 바이어스 전류 I_{CQ}를 구할 수 있다.

$$I_{CQ}=g_m\times V_T=\frac{26\times10^{-3}}{52}=0.5\text{ mA}$$

식 (3.1)에 I_{CQ} 값을 대입하여 V_{BEQ}를 구할 수 있다.

$$V_{BEQ}=V_T\times\ln\left(\frac{I_{CQ}}{I_S}\right)=26\text{ mV}\times\ln\left(\frac{0.5\text{ mA}}{5\times10^{-17}\text{ A}}\right)=778.27\text{ mV}$$

다음으로 R_E를 구해 보자. $\beta_{DC}=100$이므로 $I_{CQ}\approx I_{EQ}$로 가정하고, V_{RE}를 적절한 값으로 선택한다. 만일 $V_{RE}=200$ mV로 가정하면 R_E는 다음과 같이 구해진다.

$$R_E=\frac{V_{RE}}{I_{EQ}}=\frac{200\text{ mV}}{0.5\text{ mA}}=400\ \Omega$$

회로로부터 베이스 전압 V_{BQ}에 관한 식을 구하고, 값을 대입하면 다음과 같다.

$$V_{BQ}=V_{BEQ}+V_{RE}=778.27+200=978.27\text{ mV}$$

[그림 3-35]에서 베이스 단자의 바이어스 전압 V_{BQ}는 전원전압 V_{CC}가 저항 R_1, R_2에 의해 분배된 전압이므로 다음과 같이 표현된다. 단, $I_{BQ}\ll I_1$으로 가정한다.

$$V_{BQ}=\frac{R_2}{R_1+R_2}V_{CC}=978.27\text{ mV} \qquad (1)$$

컬렉터 바이어스 전류는 $I_{CQ}=0.5$ mA이고 $\beta_{DC}=100$이므로, 베이스 바이어스 전류 I_{BQ}는 다음과 같이 계산된다.

$$I_{BQ}=\frac{I_{CQ}}{\beta_{DC}}=\frac{0.5\text{ mA}}{100}=5\ \mu\text{A}$$

계산된 I_{BQ} 값을 이용하여 바이어스 저항에 흐르는 전류 I_1의 값을 다음과 같이 구한다. 이때, 바이어스 저항 R_1, R_2에 흐르는 전류 I_1이 베이스 바이어스 전류 I_{BQ}보다 매우 크다고 가정하여 $I_1=10I_{BQ}$가 되도록 선택한다.

$$I_1=\frac{V_{CC}}{R_1+R_2}=10I_{BQ}=50\ \mu\text{A}$$

이로부터 다음의 관계가 얻어진다.

$$R_1+R_2=\frac{V_{CC}}{I_1}=\frac{2.5\text{ V}}{50\ \mu\text{A}}=50\text{ k}\Omega \qquad (2)$$

식 (1)과 식 (2)를 연립하여 풀면 R_1, R_2의 값은 다음과 같다.

$$R_2=\frac{V_{BQ}}{V_{CC}}(R_1+R_2)=\frac{978.27\times10^{-3}}{2.5}\times50\text{ k}\Omega=19.56\text{ k}\Omega$$

$$R_1=50\text{ k}\Omega-19.56\text{ k}\Omega=30.44\text{ k}\Omega$$

■ 설계 3

[그림 3-36]의 회로를 PSPICE로 시뮬레이션하여 동작점 전압과 전류를 확인하고, 소신호 파라미터들의 계산값과 시뮬레이션 결과를 비교하라.

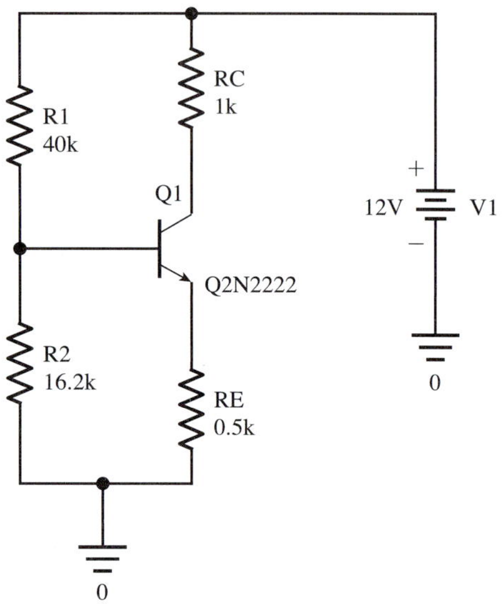

[그림 3-36]

시뮬레이션 결과

PSPICE 프로그램을 이용한 시뮬레이션 결과는 [그림 3-37]과 같다.

[그림 3-37(a)]는 바이어스 전압에 대한 해석결과이다. $V_{BEQ}=V_{BQ}-V_{EQ}=0.686$ V, $V_{BCQ}=V_{BQ}-V_{CQ}=-3.98$ V이므로, BJT는 활성모드에서 동작함을 확인할 수 있으며, $V_{CEQ}=V_{CQ}-V_{EQ}=4.666$ V이다.

[그림 3-37(b)]는 바이어스 전류를 해석한 결과이다. $I_{BQ}=27.68\ \mu$A, $I_{CQ}=4.88$ mA, $I_{EQ}=4.908$ mA이며, 이로부터 β_{DC}를 계산하면 $\beta_{DC}=\frac{I_{CQ}}{I_{BQ}}=\frac{4.88\text{ mA}}{27.68\ \mu\text{A}}=176.3$이 된다.

[그림 3-37(c)]는 시뮬레이션으로 얻어진 BJT의 파라미터 값들을 보이고 있다. [그림 3-37(b)]로부터 계산된 β_{DC} 값과 시뮬레이션 결과가 잘 일치함을 확인할 수 있다. 3.4절에서 정의된 소신호 파라미터 β_o, g_m, r_π들도 동작점 전류로부터 계산된 값과 [그림 3-37(c)]의 시뮬레이션 결과가 잘 일치함을 확인할 수 있다.

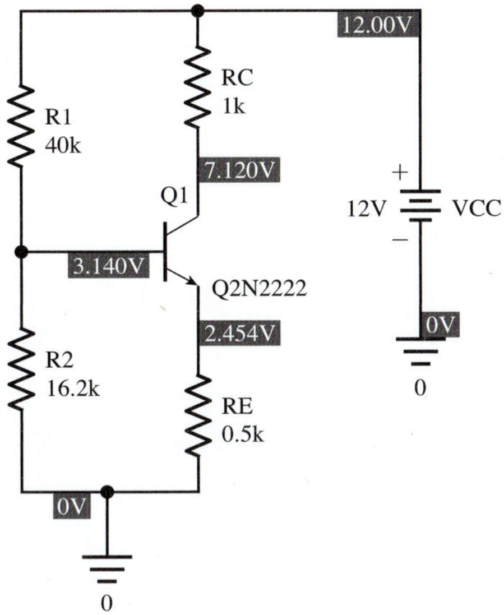

(a) 바이어스 전압

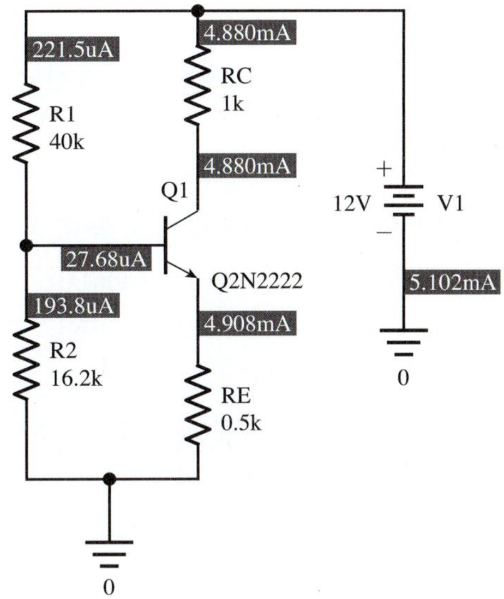

(b) 바이어스 전류

```
**** BIPOLAR JUNCTION TRANSISTORS

NAME          Q_Q1
MODEL         Q2N2222
IB            2.77E-05
IC            4.88E-03
VBE           6.86E-01
VBC          -3.98E+00
VCE           4.67E+00
BETADC        1.76E+02
GM            1.86E-01
RPI           1.01E+03
RX            1.00E+01
RO            1.60E+04
CBE           1.14E-10
CBC           3.90E-12
CJS           0.00E+00
BETAAC        1.88E+02
CBX/CBX2      0.00E+00
FT/FT2        2.51E+08
```

(c) 시뮬레이션으로 얻어진 BJT 파라미터 값

[그림 3-37] [설계 3]의 PSPICE 시뮬레이션 결과

3.6 요약

- BJT는 N형과 P형으로 도핑된 세 개의 반도체 영역과 이들에 의해 형성되는 두 개의 PN 접합으로 구성되며 이미터, 베이스, 컬렉터 등 세 개의 단자를 가지고 있다. BJT는 이미터, 베이스, 컬렉터의 도핑 형태에 따라 NPN형과 PNP형으로 구분된다.
- BJT는 바이어스 조건에 따라 차단, 활성, 포화, 역활성 등 4가지 동작모드를 갖는다.
- 트랜지스터가 스위치로 사용되기 위해서는 차단모드 혹은 포화모드가 되어야 하는데, 이 중에서 차단모드는 C-B 접합이 역방향 바이어스, B-E 접합도 역방향 바이어스가 되어야 하며, 개방(off)된 스위치로 동작한다.
- 포화모드는 스위치의 도통(on)상태로 동작하는데 C-B 접합이 순방향 바이어스, B-E 접합도 순방향 바이어스가 되어야 한다.
- BJT가 증폭을 하기 위해서는 "활성모드" 상태이어야 한다. 활성모드가 되기 위해서는 C-B 접합이 역방향 바이어스, B-E 접합이 순방향 바이어스가 되어야 한다.
- 컬렉터 전류와 베이스 전류의 비를 나타내는 상수를 전류이득이라고 하며, DC 전류이득을 나타내는 β_{DC}는 다음과 같이 정의된다.

$$I_C = \beta_{DC} I_B$$

- 컬렉터 전류는 베이스와 이미터 사이의 전압 V_{BE}의 지수함수 형태로 다음과 같이 표현된다.

$$I_C = I_S \exp\left(\frac{V_{BE}}{V_T}\right)$$

- BJT의 동작점을 설정하기 위한 바이어스 회로는 고정 바이어스, 전압분배 바이어스, 자기 바이어스 등이 있다.
- BJT가 활성영역에서 동작하는 경우에, 동작점을 중심으로 신호가 작은 크기로 변하면 선형적인 특성을 가지며, 이를 소신호(small-signal) 특성이라고 한다.
- BJT 증폭기의 해석에는 하이브리드(hybrid)-π 소신호 등가모델이 널리 사용되며, 전달컨덕턴스 g_m, 베이스 증분 저항 r_π, 컬렉터 저항 r_o 등의 소신호 파라미터가 사용된다.
- 전달컨덕턴스 g_m은 컬렉터 바이어스 전류에 비례하며, 다음과 같이 표현된다. 단위는 지멘스[S]이다.

$$g_m = \frac{I_{CQ}}{V_T}\ \mho$$

■ BJT의 소신호 전류이득 β_{ac}는 다음과 같이 정의된다(β_{ac}를 β_o로 표현하기도 한다).

$$\beta_{ac} \equiv \left.\frac{di_C}{di_B}\right|_{\text{Q점}} = \frac{i_c}{i_b} = g_m r_\pi$$

■ 순방향 바이어스된 B-E 접합의 저항성분 r_π를 다음과 같이 정의된다.

$$r_\pi \equiv \left.\frac{dv_{BE}}{di_B}\right|_{\text{Q점}} = \frac{\beta_{ac}}{g_m} = \frac{V_T}{I_{BQ}}$$

■ BJT의 V_{CE}가 증가할수록 B-C 접합의 공핍영역이 확대되어 유효 베이스 폭이 감소하는 베이스 폭 변조효과가 발생하며, 이에 의해 소신호 컬렉터 저항 r_o이 나타난다.

$$\frac{1}{r_o} \equiv \left.\frac{di_C}{dv_{CE}}\right|_{\text{Q점}} \simeq \frac{I_{CQ}}{V_A}$$

Chapter_03 연습문제

※ **아래의 문제에서 특별히 언급이 없는 한 $V_{BE(on)}=0.7$ V로 가정하라.**

3.1 순방향 활성모드로 바이어스된 BJT 회로가 있다. 베이스 전류가 $I_B=5\ \mu$A이고 컬렉터 전류는 $I_C=540\ \mu$A이다. 이때 β_{DC}, α, I_E 값을 구하라.

3.2 BJT의 순방향 전류이득이 $90 \le \beta_{DC} \le 150$ 범위의 값을 가질 때, 이에 따른 α의 범위를 결정하라.

3.3 순방향 활성모드로 바이어스된 BJT의 측정된 컬렉터 전류는 $I_C=1.5$ mA이고 $\beta_{DC}=150$인 경우에 I_B, I_E, α를 구하라.

3.4 [그림 3-38]의 공통 베이스 회로에서 이미터가 $I_{EE}=2$ mA의 정전류원에 의해 구동되는 경우에, I_B, I_C, α와 V_C를 구하라. 단, BJT는 $\beta_{DC}=90$이고, $R_C=2$ kΩ, $V_{CC}=5$ V이다.

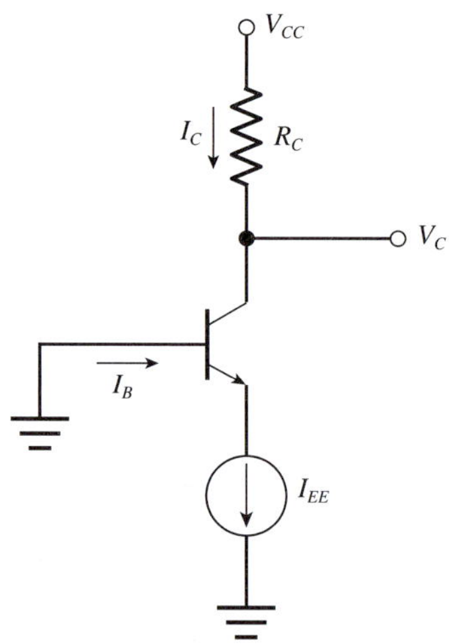

[그림 3-38]

3.5 [그림 3-38]의 회로에서 BJT가 $\alpha=0.95$의 공통 베이스 전류이득을 가질 때, $V_C=0$이 되도록 하는 이미터 전류 I_E를 구하라.

3.6 NPN 트랜지스터가 $I_S=8\times10^{-16}$ A의 역방향 포화전류와 $\beta_{DC}=95$의 전류이득을 갖는다. $V_{BE}=0.695$ V로 바이어스되는 경우의 I_E, I_C, I_B를 구하라.

3.7 얼리전압이 $V_A=450$ V인 BJT에서 (a) $I_C=5$ mA인 경우의 출력저항과 (b) $I_C=0.5$ mA인 경우의 출력저항을 구하라.

3.8 [그림 3-39]의 회로에서 $I_X=5$ mA가 되기 위한 바이어스 전압 V_B를 구하라. 단, BJT의 역방향 포화전류는 $I_{S1}=5\times10^{-16}$A, $I_{S2}=2.5\times10^{-16}$A이고, 순방향 전류이득은 $\beta_{DC1}=\beta_{DC2}=100$이며, $R_1=10$ kΩ이다.

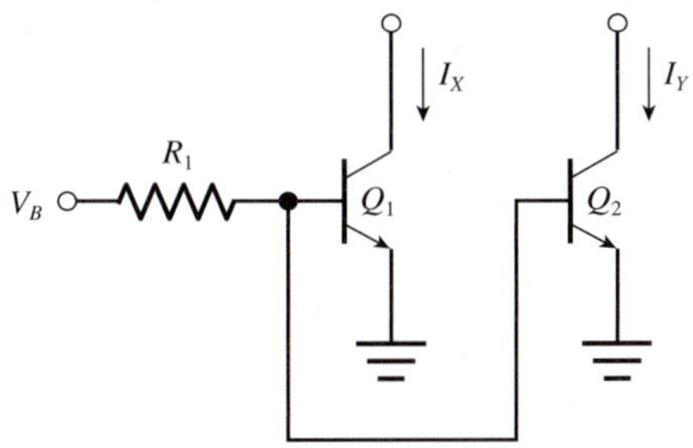

[그림 3-39]

3.9 [그림 3-40]의 회로에서 $V_B=0.8$ V인 경우에 Q_1과 Q_2의 컬렉터 전류 I_X와 I_Y를 구하라. 단, BJT의 $V_T=26$ mV, 역방향 포화전류는 $I_{S1}=2\times10^{-16}$A, $I_{S2}=6\times10^{-16}$A이고, 순방향 전류이득은 $\beta_{DC1}=\beta_{DC2}=80$이며, $R_1=4$ kΩ이다.

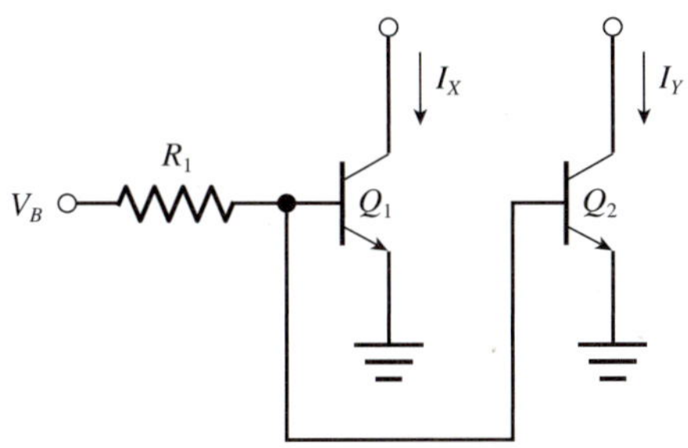

[그림 3-40]

3.10 [그림 3-41]의 회로에서 BJT의 순방향 전류이득은 $\beta_{DC}=100$이다. 콜렉터 전류 I_C, 이미터 전류 I_E, 그리고 콜렉터-이미터 전압 V_{CE}를 구하라. 단, $R_B=10\ \text{k}\Omega$, $R_C=R_E=5\ \text{k}\Omega$이고, $V_{CC}=10\ \text{V}$, $V_{EE}=-10\ \text{V}$이다.

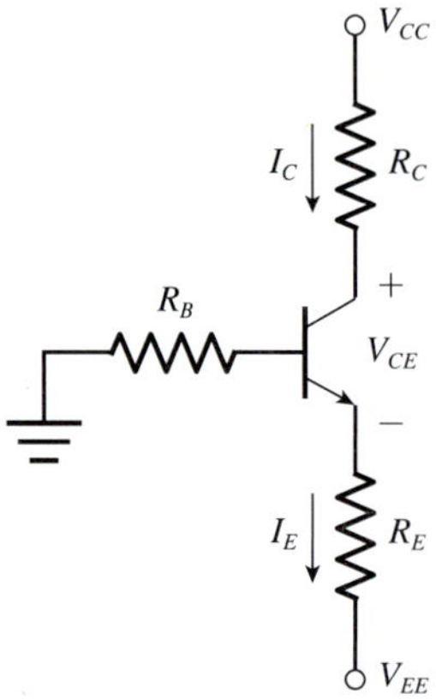

[그림 3-41]

3.11 [그림 3-42]의 회로에서 BJT의 순방향 전류이득은 $\beta_{DC}=80$이다. 베이스 전류 I_B와 컬렉터 전압 V_C를 구하라. 단, $R_B=25\ \text{k}\Omega$, $R_C=15\ \text{k}\Omega$, $R_E=5\ \text{k}\Omega$이고, $V_{CC}=10\ \text{V}$이다.

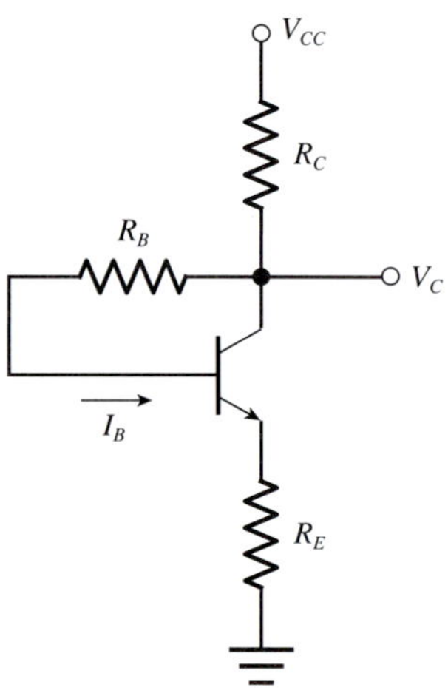

[그림 3-42]

3.12 [그림 3-43]의 회로에서 β_{DC}와 α 그리고 컬렉터 전류 I_C와 컬렉터-이미터 전압 V_{CE}를 구하라. 단, R_B=1 MΩ, R_E=10 kΩ이고, V_{CC}=5 V, V_{EE}=−5 V이다.

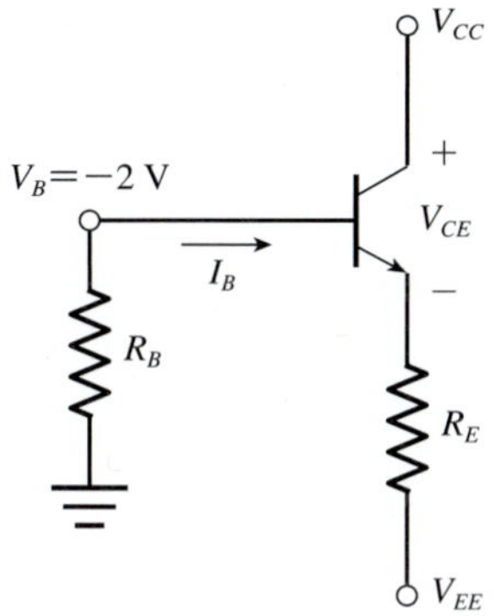

[그림 3-43]

3.13 [그림 3-44]의 회로에서 측정된 이미터 전압이 V_E=1 V이다. I_E, I_C, β_{DC}, α 그리고 V_{EC}를 구하라. 단, R_B=25 kΩ, R_E=10 kΩ, R_C=5 kΩ이고, V_{CC}=−10 V, V_{EE}=10 V이다.

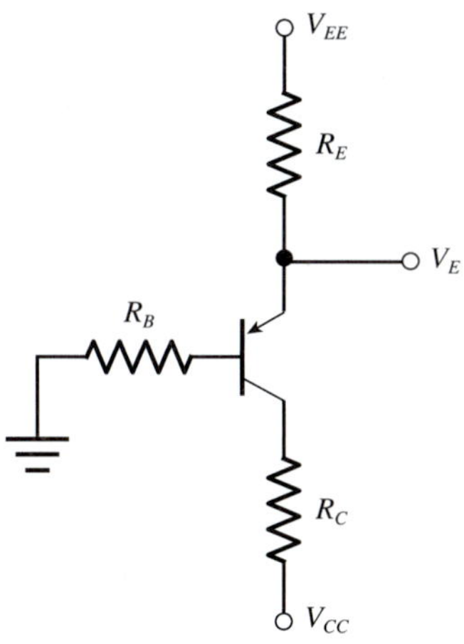

[그림 3-44]

3.14 [그림 3-45]의 회로에서 BJT의 순방향 전류이득이 $\beta_{DC}=150$일 때, I_{E1}, I_{E2}, V_{C1}, V_{C2}를 구하라. 단, $R_{C1}=4\text{ k}\Omega$, $R_{C2}=8\text{ k}\Omega$이고, $I_{EE}=2\text{ mA}$, $V_{CC}=10\text{ V}$, $V_{EE}=-10\text{ V}$이다.

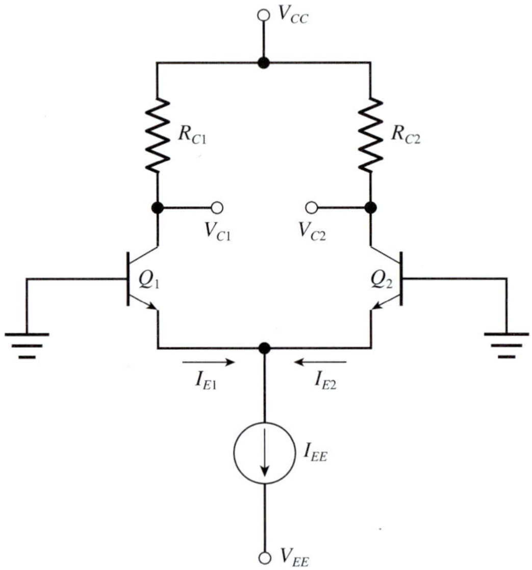

[그림 3-45]

3.15 [그림 3-46]의 회로에서 동작점 전류 I_B, I_C와 동작점 전압 V_{CE}를 구하라. 단, BJT의 순방향 전류이득은 $\beta_{DC}=85$이고, $R_C=0.2\text{ k}\Omega$, $R_B=50\text{ k}\Omega$이고, $V_{CC}=10\text{ V}$이다.

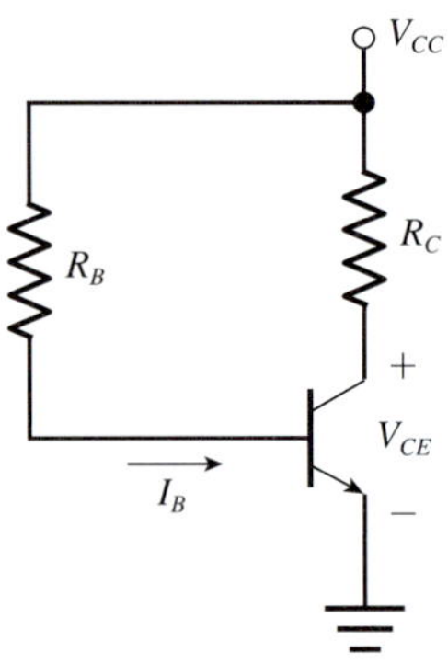

[그림 3-46]

3.16 [그림 3-47]의 회로에서 콜렉터-베이스 전압 $V_{CB}=0.4$ V에서 BJT가 순방향 활성모드로 바이어스되기 위한 R_C를 구하라. 단, $I_S=5\times10^{-16}$ A, $\beta_{DC}=100$, $V_A=\infty$이고, $R_B=1$ MΩ이며, $V_{CC}=5$ V이다.

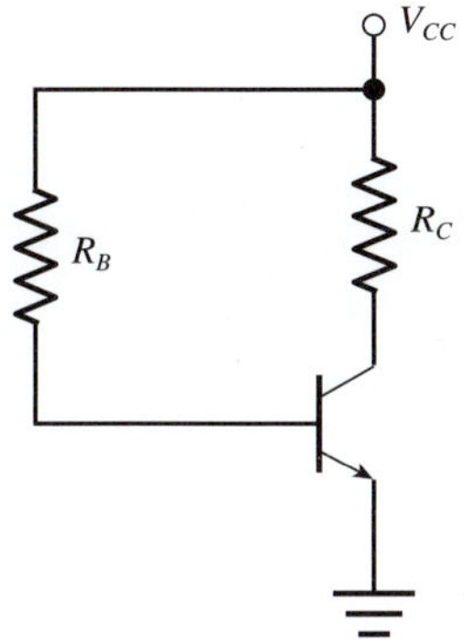

[그림 3-47]

3.17 [그림 3-48]의 회로에서 BJT의 순방향 전류이득은 $\beta_{DC}=85$이다. $V_{BB}=0$ V, $V_{BB}=1$ V, $V_{BB}=5$ V 각각에 대한 전압 V_O를 구하라. 단, $R_B=100$ kΩ, $R_C=10$ kΩ, $R_L=20$ kΩ, $V_{CC}=10$ V이며, $V_{CE(sat)}=0.2$ V로 가정한다.

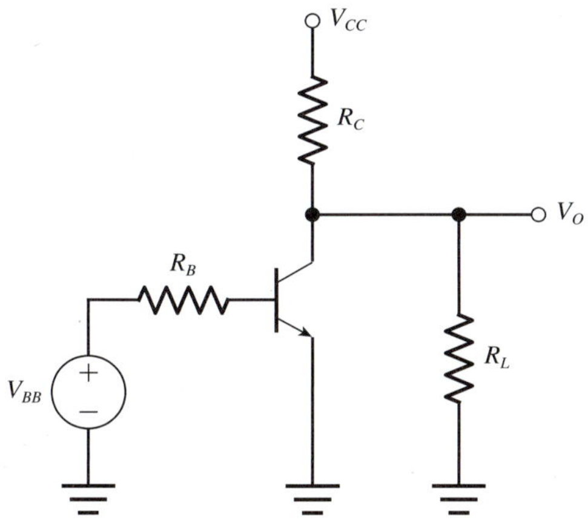

[그림 3-48]

3.18 [그림 3-49]의 공통 베이스 회로에서 BJT 파라미터 $\alpha=0.98$인 경우에, I_E, I_C, V_{BC}를 구하라. 단, $R_E=5\ \text{k}\Omega$, $R_C=2.5\ \text{k}\Omega$, $V_{CC}=-10\ \text{V}$, $V_{EE}=10\ \text{V}$이다.

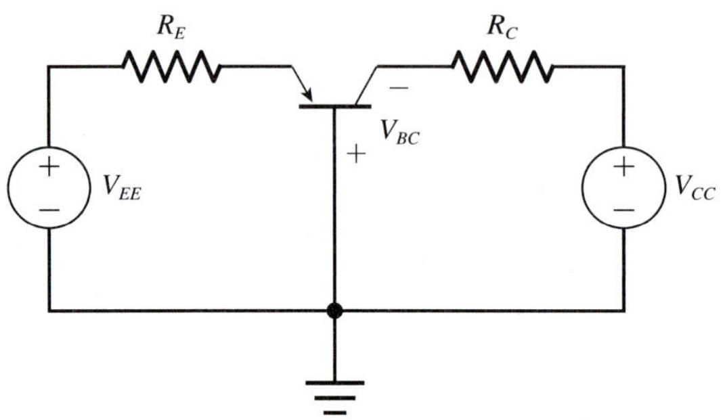

[그림 3-49]

3.19 [그림 3-50]의 회로에서 BJT는 $\beta_{DC}=50$ 값을 갖는다. $1\ \text{V} \le V_{CE} \le 5\ \text{V}$가 되도록 하는 V_I의 범위를 구하라. 단, $R_1=25\ \text{k}\Omega$, $R_2=100\ \text{k}\Omega$, $R_C=5\ \text{k}\Omega$이고, $V_{BB}=-10\ \text{V}$, $V_{CC}=10\ \text{V}$이다.

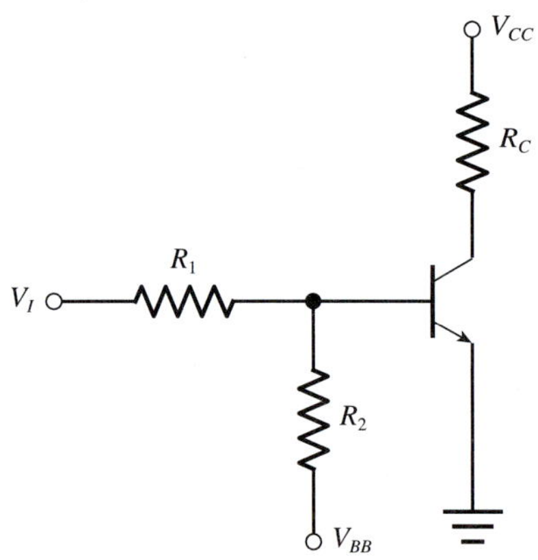

[그림 3-50]

3.20 [그림 3-51]의 회로에서 BJT는 $\beta_{DC}=60$을 갖는다. I_C와 V_{CE}를 구하라. 단, $R_1=43\ \text{k}\Omega$, $R_2=13\ \text{k}\Omega$, $R_C=5\ \text{k}\Omega$, $R_E=2\ \text{k}\Omega$이고, $V_{CC}=10\ \text{V}$이다.

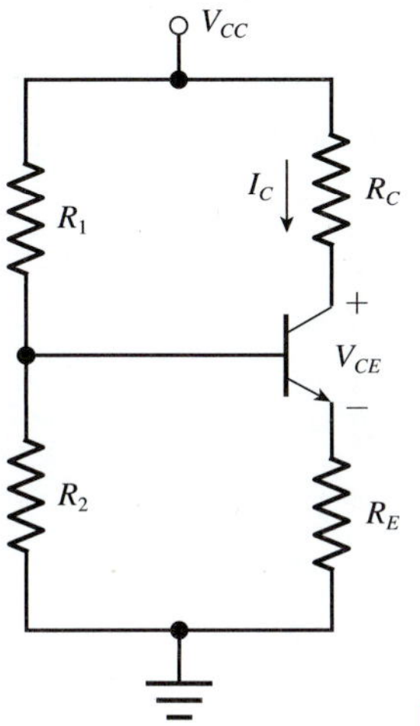

[그림 3-51]

3.21 [그림 3-52(a)]의 회로에서 BJT는 $\beta_{DC}=85$를 가지며, $R_1=35\ \text{k}\Omega$, $R_2=17\ \text{k}\Omega$, $R_C=3\ \text{k}\Omega$, $R_E=2\ \text{k}\Omega$이고, $V_{CC}=10\ \text{V}$이다.

(a) [그림 3-52(b)]의 테브냉 등가회로로 변환하는 경우에 R_{TH}, V_{TH}를 계산하라.

(b) 동작점 전류 I_B, I_C와 V_{CE} 값을 계산하라. (c) 부하선을 그려서 동작점을 표시하라.

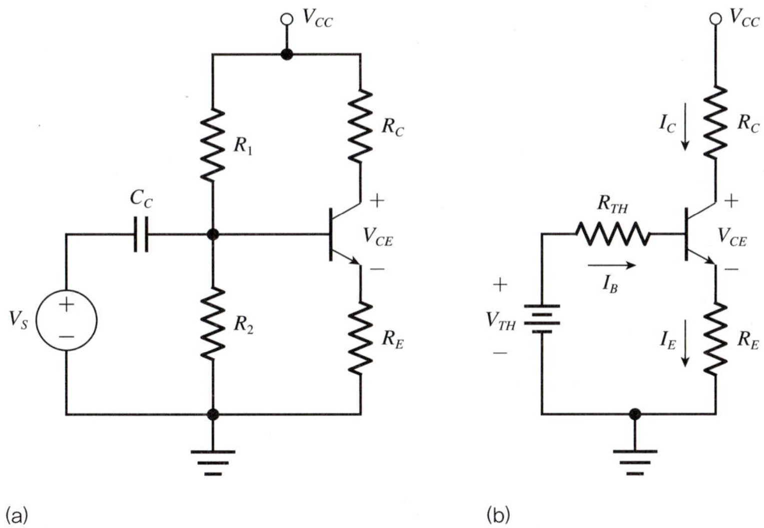

[그림 3-52]

3.22 문제 **3.21**에서 β_{DC} 값이 20% 증가할 때 동작점의 변동에 대하여 설명하라.

3.23 [그림 3-53(a)]의 회로에서 BJT는 $\beta_{DC}=120$을 가지며, $R_1=13$ kΩ, $R_2=5$ kΩ, $R_C=3.5$ kΩ, $R_E=1.5$ kΩ이고, $V_{CC}=5$ V, $V_{EE}=-5$ V이다.

(a) [그림 3-53(b)]의 테브냉 등가회로로 변환하는 경우에 R_{TH}, V_{TH}를 계산하라.

(b) 동작점 전류 I_B, I_C와 V_{CE} 값을 계산하라.

(c) 저항 R_C와 R_E가 ±10% 변동하는 경우의 I_C와 V_{CE} 변동 범위를 구하라.

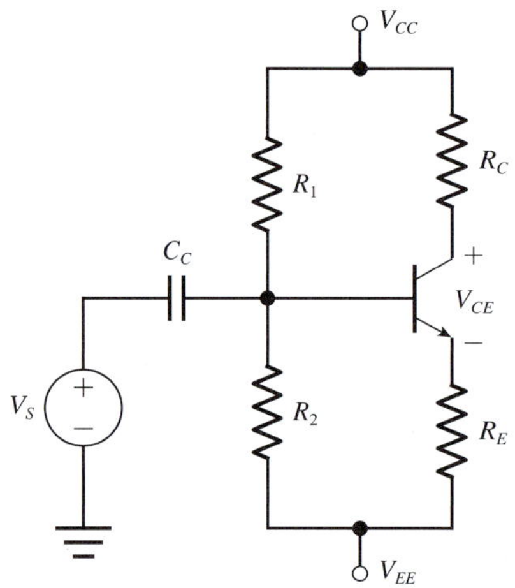

(a)

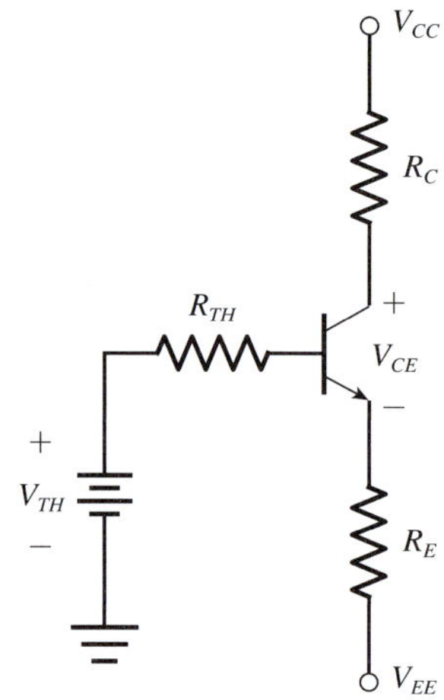

(b)

[그림 3-53]

3.24 [그림 3-54]의 회로에서 I_C와 V_{CE}를 구하라. 단, $\beta_{DC}=90$이고, $R_1=45$ kΩ, $R_2=25$ kΩ, $R_C=0.8$ kΩ, $R_E=0.2$ kΩ, $V_{BA}=5$ V, $V_{BB}=-7$ V, $V_{CC}=10$ V, $V_{EE}=-10$ V이다.

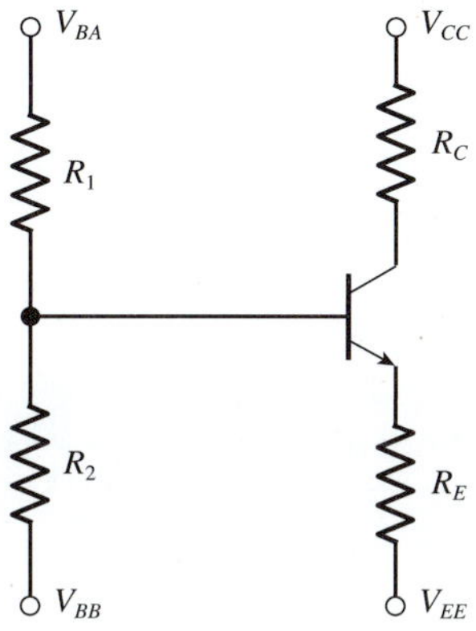

[그림 3-54]

3.25 [그림 3-55]의 회로에서 I_C와 V_{CE}를 구하라. 단, $\beta_{DC}=115$이고, $R_B=1\ \text{M}\Omega$, $R_1=1\ \text{M}\Omega$, $R_2=55\ \text{k}\Omega$, $R_C=5\ \text{k}\Omega$, $R_E=0.5\ \text{k}\Omega$, $V_B=2\ \text{V}$, $V_{BA}=5\ \text{V}$, $V_{BB}=-5\ \text{V}$, $V_{CC}=10\ \text{V}$, $V_{EE}=-7\ \text{V}$이다.

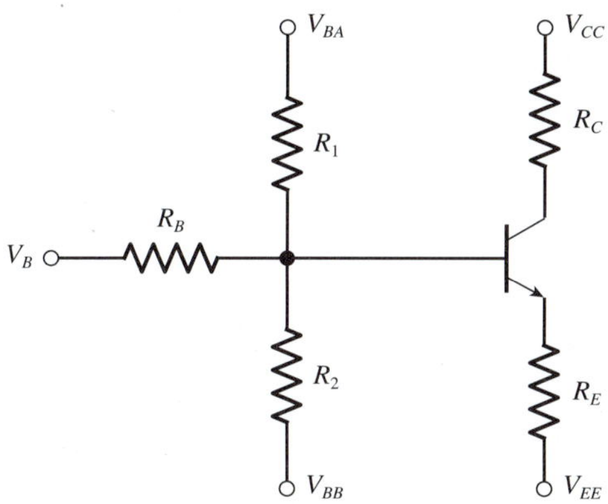

[그림 3-55]

3.26 [그림 3-56]에서 BJT Q_1과 Q_2의 순방향 전류이득은 각각 $\beta_{DC1}=100$, $\beta_{DC2}=120$이다. 각 BJT의 베이스, 컬렉터, 이미터 전류를 구하고, V_{CE1}과 V_{CE2}를 구하라. 단, $R_1=250\ \text{k}\Omega$, $R_2=70\ \text{k}\Omega$, $R_{C1}=8\ \text{k}\Omega$, $R_{E1}=R_{E2}=0.2\ \text{k}\Omega$이고, $V_{CC}=10\ \text{V}$, $V_{EE}=-10\ \text{V}$이다.

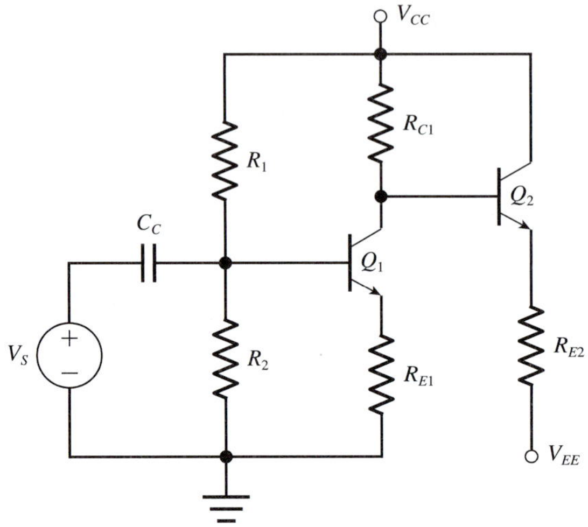

[그림 3-56]

3.27 [그림 3-57]의 회로에서 BJT Q_1과 Q_2의 순방향 전류이득은 $\beta_{DC}=100$이다. $I_{C1}=I_{C2}=1$ mA, $V_{CE1}=4$ V, $V_{CE2}=5$ V가 되도록 R_{C1}, R_{E1}, R_{C2}, R_{E2}를 구하라. 단, $R_1=50$ kΩ, $R_2=250$ kΩ이고, $V_{CC}=-5$ V, $V_{EE}=5$ V이다.

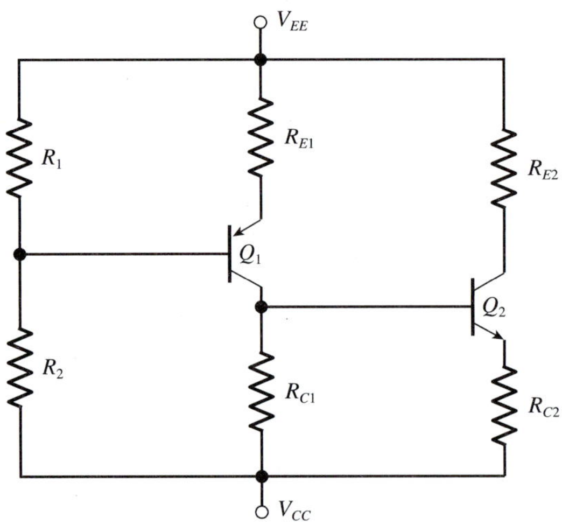

[그림 3-57]

3.28 [그림 3-58]의 회로를 하이브리드-π 소신호 등가회로로 나타내라. 단, $I_S=5\times10^{-16}$ A, $\beta_0=120$, $V_A=\infty$이고, $I_{BB}=25\ \mu$A, $R_E=2.5$ kΩ이고, $V_{CC}=10$ V이다.

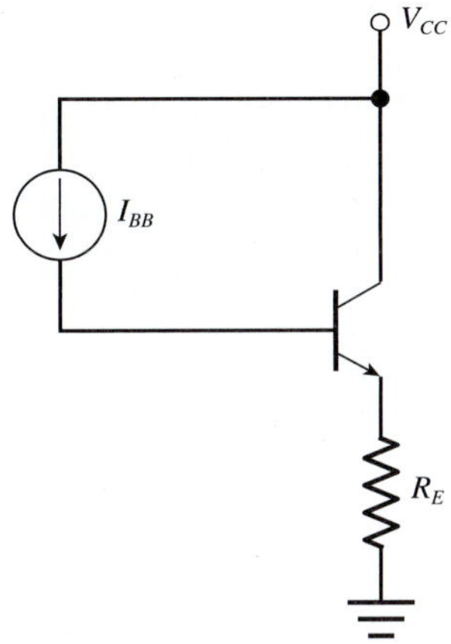

[그림 3-58]

3.29 [그림 3-59]의 회로에서 BJT가 순방향 활성모드에서 동작할 수 있는 R_C 값 중에서 최댓값을 선택하여 회로를 설계하라. 단, $V_{BC}=0.3$ V, $\beta_{DC}=95$, $I_S=3\times10^{-15}$ A이고, $R_B=150$ kΩ, $V_{CC}=5$ V이다.

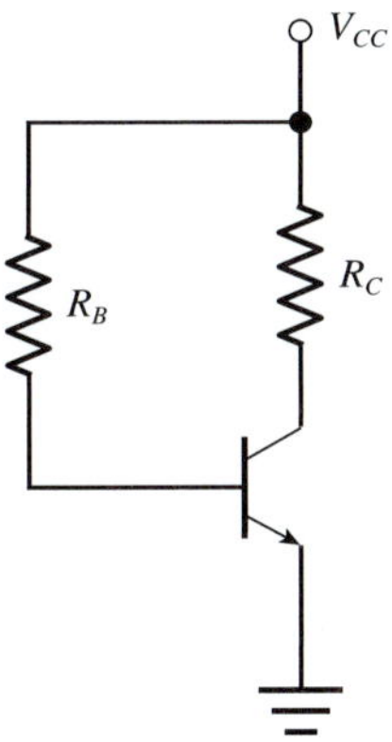

[그림 3-59]

3.30 [그림 3-60]의 회로에서 $I_1=10I_B$와 $V_X=0.3$ V가 되도록 바이어스 회로를 설계하라. 단, BJT 파라미터는 $\beta_{DC}=80$, $I_S=8\times10^{-17}$A, $g_m=\frac{1}{32}$ A/V이고, $V_{CC}=5$ V이다.

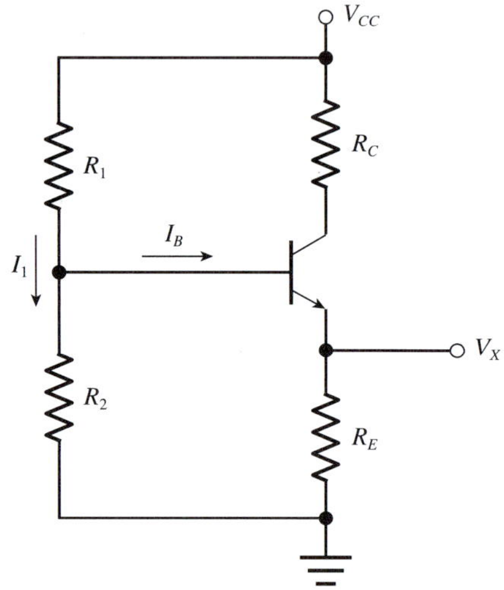

[그림 3-60]

Chapter 04

바이폴라 접합 트랜지스터(BJT) 증폭기

학습목표

- BJT 증폭기의 기본구조와 동작특성을 이해한다.
- 공통 이미터 증폭기, 공통 컬렉터 증폭기, 공통 베이스 증폭기의 구조와 특성을 이해하여 회로를 해석하고 설계할 수 있다.
- BJT 증폭기 응용회로를 해석하고 설계할 수 있다.

3장에서 전류 및 전압을 증폭할 수 있는 대표적인 소자인 바이폴라 접합 트랜지스터(BJT)의 기본구조와 전류-전압 특성 그리고 DC 해석과 등가모델 등에 대하여 살펴보았다. 이번 장에서 살펴보고자 하는 BJT 증폭기(amplifier)는 입력되는 전압이나 전류를 크게 만들어서 출력으로 내보내는 회로를 말한다. 증폭기는 전화기 혹은 휴대전화와 같은 유, 무선 통신기기는 물론이고 방송기기, 계측기기, 가전기기 등 매우 다양한 응용분야에서 활용된다.

여기서는 BJT 소자를 사용하는 증폭기 중에서 대표적인 형태인 공통 이미터 증폭기, 공통 베이스 증폭기, 공통 컬렉터 증폭기 등에 대해서 알아본다. FET 소자를 사용하는 증폭기에 대해서는 6장에서 정리하도록 하겠다. 그럼 이제부터 BJT 증폭기에 대한 일반적인 구조와 동작특성 그리고 BJT 증폭기와 관련된 응용회로의 해석 및 설계 기법에 대해서 알아보도록 하자.

4.1 증폭기의 동작

3장에서 살펴본 바이폴라 접합 트랜지스터(BJT)의 기본 구조와 전류-전압 특성, DC 해석기법 등을 기초로 하여, 이번 장에서는 BJT 증폭기에 초점을 두어 살펴본다. 입력되는 전압이나 전류를 크게 만들어서 출력으로 내보내는 동작을 증폭(amplification) 작용이라 하며, 증폭작용을 하는 회로를 증폭기라고 한다. 증폭기의 동작 및 성능과 관련하여 전압이득(voltage gain)이란 표현이 종종 사용되는데, 전압이득은 입력전압에 대한 출력전압의 비로 전압의 크기가 증가된 정도를 의미한다. 이외에도 증폭기 성능을 나타내는 요소에는 입력 임피던스, 출력 임피던스, 전력소모, 잡음 등이 있다.

4.1.1 아날로그 신호와 선형 증폭기

아날로그 신호의 크기는 시간에 대해 연속적인 변동량으로 표현된다. 연속적인 아날로그 신호를 처리하는 전자회로가 곧 아날로그 전자회로이다. 선형 증폭기는 입력신호를 크게(증폭)하여 출력신호를 발생시키는데, 이때 출력신호의 크기는 입력신호에 비례해서 출력된다. 이렇게 함으로써, 원래의 신호가 가지고 있던 정보가 변형되는 것을 방지할 수 있다. 신호원으로부터 나오는 시변(time varying) 신호들은 의미 있는 신호로 변환되기 전에 증폭과정이 필요한 경우가 많다.

예를 들어 [그림 4-1]과 같은 심전도 시스템에서 출력신호가 발생되는 과정을 살펴보자. 심전도는 세포 내외의 생화학적 작용에 의해 심장에서 발생한 활성전위를 팔, 다리 등의 신체부위를 통하여 전위차를 측정하고 이를 파형으로 나타내는 장치이다. 심전도에서 신호원의 활성전위는 센서로부터 얻어지는 매우 작은 신호레벨의 시변 전류 또는 전압신호인데, 이것으로부터 판독 가능한 출력신호를 만들어 내기 위해 요구되는 전력은 심전도 센서에서 감지된 신호의 전력보다 훨씬 더 커야 한다. 이것이 증폭기가 필요한 이유이다. 다시 말해서 심전도 시스템에서 유용한 출력신호가 되도록, 센서로부터 얻어지는 신호를 보다 큰 값으로 증폭시켜야만 하는 것이다. [그림 4-1]을 살펴보면 증폭기가 포함되어 있음을 알 수 있는데, 증폭기에 DC 전압원이 연결되어 있다는 점도 유의하자. 이것은 뒤에서 구체적인 회로를 분석할 때 다시 설명하겠다. 트랜지스터가 증폭소자로 동작하려면 순방향 활성영역으로 바이어스되어야 한다.

심전도의 출력신호가 센서에서 감지된 입력신호에 따라 선형적으로 증가하도록 하기 위해서는 선형 증폭기가 필요하다. 증폭기 회로의 해석은 DC(직류) 전원에 따른 DC 해석과 시변 신호원에 따른 AC(교류) 해석으로 구분된다. 일반적으로, 선형 시스템(증폭기)에는 중첩의 정리(다수의 독립적인 입력신호들에 의해 활성화된 회로응답은 각각의 입력신호에 대한 회로응답의 총합이 된다는 원리)가 성립되므로, DC 해석과 AC 해석을 독립적으로 수행하고 그 결과를 합하여 증폭기 회로의 전체 응답을 해석할 수 있다. 선형 증폭기의 DC 해석(대신호 해석이라고도 함)은 AC 입력을 0으로 설정하여 증폭기의 DC 동작점(Q점)을 결정하는 과정이며, AC 해석(소신호 해석이라고도 함)은 회로의 모든 DC 전원을 제거한 상태에서 입력신호에 대한 증폭기 출력을 구하는 과정이다. 결과적으로 중첩의 정리에 따라 증폭기 회로의 전체 응답은 DC 해석 응답과 AC 해석 응답의 총합이 된다.

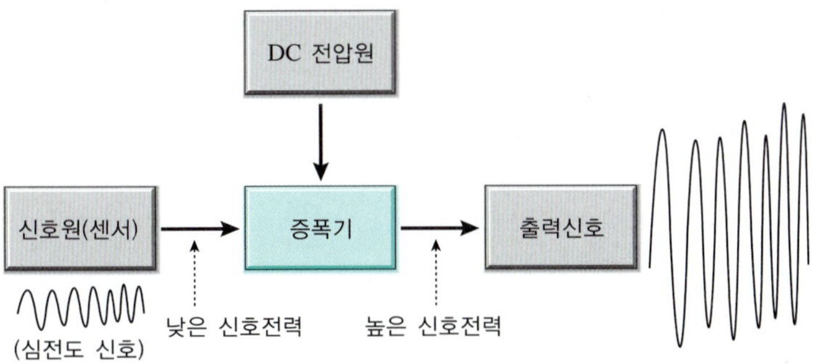

[그림 4-1] 증폭기를 사용하는 심전도 시스템의 예

바이어스 회로

트랜지스터 바이어스란 직류전압을 인가하여 트랜지스터의 동작점(Q점)을 설정하는 것으로써 증폭된 입력신호가 출력단자에서 왜곡 없이 재생되는 데 중요한 역할을 한다. 3장에서 살펴보았듯이, BJT가 증폭기로 동작하기 위해서는 순방향 활성모드에서 동작해야 한다. 즉 BJT의 베이스-이미터 접합은 순방향 바이어스가 되고, 베이스-컬렉터 접합은 역방향 바이어스가 되어야 증폭기로 동작할 수 있다는 것을 반드시 기억하도록 하자.

특히 BJT의 소신호 파라미터인 g_m, r_π, r_e 및 r_o는 BJT의 동작점(컬렉터 바이어스 전류)에 따라 값이 달라져 바이어스가 증폭기의 동작특성에 영향을 미치게 되므로, 동작점이 올바로 설정되도록 바이어스 회로를 설계해야 한다.

4.1.2 증폭기 해석과 파라미터 표기법

BJT 증폭기 회로의 해석에 있어서 DC 전류, 전압뿐만 아니라 시변 신호인 AC 성분(즉, 소신호 성분)도 함께 다루게 된다. 따라서 이번 장에서 다루는 소신호 동작과 관련하여 파라미터의 표기법을 정리하여 [표 4-1]에 나타내었다.

대문자 첨자를 갖는 소문자 기호(예를 들어 i_B 또는 v_{BE})는 DC와 AC가 모두 포함된 전체 순시값을 표시하고 I_B, V_{BE}와 같이 첨자와 기호 모두가 대문자로 이루어진 표현은 DC 값을 나타낸다. 또한 소문자 첨자를 갖는 소문자 기호(예를 들어 i_b 또는 v_{be})는 AC 신호의 순시값을 나타낸다.

[표 4-1] BJT 전류, 전압 표기

변수	의미
i_B, v_{BE}	전체 순시값(DC+AC)
I_B, V_{BE}	DC 값
i_b, v_{be}	순시값(AC)

예를 들어 [그림 4-3]의 증폭기 회로에서 V_{BB}는 DC 전원을 표시하고, 이것과 직렬로 연결된 v_s는 시변(AC) 신호원을 나타낸다. 이때 베이스-이미터 사이의 전체 전압은 v_{BE}로 표현되고, 이것은 DC 전압 V_{BEQ}와 AC 신호의 순시값 v_{be}의 합으로 표현된다.

4.1.3 입력 및 출력 임피던스의 개념

증폭기의 입력 및 출력 임피던스에 대한 고찰은 증폭기가 그 앞단 및 뒷단에 연결되는 경우에 매우 중요하다. 이상적인 전압 증폭기의 동작을 생각해 보면 쉽게 이해할 수 있다. 즉, 전압 증폭기의 입력부는 그 앞단의 출력전압에 영향을 미치지 않아야 하며, 이는 이상적인 전압 증폭기의 입력 임피던스가 무한대가 되어야 함을 의미한다. 또한 전압 증폭기의 출력부는 출력에 연결된 부하 임피던스의 크기에 무관하게 일정한 전압이 나오도록 해야 하며, 이는 이상적인 전압 증폭기의 출력 임피던스가 0이 되어야 함을 의미한다. 하지만 실제로는 전압 증폭기의 입출력 임피던스의 값이 이상적인 전압 증폭기의 특성과 차이가 나므로, 전압 증폭기를 앞뒤의 단들과 연결할 때에 이러한 사실을 고려해야 한다는 것을 기억하도록 하자.

이처럼 그 역할이 매우 중요한 입출력 임피던스의 측정은 회로 내부의 독립 전압원 및 전류원의 값을 0으로 만든 상태에서 입출력 단자들 사이에서 측정된다. [그림 4-2(a)]는 입력 임피던스의 측정방법을 나타내는 개념도이다. 출력 포트를 개방한 상태에서 두 입력단자 사이(이를 '포트'라고 함)에 전압 v_x를 인가하고, 이때의 전류 i_x를 측정하여 $R_{in}=v_x/i_x$으로 입력 임피던스를 구할 수 있다. 그림에서 입력 또는 출력단자(포트)들을 '들여다본다'는 것을 나타내기 위해서 화살표를 사용하여 표시하였다. 입력 임피던스를 측정하는 경우, 출력 포트는 개방되어 있음에 유의한다. 반면 출력 임피던스를 측정할 때에는 모든 독립 전압원은 0이 되어야 하므로, 독립 전압원이 연결되는 입력 포트는 단락시키고 독립 전류원이 연결되는 입력 포트는 개방시켜야 한다. 이것을 [그림 4-2(b)]에 나타내었다. 여기서 출력 임피던스를 계산하는 과정은 회로의 테브냉 임피던스를 계산하는 과정과 동일함을 알 수 있다.

입출력 임피던스는 신호가 하나의 단(stage)에서 다음 단으로 전달되는 과정에서 회로의 동작특성에 영향을 미치는 파라미터인데, 일반적으로는 소신호 파라미터로 간주된다. 보통은 입출력 신호의 크기는 작다고 가정한다. 예를 들어 입력 임피던스를 구하려면, 입력전압에 매우 작은 변화를 인가하고 이에 따른 입력전류의 변화를 측정하여 계산하면 된다.

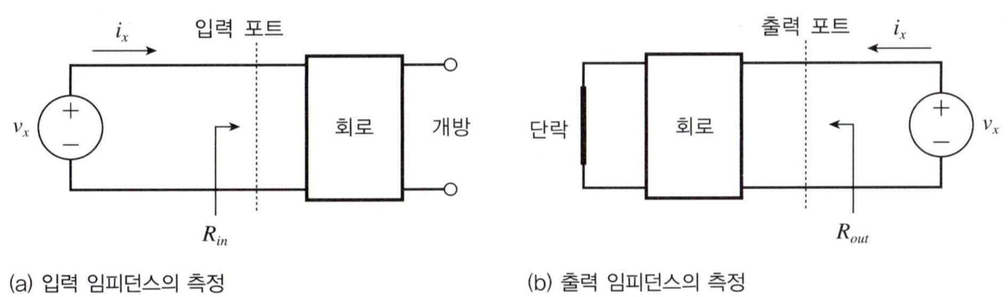

[그림 4-2] 입력 및 출력 임피던스의 측정

4.2 소신호 동작

트랜지스터의 소신호 동작을 알아보기 위해서 [그림 4-3]의 회로를 살펴보자. 정현파 신호원 v_s는 베이스 전류 i_B를 구성하는 AC 베이스 전류 i_b를 만들며, AC 베이스 전류는 컬렉터 전류 i_C를 구성하는 AC 컬렉터 전류 i_c를 유도한다. 이때 AC 컬렉터 전류는 컬렉터 저항 R_C 양단에

AC 전압 v_c를 만들고, 이것은 AC 컬렉터−이미터 전압 v_{ce}을 유도한다. 일반적으로 증폭기에서 v_{ce} 전압이나 출력전압 v_o는 입력신호 v_s 보다 더 크므로 신호의 증폭이 이루어진다. 이러한 트랜지스터의 증폭특성을 [그림 4−4]에 나타내었으며, DC 부하선과 Q점도 함께 표시하였다.

선형 증폭기는 중첩의 원리가 적용되므로, DC 해석과 AC 해석을 서로 분리하여 수행할 수 있다. 그러나 트랜지스터가 선형 증폭기로 동작하려면 AC 신호들 사이에서 선형 관계가 유지될 수 있을 만큼 AC 전류와 전압이 충분히 작아야 한다. 이런 이유로 시변 AC 신호들을 소신호(small−signal)로 가정하게 되는 것이다.

[그림 4−3]에 표시된 모든 시변 신호들은 DC 값에 중첩된다. 예를 들어, 베이스 전류 i_B는 DC 바이어스 성분 I_{BQ}과 AC 베이스 전류 i_b의 합으로 표현된다. 이와 같은 방법으로 다음과 같은 관련식이 유도되며, 여기서 아래첨자 Q는 동작점에서의 전류, 전압을 나타낸다.

$$i_B = I_{BQ} + i_b \tag{4.1}$$

$$i_C = I_{CQ} + i_c \tag{4.2}$$

$$v_{CE} = V_{CEQ} + v_{ce} \tag{4.3}$$

$$v_{BE} = V_{BEQ} + v_{be} \tag{4.4}$$

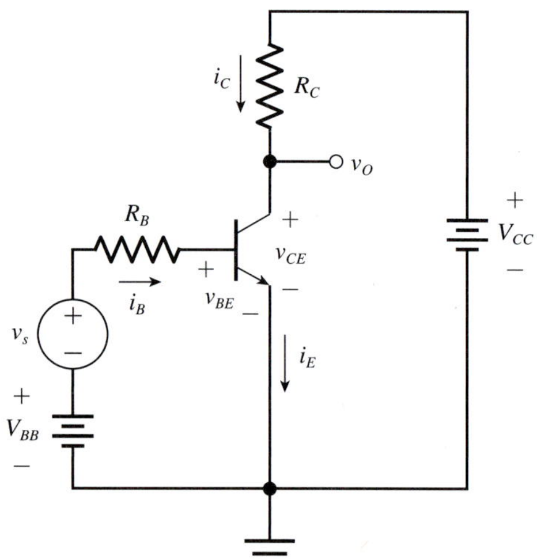

[그림 4−3] 공통 이미터 증폭기의 전류, 전압 표기

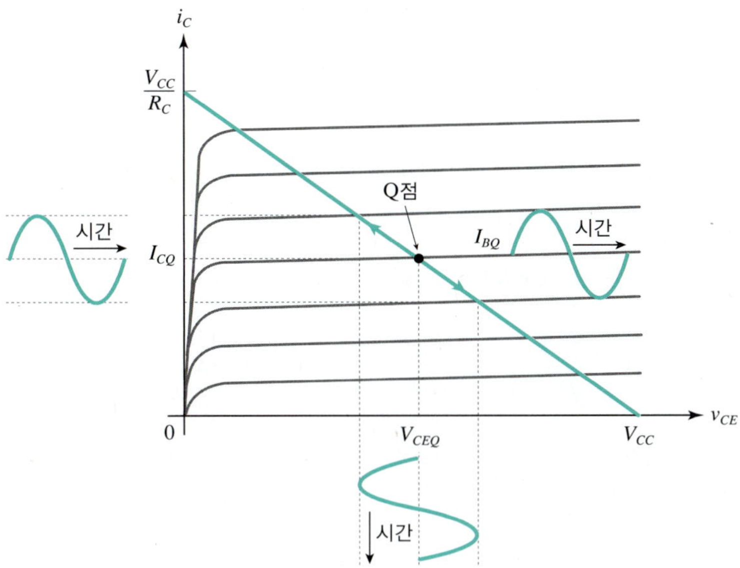

[그림 4-4] 증폭기의 동작점(Q점)과 시변 신호의 중첩

먼저 DC 해석을 통해 동작점을 해석해 본다. [그림 4-3]의 회로에서 신호원 v_s가 0이라고 가정하고 이미터-베이스와 컬렉터-이미터 루프에 KVL을 적용하면 다음 관계식이 얻어진다.

$$V_{BB}=I_{BQ}R_B+V_{BEQ} \tag{4.5}$$

$$V_{CC}=I_{CQ}R_C+V_{CEQ} \tag{4.6}$$

식 (4.5)와 식 (4.6)에 사용된 I_{BQ}, I_{CQ}, V_{BEQ}, V_{CEQ}는 [그림 4-4]에 표시된 동작점(Q점)에서의 전류, 전압이다.

다음으로 시변 신호를 함께 고려하면, 이미터-베이스 루프에 KVL을 적용하여 다음의 관계식을 얻을 수 있다.

$$V_{BB}+v_s=i_BR_B+v_{BE} \tag{4.7}$$

$$V_{BB}+v_s=(I_{BQ}+i_b)R_B+(V_{BEQ}+v_{be}) \tag{4.8}$$

$$V_{BB}-I_{BQ}R_B-V_{BEQ}=i_bR_B+v_{be}-v_s \tag{4.9}$$

식 (4.5)로부터 식 (4.9)의 좌변이 0임을 알 수 있다. 따라서 식 (4.9)는 식 (4.10)과 같이 간략하게 나타낼 수 있다.

$$v_s = i_b R_B + v_{be} \tag{4.10}$$

[그림 4-3]의 회로에서 모든 DC 전원을 0으로 만든 상태에서 이미터-베이스 루프에 KVL을 적용하면 역시 식 (4.10)과 동일한 결과가 얻어진다.

시변 신호를 고려하여 컬렉터-이미터 루프에 KVL을 적용하면 다음과 같다.

$$V_{CC} = i_C R_C + v_{CE} = (I_{CQ} + i_c) R_C + (V_{CEQ} + v_{ce}) \tag{4.11}$$

$$V_{CC} - I_{CQ} R_C - V_{CEQ} = i_c R_C + v_{ce} \tag{4.12}$$

식 (4.6)으로부터 식 (4.12)의 좌변은 0이 되므로, 식 (4.12)는 식 (4.13)으로 간략화된다.

$$i_c R_C + v_{ce} = 0 \tag{4.13}$$

[그림 4-3]의 회로에서 모든 DC 전원을 0으로 만든 상태에서 컬렉터-이미터 루프에 KVL을 적용하면 식 (4.13)과 동일한 결과가 얻어짐을 알 수 있다.

식 (4.10)과 식 (4.13)은 공통 이미터 회로의 AC 동작을 나타내며, 이 방정식들은 모든 DC 전류와 전압을 0으로 설정한 상태에서 얻어진다. 이 상태에서 DC 전압원은 단락회로가 되고 DC 전류원은 개방회로가 된다. [그림 4-3]의 회로에 대한 AC 등가회로는 [그림 4-5]와 같으며, 여기서 전류와 전압들은 모두 시변 신호이고 BJT는 시변 신호들의 관계만을 나타낸다고 가정한다.

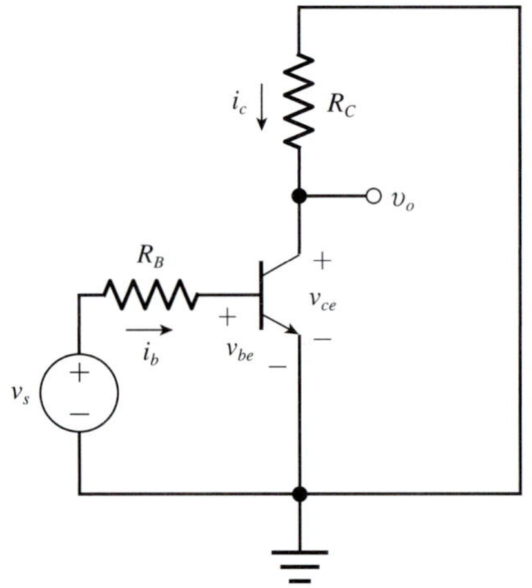

[그림 4-5] [그림 4-3] 회로의 AC 등가회로(DC 전압원을 0으로 만든 상태)

4.3 공통 이미터(CE) 증폭기

앞절의 [그림 4-3] 회로를 주의 깊게 살펴보면, 입력신호가 베이스 단자에 인가되고 컬렉터에서 출력신호가 나오도록 구성된다. 이 회로는 이미터 단자가 접지되어 입력과 출력에 공통단자 역할을 하므로 공통 이미터(common emitter) 증폭기라고 부른다. 사실 BJT는 3개의 단자가 있으므로, 입력을 3개의 단자 중 어느 곳에나 인가할 수 있고 또한 출력신호도 마찬가지이다. 총 9가지 조합이 가능하지만 3장에서 이미 설명하였듯이, BJT가 증폭기로 동작하려면 활성모드가 되어야 한다. 활성모드로 동작하는 BJT는 베이스-이미터 전압의 변화에 의해 컬렉터 전류가 변화한다. 이러한 특성에 의해 BJT 증폭기는 공통 이미터 증폭기, 공통 베이스 증폭기, 공통 컬렉터 증폭기라는 3가지 형태로 구성될 수 있다. 먼저 공통 이미터 증폭기에 대하여 살펴보자.

4.3.1 기본 공통 이미터 증폭기

[그림 4-6]은 전압분배 바이어스를 갖는 공통 이미터 증폭기 회로이다. 입력신호 v_S는 커패시터 C_C를 통해 BJT의 베이스로 입력된다. 결합 커패시터 C_C는 입력신호에 포함된 DC 성분을 차단하고 교류신호 성분만 증폭기에 입력되도록 하며, 이를 '결합 커패시터(coupling capacitor)'라고 한다. 동작 주파수 범위에서 임피던스가 매우 작아지도록 큰 값의 커패시터를 사용한다. 참고로 결합 및 바이패스 커패시터는 증폭기의 저주파(low frequency) 응답특성에 영향을 미치며, 이에 대해서는 8장 2절에서 상세히 설명된다. 저항 R_1과 R_2는 BJT가 순방향 활성영역에서 동작하도록 동작점을 결정하는 역할을 하며, 이에 대해서는 3.3.2절에서 설명되었다.

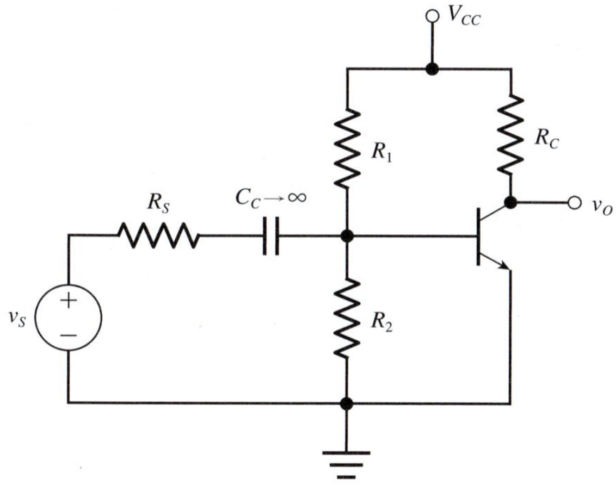

[그림 4-6] 공통 이미터 증폭기

[그림 4-6]의 공통 이미터 증폭기 회로의 해석을 위해서 하이브리드-π 모델을 사용한 소신호 등가회로를 그리면 [그림 4-7]과 같으며, 이때 결합 커패시터 C_C는 단락된 것으로 취급된다. [그림 4-7]의 등가회로에 포함되어 있는 BJT 소신호 파라미터를 다시 살펴보자. 전달컨덕턴스 g_m, 베이스-이미터 입력저항 r_π, 컬렉터 출력저항 r_o는 각각 식 (4.14), 식 (4.15), 식 (4.16)과 같이 정의되며, 이들에 관해서는 3.3.4절에서 상세히 설명되었다.

$$g_m = \frac{I_{CQ}}{V_T} \tag{4.14}$$

$$r_\pi = \frac{V_T \beta_{ac}}{I_{CQ}} = \frac{V_T}{I_{BQ}} = \frac{\beta_{ac}}{g_m} \tag{4.15}$$

$$r_o = \frac{V_A}{I_{CQ}} \tag{4.16}$$

[그림 4-7]의 등가회로로부터 소신호 출력전압은 식 (4.17)과 같이 표현된다.

$$v_o = -(g_m v_\pi)(r_o \| R_C) \tag{4.17}$$

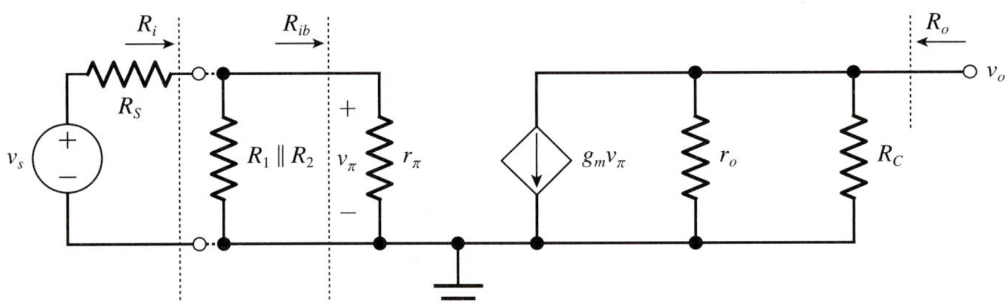

[그림 4-7] 공통 이미터 증폭기의 소신호 등가회로

전압분배에 의해서 v_π는 식 (4.18)과 같으며,

$$v_\pi = \left(\frac{R_1 \| R_2 \| r_\pi}{R_S + (R_1 \| R_2 \| r_\pi)} \right) v_s \tag{4.18}$$

식 (4.18)을 식 (4.17)에 대입하면, 소신호 전압이득은 식 (4.19)와 같다.

$$A_v \equiv \frac{v_o}{v_s} = -g_m \left[\frac{R_1 \| R_2 \| r_\pi}{R_S + (R_1 \| R_2 \| r_\pi)} \right] (r_o \| R_C) \tag{4.19}$$

[그림 4-7]의 등가회로로부터 베이스 단자에서 본 입력저항 R_{ib}는 식 (4.20)과 같으며,

$$R_{ib} = r_\pi \tag{4.20}$$

바이어스 회로를 포함한 입력저항 R_i는 다음과 같다.

$$R_i = R_1 \| R_2 \| r_\pi \tag{4.21}$$

신호원 v_s를 0으로 놓고, 컬렉터 단자에서 구한 증폭기의 출력저항 R_o는 식 (4.22)와 같다.

$$R_o = r_o \| R_C \tag{4.22}$$

식 (4.21)과 식 (4.22)를 식 (4.19)에 대입하면, 공통 이미터 증폭기의 소신호 전압이득은 다음과 같이 간략히 표현된다.

$$A_v = (-g_m R_o)\left(\frac{R_i}{R_S + R_i}\right) \tag{4.23}$$

식 (4.23)에서 보는 바와 같이, 신호원 저항 R_S는 공통 이미터 증폭기의 전압이득에 영향을 미치며, 증폭기의 입력저항 R_i와의 상대적인 크기에 의해 미치는 영향이 달라진다. $R_S \ll R_i$이면, 소신호 전압이득은 $A_v \simeq -g_m R_o$로 근사화될 수 있다. 신호원 저항이 커서 $R_S > R_i$이면, 증폭기로 들어가는 입력전압이 신호전압 보다 감소하므로 전압이득도 감소한다.

예제 4-1

[그림 4-6]의 공통 이미터 회로에 대해 소신호 전압이득, 입력저항 그리고 회로의 출력저항을 구하라. 또한 시뮬레이션을 통해 증폭기로 정상동작을 하는지 확인하라. 단, $R_1 = 100\ \text{k}\Omega$, $R_2 = 15\ \text{k}\Omega$, $R_C = 0.5\ \text{k}\Omega$, $R_S = 0.5\ \text{k}\Omega$, $V_{CC} = 15\ \text{V}$이고, BJT 파라미터는 $\beta_{DC} = 189$, $\beta_{ac} = 191$, $V_{BE(on)} = 0.72\ \text{V}$, $V_A = 90\ \text{V}$이다.

풀이

■ **DC 해석**

먼저 DC 해석을 통해 동작점의 전류, 전압을 구한다. 베이스 단자에서 전압분배 바이어스 회로의 태브냉 등가회로를 구하면 [그림 4-8]과 같으며, 테브냉 등가전압 V_{TH}와 등가저항 R_{TH}는 각각 다음과 같이 계산된다.

$$V_{TH} = \frac{R_2}{R_1 + R_2} V_{CC} = \frac{15}{100 + 15} \times 15\ \text{V} = 1.96\ \text{V}$$
$$R_{TH} = R_1 \| R_2 = 13.04\ \text{k}\Omega$$

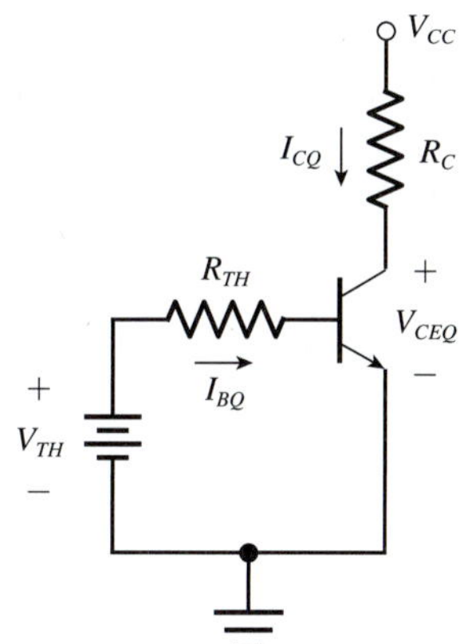

[그림 4-8] 전압분배 바이어스 회로의 테브냉 등가회로

BJT가 순방향 활성모드로 바이어스되어 있다고 가정하면, 베이스 바이어스 전류는 다음과 같이 계산된다.

$$I_{BQ}=\frac{V_{TH}-V_{BE(on)}}{R_{TH}}=\frac{1.96-0.72}{13.04\times 10^3}=95.09\ \mu\text{A}$$

계산된 베이스 전류값을 이용하여 컬렉터 바이어스 전류를 구하면 다음과 같다.

$$I_{CQ}=\beta_{DC}I_{BQ}=189\times 95.09\ \mu\text{A}=17.97\ \text{mA}$$

이 값을 이용하면 컬렉터 전압은 아래와 같이 계산된다.

$$V_{CQ}=V_{CEQ}=V_{CC}-I_{CQ}R_C=15\ \text{V}-17.97\times 0.5=6.02\ \text{V}$$

따라서 BJT가 순방향 활성모드로 바이어스되어 있음을 확인할 수 있다.

[그림 4-9]는 DC 바이어스 시뮬레이션 결과이며, 오차 범위 내에서 계산된 값과 일치하는 것을 확인할 수 있다.

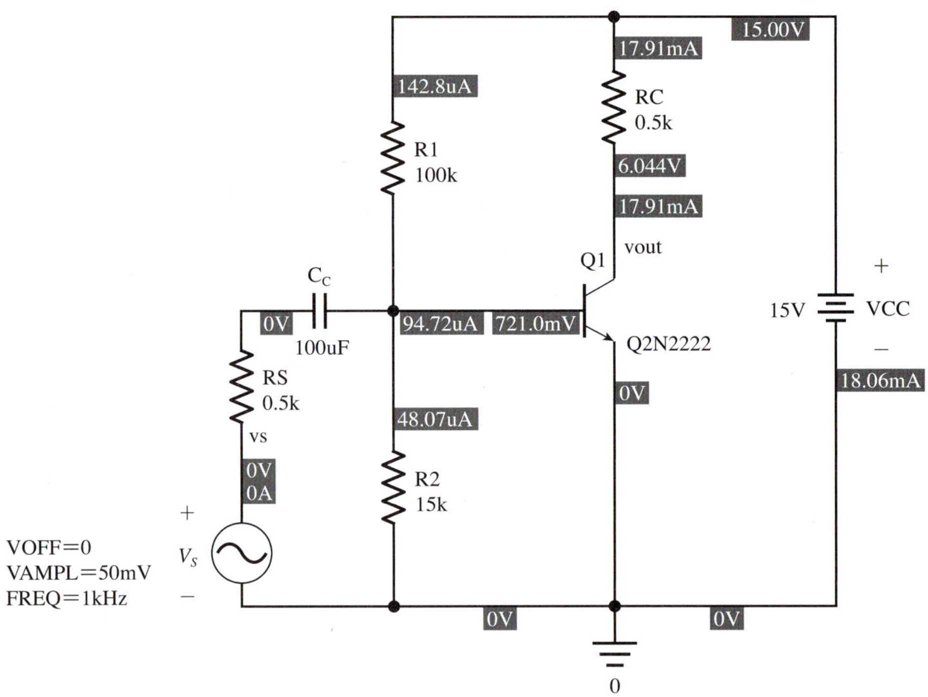

[그림 4-9] [예제 4-1] 회로의 DC 바이어스 시뮬레이션 결과

■ AC 해석

소신호 등가회로는 [그림 4-7]과 동일하며, 앞에서 계산된 동작점 전류와 주어진 파라미터 값들을 이용하면 소신호 파라미터들은 다음과 같이 계산된다.

$$g_m = \frac{I_{CQ}}{V_T} = \frac{17.97}{26} = 0.69 \text{ A/V}$$
$$r_\pi = \frac{\beta_{ac}}{g_m} = \frac{191}{0.69} = 0.28 \text{ k}\Omega$$
$$r_o = \frac{V_A}{I_{CQ}} = \frac{90 \text{ V}}{17.97 \text{ mA}} = 5.0 \text{ k}\Omega$$

식 (4.21)로부터 증폭기의 입력저항은 $R_i = R_1 \| R_2 \| r_\pi = (100 \| 15 \| 0.28)\text{k}\Omega \simeq 0.27 \text{ k}\Omega$이 되며, 출력저항은 식 (4.22)로부터 $R_o = r_o \| R_C = (5.0 \| 0.5)\text{k}\Omega = 0.45 \text{ k}\Omega$이 된다. 계산된 값들을 식 (4.23)에 대입하면, 소신호 전압이득은 다음과 같다.

$$A_v = -(g_m R_o)\left(\frac{R_i}{R_S + R_i}\right) = -(0.69 \times 0.45 \times 10^3) \times \left(\frac{0.27}{0.5 + 0.27}\right) = -108.88 \text{ V/V}$$

PSPICE 시뮬레이션 결과는 [그림 4-10]과 같으며, 시뮬레이션 결과에 의한 전압이득은 -101.36으로 나타나 오차 범위 내에서 계산된 값과 일치하는 것을 확인할 수 있다.

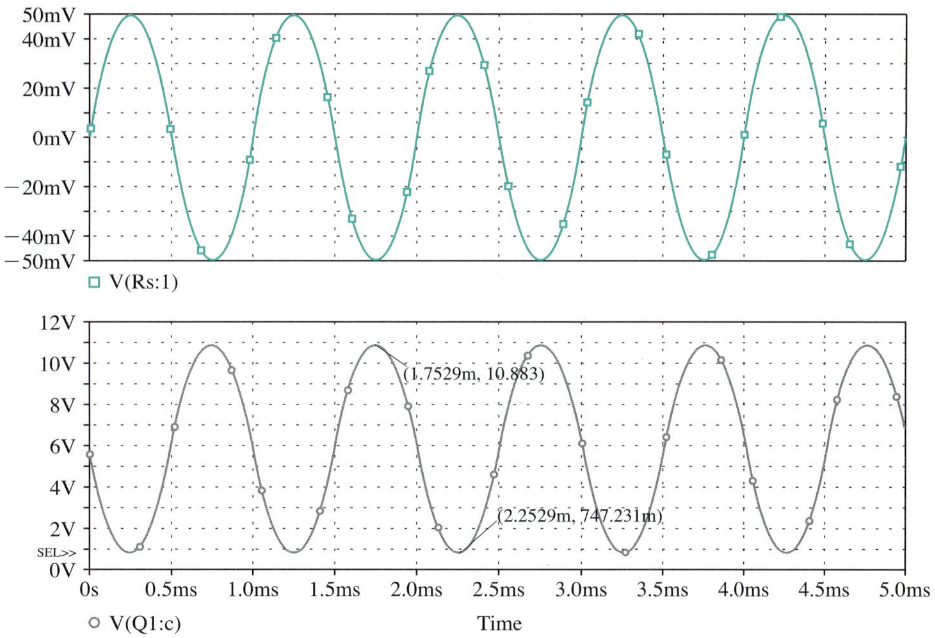

[그림 4-10] [예제 4-1] 회로의 PSPICE 시뮬레이션 결과

응용 4-1

[그림 4-6]의 공통 이미터 증폭기에서 $R_1=150\ \text{k}\Omega$, $R_2=75\ \text{k}\Omega$, $R_C=1.0\ \text{k}\Omega$, $R_S=0.8\ \text{k}\Omega$, $V_{CC}=12\ \text{V}$, $\beta_{DC}=\beta_o=180$, $V_{BE(on)}=0.7\ \text{V}$, $V_A=75\ \text{V}$라고 가정한다. 소신호 전압이득, 입력저항 그리고 출력저항을 구하라.

[정답 : 소신호 전압이득 $A_v=-102.86\text{V/V}$, 입력저항 $R_i=0.95\ \text{k}\Omega$, 출력저항 $R_o=0.94\ \text{k}\Omega$]

4.3.2 이미터 저항을 갖는 공통 이미터 증폭기

[그림 4-11(a)]는 이미터 저항 R_E를 갖는 공통 이미터 증폭기 회로이다. 3.3.3절에서 설명된 바와 같이, 이미터 저항 R_E는 전류 증폭률 β 값의 변동을 비롯한 여러 가지 요인들에 의한 컬렉터 바이어스 전류 I_{CQ}의 변동을 매우 작게 만들어 동작점(Q점)을 안정화시키는 역할을 한다. 여기에서는 이미터에 저항 R_E가 증폭기의 전압이득과 입력저항에 미치는 영향을 알아본다.

[그림 4-11(a)]의 회로를 보면, 이미터 단자가 접지에 직접 연결되지는 않지만, 저항 R_E를 통해 접지로 연결되므로 공통 이미터 증폭기이다. C_C를 단락회로로 취급하여 하이브리드-π 소신호 등가회로를 그리면 [그림 4-11(b)]와 같으며, BJT의 얼리(Early) 전압 V_A를 무한대로 가정하여 트랜지스터의 출력저항 r_o는 무시하였다.

이제 소신호 등가회로에서 소신호 전압이득을 구하고 이를 분석해보자. 우선 회로에서 출력전압은 식 (4.24)와 같이 표현된다.

$$v_o=-(\beta_{ac}i_b)R_C \tag{4.24}$$

입력 쪽 루프에 KVL을 적용하면 다음과 같다.

$$v_{in}=i_b r_\pi+(\beta_{ac}+1)i_b R_E \tag{4.25}$$

식 (4.25)에서 i_b를 구하여 식 (4.24)에 대입하면,

$$v_o=\frac{-\beta_{ac}R_C}{r_\pi+(\beta_{ac}+1)R_E}v_{in} \tag{4.26}$$

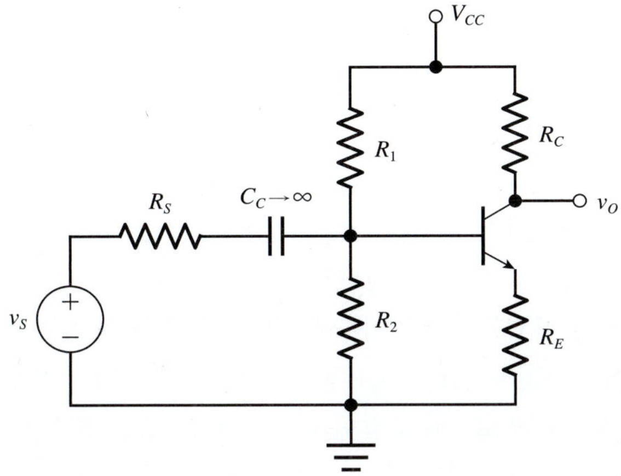

(a) 회로도

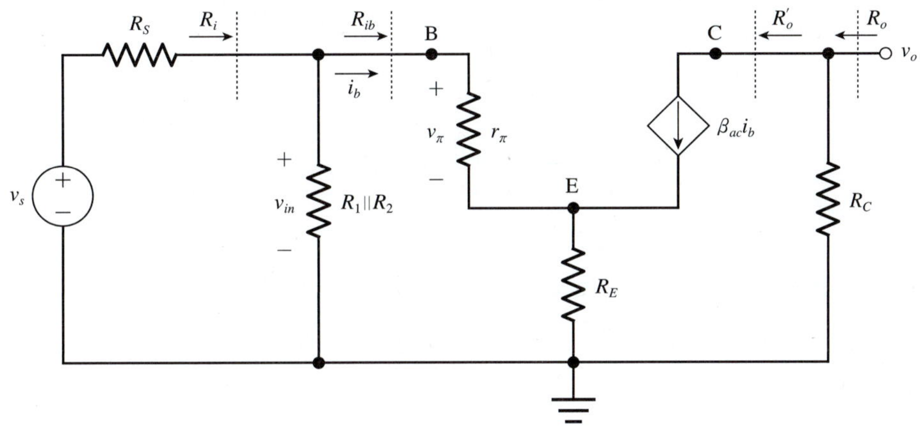

(b) 하이브리드-π 소신호 등가회로

[그림 4-11] 이미터 저항을 갖는 공통 이미터 증폭기

전압분배에 의해 v_{in}은 다음과 같으며, 여기서 R_i는 바이어스 저항을 포함하는 입력저항을 나타낸다.

$$v_{in} = \left(\frac{R_i}{R_S + R_i}\right) v_s \tag{4.27}$$

식 (4.27)을 식 (4.26)에 대입하면, 소신호 전압이득은 다음과 같이 표현된다.

$$A_v \equiv \frac{v_o}{v_s} = \left(\frac{-\beta_{ac} R_C}{r_\pi + (\beta_{ac} + 1) R_E}\right)\left(\frac{R_i}{R_S + R_i}\right) \tag{4.28}$$

이제 식 (4.28)을 분석해보자. 만일 $R_i \gg R_S$이고 $(\beta_{ac}+1)R_E \gg r_\pi$이며 또한 $\beta_{ac} \gg 1$이라고 가정하면, 식 (4.28)은 식 (4.29)로 간략화된다.

$$A_v \cong \frac{-\beta_{ac}R_C}{(\beta_{ac}+1)R_E} \cong \frac{-R_C}{R_E} \tag{4.29}$$

이 결과는 공통 이미터 증폭기의 소신호 전압이득이 근사적으로 β_{ac}에 무관해지도록 설계될 수 있음을 보여준다. β_{ac}는 트랜지스터 전류이득이며, 온도에 민감하게 변화한다. 따라서 이미터 저항 R_E는 온도나 트랜지스터 특성 편차 등의 요인들이 전압이득에 미치는 영향을 작게 만드는 것을 알 수 있다. 물론 이것은 $R_i \gg R_S$이고 $(\beta_{ac}+1)R_E \gg r_\pi$이라는 조건에서의 결과이지만 이러한 조건이 만족되지 않는다 하더라도, 식 (4.29)로부터 전압이득은 상대적으로 β_{ac}의 변화에 민감하지 않음을 알 수 있다. 그러나 이미터 저항을 갖지 않는 경우의 식 (4.23)과 식 (4.28)을 비교해 보면, 이미터 저항 R_E가 식 (4.28)의 분모에 포함되어 있으므로 공통 이미터 증폭기의 전압이득이 감소하게 된다.

BJT의 베이스에서 본 입력저항 R_{ib}는 다음과 같이 표현되며,

$$R_{ib} \equiv \frac{v_{in}}{i_b} = r_\pi + (\beta_{ac}+1)R_E \tag{4.30}$$

이 식으로부터 $R_E=0$인 경우의 식 (4.20)과 비교하여 입력저항이 커짐을 알 수 있다. 한편, 바이어스 회로가 포함된 입력저항을 R_i라 하면, $R_i = R_1 \| R_2 \| R_{ib}$가 된다.

결론적으로 공통 이미터 증폭기에 이미터 저항을 추가함으로써 증폭기의 동작점(Q점)과 전압이득의 안정화 그리고 입력저항이 커지는 장점을 얻게 되지만, 전압이득이 감소하는 단점도 수반되어 상호간에 교환조건(trade-off)이 존재하는 점에 주의할 필요가 있다.

예제 4-2

[그림 4-11(a)]의 이미터 저항을 갖는 공통 이미터 증폭기에서 소신호 전압이득, 입력저항을 구하라. 단, $R_1=100\ \text{k}\Omega$, $R_2=15\ \text{k}\Omega$, $R_C=0.5\ \text{k}\Omega$, $R_S=0.5\ \text{k}\Omega$, $R_E=0.1\ \text{k}\Omega$이고 $V_{CC}=15\ \text{V}$, $\beta_{DC}=194$, $\beta_{ac}=204$, $V_{BE(on)}=0.7\ \text{V}$, 그리고 $V_A=\infty$라고 가정하라.

풀이

■ **DC 해석**

베이스 단자에서 전압분배 바이어스 회로의 테브냉 등가회로를 구하면 [그림 4-12]와 같으며, [예제 4-1]과 동일한 방법으로 테브냉 등가전압 V_{TH}와 등가저항 R_{TH}를 구하면 각각 다음과 같이 계산된다.

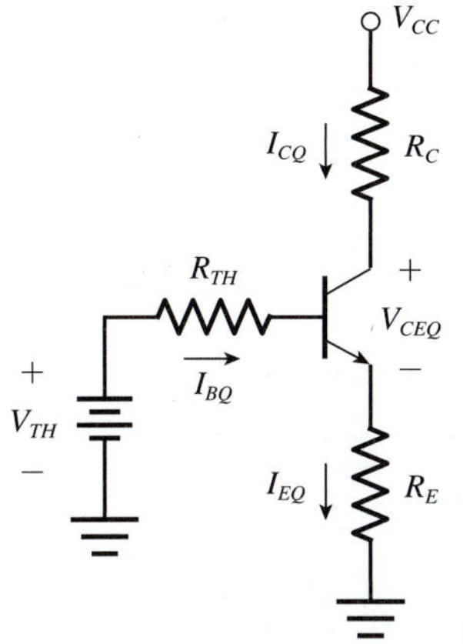

[그림 4-12] 전압분배 바이어스 회로의 테브냉 등가회로

$$V_{TH}=\frac{R_2}{R_1+R_2}V_{CC}=\frac{15}{100+15}\times 15\text{ V}=1.96\text{ V}$$

$$R_{TH}=R_1 \| R_2=13.04\text{ k}\Omega$$

BJT가 순방향 활성모드로 바이어스되어 있다고 가정하고, 베이스-이미터 루프에 KVL을 적용하면 다음과 같으며,

$$V_{TH}=R_{TH}I_{BQ}+V_{BE(on)}+(\beta_{DC}+1)R_E I_{BQ}$$

이 식을 베이스 바이어스 전류 I_{BQ}에 대해 풀면 다음과 같다.

$$I_{BQ}=\frac{V_{TH}-V_{BE(on)}}{R_{TH}+(\beta_{DC}+1)R_E}=\frac{1.96-0.7}{[13.04+(194+1)\times 0.1]\times 10^3}=38.72\ \mu\text{A}$$

베이스 전류값으로부터 컬렉터 바이어스 전류를 구하면 다음과 같다.

$$I_{CQ}=\beta_{DC}I_{BQ}=194\times 38.72\ \mu\text{A}=7.51\text{ mA}$$

계산된 값들을 이용하여 베이스와 컬렉터 바이어스 전압을 계산하면 각각 다음과 같으며,

$$V_{BQ}=V_{TH}-I_{BQ}R_{TH}=1.96-38.72\times 13.04\times 10^{-3}=1.46\text{ V}$$

$$V_{CQ}=V_{CC}-I_{CQ}R_C=15-7.51\times 0.5=11.25\text{ V}$$

따라서 BJT가 순방향 활성모드로 바이어스되어 있음을 확인할 수 있다.

한편, 이미터 바이어스 전류는 다음과 같이 계산되며,

$$I_{EQ}=(\beta_{DC}+1)I_{BQ}=195\times 38.72\ \mu\text{A}=7.55\text{ mA}$$

따라서 이미터 바이어스 전압과 컬렉터-이미터 바이어스 전압은 각각 다음과 같다.

$$V_{EQ}=I_{EQ}R_E=7.55\times 0.1=0.755\text{ V}$$

$$V_{CEQ}=V_{CQ}-V_{EQ}=11.25-0.755=10.5\text{ V}$$

[그림 4-13]은 DC 바이어스 시뮬레이션 결과이며, 오차 범위 내에서 계산된 값과 일치하는 것을 확인할 수 있다.

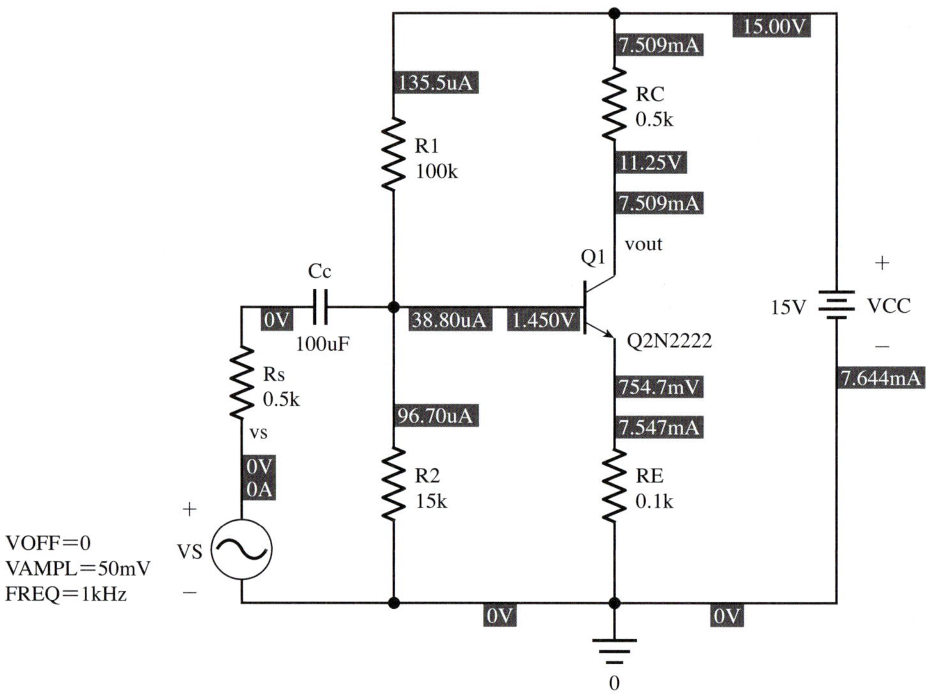

[그림 4-13] [예제 4-2] 회로의 DC 바이어스 시뮬레이션 결과

■ AC 해석

DC 해석을 통해 계산된 바이어스 전류값을 이용하여 [그림 4-11(b)]의 하이브리드-π 소신호 등가회로에 사용되는 파라미터들의 값을 구하면 다음과 같다.

$$g_m=\frac{I_{CQ}}{V_T}=\frac{7.51\text{ mA}}{26\text{ mV}}=0.29\text{ A/V}$$

$$r_\pi=\frac{\beta_{ac}}{g_m}=\frac{204}{0.29}=0.7\text{ k}\Omega$$

식 (4.30)으로부터 베이스 단자에서 본 입력저항 R_{ib}를 계산하면 다음과 같으며,

$$R_{ib}=r_\pi+(\beta_{ac}+1)R_E=(0.7+205\times0.1)\times10^3=21.2\ \text{k}\Omega$$

따라서 신호원에서 증폭기를 바라보는 입력저항 R_i은 다음과 같이 계산된다.

$$R_i=R_1\,||\,R_2\,||\,R_{ib}=(100\,||\,15\,||\,21.2)\text{k}\Omega=8.07\ \text{k}\Omega$$

이제 계산된 값들을 식 (4.28)에 대입하면, 소신호 전압이득은 다음과 같다.

$$A_v=\frac{-\beta_{ac}R_C}{r_\pi+(\beta_{ac}+1)R_E}\,\frac{R_i}{R_S+R_i}$$
$$=\frac{-204\times0.5}{0.7+205\times0.1}\times\frac{8.07}{0.5+8.07}=-4.53\ \text{V/V}$$

계산결과를 보면 소신호 전압이득은 $A_v=-4.53$이 되는데, [예제 4-1]의 전압이득 -108.88에 비해 크게 감소된 값이다([예제 4-2]는 비교를 위해서 $V_A=\infty$를 제외하고는 [예제 4-1]과 동일한 조건이 적용되었다).

PSPICE 시뮬레이션 결과는 [그림 4-14]와 같으며, 시뮬레이션 결과에 의한 소신호 전압이득은 -4.51로 나타나 오차 범위 내에서 계산된 값과 일치하는 것을 확인할 수 있다.

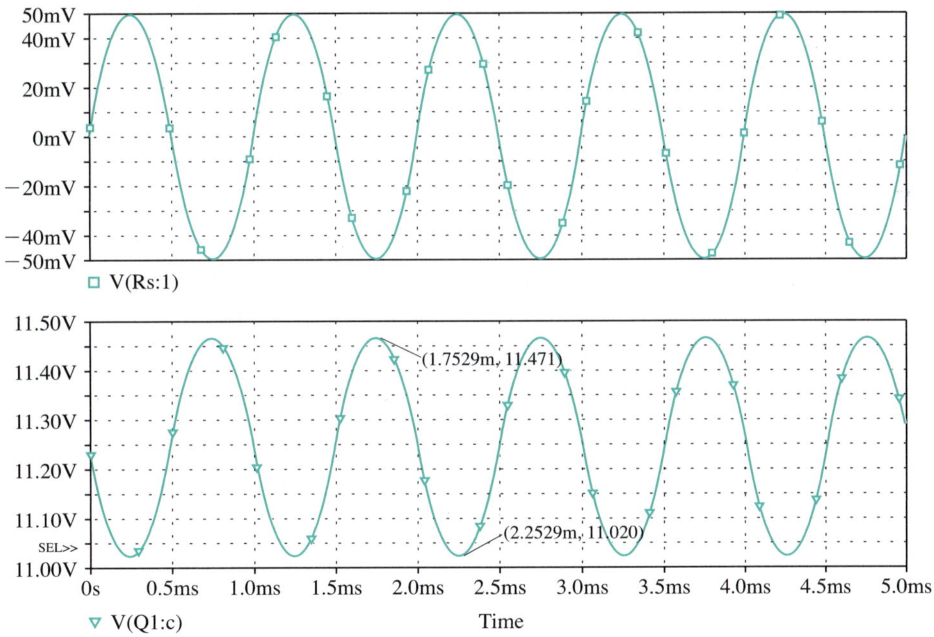

[그림 4-14] [예제 4-2] 회로의 PSPICE 시뮬레이션 결과

β_{ac} 값의 변화에 따른 소신호 전압이득의 변화를 계산해 보면, [표 4-2]와 같다. BJT의 β_{ac} 값이 약 50% 감소해도 소신호 전압이득은 약 2.65%만 변한다. β_{ac} 값의 변화가 증폭기의 전압이득에 거의 영향을 미치지 않으므로, 안정된 전압이득이 얻어짐을 확인할 수 있다.

[표 4-2] β_{ac} 값의 변화에 따른 전압이득의 변화

β_{ac}	Normalized β_{ac}	전압이득 A_v	Normalized A_v
204	1.00	−4.53	1.000
180	0.88	−4.51	0.996
160	0.78	−4.50	0.993
100	0.49	−4.41	0.974

4.3.3 이미터 저항과 바이패스 커패시터를 갖는 공통 이미터 증폭기

4.3.2절에서 설명된 이미터 저항을 갖는 공통 이미터 증폭기는 이미터 저항에 의해 증폭기의 동작점과 전압이득의 안정화를 얻고 입력저항이 커지지만, 전압이득이 감소하는 단점도 수반된다고 설명하였다. 이미터 저항에 의해 증폭기 이득이 감소하는 단점을 개선하기 위해 [그림 4-15(a)]과 같이 이미터 저항을 커패시터 C_E로 바이패스 시키는 방법이 사용된다. 커패시터는 DC에 대해서 개방회로로 동작하므로, 이미터 저항 R_E가 동작점(DC 전류, 전압)의 안정화 역할을 수행한다. 동작 주파수 범위에서 임피던스가 매우 작아지도록 충분히 큰 값의 커패시터를 사용하면 커패시터를 단란회로로 취급할 수 있다. 따라서 교류신호에 대해서는 이미터 저항 R_E가 단락된 것과 같은 효과를 갖게 되어 이미터 저항에 의한 전압이득의 감소가 발생하지 않는다. 이와 같이 이미터 저항 R_E에 병렬로 연결되는 커패시터 C_E를 '바이패스 커패시터(bypass capacitor)' 라고 한다.

DC 해석

[그림 4-15(a)]의 공통 이미터 증폭기를 해석하기 위해서 먼저 DC 바이어스를 해석해야 한다. 결합 커패시터와 바이패스 커패시터를 개방하여 DC 등가회로를 그리면 [그림 4-15(b)]와 같으며, [예제 4-2]에서 설명된 방법으로 동작점을 해석할 수 있다.

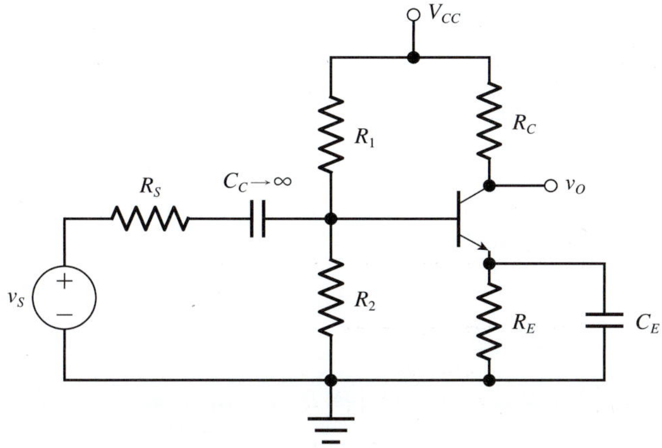

(a) 회로도

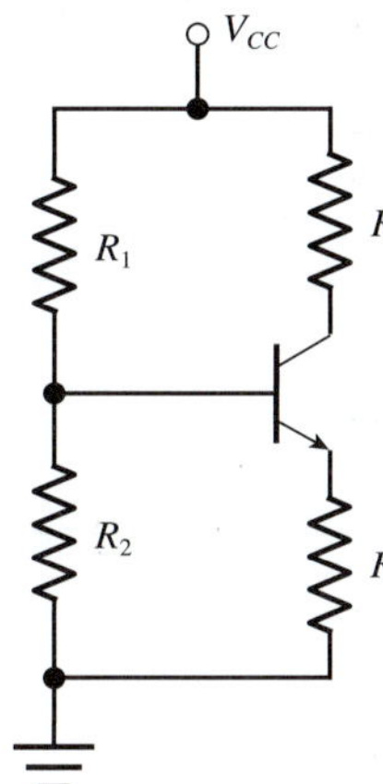

(b) DC 등가회로

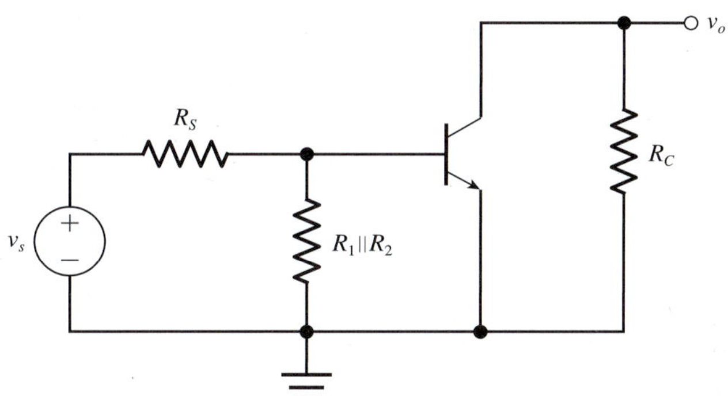

(c) AC 등가회로

[그림 4-15] 이미터 바이패스 커패시터를 갖는 공통 이미터 증폭기

AC 해석

결합 커패시터 C_C와 바이패스 커패시터 C_E가 충분히 큰 값이라면 동작 주파수 범위에서 이들 커패시터를 단락회로로 취급할 수 있으며, 따라서 AC 해석을 위한 등가회로는 [그림 4-15(c)]와 같다. AC 등가회로에서 DC 전원은 내부저항이 0 Ω인 접지(ground)상태로 취급하며, 이것을 교류(AC)접지라고 한다. 바이패스 커패시터 C_E가 단락회로로 취급되어 이미터 단자를 접지 상태로 만들므로, [그림 4-6]의 회로와 동일한 공통 이미터 회로가 된다. [그림 4-15(a)] 회로의 AC 해석은 4.3.1절에서 설명된 방법으로 해석할 수 있으며, 여기서는 3.4.2절에서 설명된 r-파라미터 소신호 등가회로를 이용한 회로해석 방법을 소개한다.

소신호 전압이득을 구하기 위해 [그림 4-15(c)]의 AC 등가회로를 r-파라미터 소신호 등가회로로 나타내면 [그림 4-16]과 같으며, 소신호 컬렉터 저항은 $r_o=\infty$로 가정하였다. 3장에서 설명된 바와 같이, 컬렉터 전류와 이미터 전류의 관계는

$$i_c=\alpha_{ac}i_e \tag{4.31}$$

로 표현되며, 여기서 α_{ac}는 공통 베이스 소신호 전류 증폭률을 나타낸다. 따라서 출력전압은 다음과 같다.

$$v_o=-\alpha_{ac}i_eR_C \tag{4.32}$$

[그림 4-16]의 등가회로에서 바이어스 저항이 포함된 입력저항을 R_i라고 하면, 베이스 단자에 인가되는 입력전압 v_{in}은 다음과 같다.

$$v_{in}=\frac{R_i}{R_S+R_i}v_s \tag{4.33}$$

식 (4.33)로부터 이미터 전류 i_e는 다음과 같다.

$$i_e=\frac{v_{in}}{r_e}=\left(\frac{v_s}{r_e}\right)\left(\frac{R_i}{R_S+R_i}\right) \tag{4.34}$$

식 (4.34)를 식 (4.32)에 대입하면 출력전압은 다음과 같이 표현된다.

$$v_o=-\alpha_{ac}i_eR_C=\left(\frac{-\alpha_{ac}R_C}{r_e}\right)\left(\frac{R_i}{R_S+R_i}\right)v_s \tag{4.35}$$

따라서 소신호 전압이득은 다음과 같다.

$$A_v\equiv\frac{v_o}{v_s}=\left(\frac{-\alpha_{ac}R_C}{r_e}\right)\left(\frac{R_i}{R_S+R_i}\right) \tag{4.36}$$

$\frac{\alpha_{ac}}{r_e}=g_m$이므로 4.3.1절에서 하이브리드-$\pi$ 등가모델을 이용해 구한 전압이득 식 (4.23)과 동일한 결과임을 확인할 수 있다. 한편 $\alpha_{ac}\simeq 1$이라면, 식 (4.36)은 다음과 같이 근사화될 수 있다.

$$A_v\simeq\left(\frac{-R_C}{r_e}\right)\left(\frac{R_i}{R_S+R_i}\right) \tag{4.37}$$

다음으로 베이스 단자에서 본 입력저항 R_{ib}를 구해보자. R_{ib}는 [그림 4-16]의 등가회로에서 이미터 소신호 등가저항 r_e와 제어전류원 $\alpha_{ac}i_e$를 포함하는 등가저항을 나타내며, 다음과 같다.

$$R_{ib}\equiv\frac{v_{be}}{i_b}=\frac{r_ei_e}{i_b} \tag{4.38}$$

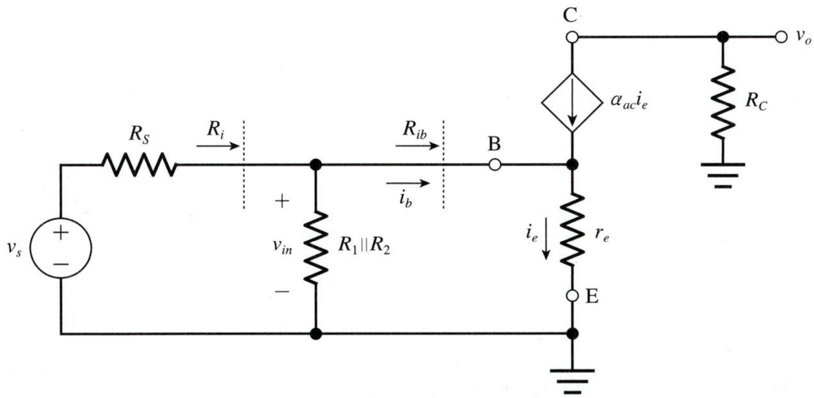

[그림 4-16] 교류전압 이득을 구하기 위한 r-파라미터 소신호 등가회로

3장에서 설명된 바와 같이 $i_e = (\beta_{ac}+1)i_b$이므로, 이를 식 (4.38)에 대입하면 베이스 단자에서 본 입력저항은 다음과 같이 표현되며, 4.3.1절에서 하이브리드-π 등가모델을 이용하여 구한 입력저항 식 (4.20)과 동일한 결과임을 확인할 수 있다.

$$R_{ib} = \frac{r_e i_e}{i_b} = (\beta_{ac}+1)r_e = r_\pi \tag{4.39}$$

예제 4-3

[그림 4-17]의 이미터 바이패스 커패시터를 갖는 공통 이미터 증폭기 회로의 동작점을 해석하여 소신호 파라미터 α_{ac}와 r_e를 구하고, 이를 이용하여 전압이득을 구하라. $R_1 = 20\ \text{k}\Omega$, $R_2 = 5\ \text{k}\Omega$, $R_S = 0.5\ \text{k}\Omega$, $R_C = 2\ \text{k}\Omega$, $R_E = 0.5\ \text{k}\Omega$이다. 단, $\beta_{DC} = 170$, $\beta_{ac} = 183$, $V_{BE(on)} = 0.68\ \text{V}$, $V_{CC} = 12\ \text{V}$이고, $V_A = \infty$로 가정한다.

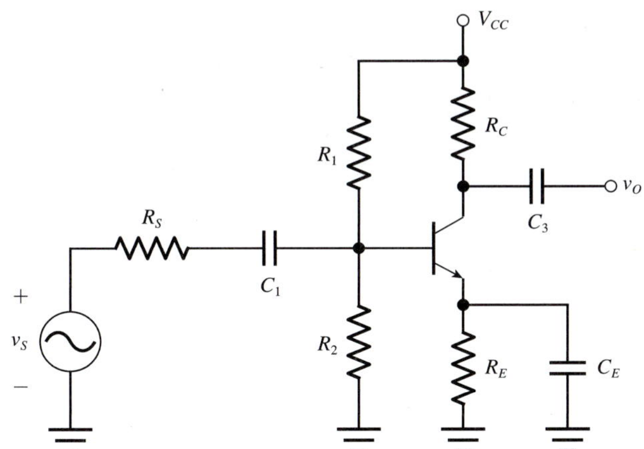

[그림 4-17]

풀이

■ DC 해석

[예제 4-2]와 동일한 방법으로 DC 해석을 통해 동작점을 구한다. 베이스 단자에서 바이어스 회로의 테브냉 등가회로를 구하면 [그림 4-18]과 같으며, 테브냉 등가전압 V_{TH}와 등가저항 R_{TH}를 구하면 각각 다음과 같이 계산된다.

$$V_{TH}=\frac{R_2}{R_1+R_2}V_{CC}=\frac{5}{20+5}\times 12\text{ V}=2.4\text{ V}$$

$$R_{TH}=R_1 \| R_2=20 \| 5=4\text{ k}\Omega$$

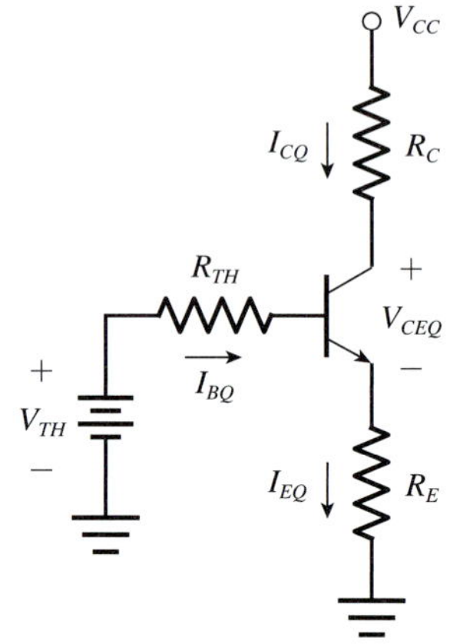

[그림 4-18] 전압분배 바이어스 회로의 테브냉 등가회로

BJT가 순방향 활성모드로 바이어스되어 있다고 가정하고, 베이스-이미터 루프에 KVL을 적용하면 다음과 같으며,

$$V_{TH}=R_{TH}I_{BQ}+V_{BE(on)}+(\beta_{DC}+1)R_E I_{BQ}$$

이 식을 베이스 바이어스 전류 I_{BQ}에 대해 풀면,

$$I_{BQ}=\frac{V_{TH}-V_{BE(on)}}{R_{TH}+(\beta_{DC}+1)R_E}=\frac{2.4-0.68}{[4+(170+1)\times 0.5]\times 10^3}=19.22\ \mu\text{A}$$

베이스 전류값으로부터 컬렉터 바이어스 전류를 구하면,

$$I_{CQ}=\beta_{DC}I_{BQ}=170\times 19.22\ \mu\text{A}=3.27\text{ mA}$$

계산된 값들을 이용하여 베이스와 컬렉터 바이어스 전압을 계산하면 각각 다음과 같으며,

$$V_{BQ}=V_{TH}-I_{BQ}R_{TH}=2.4-19.22\times 4.0\times 10^{-3}=2.32\text{ V}$$

$$V_{CQ}=V_{CC}-I_{CQ}R_C=12-3.27\times 2=5.46\text{ V}$$

따라서 BJT가 순방향 활성모드로 바이어스되어 있음을 확인할 수 있다. 이미터 바이어스 전류는 다음과 같이 계산되며,

$$I_{EQ}=(\beta_{DC}+1)I_{BQ}=171\times 19.22\ \mu\text{A}=3.29\text{ mA}$$

따라서 이미터 바이어스 전압과 컬렉터-이미터 바이어스 전압은 각각 다음과 같다.

$$V_{EQ}=I_{EQ}R_E=3.29\times 0.5=1.65\text{ V}$$

$$V_{CEQ}=V_{CQ}-V_{EQ}=5.46-1.65=3.81\text{ V}$$

[그림 4-19]는 DC 바이어스 시뮬레이션 결과이며, 오차 범위 내에서 계산된 값과 일치하는 것을 확인할 수 있다.

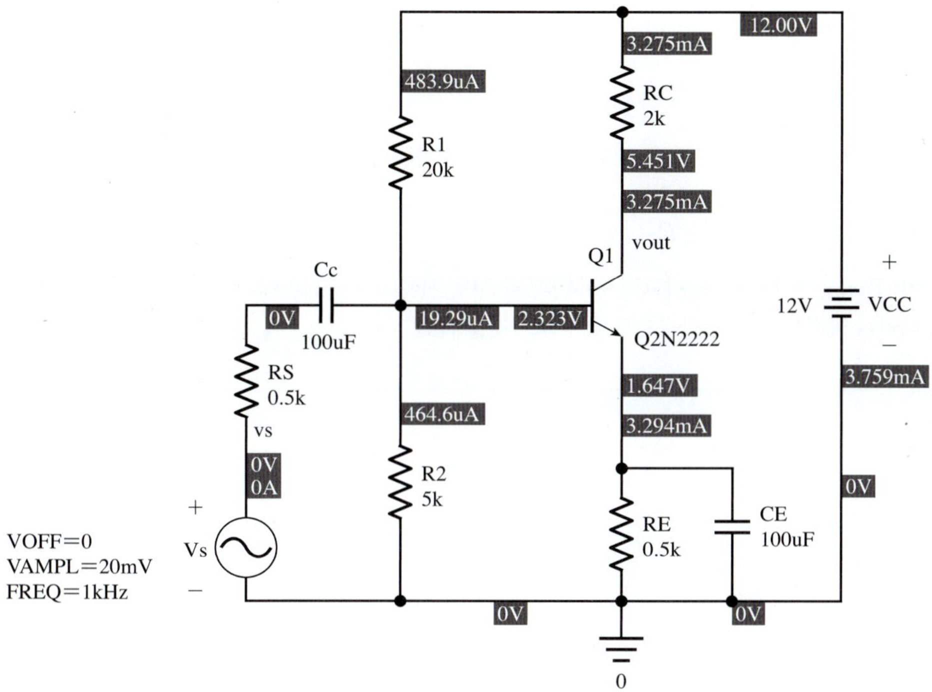

[그림 4-19] [예제 4-3] 회로의 DC 바이어스 시뮬레이션 결과

■ AC 해석

AC 해석을 위한 r-파라미터 소신호 등가회로는 [그림 4-16]과 같으며, DC 해석으로 계산된 바이어스 전류값을 이용하여 소신호 등가회로의 파라미터 값들을 구하면 다음과 같다.

$$g_m = \frac{I_{CQ}}{V_T} = \frac{3.27\ \text{mA}}{26\ \text{mV}} = 0.126\ \text{A/V}$$

$$r_\pi = \frac{\beta_{ac}}{g_m} = \frac{183}{0.126} = 1.45\ \text{k}\Omega$$

$$r_e = \frac{r_\pi}{\beta_{ac}+1} = \frac{1.45\ \text{k}\Omega}{183+1} = 7.88\ \Omega$$

$$\alpha_{ac} = \frac{\beta_{ac}}{\beta_{ac}+1} = \frac{183}{183+1} = 0.9946$$

식 (4.39)를 이용하여 베이스 단자에서 본 입력저항 R_{ib}를 계산하면,

$$R_{ib}=(\beta_{ac}+1)r_e=(183+1)\times 7.88=1.45\text{ k}\Omega$$

따라서 신호원에서 증폭기를 바라보는 입력저항 R_i은 다음과 같이 계산된다.

$$R_i=R_1 \| R_2 \| R_{ib}=(20 \| 5 \| 1.45)\text{k}\Omega=1.06\text{ k}\Omega$$

이제 계산된 값들을 식 (4.36)에 대입하면, 소신호 전압이득은,

$$A_v=\frac{-\alpha_{ac}R_C}{r_e}\frac{R_i}{R_S+R_i}=\left(\frac{-0.9946\times 2\times 10^3}{7.88}\right)\times\left(\frac{1.06}{0.5+1.06}\right)=-171.53\text{ V/V}$$

PSPICE 시뮬레이션 결과는 [그림 4-20]과 같으며, 시뮬레이션 결과에 의한 전압이득은 −150.65로 나타나 계산된 값과 근사적으로 일치하는 것을 확인할 수 있다.

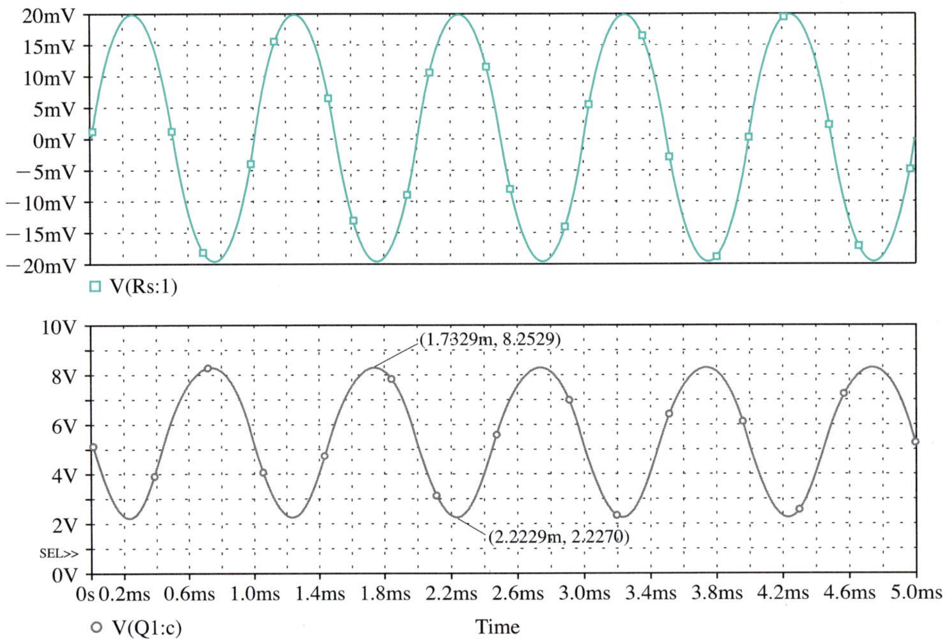

[그림 4-20] [예제 4-3] 회로의 PSPICE 시뮬레이션 결과

지금까지 이미터 저항 R_E에 의한 소신호 전압이득 감소를 방지하기 위해 바이패스 커패시터가 사용되는 회로를 살펴보았다. 실제로는 [그림 4-21]과 같이 이미터 저항의 일부만 바이패스 시키는 회로가 자주 사용된다. 이 회로에는 두 개의 이미터 저항 R_{E1}과 R_{E2}가 사용되고 있으며, R_{E2}만 C_E에 의해 바이패스된다. 따라서 DC 해석에는 이미터 저항 R_{E1}과 R_{E2}가 모두 포함되지만, AC 등가회로에는 R_{E1}만 포함되도록 해야 한다. 다시 말해서 R_{E1}은 AC 이득의 안정성에 관여하고, DC 안정성은 대부분 R_{E2}가 관여하도록 설계된다. [그림 4-21]의 회로는 양(+)과 음(−)의 두 개의 전원에 의해 바이어스 됨에 유의한다.

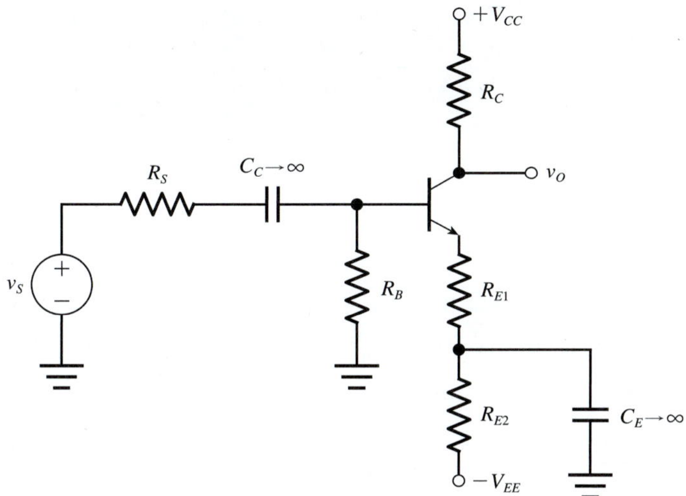

[그림 4-21] 이미터 저항과 이미터 바이패스 커패시터를 갖는 공통 이미터 증폭기

[그림 4-21] 회로의 DC 및 AC 등가회로는 [그림 4-22]와 같으며, 따라서 4.3.2절에서 설명된 방법으로 동작점 해석과 소신호 전압이득을 구할 수 있다.

식 (4.28)에 의해 소신호 전압이득은 식 (4.40)과 같이 된다. 여기서 R_i는 바이어스 저항 R_B가 포함된 입력저항을 나타내며, $R_i = R_B \| R_{ib}$가 되고, R_{ib}는 베이스에서 본 입력저항으로 $R_{ib} = r_\pi + (\beta_{ac}+1)R_{E1}$이다.

$$A_v \equiv \frac{v_o}{v_s} = \left(\frac{-\beta_{ac}R_C}{r_\pi + (\beta_{ac}+1)R_{E1}}\right)\left(\frac{R_i}{R_S + R_i}\right) \tag{4.40}$$

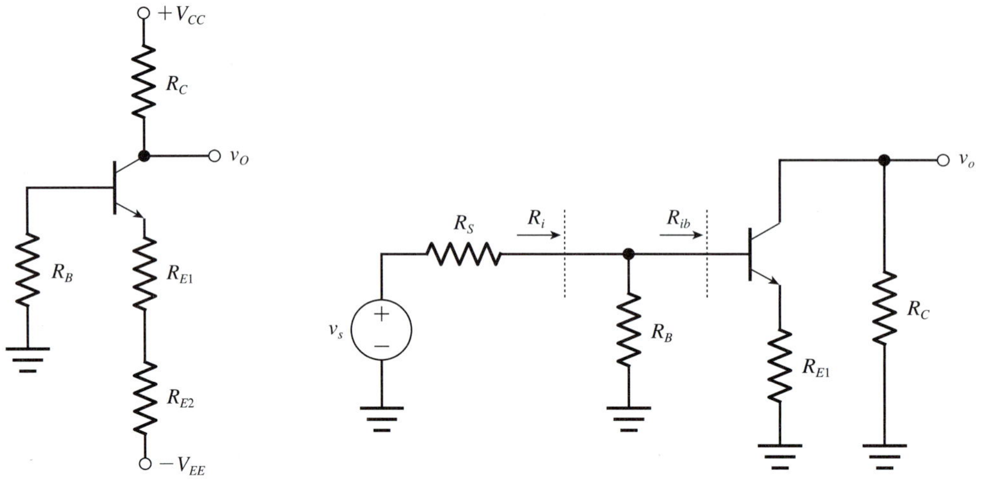

(a) DC 등가회로 (b) AC 등가회로

[그림 4-22] [그림 4-21] 회로의 DC 및 AC 등가회로

[그림 4-21]의 회로에서 $R_S=0.4\ \text{k}\Omega$, $R_B=80\ \text{k}\Omega$, $V_{CC}=5\ \text{V}$, $-V_{EE}=-5\ \text{V}$이고, $V_{BE(on)}=0.7\ \text{V}$, $V_A=\infty$의 값을 갖는다고 가정하고, 10 mV 정현파 입력신호를 0.5 V 정현파로 증폭하는 회로를 설계해 보자. $\beta_{ac}=\beta_{DC}=\beta_F$로 가정하고, $80\le\beta_F\le120$ 범위에 있다고 가정한다.

먼저 [그림 4-22(a)]의 DC 등가회로에서 이미터-베이스 루프에 KVL을 적용하면 다음과 같은 방정식을 얻는다.

$$V_{EE}=R_BI_{BQ}+V_{BE(on)}+(R_{E1}+R_{E2})I_{EQ} \tag{4.41}$$

허용 범위 내에서 최솟값인 $\beta_F=80$을 선택하고, $V_{BE(on)}=0.7\ \text{V}$와 동작점에서의 이미터 전류를 $I_{EQ}=0.25\ \text{mA}$로 선택하면, $I_{BQ}=\frac{I_{EQ}}{\beta_F+1}=\frac{0.25\ \text{mA}}{81}=3.09\ \mu\text{A}$가 된다. 식 (4.41)에 이들 값을 대입하면, $5=(80\times3.09\times10^{-3})+0.7+(R_{E1}+R_{E2})\times0.25$가 되어, $R_{E1}+R_{E2}=16.21\ \text{k}\Omega$이 된다. 다음으로 [그림 4-22(a)]의 DC 등가회로에서 컬렉터-이미터 루프에 KVL을 적용하면 다음과 같은 방정식을 얻는다.

$$V_{CC}+V_{EE}=R_CI_{CQ}+V_{CEQ}+(R_{E1}+R_{E2})I_{EQ} \tag{4.42}$$

$V_{CEQ}=4\ \text{V}$로 선택하고 $I_{EQ}=0.25\ \text{mA}$와 $R_{E1}+R_{E2}=16.21\ \text{k}\Omega$을 식 (4.42)에 대입하면, $R_C=7.8\ \text{k}\Omega$이 된다. $\beta_{ac}\gg1$이므로 $I_{CQ}\cong I_{EQ}$를 적용하였다. 다음으로 소신호 전압이득을 고려한다. 주어진 조건에서 $R_S\ll R_B$, $\beta_{ac}\gg1$이고 또한 $r_\pi\ll\beta_{ac}R_{E1}$라고 가정하면, 식 (4.40)은 다음

과 같이 근사될 수 있다.

$$A_v \equiv \frac{v_o}{v_s} \simeq \frac{-R_C}{R_{E1}} \tag{4.43}$$

주어진 조건에 의하면 증폭기의 소신호 전압이득은 $|A_v| = \frac{v_o}{v_s} = \frac{0.5\text{ V}}{10\text{ mV}} = 50$이 되어야 하므로 이 $R_{E1} = \frac{R_C}{|A_v|} = \frac{7.8\text{ k}\Omega}{50} = 0.156\text{ k}\Omega \simeq 0.2\text{ k}\Omega$이 되고, 따라서 $R_{E2} = 16\text{ k}\Omega$이 된다.

만약 허용 범위 내에서 최댓값인 $\beta_{ac} = 120$을 선택하면, $R_{E1} + R_{E2} = 16.54\text{ k}\Omega$이 되어 $\beta_{ac} = 80$인 경우와 동일한 결과가 얻어진다. 즉, β_{ac} 값의 변화에 영향을 거의 받지 않는 안정성이 확보된다.

4.4 공통 컬렉터(CC) 증폭기

[그림 4-23(a)]는 전압분배 바이어스를 갖는 공통 컬렉터(common collector) 증폭기 회로이다. 입력은 결합 커패시터를 통해서 베이스에 연결되고, 출력은 이미터에서 결합 커패시터를 통해 부하로 연결된다. 컬렉터는 전원 V_{CC}로 연결된다. 결합 커패시터 C_{C1}과 C_{C2}를 충분히 큰 값으로 선택하여 동작 주파수 범위에서 커패시터의 리액턴스는 무시할 수 있다고 가정한다. 공통 컬렉터 증폭기의 해석은 하이브리드-π 등가회로보다 r-파라미터 등가회로를 사용하는 것이 간편하므로, 여기서는 r-파라미터 등가회로를 사용하여 해석한다. r-파라미터 소신호 등가회로는 [그림 4-23(b)]와 같으며, 소신호 등가회로에서 컬렉터 단자가 교류접지되므로 공통 컬렉터 증폭기라고 부른다.

지금부터 r-파라미터 모델을 이용하여 공통 컬렉터 증폭기 회로를 해석해 보자.

입력저항

[그림 4-23(b)]의 소신호 등가회로에서 베이스 단자에서 본 입력저항 R_{ib}는 식 (4.44)와 같다.

$$R_{ib} \equiv \frac{v_b}{i_b} = \frac{i_e[r_e + (r_o \| R_E \| R_L)]}{i_b} = (\beta_{ac}+1)(r_e + R'_E) \tag{4.44}$$

여기서 $i_e = (\beta_{ac}+1)i_b$의 관계를 적용하였으며, $R'_E = r_o \| R_E \| R_L$로 두었다.

$r_\pi = (\beta_{ac}+1)r_e$이므로 이를 식 (4.44)에 대입하면, 하이브리드-π 등가회로의 베이스 증분저항 r_π를 이용하여 다음과 같이 표현할 수도 있다.

$$R_{ib} = r_\pi + (\beta_{ac}+1)R'_E \tag{4.45}$$

식 (4.45)에서 보는 바와 같이, 공통 컬렉터 증폭기의 베이스 단자 입력저항은 4.3.2절에서 설명된 이미터 저항 R'_E를 갖는 공통 이미터 증폭기의 베이스 입력저항 식 (4.30)과 동일하며, 따라서 매우 큰 입력 저항을 갖는다. 공통 컬렉터 증폭기의 높은 입력저항은 매우 바람직한 특성이다. 4.1.3절에서 설명한 것처럼, 입력 임피던스의 값이 클수록 이상적인 전압 증폭기 입력단 특성에 가까워진다.

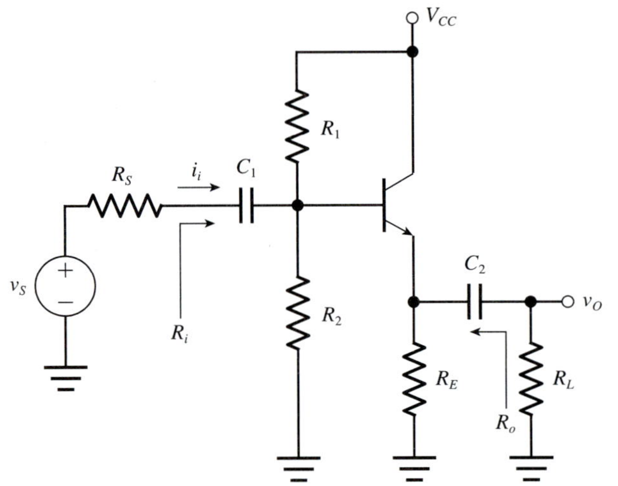

(a) 공통 컬렉터 증폭기 회로

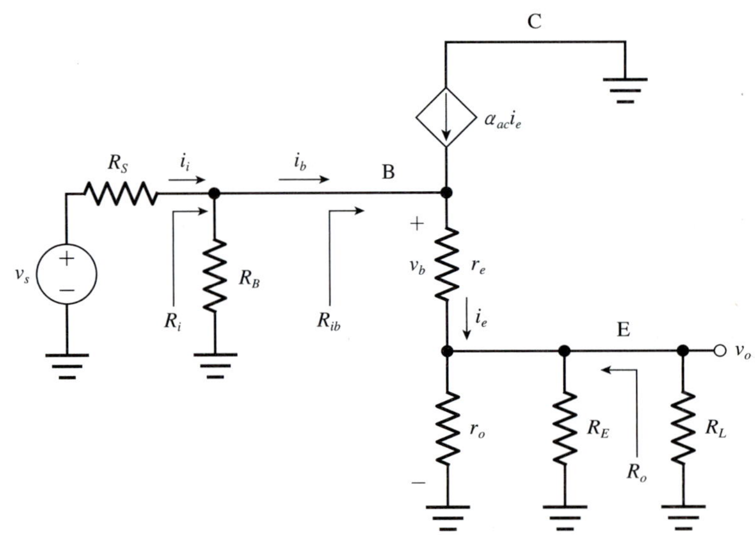

(b) 소신호 등가회로

[그림 4-23] 공통 컬렉터 증폭기 회로와 소신호 등가회로

$r_e \ll R'_E$이고 $\beta_{ac} \gg 1$이면, 식 (4.44)는 다음과 같이 간략하게 표현할 수 있으며,

$$R_{ib} \cong \beta_{ac} R'_E \tag{4.46}$$

따라서 신호원 v_s에서 본 입력저항 R_i는 다음과 같이 표현된다. 여기서 $R_B = R_1 \| R_2$이다.

$$R_i \cong R_B \| R_{ib} \tag{4.47}$$

전압이득

[그림 4-23(b)]의 소신호 등가회로로부터 베이스 전압은,

$$v_b = \frac{R_i}{R_S + R_i} v_s \tag{4.48}$$

출력전압 v_o는 다음과 같다.

$$v_o = \frac{R'_E}{r_e + R'_E} v_b \tag{4.49}$$

식 (4.48)을 식 (4.49)에 대입하여 소신호 전압이득을 구하면 다음과 같다.

$$A_v \equiv \frac{v_o}{v_s} = \left(\frac{R'_E}{r_e + R'_E} \right) \left(\frac{R_i}{R_S + R_i} \right) \tag{4.50}$$

식 (4.44)와 식 (4.47)로부터 $R_i = R_B \| [(\beta_{ac}+1)(r_e + R'_E)]$이고, 바이어스 저항을 큰 값으로 선택하면 $R_i \simeq (\beta_{ac}+1)(r_e + R'_E)$가 되어 식 (4.50)은 다음과 같이 된다.

$$A_v = \frac{(\beta_{ac}+1) R'_E}{R_S + (\beta_{ac}+1)(r_e + R'_E)} = \frac{R'_E}{\dfrac{R_S}{(\beta_{ac}+1)} + (r_e + R'_E)} \tag{4.51}$$

식 (4.51)에서 $\frac{R_S}{(\beta_{ac}+1)}$는 이미터 단자에서 보이는 신호원의 저항으로 $(r_e + R'_E)$ 보다 작은 값이며 통상 $r_e \ll R'_E$이므로, 공통 컬렉터 증폭기의 소신호 전압이득은 다음과 같이 근사화될 수 있다.

$$A_v \simeq \frac{R'_E}{r_e + R'_E} \simeq 1 \tag{4.52}$$

따라서 공통 컬렉터 증폭기의 소신호 전압이득은 항상 1보다 작다. $R_E \ll r_o$이고 무부하(즉, $R_L = \infty$)인 경우에는 $R'_E \simeq R_E$가 되며, $r_e \ll R_E$이면 근사적인 전압이득은 $A_v \simeq 1$이 된다. 식 (4.52)에서 볼 수 있듯이, 공통 컬렉터 증폭기는 입력전압과 위상이 같고 크기가 비슷한 출력신호가 이미터에서 얻어지므로, 이미터 팔로워(emitter follower)라고도 한다.

출력저항

출력저항을 구하기 위한 등가회로는 [그림 4-24]와 같으며, 부하 R_L이 보는 출력저항은 식 (4.53)과 같이 정의된다.

$$R_o \equiv \frac{v_x}{i_x} \tag{4.53}$$

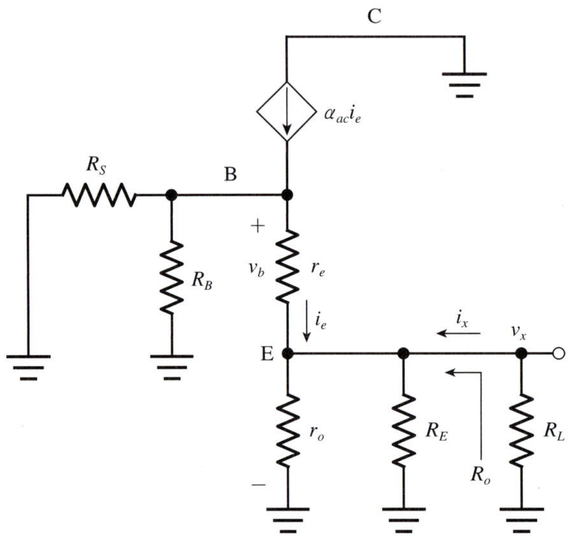

[그림 4-24] 공통 컬렉터 증폭기의 출력저항을 구하기 위한 소신호 등가회로

[그림 4-24]의 등가회로로부터 전압 v_x와 전류 i_x는 각각 식 (4.54)와 식 (4.55)와 같다.

$$v_x = -[r_e + (1-\alpha_{ac})(R_S \| R_B)]i_e \tag{4.54}$$

$$i_x = \frac{v_x}{r_o \| R_E} - i_e \tag{4.55}$$

식 (4.54)에서 i_e를 구하여 식 (4.55)에 대입하여 정리하면,

$$i_x = \frac{v_x}{r_o \| R_E} + \frac{v_x}{r_e + (1-\alpha_{ac})(R_S \| R_B)} \tag{4.56}$$

이로부터 다음 관계가 얻어진다.

$$\frac{1}{R_o} \equiv \frac{i_x}{v_x} = \frac{1}{r_o \| R_E} + \frac{1}{r_e + (1-\alpha_{ac})(R_S \| R_B)} \tag{4.57}$$

따라서 공통 컬렉터 증폭기의 소신호 출력저항은 다음과 같다.

$$R_o \equiv \frac{v_x}{i_x} = (r_o \| R_E) \| [r_e + (1-\alpha_{ac})(R_S \| R_E)] \tag{4.58}$$
$$= (r_o \| R_E) \| \left(r_e + \frac{R_S \| R_E}{\beta_{ac}+1} \right)$$

식 (4.58) 우변의 두 번째 표현식에서 $1-\alpha_{ac} = \frac{1}{\beta_{ac}+1}$의 관계가 사용되었다. 일반적으로 $(1-\alpha_{ac})$는 0에 가까운 매우 작은 값이고 $r_e \ll (r_o \| R_E)$이므로, 식 (4.58)은 다음과 같이 근사화될 수 있다.

$$R_{out} \simeq (r_o \| R_E) \| r_e \simeq r_e \tag{4.59}$$

식 (4.59)가 나타내는 바와 같이 공통 컬렉터 증폭기의 출력저항은 매우 작으며, 따라서 작은 저항의 부하를 구동하는 데 적합하다.

결론적으로 공통 컬렉터 증폭기는 큰 입력저항과 작은 출력저항을 가지며, 전압이득이 1에 가까우므로 임피던스 매칭용 버퍼(buffer)로 사용된다.

전류이득

[그림 4-23(b)]로부터, 공통 컬렉터 증폭의 소신호 전류이득 A_i는 다음과 같이 정의된다.

$$A_i \equiv \frac{i_e}{i_i} \tag{4.60}$$

만약 $R_{ib} \ll R_B$이면 $i_i \simeq i_b$가 되어 식 (4.60)은 다음과 같이 표현된다.

$$A_i \simeq \frac{i_e}{i_i} = \beta_{ac} + 1 \tag{4.61}$$

예제 4-4

[그림 4-23(a)]의 공통 컬렉터 증폭기의 소신호 파라미터 g_m, r_e, r_o를 구하고, 소신호 전압이득, 베이스 단자 입력저항, 그리고 출력저항을 구하라. 단, $R_S = 0.5\ \text{k}\Omega$, $R_1 = 100\ \text{k}\Omega$, $R_2 = 50\ \text{k}\Omega$, $R_E = 2\ \text{k}\Omega$, $R_L = 1\ \text{k}\Omega$이고 $V_{CC} = 15\ \text{V}$, $\beta_{DC} = 177$, $\beta_{ac} = 194$, $V_{BE(on)} = 0.66\ \text{V}$, $V_A = 85\ \text{V}$이다.

풀이

■ **DC 해석**

베이스 단자에서 바이어스 회로의 테브냉 등가전압 V_{TH}와 등가저항 R_{TH}를 각각 다음과 같이 구한다.

$$V_{TH} = \frac{R_2}{R_1 + R_2} V_{CC} = \frac{50}{100+50} \times 15\ \text{V} = 5\ \text{V}$$
$$R_{TH} = R_1 \| R_2 = 100 \| 50 = 33.33\ \text{k}\Omega$$

BJT가 순방향 활성모드로 바이어스되어 있다고 가정하여 베이스-이미터 루프에 KVL을 적용한 후, 베이스 바이어스 전류 I_{BQ}를 구하면 다음과 같다.

$$I_{BQ}=\frac{V_{TH}-V_{BE(on)}}{R_{TH}+(1+\beta_{DC})R_E}=\frac{5-0.66}{[33.33+(1+177)\times 2]\times 10^3}=11.15\ \mu\text{A}$$

베이스 전류값으로부터 컬렉터 바이어스 전류를 구하면 다음과 같다.

$$I_{CQ}=\beta_{DC}I_{BQ}=177\times 11.15\ \mu\text{A}=1.97\ \text{mA}$$

계산된 값들을 이용하여 베이스 바이어스 전압을 계산하면 다음과 같으며,

$$V_{BQ}=V_{TH}-I_{BQ}R_{TH}=5-11.15\times 33.33\times 10^{-3}=4.63\ \text{V}$$

따라서 BJT가 순방향 활성모드로 바이어스되어 있음을 확인할 수 있다. 이미터 바이어스 전류는 다음과 같이 계산되며,

$$I_{EQ}=(\beta_{DC}+1)I_{BQ}=178\times 11.15\ \mu\text{A}=1.98\ \text{mA}$$

따라서 이미터 바이어스 전압은 다음과 같다.

$$V_{EQ}=I_{EQ}R_E=1.98\times 2=3.96\ \text{V}$$

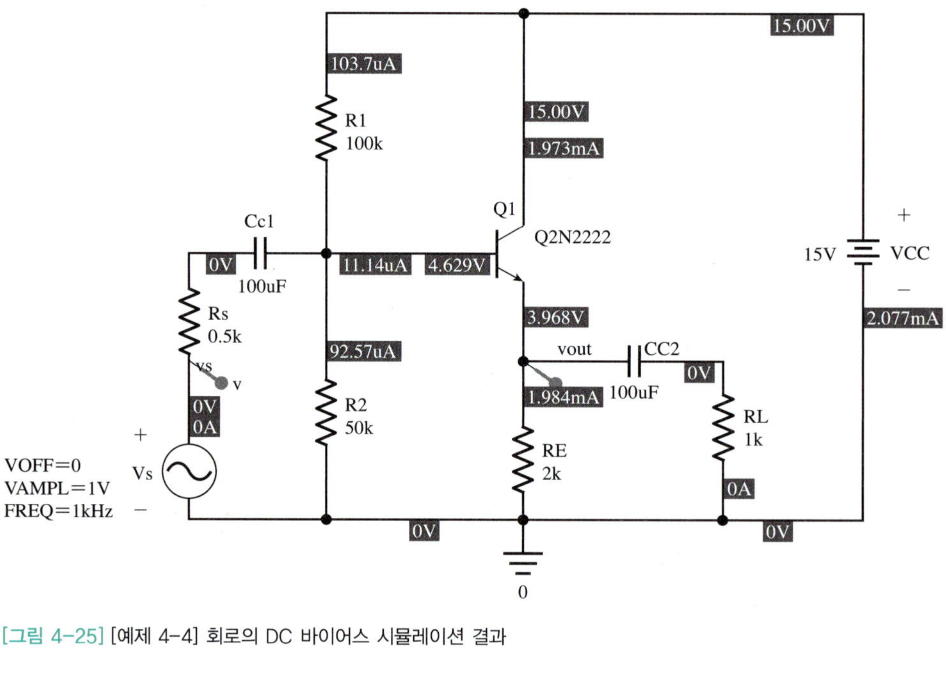

[그림 4-25] [예제 4-4] 회로의 DC 바이어스 시뮬레이션 결과

[그림 4-25]는 DC 바이어스 시뮬레이션 결과로, 오차 범위 내에서 계산된 값과 일치하는 것을 확인할 수 있다.

■ AC 해석

① 소신호 파라미터 값 계산

$$g_m = \frac{I_{CQ}}{V_T} = \frac{1.97\ \text{mA}}{26\ \text{mV}} = 75.77\ \text{mA/V}$$

$$\alpha_{ac} = \frac{\beta_{ac}}{\beta_{ac}+1} = \frac{194}{195} = 0.995$$

$$r_e = \frac{\alpha_{ac}}{g_m} = \frac{0.995}{75.77\ \text{mA/V}} = 0.013\ \text{k}\Omega$$

$$r_o = \frac{V_A}{I_{CQ}} = \frac{85\ \text{V}}{1.97\ \text{mA}} = 43.15\ \text{k}\Omega$$

② 소신호 전압이득

식 (4.51)에 $R'_E = r_o \| R_E \| R_L = (43.15 \| 2 \| 1)\text{k}\Omega = 0.66\ \text{k}\Omega$와 파라미터 값들을 대입하면 다음과 같이 1에 가까운 소신호 전압이득이 얻어진다.

$$A_v = \frac{R'_E}{\dfrac{R_S}{(\beta_{ac}+1)} + (r_e + R'_E)} = \frac{0.66}{\dfrac{0.5}{(194+1)} + 0.013 + 0.66} = 0.98$$

③ 베이스의 입력저항

식 (4.44)에 파라미터 값들을 대입한다.

$$\begin{aligned} R_{ib} &= (\beta_{ac}+1)(r_e + R'_E) \\ &= (194+1) \times (0.013 + 0.66)\text{k}\Omega = 131.24\ \text{k}\Omega \end{aligned}$$

④ 출력저항

식 (4.58)에 파라미터 값들을 대입한다.

$$\begin{aligned} R_o &= (r_o \| R_E) \| \left(r_e + \frac{R_S \| R_E}{\beta_{ac}+1}\right) \\ &= (43.15 \| 2) \| \left(0.013 + \frac{0.5 \| 2}{194+1}\right)\text{k}\Omega = 14.63\ \Omega \end{aligned}$$

PSPICE 시뮬레이션 결과는 [그림 4-26]과 같으며, 시뮬레이션 결과에 의한 전압이득은 0.96으로 나타나 오차 범위 내에서 계산된 값과 일치하는 것을 확인할 수 있다.

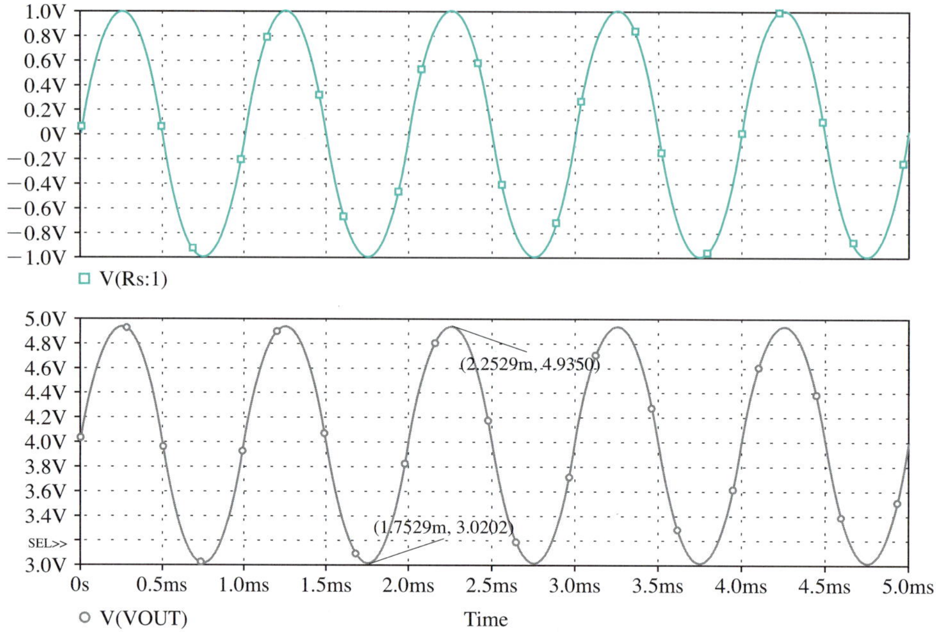

[그림 4-26] [예제 4-4] 회로의 PSPICE 시뮬레이션 결과

4.5 공통 베이스(CB) 증폭기

공통 베이스 증폭기는 [그림 4-27(a)]와 같다. 베이스가 결합 커패시터 C_2를 통해 교류접지되어 있고, 입력신호는 결합 커패시터 C_1을 통해 이미터로 인가되며, 출력은 컬렉터로부터 얻어진다.

공통 베이스 증폭기 회로의 해석을 위한 r-파라미터 소신호 등가회로는 [그림 4-27(b)]와 같으며, 이는 [그림 4-27(c)]와 같이 변형하여 다시 그릴 수 있다. AC 등가회로에서 바이어스 저항 R_1과 R_2는 양 단자가 접지되므로, 소신호 등가회로에 나타나지 않음에 유의한다.

전압이득

[그림 4-27(c)]의 소신호 등가회로로부터, 출력전압은 다음과 같다.

$$v_o = -(R_C \| R_L)\alpha_{ac} i_e \tag{4.62}$$

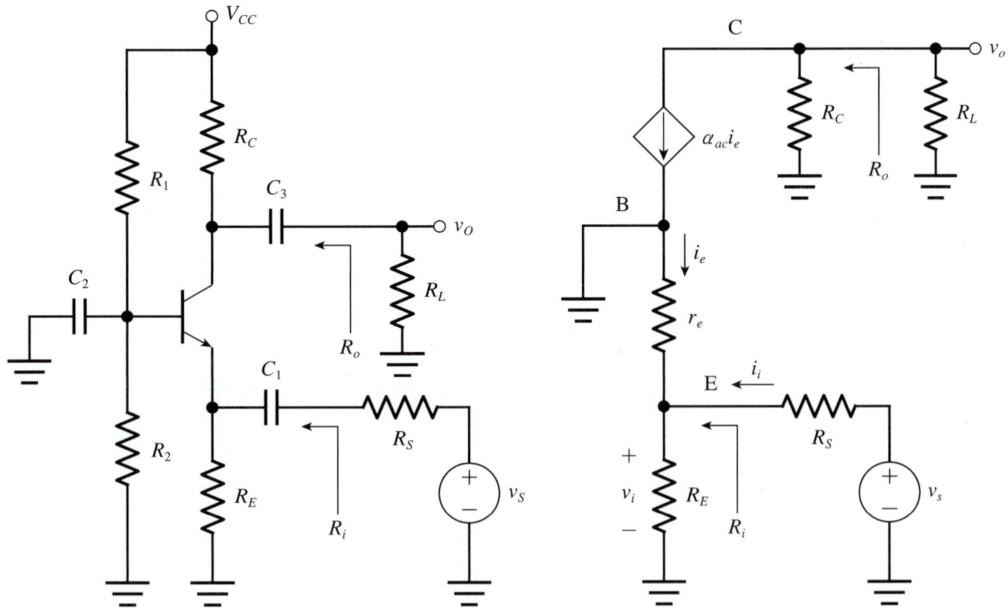

(a) 공통 베이스 증폭기 회로

(b) 소신호 등가회로

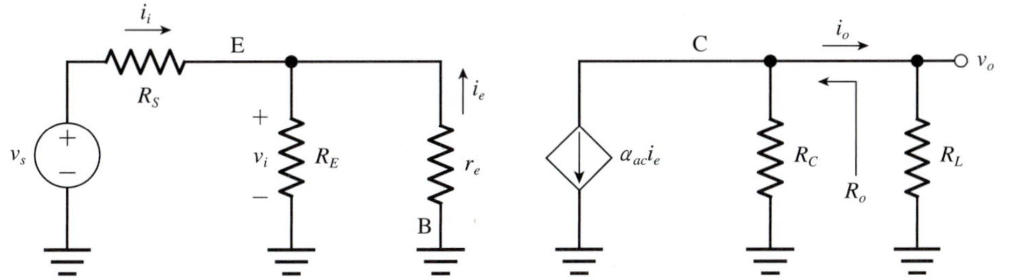

(c) 변형된 소신호 등가회로

[그림 4-27] 공통 베이스 증폭기 회로와 소신호 등가회로

이미터 단자에 걸리는 전압 v_i는 다음과 같으며,

$$v_i = \frac{R_E \| r_e}{R_S + (R_E \| r_e)} v_s \tag{4.63}$$

이로부터 이미터 전류는 다음과 같다.

$$i_e = -\frac{v_i}{r_e} = -\left(\frac{v_s}{r_e}\right)\left(\frac{R_E \| r_e}{R_S + (R_E \| r_e)}\right) \tag{4.64}$$

식 (4.64)를 식 (4.62)에 대입하면, 공통 베이스 증폭기의 소신호 전압이득은 다음과 같다.

$$A_v \equiv \frac{v_o}{v_s} = \frac{\alpha_{ac}(R_C \| R_L)}{r_e} \frac{R_E \| r_e}{R_S + (R_E \| r_e)} \tag{4.65}$$

만일 $r_e \ll R_E$이면 $R_E \| r_e \simeq r_e$이므로 전압이득은 식 (4.66)과 같이 근사화되며, 전압이득의 부호가 양(+)이므로 입력신호와 출력신호가 동일 위상임에 유의한다.

$$A_v \simeq \frac{\alpha_{ac}(R_C \| R_L)}{R_S + r_e} = \left(\frac{\beta_{ac}}{\beta_{ac}+1}\right)\left(\frac{R_C \| R_L}{R_S + r_e}\right) \tag{4.66}$$

식 (4.66)으로부터, 공통 베이스 증폭기의 전압이득은 BJT의 β_{ac}에 그리 민감하지 않음을 알 수 있다. 또한 $\alpha_{ac} \simeq 1$이므로, $r_e \ll R_E$이면 전압이득은 다음과 같이 근사화될 수 있다.

$$A_v \simeq \frac{R_C \| R_L}{R_S} \tag{4.67}$$

전류이득

공통 베이스 증폭기의 출력전류 i_o는 다음과 같으며,

$$i_o = -\left(\frac{R_C}{R_C + R_L}\right)(\alpha_{ac} i_e) \tag{4.68}$$

이미터 전류는,

$$i_e = -\left(\frac{R_E}{R_E + r_e}\right) i_i \simeq -i_i \tag{4.69}$$

식 (4.69)를 식 (4.68)에 대입하면 교류 전류이득은 다음과 같이 된다.

$$A_i \equiv \frac{i_o}{i_i} = \frac{\alpha_{ac} R_C}{R_C + R_L} \tag{4.70}$$

만약 $R_L \ll R_C$이면, $\alpha_{ac} \simeq 1$이므로 전류이득은 1에 가까운 값이 되며, 따라서 공통 베이스 증폭기를 전류 버퍼라고도 한다.

$$A_i \simeq \alpha_{ac} \simeq 1 \tag{4.71}$$

입력저항

[그림 4-27(c)]의 소신호 등가회로로부터 $v_i = (R_E \| r_e) i_i$이므로, 이미터에서 본 입력저항은 식 (4.72)와 같다. 일반적으로 $r_e \ll R_E$이므로 식 (4.72)와 같이 근사화되며, 매우 작은 입력저항을 갖는다. 공통 베이스 증폭기의 매우 작은 입력 저항은 CE-CB 구조의 캐스코드(cascode) 증폭

기의 주파수 응답특성을 좋게 만드는 요인으로 작용한다(8.5.2절 참조).

$$R_i \equiv \frac{v_i}{i_i} = R_E \| r_e \simeq r_e \tag{4.72}$$

출력저항

컬렉터를 들여다보았을 때 출력저항은 $r_o \| R_C$이며, $r_o \gg R_C$이면 식 (4.73)과 같다.

$$R_o \simeq R_C \tag{4.73}$$

예제 4-5

[그림 4-27(a)]의 공통 베이스 증폭기 회로에서 소신호 파라미터 g_m, r_e, r_o를 구하고, 또한 소신호 전압이득, 소신호 전류이득, 입력저항을 구하라. 단, $R_1=100\ \text{k}\Omega$, $R_2=20\ \text{k}\Omega$, $R_C=5\ \text{k}\Omega$, $R_E=1\ \text{k}\Omega$, $R_S=0.2\ \text{k}\Omega$, $R_L=1\ \text{k}\Omega$, $V_{CC}=15\ \text{V}$, $\beta_{DC}=163$, $\beta_{ac}=180$, $V_{BE(on)}=0.66\ \text{V}$, $V_A=\infty$이다.

풀이

■ **DC 해석**

베이스 단자에서 바이어스 회로의 테브냉 등가전압 V_{TH}와 등가저항 R_{TH}를 각각 다음과 같이 구한다.

$$V_{TH} = \frac{R_2}{R_1+R_2}V_{CC} = \frac{20}{100+20} \times 15\ \text{V} = 2.5\ \text{V},$$
$$R_{TH} = R_1 \| R_2 = 100 \| 20 = 16.67\ \text{k}\Omega$$

BJT가 순방향 활성모드로 바이어스되어 있다고 가정하여 베이스-이미터 루프에 KVL을 적용한 후, 베이스 바이어스 전류 I_{BQ}를 구하면 다음과 같다.

$$I_{BQ} = \frac{V_{TH}-V_{BE(on)}}{R_{TH}+(1+\beta_{DC})R_E} = \frac{2.5-0.66}{[16.67+(1+163)\times 1]\times 10^3} = 10.18\ \mu\text{A}$$

베이스 전류값으로부터 컬렉터 바이어스 전류를 구하면 다음과 같다.

$$I_{CQ} = \beta_{DC} I_{BQ} = 163 \times 10.18\ \mu\text{A} = 1.66\ \text{mA}$$

컬렉터 바이어스 전류값을 이용하여 컬렉터 바이어스 전압을 계산하면 다음과 같으며,

$$V_{CQ} = V_{CC} - I_{CQ}R_C = 15 - 1.66 \times 5 = 6.7\ \text{V}$$

따라서 BJT가 순방향 활성모드로 바이어스되어 있음을 확인할 수 있다. 이미터 바이어스 전류는 다음과 같이 계산되며,

$$I_{EQ} = (\beta_{DC}+1)I_{BQ} = 164 \times 10.18\ \mu\text{A} = 1.67\ \text{mA}$$

따라서 이미터 바이어스 전압은 다음과 같다.

$$V_{EQ}=I_{EQ}R_E=1.67\times 1=1.67\text{ V}$$

[그림 4-28]은 DC 바이어스 시뮬레이션 결과이며, 오차 범위 내에서 계산된 값과 일치하는 것을 확인할 수 있다.

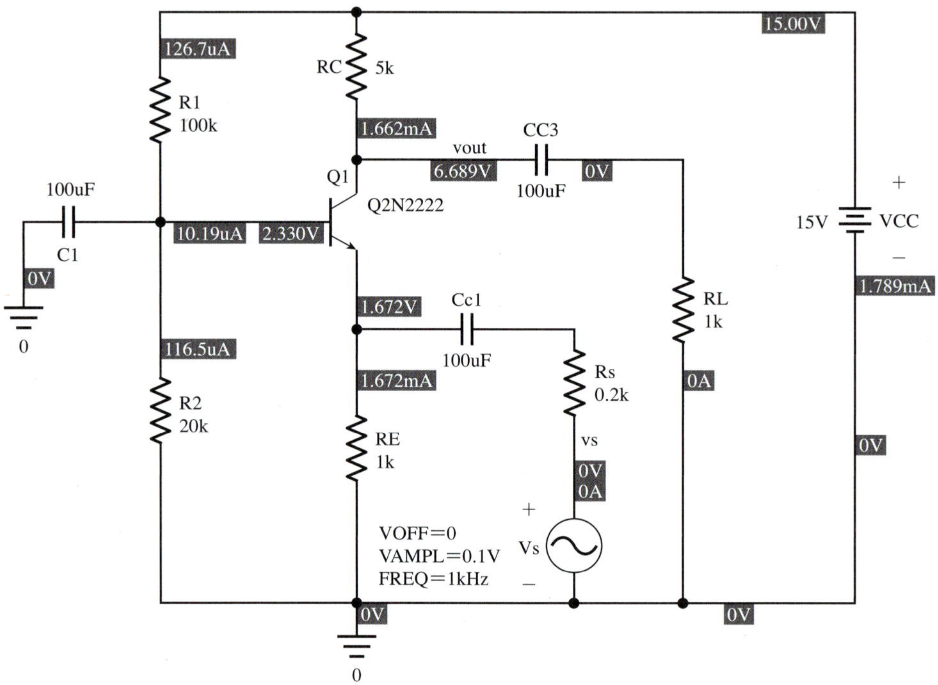

[그림 4-28] [예제 4-5] 회로의 DC 바이어스 시뮬레이션 결과

■ AC 해석

① 소신호 파라미터 값 계산

$$g_m=\frac{I_{CQ}}{V_T}=\frac{1.66\text{ mA}}{26\text{ mV}}=63.85\text{ mA/V}\text{이고, } \alpha_{ac}=\frac{\beta_{ac}}{\beta_{ac}+1}=\frac{180}{181}=0.994\text{이므로,}$$

$$r_e=\frac{\alpha_{ac}}{g_m}=\frac{0.994}{63.85\text{ mA/V}}=0.016\text{ k}\Omega\text{이며, } r_o=\infty\text{이다.}$$

② 소신호 전압이득

식 (4.66)에 파라미터 값들을 대입하면 다음과 같이 계산된다.

$$A_v\simeq\frac{\alpha_{ac}(R_C\,||\,R_L)}{R_S+r_e}=\frac{0.994\times(5\,||\,1)}{0.2+0.016}=3.83\text{ V/V}$$

③ 소신호 전류이득

식 (4.70)에 파라미터 값들을 대입하면 다음과 같이 계산된다.

$$A_i = \frac{\alpha_{ac} R_C}{R_C + R_L} = \frac{0.994 \times 5}{5+1} = 0.833 \text{ A/A}$$

④ 입력저항

식 (4.72)에 파라미터 값들을 대입하면 다음과 같다.

$$R_i = R_E \| r_e \simeq r_e = 16\ \Omega$$

PSPICE 시뮬레이션 결과는 [그림 4-29]와 같다. [그림 4-29(a)]는 입력전압과 출력전압의 파형을 보이고 있으며, 시뮬레이션 결과에 의한 전압이득은 3.77로 나타나 계산값 3.83과 오차 범위 내에서 일치하는 것을 확인할 수 있다. [그림 4-29(b)]는 입력전류와 출력전류의 파형을 보이고 있으며, 시뮬레이션 결과에 의한 전류이득은 0.815로 나타나 계산값 0.83과 근사적으로 일치하는 것을 확인할 수 있다.

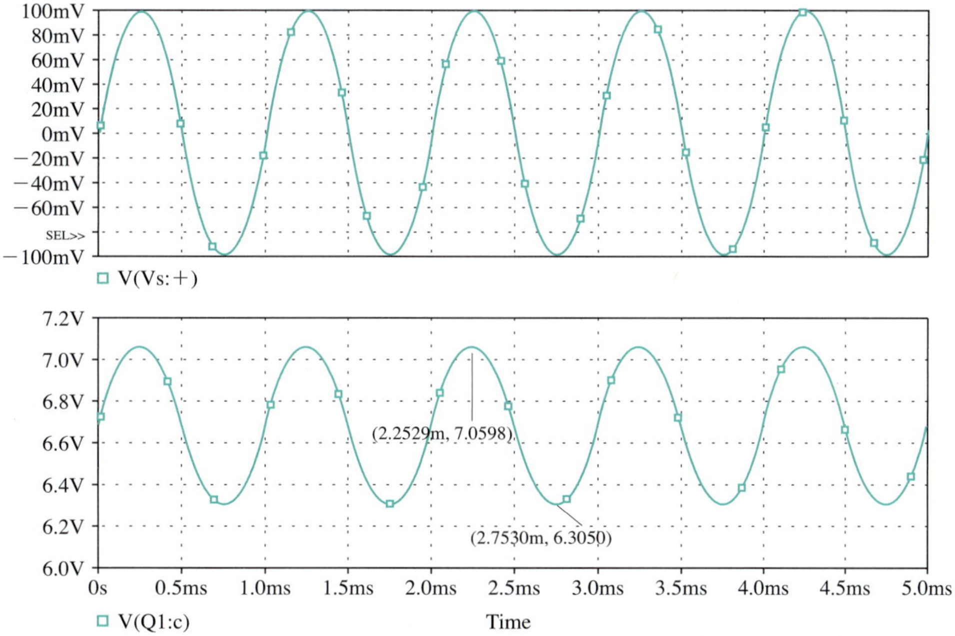

(a) 입력전압과 출력전압 파형

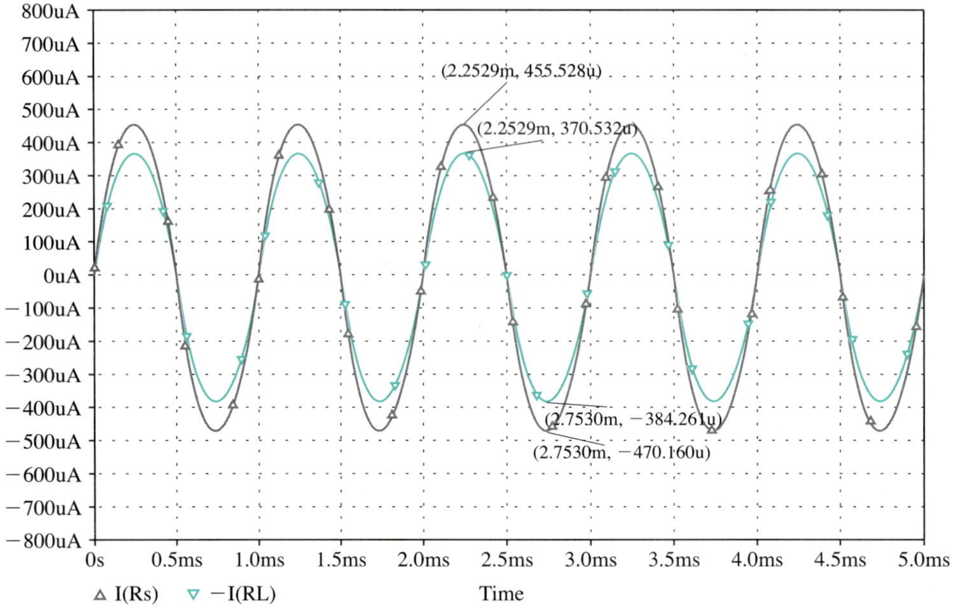

(b) 입력전류와 출력전류 파형

[그림 4-29] [예제 4-5] 회로의 PSPICE 시뮬레이션 결과

4.6 BJT 증폭기의 특성 비교

지금까지 BJT 증폭기의 기본적인 3가지 형태, 즉 공통 이미터, 공통 베이스, 공통 컬렉터 증폭기 등에 대하여 구체적으로 알아보았다. 지금까지는 1단(single stage) 구성을 갖는 증폭기에 대하여 고려하였고, 여러 단으로 구성된 다단 증폭기에 대해서는 7장에서 다룬다. 그리고 전력 증폭기는 10장에서, 연산 증폭기는 11장에서 자세하게 살펴보겠다.

이제 이번 장을 정리하면서 공통 이미터, 공통 베이스, 공통 컬렉터 증폭기의 특성을 간략하게 비교해 보자.

먼저 전압이득과 전류이득에 대하여 비교해 보면, 공통 이미터 증폭기의 경우 전압이득과 전류이득이 일반적으로 1보다 크다. 그러나 공통 베이스 증폭기는 전압이득이 1보다 큰 반면에 전류이득은 1보다 작다. 공통 컬렉터(이미터 팔로워)의 경우에는 전압이득이 1보다 약간 작은 반면 전류이득은 1보다 크다.

다음으로 입력저항은 어떠한가? 공통 이미터 증폭기에서 베이스 단자를 바라본 입력저항은 수 킬로 옴(kΩ) 정도의 값을 갖는 반면에, 공통 베이스 증폭기에서 이미터를 바라본 입력저항은 수십 옴(Ω) 정도로 매우 작은 값을 갖는다. 그리고 공통 컬렉터 증폭기의 입력저항은 일반적으로 수십~수백 킬로 옴(kΩ) 범위의 큰 값을 갖는다. 공통 이미터 증폭기와 공통 컬렉터 증폭기 모두의 전체 입력저항은 바이어스 회로에 의해 영향을 받을 수 있다.

마지막으로 출력저항을 살펴보자. 공통 컬렉터 증폭기의 출력저항은 일반적으로 수~수십 옴(Ω)으로 매우 작은 반면에, 공통 이미터와 공통 베이스 회로의 컬렉터 단자 출력저항은 매우 크다. 또한 공통 이미터와 공통 베이스 회로의 출력저항은 컬렉터 저항과 밀접한 상관관계를 갖는다.

3가지 기본적인 증폭기의 특성을 [표 4-3]에 요약하여 정리하였다.

[표 4-3] 3가지 기본적인 BJT 증폭기의 소신호 특성

구성	전압이득	전류이득	입력저항	출력저항
공통 이미터	$A_v > 1$	$A_i > 1$	중간	중간~높음
공통 베이스	$A_v > 1$	$A_i \simeq 1$	낮음	중간~높음
공통 컬렉터	$A_v \simeq 1$	$A_i > 1$	높음	낮음

4.7 응용회로 설계

지금까지 BJT 증폭기의 구조와 동작특성을 알아보았다. 또한 대표적인 3가지 형태의 BJT 증폭기 회로에 대해 DC 해석 및 AC 등가회로를 사용한 해석 등에 대하여 살펴보았다. 여기서는 BJT 증폭기를 활용하는 응용회로 설계 예제를 통해 지금까지 다루었던 기법들을 정리해 본다.

■ 설계 1

[그림 4-30]의 공통 컬렉터 증폭기에서 $R_1 \| R_2 = 150\ \text{k}\Omega$이며, 컬렉터 바이어스 전류 $I_{CQ} = 1\ \text{mA}$, 컬렉터-이미터 바이어스 전압 $V_{CEQ} = 5\ \text{V}$가 되도록 회로를 설계하라. 단, BJT의 $V_{BE(on)} = 0.7\ \text{V}$, $\beta_{DC} = \beta_{ac} = 150$, $V_A = \infty$로 가정하고, 신호원 저항 $R_S = 20\ \text{k}\Omega$, $V_{CC} = 15\ \text{V}$이다.

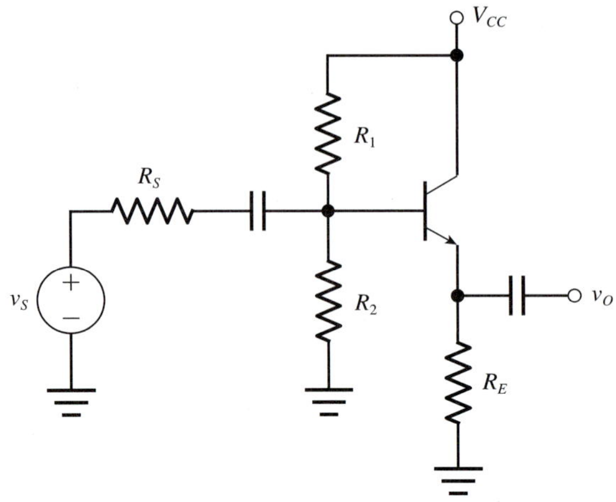

[그림 4-30] 입력 버퍼단 회로(공통 컬렉터 증폭기)

주어진 바이어스 전압과 전류로부터 이미터 저항 R_E는 다음과 같이 계산된다.

$$R_E \cong \frac{V_{CC}-V_{CEQ}}{I_{CQ}} = \frac{15-5}{1\times 10^{-3}} = 10\ \mathrm{k\Omega}$$

바이어스 회로의 테브냉 등가전압을 $V_{TH}=\frac{R_2}{R_1+R_2}V_{CC}$로 두면 주어진 조건에서,

$$R_{TH}=R_1 \| R_2 = 150\ \mathrm{k\Omega} \tag{4.74}$$

따라서 컬렉터 바이어스 전류는 다음과 같이 주어진다.

$$\begin{aligned} I_{CQ}=\beta_{DC}\times I_{BQ} &= \frac{\beta_{DC}\times(V_{TH}-V_{BE(on)})}{R_{TH}+(1+\beta_{DC})R_E} \\ &= \frac{150\times(V_{TH}-0.7)}{[150+(151\times 10)]\times 10^3} = 1\ \mathrm{mA} \end{aligned} \tag{4.75}$$

식 (4.75)로부터 계산된 V_{TH} 값을 이용하면 $V_{TH}=\frac{R_2}{R_1+R_2}\times 15\ \mathrm{V}=11.77\ \mathrm{V}$가 되므로,

$$\frac{R_2}{R_1+R_2}=0.78 \tag{4.76}$$

식 (4.74)와 식 (4.76)을 연립하여 풀면 $R_1=192\ \mathrm{k\Omega}$, $R_2=686\ \mathrm{k\Omega}$으로 결정된다.

한편, 소신호 파라미터 r_e은 아래와 같이 구해지며,

$$r_e=\frac{r_\pi}{\beta_{ac}+1}=\frac{V_T}{I_{CQ}}\frac{\beta_{ac}}{\beta_{ac}+1}=\frac{26\ \mathrm{mV}}{1\ \mathrm{mA}}\times\frac{150}{151}=25.83\ \Omega$$

식 (4.44)와 식 (4.47)에 의해 입력저항은 다음과 같이 계산된다.

$$R_i = R_1 \| R_2 \| (\beta_{ac}+1)(r_e+R_E) \simeq 150 \| (151 \times 10)\text{k}\Omega = 136.46\ \text{k}\Omega$$

소신호 전압이득은 식 (4.50)으로부터 다음과 같이 계산된다.

$$A_v = \frac{R_E}{r_e+R_E}\left(\frac{R_i}{R_S+R_i}\right) \cong \left(\frac{R_i}{R_S+R_i}\right) = \frac{136.46}{20+136.46} = 0.87\ \text{V/V}$$

따라서 설계된 공통 컬렉터 증폭기는 1 V 진폭의 입력신호에 대해 출력신호 전압은 0.87 V가 된다. [그림 4-31]은 설계된 회로의 시뮬레이션 결과를 보이고 있으며, 바이어스 전류와 전압이 설계조건에 주어진 값과 일치하는 것을 확인할 수 있으며, 소신호 전압이득도 계산값과 일치함을 확인할 수 있다.

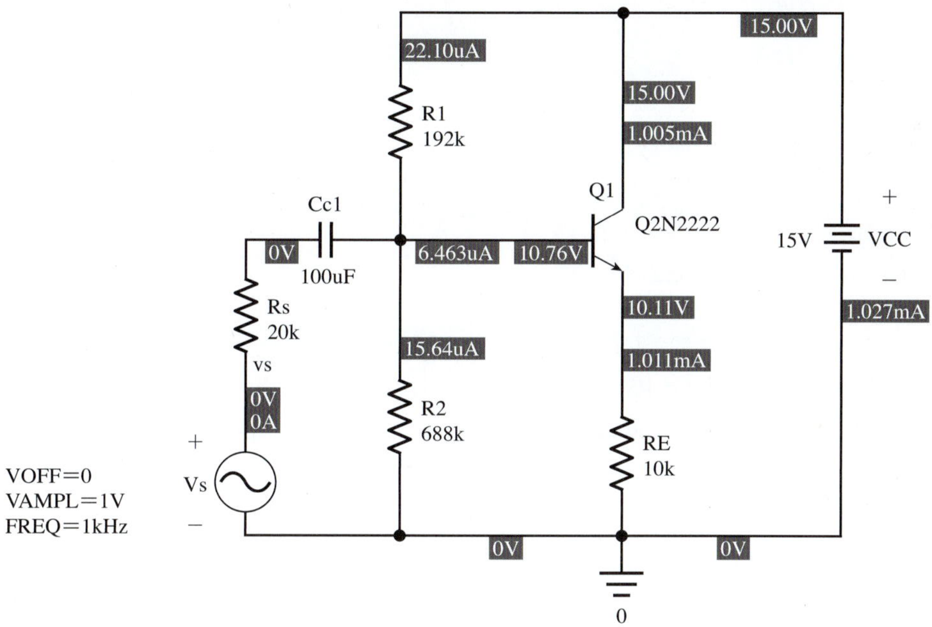

(a) DC 바이어스 시뮬레이션 결과

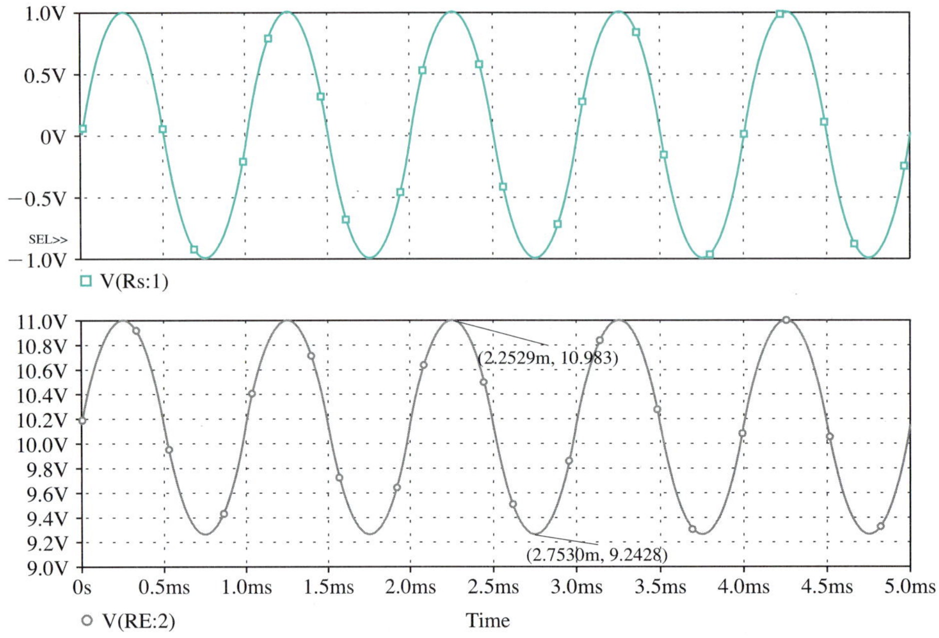

(b) PSPICE 시뮬레이션 결과

[그림 4-31] [설계 1] 회로의 시뮬레이션 결과

■ 설계 2

[그림 4-32]의 공통 이미터 회로를 PSPICE를 이용하여 시뮬레이션하시오. 단, $R_1 = 50\ \text{k}\Omega$, $R_2 = 5\ \text{k}\Omega$, $R_C = 10\ \text{k}\Omega$, $R_E = 1\ \text{k}\Omega$, $V_{CC} = 12\ \text{V}$이다.

시뮬레이션 결과

PSPICE 프로그램을 이용하여 시뮬레이션을 수행한 결과는 [그림 4-33]과 같으며, 소신호 전압이득은 9.36으로 나타났다.

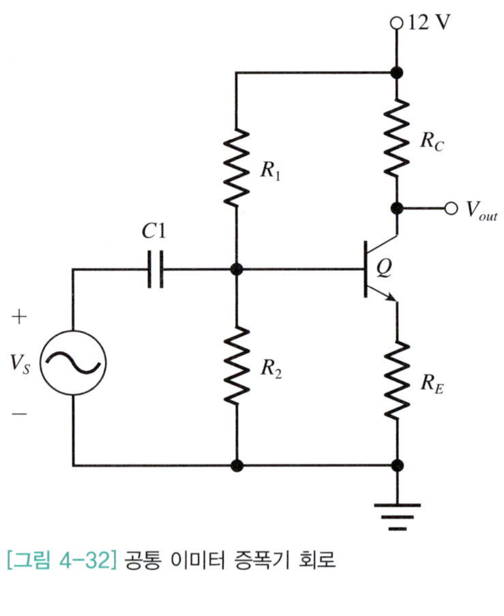

[그림 4-32] 공통 이미터 증폭기 회로

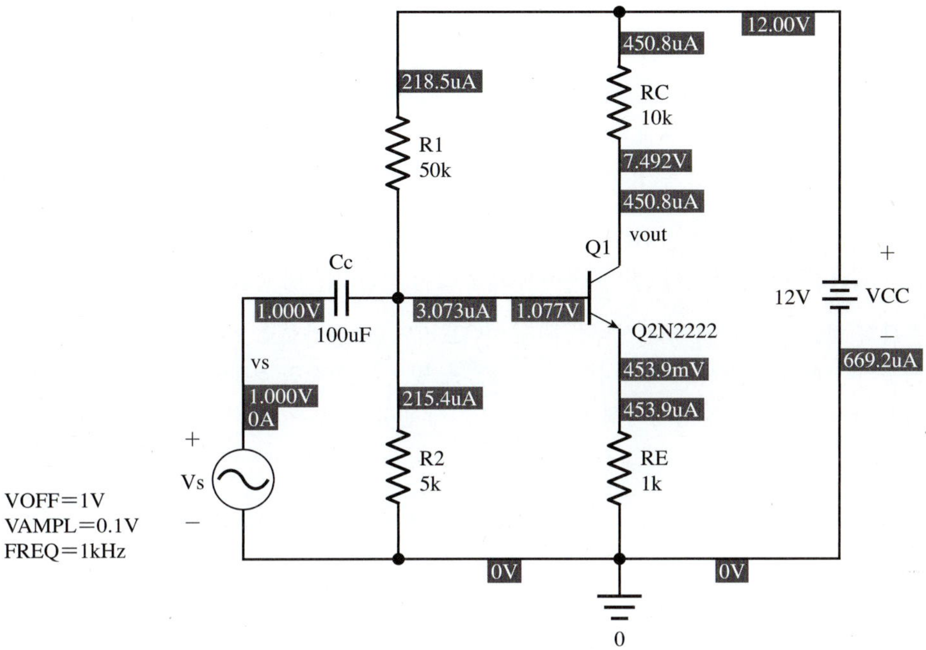

(a) DC 바이어스 시뮬레이션 결과

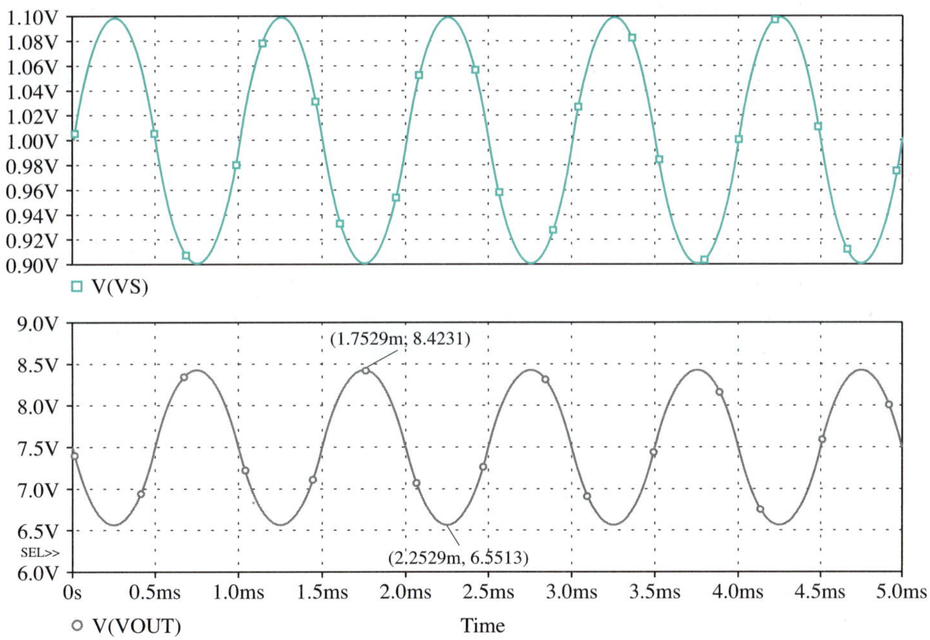

(b) PSPICE 시뮬레이션 결과

[그림 4-33] [설계 2] 회로의 PSPICE 시뮬레이션 결과

4.8 요약

■ **증폭** amplification

- 입력전압이나 전류를 더욱 크게 만들어서 출력으로 내보내는 동작
- 증폭작용을 하는 회로를 증폭기(amplifier)라고 한다.

■ **바이어스** 직류전압을 인가하여 BJT가 순방향 활성모드에서 동작하도록 동작점(Q점)을 설정하는 것으로 입력신호가 증폭되어 출력단자에서 왜곡 없이 재생되는 데 중요한 역할을 한다.

■ **BJT 증폭기 회로** 소신호 해석과 설계를 위해 하이브리드-π 등가회로 또는 r-파라미터 등가회로가 사용된다. BJT의 소신호 파라미터인 g_m, r_π, r_e 및 r_o는 동작점(컬렉터 바이어스 전류)에 따라 값이 달라지며, 증폭기의 동작특성에 영향을 미치게 된다.

■ **BJT 증폭기의 기본적인 3가지 형태**

- 공통 이미터 증폭기 : 시변 전압과 전류를 증폭하며, 중간 정도의 입출력 저항을 갖는다.
  - 공통 이미터 증폭기에 이미터 저항을 추가하면, 증폭기의 동작점(Q점)과 전압이득의 안정화 그리고 입력저항이 커지는 장점이 얻어지지만, 전압이득이 감소하는 단점도 수반되어 상호간에 교환조건(trade-off)이 존재한다.
  - 이미터 저항에 의해 증폭기 이득이 감소하는 단점을 개선하기 위해 이미터 저항을 커패시터 C_E로 바이패스 시키는 방법이 사용된다.
- 공통 컬렉터(이미터 팔로워) 증폭기 : 1보다 작은 전압이득과 큰 입력저항과 및 작은 출력 저항을 가져 임피던스 매칭용 버퍼로 사용된다.
- 공통 베이스 증폭기 : 1보다 작은 전류이득과 작은 입력저항과 및 큰 출력저항을 가져 전류 버퍼로 사용된다.

■ **3가지 기본적인 BJT 증폭기의 특성**

구성	전압이득	전류이득	입력저항	출력저항
공통 이미터	$A_v>1$	$A_i>1$	중간	중간~높음
공통 베이스	$A_v>1$	$A_i\simeq1$	낮음	중간~높음
공통 컬렉터	$A_v\simeq1$	$A_i>1$	높음	낮음

Chapter_04 연습문제

4.1 BJT가 다음의 컬렉터 전류로 바이어스되는 경우에 대해 소신호 파라미터 g_m, r_π, r_o를 구하라. (a) $I_{CQ}=1.5$ mA인 경우, (b) $I_{CQ}=0.15$ mA인 경우. 단, $\beta_{DC}=\beta_{ac}=75$, $V_A=100$ V이다.

4.2 BJT의 전달컨덕턴스가 $g_m=0.25$ A/V 되기 위해 필요한 컬렉터 전류를 구하고, 이때의 소신호 파라미터 r_π와 r_o을 구하라. 단, BJT 파라미터는 $\beta_{DC}=\beta_{ac}=85$, $V_A=250$ V이다.

4.3 [그림 4-34]의 회로에 대한 하이브리드-π 소신호 등가회로를 그리고, BJT의 소신호 파라미터 g_{m1}, g_{m2}, $r_{\pi1}$, $r_{\pi2}$의 값을 구하라. 단, BJT Q_1과 Q_2는 동일한 특성을 가지며, $\beta_{DC}=\beta_{ac}=120$, $V_A=\infty$, 역방향 포화전류는 $I_S=3\times10^{-16}$ A이고, $R_1=60$ kΩ, $R_C=5$ kΩ, $V_{CC}=5$ V이다.

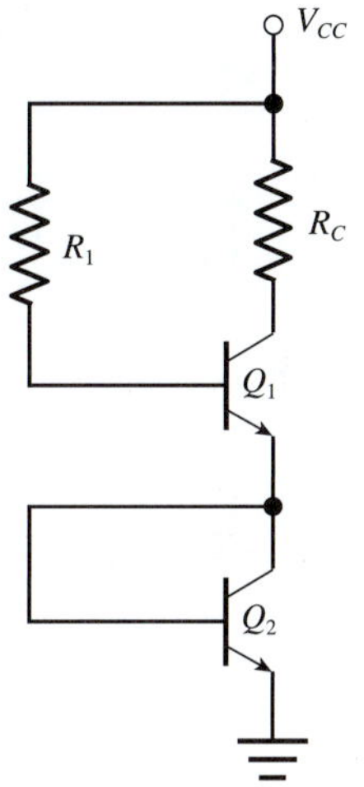

[그림 4-34]

4.4 [그림 4-35]의 회로에서 각 노드의 전압과 가지(branch) 전류를 구하고, 소신호 등가회로를 그려라. 단, BJT의 파라미터 값은 $\beta_{DC}=\beta_{ac}=100$, $V_A=\infty$, 역방향 포화전류는 $I_S=4\times10^{-16}$ A이고, $R_1=50$ kΩ, $R_2=30$ kΩ, $R_C=1$ kΩ, $V_{CC}=5$ V이다.

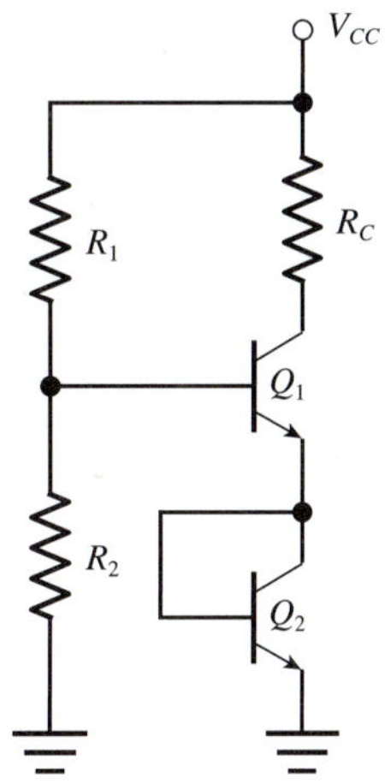

[그림 4-35]

4.5 [그림 4-36]의 회로에서 컬렉터 바이어스 전류가 $I_{CQ}=0.5$ mA이 되기 위한 R_1의 값을 구하라. 단, BJT의 파라미터는 $\beta_{DC}=100$, $I_S=5\times10^{-16}$ A, $V_A=\infty$이고, $R_2=30$ kΩ, $R_C=10$ kΩ, $R_E=0.5$ kΩ, $V_{CC}=5$ V이다.

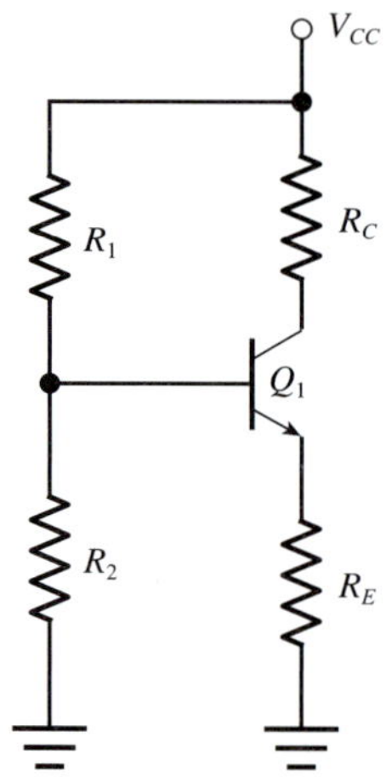

[그림 4-36]

4.6 [그림 4-37]의 회로에서 Q_1과 Q_2에서의 컬렉터 전류를 구하라. 단, BJT의 파라미터는 $\beta_{DC1}=\beta_{DC2}=100$, $I_{S1}=2I_{S2}=8\times10^{-16}$ A, $V_A=\infty$이고, $R_1=20$ kΩ, $R_2=30$ kΩ, $R_C=2$ kΩ, $R_E=0.5$ kΩ, $V_{CC}=5$ V이다.

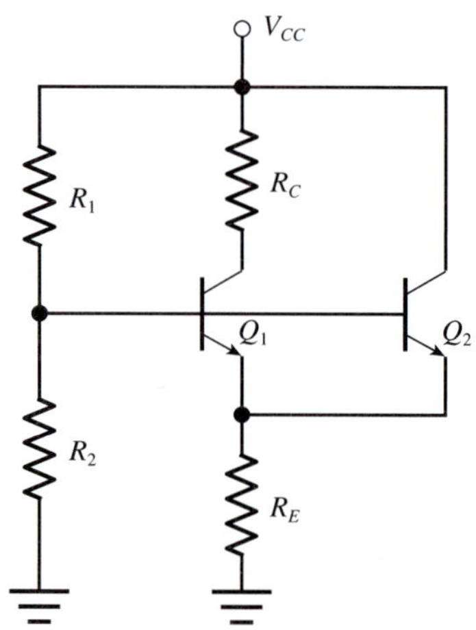

[그림 4-37]

4.7 [그림 4-38]의 회로에서 (a) Q_1의 컬렉터 전류 $I_{C1}=4$ mA이 되기 위해 필요한 전압 V_B를 구하라. (b) 소신호 등가회로를 그리고, (c) 소신호 파라미터 g_{m1}, g_{m2}, $r_{\pi1}$, $r_{\pi2}$를 구하라. 단, BJT의 파라미터는 $I_S=5\times10^{-16}$ A, $\beta_{DC}=\beta_{ac}=100$, $V_A=\infty$이고, $R_C=0.5$ kΩ, $R_E=0.8$ kΩ, $V_{CC}=5$ V이다.

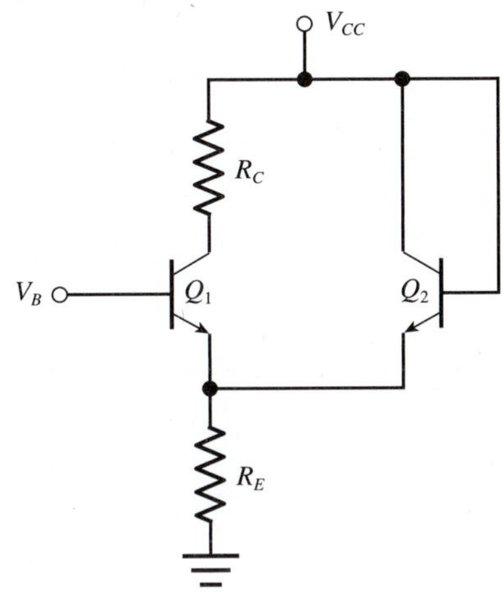

[그림 4-38]

4.8 [그림 4-39]의 회로에서 (a) 각 BJT의 동작점 전류 I_{B1}, I_{B2}, I_{C1}, I_{C2}와 동작점 전압 V_{CE1}, V_{CE2}를 구하고, (b) 회로에 대한 소신호 등가회로를 그려라. 단, BJT 파라미터는 $I_S=2\times10^{-16}$ A, $V_A=\infty$, $\beta_{DC,npn}=2\beta_{DC,pnp}=100$, $\beta_{ac,npn}=2\beta_{ac,pnp}=100$, $V_{EB(on)}=0.8$ V이며, $R_1=70$ kΩ, $R_2=30$ kΩ, $R_{C2}=0.5$ kΩ, $V_{CC}=5$ V이다.

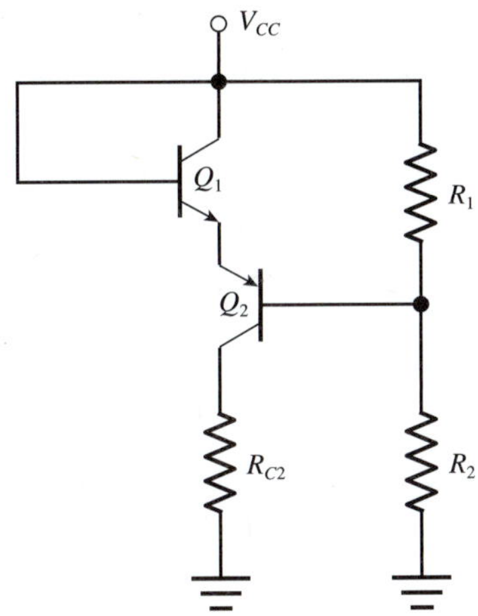

[그림 4-39]

4.9 [그림 4-40]의 회로에서 전압이득 $A_v = v_o/v_i = -10$이 되도록 컬렉터 바이어스 전류 I_{CQ}와 R_C 값을 구하고, 또한 회로의 입력 임피던스를 구하라. 단, BJT 파라미터는 $I_S = 5 \times 10^{-16}$ A, $\beta_{DC} = \beta_{ac} = 100$, $V_A = \infty$이고, $R_E = 0.5$ kΩ, $V_{CC} = 5$ V이다.

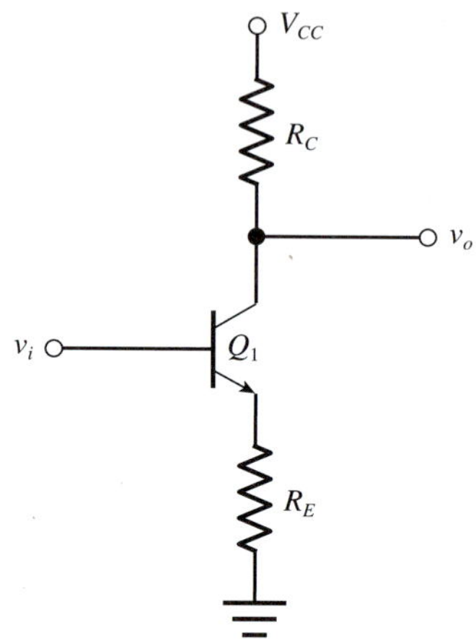

[그림 4-40]

4.10 [그림 4-41]의 회로에서 전압이득 $A_v = v_o/v_i$를 구하라. 단, BJT 파라미터는 $I_S = 6 \times 10^{-16}$ A, $\beta_{DC} = \beta_{ac} = 100$, $V_A = \infty$이고, $R_S = 3$ kΩ, $R_1 = 33$ kΩ, $R_2 = 27$ kΩ, $R_C = 20$ kΩ, $R_{E1} = 0.8$ kΩ, $R_{E2} = 5$ kΩ, $V_{CC} = 5$ V이다. 커패시터의 값은 매우 큰 값을 갖는다고 가정한다.

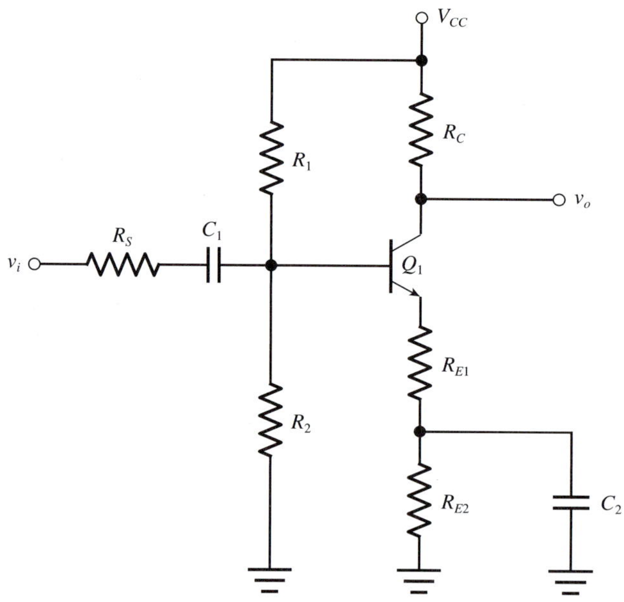

[그림 4-41]

4.11 [그림 4-42]의 회로에서 BJT의 파라미터가 $\beta_{DC}=\beta_{ac}=120$, $V_A=\infty$이고, $R_C=2.2$ kΩ, $R_E=0.5$ kΩ, $V_{CC}=5$ V, $V_{EE}=-5$ V이다.

(a) 부하선의 중심에서 Q점을 갖는 안정 바이어스 회로를 얻기 위한 R_1과 R_2를 구하라.

(b) 소신호 전압이득 $A_v=v_o/v_s$를 구하라.

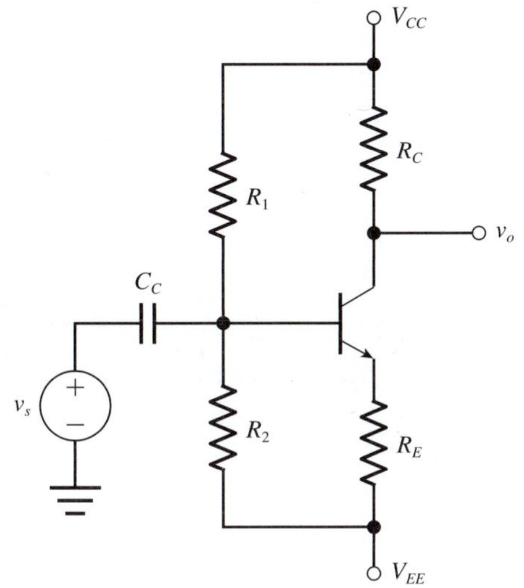

[그림 4-42]

4.12 [그림 4-43]의 회로에서 컬렉터 바이어스 전류는 $I_{CQ}=0.4$ mA이다. 소신호 파라미터 g_m, r_π, r_o과 소신호 전압이득 $A_v=v_o/v_s$를 구하라. 단, BJT의 파라미터는 $\beta_{DC}=\beta_{ac}=90$, $V_A=100$ V이고, $R_B=100$ kΩ, $R_E=5$ kΩ, $R_{E1}=0.25$ kΩ, $R_C=12.5$ kΩ, $V_{CC}=5$ V, $V_{EE}=-5$ V이다.

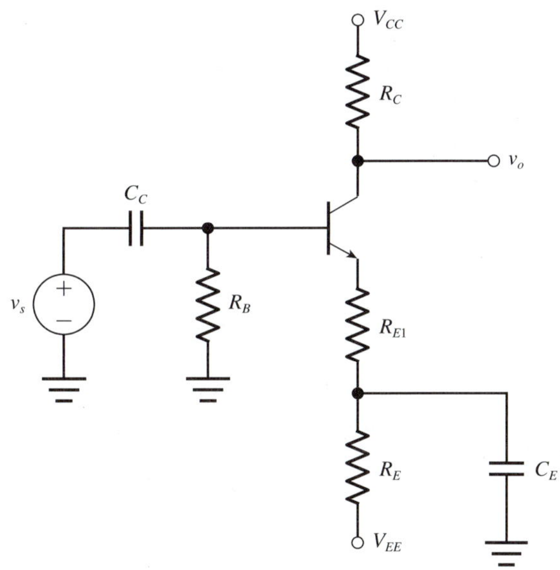

[그림 4-43]

4.13 [그림 4-43]의 회로에서 BJT의 파라미터가 $\beta_{DC}=\beta_{ac}=150$, $V_A=\infty$이고, $R_B=100\ \text{k}\Omega$, $R_{E1}=0.25\ \text{k}\Omega$, $V_{CC}=5\ \text{V}$, $V_{EE}=-5\ \text{V}$이다.

(a) $I_C=0.5\ \text{mA}$, $V_{CE}=2\ \text{V}$가 되도록 R_E와 R_C를 구하라.

(b) 소신호 전압이득 $A_v=v_o/v_s$를 구하라.

(c) 신호원 v_s에서 바라본 입력저항을 구하라.

4.14 [그림 4-44]의 회로에서 BJT 파라미터가 $\beta_{DC}=\beta_{ac}=100$, $V_A=\infty$이다. $V_{CE}=3.5\ \text{V}$가 되도록 R_1과 R_2을 구하고, 소신호 전달 레지스턴스 $R_m=v_o/i_s$을 구하라. 단, $R_C=2.5\ \text{k}\Omega$, $R_E=R_L=1.5\ \text{k}\Omega$, $V_{CC}=10\ \text{V}$이다.

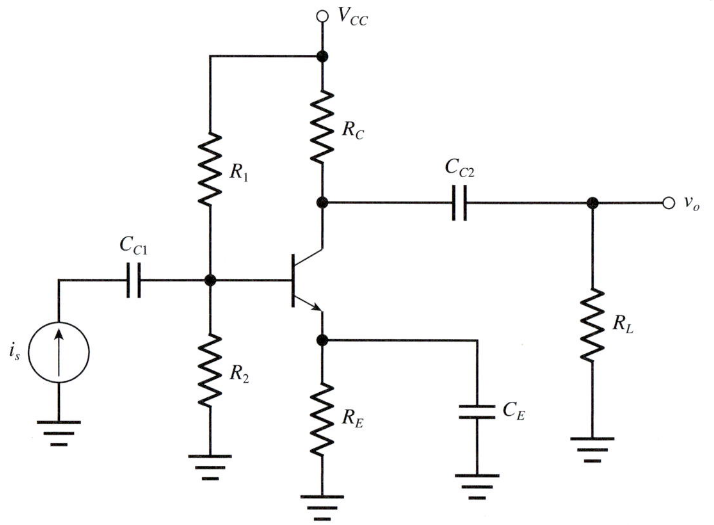

[그림 4-44]

4.15 [그림 4-45]의 회로에서 입력신호는 $v_s=10\sin\omega t\ \text{mV}$이다. $I_{CQ}=1\ \text{mA}$, $V_{CEQ}=5\ \text{V}$가 되도록 R_C와 R_E 값을 구하고, 전압이득 $A_v=v_o/v_s$을 구하라. 단, $\beta_{DC}=\beta_{ac}=95$이고, $R_S=5\ \text{k}\Omega$, $R_L=3\ \text{k}\Omega$, $V_{CC}=10\ \text{V}$, $V_{EE}=-10\ \text{V}$이다.

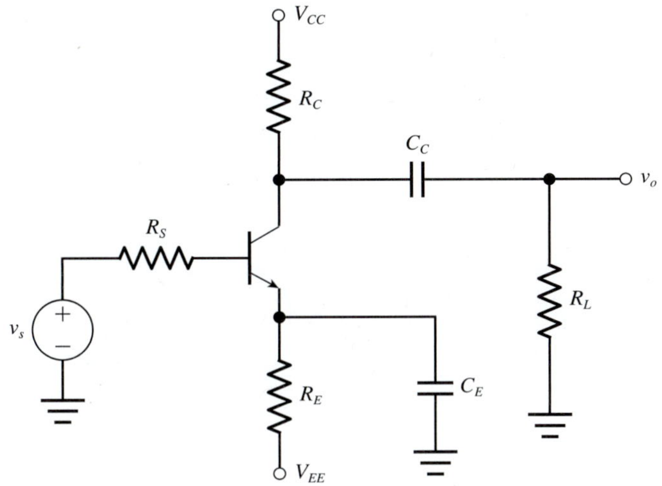

[그림 4-45]

4.16 [그림 4-46]의 회로에서 소신호 전압이득을 구하라. BJT 파라미터는 $\beta_{DC}=\beta_{ac}=100$, $I_S=9\times10^{-16}$A, $V_A=5$ V이고, $R_B=15$ kΩ, $R_E=5$ kΩ, $R_L=0.5$ kΩ, $V_{CC}=5$ V이다. 커패시터 값은 매우 크다고 가정한다.

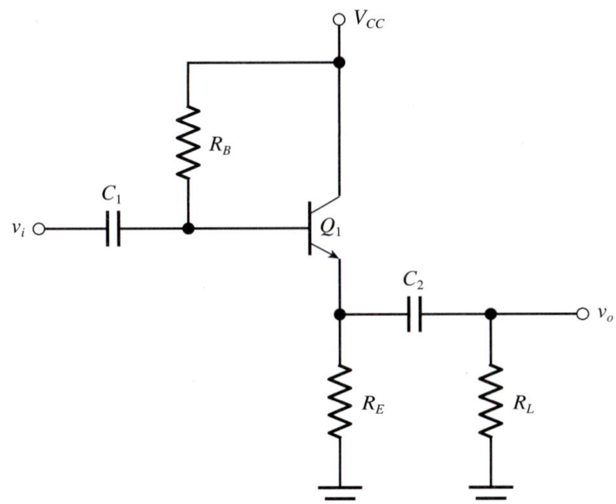

[그림 4-46]

4.17 [그림 4-47의] 공통 컬렉터 증폭기에서 출력 임피던스가 10 Ω을 넘지 않도록 하는 바이어스 전류 I_{CQ}를 구하라. 단, BJT의 파라미터는 $\beta_{DC}= \beta_{ac}=100$이고, $V_A=\infty$, $R_S=0.5$ kΩ, $V_{CC}=5$ V이다.

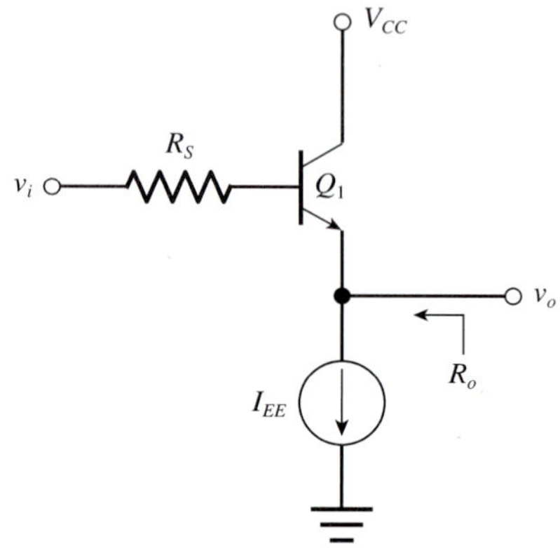

[그림 4-47]

4.18 [그림 4-48]의 회로에 대해 (a) 동작점 전류와 전압 I_{CQ}, V_{CEQ}를 구하라. (b) 소신호 전압이득을 계산하라. (c) 입력과 출력저항 R_{ib}와 R_o를 구하라. 단, BJT 파라미터는 $\beta_{DC}=\beta_{ac}=150$, $V_A=\infty$이고, $R_S=1.5$ kΩ, $R_E=0.25$ kΩ, $R_1=R_2=15$ kΩ, $R_L=0.5$ kΩ, $V_{CC}=10$ V, $V_{EE}=-10$ V이다.

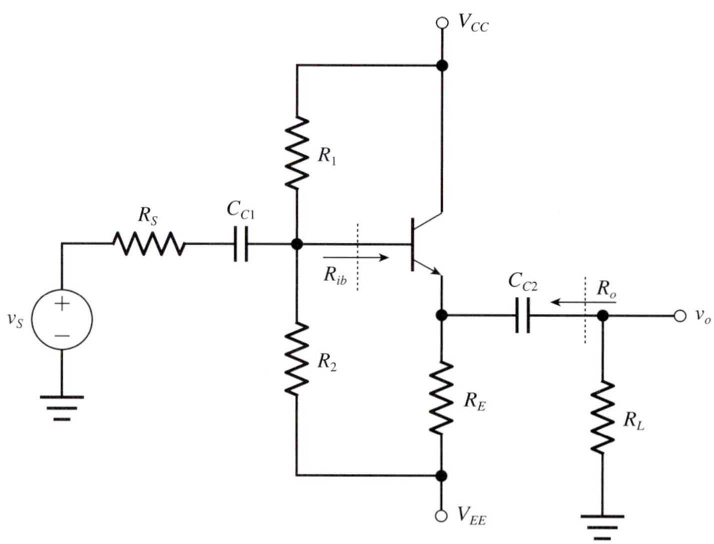

[그림 4-48]

4.19 [그림 4-49]의 공통 컬렉터 증폭기에서 출력저항 R_o를 구하고 $R_L=1$ kΩ과 $R_L=10$ kΩ에 대한 소신호 전압이득을 구하라. 단, BJT 파라미터는 $\beta_{ac}=100$, $V_A=150$ V이고, $R_S=15$ kΩ, $I_{EE}=1.5$ mA, $V_{CC}=5$ V, $V_{EE}=-5$ V이다.

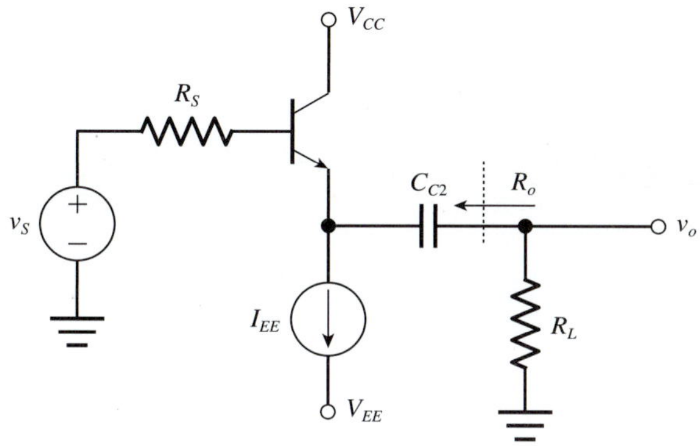

[그림 4-49]

4.20 [그림 4-50]의 회로에서 BJT의 DC 전류이득이 $70 \le \beta_{DC} \le 250$의 범위에 있다. (a) I_E와 V_E의 DC 값의 범위를 구하라. (b) 입력저항 R_i의 범위를 구하라. (c) 전압이득 $A_v=v_o/v_s$의 범위를 구하라. 단, BJT 파라미터는 $\beta_{DC}=\beta_{ac}$, $V_A=\infty$이고, $R_S=25$ kΩ, $R_B=200$ kΩ, $R_E=2$ kΩ, $R_L=2.5$ kΩ, $V_{CC}=10$ V이다.

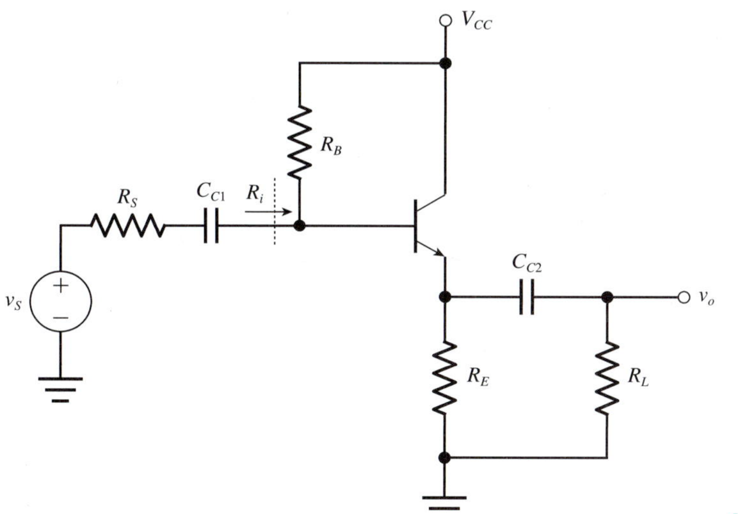

[그림 4-50]

4.21 [그림 4-51]의 공통 베이스 증폭기 회로가 $I_{CQ}=2$ mA로 바이어스되어 있다. 전압이득과 입력 및 출력 임피던스를 구하라. 단, BJT의 얼리전압은 $V_A=\infty$이고, $R_C=1$ kΩ, $V_{CC}=5$ V이다.

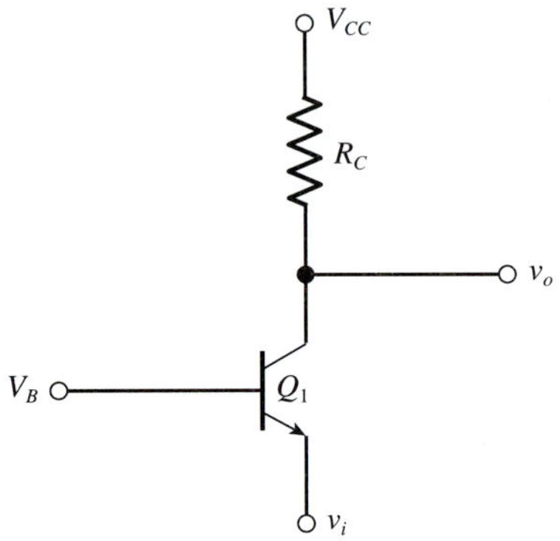

[그림 4-51]

4.22 [그림 4-52]의 공통 베이스 증폭기 회로에서 다음 물음에 답하라. 단, BJT 파라미터 값은 $\beta_{DC}=100$, $V_A=\infty$, $I_S=9\times10^{-16}$ A이고, $R_1=25$ kΩ, $R_2=20$ kΩ, $R_C=1$ kΩ, $R_E=0.8$ kΩ, $V_{CC}=5$ V이며, C_B가 매우 크다고 가정한다.

(a) Q_1의 동작점을 구하라.

(b) 전압이득과 입력 및 출력 임피던스를 구하라.

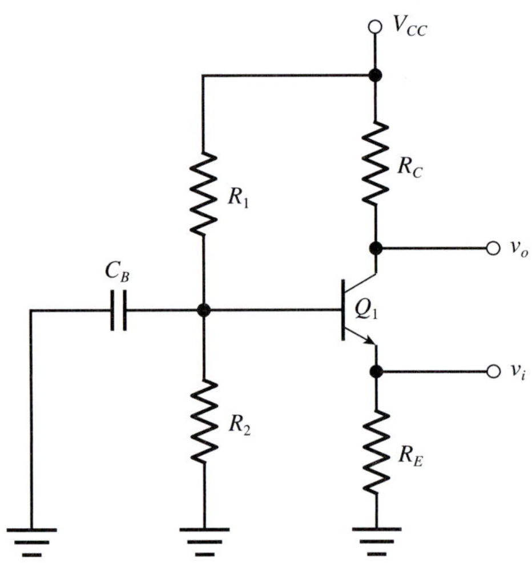

[그림 4-52]

4.23 [그림 4-53]의 공통 베이스 증폭기 회로에서 입력신호는 전류이다. 다음 물음에 답하라. 단, BJT 파라미터는 $\beta_{DC}=\beta_{ac}=150$, $V_A=\infty$이고, $R_S=130$ kΩ, $R_E=3$ kΩ, $R_1=30$ kΩ, $R_2=15$ kΩ, $R_C=5$ kΩ, $R_L=6$ kΩ, $V_{CC}=10$ V이다.

(a) Q점 값을 구하라.

(b) 트랜스레지스턴스 $R_m=v_o/i_s$을 구하라.

(c) 소신호 전압이득 $A_v=v_o/v_s$를 구하라.

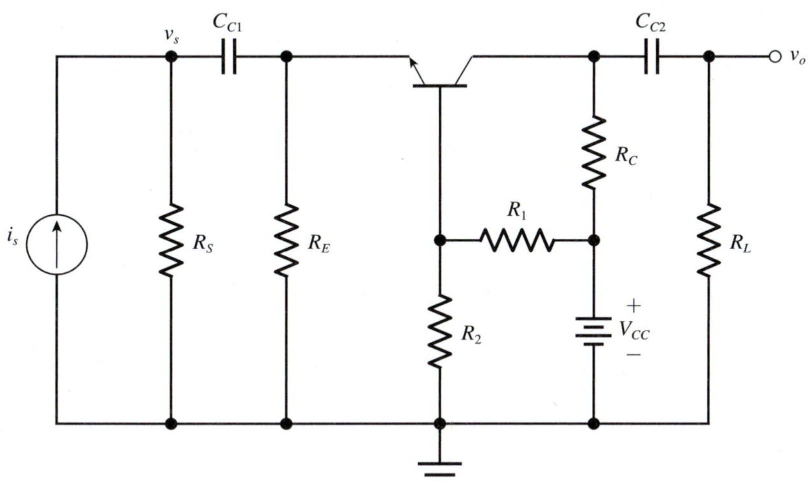

[그림 4-53]

4.24 [그림 4-54]의 회로에 대해 다음 물음에 답하라. 단, BJT 파라미터는 $\beta_{DC}=\beta_{ac}=75$, $V_A=\infty$이고, $R_S=0.1$ kΩ, $R_B=80$ kΩ, $R_E=1$ kΩ, $R_L=0.5$ kΩ, $I_{CC}=1.5$ mA, $V_{CC}=5$ V이다.

(a) 컬렉터, 베이스 그리고 이미터 단자에서 DC 전압을 구하라.

(b) 소신호 전압이득 $A_v=v_o/v_s$를 구하라.

(c) 입력저항 R_i를 구하라.

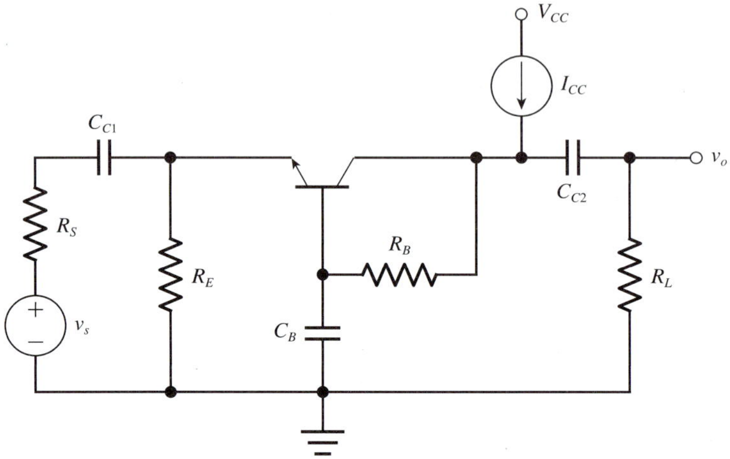

[그림 4-54]

4.25 [그림 4-55]의 공통 베이스 증폭기 회로에서 V_{CEQ}와 소신호 전압이득 $A_v = v_o/v_s$를 구하라. 단, BJT 파라미터는 $\beta_{DC} = \beta_{ac} = 90$ 그리고 $V_A = \infty$이고, $R_C = 1.5\ \text{k}\Omega$, $R_L = 15\ \text{k}\Omega$, $I_{EE} = 1.5\ \text{mA}$, $V_{EE} = -5\ \text{V}$, $V_{CC} = 5\ \text{V}$이다.

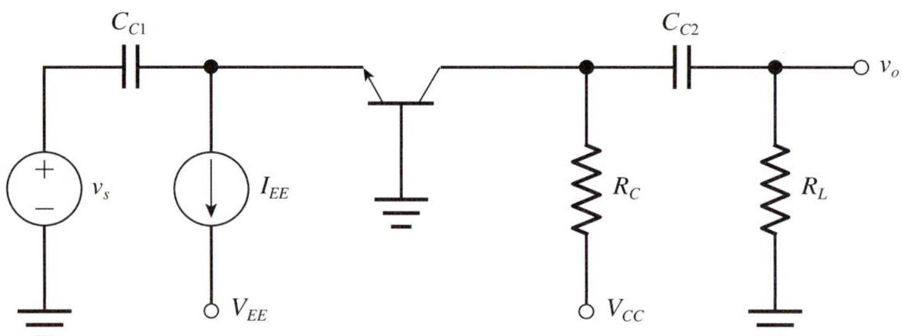

[그림 4-55]

4.26 [그림 4-56]은 공통 이미터 증폭기 회로를 나타낸 것이다. 소신호 전압이득이 $|A_v| \geq 70$을 만족하도록 R_C, R_1, R_2 값을 결정하여 회로를 완성하고, 바이어스 조건에 부합되는지 여부를 확인하라. 단, 각 전압원은 최대 0.5 mA의 전류를 공급할 수 있으며, BJT의 파라미터는 $\beta_{DC} = \beta_{ac} = 100$, $V_A = \infty$이고, $R_E = 5\ \text{k}\Omega$, $R_L = 15\ \text{k}\Omega$, $V_{CC} = 5\ \text{V}$, $V_{EE} = -5\ \text{V}$이다.

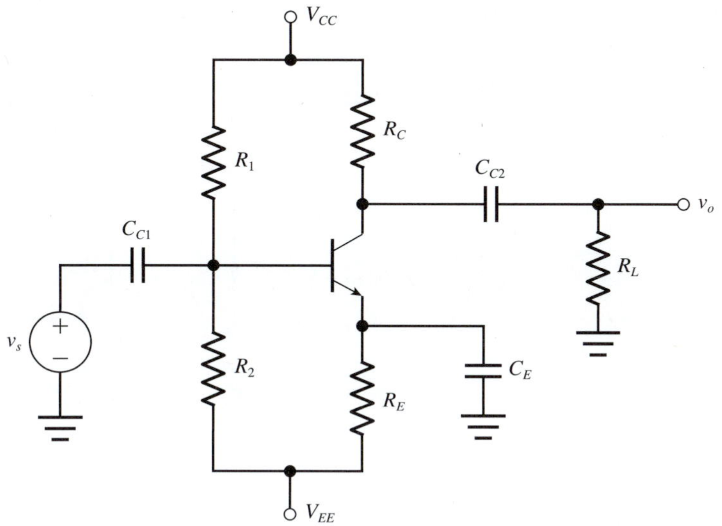

[그림 4-56]

4.27 입력신호 v_s=20 mV (rms)를 증폭하여 v_o=0.5 V (rms)의 신호를 출력하기 위한 [그림 4-57]의 공통 이미터 증폭기 회로를 설계하라. 단, BJT의 파라미터는 $\beta_{DC}=\beta_{ac}=100$, $V_A=\infty$이고, R_S=1.5 kΩ, V_{CC}=10 V이다.

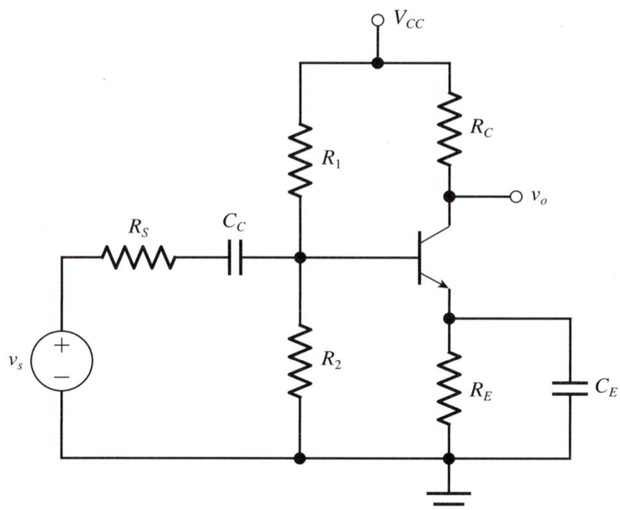

[그림 4-57]

4.28 [그림 4-58]의 공통 베이스 증폭기 회로가 전압이득이 $A_v = v_o/v_s = 15$ V/V이고, 입력 임피던스가 100 Ω이 되도록 R_1, R_2, R_C 값을 구하여 회로를 설계하라. 단, BJT의 파라미터는 $\beta_{DC} = \beta_{ac} = 100$, $I_S = 5 \times 10^{-16}$ A, $V_A = \infty$이고 $R_E = 0.5$ kΩ, $V_{CC} = 5$ V이며, R_1, R_2 저항을 통해 흐르는 전류가 베이스 전류의 10배가 되도록 하라.

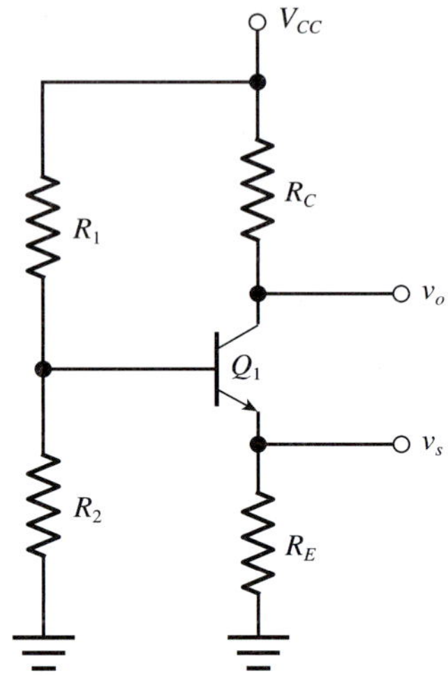

[그림 4-58]

4.29 [그림 4-59]의 공통 컬렉터 증폭기가 전압이득이 $A_v = v_o/v_s = 0.95$ V/V이고, 입력 임피던스가 15 kΩ 이상이 되도록 R_1을 구하여 회로를 설계하라. 단, BJT의 파라미터는 $\beta_{DC} = \beta_{ac} = 100$, $I_S = 6 \times 10^{-16}$A, $V_A = \infty$이며, $R_L = 0.5$ kΩ, $V_{CC} = 5$ V이다.

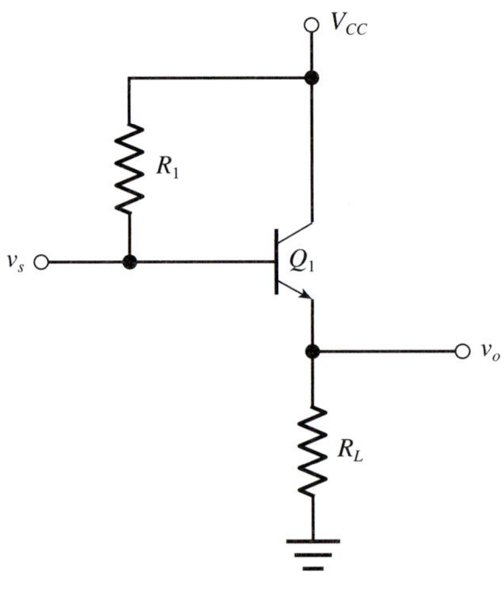

[그림 4-59]

4.30 [그림 4-60]의 공통 컬렉터 증폭기에서, 전압이득이 $A_v = v_o/v_s = 0.95$ V/V가 되도록 R_1 값을 결정하여 회로를 설계하라. 단, BJT의 파라미터는 $\beta_{DC} = \beta_{ac} = 100$, $I_S = 8 \times 10^{-16}$ A, $V_A = \infty$이며, $R_E = 0.8$ kΩ, $R_L = 0.1$ kΩ, $V_{CC} = 5$ V이다.

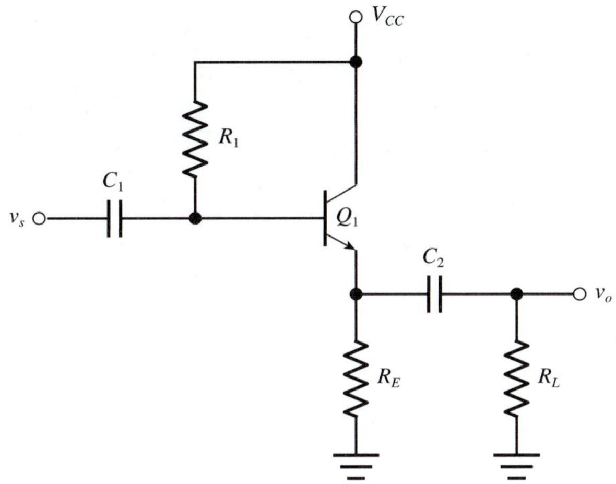

[그림 4-60]

Chapter

05

전계효과 트랜지스터(FET)

학습목표

- FET의 구조 및 전류-전압 특성을 이해하여 FET 회로의 해석 및 설계에 활용한다.
- FET의 바이어스와 DC 해석을 이해하여 다양한 FET 회로 해석에 활용한다.
- FET의 소신호 등가회로와 파라미터를 이해한다.
- 시뮬레이션을 통해 FET 회로의 DC 동작점을 해석한다.

이번 장에서는 전계효과 트랜지스터(FET: Field Effect Transistor)에 대하여 살펴보고자 한다. 전계효과 트랜지스터는 3장과 4장에서 설명된 바이폴라 접합 트랜지스터(BJT)에 비해 아주 작은 면적으로 만들 수 있고 전력소모도 매우 적어서 고집적 디지털 및 아날로그 반도체 IC(Integrated Circuit)에 폭넓게 사용되고 있다. 컴퓨터, 휴대폰, MP3 플레이어, TV 등에 사용되고 있는 대부분의 반도체 IC들은 FET 소자를 기본으로 만들어진다. 따라서 오늘날의 마이크로 전자공학을 주도하고 있는 이 소자의 중요성은 아무리 강조해도 지나치지 않을 것이다.

3장과 4장을 통해서 BJT의 구조와 특성, 동작원리, 그리고 BJT 증폭기 회로 등에 대하여 알아보았다. 2개의 PN 접합으로 만들어지는 BJT에서는 전자와 정공의 두 종류 캐리어(다수 캐리어와 소수 캐리어)에 의해서 전류가 형성되므로, 양극성(bipolar) 트랜지스터로 동작한다. 그러나 이번 장에서 다루는 전계효과 트랜지스터(FET)는 전자 또는 정공 한 종류의 캐리어에 의해서 전류가 형성되는 다수 캐리어 소자이므로 단극성(unipolar) 트랜지스터로 동작한다. BJT가 선형 증폭기 회로에 주로 사용되는 반면에, FET는 증폭기뿐만 아니라 디지털 논리회로에도 폭넓게 활용된다. FET는 입력 저항값이 매우 커서 높은 입력 임피던스를 필요로 하는 증폭기 회로 설계에도 유용하게 사용된다. BJT는 컬렉터 전류가 베이스 전류에 비례하므로, 큰 컬렉터 전류를 얻기 위해서는 큰 베이스 전류가 공급되어야 하는 단점을 갖는다. 그러나 FET는 전계효과에 의해 동작하므로 입력전류가 필요 없어 큰 출력전류를 갖는 소자의 구현에 유리하다.

FET는 구조 및 동작방식에 따라 금속-산화물-반도체 FET(Metal-Oxide-Semiconductor FET; MOSFET)와 접합 FET(Junction FET; JFET)로 구분된다. 이제부터 FET의 구조와 동작, 특성 등에 대하여 자세하게 살펴보도록 한다.

5.1 FET의 구조 및 전류-전압 특성

먼저 전계효과 트랜지스터(Field Effect Transistor)에서 '전계효과(field effect)'라는 말의 의미를 알아보자. 전계효과란 트랜지스터에 인가되는 전압에 의해 전계(electric field)가 형성되고, 전계의 세기에 의해 전류가 제어(조절)됨을 의미한다. 즉, 전계효과 트랜지스터는 입력전압에 의해서 트랜지스터의 두 단자(드레인과 소오스) 사이에 흐르는 전류가 조절되는 소자이다. 참고로 3장에서 살펴본 BJT 소자는 베이스 단자의 전류에 의해 이미터와 컬렉터 단자 사이의 전류가 제어되는 소자로, FET와는 다른 원리에 의해 동작한다.

FET는 구조에 따라 크게 두 가지 형태로 나누어진다. 제어단자가 산화물에 의해 절연되어 있는 MOSFET(Metal–Oxide–Semiconductor FET)와 제어단자가 PN 접합으로 형성된 접합 FET(Junction FET; JFET)이다. MOSFET가 JFET보다 늦게 개발되었으나, 오늘날 대부분의 반도체 IC에는 MOSFET가 사용되고 있다. 먼저 MOSFET에 대하여 살펴보고, 이어서 JFET에 대하여 설명하도록 하겠다.

5.1.1 금속–산화물–반도체 FET(MOSFET)

MOSFET는 게이트에 인가되는 전압에 의해 드레인 전류가 제어되는 소자이며, 게이트 단자가 실리콘 산화막(SiO_2)에 의해 채널영역과 분리되어 있다. MOSFET는 제작방법에 따라 증가형(enhancement–type) MOSFET와 공핍형(depletion–type) MOSFET로 구분된다.

증가형 MOSFET의 구조와 동작

증가형(enhancement–type) MOSFET의 구조는 [그림 5–1]의 (a), (b)와 같으며, 기판과 소오스/드레인의 도핑 형태에 따라 N 채널 또는 P 채널로 구분된다. [그림 5–1(a)]의 N 채널 증가형 MOSFET의 구조를 살펴보자. P형 기판에 5가의 도너 불순물(P, As 등)을 높은 농도로 주입하여 N^+영역을 형성하고 이곳에 금속을 접촉하여 소오스와 드레인 단자를 만든다. 소오스와 드레인 사이의 기판 실리콘 영역이 채널영역이 되며, 채널영역 위에는 얇은 SiO_2 산화막(oxide)이 형성되고, 그 위에 게이트 전극이 만들어진다. SiO_2 산화막은 실리콘을 산소와 결합시킨 산화 실리콘으로서 우수한 절연체이며, 따라서 게이트 전극과 채널이 절연체로 분리되어 있는 구조이다. MOSFET 소자가 발명될 초기에는 게이트 전극을 금속(metal)으로 만들었기 때문에 금속(게이트)–산화물(절연체)–반도체(채널)의 구조를 가져 MOS(Metal–Oxide–Semiconductor)라고 부르게 되었다. 반도체 제조공정의 발전에 의해 게이트 전극을 금속 대신에 폴리실리콘(polysilicon)으로 만들게 되었으나, 소자의 이름은 MOS라는 명칭을 그대로 사용한다. [그림 5–1(b)]와 같이 기판, 소오스, 드레인 영역의 도핑 형태를 반대로 바꾸면, P 채널 증가형 MOSFET가 된다.

증가형 MOSFET도 BJT와 유사하게 3개의 단자, 즉 게이트(gate), 소오스(source), 드레인(drain) 단자를 갖는다. 게이트 단자는 소오스와 드레인 사이의 전류흐름을 제어하는 역할을 하며, 소오스는 전류를 운반하는 캐리어를 공급하고, 드레인은 소오스에서 공급된 캐리어가 채널영역을 지나 소자 밖으로 방출되는 단자이다. MOSFET의 단자와 BJT의 단자는 게이트와 베이스, 소오스와 이미터, 드레인과 컬렉터가 각각 대응된다.

증가형 MOSFET는 [그림 5-1]의 (c), (d)와 같은 기호를 사용하여 나타내며, 기판 단자의 화살표 방향이 기판의 도핑 형태를 나타내거나, 소오스 단자의 화살표 방향이 소오스 영역의 도핑 형태를 나타낸다. MOSFET의 소자형태(N 채널 또는 P 채널)는 소오스 영역의 도핑 형태와 동일하며, 기판의 도핑 형태와 반대가 됨을 유의하기 바란다.

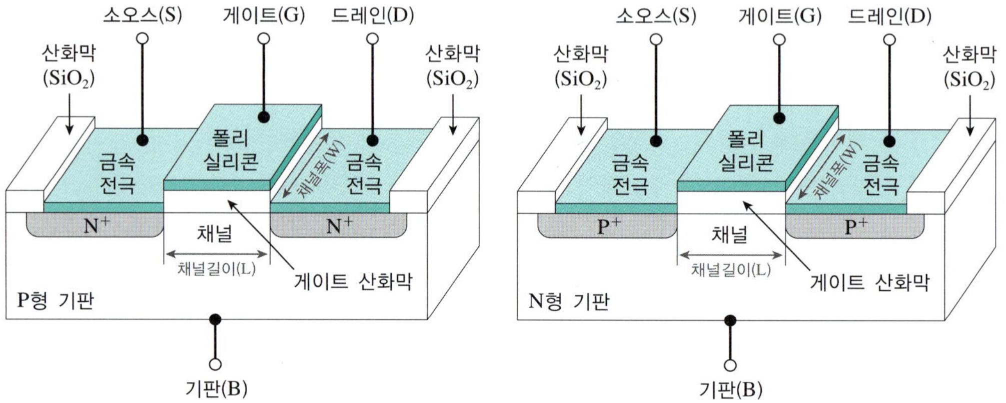

(a) N 채널 증가형 MOSFET의 구조　　(b) P 채널 증가형 MOSFET의 구조

(c) N 채널 증가형 MOSFET의 기호　　(d) P 채널 증가형 MOSFET의 기호

[그림 5-1] 증가형 MOSFET의 구조와 기호

증가형 MOSFET의 개략적인 동작원리를 살펴보자. N 채널 MOSFET와 P 채널 MOSFET는 전류와 전압의 극성이 반대되는 것을 제외하면 동일한 해석이 가능하므로, 특별히 필요한 경우를 제외하고 N 채널 MOSFET를 기본으로 하여 설명하겠다. MOSFET의 동작에 있어서 중요한 점은 전류가 소오스와 드레인 사이의 채널영역을 통해서만 흐르며, 소오스 또는 드레인에서 기판 쪽으로는 흐르지 않아야 한다는 것이다. 따라서 소오스, 드레인과 기판의 PN 접합은 항상 역방향 바이어스 상태가 되어야 하며, 이를 위해 N 채널 MOSFET의 P형 기판에는 0 V 또는 음(−)의 전압이 인가되도록 해야 한다. 동일한 원리에 의해 P 채널 MOSFET의 N형 기판에는 $+V_{DD}$ 전압이 인가되어야 한다.

[그림 5-1(a)]의 N 채널 증가형 MOSFET 구조에서 소오스와 채널 그리고 채널과 드레인 사이에는 PN 접합이 형성되어 있다. 소오스, 드레인과 기판의 PN 접합은 항상 역방향 바이어스 상태가 되어야 하므로 소오스와 드레인 사이에 전류가 흐를 수 없다. 따라서 소오스와 드레인 사이에 전류가 흐르도록 하기 위해서는 채널영역에 전자를 모아서 소오스와 드레인이 연결되도록 해야 한다. 이를 위해 [그림 5-2]와 같이 게이트 전극에 양(+)의 전압 V_{GS}를 인가하면, 게이트 산화막 아래의 채널영역에 전자들이 모여 N형 반전층(inversion layer)이 형성되며, 이 상태를 채널이 형성되었다고 한다. 여기서 '반전층'이란 기판의 다수 캐리어(기판의 도핑 형태에 의해 결정됨)와 반대 형태의 캐리어가 모여 있는 상태를 말한다. 채널이 형성된 상태에서 드레인에 양(+)의 전압 V_{DS}가 인가되면 소오스와 드레인 사이에 전류가 흐르게 된다.

채널이 형성되는 원리를 좀 더 상세히 살펴보자. 게이트에 인가된 양(+)의 전압에 의해 기판의 다수 캐리어인 정공은 기판의 아래 쪽으로 밀려나고, 이에 의해 공핍영역이 형성된다. 기판과 소오스, 드레인의 PN 접합은 역방향 바이어스 상태이므로 [그림 5-2]에서 보는 바와 같이 소오스, 드레인 그리고 채널영역 주변에 공핍영역이 형성된다. 게이트 전압이 특정 임계값(이를 MOSFET의 문턱전압이라고 함) 이상으로 인가되면, P형 기판의 소수 캐리어인 전자가 채널영역으로 끌려와 모이게 되어 반전층이 형성된다. 게이트에 인가되는 전압의 크기에 따라 채널영역에 모이는 전자의 수가 달라지므로 '증가형(enhancement)'이라는 이름이 붙었다. 결과적으로 증가형 MOSFET는 게이트 전압에 의해 드레인 전류가 제어되는 소자라고 할 수 있다.

증가형 MOSFET에서 채널을 형성하기 위해 필요한 최소 게이트 전압을 문턱전압(threshold voltage)이라고 한다. N 채널 증가형 MOSFET의 문턱전압은 $V_{Tn}>0$이며, P 채널 증가형 MOSFET의 문턱전압은 $V_{Tp}<0$이다.

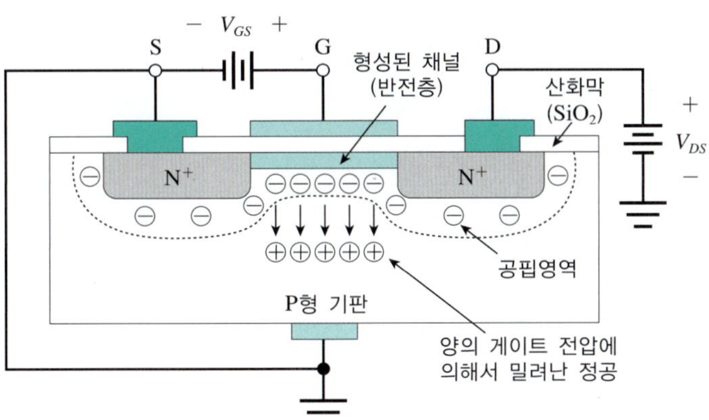

[그림 5-2] N 채널 증가형 MOSFET의 채널 형성($V_{GS}>V_{Tn}$)

공핍형 MOSFET의 구조와 동작

공핍형(depletion-type) MOSFET는 [그림 5-1]의 증가형 MOSFET와 동일한 구조를 가지며, 단지 제조과정에서 채널이 미리 만들어진다는 점만 다르다. [그림 5-3]은 공핍형 MOSFET의 구조를 보이고 있으며, 소오스와 드레인이 채널영역에 의해 서로 연결되어 있음을 볼 수 있다. 공핍형 MOSFET의 소자형태(N 채널 또는 P 채널)는 소오스, 드레인, 채널영역의 도핑 형태에 의해 결정되며, 기판의 도핑 형태와 반대임을 기억하자. 공핍형 MOSFET의 회로기호는 [그림 5-3]의 (c), (d)와 같이 나타내며, 기판단자의 화살표 방향이 기판의 도핑 형태를 나타낸다. 공핍형 MOSFET는 채널이 미리 만들어져 있으므로, 이를 기호에 표시하는 점이 증가형 MOSFET 기호와 다르다.

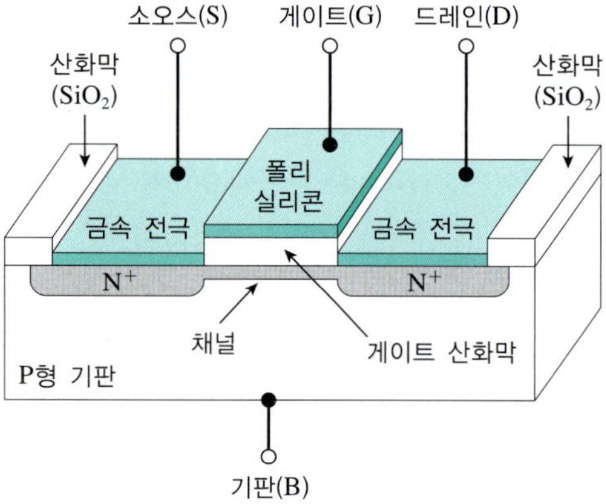

(a) N 채널 공핍형 MOSFET의 구조

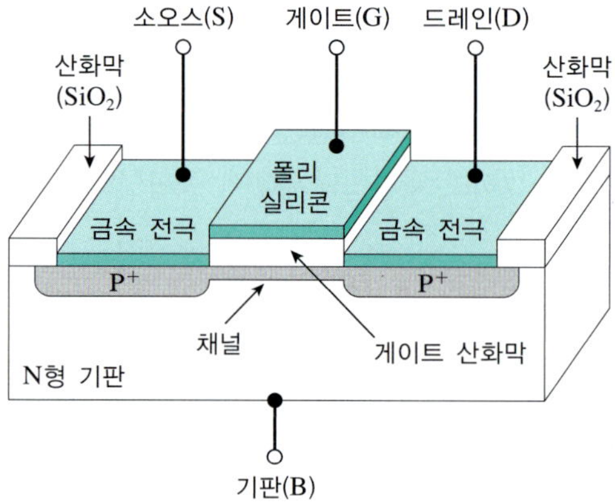

(b) P 채널 공핍형 MOSFET의 구조

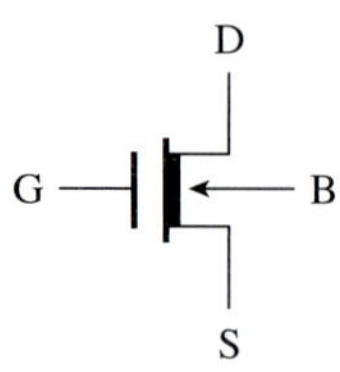

(c) N 채널 공핍형 MOSFET의 기호

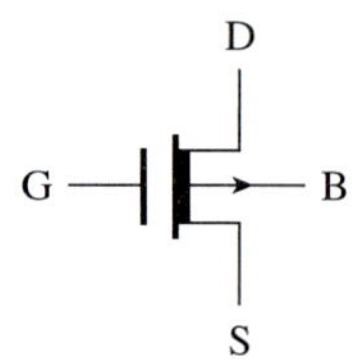

(d) P 채널 공핍형 MOSFET의 기호

[그림 5-3] 공핍형 MOSFET의 구조와 기호

공핍형 MOSFET의 동작원리를 개략적으로 살펴보자. N 채널 MOSFET와 P 채널 MOSFET는 전류와 전압의 극성이 반대되는 것을 제외하면 동일한 해석이 가능하므로, N 채널 MOSFET를 기본으로 설명하겠다. 증가형 MOSFET와 마찬가지로 공핍형 MOSFET의 동작에 있어서도 전류는 소오스와 드레인 사이의 채널을 통해서만 흐르며, 소오스 또는 드레인에서 기판 쪽으로 전류가 흐르지 않아야 한다. 따라서 소오스, 드레인과 기판의 PN 접합은 항상 역방향 바이어스 상태가 되어야 하므로, 이를 위해 N 채널 공핍형 MOSFET의 P형 기판에는 0 V 또는 음(−)의 전압이 인가되어야 하며, P 채널 공핍형 MOSFET의 N형 기판에는 $+V_{DD}$의 전압이 인가되어야 한다.

공핍형 MOSFET는 게이트 전압의 극성(양(+) 또는 음(+))과 크기에 따라서 동작이 달라진다. N 채널 공핍형 MOSFET에서 게이트 전압이 음(−)이면 공핍형으로 동작하고, 양(+)이면 증가형으로 동작한다. [그림 5-4]는 소오스와 기판을 접지시키고, 음(−)의 게이트 전압 V_{GS}를 인가하여 공핍형으로 동작하도록 구성된 예이다. 게이트에 음의 전압이 인가되면, N 채널영역의 다수 캐리어인 전자가 기판 아래 쪽으로 밀려나고 그 자리에는 공핍영역이 형성된다. 따라서 채널영역에는 다수 캐리어인 전자가 감소하게 되고, 그 결과 드레인 전류가 감소하게 된다. 게이트에 인가되는 음의 전압이 커질수록 공핍영역의 폭이 확대되어 드레인 전류는 더욱 감소하게 된다. 이와 같이 드레인 전류가 게이트에 인가되는 음(−)의 전압 크기에 비례하므로, 게이트 전압에 의해 소오스-드레인 사이의 전류를 조절할 수 있게 된다.

음의 게이트 전압이 특정 임계값(이를 공핍형 MOSFET의 문턱전압이라고 함)이 되면, 채널영역은 모두 공핍영역으로 채워져 캐리어가 모두 없어지고 드레인 전류는 흐르지 못하게 된다. 공핍형 N 채널 MOSFET의 문턱전압은 $V_{Tn}<0$이고, P 채널 MOSFET의 문턱전압은 $V_{Tp}>0$이다. 증가형 MOSFET의 문턱전압과 부호가 반대임을 유의한다.

공핍형 N 채널 MOSFET에 양(+)의 게이트 전압이 인가되면, 기판의 소수 캐리어인 전자가 채널영역으로 끌려와 드레인 전류를 증가시키고, 이것은 곧 증가형 MOSFET와 동일한 동작을 하게 된다.

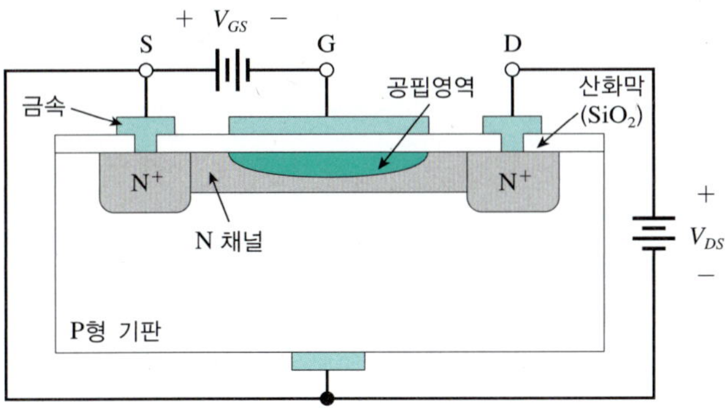

[그림 5-4] N 채널 공핍형 MOSFET의 동작원리

MOSFET의 전류-전압 특성

■ 증가형 MOSFET의 전류-전압 특성

MOSFET의 게이트 전극은 게이트 산화막에 의해 채널영역과 분리되어 있으므로, 게이트 단자로 흐르는 전류는 이상적으로 0이다. 앞서 살펴보았듯이, 증가형 MOSFET는 게이트 단자의 전압이 임계값 이상일 때에만 채널이 형성되어 전류가 흐를 수 있으며, 임계전압에 도달하기 전까지는 드레인 전류가 흐르지 않는다. 이처럼 드레인 전류가 게이트 전압에 의해서 제어가 가능해진다는 사실을 기억하면서, 증가형 MOSFET의 전류-전압 특성을 알아보자. N 채널 MOSFET와 P 채널 MOSFET는 전류와 전압의 극성이 반대가 됨을 유의하면서 N 채널 MOSFET에 대해 알아보자. N 채널 증가형 MOSFET는 게이트 전압에 따라 차단상태와 도통상태로 동작하며, 도통상태에서는 드레인 전압의 크기에 따라 비포화영역과 포화영역으로 구분된다.

[그림 5-5(a)]와 같이 게이트 전압이 N 채널 MOSFET의 문턱전압 V_{Tn}보다 작으면 채널이 형성되지 못하므로 드레인 전류는 0이 되며, 이 영역을 차단영역(cutoff region) 이라고 한다. MOSFET가 스위치로 사용되는 디지털회로에서는 개방된 스위치로 동작하게 된다.

문턱전압 V_{Tn}보다 큰 게이트 전압이 인가되어 $v_{GS} \geq V_{Tn}$이면, 채널이 형성되어 전류가 흐를 수 있는 도통상태가 된다. 채널이 형성된 상태에서의 MOSFET 동작은 드레인-소오스 사이의 전압 v_{DS}에 따라 비포화영역과 포화영역으로 구분된다.

[그림 5-5(b)]는 비포화영역의 동작을 보이고 있으며, $v_{GS} \geq V_{Tn}$에 의해 채널이 형성되고 v_{DS}가 채널 형성에 기여하는 유효 게이트 전압 $v_{GS}-V_{Tn}$보다 작은 상태이다. [그림 5-5(b)]에서 보는 바와 같이, 소오스에서 드레인까지 채널이 형성되어 있고 전압 v_{DS}가 만드는 수평 전계에 의해 전자가 소오스에서 드레인으로 이동하여 전류가 흐르게 된다. 게이트 전압 v_{GS}와 드레인 전압 v_{DS}가 클수록 드레인 전류는 많이 흐르게 되며, 이와 같이 동작하는 영역을 비포화(non-saturation) 동작영역, 선형(linear) 또는 트라이오드(triode) 동작영역이라고 한다.

비포화 동작영역에서의 드레인 전류는 게이트 전압과 드레인 전압 모두에 의해 영향을 받으며, 드레인 전류는 식 (5.1)과 같이 표현된다.

$$i_D = K_n\left[(v_{GS}-V_{Tn})v_{DS} - \frac{1}{2}v_{DS}^2\right] \tag{5.1}$$

식 (5.1)에서 V_{Tn}는 N 채널 MOSFET의 문턱전압을 나타내며 게이트 산화막의 두께, 기판의 도핑 농도, 게이트 전극의 물질 등 제조공정에 의해 결정된다. K_n은 식 (5.2)와 같이 주어지며, 전자의 이동도 μ_n, 게이트 산화막의 정전용량 C_{ox}, MOSFET의 채널폭 W와 채널길이 L의 비에 의해 결정되는 전도(conduction) 파라미터이다. 게이트 산화막의 정전용량 C_{ox}는 산화막의 유전율 ϵ_{ox}를 산화막의 두께 t_{ox}로 나눈 값 ($C_{ox}=\frac{\epsilon_{ox}}{t_{ox}}$)이다.

$$K_n = \mu_n C_{ox}\left(\frac{W}{L}\right) \tag{5.2}$$

MOSFET의 게이트 산화막 두께 t_{ox}가 커지면, C_{ox}는 작아지고 문턱전압 V_{Tn}가 커지게 되어 결과적으로 드레인 전류가 감소한다. 큰 드레인 전류를 얻기 위해서는 게이트 산화막의 두께가 가능한 한 얇아야 하는데, 게이트 산화막의 두께가 너무 얇으면 게이트 전압에 의해 산화막의 절연특성이 파괴될 수 있다. 최근의 제조공정에서는 동작전압도 함께 감소시키는 방법이 사용되고 있으며, 일반적으로 산화막의 두께는 수십~수백 Å정도로 만들어진다.

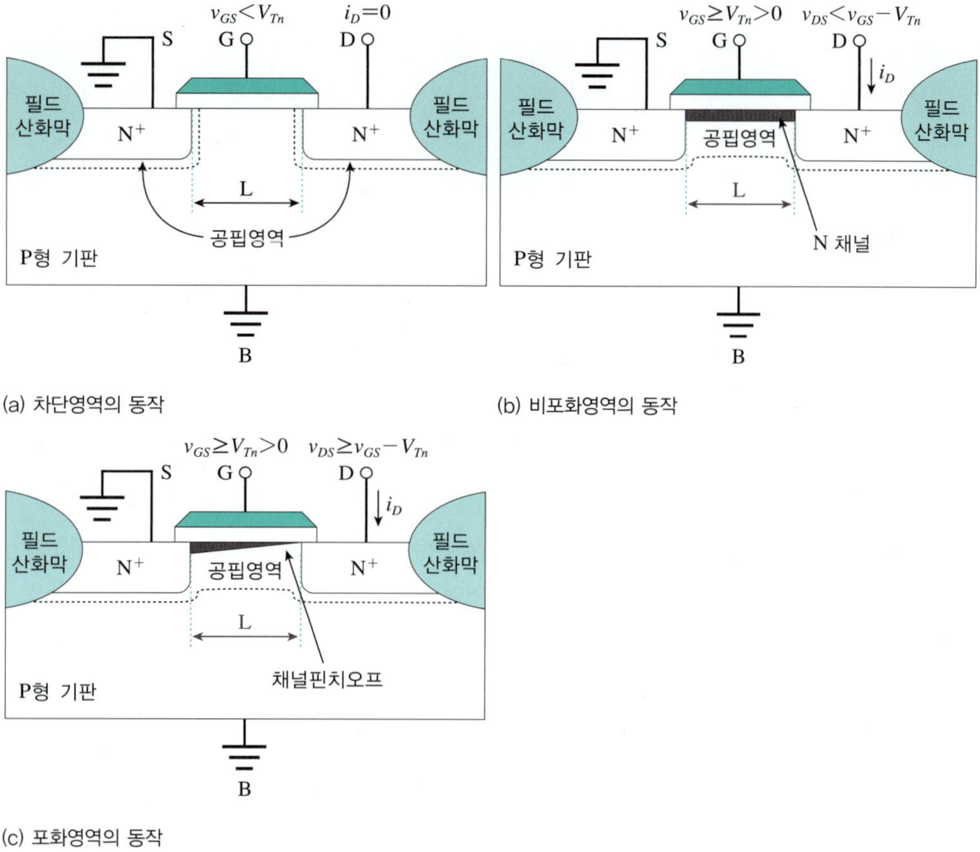

[그림 5-5] N 채널 증가형 MOSFET의 동작

식 (5.1)과 식 (5.2)에서 보는 바와 같이 드레인 전류는 전자의 이동도, 게이트 산화막의 정전용량, 트랜지스터의 채널폭과 채널길이에 의해 영향을 받는다. 전자의 이동도와 게이트 산화막의 정전용량은 반도체 제조공정에 의해 결정되는 요인이므로, 회로 설계자는 채널폭 W과 채널길이 L로

MOSFET에 흐르는 전류를 조정할 수 있다. 즉, 채널폭을 크게 만들면 전류가 많이 흐르며, 작게 만들면 전류가 작게 흐른다.

채널이 형성된 상태에서 드레인 전압이 증가하여 $v_{DS}=v_{GS}-V_{Tn}$이 되면, [그림 5-5(c)]와 같이 드레인 근처에서 채널이 없어지는데, 이것을 채널이 핀치오프(pinch-off) 되었다고 한다. 핀치오프란 게이트 전압에 의한 수직 전계와 드레인 전압에 의한 수평 전계가 서로 상쇄되어 드레인 근처에서 채널이 형성되지 못하는 상태를 말한다. 이때의 드레인-소오스 전압을 드레인-소오스 포화전압 $V_{DS,sat}$로 표현한다.

핀치오프 상태에서 전자가 채널의 끝에 도달하면, 드레인 부근의 강한 전계에 의해서 전자가 빠르게 드레인으로 끌려가는 현상이 발생한다. 그 결과 드레인 전압은 더 이상 드레인 전류의 변화에 영향을 주지 못하게 된다. 이때 드레인 전압이 더 커진다 해도 드레인 전류는 일정하며 이러한 동작영역을 포화영역(saturation region)이라 한다. 포화영역은 $v_{GS} \geq V_{Tn}$이고, v_{DS}가 채널 형성에 기여하는 유효 게이트 전압 $v_{GS}-V_{Tn}$보다 큰 경우, 즉 $v_{DS} \geq v_{GS}-V_{Tn}$인 동작영역이다.

2차 효과를 무시하는 이상적인 경우에, 포화영역에서 MOSFET의 전류는 드레인 전압에 무관하고 게이트 전압에만 영향을 받으며, 드레인 전류는 식 (5.3)과 같이 표현된다.

$$i_D = \frac{1}{2}K_n(v_{GS}-V_{Tn})^2 \tag{5.3}$$

여기서 K_n은 식 (5.2)로 정의된다. 채널길이가 짧은 경우에 나타나는 2차 효과를 고려하면 포화영역에서의 드레인 전류는 드레인 전압에 의해 일부 영향을 받게 된다. 이에 대해서는 뒤에서 설명하겠다.

N 채널 MOSFET의 동작영역, 즉 차단영역, 비포화영역, 포화영역에 따른 전류, 전압특성은 [그림 5-6]과 같다. 차단영역에서는 드레인 전류가 0이며, 비포화영역에서는 드레인 전류가 게이트 전압과 드레인 전압에 모두 영향을 받고, 포화영역의 드레인 전류는 게이트 전압에 의해서만 영향 받음을 볼 수 있다. 그림에서 점선으로 표시된 포물선은 포화영역과 비포화영역의 경계를 나타내며, $V_{DS,sat}=v_{GS}-V_{Tn}$인 값들의 궤적을 나타낸다. 포화영역과 비포화영역의 명칭이 BJT의 경우와 반대이므로 혼동하지 않도록 유의한다. MOSFET가 증폭기 회로에 사용되는 경우 포화영역에서 동작하도록 동작점이 설정되어야 하며, 이에 대해서는 다음 절에서 설명된다.

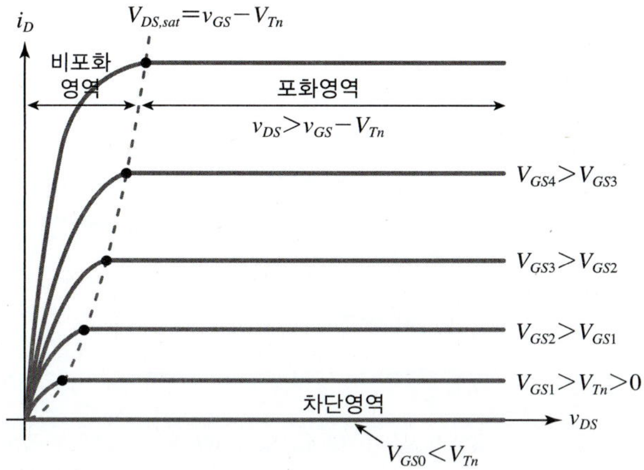

[그림 5-6] 증가형 N 채널 MOSFET의 전류-전압 특성 곡선

■ 채널길이 변조효과

MOSFET의 포화영역에서 드레인 전압이 증가함에 따라 채널의 핀치오프가 증가하여 드레인 근처에서 채널이 없어지는 현상이 일어나며, [그림 5-7]과 같이 채널길이가 ΔL 만큼 짧아진다. 드레인 전압 v_{DS}가 증가할수록 ΔL이 커지고 식 (5.2)에서 채널길이 L이 $L'=L-\Delta L$로 감소한다. 따라서 K_n 값이 커져 식 (5.3)의 드레인 전류가 증가하게 된다. 이를 MOSFET의 채널길이 변조(channel-length modulation) 효과라고 한다. 채널길이 변조효과를 고려하는 경우, 식 (5.3)의 포화영역 드레인 전류 i_D는 식 (5.4)와 같이 표현된다. 여기서 λ를 '채널길이 변조계수' 라고 하며, 채널길이 L에 반비례하므로, 채널길이 변조효과는 MOSFET의 채널길이가 짧을수록 큰 영향을 미치게 된다.

$$i_D=\frac{1}{2}K_n(v_{GS}-V_{Tn})^2\,(1+\lambda v_{DS}) \tag{5.4}$$

채널길이 변조효과는 포화영역에서 동작하도록 바이어스된 MOSFET의 드레인 저항 성분으로 나타나며, 증폭기와 같은 아날로그 회로의 성능에 영향을 미치는 요인이 된다. 이에 대해서는 5.3절의 소신호 파라미터에서 다시 설명한다.

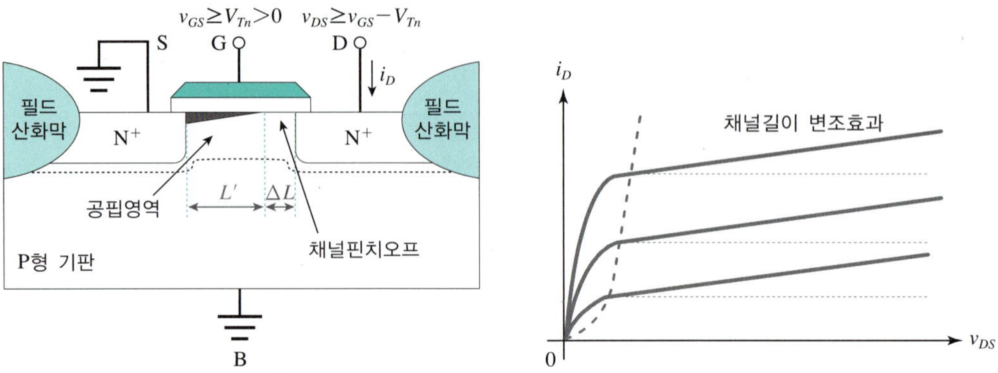

(a) 채널핀치오프에 의한 유효 채널길이의 감소

(b) 채널길이 변조효과를 고려한 전류-전압 특성 곡선

[그림 5-7] 증가형 N 채널 MOSFET의 채널길이 변조효과

예제 5-1

포화영역에서 동작하는 N 채널 MOSFET는 $V_{DS}=1$ V에서 2 mA의 드레인 전류가 흐른다. V_{DS}가 2배로 증가했을 때의 드레인 전류의 변화를 구하라. 단, 게이트-소오스 전압은 $V_{GS}>V_{Tn}$이고 일정한 값을 유지하며 $\lambda=0.5\text{ V}^{-1}$이다.

풀이

주어진 초기 V_{DS} 값을 V_{DS1}, 2배로 증가했을 때의 값을 V_{DS2}로 표기하면, $V_{DS1}=1$ V이고, $V_{DS2}=2$ V가 된다. 식 (5.4)에 V_{DS1}, V_{DS2}을 각각 대입하면 채널길이 변조효과가 고려된 포화영역의 드레인 전류는 다음과 같다.

$$I_{D1}=K_n(V_{GS}-V_{Tn})^2(1+\lambda V_{DS1}) \quad (1)$$

$$I_{D2}=K_n(V_{GS}-V_{Tn})^2(1+\lambda V_{DS2}) \quad (2)$$

식 (2)를 식 (1)로 나누고, 정리하면 다음과 같다.

$$I_{D2}=I_{D1}\frac{1+\lambda V_{DS2}}{1+\lambda V_{DS1}} \quad (3)$$

식 (3)에 주어진 값들을 대입하면 $I_{D2}=2.67$ mA가 되며, 따라서 I_D의 변화는 0.67 mA(33.3%)가 된다. 이는 V_{DS} 값이 100% 증가하면, 채널길이 변조효과에 의해 드레인 전류는 33.3% 증가함을 의미한다.

■ **공핍형 MOSFET의 전류-전압 특성**

앞에서 설명한 바와 같이, 공핍형 MOSFET는 게이트 전압의 극성에 따라 공핍모드 또는 증가모드로 동작한다. 공핍형 N 채널 MOSFET의 전달특성 곡선과 전류-전압 특성 곡선은 [그림 5-8]과 같으며, 증가형 MOSFET와 유사함을 알 수 있다. 따라서 식 (5.1)과 식 (5.3)으로 표현되는 증가형 MOSFET의 드레인 전류식을 동일하게 적용할 수 있다. [그림 5-8]에서 $V_{GS}=0$ V일 때의 드레인 전류를 드레인 포화전류 I_{DSS}라고 하며, 식 (5.3)으로부터 다음과 같이 주어진다.

$$I_{DSS}=\frac{1}{2}K_n V_{Tn}^2 \tag{5.5}$$

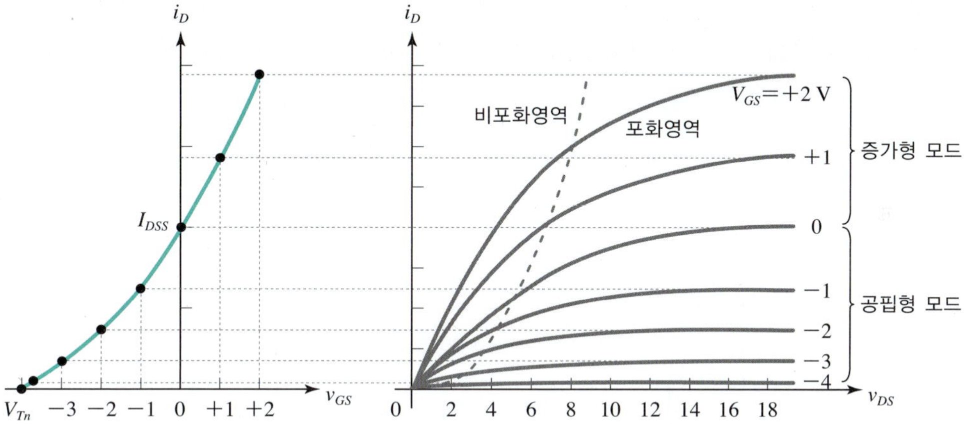

[그림 5-8] 공핍형 MOSFET의 전류-전압 및 전달특성 곡선

5.1.2 접합 전계효과 트랜지스터

JFET의 구조와 동작

JFET는 [그림 5-9]와 같은 구조를 가지며, 채널(channel) 영역의 도핑 형태에 따라 N 채널 JFET와 P 채널 JFET로 구분된다. 여기서 채널영역이란 전류가 흐르는 통로 역할을 하는 영역을 말한다. N 채널 JFET의 구조는 [그림 5-9(a)]와 같으며, N형 반도체로 만들어지는 채널영역과 채널영역의 중앙에 P형 불순물을 높은 농도(P^+)로 확산시켜 게이트 영역을 만든다. 이와 같이 채널영역과 게이트 영역이 PN 접합을 형성하므로 접합(junction) FET 라고 한다. 채널영역의 양쪽 끝에는 드레인과 소오스 단자가 연결되며, 게이트 영역에는 게이트 단자가 연결된다. 외부 단자를 통하여 드레인-소오스 사이에 전압이 인가되면 채널영역의 다수 캐리어가 이동하여 전류가 흐르며, 이 전류는 게이트 단자에 인가되는 전압에 의해 제어된다. N 채널 JFET의 소오스-드레인 사이에 흐르는 전류는 N형 채널영역의 다수 캐리어인 전자에 의해 흐르게

된다. [그림 5-9(b)]와 같이 채널영역과 게이트 영역의 도핑을 반대로 바꾸면 P 채널 JFET가 만들어지며, 이 경우에 소오스-드레인 사이에 흐르는 전류는 P형 채널영역의 다수 캐리어인 정공에 의해 흐르게 된다.

JFET도 MOSFET와 유사하게 3개의 단자, 즉 게이트(gate), 소오스(source), 드레인(drain) 단자를 갖는다. 게이트 단자는 소오스와 드레인 사이의 전류흐름을 제어하는 역할을 하며, 소오스는 전류를 운반하는 캐리어를 공급하고, 드레인은 소오스에서 공급된 캐리어가 채널영역을 지나 소자 밖으로 방출되는 단자이다.

N 채널 JFET와 P 채널 JFET의 회로기호는 각각 [그림 5-9(c)]와 [그림 5-9(d)]와 같이 나타낸다. 게이트 단자의 화살표 방향이 게이트 영역의 도핑 형태를 나타내며, 채널영역은 게이트와 반대 형태의 도핑을 갖는다.

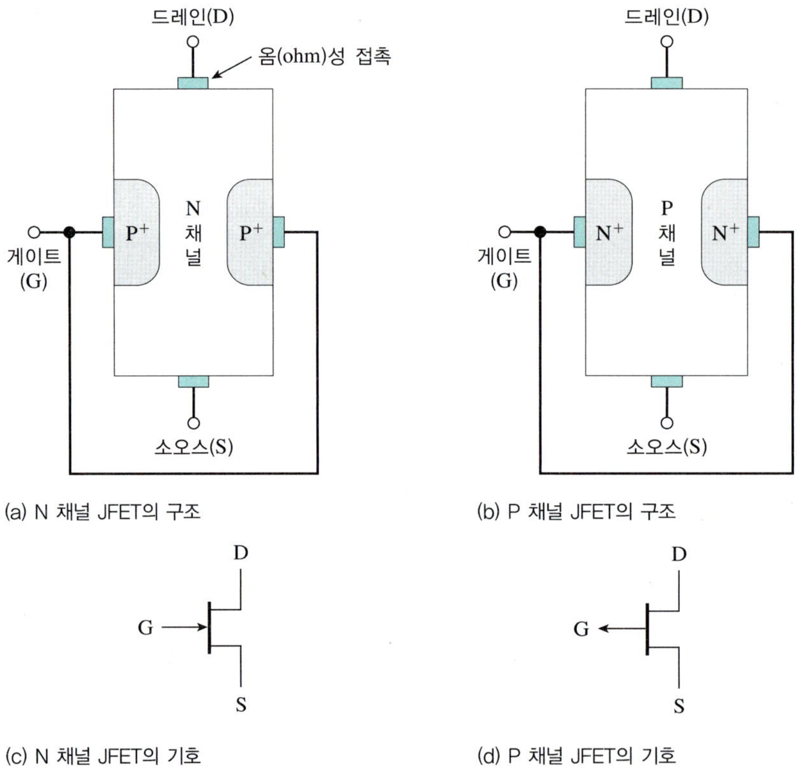

[그림 5-9] 접합 FET(JFET)의 구조 및 기호

[그림 5-10]은 실리콘 기판에 만들어지는 N 채널 JFET의 실제 구조를 보이고 있다. P형 기판에 채널영역으로 사용될 N형 실리콘 막을 성장(이를 epitaxy 층이라고 함)시킨 후, N형 채널영역 중앙에 P형 불순물을 높은 농도로 확산시켜 P^+ 게이트 영역을 만들고 게이트, 소오스, 드레인 영역에 옴(ohm) 접촉으로 금속을 연결하여 외부와 연결되는 단자를 만든다.

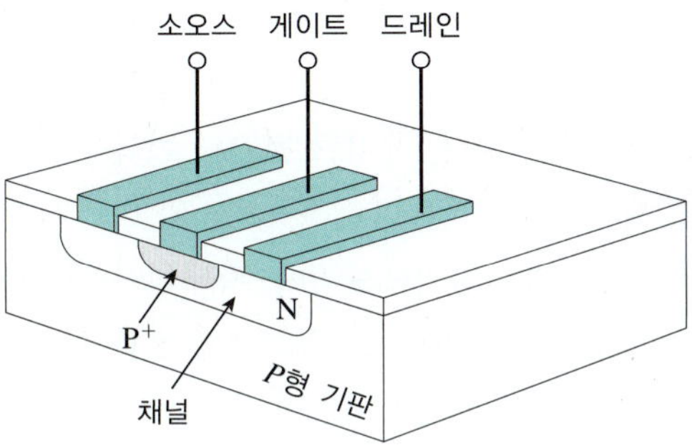

[그림 5-10] N 채널 JFET의 실제 구조

이제 JFET의 기본적인 동작을 알아보자. N 채널 JFET와 P 채널 JFET는 전류와 전압의 극성이 반대되는 것을 제외하면 동일한 해석이 가능하므로, 특별히 필요한 경우를 제외하면 N 채널 FET를 기본으로 하여 설명하도록 하겠다.

[그림 5-11]과 같이 소오스가 접지되고 드레인과 소오스 사이에 V_{DD}의 전압이 인가되며, 게이트와 소오스 사이에는 역방향 전압 V_{GG}가 인가되는 경우를 생각한다. JFET의 동작에서 중요한 사항은 전류가 드레인과 소오스 사이에 흐르며, 게이트 단자로는 전류가 흐르지 않아야 한다는 것이다. 게이트 단자는 소오스와 드레인 사이에 흐르는 전류를 조절하는 역할만 한다. 실제 경우 게이트와 채널 사이의 역방향 바이어스된 PN 접합에는 매우 작은 누설전류가 흐를 수 있기 때문에 게이트 단자에는 매우 작은 누설전류만 흐르게 된다. 게이트 영역과 채널영역 사이의 PN 접합에는 반드시 역방향 바이어스가 인가되어야 하므로, [그림 5-11]의 N 채널 JFET에서 P^+로 도핑된 게이트에 음(−)의 V_{GG} 전압이 인가되었다. P^+로 도핑된 게이트에 양(+)의 전압이 인가되면 JFET로 동작할 수 없게 됨을 유의한다.

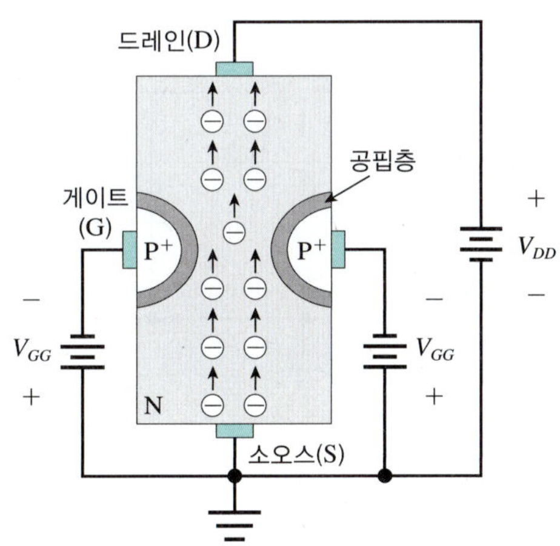

[그림 5-11] 게이트와 소오스에 역방향 바이어스가 인가된 N 채널 JFET

2장에서 설명된 바와 같이, PN 접합에 역방향 전압이 인가되면 공핍영역이 확대된다. [그림 5-11]에서 볼 수 있듯이 게이트 영역은 채널영역에 비해 높은 불순물 농도로 만들어지므로, 게이트와 소오스 사이에 인가된 역방향 전압에 의한 공핍영역은 대부분 채널영역으로 확대된다. 게이트 역바이어스 전압 V_{GG}의 크기에 비례하여 N 채널의 공핍영역이 확대되며, 이에 의해 캐리어가 이동할 수 있는 채널폭이 좁아지게 되어 드레인과 소오스 사이의 전류가 제어된다.

게이트에 인가되는 역바이어스 전압의 크기에 따라 드레인-소오스 사이의 전류가 조절되는 동작을 좀 더 상세하게 살펴보자. V_{DD}를 일정하게 유지한 상태에서, 게이트 전압의 변화에 따른 채널폭의 변화와 드레인 전류의 흐름을 [그림 5-12]에 나타내었다. [그림 5-12(a)]와 같이 게이트 전압의 크기를 음의 방향으로 증가시키면, 공핍영역이 채널영역으로 더욱 확대되어 채널폭은 좁아지고, 이에 의해 채널을 통과하는 캐리어 수가 감소하여 결과적으로 드레인 전류가 감소하게 된다. 반면에 [그림 5-12(b)]와 같이 게이트 전압의 크기를 감소시키면, 채널폭이 넓어지고 그 결과 드레인 전류가 증가하게 된다. 한편, 게이트에 인가되는 전압이 0(영)인 경우에는 캐리어가 이동할 수 있는 채널폭이 최대가 되어, 드레인과 소오스 사이에 가장 많은 전류가 흐르게 된다. 이와 같은 정성적인 고찰로부터, JFET의 드레인 전류 i_D는 게이트 역방향 바이어스 전압에 의해 제어된다는 것을 알 수 있다.

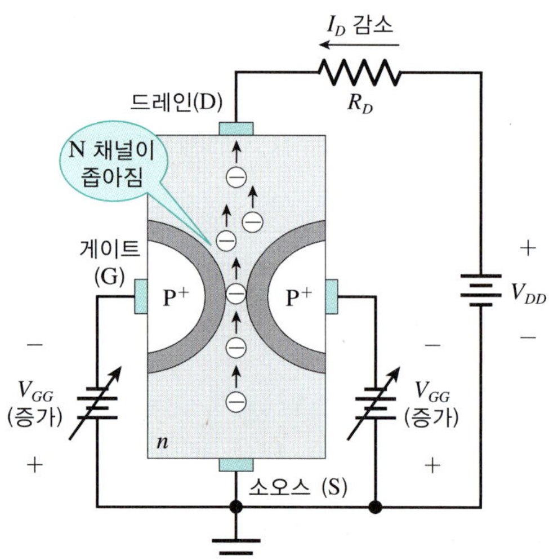

(a) V_{GG}가 증가하는 경우

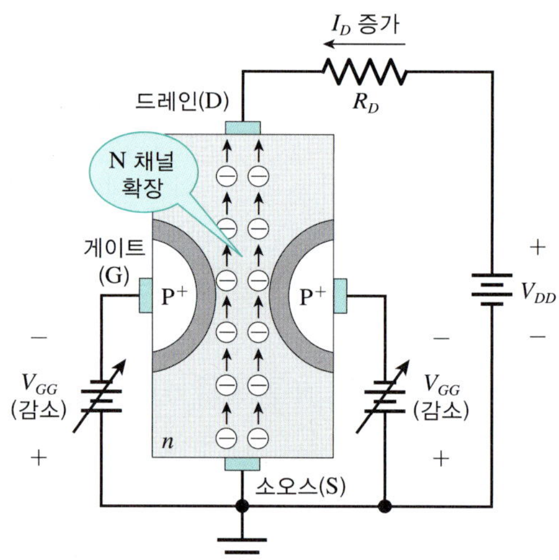

(b) V_{GG}가 감소하는 경우

[그림 5-12] 게이트 전압에 의한 채널폭의 변화와 드레인 전류의 제어

JFET 드레인 전류-전압 특성

앞서 살펴본 바와 같이, JFET의 드레인-소오스 전압을 일정하게 하고 게이트 전압을 음(−)의 방향으로 증가시키면 드레인 전류 i_D가 감소하고, 게이트 전압을 0 V를 향해 감소시키면 i_D가 증가한다. 이제 게이트-소오스 간을 접지시키고($V_{GS}=0$ V) 드레인 전압 V_{DD}를 0 V부터 서서히 증가시켜, 드레인-소오스 사이의 전압 v_{DS}의 변화에 따른 드레인 전류 i_D의 변화를 살펴보도록 하자. 이를 위해 N 채널 JFET를 이용하여 [그림 5-13]과 같은 회로를 구성한다. 이 회로는 [그림 5-12]에서 N 채널 JFET 소자를 회로기호로 대체하고, V_{GG}(이 회로에서는 V_{GS})를 접지시킨 회로이다.

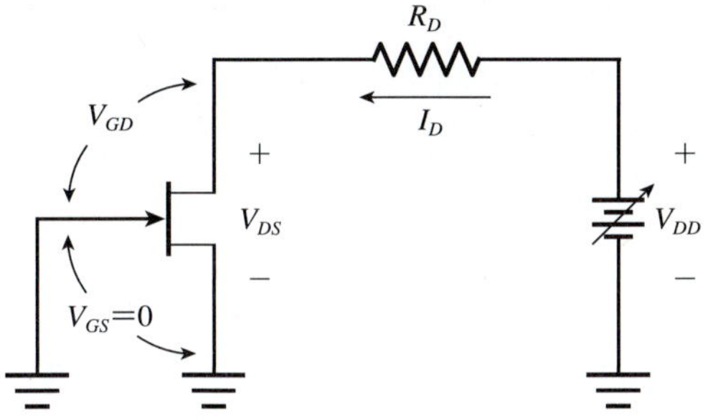

[그림 5-13] $V_{GS}=0$인 N 채널 JFET 회로

v_{DS}가 어떤 특정값(이 값을 핀치오프 전압 V_P라고 한다)보다 작은 경우에는 채널영역의 상태가 [그림 5-14(a)]와 같다. 양(+)의 드레인 전압에 의해 채널 내의 전위가 드레인 쪽으로 갈수록 높아지고, 따라서 게이트와 채널 사이의 PN 접합에는 드레인 쪽으로 갈수록 역방향 전압이 증가하여 공핍영역의 폭이 넓어진다. 그러나 드레인 전압이 핀치오프 전압 V_P보다 작으면 드레인 쪽의 두 공핍영역은 서로 분리되어 있는 상태를 유지하며, 따라서 캐리어가 지나갈 수 있는 유효 채널폭이 유지되고 있다. 이 상태에서 채널에 흐르는 전류는 v_{DS}와 채널의 저항에 관계되며, 채널의 저항은 채널영역의 유효 단면적과 도핑 농도에 관계된다. 이 상태의 드레인 전류-전압 특성은 [그림 5-14(d)]에서 a영역과 같으며, v_{DS}의 증가에 비례하여 i_D가 증가한다. 전압 v_{DS}에 따른 전류의 기울기가 거의 일정하기 때문에 옴의 법칙이 적용되고, 이런 이유로 이 영역을 저항영역(resistive region) 또는 비포화영역(non-saturation)이라고 부른다. v_{DS}가 더욱 증가하면 드레인 쪽의 공핍영역이 증가하여 유효 채널폭이 더욱 좁아져 채널의 저항이 증가하므로, 드레인 전류는 v_{DS}에 비례하여 증가하지 못하게 된다. [그림 5-14(d)]에서 v_{DS}가 V_P에 가까워질수록 전류 증가가 작아져 점 B 근처처럼 포물선을 따라 증가하게 됨을 볼 수 있다.

v_{DS}가 더욱 증가하면, 위, 아래의 게이트 영역에서 확장되는 공핍영역이 드레인 쪽의 채널영역에서 만나 [그림 5-14(b)]와 같이 된다. 이 상태를 채널이 핀치오프(pinch-off)되었다고 하며, 이때의 v_{DS}를 핀치오프 전압 V_P이라고 한다. N 채널 JFET의 경우 $V_P > 0$이고, P 채널 JFET의 경우 $V_P < 0$이다. $V_{GS} = 0$이고 채널이 핀치오프된 상태(즉, $v_{DS} = V_P$)에서의 드레인 전류를 드레인 포화전류 I_{DSS}라고 한다. 이 상태의 드레인 전류-전압 특성은 [그림 5-14(d)]에서 b영역과 같으며, v_{DS}가 핀치오프 전압 V_P 이상으로 증가해도 드레인 전류 i_D가 일정한 값을 유지하게 된다. I_{DSS}는 JFET가 파괴되지 않는 범위에서의 최대 드레인 전류가 된다.

v_{DS}가 더욱 증가하면, [그림 5-14(c)]와 같이 핀치오프점 p가 소오스 쪽으로 가까워진다. 소오스와 p점 사이에 전압 V_P가 걸리고 나머지 전압이 p점과 드레인 사이에 걸려서 각 영역에 전계를 형성한다. 소오스와 p점 사이의 전계는 실제로 일정하고 따라서 이 사이의 전자의 드리프트 전류도 일정하며, p점에 도달한 전자들은 p점과 드레인 사이에 존재하는 전계에 끌려서 드레인으로 간다. 이것은 마치 BJT에서 베이스로 주입된 소수 캐리어가 에너지 장벽에서 떨어져 컬렉터 접합을 넘어가는 것과 유사하다.

v_{DS}를 계속해서 증가시키면 [그림 5-14(d)]의 c영역과 같이 i_D가 급격히 증가하는 현상이 발생하는데 이것을 항복(breakdown)현상이라 한다. $V_{GS} = 0$ V인 상태(게이트와 소오스를 단락시킨 상태)에서 항복현상이 일어나는 v_{DS}를 BV_{DSS}로 표시하며, 제조회사에서 제공하는 데이터시트(datasheet)에 주어진다. BV_{DSS}는 수십~수백 V 범위의 값을 갖는다. 항복상태가 되면 매우 큰 드레인 전류가 흐르게 되어 트랜지스터가 파괴될 가능성이 있다. 그러므로 JFET는 a영역과 b영역, 즉 항복현상이 일어나기 전까지의 영역에서 동작하도록 회로를 구성해야 한다는 것에 유의하자.

이상을 종합하면, [그림 5-13]의 JFET 회로에서 $V_{GS} = 0$인 경우에 드레인-소오스 전압 v_{DS}의 변화에 따른 드레인 전류 i_D의 변화는 [그림 5-14(d)]와 같다.

지금까지는 $V_{GS} = 0$인 상태에서 v_{DS}의 변화에 따른 드레인 전류의 변화를 살펴보았다. 이번에는 게이트-소오스 전압 v_{GS}를 음의 방향으로 감소시키면 어떤 현상이 일어나는지 알아보자.

v_{GS}를 음의 방향으로 증가시키면, 공핍영역이 채널영역으로 확장되어 유효 채널폭이 감소되므로, 채널저항이 커져서 전류가 감소한다. 이때 v_{GS}가 음(−)의 방향으로 증가할수록 채널의 핀치오프가 일찍 일어나 V_P 값도 작아진다. 게이트에 더 큰 음의 전압을 인가하여 $v_{GS} = -V_P$가 되면, $v_{DS} = 0$에서 이미 핀치오프가 일어나므로 v_{DS}를 증가시켜도 드레인 전류는 증가하지 못하고 $i_D = 0$이 된다. 여기서 i_D 값을 거의 0으로 만드는 게이트 전압을 차단전압(cutoff voltage) $V_{GS,off}$

라고 하며, N 채널 JFET에서 $V_{GS,off}<0$이고, P 채널 JFET에서 $V_{GS,off}>0$이다. JFET의 차단전압 $V_{GS,off}$는 MOSFET의 문턱전압과 동일한 의미를 갖는다. $V_{GS,off}=-V_P$, 즉, 차단전압은 핀치오프 전압과 크기가 같고 부호가 반대임에 유의하자.

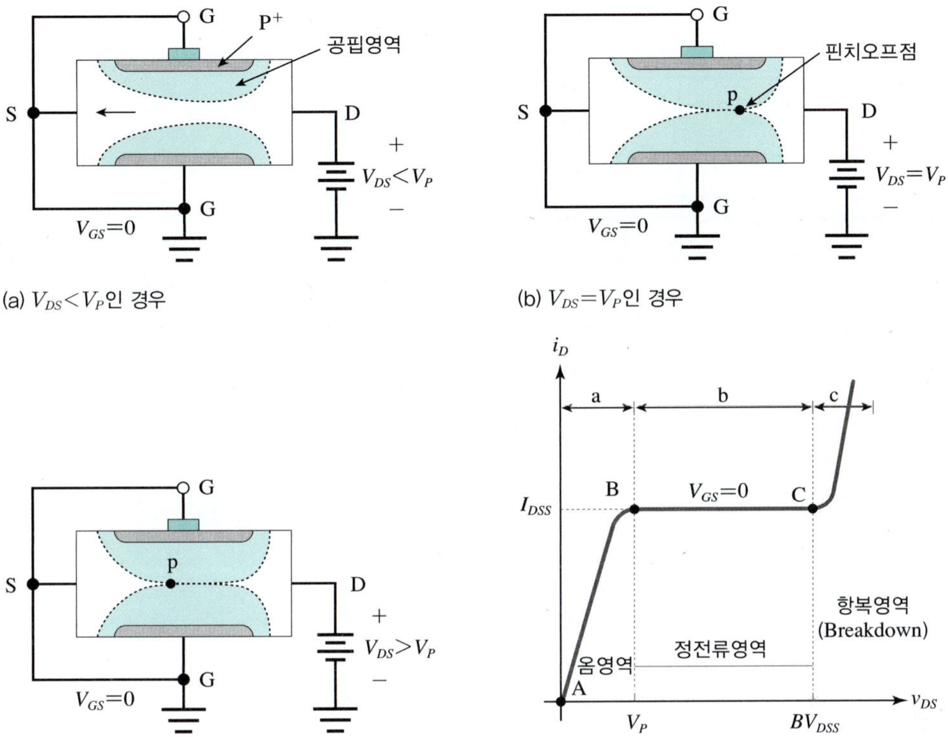

(a) $V_{DS}<V_P$인 경우

(b) $V_{DS}=V_P$인 경우

(c) $V_{DS}>V_P$인 경우

(d) 드레인 전류−전압 특성

[그림 5−14] v_{DS}의 변화에 따른 N 채널 JFET의 동작($V_{GS}=0$)

[그림 5−15]는 v_{GS}와 v_{DS}의 변화에 따른 JFET의 드레인 전류 특성을 보여준다. [그림 5−15]에서 점선의 포물선은 핀치오프가 일어나는 임계전압 $V_{DS,sat}$ (즉, $v_{GS}+V_P$)들을 나타낸다. 포물선 좌측영역을 비포화영역 또는 저항영역(resistive region)이라고 하고, 우측영역을 포화영역이라고 한다. BJT의 경우와 반대 명칭이 사용되므로 혼동하지 않도록 한다.

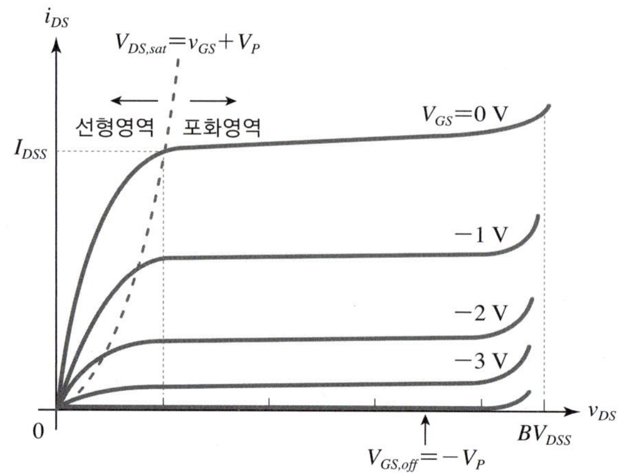

[그림 5-15] N 채널 JFET의 드레인 전류-전압 특성 곡선

이상으로부터 N 채널 JFET는 $V_{GS,off}<v_{GS}\leq 0$ 범위에서 동작하고, 드레인 전류 i_D는 $V_{GS,off}$에 의한 최솟값(거의 0)에서부터 I_{DSS} 사이에서 변화된다.

$v_{DS}\geq v_{GS}+V_P$를 만족하여 JFET가 포화영역에서 동작하는 경우, 드레인 전류 i_D는 식 (5.6)과 같이 표현되며 v_{DS}에는 무관하게 v_{GS}에 의해 영향을 받는다.

$$
\begin{aligned}
i_D &= I_{DSS}\left(1-\frac{v_{GS}}{V_{GS,off}}\right)^2 \\
&= \frac{I_{DSS}}{V_{GS,off}^2}(v_{GS}-V_{GS,off})^2
\end{aligned}
\tag{5.6}
$$

여기서 I_{DSS}는 $v_{GS}=0$일 때의 드레인 포화전류이고, 제조공정과 트랜지스터의 크기에 의해 결정된다. $V_{GS,off}$는 $i_D=0$으로 만드는 차단전압이며, N 채널 JFET의 경우에 $V_{GS,off}<0$ 임에 유의한다. 식 (5.6)은 MOSFET의 포화영역 전류를 나타내는 식 (5.3)과 동일한 형태로 표현됨을 알 수 있다.

비포화영역에서의 드레인 전류는 식 (5.7)과 같이 표현되며, v_{GS}와 v_{DS} 모두에 의해 영향을 받는다.

$$
\begin{aligned}
i_D &= 2I_{DSS}\left[\left(\frac{v_{GS}}{V_{GS,off}}-1\right)\frac{v_{DS}}{V_{GS,off}}-\frac{1}{2}\left(\frac{v_{DS}}{V_{GS,off}}\right)^2\right] \\
&= \frac{2I_{DSS}}{V_{GS,off}^2}\left[(v_{GS}-V_{GS,off})v_{DS}-\frac{1}{2}v_{DS}^2\right]
\end{aligned}
\tag{5.7}
$$

식 (5.7)은 MOSFET의 비포화영역 전류를 나타내는 식 (5.1)과 동일한 형태로 표현됨을 알 수 있다.

다음으로 JFET의 입출력 전달특성을 알아보자. 전달특성은 FET의 동작조건을 평가하는 데 유용하게 이용된다. v_{GS}의 값은 0 V에서 $V_{GS,off}$(단, N 채널 JFET에서 $V_{GS,off}<0$)까지 변하며, 이 값에 의해서 i_D가 제어된다는 것을 기억하자. [그림 5-16]은 JFET가 포화영역에서 동작하도록 전압 v_{DS}를 일정한 값으로 유지한 상태에서 전압 v_{GS}를 변화시키면서 얻어진 전달특성 곡선이다. 그림에서 $V_{DS}=k$는 드레인과 소오스 사이의 전압을 일정한 값 k로 유지시켰다는 것을 뜻한다. 전달특성 곡선의 x절편은 $i_D=0$, 즉 $v_{GS}=V_{GS,off}$인 경우를 나타내며, y절편은 $v_{GS}=0$ V인 경우의 최대 드레인 전류 $i_D=I_{DSS}$를 나타낸다.

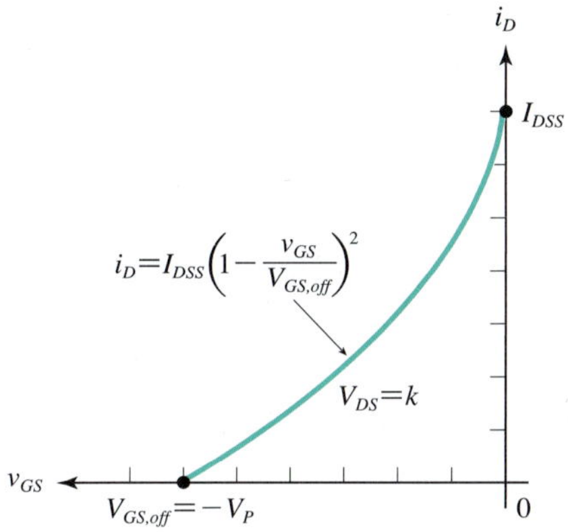

[그림 5-16] JFET의 전달특성 곡선

5.2 FET의 바이어스와 DC 해석

5.1절에서 FET의 구조 및 전류-전압 특성에 대하여 살펴보았다. BJT와 마찬가지로 FET 소자도 인가되는 바이어스에 의해 동작모드가 결정되며, 증폭기 회로에 사용되기 위해서는 포화영역에서 동작하도록 바이어스가 설정되어야 한다. 증폭기에서는 입력신호와 출력신호 사이의 선형성이 중요한 요소이므로, FET는 포화영역의 중앙 근처에 동작점이 설정되도록 바이어스를 인가한다. 참고로 3장에서 BJT는 비포화영역(순방향 활성영역)에서 동작하도록 바이어스가 설정된다고 설명하였다. 이는 BJT와 FET의 동작영역 명칭이 서로 반대로 사용되기 때문이므로, 혼동하지 않도록 유의한다. 이제 FET의 전류-전압 특성들을 기본으로 하여 FET의 바이어스와 DC 해석에 대해서 알아본다.

5.2.1 MOSFET의 바이어스

증가형 MOSFET의 바이어스

증가형 MOSFET에서는 게이트-소오스 전압 V_{GS}가 항상 문턱전압보다 커야 드레인 전류가 흐를 수 있으므로, 영 전압(0 V) 바이어스를 사용할 수 없으며 전압분배 바이어스 또는 자기 바이어스가 사용된다.

■ 전압분배 바이어스

[그림 5-17]은 전압분배 바이어스를 갖는 공통 소오스 증폭기 회로이다. 저항 R_1, R_2에 의해 전원 전압 V_{DD}가 전압분배되어 MOSFET의 동작점(Q점)이 설정된다. MOSFET의 게이트 전류는 0이므로, 게이트-소오스 동작점 전압 V_{GSQ}는 전압분배에 의해서 식 (5.8)과 같이 표현된다.

$$V_{GSQ}=\left(\frac{R_2}{R_1+R_2}\right)V_{DD} \tag{5.8}$$

식 (5.8)에 의한 게이트 단자 DC 전압은 MOSFET의 문턱전압 V_{Tn}보다 커야 하며(즉, $V_{GSQ} \geq V_{Tn}$), 또한 MOSFET가 포화영역에서 동작하도록 바이어스가 설정되어야 한다. MOSFET가 포화영역에서 동작한다고 가정하면, 식 (5.3)에 의해 드레인 바이어스 전류는 다음과 같이 표현된다.

$$I_{DQ}=\frac{1}{2}K_n(V_{GSQ}-V_{Tn})^2 \tag{5.9}$$

또한 드레인-소오스 동작점 전압 V_{DSQ}는 식 (5.10)과 같이 표현된다.

$$V_{DSQ}=V_{DD}-I_{DQ}R_D \tag{5.10}$$

동작점이 포화영역에 설정되기 위해서는 $V_{DSQ} \geq V_{GSQ}-V_{Tn}=V_{DS,sat}$가 만족되어야 한다. 식 (5.10)으로부터 DC 부하선(load line) 방정식은 식 (5.11)과 같이 표현된다.

$$I_D=\frac{1}{R_D}(V_{DD}-V_{DS}) \tag{5.11}$$

식 (5.11)로부터 부하선은 기울기가 $-1/R_D$이며, 부하선의 x축 교점은 V_{DD}이고, 부하선과 y축의 교점은 $I_D=V_{DD}/R_D$가 됨을 알 수 있다. [그림 5-18]은 MOSFET의 출력특성에 동작점과 부하선을 나타낸 것이며, 그림에 표시된 동작점(Q점)은 식 (5.8)~식 (5.10)에 의해 설정된 동작점 전압과 전류이다.

MOSFET 포화영역의 경계를 나타내는 포물선과 부하선의 교점을 천이점(transition point)이라고 하며, [그림 5-18]에 표시된 바와 같다. 동작점은 부하선 상에서 결정되므로 천이점 이하에 설정되어야 MOSFET가 포화영역에서 동작할 수 있음에 유의하자.

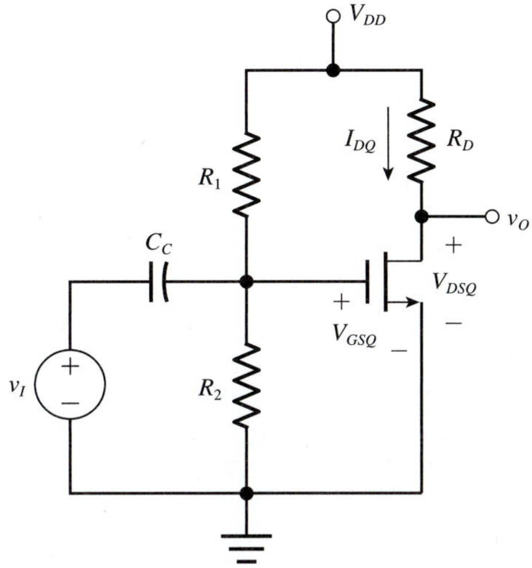

[그림 5-17] 증가형 N 채널 MOSFET의 전압분배 바이어스

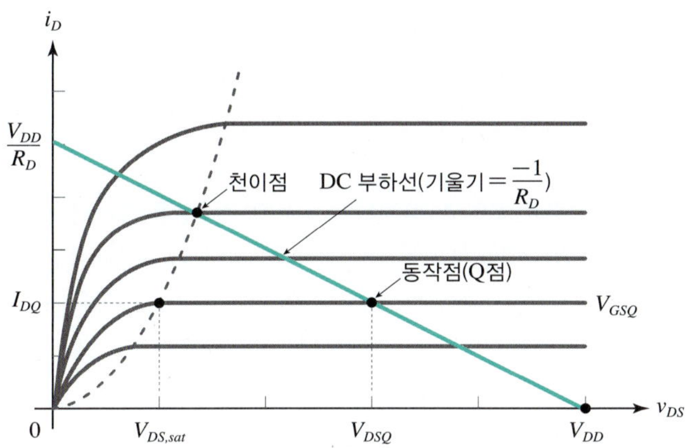

[그림 5-18] 바이어스에 의한 동작점 설정 및 부하선

다음으로 [그림 5-19]의 회로에서 MOSFET가 포화영역에 있기 위한 게이트 전압의 최댓값을 알아보자. 포화영역과 비포화영역의 경계, 즉 채널 핀치오프가 일어나는 점에서 V_{DS}는 식 (5.12)로 표현된다.

$$V_{GS}-V_{Tn}=V_{DS,sat}=V_{DD}-I_D R_D \tag{5.12}$$

식 (5.12)에 포화영역의 드레인 전류 I_D를 대입하면 다음과 같다.

$$V_{GS}-V_{Tn}=V_{DD}-\frac{1}{2}K_n(V_{GS}-V_{Tn})^2 R_D \tag{5.13}$$

N 채널 MOSFET에 대해 $V_{GS}-V_{Tn}>0$이 되어야 함을 고려하여 식 (5.13)을 $(V_{GS}-V_{Tn})$에 대해서 풀면, 식 (5.14)를 얻을 수 있다.

$$V_{GS}-V_{Tn}=\frac{-1+\sqrt{1+2K_nR_DV_{DD}}}{K_nR_D} \tag{5.14}$$

결과적으로 MOSFET가 포화영역에 있기 위한 최대 게이트 전압은 식 (5.15)로 표현된다.

$$V_G=V_{GS}=V_{Tn}+\frac{-1+\sqrt{1+2K_nR_DV_{DD}}}{K_nR_D} \tag{5.15}$$

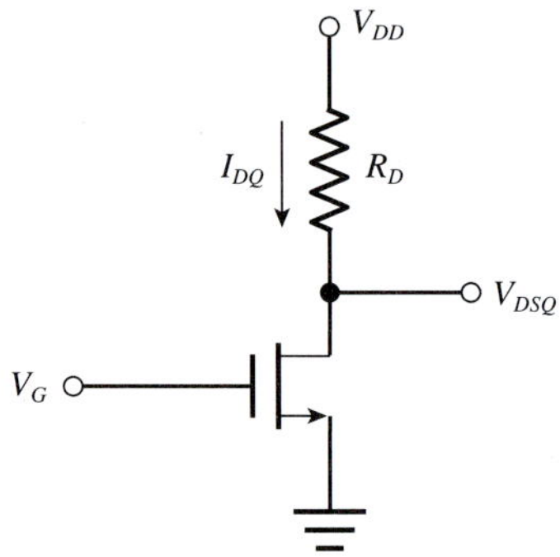

[그림 5-19] 게이트 바이어스 전압 V_G를 갖는 증가형 N 채널 MOSFET 회로

예제 5-2

[그림 5-17]의 회로에 대해 동작점 전압과 전류를 구하고, 출력특성 곡선에 부하선을 그려서 동작점을 표시하라. 단, $R_1=40\ \text{k}\Omega$, $R_2=20\ \text{k}\Omega$, $R_D=7.5\ \text{k}\Omega$, $V_{DD}=12\ \text{V}$, $V_{Tn}=2\ \text{V}$, $K_n=0.4\ \text{mA/V}^2$이다.

풀이

식 (5.8)에 의해 게이트-소오스 바이어스 전압을 구하면 다음과 같다.

$$V_{GSQ}=\left(\frac{R_2}{R_1+R_2}\right)V_{DD}$$
$$=\left(\frac{20}{40+20}\right)(12)=4\ \text{V}$$

MOSFET가 포화영역에서 바이어스되어 있다고 가정하고 식 (5.9)를 이용하여 드레인 전류를 계산하면 다음과 같다.

$$I_{DQ}=\frac{1}{2}K_n(V_{GSQ}-V_{Tn})^2$$
$$=\frac{1}{2}\times 0.4\times 10^{-3}\times(4-2)^2=0.8\ \text{mA}$$

따라서 식 (5.10)에 의해 드레인-소오스 바이어스 전압은 다음과 같이 계산된다.

$$V_{DSQ}=V_{DD}-I_{DQ}R_D$$
$$=12-0.8\times7.5=6\text{ V}$$

위에서 계산된 드레인 전류와 드레인-소오스 전압은 MOSFET가 포화영역에서 바이어스되어 있다고 가정하여 구한 것이므로, 이러한 가정이 올바른지 확인해야 한다. 포화영역의 임계전압은 다음과 같이 계산되므로,

$$V_{DS,sat}=V_{GSQ}-V_{Tn}$$
$$=4-2=2\text{ V}$$

$V_{DSQ}>V_{DS,sat}$가 만족되어 MOSFET가 포화영역에서 바이어스되어 있음이 확인된다. 식 (5.11)에 주어진 값을 대입하여 부하선과 동작점을 그래프로 나타내면 [그림 5-20]과 같다.

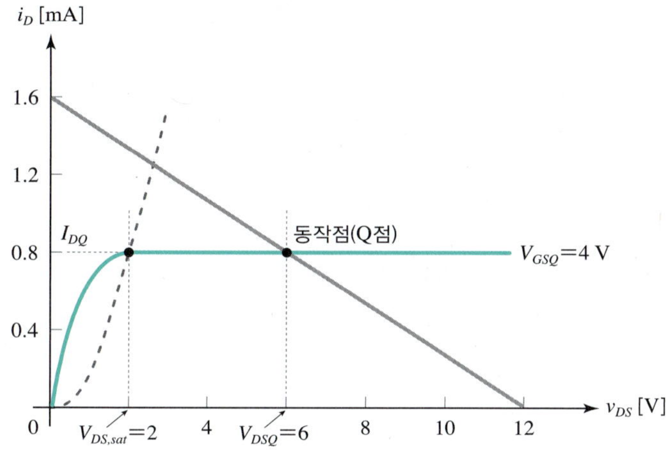

[그림 5-20] [예제 5-2]의 부하선과 동작점(Q점)

[예제 5-2] 회로의 PSPICE 시뮬레이션 DC 해석 결과는 [그림 5-21(a)]와 같으며, 수식에 의해 계산된 값들과 오차범위 내에서 일치하는 것을 확인할 수 있다. 참고로 시뮬레이션에 사용된 N 채널 MOSFET의 모델 파라미터는 [그림 5-21(b)]와 같다.

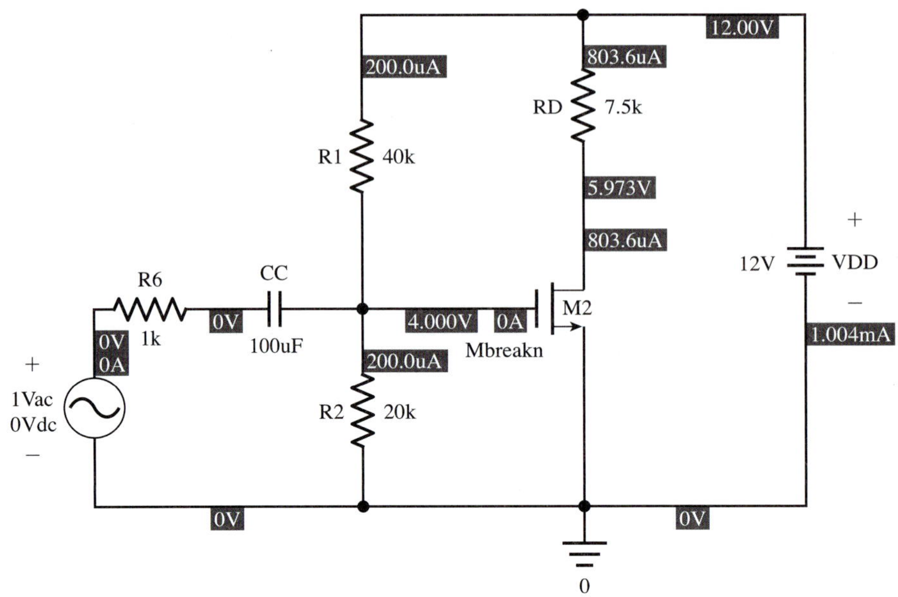

(a) DC 해석 결과

```
.MODEL Mbreakn NMOS LEVEL=3 L=2.0000E-6 W=770.00E-6
+ RS=10.000E-3 RD=10.000E-3 VTO=2 RDS=1.0000E6
+ TOX=2.0000E-6 CGSO=40.000E-12 CGDO=10.000E-12
+ CBD=1.0000E-9 RG=5 RB=1.0000E-3 GAMMA=0 KAPPA=0
```

(b) 시뮬레이션에 사용된 N 채널 MOSFET의 모델 파라미터

[그림 5-21] [예제 5-2]의 PSPICE 동작점 시뮬레이션 결과

예제 5-3

[예제 5-2]의 회로에 대해 천이점의 게이트-소오스 전압 V_{GS}와 드레인 전류값을 구하라. 단, 소자값과 MOSFET의 파라미터는 [예제 5-2]와 동일하다.

풀이

천이점에서 V_{DS}는 다음과 같이 표현된다.

$$V_{DS,sat} = V_{GS} - V_{Tn} = V_{DD} - I_D R_D \qquad (1)$$

식 (1)에 포화영역의 드레인 전류 $I_D = \frac{1}{2}K_n(V_{GS} - V_{Tn})^2$ 를 대입하면 다음과 같다.

$$V_{GS} - V_{Tn} = V_{DD} - \frac{1}{2}K_n R_D (V_{GS} - V_{Tn})^2 \qquad (2)$$

식 (2)에 주어진 값을 대입한 후, 정리하면 다음과 같다.

$$1.5(V_{GS} - V_{Tn})^2 + (V_{GS} - V_n) - 12 = 0 \qquad (3)$$

식 (3)은 $(V_{GS} - V_{Tn})$의 2차 방정식이므로 해를 구하면 -3.18 V와 2.51 V가 나온다. -3.18 V는 조건에 적합하지 않으므로, $V_{GS} - V_{Tn} = 2.51$ V가 된다. $V_{Tn} = 2$ V이므로, 천이점의 게이트-소오스 전압은 $V_{GS} = 4.51$ V가 된다. 이 값은 식 (5.15)에 의해 계산된 값과 동일하다. 따라서 $V_{GS} \leq 4.51$ V 이면 MOSFET가 포화영역에서 바이어스되고, $V_{GS} > 4.51$ V이면 비포화영역에서 바이어스된다. 천이점에서의 드레인 전류는 다음과 같이 계산된다.

$$\begin{aligned} I_D &= \frac{1}{2} \times 0.4 \times 10^{-3} \times (4.51 - 2)^2 \\ &= 1.26 \text{ mA} \end{aligned}$$

출력특성 곡선에 부하선과 천이점 및 동작점을 표시하면 [그림 5-22]와 같다.

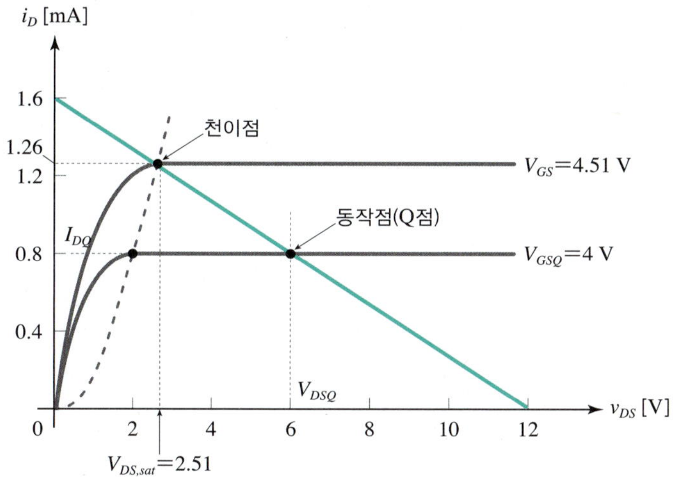

[그림 5-22] [예제 5-3]의 부하선과 천이점

예제 5-4

[그림 5-23]의 MOSFET 회로에서 $\mu_n C_{ox} = 150\ \mu A/V^2$이고, $V_{Tn} = 0.5$ V, $W/L = 10$라고 가정할 때 바이어스 전류를 계산하라. 또한 게이트 전압이 5% 증가하면 드레인 전압은 어떻게 되는지 설명하라.

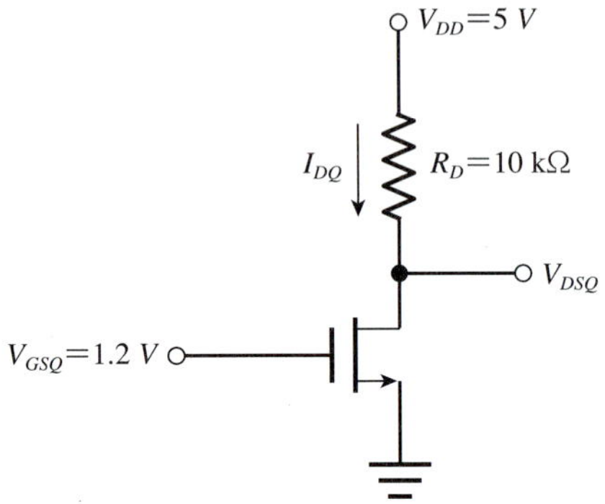

[그림 5-23]

풀이

주어진 파라미터를 식 (5.2)에 대입하여 K_n을 구하면, 다음과 같다.

$$K_n = \mu_n C_{ox}\left(\frac{W}{L}\right) = 150 \times 10^{-6} \times 10 = 1.5 \text{ mA/V}^2$$

MOSFET가 포화영역에서 동작한다고 가정하고, 계산된 K_n 값과 $V_{GSQ} = 1.2$ V를 대입하면 드레인 전류 I_{DQ}는 다음과 같다.

$$\begin{aligned} I_{DQ} &= \frac{1}{2} K_n (V_{GSQ} - V_{Tn})^2 \\ &= \frac{1}{2} \times 1.5 \times 10^{-3} \times (1.2 - 0.5)^2 = 0.37 \text{ mA} \end{aligned}$$

다음으로 드레인-소오스 전압 V_{DSQ}를 구하여 포화영역에서 동작하는지를 확인해야 한다. V_{DSQ}는 다음과 같이 계산된다.

$$V_{DSQ} = V_{DD} - R_D I_{DQ} = 5 - 10 \times 0.37 = 1.3 \text{ V}$$

$V_{GSQ} - V_{Tn} = 1.2 - 0.5 = 0.7$ V이므로, 따라서 $V_{DSQ} > V_{GSQ} - V_{Tn}$이 되어 MOSFET는 포화영역에 있음을 알 수 있다.

게이트 전압이 5% 증가하여 $V_{GSQ} = 1.26$ V가 되면 어떻게 될까? 동일한 과정으로 드레인 전류를 계산하면 $I_{DQ} = 0.4332$ mA가 되고, $V_{DSQ} = 0.668$ V로 감소하여 MOSFET는 비포화영역에서 동작하게 된다.

응용 5-1

[그림 5-17]의 회로에 대해 동작점 전압과 전류를 구하고, 출력특성 곡선에 부하선을 그려서 동작점을 표시하라. 단, $R_1=150\ \text{k}\Omega$, $R_2=100\ \text{k}\Omega$, $R_D=3\ \text{k}\Omega$, $V_{DD}=10\ \text{V}$, $V_{Tn}=1.5\ \text{V}$, $K_n=0.52\ \text{mA/V}^2$로 가정한다.

[정답 : $V_{GSQ}=4\ \text{V}$, $I_{DQ}=1.625\ \text{mA}$, $V_{DSQ}=5.125\ \text{V}$]

응용 5-2

[그림 5-23]의 회로에서 $V_{GS}=1.4\ \text{V}$, $V_{DD}=5\ \text{V}$, $R_D=3\ \text{k}\Omega$인 경우에 대해 바이어스 전류를 계산하고, 동작영역을 확인하라. 단, $\mu_n C_{ox}=200\ \mu\text{A/V}^2$이고, $V_{Tn}=0.8\ \text{V}$, $W/L=30$이다.

[정답 : $I_{DQ}=1.08\ \text{mA}$, 포화영역]

■ 자기 바이어스

[그림 5-17]의 전압분배 바이어스 회로의 바이어스 안정도를 개선하기 위해서 [그림 5-24]와 같이 소오스에 저항 R_S가 추가된 자기 바이어스(self-bias) 방법이 사용된다.

MOSFET의 게이트 전류는 0이므로, 게이트 전압 V_{GQ}는 전압분배에 의해서 식 (5.16)과 같이 표현된다.

$$V_{GQ}=\left(\frac{R_2}{R_1+R_2}\right)V_{DD} \tag{5.16}$$

식 (5.16)의 게이트 전압은 $V_{GSQ}\geq V_{Tn}$가 되어 MOSFET가 도통상태가 되도록 충분히 커야 하며, MOSFET가 포화영역에서 동작하도록 바이어스가 설정되어야 한다. 게이트 전압 V_{GQ}에 의해 드레인 전류 I_{DQ}가 흐른다면, 드레인 전압 V_{DQ}와 소오스 전압 V_{SQ}는 각각 다음과 같다.

$$V_{DQ}=V_{DD}-I_{DQ}R_D \tag{5.17}$$

$$V_{SQ}=I_{DQ}R_S \tag{5.18}$$

따라서 드레인-소오스 동작점 전압 V_{DSQ}는 식 (5.19)와 같이 표현된다.

$$V_{DSQ}=V_{DQ}-V_{SQ}=V_{DD}-I_{DQ}(R_D+R_S) \tag{5.19}$$

동작점이 포화영역에 설정되기 위해서는 $V_{DSQ}>V_{GSQ}-V_{Tn}=V_{DS,sat}$가 만족되어야 한다.

식 (5.19)로부터 DC 부하선 방정식은 식 (5.20)과 같이 표현된다.

$$I_D=\frac{1}{R_D+R_S}(V_{DD}-V_{DS}) \tag{5.20}$$

식 (5.20)으로부터 부하선은 기울기가 $-1/(R_D+R_S)$이며, 부하선의 x축 교점은 V_{DD}이고, 부하선과 y축의 교점은 $I_D=V_{DD}/(R_D+R_S)$가 됨을 알 수 있다. [그림 5-25]는 MOSFET의 출력특성에 부하선과 동작점을 나타낸 것이다.

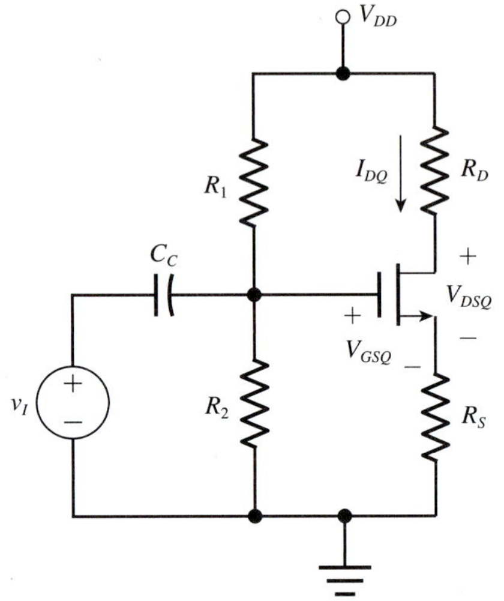

[그림 5-24] 증가형 N 채널 MOSFET의 자기 바이어스

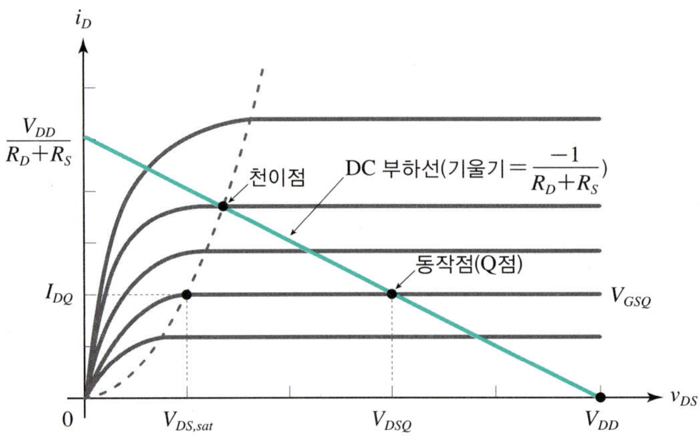

[그림 5-25] 바이어스에 의한 동작점 설정 및 부하선

예제 5-5

[그림 5-26]의 회로에서 $I_{DQ}=0.5$ mA, $V_{DSQ}=5$ V가 되도록 DC 바이어스를 설계하라. 이때 소오스 저항 R_S에 걸리는 전압은 $V_{RS}=2$ V, 바이어스 저항에 흐르는 전류는 약 50 μA가 되도록 하라. 단, $V_{DD}=12$ V이고, MOSFET의 파라미터는 $V_{Tn}=1.5$ V, $K_n=510\ \mu A/V^2$이다.

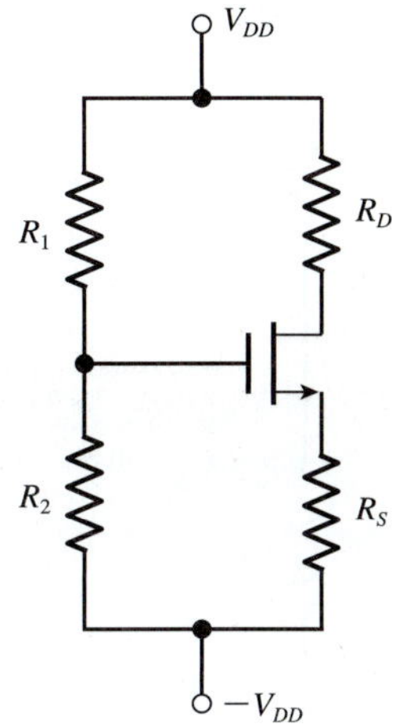

[그림 5-26]

풀이

먼저 식 (5.18)에 의해 소오스 저항은 다음과 같이 계산된다.

$$R_S=\frac{V_{RS}}{I_{DQ}}=\frac{2}{0.5\times10^{-3}}=4\ \text{k}\Omega$$

다음으로 식 (5.19)를 이용하면 드레인 저항은 다음과 같이 계산된다.

$$R_D=\frac{V_{DD}-(-V_{DD})-V_{DSQ}}{I_{DQ}}-R_S$$
$$=\frac{24-5}{0.5\times10^{-3}}-4\times10^3=34\ \text{k}\Omega$$

바이어스 저항에 흐르는 전류는 50 μA가 되어야 하므로,

$$R_1+R_2=\frac{V_{DD}-(-V_{DD})}{I_B}=\frac{24}{50\times10^{-6}}=480\ \text{k}\Omega \quad (1)$$

트랜지스터가 포화영역에서 동작한다고 가정하고, 식 (5.3)에 주어진 파라미터 값을 대입하면 다음과 같으며,

$$0.5=\frac{1}{2}\times0.51\times(V_{GSQ}-1.5)^2 \quad (2)$$

식 (2)로부터 게이스-소오스 바이어스 전압을 계산하면, $V_{GSQ}=2.9$ V가 된다. 게이트 전압은 다음과 같이 계산되며,

$$V_G=V_{GSQ}+V_{RS}-V_{DD}=2.9+2-12=-7.1\ \text{V} \quad (3)$$

저항 R_1, R_2에 의한 전압분배에 의한 게이트 전압은 다음과 같이 표현된다.

$$V_G=\left(\frac{R_2}{R_1+R_2}\right)(2V_{DD})-V_{DD}=\left(\frac{R_2}{R_1+R_2}\right)\times24-12=-7.1\ \text{V} \quad (4)$$

따라서 식 (1)과 식 (4)를 연립하여 풀면, $R_1=382\ \text{k}\Omega$, $R_2=98\ \text{k}\Omega$이 된다.

설계된 회로를 PSPICE로 시뮬레이션한 결과는 [그림 5-27(a)]와 같으며, 오차 범위 내에서 계산된 값과 일치하는 것을 확인할 수 있다. 참고로 시뮬레이션에 사용된 N 채널 MOSFET의 모델 파라미터는 [그림 5-27(b)]와 같다.

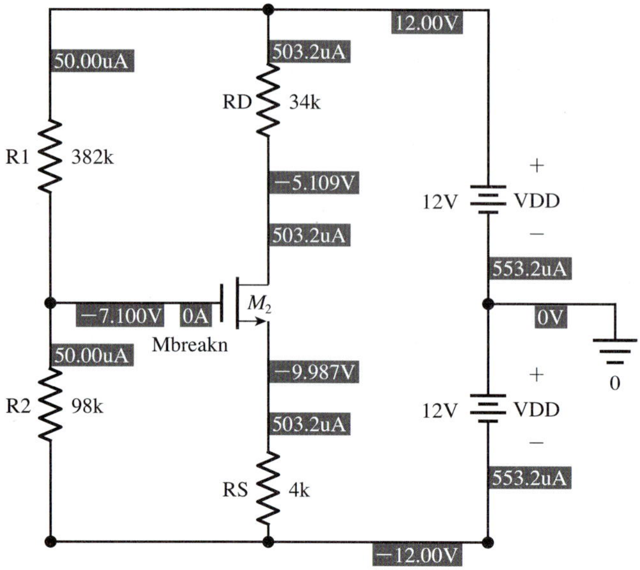

(a) DC 해석 결과

```
.MODEL Mbreakn NMOS LEVEL=3 L=2.0000E-6 W=1.0000E-3
+ RS=10.000E-3 RD=10.000E-3 VTO=1.5000 RDS=1.0000E6
+ TOX=2.0000E-6 CGSO=40.000E-12 CGDO=10.000E-12
+ CBD=1.0000E-9 RG=5 RB=1.0000E-3 GAMMA=0 KAPPA=0
```

(b) 시뮬레이션에 사용된 N 채널 MOSFET의 모델 파라미터

[그림 5-27] [예제 5-5] 회로의 PSPICE 동작점 시뮬레이션 결과

응용 5-3

[그림 5-24]의 회로에 대해 동작점 전압과 전류를 구하고, 출력특성 곡선에 부하선을 그려서 동작점을 표시하라. 단, $R_1=560\ \text{k}\Omega$, $R_2=220\ \text{k}\Omega$, $R_S=2.0\ \text{k}\Omega$, $R_D=12\ \text{k}\Omega$, $V_{DD}=10\ \text{V}$, $V_{Tn}=1.5\ \text{V}$, $K_n=5.1\ \text{mA/V}^2$으로 가정한다.

[정답 : $V_{GSQ}=1.92\ \text{V}$, $I_{DQ}=0.45\ \text{mA}$, $V_{DSQ}=3.7\ \text{V}$]

공핍형 MOSFET의 바이어스

공핍형 MOSFET에서는 게이트-소오스 전압 V_{GS}가 양(+) 또는 음(−)의 값을 갖는 것이 가능하므로, [그림 5-28(a)]와 같이 게이트를 접지시킨 영 전압(0 V) 바이어스를 사용할 수 있다. MOSFET의 게이트 단자는 산화막으로 절연되어 있으므로, 게이트 단자로 흐르는 전류가 0이다. 따라서 게이트는 접지되어 $V_{GSQ}=0$ V가 되고, MOSFET가 포화영역에서 동작하는 경우의 드레인 바이어스 전류는 식 (5.21)과 같이 표현된다. 여기서 V_{Tn}은 공핍형 N 채널 MOSFET의 문턱전압이며, $V_{Tn}<0$이다.

$$I_{DQ}=I_{DSS}=\frac{1}{2}K_nV_{Tn}^2 \tag{5.21}$$

[그림 5-28(a)]의 바이어스 회로에서 드레인-소오스 바이어스 전압은 식 (5.22)로 표현된다. $V_{GS}=0$ V이므로, $V_{DSQ}\geq|V_{Tn}|$이면, 트랜지스터는 포화영역에서 동작한다.

$$V_{DSQ}=V_{DD}-I_{DQ}R_D \tag{5.22}$$

식 (5.22)로부터 [그림 5-28(a)] 회로의 부하선 방정식은 [그림 5-17]의 증가형 MOSFET 회로의 식 (5.11)과 동일하게 표현됨을 알 수 있다.

[그림 5-28(b)]는 소오스 저항 R_S를 추가하여 바이어스 안정도를 높인 자기 바이어스 회로이다. [그림 5-28(b)]의 회로에서 게이트가 접지되어 있으므로, $V_{GSQ}=-V_{SQ}$가 되며, 여기서 V_{SQ}는 MOSFET의 소오스 전압을 나타낸다. MOSFET가 포화영역에서 동작하는 경우의 드레인 바이어스 전류는 식 (5.3)과 유사하게 다음과 같이 표현된다.

$$\begin{aligned}I_{DQ}&=\frac{1}{2}K_n(V_{GSQ}-V_{Tn})^2 \\ &=\frac{1}{2}K_n(-V_{SQ}-V_{Tn})^2\end{aligned} \tag{5.23}$$

드레인-소오스 바이어스 전압은 식 (5.24)으로 표현된다.

$$V_{DSQ}=V_{DD}-I_{DQ}(R_D+R_S) \tag{5.24}$$

식 (5.23)으로부터 [그림 5-28(b)] 회로의 부하선 방정식은 [그림 5-24]의 증가형 MOSFET 회로의 식 (5.20)과 동일하게 표현됨을 알 수 있다.

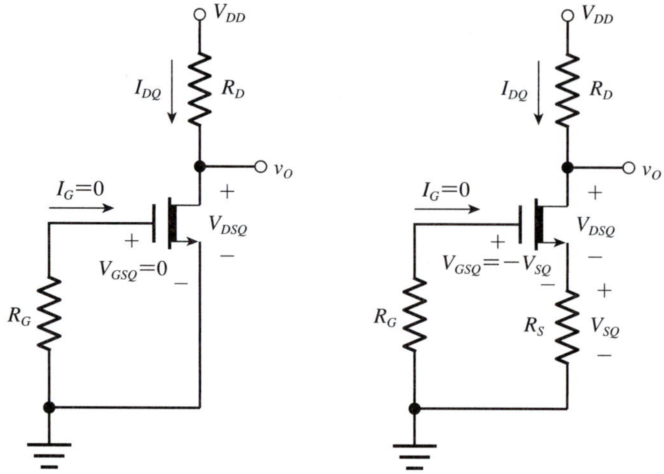

(a) 영 전압 바이어스　　　　(b) 자기 바이어스

[그림 5-28] 공핍형 N 채널 MOSFET의 바이어스

예제 5-6

[그림 5-28(b)]의 회로에서 바이어스 전류 I_{DQ}와 전압 V_{DSQ}를 구하라. 단, $V_{DD}=10$ V이고, $R_D=30$ kΩ, $R_S=5$ kΩ이며, MOSFET의 파라미터는 $V_{Tn}=-1.0$ V, $K_n=2$ mA/V^{2}이다.

풀이

편의상 전류는 mA 단위이고 저항은 kΩ 단위로 가정하여 표현한다. 드레인 바이어스 전류 I_{DQ}에 의한 소오스 전압은 $V_{SQ}=R_SI_{DQ}=5I_{DQ}$가 되며, MOSFET가 포화영역에서 동작한다고 가정하면 식 (5.23)으로부터 드레인 바이어스 전류는 다음과 같다.

$$I_{DQ}=\frac{1}{2}K_n(-V_{SQ}-V_{Tn})^2=\frac{1}{2}\times 2\times(-5I_{DQ}+1)^2 \text{ mA} \qquad (1)$$

식 (1)의 2차 방정식을 풀어 드레인 전류를 구하면, $I_{DQ}=0.31$ mA와 $I_{DQ}=0.13$ mA가 된다. 식 (5.24)로부터 $V_{DS}=0$인 경우의 드레인 전류의 최댓값을 구하면, 다음과 같다.

$$I_{D,max}=\frac{V_{DD}}{R_D+R_S}=\frac{10}{35\times 10^3}=0.29 \text{ mA}$$

$I_{DQ}=0.31>I_{D,max}$는 의미 없는 값이므로, 따라서 $I_{DQ}=0.13$ mA가 된다. 식 (5.24)로부터 드레인-소오스 바이어스 전압 V_{DSQ}는 다음과 같이 계산된다.

$$V_{DSQ}=V_{DD}-I_{DQ}(R_D+R_S)=10-0.13\times 35=5.45 \text{ V}$$

5.2.2 접합 FET(JFET)의 바이어스

JFET의 게이트 단자는 채널영역과 PN 접합을 형성하고 있으며 게이트와 소오스 사이에 전류가 흐르지 않아야 하므로, 게이트-소오스 사이의 PN 접합은 0 V 또는 역방향 바이어스가 인가되어야 한다.

■ 영 전압 바이어스

JFET의 바이어스도 공핍형 MOSFET와 유사하게 게이트를 접지시킨 영(0) 전압 바이어스와 자기 바이어스를 사용할 수 있다. [그림 5-29]의 N 채널 JFET를 예로 들어 바이어스를 해석해 본다. P 채널 JFET는 전류와 전압의 극성만 반대이므로, N 채널 JFET와 동일하게 해석될 수 있다.

JFET의 게이트는 채널영역과 역방향 바이어스된 PN 접합을 형성하고 있으므로, 누설전류를 무시한다면 게이트 단자로 흐르는 전류가 0이다. 게이트가 접지되어 $V_{GSQ}=0$ V이므로, JFET가 포화영역에서 동작하는 경우의 드레인 바이어스 전류는 식 (5.25)와 같이 표현된다. 여기서 I_{DSS}는 JFET의 드레인 포화전류이다.

$$I_{DQ}=I_{DSS} \tag{5.25}$$

[그림 5-29]의 바이어스 회로에서 드레인-소오스 바이어스 전압은 식 (5.26)으로 표현되며, $V_{DSQ} \geq |V_{GS,off}|$ 이면, 트랜지스터는 포화영역에서 동작한다.

$$V_{DSQ}=V_{DD}-I_{DQ}R_D \tag{5.26}$$

식 (5.26)으로부터, [그림 5-29] 회로의 부하선 방정식은 [그림 5-17]의 증가형 MOSFET 회로의 식 (5.11)과 동일하게 표현됨을 알 수 있다.

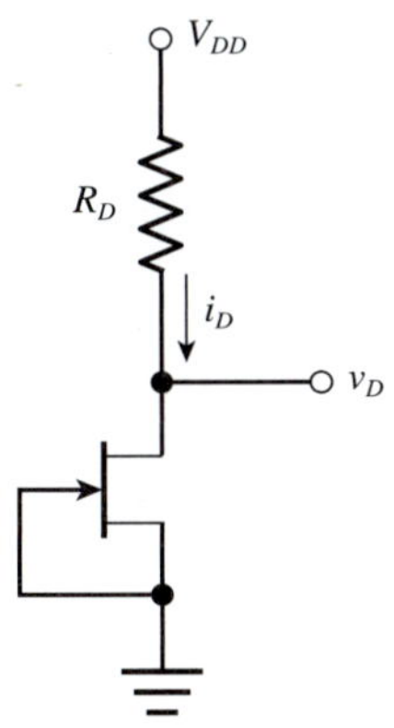

[그림 5-29] N 채널 JFET의 바이어스

예제 5-7

[그림 5-29]의 회로에서 바이어스 전류 I_{DQ}와 전압 V_{DSQ}를 구하라. 단, $V_{DD}=20$ V, $R_D=1$ kΩ이며, JFET의 파라미터는 $V_{GS,off}=-4$ V이고, $I_{DSS}=10$ mA이다.

풀이

[그림 5-29]의 회로를 보면 게이트와 소오스는 서로 연결되어 있으므로, $V_{GSQ}=0$ V가 된다. 그러나 아직 JFET가 어느 영역에서 동작하고 있는지는 알 수 없으므로, JFET가 포화영역에서 동작한다고 가정하고 해석을 한다. 그 결과로부터 포화영역에서 동작한다는 가정이 맞는지 여부를 확인한다. JFET가 포화영역에서 동작한다고 가정하면, 식 (5.25)에 의해 $I_{DQ}=I_{DSS}=10$ mA가 된다. 식 (5.26)에 의해 드레인-소오스 전압은 다음과 같이 계산된다.

$$V_{DSQ}=V_{DD}-I_{DQ}R_D=20-10\times 1=10 \text{ V}$$

따라서 $V_{DSQ}>|V_{GS,off}|$이므로, 주어진 회로의 JFET는 포화영역에서 동작한다는 가정이 맞았음이 확인된다.

예제 5-8

[그림 5-29]의 회로에서 바이어스 전류 I_{DQ}와 전압 V_{DSQ}를 구하라. 단, $V_{DD}=20$ V, $R_D=1.8$ kΩ이며, FET의 파라미터는 $V_{GS,off}=-4$ V이고, $I_{DSS}=10$ mA이다.

풀이

회로가 포화영역에서 동작한다고 가정하면, $I_{DQ}=I_{DSS}=10$ mA가 된다. 식 (5.26)에 의해 드레인 전압은 $V_{DSQ}=20\text{ V}-10\times 1.8=2$ V로 구해진다. JFET가 포화영역에서 동작하려면 V_{DSQ}는 적어도 $|V_{GS,off}|=4$ V 보다 큰 값을 되어야 하므로, JFET가 포화영역에서 동작한다고 가정한 것이 잘못된 것임을 알 수 있다.

따라서 주어진 JFET 회로는 비포화영역에서 동작하며, 이때의 드레인 전류는 식 (5.7)에 의해 다음과 같이 주어진다.

$$i_D=2I_{DSS}\left[\left(\frac{v_{GS}}{V_{GS,off}}-1\right)\frac{v_{DS}}{V_{GS,off}}-\frac{1}{2}\left(\frac{v_{DS}}{V_{GS,off}}\right)^2\right] \tag{1}$$

식 (1)에 $V_{GSQ}=0$ V, $I_{DSS}=10$ mA, $V_{GS,off}=-4$ V를 대입하여 드레인 바이어스 전류를 계산하면 다음과 같다.

$$I_{DQ}=2\times 10\times\left[\frac{V_{DSQ}}{4}-\frac{1}{2}\left(\frac{V_{DSQ}}{4}\right)^2\right]=-\frac{10}{16}V_{DSQ}^2+5V_{DSQ} \text{ mA} \tag{2}$$

식 (5.26)에 $V_{DD}=20$ V, $R_D=1.8$ kΩ을 대입하여 I_{DQ}를 구하면, 식 (3)과 같다.

$$I_{DQ}=\frac{V_{DD}-V_{DSQ}}{R_D}=\frac{20-V_{DSQ}}{1.8}\text{ mA} \tag{3}$$

식 (2)와 식 (3)을 연립해서 풀면, $V_{DSQ}=3.04$ V 또는 5.85 V가 얻어진다. 그러나 주어진 회로가 비포화영역에서 동작하려면 $V_{DSQ}<|V_{GS,off}|$가 되어야 하므로, $V_{DSQ}=3.04$ V가 선택되어야 한다. 이제 이 값을 식 (3)에 대입하면, $I_{DQ}=9.42$ mA가 된다.

회로해석 결과를 정리하면, 주어진 회로는 비포화영역에서 동작하며 $I_{DQ}=9.42$ mA이고, $V_{DSQ}=3.04$ V이다.

■ 영 전압 자기 바이어스

[그림 5-30]은 소오스 저항 R_S를 추가하여 바이어스 안정도를 높인 자기 바이어스 회로이다. [그림 5-30(a)]의 N 채널 JFET 회로에서 게이트가 접지되어 있으므로, 게이트 바이어스 전압은 다음과 같이 표현되며,

$$V_{GSQ}=-V_{SQ}=-R_S I_{DQ} \tag{5.27}$$

여기서 V_{SQ}는 소오스의 전압을 나타낸다. JFET가 포화영역에서 동작하는 경우의 드레인 바이어스 전류는 식 (5.6)에 의해 다음과 같이 표현된다.

$$I_{DQ}=I_{DSS}\left(1-\frac{V_{GSQ}}{V_{GS,off}}\right)^2=I_{DSS}\left(1+\frac{V_{SQ}}{V_{GS,off}}\right)^2 \tag{5.28}$$

따라서 드레인-소오스 바이어스 전압은 식 (5.29)와 같이 표현된다.

$$V_{DSQ}=V_{DD}-I_{DQ}(R_D+R_S) \tag{5.29}$$

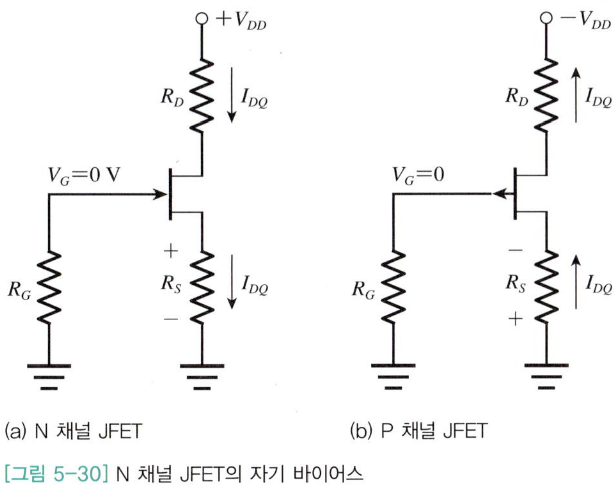

(a) N 채널 JFET (b) P 채널 JFET

[그림 5-30] N 채널 JFET의 자기 바이어스

식 (5.29)로부터, [그림 5-30(a)] 회로의 부하선 방정식은 [그림 5-24]의 증가형 MOSFET 회로와 동일하게 식 (5.20)으로 표현됨을 알 수 있다.

P 채널 JFET의 바이어스 회로는 [그림 5-30(b)]와 같으며, N 채널 JFET 회로와 비교하여 전압의 극성과 전류의 방향만 반대이고 동작원리는 동일하다. P 채널 JFET의 경우에는 V_{GS}가 항상 $V_{GS}>0$이 유지되어야 함에 유의한다. 게이트가 접지되어 있으므로, 소오스 저항 R_S에 흐르는 전류에 의해 소오스에 음의 전압이 발생되고, 따라서 $V_{GS}>0$로 바이어스된다.

■ 중간점 바이어스

일반적으로 FET의 동작점은 포화영역의 중간점에 설정되는 것이 가장 적합하다. 그 이유는 드레인 바이어스 전류가 식 (5.30)과 같이 $0 \sim I_{DSS}$ 사이의 중앙에 설정되면, 교류신호의 변동이 최대가 될 수 있기 때문이다. 이를 중간점 바이어스라고 한다.

$$I_{DQ}=\frac{I_{DSS}}{2} \tag{5.30}$$

포화영역에서 동작하는 JFET의 드레인 전류는 식 (5.6)에 의해 다음과 같이 표현된다.

$$I_{DQ}=I_{DSS}\left(1-\frac{V_{GSQ}}{V_{GS,off}}\right)^2 \tag{5.31}$$

$I_{DQ}=\frac{I_{DSS}}{2}$ 인 중간점에서의 V_{GSQ} 값과 $V_{GS,off}$ 값의 비를 다음과 같이 x라고 하면,

$$x=\frac{V_{GSQ}}{V_{GS,off}} \tag{5.32}$$

식 (5.32)를 식 (5.31)에 대입하여 정리하면 다음과 같다.

$$\frac{I_{DSS}}{2}=I_{DSS}(1-x)^2 \tag{5.33}$$

식 (5.33)로부터 x 값을 구하면 0.293와 1.707이 얻어지며, JFET에서 $|V_{GS,off}|>|V_{GS}|$이므로 $x<1$의 조건을 적용하면 $x=0.293$이 된다. 따라서 중간점 바이어스를 위한 게이트-소오스 전압은 다음과 같다.

$$V_{GSQ}=0.293\times V_{GS,off} \tag{5.34}$$

또한 드레인 전압이 중간점에 위치하도록 적절한 R_D 값을 선택한다. 일반적으로 R_G는 종속 증폭기(cascade amplifier) 연결 시 구동단에 미치는 부하효과(loading effect)를 최소화하기 위해 큰 값으로 선택한다.

예제 5-9

[그림 5-30(a)]의 회로에서 동작점 전류 I_{DQ}와 전압 V_{DSQ}를 구하라. 단, $R_D=1.3\ \text{k}\Omega$, $R_S=0.8\ \text{k}\Omega$, $V_{DD}=10$ V이고, JFET의 파라미터는 $V_{GS,off}=-4$ V, $I_{DSS}=5$ mA이다.

풀이

게이트-소오스 루프에 KVL을 적용하면 $V_{GSQ}+V_{SQ}=V_{GSQ}+R_SI_{DQ}=0$이 되며, 이로부터 드레인 바이어스 전류는 다음과 같이 된다.

$$I_{DQ}=-\frac{V_{GSQ}}{R_S}=-\frac{V_{GSQ}}{0.8}\ \text{mA} \tag{1}$$

JFET가 포화영역에서 동작한다고 가정하면, 식 (5.28)에 의해 드레인 바이어스 전류는 다음과 같다.

$$I_{DQ}=I_{DSS}\left(1-\frac{V_{GSQ}}{V_{GS,off}}\right)^2=5\times\left(1+\frac{V_{GSQ}}{4}\right)^2\ \text{mA} \tag{2}$$

식 (1)과 식 (2)를 연립하여 풀면 V_{GSQ}는 -1.53 V과 -10.47 V가 되며, 이 중에서 -10.47은 의미 없는 값이므로 $V_{GSQ}=-1.53$ V이다. 이 값을 식 (1)에 대입하여 계산하면, 드레인 전류값은 $I_{DQ}=1.91$ mA가 된다. 드레인-소오스 바이어스 전압은 식 (5.29)에 의해 $V_{DSQ}=V_{DD}-I_{DQ}(R_D+R_S)=10-1.91\times(1.3+0.8)=5.99$ V로 계산된다.

$V_{GSQ}-V_{GS,off}=-1.53-(-4)=2.47$ V이므로, $V_{DSQ}>V_{GSQ}-V_{GS,off}$를 만족하여 JFET는 포화영역에서 동작함이 확인된다.

전압분배 자기 바이어스

N 채널 JFET의 전압분배 자기 바이어스 회로는 [그림 5-31]과 같다. 게이트-소오스 PN 접합에 역방향 바이어스가 인가되어야 하므로, 소오스 전압이 게이트 전압보다 큰 양(+)의 값을 가져야 한다.

[그림 5-31] 회로에서 게이트 전압은 저항 R_1과 R_2의 전압분배에 의해 결정되므로,

$$V_{GQ}=\left(\frac{R_2}{R_1+R_2}\right)V_{DD} \tag{5.35}$$

소오스 전압은 다음과 같으며,

$$V_{SQ}=I_{DQ}R_S \tag{5.36}$$

따라서 게이트-소오스 바이어스 전압은 다음과 같이 표현된다.

$$V_{GSQ}=V_{GQ}-V_{SQ}=\left(\frac{R_2}{R_1+R_2}\right)V_{DD}-I_{DQ}R_S \tag{5.37}$$

식 (5.37)의 게이트-소오스 바이어스 전압에 의해 JFET가 포화영역에서 동작한다면, 드레인 바이어스 전류는 식 (5.31)과 동일하게 표현되며, 드레인-소오스 바이어스 전압은 식 (5.29)와 동일하게 표현된다.

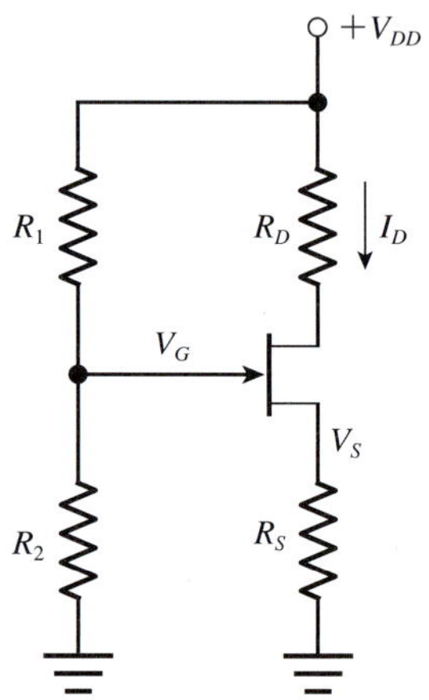

[그림 5-31] N 채널 JFET의 전압분배 자기 바이어스

■ JFET 동작점의 그래프적 해석

[그림 5-31]의 전압분배 자기 바이어스의 동작점(Q점)을 전달특성 곡선에 그래프로 나타내 보자. DC 부하선을 구하기 위해서는 두 점이 필요하다. 첫 번째 점은 $I_D=0$일 때의 V_{GS}에 의해 얻어진다. $I_D=0$이므로 소오스 전압 $V_S=I_DR_S=0$이 되고, 따라서 게이트-소오스 전압은 다음과 같이 표현된다.

$$V_{GS}=V_G-V_S=V_G \tag{5.38}$$

또 다른 하나의 점은 $V_{GS}=0$일 때의 I_D에 의해 얻어진다. $V_{GS}=0$일 때의 드레인 전류는 식 (5.39)로 표현되고,

$$I_D=\frac{V_S}{R_S}=\frac{V_G-V_{GS}}{R_S}=\frac{V_G}{R_S} \tag{5.39}$$

식 (5.38)과 식 (5.39)가 나타내는 두 점을 직선으로 연결하면 DC 부하선이 되며, 전달특성 곡선과 부하선의 교점이 동작점(Q점)이 되며, [그림 5-32]는 전달특성 곡선과 부하선 그리고 동작점을 보인 것이다.

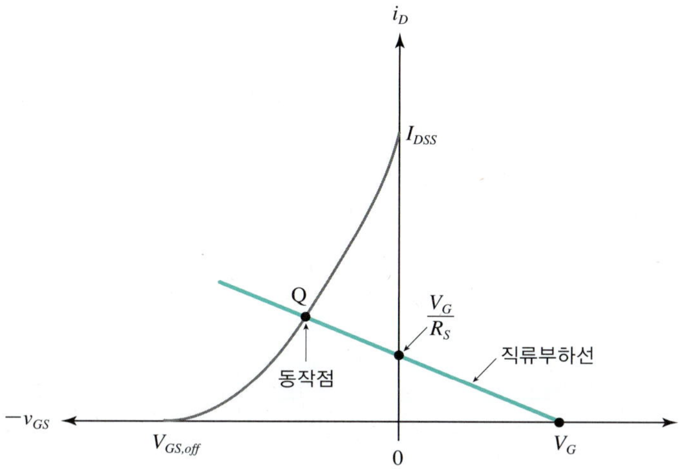

[그림 5-32] 전압분배 바이어스된 JFET의 전달특성과 Q점

예제 5-10

[그림 5-31]의 회로에서 $V_{GQ}=5$ V, $V_{DQ}=11$ V, $I_{DQ}=4$ mA가 되도록 저항 R_1, R_2, R_D 그리고 R_S의 값을 결정하라. 단, $V_{DD}=15$ V에 의해 전압분배 저항 R_1, R_2에 흐르는 전류는 0.05 mA이고, JFET의 파라미터는 $I_{DSS}=9$ mA, $V_{GS,off}=-3$ V이다.

풀이

식 (5.35)에 의해 게이트 바이어스 전압은 다음과 같다.

$$V_{GQ}=5=\left(\frac{R_2}{R_1+R_2}\right)\times 15 \tag{1}$$

문제의 조건에 의해 전압분배 저항 R_1, R_2에 흐르는 전류는 0.05 mA가 되어야 하므로,

$$\frac{V_{DD}}{R_1+R_2}=\frac{15}{R_1+R_2}=0.05\text{ mA} \tag{2}$$

식 (1)과 식 (2)를 연립하여 풀면, $R_1=200$ kΩ, $R_2=100$ kΩ이 된다. 문제의 조건에 의해 주어진 $V_{DQ}=11$ V와 $I_{DQ}=4$ mA를 다음의 식에 대입하면, 드레인 저항 R_D는 다음과 같이 계산된다.

$$R_D=\frac{V_{DD}-V_{DQ}}{I_{DQ}}=\frac{15-11}{4\times 10^{-3}}=1\text{ k}\Omega$$

JFET가 포화영역에서 동작한다고 가정하고, 식 (5.31)에 주어진 값들을 대입하면 다음과 같으며,

$$4\times 10^{-3}=9\times 10^{-3}\times\left(1-\frac{V_{GSQ}}{-3}\right)^2 \tag{3}$$

식 (3)의 2차 방정식을 풀어 게이트-소오스 바이어스 전압을 구하면 V_{GSQ}는 -1 V 또는 -5 V이며, $V_{GSQ}=-1$ V를 선택하면 JFET가 포화영역에서 동작하게 된다. 소오스 전압은 $V_{SQ}=V_{GQ}-V_{GSQ}=5+1=6$ V가 되므로, 소오스 저항 R_S는 다음과 같이 계산된다.

$$R_S=\frac{V_{SQ}}{I_{DQ}}=\frac{6}{4\times10^{-3}}=1.5\ \text{k}\Omega$$

한편, $V_{DSQ}=V_{DQ}-V_{SQ}=11-6=5$ V이고 $V_{GSQ}-V_{GS,off}=-1-(-3)=2$ V이므로, $V_{DSQ}>V_{GSQ}-V_{GS,off}$를 만족하여 JFET는 포화영역에서 동작함이 확인된다. 만약 $V_{GSQ}=-5$ V를 선택하면 $V_{SQ}=10$ V가 되고 $V_{DSQ}=1$ V가 되어 $V_{DSQ}<V_{GSQ}-V_{GS,off}$가 되므로, JFET가 비포화영역에서 동작한다.

5.3 FET의 소신호 등가회로

FET가 증폭기로 사용되기 위해서는 포화영역에서 동작하도록 동작점이 설정되어야 하며, 이를 위한 바이어스 회로와 동작점 해석 및 설계에 대해 살펴보았다. 증폭기는 동작점을 중심으로 신호를 증폭하게 되며, 이때 FET는 선형적인 특성을 가져야 증폭된 신호에 왜곡이 발생하지 않는다. 5.1절에서 설명된 바와 같이 FET는 근본적으로 비선형적인 전류-전압 특성을 갖는다. 다행스럽게도 FET가 포화영역에서 동작하는 경우에 동작점을 중심으로 신호가 작은 크기로 변하면 선형적인 특성을 가지며, 이를 소신호(small-signal) 특성이라고 한다. 이 절에서는 포화영역에서 동작하는 MOSFET의 소신호 등가회로와 파라미터에 대해 알아본다. 소신호 등가회로는 6장에서 설명될 FET 증폭기의 해석과 설계에 기본이 되는 중요한 내용이므로 명확히 이해할 필요가 있다. 여기서 소개하는 MOSFET의 소신호 등가회로도 3장에서 설명된 BJT의 소신호 등가회로와 유사하다.

5.3.1 MOSFET의 소신호 파라미터

전달컨덕턴스

5.1절에서 설명된 바와 같이 MOSFET는 게이트 전압에 의해 드레인 전류가 제어되는 소자이므로, 게이트-소오스 전압의 변화에 대한 드레인 전류 변화의 비(ratio)를 MOSFET의 전달컨덕턴스(transconductance)로 식 (5.40)과 같이 정의한다.

$$g_m\equiv\left.\frac{di_D}{dv_{GS}}\right|_{Q점} \tag{5.40}$$

v_{GS}의 변화에 대한 i_D의 변화가 클수록 전달컨덕턴스 값이 커지며, 전달컨덕턴스는 MOSFET의 성능을 나타내는 중요한 지표로서 6장에서 설명되는 MOSFET 증폭기 회로의 증폭률에 영향을 미치는 파라미터이다. 식 (5.40)의 전달컨덕턴스 g_m이 동작점 Q에서 정의되므로, 동작점에서의 드레인 전류(즉, 드레인 바이어스 전류) I_{DQ}에 영향을 받는다. 전달컨덕턴스의 개념은 소신호 등가모델에서 사용되며, 소신호 등가모델에 따른 해석은 '포화영역'에서의 동작에 대해서만 적용됨에 유의하자. MOSFET에 대해 정의되는 식 (5.40)의 전달컨덕턴스는 JFET에도 동일하게 적용된다.

N 채널 MOSFET가 포화영역에서 동작하는 경우에 드레인 전류는 식 (5.3)으로 주어지며, 편의상 식 (5.41)에 다시 나타내었다.

$$i_D = \frac{1}{2}K_n(v_{GS} - V_{Tn})^2 \tag{5.41}$$

이를 식 (5.40)에 적용하면, 전달컨덕턴스는 식 (5.42)와 같이 표현된다.

$$g_m \equiv \left.\frac{di_D}{dv_{GS}}\right|_{\text{Q점}} = K_n(V_{GSQ} - V_{Tn}) \tag{5.42}$$

식 (5.42)는 K_n이 일정하다고 할 때, g_m이 $(V_{GSQ} - V_{Tn})$에 비례한다는 것을 나타낸다. 그러면 MOSFET의 전달컨덕턴스와 드레인 전류 사이의 관계를 유도해 보자. 동작점 전압과 전류에 대해 식 (5.41)을 변형하면 식 (5.43)과 같고,

$$(V_{GSQ} - V_{Tn})^2 = \frac{2I_{DQ}}{K_n} \tag{5.43}$$

이 식을 $V_{GSQ} - V_{Tn}$에 대하여 정리하면 식 (5.44)가 된다.

$$V_{GSQ} - V_{Tn} = \sqrt{\frac{2I_{DQ}}{K_n}} \tag{5.44}$$

식 (5.44)를 식 (5.42)에 대입하면, 전달컨덕턴스 g_m은 식 (5.45)와 같이 표현된다.

$$g_m = K_n(V_{GSQ} - V_{Tn}) = \sqrt{2K_nI_{DQ}} \tag{5.45}$$

식 (5.2)에서 $K_n = \mu_n C_{ox}(W/L)$으로 정의되었으므로, g_m은 MOSFET의 채널폭과 채널길이의 비에 영향을 받으며, K_n 값이 고정되면 g_m은 $\sqrt{I_{DQ}}$에 비례한다.

식 (5.42)의 g_m을 식 (5.41)의 I_{DQ}로 나누면, 식 (5.46)을 얻는다.

$$\frac{g_m}{I_{DQ}} = \frac{2}{V_{GSQ} - V_{Tn}} \tag{5.46}$$

식 (5.46)으로부터 g_m을 I_{DQ}에 관한 식으로 표현하면 식 (5.47)이 된다.

$$g_m = \frac{2I_{DQ}}{V_{GSQ} - V_{Tn}} \tag{5.47}$$

MOSFET의 전달컨덕턴스 g_m은 식 (5.42), 식 (5.45), 식 (5.47)과 같이 다양한 방법으로 정의될 수 있으며 g_m과 I_{DQ}, $V_{GSQ} - V_{Tn}$ 그리고 K_n(즉, W/L)의 상관관계를 이해할 수 있다. 즉, (1) $V_{GSQ} - V_{Tn}$가 주어졌을 때 g_m은 I_{DQ}에 비례하고, (2) I_{DQ}가 주어졌을 때 g_m은 $V_{GSQ} - V_{Tn}$에 반비례한다. 이것을 [표 5-1]에 정리하였다.

[표 5-1] g_m의 다양한 의존성

$\frac{W}{L}$: 일정 $v_{GSQ} - V_{Tn}$: 가변	$\frac{W}{L}$: 가변 $V_{GSQ} - V_{Tn}$: 일정	$\frac{W}{L}$: 가변 I_{DQ} : 일정
$g_m \propto \sqrt{I_{DQ}}$ $g_m \propto V_{GSQ} - V_{Tn}$	$g_m \propto I_{DQ}$ $g_m \propto \frac{W}{L}$	$g_m \propto \sqrt{\frac{W}{L}}$ $g_m \propto \frac{1}{V_{GSQ} - V_{Tn}}$

예제 5-11

N 채널 MOSFET의 드레인 전류가 2 mA가 되도록 바이어스되어 있을 때, 이 소자의 g_m을 구하라. $K_n = 0.75\ \mathrm{mA/V^2}$으로 가정한다.

풀이

드레인 바이어스 전류와 K_n이 주어졌으므로, 식 (5.45)를 이용하여 g_m을 구할 수 있다. 주어진 값을 대입하면 다음과 같이 계산된다.

$$g_m = \sqrt{2K_n I_{DQ}} = \sqrt{2 \times 0.75 \times 2} = 1.73\ \mathrm{mA/V}$$

예제 5-12

$K_n = 0.95\ \mathrm{mA/V^2}$인 N 채널 MOSFET의 전달컨덕턴스가 4 mA/V일 때, 드레인 전류를 구하라.

풀이

식 (5.45)로부터 드레인 전류는 다음과 같이 계산된다.

$$i_D = \frac{g_m^2}{2K_n} = \frac{4^2}{2 \times 0.95} = 8.42\ \mathrm{mA}$$

드레인 저항

5.1.1절에서 설명된 바와 같이, MOSFET가 포화영역에서 동작할 때 드레인 전압이 증가함에 따라 드레인 전류가 증가하는 채널길이 변조(channel-length modulation) 효과가 나타난다.

이때의 드레인 전류는 식 (5.4)로 표현되었으며, 편의상 식 (5.48)에 다시 나타내었다.

$$i_D = \frac{1}{2} K_n (v_{GS} - V_{Tn})^2 (1 + \lambda v_{DS}) \tag{5.48}$$

이와 같은 채널길이 변조효과는 포화영역에서 동작하는 MOSFET의 드레인 저항 성분으로 나타나며, 증폭기와 같은 아날로그 회로의 성능에 영향을 미치는 요인이 된다.

[그림 5-33]은 채널길이 변조효과가 고려된 MOSFET의 전류-전압 특성 곡선이다. 그림에서 볼 수 있듯이, 포화영역에서 전류-전압 특성 곡선의 기울기의 역수가 MOSFET의 소신호 드레인 저항 r_o이며, 식 (5.49)로 정의된다.

$$\frac{1}{r_o} \equiv \left(\frac{di_D}{dv_{DS}} \right) \bigg|_{\text{Q점}} \tag{5.49}$$

식 (5.48)을 식 (5.49)에 대입하면, r_o는 다음과 같이 표현되며, 채널길이 변조효과 계수 λ는 [그림 5-33]에서 보는 바와 같이 전압 V_A의 역수로 정의된다.

$$r_o = \frac{2}{\lambda K_n (V_{GSQ} - V_{Tn})^2} \simeq \frac{1}{\lambda I_{DQ}} = \frac{V_A}{I_{DQ}} \tag{5.50}$$

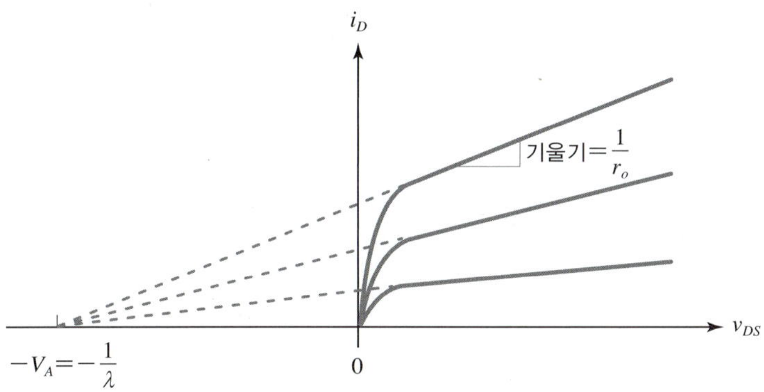

[그림 5-33] 채널길이 변조효과가 고려된 MOSFET의 전류-전압 특성과 드레인 저항

예제 5-13

증가형 MOSFET의 드레인 전류가 0.5 mA가 되도록 바이어스되어 있을 때, 소신호 출력저항 r_o를 구하라. 단, $\lambda=0.1/\text{V}$이다.

풀이

주어진 값을 식 (5.50)에 대입하면, r_o는 다음과 같이 간단히 계산된다.

$$r_o=\frac{1}{\lambda I_{DQ}}=\frac{1}{0.1\times 0.5\ \text{mA}}=20\ \text{k}\Omega$$

5.3.2 MOSFET의 소신호 등가회로

MOSFET의 소신호 등가회로는 BJT의 소신호 등가회로와 유사하다. MOSFET는 신호의 관점에서 볼 때 전압에 의해서 제어되는 전류원으로 표현된다. 즉, 포화영역에서 동작하는 MOSFET의 게이트와 소오스 사이에 전압 v_{gs}가 인가되면, 드레인 단자에 전류 i_d가 발생하며, 이들 사이의 비례상수가 전달컨덕턴스 g_m이다. 따라서 MOSFET의 소신호 등가모델은 [그림 5-34]와 같이 표현되며, 드레인 전류 i_d를 $g_m v_{gs}$로 표현한다. MOSFET의 게이트는 산화막에 의해 절연되어 있으므로, 게이트는 개방(open)되어 있음에 유의하라. 드레인과 소오스 사이에 나타나는 저항 r_o는 채널길이 변조효과에 의한 저항성분이다. MOSFET의 소신호 등가회로는 6장에서 설명되는 MOSFET 증폭기 회로의 해석에 유용하게 사용된다.

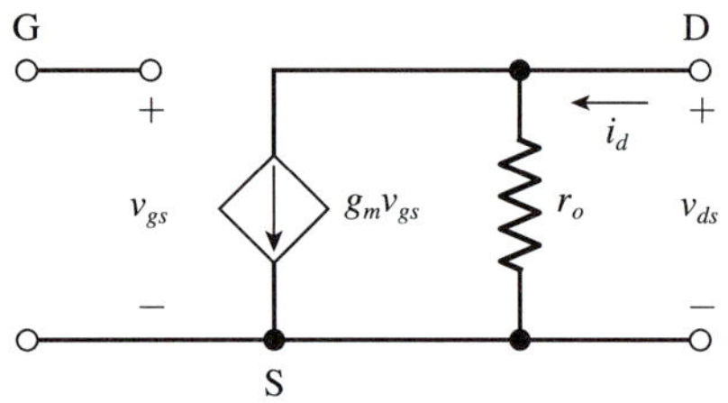

[그림 5-34] MOSFET의 소신호 등가모델

5.3.3 JFET의 소신호 등가회로

포화영역에서 동작하는 JFET의 소신호 등가회로는 [그림 5-34]의 MOSFET 소신호 등가회로와 동일하며, 단지 전달컨덕턴스만 다르게 표현된다. 포화영역에서 동작하는 JFET의 채널길이 변조효과를 고려하면 드레인 전류는 다음과 같이 표현된다.

$$i_D=I_{DSS}\left(1-\frac{v_{GS}}{V_{GS,off}}\right)^2(1+\lambda v_{DS}) \tag{5.51}$$

여기서 λ는 채널길이 변조계수이며, MOSFET와 동일하게 $\lambda = 1/V_A$로 정의된다. 식 (5.51)로부터 JFET의 전달컨덕턴스는 다음과 같이 표현된다.

$$g_m = \left(\frac{2I_{DSS}}{|V_{GS,off}|}\right)\left(1 - \frac{V_{GSQ}}{V_{GS,off}}\right) = \left(\frac{2I_{DSS}}{|V_{GS,off}|}\right)\sqrt{\frac{I_{DQ}}{I_{DSS}}} \tag{5.52}$$

5.4 PSPICE 시뮬레이션

지금까지 FET의 구조 및 전류-전압 특성, DC 해석 그리고 소신호 등가회로 등에 대하여 살펴보았다. 여기서는 PSPICE를 이용한 시뮬레이션 예를 통해 FET의 동작과 바이어스 해석을 해본다.

■ 시뮬레이션 1

[그림 5-35]의 회로에 대해 PSPICE로 "DC sweep" 해석을 수행하여 JFET의 전류-전압 특성 곡선을 확인하라. 단, $V_{DD} = 9$ V, $R_1 = 1$ kΩ이다.

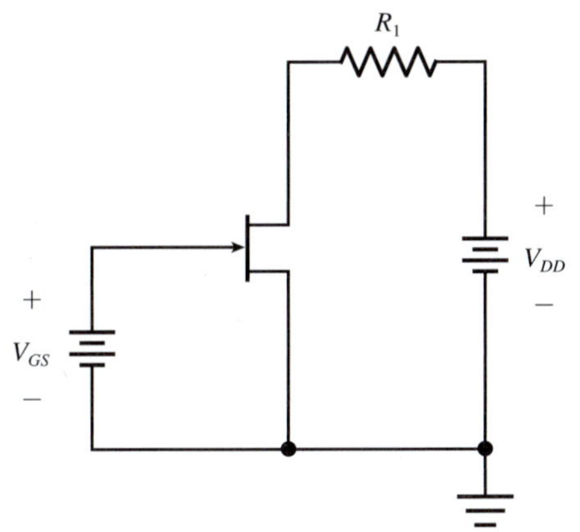

[그림 5-35] N 채널 JFET의 전류-전압 특성 시뮬레이션 회로

시뮬레이션 결과

시뮬레이션에는 J2N3819 JFET 소자를 사용하였다. V_{GS}를 $-4 \sim 0$ V 범위에서 0.5 V씩 변화시키고, V_{DD}를 $0 \sim 25$ V 범위에서 0.1 V씩 변화시키면서 DC sweep 해석을 수행한 결과는 [그림 5-36(a)]와 같다. 5.1.2절에서 설명된 바와 같이, $V_{GS} = 0$ V일 때 가장 큰 전류가 흐르며 $I_{DSS} \simeq 12$ mA이다. $V_{GS} = -3$ V인 경우에 $I_D \simeq 0$이 되어 $V_{GS,off} = -3$ V 임을 확인할 수 있다.

[그림 5-36(b)]는 $V_{DS} = 20$ V로 고정시킨 상태에서 V_{GS}를 $-4 \sim 0$ V 범위에서 0.1 V씩 변화시키면서 DC sweep 해석을 수행하여 얻어진 $V_{GS} - I_D$ 전달특성의 시뮬레이션 결과이다. $I_{DSS} \simeq 12$ mA이고 $V_{GS,off} = -3$ V 임을 확인할 수 있다.

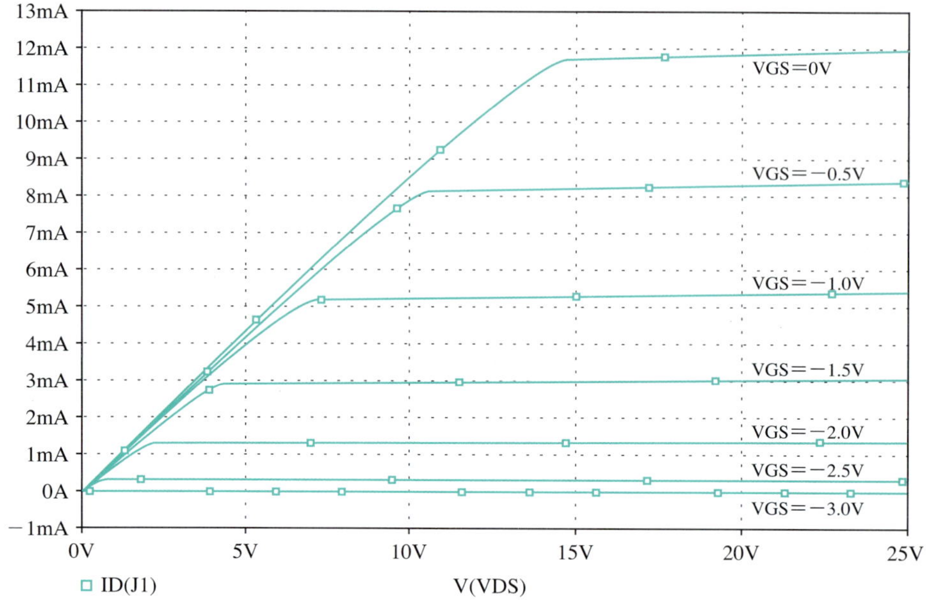

(a) $I_D - V_{DS}$ 특성

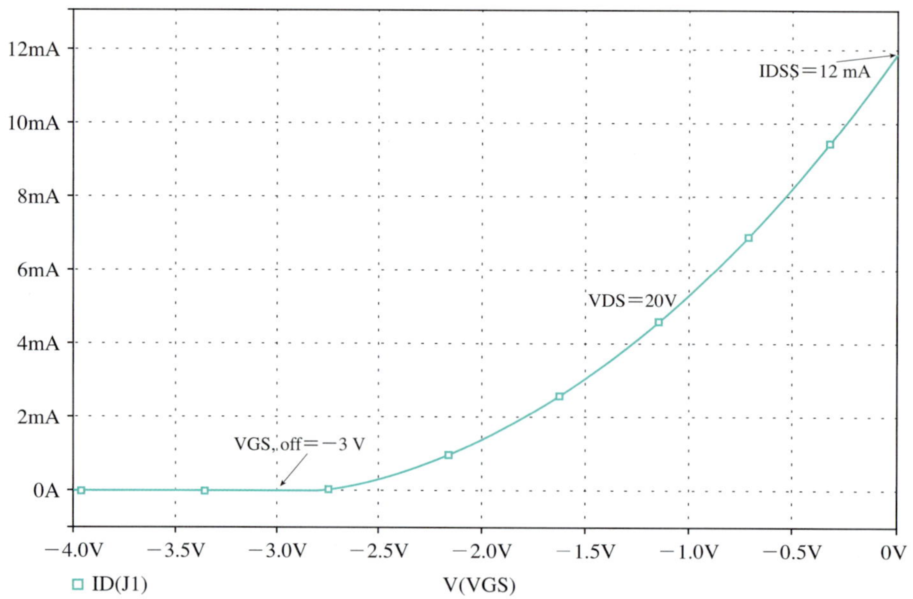

(b) $V_{GS} - I_D$ 전달 특성

[그림 5-36] N 채널 JFET의 전류-전압 특성 시뮬레이션 결과

■ 시뮬레이션 2

[그림 5-37]과 같은 증가형 N 채널 MOSFET 회로를 PSPICE로 시뮬레이션하여 동작점 전압과 전류를 확인하라. 단, $V_{DD}=6$ V, $V_{SS}=-6$ V, $R_G=470$ kΩ, $R_D=7$ kΩ, $R_S=5$ kΩ이고 $V_{Tn}=1.2$ V, $L=2$ μm, $W=300$ μm이다.

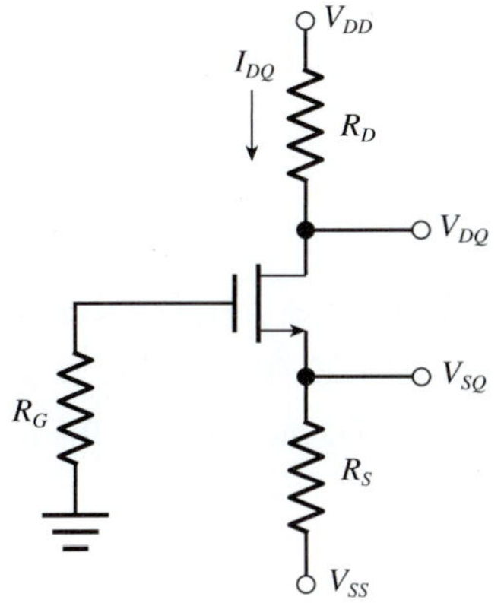

[그림 5-37]

시뮬레이션 결과

PSPICE 시뮬레이션 결과는 [그림 5-38]과 같으며 $V_{GSQ}=3.645$ V, $I_{DQ}=470.9$ μA, $V_{DSQ}=6.348$ V로서 MOSFET가 포화영역에서 동작하는 것을 확인할 수 있다.

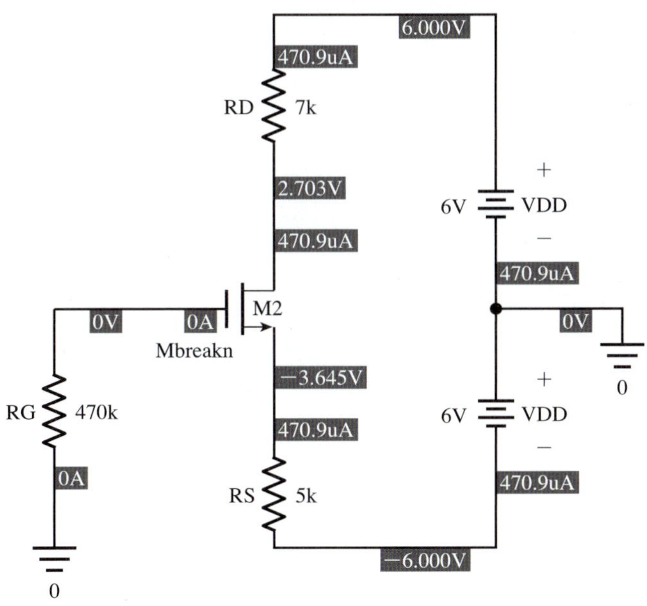

(a) DC 해석 결과

```
.MODEL Mbreakn NMOS LEVEL=3 L=2.0000E-6 W=300.00E-6
+ RS=10.000E-3 RD=10.000E-3 VTO=1.2000 RDS=1.0000E6
+ TOX=2.0000E-6 CGSO=40.000E-12 CGDO=10.000E-12
+ CBD=1.0000E-9 RG=5 RB=1.0000E-3 GAMMA=0 KAPPA=0
```

(b) 시뮬레이션에 사용된 N 채널 MOSFET의 모델 파라미터

[그림 5-38] [그림 5-37] 회로의 PSPICE 시뮬레이션 결과

5.5 요약

■ **전계효과 트랜지스터** FET 게이트 전압에 의해 드레인-소오스 사이의 전류가 조절되는 소자이며, 전자 또는 정공 한 종류의 캐리어에 의해서 전류가 흐르는 단극성(unipolar) 소자이다. 구조 및 동작방식에 따라 MOSFET(Metal-Oxide-Semiconductor FET)와 접합 FET(Junction FET; JFET)로 구분된다.

■ MOSFET 제작방법에 따라 증가형(enhancement-type) MOSFET와 공핍형(depletion-type) MOSFET로 구분된다. 증가형 MOSFET는 전압분배 바이어스, 자기 바이어스 등의 방법으로 동작점을 설정할 수 있으며, 공핍형 MOSFET와 JFET는 영(0) 전압 바이어스 또는 전압분배 바이어스, 자기 바이어스 방법으로 동작점이 설정될 수 있다.

- 증가형 MOSFET : 채널 형성에 필요한 최소 게이트 전압을 문턱전압(threshold voltage)이라고 하며, N 채널 증가형 MOSFET의 문턱전압은 $V_{Tn}>0$이며, P 채널 증가형 MOSFET의 문턱전압은 $V_{Tn}<0$이다.
- 증가형 MOSFET의 세 가지 동작영역
  - 차단영역 : $v_{GS}<V_{Tn}$, $i_D=0$
  - 비포화영역 : $v_{GS}\geq V_{Tn}$, $v_{DS}<v_{GS}-V_{Tn}$, $i_D=K_n\left[(v_{GS}-V_{Tn})v_{DS}-\frac{1}{2}v_{DS}^2\right]$
  - 포화영역 : $v_{GS}\geq V_{Tn}$, $v_{DS}\geq v_{GS}-V_{Tn}$, $i_D=\frac{1}{2}K_n(v_{GS}-V_{Tn})^2$

■ **채널길이 변조** channel-length modulation **효과**

- 포화영역에서 드레인 전압이 증가함에 따라 채널의 핀치오프가 증가하여 드레인 전류가 증가하는 현상
- 포화영역에서 동작하는 MOSFET의 드레인 저항 성분으로 나타나며, 증폭기 회로의 성능에 영향을 미치는 요인이 된다.

$$r_o\simeq\frac{1}{\lambda I_{DQ}}=\frac{V_A}{I_{DQ}}$$

■ **공핍형** depletion **MOSFET** 증가형 MOSFET와 동일한 구조를 가지며, 제조과정에서 채널이 미리 만들어 진다는 점만 다르다.

- 공핍형 MOSFET에서 드레인 전류가 0이 되는 임계전압을 문턱전압이라고 하며, 증가형 MOSFET의 문턱전압과 부호가 반대이다. 공핍형 N 채널 MOSFET의 문턱전압은 $V_{Tn}<0$이고, P 채널 소자의 문턱전압은 $V_{Tn}>0$이다.

■ **접합** junction **FET** 채널영역과 게이트 영역이 PN 접합으로 형성되며, N 채널 JFET와 P 채널 JFET로 구분된다.

- JFET에서 게이트 단자로 전류가 흐르지 않아야 하며, 이를 위해 게이트 영역과 채널영역 사이의 PN 접합에는 반드시 역방향 바이어스가 인가되어야 한다.
- JFET의 드레인 전류를 0으로 만드는 게이트 전압을 차단전압(cutoff voltage) $V_{GS,off}$라고 하며, MOSFET에서 문턱전압과 동일한 의미를 갖는다. N 채널 JFET에서 $V_{GS,off}<0$이고, $V_{GS,off}=-V_P$ 즉, 차단전압은 핀치오프 전압과 크기가 같고 부호가 반대이다.
- JFET의 포화영역 드레인 전류 : v_{DS}에는 무관하게 v_{GS}에 의해 영향을 받는다. MOSFET의 포화영역 전류와 유사한 형태로 표현된다.

$$i_D=I_{DSS}\left(1-\frac{v_{GS}}{V_{GS,off}}\right)^2=\frac{I_{DSS}}{V_{GS,off}^2}(v_{GS}-V_{GS,off})^2$$

- JFET의 비포화영역 드레인 전류 : V_{GS}와 V_{DS} 모두에 의해 영향을 받는다. MOSFET의 비포화영역 전류와 유사한 형태로 표현된다.

$$\begin{aligned} i_D&=2I_{DSS}\left[\left(\frac{v_{GS}}{V_{GS,off}}-1\right)\frac{v_{DS}}{V_{GS,off}}-\frac{1}{2}\left(\frac{v_{DS}}{V_{GS,off}}\right)^2\right] \\ &=\frac{2I_{DSS}}{V_{GS,off}^2}\left[(v_{GS}-V_{GS,off})v_{DS}-\frac{1}{2}v_{DS}^2\right] \end{aligned}$$

■ MOSFET의 전달컨덕턴스(transconductance)는 v_{GS}의 변화에 대한 i_D 변화의 비(ratio)로서 MOSFET 소자의 성능을 나타내는 중요한 지표이다.

$$g_m=\frac{di_D}{dv_{GS}}\bigg|_{Q점}=K_n(V_{GSQ}-V_{Tn})=\sqrt{2K_nI_{DQ}}$$

■ **MOSFET와 JFET의 소신호 등가모델** FET 증폭기 회로의 해석에 유용하게 사용된다.

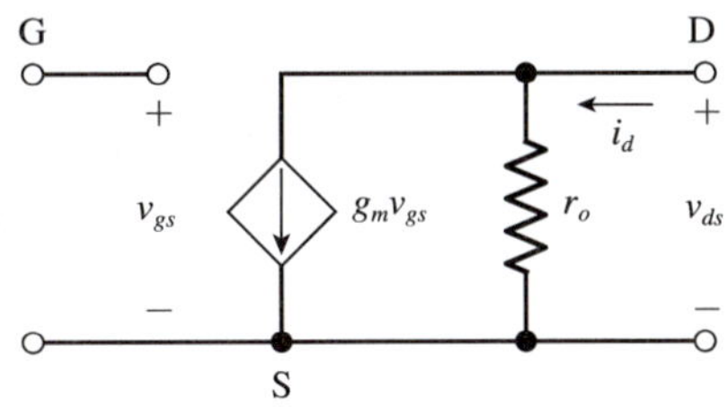

Chapter_05 연습문제

5.1 N 채널 MOSFET의 파라미터 값이 $V_{Tn}=0.8$ V, $\mu_n C_{ox}=100\ \mu\text{A/V}^2$, $W=16\ \mu$m, $L=1\ \mu$m 이고, $V_{DS}=0.1$ V이며, V_{GS}에 0 V, 1 V, 2 V, 3 V의 전압이 각각 인가될 때의 드레인 전류를 계산하라.

5.2 문제 **5.1**과 동일한 파라미터를 갖는 N 채널 MOSFET에 $V_{DS}=5$ V이고, V_{GS}에 0 V, 1 V, 2 V, 3 V의 전압이 각각 인가될 때의 드레인 전류를 계산하라.

5.3 $V_{Tn}=-3$ V, $\mu_n C_{ox}=100\ \mu\text{A/V}^2$인 N 채널 공핍형 MOSFET에서 $V_{GS}=0$ V와 $V_{DS}=4$ V가 인가될 때 드레인 전류 $I_D=2$ mA가 되기 위한 W/L 값을 결정하라.

5.4 N 채널 MOSFET가 $V_{Tn}=1$ V, $\mu_n C_{ox}=120\ \mu\text{A/V}^2$, $L=1\ \mu$m의 파라미터 값을 가지며, $V_{GS}=3$ V로 포화영역에서 바이어스되어 있다. 드레인 전류 $I_D=2.5$ mA가 되기 위한 채널폭 W를 구하라.

5.5 N 채널 MOSFET가 $V_{Tn}=1$ V, $L=2\ \mu$m, $t_{ox}=500$ Å, $\epsilon_{ox}=3.9\times8.85\times10^{-14}$ F/cm, $\mu_n=500\ \text{cm}^2/(V\cdot s)$의 파라미터 값을 갖는다. 이 소자가 $V_{GS}=4$ V로 포화영역에 바이어스 되어 있을 때, 드레인 전류 $I_D=2$ mA가 되기 채널폭 W를 구하라.

5.6 [그림 5-39]의 회로에서 $I_D=2$ mA일 때 V_{DS}를 계산하라. 단, MOSFET의 파라미터 값은 $V_{Tn}=0.7$ V, $\mu_n C_{ox}=100\ \mu\text{A/V}^2$, $W=40\ \mu$m, $L=1\ \mu$m이고, $R_G=20$ MΩ, $R_D=1$ kΩ, $R_S=0.5$ kΩ, $V_{DD}=5$ V이다.

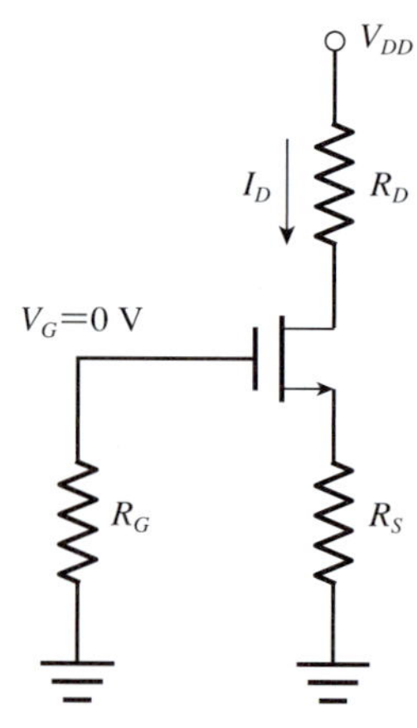

[그림 5-39]

5.7 [그림 5-39]의 회로에서 드레인 전류가 증가에 따른 V_{DS}의 변화를 설명하라.

5.8 [그림 5-40]의 회로에서 드레인 전류 I_D를 구하라. 단, MOSFET의 파라미터 값은 $V_{Tn}=0.7$ V, $K_n=1$ mA/V^2 이고, $R_1=7$ MΩ, $R_2=5$ MΩ, $R_D=4$ kΩ, $R_S=2.5$ kΩ, $V_{DD}=5$ V 이다.

5.9 [그림 5-40]의 회로에서 R_2 값의 증가에 따른 게이트 전압 V_G의 변화를 설명하라. 또한 R_D 값의 증가에 따른 드레인 전류 I_D의 변화를 설명하라.

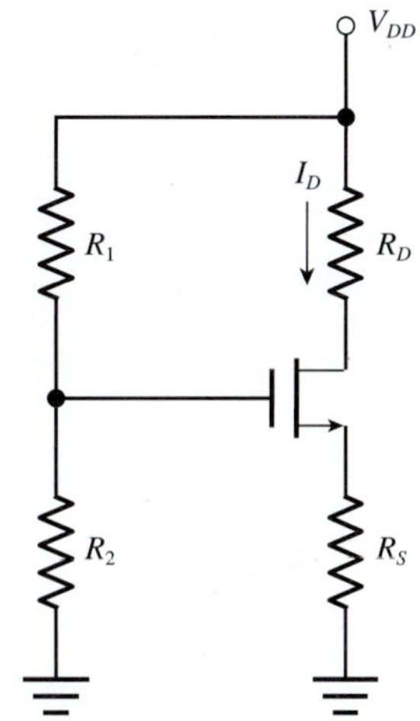

[그림 5-40]

5.10 [그림 5-41]의 회로에서 드레인 전류 I_D를 구하라. 단, MOSFET의 파라미터 값은 $V_{Tn}=0.7$ V, $K_n=2$ mA/V^2 이고, $R_1=120$ kΩ, $R_2=50$ kΩ, $R_D=0.5$ kΩ, $V_{DD}=5$ V이다.

5.11 [그림 5-41]의 회로에서 전압 V_{GS}의 증가에 따른 드레인 전류 I_D의 변화를 설명하라.

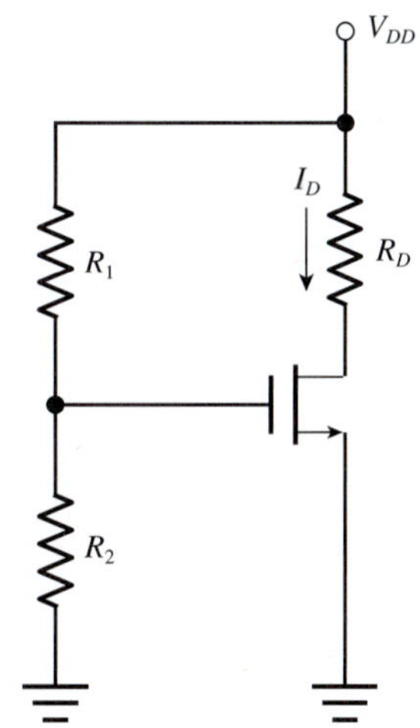

[그림 5-41]

5.12 [그림 5-42]의 회로에서 드레인 전류 I_D를 구하라. 단, 공핍형 N 채널 MOSFET의 파라미터 값은 $V_{Tn}=0.8$ V, $K_n=1.5$ mA/V^2 이고, $R_G=20$ MΩ, $R_D=0.6$ kΩ, $V_{DD}=5$ V이다.

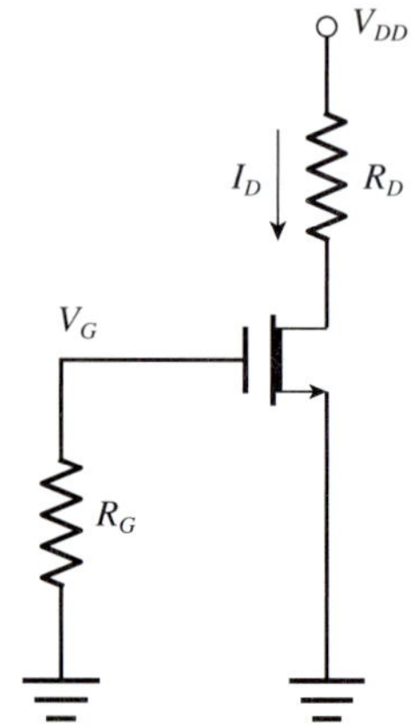

[그림 5-42]

5.13 증가형 N 채널 MOSFET의 드레인 전류가 1 mA가 되도록 바이어스되어 있다. 단, $K_n=0.5$ mA/V^{2}로 가정하라.

(a) 이 소자의 전달컨덕턴스 g_m을 구하라.

(b) 채널길이 변조효과를 고려할 때 소신호 출력저항 r_o를 구하라. 단, 채널길이 변조계수는 $\lambda=0.2$ /V이다.

5.14 [그림 5-43]의 회로에서 (a) $I_Q=80$ μA인 경우와 (b) $I_Q=1$ mA인 경우의 V_{GS}와 V_{DS}를 구하라. 단, MOSFET의 파라미터의 값은 $K_n=1$ mA/V^2, $V_{Tn}=1$ V, $\lambda=0$이고, $V_{DD}=5$ V이다.

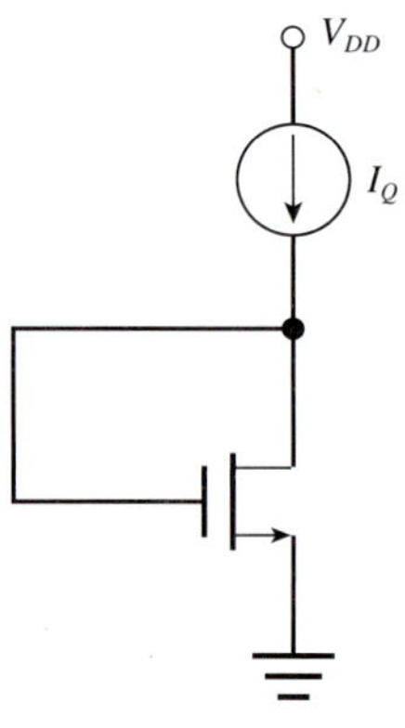

[그림 5-43]

5.15 [그림 5-44]의 회로에서 V_S와 V_D 값을 구하라. 단, MOSFET 파라미터 값은 K_n=250 μA/V^2, V_{Tn}=0.8 V이고, I_Q=0.5 mA, R_D=5 kΩ, V_{DD}=5 V, V_{SS}=−5 V이다.

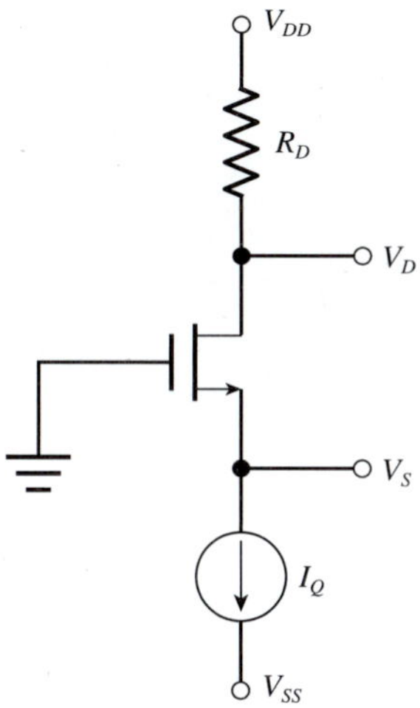

[그림 5-44]

5.16 [그림 5-45]의 회로에서 I_D=0.5 mA와 V_{SD}=3 V가 되도록 MOSFET의 채널폭 W와 저항 R의 값을 결정하라. 단, P 채널 MOSFET의 파라미터는 $\mu_p C_{ox}$=50 μA/V^2, V_{Tp}=−1 V, L=5 μm, λ=0이고, V_{DD}=5 V이다.

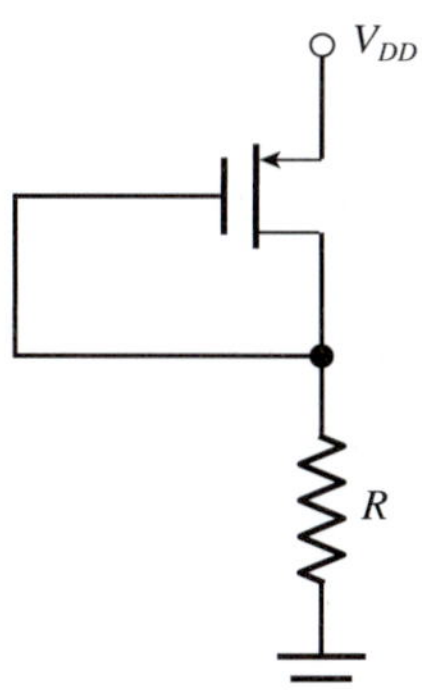

[그림 5-45]

5.17 [그림 5-46]의 회로에서 $V_{SD}=3$ V가 되도록 회로를 설계하라. 단, P 채널 MOSFET의 파라미터는 $V_{Tp}=-1.5$ V, $K_p=0.8$ mA/V^2 이고, $R_S=1$ kΩ, $V_{SS}=5$ V, $V_{GG}=-5$ V이며, 바이어스 저항에 흐르는 전류가 드레인 전류의 15%를 초과하지 않도록 한다.

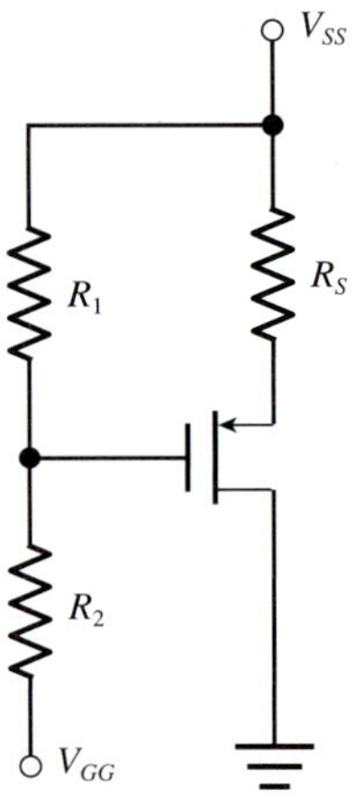

[그림 5-46]

5.18 [그림 5-47]의 회로에서 이때 $I_D=5$ mA, $V_{SD}=6$ V, $R_{in}=100$ kΩ이 되도록 적절한 R_1, R_2, R_D 값을 결정하라. 단, MOSFET의 파라미터는 $V_{Tp}=-2$ V, $K_p=8$ mA/V^2 이고, $V_{GG1}=5$ V, $V_{GG2}=-5$ V, $V_{DD}=-12$ V 이다.

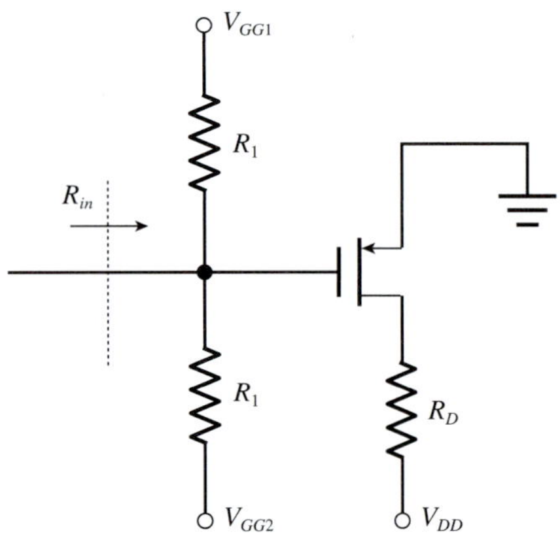

[그림 5-47]

5.19 [그림 5-48]의 회로에서 증가형 MOSFET M_1은 $W/L=10$, $V_{Tn1}=0.8$ V이며, 공핍형 MOSFET M_2는 $W/L=2$, $V_{Tn2}=-2$ V의 파라미터를 갖는다. $v_I=1$, 3, 5 V의 입력에 대한 각 트랜지스터의 동작영역과 출력전압 v_O를 구하라. 단, 각 MOSFET는 $\mu_n C_{ox}=100\ \mu A/V^2$이며, $V_{DD}=5$ V이다.

5.20 [그림 5-48]의 회로에서 증가형 MOSFET M_1은 $V_{Tn1}=0.8$ V, $\mu_{n1}C_{ox1}=25\ \mu A/V^2$ 이며, 공핍형 MOSFET M_2는 $V_{Tn2}=-2$ V, $K_{n2}=80\ \mu A/V^2$ 의 파라미터를 갖는다. $v_I=3$ V일 때 $v_O=0.3$ V가 되도록 M_1의 W/L 값을 구하라.

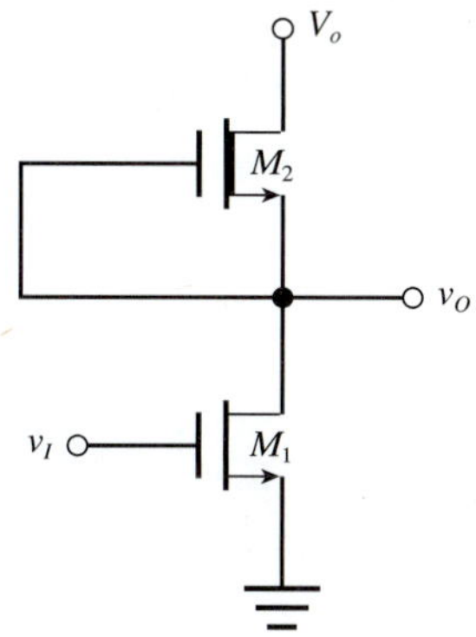

[그림 5-48]

5.21 [그림 5-49]의 회로에서 M_1은 $(W/L)_1=60$이고, M_2는 $(W/L)_1=15$일 때, V_{GS1}, V_{GS2}, V_O, I_D 값을 구하라. 단, MOSFET는 모두 $V_{Tn}=0.8$ V, $\mu_n C_{ox}=40\ \mu A/V^2$ 의 파라미터 값을 가지며, $V_{DD}=5$ V이다.

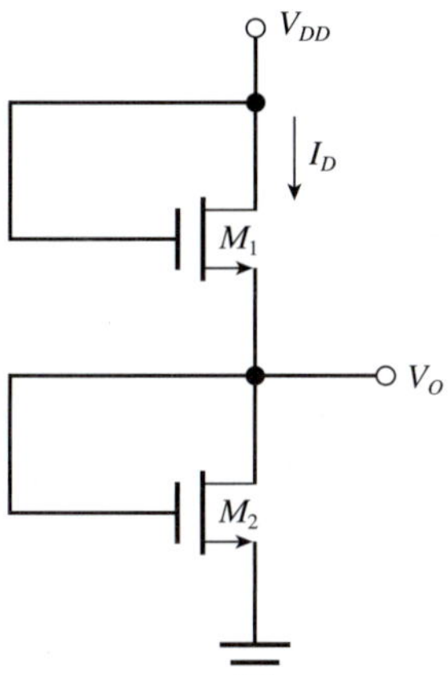

[그림 5-49]

5.22 [그림 5-50]의 회로에서 $I_D = 0.8$ mA, $V_1 = 3$ V, $V_2 = 7$ V가 되도록 각 트랜지스터의 W/L을 결정하라. 단, MOSFET는 모두 동일하게 $V_{Tn} = 1.5$ V, $\mu_n C_{ox} = 80$ μA/V^{2}의 파라미터를 가지며, $V_{DD} = 12$ V이다.

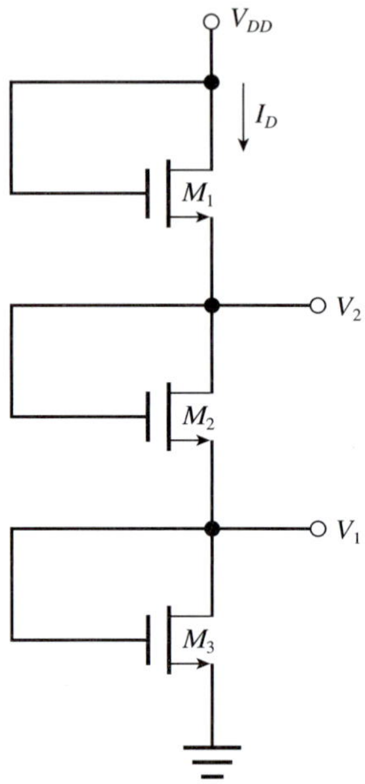

[그림 5-50]

5.23 [그림 5-51]의 회로에서 MOSFET의 파라미터 값은 $V_{Tn} = 0.8$ V, $\mu_n C_{ox} = 50$ μA/V^2, $\lambda = 0$이고, 다이오드 커트인 전압은 $V_\gamma = 0.7$ V이다. $V_I = 2$ V이고 $V_{DS} = 2.3$ V인 경우에, $I_D = 15$ mA가 되기 위한 R_D와 W/L 값을 결정하라. 단, $V_{DD} = 5$ V이다.

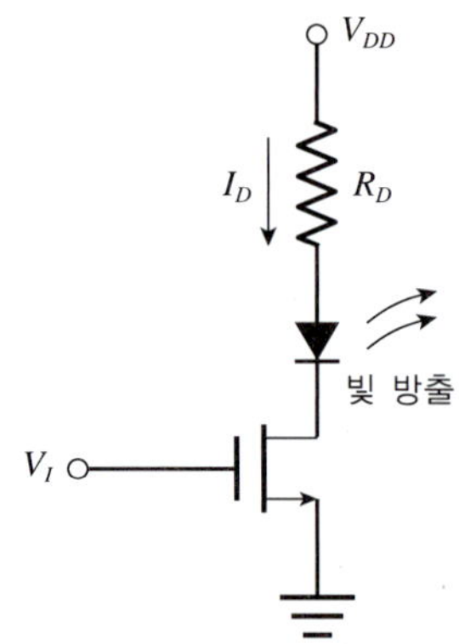

[그림 5-50]

5.24 N 채널 JFET의 파라미터는 $I_{DSS}=10$ mA이고, $V_P=-5$ V이다. $V_{DS}>V_{DS(sat)}$라고 할 때, $V_{GS}=0$ V, -1 V, -2 V, -3 V, -4 V, -5 V에 대하여 각각의 드레인 전류 I_D를 구하라.

5.25 $V_{SD}=6$ V의 전압으로 포화영역에 바이어스 되어있는 P 채널 JFET가 $V_{GS}=1$ V에서 $I_D=2.5$ mA의 드레인 전류와 $V_{GS}=2.5$ V에서 $I_D=0.5$ mA의 드레인 전류를 갖는 경우에, I_{DSS}와 V_P 값을 결정하라.

5.26 [그림 5-52]의 회로에서 I_D, V_{GS}, V_{DS} 값을 구하라. 단, N 채널 JFET의 파라미터는 $I_{DSS}=15$ mA, $V_P=-4$ V이고, $R_G=20$ kΩ, $R_S=50$ Ω, $R_D=0.3$ kΩ이고, $V_{DD}=5$ V이다.

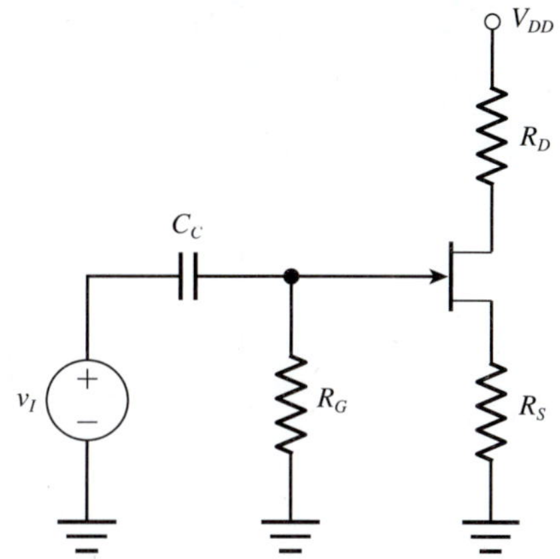

[그림 5-52]

5.27 [그림 5-53]의 N 채널 JFET 회로에서 입력저항은 $R_{in}=600$ kΩ이 되고, $I_D=6$ mA, $V_{DS}=2$ V, $V_{GS}=-2$ V가 되기 위한 R_S, R_1, R_2의 값을 구하라. 단, $V_{DD}=5$ V이다.

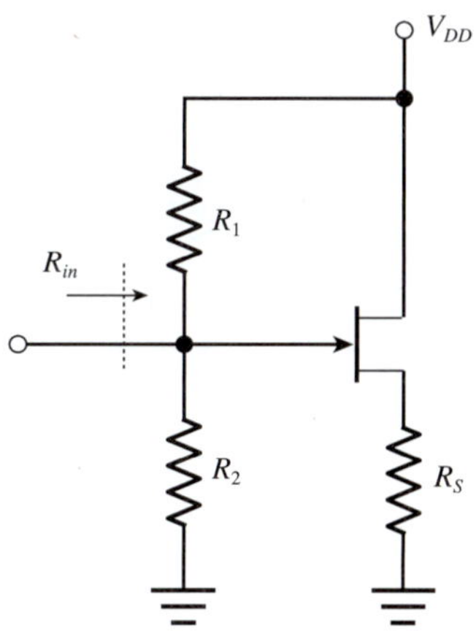

[그림 5-53]

5.28 [그림 5-54]의 회로에서 N 채널 JFET가 $I_{DSS}=10$ mA, $V_P=-2$ V의 파라미터 값을 갖는 경우에, V_G, I_{DQ}, V_{GSQ}, V_{DSQ} 값을 각각 구하라. 단, $R_1=7$ MΩ, $R_2=3$ MΩ, $R_D=0.5$ kΩ, $R_S=2$ kΩ이고, $V_{DD}=5$ V이다.

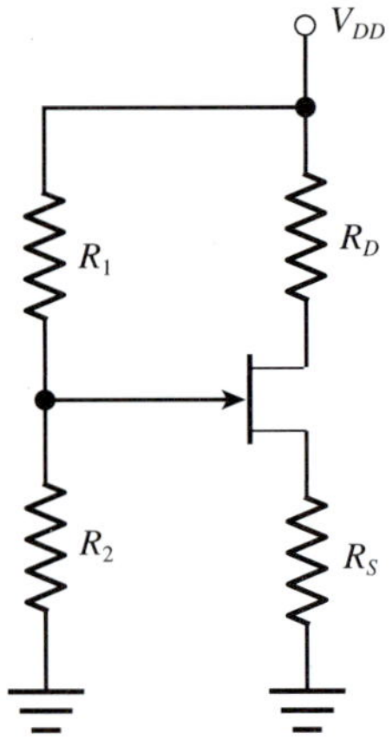

[그림 5-54]

5.29 [그림 5-55]의 회로에서 $V_{DS}=3$ V이고, $I_{DSS}=2$ mA라고 할 때, I_D, V_{GS}, V_P 값을 구하라. 단, $R_1=500$ kΩ, $R_2=100$ kΩ, $R_D=0.8$ kΩ, $R_S=1.2$ kΩ, $R_L=2$ kΩ이고, $V_{DD}=5$ V이다.

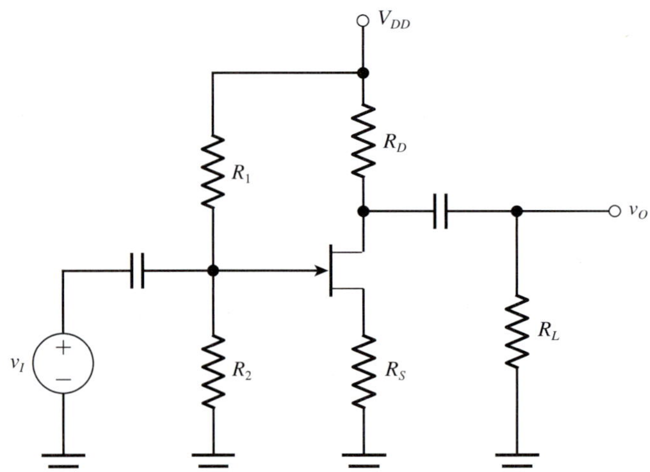

[그림 5-55]

5.30 [그림 5-56]의 회로에서 P 채널 JFET의 파라미터 값은 $I_{DSS}=3$ mA이고 $V_P=1.5$ V이다. $I_D=1.5$ mA, $V_{SD}=1$ V이고, R_1과 R_2에 흐르는 전류가 0.1 mA가 되도록 R_S, R_1, R_2 값을 구하라. 단, $V_{SS}=5$ V이다.

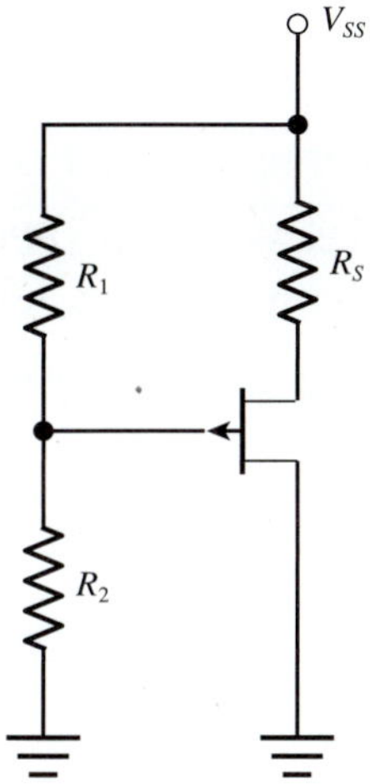

[그림 5-56]

현/장/의 목/소/리 #02

FPGA 설계 시 원칙을 준수하는 문제

글. **김봉주** _한양대학교 BME연구실 연구원

예상하지 못한 문제가 발생했을 때

초음파 진단기 회사에서 연구원으로 근무할 때의 일이다. 양산중인 FPGA 모델이 단종되어 새롭게 모델을 재설계한 적이 있다. 당시 IMF로 인해 환율이 많이 오른 시점이라 FPGA 업체로부터 제공받은 FPGA 모델 중 우리가 선택할 수 있는 모델이 거의 없는 실정이었다. 하지만 제품의 양산 일정을 맞추기 위해 특정 모델을 하나 선정하여 재설계를 시작하였다. 해당 FPGA를 사용하는 제품의 모델이 3종류나 되었고, 양산중인 설계 사양을 모두 만족해야 했기에, 우리는 208pin이나 되는 FPGA 핀들을 모델별 제품에 대한 타이밍(timing)을 모두 확인하고, 해당 모델별 설계에 대한 기능 검정 시뮬레이션(functional simulation)을 진행하였다.

기능 검정 시뮬레이션(functional simulation)을 진행할 때까지만 해도 FPGA의 전체 Gate 수가 그리 크지 않아 특별히 문제가 될 사항은 없으리라 예상했다. 그러나 막상 변환을 해보니, 예상치 못한 일이 일어났다. 변환에 사용할 FPGA의 매크로 셀(macro cell)에 대한 라우팅 툴(routing tool)의 성능이 이전에 사용하던 FPGA보다 못한 것이다. 변환에 사용할 FPGA는 새로 출시된 것이니, 이전에 출시한 FPGA보다 매크로 셀이 크고 성능이 좋을 것으로 예상하고 선택하였으나, 실제로 적용한 후의 결과는 예상과 상당히 달랐다.

어떻게 해결할 것인가

(당시 FPGA의 경우, 기능 검정 시뮬레이션만을 진행하고, 타이밍 시뮬레이션(timing simulation)을 진행하는 것이 보편화되지 않은 시기인지라, 타이밍 시뮬레이션을 진행한다는 자체만으로도 상당한 부담이 되었다. 우선 타이밍 시뮬레이션을 한 번 하는데, 반 나절의 시간이 걸리고, 하루에 3번 정도 밖에 할 수 없는 상황이라 설계 시에 많은 고충이 있었던 것이다.)

FPGA 설계를 담당한 필자로서는 문제의 원인을 한시라도 빨리 찾는 것이 중요했기에 우선 타이밍 시뮬레이션을 수행한 결과를 floor planner(타이밍 시뮬레이션의 라우팅 결과를 보여주는 도구)를 이용하여 타이밍을 만족하지 못하는 곳의 라우팅(routing) 결과를 분석하였다. 그 결과 일부 라우팅 내용이 시뮬레이션의 의도와 동일하지 않은 것을 확인한 후, 타이밍 제한 조건을 원하는 모든 신호 주변에 설정하여 다시 타이밍 시뮬레이션을 수행하였다. 그리고 원하는 사양의 결과를 확인할 수 있었다.

그 후 대량 생산(Mass Production)에서 제품을 생산한지 수 개월이 지나, 해당 FPGA를 사용한 보드에서 문제가 발생했다는 통보를 생산부서를 통해서 받게 되었다. 원인의 분석 결과, 우리가 사용한 FPGA가 LOT별로 본래 타이밍 시뮬레이션 결과를 만족하는 경우와 그렇지 못한 경우가 있음을 보드 디버깅을 통하여 확인하였다.

우리가 이 문제를 해결하기 위해 FPGA 판매처에 이 문제를 제기했을 때, FPGA 회사는 우리의 주장을 받아들이지 않았다. 우리가 기능 검정 시뮬레이션(functional simulation) 결과 및 타이밍 시뮬레이션(timing simulation) 결과와 보드에 장착된 FPGA에서 나온 신호선의 결과를 비교하여 FPGA의 자체 오류를 검증한 후에야 FPGA 회사에서도 이 결과를 인정한 후, 후속 조치를 해 주었다.

만약, 그 당시에 힘들고 어렵고 시간이 많이 걸린다는 이유로 타이밍 시뮬레이션을 진행하지 않았다면, 대량 생산을 진행한 FPGA를 장착한 보드는 상당한 골칫거리로 계속 남아있었을 것이다.

Chapter 06

전계효과 트랜지스터(FET) 증폭기

학습목표

- MOSFET 증폭기의 기본구조와 동작특성을 이해하고 소신호 모델을 이용한 해석법을 익혀서 회로해석 및 설계에 적용할 수 있다.
- 공통 소오스, 공통 게이트, 공통 드레인 MOSFET 증폭기에 대한 기본구조와 동작특성을 이해하고, 회로해석 및 설계가 가능하다.
- MOSFET 증폭기 응용회로의 해석과 설계가 가능하다.

5장에서 현대 마이크로 전자공학을 주도하고 있는 매우 중요한 소자인 전계효과 트랜지스터(FET: Field Effect Transistor)의 구조와 동작원리, 바이어스 방법 및 해석, 소신호 등가회로 등에 대하여 살펴보았다.

이번 장에서는 MOSFET 증폭기를 중심으로 기본적인 FET 증폭기 회로의 구성과 동작특성에 대하여 알아보도록 하겠다. FET 증폭기 회로는 입력신호를 증폭시켜 출력으로 내보내는 대표적인 선형 아날로그(analog) 회로이며, 4장에서 설명한 BJT 증폭기와 유사하게 동작한다. FET 증폭기 회로의 동작특성은 동작점 설정과 밀접한 연관성을 가지므로, 5장에서 살펴본 FET 소자의 바이어스 방법을 잘 이해하고 있어야 한다. 오늘날 대부분의 아날로그 회로에 MOSFET 증폭기가 사용되므로, 이번 장의 내용은 매우 중요하다.

MOSFET 증폭기를 공통 소오스 증폭기, 공통 게이트 증폭기와 공통 드레인 증폭기 등으로 구분하여 회로를 해석하고, 회로의 동작특성을 살펴보며, 또한 소신호 모델을 이용한 해석기법에 대해서도 자세히 알아보도록 하자.

6.1 기본 개념

MOSFET로 구성된 선형 증폭기에 대한 해석은 바이어스에 따른 DC 해석과 소신호 입력에 따른 AC 해석으로 구분하여 생각할 수 있으며, 증폭기의 전체 응답은 DC 해석과 AC 해석의 결과를 결합하여 구할 수 있다. AC 해석에 있어서는 특히 소신호 등가모델을 사용하는 것이 매우 유용하다. 이번 절에서는 MOSFET를 중심으로 하여 FET 증폭기에 대한 기본적인 개념을 분명히 하자.

6.1.1 FET 증폭기의 소신호 동작

4.1.2절에서 BJT 증폭기 회로의 해석에 관련된 파라미터 표기법에 대하여 정리하였다. 이번 장에서 다루는 FET 증폭기 회로의 해석에 있어서도 바이어스 전류 및 전압뿐만 아니라 시변 신호인 AC 전류 및 전압(즉, 소신호 성분)을 함께 다루므로, 정형화된 기호를 사용하여 이들 값을 명확하게 구분하는 것이 필요하다. FET 증폭기 회로의 해석에 사용되는 전류, 전압의 표기법을 정리하여 [표 6-1]에 나타내었다. i_D나 v_{GS}와 같이 대문자 첨자를 갖는 소문자 기호는 DC와 AC가 모두 포함된 전체 순시값을 나타내고 I_D, V_{GS} 같이 첨자와 기호 모두가 대문자로 이루어진 표현은 DC 값을 나타낸다. 또한 i_d나 v_{gs} 같이 소문자 첨자를 갖는 소문자 기호는 AC 신호의 순시값을 나타낸다.

[표 6-1] FET 전류, 전압 표기

변수	의미
i_D, v_{GS}	전체 순시값(DC+AC)
I_D, V_{GS}	DC 값
i_d, v_{gs}	순시값(AC)

[그림 6-1]과 같은 N 채널 증가형 MOSFET로 구성된 공통 소오스 증폭기 회로를 표기법에 유의하여 살펴보자. 그림의 좌측하단에 표시된 V_{GSQ}는 DC 전원을 나타내고, 이와 직렬로 AC 신호성분 v_i가 연결되어 있다. 이 회로에서 MOSFET 소자의 게이트와 소오스 사이의 순시전압을 구하는 경우를 생각해 보자. 회로를 살펴보면, MOSFET 소오스 단자가 접지(GND)에 연결되어 있으므로, 소오스의 전압은 0 V이다. 게이트 단자에는 DC 전압 V_{GSQ}와 함께 AC 전압 v_i가 함께 연결되어 있으므로, 게이트와 소오스 사이의 전압 v_{GS}는 식 (6.1)과 같이 표현된다.

$$v_{GS} = V_{GSQ} + v_i = V_{GSQ} + v_{gs} \tag{6.1}$$

[표 6-1]의 표기법에서 보듯이 v_i는 AC 전압을 나타내는데, [그림 6-1]의 회로에서 이 값은 게이트와 소오스 사이의 AC 전압을 나타내므로, $v_i = v_{gs}$가 된다.

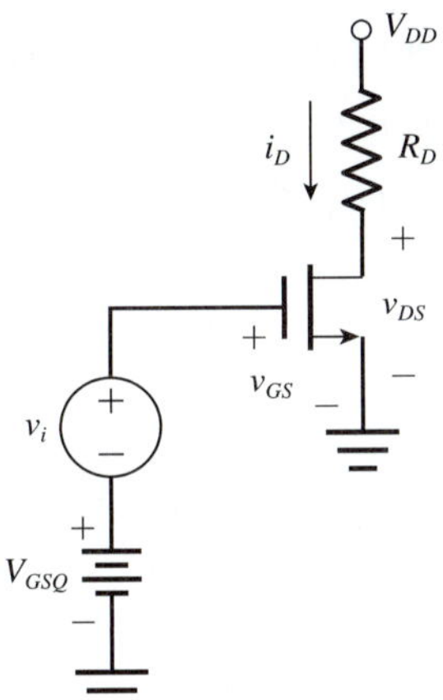

[그림 6-1] MOSFET 공통 소오스 증폭기 회로의 전류, 전압 표기

이제 MOSFET의 소신호 동작에 대해 알아보자. 5장에서 설명한 바와 같이, 포화영역에서의 드레인 전류 i_D는 식 (5.3)으로 표현되며, 편의상 식 (6.2)에 다시 나타내었다.

$$i_D = \frac{1}{2} K_n (v_{GS} - V_{Tn})^2 \tag{6.2}$$

식 (6.2)에서 K_n은 식 (5.2)에서 정의된 것처럼 N 채널 MOSFET의 전도 파라미터를 나타내고, V_{Tn}은 N 채널 MOSFET의 문턱전압을 나타낸다. 식 (6.1)을 식 (6.2)에 대입하면 식 (6.3)과 같이 정리된다.

$$\begin{aligned} i_D &= \frac{1}{2}K_n(V_{GSQ}+v_{gs}-V_{Tn})^2 \\ &= \frac{1}{2}K_n[(V_{GSQ}-V_{Tn})+v_{gs}]^2 \end{aligned} \tag{6.3}$$

식 (6.3)을 풀어서 다시 정리하면 식 (6.4)가 얻어진다.

$$i_D = \frac{1}{2}K_n(V_{GSQ}-V_{Tn})^2 + K_n(V_{GSQ}-V_{Tn})v_{gs} + \frac{1}{2}K_n v_{gs}^2 \tag{6.4}$$

표기법에 주의해서 식 (6.4)를 살펴보자. 첫 번째 항의 대문자 첨자를 갖는 대문자 값은 DC 전류성분을 나타낸다. 두 번째와 세 번째 항은 인가된 소신호 v_{gs}에 의해 생긴 드레인 전류의 AC 성분 i_d를 나타낸다. 두 번째 항을 살펴보면, 대문자 첨자를 갖는 대문자값(DC 값)에 소문자 첨자를 갖는 소문자값(AC 값)이 곱해져 있음을 볼 수 있으며, 이는 신호 v_{gs}에 대해 선형적으로 변하는 드레인 전류성분을 나타낸다. 세 번째 항은 상수 K_n과 v_{gs}^2의 곱으로 표현되어 있으므로, 전압 v_{gs}와 드레인 전류 i_d 사이에 비선형적인 관계가 존재하며, 이는 근본적으로 MOSFET가 비선형적인 특성을 갖는 소자임을 의미한다.

그렇다면 비선형 소자인 MOSFET로 구성된 증폭기가 선형회로로 동작하기 위해서는 어떻게 해야 할까? 식 (6.4)에 대한 고찰로부터, MOSFET 증폭기가 선형 증폭기로 동작하기 위한 조건을 유추할 수 있다. 즉, 입력신호 v_{gs}가 식 (6.5)의 조건을 만족하는 소신호(small-signal)이면 v_{gs}와 i_d 사이의 비선형성이 최소화되어 선형동작으로 근사화할 수 있다.

$$v_{gs} \ll 2(V_{GSQ}-V_{Tn}) \tag{6.5}$$

이 조건을 만족하면, 식 (6.4)의 우변에서 v_{gs}^2가 포함된 세 번째 항이 나머지 두 개의 항에 비해 무시될 수 있으며, 따라서 식 (6.4)는 식 (6.6)과 같이 근사화될 수 있다.

$$i_D \simeq \frac{1}{2}K_n(V_{GSQ}-V_{Tn})^2 + K_n(V_{GSQ}-V_{Tn})v_{gs} = I_{DQ}+i_d \tag{6.6}$$

식 (6.6)으로부터 소신호 드레인 전류 i_d만을 다시 나타내면 식 (6.7)과 같다.

$$i_d = K_n(V_{GSQ}-V_{Tn})v_{gs} \tag{6.7}$$

5.3.1절에서 설명한 것처럼, 식 (5.40)으로 정의된 전달컨덕턴스(g_m)를 고려하여 식 (6.7)을 변형하면 식 (6.8)과 같이 표현할 수 있으며, 이는 5장의 식 (5.42)와 동일한 표현임을 알 수 있다.

$$g_m \equiv \left.\frac{di_D}{dv_{GS}}\right|_{Q점} = \frac{i_d}{v_{gs}} = K_n(V_{GSQ} - V_{Tn}) \tag{6.8}$$

또한 전달컨덕턴스 g_m은 식 (5.45)와 같이 표현할 수 있으며, 편의상 식 (6.9)에 다시 나타내었다.

$$g_m = \sqrt{2K_n I_{DQ}} \tag{6.9}$$

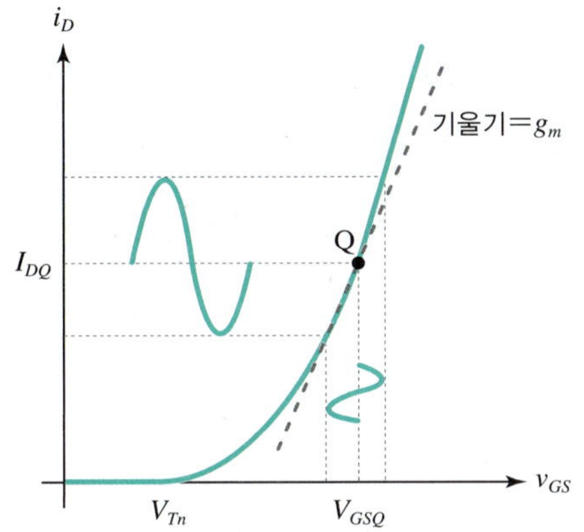

[그림 6-2] FET의 동작점에서 $v_{GS}-i_D$의 소신호 선형동작

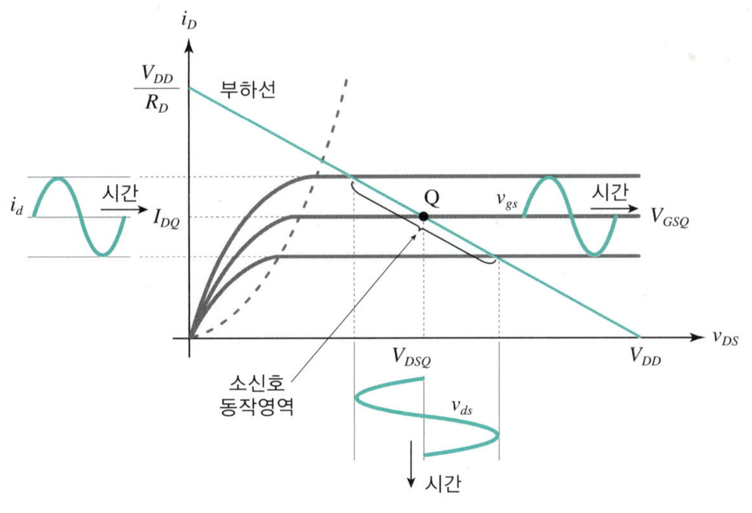

[그림 6-3] FET의 소신호 동작과 입출력 신호의 선형관계

[그림 6-2]는 포화영역에 바이어스된 FET의 게이트-소오스 전압 v_{GS}와 드레인 전류 i_D 사이의 전압-전류 특성 곡선이며, 동작점 Q에서 특성 곡선의 기울기는 식 (6.8)에서 정의된 전달컨덕턴스 g_m을 나타낸다. 동작점 Q를 중심으로 신호 v_{gs}의 변화가 충분히 작은 소신호인 경우에 전달컨덕턴스는 상수로 간주될 수 있으며, 전달컨덕턴스 g_m은 v_{gs}와 i_d 사이의 선형 관계의 비례상수가 된다. [그림 6-3]은 FET의 전류-전압 특성곡선에서 동작점을 중심으로 한 소신호 동작과 입출력 신호의 선형관계를 보여준다.

6.1.2 FET의 소신호 등가모델

[그림 6-1]의 회로를 다시 생각해 보자. 회로에서 드레인과 소오스 사이의 전압을 출력전압으로 설정하고, 회로의 출력전압을 구하기 위해서 키르히호프 전압법칙(KVL)을 적용하면 식 (6.10)을 얻는다.

$$v_{DS}=v_O=V_{DD}-i_D R_D \tag{6.10}$$

식 (6.10)에 드레인 전류 i_D를 나타내는 식 (6.6)을 대입하면 다음과 같다.

$$v_O=V_{DD}-(I_{DQ}+i_d)R_D=(V_{DD}-I_{DQ}R_D)-i_d R_D \tag{6.11}$$

출력전압으로 드레인-소오스 사이의 AC 전압을 취하면 식 (6.12)로 표현된다.

$$v_o=v_{ds}=-i_d R_D \tag{6.12}$$

한편, 식 (6.8)을 식 (6.7)에 대입하면 소신호 드레인 전류 i_d는 다음과 같이 표현된다.

$$i_d=g_m v_{gs} \tag{6.13}$$

식 (6.13)을 식 (6.12)에 대입하면 다음과 같으며,

$$v_o=v_{ds}=(-g_m R_D)v_{gs} \tag{6.14}$$

따라서 소신호 입력전압 v_{gs}와 출력전압 v_o는 선형적인 관계를 가져 [그림 6-1]의 회로는 선형 증폭기로 동작된다. 식 (6.14)에서 $-g_m R_D$가 증폭기의 전압이득이 되며, 이에 대해서는 뒤에서 다시 상세히 설명하겠다.

MOSFET의 소신호 파라미터와 소신호 등가모델에 대해서는 5.3절에서 상세히 설명하였다. 동작점을 중심으로 변하는 입력전압 v_{gs}의 크기가 작은 경우에 MOSFET의 특성을 선형화된 등가모델로 표현할 수 있으며, 이것을 '소신호 등가모델(또는 '소신호 등가회로')이라 한다. 소신호 등가모델은 MOSFET 증폭기 회로의 해석에 매우 유용하게 사용된다.

소신호 입력전압에 대한 소신호 드레인 전류의 관계를 나타내는 식 (6.13)으로부터 MOSFET의 소신호 등가회로를 [그림 6-4(a)]와 같이 표현할 수 있다. 얼리(Early) 효과를 고려하는 경우에는 소신호 출력저항인 $r_o \equiv \left(\frac{di_D}{dv_{DS}} \right)^{-1} \Big|_{Q점}$를 포함시켜 [그림 6-4(b)]와 같이 표현한다. 저주파(low frequency) 소신호 등가모델에서는 MOSFET 단자 간의 커패시턴스에 의한 임피던스(impedance)가 아주 큰 값(무한대로 간주)이라고 가정하며, 따라서 게이트 단자는 개방된 것으로 나타낸다. 고주파 소신호 등가모델에 대해서는 8.1.4절에서 상세히 설명한다.

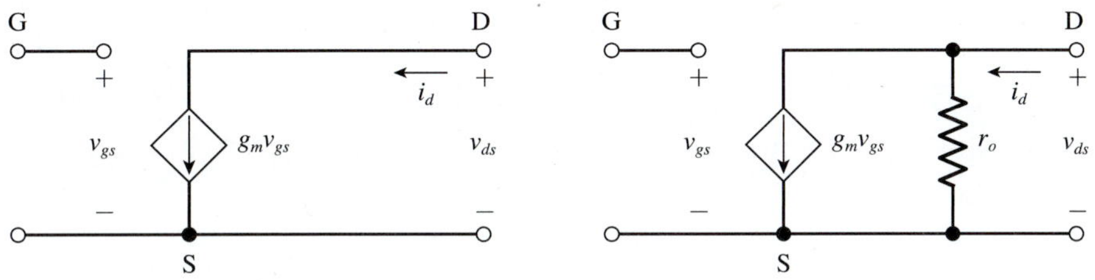

(a) 얼리 효과를 무시한 경우 (b) 얼리 효과를 고려한 경우

[그림 6-4] MOSFET의 소신호 등가회로

지금까지 살펴본 기본적인 개념을 기반으로 하여 다음 절에서는 MOSFET 증폭기의 구조와 동작특성에 대하여 알아보자.

6.2 공통 소오스 증폭기

MOSFET 증폭기는 동작 측면에서 4장에서 설명한 BJT 증폭기와 유사하다. 하지만 MOSFET 증폭기는 BJT 증폭기에 비해 입력저항이 매우 크다는 점을 기억하자. 4.1.3절에서 설명한 것처럼, 증폭기가 큰 입력저항을 가지면 그 앞단에 미치는 부하효과가 최소화되므로 증폭단 사이의 신호전달이 보다 효율적이다. MOSFET는 5장에서 살펴본 것처럼 3단자 소자인데, 어떤 단자가 신호의 접지로 사용되는가에 따라서 MOSFET 증폭기는 세 가지 형태, 즉 공통 소오스(common source) 증폭기, 공통 드레인(common drain) 증폭기, 공통 게이트(common gate) 증폭기로 구성될 수 있다. 이번 절에서는 공통 소오스 증폭기에 대하여 살펴본다.

6.2.1 공통 소오스 증폭기

[그림 6-5]는 공통 소오스 증폭기 회로이며, 저항 R_1과 R_2에 의한 전압 분배로 바이어스가 인가된다. 소오스가 접지되어 있어서 입력전압과 출력전압의 기준으로 사용되기 때문에 '공통

소오스 증폭기' 라고 불린다. [그림 6-5]를 자세히 살펴보면, v_S를 통해 입력으로 들어오는 신호는 커패시터 C_1을 통해 트랜지스터의 게이트로 인가된다. 커패시터로 인해서 신호의 DC 성분은 모두 차단되고 AC 성분만 게이트로 입력된다. 입력신호가 주파수 f인 정현파라고 하면, 커패시터의 임피던스는 식 (6.15)로 계산된다.

$$|Z_C| = 1/(2\pi f C_1) \tag{6.15}$$

예를 들어 $C_1 = 20\ \mu\text{F}$, $f = 3\ \text{kHz}$인 경우, 이 값을 식 (6.15)에 대입하여 계산하면 $Z_C = 3\ \Omega$ 정도가 된다. 이처럼 커패시터의 임피던스 크기는 아주 작은 값인데, 만일 신호의 주파수가 3 kHz 이상으로 더욱 큰 값을 갖게 되면 커패시터의 임피던스 크기는 더욱 작아지므로, 단락(short) 회로로 근사화가 가능하다. 신호원의 저항 R_{SS}는 증폭기의 입력저항 $R_i = R_1 \| R_2$보다 충분히 작아야 한다.

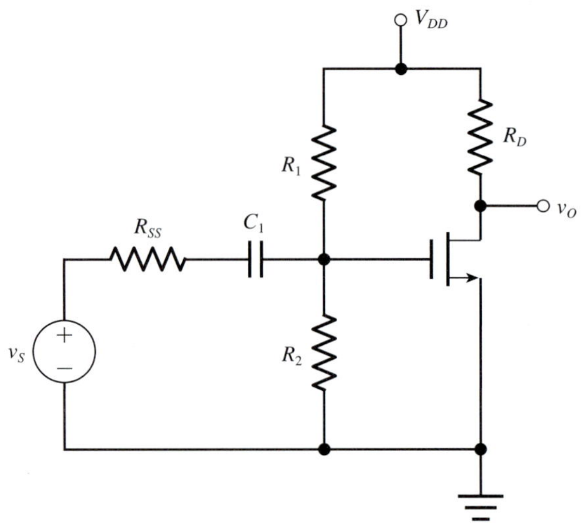

[그림 6-5] 공통 소오스 증폭기

[그림 6-5]의 공통 소오스 증폭기 회로를 소신호 등가회로로 나타내면 [그림 6-6]과 같다. 소신호 등가회로에서 출력전압 v_o는 식 (6.16)이 된다.

$$v_o = -g_m v_{gs}(r_o \| R_D) \tag{6.16}$$

여기서 v_{gs}는 전압 분배에 의해서 식 (6.17)과 같이 표현된다.

$$v_{gs} = \left(\frac{R_i}{R_{SS} + R_i}\right) v_s \tag{6.17}$$

식 (6.17)을 식 (6.16)에 대입하여 정리하면, 공통 소오스 증폭기의 소신호 전압이득은 식 (6.18)과 같이 표현된다.

$$A_v \equiv \frac{v_o}{v_s} = -g_m(r_o \| R_D) \times \left(\frac{R_i}{R_{SS}+R_i}\right) \tag{6.18}$$

입력저항과 출력저항 또한 증폭기의 성능을 나타내는 매우 중요한 파라미터이다. [그림 6-6]의 소신호 등가회로에서 증폭기의 입력저항은 다음과 같이 표현된다.

$$R_i = R_1 \| R_2 \tag{6.19}$$

출력저항은 독립전원인 v_s를 0으로 만든 상태에서 출력단에서 바라본 저항이다. [그림 6-6]의 회로에서 독립전원 v_s를 0 V로 만들면 결국 $v_{gs}=0$ V가 되며, 이에 의해 드레인의 종속전류원 $g_m v_{gs}$도 역시 0이 된다. 따라서 공통 소오스 증폭기의 출력저항은 식 (6.20)으로 표현된다.

$$R_o = R_D \| r_o \tag{6.20}$$

식 (6.18)에서 보는 바와 같이, 신호원 저항 R_{SS}는 공통 소오스 증폭기의 전압이득에 영향을 미친다. $R_i \gg R_{SS}$이면, 소신호 전압이득은 $A_v \simeq -g_m R_o$으로 근사화될 수 있다. 신호원 저항이 커서 $R_{SS} > R_i$이면, 증폭기로 들어가는 입력전압이 신호전압보다 감소하므로 전압이득도 감소한다.

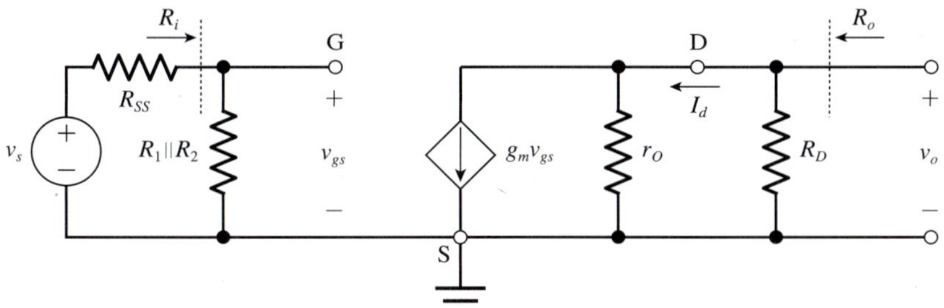

[그림 6-6] 공통 소오스 증폭기 회로의 소신호 등가회로

지금까지 살펴본 내용을 다음 예제를 풀어보면서 정리해보자.

예제 6-1

[그림 6-7]의 공통 소오스 증폭기 회로의 소신호 전압이득, 그리고 입력저항과 출력저항을 구하라. 단, $R_{SS}=2\text{ k}\Omega$, $R_1=50\text{ k}\Omega$, $R_2=20\text{ k}\Omega$, $R_D=3\text{ k}\Omega$, $V_{DD}=12\text{ V}$이고, MOSFET의 파라미터 값은 $V_{Tn}=1.6\text{ V}$, $K_n=0.6\text{ mA/V}^2$, $\lambda=0.02\text{ V}^{-1}$이다. $C_C\to\infty$로 가정한다.

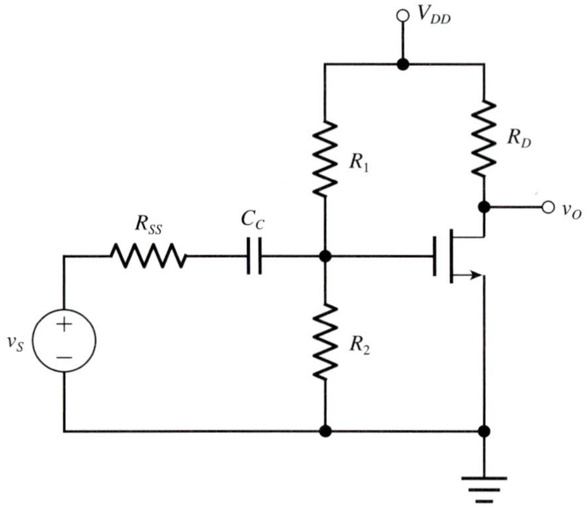

[그림 6-7]

풀이

■ DC 해석

먼저 바이어스 해석을 통해 동작점 전압과 전류를 계산하고, 트랜지스터의 동작영역을 확인한다. 저항 R_1과 R_2의 전압분배에 의해 결정되는 게이트-소오스 바이어스 전압 V_{GSQ}는 다음과 같이 계산된다.

$$V_{GSQ}=\left(\frac{20}{50+20}\right)\times 12=3.43\text{ V}$$

MOSFET가 포화영역에서 동작한다고 가정하고 드레인 바이어스 전류를 구한다. 위에서 계산된 값과 주어진 파라미터 값을 대입하면 다음과 같다.

$$I_{DQ}=\frac{1}{2}K_n(V_{GSQ}-V_{Tn})^2=\frac{1}{2}\times 0.6\times 10^{-3}\times(3.43-1.6)^2=1\text{ mA}$$

드레인-소오스 바이어스 전압은 다음과 같이 계산된다.

$$V_{DSQ}=V_{DD}-R_DI_{DQ}=12-3\times 1=9\text{ V}$$

이 결과로부터 $V_{DSQ}=9\text{ V}>(V_{GSQ}-V_{Tn})=1.83\text{ V}$가 되어 트랜지스터가 포화영역에 바이어스되어 있음이 확인된다. [그림 6-8]은 DC 바이어스 시뮬레이션 결과이며, 오차 범위 내에서 계산된 값과 일치하는 것을 확인할 수 있다.

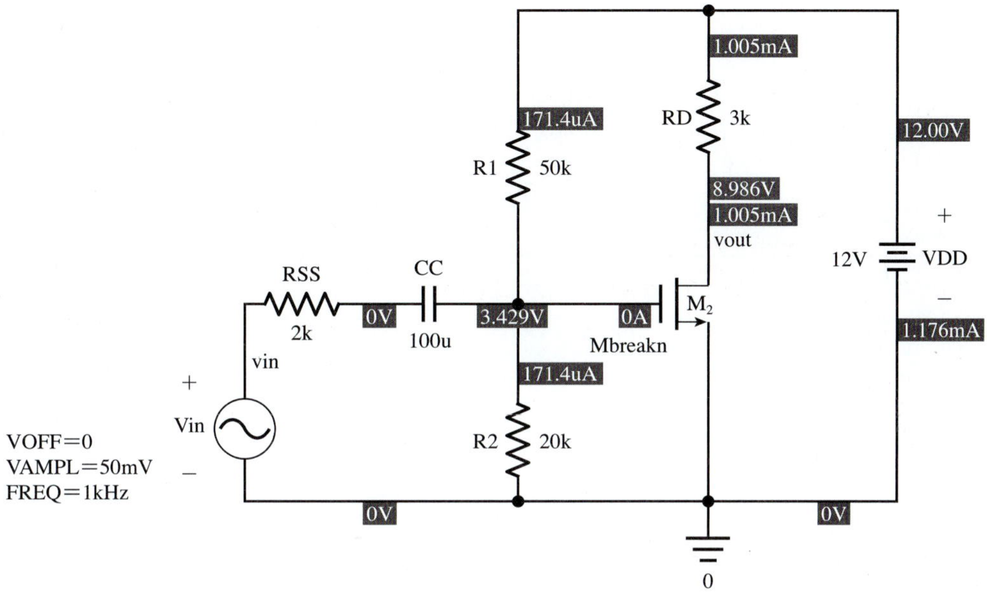

[그림 6-8] [예제 6-1] 회로의 DC 바이어스 시뮬레이션 결과

■ AC 해석

이제 소신호 전압이득을 구해보자. 이를 위해서는 전달컨덕턴스 g_m, 입력저항, 출력저항, 소신호 출력저항값 등이 필요하다. 전달컨덕턴스는 식 (6.8)로부터 다음과 같이 계산된다.

$$g_m=K_n(V_{GSQ}-V_{Tn})=0.6\times10^{-3}\times(3.43-1.6)=1.1\text{ mA/V}$$

또한 소신호 출력저항 r_o는 아래와 같이 계산된다.

$$r_o=\frac{1}{\lambda I_{DQ}}=\frac{1}{0.02\times1\times10^{-3}}=50\text{ k}\Omega$$

증폭기의 입력저항값은 R_1과 R_2의 병렬 합성저항이므로, $R_i=R_1\|R_2=50\|20=14.29\text{ k}\Omega$이고, 출력저항은 $R_o=R_D\|r_o=3\|50=2.83\text{ k}\Omega$이다.

이상에서 구한 값들을 식 (6.18)에 대입하면, 소신호 전압이득은 다음과 같이 계산된다.

$$A_v=-g_m(r_o\|R_D)\times\left(\frac{R_i}{R_i+R_{SS}}\right)=-1.1\times2.83\times\left(\frac{14.29}{14.29+2}\right)=-2.73\text{ V/V}$$

PSPICE 시뮬레이션 결과는 [그림 6-9(a)]와 같으며, 시뮬레이션 결과에 의한 전압이득은 -2.86으로 나타나 오차 범위 내에서 계산된 값과 일치하는 것을 확인할 수 있다. 참고로 시뮬레이션에 사용된 N 채널 MOSFET의 모델 파라미터는 [그림 6-9(b)]와 같다.

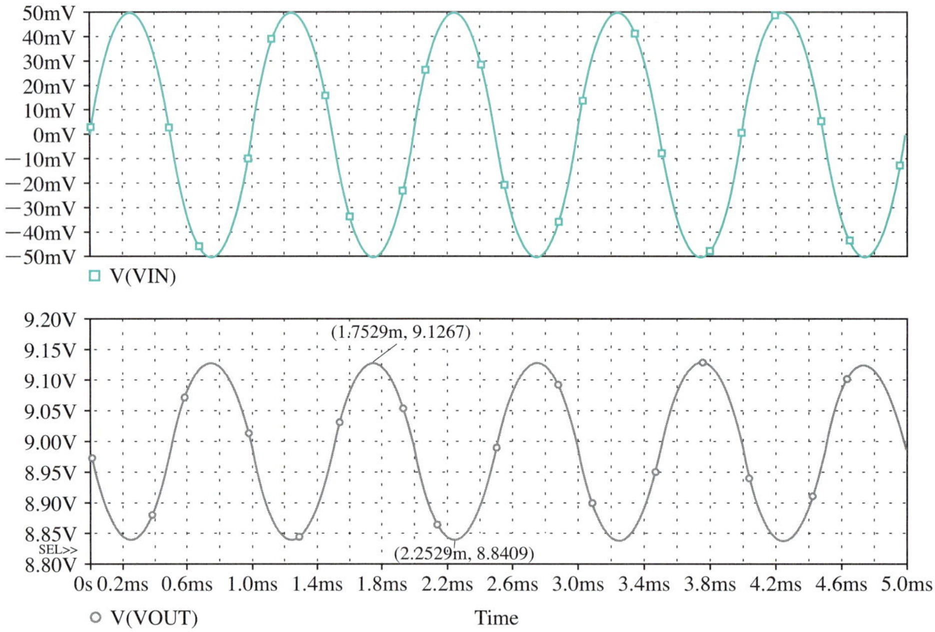

(a) 시뮬레이션 결과

```
.MODEL Mbreakn NMOS LEVEL=3 L=2.0000E-6 W=1.1500E-3
+ RS=10.000E-3 RD=10.000E-3 VTO=1.6000 RDS=1.0000E6
+ TOX=2.0000E-6 CGSO=40.000E-12 CGDO=10.000E-12
+ CBD=1.0000E-9 RG=5 RB=1.0000E-3 GAMMA=0 KAPPA=0
```

(b) 시뮬레이션에 사용된 N 채널 MOSFET의 모델 파라미터

[그림 6-9] [예제 6-1] 회로의 PSPICE 시뮬레이션 결과

응용 6-1

[그림 6-7]의 공통 소오스 증폭기 회로에 대해 소신호 전압이득 그리고 입력저항과 출력저항을 구하라. 단, $R_{SS}=1\ \text{k}\Omega$, $R_1=250\ \text{k}\Omega$, $R_2=50\ \text{k}\Omega$, $R_D=5\ \text{k}\Omega$, $V_{DD}=15\ \text{V}$이고, MOSFET의 파라미터 값은 $V_{Tn}=1.3\ \text{V}$, $K_n=2.08\ \text{mA/V}^2$, $\lambda=0.01\ \text{V}^{-1}$이다. $C_C\to\infty$로 가정한다.

[정답: 소신호 전압이득 $A_v=-11.35\ \text{V/V}$, 입력저항 $R_i=41.67\ \text{k}\Omega$, 출력저항 $R_o=4.65\ \text{k}\Omega$]

6.2.2 소오스 저항을 갖는 공통 소오스 증폭기

[그림 6-10(a)]는 소오스 저항 R_S를 갖는 공통 소오스 증폭기 회로이다. 5.2.1절에서 설명된 바와 같이, 소오스 저항 R_S는 드레인 바이어스 전류 I_{DQ}의 변동을 매우 작게 만들어 동작점(Q점)을 안정화시키는 역할을 한다. 여기에서는 소오스 저항 R_S가 증폭기의 전압이득에 미치는 영향을 알아본다.

[그림 6-10(a)]의 회로를 보면, 소오스 단자가 접지에 직접 연결되지는 않지만, 저항 R_S를 통해 접지로 연결되므로 공통 소오스 증폭기이다. C_C를 단락회로로 취급하여 소신호 등가회로를 그리면 [그림 6-10(b)]와 같으며, MOSFET의 얼리(Early) 전압 V_A를 무한대로 가정하여 트랜지스터의 출력저항 r_o는 무시하였다.

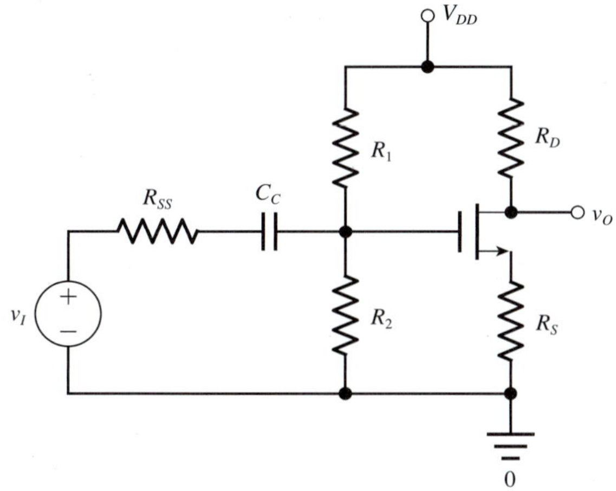

(a) 회로도

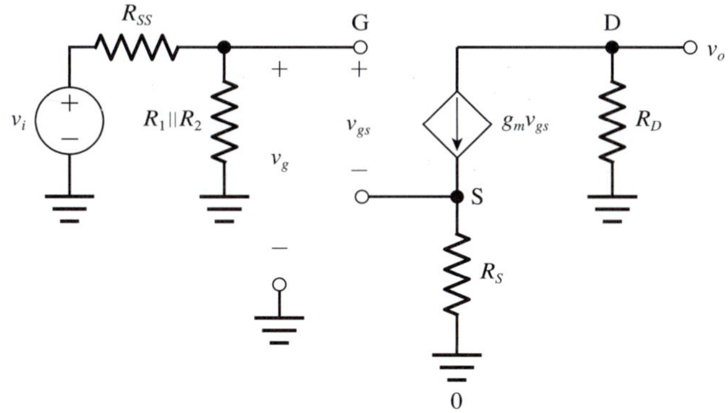

(b) 소신호 등가회로

[그림 6-10] 소오스 저항을 갖는 공통 소오스 증폭기

이제 소신호 등가회로에서 전압이득을 구하고 이를 분석해보자. 회로에서 출력전압은 식 (6.21)과 같이 표현된다.

$$v_o = -(g_m v_{gs}) R_D \tag{6.21}$$

입력 쪽 루프에 KVL을 적용하여 게이트 전압 v_g를 구하면 다음과 같으며,

$$v_g = v_{gs} + g_m v_{gs} R_S = (1 + g_m R_S) v_{gs} \tag{6.22}$$

식 (6.22)에서 v_{gs}를 구하여 식 (6.21)에 대입하면, 출력전압은 식 (6.23)으로 표현된다.

$$v_o = \frac{-g_m R_D}{1 + g_m R_S} v_g \tag{6.23}$$

전압분배에 의해 v_g는 다음과 같으며,

$$v_g = \left(\frac{R_i}{R_{SS} + R_i} \right) v_i \tag{6.24}$$

여기서 $R_i = R_1 \| R_2$는 바이어스 저항을 포함하는 입력저항을 나타낸다. 식 (6.24)를 식 (6.23)에 대입하면, 소신호 전압이득은 다음과 같이 표현된다.

$$A_v \equiv \frac{v_o}{v_i} = \left(\frac{-g_m R_D}{1 + g_m R_S} \right) \left(\frac{R_i}{R_{SS} + R_i} \right) \tag{6.25}$$

이제 식 (6.25)를 분석해보자. 만일 $R_i \gg R_{SS}$이고 $g_m R_S \gg 1$이라고 가정하면, 식 (6.25)는 식 (6.26)으로 간략화된다.

$$A_v \simeq \left(\frac{-g_m R_D}{1 + g_m R_S} \right) \simeq -\frac{R_D}{R_S} \tag{6.26}$$

즉, 공통 소스 증폭기의 소신호 전압이득이 근사적으로 g_m에 무관해지도록 설계될 수 있음을 보여준다. g_m은 트랜지스터 전달컨덕턴스이며, 온도와 동작점에 따라 변화한다. 따라서 소오스 저항 R_S는 온도나 트랜지스터 특성 편차 등의 요인들이 전압이득에 미치는 영향을 작게 만드는 것을 알 수 있다. 물론 $R_i \gg R_{SS}$이고 $g_m R_S \gg 1$이라는 조건하에서의 결과이지만, 이러한 조건이 만족되지 않는다 하더라도, 식 (6.26)으로부터 전압이득은 상대적으로 g_m의 변화에 민감하지 않음을 알 수 있다. 그러나 소오스 저항을 갖지 않는 경우의 식 (6.18)과 비교해 보면, 소오스 저항 R_S가 식 (6.25)의 분모에 포함되어 있으므로, 공통 소오스 증폭기의 전압이득이 감소하게 된다.

공통 소오스 증폭기에 소오스 저항을 추가함으로써 증폭기의 동작점(Q점)과 전압이득의 안정화라는 장점을 얻지만, 전압이득이 감소하는 단점도 수반된다. 상호간에 교환조건(trade-off)이 존재하는 점에 유의해야 한다.

예제 6-2

[그림 6-10(a)]의 소오스 저항을 갖는 공통 소오스 증폭기에서 소신호 전압이득을 구하라. 단, $R_{SS}=2.0\ \text{k}\Omega$, $R_1=550\ \text{k}\Omega$, $R_2=236\ \text{k}\Omega$, $R_S=2.0\ \text{k}\Omega$, $R_D=12\ \text{k}\Omega$, $V_{DD}=10\ \text{V}$, $V_{Tn}=2.0\ \text{V}$, $K_n=2.0\ \text{mA/V}^2$이다. $\lambda=0$으로 가정한다.

풀이

■ **DC 해석**

전압분배 바이어스에 의한 게이트 단자의 바이어스 전압 V_{GQ}는 다음과 같이 계산된다.

$$V_{GQ}=\frac{R_2}{R_1+R_2}V_{DD}=\frac{236}{550+236}\times 10\ \text{V}=3.0\ \text{V}$$

MOSFET가 포화영역에 바이어스되어 있다고 가정하여 해석한 후, 그 결과로부터 가정이 맞았는지를 확인하는 절차로 해석한다. [그림 6-10(a)]의 회로로부터 게이트-소오스 바이어스 전압은 다음과 같이 표현된다.

$$V_{GSQ}=V_{GQ}-R_S I_{DQ} \tag{1}$$

포화영역의 드레인 전류식에 식 (1)을 대입하면,

$$I_{DQ}=\frac{1}{2}K_n(V_{GSQ}-V_{Tn})^2=\frac{1}{2}K_n(V_{GQ}-V_{Tn}-R_S I_{DQ})^2 \tag{2}$$

식 (2)에 주어진 값들을 대입하여 정리하면 다음과 같다.

$$4I_{DQ}^2-5I_{DQ}+1=0 \tag{3}$$

식 (3)의 방정식을 풀면 $I_{DQ}=0.25\ \text{mA}$와 $1.0\ \text{mA}$가 얻어지며 $1.0\ \text{mA}$는 의미없는 값이므로, 따라서 드레인 바이어스 전류는 $I_{DQ}=0.25\ \text{mA}$가 된다. 이 값을 식 (1)에 대입하면, 게이트-소오스 바이어스 전압은 다음과 같이 계산된다.

$$V_{GSQ}=V_{GQ}-R_S I_{DQ}=3-2\times 0.25=2.5\ \text{V}$$

드레인-소오스 루프에 KVL을 적용하여 드레인-소오스 바이어스 전압을 구하면 다음과 같다.

$$V_{DSQ}=V_{DD}-(R_D+R_S)I_{DQ}=10-(12+2)\times 0.25=6.5\ \text{V} \tag{4}$$

따라서 MOSFET가 포화영역에서 동작하도록 바이어스되어 있음을 확인할 수 있다.

[그림 6-11]은 DC 바이어스 시뮬레이션 결과이며, 오차 범위 내에서 계산된 값과 일치하는 것을 확인할 수 있다.

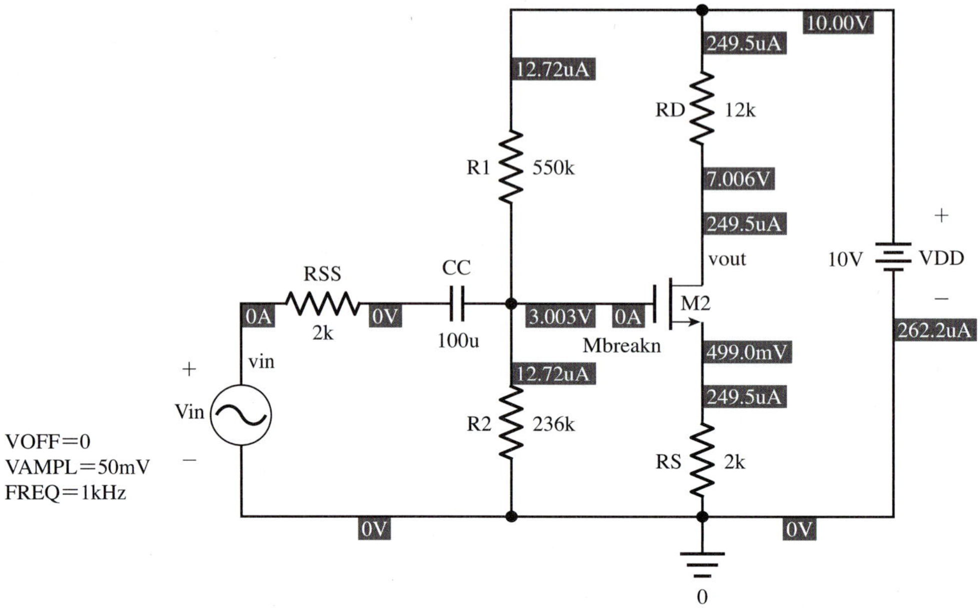

[그림 6-11] [예제 6-2] 회로의 DC 바이어스 시뮬레이션 결과

■ AC 해석

DC 해석을 통해 계산된 바이어스 전류값을 이용하여 소신호 파라미터 값을 구하면 다음과 같다.

$$g_m = K_n(V_{GSQ} - V_{Tn}) = 2\times10^{-3}\times(2.5-2) = 1.0\ \text{mA/V}$$

신호원에서 증폭기를 바라보는 입력저항 R_i는 다음과 같이 계산되며,

$$R_i = R_1 \| R_2 = (550 \| 236)\text{k}\Omega = 165.14\ \text{k}\Omega$$

$R_i \gg R_{SS}$이므로 신호원 저항 R_{SS}의 영향을 무시하면, 소신호 전압이득은 다음과 같다.

$$A_v \simeq \left(\frac{-g_m R_D}{1+g_m R_S}\right) = \frac{-1\times12}{1+1\times2} = -4.0\ \text{V/V}$$

PSPICE 시뮬레이션 결과는 [그림 6-12]와 같으며, 시뮬레이션 결과에 의한 소신호 전압이득은 −3.89로 나타나 오차 범위 내에서 계산된 값과 일치하는 것을 확인할 수 있다.

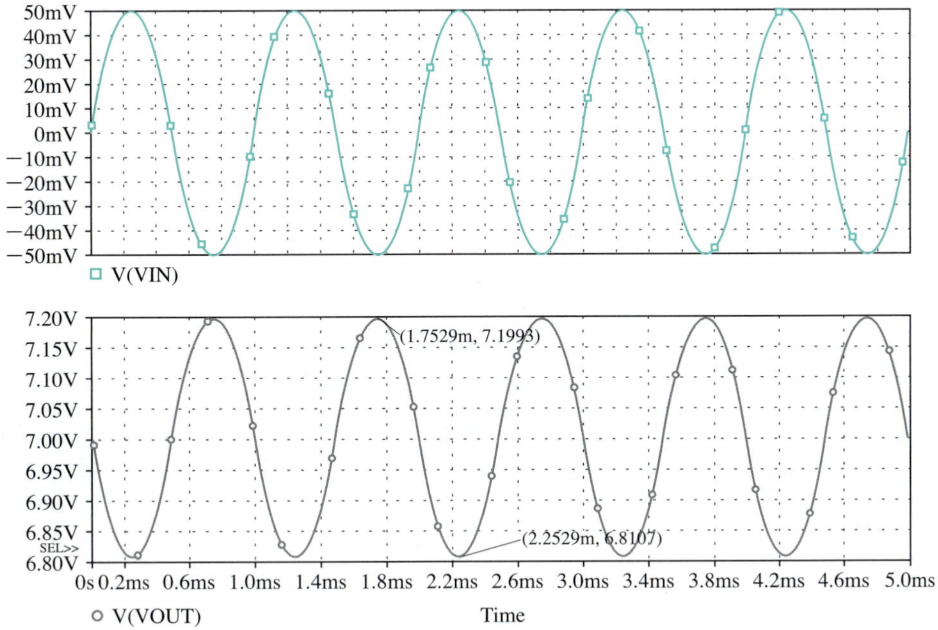

[그림 6-12] [예제 6-2] 회로의 PSPICE 시뮬레이션 결과

응용 6-2

[그림 6-10(a)]의 소오스 저항을 갖는 공통 소오스 증폭기에서 소신호 전압이득을 구하라. 단, $R_{SS}=3$ kΩ, $R_1=10$ MΩ, $R_2=4.7$ MΩ, $R_D=6$ kΩ, $R_S=0.5$ kΩ, $V_{DD}=10$ V, $V_{Tn}=1.0$ V, $K_n=0.26$ mA/V^{2}이다. $\lambda=0$으로 가정한다.

[정답 : 소신호 전압이득 $A_v=-2.4$ V/V]

6.3 공통 게이트 증폭기

[그림 6-13]은 공통 게이트 증폭기 회로이다. 입력신호가 소오스 단자에 인가되고, 게이트 단자는 접지되며, 드레인에서 출력신호가 얻어진다. 결국 소오스와 게이트 사이의 전압이 입력전압이 되고 드레인과 게이트 사이의 전압이 출력전압이 되기 때문에, 게이트 단자가 입, 출력 신호의 공통 단자로 간주된다. 이런 이유로 공통 게이트 증폭기라 불린다. 공통 소오스 증폭기에서 사용했던 것과 동일한 회로해석 방법을 적용하여 소신호 전압이득과 전류이득 그리고 입, 출력 임피던스 등을 구할 수 있다.

[그림 6-13]의 회로에서 게이트에 연결되어있는 저항 R_G는 게이트 단자에서 정전하가 생성되는 것을 방지하고, 커패시터 C_G는 게이트 단자가 신호적으로 접지되도록 하는 역할을 한다. 또한 커패시터 C_{C1}은 입력신호를 소오스 단자에 연결시키며, 커패시터 C_{C2}는 출력전압을 부하저항인 R_L에 연결시킨다.

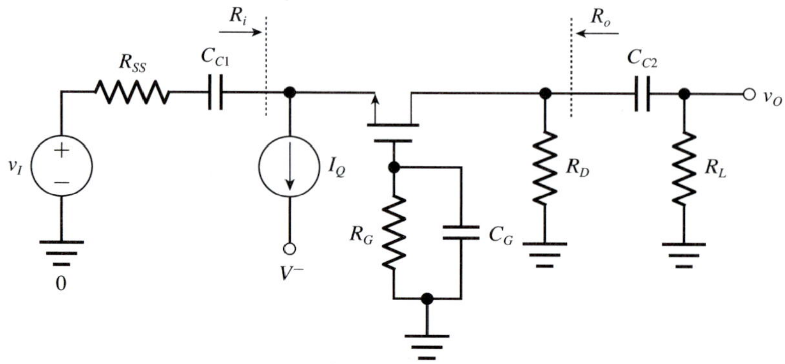

[그림 6-13] 공통 게이트 증폭기 회로

[그림 6-14]는 [그림 6-13]의 공통 게이트 증폭기 회로에 대한 소신호 등가회로이다. 이는 소오스 단자를 입력으로 하고 FET의 각 단자를 그린 다음, 단자마다 소신호 파라미터를 그려 넣고 마지막으로 FET의 주변 요소를 추가하여 얻어진다.

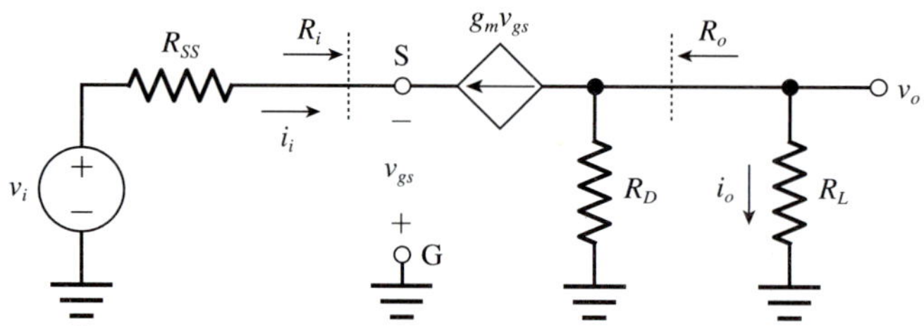

(a) 소신호 등가회로

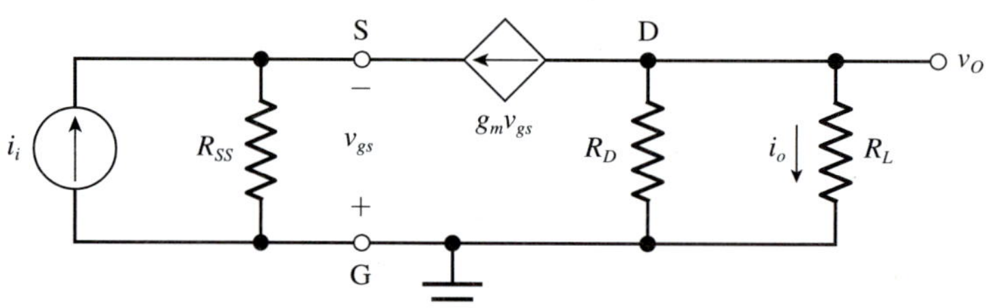

(b) 노턴 등가회로

[그림 6-14] 공통 게이트 증폭기의 소신호 등가회로와 노턴 등가회로

[그림 6-14(a)]의 소신호 등가회로로부터 공통 게이트 증폭기의 전압이득과 전류이득을 구해보도록 하자. 등가회로를 살펴보면 출력전압은 전류원 $g_m v_{gs}$와 $R_D \| R_L$의 곱으로 구해지고, 방향을 고려하면 식 (6.27)과 같다.

$$v_o = -(g_m v_{gs})(R_D \| R_L) \tag{6.27}$$

소오스와 게이트 루프에 KVL을 적용시키면 식 (6.28)이 얻어지고,

$$v_i = i_i R_{SS} - v_{gs} \tag{6.28}$$

여기서 전류 $i_i = -g_m v_{gs}$이므로, 이를 식 (6.28)에 대입하여 게이트-소오스 전압 v_{gs}를 구하면 다음과 같다.

$$v_{gs} = \frac{-v_i}{1+g_m R_{SS}} \tag{6.29}$$

식 (6.29)를 식 (6.27)에 대입하여 소신호 전압이득을 구하면, 식 (6.30)이 된다.

$$A_v \equiv \frac{v_o}{v_i} = \frac{g_m(R_D \| R_L)}{1+g_m R_{SS}} \tag{6.30}$$

흔히 공통 게이트 증폭기 회로에 인가되는 입력신호로는 전압신호보다 전류신호가 사용된다. 이것을 고려하여 [그림 6-14(a)]의 회로를 노턴 등가회로로 변환한 것이 [그림 6-14(b)]이다(단, 여기서 $R_{SS} \gg R_i$이다). 노턴 등가회로로부터 전류 분배법칙을 적용하여 출력전류 i_o를 구하면 식 (6.31)이 된다.

$$i_o = (-g_m v_{gs}) \times \left(\frac{R_D}{R_D+R_L}\right) \tag{6.31}$$

[그림 6-14(b)]에서 소오스 단자에 KCL을 적용하면 다음과 같다.

$$i_i + \frac{v_{gs}}{R_{SS}} + g_m v_{gs} = 0 \tag{6.32}$$

식 (6.32)로부터 v_{gs}를 구하면 다음과 같다.

$$v_{gs} = -i_i\left(\frac{R_{SS}}{1+g_m R_{SS}}\right) \tag{6.33}$$

식 (6.33)을 식 (6.31)에 대입하여 공통 게이트 증폭기의 소신호 전류이득을 구하면 식 (6.34)와 같다.

$$A_i \equiv \frac{i_o}{i_i} = \left(\frac{g_m R_{SS}}{1+g_m R_{SS}}\right)\left(\frac{R_D}{R_D+R_L}\right) \tag{6.34}$$

식 (6.34)에서 $g_m R_{SS} \gg 1$이고 $R_D \gg R_L$이면 $A_i \simeq 1$이 되며, 따라서 공통 게이트 증폭기는 전류 버퍼(current buffer)로 동작한다. 이는 4.5절에서 설명된 공통 베이스 증폭기의 전류이득 특성과 유사함을 알 수 있다.

다음으로 입력저항과 출력저항에 대하여 살펴보자. 공통 게이트 증폭기의 입력저항은 [그림 6-14(a)]의 소신호 등가회로로부터 식 (6.35)와 같이 구해진다. 즉, 입력저항은 전달컨덕턴스의 역수로 주어지며, 매우 작은 값을 갖는다. 여기서 유의할 점은 공통 게이트 증폭기의 경우에는 공통 소오스 증폭기와는 달리, 작은 입력저항을 갖는다는 점이다.

$$R_i = \frac{-v_{gs}}{i_i} = \frac{-v_{gs}}{-g_m v_{gs}} = \frac{1}{g_m} \tag{6.35}$$

출력저항은 입력전압을 0으로 설정하여 구한다. [그림 6-14(a)]의 소신호 등가회로에서 $v_{gs} = -g_m v_{gs} R_{SS}$인데, 입력전압을 0으로 한다는 것은 $v_{gs} = 0$임을 의미한다. 결과적으로 $g_m v_{gs} = 0$이 되고, 부하저항에서 바라보는 출력저항 R_O은 식 (6.36)과 같다.

$$R_O = R_D \tag{6.36}$$

예제 6-3

[그림 6-13]의 공통 게이트 증폭기 회로에서 $I_{DQ} = 2$ mA, $V^- = -5$ V, $R_G = 80$ kΩ, $R_D = 3$ kΩ, $R_L = 15$ kΩ이고, 트랜지스터의 파라미터 값은 $V_{Tn} = 1.5$ V, $K_n = 3$ mA/V^2, $\lambda = 0$이라고 하자. 입력전류의 값이 $200\sin\omega t$ μA이고 $R_{SS} = 80$ kΩ일 때 출력전압을 구하라.

풀이

식 (6.9)를 이용하여 전달컨덕턴스를 계산하면 다음과 같다.

$$g_m = \sqrt{2K_n I_{DQ}} = \sqrt{2 \times 3 \times 2 \times 10^{-6}} = 3.46 \text{ mA/V}$$

식 (6.34)의 소신호 전류이득 수식으로부터 출력전류 i_o는 다음과 같다.

$$i_o = \left(\frac{g_m R_{SS}}{1 + g_m R_{SS}}\right)\left(\frac{R_D}{R_D + R_L}\right) \times i_i$$

따라서 출력전압 v_O는 다음과 같이 계산된다.

$$\begin{aligned} v_o = i_o R_L &= \left(\frac{g_m R_{SS}}{1 + g_m R_{SS}}\right)\left(\frac{R_L R_D}{R_D + R_L}\right) \times i_i \\ &= \left(\frac{3.46 \times 80}{1 + 3.46 \times 80}\right)\left(\frac{15 \times 3}{15 + 3}\right) \times 0.2\sin\omega t \\ &= 0.5\sin\omega t \text{ V} \end{aligned}$$

6.4 공통 드레인 증폭기

MOSFET 증폭기의 또 다른 형태인 공통 드레인 증폭기 회로에 대하여 살펴보자. 공통 드레인 증폭기는 소오스 팔로워(follower)라고도 불리며, 기본적인 구성은 [그림 6-15]와 같다. 이 회로는 출력신호가 소오스에서 얻어지며, 드레인은 V_{DD}에 직접 연결되어 있다. AC 등가회로를 기준으로 보면 V_{DD}가 신호 접지상태가 되므로, 공통 드레인 증폭기라고 한다.

[그림 6-15]의 공통 드레인 증폭기 회로에 대한 소신호 등가회로는 [그림 6-16]과 같다.

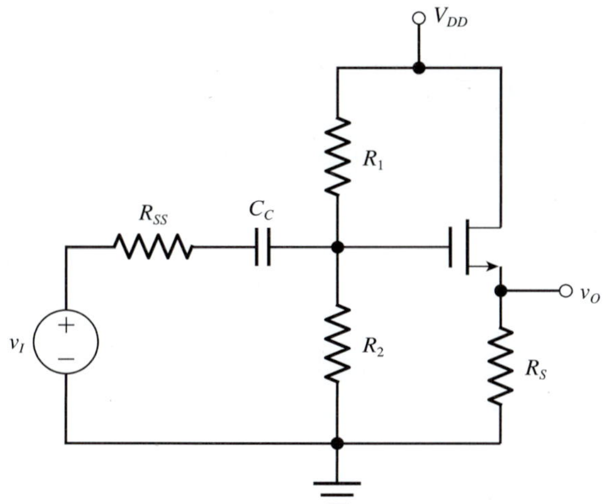

[그림 6-15] 공통 드레인 증폭기 회로

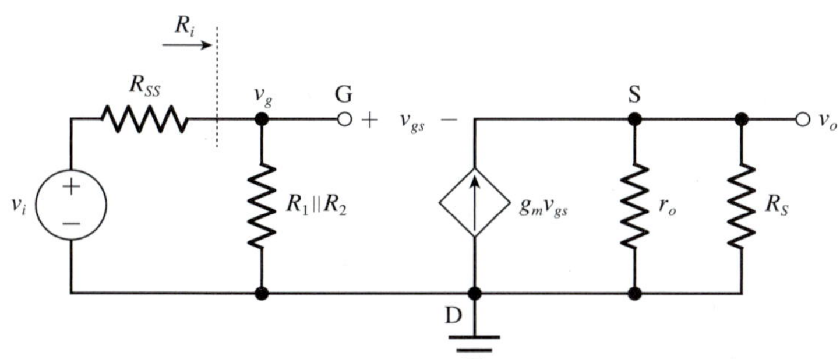

[그림 6-16] 공통 드레인 증폭기의 소신호 등가회로

소신호 등가회로로부터 공통 드레인 증폭기의 출력전압은 식 (6.37)로 표현된다.

$$v_o = (g_m v_{gs})(R_S \| r_o) \tag{6.37}$$

회로에서 v_g를 포함하는 폐루프에 KVL을 적용하면 식 (6.38)를 얻을 수 있다.

$$v_g = v_{gs} + v_o = v_{gs} + g_m v_{gs}(R_S \| r_o) = [1 + g_m(R_S \| r_o)]v_{gs} \tag{6.38}$$

식 (6.38)로부터 게이트와 소오스 사이의 전압 v_{gs}에 대해 정리하면 식 (6.39)가 얻어진다.

$$v_{gs} = \frac{v_g}{1 + g_m(R_S \| r_o)} \tag{6.39}$$

[그림 6-16]으로부터 입력전압 v_i와 v_g 사이의 관계는 식 (6.40)으로 표현되며, 여기서 $R_i = R_1 \| R_2$는 증폭기의 입력저항을 나타낸다.

$$v_g = \left(\frac{R_i}{R_i + R_{SS}}\right)v_i \tag{6.40}$$

식 (6.39)와 식 (6.40)을 식 (6.37)에 대입하여 소신호 전압이득을 구하면 다음과 같다.

$$A_v \equiv \frac{v_o}{v_i} = \left(\frac{g_m(R_S \| r_o)}{1 + g_m(R_S \| r_o)}\right) \times \left(\frac{R_i}{R_i + R_{SS}}\right) \tag{6.41}$$

식 (6.41)에서 $g_m(R_S \| r_o) \gg 1$이고 $R_i \gg R_{SS}$이면 전압이득은 $A_v \simeq 1$이 되며, 이는 공통 컬렉터 증폭기와 유사한 특성이다. 또한 전압이득이 두 개 항의 곱으로 표현되며, 이들 각각의 항은 모두 1보다 작은 값이 된다는 것은 쉽게 확인할 수 있다. 따라서 공통 드레인 증폭기의 소신호 전압이득은 1보다 작다는 것도 알 수 있다.

예제 6-4

[그림 6-15]의 공통 드레인 증폭기 회로에 대하여 소신호 전압이득을 계산하라. 단, $V_{DD} = 12$ V, $R_1 = 80$ kΩ, $R_2 = 240$ kΩ, $R_S = 0.5$ kΩ이고, 트랜지스터 파라미터 값들은 $V_{Tn} = 1.5$ V, $K_n = 8$ mA/V^2, $\lambda = 0.01V^{-1}$이며, $R_{SS} = 4$ kΩ이다.

풀이

■ **DC 해석**

전압분배 바이어스에 의한 게이트 단자의 바이어스 전압 V_{GQ}는 다음과 같이 계산된다.

$$V_{GQ} = \frac{R_2}{R_1 + R_2}V_{DD} = \frac{240}{80 + 240} \times 12 = 9.0 \text{ V}$$

MOSFET가 포화영역에 바이어스되어 있다고 가정하여 해석한 후, 그 결과로부터 가정이 타당했는지를 확인하는 절차로 해석한다. [예제 6-2]와 동일한 방법으로 드레인 바이어스 전류를 구하면 $I_{DQ} = 11.6$ mA가 된다. 이 값을 이용하여 게이트-소오스 바이어스 전압을 계산하면 다음과 같다.

$$V_{GSQ} = V_{GQ} - R_S I_{DQ} = 9.0 - 0.5 \times 11.6 = 3.2 \text{ V}$$

드레인-소오스 루프에 KVL을 적용하여 드레인-소오스 바이어스 전압을 구하면 다음과 같다.

$$V_{DSQ}=V_{DD}-R_S I_{DQ}=12-0.5\times 11.6=6.2\text{ V}$$

따라서 MOSFET가 포화영역에서 동작하도록 바이어스되어 있음을 확인할 수 있다.

[그림 6-17]은 DC 바이어스 시뮬레이션 결과이며, 오차 범위 내에서 계산된 값과 일치하는 것을 확인할 수 있다.

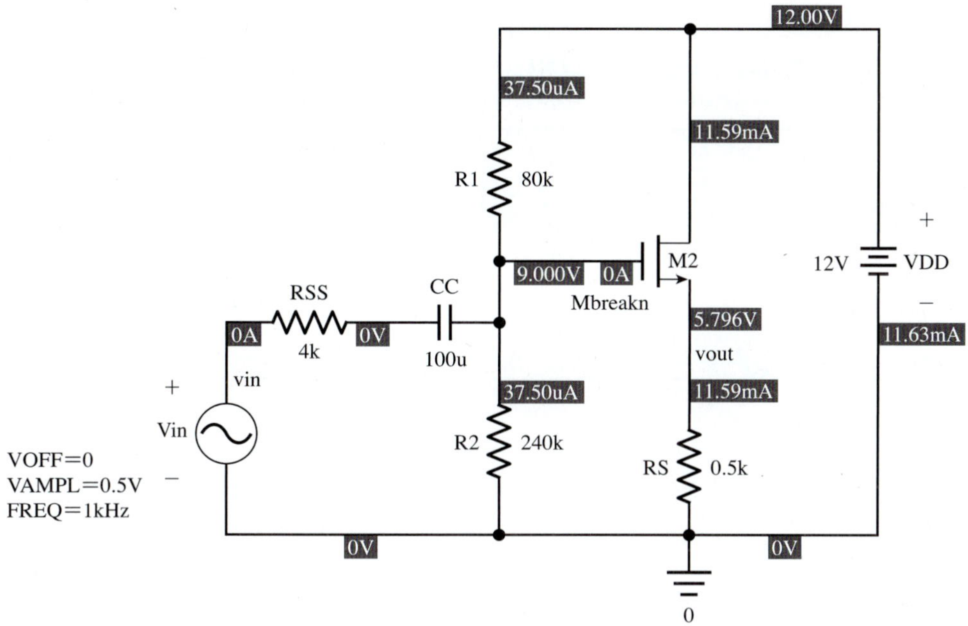

[그림 6-17] [예제 6-4] 회로의 DC 바이어스 시뮬레이션 결과

■ AC 해석

동작점 전압과 트랜지스터 파라미터 값을 이용하여 전달컨덕턴스를 계산하면 다음과 같다.

$$g_m=K_n(V_{GSQ}-V_{Tn})=8\times(3.2-1.5)\times 10^{-3}=13.6\text{ mA/V}$$

소신호 트랜지스터의 저항은 다음과 같이 계산되고,

$$r_o=\frac{1}{\lambda I_{DQ}}=\frac{1}{0.01\times 11.6\times 10^{-3}}=8.62\text{ k}\Omega$$

증폭기의 입력저항은 R_1과 R_2에 의해서 $R_i=R_1 \| R_2=80 \| 240=60\text{ k}\Omega$으로 계산된다.

계산된 소신호 파라미터 값들을 대입하면 소신호 전압이득이 다음과 같이 구해진다.

$$A_v = \left(\frac{g_m(R_S \| r_o)}{1+g_m(R_S \| r_o)}\right) \times \left(\frac{R_i}{R_i + R_{SS}}\right)$$
$$= \frac{13.6 \times (0.5 \| 8.62)}{1+13.6 \times (0.5 \| 8.62)} \times \frac{60}{60+4} = 0.81 \text{ V/V}$$

계산결과에 의한 소신호 전압이득은 0.81이며, 이것은 공통 드레인 증폭기의 소신호 전압이득의 크기가 항상 1보다 작다는 사실과 일치한다.

PSPICE 시뮬레이션 결과는 [그림 6-18]과 같으며, 시뮬레이션 결과에 의한 전압이득은 0.82로 나타나 오차 범위 내에서 계산된 값과 일치하는 것을 확인할 수 있다.

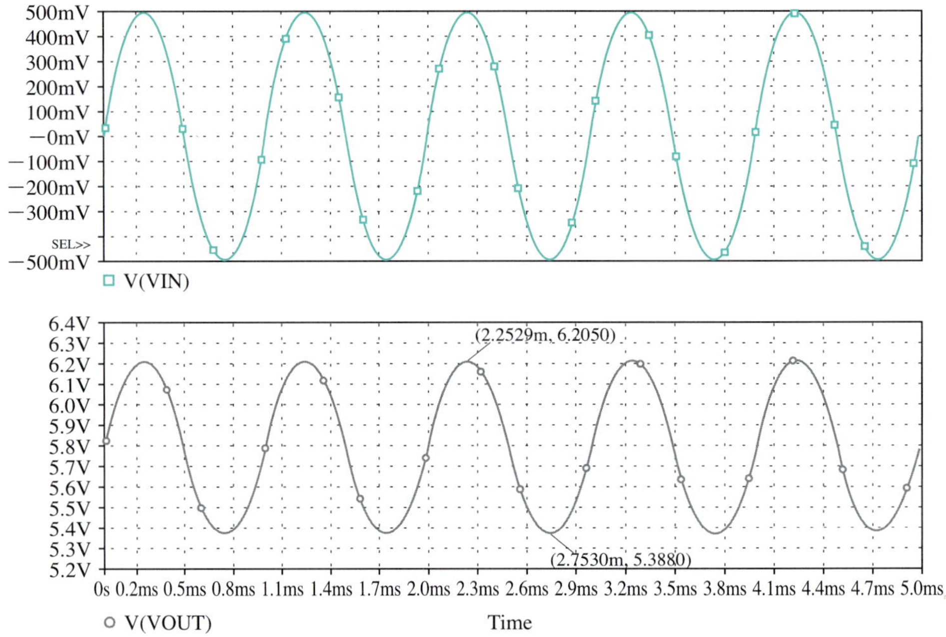

[그림 6-18] [예제 6-4] 회로의 PSPICE 시뮬레이션 결과

입력저항과 출력저항

다음으로 공통 드레인 증폭기의 입력저항과 출력저항에 대해 알아본다. MOSFET의 게이트 단자는 절연되어 있으므로, 게이트 단자의 저항은 무한대이다. 따라서 신호원에서 보는 입력저항 R_i는 [그림 6-16]의 소신호 등가회로로부터 $R_i = R_1 \| R_2$가 된다.

출력저항은 모든 독립 신호원의 값들을 0으로 설정하고, 테브냉 등가회로를 이용하여 구한다. 만약 회로 내에 종속전원이 함께 포함되어 있다면 0으로 간주할 수 없으므로, 이 경우에는 출력 단자에 테스트 전압을 가한 후 테스트 전류를 측정하여 출력저항을 계산해야 한다. 출력저항을 구하기 위해서 [그림 6-16]의 소신호 등가회로에서 $v_i=0$으로 설정하고, 출력단자에 테스트 전압 v_x를 인가하여 [그림 6-19]와 같이 변형시킨다. 테스트 전압 v_x에 의해 테스트 전류 i_x가 흐른다면, 출력저항은 다음과 같이 계산된다.

$$R_o=\frac{v_x}{i_x} \tag{6.42}$$

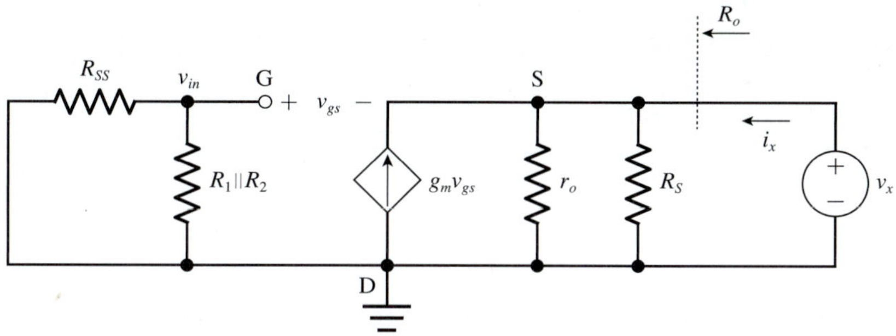

[그림 6-19] 공통 드레인 증폭기의 출력저항을 구하기 위한 등가회로

소오스 단자에서 KCL을 적용하면, 식 (6.43)과 같다.

$$i_x+g_m v_{gs}=\frac{v_x}{R_S}+\frac{v_x}{r_o} \tag{6.43}$$

게이트 단자에 흐르는 전류는 0이므로, $v_{gs}=-v_x$가 됨을 알 수 있으며, 이를 식 (6.43)에 대입하여 정리하면 다음과 같이 표현된다.

$$i_x=v_x\left(g_m+\frac{1}{R_S}+\frac{1}{r_o}\right) \tag{6.44}$$

식 (6.44)로부터

$$\frac{i_x}{v_x}\equiv\frac{1}{R_o}=g_m+\frac{1}{R_S}+\frac{1}{r_o} \tag{6.45}$$

가 되므로, 출력저항 R_o는 다음과 같이 표현된다.

$$R_o=\frac{1}{g_m}\,\|\,R_S\,\|\,r_o \tag{6.46}$$

통상 $1/g_m \ll R_S$, $1/g_m \ll r_o$이므로 출력저항은 $R_o \simeq 1/g_m$로 근사화될 수 있으며, 따라서 공통 드레인 증폭기의 출력저항은 매우 작은 값을 갖는다. 이는 공통 컬렉터 증폭기와 유사한 출력저항 특성이다.

예제 6-5

[그림 6-15]의 공통 드레인 증폭기 회로에서 출력저항을 계산하라. 단, 소자값과 트랜지스터 파라미터 값들은 [예제 6-4]와 동일하다.

풀이

[예제 6-4]의 결과로부터 전달컨덕턴스 값은 $g_m = 13.6$ mA/V이고, 소신호 드레인 저항은 $r_o = 8.62$ kΩ이다. 이들 값과 $R_S = 0.5$ kΩ을 식 (6.46)에 대입하면 출력저항은 다음과 같이 계산된다.

$$R_o = \left(\frac{1}{13.6} \| 0.5 \| 8.62\right) \times 10^3 = 63.63\ \Omega$$

6.5 능동부하를 갖는 MOSFET 증폭기

지금까지 살펴본 MOSFET 증폭기 회로는 저항을 부하로 사용하였다. 일반적으로 집적회로(IC)에서는 칩 면적을 줄이기 위해 저항 대신에 트랜지스터를 이용한 능동부하(active load)가 사용된다. MOSFET 증폭기 회로에 사용되는 능동부하로는 N 채널 증가형 MOSFET, N 채널 공핍형 MOSFET, 전류거울 회로 등이 있다.

6.5.1 증가형 MOSFET 능동부하를 갖는 공통 소오스 증폭기

[그림 6-20(a)]는 N 채널 증가형 MOSFET가 능동부하로 사용된 공통 소오스 증폭기 회로이다. 그림에서 아래첨자 D와 L은 각각 구동(driver) 트랜지스터와 부하(load) 트랜지스터를 나타낸다. [그림 6-20(a)] 회로의 윗부분에 있는 소자 M_L은 능동부하 소자이며, 아래 부분에 있는 MOSFET M_D는 구동소자를 나타낸다. 능동부하 M_L은 게이트가 드레인에 연결되어 다이오드 형태를 갖는다. 능동부하 M_L은 $V_{GSL} = V_{DSL}$이므로, [그림 6-20(b)]와 같은 전류-전압 특성을 가지며, 다이오드의 전류-전압 특성과 유사함을 알 수 있다.

[그림 6-20(a)]의 회로에서 능동부하 M_L과 구동소자 M_D의 드레인-소오스 전압은 다음의 관계를 갖는다.

$$v_{DSD} = V_{DD} - v_{DSL} \tag{6.47}$$

능동부하 M_L과 구동소자 M_D에 흐르는 전류는 같으므로, 식 (6.47)의 관계를 이용하여 능동부하의 전류-전압 특성 곡선을 구동소자의 전류-전압 특성 곡선에 중첩하여 나타내면 [그림 6-20(c)]와 같다. [그림 6-20(b)]의 능동부하의 전류전압 특성 곡선을 y축을 중심으로 대칭 이동시킨 후, V_{DD} 만큼 우측으로 이동시킨 것이 [그림 6-20(c)]에 표시된 능동부하선이다. [그림 6-20(c)]에서 구동소자의 특성 곡선과 능동부하선의 교점이 동작점 Q가 된다.

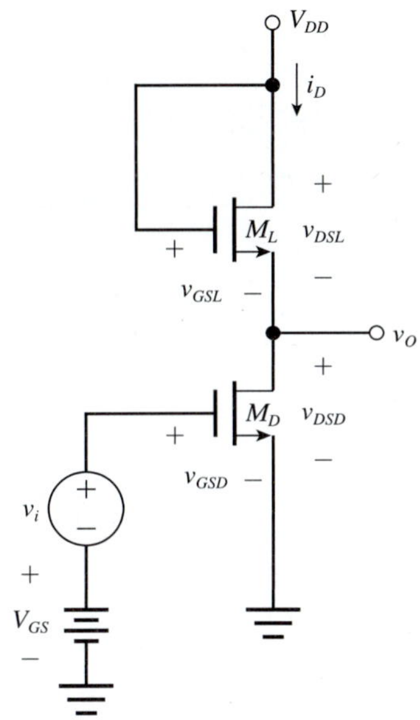

(a) N 채널 증가형 능동부하를 갖는 공통 소오스 증폭기

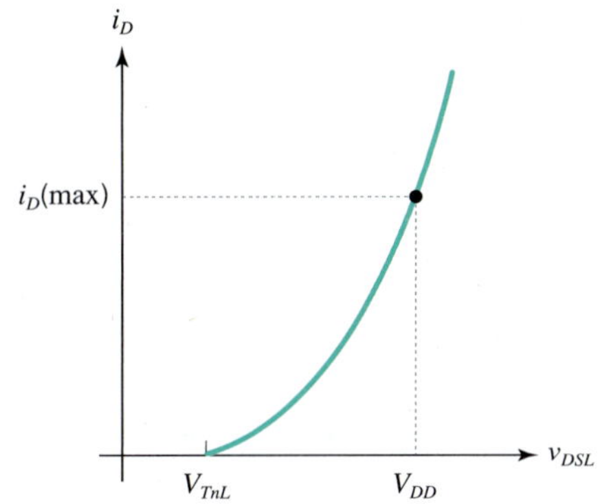

(b) 다이오드 결선 능동부하 소자의 전류-전압 특성

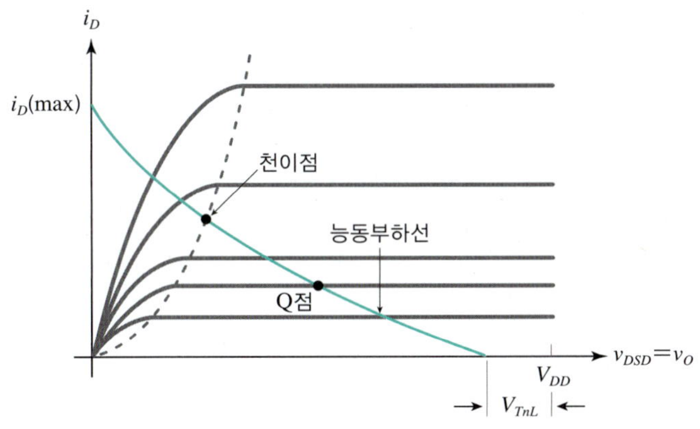

(c) 구동소자의 전류-전압 특성과 부하선 및 동작점

[그림 6-20] N 채널 증가형 능동부하를 갖는 공통 소오스 증폭기와 전류-전압 특성

[그림 6-20(a)] 회로의 소신호 등가회로는 [그림 6-21]과 같으며, 이를 이용하여 증폭기의 전압 이득을 구할 수 있다. 출력전압 v_o는 다음과 같이 표현될 수 있으며,

$$v_o = -g_{mD}\left(r_{oD} \| \frac{1}{g_{mL}} \| r_{oL}\right)v_{gs} \tag{6.48}$$

$v_{gs}=v_i$이므로 전압이득은 식 (6.49)와 같다.

$$A_v \equiv \frac{v_o}{v_i} = -g_{mD}\left(\frac{1}{g_{mL}} \| r_{oD} \| r_{oL}\right) \tag{6.49}$$

일반적으로 $1/g_{mL} \ll r_{oL}$이고, $1/g_{mL} \ll r_{oD}$이므로, 식 (6.49)는 다음과 같이 근사화된다.

$$A_v \simeq \frac{-g_{mD}}{g_{mL}} \tag{6.50a}$$

$$= -\sqrt{\frac{K_{nD}}{K_{nL}}} \tag{6.50b}$$

$$= -\sqrt{\frac{(W/L)_D}{(W/L)_L}} \tag{6.50c}$$

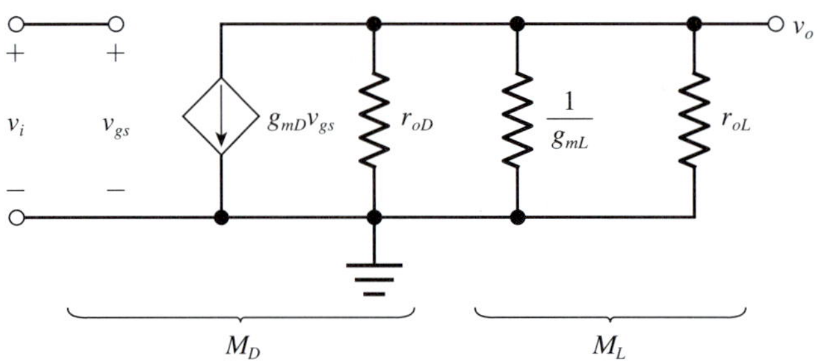

[그림 6-21] [그림 6-20(a)] 회로의 소신호 등가회로

예제 6-6

[그림 6-20(a)]의 회로에서 MOSFET는 $V_{TnD}=0.8$ V, $V_{TnL}=0.8$ V, $K_{nD}=2$ mA/V^2, $K_{nL}=0.2$ mA/V^2, $\lambda_D=\lambda_L=0.02\ V^{-1}$의 값을 갖고, $I_{DQ}=0.1$ mA로 바이어스되어 있다. 증폭기의 소신호 전압 이득을 구하라.

풀이

구동소자의 전달컨덕턴스 g_{mD}는 다음과 같이 계산된다.

$$g_{mD}=\sqrt{2K_{nD}I_{DQ}}=\sqrt{2\times2\times0.1\times10^{-6}}=0.63 \text{ mA/V}$$

부하소자의 전달컨덕턴스 g_{mL}은,

$$g_{mL}=\sqrt{2K_{nL}I_{DQ}}=\sqrt{2\times0.2\times0.1\times10^{-6}}=0.2\text{ mA/V}$$

$\lambda_D=\lambda_L$이므로 출력저항은,

$$r_{oD}=r_{oL}=\frac{1}{\lambda I_{DQ}}=\frac{1}{0.02\times0.1\times10^{-3}}=500\text{ k}\Omega$$

이들 값을 식 (6.49)에 대입하면, 소신호 전압이득은 다음과 같이 구해진다.

$$A_v=-g_{mD}\left(\frac{1}{g_{mL}}\|r_{oD}\|r_{oL}\right)=-0.63\times\left(\frac{1}{0.2}\|500\|500\right)=-3.09\text{ V/V}$$

6.5.2 공핍형 MOSFET 능동부하를 갖는 공통 소오스 증폭기

[그림 6-22(a)]는 공핍형 N 채널 MOSFET 소자가 능동부하로 사용된 공통 소오스 증폭기 회로이다. 능동부하 M_L은 게이트가 소오스로 연결되어 $v_{GSL}=0$이며, 전류-전압 특성 곡선은 [그림 6-22(b)]와 같다. 그림에서 포화영역에 설정된 동작점에서 특성 곡선 기울기의 역수가 능동부하 M_L의 출력저항 r_{oL}이며, 이것이 공통 소오스 증폭기의 부하저항으로 작용한다.

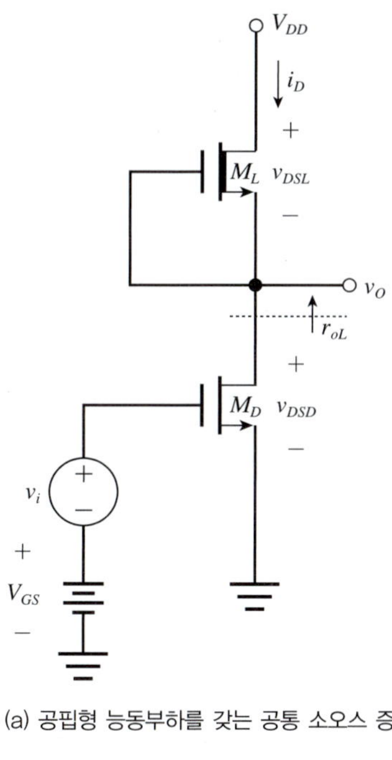

(a) 공핍형 능동부하를 갖는 공통 소오스 증폭기

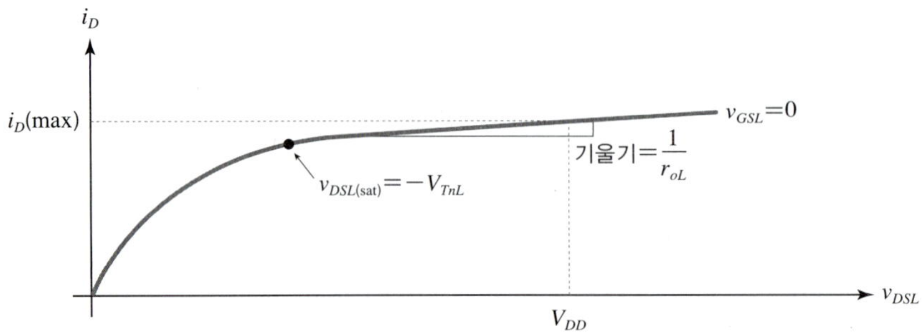

(b) 공핍형 N 채널 MOSFET 능동부하의 전류-전압 특성 곡선

[그림 6-22] 공핍형 부하소자를 가진 N 채널 MOSFET 증폭기와 전압 전달특성

[그림 6-22(a)] 회로의 전압이득은 소신호 등가회로를 이용하여 쉽게 구할 수 있다. 공핍형 능동부하 소자의 $v_{GSL}=0$이므로, 소오스에서 들여다 본 등가저항은 r_{oL}이며, 이것을 회로에 적용하여 소신호 등가회로를 그리면 [그림 6-23]과 같다.

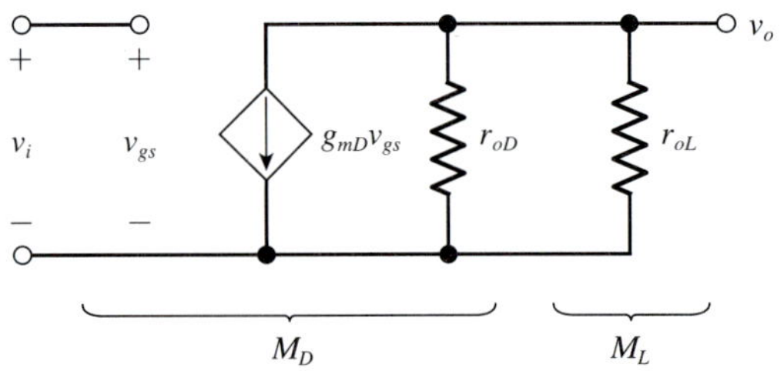

[그림 6-23] 공핍형 부하소자를 가진 NMOS의 소신호 등가회로

그림에서 아래 첨자 D와 L은 각각 구동 트랜지스터와 부하 트랜지스터를 나타낸다는 점도 다시 한 번 상기하자. 소신호 등가회로로부터 전압이득은 식 (6.51)과 같이 구해지고, 이 값은 두 MOSFET의 출력저항에 관련됨을 알 수 있다.

$$A_v \equiv \frac{v_o}{v_i} = -g_{mD}(r_{oD} \| r_{oL}) \tag{6.51}$$

예제 6-7

[그림 6-22(a)]의 회로에서 MOSFET는 $V_{TnD}=0.8$ V, $V_{TnL}=-2$ V, $K_{nD}=2$ mA/V^2, $K_{nL}=0.2$ mA/V^2, $\lambda_D=\lambda_L=0.02\ V^{-1}$의 값을 가지며, $I_{DQ}=0.1$ mA로 바이어스되어 있다. 증폭기의 소신호 전압이득을 구하라.

풀이

구동소자의 전달컨덕턴스 g_{mD}는 다음과 같이 계산된다.

$$g_{mD} = \sqrt{2K_{nD}I_{DQ}} = \sqrt{2\times 2\times 0.1\times 10^{-6}} = 0.63\ \text{mA/V}$$

$\lambda_D = \lambda_L$이므로, 출력저항은 아래의 식으로 계산된다.

$$r_{oD} = r_{oL} = \frac{1}{\lambda I_{DQ}} = \frac{1}{0.02\times 0.1\times 10^{-3}} = 500\ \text{k}\Omega$$

이 값들을 식 (6.51)에 대입하면, 소신호 전압이득은 다음과 같이 구해진다.

$$A_v = -g_{mD}(r_{oD} \| r_{oL}) = -0.63\times(500\|500) = -157.5\ \text{V/V}$$

이 결과는 공핍형 능동부하를 갖는 증폭기의 전압이득이 매우 크다는 것을 알려준다. 일반적으로 공핍형 능동부하를 갖는 증폭기의 전압이득이 증가형 능동부하를 갖는 증폭기보다 매우 크다는 점도 참고로 하자.

6.5.3 전류거울 능동부하를 갖는 공통 소오스 증폭기

[그림 6-24]는 전류거울(current mirror) 능동부하를 갖는 공통 소오스 증폭기 회로이다. P 채널 MOSFET M_{p1}과 M_{p2}는 전류거울 회로를 구성하고 있으며, M_{p2}의 드레인 출력저항 r_{op2}가 구동소자 M_{n1}의 부하저항으로 사용된다.

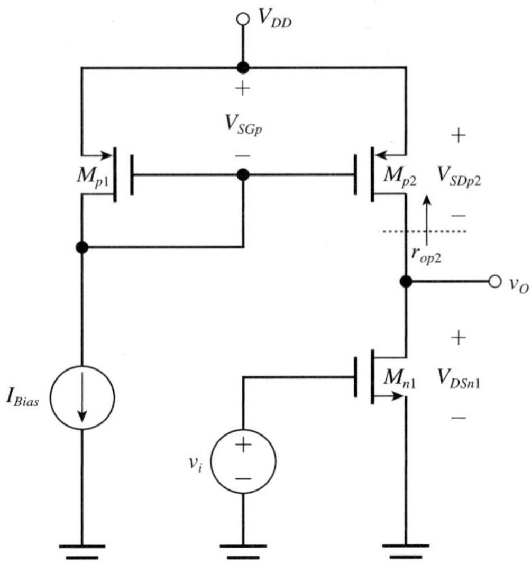

[그림 6-24] 전류거울 능동부하를 갖는 공통 소오스 증폭기

먼저 전류거울 회로의 동작을 알아보자. [그림 6-25(a)]는 정전류원으로 동작하는 전류거울 회로이다. P 채널 MOSFET M_{p1}과 M_{p2}의 게이트가 서로 연결되어 있고 소오스도 서로 연결되어 있으므로, 두 트랜지스터는 동일한 소오스-게이트 전압 V_{SGp}를 갖는다. M_{p1}은 드레인에 연결된 기준전류 I_{Bias}에 의해 일정한 전류를 공급받으며, M_{p2}의 드레인 전류는 정전류원의 출력전류 I_O이다.

트랜지스터 M_{p1}과 M_{p2}의 문턱전압을 $V_{Tp} \equiv V_{Tp1} = V_{Tp2}$로 가정한다. M_{p1}은 드레인이 게이트로 연결되어 있으므로 포화영역에서 동작하며, 따라서 드레인 전류는 다음과 같다.

$$I_{Dp1} = \frac{1}{2} K_{p1} (V_{SGp} + V_{Tp})^2 = I_{Bias} \tag{6.52}$$

여기서 $K_{p1} = C_{ox}\mu_p (W/L)_{p1}$이며, $(W/L)_{p1}$은 M_{p1}의 채널폭과 채널길이의 비(ratio)이다. M_{p2}가 포화영역에서 동작한다고 가정하면, 정전류원의 출력전류 I_O는 M_{p2}의 드레인 전류이므로,

$$I_O = I_{Dp2} = \frac{1}{2} K_{p2} (V_{SGp} + V_{Tp})^2 \tag{6.53}$$

여기서 $K_{p2} = (C_{ox}\mu_p)(W/L)_{p2}$이고, $(W/L)_{p2}$는 M_{p2}의 채널폭과 채널길이의 비이다.

식 (6.52)로부터, M_{p1}과 M_{p2}의 게이트-소오스 전압은 다음과 같다.

$$V_{SGp} + V_{Tp} = \sqrt{\frac{2I_{Bias}}{K_{p1}}} \tag{6.54}$$

식 (6.54)를 식 (6.53)에 대입하여 정리하면 출력전류는 다음과 같다.

$$I_O = \frac{K_{p2}}{K_{p1}} I_{Bias} = \frac{(W/L)_{p2}}{(W/L)_{p1}} I_{Bias} \tag{6.55}$$

따라서 정전류원 회로의 출력전류는 바이어스 전류 I_{Bias}와 트랜지스터 M_{p1}과 M_{p2}의 채널폭과 채널길이의 비에 의해 결정된다. 식 (6.55)로부터, 바이어스 전류와 출력전류의 비는 다음과 같다.

$$\frac{I_O}{I_{Bias}} = \frac{K_{p2}}{K_{p1}} = \frac{(W/L)_{p2}}{(W/L)_{p1}} \tag{6.56}$$

M_1과 M_2의 C_{ox}가 동일하다고 가정할 때 $(W/L)_{p1}=(W/L)_{p2}$로 설계하면 $I_O=I_{Bias}$가 되어 전류거울 회로로 동작한다.

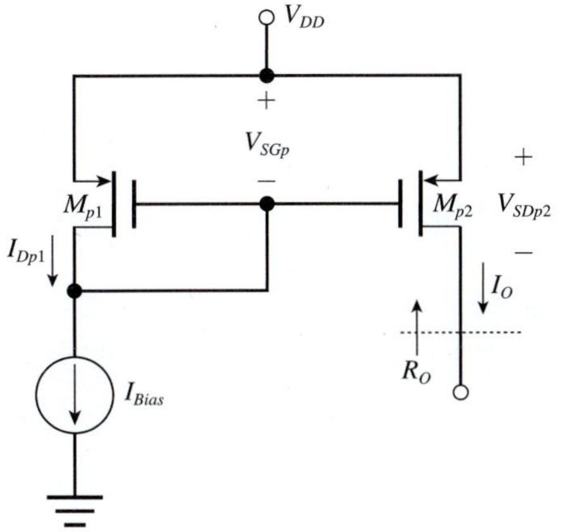

(a) 전류거울 회로

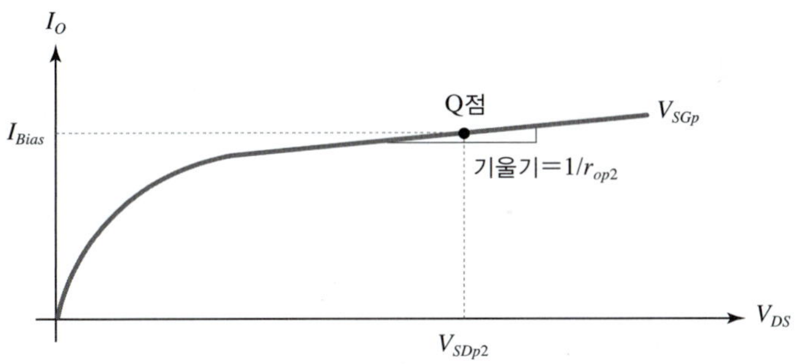

(b) 전류-전압 특성 곡선

[그림 6-25] 정전류원으로 동작하는 전류거울 회로

$\lambda_p \equiv \lambda_{p1}=\lambda_{p2}$로 가정하고 MOSFET의 채널길이 변조효과를 고려하면, 식 (6.52)와 식 (6.53)은 각각 다음과 같이 표현된다.

$$I_{Dp1}=I_{Bias}=\frac{1}{2}K_{p1}(V_{SGp}+V_{Tp})^2\,(1+\lambda_p V_{SDp1}) \tag{6.57}$$

$$I_{Dp2}=I_O=\frac{1}{2}K_{p2}(V_{SGp}+V_{Tp})^2\,(1+\lambda_p V_{SDp2}) \tag{6.58}$$

따라서 식 (6.56)은 다음과 같이 변경된다.

$$\frac{I_O}{I_{Bias}}=\frac{K_{p2}}{K_{p1}}=\frac{(W/L)_2}{(W/L)_1}\frac{(1+\lambda V_{SDp2})}{(1+\lambda V_{SDp1})} \tag{6.59}$$

[그림 6-25(b)]는 전류거울 회로의 전류-전압 특성 곡선이며, 동작점에서의 출력저항은 식 (6.60)과 같으며, 이는 트랜지스터 M_{p2}의 출력저항으로서 비교적 큰 값을 갖는다.

$$R_O=\left(\frac{dI_O}{dV_{SDp2}}\right)^{-1}=\frac{1}{\lambda_p I_O}=r_{op2} \tag{6.60}$$

전류거울 회로의 특성을 이해했으므로, 이제 [그림 6-24]의 회로를 생각하자. [그림 6-24] 회로에서 전류거울 회로의 출력저항 r_{op2}는 공통 소오스 증폭기의 부하저항으로 작용하게 되며, 따라서 소신호 등가회로는 [그림 6-26]과 같다.

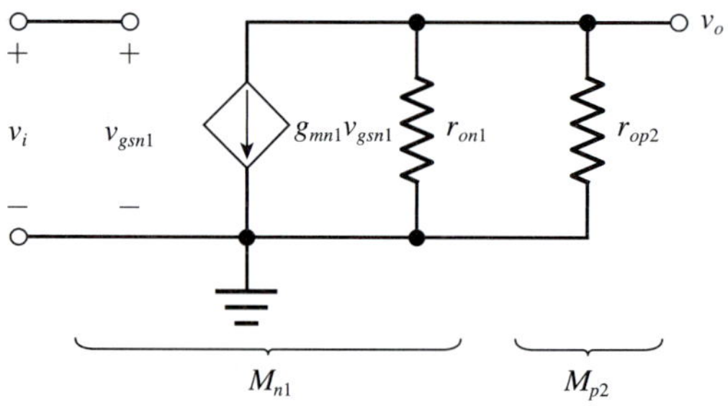

[그림 6-26] [그림 6-24] 회로의 소신호 등가회로

소신호 등가회로로부터 출력전압은 다음과 같으며,

$$v_o=-g_{mn1}v_{gsn1}(r_{on1}\|r_{op2})=-g_{mn1}(r_{on1}\|r_{op2})v_i \tag{6.61}$$

따라서 소신호 전압이득은 식 (6.62)가 된다.

$$A_v\equiv\frac{v_o}{v_i}=-g_{mn1}(r_{on1}\|r_{op2}) \tag{6.62}$$

6.2절에서 설명된 일반적인 공통 소오스 증폭기의 식 (6.18)과 비교하여, 전류거울 능동부하를 갖는 공통 소오스 증폭기는 큰 전압이득을 얻을 수 있다는 장점을 가지며, 이는 MOSFET의 드레인 출력저항 r_o가 비교적 큰 값을 가짐에 기인한다.

예제 6-8

[그림 6-24]와 같은 CMOS 공통 소오스 증폭기 회로에서 트랜지스터 파라미터 값은 $V_{Tn}=+1$ V, $V_{Tp}=-1$ V, $\mu_n C_{ox}=100\ \mu\text{A/V}^2$, $\mu_p C_{ox}=50\ \mu\text{A/V}^2$이며, $(W/L)_n=20$, $(W/L)_p=40$, $\lambda_n=\lambda_p=0.02\ V^{-1}$이다. 기준 바이어스 전류가 $I_{Bias}=0.5$ mA일 때 소신호 전압이득을 구하라.

풀이

N 채널 MOSFET 구동소자의 전달컨덕턴스는 아래와 같이 계산된다.

$$g_{mn1}=\sqrt{2K_{n1}I_{DQ}}=\sqrt{2(\mu_n C_{ox})\left(\frac{W}{L}\right)_n I_{Bias}}=\sqrt{2\times0.1\times20\times0.5}\times10^{-3}=1.41\text{ mA/V}$$

그런데 $\lambda_n=\lambda_p$이므로, 출력저항은 다음과 같이 구해지고,

$$r_{on1}=r_{op2}=\frac{1}{\lambda I_{DQ}}=\frac{1}{0.02\times0.5\times10^{-3}}=100\text{ k}\Omega$$

따라서 소신호 전압이득은 다음과 같이 계산된다.

$$A_v=-g_{mn1}(r_{on1}\,\|\,r_{op2})=-1.41\times(100\,\|\,100)=-70.5\text{ V/V}$$

예제 6-9

[그림 6-27]과 같은 N 채널 MOSFET 소오스 팔로워 회로의 기준 바이어스 전류는 $I_{Bias}=0.5$ mA이고, $V_{DD}=12$ V이다. 이때 소신호 전압이득과 출력저항을 구하라. 단, M_1, M_2, M_3는 동일한 파라미터 값을 가지며 $V_{Tn}=1$ V, $K_n=1\text{ mA/V}^2$, $\lambda=0.02\ V^{-1}$이다.

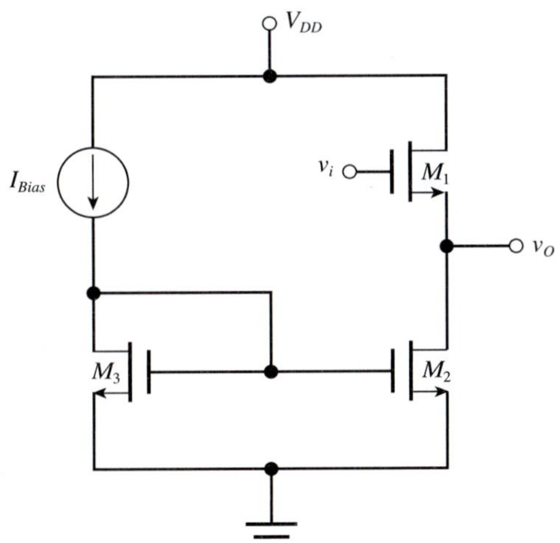

[그림 6-27] nMOS 소오스 팔로워 증폭기

풀이

회로에서 M_2와 M_3는 전류거울 회로이며, 따라서 M_2의 드레인 출력저항 r_{o2}가 M_1의 능동부하로 작용한다. M_2와 M_3는 동일한 트랜지스터이고 동일한 게이트-소오스 전압을 가지므로 M_1의 드레인 전류는 $I_{D1}=I_{Bias}=0.5$ mA가 된다. [그림 6-28(a)]의 소신호 등가회로로부터 출력전압은 다음과 같이 표현되고,

$$v_o=g_{m1}v_{gs1}(r_{o1}\|r_{o2}) \tag{1}$$

바깥쪽 루프에서 KVL을 적용하고 식 (1)을 대입하면, 다음과 같다.

$$v_i=v_{gs1}+v_o=v_{gs1}+g_{m1}v_{gs1}(r_{o1}\|r_{o2}) \tag{2}$$

식 (2)로부터 M_1의 게이트-소오스 전압 v_{gs1}을 구하면 다음과 같다.

$$v_{gs1}=\frac{v_i}{1+g_{m1}(r_{o1}\|r_{o2})} \tag{3}$$

식 (3)을 식 (1)에 대입하여 소신호 전압이득을 구하면 다음과 같다.

$$A_v\equiv\frac{v_o}{v_i}=\frac{g_{m1}(r_{o1}\|r_{o2})}{1+g_{m1}(r_{o1}\|r_{o2})} \tag{4}$$

소신호 파라미터는 다음과 같이 계산된다.

$$g_{m1}=\sqrt{2K_nI_{D1}}=\sqrt{2\times1\times0.5}\times10^{-3}=1\text{ mA/V}$$

$$r_{o1}=r_{o2}=\frac{1}{\lambda I_{D1}}=\frac{1}{0.02\times0.5\times10^{-3}}=100\text{ k}\Omega$$

이 값을 식 (4)에 대입하면, 소신호 전압이득은 다음과 같이 계산되며, 소오스 팔로워 증폭기의 전압이득이 1보다 작음을 알 수 있다.

$$A_v=\frac{1\times(100\|100)}{1+1\times(100\|100)}=0.98\text{ V/V}$$

출력저항을 구하기 위해서 등가회로를 그리면 [그림 6-28(b)]와 같다. 이때 독립전원인 $v_i=0$으로 하고, 테스트 전압 v_x를 출력에 인가하였음에 유의하라. 출력 노드에서 전류는 다음과 같이 표현되고,

$$i_x+g_{m1}v_{gs1}=\frac{v_x}{r_{o2}}+\frac{v_x}{r_{o1}}$$

또한 회로에서 $v_{gs1}=-v_x$이므로, i_x는 다음과 같은 식으로 표현된다.

$$i_x=v_x\left(g_{m1}+\frac{1}{r_{o1}}+\frac{1}{r_{o2}}\right)$$

따라서 출력저항은 아래와 같이 계산된다.

$$R_o=\frac{v_x}{i_x}=\frac{1}{g_{m1}}\|r_{o1}\|r_{o2}=1\|100\|100=0.98\text{ k}\Omega$$

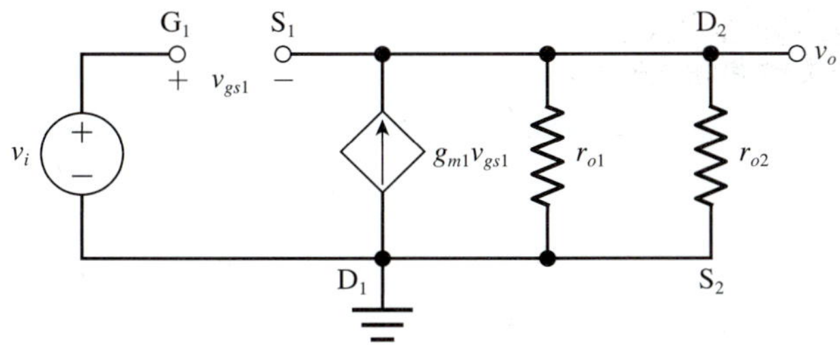

(a) 소신호 등가회로

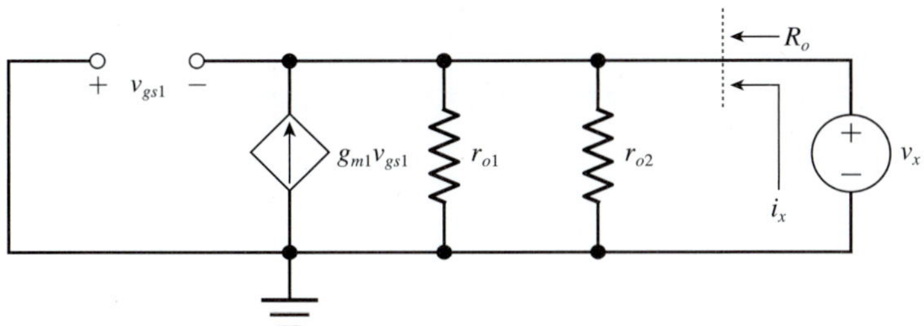

(b) 출력저항을 구하기 위한 등가회로

[그림 6-28] [그림 6-27] 회로의 소신호 등가회로

예제 6-10

[그림 6-29]와 같은 CMOS 공통 게이트 증폭기 회로의 소신호 전압이득과 출력저항을 구하라. 바이어스 전류는 $I_{Bias}=0.5$ mA이고, $V_{DD}=12$ V이다. 또한 트랜지스터 파라미터는 $V_{Tn}=+1$ V, $V_{Tp}=-1$ V, $K_n=1$ mA/V^2, $K_p=1$ mA/V^2, $\lambda_n=\lambda_p=0.02\ V^{-1}$이다.

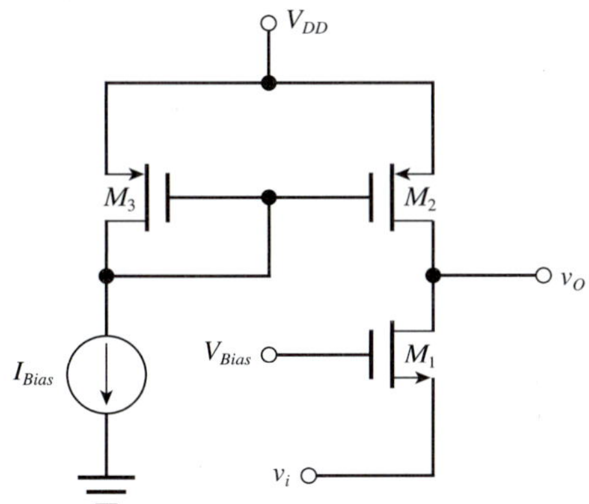

(a) CMOS 공통 게이트 증폭기

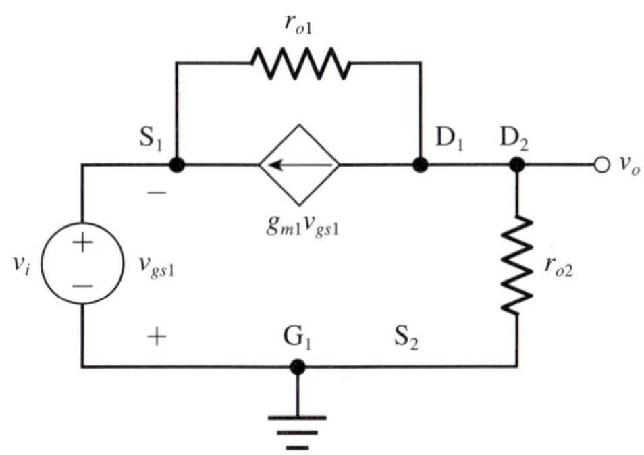

(b) 소신호 등가회로

[그림 6-29] CMOS 공통 게이트 증폭기 회로와 소신호 등가회로

풀이

회로에서 M_2와 M_3는 특성이 동일한 트랜지스터이고 동일한 소오스-게이트 전압을 갖기 때문에 M_1의 바이어스 전류는 $I_{D1}=I_{Bias}=0.5\ \text{mA}$가 된다. [그림 6-29(b)] 소신호 등가회로의 출력노드에서 KCL을 적용하면 다음과 같이 표현된다.

$$\frac{v_o}{r_{o2}}+g_{m1}v_{gs1}+\frac{v_o-(-v_{gs1})}{r_{o1}}=0$$

이 식을 정리하면 다음과 같다.

$$v_o\left(\frac{1}{r_{o1}}+\frac{1}{r_{o2}}\right)+v_{gs1}\left(g_{m1}+\frac{1}{r_{o1}}\right)=0$$

[그림 6-29(b)] 소신호 등가회로에서 $v_{gs1}=-v_i$이므로, 소신호 전압이득은 다음과 같이 표현된다.

$$A_v\equiv\frac{v_o}{v_i}=\frac{\left(g_{m1}+\dfrac{1}{r_{o1}}\right)}{\left(\dfrac{1}{r_{o1}}+\dfrac{1}{r_{o2}}\right)}=\left(g_{m1}+\frac{1}{r_{o1}}\right)(r_{o1}\|r_{o2})$$

소신호 파라미터는 다음과 같이 구해진다.

$$g_{m1}=\sqrt{2K_nI_{D1}}=\sqrt{2\times1\times0.5}\times10^{-3}=1\ \text{mA/V}$$

$$r_{o1}=r_{o2}=\frac{1}{\lambda I_{D1}}=\frac{1}{0.02\times0.5\times10^{-3}}=100\ \text{k}\Omega$$

따라서 소신호 전압이득은 아래의 식과 같이 계산된다.

$$A_v=\left(g_{m1}+\frac{1}{r_{o1}}\right)(r_{o1}\|r_{o2})=\left(1+\frac{1}{100}\right)(100\|100)=50.5\ \text{V/V}$$

다음으로 [그림 6-29(b)] 소신호 등가회로에서 $v_i=0$으로 만들고, 출력노드에 테스트 전압 v_x를 인가하여 출력저항을 구한다. $v_i=v_{gs1}=0$이므로, 출력 노드에서 KCL을 적용하면 다음과 같다.

$$i_x=\frac{v_x}{r_{o2}}+\frac{v_x}{r_{o1}}$$

따라서 출력저항은 다음과 같다.

$$R_O=\frac{v_x}{i_x}=r_{o1}\|r_{o2}=(100\|100)\text{k}\Omega=50\ \text{k}\Omega$$

6.6 응용회로 해석

지금까지 MOSFET 증폭기 회로의 기본구조와 동작특성, 그리고 소신호 모델을 이용한 해석법 등에 대하여 살펴보았다. 이번 절에서는 2단 공통 소스 증폭기 회로에 대한 응용 예제를 통해서 MOSFET 증폭기 회로의 동작과 해석법을 정리해 보자.

[그림 6-30]과 같은 2단 공통 소스 증폭기 회로를 PSPICE로 시뮬레이션하여 소신호 전압이득을 구하고, 수식에 의한 계산값과 비교하라. 단, $R_{SS}=1$ kΩ, $R_1=450$ kΩ, $R_2=150$ kΩ, $R_{D1}=18$ kΩ, $R_{D2}=7$ kΩ, $V_{DD}=12$ V이고, 트랜지스터 파라미터 값은 $V_{Tn1}=V_{Tn2}=1.5$ V, $K_{n1}=K_{n2}=0.42$ mA/V이다.

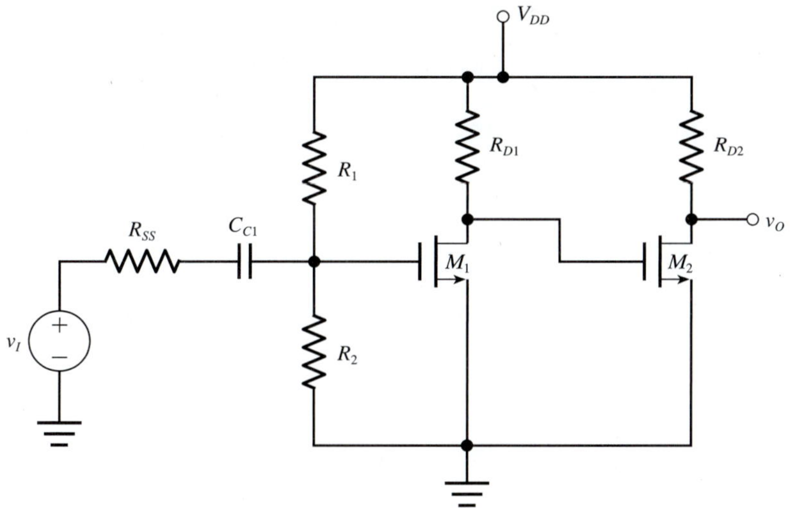

[그림 6-30] CMOS 공통 소스 증폭기 회로

시뮬레이션 결과

PSPICE 프로그램을 이용한 바이어스 해석결과는 [그림 6-31]과 같다. 저항 R_1, R_2에 의해 트랜지스터 M_1은 $V_{GSQ1}=3$ V로 바이어스되어 드레인 바이어스 전류는 $I_{DQ1}=0.47$ mA가 흐르며, M_1의 드레인-소오스 전압은 $V_{DSQ1}=3.545$ V가 된다. $V_{DSQ1}=V_{GSQ2}$이므로, 이에 의해 트랜지스터 M_2가 바이어스된다. M_2의 드레인 바이어스 전류는 $I_{DSQ2}=0.87$ mA이며, M_2의 드레인-소오스 전압은 $V_{DSQ2}=5.89$ V가 된다. 따라서 M_1과 M_2는 모두 포화영역에서 동작하도록 바이어스되었음을 확인할 수 있다.

진폭 50 mV, 주파수 1 kHz인 정현파를 입력신호로 인가하여 시뮬레이션 결과는 [그림 6-32]와 같다. 시뮬레이션 결과로부터, 첫 번째 공통 소오스 증폭단의 소신호 전압이득은 $A_{v1}=-10.88$ V/V로 나타났으며, 전체 증폭기의 전압이득은 $A_v=A_{v1}A_{v2}=63.25$ V/V로 나타났다. 따라서 두 번째 증폭단의 소신호 이득은 $A_{v2}=63.25/(-10.88)=-5.81$ V/V 임을 알 수 있다.

시뮬레이션 결과가 계산값과 일치하는지 확인해 보자. M_1과 M_2의 전달컨덕턴스를 구하면 다음과 같다.

$$g_{m1}=\sqrt{2K_{n1}I_{DQ1}}=\sqrt{2\times0.42\times0.47}\times10^{-3}=0.63\text{ mA/V}$$
$$g_{m2}=\sqrt{2K_{n2}I_{DQ2}}=\sqrt{2\times0.42\times0.87}\times10^{-3}=0.85\text{ mA/V}$$

식 (6.18)을 이용하여 첫 번째 공통 소오스 증폭단의 소신호 전압이득을 구하면 다음과 같다.

$$A_{v1}=-(g_{m1}R_{D1})\times\left(\frac{R_i}{R_{SS}+R_i}\right)=-0.63\times18\times\left(\frac{450\,||\,150}{1+450\,||\,150}\right)=-11.24$$

동일한 방법으로 두 번째 공통 소오스 증폭단의 소신호 전압이득을 구하면 다음과 같다.

$$A_{v2}=-(g_{m1}R_{D2})=-0.85\times7=-5.95$$

따라서 시뮬레이션 결과와 계산 결과가 거의 일치하는 것을 확인할 수 있다.

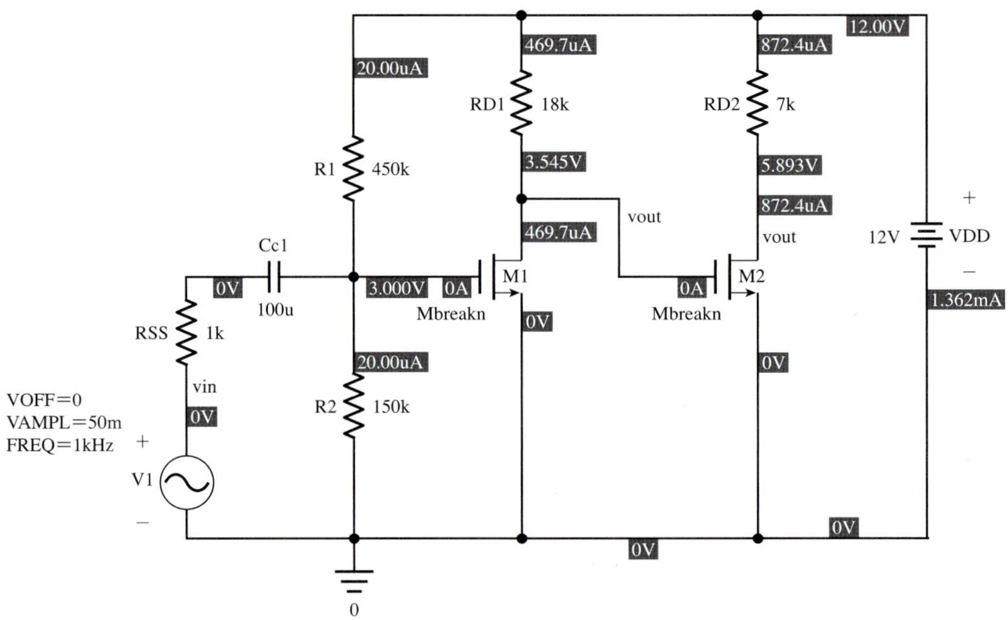

[그림 6-31] 바이어스 시뮬레이션 결과

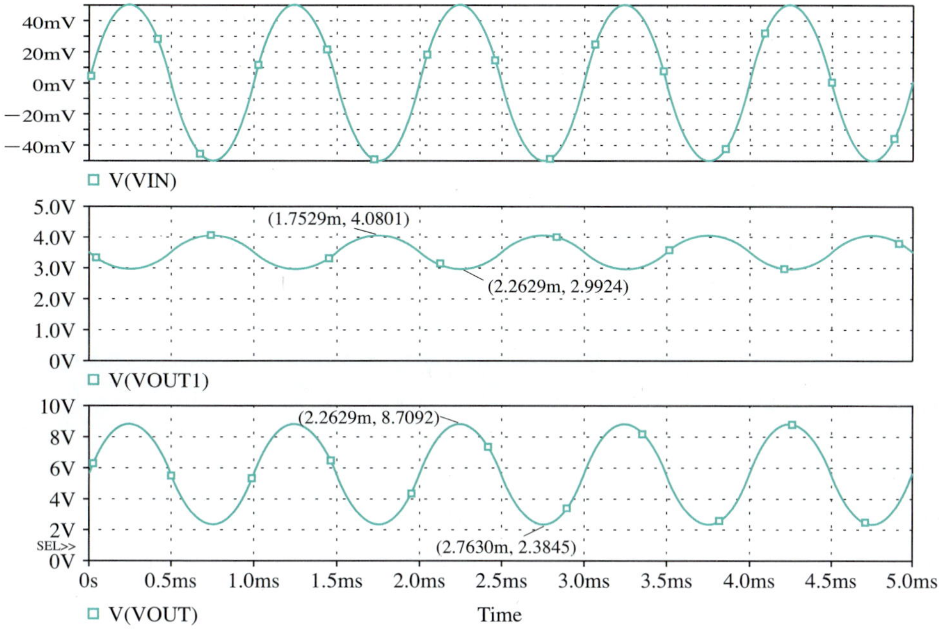

[그림 6-32] PSPICE 시뮬레이션 결과

6.7 요약

■ MOSFET 증폭기

- 기본적인 3가지 형태는 공통 소오스, 공통 게이트, 공통 드레인 구조이다.
- BJT 증폭기에 비해 입력저항이 크다. 증폭기가 큰 입력저항을 가지면 그 앞단에 미치는 부하 효과가 최소화되므로 증폭단 사이의 신호 전달이 보다 효율적이다.

■ **공통 소오스 증폭기의 소신호 전압이득** 증폭기의 전압이득의 크기는 일반적으로 1보다 큰 값을 갖는다.

$$A_v = -g_m(r_o \| R_D) \times \left(\frac{R_i}{R_{SS}+R_i} \right)$$

- 공통 소오스 증폭기에 소오스 저항을 추가하면, 증폭기의 동작점(Q점)과 전압이득이 안정화되는 장점이 있지만, 전압이득이 감소하는 단점도 수반되어 상호간에 교환조건(trade-off)이 존재한다.

■ 공통 게이트 증폭기의 소신호 전압이득

- 일반적으로 1보다 크다 : $A_v = \dfrac{g_m(R_D \| R_L)}{1+g_m R_{SS}}$
- 공통 게이트 증폭기는 전류이득이 1보다 약간 작으며, 작은 입력저항과 큰 출력저항을 가져 전류 버퍼로 사용된다.

■ 공통 드레인 증폭기의 소신호 전압이득

- 1보다 약간 작다 : $A_v = \left(\dfrac{g_m(R_S \| r_o)}{1+g_m(R_S \| r_o)} \right) \simeq 1$
- 공통 드레인 증폭기의 출력저항은 $R_o \simeq 1/g_m$이며, 공통 소오스나 공통 게이트 증폭기에 비해 매우 작은 값을 갖는다.

■ 능동부하 active load

- 집적회로(IC)에서는 칩 면적을 줄이기 위해 저항 대신에 능동부하를 사용한다.
- 증폭기 회로에 사용되는 능동부하 소자로는 N 채널 증가형 MOSFET, N 채널 공핍형 MOSFET, P 채널 증가형 MOSFET 등이 사용된다.

Chapter_06 연습문제

6.1 포화영역에 바이어스되어 있는 N 채널 MOSFET가 드레인 전류 $I_D=0.8$ mA에서 $g_m=0.5$ mA/V가 되도록 W/L을 구하라. 단, MOSFET의 파라미터는 $V_{Tn}=0.8$ V, $\mu_n C_{ox}=100$ μA/V^2, $\lambda=0$이다.

6.2 N 채널 MOSFET가 일정한 V_{GS}에서 포화영역에서 동작하도록 바이어스되어 있다. $V_{DS}=5$ V일 때 드레인 전류는 $I_D=4$ mA이고, $V_{DS}=10$ V일 때 $I_D=4.5$ mA이라면, 이 MOSFET의 λ와 소신호 출력저항 r_o 값을 구하라.

6.3 $\lambda=0.05$ V^{-1}인 N 채널 MOSFET가 포화영역에서 동작하도록 바이어스되어 있으며, 드레인 전류는 $I_D=0.8$ mA이다. V_{GS}와 V_{DS}가 일정하게 유지되고 채널길이 L이 두 배로 증가했을 때의 드레인 전류 I_D와 소신호 출력저항 r_o 값을 구하라.

6.4 [그림 6-33]의 회로에서 드레인 전류 $I_D=1$ mA가 되고 입력저항 $R_{in}=R_1 \| R_2=10$ kΩ이 되도록 저항 R_1과 R_2를 결정하라. 단, MOSFET의 파라미터는 $W/L=120$, $\mu_n C_{ox}=200$ μA/V^2, $\lambda=0$, $V_{Tn}=0.8$ V이며, $R_D=1$ kΩ, $V_{DD}=5$ V이다.

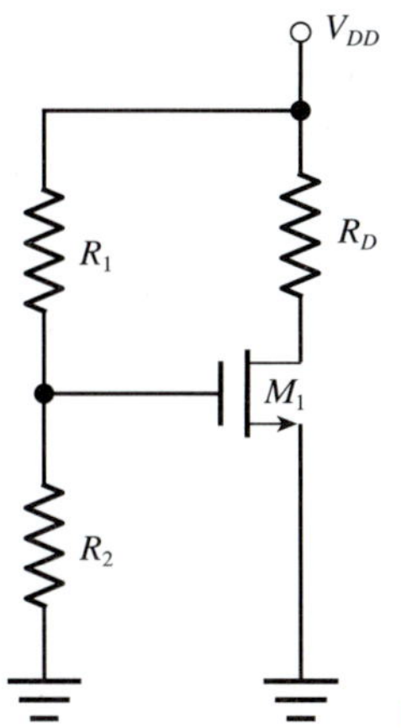

[그림 6-33]

6.5 [그림 6-34]의 N 채널 MOSFET 공통 소스 증폭기에서 바이어스 전류 I_D와 전압 V_{DS}의 값을 구하고, 소신호 전압이득 $A_v = v_o/v_i$를 구하라. 단, MOSFET 파라미터는 $V_{Tn}=1.5$ V, $K_n=1.5$ mA/V^2, $\lambda=0$이고, $R_1=250$ kΩ, $R_2=150$ kΩ, $R_D=5$ kΩ, $R_S=2$ kΩ, $R_L=3$ kΩ, $V_{DD}=10$ V이다.

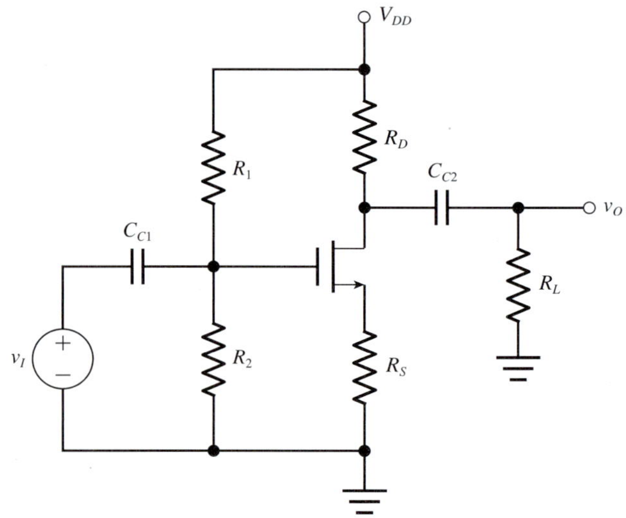

[그림 6-34]

6.6 [그림 6-35]의 공통 소스 증폭기의 소신호 전압이득, 입력저항, 그리고 출력저항을 구하라. 단, MOSFET의 파라미터 값은 $V_{Tn}=1$ V, $K_n=850$ μA/V^2, $\lambda=0.05$ V^{-1}이고, $R_{si}=5$ kΩ, $R_1=150$ kΩ, $R_2=70$ kΩ, $R_D=2$ kΩ, $V_{DD}=10$ V이다. $C_C \to \infty$로 가정한다.

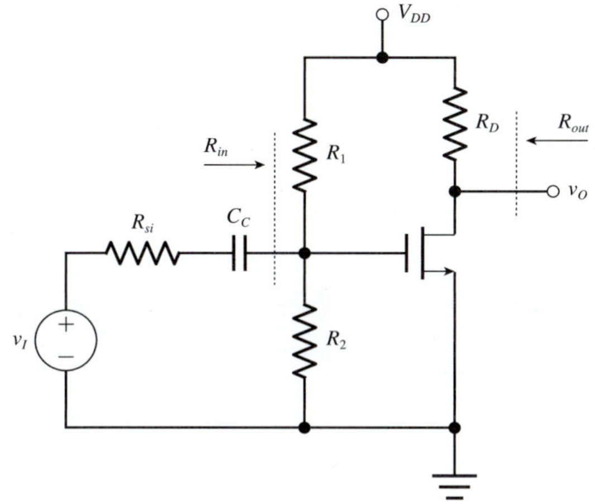

[그림 6-35]

6.7 [그림 6-36]의 공통 소오스 증폭기에서 트랜지스터의 파라미터는 $V_{Tn}=0.8$ V, $K_n=1$ mA/V^2, $\lambda=0.05$ V^{-1}이고, $R_G=250$ kΩ, $R_D=R_L=12$ kΩ, $V_{DD}=5$ V, $V_{SS}=-5$ V이다.

(a) 출력전압의 최대 대칭 스윙을 얻기 위한 바이어스 전류 I_Q를 구하라.

(b) 소신호 파라미터인 g_m과 r_o를 구하라.

(c) 전압이득을 구하라.

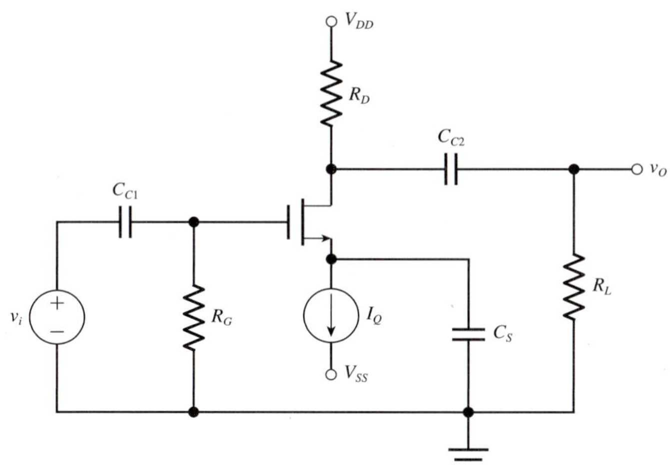

[그림 6-36]

6.8 [그림 6-37]의 공통 소오스 증폭기에서 소신호 전압이득을 구하라. 단, MOSFET의 파라미터는 $V_{Tn}=0.8$ V, $K_n=200$ μA/V^2, $\lambda=0$이고, $R_{si}=4$ kΩ, $R_1=2$ MΩ, $R_2=880$ kΩ, $R_D=15$ kΩ, $R_S=1.5$ kΩ, $V_{DD}=10$ V이다.

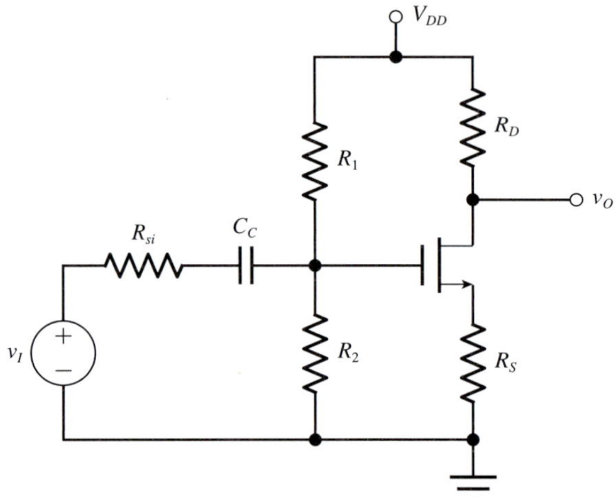

[그림 6-37]

6.9 [그림 6-38]의 공통 게이트 증폭기에서 MOSFET의 파라미터는 $V_{Tn}=0.7$ V, $K_n=2.5$ mA/V^2, $\lambda=0$이고, $R_S=250$ kΩ, $R_D=3$ kΩ, $R_L=2$ kΩ, $V_{DD}=5$ V, $V_{SS}=-5$ V이다.

(a) I_D와 V_{DS}를 구하라.

(b) 소신호 파라미터 g_m과 r_o를 구하라.

(c) 소신호 전압이득 $A_v=v_o/v_i$를 구하라.

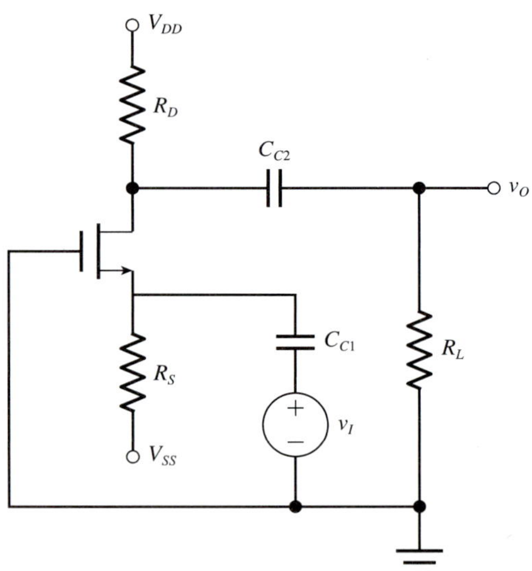

[그림 6-38]

6.10 [그림 6-39]의 공통 게이트 증폭기에서 입력전류의 값이 $300\sin\omega t\ \mu\text{A}$일 때 출력전압 v_o를 구하라. MOSFET의 파라미터 값은 $V_{Tn}=1.2\text{ V}$, $K_n=850\ \mu\text{A/V}^2$, $\lambda=0$이고, $R_{si}=100\text{ k}\Omega$, $R_G=75\text{ k}\Omega$, $R_D=2\text{ k}\Omega$, $R_L=20\text{ k}\Omega$, $I_Q=5\text{ mA}$, $V_{SS}=-10\text{ V}$이다.

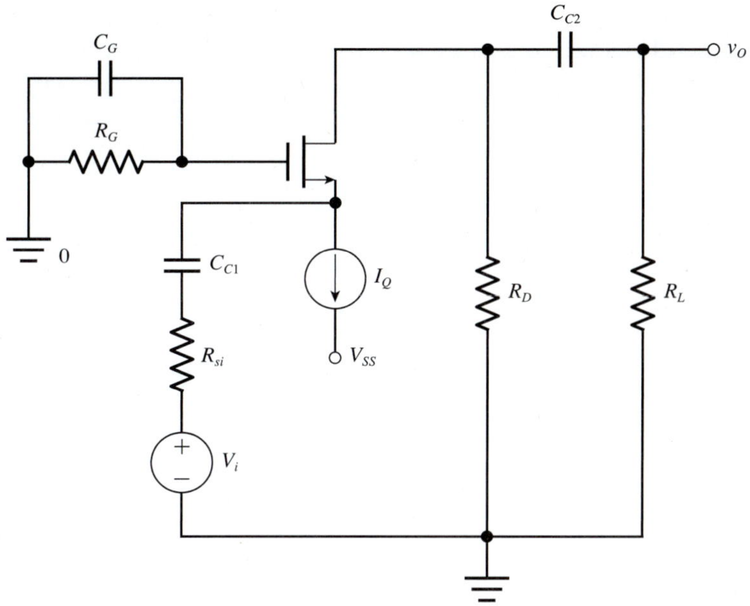

[그림 6-39]

6.11 [그림 6-40]의 P 채널 MOSFET 공통 게이트 증폭기 회로에서 $I_D=0.9$ mA와 $V_{SD}=5$ V가 되도록 R_D와 R_S를 구하라. 단, MOSFET 파라미터는 $V_{Tp}=-1.2$ V, $K_p=1.2$ mA/V^2, $\lambda=0$이고, $R_{si}=150$ kΩ, $R_G=60$ kΩ, $R_L=3$ kΩ, $V_{SS}=5$ V, $V_{DD}=-5$ V이다.

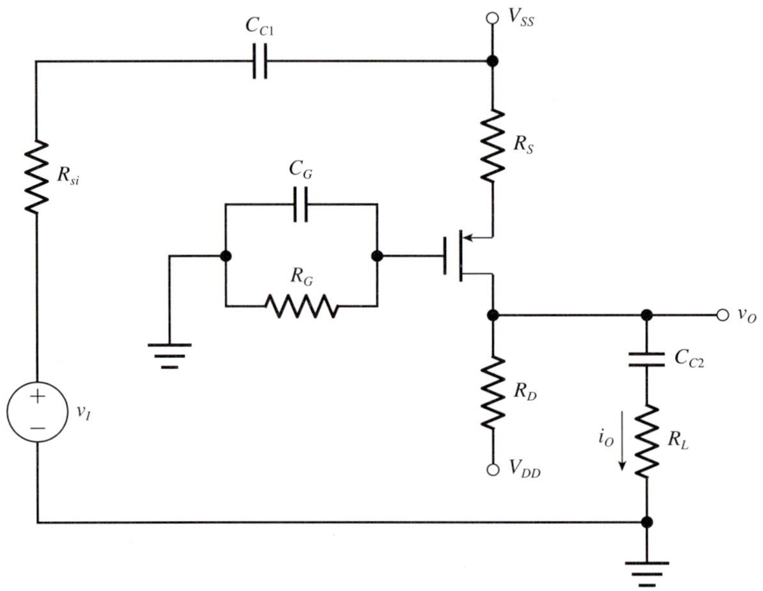

[그림 6-40]

6.12 [그림 6-15]의 공통 드레인 증폭기에서 MOSFET의 소신호 파라미터는 $g_m=5$ mA/V, $r_o=70$ kΩ이며, $R_{SS}=0$으로 가정한다.

(a) 무부하 전압이득과 출력저항을 구하라.

(b) 부하저항 $R_L=3$ kΩ이 연결되었을 때의 소신호 전압이득을 구하라.

6.13 [그림 6-41]의 공통 드레인 증폭기의 소신호 전압이득을 계산하라. 단, 트랜지스터 파라미터 값들은 $V_{Tn}=1.2$ V, $K_n=10$ mA/V^2, $\lambda=0.03$ V^{-1}이고, $R_{si}=5$ kΩ, $R_1=100$ kΩ, $R_2=250$ kΩ, $R_S=0.8$ kΩ, $V_{DD}=10$ V이다.

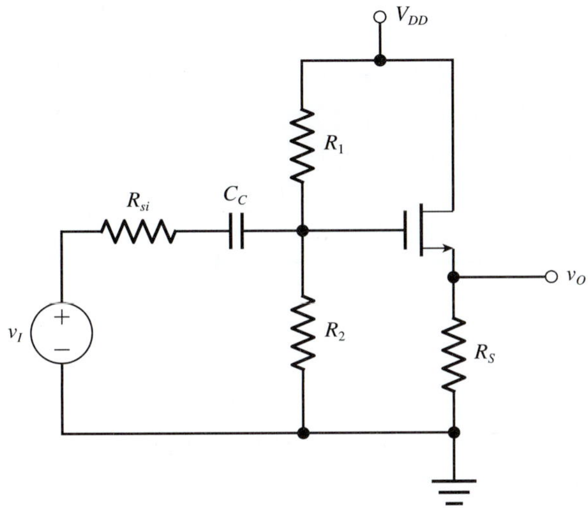

[그림 6-41]

6.14 [그림 6-42]의 회로에서 무부하($R_L=\infty$) 전압이득은 $A_v=0.92$이다. (a) 전달컨덕턴스 g_m과 R_O를 구하라. (b) 부하 $R_L=3$ kΩ이 연결되었을 때의 전압이득을 구하라. 단, $R_G=180$ kΩ, $R_S=8$ kΩ, $V_{DD}=5$ V, $V_{SS}=-5$ V이다.

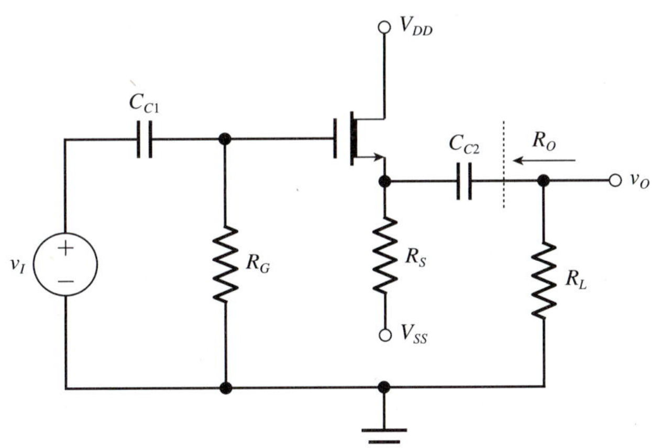

[그림 6-42]

6.15 [그림 6-43]의 공통 드레인 증폭기가 전류원 $I_Q=8$ mA로 바이어스되어 있다. MOSFET 파라미터는 $V_{Tp}=-2.5$ V, $K_p=6$ mA/V^2, $\lambda=0$이고, $R_G=300$ kΩ, $V_{SS}=5$ V, $V_{DD}=-5$ V이다.

(a) 출력저항 R_O를 구하라.

(b) 소신호 전압이득이 무부하($R_L=\infty$) 전압이득의 1/2로 감소되는 R_L 값을 구하라.

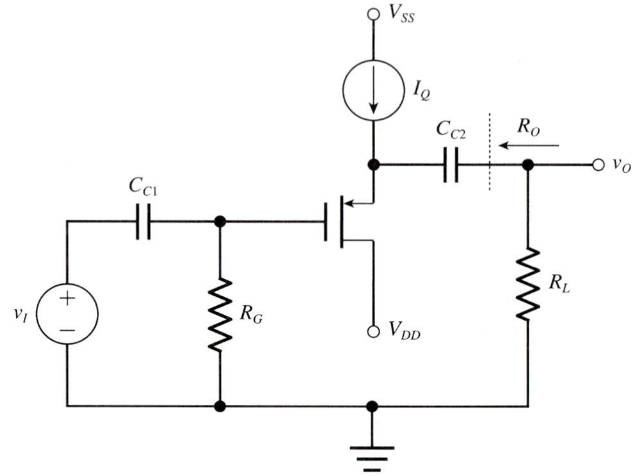

[그림 6-43]

6.16 [그림 6-44]의 공통 드레인 증폭기에서, 게이트를 바라다보는 입력저항 $R_i=100$ kΩ이다. (a) $I_D=0.5$ mA, $V_{DS}=2$ V가 되도록 하는 R_1, R_2, R_S 값을 구하라. (b) 소신호 전압이득과 출력저항 R_O를 구하라. 단, MOSFET의 파라미터는 $V_{Tn}=0.8$ V, $K_n=0.8$ mA/V^2, $\lambda=0$이고, $V_{DD}=4$ V이다.

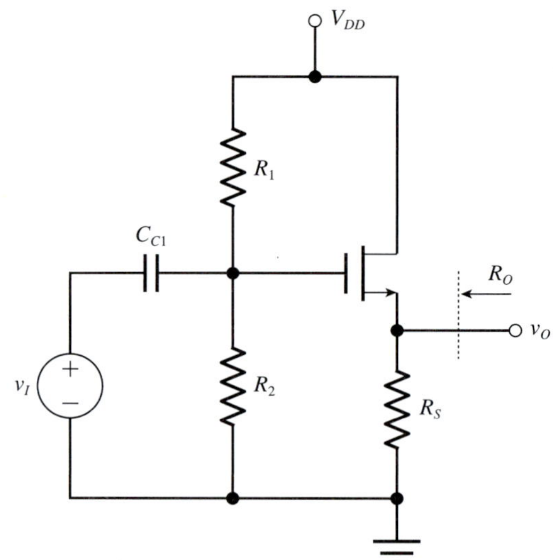

[그림 6-44]

6.17 [그림 6-45] 회로에서 $I_D = 0.5$ mA가 되도록 바이어스되어 있다. 증폭기의 소신호 전압이득을 구하라.
단, MOSFET 파라미터는 $V_{TnD} = 1.2$ V, $V_{TnL} = 0.8$ V, $K_{nD} = 5$ mA/V^2, $K_{nL} = 0.5$ mA/V^2, $\lambda_D = \lambda_L = 0.05$ V^{-1}이다.

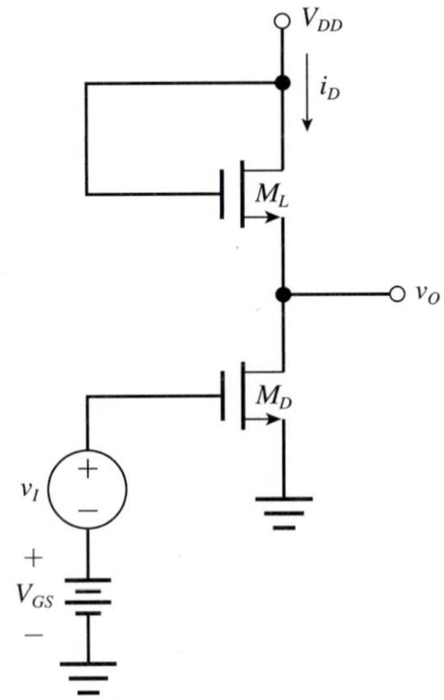

[그림 6-45]

6.18 [그림 6-46] 회로는 능동부하를 갖는 공통 드레인 증폭기이다. MOSFET M_1의 파라미터는 $V_{Tn1} = 1$ V, $K_{n1} = 1.5$ mA/V^2 이고, 트랜지스터 M_2의 파라미터는 $V_{Tn2} = 1$ V, $K_{n2} = 0.15$ mA/V^{2}이다. 단, $\lambda_1 = \lambda_2 = 0$이고, $V_{DD} = 10$ V이다.

(a) $V_{DS2} = 4$ V일 때의 V_{GG}를 구하라.

(b) 무부하($R_L = \infty$) 상태의 전압이득과 $R_L = 2$ kΩ일 때의 전압이득을 각각 구하라.

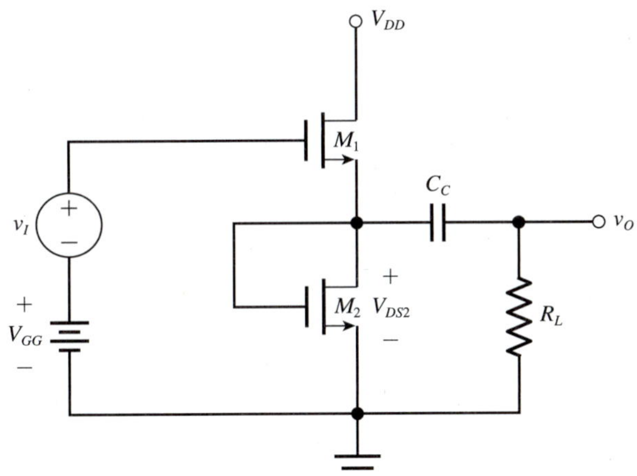

[그림 6-46]

6.19 [그림 6-47]의 CMOS 공통 소오스 증폭기 회로에서 트랜지스터 M_{n1}의 파라미터 값은 $V_{Tn}=0.7$ V, $\mu_n C_{ox}=100$ μA/V^2, $(W/L)_{n1}=80$, $\lambda_{n1}=0.02$ V^{-1} 이고, 트랜지스터 M_{p1}과 M_{p2}의 파라미터 값은 $V_{Tp}=-0.7$ V, $\mu_p C_{ox}=50$ μA/V^2, $(W/L)_{p2}=60$, $(W/L)_{p1}=70$, $\lambda_{p1}=\lambda_{p2}=0.085$ V^{-1}이다. $I_{Bias}=200$ μA일 때, 소신호 전압이득을 구하라.

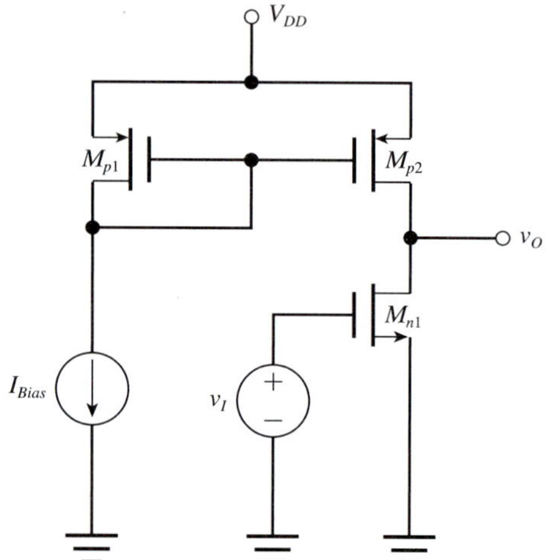

[그림 6-47]

6.20 [그림 6-48]은 CMOS 공통 소오스 증폭기의 AC 등가회로이다. 소신호 전압이득을 구하라. 단, P 채널 MOSFET M_1의 파라미터 값은 $V_{Tp}=-1$ V, $\mu_p C_{ox}=80$ μA/V^2, $(W/L)_1=100$, $\lambda_p=0.01$ V^{-1} 이고, N 채널 MOSFET M_2와 M_3의 파라미터 값은 $V_{Tn}=1$ V, $\mu_n C_{ox}=200$ μA/V^2, $(W/L)_{2,3}=150$, $\lambda_n=0.05$ V^{-1}, $I_{REF}=0.25$ mA이다.

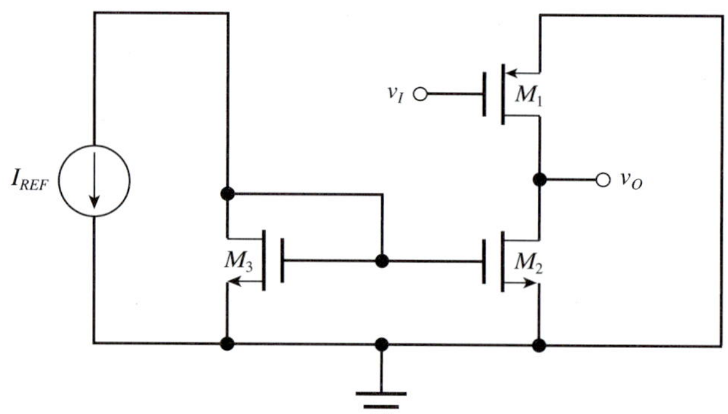

[그림 6-48]

6.21 [그림 6-49] 회로에서 $I_{D1}=|I_{D2}|=1.0$ mA, $V_X=1$ V가 되도록 하는 V_B 값을 구하라. 또한 V_X가 0 V에서 V_{DD}로 증가함에 따라 I_X의 변화를 고려하여 M_1과 M_2는 어떤 영역에서 동작하는지 설명하라. 단, $(W/L)_1=50$, $(W/L)_2=70$, $\lambda_1=0.5\ \text{V}^{-1}$, $\lambda_2=0.75\ \text{V}^{-1}$이고, $\mu_n C_{ox}=200\ \mu\text{A/V}^2$, $\mu_p C_{ox}=100\ \mu\text{A/V}^2$, $\lambda=0$이다. 또한 N 채널 MOSFET의 $V_{Tn}=0.8$ V이고, P 채널 MOSFET의 $V_{Tp}=-0.8$ V이며, $V_{DD}=5$ V이다.

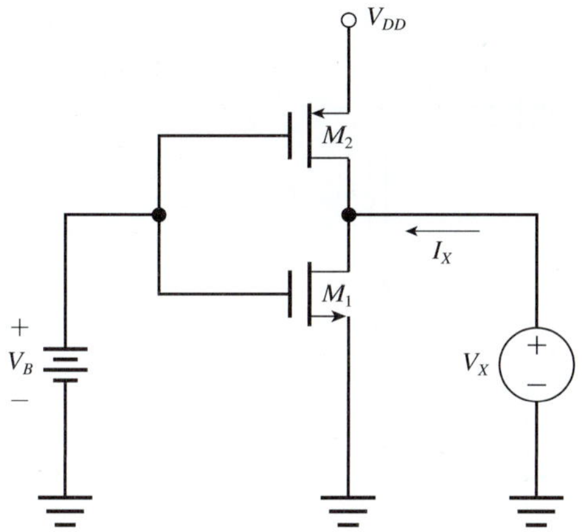

[그림 6-49]

6.22 [그림 6-50]의 공통 소오스 증폭기 회로에서 JFET의 파라미터는 $I_{DSS}=10$ mA, $V_{GS,off}=-5$ V, $\lambda=0.02\ \text{V}^{-1}$이고, $V_{DD}=10$ V이다.

(a) $I_D=5$ mA이고 $V_{DS}=5$ V가 되도록 R_D와 V_{GS}를 구하라.

(b) 동작점에서 소신호 파라미터 g_m과 r_o를 구하라.

(c) 소신호 전압이득 A_v를 구하라.

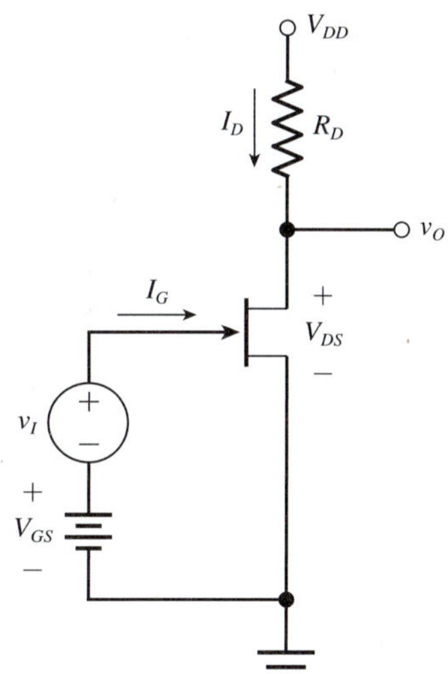

[그림 6-50]

6.23 [그림 6-51]의 JFET 증폭기에 대해 (a) 전달컨덕턴스 g_m, (b) 소신호 전압이득 $A_v=v_o/v_i$, (c) 전류이득 $A_i=i_o/i_i$를 구하라. JFET의 파라미터는 $I_{DSS}=2$ mA, $V_{GS,off}=-2.5$ V, $\lambda=0$이고, $R_G=60$ kΩ, $R_D=10$ kΩ, $R_{S1}=50$ kΩ, $R_{S2}=0.2$ kΩ, $R_L=6$ kΩ, $V_{DD}=10$ V이다.

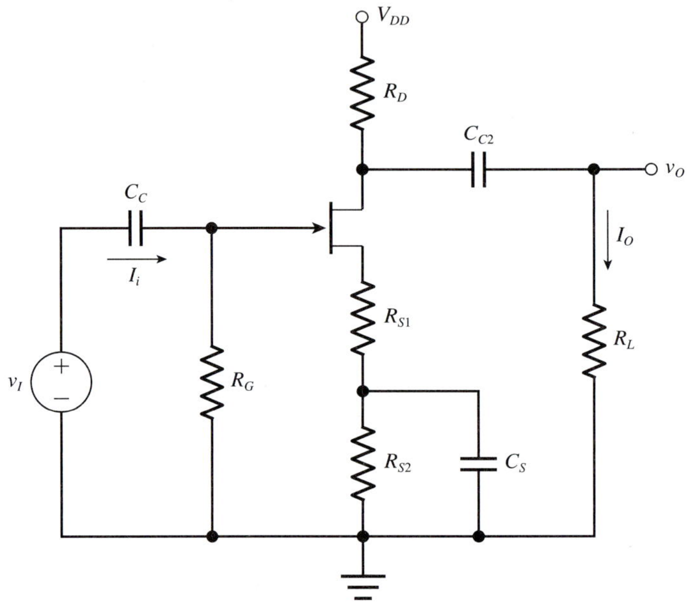

[그림 6-51]

6.24 [그림 6-52]의 회로는 CMOS 공통 게이트 증폭기의 AC 등가회로이다. N 채널 MOSFET M_1의 파라미터는 $V_{Tn}=1$ V, $\mu_n C_{ox}=200$ μA/V^2, $(W/L)_1=120$, $\lambda=0.08$ V^{-1}이고, P 채널 MOSFET M_2와 M_3의 파라미터는 $V_{Tp}=-1$ V, $\mu_p C_{ox}=75$ μA/V^2, $(W/L)_2=55$, $(W/L)_3=65$, $\lambda=0.09$ V^{-1}이다. 단, $R_S=75$ kΩ, $I_Q=150$ mA이다.

(a) 소신호 파라미터와 소신호 전압이득 A_v 구하라.

(b) 출력저항 R_O를 구하라.

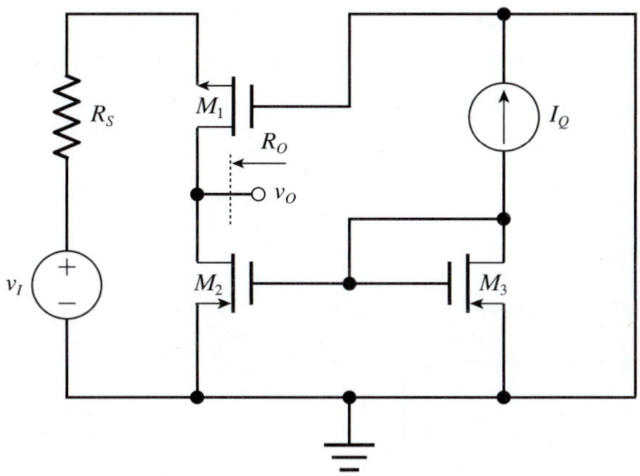

[그림 6-52]

6.25 [그림 6-53] 회로에서 MOSFET의 파라미터는 $V_{Tn}=1$ V, $K_n=0.75$ mA/V^2, $\lambda=0.03$ V^{-1}이고, $R_L=5$ kΩ, $V_{DD}=5$ V, $V_{SS}=-5$ V이다.

(a) $i_D=0.5$ mA이고 최대 대칭 1 V 피크 정현파 신호가 출력되도록 R_S와 R_D를 구하라.

(b) 소신호 전압이득 $A_v=v_o/v_i$을 구하라.

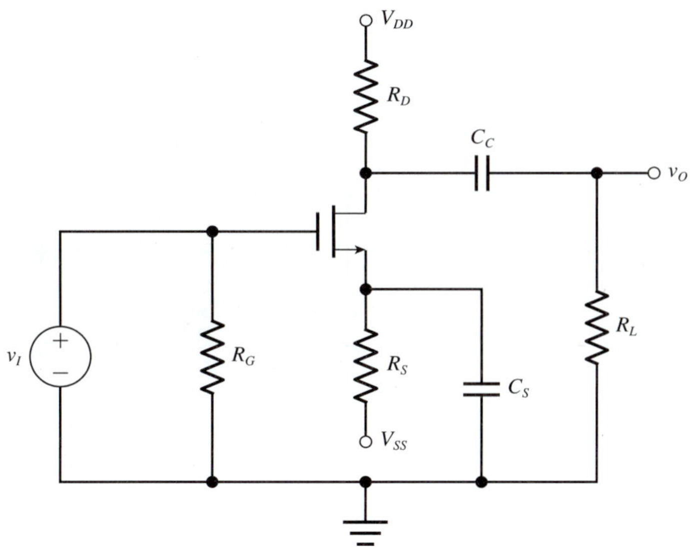

[그림 6-53]

6.26 [그림 6-54] 회로에서 $I_D = 1$ mA이고 $V_{SD} = 2.5$ V가 되도록 R_S와 R_D를 구하고, 소신호 전압이득 $A_v = v_o/v_i$을 구하라. 단, 공핍형 MOSFET의 파라미터는 $V_{Tp} = 1$ V, $K_p = 0.5$ mA/V^2, $\lambda = 0$이고, $R_G = 250$ kΩ, $V_{SS} = 10$ V, $V_{DD} = -5$ V이다.

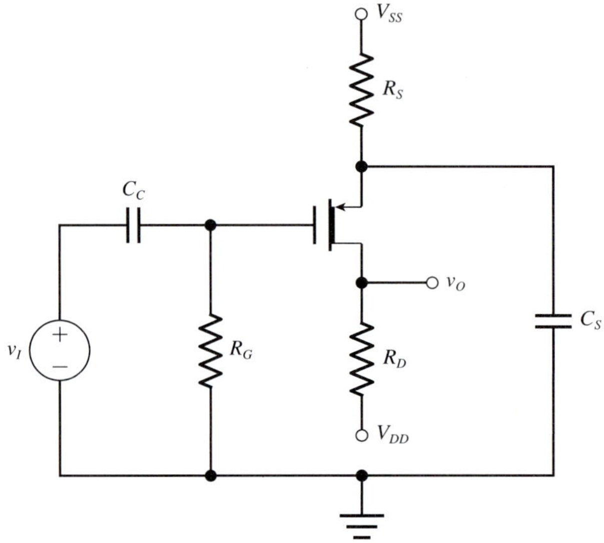

[그림 6-54]

6.27 [그림 6-55]의 공통 드레인 증폭기 회로에서 $I_D = 6$ mA가 되도록 R_S를 구하여 회로를 완성하고, 소신호 전압이득 A_v와 출력저항 R_O를 구하라. 단, 공핍형 MOSFET의 파라미터는 $V_{Tn} = -3$ V, $K_n = 3$ mA/V^2, $\lambda = 0.02$ V^{-1}이고, $R_G = 250$ kΩ, $R_L = 2.5$ kΩ, $V_{DD} = 10$ V, $V_{SS} = -10$ V이다.

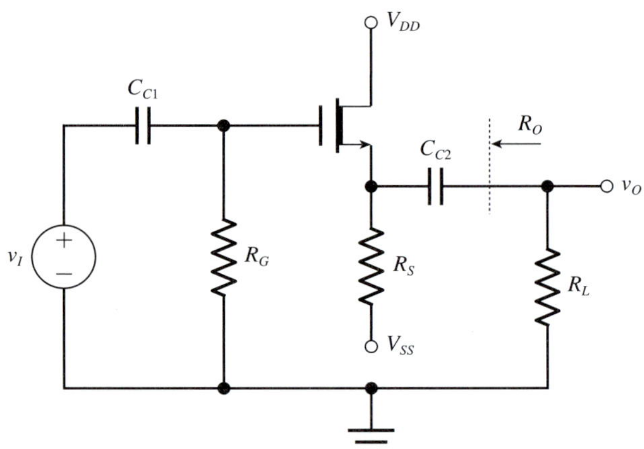

[그림 6-55]

6.28 다음 [그림 6-56] 회로에서 전압이득이 8이고, 바이어스 전류가 2.5 mA이며, R_S에 양단의 전압이 500 mV가 되기 위한 W/L은 얼마인가? 또한 MOSFET 동작영역은 무엇인가? 단, $R_D=2\ \text{k}\Omega$, $V_{DD}=12\ \text{V}$, $\mu_n C_{ox}=200\ \mu\text{A/V}^2$이다.

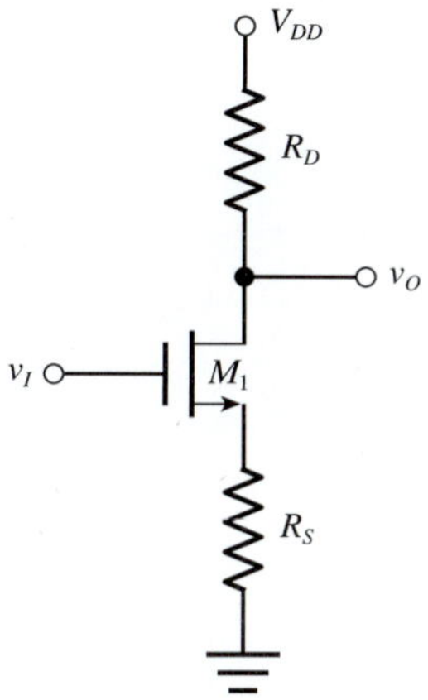

[그림 6-56]

6.29 [그림 6-57] 회로의 전압이득 수식을 유도하라. 단 MOSFET의 $\lambda=0$이고, 커패시터는 매우 큰 값을 갖는다고 가정하라.

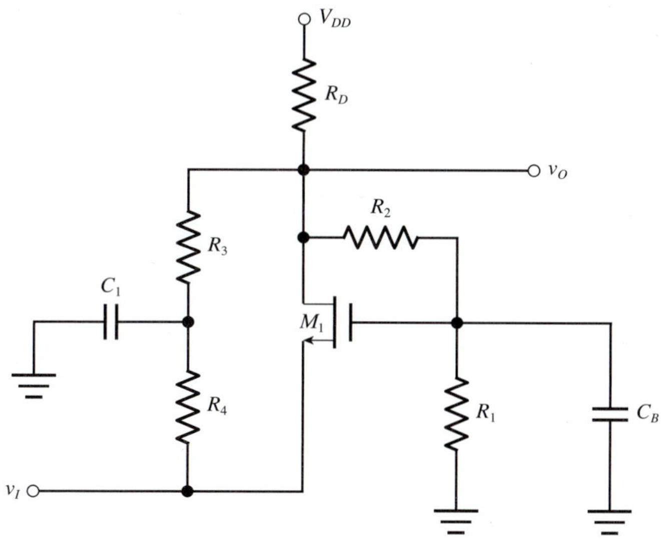

[그림 6-57]

6.30 [그림 6-58] 회로에서 (a) $R_{in}=150\ \text{k}\Omega$이고, Q점이 $I_D=I_{DSS}/2$와 $V_{DS}=V_{DD}/2$에 설정되도록 R_1, R_2, R_S 값을 구하고, (b) 소신호 전압이득 A_v와 출력저항 R_O를 구하라. 단, JFET 파라미터는 $I_{DSS}=15\ \text{mA}$, $V_{GS,off}=-3\ \text{V}$, $\lambda=0.02\ \text{V}^{-1}$이고, $R_L=1\ \text{k}\Omega$, $V_{DD}=10\ \text{V}$이다.

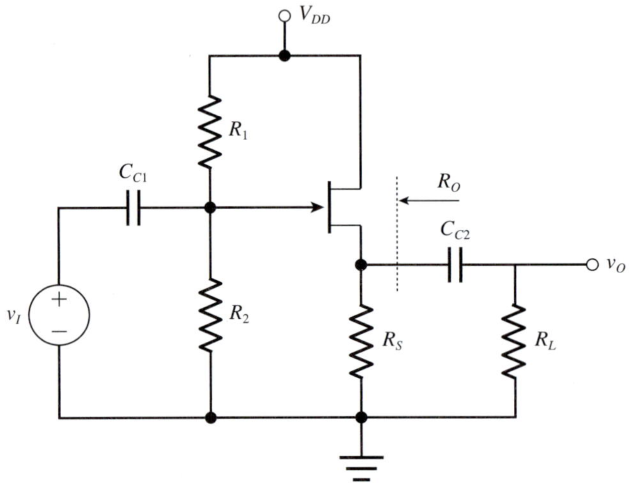

[그림 6-58]

Chapter 07

차동 증폭기와 다단 증폭기

학습목표

- 차동 증폭기의 구조와 동작원리 및 입출력 전달특성과 특성 파라미터를 이해한다.
- BJT 차동 증폭기 회로와 MOSFET 차동 증폭기 회로의 동작과 특성을 살펴본다.
- BJT와 MOSFET 정전류원 회로의 동작과 특성을 공부한다.
- 여러 가지 다단 증폭기 회로의 동작과 특성을 이해한다.

4장과 6장에서는 개별 트랜지스터 소자로 구성되는 단일 증폭단 회로에 대해 살펴보았다. 아날로그 회로를 반도체 IC 형태로 제작하면 개별 소자를 사용하는 경우에 비해 여러 가지 장점을 가지므로 연산 증폭기, 오디오 증폭기 등 많은 종류의 아날로그 IC들이 개발되어 사용되고 있다.

아날로그 IC 대부분이 차동 증폭기 입력단을 갖는 다단 증폭기 구조, 능동부하, 정전류원 바이어스 회로 등으로 구성된다. 이번 장에서는 아날로그 IC에서 사용되는 이들 회로에 대해 설명한다. 먼저 차동 증폭기의 구조, 동작원리, 파라미터 등을 살펴보고, BJT와 MOSFET로 구성되는 차동 증폭기 회로의 동작과 특성을 알아본다.

일반적으로 실리콘 기판에 다수의 소자를 집적하여 만들어지는 반도체 IC는 개별 소자로 구성되는 회로와 여러 가지 측면에서 다르다. IC에서는 칩 면적의 소형화가 무엇보다 중요하므로, 칩 면적을 많이 차지하는 저항과 커패시터의 사용을 피해야 한다. 따라서 증폭단 사이에 커패시터 결합 대신에 직접 결합이 사용되고, 바이패스 커패시터도 사용할 수 없다. 이에 의해 아날로그 IC에서는 증폭기의 부하로 저항 대신에 트랜지스터를 이용한 능동부하가 사용되며, 바이어스도 트랜지스터를 이용한 정전류원 회로가 사용된다.

이번 장을 통해 아날로그 IC에 사용되는 차동 증폭기, 다양한 형태의 정전류원 회로, 다단 증폭기 회로의 구조와 특성 등을 이해해 보자.

7.1 차동 증폭기 개요

차동 증폭기(differential amplifier)는 아날로그 집적회로(IC, integrated circuit)를 구성하는 기본적인 기능 블록으로서 연산 증폭기와 비교기 IC의 입력단으로 사용된다. **차동 증폭기는 두 개의 입력단자와 한 개 또는 두 개의 출력단자를 가지며, 두 입력신호의 차(difference)를 증폭하는 기능**을 갖는다. BJT나 MOSFET로 구현될 수 있으며, 이미터 결합 차동쌍(emitter-coupled differential pair) 또는 소오스 결합 차동쌍(source-coupled differential pair)과 정전류원(constant-current source), 능동부하(active load) 등의 블록으로 구성된다. 이 절에서는 BJT로 구성되는 차동 증폭기를 예로 들어 기본적인 구조와 동작원리, 입출력 전달특성, 특성 파라미터 등을 설명한다.

7.1.1 차동 증폭기의 구조 및 동작원리

[그림 7-1]은 BJT 차동 증폭기의 기본적인 구조이다. 두 개의 NPN 트랜지스터 Q_1, Q_2가 이미터 결합 차동쌍을 구성하고 있으며, 이 트랜지스터들은 정전류원 I_{EE}에 의해 선형영역으로 바

이어스된다. 정전류원의 출력저항 R_O는 클수록 바람직하며, 여기에서는 $R_O=\infty$인 이상적인 정전류원을 가정한다. 또한 차동쌍을 구성하는 두 트랜지스터는 특성이 정합(matched)되었다고 가정한다. 입력신호 v_{I1}, v_{I2}는 차동쌍을 구성하는 각 트랜지스터의 베이스로 인가되며, 출력 v_{C1}, v_{C2}는 차동쌍의 컬렉터에서 얻어진다. 전원과 컬렉터 사이에 부하저항 R_C가 연결되며, 실제 IC에서는 능동부하로 구현된다.

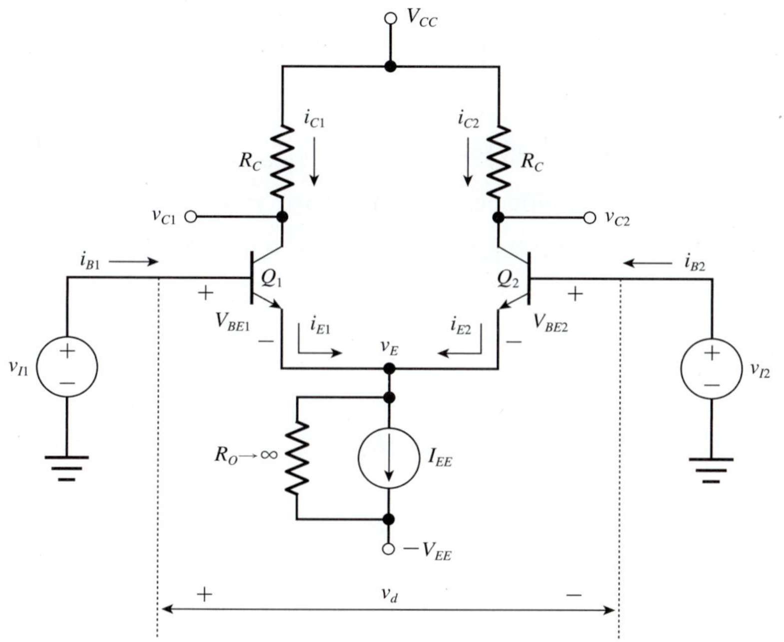

[그림 7-1] BJT 차동 증폭기의 기본 구조

차동 증폭기의 동작을 이해하기 위해, 두 입력단자에 동일한 신호가 인가되는 경우와 서로 다른 신호가 인가되는 경우로 구분하여 생각해 보자.

[그림 7-2(a)]는 두 입력단자에 동일한 신호 v_{CM}, 즉 공통모드 전압(common-mode voltage)이 인가되는 경우이다. 트랜지스터 Q_1, Q_2가 정합되어 있고 회로가 대칭구조를 가지므로, 바이어스 전류 I_{EE}는 두 트랜지스터에 절반씩 분배되어 흐른다. 따라서 각 트랜지스터의 이미터 전류는 $i_{E1}=i_{E2}=I_{EE}/2$가 되고, 이미터 전압은 다음과 같다.

$$v_E=v_{CM}-V_{BE} \tag{7.1}$$

여기서 전압 $V_{BE} \simeq 0.7$ V는 BJT의 베이스-이미터 전압이다. 트랜지스터의 전류이득이 $\beta_{o1}=\beta_{o2} \gg 1$이라고 하면 $i_{E1} \simeq i_{C1}$, $i_{E2} \simeq i_{C2}$이므로, 각 트랜지스터의 컬렉터 전압은

$$v_{C1}=v_{C2}=V_{CC}-R_C I_{EE}/2 \tag{7.2}$$

가 되며, 따라서 두 컬렉터 전압의 차는,

$$v_{C2}-v_{C1}=0 \tag{7.3}$$

즉, **이상적인 차동 증폭기에 공통모드 전압이 인가되어 $v_d=0$인 경우, 두 컬렉터 전압의 차는 0이 된다.**

[그림 7-2(b)]는 차동 증폭기에 크기가 같고 위상이 반대인 전압 $v_{I1}=v_d/2$와 $v_{I2}=-v_d/2$가 인가되는 경우이며, 여기서 차동모드 전압(differential-mode voltage) $v_d=v_{I1}-v_{I2}$는 수 밀리볼트 정도로 작다고 가정한다. Q_1과 Q_2의 이미터는 공통이므로 $v_{BE1}>v_{BE2}$가 되며, 따라서 트랜지스터 Q_1의 컬렉터 전류는 ΔI 만큼 증가하여 $i_{C1} \simeq I_{EE}/2+\Delta I$가 되고, Q_2의 컬렉터 전류는 ΔI 만큼 감소하여 $i_{C2} \simeq I_{EE}/2-\Delta I$가 된다. 이로부터 각 트랜지스터의 컬렉터 전압은 다음과 같다.

$$v_{C1}=V_{CC}-\left(\frac{I_{EE}}{2}+\Delta I\right)R_C \tag{7.4a}$$

$$v_{C2}=V_{CC}-\left(\frac{I_{EE}}{2}-\Delta I\right)R_C \tag{7.4b}$$

따라서 두 컬렉터 전압의 차는 식 (7.5)와 같다. **이상적인 차동 증폭기에 차동모드 전압이 인가되면 이는 컬렉터 전압의 차로 나타난다.**

$$v_{C2}-v_{C1}=2\Delta I R_C \tag{7.5}$$

7.1.2 차동 증폭기의 입출력 전달특성

다음으로 차동 증폭기의 DC 전달특성에 대해 알아보자. 트랜지스터 Q_1과 Q_2는 정합되어 있으며, 온도가 동일하다고 가정한다. [그림 7-1]의 회로에서 차동 증폭기에 인가되는 입력전압이 v_{I1}과 v_{I2}이고 두 트랜지스터의 이미터 전압을 v_E라고 하면, 두 트랜지스터의 이미터 전류는 각각 다음과 같다.

$$i_{C1}=I_S e^{(v_{I1}-v_E)/V_T} \tag{7.6a}$$

$$i_{C2}=I_S e^{(v_{I2}-v_E)/V_T} \tag{7.6b}$$

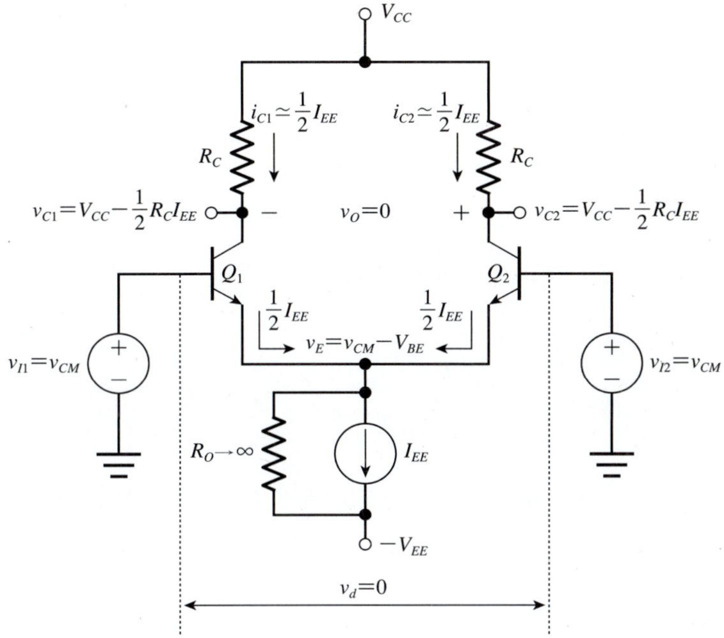

(a) 공통모드 신호가 인가되는 경우

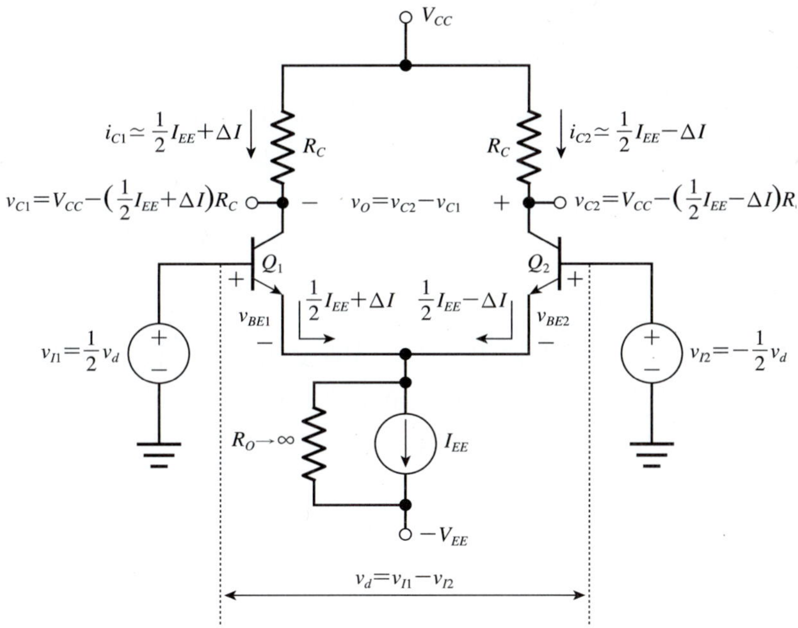

(b) 차동모드 신호가 인가되는 경우

[그림 7-2] 차동 증폭기의 동작

여기서 I_S는 이미터-베이스 접합의 역방향 포화전류이고, V_T는 열전압을 나타낸다. Q_1과 Q_2의 이미터 전류의 합은 바이어스 전류 I_{EE}가 되므로,

$$\begin{aligned} I_{EE} &= i_{E1}+i_{E2}=\frac{1}{\alpha}(i_{C1}+i_{C2}) \\ &= \frac{I_S}{\alpha}[e^{(v_{I1}-v_E)/V_T}+e^{(v_{I2}-v_E)/V_T}] \end{aligned} \tag{7.7}$$

여기서 α는 공통 베이스 전류이득이다. 따라서 식 (7.6)과 식 (7.7)로부터,

$$\frac{i_{C1}}{I_{EE}}=\frac{\alpha}{1+e^{-v_d/V_T}} \tag{7.8a}$$

$$\frac{i_{C2}}{I_{EE}}=\frac{\alpha}{1+e^{v_d/V_T}} \tag{7.8b}$$

가 된다. 여기서 $v_d \equiv v_{I1}-v_{I2}$이다. 식 (7.8)을 이용하여 식 (7.6)을 다시 표현하면 두 트랜지스터의 컬렉터 전류는 각각 다음과 같다.

$$i_{C1}=\frac{\alpha I_{EE}}{1+e^{-v_d/V_T}} \tag{7.9a}$$

$$i_{C2}=\frac{\alpha I_{EE}}{1+e^{v_d/V_T}} \tag{7.9b}$$

식 (7.9)로부터 차동 증폭기의 동작특성, 즉 입력전압에 따른 컬렉터 전류의 특성을 이해할 수 있다. 차동모드 입력전압이 $v_d=0$(즉, $v_{I1}=v_{I2}$)이면, $i_{C1}=i_{C2}=\alpha I_{EE}/2$가 되어 바이어스 전류 I_{EE}가 Q_1, Q_2에 절반씩 흐르며, 따라서 식 (7.3)과 같이 두 컬렉터 전압의 차는 $v_{C2}-v_{C1}=0$이 된다. $v_d>0$(즉, $v_{I1}>v_{I2}$)이면 $i_{C1}>i_{C2}$가 되고, $v_d<0$(즉, $v_{I1}<v_{I2}$)이면, $i_{C1}<i_{C2}$가 되어 식 (7.5)와 같이 컬렉터 전압의 차로 나타난다. 이와 같이 두 입력전압의 차 v_d에 비례하여 나타나는 출력전압 v_O가 차동 증폭기의 기본 동작원리이다.

식 (7.9)가 나타내는 차동 증폭기의 DC 전달특성은 [그림 7-3]과 같다. y축은 차동쌍 트랜지스터의 컬렉터 전류 i_{C1}, i_{C2}를 바이어스 전류 I_{EE}로 정규화(normalization)하여 표시되었으며, x축은 차동 입력전압 v_d를 열전압 V_T로 정규화하여 표시되었다. [그림 7-3]으로부터 차동 증폭기의 동작특성을 다음과 같이 요약할 수 있다.

1. $v_d=0$(즉, y축과의 교점)에서 두 트랜지스터의 컬렉터 전류는 동일하며, $i_{C1}=i_{C2}=\alpha I_{EE}/2$가 된다.

2. 컬렉터 전류 i_{C1}과 i_{C2}는 상보적(complementary)인 관계를 가져 한쪽이 증가하면 다른 쪽은 감소한다.

3. 차동 입력전압의 작은 범위(즉, $-2V_T < v_d < 2V_T$)에서 차동쌍 트랜지스터의 컬렉터 전류는 선형을 유지하며, 차동 증폭기의 이득은 $v_d=0$인 점에서의 기울기(즉, 전달컨덕턴스)에 비례한다.

4. 큰 차동 입력전압(즉, $|v_d| \gg 2V_T$)에 대해서 두 트랜지스터 중 하나는 차단되고 다른 하나는 도통되며, 바이어스 전류 I_{EE}는 도통된 트랜지스터를 통해 흐른다. 즉, $v_d \gg 2V_T$이면 Q_1은 도통되고 Q_2는 차단되며, $v_d \ll -2V_T$이면 Q_1은 차단되고 Q_2는 도통된다. 이 특성은 이미터 결합 논리(emitter-coupled logic)의 디지털 논리회로 구현에도 사용되지만, 이 책에서는 차동쌍이 증폭기로 사용되므로 DC 전달특성이 선형인 영역에 대해서만 생각하기로 한다.

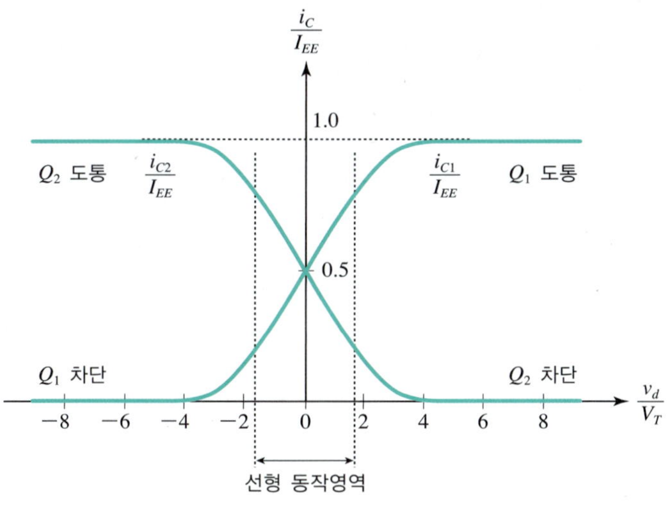

[그림 7-3] 차동 증폭기의 DC 전달특성

예제 7-1

PSPICE를 이용하여 [그림 7-1]의 차동 증폭기 회로의 DC 전달특성을 시뮬레이션하라. 단, $I_{EE}=250\ \mu A$이고, $V_{CC}=10\ V$, $R_C=20\ k\Omega$이다.

풀이

[그림 7-1]의 차동 증폭기에서 $v_{I2}=0$을 유지한 상태로 $-1\ V \le v_{I1} \le 1\ V$ 범위에 대해 시뮬레이션한 결과는 [그림 7-4]와 같다. y축은 컬렉터 전류를 $I_{EE}=250\ \mu A$로, x축은 차동 입력전압을 v_d/V_T로 정규화하여 표시하였다. 차동 입력전압의 작은 범위(즉, $-2\ V_T < v_d < 2\ V_T$)에서 컬렉터 전류가 선형을 유지하며, 차동 입력전압이 $v_d=0$이면 $i_{C1}/I_{EE}=i_{C2}/I_{EE}=0.5$임을 확인할 수 있다.

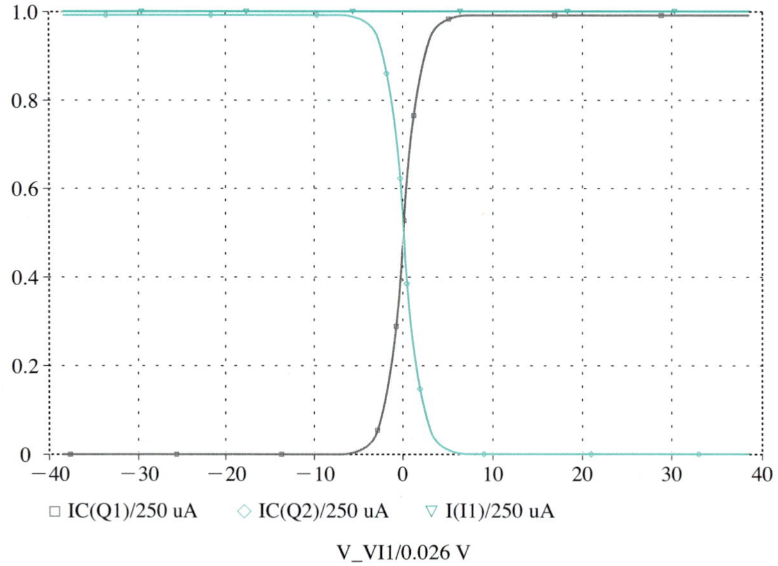

[그림 7-4] [예제 7-1]의 시뮬레이션 결과

7.1.3 차동 증폭기의 특성 파라미터

차동 증폭기의 성능은 차동모드 이득(differential-mode gain), 공통모드 이득(common-mode gain), 공통모드 제거비(common-mode rejection ratio: CMRR) 등으로 평가되며 차동모드 입력저항, 공통모드 입력저항, 차동모드 입력범위, 공통모드 입력범위 등의 파라미터를 갖는다. 여기서는 이들 파라미터의 정의와 의미에 대해서만 설명하고, 7.2절과 7.3절에서 BJT 차동 증폭기와 MOSFET 차동 증폭기의 파라미터 특성을 마저 설명한다.

차동모드 이득

차동 증폭기의 기본 기능은 두 입력전압의 차(즉, 차동모드 입력전압)를 증폭하는 것으로, 차동모드 이득은 차동 증폭기의 성능을 나타내는 중요한 파라미터이다. 차동모드 입력전압 v_d에 대한 출력전압 $v_{o,dm}$의 비(ratio)를 차동모드 이득이라고 하며, 식 (7.10)과 같이 정의된다.

$$A_{dm} \equiv \frac{v_{o,dm}}{v_d} = \frac{v_{C2} - v_{C1}}{v_d} \tag{7.10}$$

공통모드 이득

7.1.1절에서 설명한 바와 같이, 이상적인 차동 증폭기는 공통모드 입력 v_{CM}에 대해 두 컬렉터 전압의 차가 $v_{C2} - v_{C1} = 0$이 된다. 그러나 실제 회로에서 차동쌍 트랜지스터 Q_1, Q_2의 정합이 완전하지 않으면, 공통모드 입력에 대해 출력전압이 발생될 수 있다. 공통모드 이득은 공통모드 입력전압에 대한 출력전압의 비로 다음과 같이 정의된다.

$$A_{cm} \equiv \frac{v_{o,cm}}{v_{CM}} = \frac{v_{C2} - v_{C1}}{v_{CM}} \tag{7.11}$$

공통모드 제거비

공통모드 제거비는 식 (7.12)와 같이 공통모드 이득에 대한 차동모드 이득의 비로 정의된다. 이는 공통모드 입력이 출력되는 것을 억제하고 차동모드 입력만 증폭하여 출력하는 성능을 나타낸다. 차동모드 이득이 클수록 그리고 공통모드 이득이 작을수록 CMRR이 커져 성능이 우수한 차동 증폭기가 된다. 통상적으로 70~80 dB 이상의 CMRR 값을 갖도록 설계된다.

$$\text{CMRR} \equiv \left| \frac{A_{dm}}{A_{cm}} \right| \tag{7.12a}$$

$$\text{CMRR}_{\text{dB}} \equiv 20\log_{10} \left| \frac{A_{dm}}{A_{cm}} \right| \tag{7.12b}$$

차동모드 입력저항

차동모드 입력저항은 [그림 7-5(a)]와 같이 두 입력단자에서 차동 증폭기를 본 등가 입력저항으로 식 (7.13)과 같이 정의된다. 차동모드 입력저항이 클수록 신호원에 대한 부하효과가 작아지므로, 클수록 바람직하다.

$$R_{i,dm} \equiv \frac{v_d}{i_i} \tag{7.13}$$

공통모드 입력저항

공통모드 입력저항은 [그림 7-5(b)]와 같이 공통모드 입력 v_{CM}이 인가되는 입력단자와 접지 사이의 등가 입력저항으로서 다음과 같이 정의되며, 보통 매우 큰 값을 갖는다.

$$R_{i,cm} \equiv \frac{v_{CM}}{i_i} \tag{7.14}$$

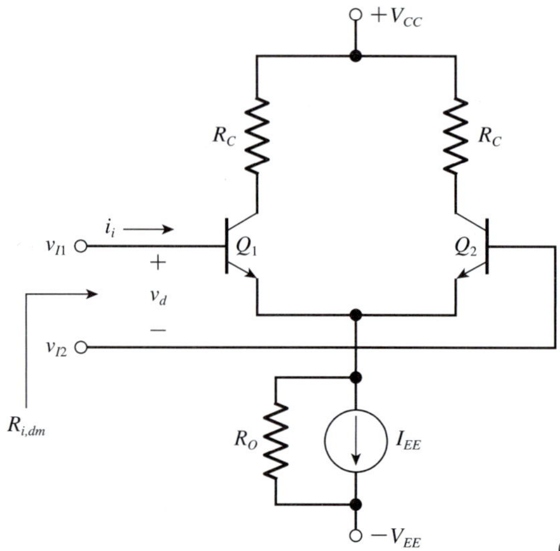

(a) 차동모드 입력저항

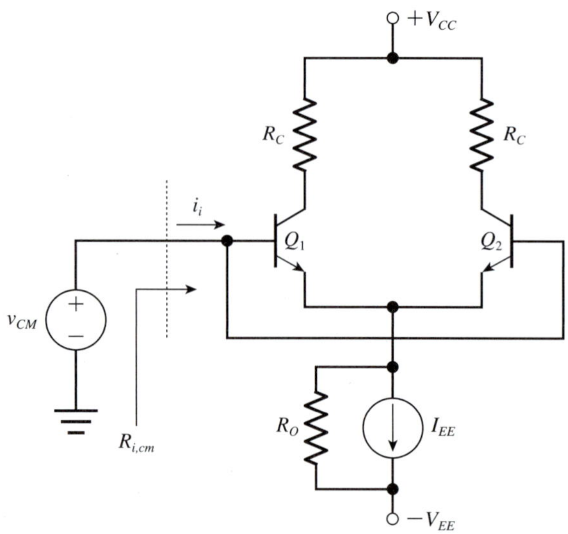

(b) 공통모드 입력저항

[그림 7-5] 차동 증폭기의 입력저항

입력 바이어스 전류 및 오프셋 전류

[그림 7-1]의 차동 증폭기가 선형영역에서 동작하기 위해서는 차동쌍 Q_1, Q_2의 베이스에 DC 바이어스 전류가 인가되어야 한다. 두 트랜지스터가 정합되어 있고 동작 온도가 동일한 이상적인 경우를 가정하면, 두 입력단자로 흐르는 입력 바이어스 전류는 $I_{B1}=I_{B2}$로 같다. 차동 증폭기가 MOSFET 또는 JFET로 구성되는 경우에는 입력 바이어스 전류가 필요하지 않으며, 누설에 의한 수~수십 pA 범위의 입력전류를 갖는다. 차동 증폭기의 특성이 이상적이지 않은 경우(예를 들면, 전류이득이 $\beta_{o1}\neq\beta_{o2}$)에는 두 입력단자에 흐르는 바이어스 전류가 달라진다. 입력 바이어스 전류의 차를 입력 오프셋(offset) 전류 I_{OS}로 정의하며, 이는 차동 증폭기의 DC 출력 오프셋 전압을 유발한다.

$$I_{OS}=|I_{B1}-I_{B2}| \tag{7.15}$$

입력 오프셋 전압

[그림 7-6(a)]와 같이 차동 증폭기의 두 입력단자가 접지로 연결되어 0 V가 인가되면, 이상적인 차동 증폭기의 출력전압은 $V_O=0$ V가 된다. 그러나 차동 증폭기의 비이상적인 특성으로 출력에 DC 전압이 발생할 수 있으며, 이를 출력 DC 오프셋 전압(output DC offset voltage)이라고 한다. 그리고 [그림 7-6(b)]와 같이 출력 DC 전압을 0 V로 만들기 위해 차동 증폭기 입력에 인가되어야 하는 DC 전압을 입력 DC 오프셋 전압(input DC offset voltage) 또는 간단히 오프셋 전압이라고 한다. 입력 오프셋 전압은 BJT 차동 증폭기의 경우 수 mV 범위이다. 또한 온도에 영향을 받으며, μV/°C의 범위를 갖는다. 오프셋 전압은 차동 증폭기를 구성하는 트랜지스터들의 부정합(mismatch)과 컬렉터 저항의 불일치, 반도체 제조공정 등이 원인이 되어 발생한다.

공통모드 입력범위

차동 증폭기가 선형영역에서 동작할 수 있는 공통모드 입력전압 v_{CM}의 범위에는 한계가 있다. [그림 7-1]의 차동 증폭기에서 공통모드 입력신호 v_{CM}이 너무 크면, 차동쌍 트랜지스터 Q_1, Q_2가 선형영역을 벗어나 포화영역으로 들어가게 된다. 차동 증폭기가 선형영역에서 동작할 수 있는 입력전압의 한계는 곧 공통모드 입력범위의 상한(upper limit)이 된다. 그리고 공통모드 입력범위의 하한(lower limit)은 정전류원 I_{EE} 회로의 트랜지스터가 선형영역에서 동작할 수 있는 입력전압의 한계에 의해 결정된다. 정전류원 회로는 7.2.5절과 7.3.4절에서 더 자세히 설명하겠다.

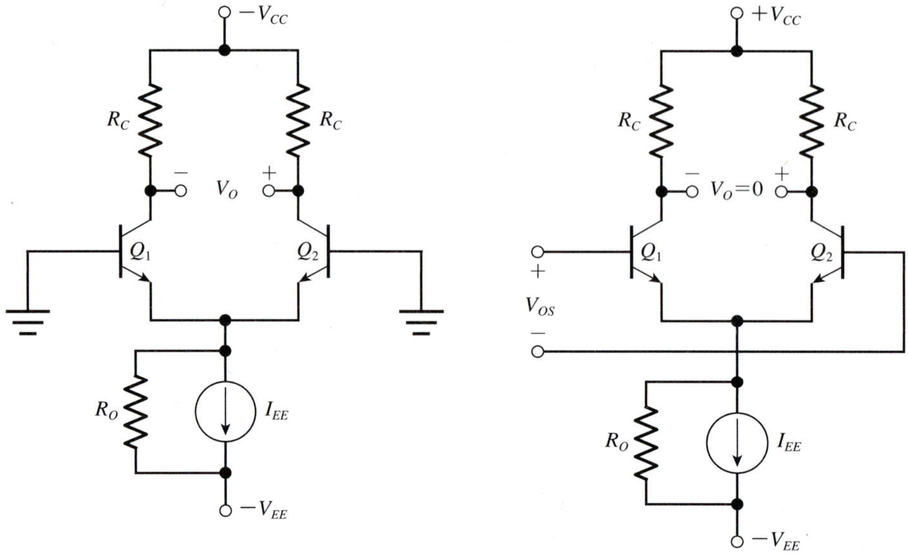

(a) 출력 오프셋 전압 (b) 입력 오프셋 전압

[그림 7-6] 차동 증폭기의 오프셋 전압

7.2 BJT 차동 증폭기

BJT로 구성되는 차동 증폭기의 차동모드 동작과 공통모드 동작을 이해하고, 소신호 해석을 통해 차동모드 이득과 공통모드 이득, 입력저항 등의 특성을 해석한다. 또한 능동부하를 갖는 BJT 차동 증폭기와 캐스코드 차동 증폭기의 특성을 살펴보고, 차동 증폭기의 바이어스 전류 공급 및 능동부하로 사용되는 여러 가지 BJT 정전류원 회로에 대해 이해한다.

7.2.1 차동모드 이득 및 공통모드 이득

차동모드 동작과 공통모드 동작으로 나누어 차동 증폭기의 소신호 동작을 해석한다.

차동모드 동작

BJT로 구성되는 차동 증폭기에 [그림 7-7(a)]와 같이 크기가 같고 위상이 반대인 두 입력전압 $v_{I1}=v_d/2$와 $v_{I2}=-v_d/2$가 인가되는 차동모드의 동작을 해석한다. 차동쌍을 구성하는 BJT Q_1과 Q_2는 정합되어 있으며, 차동 입력전압이 $-2V_T<v_d<2V_T$의 범위에 있어 컬렉터 전류가

선형을 유지(7.1.2절 참조)한다고 가정한다. 또한 해석의 편의를 위해 BJT의 $\beta_o \gg 1$이고, $I_C \simeq I_E$라고 가정한다.

$v_{I1}=v_d/2$에 의해 Q_1의 컬렉터 전류 i_{C1}은 Δi_C만큼 증가하며, $v_{I2}=-v_d/2$에 의해 Q_2의 컬렉터 전류 i_{C2}는 $-\Delta i_C$만큼 감소한다. $I_C \simeq I_E$이므로, 차동쌍의 이미터 전류도 같은 양만큼 변하게 된다. 정전류원의 출력저항 R_O에 흐르는 전류는 변하지 않으므로, 차동쌍의 이미터 전압 V_E도 일정한 DC 값을 유지한다. DC 전압은 소신호 해석에서 단락회로로 취급되므로, 차동모드의 소신호 등가모델은 [그림 7-7(b)]와 같이 이미터가 접지된 것으로 볼 수 있다. [그림 7-7(b)]의 차동모드 소신호 등가모델에서 Q_1과 Q_2가 정합되어 있으며 컬렉터 저항이 같으므로, 좌·우 회로는 동일한 특성을 갖는 대칭이다. 따라서 [그림 7-7(c)]와 같이 반쪽 회로를 이용하여 차동모드 특성을 해석할 수 있다.

[그림 7-7(c)]의 차동모드 반쪽 회로는 공통 이미터 증폭기로 볼 수 있으므로, BJT의 컬렉터 출력저항을 $r_o=\infty$로 가정하면 소신호 등가회로는 [그림 7-7(d)]와 같다. [그림 7-7(d)]의 소신호 등가회로에서 Q_1의 컬렉터 전류는

$$i_c=g_m V_\pi=g_m \frac{v_d}{2} \tag{7.16}$$

이며, 컬렉터 전압은 다음과 같다.

$$v_{c1}=-R_C i_c=-\frac{v_d}{2} g_m R_C \tag{7.17}$$

따라서 차동모드 반쪽 회로의 전압이득은,

$$A_v=\frac{v_{c1}}{v_d/2}=-g_m R_C \tag{7.18}$$

차동 증폭기의 출력전압이 두 컬렉터 전압의 차 $v_{c2}-v_{c1}$로 얻어지는 경우, $v_{c2}=-v_{c1}$이므로 차동 입력전압 $v_d=v_{I1}-v_{I2}$에 대한 차동모드 이득은 다음과 같다.

$$A_{dm}=\frac{v_{c2}-v_{c1}}{v_d}=g_m R_C \tag{7.19}$$

차동 증폭기의 출력이 Q_1의 컬렉터와 접지 사이의 전압인 단일종단(single-ended) 출력이라면, 차동모드 이득은 식 (7.18)로부터 다음과 같다.

$$A_{dm}=\frac{v_{c1}}{v_d}=-\frac{g_m R_C}{2} \tag{7.20}$$

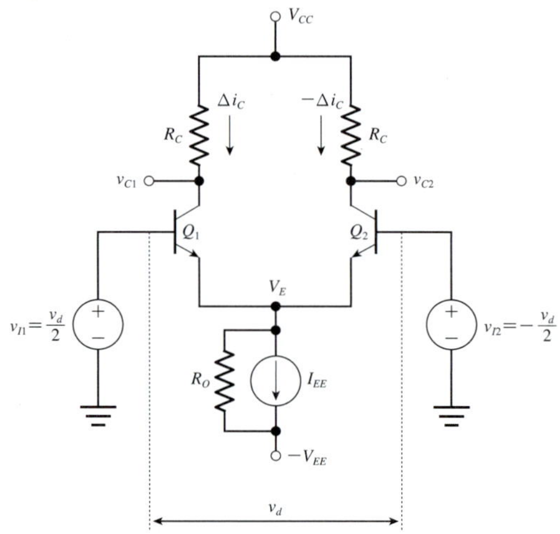

(a) 차동모드 입력

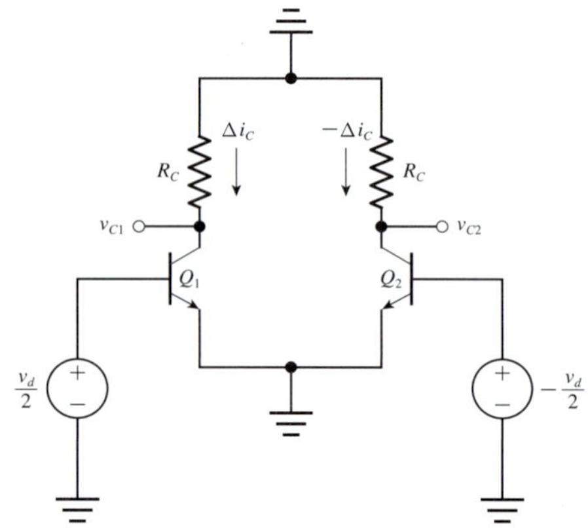

(b) 차동모드 소신호 등가회로

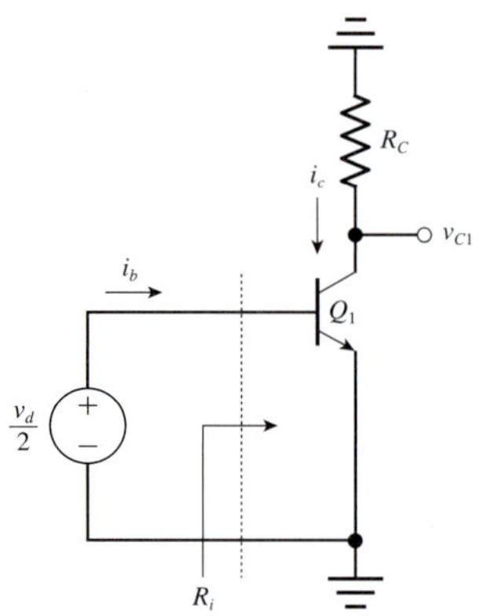

(c) 차동모드 반쪽 회로

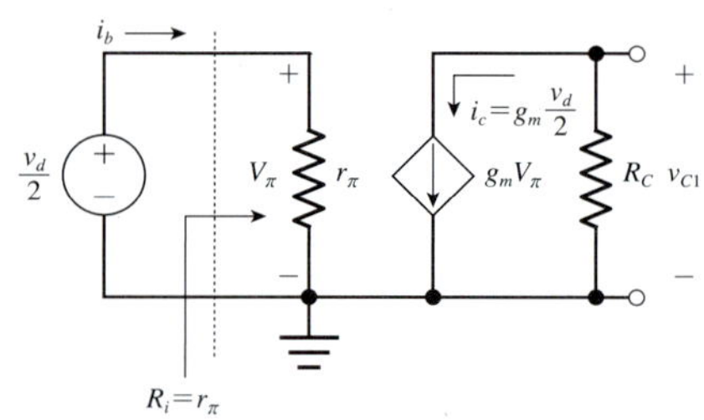

(d) 차동모드 반쪽 회로의 소신호 등가회로

[그림 7-7] 차동모드 소신호 해석

공통모드 동작

[그림 7-8(a)]와 같이 차동 증폭기에 크기와 위상이 같은 공통모드 입력전압 $v_{I1}=v_{I2}=v_{CM}$이 인가되는 공통모드의 동작을 해석해 본다. 공통모드 동작에서는 정전류원의 출력저항 R_O가 중요한 영향을 미치므로, R_O가 무한대가 아닌 유한한 값을 갖는다고 생각한다. 이는 실제 회로의 특성에 부합된다. 공통모드 입력전압에 의해 Q_1의 컬렉터 전류 i_{C1}와 Q_2의 컬렉터 전류 i_{C2}는 동일하게 Δi_C 만큼 증가한다. $I_C \simeq I_E$이므로, 두 트랜지스터의 이미터 전류도 같은 양 만큼 변하게 된다. 정전류원의 전류 I_{EE}는 일정한 값을 유지하므로 저항 R_O에 흐르는 전류는 $2\Delta i_C$ 만큼 증가하게 되고, 따라서 차동쌍의 이미터 전압 V_E는 고정된 DC 값이 아니라 $2R_O\Delta i_C$ 만큼 증가

한다. 그래서 공통모드 입력신호에 대한 소신호 등가모델은 [그림 7-8(b)]와 같이 차동쌍의 이미터에 저항 $2R_O$가 포함된 것으로 볼 수 있다. Q_1과 Q_2가 정합되어 있으며 컬렉터 저항이 같으므로, [그림 7-8(b)]의 공통모드 소신호 등가모델에서 좌 · 우 회로는 동일한 특성을 갖는 대칭이다. 역시 [그림 7-8(c)]와 같은 반쪽 회로를 이용하여 공통모드의 동작특성을 해석할 수 있다.

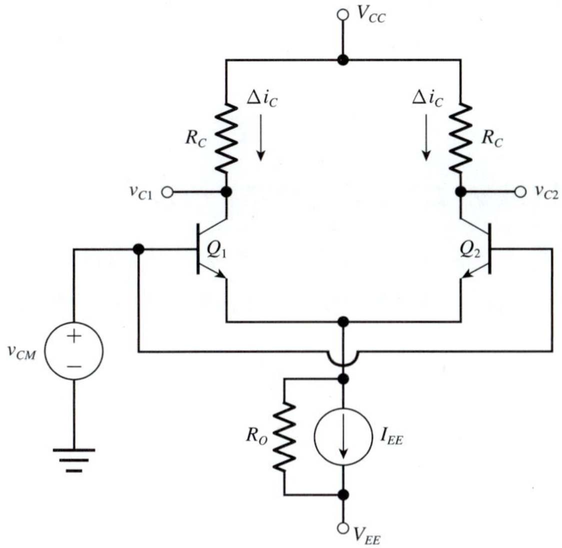

(a) 공통모드 입력

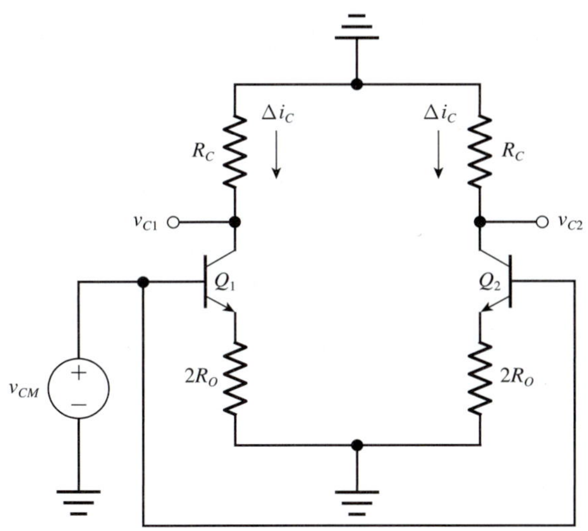

(b) 공통모드 소신호 등가회로

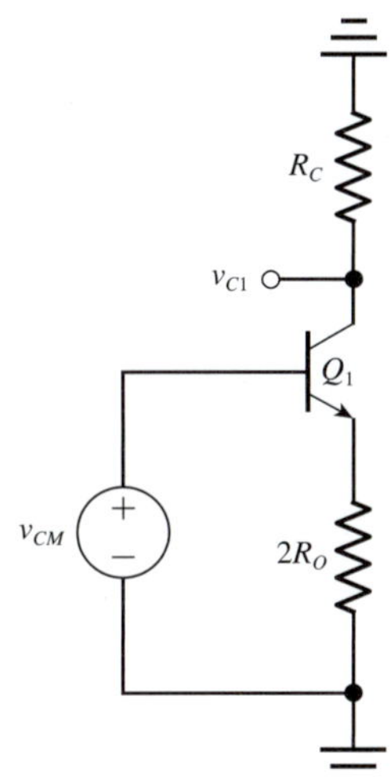

(c) 공통모드 반쪽 회로

[그림 7-8] 공통모드 소신호 해석

[그림 7-8(c)]의 공통모드 반쪽 회로는 이미터 저항 $2R_O$를 갖는 공통 이미터 증폭기이므로, 4.3.2절에서 설명된 바와 같이 전압이득은 다음과 같다.

$$A_v = \frac{v_{c1}}{v_{CM}} = \frac{-\beta_o R_C}{r_\pi + 2(\beta_o + 1)R_O} \tag{7.21}$$

두 트랜지스터의 베이스에 공통모드 입력신호 v_{CM}이 동일하게 인가되므로 $v_{c2} = v_{c1}$이 되며, 따라서 단일종단 출력에 대한 공통모드 이득은,

$$A_{cm} = \frac{v_{c1}}{v_{CM}} = \frac{-\beta_o R_C}{r_\pi + 2(\beta_o + 1)R_O} \simeq -\frac{\alpha R_C}{2R_O} \simeq \frac{-R_C}{2R_O} \tag{7.22}$$

여기서 $r_\pi \ll 2(\beta_o + 1)R_O$이므로 간략화하였으며, $\alpha = \beta_o/(\beta_o + 1) \simeq 1$이다.

식 (7.22)에서 차동 증폭기의 공통모드 이득은 정전류원의 출력저항 R_O와 관련이 있음을 알 수 있다. 차동 증폭기의 기능상 공통모드 이득은 작을수록 바람직하므로, 정전류원의 출력저항 R_O가 커야(즉, 이상적인 정전류원에 가까워야) 한다. $v_{c2} = v_{c1}$이므로 두 컬렉터 전압의 차로 출력전압이 얻어지는 경우, 공통모드 이득은 0이 된다.

공통모드 제거비

식 (7.19), 식 (7.20)과 식 (7.22)로부터, BJT 차동 증폭기의 공통모드 제거비는 다음과 같다.

- 차동출력 : $\mathrm{CMRR} = \left| \frac{A_{dm}}{A_{cm}} \right| = \frac{g_m R_C}{\frac{R_C}{2R_O}} = 2g_m R_O$ (7.23a)

- 단일종단출력 : $\mathrm{CMRR} = \left| \frac{A_{dm}}{A_{cm}} \right| = \frac{\frac{g_m R_C}{2}}{\frac{R_C}{2R_O}} = g_m R_O$ (7.23b)

CMRR은 BJT의 전달컨덕턴스 g_m과 정전류원의 출력저항 R_O의 곱으로 주어지며, $R_O \to \infty$이면 $A_{cm} \to \infty$가 되고 $\mathrm{CMRR} \to \infty$가 된다. 따라서 차동 증폭기의 성능을 나타내는 CMRR을 크게 하기 위해서는 큰 출력저항을 갖는 정전류원 회로를 사용해야 한다.

공통모드 신호와 차동모드 신호가 함께 존재하는 경우

앞에서는 차동모드 신호만 존재하는 경우([그림 7-7]) 또는 공통모드 신호만 존재하는 경우([그림 7-8])를 해석하였다. 그러나 실제로는 공통모드 신호와 차동모드 신호가 혼재되어 있는 임

의의 신호가 인가되는 경우가 더 일반적이다. 임의의 입력신호 v_{I1}과 v_{I2}로부터 차동모드 입력전압과 공통모드 입력전압은 각각 다음과 같이 표현할 수 있다.

$$v_d = v_{I1} - v_{I2} \tag{7.24}$$

$$v_{CM} = \frac{v_{I1} + v_{I2}}{2} \tag{7.25}$$

식 (7.24)와 식 (7.25)로부터 차동 증폭기의 두 입력신호는 식 (7.26) 및 [그림 7-9]와 같이 공통모드 신호와 차동모드 신호로 분리하여 표시할 수 있다.

$$v_{I1} = v_{CM} + v_d/2 \tag{7.26a}$$

$$v_{I2} = v_{CM} - v_d/2 \tag{7.26b}$$

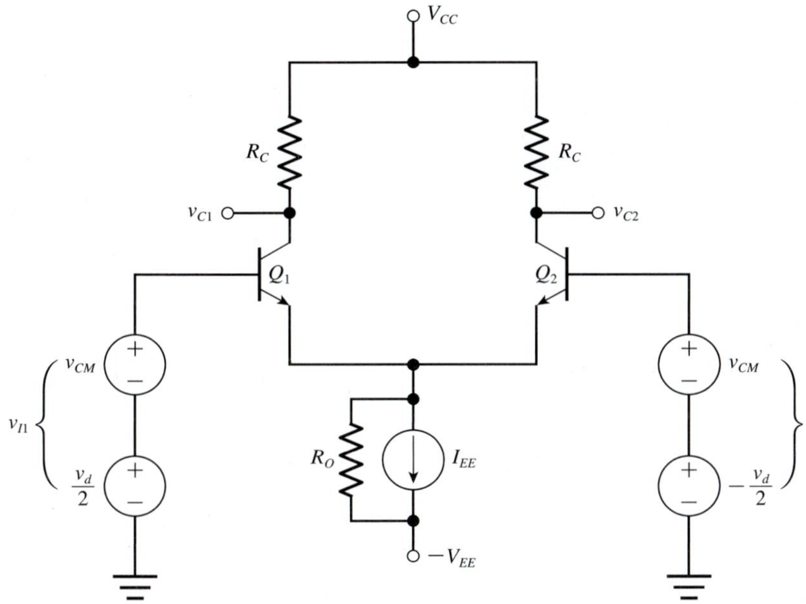

[그림 7-9] 차동 증폭기에 임의의 입력이 인가되는 경우

[그림 7-9]의 회로가 선형으로 동작하므로, 중첩의 정리를 적용하면 출력전압은,

$$v_{C1} = -A_{dm}v_{DM} + A_{cm}v_{CM} = -\frac{A_{dm}}{2}\left(v_d - \frac{v_{CM}}{\text{CMRR}}\right) \tag{7.27}$$

$$v_{C2} = A_{dm}v_{DM} + A_{cm}v_{CM} = \frac{A_{dm}}{2}\left(v_d + \frac{v_{CM}}{\text{CMRR}}\right) \tag{7.28}$$

여기서 $v_{DM}=v_d/2$이다. 차동출력의 경우 두 컬렉터 전압의 차는 식 (7.29)와 같다. 따라서 차동 증폭기는 두 입력전압의 차를 차동이득 A_{dm}만큼 증폭하는 회로임을 확인할 수 있다.

$$v_o=v_{C2}-v_{C1}=A_{dm}v_d=A_{dm}(v_{I1}-v_{I2}) \tag{7.29}$$

예제 7-2

[그림 7-9]의 차동 증폭기에서 단일종단 출력전압 v_{C2}에 대한 차동모드 이득 A_{dm}, 공통모드 이득 A_{cm}, 그리고 CMRR을 구하라. 단, BJT의 $\beta_{o1}=\beta_{o2}=100$이고, $r_{o1}=r_{o2}=\infty$로 가정한다. $R_C=15\text{ k}\Omega$이고, 정전류원의 전류는 $I_{EE}=0.6\text{ mA}$이며, 출력저항은 $R_O=50\text{ k}\Omega$이다. 전원전압은 $V_{CC}=V_{EE}=10\text{ V}$이다.

풀이

① 차동모드 이득 : BJT의 컬렉터 바이어스 전류는 $I_{CQ}=\dfrac{I_{EE}}{2}$이고, 전달컨덕턴스는 $g_m=\dfrac{I_{CQ}}{V_T}=\dfrac{I_{EE}}{2V_T}=11.5\text{ mA/V}$이므로, 이를 식 (7.20)에 대입하면,

$$A_{dm}=\frac{g_mR_C}{2}=\frac{11.54\times10^{-3}\times15\times10^3}{2}=86.55\text{ V/V}$$

② 공통모드 이득 : $\alpha=\dfrac{\beta_o}{\beta_o+1}=\dfrac{100}{100+1}=0.99$이므로, 식 (7.22)로부터,

$$A_{cm}\simeq-\frac{\alpha R_C}{2R_O}=-\frac{0.99\times15\times10^3}{2\times50\times10^3}=-0.15\text{ V/V}$$

③ CMRR : 식 (7.23)으로부터 $\text{CMRR}=\left|\dfrac{A_{dm}}{A_{cm}}\right|=\dfrac{86.55}{0.15}=577$이 되며, 데시벨로 표현하면 다음과 같다.

$$\text{CMRR}_{\text{dB}}=20\log_{10}(577)=55.22\text{ dB}$$이다.

응용 7-1

[예제 7-2]의 회로가 $A_{dm}=86.55$인 상태에서 $\text{CMRR}_{\text{dB}}=80\text{ dB}$이 되기 위해서는 정전류원의 출력저항이 얼마 이상 되어야 하는가?

[정답 : $R_O\geq0.87\text{ M}\Omega$]

응용 7-2

[예제 7-2]의 회로에 대해 다음 입력에 대한 단일종단 출력전압 $v_o=v_{C2}$를 구하고, 두 출력전압이 차이가 나는 이유를 설명하라.

① $v_{I1}=0.01\sin\omega t\text{ mV}$, $v_{I2}=-0.01\sin\omega t\text{ mV}$(즉, $v_d=0.02\sin\omega t\text{ mV}$이고, $v_{CM}=0$인 경우)

② $v_{I1}=0.12\sin\omega t\text{ mV}$, $v_{I2}=0.1\sin\omega t\text{ mV}$(즉, $v_d=0.02\sin\omega t\text{ mV}$이고, $v_{CM}=0.11\sin\omega t\text{ mV}$인 경우)

[정답 : ① $v_o=0.866\text{ mV}$, ② $v_o=0.874\text{ mV}$, 이유는 공통모드 입력이 출력에 영향을 미치기 때문]

7.2.2 차동모드 및 공통모드 입력저항

7.2.1절에 의하면, 차동 증폭기는 두 입력전압의 차를 차동이득만큼 증폭하는 전압 증폭기라고 할 수 있다. 차동 증폭기의 입력저항은 신호원이나 이전 증폭단에 대해 부하로 작용한다. 차동 증폭기의 입력저항은 차동모드의 입력저항과 공통모드의 입력저항으로 구분되며, 이 중 차동 모드 입력저항이 중요한 파라미터이다.

차동모드 입력저항

차동모드 입력저항은 두 입력단자에서 증폭기를 들여다 본 등가저항(즉, 차동 입력전압 v_d가 보는 저항)이다. [그림 7-7]의 (c)와 (d)의 차동모드 반쪽 회로에서 공통 이미터 증폭기의 입력저항은

$$R_i = \frac{v_d/2}{i_b} = r_\pi \tag{7.30}$$

이므로, 차동 증폭기의 차동모드 입력저항은 다음과 같다.

$$R_{i,dm} = \frac{v_d}{i_b} = 2r_\pi \tag{7.31}$$

공통모드 입력저항

[그림 7-8(c)]의 공통모드 반쪽 회로에 대한 소신호 등가회로는 [그림 7-10]과 같다. 이미터 저항 $2R_O$를 갖는 공통 이미터 증폭기의 입력저항은 식 (7.32)로 주어진다(4.3.2절 참조).

$$R_i = \frac{v_{CM}}{i_b} = r_\pi + (\beta_o + 1)[(2R_O) \| r_o] \simeq (\beta_o + 1)[(2R_O) \| r_o] \tag{7.32}$$

차동 증폭기의 공통모드 입력저항은 [그림 7-10]의 반쪽 회로 입력저항 R_i의 병렬 합성저항이므로 식 (7.33)과 같이 표현된다. 통상 정전류원의 출력저항 R_O는 큰 값을 가지므로, $R_{i,cm}$은 수 MΩ의 범위를 갖는다.

$$R_{i,cm} = \frac{R_i}{2} = (\beta_o + 1)\left(R_O \| \frac{r_o}{2}\right) \tag{7.33}$$

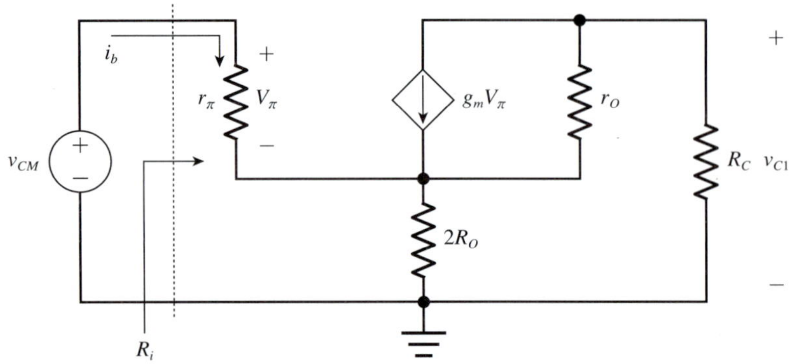

[그림 7-10] 공통모드 반쪽 회로의 소신호 등가회로

예제 7-3

[예제 7-2]의 회로에 대해 차동모드 입력저항과 공통모드 입력저항을 구하라. 단, $V_A = 100$ V를 제외한 다른 모든 조건은 [예제 7-2]와 동일하다.

풀이

① 차동모드 입력저항 : [예제 7-2]에서 $\beta_o = 100$이고 $g_m = 11.54$ mA/V이므로,

$r_\pi = \frac{\beta_o}{g_m} = \frac{100}{11.54 \times 10^{-3}} = 8.67$ kΩ이다. 식 (7.31)에 의해,

$$R_{i,dm} = 2r_\pi = 2 \times 8.67 \times 10^3 = 17.34 \text{ k}\Omega$$

② 공통모드 입력저항 : BJT의 출력저항은 $r_o = \frac{V_A}{I_{CQ}} = \frac{V_A}{I_{EE}/2} = \frac{100}{0.3 \times 10^{-3}} = 333.33$ kΩ이다.

식 (7.33)에 의해,

$$R_{i,cm} = (\beta_o + 1)\left(R_O \| \frac{r_o}{2}\right) = (100+1)(50 \| 166.67) \times 10^3 = 3.88 \text{ M}\Omega$$

7.2.3 능동부하를 갖는 BJT 차동 증폭기

7.2.1절의 식 (7.19)와 식 (7.20)에 의하면, 차동 증폭기의 차동모드 이득은 컬렉터 저항 R_C에 비례하므로 차동모드 이득을 크게 하기 위해서는 컬렉터 저항 R_C가 커야 하는데, 집적회로(IC)에서 큰 저항값을 구현하려면 많은 칩 면적이 소요되어 비효율적이다. 따라서 일반적으로 트랜지스터를 이용한 능동부하(active load)가 사용된다. 능동부하는 일정한 전류를 공급하는 정전류원 형태로 구현되며, 정전류원의 큰 출력저항을 부하저항으로 사용한다.

[그림 7-11]은 컬렉터 저항 R_C 대신 능동부하를 사용한 BJT 차동 증폭기 회로이다. 트랜지스터 Q_1, Q_2는 차동쌍을 구성하며, 트랜지스터 Q_3, Q_4는 전류거울(current mirror) 형태의 능동부하로서 차동쌍의 부하로 작용한다. Q_2와 Q_4의 컬렉터 접점에서 단일종단 출력을 얻는다. BJT를 이용한 전류거울 및 정전류원 회로는 7.2.5절에서 설명하겠다.

해석의 편의를 위해 모든 트랜지스터들이 정합되어 있다고 가정하며, 모든 트랜지스터의 β_o는 동일하고 $\beta_o \gg 1$이라고 가정한다. 먼저 차동쌍의 두 입력전압이 0(즉, $v_d=0$)인 경우를 살펴본다. 정전류원의 전류 I_{EE}는 차동쌍 Q_1과 Q_2에 1/2씩 분배되어 흐르므로, 다이오드 결선형태의 Q_3에도 $I_{EE}/2$의 전류가 흐른다. 트랜지스터 Q_3, Q_4는 전류거울 회로이므로(7.2.5절 참조) Q_4의 이미터에도 $I_{EE}/2$의 전류가 흐르며, 이 전류는 Q_2의 컬렉터 전류가 된다. 따라서 차동 증폭기의 출력(즉, Q_2와 Q_4의 컬렉터 접점)에서 외부로 흐르는 전류는 0이 된다.

차동모드 입력 v_d가 인가되는 경우 [그림 7-7(d)]의 차동모드 반쪽 회로의 소신호 등가회로를 참조하면 Q_1과 Q_2의 컬렉터 전류는 각각 다음과 같으며,

$$i_{C1}=g_m(v_d/2)=i_{E4} \tag{7.34a}$$

$$i_{C2}=g_m(-v_d/2) \tag{7.34b}$$

Q_3와 Q_4는 전류거울 회로이므로 $i_{E4}=i_{c1}$이 된다. 이들 전류의 방향은 [그림 7-11]에 표시된 것과 같다. 따라서 차동 증폭기의 출력노드에서 부하로 흐르는 전류는 다음과 같다.

$$i_o=i_{E4}-i_{C2}=g_m v_d \tag{7.35}$$

능동부하로 사용되고 있는 전류거울 회로는 Q_1의 컬렉터 전류 i_{c1}을 복사하여 Q_4의 이미터 전류 i_{E4}로 만들며, 이 전류는 Q_2의 컬렉터 전류 i_{c2}와 합해져서 출력전류 i_o가 된다. 이는 차동모드 이득이 커지게 만든다. 만약 전류거울 회로가 사용되지 않고 단순한 정전류원이 능동부하로 사용된다면 출력전류는 $i_o=i_{c2}=g_m v_d/2$가 되어 차동모드 이득이 작아지게 된다.

출력노드에 연결된 부하저항이 매우 크다고 가정하면, 차동 증폭기의 출력전압은

$$v_o=g_m v_d R_{out} \tag{7.36}$$

이 된다. 여기서 R_{out}은 차동 증폭기의 출력저항을 나타낸다. 출력노드에 연결된 부하저항 R_L을 고려하는 경우에는 식 (7.36)의 R_{out}을 $R_{out} \| R_L$로 바꾸면 된다. 출력노드에 Q_2와 Q_4가 병렬로 연결되어 있으므로, R_{out}은 다음과 같다.

$$R_{out}=r_{o2} \| r_{o4} \tag{7.37}$$

식 (7.37)을 식 (7.36)에 대입하면,

$$v_o = g_m v_d (r_{o2} \| r_{o4}) = \frac{g_m r_o}{2} v_d \tag{7.38}$$

여기서 $r_{o4} = r_{o2}$라고 가정하였다. 따라서 차동모드 이득은 다음과 같다.

$$A_{dm} = \frac{v_o}{v_d} = g_m \frac{r_o}{2} \tag{7.39}$$

트랜지스터의 소신호 파라미터에 대해 $g_m = I_{CQ}/V_T$, $r_o = V_A/I_{CQ}$와 바이어스 전류 $I_{CQ} = I_{EE}/2$를 식 (7.39)에 대입하면 차동모드 이득은 다음과 같다.

$$A_{dm} = \frac{V_A}{2V_T} \tag{7.40}$$

여기서 V_A는 BJT의 얼리 전압(Early voltage)이고, V_T는 열전압이다. 따라서 능동부하를 갖는 차동 증폭기의 차동모드 이득은 주어진 트랜지스터에 대해 고정된 값을 갖는다.

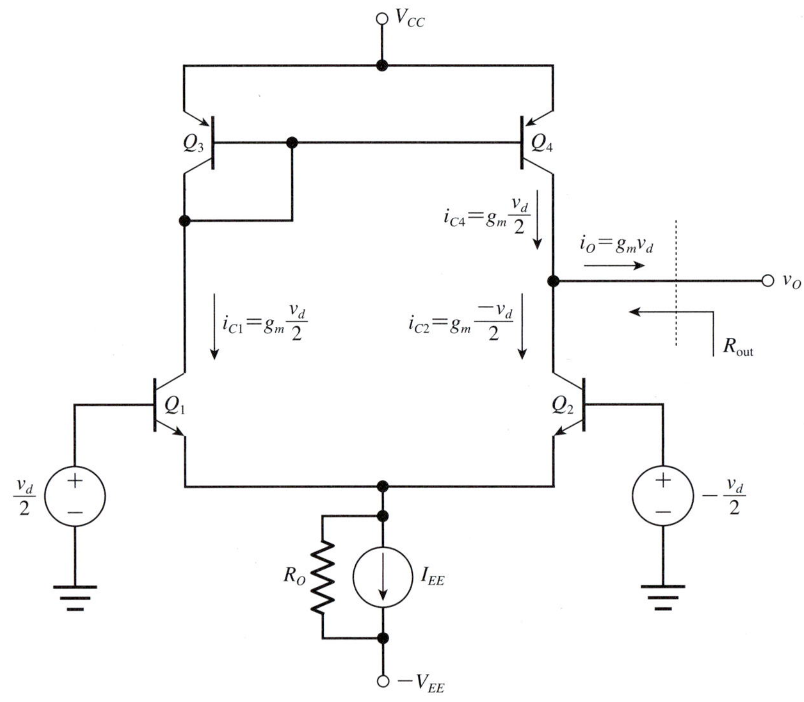

[그림 7-11] 능동부하를 갖는 차동 증폭기

지금까지의 소신호 해석결과로부터, 차동 증폭기의 소신호 등가모델을 [그림 7-12]와 같이 나타낼 수 있다. $R_{i,dm}$은 식 (7.31)이 나타내는 차동모드 입력저항이고, R_{out}은 식 (7.37)이 나타내는 출력저항이다. $G_m = g_m$은 식 (7.39)가 나타내는 차동모드 전달컨덕턴스이다.

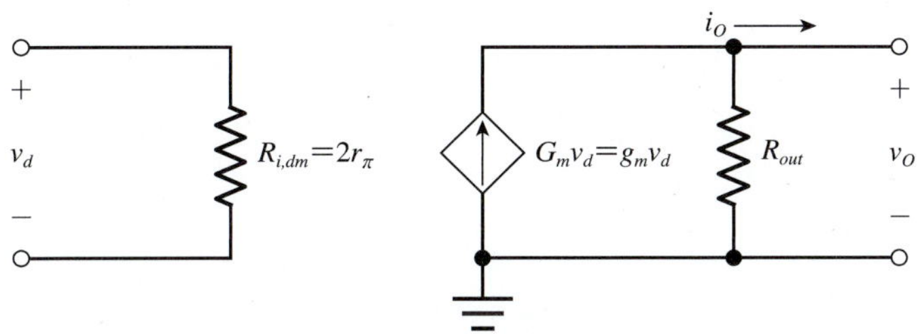

[그림 7-12] 차동 증폭기의 소신호 등가모델

식 (7.39)보다 더 큰 차동이득을 얻기 위해서 7.2.5절에서 설명할 윌슨(Wilson) 정전류원 또는 위들러(Widlar) 정전류원 회로를 능동부하로 사용할 수 있다. 또한 차동쌍의 출력저항을 크게 만들기 위해 7.2.4절에서 설명할 캐스코드(cascode) 구조의 차동쌍이 사용될 수 있다.

응용 7-3

[그림 7-11]의 능동부하를 갖는 차동 증폭기 회로의 차동모드 이득을 구하라. 단, Q_2와 Q_4의 얼리 전압은 $V_A = 100$ V이다.

[정답 : $A_{dm} = 1{,}923$ V/V]

7.2.4 캐스코드 차동 증폭기

캐스코드는 공통 이미터-공통 베이스의 연결을 갖는 다단 증폭기 구조이며, 공통 이미터 증폭기에 비해 주파수 응답특성이 우수하다는 장점을 갖는다(8.5.2절 참조). 차동쌍을 [그림 7-13(a)]와 같이 캐스코드 구조로 구현하면, 차동 증폭기의 출력저항이 커져 차동모드 이득을 크게 만들 수 있다. Q_3과 Q_4의 베이스에는 DC 바이어스 전압 V_{BIAS}가 공급되고 있으므로, Q_3과 Q_4는 공통 베이스 구조이다. 7.2.1절에서 설명한 바와 같이 차동쌍 Q_1, Q_2의 반쪽 회로는 공통 이미터 증폭기이므로, $Q_1 - Q_3$과 $Q_2 - Q_4$는 각각 공통 이미터-공통 베이스 연결의 캐스코드 구조를 이루고 있다. Q_3와 Q_4의 컬렉터에는 능동부하가 연결된다.

[그림 7-13(b)]는 캐스코드 차동 증폭기의 반쪽 회로이며, DC 바이어스는 접지로 표시하였다. 공통 베이스 구조의 Q_3는 매우 작은 입력저항 r_{e3}을 가지며, 전류이득이 $\alpha \simeq 1$인 전류 버퍼

(current buffer)로 동작하므로, Q_3의 컬렉터 전류는 식 (7.41)과 같으며, [그림 7-11]의 차동 증폭기와 근사적으로 동일한 전류를 부하에 전달한다.

$$i_{C3} = \alpha i_{C1} = \alpha g_m \frac{v_d}{2} \tag{7.41}$$

캐스코드 차동 증폭기의 출력저항 R_{out}은 이미터 등가저항 R_{E3}을 갖는 Q_3의 컬렉터 저항이다. [그림 7-13(c)]의 반쪽 회로에 대한 소신호 등가회로로부터, Q_3의 이미터와 접지 사이의 등가저항 R_{E3}은 식 (7.42)와 같다.

$$R_{E3} = r_{o1} \| r_{\pi 3} \simeq r_{\pi 3} \tag{7.42}$$

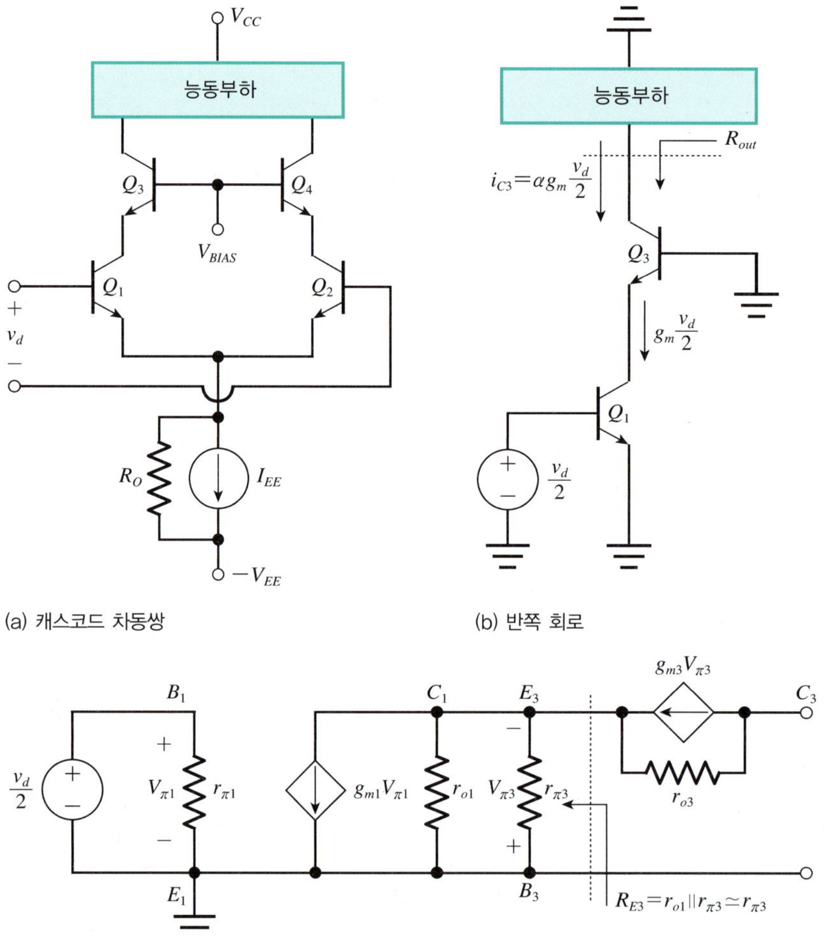

(a) 캐스코드 차동쌍

(b) 반쪽 회로

(c) 반쪽 회로의 소신호 등가회로

[그림 7-13] BJT 캐스코드 차동 증폭기

출력저항 R_{out}은 이미터 등가저항 $R_{E3} \simeq r_{\pi 3}$을 갖는 공통 베이스 증폭기의 출력저항이므로, 다음과 같다.

$$\begin{aligned} R_{out} &= R_{E3} + r_{o3}(1 + g_{m3}R_{E3}) \\ &= r_{\pi 3} + r_{o3}(1 + g_{m3}r_{\pi 3}) \simeq r_{o3}(1 + \beta_{o3}) \end{aligned} \tag{7.43}$$

따라서 캐스코드 차동 증폭기의 출력저항은 [그림 7-11]의 차동 증폭기와 비교하여 근사적으로 $(\beta_{o3}+1)$배 증가함을 알 수 있다.

7.2.5 BJT 정전류원 회로

[그림 7-1]의 차동 증폭기가 선형영역에서 동작하기 위해서는 트랜지스터 Q_1, Q_2에 적당한 DC 바이어스 전류가 공급되어야 한다. 3장에서 설명한 BJT 바이어스 방법들은 트랜지스터당 1~2개의 저항이 필요하고, 다단 증폭기의 구현을 위해서는 결합(coupling) 및 바이패스(bypass) 커패시터가 필요하다. 일반적으로 집적회로(IC)에서 저항과 커패시터는 트랜지스터에 비해 큰 칩 면적이 필요하므로, IC 증폭기를 위한 바이어스 방법으로 적합하지 않다.

IC 증폭기에서는 트랜지스터를 이용한 정전류원(constant-current source) 바이어스가 일반적으로 사용된다. 정전류원은 양단의 전압변동과 무관하게 항상 일정한 전류를 공급(또는 흡수)하는 회로이다. 선형영역에서 동작하는 BJT에 베이스 전류가 일정한 값으로 고정되면, v_{CE} 전압의 변화에 대해 거의 일정한 컬렉터 전류가 흐르므로 제한된 전압범위에서 정전류원으로 사용될 수 있다. 또한 포화영역에서 동작하는 MOSFET에 게이트 전압이 일정한 값으로 고정되면, v_{DS} 전압의 변화에 대해 거의 일정한 드레인 전류가 흐르므로 역시 제한된 전압범위에서 정전류원으로 사용될 수 있다. 트랜지스터는 저항이나 커패시터에 비해 작은 칩 면적으로 만들 수 있어 경제적이며, 소자의 특성 정합이 용이하다는 장점을 갖는다. 또 다단 증폭기에 정전류원 바이어스를 사용하면, 직접 결합(direct-coupled)으로 구현할 수 있어 결합 및 바이패스 커패시터가 필요 없으며 DC를 증폭할 수 있다는 장점을 가지므로, IC 증폭기에서는 트랜지스터를 이용한 정전류원 바이어스 회로가 보편적으로 사용된다. 정전류원 회로는 큰 출력저항을 가지므로 부하저항 대신에 능동부하로도 사용되어, 작은 칩 면적으로 큰 전압이득을 얻을 수 있다.

[그림 7-14(a)]는 정전류원의 전압-전류 특성을 보여준다. 이상적인 정전류원은 [그림 7-14(a)]의 점선과 같이 전압의 변동에 무관한 일정한 출력전류를 가지며, 따라서 출력저항이 $R_O = \infty$이다. 그러나 실제 정전류원 회로는 [그림 7-14(a)]의 실선과 같이 전압이 증가함에 따라 출력전류가 약간 증가하게 되며, 따라서 유한한 출력저항을 갖는다. [그림 7-14(b)]는 정전

류원 회로의 등가회로를 보이고 있으며, 출력저항 R_O는 [그림 7-14(a)]의 실선 특성 곡선에서 기울기의 역수로 정의된다.

차동 증폭기에 바이어스 전류를 공급하는 BJT 정전류원 회로에 대해 살펴보자.

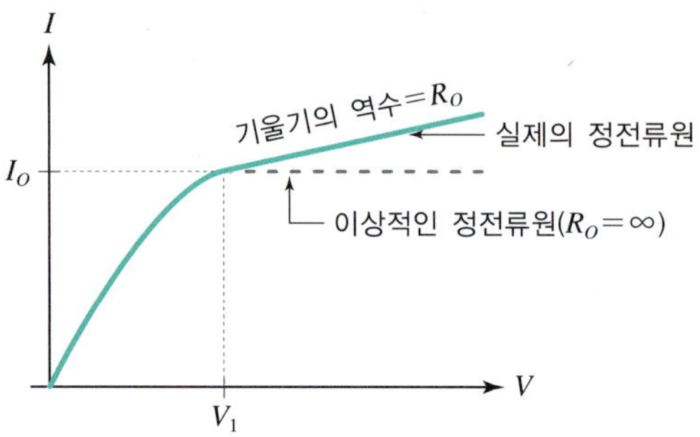

(a) 전압-전류 특성

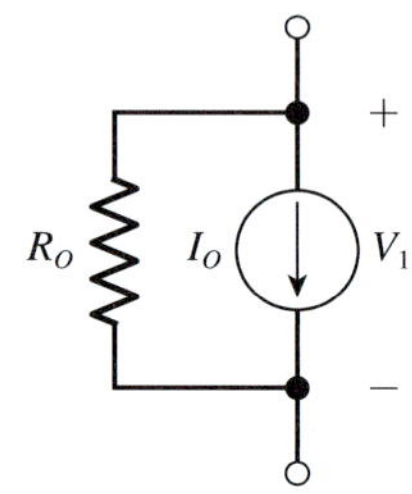

(b) 등가회로

[그림 7-14] BJT 정전류원의 전압-전류 특성 및 등가회로

전류거울 회로

[그림 7-15]는 정전류원으로 사용되는 전류거울(current mirror)의 기본회로이다. 트랜지스터 Q_1, Q_2는 정합된 소자이며, Q_1은 컬렉터가 베이스로 연결되어 등가적으로 다이오드와 같이 동작한다. Q_1과 Q_2의 베이스가 서로 연결되고 또한 이미터도 서로 연결되어 있으므로, 두 트랜지스터는 동일한 베이스-이미터 전압 V_{BE}를 갖는다. Q_1의 컬렉터에는 기준전류 I_{REF}가 공급되며, Q_2의 컬렉터 전류가 전류거울 회로의 출력전류 I_O이다.

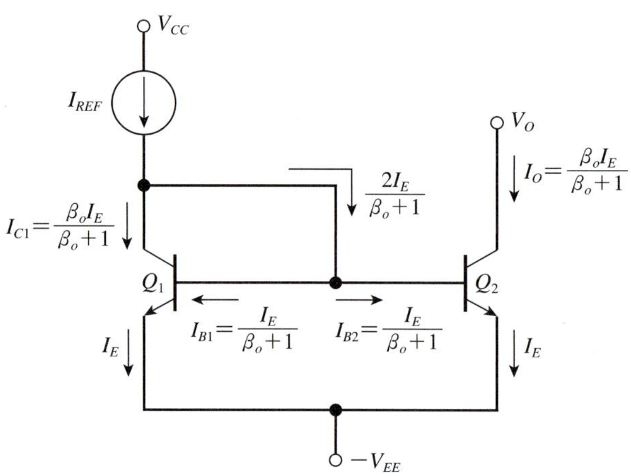

[그림 7-15] 전류거울 회로

트랜지스터 Q_1과 Q_2가 정합된 소자(즉, $\beta_{o1}=\beta_{o2}\equiv\beta_o$)이고 베이스-이미터 전압이 $V_{BE1}=V_{BE2}\equiv V_{BE}$로 같으므로 두 트랜지스터의 이미터 전류는 $I_{E1}=I_{E2}\equiv I_E$이며, 따라서 두 트랜지스터의 베이스 전류도 $I_{B1}=I_{B2}=I_E/(\beta_o+1)$로 같다. [그림 7-15]에 나타낸 것처럼 Q_1의 컬렉터 전류는 다음과 같고,

$$I_{C1}=\frac{\beta_o}{\beta_o+1}I_E \tag{7.44}$$

기준전류는 다음과 같다.

$$I_{REF}=I_{C1}+I_{B1}+I_{B2}=\frac{\beta_o}{\beta_o+1}I_E+\frac{2}{\beta_o+1}I_E=\frac{\beta_o+2}{\beta_o+1}I_E \tag{7.45}$$

그리고 출력전류는,

$$I_O=I_{C2}=\frac{\beta_o}{\beta_o+1}I_E \tag{7.46}$$

따라서 전류거울 회로의 전류이득은 다음과 같다.

$$\frac{I_O}{I_{REF}}=\frac{\beta_o}{\beta_o+2}=\frac{1}{1+2/\beta_o}\simeq 1 \tag{7.47}$$

$\beta_o\gg 2$이면 $I_O\simeq I_{REF}$가 되고, $\beta_o=100$인 경우 2%의 오차를 갖는다. 식 (7.47)이 나타내는 바와 같이, 기준전류와 동일한 출력전류를 얻으므로 전류거울 회로라고 한다. 이 회로에서 Q_2는 항상 선형영역에서 동작해야 하므로, Q_2의 컬렉터 전압이 베이스 전압보다 크게 유지되어야 한다. 이를 위해 전류거울의 출력전류 I_O를 공급받는 회로(즉, Q_2의 컬렉터에 연결되는 회로)는 Q_2의 컬렉터 전압을 베이스 전압보다 크게 유지시켜야 한다. 그렇지 않으면 Q_2가 선형영역에서 동작하지 않으므로 식 (7.47)을 만족하지 못하고, 따라서 전류거울로 동작하지 못한다.

트랜지스터 Q_2의 얼리 전압이 무한대가 아닌 경우에는 Q_2의 컬렉터 전압 V_O가 증가할수록 출력전류 I_O가 증가하게 된다. 출력전류 I_O의 V_O에 대한 의존성은 Q_2의 컬렉터 저항 r_o로 나타나며, 따라서 전류거울의 출력저항은 r_o가 된다. 전류거울은 회로에 일정한 바이어스 전류를 공급하는 정전류원 뿐만 아니라 출력저항 r_o를 부하로 이용하는 능동부하로도 사용된다(7.2.3절 참조).

[그림 7-16]은 전류거울 회로의 예이다. 기준전류는 저항 R과 전원전압에 의해 다음과 같이 결정된다.

$$I_{REF}=\frac{V_{CC}-V_{BE}}{R} \tag{7.48}$$

$\beta_o \gg 1$이고 I_O의 V_O에 대한 의존성을 무시하면 $I_O = I_{REF}$가 되며, $V_O \geq V_{BE2}$의 조건을 만족하면 Q_2가 선형영역에서 동작하여 정전류원으로 동작한다.

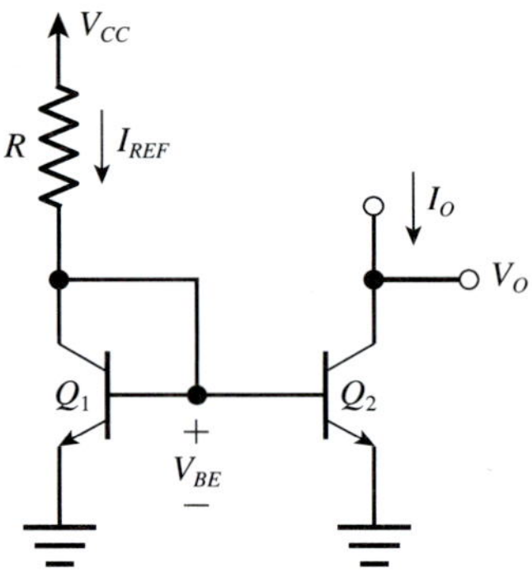

[그림 7-16] 전류거울 회로의 예

예제 7-4

[그림 7-16]의 회로에서 $I_O = 0.2$ mA가 되도록 저항 R의 값을 결정하라. 단, $r_o = \infty$, $\beta_o = 100$, $V_{BE} \simeq 0.7$ V이며, $V_{CC} = 10$ V이다.

풀이

$r_o = \infty$이고 $\beta_o = 100$이므로, $I_O \simeq I_{REF}$이다. 따라서 식 (7.48)로부터,

$$R = \frac{V_{CC} - V_{BE}}{I_{REF}} = \frac{10 - 0.7}{0.2 \times 10^{-3}} = 46.5 \text{ k}\Omega$$

응용 7-4

[그림 7-16]의 회로에서 Q_2의 베이스-컬렉터 전압이 $V_{CB} < 0.5$ V이면 Q_2가 포화영역으로 넘어간다. 이 회로가 정전류원으로 동작할 수 있는 컬렉터 전압의 최솟값은 얼마인가? 단, $V_{BE} \simeq 0.7$ V이다.

[정답 : 1.2 V]

다중 출력 전류거울 회로

연산 증폭기와 같이 IC 내부회로의 여러 곳에서 정전류 바이어스를 필요로 하는 경우에는 [그림 7-17]과 같은 다중 출력 전류거울 회로를 사용한다. 기준전류는 식 (7.49)와 같이 저항 R과 전원전압에 의해 결정된다.

$$I_{REF}=\frac{V_{CC}+V_{EE}-(V_{BE1}+V_{BE2})}{R} \tag{7.49}$$

모든 트랜지스터들의 전류이득이 β_o로 같고 $\beta_o \gg 1$이라고 가정하면, Q_1과 Q_3 그리고 Q_2와 Q_4가 각각 전류거울로 동작하므로, 출력전류는 $I_1=I_2=I_{REF}$가 되어 정전류가 얻어진다. [그림 7-17]에서 보는 바와 같이 전류거울 Q_1-Q_3은 PNP 트랜지스터로 구성되므로, Q_3의 컬렉터에 연결되는 회로-A에 정전류를 공급하는 전류원(current source) 역할을 한다. 반면에 NPN 트랜지스터로 구성된 전류거울 Q_2-Q_4는 Q_4의 컬렉터에 연결되는 회로-B로부터 정전류를 흡수하는 전류싱크(current sink) 역할을 한다. Q_1-Q_3 전류거울이 정전류원으로 동작하기 위해서는 $V_{C3} \leq V_{CC}-V_{BE3}$를 만족해야 하며, Q_2-Q_4 전류거울은 $V_{C4} \geq -V_{EE}+V_{BE4}$를 만족해야 한다. 이들 조건은 전류거울에 연결되는 회로-A와 회로-B의 전압조건을 나타낸다. $Q_2-(Q_5, Q_6, Q_7)$도 전류거울을 구성하고 있으며, 동일한 BJT 3개가 병렬로 연결되어 있는 (Q_5, Q_6, Q_7)은 $I_3=3I_{REF}$의 정전류를 회로-C로부터 흡수하는 전류싱크로 동작한다.

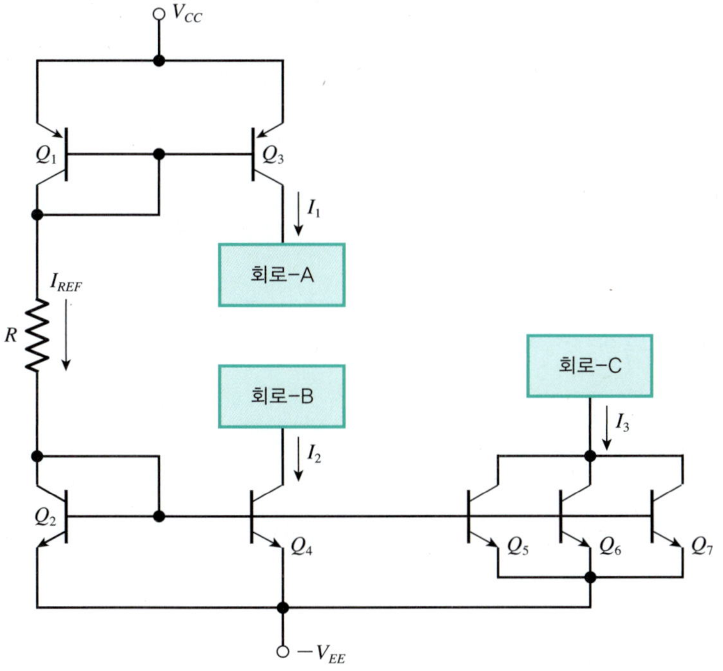

[그림 7-17] 다중 출력 전류거울 회로

베이스 전류 보상을 갖는 전류거울 회로

[그림 7-15]의 전류거울 회로에서 Q_1, Q_2의 베이스 전류 $I_{B1}+I_{B2}=2I_E/(\beta_o+1)$는 기준전류 I_{REF}로부터 공급되어야 하므로, 식 (7.46)이 나타내는 바와 같이 출력전류 I_O가 Q_1, Q_2의 β_o에 의존성을 갖는다. 이상적인 전류거울 특성인 $I_O=I_{REF}$를 얻기 위해서는 Q_1, Q_2의 β_o가 매우 커야 하지만, 실제 구현에는 한계가 있다. 이를 회로적인 방법으로 해결하기 위해 [그림 7-18]과 같이 트랜지스터 Q_3를 추가하여 Q_1, Q_2의 베이스 전류를 보상할 수 있다. Q_3의 전류이득을 β_{o3}이라고 하면, Q_3의 베이스 전류는 다음과 같다.

$$I_{B3}=\frac{I_{E3}}{\beta_{o3}+1}=\frac{I_{B1}+I_{B2}}{\beta_{o3}+1} \tag{7.50}$$

$\beta_{o1}=\beta_{o2}\equiv\beta_o$이고 $V_{BE1}=V_{BE2}\equiv V_{BE}$이므로, 이미터 전류는 $I_{E1}=I_{E2}\equiv I_E$이며 따라서 베이스 전류도 $I_{B1}=I_{B2}=I_E/(\beta_o+1)$이다. 이 조건을 식 (7.50)에 적용한 후, 기준전류를 구하면 다음과 같다.

$$\begin{aligned} I_{REF}=I_{C1}+I_{B3}&=\frac{\beta_o}{\beta_o+1}I_E+\frac{2}{(\beta_{o3}+1)(\beta_o+1)}I_E \\ &=\frac{\beta_o I_E}{\beta_o+1}\left[1+\frac{2}{\beta_o(\beta_{o3}+1)}\right] \end{aligned} \tag{7.51}$$

식 (7.46)에 의해 $I_O=I_{C2}=\beta_o I_E/(\beta_o+1)$이므로, 식 (7.51)로부터 전류거울 회로의 출력전류는 다음과 같다.

$$I_O=\frac{I_{REF}}{1+\dfrac{2}{\beta_o(\beta_{o3}+1)}}\simeq I_{REF} \tag{7.52}$$

따라서 [그림 7-18] 회로의 전류이득은,

$$\frac{I_O}{I_{REF}}=\frac{1}{1+\dfrac{2}{\beta_o(\beta_{o3}+1)}}\simeq 1 \tag{7.53}$$

Q_3이 없는 경우인 [그림 7-15] 회로의 출력전류 식 (7.47)과 비교하면, Q_1, Q_2의 β_o가 출력전류 I_O에 미치는 영향이 $2/\beta_o$에서 $2/[\beta_o(\beta_{o3}+1)]$로 매우 작아졌음을 확인할 수 있다. [그림 7-18] 회로의 기준전류는 다음과 같이 결정된다.

$$I_{REF}=\frac{V_{CC}+V_{EE}-(V_{BE1}+V_{BE3})}{R} \tag{7.54}$$

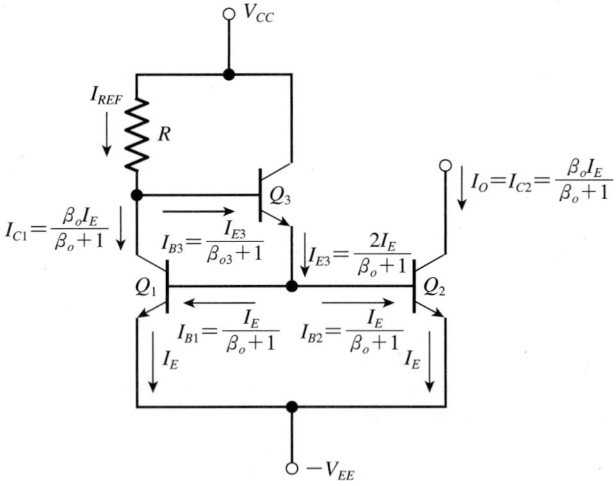

[그림 7-18] 베이스 전류 보상을 갖는 전류거울 회로

예제 7-5

[그림 7-16] 회로와 [그림 7-18] 회로의 전류이득 I_O/I_{REF}를 비교하라. 모든 트랜지스터들은 $V_{BE}=0.7$ V, $\beta_o=100$이고 $R=5$ kΩ, $V_{CC}=10$ V, $V_{EE}=0$ V이다.

풀이

① [그림 7-16]의 전류거울 회로 : 식 (7.47)로부터,

$$\frac{I_O}{I_{REF}} = \frac{\beta_o}{\beta_o+2} = \frac{100}{100+2} = 0.98$$

② [그림 7-18]의 전류거울 회로 : 식 (7.53)으로부터,

$$\frac{I_O}{I_{REF}} = \frac{1}{1+\dfrac{2}{\beta_o(\beta_{o3}+1)}} = \frac{1}{1+\dfrac{2}{100\times 101}} = 0.9998 \simeq 1$$

따라서 [그림 7-18]의 회로가 [그림 7-16]의 회로에 비해 기준전류와 출력전류 사이의 오차가 작다.

응용 7-5

[그림 7-18]의 회로에서 $I_O=0.2$ mA가 되도록 저항 R의 값을 결정하라. 모든 트랜지스터는 $r_o=\infty$, $\beta_o=100$, $V_{BE}\simeq 0.7$ V이며 $V_{CC}=10$ V, $V_{EE}=0$ V이다.

[정답 : $R=43$ kΩ]

윌슨 전류거울 회로

[그림 7-18] 회로와 유사하게 트랜지스터의 β_o가 정전류원의 출력전류에 미치는 영향을 최소화하기 위한 또 다른 방법으로, [그림 7-19]의 윌슨(Wilson) 전류거울 회로가 사용된다. [그림 7-19] 회로에서 모든 트랜지스터의 전류이득이 같다고($\beta_{o1}=\beta_{o2}=\beta_{o3}\equiv\beta_o$) 가정하면, $I_{B1}=I_{B2}$이므로 Q_3의 이미터 전류와 컬렉터 전류는 각각 다음과 같다.

$$I_{E3}=I_{C2}+2I_{B2}=I_{C2}+\frac{2I_{C2}}{\beta_o}=\left(\frac{\beta_o+2}{\beta_o}\right)I_{C2} \tag{7.55}$$

$$I_{C3}=\frac{\beta_o}{\beta_o+1}I_{E3}=\left(\frac{\beta_o+2}{\beta_o+1}\right)I_{C2} \tag{7.56}$$

기준전류 I_{REF}는 Q_1의 컬렉터 전류와 Q_3의 베이스 전류의 합이므로,

$$I_{REF}=I_{C1}+I_{B3}=I_{C2}+\frac{I_{C3}}{\beta_o} \tag{7.57}$$

$I_{C1}=I_{C2}$가 적용되었다. 식 (7.56)에서 I_{C2}를 구하여 식 (7.57)에 대입하면,

$$I_{REF}=\frac{\beta_o+1}{\beta_o+2}I_{C3}+\frac{I_{C3}}{\beta_o}=\left[1+\frac{2}{\beta_o(\beta_o+2)}\right]I_{C3} \tag{7.58}$$

따라서 전류거울 회로의 출력전류는 다음과 같다.

$$I_O=I_{C3}=\frac{I_{REF}}{\left[1+\frac{2}{\beta_o(\beta_o+2)}\right]} \tag{7.59}$$

식 (7.59)로부터, 전류거울 회로의 전류이득은 다음과 같다.

$$\frac{I_O}{I_{REF}}=\frac{1}{\left[1+\frac{2}{\beta_o(\beta_o+2)}\right]}\simeq 1 \tag{7.60}$$

식 (7.60)은 [그림 7-18]의 전류거울 회로의 출력전류인 식 (7.53)과 유사한 형태를 가지며, 따라서 트랜지스터의 β_o가 출력전류 I_O에 미치는 영향이 매우 작다. 그러나 [그림 7-15]의 전류거울에 비해 출력전압의 범위가 좁다는 단점을 갖는다. 이 회로는 Q_3의 컬렉터 전압이 $V_{C3}\geq V_{CE3,sat}+V_{BE1}-V_{EE}$를 만족해야 선형영역에서 동작할 수 있다.

[그림 7-19] 회로의 출력저항은 식 (7.61)과 같다(유도 과정은 연습문제를 통해 학습하기 바란다).

$$R_O\simeq\frac{\beta_o r_{o3}}{2} \tag{7.61}$$

[그림 7-15]의 전류거울 기본회로의 출력저항 r_o에 비해 $\beta_o/2$배만큼 큰 출력저항을 가지는데, 이는 다이오드 연결구조의 Q_2가 Q_3의 이미터 저항으로 작용하기 때문이다. 정전류원의 출력저항은 다음과 같은 요인에 의해 큰 값을 가질수록 좋다.

- 출력저항이 무한대에 가까울수록 이상적인 정전류원 특성에 가까워진다.
- 7.2.1절의 식 (7.22)와 식 (7.23)에서 보는 바와 같이, 정전류원의 출력저항 R_O가 클수록 공통모드 이득이 작아지고, CMRR이 커져서 차동 증폭기의 성능이 좋아진다.
- 7.2.4절에서 설명한 바와 같이, 정전류원은 차동 증폭기의 능동부하로 사용되므로 정전류원의 출력저항이 클수록 차동모드 이득이 커진다.

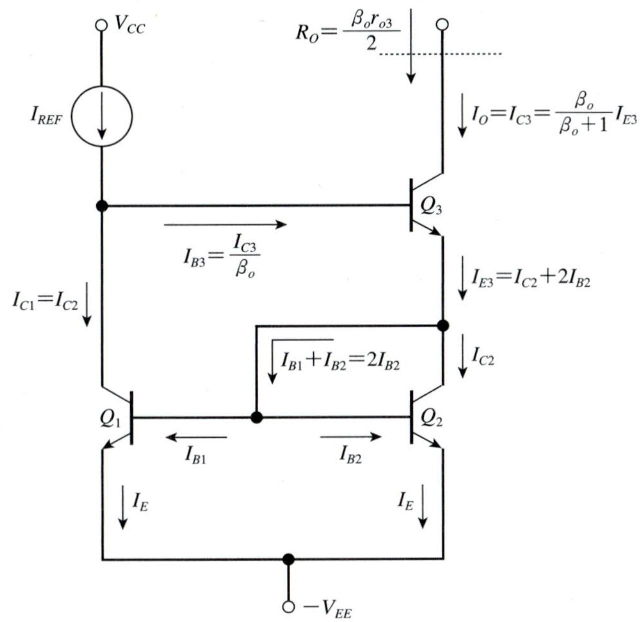

[그림 7-19] 윌슨 전류거울 회로

위들러 정전류원 회로

앞에서 설명된 정전류원 회로들은 기준전류 I_{REF}를 생성하기 위해 비교적 큰 저항값을 필요로 한다. 예를 들어 [예제 7-4]에서 살펴보았듯이, [그림 7-16]의 회로에서 기준전류 $I_{REF}=0.2$ mA를 생성하는 데 저항 $R=46.5\ \text{k}\Omega$이 사용되어야 한다. IC에서는 큰 저항값을 만들기 위해 많은 칩 면적을 필요로 하며, 큰 저항값을 정밀하게 만드는 것도 어렵다.

작은 저항값을 이용하여 기준전류를 생성하기 위해 [그림 7–20]의 위들러(Widlar) 정전류원 회로를 사용한다. [그림 7–15]의 전류거울 회로와 비교해 보면, Q_2의 이미터에 저항 R_E가 추가되었으며 이에 의해 $V_{BE2} < V_{BE1}$가 되고 따라서 Q_2의 컬렉터 전류(즉, 전류거울의 출력전류)가 기준전류 I_{REF}보다 작아지게 된다. $I_O < I_{REF}$이므로, 전류거울 회로라고 하지 않고 정전류원 회로라고 한다.

위들러 정전류원 회로의 저항 R_E와 기준전류 I_{REF} 및 출력전류 I_O의 관계를 해석해 보자. 정합된 트랜지스터 Q_1, Q_2의 전류이득이 $\beta_o \gg 1$이면 베이스 전류를 무시할 수 있으므로, 기준전류 I_{REF}는 I_{C1}과 같으며 전압 V_{BE1}과 다음 관계를 갖는다.

$$I_{REF} \simeq I_{C1} = I_S e^{V_{BE1}/V_T} \tag{7.62}$$

또 출력전류와 전압 V_{BE2}의 관계는 다음과 같다.

$$I_O = I_{C2} = I_S e^{V_{BE2}/V_T} \tag{7.63}$$

식 (7.62)와 식 (7.63)으로부터, 전압 V_{BE1}과 V_{BE2}를 구하면 다음과 같다.

$$V_{BE1} = V_T \ln\left(\frac{I_{REF}}{I_S}\right) \tag{7.64}$$

$$V_{BE2} = V_T \ln\left(\frac{I_O}{I_S}\right) \tag{7.65}$$

저항 R_E에 걸리는 전압은 다음과 같으며,

$$\begin{aligned} V_{RE} &= R_E I_{E2} \simeq R_E I_O \\ &= V_{BE1} - V_{BE2} = V_T \ln\left(\frac{I_{REF}}{I_O}\right) \end{aligned} \tag{7.66}$$

따라서 저항 R_E는 다음과 같이 결정된다.

$$R_E = \frac{V_T \ln\left(\frac{I_{REF}}{I_O}\right)}{I_O} \tag{7.67}$$

$\beta_o \gg 1$인 경우에 Q_1의 베이스 전류를 무시하면, 기준전류는 다음과 같다.

$$I_{REF} \simeq I_{C1} = \frac{V_{CC} - (-V_{EE}) - V_{BE1}}{R} \tag{7.68}$$

위들러 전류원의 출력저항은 식 (7.69)와 같으며, [그림 7–15]의 전류거울 회로보다 큰 출력저항을 가져 이상적인 정전류원에 가까운 특성을 갖는다.

$$R_O \simeq r_{o2}[1+g_{m2}(r_{\pi 2} \| R_E)] \tag{7.69}$$

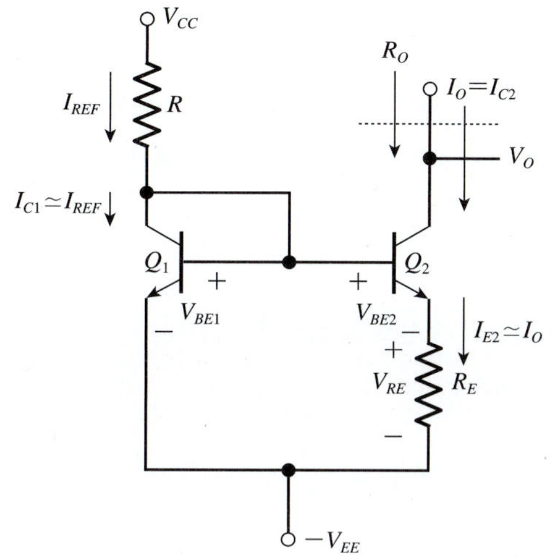

[그림 7-20] 위들러 정전류원 회로

예제 7-6

[그림 7-20]의 위들러 정전류원 회로에서 $I_O = 0.2$ mA가 되도록 저항 R_E의 값을 결정하고, R_E에 걸리는 전압을 구하라. 단, $R = 15$ kΩ, $\beta_o = 100$, $V_{BE1} = 0.7$ V, $V_T = 26$ mV, $V_{CC} = V_{EE} = 10$ V이다.

풀이

식 (7.68)로부터, $I_{REF} \simeq I_{C1} = \dfrac{V_{CC}+V_{EE}-V_{BE1}}{R} = \dfrac{10+10-0.7}{15\times 10^3} = 1.29$ mA

식 (7.67)로부터, $R_E = \dfrac{V_T \ln\left(\dfrac{I_{REF}}{I_O}\right)}{I_O} = \dfrac{0.026\times \ln\left(\dfrac{1.29\times 10^{-3}}{0.2\times 10^{-3}}\right)}{0.2\times 10^{-3}} = 0.24$ kΩ

식 (7.66)으로부터, $V_{RE} \simeq R_E I_O = 0.24\times 10^3 \times 0.2\times 10^{-3} = 48$ mV

응용 7-6

[그림 7-20]의 위들러 정전류원 회로에서 $I_{REF} = 0.6$ mA로부터 출력전류 $I_O = 50\ \mu$A가 생성되도록 저항 R과 R_E의 값을 결정하고, R_E에 걸리는 전압을 구하라. 단, $V_{BE1} = 0.7$ V, $V_T = 26$ mV, $V_{CC} = 5$ V, $V_{EE} = 0$ V이다.

[정답 : $R = 7.17$ kΩ, $R_E = 1.29$ kΩ, $V_{RE} = 64.5$ mV]

7.3 MOSFET 차동 증폭기

이 절에서는 MOSFET로 구성되는 차동 증폭기의 차동모드 동작과 공통모드 동작을 이해하고, 소신호 해석을 통해 차동모드 이득과 공통모드 이득 특성을 해석한다. 또한 능동부하를 갖는 MOSFET 차동 증폭기와 캐스코드 차동 증폭기의 특성을 해석하고, 차동 증폭기의 바이어스 전류 공급 및 능동부하로 사용되는 여러 가지 MOSFET 정전류원 회로에 대해 이해한다.

7.3.1 차동모드 이득 및 공통모드 이득

차동모드 동작과 공통모드 동작으로 나누어 차동 증폭기의 소신호 동작을 해석한다.

차동모드 동작

[그림 7-21]은 MOSFET로 구성되는 차동 증폭기의 일반적인 구조를 보이고 있다. 두 개의 NMOS 트랜지스터 M_1, M_2가 소오스 결합(source-coupled) 차동쌍을 구성하고 있으며, 이들은 특성이 정합(matched)되어 있다. 차동쌍은 정전류원 I_{SS}에 의해 포화영역으로 바이어스되며, 정전류원의 출력저항은 $R_O=\infty$가 될수록 바람직하다. 차동쌍의 베이스로 입력신호가 인가되며, 출력은 차동쌍의 드레인에서 얻어진다. 전원과 드레인 사이에 부하저항 R_D가 연결되며, 실제 IC에서는 능동부하로 구현된다.

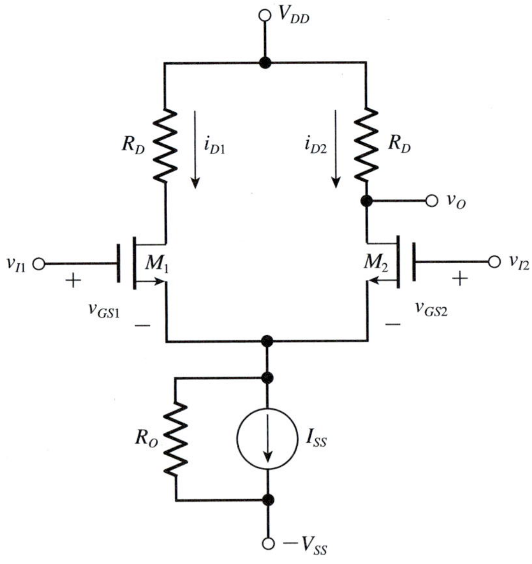

[그림 7-21] MOSFET 차동 증폭기의 일반적인 구조

입출력 전달특성을 해석하기 위해 다음과 같이 가정한다. 차동쌍 M_1, M_2가 정합되어 있어 문턱전압은 $V_{Tn1}=V_{Tn2}\equiv V_{Tn}$, 전달컨덕턴스는 $g_{m1}=g_{m2}\equiv g_m$, 컨덕턴스 파라미터는 $K_{n1}=K_{n2}=K_n$이며 출력저항은 무한대이고 기판 바이어스 효과(body bias effect)가 없다고 가정한다. 정전류원 I_{SS}에 의해 M_1, M_2가 포화영역에서 동작하도록 바이어스되므로, 차동 증폭기의 포화영역의 전류는 다음과 같다.

$$i_{D1}=\frac{1}{2}K_n(v_{GS1}-V_{Tn})^2 \tag{7.70}$$

$$i_{D2}=\frac{1}{2}K_n(v_{GS2}-V_{Tn})^2 \tag{7.71}$$

여기서 $K_n=C_{ox}\mu_n(W/L)$이고, C_{ox}는 단위면적당 게이트 산화막의 정전용량, μ_n은 전자의 이동도, 그리고 W/L은 채널폭과 채널길이의 비를 나타낸다. 식 (7.70)과 식 (7.71)로부터,

$$\sqrt{i_{D1}}=\sqrt{\frac{K_n}{2}}(v_{GS1}-V_{Tn}) \tag{7.72}$$

$$\sqrt{i_{D2}}=\sqrt{\frac{K_n}{2}}(v_{GS2}-V_{Tn}) \tag{7.73}$$

위의 두 식의 차를 구하면,

$$\sqrt{i_{D1}}-\sqrt{i_{D2}}=\sqrt{\frac{K_n}{2}}v_{id} \tag{7.74}$$

여기서 차동 입력전압은 $v_{id}\equiv v_{GS1}-v_{GS2}$로 정의된다. MOSFET의 게이트 전류는 0이므로, 차동쌍 전류의 합은 바이어스 전류 I_{SS}가 된다.

$$i_{D1}+i_{D2}=I_{SS} \tag{7.75}$$

$v_{GS1}=v_{GS2}\equiv V_{GS}$인 경우 차동쌍에는 바이어스 전류가 절반씩 흐르므로,

$$i_{D1}=i_{D2}=\frac{I_{SS}}{2}=\frac{1}{2}K_n(V_{GS}-V_{Tn})^2 \tag{7.76}$$

전압 V_{GS}는 차동쌍에 $I_{SS}/2$의 바이어스 전류가 흐를 때의 게이트-소오스 전압을 의미하므로, 식 (7.76)으로부터 다음과 같이 표현할 수 있다.

$$V_{GS}-V_{Tn}=\sqrt{\frac{I_{SS}}{K_n}} \tag{7.77}$$

식 (7.74)와 식 (7.75)를 연립하여 풀어 i_{D1}과 i_{D2}를 구한 후, 식 (7.77)을 대입하면 차동쌍의 전류는 다음과 같다.

$$i_{D1}=\frac{I_{SS}}{2}+\left(\frac{I_{SS}}{V_{GS}-V_{Tn}}\right)\left(\frac{v_{id}}{2}\right)\sqrt{1-\left(\frac{v_{id}/2}{V_{GS}-V_{Tn}}\right)^2}=I_{DQ}+i_{d1} \tag{7.78}$$

$$i_{D2}=\frac{I_{SS}}{2}-\left(\frac{I_{SS}}{V_{GS}-V_{Tn}}\right)\left(\frac{v_{id}}{2}\right)\sqrt{1-\left(\frac{v_{id}/2}{V_{GS}-V_{Tn}}\right)^2}=I_{DQ}+i_{d2} \tag{7.79}$$

식 (7.78)과 식 (7.79)에서, $I_{SS}/2$는 DC 바이어스 전류 I_{DQ}를 나타내고, 두 번째 항은 교류 전류 성분을 나타낸다. M_1의 교류 전류성분 i_{d1}과 M_2의 교류 전류성분 i_{d2}는 서로 반대 위상임을 확인할 수 있다. 또 차동입력 v_{id}와 교류전류 성분 i_d는 비선형적인 관계임을 알 수 있다. 차동 입력신호의 진폭이 $v_{id}/2 \ll V_{GS}-V_{Tn}$을 만족하는 소신호 입력에 대해 식 (7.78)과 식 (7.79)는 각각 다음과 같이 근사화될 수 있다.

$$i_{D1}\simeq\frac{I_{SS}}{2}+\left(\frac{I_{SS}}{V_{GS}-V_{Tn}}\right)\left(\frac{v_{id}}{2}\right) \tag{7.80}$$

$$i_{D2}\simeq\frac{I_{SS}}{2}-\left(\frac{I_{SS}}{V_{GS}-V_{Tn}}\right)\left(\frac{v_{id}}{2}\right) \tag{7.81}$$

식 (7.77)을 식 (7.80)과 식 (7.81)에 대입하면 다음과 같다.

$$i_{D1}\simeq\frac{I_{SS}}{2}+\sqrt{K_nI_{SS}}\left(\frac{v_{id}}{2}\right)=I_{DQ}+i_{d1} \tag{7.82}$$

$$i_{D2}\simeq\frac{I_{SS}}{2}-\sqrt{K_nI_{SS}}\left(\frac{v_{id}}{2}\right)=I_{DQ}+i_{d2} \tag{7.83}$$

이로부터 각 트랜지스터의 바이어스 전류는 $I_{DQ}=I_{SS}/2$이므로 전달컨덕턴스는 식 (7.84)와 같다.

$$g_m\equiv\frac{i_d}{v_{id}/2}=\sqrt{K_nI_{SS}}=\sqrt{2K_nI_{DQ}} \tag{7.84}$$

따라서 $v_{id}\ll 2(V_{GS}-V_{Tn})$을 만족하는 소신호 입력에 대해,

$$i_d=g_m\frac{v_{id}}{2} \tag{7.85}$$

차동 입력전압 v_{id}와 드레인 전류 i_d 사이에 선형적인 관계가 존재한다. $i_{D1}=I_{SS}$이고 $i_{D2}=0$, 또는 $i_{D1}=0$이고 $i_{D2}=I_{SS}$가 되도록 하는 차동 입력전압 $|v_{id}|_{\max}$는 식 (7.80), 식 (7.81) 또는 식 (7.82), 식 (7.83)으로부터 다음과 같다.

$$|v_{id}|_{\max}\simeq(V_{GS}-V_{Tn})=\sqrt{\frac{I_{SS}}{K_n}} \tag{7.86}$$

[그림 7-22]는 식 (7.82)와 식 (7.83)이 나타내는 차동 입력전압 v_{id}와 드레인 전류 i_{D1} 및 i_{D2}의 관계를 보이고 있다. x축은 $v_{id}/(V_{GS}-V_{Tn})$으로 정규화하였으며, y축은 i_D/I_{SS}로 정규화하였다. [그림 7-22]와 식 (7.82), 식 (7.83)으로부터, $v_{id}=0$이면 $i_{D1}=i_{D2}=I_{SS}/2$이고, 차동 입력신호 v_{id}가 증가하면 M_1의 전류는 선형적으로 증가하며 M_2의 전류는 선형적으로 감소하고, 반대로 v_{id}가 감소하면 M_1의 전류는 선형적으로 감소하고 M_2의 전류는 선형적으로 증가함을 알 수 있다. 식 (7.86)에 의해 정의되는 $|v_{id}|_{max}$에 대해서, $i_{D1}=I_{SS}$가 되면 $i_{D2}=0$이 되고, $i_{D1}=0$이 되면 $i_{D2}=I_{SS}$가 됨을 확인할 수 있다.

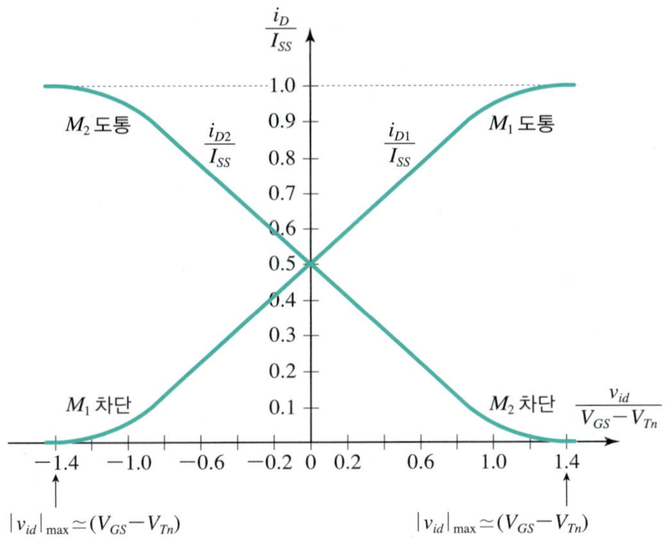

[그림 7-22] MOSFET 차동 증폭기의 차동 입력전압과 전류의 관계

다음으로 [그림 7-23(a)]와 같이 크기가 같고 위상이 반대인 두 입력전압 $v_{I1}=v_{id}/2$와 $v_{I2}=-v_{id}/2$가 인가되는 차동모드의 동작을 해석해 본다.

$v_{I1}=v_{id}/2$에 의해 M_1의 드레인 전류 i_{d1}은 $g_m v_{id}/2$ 만큼 증가하며, $v_{I2}=-v_{id}/2$에 의해 M_2의 드레인 전류 i_{d2}는 $-g_m v_{id}/2$ 만큼 감소한다. MOSFET의 게이트 전류는 0이므로, 두 트랜지스터의 소오스 전류도 같은 양만큼 변하게 된다. 소신호 해석에서 DC 전압은 단락회로로 취급하므로, 차동모드의 소신호 등가모델은 [그림 7-23(b)]와 같이 소오스가 접지된 것으로 볼 수 있다. [그림 7-23(b)]의 차동모드 소신호 등가모델에서 M_1과 M_2가 정합되어 있으며 드레인 저항이 같으므로, 좌 · 우 회로는 동일한 특성을 갖는 대칭이다. 따라서 [그림 7-23(c)]와 같이 반쪽 회로를 이용하여 차동모드 특성을 해석할 수 있다.

[그림 7-23(c)]의 차동모드 반쪽 회로는 공통 소오스 증폭기이므로, $r_o = \infty$로 가정하면 소신호 등가회로는 [그림 7-23(d)]와 같다. 드레인 전류는 식 (7.87)이 되므로,

$$i_{d1} = g_m V_{gs} = g_m \frac{v_{id}}{2} \tag{7.87}$$

컬렉터 전압은,

$$v_{d1} = -R_D i_{d1} = -\frac{g_m R_D}{2} v_{id} \tag{7.88}$$

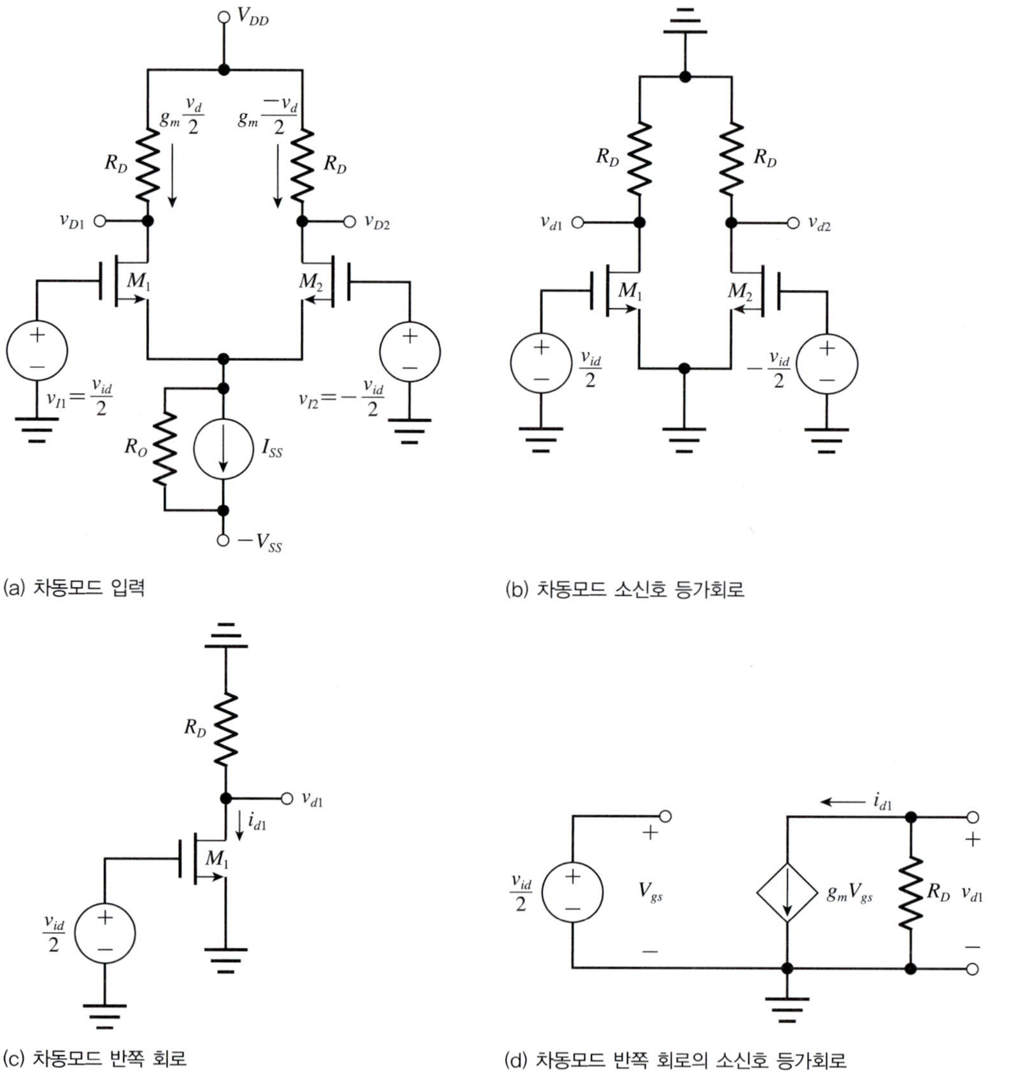

(a) 차동모드 입력
(b) 차동모드 소신호 등가회로
(c) 차동모드 반쪽 회로
(d) 차동모드 반쪽 회로의 소신호 등가회로

[그림 7-23] MOSFET 차동 증폭기의 차동모드 소신호 해석

따라서 차동모드 반쪽 회로의 전압이득은 다음과 같다.

$$A_v = \frac{v_{d1}}{v_{id}/2} = -g_m R_D \tag{7.89}$$

차동 증폭기의 출력전압이 두 드레인 전압의 차($v_{d2} - v_{d1}$)로 얻어지는 경우, 차동 입력전압 v_{id}에 대한 차동모드 이득은 다음과 같다.

$$A_{dm} = \frac{v_{d2} - v_{d1}}{v_{id}} = g_m R_D = \sqrt{K_n I_{SS}}\, R_D \tag{7.90}$$

차동 증폭기의 출력이 M_1 또는 M_2의 드레인과 접지 사이에서 얻어지는 단일종단(single-ended) 출력의 경우, 차동모드 이득은 식 (7.89)로부터 다음과 같다.

$$A_{dm} = \frac{v_{d1}}{v_{id}} = -\frac{g_m R_D}{2} = -\frac{\sqrt{K_n I_{SS}}}{2} R_D \tag{7.91}$$

MOSFET는 BJT보다 전달컨덕턴스 g_m이 작으며, 따라서 MOSFET 차동 증폭기는 7.2절에서 설명한 BJT 차동 증폭기보다 차동모드 이득이 작다. 그러나 선형으로 동작할 수 있는 차동모드 입력신호의 범위가 크다는 장점을 갖는다.

공통모드 동작

[그림 7-24(a)]와 같이 차동 증폭기에 크기와 위상이 같은 입력전압 $v_{I1} = v_{I2} = v_{CM}$이 인가되는 공통모드의 동작을 해석해 본다.

정전류원의 출력저항 R_O가 무한대가 아닌 유한한 값을 갖는다고 하면, 공통모드 입력전압에 의해 M_1의 드레인 전류 i_{D1}과 M_2의 드레인 전류 i_{D2}는 동일하게 Δi_D만큼 증가한다. MOSFET의 게이트 전류는 0이므로, 두 트랜지스터의 소오스 전류도 같은 양만큼 변하게 된다. 정전류원의 전류 I_{SS}는 일정한 값을 유지하므로, 저항 R_O에 흐르는 전류가 $2\Delta i_D$ 만큼 증가하게 되고, 따라서 소오스 전압 V_S는 더 이상 DC가 아니라 $2R_O \Delta i_D$ 만큼 증가한다. 따라서 공통모드 신호에 대한 소신호 등가모델은 [그림 7-24(b)]와 같이 소오스에 저항 $2R_O$가 포함된 것으로 볼 수 있다. M_1과 M_2가 정합되어 있으며 드레인 저항이 같으므로, [그림 7-24(b)]의 공통모드 소신호 등가모델에서 좌 · 우 회로는 동일한 특성을 갖는 대칭이다. 따라서 [그림 7-24(c)]와 같이 반쪽 회로를 이용하여 공통모드 특성을 해석할 수 있다.

[그림 7-24(c)]의 공통모드 반쪽 회로는 소오스 저항 $2R_O$를 갖는 공통 소오스 증폭기이므로 전압이득은 식 (7.92)와 같으며, 이는 단일종단 출력의 공통모드 이득이 된다.

$$A_{cm} = \frac{v_{d1}}{v_{CM}} = \frac{-g_m R_D}{1+2g_m R_O} \tag{7.92}$$

식 (7.92)로부터, MOSFET 차동 증폭기의 공통모드 이득은 정전류원의 출력저항 R_O와 관계됨을 알 수 있다. 이는 7.2.1절에서 설명된 BJT 차동 증폭기와 동일한 특성이다. 차동 증폭기의 기능상 공통모드 이득은 작을수록 바람직하므로, 정전류원의 출력저항 R_O가 커야(즉, 이상적인 정전류원에 가까워야) 한다. 두 트랜지스터의 게이트에 공통모드 입력신호 v_{CM}이 동일하게 인가되므로, $v_{d1}-v_{d2}=0$이 된다. 따라서 출력전압이 드레인 전압의 차로 얻어지는 경우, 공통모드 이득은 0이 된다.

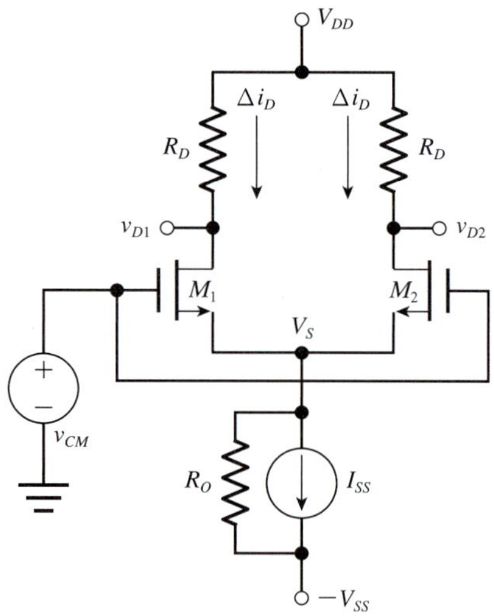

(a) 공통모드 입력

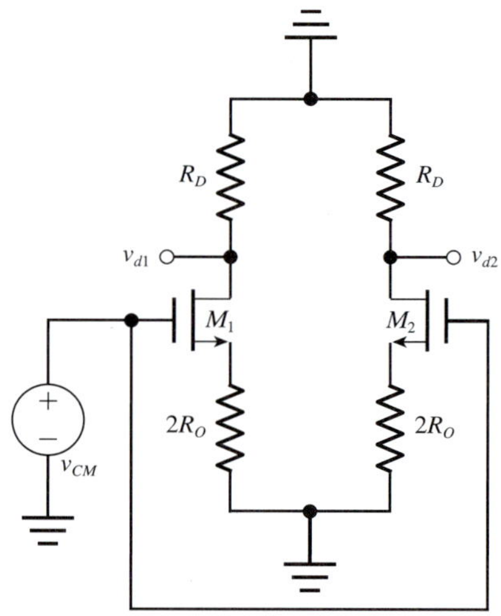

(b) 공통모드 소신호 등가회로

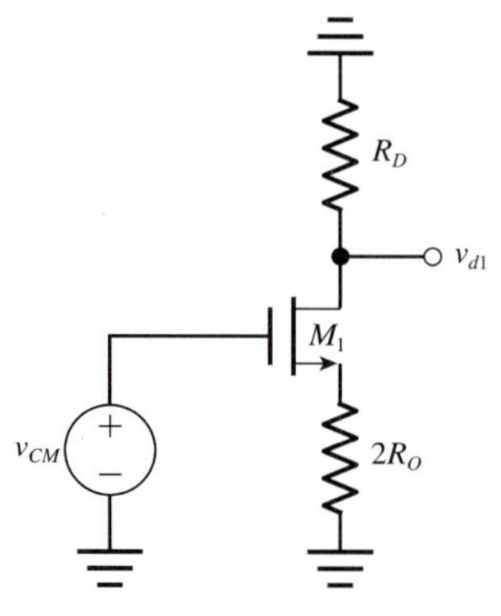

(c) 공통모드 반쪽 회로

[그림 7-24] MOSFET 차동 증폭기의 공통모드 소신호 해석

공통모드 제거비

식 (7.90), 식 (7.91)과 식 (7.92)로부터, 공통모드 제거비는 다음과 같다.

$$\bullet \text{ 차동출력 : CMRR} = \left| \frac{A_{dm}}{A_{cm}} \right| = \frac{g_m R_D}{\dfrac{g_m R_D}{1+2g_m R_O}} = 1+2g_m R_O \tag{7.93a}$$

$$\bullet \text{ 단일종단출력 : CMRR} = \left| \frac{A_{dm}}{A_{cm}} \right| = \frac{\dfrac{g_m R_D}{2}}{\dfrac{g_m R_D}{1+2g_m R_O}} = \frac{1+2g_m R_O}{2} \tag{7.93b}$$

CMRR은 MOSFET의 전달컨덕턴스 g_m과 정전류원의 출력저항 R_O에 관계되며, $R_O \to \infty$이면 $A_{cm} \to 0$이 되어 CMRR$\to \infty$가 된다. 따라서 차동 증폭기의 성능을 나타내는 CMRR을 크게 하기 위해서는 큰 출력저항을 갖는 정전류원 회로를 사용해야 한다.

예제 7-7

[그림 7-21]의 MOSFET 차동 증폭기에서 단일종단 출력전압 v_o에 대한 차동모드 이득 A_{dm}, 공통모드 이득 A_{cm}, 그리고 CMRR을 구하라. 단, MOSFET 차동쌍의 파라미터는 $K_{n1}=K_{n2}=0.5\ \text{mA/V}^2$, $V_{Tn1}=V_{Tn2}=1\ \text{V}$, $r_{o1}=r_{o2}=\infty$이다. $R_D=15\ \text{k}\Omega$이고, 정전류원의 전류는 $I_{SS}=0.5\ \text{mA}$이며, 출력저항은 $R_O=150\ \text{k}\Omega$이다.

풀이

① 차동모드 이득 : MOSFET의 전달컨덕턴스는

$$g_m = \sqrt{K_n I_{SS}} = \sqrt{0.5\times10^{-3}\times0.5\times10^{-3}} = 0.5\ \text{mA/V}$$

이므로, 이를 식 (7.91)에 대입하면,

$$A_{dm} = -\frac{g_m R_D}{2} = -\frac{0.5\times10^{-3}\times15\times10^3}{2} = -3.75\ \text{V/V}$$

② 공통모드 이득 : 식 (7.92)로부터

$$A_{cm} = \frac{-g_m R_D}{1+2g_m R_O} = -\frac{0.5\times10^{-3}\times15\times10^3}{1+2\times0.5\times10^{-3}\times150\times10^3} = -49.67\times10^{-3}\ \text{V/V}$$

③ CMRR : $\text{CMRR} = \left| \dfrac{A_{dm}}{A_{cm}} \right| = \dfrac{3.75}{49.67\times10^{-3}} = 75.50$

또는 $\text{CMRR}_{\text{dB}} = 20\log_{10}(75.5) = 37.56\ \text{dB}$이다.

응용 7-7

[예제 7-7]의 회로가 $A_{dm}=-3.75$인 상태에서 $\mathrm{CMRR}_{\mathrm{dB}}=80$ dB이 되기 위해서는 정전류원의 출력 저항이 얼마 이상 되어야 하는가?

[정답 : $R_O \geq 20$ MΩ]

7.3.2 차동모드 및 공통모드 입력저항

MOSFET는 구조상 입력저항이 무한대에 가까운 큰 값이므로, MOSFET 차동 증폭기의 차동모드 입력저항과 공통모드 입력저항은 무한대에 가까운 큰 값을 갖는다. 7.2.2절에서 설명한 BJT 차동 증폭기의 차동모드 입력저항 $R_{id}=2r_\pi$의 수~수십 kΩ에 비해서 매우 큰 값을 가지므로 바람직한 특성이라고 할 수 있다.

7.3.3 능동부하를 갖는 MOSFET 차동 증폭기

7.3.1절의 식 (7.90)과 식 (7.91)에 의하면 차동 증폭기의 차동모드 이득은 드레인 저항 R_D에 비례하므로, 차동모드 이득을 크게 하기 위해서는 드레인 저항 R_D가 커야 한다. 일반적으로 IC 증폭기에서는 큰 차동모드 이득을 얻기 위해 트랜지스터를 이용한 능동부하가 사용된다. 능동부하는 일정한 전류를 공급하는 정전류원 형태로 구현되며, 정전류원의 큰 출력저항이 부하저항으로 사용된다.

[그림 7-25(a)]는 컬렉터 저항 R_D 대신에 능동부하가 사용된 차동 증폭기 회로이다. N 채널 MOSFET M_1, M_2는 차동쌍을 구성하며, P 채널 MOSFET M_3, M_4는 전류거울 형태의 능동부하로서 차동쌍의 부하로 작용한다. M_2와 M_4의 드레인 접점에서 단일종단 출력이 얻어진다. MOSFET 전류거울 및 정전류원 회로는 7.3.4절에서 설명된다.

차동 증폭기의 두 입력전압이 0(즉, $v_{id}=0$)인 경우에, 정전류원의 전류 I_{SS}는 차동쌍 M_1과 M_2에 1/2씩 분배되어 흐르므로, 다이오드 결선형태의 M_3에도 $I_{SS}/2$의 전류가 흐른다. 트랜지스터 M_3, M_4는 전류거울 회로이므로(7.3.4절 참조), M_4의 드레인에도 $I_{SS}/2$의 전류가 흐르며, 이 전류는 M_2의 드레인 전류가 된다. 따라서 차동 증폭기의 출력(즉, M_2와 M_4의 드레인 접점)에서 외부로 흐르는 전류는 0이 된다.

차동모드 입력 v_{id}가 인가되는 경우 M_1과 M_2의 드레인 전류는 다음과 같으며,

$$i_{D1}=\frac{I_{SS}}{2}+i_{d1}=\frac{I_{SS}}{2}+g_m\frac{v_{id}}{2} \tag{7.94a}$$

$$i_{D2}=\frac{I_{SS}}{2}+i_{d2}=\frac{I_{SS}}{2}-g_m\frac{v_{id}}{2} \tag{7.94b}$$

MOSFET의 게이트 전류는 0이므로, $i_{D3}=i_{D1}$이고 M_3, M_4는 전류거울 회로이므로 $i_{D4}=i_{D3}$이 된다. 따라서 식 (7.95)의 관계가 성립하며, 이들 드레인 전류의 방향은 [그림 7-25(a)]에 표시한 것과 같다.

$$i_{D4}=i_{D3}=i_{D1} \tag{7.95}$$

[그림 7-25(b)]의 교류 등가회로와 식 (7.94)와 식 (7.95)로부터, 차동 증폭기의 출력노드에서 부하로 흐르는 교류전류는 다음과 같다.

$$i_o=i_{d4}-i_{d2}=g_m\frac{v_{id}}{2}-\left(-g_m\frac{v_{id}}{2}\right)=g_m v_{id} \tag{7.96}$$

능동부하로 사용되고 있는 전류거울 회로는 M_1의 드레인 전류 i_{d1}을 복사하여 M_4의 드레인 전류 i_{d4}를 만든다. 이 전류는 M_2의 드레인 전류 i_{d2}와 합해져서 출력전류 i_o가 되며, 이에 의해 차동모드 이득이 커지게 된다. 만약 전류거울 회로가 사용되지 않고 단순한 정전류원이 능동부하로 사용된다면 출력전류는 $i_o=-i_{d2}=g_m v_{id}/2$가 되어 차동모드 이득이 작아진다.

[그림 7-25(c)]와 [그림 7-25(d)]는 반쪽 회로(M_2, M_4)에 대한 소신호 등가회로이다. 이로부터 차동 증폭기의 출력전압은,

$$v_o=g_m v_{id} R_{out} \tag{7.97}$$

여기서 R_{out}은 차동 증폭기의 출력저항을 나타낸다. 출력노드에 연결된 부하저항 R_L을 고려하는 경우에는 식 (7.97)에서 R_{out}을 $R_{out} \| R_L$로 바꾸면 된다. 출력노드에 M_2와 M_4가 병렬로 연결되어 있으므로 R_{out}은,

$$R_{out}=r_{o2} \| r_{o4} \tag{7.98}$$

따라서 식 (7.98)을 식 (7.97)에 대입하면 출력전압은 다음과 같다.

$$v_o=g_m(r_{o2} \| r_{o4})v_{id} \tag{7.99}$$

MOSFET의 소신호 파라미터에 대해 $g_m=\sqrt{K_n I_{SS}}$, $r_o=1/(\lambda I_{DQ})$와 바이어스 전류 $I_{DQ}=I_{SS}/2$를 식 (7.99)에 대입하면 차동모드 이득은 다음과 같다.

$$A_{dm}=\frac{v_o}{v_{id}}=g_m(r_{o2} \| r_{o4})=\frac{2}{\lambda_2+\lambda_4}\sqrt{\frac{I_{SS}}{K_n}} \tag{7.100}$$

따라서 능동부하를 갖는 차동 증폭기의 차동모드 이득은 트랜지스터에 대해 고정된 값을 갖는다.

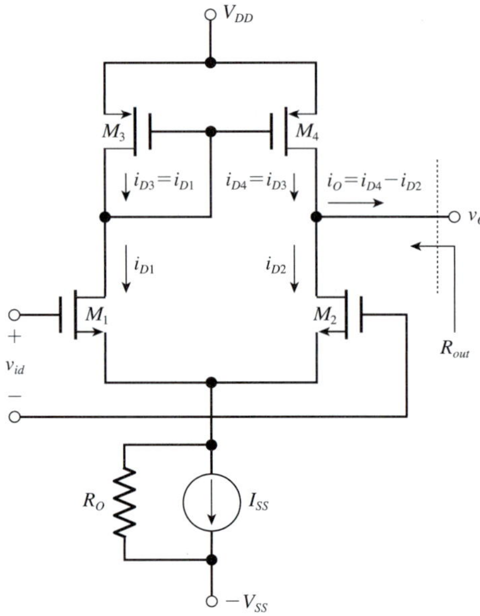

(a) 회로도

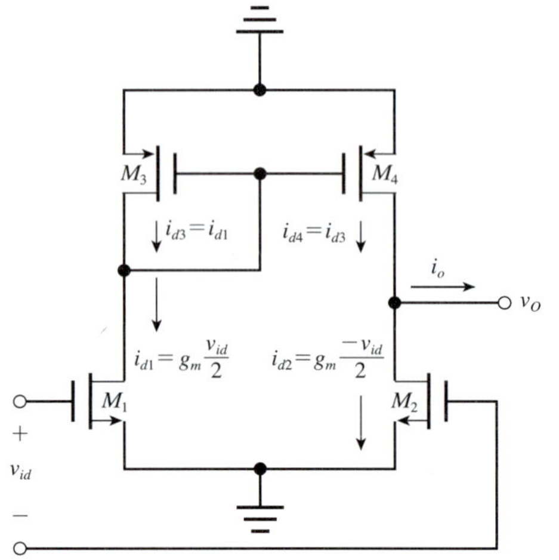

(b) 교류 등가회로

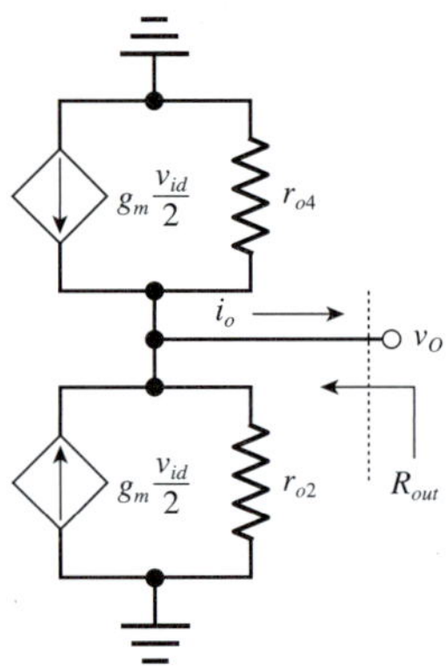

(c) 반쪽 회로(M_2, M_4)의 소신호 등가회로

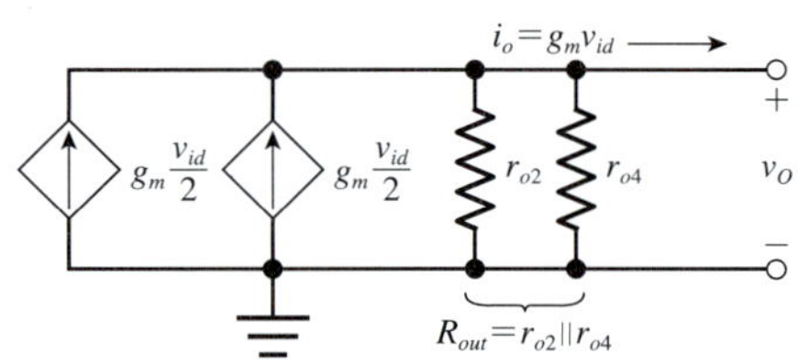

(d) 간략한 소신호 등가회로

[그림 7-25] 능동부하를 갖는 MOSFET 차동 증폭기

7.3.4절에서 설명하는 윌슨 정전류원 또는 캐스코드 정전류원 회로를 능동부하로 사용하면, 식 (7.100)보다 더 큰 차동이득을 얻을 수 있다. 또한 차동 증폭기의 출력저항을 크게 만들기 위해 캐스코드 차동쌍 구조를 사용할 수 있다.

응용 7-8

[그림 7–25]의 능동부하를 갖는 MOSFET 차동 증폭기 회로의 차동모드 이득을 구하라. MOSFET의 파라미터는 $K_n=0.5\ \text{mA/V}^2$, $\lambda_2=0.01\ \text{V}^{-1}$, $\lambda_4=0.015\ \text{V}^{-1}$ 이고, 정전류원의 전류는 $I_{SS}=0.5\ \text{mA}$이다.

[정답 : $A_{dm}=80\ \text{V/V}$]

7.3.4 MOSFET 정전류원 회로

[그림 7–21]의 MOSFET 차동 증폭기에서 트랜지스터 M_1, M_2가 포화영역에서 동작하기 위해서는 적당한 DC 바이어스 전류 I_{SS}가 공급되어야 한다. 7.2.5절의 BJT 정전류원 회로에서 설명하였듯이, IC 증폭기에서는 저항 대신 트랜지스터를 이용한 정전류원 바이어스 회로가 일반적으로 사용된다. 이 절에서는 MOSFET 차동 증폭기에서 바이어스 정전류원과 능동부하로 사용되는 정전류원 회로에 대해 살펴본다.

MOSFET 정전류원 회로

[그림 7–26]은 MOSFET 정전류원 회로이다. M_1과 M_2는 게이트가 서로 연결되고, 소오스도 서로 연결되어 있으므로, 두 트랜지스터는 동일한 게이트–소오스 전압 V_{GS}를 갖는다. M_1은 드레인에 연결된 기준전류 I_{REF}에 의해 일정한 전류를 공급받으며, M_2의 드레인 전류가 정전류원의 출력전류 I_O이다. 트랜지스터 M_1, M_2는 문턱전압이 $V_{Tn1}=V_{Tn2}=V_{Tn}$이고, $\lambda=0$으로 가정한다. M_1은 드레인과 게이트가 연결되어 있으므로 포화영역에서 동작하며, 따라서 드레인 전류는 다음과 같다.

$$I_{D1}=\frac{1}{2}K_{n1}(V_{GS}-V_{Tn})^2=I_{REF} \tag{7.101}$$

여기서 $K_{n1}=(C_{ox}\mu_n)(W/L)_1$이며, $(W/L)_1$은 M_1의 채널폭과 채널길이의 비(ratio), C_{ox}는 게이트 산화막 정전용량, 그리고 μ_n은 전자의 이동도이다. 정전류원의 출력전류 I_O는 M_2의 드레인 전류이므로,

$$I_O=I_{D2}=\frac{1}{2}K_{n2}(V_{GS}-V_{Tn})^2 \tag{7.102}$$

여기서 $K_{n2}=(C_{ox}\mu_n)(W/L)_2$이며, $(W/L)_2$는 M_2의 채널폭과 채널길이의 비이다. 식 (7.101)로부터, M_1과 M_2의 게이트–소오스 전압은,

$$V_{GS}=V_{Tn}+\sqrt{\frac{2I_{REF}}{K_{n1}}} \tag{7.103}$$

식 (7.103)을 식 (7.102)에 대입하여 정리하면 출력전류는 다음과 같다.

$$I_O = \frac{K_{n2}}{K_{n1}} I_{REF} = \frac{(W/L)_2}{(W/L)_1} I_{REF} \tag{7.104}$$

따라서 정전류원 회로의 출력전류는 기준전류 I_{REF}와 트랜지스터 M_1과 M_2의 채널폭과 채널길이의 비에 의해 결정된다. 식 (7.104)로부터, 기준전류와 출력전류의 비는 다음과 같다.

$$\frac{I_O}{I_{REF}} = \frac{K_{n2}}{K_{n1}} = \frac{(W/L)_2}{(W/L)_1} \tag{7.105}$$

M_1과 M_2의 C_{ox}가 동일하다면, $(W/L)_2 = (W/L)_1$으로 설계하면 $I_O = I_{REF}$가 되어 전류거울 회로로 동작한다.

$\lambda_1 = \lambda_2 \equiv \lambda$로 가정하고 MOSFET의 채널길이 변조효과를 고려하면, 식 (7.101)과 식 (7.102)는 각각 다음과 같이 표현된다.

$$I_{D1} = I_{REF} = \frac{1}{2} K_{n1} (V_{GS} - V_{Tn})^2 (1 + \lambda V_{DS1}) \tag{7.106}$$

$$I_{D2} = I_O = \frac{1}{2} K_{n2} (V_{GS} - V_{Tn})^2 (1 + \lambda V_{DS2}) \tag{7.107}$$

따라서 식 (7.105)는,

$$\frac{I_O}{I_{REF}} = \frac{K_{n2}}{K_{n1}} = \frac{(W/L)_2}{(W/L)_1} \frac{(1 + \lambda V_{DS2})}{(1 + \lambda V_{DS1})} \tag{7.108}$$

[그림 7-26] 정전류원 회로의 출력저항은 다음과 같다.

$$R_O = \left(\frac{dI_O}{dV_{DS2}} \right)^{-1} = \frac{1}{\lambda I_O} = r_o \tag{7.109}$$

이는 트랜지스터 M_2의 출력저항으로서 비교적 큰 값을 갖는다.

[그림 7-26]의 정전류원 회로에서 트랜지스터 M_2가 포화영역에서 동작하기 위해서는 다음 조건을 만족해야 한다.

$$V_O \geq (V_{GS} - V_{Tn}) - V_{SS} \tag{7.110}$$

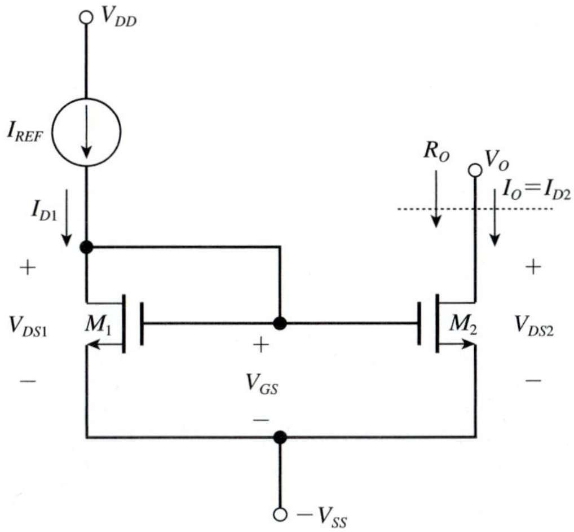

[그림 7-26] MOSFET 정전류원 회로

예제 7-8

[그림 7-26]에서 기준전류 I_{REF}는 저항을 이용하여 만들어질 수도 있으나, [그림 7-27]과 같이 트랜지스터 M_3를 추가하여 구현된다. $I_{REF}=0.2$ mA, $I_O=0.1$ mA이고, M_2의 드레인-소오스 포화전압이 $V_{DS2,sat}=0.8$ V가 되도록 각 트랜지스터의 W/L 비를 구하라. 모든 트랜지스터는 $V_{Tn}=1$ V, $\lambda=0$, $k_n'=60\ \mu\text{A/V}^2$의 동일한 파라미터를 가지며, $V_{DD}=5$ V, $V_{SS}=0$ V이다. 단, $K_n=k_n'(W/L)$이다.

풀이

$V_{DS2,sat}=V_{GS}-V_{Tn}$으로부터 M_1, M_2의 게이트-소오스 전압을 구하면,
$V_{GS}=V_{DS2,sat}+V_{Tn}=0.8+1=1.8$ V이다.

식 (7.102)로부터 $I_O=I_{D2}=\dfrac{1}{2}k_n'\left(\dfrac{W}{L}\right)_2(V_{GS}-V_{Tn})^2$ 이므로,

$$\left(\frac{W}{L}\right)_2=\frac{2I_O}{k_n'(V_{GS}-V_{Tn})^2}=\frac{2\times0.1\times10^{-3}}{60\times10^{-6}\times(1.8-1)^2}=5.21$$

$I_{REF}=I_{D1}=\dfrac{1}{2}k_n'\left(\dfrac{W}{L}\right)_1(V_{GS}-V_{Tn})^2$ 이므로,

$$\left(\frac{W}{L}\right)_1=\frac{2I_{REF}}{k_n'(V_{GS}-V_{Tn})^2}=\frac{2\times0.2\times10^{-3}}{60\times10^{-6}\times(1.8-1)^2}=10.42$$

$V_{GS3}=V_{DD}-V_{GS}=5-1.8=3.2$ V이고, $I_{REF}=\dfrac{1}{2}k_n'\left(\dfrac{W}{L}\right)_3(V_{GS3}-V_{Tn})^2$ 이므로,

$$\left(\frac{W}{L}\right)_3=\frac{2I_{REF}}{k_n'(V_{GS3}-V_{Tn})^2}=\frac{2\times0.2\times10^{-3}}{60\times10^{-6}\times(3.2-1)^2}=1.38$$

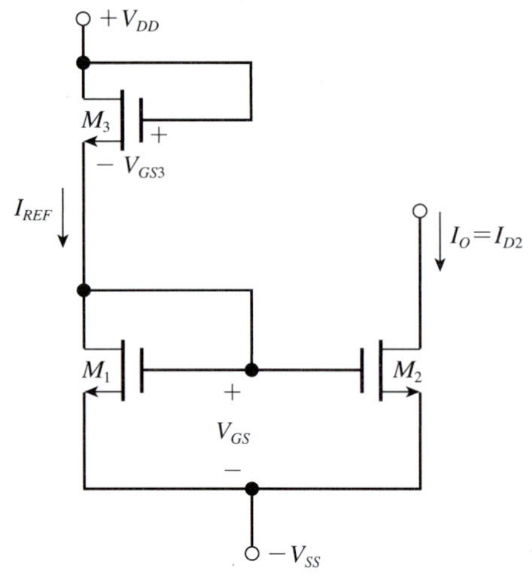

[그림 7-27] [예제 7-8]의 회로

응용 7-9

[그림 7-27]의 정전류원 회로의 출력저항을 구하라. $\lambda_2 = 0.01\ \text{V}^{-1}$ 이고, 출력전류는 $I_O = 0.1\ \text{mA}$이다.

[정답 : $R_O = 1\ \text{M}\Omega$]

MOSFET 캐스코드 정전류원 회로

7.3.1절의 식 (7.92)에 의하면, 차동 증폭기의 공통모드 이득은 정전류원 회로의 출력저항 R_O에 반비례하므로, R_O가 클수록 바람직하다. 정전류원 회로의 출력저항을 크게 만들기 위하여 [그림 7-28(a)]와 같은 캐스코드 정전류원 회로를 사용한다. [그림 7-26]의 기본적인 정전류원 회로에 M_3와 M_4가 추가되었으며, 이들 두 트랜지스터의 게이트가 기준전류 I_{REF}에 연결되어 공통 게이트 구조를 갖는다. 기준전류 I_{REF}는 [그림 7-27]과 같이 MOSFET를 이용하여 생성할 수 있다. [그림 7-28(a)] 회로에서 M_2, M_4 반쪽 회로에 대해 DC 바이어스를 접지로 대체한 교류 등가회로는 [그림 7-28(b)]와 같다. 소신호 등가회로는 [그림 7-28(c)]와 같으며, M_2의 출력저항인 r_{o2}가 M_4의 소오스에 붙어 있는 것으로 볼 수 있다. M_4의 드레인에서 KCL을 적용하면 다음과 같다.

$$I_x = g_{m4}V_{gs4} + \frac{V_x - (-V_{gs4})}{r_{o4}} \tag{7.111}$$

$$V_{gs4} = -r_{o2}I_x \tag{7.112}$$

식 (7.112)를 식 (7.111)에 대입하여 정리하면, 캐스코드 정전류원 회로의 출력저항은,

$$R_O = \frac{V_x}{I_x} = r_{o4} + r_{o2}(1 + g_{m4}r_{o4}) \simeq g_{m4}r_{o2}r_{o4} \tag{7.113}$$

통상적으로 $g_{m4}r_{o4} \gg 1$이므로, [그림 7-26]의 정전류원 회로의 출력저항 r_{o2}에 비해 $g_{m4}r_{o4}$배(보통 20~100배 정도) 큰 출력저항을 갖는다.

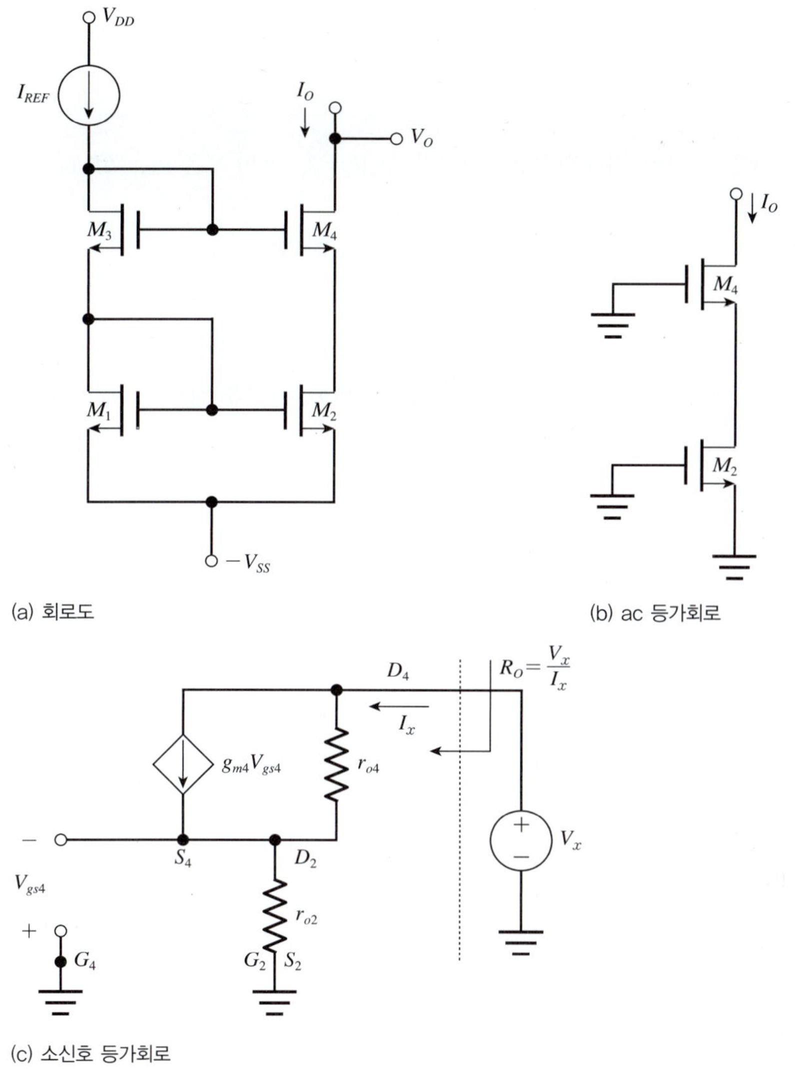

[그림 7-28] MOSFET 캐스코드 정전류원 회로

[그림 7-28]의 캐스코드 정전류원 회로는 [그림 7-26]의 일반적인 정전류원 회로에 비해 출력전압의 스윙 범위가 감소하는 단점을 갖는다. [그림 7-28] 회로에서 모든 트랜지스터는 특성이 같고, 동일한 V_{GS}를 갖는다고 가정하면 트랜지스터 M_4의 게이트 전압은 $V_{G4}=2V_{GS}-V_{SS}$가 된다. 따라서 M_4가 포화영역에서 동작하기 위해서는 전류원 회로의 출력전압(즉, M_4의 드레인 전압)은 식 (7.114)의 조건을 만족해야 하며, 이는 식 (7.110)와 비교하여 출력전압의 스윙 범위가 V_{GS} 만큼 감소한 것이다.

$$V_O \geq (2V_{GS}-V_{Tn})-V_{SS} \tag{7.114}$$

응용 7-10

[그림 7-28]의 캐스코드 정전류원 회로의 출력저항을 구하라. 단, $\lambda_2=\lambda_4=0.01\ \text{V}^{-1}$, $g_{m4}=0.5\ \text{mA/V}$이고, 출력전류는 $I_O=0.1\ \text{mA}$이다.

[정답 : $R_O=502\ \text{M}\Omega$]

MOSFET 윌슨 정전류원 회로

MOSFET 정전류원의 출력저항을 크게 만들기 위해 [그림 7-29(a)]와 같은 윌슨(Wilson) 전류원을 사용할 수 있다.

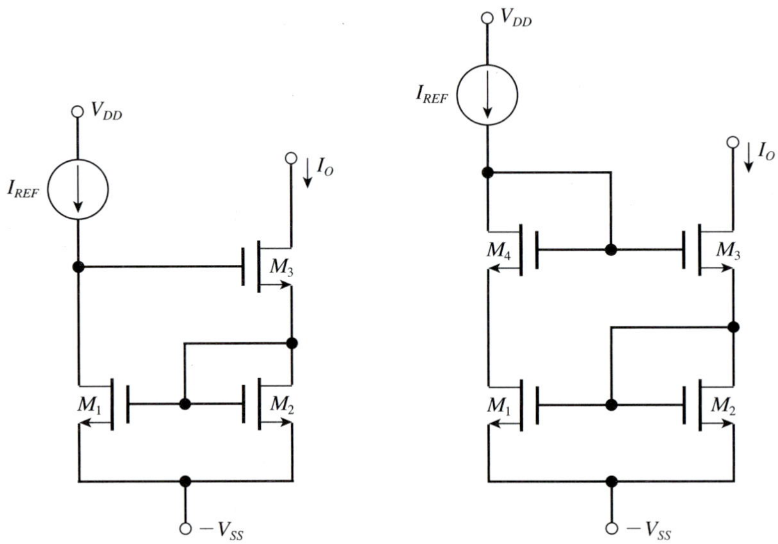

(a) 윌슨 정전류원　　(b) 변형된 윌슨 정전류원

[그림 7-29] MOSFET 윌슨 정전류원 회로

[그림 7-28(a)]의 캐스코드 정전류원과 동일한 원리에 의하여 큰 출력저항이 얻어진다. 그러나 [그림 7-29(a)]의 회로에서 M_1과 M_2의 드레인-소오스 전압이 다르므로, 두 트랜지스터의 V_{DS} 전압과 λ에 의해 I_O/I_{REF}가 영향을 받아 이상적인 정전류원의 특성에서 멀어지게 된다. [그림 7-29(b)]와 같이 다이오드 구조로 연결된 트랜지스터 M_4를 추가함으로써 M_1, M_2, M_4의 드레인-소오스 전압을 일정하게 만든 변형된 윌슨 전류원을 사용하면, [그림 7-29(a)] 회로의 단점을 제거할 수 있다.

윌슨 정전류원 회로는 캐스코드 정전류원 회로와 동일하게 출력전압이 식 (7.114)의 조건을 만족해야 하며, 따라서 [그림 7-26]의 정전류원 회로에 비해 출력전압의 스윙 범위가 감소하는 단점을 갖는다.

7.4 다단 증폭기

4장과 6장에서는 하나의 트랜지스터로 구성되는 공통 이미터(CE), 공통 컬렉터(CC), 공통 베이스(CB) BJT 증폭기 회로와 공통 소오스(CS), 공통 드레인(CD), 공통 게이트(CG) MOSFET 증폭기 회로에 대해 설명하였다. 이들 단일 트랜지스터 증폭기는 각기 다른 특성을 갖는다. 예를 들어 CE 증폭기는 전압이득을 얻을 수 있으나, 입력저항이 비교적 작다. CC(CD) 증폭기는 높은 입력저항을 가지나 전압이득이 1에 가까운 작은 값을 갖는다. CB(CG) 증폭기는 낮은 입력저항과 비교적 큰 전류이득을 갖는다.

[표 7-1] 종속연결 2단 증폭기의 특징

종속연결 증폭기	특징
공통 이미터-공통 이미터(CE-CE) 공통 소오스-공통 소오스(CS-CS)	큰 전압이득
공통 이미터-공통 베이스(CE-CB) 공통 소오스-공통 게이트(CS-CG)	큰 대역폭과 전압이득
공통 컬렉터-공통 컬렉터(CC-CC)	큰 전류이득
공통 컬렉터-공통 이미터(CC-CE)	큰 입력저항과 전압이득
공통 이미터-공통 컬렉터(CE-CC) 공통 소오스-공통 드레인(CS-CD)	작은 출력저항과 전압이득

단일 트랜지스터 증폭기들을 종속(cascade)으로 연결하여 다단(multi-stage) 증폭기를 구성하면, 단일 증폭단의 장점들이 결합된 우수한 성능의 증폭기를 구현할 수 있다. 예를 들어, CE(CS) 증

폭기를 다단으로 연결하면 단일 증폭단보다 큰 전압이득을 실현할 수 있다. [표 7-1]은 종속연결 2단 증폭기들의 특징을 정리한 것이다.

종속연결 2단 증폭기의 일반적인 형태는 [그림 7-30]과 같다. 그림에서 보는 바와 같이 **증폭단-2의 입력저항 R_{i2}가 증폭단-1에 부하로 작용하는 부하효과(loading effect)가 존재하므로, 종속 증폭기 전체의 전압이득(또는 전류이득)은 단순히 개별 증폭단 이득의 곱으로 주어지지 않는다.** 종속연결 증폭기 전체의 입력저항은 증폭단-1의 입력저항이 되며, 출력저항은 증폭단-2의 출력저항이 된다.

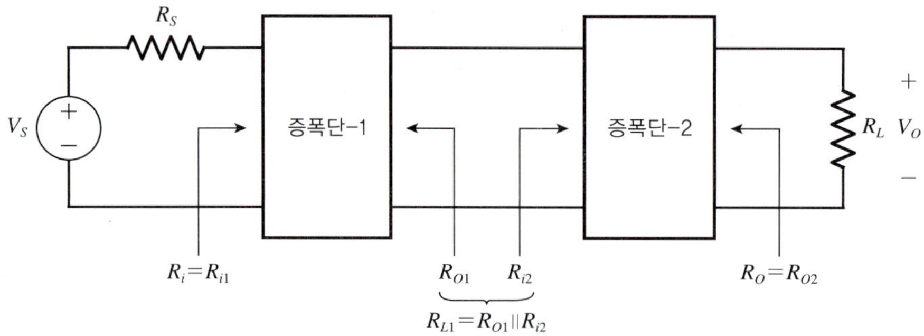

[그림 7-30] 종속연결 2단 증폭기의 일반적인 형태

7.4.1 CE-CE 및 CS-CS 종속연결 증폭기

[그림 7-31(a)]는 CE 증폭기 두 개가 종속으로 연결된 2단 증폭기이다. 두 트랜지스터는 선형 영역에서 동작하도록 바이어스되며, 편의상 바이어스 회로는 생략하였다. 각 트랜지스터의 출력저항은 $r_o = \infty$라고 가정한다. [그림 7-31(b)]의 소신호 등가회로로부터, Q_1의 베이스 전압은 다음과 같다.

$$V_{\pi 1} = \frac{r_{\pi 1}}{R_S + r_{\pi 1}} V_s \tag{7.115}$$

Q_1의 컬렉터 전압(즉, Q_2의 베이스 전압)은 다음과 같으며,

$$V_{\pi 2} = -g_{m1} V_{\pi 1} R_{L1} = \frac{-\beta_{o1} R_{L1}}{R_S + r_{\pi 1}} V_s \tag{7.116}$$

여기서 Q_1의 부하저항은 $R_{L1} = R_{C1} \| R_{i2} = R_{C1} \| r_{\pi 2}$이고, $\beta_{o1} = g_{m1} r_{\pi 1}$이다. 출력전압은 다음과 같으며, 여기서 $R'_L = R_{C2} \| R_L$이다.

$$V_o = -g_{m2} V_{\pi 2} R'_L = \frac{-\beta_{o1} R_{L1}}{R_S + r_{\pi 1}} (-g_{m2} R'_L) V_s \tag{7.117}$$

따라서 종속 증폭단 전체의 전압이득은 식 (7.118)과 같다.

$$A_v = \frac{V_o}{V_s} = \frac{-\beta_{o1} R_{L1}}{R_S + r_{\pi 1}} (-g_{m2} R'_L) = A_{v1} A_{v2} \tag{7.118}$$

증폭단-1의 전압이득 $A_{v1} = -\beta_{o1} R_{L1} / (R_S + r_{\pi 1})$에서 $R_{L1} = R_{C1} \| r_{\pi 2}$은 증폭단-2의 입력저항 $r_{\pi 2}$의 부하효과를 포함하고 있다. 따라서 **종속연결 CE-CE 증폭기의 전압이득은 개별 CE 증폭단 전압이득의 곱으로 표현되며, 이때 증폭단-2의 입력저항이 증폭단-1에 미치는 부하효과가 고려되어야 한다.**

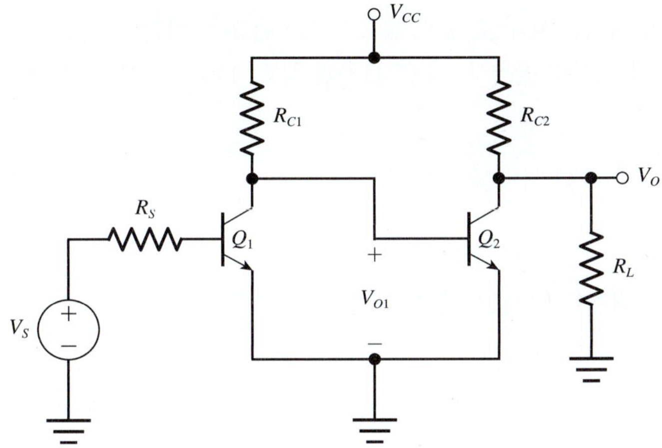

(a) CE-CE 종속연결

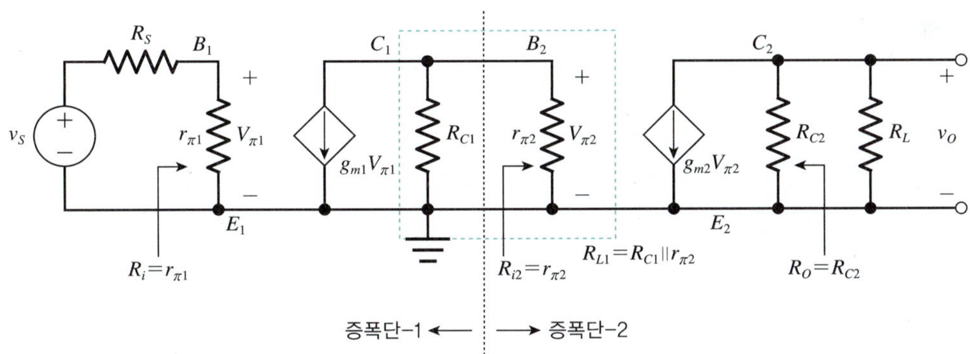

(b) 소신호 등가회로

[그림 7-31] CE-CE 종속연결 증폭기

식 (7.118)은 다음과 같이 표현될 수 있으며,

$$A_v = \frac{V_o}{V_s} = \frac{\beta_{o1}}{R_S + r_{\pi1}}[g_{m2}(R_{C1} \| r_{\pi2})R'_L] \tag{7.119}$$

$$= \frac{-\beta_{o1}R_{C1}}{R_S + r_{\pi1}} \frac{-\beta_{o2}R'_L}{R_{C1} + r_{\pi2}} = A'_{v1}A'_{v2}$$

여기서 $A'_{v1} = -\beta_{o1}R_{C1}/(R_S + r_{\pi1})$은 증폭단-1의 전압이득을, $A'_{v2} = -\beta_{o2}R'_L/(R_{C1} + r_{\pi2})$는 증폭단-2의 전압이득을 나타낸다. 식 (7.118)의 A_{v1}, A_{v2}와 식 (7.119)의 A'_{v1}, A'_{v2}를 비교하면, A'_{v1}, A'_{v2}에서는 증폭단-2의 입력저항이 증폭단-1에 미치는 부하효과 대신에 증폭단-1의 출력저항 $R_{o1} = R_{C1}$이 증폭단-2에 미치는 효과(즉, 증폭단-2의 신호원 저항 역할)가 고려되었음을 알 수 있다. 종속연결 증폭기의 해석에 있어서, 식 (7.118)과 식 (7.119)는 동일한 결과를 만든다.

종속연결 증폭단의 입력저항은 증폭단-1의 입력저항이므로

$$R_i = r_{\pi1} \tag{7.120}$$

가 되며, 출력저항은 증폭단-2의 출력저항이므로 다음과 같다.

$$R_o = R_{C2} \tag{7.121}$$

응용 7-11

[그림 7-31]의 종속연결 증폭기의 전압이득을 구하라. 단, $R_S = 0.2\ \text{k}\Omega$, $R_{C1} = 1\ \text{k}\Omega$, $R_{C2} = 2\ \text{k}\Omega$, $R_L = 6\ \text{k}\Omega$이고, $\beta_{o1} = \beta_{o2} = 100$, $r_{\pi1} = r_{\pi2} = 1.0\ \text{k}\Omega$

[정답 : $A_v = 6{,}250\ \text{V/V}$]

7.4.2 캐스코드 증폭기

[그림 7-32(a)]와 같이 CE 증폭단과 CB 증폭단이 종속으로 연결된 구조를 캐스코드(cascode) 증폭기라고 한다. 신호 주파수에서 커패시터들은 모두 단락되고, 각 트랜지스터의 출력저항은 $r_o = \infty$라고 가정한다. [그림 7-32(b)]의 소신호 등가회로로부터 Q_2의 이미터에서 KCL을 적용하면 다음과 같다.

$$g_{m1}V_{\pi1} = \left(g_{m2} + \frac{1}{r_{\pi2}}\right)V_{\pi2} = \frac{\beta_{o2}+1}{r_{\pi2}}V_{\pi2} \tag{7.122}$$

식 (7.122)로부터 Q_2의 이미터 전압을 구하면 다음과 같으며, 소신호 등가회로로부터 $V_{\pi 1}=V_s$이다.

$$V_{\pi 2}=\frac{g_{m1}r_{\pi 2}}{\beta_{o2}+1}V_{\pi 1}=\frac{g_{m1}r_{\pi 2}}{\beta_{o2}+1}V_s \tag{7.123}$$

출력전압은,

$$V_o=-g_{m2}V_{\pi 2}R'_L \tag{7.124}$$

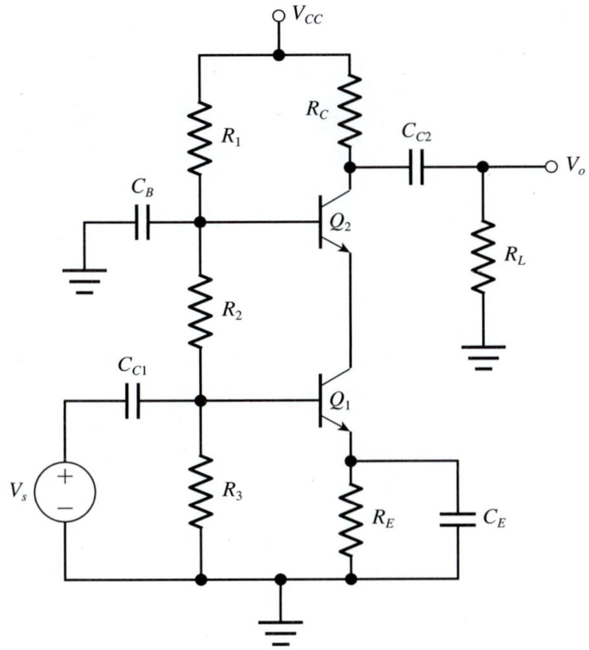

(a) CE-CB 종속연결

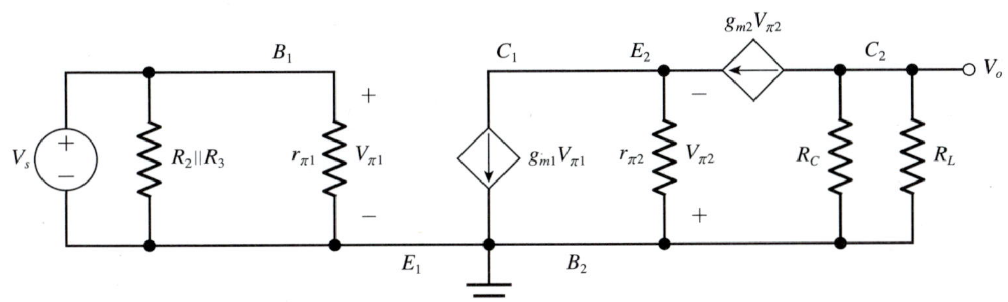

(b) 소신호 등가회로

[그림 7-32] CE-CB 캐스코드 증폭기

$R'_L = R_C \| R_L$이다. 식 (7.123)을 식 (7.124)에 대입하면, 전압이득은 다음과 같다.

$$A_v = \frac{V_o}{V_s} = -g_{m1}\left(\frac{\beta_{o2}}{\beta_{o2}+1}\right)R'_L \simeq -g_{m1}R'_L \tag{7.125}$$

식 (7.125)는 부하 R'_L를 갖는 단일 CE 증폭기의 이득을 나타내므로, CE-CB 캐스코드 증폭기는 단일 CE 증폭기의 전압이득과 근사적으로 같다. 이는 [그림 7-32(a)]의 회로에 대한 정성적인 고찰을 통해서도 쉽게 유추할 수 있다. CE 증폭단의 출력이 CB 증폭단의 이미터로 입력되며, CB 증폭단은 전류이득이 1에 가까운 전류 버퍼로 동작한다.

캐스코드 증폭기의 입력저항은 CE 증폭기의 입력저항이 되므로 $R_i = r_{\pi 1}$이 되며, 출력저항은 단일 CE 증폭기에 비해 큰 값을 갖는다. 캐스코드 증폭기는 전압이득과 입력저항이 단일 CE 증폭기와 근사적으로 같으므로, 캐스코드 증폭기를 사용하는 장점이 없어 보인다. 그러나 CB 증폭단의 입력저항 $R_{i2} = r_{e2}$는 매우 작으며, 이는 CE 증폭단의 부하로 작용하므로, 부하저항 R_C를 갖는 단일 CE 증폭단에 비해 주파수 대역폭이 커지는 장점을 갖는다. 즉, 캐스코드 증폭기는 전압이득이 단일 CE 증폭기와 근사적으로 같지만 주파수 응답특성이 우수하다는 장점을 갖는다. 이에 대해서는 8.5.2절에서 설명할 것이다.

[그림 7-33(a)]는 CS 증폭기와 CG 증폭기가 종속으로 연결된 MOSFET 캐스코드 증폭기이며, CG 구조의 트랜지스터 M_2는 전류 버퍼로 동작한다. [그림 7-33(b)]의 소신호 등가회로로부터 출력전압은 다음과 같다.

$$V_o = -g_{m2}V_{gs2}R_D = -g_{m1}V_{gs1}R_D \tag{7.126}$$

$V_{gs1} = V_s$이므로, 전압이득은 식 (7.127)과 같이 CS 증폭기의 전압이득과 같다.

$$A_v = \frac{V_o}{V_i} = -g_{m1}R_D \tag{7.127}$$

CS-CG 캐스코드 증폭기는 BJT 캐스코드 증폭기와 마찬가지로 단일 CS 증폭기와 동일한 전압이득을 가지면서 주파수 응답특성이 우수한 장점을 갖는다.

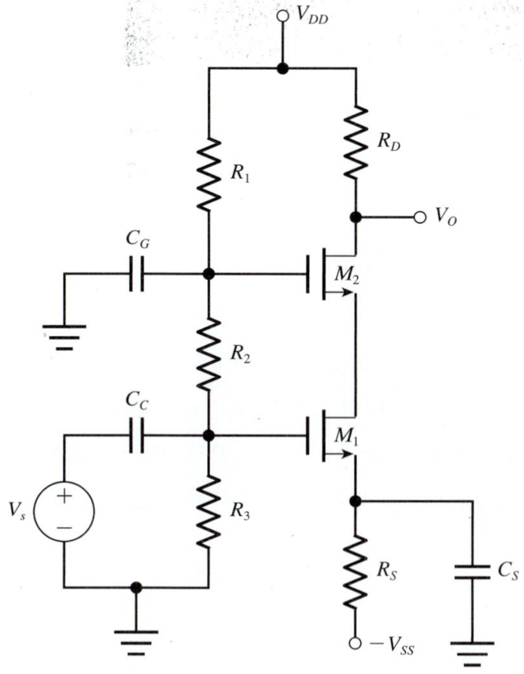

(a) CS-CG 종속연결

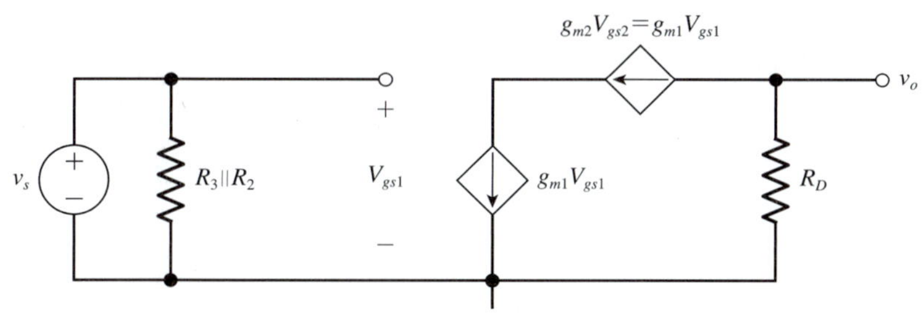

(b) 소신호 등가회로

[그림 7-33] CS-CG 캐스코드 증폭기

응용 7-12

[그림 7-33]의 MOSFET 캐스코드 증폭기에 대해 M_1의 전달컨덕턴스와 전압이득을 구하라. 바이어스 전류는 $I_{DQ1}=I_{DQ2}=0.4$ mA이고, $K_{n1}=K_{n2}=1$ mA/V^2, $\lambda_1=\lambda_2=0$, $R_D=3$ kΩ이다.

[정답 : $g_{m1}=0.89$ mA/V, $A_v=-2.67$ V/V]

응용 7-13

[그림 7-32]의 BJT 캐스코드 증폭기의 전압이득을 구하라. $R_C=7.5\ \text{k}\Omega$, $R_L=2\ \text{k}\Omega$이다. 단, $\beta_{o1}=\beta_{o2}=100$, $g_{m1}=g_{m2}=20\ \text{mA/V}$이고, $r_{o1}=r_{o2}=\infty$이다.

[정답 : $A_v=-31.27\ \text{V/V}$]

7.4.3 여러 가지 종속연결 증폭기

CC-CC 종속연결 증폭기

[그림 7-34]는 CC-CC 종속연결 구조이며 달링턴 쌍(Darlington pair)이라고 한다. [그림 7-34]에서 점선영역의 외부에서 볼 때 Q_1의 베이스, Q_2의 이미터, 그리고 Q_1, Q_2의 컬렉터가 각각 베이스, 이미터, 컬렉터 단자 역할을 하는 단일 트랜지스터로 볼 수 있으며, 따라서 복합 트랜지스터(compound transistor)라고도 한다. 정전류원 I_{EE}는 두 BJT에 바이어스 전류를 공급하여 선형영역에서 동작하도록 한다. Q_1의 이미터 전류는,

$$i_{E1}=(\beta_{o1}+1)i_{B1} \tag{7.128}$$

$i_{E1}=i_{B2}$이므로 Q_2의 컬렉터 전류는 다음과 같다.

$$i_{C2}=\beta_{o2}i_{B2}=\beta_{o2}(\beta_{o1}+1)i_{B1} \tag{7.129}$$

달링턴 쌍의 출력전류는 다음과 같으며,

$$i_C=i_{C1}+i_{C2}=[\beta_{o1}+\beta_{o2}(\beta_{o1}+1)]i_{B1} \tag{7.130}$$

따라서 달링턴 쌍의 전류이득은,

$$\beta_{DP}=\frac{i_C}{i_{B1}}=\beta_{o1}+(\beta_{o1}+1)\beta_{o2}\simeq\beta_{o1}\beta_{o2} \tag{7.131}$$

$\beta_{o1}=\beta_{o2}\equiv\beta_o$라고 하고 $\beta_o\gg1$이면

$$\beta_{DP}\simeq\beta_o^2 \tag{7.132}$$

가 되어, 큰 전류이득을 얻을 수 있다.

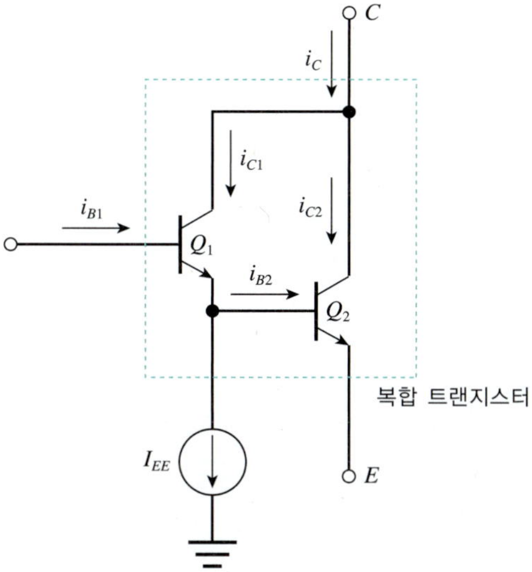

[그림 7-34] CC-CC 종속연결 증폭기

CC-CE 종속연결 증폭기

[그림 7-35]는 공통 컬렉터(CC) 증폭단과 공통 이미터(CE) 증폭단이 종속으로 연결된 구조이다. 4장에서 설명한 바와 같이, CC 증폭단은 전압이득이 근사적으로 1이며, 큰 입력저항과 작은 출력저항을 갖는 전압 버퍼로 동작한다. 따라서 CC-CE 종속연결 증폭기의 전압이득은 다음과 같이 표현될 수 있으며,

$$A_v = A_{v1}A_{v2} \simeq A_{v2} \tag{7.133}$$

여기서 $A_{v1} \simeq 1$은 CE 증폭기의 입력저항에 의한 부하효과가 고려된 CC 증폭기의 전압이득, A_{v2}는 CE 증폭기의 전압이득을 나타낸다. CC-CE 종속연결 증폭기의 입력저항은 CC 증폭기의 입력저항이므로

$$R_i = (R_1 \| R_2) \| [r_{\pi 1} + (\beta_{o1} + 1)R_{E1}] \tag{7.134}$$

가 되며, CE 증폭기의 입력저항 r_π에 비해 큰 값을 갖는다. 따라서 CC-CE 종속연결 증폭단은 CE 증폭기의 단점인 작은 입력저항을 보완하기 위해 CE 증폭기 앞에 CC 증폭기를 붙여 입력저항을 크게 만든 것이다. CC-CE 종속연결 증폭단의 출력저항은 CE 증폭기의 출력저항이므로 $R_o = R_{C2}$가 된다.

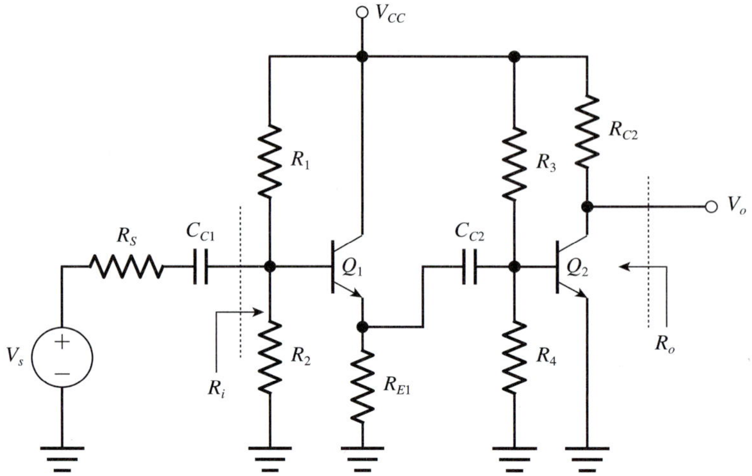

[그림 7-35] CC-CE 종속연결 증폭기

CE-CC 종속연결 증폭기

[그림 7-36]은 CE 증폭단과 CC 증폭단이 종속으로 연결된 구조이다. CC 증폭단은 전압이득이 근사적으로 1이며, CE 증폭단에 비해 큰 입력저항과 작은 출력저항을 갖는 전압 버퍼로 동작한다. 따라서 CE-CC 종속연결 증폭기의 전압이득은 다음과 같이 표현될 수 있다.

$$A_v = A_{v1}A_{v2} \simeq A_{v1} \tag{7.135}$$

여기서 A_{v1}은 CC 증폭기의 입력저항에 의한 부하효과가 고려된 CE 증폭기의 전압이득을 나타내며, $A_{v2} \simeq 1$은 CC 증폭기의 전압이득을 나타낸다. CE-CC 종속연결 증폭기의 입력저항은 CE 증폭기의 입력저항이므로,

$$R_i = (R_1 \| R_2) \| r_{\pi 1} \tag{7.136}$$

출력저항은 CC 증폭기의 출력저항이므로

$$R_o = \frac{R_{C1} + r_{\pi 2}}{\beta_{o1} + 1} \tag{7.137}$$

가 되어, CE 증폭기에 비해 매우 작은 출력저항을 갖는다. 따라서 CE-CC 종속연결 증폭단은 작은 임피던스의 부하를 효율적으로 구동하기 위해 사용된다.

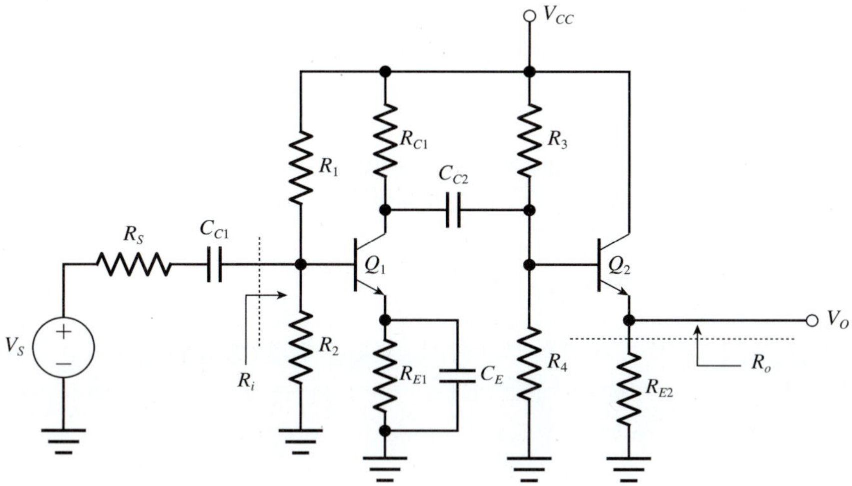

[그림 7-36] CE-CC 종속연결 증폭기

CS-CD 종속연결 증폭기

[그림 7-37(a)]는 CS 구조의 M_1과 CD 구조의 M_2가 종속으로 연결된 MOSFET 증폭기 회로이다. 저항 R_1, R_2에 의해 M_1이 포화영역에서 동작하도록 바이어스되며, M_1의 드레인 출력전압에 의해 M_2도 포화영역에서 동작하도록 바이어스된다. 신호 주파수에서 결합 및 바이패스 커패시터들은 모두 단락되는 것으로 가정한다. [그림 7-37(b)]의 소신호 등가회로에서 출력전압은,

$$V_o = g_{m2} V_{gs2} (R_{S2} \| R_L) \tag{7.138}$$

여기서 M_2의 게이트-소오스 전압은 다음과 같다.

$$V_{gs2} = -g_{m1} V_{gs1} R_{D1} - V_o \tag{7.139}$$

식 (7.139)를 식 (7.138)에 대입하여 정리하면 다음과 같으며, 여기서 $R'_L = R_{S2} \| R_L$이다.

$$V_o = -\frac{(g_{m1} R_{D1})(g_{m2} R'_L)}{1 + g_{m2} R'_L} V_{gs1} \tag{7.140}$$

M_1의 게이트-소오스 전압은 다음과 같으며, 여기서 $R_G = R_1 \| R_2$이다.

$$V_{gs1} = \frac{R_G}{R_{Si} + R_G} V_s \tag{7.141}$$

식 (7.141)을 식 (7.140)에 대입하여 정리하면, 전압이득은 다음과 같다.

$$A_v = \frac{V_o}{V_s} = (-g_{m1}R_{D1})\left(\frac{R_G}{R_{Si}+R_G}\right)\left(\frac{g_{m2}R'_L}{1+g_{m2}R'_L}\right) \tag{7.142}$$

공통 드레인 증폭기의 전압이득은 $A_{v2}=g_{m2}R'_L/(1+g_{m2}R'_L)$이므로, CS-CD 종속연결 증폭기의 전압이득은 공통 소오스 증폭기의 전압이득보다 약간 작아진다. CS-CD 종속연결 증폭기의 출력저항은 CD 증폭기의 출력저항이 되므로, 6.4절에서 설명된 바와 같이,

$$R_O = \frac{1}{g_{m2}} \| R_{S2} \simeq \frac{1}{g_{m2}} \tag{7.143}$$

가 되어 매우 작은 값을 갖는다. 따라서 작은 부하저항의 구동을 위해 CS-CD 종속연결 증폭기가 사용된다.

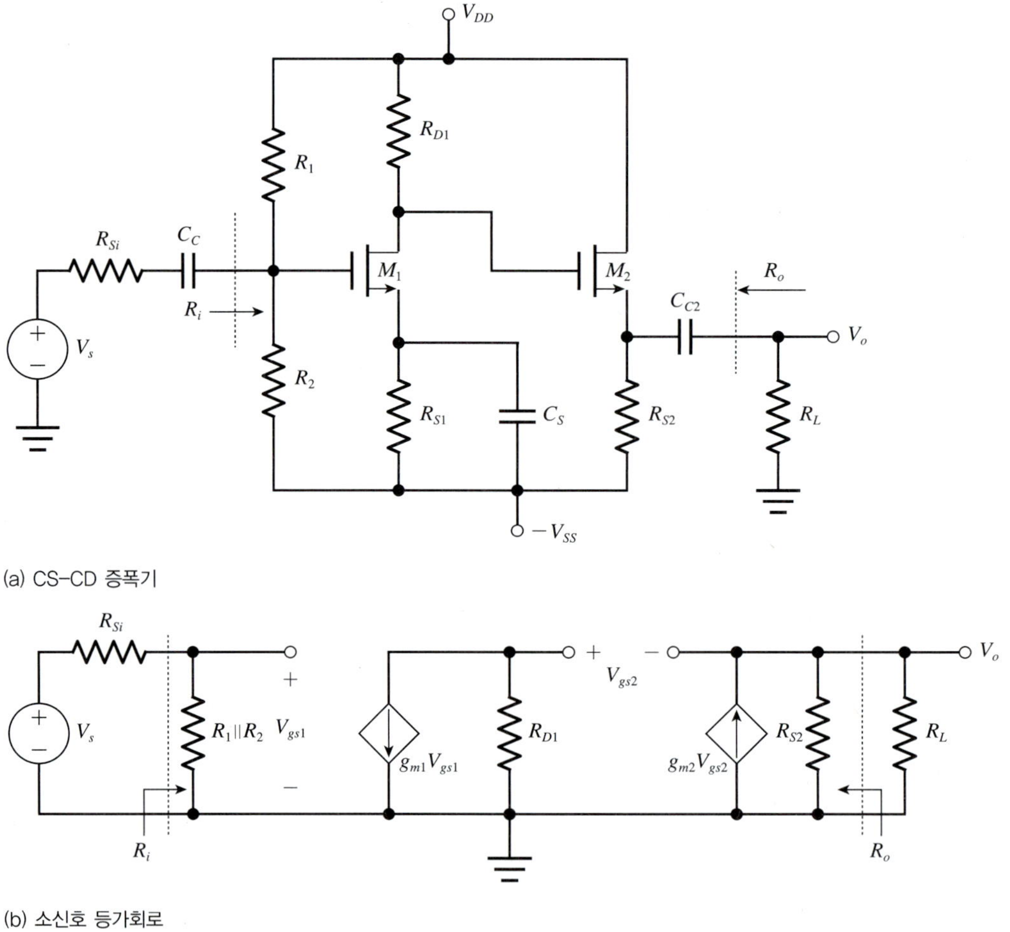

[그림 7-37] CS-CD 종속연결 증폭기

7.4.4 다단 증폭기의 예

[그림 7-38]은 다단 증폭기의 한 예로서 BJT 연산 증폭기 내부 회로를 단순화시킨 경우이다. 점선 상자-❶의 Q_1, Q_2는 차동쌍이며, 실선 상자-❷의 Q_3, Q_4와 저항 R_2는 7.2.5절에서 설명한 위들러(Widlar) 정전류원 회로로서 차동 증폭기에 바이어스 전류를 공급한다. 점선 상자-❸의 Q_5, Q_6, Q_7은 7.2.5절에서 설명한 전류거울 회로로서 차동 증폭기의 능동부하로 사용된다. 차동 증폭기의 출력은 Q_2와 Q_6의 컬렉터 접점에서 얻어지며, 이는 Q_8의 베이스로 입력된다. 점선 상자-❹의 Q_8과 Q_9는 [그림 7-35]에서 설명한 CC-CE 종속연결 증폭단이며, 실선 상자-❷의 Q_3, Q_{10}과 저항 R_3로 구성되는 위들러 정전류원 회로는 CC-CE 증폭기단에 바이어스 전류를 공급한다. 점선 상자-❺의 Q_{11}과 Q_{12}는 푸시풀(push-pull) 증폭기로서 부하 R_L에 대해 각각 CC 증폭기로 동작하여 1에 가까운 전압이득과 작은 출력저항을 제공한다(푸시풀 증폭기는 10.4절과 10.5절에서 설명한다). 따라서 전체 증폭기의 전압이득은 차동 증폭기와 Q_8, Q_9의 이득단에 의해 얻어진다. 전체적인 구조는 입력단 차동 증폭기, CC-CE 이득단 , 푸시풀 출력단의 3단 증폭기 구조이다.

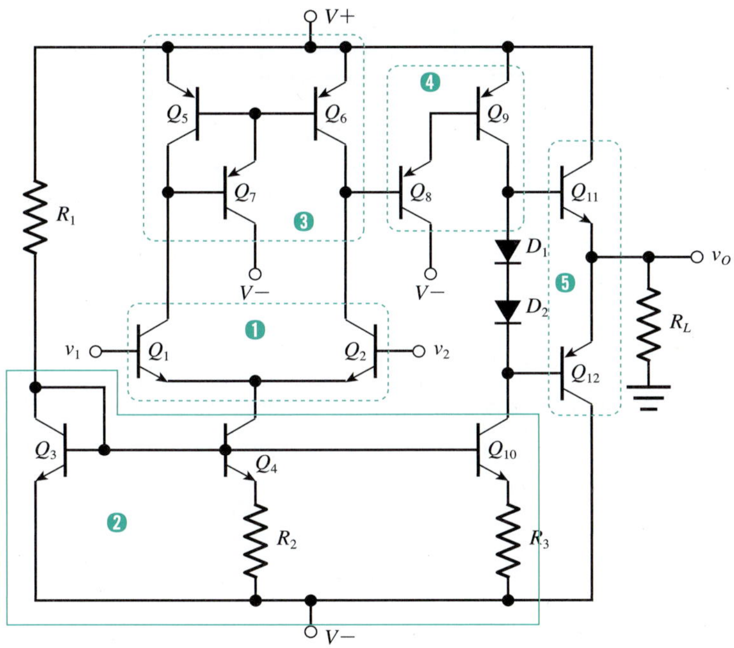

[그림 7-38] 단순화된 BJT 연산 증폭기 회로

7.5 응용회로 설계과제

이 장에서는 차동 증폭기와 다단 증폭기의 특성에 대하여 살펴보고 해석해 보았다. 설명된 내용을 적용하여 다단 증폭기 응용회로를 설계해 본다. 다음 사양을 만족하는 회로를 설계하고, 시뮬레이션을 통해 설계사양을 만족하는지 확인해 본다.

■ 설계사양

- 회로의 기능 : 8 Ω의 스피커에 0.1 W의 평균전력을 공급하는 증폭기를 [그림 7-39]와 같은 다단 증폭기 구조로 설계한다.
- 입력단은 CC 구조를 사용하며, 이득단은 CE-CE 종속연결 구조를 사용한다. 출력단은 8 Ω의 스피커를 구동할 수 있도록 CC 구조를 사용한다.
- 입력신호는 진폭이 10 mV인 정현파이며 신호원의 출력저항은 $R_S=10\ \text{k}\Omega$이다.

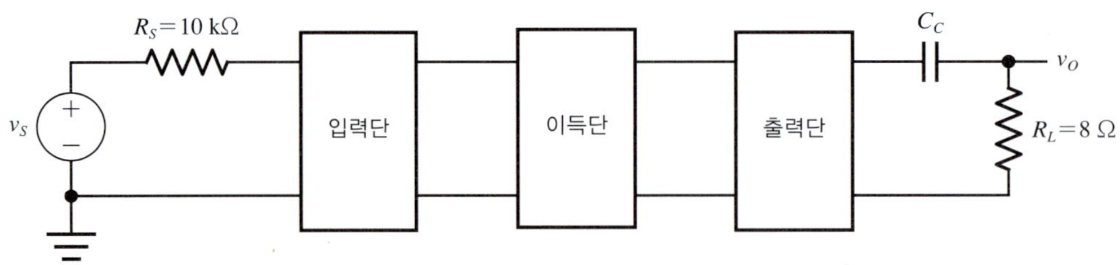

[그림 7-39] 설계과제의 다단 증폭기 구조

7.6 요약

■ **차동 증폭기** differential amplifier 두 입력신호의 차(difference)를 증폭하며, 두 개의 입력단자와 하나 또는 두 개의 출력단자를 갖는다. 이미터 결합 차동쌍(emitter-coupled differential pair) 또는 소오스 결합 차동쌍(source-coupled differential pair)과 정전류원(constant-current source), 능동부하(active load) 등으로 구성된다.

- 공통모드 입력의 경우 : 이상적인 차동 증폭기에 공통모드 전압이 인가되어 $v_d=0$인 경우에, 두 컬렉터 전압의 차는 0이 된다.
- 차동모드 입력의 경우 : 이상적인 차동 증폭기에 차동모드 전압이 인가되면 이는 컬렉터 전압의 차로 나타난다.

■ **차동 증폭기의 동작특성**

- $v_d=0$이면 차동쌍의 컬렉터에는 바이어스 전류가 절반씩 흐른다.

- 차동쌍의 컬렉터 전류 i_{C1}과 i_{C2}는 상보적(complementary)인 관계를 가져 한쪽이 증가하면 다른 쪽은 감소한다.
- 차동 입력전압의 작은 범위($-2V_T < v_d < 2V_T$)에서 차동쌍의 컬렉터 전류는 선형을 유지하며, 차동 증폭기의 이득은 $v_d=0$인 점에서의 기울기(전달컨덕턴스)에 비례한다.
- 큰 차동 입력전압($|v_d| \gg 2V_T$)에 대해서 차동쌍의 트랜지스터 중 하나는 차단되고 다른 하나는 도통되며, 바이어스 전류는 도통된 트랜지스터를 통해 흐른다.

■ 차동 증폭기의 특성 파라미터

- 차동모드 이득(differential-mode gain) : 차동모드 입력전압에 대한 출력전압의 비
- 공통모드 이득(common-mode gain) : 공통모드 입력전압에 대한 출력전압의 비
- 공통모드 제거비(common-mode rejection ratio; CMRR) : 공통모드 이득에 대한 차동모드 이득의 비로 정의되며, 공통모드 입력은 출력되지 않도록 억제하고, 차동모드 입력만 증폭되어 출력되도록 하는 성능을 나타낸다.

$$\mathrm{CMRR} \equiv \left| \frac{A_{dm}}{A_{cm}} \right| \quad \text{또는} \quad \mathrm{CMRR_{dB}} \equiv 20\log_{10}\left| \frac{A_{dm}}{A_{cm}} \right|$$

- 차동모드 입력저항 : 두 입력단자에서 차동 증폭기를 본 등가 입력저항
- 공통모드 입력저항 : 공통모드 입력 v_{CM}이 인가되는 입력단자와 접지 사이의 등가 입력저항
- 오프셋 전류 : 차동쌍의 두 입력단자에 흐르는 바이어스 전류의 차
- 입력 오프셋 전압 : 두 입력단자가 접지로 연결되어 0 V가 인가된 상태에서 출력에 나타나는 DC 전압으로서 차동 증폭기의 비이상적인 특성에 의해 발생된다.
- 공통모드 입력범위 : 차동 증폭기가 선형영역에서 동작할 수 있는 공통모드 입력전압의 한계 범위

■ BJT 차동 증폭기

- 차동모드 이득 : $A_{dm} = \dfrac{v_{c2} - v_{c1}}{v_d} = g_m R_C$

  → 단일종단 출력의 경우 : $A_{dm} = \dfrac{v_{c2}}{v_d} = \dfrac{g_m R_C}{2}$

- 공통모드 이득 : $A_{cm} \simeq \dfrac{\alpha R_C}{2R_O}$
- 공통모드 제거비 : $\mathrm{CMRR} = \left| \dfrac{A_{dm}}{A_{cm}} \right| = g_m R_O$

  → 정전류원의 출력저항 R_O에 관계되며, R_O가 클수록 CMRR이 커진다.

- 차동모드 입력저항 : $R_{idm} = 2r_\pi$

■ MOSFET 차동 증폭기

- 차동모드 이득 : $A_{dm}=\frac{v_{d2}-v_{d1}}{v_{id}}=g_m R_D=\sqrt{K_n I_{SS}}R_D$,

  → 단일종단 출력의 경우 : $A_{dm}=\frac{v_{d1}}{v_{id}}=-\frac{g_m R_D}{2}=-\frac{\sqrt{K_n I_{SS}}}{2}R_D$

- 공통모드 이득 : $A_{cm}=\frac{v_{d1}}{v_{CM}}=\frac{-g_m R_D}{1+2g_m R_O}$

- 공통모드 제거비 : $\text{CMRR}=\left|\frac{A_{dm}}{A_{cm}}\right|=\frac{1+2g_m R_O}{2}=\frac{1}{2}(1+2R_O\sqrt{K_n I_{SS}})$

  → 정전류원의 출력저항 R_O에 관계되며, R_O가 클수록 CMRR이 커진다.

■ **능동부하를 갖는 차동 증폭기** 큰 차동모드 이득을 얻기 위해서 트랜지스터를 이용한 능동부하(active load)가 사용된다. 능동부하는 일정한 전류를 공급하는 정전류원 형태로 구현되며, 정전류원의 큰 출력저항을 부하저항으로 사용한다.

■ **캐스코드 차동 증폭기** 차동쌍을 캐스코드(CE−CB, CS−CG) 구조로 구현하면, 차동 증폭기의 출력저항이 커져서 큰 차동모드 이득을 얻을 수 있다.

■ **정전류원** constant-current source 전압변동에 무관하게 항상 일정한 전류를 공급(또는 흡수)하는 회로이다. IC 증폭기에서는 트랜지스터를 이용한 정전류원 바이어스 회로가 보편적으로 사용되며, 정전류원 회로는 큰 출력저항을 가지므로, 능동부하로도 사용되어 작은 칩 면적으로 큰 전압이득을 얻을 수 있다.

■ **다단 증폭기** multi-stage amplifier 단일 트랜지스터 증폭기들을 종속(cascade)으로 연결하여 다단 증폭기를 구성하면, 단일 증폭단이 갖는 장점들을 결합하여 보다 우수한 성능의 증폭기를 구현할 수 있다.

종속연결 증폭기	특징
공통 이미터−공통 이미터(CE−CE) 공통 소오스−공통 소오스(CS−CS)	큰 전압이득
공통 이미터−공통 베이스(CE−CB) 공통 소오스−공통 게이트(CS−CG)	큰 대역폭과 전압이득
공통 컬렉터−공통 컬렉터(CC−CC)	큰 전류이득
공통 컬렉터−공통 이미터(CC−CE)	큰 입력저항과 전압이득
공통 이미터−공통 컬렉터(CE−CC) 공통 소오스−공통 드레인(CS−CD)	작은 출력저항과 전압이득

- 종속연결 2단 증폭기에서 증폭단−2의 입력저항이 증폭단−1에 부하로 작용하는 부하효과(loading effect)가 존재하므로, 종속연결 증폭기 전체의 전압이득(또는 전류이득)은 단순히 개별 증폭단 이득의 곱으로 주어지지 않는다.

Chapter_07 연습문제

7.1 [그림 7-7(a)] 차동 증폭기가 $I_{EE}=1.2$ mA로 바이어스되어 있다. 단일종단 출력에 대한 (a) 차동모드 이득 A_{dm}, (b) 공통모드 이득 A_{cm}, (c) CMRR을 구하라. 단, 바이어스 전류원 I_{EE}의 출력저항은 $R_O=40$ kΩ이고, $R_C=12$ kΩ이며, BJT는 $\beta_o=100$이고 $V_A=\infty$이다.

7.2 [그림 7-7(a)]의 차동 증폭기에 공통모드 신호 $v_{I1}=v_{I2}=v_{CM}=10\sin\omega t$ mV가 인가된다. 바이어스 전류원 I_{EE}의 출력저항이 (a) $R_O=40$ kΩ인 경우 (b) $R_O=200$ kΩ인 경우의 공통모드 출력전압을 구하고, 비교하라. 단, R_O를 제외한 나머지 파라미터는 문제 **7.1**과 동일하다.

7.3 $A_{dm}=50$, CMRR$=70$ dB인 차동 증폭기에 입력 $v_{I1}=200$ μV, $v_{I2}=160$ μV가 인가되는 경우의 출력을 구하라. 단, $A_{cm}>0$으로 가정한다.

7.4 [그림 7-40] 회로의 차동모드 입력저항 $R_{i,dm}$과 공통모드 입력저항 $R_{i,cm}$을 구하라. 단, $R_1=38.6$ kΩ, $\beta_o=100$, $V_A=100$ V, $V_{BE(on)}=0.7$ V이며, $V_{CC}=V_{EE}=10$ V이다.

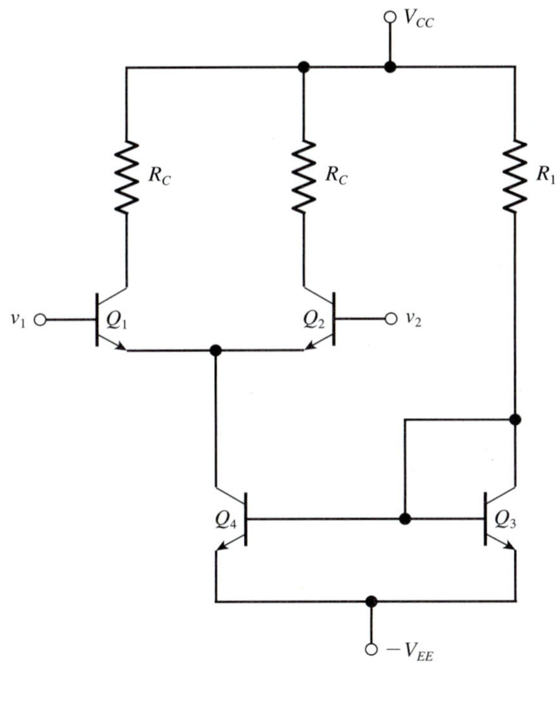

[그림 7-40]

7.5 [그림 7-41]의 회로는 이미터 저항 R_E를 갖는 차동 증폭기 회로이다. (a) 차동모드 이득 A_{dm}과 (b) 차동모드 입력저항 R_{idm}을 구하라.

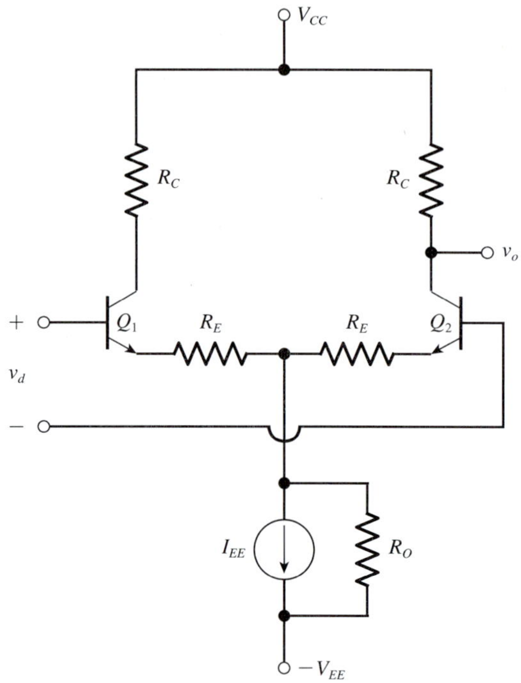

[그림 7-41]

7.6 문제 **7.5**의 [그림 7-41] 회로에서 (a) $R_E = 0.5$ kΩ인 경우, (b) $R_E = 0$인 경우의 단일종단 출력에 대한 차동모드 이득 A_{dm}과 차동모드 입력저항 R_{idm}을 구하고, R_E의 영향을 설명하라. 단, $I_{EE} = 1.2$ mA, I_{EE}의 출력저항은 $R_O = 40$ kΩ이고, $R_C = 12$ kΩ이며, BJT는 $\beta_o = 100$이고 $V_A = \infty$이다.

7.7 [그림 7-42]의 차동 증폭기에서 컬렉터 저항 R_C가 ΔR만큼 불일치(mismatch)하는 경우에 출력 $v_o = v_{C1} - v_{C2}$에 대한 차동모드 이득 A_{dm}, 공통모드 이득 A_{cm}을 구하라. 단, BJT의 $V_A = \infty$로 가정한다.

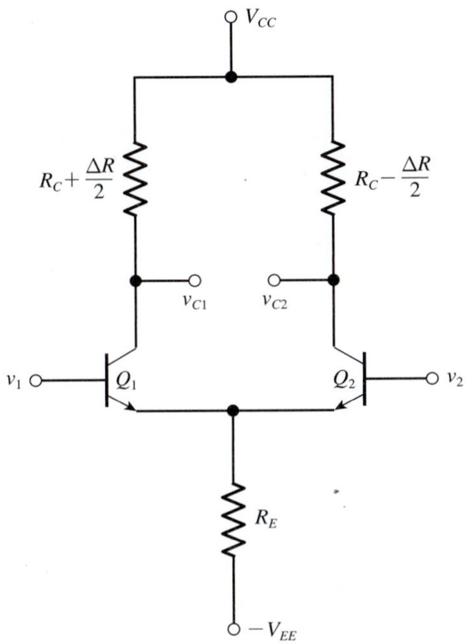

[그림 7-42]

7.8 [그림 7-42]의 회로에서 ΔR은 R_C의 1%이다. (a) 출력 $v_o = v_{C1} - v_{C2}$에 대한 차동모드 이득 A_{dm}, 공통모드 이득 A_{cm}, 그리고 CMRR을 구하라. (b) $\Delta R = 0$인 경우와 비교하여 ΔR의 영향을 설명하라. 단, BJT는 $\beta_o = 100$, $V_{BE(on)} = 0.7$ V, $V_A = \infty$이고, $R_C = 50$ kΩ, $R_E = 75$ kΩ이며, $V_{CC} = V_{EE} = 10$ V이다.

7.9 [그림 7-43]의 차동 증폭기에서 BJT의 전달컨덕턴스 g_m이 Δg_m 만큼 불일치(mismatch)하는 경우에 출력 $v_o = v_{C1} - v_{C2}$에 대한 차동모드 이득 A_{dm}, 공통모드 이득 A_{cm}을 구하라. 단, BJT의 $V_A = \infty$로 가정한다.

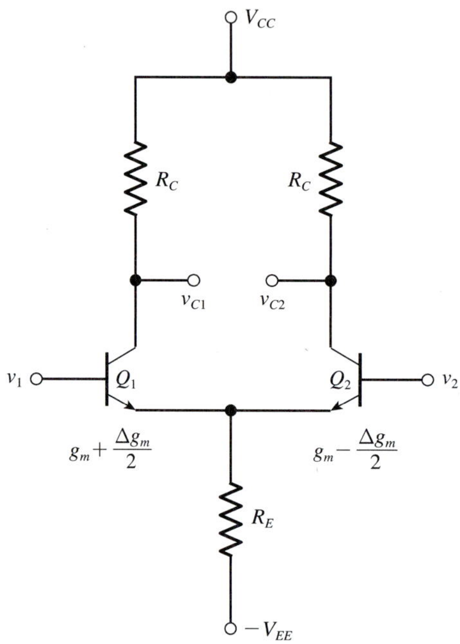

[그림 7-43]

7.10 [그림 7-43]의 회로에서 Δg_m은 g_m의 1%이다. (a) 출력 $v_o = v_{C1} - v_{C2}$에 대한 차동모드 이득 A_{dm}, 공통모드 이득 A_{cm}, 그리고 CMRR을 구하라. (b) $\Delta g_m = 0$인 경우와 비교하여 Δg_m의 영향을 설명하라. 단, BJT는 $\beta_o = 100$, $V_{BE(on)} = 0.7$ V, $V_A = \infty$이고, $R_C = 50$ kΩ, $R_E = 75$ kΩ이며, $V_{CC} = V_{EE} = 10$ V이다.

7.11 [그림 7-44] 회로에서 $R_C=40\ \mathrm{k\Omega}$이고 $V_{CC}=V_{EE}=10\ \mathrm{V}$이다. (a) $I_1=0.5\ \mathrm{mA}$, $I_Q=200\ \mu\mathrm{A}$가 되도록 저항 R_1과 R_2 값을 결정하라. (b) 결정된 I_Q에 대해 공통모드 이득 A_{cm}과 공통모드 입력저항 R_{icm}을 구하라. 단, Q_1과 Q_2는 $V_A=\infty$이고, Q_3과 Q_4는 $V_A=100\ \mathrm{V}$이며, $\beta_o=200$으로 모두 같다.

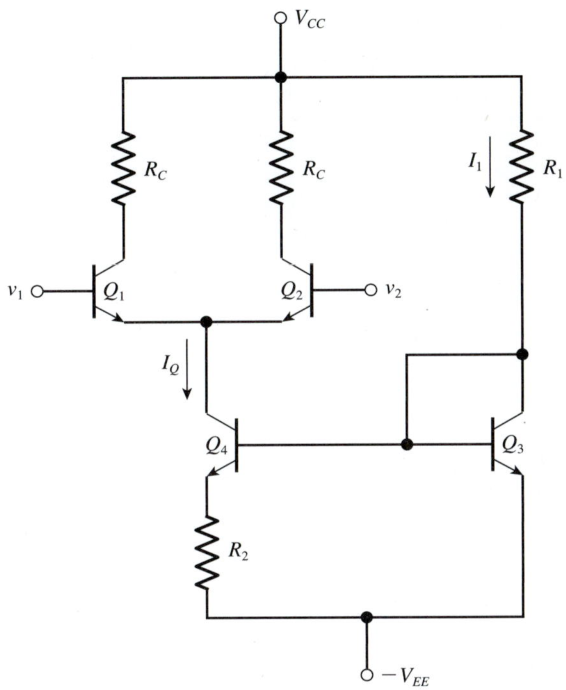

[그림 7-44]

7.12 [그림 7-11]의 차동 증폭기 회로에서 (a) 개방회로 차동모드 이득과 (b) 부하저항 $R_L=1\ \mathrm{M\Omega}$이 연결된 경우의 차동모드 이득을 구하라. 단, $I_{EE}=100\ \mu\mathrm{A}$이고, 모든 BJT는 특성이 정합되어 있으며, $\beta_o=120$, $V_A=150\ \mathrm{V}$이다.

7.13 [그림 7-45]의 캐스코드 차동 증폭기 회로에서 (a) 출력노드에서의 등가 출력저항과 (b) 차동모드 이득 v_o/v_d를 구하라. 단, $I_{EE}=100\ \mu\text{A}$이고, 모든 BJT는 동일하게 $\beta_o=100$, $V_A=100\ \text{V}$이다.

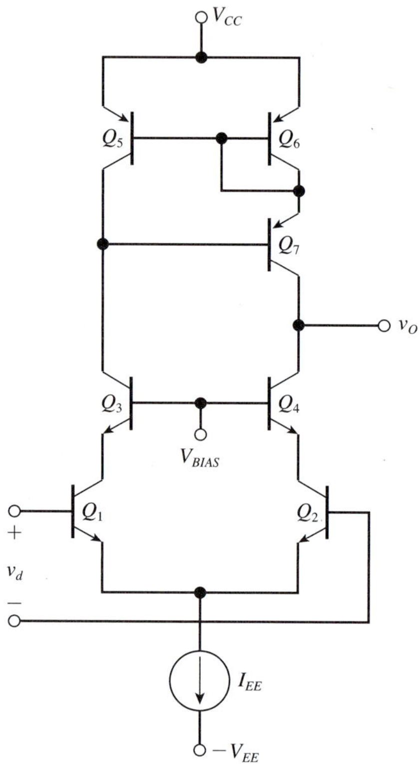

[그림 7-45]

7.14 [그림 7-17]의 정전류원 회로에서 $I_{REF}=200\ \mu\text{A}$가 되도록 저항 R 값을 결정하고, 전류 I_1, I_2, I_3의 값을 구하라. $V_{CC}=V_{EE}=5\ \text{V}$이고, BJT의 $V_{BE(on)}=V_{EB(on)}=0.7\ \text{V}$이고 베이스 전류는 무시한다.

7.15 [그림 7-19]의 윌슨 정전류원의 출력저항이 $R_o \simeq \beta_{o3} r_{o3}/2$가 됨을 보여라. 단, BJT의 소신호 파라미터는 $r_\pi \| r_e \simeq r_e$이고, $g_m r_e \simeq 1$로 가정한다.

7.16 [그림 7-20]의 위들러 정전류원의 출력저항이 $R_O \simeq r_{o2}[1+g_{m2}(r_{\pi 2} \| R_E)]$가 됨을 보여라. 단, Q_1의 베이스로 들여다 본 등가저항 R_{o1}은 $r_{\pi 2}$에 비해 매우 작아 무시할 수 있으며, $g_m \gg 1/r_{o2}$이다.

7.17 [그림 7-46]의 차동 증폭기에서 드레인 저항 R_D가 ΔR만큼 불일치(mismatch)를 하는 경우에 출력 $v_o = v_{D1} - v_{D2}$에 대한 차동모드 이득 A_{dm}, 공통모드 이득 A_{cm}을 구하라. 단, MOSFET의 $\lambda = 0$으로 가정한다.

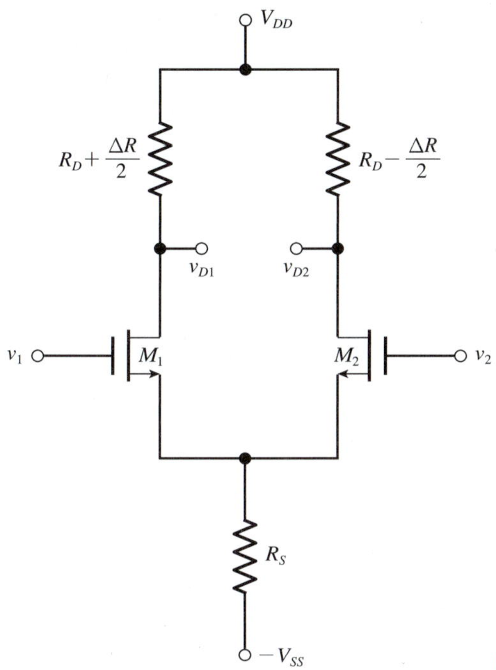

[그림 7-46]

7.18 [그림 7-46]의 회로에서 ΔR는 R_D의 1%이다. (a) 출력 $v_o = v_{D1} - v_{D2}$에 대한 차동모드 이득 A_{dm}, 공통모드 이득 A_{cm}, 그리고 CMRR을 구하라. (b) $\Delta R = 0$인 경우와 비교하여 ΔR의 영향을 설명하라. 단, MOSFET는 $K_n = 0.2\ \text{mA/V}^2$, $\lambda = 0$, 이고, $V_{Tn} = 1\ \text{V}$, $R_D = 50\ \text{k}\Omega$, $R_S = 60\ \text{k}\Omega$이며, $V_{DD} = V_{SS} = 10\ \text{V}$이다.

7.19 [그림 7-47]의 차동 증폭기에서 MOSFET의 전달컨덕턴스 g_m이 Δg_m만큼 불일치(mismatch)하는 경우에 출력 $v_o = v_{D1} - v_{D2}$에 대한 차동모드 이득 A_{dm}, 공통모드 이득 A_{cm}을 구하라. 단, MOSFET의 $\lambda = 0$으로 가정한다.

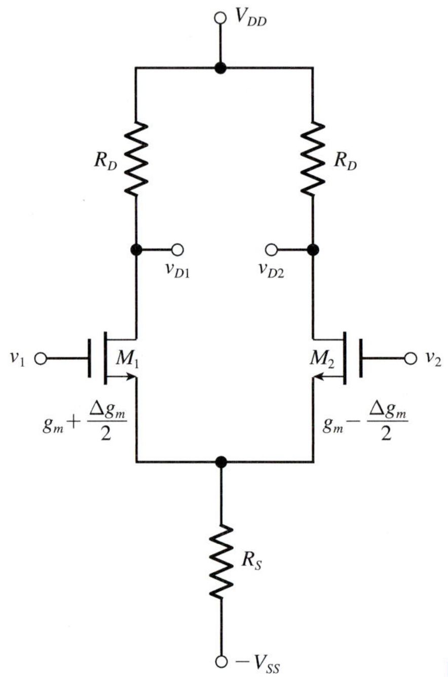

[그림 7-47]

7.20 문제 7.19의 [그림 7-48] 회로에서 Δg_m은 g_m의 1%이다. (a) 출력 $v_o = v_{D1} - v_{D2}$에 대한 차동모드 이득 A_{dm}, 공통모드 이득 A_{cm}, 그리고 CMRR을 구하라. (b) $\Delta g_m = 0$인 경우와 비교하여 Δg_m의 영향을 설명하라. 단, MOSFET는 $K_n = 0.2\ \text{mA/V}^2$, $\lambda = 0$, $V_{Tn} = 1\ \text{V}$이고, $R_D = 50\ \text{k}\Omega$, $R_S = 60\ \text{k}\Omega$이며, $V_{DD} = V_{SS} = 10\ \text{V}$이다.

7.21 [그림 7-24(a)]의 회로에서 트랜지스터 M_1과 M_2가 포화영역에서 동작하기 위한 공통모드 입력전압 v_{CM}의 최댓값을 구하라. 단, $I_{SS} = 0.5\ \text{mA}$이고, $R_D = 7.5\ \text{k}\Omega$, $V_{DD} = V_{SS} = 10\ \text{V}$이며, MOSFET 파라미터는 $V_{Tn} = 0.8\ \text{V}$, $K_n = 0.2\ \text{mA/V}^2$, $\lambda = 0$이다.

7.22 [그림 7-48]의 차동 증폭기 회로에서 (a) 바이어스 전류 I_Q를 구하라. 단일종단 출력에 대한 (b) 차동모드 이득 A_{dm}, (c) 공통모드 이득 A_{cm}, (d) CMRR을 구하라. 단, $R_D=15$ kΩ, $R_1=30$ kΩ이며, 모든 MOSFET는 $V_{Tn}=1.0$ V이고, $K_{n1}=K_{n2}=0.3$ mA/V^2, $K_{n3}=K_{n4}=0.4$ mA/V^2, $\lambda_1=\lambda_2=\lambda_3=0$, $\lambda_4=0.01$ V^{-1}이며, $V_{DD}=10$ V이다.

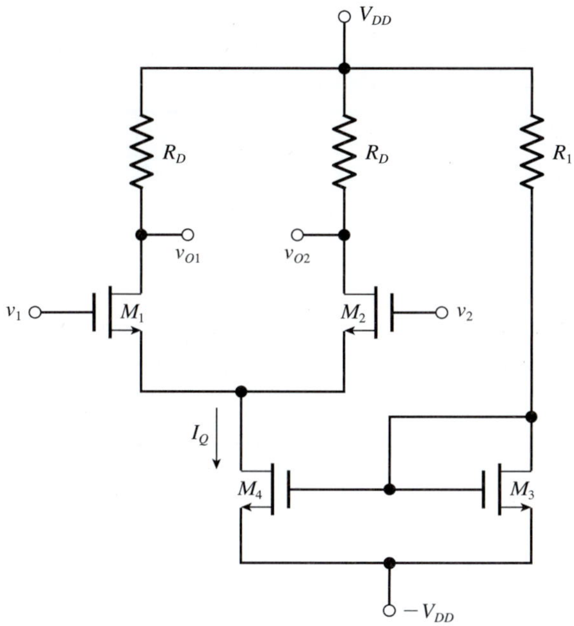

[그림 7-48]

7.23 [그림 7-25(a)]의 MOSFET 차동 증폭기 회로가 $I_{SS}=200$ μA로 바이어스되어 있다. (a) 차동모드 이득 A_{dm}, (b) 출력저항 R_{out}을 구하라. 단, MOSFET 파라미터는 $K_n=K_p=1$ mA/V^2, $\lambda_2=\lambda_4=0.02$ V^{-1}이고, $V_{DD}=5$ V이다.

7.24 [그림 7-49]의 정전류원 회로에서 I_{REF}, I_O, 그리고 $V_{DS2,sat}$을 구하라. 단, MOSFET 파라미터는 $V_{Tn}=0.5$ V, $K_n=1.0$ mA/V^2, $\lambda=0$이고, $R=12$ kΩ, $V_{DD}=3.3$ V이다.

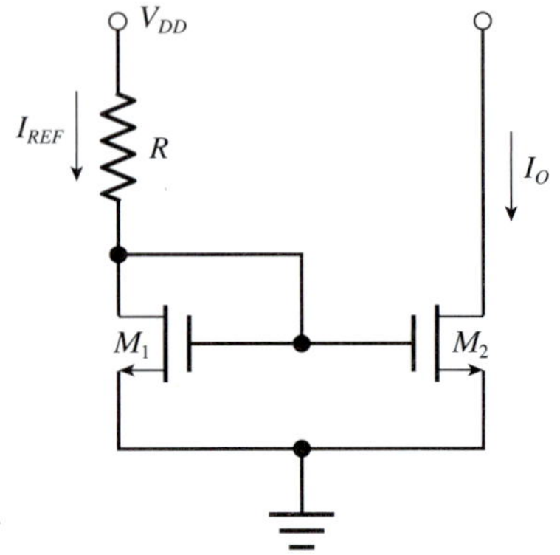

[그림 7-49]

7.25 [그림 7-50]의 캐스코드 정전류원 회로의 출력저항 R_O를 구하고, [그림 7-28(a)] 회로의 출력저항과 비교하라. 단, 모든 MOSFET의 특성은 동일하며, $\lambda=0.01$ V^{-1}, $g_m=0.5$ mA/V이고, $I_O \simeq I_{REF}=0.4$ mA이다.

7.26 [그림 7-35]의 CC-CE 종속연결 증폭기에 대해 (a) Q_1 증폭단의 소신호 전압이득 A_{v1}, (b) Q_2 증폭단의 소신호 전압이득 A_{v2}, (c) 전체 증폭단의 소신호 전압이득 $A_v=A_{v1}A_{v2}$을 구하라. $R_1=400$ kΩ, $R_2=600$ kΩ, $R_3=155$ kΩ, $R_4=15$ kΩ, $R_{E1}=5$ kΩ, $R_{C2}=2.0$ kΩ, $R_s=0$, $V_{CC}=10$ V이다. BJT의 파라미터는 $\beta_{o1}=\beta_{o2}=180$, $V_{BE1(on)}=V_{BE2(on)}=0.7$ V이고, $V_{A1}=V_{A2}=\infty$로 가정한다.

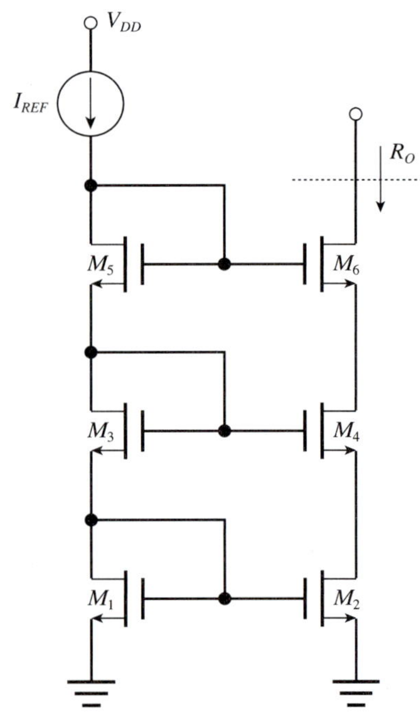

[그림 7-50]

7.27 [그림 7-36]의 CE-CC 종속연결 증폭기에 대해 (a) Q_1 증폭단의 소신호 전압이득 A_{v1}, (b) Q_2 증폭단의 소신호 전압이득 A_{v2}, (c) 전체 증폭단의 소신호 전압이득 $A_v = A_{v1}A_{v2}$을 구하라. $R_1 = 600\ \text{k}\Omega$, $R_2 = 100\ \text{k}\Omega$, $R_3 = 50\ \text{k}\Omega$, $R_4 = 70\ \text{k}\Omega$, $R_{C1} = 10\ \text{k}\Omega$, $R_{E1} = 1\ \text{k}\Omega$, $R_{E2} = 1.5\ \text{k}\Omega$, $R_s = 0$, $V_{CC} = 12\ \text{V}$이다. BJT의 파라미터는 $\beta_{o1} = \beta_{o2} = 180$, $V_{BE1(on)} = V_{BE2(on)} = 0.7\ \text{V}$이고, $V_{A1} = V_{A2} = \infty$로 가정한다.

7.28 [그림 7-37(a)]의 CS-CD 종속연결 증폭기의 소신호 전압이득을 구하라. MOSFET의 바이어스 전류는 $I_{D1} = 0.25\ \text{mA}$, $I_{D2} = 0.6\ \text{mA}$이고, $V_{Tn1} = V_{Tn2} = 1.0\ \text{V}$, $K_{n1} = 0.5\ \text{mA/V}^2$, $K_{n2} = 0.3\ \text{mA/V}^2$, $\lambda_1 = \lambda_2 = 0$이며, $R_1 = 380\ \text{k}\Omega$, $R_2 = 120\ \text{k}\Omega$, $R_{D1} = 16\ \text{k}\Omega$, $R_{S1} = 3.3\ \text{k}\Omega$, $R_{S2} = 8\ \text{k}\Omega$, $R_L = 5\ \text{k}\Omega$, $R_{si} = 2\ \text{k}\Omega$, $V_{DD} = -V_{SS} = 5\ \text{V}$이다.

7.29 [그림 7-51]의 증폭기에 대해 (a) Q_1과 Q_2의 동작점 전류 I_{C1}, I_{C2}와 전압 V_{CE1}, V_{CE2}을 구하라. (b) 전압이득 $A_v = v_o/v_s$를 구하라. $R_1 = 620\ \text{k}\Omega$, $R_2 = 280\ \text{k}\Omega$, $R_C = 2.2\ \text{k}\Omega$, $R_{E2} = 1\ \text{k}\Omega$, $V_{CC} = 10\ \text{V}$이다. BJT 파라미터는 $\beta_{o1} = 100$, $\beta_{o2} = 160$, $V_{BE1(on)} = V_{BE2(on)} = 0.7\ \text{V}$이고, $V_{A1} = V_{A2} = \infty$로 가정한다.

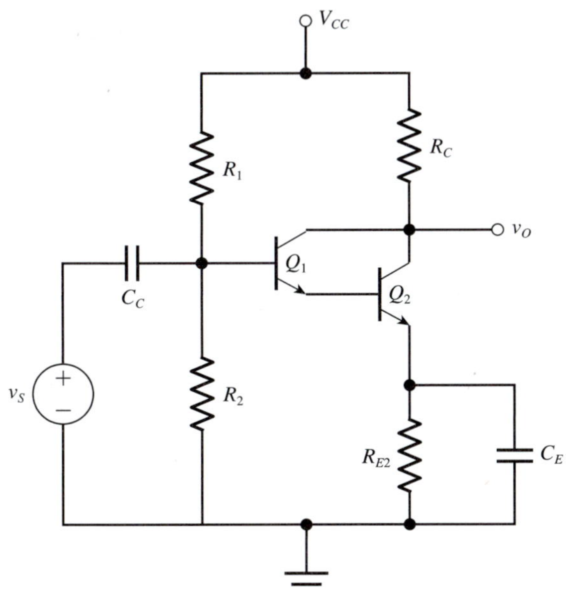

[그림 7-48]

7.30 [그림 7–52]의 회로에 대해 (a) $v_{I1}=v_{I2}=0$일 때, 각 BJT의 바이어스 전류 I_C와 전압 V_{CE}를 구하라. (b) 각 BJT의 r_π와 g_m을 구하라. (c) $v_O=A_{v1}v_{I1}+A_{v2}v_{I2}$이라고 할 때, 전압이득 A_{v1}과 A_{v2}를 구하라. (d) 두 입력단자에서 본 입력저항을 구하라. (e) 증폭기의 출력저항을 구하라. $I_{EE}=1$ mA, $V_{CC}=V_{EE}=5$ V, $R_C=10$ kΩ, $R_E=2$ kΩ이고, BJT Q_1과 Q_2는 특성이 동일하며 $\beta_o=100$이다.

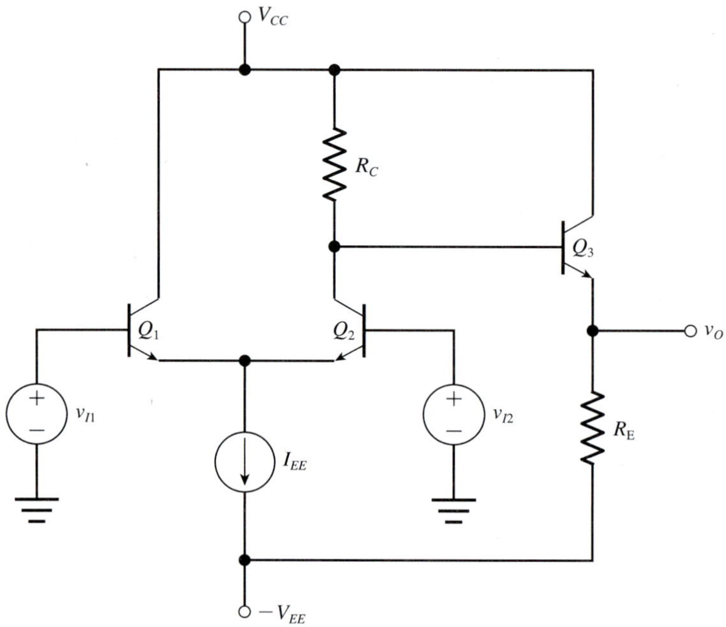

[그림 7–52]

Chapter

08

증폭기의 주파수 응답특성

학습목표

- 증폭기의 주파수 응답특성에 대한 기본 개념과 차단 주파수, 대역폭 등의 특성 파라미터를 이해한다.
- 결합 및 바이패스 커패시터가 증폭기의 저주파 응답특성에 미치는 영향을 살펴본다.
- 공통 이미터, 공통 컬렉터, 공통 베이스 증폭기의 고주파 응답특성과 이득-대역폭 사이의 상호관계에 대해 학습한다.
- 공통 소오스, 공통 드레인, 공통 게이트 증폭기의 고주파 응답특성을 공부한다.
- 다단 증폭기와 캐스코드 증폭기의 주파수 응답특성을 살펴본다.
- PSPICE 시뮬레이션을 통해 여러 가지 증폭기 회로의 주파수 응답특성을 이해한다.

4장과 6장에서 증폭기의 이득은 신호의 주파수와 무관하게 일정한 값을 갖는다고 가정하였다. 그러나 실제로 증폭기는 회로를 구성하는 결합 커패시터와 부하 커패시터 그리고 트랜지스터 내부의 기생 정전용량 성분들에 의해 영향을 받으며, 신호의 주파수에 따라 출력이 달라지는 주파수 응답특성을 갖는다. 예를 들어, 가청 주파수(30 Hz~30 kHz) 범위의 신호를 증폭하는 오디오 증폭기는 수 GHz 범위의 RF 신호를 증폭할 수 없다. 그 이유는 오디오 증폭기의 주파수 응답특성에 의해 RF 신호를 증폭하지 못하기 때문이다. 이러한 개념을 이번 장을 통해서 명확하게 이해할 수 있기 바란다.

증폭기의 주파수 응답특성은 실제 회로의 해석과 설계에 있어서 필수적으로 적용되는 중요한 내용이므로 정확히 이해할 필요가 있다. 이번 장에서는 증폭기의 대역폭에 관련된 기본 개념과 파라미터들을 이해하고, 대역폭에 영향을 미치는 요인, 대역폭을 개선하기 위한 회로 구조 등에 대해 설명한다.

증폭기의 주파수 응답특성은 귀환 증폭기의 안정도에도 영향을 미치며, 이는 9장에서 상세히 설명할 것이다. 증폭기의 주파수 응답특성을 표현하고 이해하기 위해 수식과 함께 '보드 선도' 라는 그래프가 사용된다. 보드 선도는 9장의 귀환 증폭기 안정도 판별에도 적용되는 중요한 내용이므로 충분히 이해하고 넘어가도록 한다.

8.1 기본 개념

8.1.1 주파수 응답특성이란?

전기신호는 일정한 값을 유지하는 직류(DC) 신호와 시간에 따라 변하는 교류(AC) 신호로 구분될 수 있으며, 교류신호는 시간에 따라 변하는 빈도, 즉 주파수를 갖는다. 증폭기의 기본적인 기능은 작은 진폭의 신호를 파형의 왜곡 없이 그 크기만 크게 증폭하는 것이다. 그렇다면 증폭기에 입력되는 신호의 주파수는 증폭기의 이득, 입력 임피던스, 출력 임피던스 등에 어떤 영향을 미칠까? MP3 플레이어에 사용되는 오디오 증폭기(30 Hz~30 kHz 범위의 신호를 증폭함)를 수 GHz 범위의 신호를 증폭하는 휴대전화기의 RF(radio frequency) 증폭기로 사용할 수 있을까? 이는 명백히 불가능하다. 증폭기의 특성이 주파수에 영향을 받기 때문이다.

앞에서는 증폭기가 신호의 주파수에 무관하게 일정한 이득을 갖는다고 가정하였다. 그러나 실제 증폭기는 입력신호의 주파수 성분에 따라 그 특성이 달라진다. 예를 들어 [그림 8-1(a)]의 공통 이미터 증폭기는 입력신호의 주파수에 따라 [그림 8-1(b)]와 같은 이득을 갖는다.

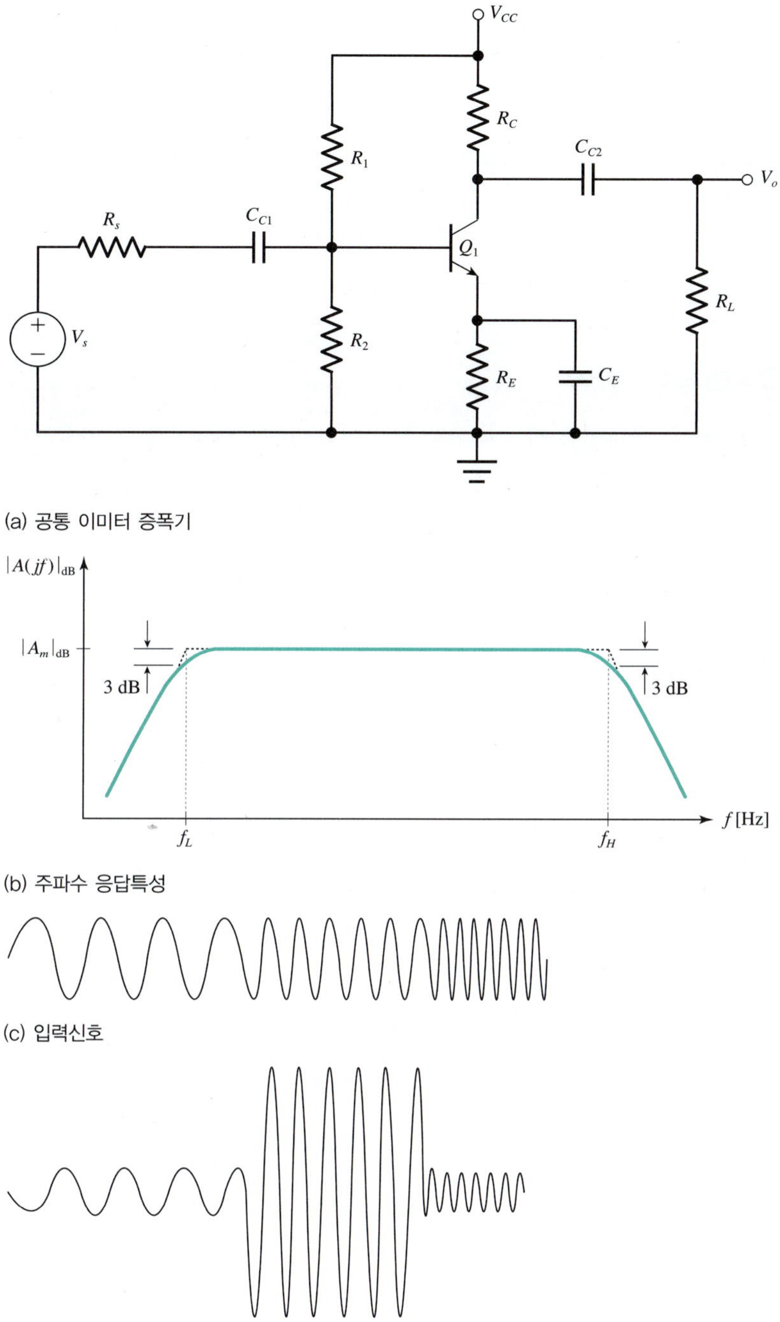

(a) 공통 이미터 증폭기

(b) 주파수 응답특성

(c) 입력신호

(d) 출력신호

[그림 8-1] 증폭기의 주파수 응답특성 예

따라서 [그림 8-1(c)]와 같이 여러 주파수 성분이 포함된 신호가 입력되면 [그림 8-1(d)]와 같이 일부 주파수 성분의 신호만 증폭되며, 낮은 주파수 성분과 높은 주파수 성분의 신호는 증폭되지 못하고 오히려 감쇄되어 출력된다. 이와 같이 **증폭기 출력이 신호의 주파수 성분에 영향 받는 것을 증폭기의 주파수 응답특성**이라고 한다. 예를 들어, 사람의 음성을 마이크와 앰프(증폭기)를 통해 증폭하여 들으면 옆에서 직접 이야기할 때와 약간 다르게 들리는 것을 느낄 수 있는데, 이는 마이크와 앰프(증폭기)의 주파수 특성에 의해 신호(사람의 음성)에 왜곡이 발생했기 때문이다. 마이크와 앰프(증폭기)가 가청 주파수(20 Hz~20 kHz) 범위에서 최적의 주파수 특성을 갖도록 설계되면, 원음에 가까운 소리를 들을 수 있을 것이다. 이와 같이 증폭기의 주파수 특성은 실제 증폭기에서 매우 중요한 요소가 된다.

그렇다면 실제 증폭기가 주파수 응답특성을 갖는 이유는 무엇일까? 바로 증폭기를 구성하는 트랜지스터 내부의 기생(parasitic) 커패시턴스와 증폭기 회로에 사용되는 결합(coupling) 또는 바이패스(bypass) 커패시터 그리고 부하 커패시턴스 등의 영향 때문이다.

[그림 8-2(a)]의 공통 이미터 증폭기에서 결합 커패시터 C_C의 영향을 살펴보자. 문제를 단순화하여 결합 커패시터 C_C의 영향만을 살펴보기 위해 BJT는 주파수에 무관한 특성을 갖는다고 가정한다. [그림 8-2(b)]는 C_C에서 본 증폭기의 등가회로이며, 출력 V_o는 식 (8.1)과 같이 표현된다.

$$V_o = \frac{-g_m R_C R_i}{R_s + R_i + \dfrac{1}{sC_C}} V_s = \frac{A_m}{1 + \omega_L / s} V_s \tag{8.1}$$

입력신호 V_s의 주파수가 큰 경우에는 C_C의 임피던스 $1/j\omega C_C$가 증폭기의 입력저항 R_i보다 매우 작으므로, $V_o = A_m V_s$가 된다. 주파수가 감소할수록 C_C의 임피던스가 증가하여 출력전압이 감소한다. $f_L = 1/[2\pi(R_s + R_i)C_C]$에서 $|V_o| = |A_m| V_s / \sqrt{2}$가 되며, 주파수 f_L을 하측 차단 주파수라고 한다. 따라서 증폭기는 [그림 8-2(c)]와 같은 저역통과 주파수 특성을 갖게 되며, C_C 값이 클수록 차단 주파수 f_L이 작아진다.

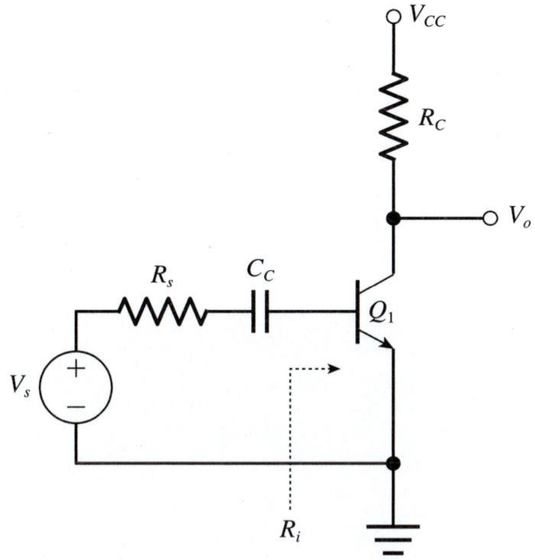

(a) 결합 커패시터 C_C를 갖는 공통 이미터 증폭기

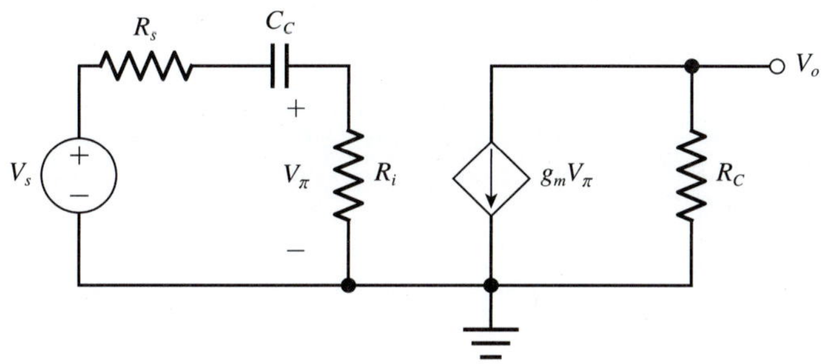

(b) 소신호 등가회로

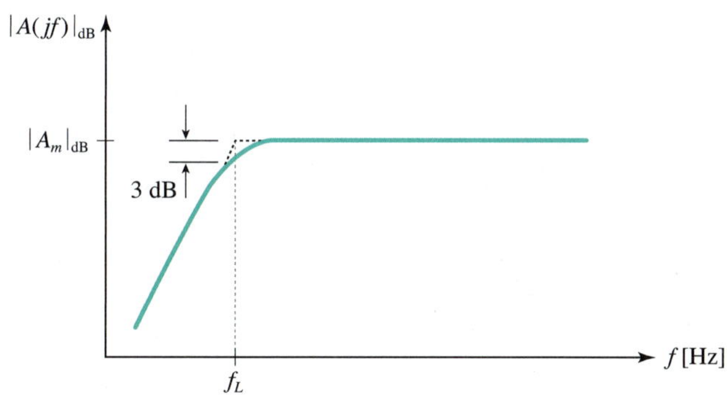

(c) 주파수 응답특성

[그림 8-2] 증폭기의 저주파 응답특성 예

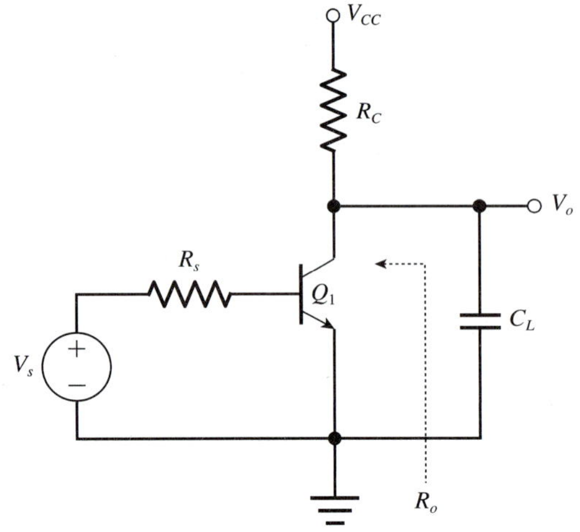

(a) 부하 C_L을 갖는 공통 이미터 증폭기

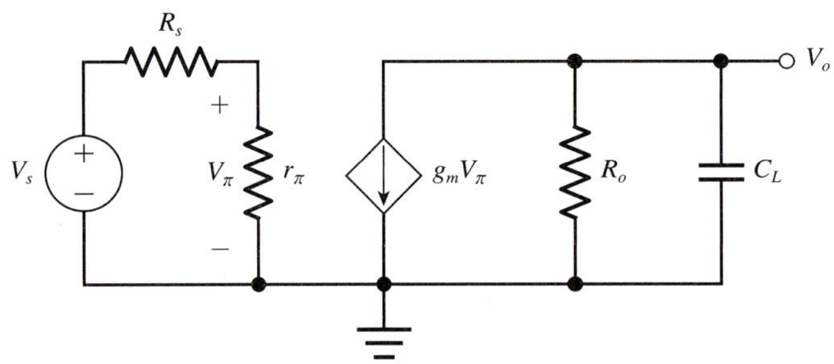

(b) 소신호 등가회로

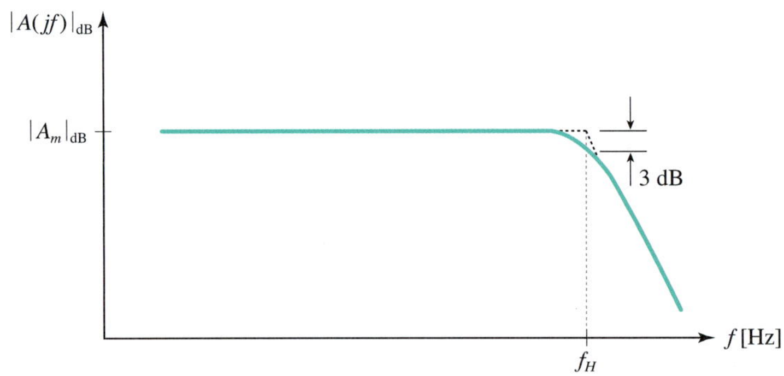

(c) 주파수 응답특성

[그림 8-3] 증폭기의 고주파 응답특성 예

다음으로 [그림 8-3(a)]의 공통 이미터 증폭기에서 부하 커패시턴스 C_L의 영향을 살펴보자. 이번에도 부하 C_L의 영향만을 살펴보기 위해 BJT는 주파수에 무관한 특성을 갖는다고 가정한다. [그림 8-3(b)]는 부하 C_L에서 본 증폭기의 등가회로이며, 출력 V_o는 식 (8.2)와 같이 표현된다. 입력신호 V_s의 주파수가 작은 경우에는 부하 C_L의 임피던스 $1/j\omega C_L$이 증폭기의 출력저항 R_o보다 매우 크므로, $V_o = A_m V_s$가 된다. 주파수가 증가할수록 C_L의 임피던스가 작아져 출력전압 V_o가 감소한다. $f_H = 1/(2\pi R_o C_L)$에서 $|V_o| = |A_m| V_s/\sqrt{2}$가 되며, 주파수 f_H를 상측 차단 주파수라고 한다. 따라서 증폭기는 [그림 8-3(c)]와 같은 저역통과 주파수 특성을 갖게 되며, C_L 값이 클수록 차단 주파수 f_H가 작아지게 된다.

$$V_o = \frac{\frac{1}{sC_L}}{R_o + \frac{1}{sC_L}} A_m V_s = \frac{A_m}{1 + s/\omega_H} V_s \tag{8.2}$$

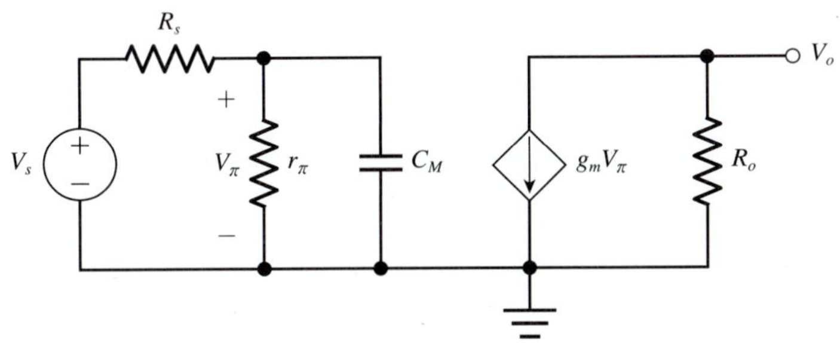

(a) 기생 커패시턴스 C_M을 고려한 소신호 등가회로

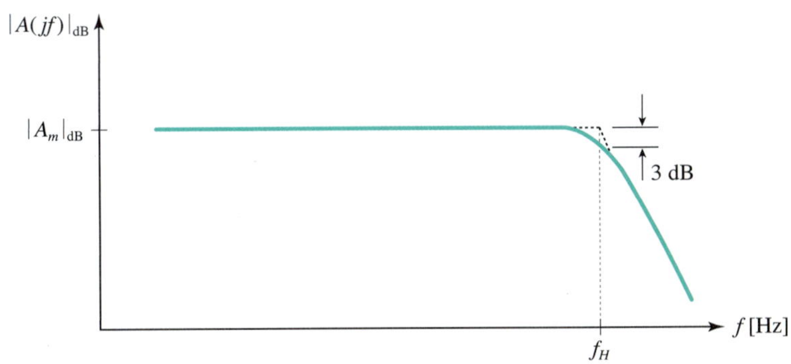

(b) 주파수 응답특성

[그림 8-4] BJT 내부의 기생 커패시턴스 C_M에 의한 고주파 응답특성

BJT 또는 FET 소자 내부의 기생 커패시턴스도 증폭기의 주파수 특성에 영향을 미친다. [그림 8-4(a)]는 BJT 내부의 기생 커패시턴스 C_M을 고려한 소신호 등가회로이다. 입력신호 V_s의 주파수가 증가할수록 C_M의 임피던스가 작아지므로 출력전압 V_o가 감소되어 [그림 8-4(b)]와 같은 저역통과 주파수 특성을 갖게 되며, 내부 커패시턴스 C_M 값이 클수록 차단 주파수 f_H가 작아지게 된다.

이상에서 살펴본 바와 같이, **증폭기 내부의 기생 커패시턴스와 외부 결합 및 부하 커패시턴스에 의해 증폭기의 출력은 입력신호 주파수에 영향을 받는다.**

8.1.2 보드 선도

증폭기 전달함수(전압이득, 전류이득 등)의 주파수 응답은 복소함수 형태를 가진다. 따라서 주파수에 따라 크기(절댓값) 성분과 위상각 성분으로 구성된다. **증폭기 전달함수의 크기와 위상각을 입력신호의 주파수에 대해 그린 그래프를 보드 선도(Bode plot)라고 한다.** 일반적으로 가로축(x축)은 주파수를 로그 눈금으로 표시한다. 세로축(y축)은 크기에 대한 보드 선도는 전달함수 크기를 데시벨(dB) 눈금으로 표시하고, 위상각에 대한 보드 선도는 위상각을 도(degree)로 표시한다. 보드 선도는 증폭기의 주파수 응답특성의 해석과 귀환 증폭기의 안정도 판별(9.5절)에 유용하게 사용되므로, 보드 선도를 해석하고 의미를 이해할 수 있어야 한다. 보드 선도는 PSPICE와 같은 시뮬레이션 툴을 이용하면 쉽게 얻을 수 있으나, 증폭기의 전달함수로부터 보드 선도가 그려지는 원리를 알면 의미를 보다 정확하게 이해할 수 있다.

증폭기의 전달함수(전압이득)가 식 (8.3)과 같이 표현된 경우에 근사적으로 보드 선도를 그리는 방법을 알아보자. 식 (8.3)에서 K는 중대역 이득을 나타내며, z_1, z_2는 영점(zero) 주파수를 나타내고, p_1, p_2는 극점(pole) 주파수를 나타낸다.

$$A(j\omega)=K\times\frac{(1+j\omega/z_1)(1+j\omega/z_2)\cdots}{(1+j\omega/p_1)(1+j\omega/p_2)\cdots} \tag{8.3}$$

크기에 대한 점근(asymptotic) 보드 선도

통상적으로 전압의 크기에 대한 데시벨은 $|A(j\omega)|_{\text{dB}}=20\log_{10}|A(j\omega)|$로 계산되며, 식 (8.3)이 나타내는 전달함수의 크기를 데시벨로 표현하면 식 (8.4)와 같다.

$$\begin{aligned}|A(j\omega)|_{\text{dB}}=K_{\text{dB}}&+\{|1+j\omega/z_1|_{\text{dB}}+|1+j\omega/z_2|_{\text{dB}}+\cdots\}\\&-\{|1+j\omega/p_1|_{\text{dB}}+|1+j\omega/p_2|_{\text{dB}}+\cdots\}\end{aligned} \tag{8.4}$$

식 (8.4)의 각 항에 대한 보드 선도를 개별적으로 그린 후, 이들을 그래프적으로 모두 더하면 전체 전달함수의 크기에 대한 보드 선도를 얻을 수 있다. 따라서 식 (8.4)에서 대표적인 3개 항 K_{dB}, $|1+j\omega/z_1|_{dB}$, $-|1+j\omega/p_1|_{dB}$에 대해 근사적인 보드 선도를 그려 보자.

K_{dB}는 주파수에 무관하므로 [그림 8-5(a)]와 같이 수평 직선으로 그려진다. $|1+j\omega/z_1|_{dB}$의 보드 선도는 다음 관계로부터

- $\omega/z_1 \ll 1$이면, $|1+j0|_{dB} \approx 0$ dB
- $\omega/z_1 = 1$이면, $|1+j|_{dB} = 3$ dB
- $\omega/z_1 = 10$이면, $|1+j10|_{dB} = +20$ dB
- $\omega/z_1 = 100$이면, $|1+j100|_{dB} = +40$ dB
- $\omega/z_1 = 1{,}000$이면, $|1+j1000|_{dB} = +60$ dB

주파수 z_1을 기준으로 $\omega \le z_1$이면 0 dB로 근사될 수 있고, $\omega > z_1$이면 주파수가 10배씩(즉, 1 decade) 증가함에 따라 +20 dB/dec의 기울기로 증가하므로 [그림 8-5(b)]와 같이 그려진다. [그림 8-5(b)]에서 점선은 $|1+j\omega/z_1|_{dB}$에 대한 정확한 보드 선도를 나타내며, $\omega = z_1$의 주파수에서 +3 dB의 값을 갖는다. 마찬가지로 $-|1+j\omega/p_1|_{dB}$의 보드 선도는 주파수 p_1을 기준으로 $\omega \le p_1$이면 0 dB로 근사될 수 있고, $\omega > p_1$이면 주파수가 10배씩(1 decade) 증가함에 따라 −20 dB/dec의 기울기로 감소하므로 [그림 8-5(c)]와 같이 그려진다. [그림 8-5(c)]에서 점선은 $-|1+j\omega/p_1|_{dB}$에 대한 정확한 보드 선도를 나타내며, $\omega = p_1$의 주파수에서 −3 dB의 값을 갖는다.

결론적으로 크기에 대한 점근 보드 선도가 그려지는 원리를 다음과 같이 정리할 수 있다.

- **영점(zero) 주파수에 대한 보드 선도** : 영점 주파수 이하에서는 0 dB의 직선으로 근사화되고, 영점 주파수 이상에서는 +20 dB/dec의 기울기를 갖는 직선으로 근사화된다.
- **극점(pole) 주파수에 대한 보드 선도** : 극점 주파수 이하에서는 0 dB의 직선으로 근사화되고, 극점 주파수 이상에서는 −20 dB/dec의 기울기를 갖는 직선으로 근사화된다.

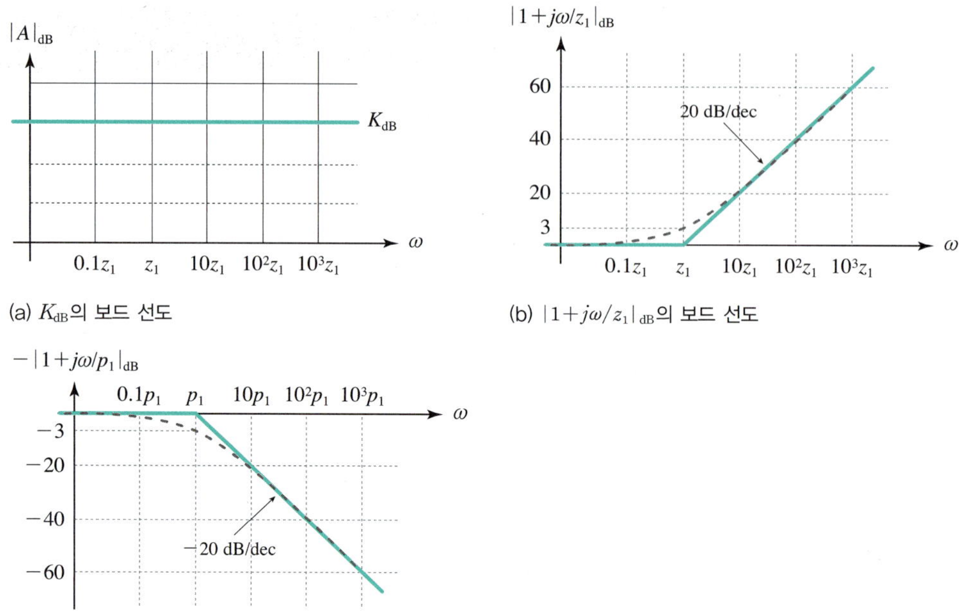

(a) K_{dB}의 보드 선도

(b) $|1+j\omega/z_1|_{dB}$의 보드 선도

(c) $-|1+j\omega/p_1|_{dB}$의 보드 선도

[그림 8-5] 크기에 대한 점근 보드 선도

위상각에 대한 점근 보드 선도

식 (8.3) 전달함수의 위상각은 식 (8.5)와 같이 표현되며, 각 항에 대한 보드 선도를 개별적으로 그린 후, 이들을 그래프적으로 모두 더하면 전체 전달함수의 위상각에 대한 보드 선도를 얻을 수 있다.

$$\angle A(j\omega)=\left\{\tan^{-1}\left(\frac{\omega}{z_1}\right)+\tan^{-1}\left(\frac{\omega}{z_2}\right)+\cdots\right\} \\ -\left\{\tan^{-1}\left(\frac{\omega}{p_1}\right)+\tan^{-1}\left(\frac{\omega}{p_2}\right)+\cdots\right\} \tag{8.5}$$

$\tan^{-1}(\omega/z_1)$의 보드 선도는 다음 관계로부터,

- $\omega/z_1 \leq 0.1$이면, $\tan^{-1}(0.1) \approx 0°$
- $\omega/z_1 = 1$이면, $\tan^{-1}(1) = +45°$
- $\omega/z_1 \geq 10$이면, $\tan^{-1}(10) \approx +90°$

주파수 z_1을 기준으로 $\omega \leq 0.1z_1$이면 $0°$로 근사될 수 있고, $\omega = z_1$이면 $45°$가 되며, $\omega \geq 10z_1$이면 $90°$로 근사될 수 있으므로 [그림 8-6(a)]와 같이 그려진다. [그림 8-6(a)]에서 점선은 $\tan^{-1}(\omega/z_1)$의 정확한 보드 선도를 나타낸다. 마찬가지로 $-\tan^{-1}(\omega/p_1)$의 보드 선도는 주파수 p_1을 기준으로 $\omega \leq 0.1p_1$이면 $0°$로 근사될 수 있고, $\omega = p_1$이면 $-45°$가 되며, $\omega \geq 10p_1$이면 $-90°$로 근사될 수 있으므로 [그림 8-6(b)]와 같이 그려진다. [그림 8-6(b)]에서 점선은 $-\tan^{-1}(\omega/p_1)$의 정확한 보드 선도를 나타낸다.

결론적으로 위상각에 대한 점근 보드 선도가 그려지는 원리를 다음과 같이 정리할 수 있다.

- **영점 주파수에 대한 보드 선도** : $0.1z_1$, z_1, $10z_1$의 세 점을 중심으로 그려지며, $0.1z_1$ 이하의 주파수에서는 $0°$의 직선으로 근사화되고, $0.1z_1 \sim 10z_1$의 주파수 범위에서는 $+45°$/dec의 기울기를 갖는 직선으로 근사화되며, $10z_1$ 이상의 주파수에서는 $90°$의 직선으로 근사화된다.
- **극점 주파수에 대한 보드 선도** : 동일한 원리가 적용되며, 단지 $0.1p_1 \sim 10p_1$의 주파수 범위에서는 $-45°$/dec의 기울기를 갖는다는 점만 다르다.

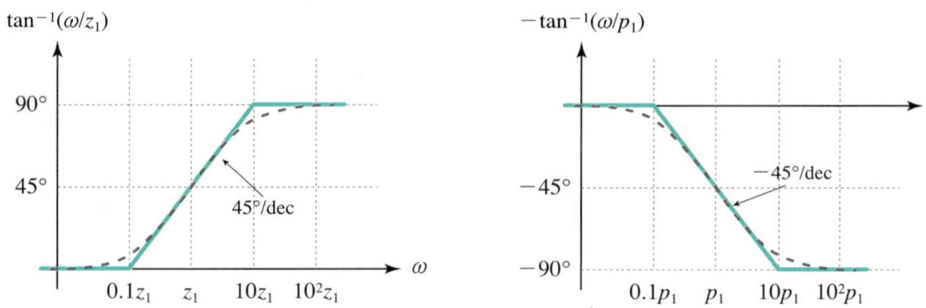

(a) $-\tan^{-1}(\omega/z_1)$의 보드 선도　　(b) $-\tan^{-1}(\omega/p_1)$의 보드 선도

[그림 8-6] 위상각에 대한 점근 보드 선도

예제 8-1

다음 전달함수의 크기와 위상각에 대한 점근 보드 선도를 그려라.

$$A(s) = \frac{100s}{(1+s/10^2)(1+s/10^6)}$$

풀이

■ **크기에 대한 점근 보드 선도([그림 8-7(a)])**

전달함수의 크기 $|A(j\omega)|$를 데시벨로 표현하면 다음과 같다.

$$|A(j\omega)|_{dB}=40+|j\omega|_{dB}-\{|1+j\omega/10^2|_{dB}+|1+j\omega/10^6|_{dB}\}$$

- 40 dB : 주파수에 무관한 수평 직선 ❶
- $|j\omega|_{dB}$: +20 dB/dec의 기울기를 갖는 직선 ❷
- $-|1+j\omega/10^2|_{dB}$: 10^2rad/sec 이하의 주파수에서는 0 dB로 근사되고, 10^2rad/sec 이상의 주파수에서는 −20 dB/dec의 기울기를 갖는 직선 ❸
- $-|1+j\omega/10^6|_{dB}$: 10^6rad/sec 이하의 주파수에서는 0 dB로 근사되고, 10^6rad/sec 이상의 주파수에서는 −20 dB/dec의 기울기를 갖는 직선 ❹

따라서 직선 ❶~직선 ❹를 더하면 [그림 8-7(a)]와 같으며, 10^2 rad/sec 이하의 주파수에서는 +20 dB/dec의 기울기를 갖는 직선이 되고, $10^2 \sim 10^6$rad/sec 범위의 주파수에서는 80 dB의 수평 직선이 되며, 10^6rad/sec 이상의 주파수에서는 −20 dB/dec의 기울기를 갖는 직선으로 근사화되는 주파수 응답특성을 갖는다.

■ 위상각에 대한 점근 보드 선도([그림 8-7(b)])

전달함수의 위상각 $\angle A(j\omega)$는 다음과 같다.

$$\angle A(j\omega)=90-\{\tan^{-1}(\omega/10^2)+\tan^{-1}(\omega/10^6)\}$$

- $\angle(j\omega)$: +90°의 수평 직선 ❶
- $-\tan^{-1}(\omega/10^2)$: 10 rad/sec 이하의 주파수에서는 0°로 근사되고, 10^2 rad/sec에서 −45°가 되며, 10^3 rad/sec 이상의 주파수에서는 −90°로 근사되는 직선 ❷
- $-\tan^{-1}(\omega/10^6)$: 10^5 rad/sec 이하의 주파수에서는 0°로 근사되고, 10^6 rad/sec에서 −45°가 되며, 10^7 rad/sec 이상의 주파수에서는 −90°로 근사되는 직선 ❸

따라서 직선 ❶~직선 ❸을 더하면 [그림 8-7(b)]와 같으며, 10 rad/sec 이하의 주파수에서는 90°로 근사되고, $10 \sim 10^3$ rad/sec 범위의 주파수에서는 −45°/dec의 기울기로 감소하는 직선, $10^3 \sim 10^5$ rad/sec 범위의 주파수에서는 0°가 되는 직선, $10^5 \sim 10^7$ rad/sec 범위의 주파수에서는 −45°/dec의 기울기로 감소하는 직선 그리고 10^7rad/sec 이상의 주파수에서는 −90°로 근사되는 직선으로 구성된다.

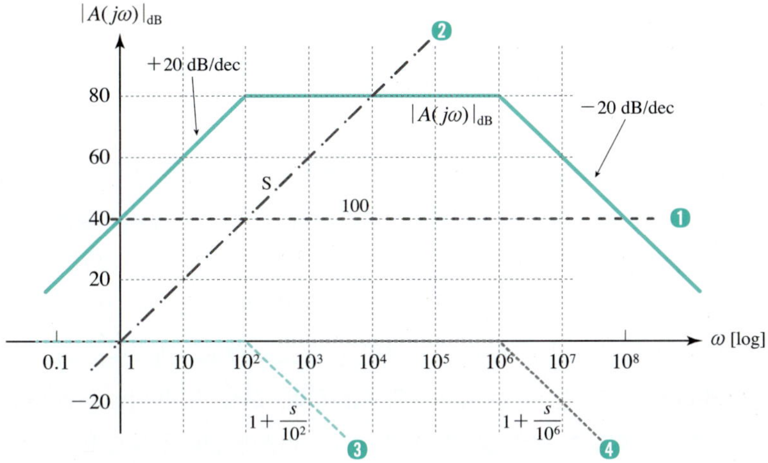

(a) 크기에 대한 점근 보드 선도

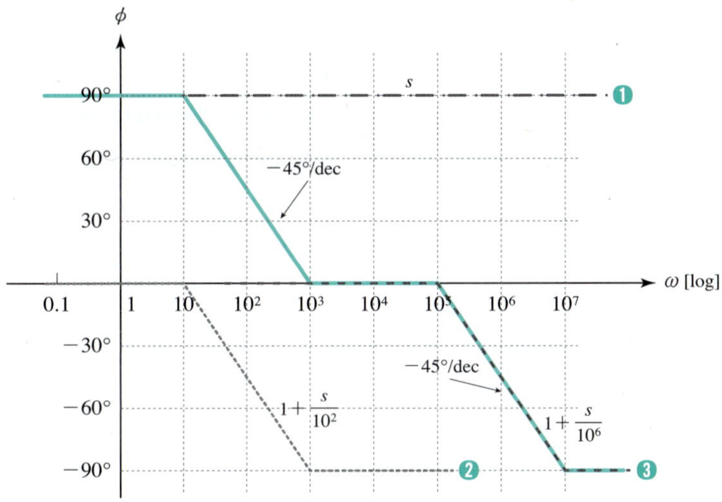

(b) 위상각에 대한 점근 보드 선도

[그림 8-7] [예제 8-1]의 점근 보드 선도

응용 8-1

다음 전달함수의 크기와 위상각에 대한 점근 보드 선도를 그려라.

$$A(s) = \frac{100s^2}{(1+s/10)(1+s/10^2)(1+s/10^5)}$$

8.1.3 주파수 응답특성 파라미터

증폭기의 주파수 응답특성은 [그림 8-8]과 같이 차단 주파수, 대역폭, 중대역 이득 등의 파라미터로 표현된다.

- 하측 차단 주파수(lower cutoff frequency) f_L : 주파수가 **감소**함에 따라 **증폭기의 이득이 기준값(중대역 이득)에 비해 −3 dB만큼 감소하는 주파수**로 정의되며, **증폭기의 저주파 응답특성을 나타낸다.** 이득이 −3 dB이 되는 주파수를 임계 주파수로 사용하는 이유는 무엇일까? −3 dB=0.707=$1/\sqrt{2}$이므로, 주파수 f_L에서 출력전압(또는 출력전류)이 $1/\sqrt{2}$배 감소하게 된다. 전력은 전압의 제곱에 비례하므로, f_L에서 출력전력은 1/2로 감소하게 된다. 즉, 하측 차단 주파수 f_L은 **출력전력이 1/2로 감소하는 주파수를 의미하며, 하측 반전력(half-power) 주파수라고도 한다. f_L은 증폭기 회로의 결합 및 바이패스 커패시턴스에 영향을 받으며, 부하 커패시턴스나 트랜지스터 내부의 기생 커패시턴스에 의한 영향은 무시할 수 있을 정도로 작다.**

- 상측 차단 주파수(upper cutoff frequency) f_H : 주파수가 **증가**함에 따라 **증폭기의 이득이 기준값(중대역 이득)에 비해 −3 dB만큼 감소되는 주파수를 나타내며, 증폭기의 고주파 응답특성을 나타낸다. f_H는 상측 반전력 주파수라고도 한다. 증폭기 회로의 부하 커패시턴스나 트랜지스터 내부의 기생 커패시턴스에 영향을 받으며, 결합 및 바이패스 커패시턴스에 의한 영향은 무시할 수 있을 정도로 작다.**

- 대역폭(bandwidth) BW : 주파수에 무관하게 증폭기의 이득이 일정한 값을 갖는 주파수 영역(즉, f_L과 f_H 사이)으로, 식 (8.6)과 같이 정의된다.

$$\mathrm{BW}=f_H-f_L \tag{8.6}$$

  만약 $f_L \ll f_H$이면,

$$\mathrm{BW}\simeq f_H \tag{8.7}$$

- 중대역 이득(midband gain) $|A_m|_{\mathrm{dB}}$: 증폭기의 기준 이득값을 나타내며, 주파수와 무관하게 일정한 값을 갖는다. 증폭기 회로의 결합 및 바이패스 커패시턴스, 부하 커패시턴스, 그리고 트랜지스터 내부의 기생 커패시턴스 등의 영향은 무시할 수 있을 정도로 작은 주파수 영역에서의 이득을 말한다.

- 이득-대역폭 곱(gain-bandwidth product) GBP : 중대역 이득의 크기와 대역폭의 곱으로서 식 (8.8)과 같이 정의되며, 증폭기의 성능지수(figure of merit)로 사용된다. 주어진 증폭기 회로에 대해 GBP는 일정한 값을 가지므로 이득과 대역폭 사이에는 교환조건(trade-off)이

존재한다. 즉, 증폭기의 이득을 크게 하면 대역폭이 작아지고, 반대로 대역폭을 크게 하면 이득이 작아지게 된다.

$$\mathrm{GBP} = |A_m| f_H \tag{8.8}$$

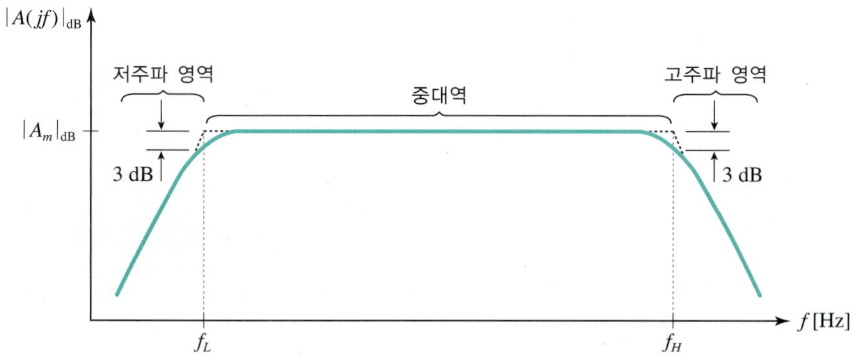

[그림 8-8] 증폭기의 주파수 응답특성 파라미터

예제 8-2

[그림 8-9]의 보드 선도에서 중대역 이득 $|A_m|_{\mathrm{dB}}$, f_L, f_H, 대역폭 BW, 그리고 이득-대역폭 곱 GBP를 각각 구하라. 단, y축은 이득의 데시벨 값이다.

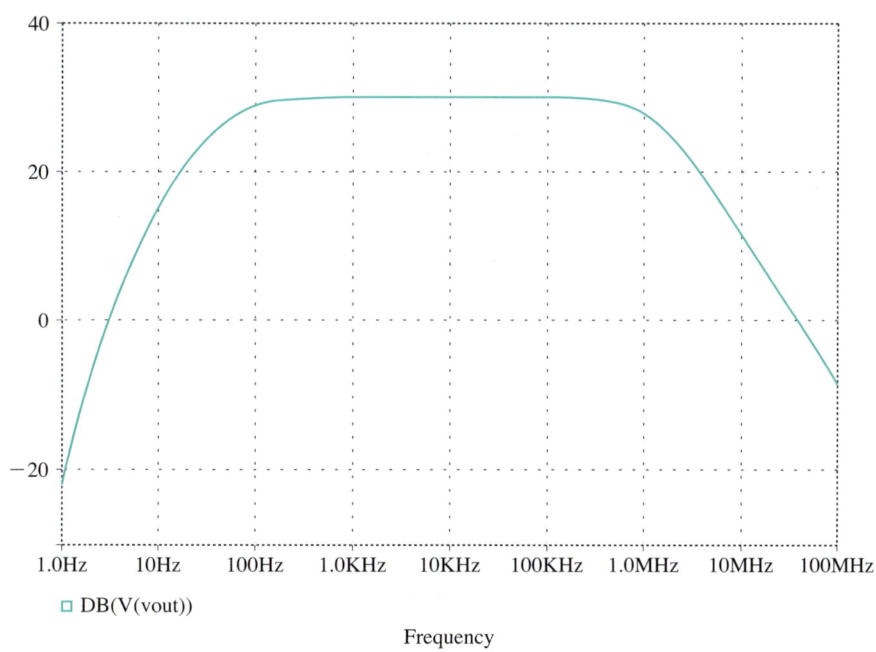

[그림 8-9]

풀이

보드 선도의 y축은 데시벨 값이며, x축은 로그 눈금이다. 보드 선도에 중대역 이득 $|A_m|_{dB}$, 하측 차단 주파수 f_L, 상측 차단 주파수 f_H, 대역폭 BW를 표시하면 [그림 8-10]과 같다.

① $|A_m|_{dB}=30\text{ dB}=31.62$

② $f_L=51.1\text{ Hz}$

③ $f_H=1.24\text{ MHz}$

④ $BW=f_H-f_L=1.24\times10^6-51.1\simeq1.24\text{ MHz}$

⑤ $GBP=|A_m|\times BW\simeq31.62\times1.24\times10^6=39.2\text{ MHz}$

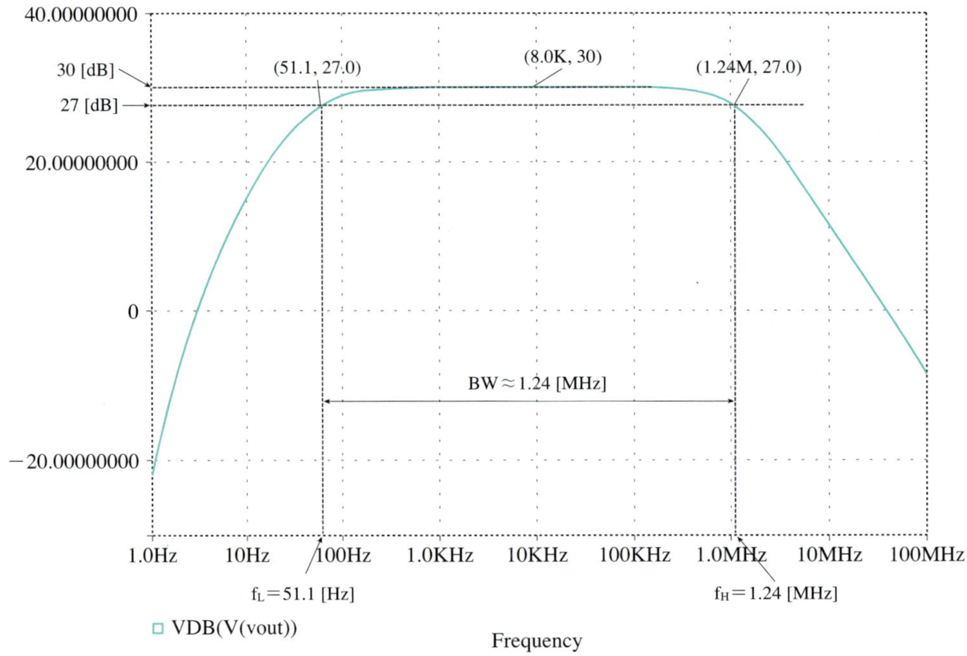

[그림 8-10] [예제 8-2] 보드 선도의 파라미터 값

8.1.4 트랜지스터의 고주파 등가모델

증폭기를 구성하는 트랜지스터는 구조적인 요인에 의해 내부적으로 기생 정전용량 성분이 존재하며, 이는 증폭기의 상측 차단 주파수 f_H에 영향을 미친다. 따라서 **증폭기의 고주파 응답특성**

을 해석하기 위해서는 증폭기를 구성하는 BJT 또는 FET의 내부 기생 정전용량 성분이 고려된 고주파 등가모델에 대한 이해가 필요하다.

BJT의 고주파 등가모델

증폭기로 사용되는 BJT는 선형영역에서 동작하도록 이미터-베이스 접합이 순방향 바이어스되며, 베이스-컬렉터 접합은 역방향 바이어스된다. 선형영역에서 동작하는 BJT는 [그림 8-11]에서 보는 바와 같이 두 PN 접합에 기생 정전용량이 존재한다. 순방향 바이어스된 이미터-베이스 접합에 존재하는 정전용량 성분 C_π는 식 (8.9)와 같이 두 가지 성분으로 구성된다.

$$C_\pi = C_{jEB} + C_{diff} \tag{8.9}$$

C_{jEB}는 순방향 바이어스된 이미터-베이스 PN 접합에 존재하는 공핍영역(depletion region)의 접합 정전용량(junction capacitance)을 나타낸다. C_{diff}는 이미터-베이스 접합의 확산 정전용량(diffusion capacitance)을 나타낸다. 이미터-베이스 접합에 순방향 전압이 ΔV_{be} 만큼 변하면 베이스 영역에 주입된 소수 캐리어의 수가 ΔQ_b만큼 변하게 되며, 이는 식 (8.10)과 같이 표현되는 정전용량으로 나타난다.

$$C_{diff} = \frac{\Delta Q_b}{\Delta V_{be}} \tag{8.10}$$

확산 정전용량 C_{diff}의 물리적인 의미를 생각해 보자. BJT에 전류가 흐르기 위해서는 베이스 영역의 소수 캐리어 농도에 기울기가 존재하여 캐리어가 컬렉터 쪽으로 확산되어야 한다. 즉, 컬렉터 전류가 변하기 위해서는 이미터에서 베이스 영역으로 캐리어를 주입하거나 제거하여 베이스 영역의 캐리어 분포를 변화시켜야 한다. 이는 마치 커패시터를 충전 또는 방전시키는 것과 유사하다고 볼 수 있으므로, 이와 같은 현상을 이미터-베이스 접합의 확산 정전용량으로 모델링한다.

베이스-컬렉터 접합에 존재하는 정전용량 성분 C_μ는 역방향 바이어스된 베이스-컬렉터 PN 접합에 존재하는 공핍영역의 접합 정전용량 C_{jBC}를 나타내며, 역바이어스 전압 V_{bc}에 대해 식 (8.11)과 같이 표현된다. 여기서 C_{j0}는 전압이 걸리지 않은 상태에서의 접합 정전용량이고, V_{bi}는 내부전위(built-in potential)를 나타내며, m은 접합 형태에 따라 1/2~1/3의 값을 갖는다.

$$C_{jBC} = \frac{C_{jo}}{\left(1 - \frac{V_{bc}}{V_{bi}}\right)^m} \tag{8.11}$$

[그림 8-11]의 기생 정전용량 C_π와 C_μ가 고려된 BJT의 고주파 소신호 등가모델은 [그림 8-12]와 같다. 통상적으로, 베이스 증분저항 r_b는 수 Ω 정도로 작으므로 무시할 수 있다. C_π는 수~수십 pF 범위의 값을 가지며, C_μ는 수십 분의 1~수 pF 정도의 값을 갖는다. C_μ는 C_π에 비해 수십 분의 1 정도로 작은 값이지만 증폭기의 이득만큼 증배되어 주파수 특성에 큰 영향을 미치게 된다. 이에 대해서는 8.3절에서 밀러 정리(Miller theorem)와 함께 상세히 설명한다.

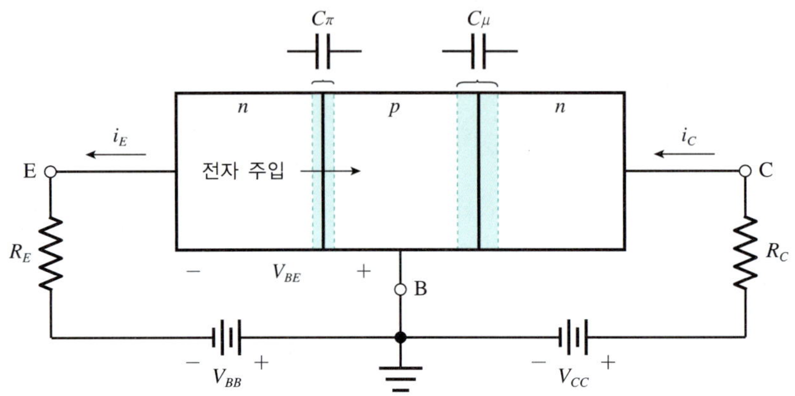

[그림 8-11] BJT의 기생 정전용량 성분

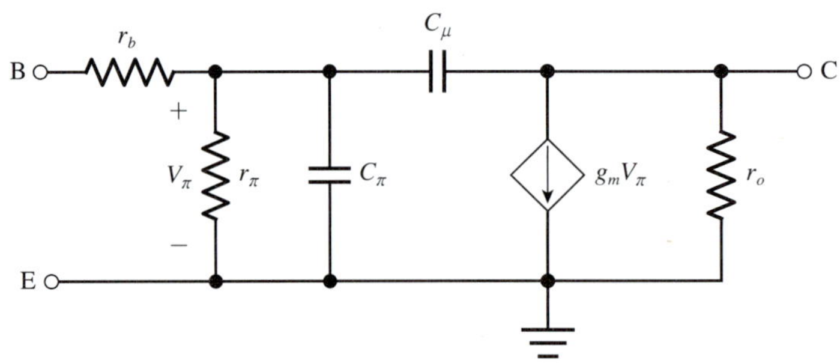

[그림 8-12] BJT의 고주파 소신호 등가모델

BJT의 단위이득 대역폭 f_T

[그림 8-12]의 고주파 소신호 등가모델에 포함된 기생 정전용량 C_π와 C_μ는 BJT 자체의 주파수 특성(성능)을 결정하는 요인이 된다.

BJT 고유의 주파수 특성은 [그림 8-13(a)]와 같이 컬렉터가 단락된 상태에서의 순방향 전류이득 $A_i = I_c/I_b$를 통해 해석할 수 있다. [그림 8-13(b)]의 소신호 등가회로를 보자. 입력노드 B에서 KCL을 적용하면,

$$I_b = V_\pi \left[\frac{1}{r_\pi} + j\omega(C_\pi + C_\mu) \right] \tag{8.12}$$

또한 출력노드 C에서 KCL을 적용하면,

$$I_c = V_\pi (g_m - j\omega C_\mu) \tag{8.13}$$

식 (8.12)로부터 V_π를 구해 보자.

$$V_\pi = \frac{I_b}{\dfrac{1}{r_\pi} + j\omega(C_\pi + C_\mu)} \tag{8.14}$$

식 (8.14)의 V_π를 식 (8.13)에 대입하고 $g_m r_\pi = \beta_0$로 대체하면,

$$\begin{aligned} I_c &= \frac{g_m - j\omega C_\mu}{\dfrac{1}{r_\pi} + j\omega(C_\pi + C_\mu)} I_b \\ &= \frac{\beta_0 - j\omega r_\pi C_\mu}{1 + j\omega r_\pi (C_\pi + C_\mu)} I_b \end{aligned} \tag{8.15}$$

따라서 순방향 단락(short-circuit) 전류이득 $\beta(s)$는 식 (8.16)과 같이 표현된다.

$$\begin{aligned} A_i(s) &= \frac{I_c}{I_b} = \beta(s) = \frac{\beta_0 - s r_\pi C_\mu}{1 + s r_\pi (C_\pi + C_\mu)} \\ &= \frac{\beta_0 (1 - s/\omega_z)}{1 + s/\omega_\beta} \end{aligned} \tag{8.16}$$

여기서 $\omega_z = \beta_0 / (r_\pi C_\mu)$이고, $\omega_\beta = 1/r_\pi (C_\pi + C_\mu)$이다. BJT의 일반적인 파라미터 값으로 $C_\mu = 0.2$ pF, $g_m = 50$ mA/V, $r_\pi = 2$ kΩ을 가정하면 $\omega_z \gg 1$이므로, 식 (8.16)은 다음과 같이 간략하게 표현될 수 있다.

$$\beta(s) \simeq \frac{\beta_0}{1 + s/\omega_\beta} \tag{8.17}$$

따라서 BJT의 순방향 단락 전류이득의 상측 차단 주파수(베타 차단 주파수라고도 함) ω_β는 식 (8.18)과 같이 주어진다.

$$\omega_\beta = \frac{1}{r_\pi (C_\pi + C_\mu)} \tag{8.18}$$

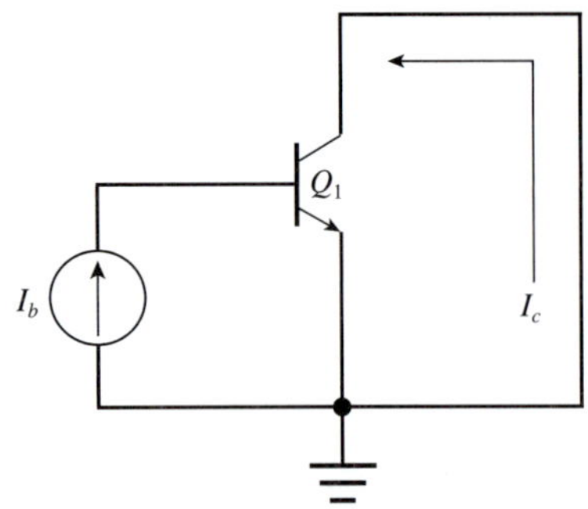

(a) 컬렉터가 단락된 BJT 회로

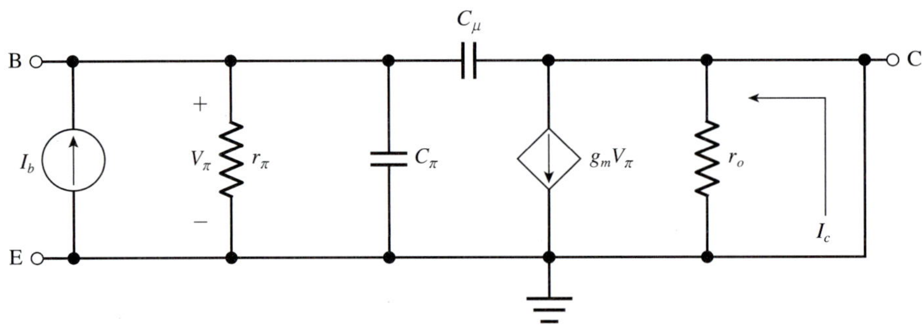

(b) 소신호 등가회로

[그림 8-13] 순방향 단락 전류이득을 위한 BJT 소신호 등가회로

예제 8-3

(a) BJT의 순방향 단락 전류이득 $\beta(s)$의 점근 보드 선도를 그려라.

(b) $\beta_0=150$, $C_\pi=5$ pF, $C_\mu=0.5$ pF, $I_{CQ}=0.5$ mA인 경우에, 베타 차단 주파수 f_β를 구하라.

풀이

(a) 식 (8.17)의 $\beta(s)$는 중대역 이득 β_0와 단일 극점 주파수 ω_β를 가지므로, $|\beta(j\omega)|$에 대한 점근 보드 선도는 [그림 8-14(a)]와 같이 ω_β 이하의 주파수에서는 β_0로 근사되고, ω_β에서부터 -20 dB/dec로 감소하는 직선이 된다. 위상각 $\angle\beta(j\omega)$에 대한 점근 보드 선도는 [그림 8-14(b)]와 같이 ω_β 주파수에서 $-45°$가 되며, $0.1\omega_\beta$ 이하에서는 $0°$로 근사되고, $10\omega_\beta$ 이상에서는 $-90°$로 근사되며, $0.1\omega_\beta \sim 10\omega_\beta$의 주파수 범위에서 $-45°$/dec로 감소하는 직선으로 구성된다.

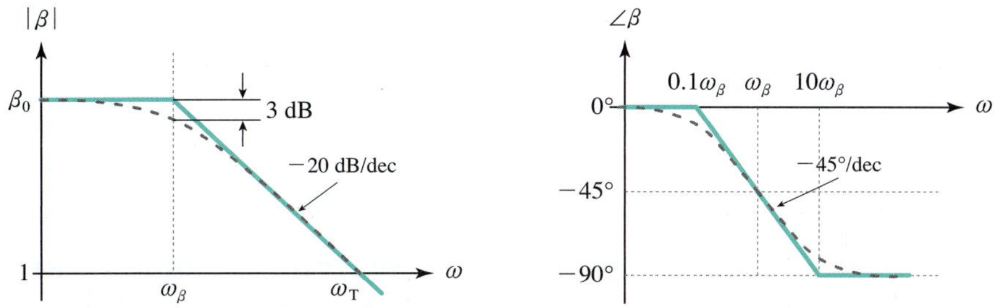

(a) $|\beta(j\omega)|$의 보드 선도

(b) $\angle\beta(j\omega)$의 보드 선도

[그림 8-14]

(b) f_β를 구하기 위해서는 r_π를 알아야 하므로, 바이어스 전류 I_{CQ}로부터,

$$r_\pi = \frac{\beta_0 V_T}{I_{CQ}} = \frac{150\times 0.026}{0.5\times 10^{-3}} = 7.8\ \text{k}\Omega$$

따라서 다음과 같다.

$$f_\beta = \frac{1}{2\pi r_\pi(C_\pi + C_\mu)} = \frac{1}{2\pi(7.8\times 10^3)(5+0.5)\times 10^{-12}} = 3.71\ \text{MHz}$$

응용 8-2

$\beta_0 = 100$, $C_\pi = 2.5$ pF, $C_\mu = 0.5$ pF, $I_{CQ} = 0.4$ mA인 경우에, 베타 차단 주파수 f_β를 구하라.

[정답 : 8.16 MHz]

다음으로 BJT의 단위이득(unity-gain) 주파수 f_T에 대해 알아보자. f_T는 BJT의 순방향 단락 전류이득의 크기가 1이 되는 주파수로서 BJT가 전류를 증폭할 수 있는 최대 임계 주파수라고 할 수 있다. 식 (8.17)로부터,

$$|\beta(jf_T)| = \left|\frac{\beta_0}{1 + jf_T/f_\beta}\right| = \frac{\beta_0}{\sqrt{1 + \left(\frac{f_T}{f_\beta}\right)^2}} = 1 \tag{8.19}$$

보통 $\beta_0 \gg 1$이므로 $f_T \gg f_\beta$가 되어 식 (8.19)는 다음과 같이 근사화될 수 있다.

$$1 \simeq \frac{\beta_0}{\sqrt{\left(\frac{f_T}{f_\beta}\right)^2}} = \frac{\beta_0 f_\beta}{f_T} \tag{8.20}$$

따라서 $\beta_0 = g_m r_\pi$와 식 (8.18)을 이용하면, BJT의 단위이득 주파수 f_T는 다음과 같이 다시 표현될 수 있다.

$$f_T = \beta_0 f_\beta = \frac{g_m}{2\pi(C_\pi + C_\mu)} \tag{8.21}$$

식 (8.21)로부터 **f_T는 중대역 전류이득 β_0와 상측 차단 주파수(즉, 대역폭) f_β의 곱으로 주어지기 때문에, 단위이득 대역폭(unity-gain bandwidth)이라고도 한다.** 예를 들어 2N2222A BJT의 경우에 $f_T = 300$ MHz이고, MSC3130 BJT의 경우에 $f_T = 1.4$ GHz이며, IC 형태의 초소형 BJT는 수~수십 GHz 정도가 된다.

f_β는 식 (8.22)와 같이 다시 쓸 수 있으므로 f_T보다 작은 값을 가지게 된다. 이는 [그림 8-14(a)]에서도 확인할 수 있다.

$$f_\beta = \frac{f_T}{\beta_0} \tag{8.22}$$

BJT의 f_T도 다른 파라미터들과 유사하게 동작조건, 즉 컬렉터 바이어스 전류 I_{CQ}에 영향을 받으며, [그림 8-15]와 같은 관계를 갖는다. 큰 I_{CQ}에서 f_T가 감소하는 것은 컬렉터 전류가 너무 커지면 과도하게 생성된 소수 캐리어에 의해 β_0가 감소하는 현상에 기인한다.

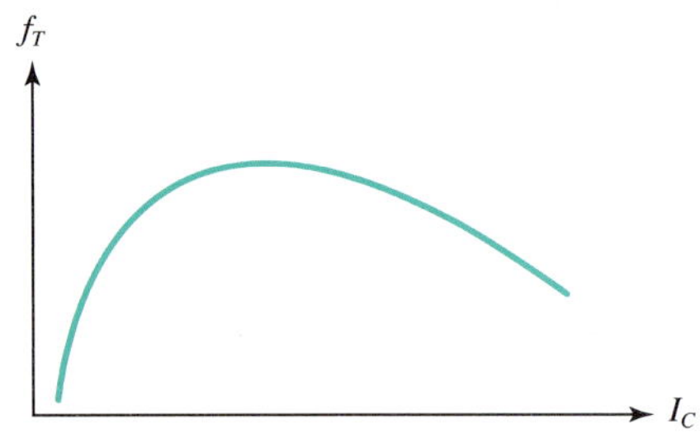

[그림 8-15] 컬렉터 전류에 따른 f_T의 영향

예제 8-4

$f_T = 800$ MHz, $\beta_0 = 150$, $C_\mu = 0.5$ pF인 BJT의 C_π를 구하라. 단, $I_{CQ} = 1.0$ mA로 바이어스되었다.

풀이

식 (8.21)을 이용하여 C_π를 구할 수 있으며, 여기에 필요한 g_m 값은 다음과 같이 계산된다.

$$g_m = \frac{I_{CQ}}{V_T} = \frac{1.0 \times 10^{-3}}{0.026} = 38.46 \text{ mA/V},\ f_T = \frac{38.46 \times 10^{-3}}{2\pi(C_\pi + 0.5 \times 10^{-12})} = 800 \times 10^6$$

따라서,

$$C_\pi = 7.15 \text{ pF}$$

MOSFET의 고주파 등가모델

MOSFET에 존재하는 기생 정전용량 성분들은 게이트–채널의 정전용량, 게이트–소오스/드레인 중첩(overlap)에 의한 정전용량, 그리고 소오스/드레인–기판의 접합 정전용량, 세 가지로 구분할 수 있다. [그림 8–16]에서 C_{gs}와 C_{gd}는 게이트–채널의 정전용량을 나타내고, C_{gso}와 C_{gdo}는 각각 게이트–소오스, 게이트–드레인 중첩에 의한 정전용량을 나타낸다. 이는 MOSFET의 제조공정상 게이트 산화막이 소오스 및 드레인 영역과 중첩되어 발생되는 정전용량이다. C_{sb}와 C_{db}는 각각 소오스–기판, 드레인–기판 사이의 역방향 바이어스된 PN 접합의 접합 정전용량을 나타낸다.

게이트–채널의 정전용량은 [표 8–1]과 같이 트랜지스터의 동작영역에 따라 달라진다. 트랜지스터가 차단상태에 있으면 채널이 형성되지 않으므로, 게이트 산화막에 의한 정전용량 C_{gox}와 채널–기판의 공핍영역에 의한 정전용량 C_{dep}가 존재한다. [그림 8–16]에서 차단상태의 게이트–기판 정전용량 C_{gb}는 C_{gox}와 C_{dep}의 직렬 성분으로 표시되었다. 게이트 산화막 정전용량은 $C_{gox}=C_{ox}WL$이 되며, W와 L은 각각 채널폭과 채널길이를 나타내고, C_{ox}는 단위 면적당 산화막 정전용량으로 식 (8.23)과 같이 표현된다.

$$C_{ox}=\frac{\epsilon_{ox}}{t_{ox}} \tag{8.23}$$

여기서 $\epsilon_{ox}=3.9\,\epsilon_o$는 산화막의 유전상수이고, t_{ox}는 게이트 산화막의 두께를 나타낸다. 트랜지스터가 선형영역에서 동작하는 경우에는 게이트–채널의 정전용량은 게이트–소오스 채널 정전용량 C_{gs}와 게이트–드레인 채널 정전용량 C_{gd}가 동일하게 $C_{gox}/2$씩 분포하는 것으로 모델링된다. 트랜지스터가 포화영역에서 동작하는 경우에는 드레인 근처의 채널이 핀치오프(pinch–off)되므로 $C_{gd}=0$이 되고, $C_{gs}=2/3C_{gox}$만 존재하는 것으로 모델링된다.

[표 8–1] MOSFET의 동작영역에 따른 게이트–채널의 정전용량

동작영역	C_{gb}	C_{gs}	C_{gd}
차단영역	$\frac{C_{gox}C_{dep}}{C_{gox}+C_{dep}}$	0	0
선형영역	0	$\frac{1}{2}C_{gox}$	$\frac{1}{2}C_{gox}$
포화영역	0	$\frac{2}{3}C_{gox}$	0

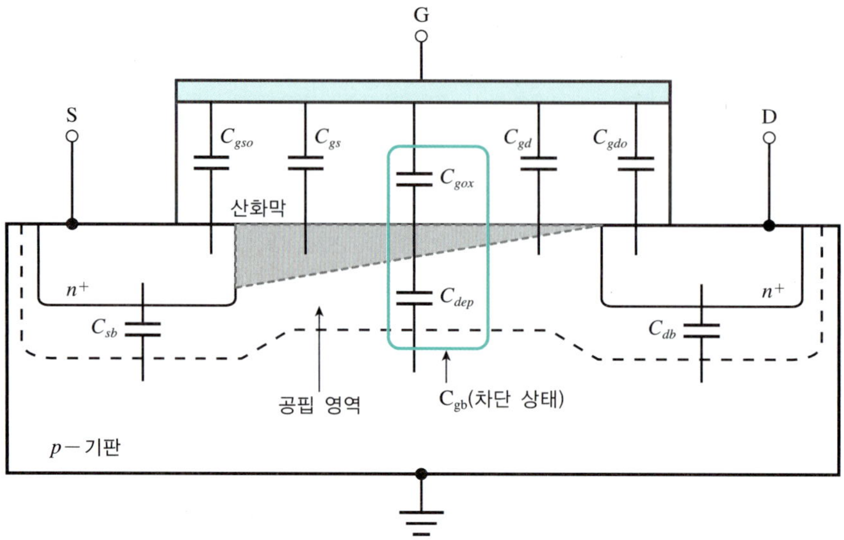

[그림 8-16] MOSFET의 기생 정전용량 성분

[그림 8-16]의 기생 정전용량 성분들을 고려한 MOSFET의 고주파 소신호 등가모델은 [그림 8-17]과 같으며, 게이트-소오스 정전용량 C_{gs}와 게이트-드레인 정전용량 C_{gd}는 각각 중첩 정전용량 C_{gso}와 C_{gdo}를 포함한다. 증폭기로 사용되는 MOSFET는 포화영역에서 동작하도록 바이어스되므로, 차단상태의 정전용량 C_{gb}는 소신호 등가모델에 포함되지 않는다. 통상적으로 MOSFET의 C_{gs}는 수백 fF, C_{gd}는 수십 fF의 값을 갖는다. 여기서 fF는 10^{-15}Farad을 나타낸다.

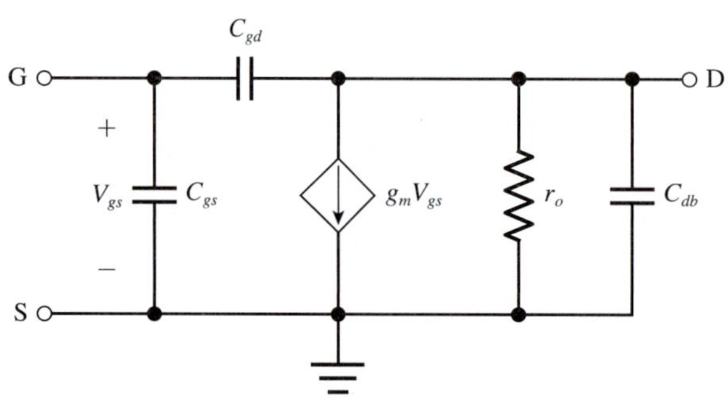

[그림 8-17] MOSFET의 고주파 소신호 등가회로

MOSFET의 단위이득 대역폭 f_T

[그림 8-17]의 고주파 소신호 등가회로에 포함된 기생 정전용량 C_{gs}와 C_{gd}는 MOSFET 자체의 주파수 특성(성능)을 결정하는 요인이 된다.

C_{gs}와 C_{gd}를 고려하는 경우, 고주파 영역에서 MOSFET의 게이트 임피던스는 더 이상 무한대가 아니며, 따라서 MOSFET 고유의 주파수 특성은 [그림 8-18]과 같이 드레인이 단락된 상태에서의 순방향 전류이득 $A_i = I_d/I_g$를 통해 해석될 수 있다. [그림 8-18]의 소신호 등가회로에서 게이트 G에서 KCL을 적용하면,

$$I_g = V_{gs}[j\omega(C_{gs}+C_{gd})] \tag{8.24}$$

또한 드레인 노드 D에서 KCL을 적용하고,

$$I_d = V_{gs}(g_m - j\omega C_{gd}) \tag{8.25}$$

식 (8.24)로부터 V_{gs}를 구하면 다음과 같다.

$$V_{gs} = \frac{I_g}{j\omega(C_{gs}+C_{gd})} \tag{8.26}$$

식 (8.26)의 V_{gs}를 식 (8.25)에 대입하면,

$$I_d = \frac{g_m - j\omega C_{gd}}{j\omega(C_{gs}+C_{gd})} I_g \tag{8.27}$$

따라서 순방향 단락 전류이득 $A_i(i\omega)$는 식 (8.28)과 같이 표현된다.

$$\begin{aligned} A_i(j\omega) &= \frac{I_d}{I_g} = \frac{g_m - j\omega C_{gd}}{j\omega(C_{gs}+C_{gd})} \\ &\simeq \frac{g_m}{j\omega(C_{gs}+C_{gd})} \end{aligned} \tag{8.28}$$

여기서 MOSFET의 일반적인 파라미터 값으로 C_{gd}는 수십 fF, g_m은 수 mA/V이므로 $\omega C_{gd} \ll g_m$의 간략화가 적용되었다.

MOSFET의 순방향 단락 전류이득의 크기가 1이 되는 주파수 ω_T는 식 (8.28)로부터,

$$|A_i(j\omega_T)| = \left| \frac{g_m}{j\omega_T(C_{gs}+C_{gd})} \right| = 1 \tag{8.29}$$

따라서 MOSFET의 단위이득 주파수 f_T는 다음과 같이 표현될 수 있다.

$$f_T = \frac{g_m}{2\pi(C_{gs}+C_{gd})} \tag{8.30}$$

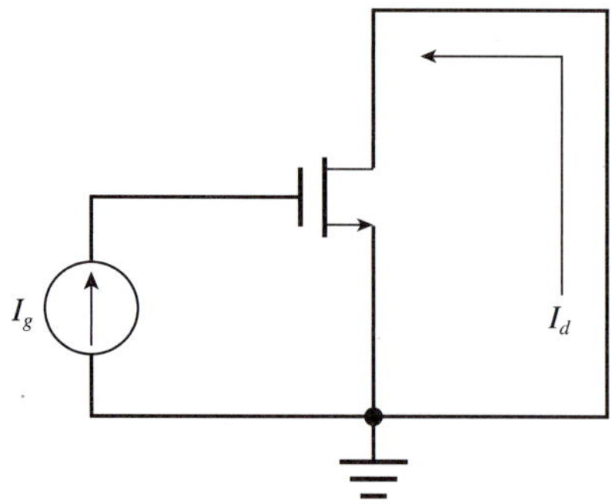

(a) 드레인이 단락된 MOSFET 회로

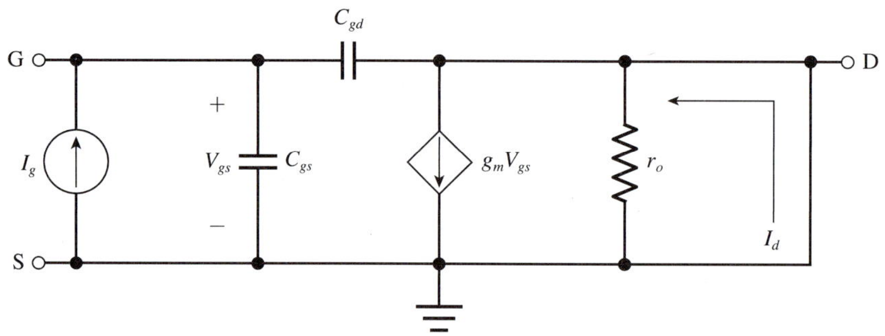

(b) 소신호 등가회로

[그림 8-18] 순방향 단락 전류이득을 위한 MOSFET 소신호 등가회로

예제 8-5

N 채널 MOSFET의 단위이득 주파수 f_T를 구하라. 단, MOSFET는 $V_{GSQ}=2.5$ V로 바이어스되었으며, $K_n=1.0$ mA/V^2, $V_{Tn}=0.8$ V, $C_{gd}=20$ fF, $C_{gs}=300$ fF이고, $\lambda=0$으로 가정한다.

풀이

MOSFET의 전달컨덕턴스 g_m은,

$$g_m=K_n(V_{GSQ}-V_{Tn})=1.0\times10^{-3}\times(2.5-0.8)=1.7 \text{ mA/V}$$

식 (8.30)으로부터,

$$f_T=\frac{g_m}{2\pi(C_{gs}+C_{gd})}=\frac{1.7\times10^{-3}}{2\pi\times(300+20)\times10^{-15}}=845.51 \text{ MHz}$$

8.2 증폭기의 저주파 응답특성

증폭기의 저주파 응답특성은 결합 커패시터와 바이패스 커패시터에 의해 나타나며, 하측 차단 주파수를 결정하는 요인이 된다. 이 절에서는 단락회로 시상수법을 이용하여 결합 커패시터와 바이패스 커패시터가 하측 차단 주파수에 미치는 영향을 분석하고, 이를 토대로 하측 차단 주파수 조건을 만족하도록 결합 및 바이패스 커패시터의 값을 결정하는 저주파 영역 설계에 대해 살펴본다. 다루는 주파수 영역은 [그림 8-19]와 같이 저주파 영역이며, 따라서 트랜지스터 내부의 기생 커패시턴스에 의한 영향이 무시될 수 있을 정도로 작으므로 이를 고려하지 않는다. 트랜지스터 내부의 기생 커패시턴스에 의한 고주파 영역의 특성은 8.3절과 8.4절에서 설명할 것이다.

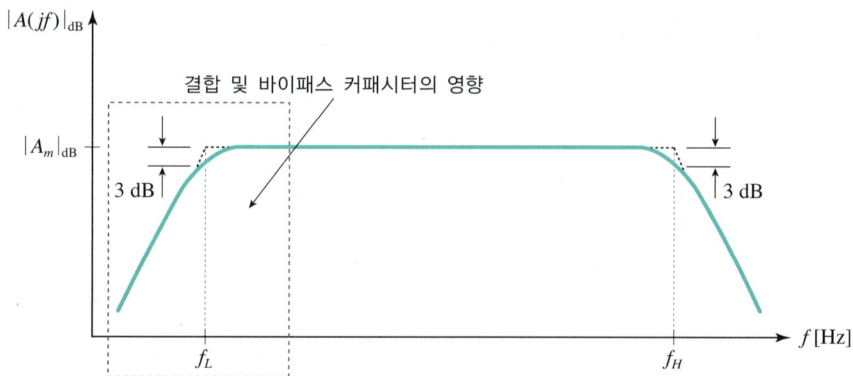

[그림 8-19] 8.2절에서 다루는 주파수 영역

8.2.1 결합 커패시터의 영향

결합(coupling) 커패시터는 증폭기의 입력단 또는 출력단에 사용되어 신호에 포함된 DC 성분을 제거하고 교류성분만 통과시키는 역할, 즉 고역통과(high-pass) 회로로 동작한다. 증폭기의 입력단에 사용되는 결합 커패시터는 신호원에 포함된 DC 성분을 제거하여 교류신호만 증폭기에 입력시키는 역할을 하며, 출력단의 결합 커패시터는 증폭기 출력에 포함된 DC 성분을 제거하여 교류신호만 부하로 공급하는 역할을 한다.

결합 커패시터를 갖는 공통 이미터 증폭기

[그림 8-20(a)]는 신호원과 증폭기 사이에 결합 커패시터 C_{C1}이 연결된 공통 이미터 증폭기이다. 잘 아는 바와 같이, 결합 커패시터 C_{C1}의 임피던스는 $1/(2\pi f C_{C1})$로 표현되므로, 주파수가 클수록 임피던스가 작아 신호 V_s가 증폭기로 잘 전달되며, 낮은 주파수 영역에서는 C_{C1}의 임피

던스가 증가하여 신호 V_s가 감쇠되어 증폭기로 전달되므로 고역통과 회로로 동작한다. [그림 8-20(b)]의 소신호 등가회로를 이용하여 C_{C1}에 의한 주파수 특성을 해석해 본다.

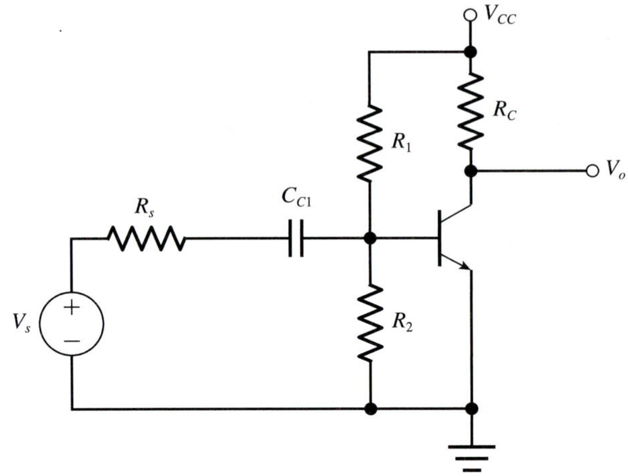

(a) 공통 이미터 증폭기

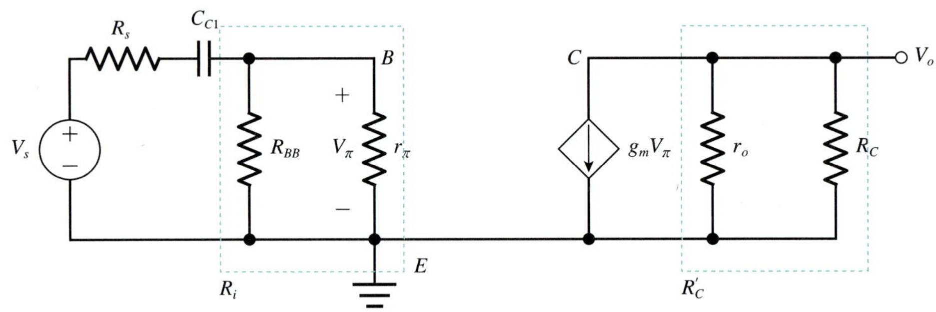

(b) 소신호 등가회로

[그림 8-20] 결합 커패시터를 갖는 공통 이미터 증폭기

[그림 8-20(b)]에서 베이스-이미터 전압 V_π를 구하면,

$$V_\pi = \frac{R_i}{R_s + \frac{1}{sC_{C1}} + R_i} V_s \tag{8.31}$$

여기서 $R_i = R_{BB} \| r_\pi$이고, $R_{BB} = R_1 \| R_2$이다. $R'_C = r_o \| R_C$로 두면 증폭기의 출력 V_o는 다음과 같다.

$$V_o = -g_m V_\pi R'_C \tag{8.32}$$

식 (8.31)을 식 (8.32)에 대입하여 전압이득 $A_v(s)=V_o/V_s$를 구하면,

$$A_v(s)=\frac{V_o}{V_s}=\frac{-g_m R_i R'_C}{R_s+R_i+\dfrac{1}{sC_{C1}}}=\frac{-\dfrac{g_m R_i R'_C}{R_s+R_i}}{1+\dfrac{1}{s(R_s+R_i)C_{C1}}} \tag{8.33}$$

식 (8.33)을 정리하면,

$$A_v(s)=A_{v0}\frac{1}{1+\omega_L/s}=A_{v0}\frac{s/\omega_L}{1+s/\omega_L} \tag{8.34}$$

여기서 $A_{v0}=-g_m R_i R'_C/(R_s+R_i)$는 증폭기의 중대역 이득(midband gain)을 나타내며, ω_L은 식 (8.35)와 같이 정의된다.

$$\omega_L=\frac{1}{(R_s+R_i)C_{C1}} \tag{8.35}$$

증폭기의 입력 시상수(time constant) τ_i는 [그림 8-20(b)]에서 $V_s=0$으로 만든 후, 커패시터 C_{C1}이 보는 등가저항 (R_s+R_i)와 C_{C1}의 곱으로 다음과 같이 주어진다.

$$\tau_i=(R_s+R_i)C_{C1} \tag{8.36}$$

따라서 **증폭기의 하측 차단 주파수 f_L은** 식 (8.37)과 같이 **시상수의 역수로 표현된다. 시상수는 증폭기의 하측 차단 주파수를 구하거나 또는 주어진 하측 차단 주파수를 만족하는 결합 커패시터 값을 결정하는 데 유용하게 사용**될 수 있다.

$$f_L=\frac{\omega_L}{2\pi}=\frac{1}{2\pi\tau_i} \tag{8.37}$$

식 (8.35~37)로부터, **증폭기의 입력 시상수가 클수록(결합 커패시터 C_{C1}이 클수록) 하측 차단 주파수가 작아짐**을 알 수 있다. 식 (8.34)의 주파수 특성을 보드 선도로 그리면 [그림 8-21]과 같다.

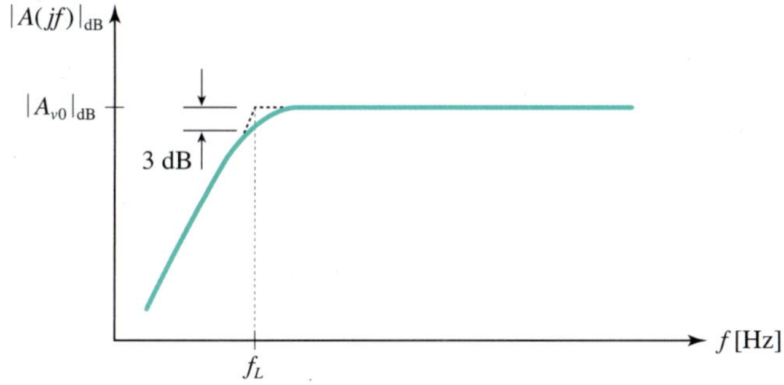

[그림 8-21] 결합 커패시터를 갖는 공통 이미터 증폭기의 저주파 응답특성

예제 8-6

[그림 8-20(a)]의 증폭기에서 중대역 이득 A_{v0}, 입력 시상수 τ_i와 하측 차단 주파수 f_L을 구하라. 단, $R_s=0.2\ \text{k}\Omega$, $R_1=47\ \text{k}\Omega$, $R_2=3.9\ \text{k}\Omega$, $R_C=2\ \text{k}\Omega$, $C_{C1}=2\ \mu\text{F}$, $\beta_0=170$, $V_{BE(on)}=0.7\ \text{V}$, $V_{CC}=10\ \text{V}$이며, $V_A=\infty$로 가정한다.

풀이

① [그림 8-20(a)]로부터 증폭기 회로의 동작점을 계산한다.

$$R_{BB}=R_1 \| R_2=\frac{47\times 3.9}{47+3.9}\times 10^3=3.6\ \text{k}\Omega$$

$$V_{BB}=\frac{R_2}{R_1+R_2}V_{CC}=\frac{3.9\times 10}{47+3.9}=0.766\ \text{V}$$

$$I_{BQ}=\frac{V_{BB}-V_{BE(on)}}{R_{BB}}=\frac{0.766-0.7}{3.6\times 10^3}=18.33\ \mu\text{A}$$

$$I_{CQ}=\beta_0 I_{BQ}=170\times 18.33\times 10^{-6}=3.12\ \text{mA}$$

② 동작점으로부터 소신호 파라미터 값을 계산한다.

$$g_m=\frac{I_{CQ}}{V_T}=\frac{3.12\times 10^{-3}}{0.026}=120\ \text{mA/V}$$

$$r_\pi=\frac{\beta_0}{g_m}=\frac{170}{120\times 10^{-3}}=1.42\ \text{k}\Omega$$

③ A_{v0}, τ_i, f_L을 계산한다.

$$R_i=R_{BB} \| r_\pi=(3.6 \| 1.42)\times 10^3=1.02\ \text{k}\Omega$$

$$|A_{v0}|=\frac{g_m R_i R_C}{R_s+R_i}=\frac{120\times 10^{-3}\times 1.02\times 10^3\times 2\times 10^3}{(0.2+1.02)\times 10^3}=200.66\ \text{V/V}(=46\ \text{dB})$$

$$\tau_i=(R_s+R_i)C_{C1}=(0.2+1.02)\times 10^3\times 2\times 10^{-6}=2.44\ \text{ms}$$

$$f_L=\frac{1}{2\pi(R_s+R_i)C_{C1}}=\frac{1}{2\pi\tau_i}=\frac{1}{2\pi\times 1.22\times 10^3\times 2\times 10^{-6}}=65.23\ \text{Hz}$$

■ **시뮬레이션 결과**

시뮬레이션 결과는 [그림 8-22]와 같으며, 시뮬레이션 결과로부터 얻어진 중대역 이득은 약 45 dB이고, 하측 차단 주파수는 약 63.2 Hz이다.

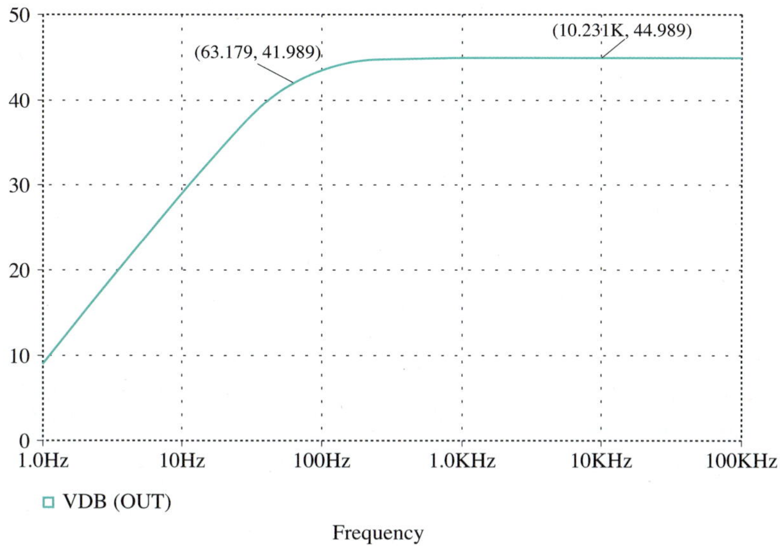

[그림 8-22] [예제 8-6]의 시뮬레이션 결과

응용 8-3

[그림 8-20(a)]의 증폭기에서 하측 차단 주파수 f_L=50 Hz가 되도록 C_{C1}의 값을 구하라. 단, R_s=0.2 kΩ, R_1=47 kΩ, R_2=3.9 kΩ, R_C=2 kΩ, β_0=170, $V_{BE(on)}$=0.7 V, V_{CC}=10 V이며, $V_A=\infty$로 가정한다.

[정답: C_{C1}=2.61 μF]

예제 8-7

[그림 8-23(a)]의 증폭기에서 입력 시상수 τ_i와 하측 차단 주파수 f_L을 구하라. 단, R_s=0.2 kΩ, R_1=47 kΩ, R_2=8.2 kΩ, R_E=0.5 kΩ, R_C=2 kΩ, C_C=1 μF, β_0=170, $V_{BE(on)}$=0.7 V, V_{CC}=10 V이며, $V_A=\infty$로 가정한다.

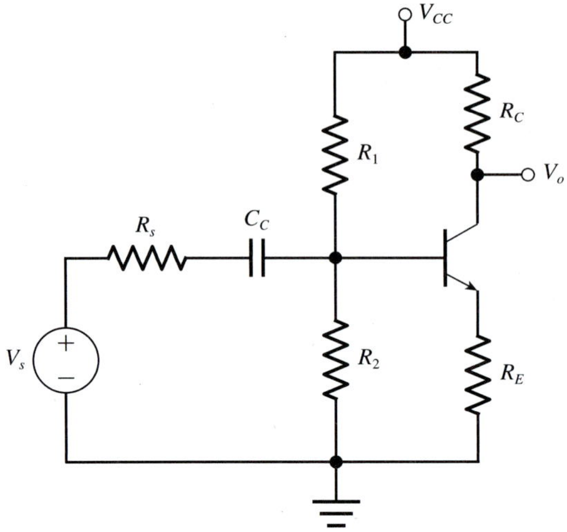

(a)

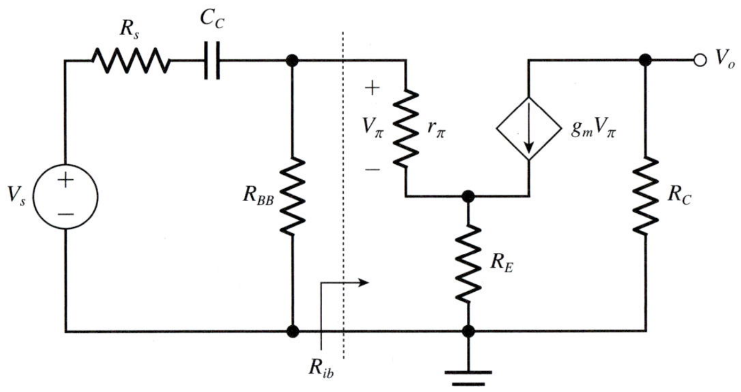

(b)

[그림 8-23]

풀이

① [그림 8-23(a)]로부터 증폭기 회로의 동작점을 계산한다.

$$R_{BB}=R_1 \| R_2=\frac{47\times 8.2}{47+8.2}\times 10^3=6.98\ \text{k}\Omega$$

$$V_{BB}=\frac{R_2}{R_1+R_2}V_{CC}=\frac{8.2\times 10}{47+8.2}=1.486\ \text{V}$$

$$I_{BQ}=\frac{V_{BB}-V_{BE(on)}}{R_{BB}+(1+\beta_0)R_E}=\frac{1.486-0.7}{(6.98+171\times 0.5)\times 10^3}=8.50\ \mu\text{A}$$

$$I_{CQ}=\beta_0 I_{BQ}=170\times 8.50\times 10^{-6}=1.44\ \text{mA}$$

② 동작점으로부터 소신호 파라미터 값을 계산한다.

$$g_m = \frac{I_{CQ}}{V_T} = \frac{1.44 \times 10^{-3}}{0.026} = 55.4 \text{ mA/V}$$

$$r_\pi = \frac{\beta_0}{g_m} = \frac{170}{55.4 \times 10^{-3}} = 3.0 \text{ k}\Omega$$

③ 입력 시상수 τ_i와 f_L을 계산한다. [그림 8-23(b)]로부터 커패시터 C_C가 보는 등가저항은 $R_s + (R_B \| R_{ib})$이며, R_{ib}는 다음과 같이 계산된다.

$$R_{ib} = r_\pi + (1+\beta_0)R_E = (3.0 + 171 \times 0.5) \times 10^3 = 88.5 \text{ k}\Omega$$

$$\tau_i = [R_s + (R_{BB} \| R_{ib})]C_C$$
$$= [0.2 + (6.98 \| 88.5)] \times 10^3 \times 1 \times 10^{-6} = 6.67 \text{ ms}$$

$$\therefore f_L = \frac{1}{2\pi\tau_i} = \frac{1}{2\pi \times 6.67 \times 10^{-3}} = 23.86 \text{ Hz}$$

■ **시뮬레이션 결과**

시뮬레이션 결과는 [그림 8-24]와 같다. 시뮬레이션 결과로부터 얻어진 하측 차단 주파수는 24.0 Hz이다.

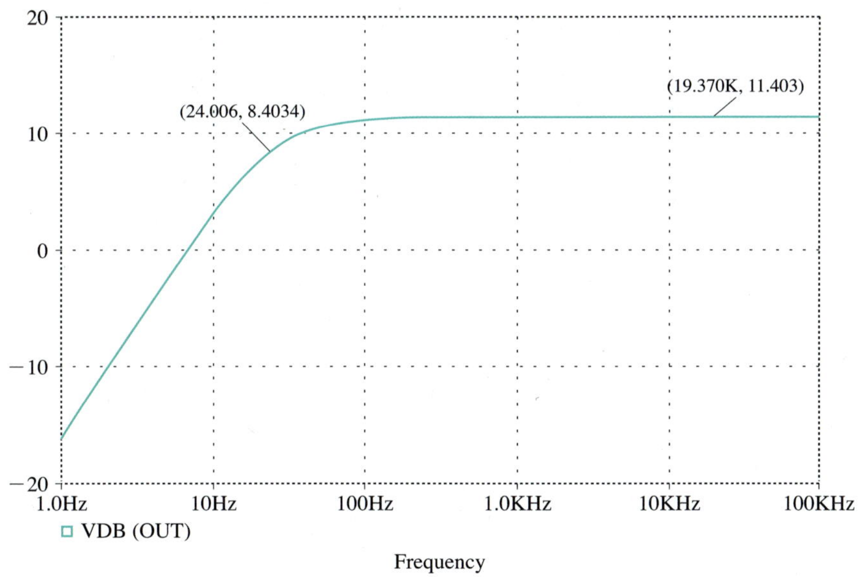

[그림 8-24] [예제 8-7]의 시뮬레이션 결과

응용 8-4

[그림 8-23(a)]의 증폭기에서 하측 차단 주파수 $f_L=15$ Hz가 되도록 C_C의 값을 구하라. 단, $R_s=0.2$ kΩ, $R_1=47$ kΩ, $R_2=8.2$ kΩ, $R_C=2$ kΩ, $R_E=0.5$ kΩ, $\beta_0=170$, $V_{BE(on)}=0.7$ V, $V_{CC}=10$ V이며, $V_A=\infty$로 가정한다.

[정답: $C_{C1}=1.59\ \mu$F]

결합 커패시터를 갖는 공통 컬렉터 증폭기

[그림 8-25(a)]는 공통 컬렉터 증폭기의 이미터 출력과 부하 사이에 결합 커패시터 C_{C2}가 연결된 예이다. 주파수가 클수록 결합 커패시터 C_{C2}의 임피던스가 작아지므로 이미터 신호가 부하로 잘 전달되며, 낮은 주파수 영역에서는 C_{C2}의 임피던스가 증가하여 신호가 감쇠되는 고역통과 회로로 동작한다. [그림 8-25(b)]의 소신호 등가회로를 이용하여 C_{C2}에 의한 주파수 특성을 해석해 본다.

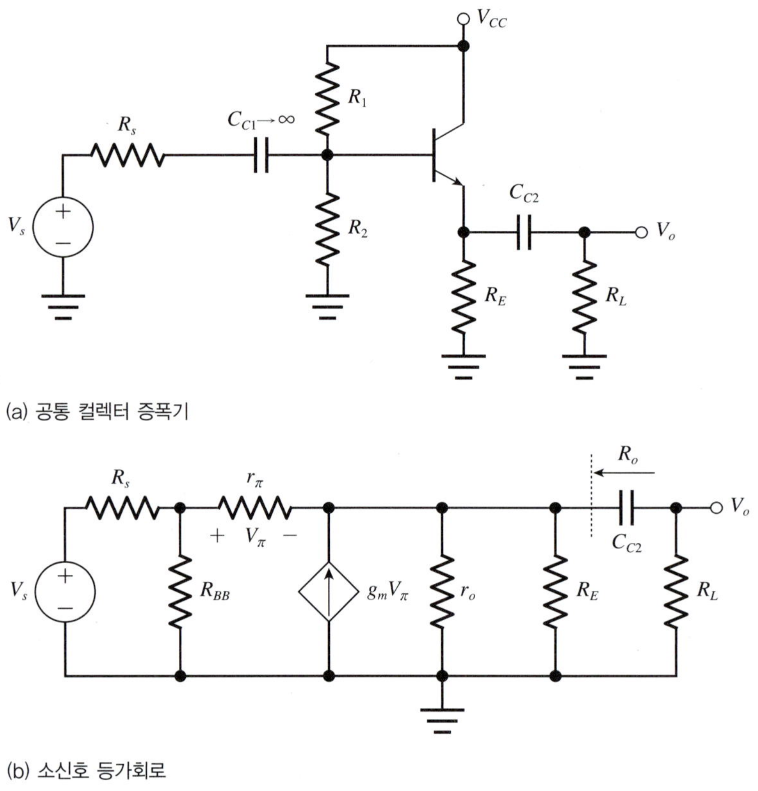

[그림 8-25] 결합 커패시터를 갖는 공통 컬렉터 증폭기

앞에서 적용했던 시상수법을 이용하면 하측 차단 주파수를 쉽게 구할 수 있다. [그림 8-25(b)]의 소신호 등가회로로부터, C_{C2}가 보는 출력 등가저항은 R_o+R_L이 되며,

$$R_o=R_E \,||\, r_o \,||\left(\frac{r_\pi+(R_s \,||\, R_{BB})}{1+\beta_0}\right) \tag{8.38}$$

따라서 출력 시상수 τ_o는 다음과 같다.

$$\tau_o=(R_o+R_L)C_{C2} \tag{8.39}$$

하측 차단 주파수 f_L은 식 (8.40)과 같다.

$$f_L=\frac{\omega_L}{2\pi}=\frac{1}{2\pi\tau_o}=\frac{1}{2\pi(R_o+R_L)C_{C2}} \tag{8.40}$$

예제 8-8

[그림 8-25(a)]의 증폭기에서 출력 시상수 τ_o와 하측 차단 주파수 f_L을 구하라. 단, $R_s=0.2\text{ k}\Omega$, $R_1=100\text{ k}\Omega$, $R_2=100\text{ k}\Omega$, $R_E=4.3\text{ k}\Omega$, $R_L=5\text{ k}\Omega$, $C_{C2}=2\ \mu\text{F}$, $\beta_0=170$, $V_{BE(on)}=0.7\text{ V}$, $V_{CC}=10\text{ V}$이며, $V_A=80\text{ V}$로 가정한다.

풀이

① [그림 8-25(a)]로부터 증폭기 회로의 동작점을 계산한다.

$$R_{BB}=R_1 \,||\, R_2=50\text{ k}\Omega,\ V_{BB}=\frac{R_2}{R_1+R_2}V_{CC}=5.0\text{ V}$$

$$I_{BQ}=\frac{V_{BB}-V_{BE(on)}}{R_{BB}+(1+\beta_0)R_E}=\frac{5.0-0.7}{(50+171\times4.3)\times10^3}=5.48\ \mu\text{A}$$

$$I_{CQ}=\beta_0 I_{BQ}=170\times5.48\times10^{-6}=0.93\text{ mA}$$

② 동작점으로부터 소신호 파라미터 값을 계산한다.

$$g_m=\frac{I_{CQ}}{V_T}=\frac{0.93\times10^{-3}}{0.026}=35.77\text{ mA/V}$$

$$r_\pi=\frac{\beta_0}{g_m}=\frac{170}{35.77\times10^{-3}}=4.75\text{ k}\Omega$$

$$r_o=\frac{V_A}{I_{CQ}}=\frac{80}{0.93\times10^{-3}}=86.0\text{ k}\Omega$$

③ 출력 시상수 τ_o와 f_L을 계산한다. 식 (8.38)로부터,

$$R_o=R_E \,||\, r_o \,||\left(\frac{r_\pi+(R_s \,||\, R_{BB})}{1+\beta_0}\right)=\left[4.3 \,||\, 86 \,||\left(\frac{4.75+(0.2 \,||\, 50)}{171}\right)\right]\times10^3=28.7\ \Omega$$

따라서 출력 시상수는,

$$\tau_o = (R_o + R_L)C_{C2} = (28.7 + 5 \times 10^3) \times 2 \times 10^{-6} = 10.06 \text{ ms}$$

$$\therefore f_L = \frac{1}{2\pi\tau_o} = \frac{1}{2\pi \times 10.06 \times 10^{-3}} = 15.82 \text{ Hz}$$

■ **시뮬레이션 결과**

시뮬레이션 결과는 [그림 8-26]과 같으며, 시뮬레이션 결과로부터 얻어진 하측 차단 주파수는 약 15.86 Hz이다.

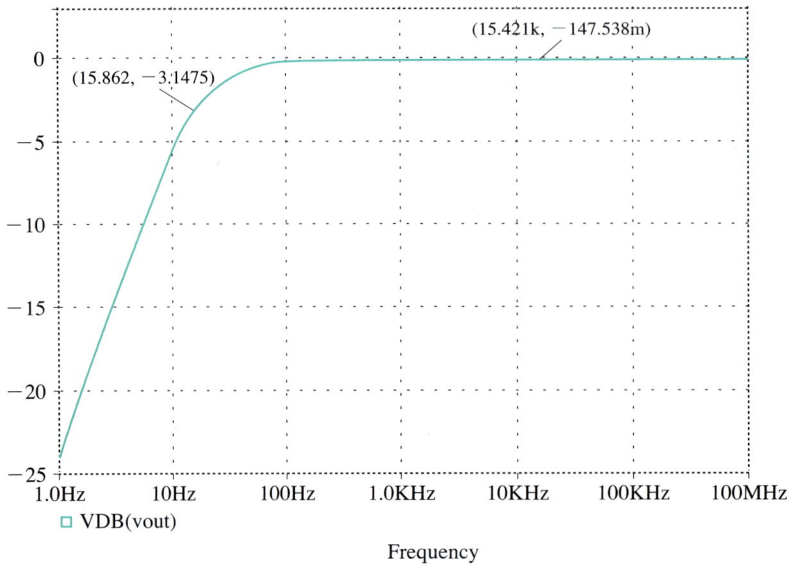

[그림 8-26] [예제 8-8]의 시뮬레이션 결과

응용 8-5

[그림 8-25(a)]의 증폭기에서 하측 차단 주파수 $f_L = 30$ Hz가 되도록 C_{C2}의 값을 구하라.

[정답: $C_{C2} = 1.05\ \mu\text{F}$]

결합 커패시터를 갖는 공통 소오스 증폭기

[그림 8-27(a)]의 공통 소오스 증폭기에서 C_C에 의한 영향을 앞에서 적용했던 시상수법을 이용하여 알아본다. [그림 8-27(b)]의 소신호 등가회로로부터 C_C가 보는 출력 등가저항은 $R_D + R_L$이 되며, 따라서 출력 시상수 τ_o는

$$\tau_o = (R_D + R_L)C_C \tag{8.41}$$

가 되고, 하측 차단 주파수 f_L은 식 (8.42)와 같다.

$$f_L = \frac{\omega_L}{2\pi} = \frac{1}{2\pi\tau_o} = \frac{1}{2\pi(R_D + R_L)C_C} \tag{8.42}$$

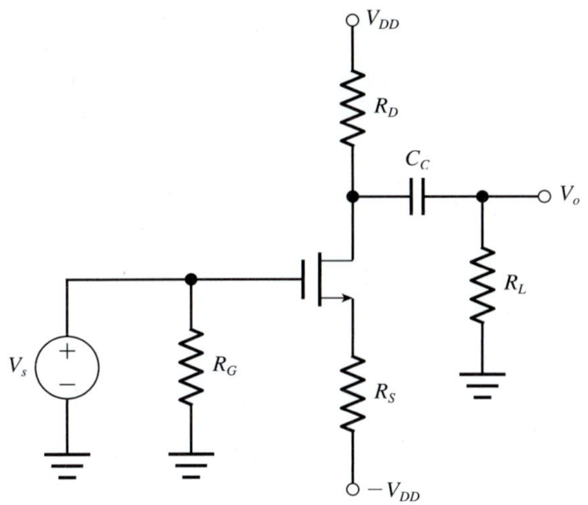

(a) 공통 소오스 증폭기

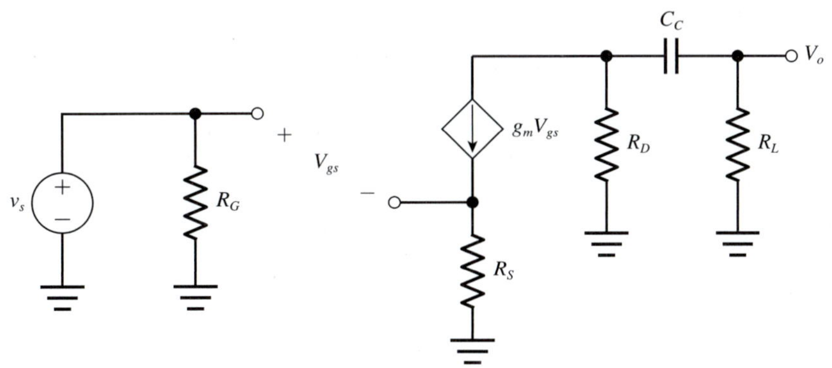

(b) 소신호 등가회로

[그림 8-27] 결합 커패시터를 갖는 공통 소오스 증폭기

예제 8-9

[그림 8-27(a)]의 증폭기에서 출력 시상수 τ_o와 하측 차단 주파수 f_L을 구하라. 단, $R_1 = 160\ \text{k}\Omega$, $R_2 = 33\ \text{k}\Omega$, $R_S = 0.5\ \text{k}\Omega$, $R_D = 14\ \text{k}\Omega$, $R_L = 14\ \text{k}\Omega$, $C_C = 1\ \mu\text{F}$이다.

풀이

식 (8.41)로부터 출력 시상수는 다음과 같다.

$$\tau_o = (R_D + R_L)C_C = (14+14)\times 10^3 \times 1 \times 10^{-6} = 28.0\ \text{ms}$$

$$\therefore f_L = \frac{1}{2\pi\tau_o} = \frac{1}{2\pi \times 28.0 \times 10^{-3}} = 5.68\ \text{Hz}$$

■ **시뮬레이션 결과**

시뮬레이션 결과는 [그림 8-28]과 같으며, 시뮬레이션 결과로부터 구한 하측 차단 주파수는 약 5.7 Hz이다.

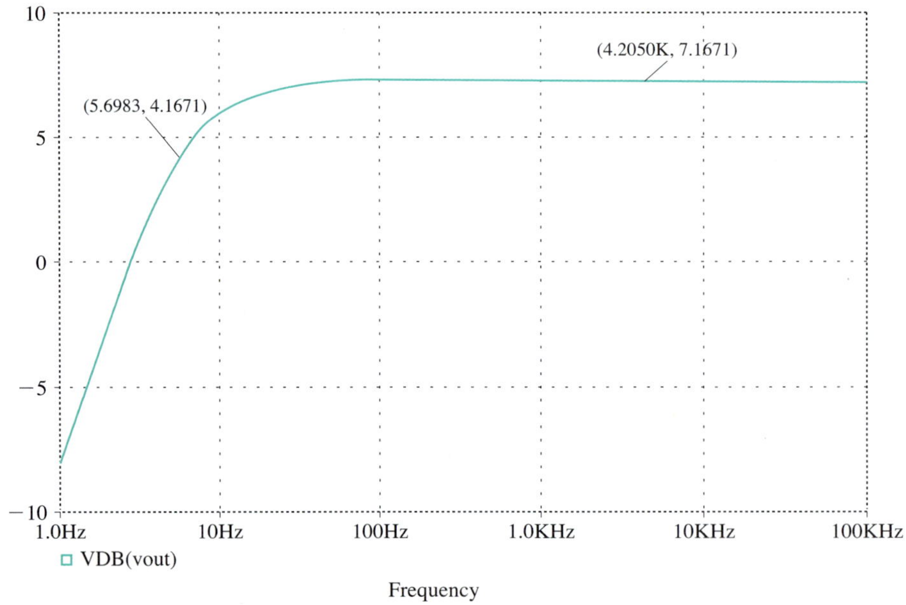

[그림 8-28] [예제 8-9]의 시뮬레이션 결과

응용 8-6

[그림 8-27(a)]의 증폭기에서 하측 차단 주파수 $f_L = 30\ \text{Hz}$가 되도록 C_C의 값을 구하라.

[답: $C_C = 0.19\ \mu\text{F}$]

8.2.2 바이패스 커패시터의 영향

4장과 6장에서 설명한 바와 같이, 공통 소오스 또는 공통 이미터 증폭기의 동작점을 안정화시키기 위하여 소오스/이미터 저항이 사용된다. 그러나 그럴 경우 증폭기의 전압이득이 감소되므로, 이를 방지하기 위하여 소오스/이미터 저항에 병렬로 바이패스(bypass) 커패시터가 사용된다. 바이패스 커패시터는 신호의 최소 주파수에서 임피던스가 0에 가깝도록 큰 값으로 선택되어야 하며, 증폭기의 저주파 특성에 영향을 미치게 된다.

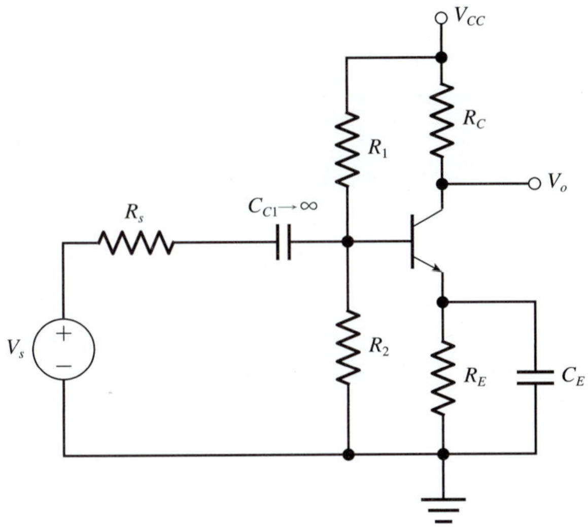

(a) 공통 이미터 증폭기

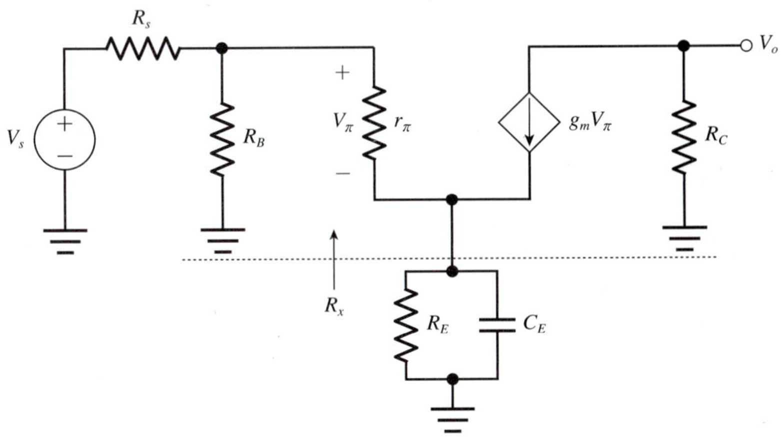

(b) 소신호 등가회로

[그림 8-29] 바이패스 커패시터를 갖는 공통 이미터 증폭기

[그림 8-29(a)]는 바이패스 커패시터 C_E를 갖는 공통 이미터 증폭기이다. [그림 8-29(b)]의 소신호 등가회로로부터 이미터 시상수 τ_E를 구하여 C_E가 차단 주파수에 미치는 영향을 구할 수 있다. C_E가 보는 이미터 등가저항은 $R_x \| R_E$가 되며, 여기서 R_x는,

$$R_x = \frac{(R_s \| R_B) + r_\pi}{\beta_0 + 1} \tag{8.43}$$

$R_B = R_1 \| R_2$이다. 따라서 이미터 시상수 τ_E는,

$$\tau_E = (R_x \| R_E) C_E \tag{8.44}$$

하측 차단 주파수 f_L은 식 (8.45)와 같다.

$$f_L = \frac{\omega_L}{2\pi} = \frac{1}{2\pi\tau_E} = \frac{1}{2\pi(R_x \| R_E)C_E} \tag{8.45}$$

예제 8-10

[그림 8-29(a)]의 증폭기에서 이미터 시상수 τ_E와 하측 차단 주파수 f_L을 구하라. 단, $R_s = 0.2\ \text{k}\Omega$, $R_1 = 100\ \text{k}\Omega$, $R_2 = 100\ \text{k}\Omega$, $R_E = 4.3\ \text{k}\Omega$, $R_C = 5\ \text{k}\Omega$, $C_E = 35\ \mu\text{F}$, $\beta_0 = 150$, $r_\pi = 4.33\ \text{k}\Omega$, $V_{CC} = 10\ \text{V}$이며, $r_o = \infty$로 가정한다.

풀이

① $g_m = \dfrac{\beta_0}{r_\pi} = \dfrac{150}{4.33} = 34.6\ \text{mA/V}$

② 이미터 시상수 τ_E와 f_L을 계산한다. 식 (8.43)으로부터,

$$R_x = \frac{(R_s \| R_B) + r_\pi}{\beta_0 + 1} = \left[\frac{(0.2 \| 50) + 4.33}{151}\right] \times 10^3 = 0.03\ \text{k}\Omega$$

따라서 이미터 시상수는,

$$\tau_E = (R_x \| R_E) C_E = (0.03 \| 4.3) \times 10^3 \times 35 \times 10^{-6} = 1.04\ \text{ms}$$

$$\therefore f_L = \frac{1}{2\pi\tau_E} = \frac{1}{2\pi \times 1.04 \times 10^{-3}} = 153.03\ \text{Hz}$$

■ **시뮬레이션 결과**

시뮬레이션 결과는 [그림 8-30]과 같으며, 시뮬레이션 결과로부터 얻어진 하측 차단 주파수는 약 146 Hz이다.

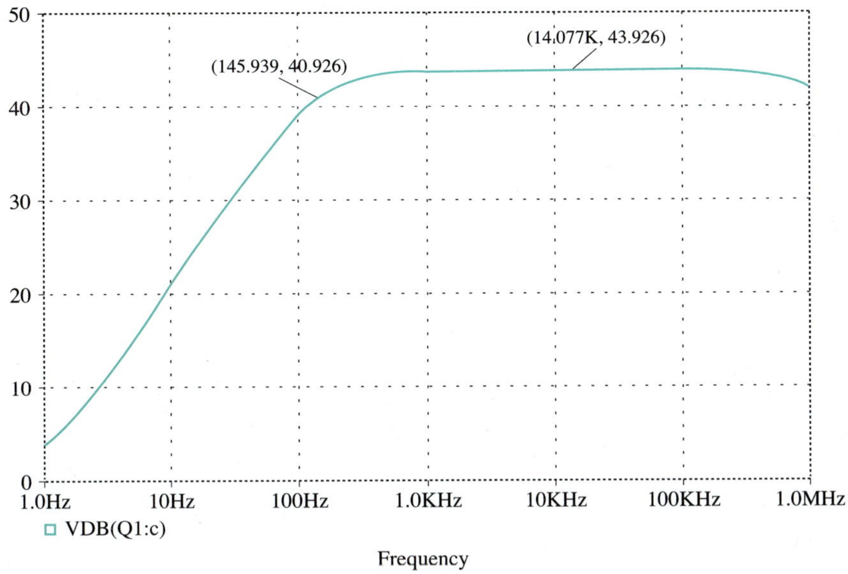

[그림 8-30] [예제 8-10]의 시뮬레이션 결과

응용 8-7

[그림 8-29(a)]의 증폭기에서 하측 차단 주파수 $f_L = 100$ Hz가 되도록 C_E의 값을 구하라.

[정답: $C_E = 53.42\ \mu$F]

8.2.3 결합 및 바이패스 커패시터의 영향

결합 및 바이패스 커패시터를 갖는 공통 이미터 증폭기

지금까지는 하나의 결합 및 바이패스 커패시터만 존재하는 경우의 주파수 응답특성을 해석하였다. 이제 [그림 8-31(a)]와 같이 입력단 결합 커패시터 C_{C1}, 출력단 결합 커패시터 C_{C2}, 그리고 이미터 바이패스 커패시터 C_E가 모두 존재하는 공통 이미터 증폭기의 주파수 응답특성을 알아본다.

소신호 등가회로를 이용하여 전압이득을 구하고, 이로부터 극점 주파수와 영점 주파수를 구하여 증폭기의 주파수 응답특성을 해석할 수도 있다. 그러나 이 방법은 매우 복잡한 수식 전개를 필요로 한다. 따라서 앞에서 사용되었던 시상수법을 이용하여 근사적으로 해석한다.

즉, **각각의 커패시터가 갖는 시상수를 독립적으로 구한 후, 이들에 의한 하측 차단 주파수를 모두 더하면 전체 증폭기의 근사적인 하측 차단 주파수를 구할 수 있다. 이때, 시상수가 구해지는 커패시터를 제외한 나머지 커패시터들은 단락시켜 영향을 미치지 않도록 해야** 하며, 따라서 이 방법을 **단락회로 시상수법**이라고 한다.

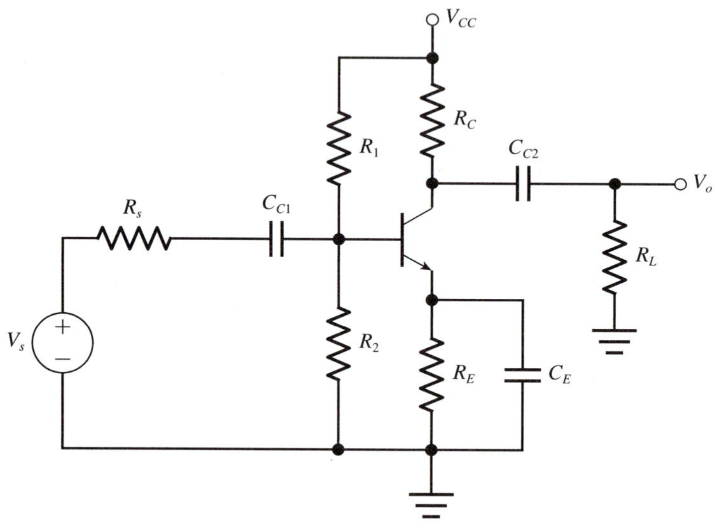

(a) 공통 이미터 증폭기

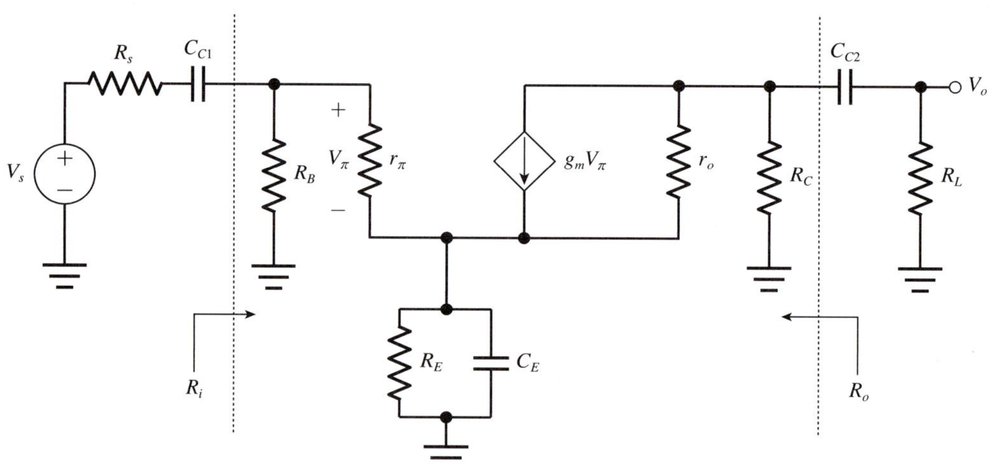

(b) 소신호 등가회로

[그림 8-31] 결합 및 바이패스 커패시터를 갖는 공통 이미터 증폭기

먼저 입력단 결합 커패시터 C_{C1}에 의한 시상수 τ_{C1}을 구한다. 출력단 결합 커패시터 C_{C2}와 바이패스 커패시터 C_E를 단락시킨 상태에서 C_{C1}이 보는 등가저항은 $R_{C1}=(R_s+R_i)$가 되므로, 시상수 τ_{C1}은 다음과 같으며, 여기서 $R_i=R_B \| r_\pi$이다.

$$\tau_{C1}=R_{C1}C_{C1} \tag{8.46}$$

다음으로 바이패스 커패시터 C_E에 의한 시상수 τ_E를 구한다. 이를 위해 C_{C1}과 C_{C2}를 단락시킨 상태에서 C_E가 보는 등가저항 R'_E는,

$$R'_E=\left[\frac{(R_s \| R_B)+r_\pi}{\beta_0+1}\right] \| R_E \tag{8.47}$$

따라서 시상수 τ_E는 다음과 같다.

$$\tau_E=R'_E C_E \tag{8.48}$$

마지막으로 출력단 결합 커패시터 C_{C2}에 의한 시상수 τ_{C2}를 구한다. 이를 위해 입력단 결합 커패시터 C_{C1}과 바이패스 커패시터 C_E를 단락시킨 상태에서 C_{C2}가 보는 등가저항은 $R_{C2}=R_o+R_L$이 되므로 시상수 τ_{C2}는,

$$\tau_{C2}=R_{C2}C_{C2} \tag{8.49}$$

$R_o=r_o \| R_C$이다. 따라서 증폭기의 하측 차단 주파수 f_L은 식 (8.50)과 같이 근사화될 수 있다.

$$\begin{aligned} f_L=\frac{\omega_L}{2\pi} &\simeq \frac{1}{2\pi}\left(\frac{1}{\tau_{C1}}+\frac{1}{\tau_E}+\frac{1}{\tau_{C2}}\right) \\ &=\frac{1}{2\pi}\left(\frac{1}{R_{C1}C_{C1}}+\frac{1}{R'_E C_E}+\frac{1}{R_{C2}C_{C2}}\right) \end{aligned} \tag{8.50}$$

C_E에 의해 생성되는 영점 주파수 $\omega_z=1/R'_E C_E$는 통상 매우 작은 값을 가지며, 따라서 하측 차단 주파수 f_L에 미치는 영향을 무시할 수 있다.

식 (8.50)으로부터, **증폭기의 저주파 응답특성은 각 커패시터가 갖는 단락회로 시상수 역수의 합으로 계산됨**을 알 수 있다.

예제 8-11

[그림 8-31(a)]의 증폭기에 대해 단락회로 시상수법을 적용하여 하측 차단 주파수 f_L을 구하라. 단, $R_s=0.5$ kΩ, $R_1=100$ kΩ, $R_2=100$ kΩ, $R_E=4.3$ kΩ, $R_C=4.7$ kΩ, $R_L=3$ kΩ, $C_{C1}=2$ μF, $C_{C2}=2$ μF, $C_E=150$ μF, $\beta_0=150$, $g_m=35$ mA/V, $r_o=81.5$ kΩ, $V_{CC}=10$ V이다.

풀이

① r_π를 계산한다.

$$r_\pi=\frac{\beta_0}{g_m}=\frac{150}{35\times10^{-3}}=4.3\text{ k}\Omega$$

② C_{C1}이 보는 등가저항 R_{C1}은,

$$R_{C1}=R_s+(R_B\|r_\pi)=[0.5+(50\|4.3)]\times10^3=4.46\text{ k}\Omega$$

따라서 시상수 τ_{C1}은,

$$\tau_{C1}=R_{C1}C_{C1}=4.46\times10^3\times2\times10^{-6}=8.9\text{ ms}$$

③ C_E가 보는 등가저항 R'_E는,

$$\begin{aligned}R'_E&=\left[\frac{(R_s\|R_B)+r_\pi}{\beta_0+1}\right]\|R_E\\&=\left[\frac{(0.5\|50)+4.3}{151}\|4.3\right]\times10^3=0.03\text{ k}\Omega\end{aligned}$$

따라서 이미터 시상수 τ_E는,

$$\tau_E=R'_EC_E=0.03\times10^3\times150\times10^{-6}=4.5\text{ ms}$$

④ C_{C1}이 보는 등가저항 R_{C2}는,

$$R_{C2}=(R_C\|r_o)+R_L=(4.7\|81.5+3)\times10^3=7.44\text{ k}\Omega$$

따라서 출력 시상수 τ_{C2}는,

$$\tau_{C2}=R_{C2}C_{C2}=7.44\times10^3\times2\times10^{-6}=14.9\text{ ms}$$

⑤ 따라서 하측 차단 주파수는 다음과 같다.

$$\begin{aligned}\therefore f_L&=\frac{1}{2\pi}\left(\frac{1}{\tau_{C1}}+\frac{1}{\tau_E}+\frac{1}{\tau_{C2}}\right)\\&=\frac{1}{2\pi}\left(\frac{1}{8.9\times10^{-3}}+\frac{1}{4.5\times10^{-3}}+\frac{1}{14.9\times10^{-3}}\right)=63.9\text{ Hz}\end{aligned}$$

■ **시뮬레이션 결과**

시뮬레이션 결과는 [그림 8-32]와 같으며, 시뮬레이션 결과로부터 얻어진 하측 차단 주파수는 약 52.1 Hz이다.

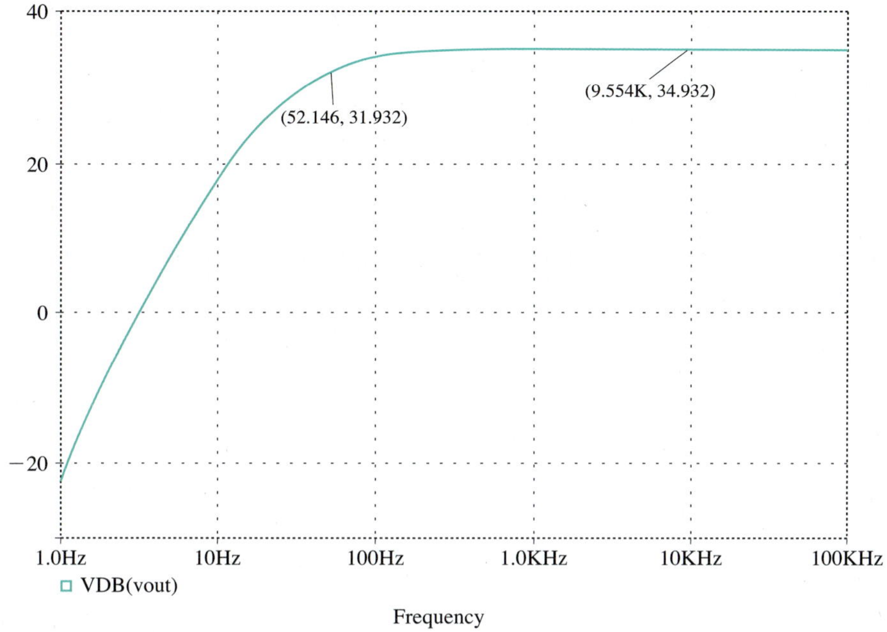

[그림 8-32] [예제 8-11]의 시뮬레이션 결과

공통 이미터 증폭기의 결합 및 바이패스 커패시터 값 결정

지금까지는 결합 및 바이패스 커패시터 값이 증폭기의 하측 차단 주파수 f_L에 미치는 영향을 해석(analysis)하였다. 이번에는 반대로 f_L 값이 주어진 상태에서 이를 만족하도록 결합 및 바이패스 커패시터 값을 결정하는 설계의 문제를 생각해 본다.

식 (8.50)에서 볼 수 있듯이, f_L은 C_{C1}에 의한 시상수 τ_{C1}, C_{C2}에 의한 시상수 τ_{C2}, 그리고 C_E에 의한 시상수 τ_E에 의해 영향을 받으므로, 설계자는 각 시상수가 f_L에 어느 정도 기여하도록 할 것인지를 결정해야 한다. 예를 들면 각 시상수가 1/3씩 f_L에 기여하도록 결정할 수도 있으며, 또는 이들 중 어느 하나가 f_L을 주로 결정하도록 할 수도 있다. 그러나 **주어진 설계 사양 f_L을 만족하면서 설계된 회로의 커패시터 값이 최소가 되는 것이 바람직**하다. [예제 8-11]의 결과에 의하면, 각 커패시터가 보는 등가저항 R_{C1}, R_{C2}, R'_E 중 R'_E가 가장 작은 값을 가지며, 따라서 **이미**

터 시상수 τ_E가 f_L에 가장 큰 영향을 미친다. 통상, **시상수 τ_E에 의해 $0.8\omega_L$이 되도록 하고, 나머지 시상수 τ_{C1}과 τ_{C2}에 의해 각각 $0.1\omega_L$이 되도록 설계한다.** [예제 8-12]와 [응용 8-8]을 통해 설계 결과를 비교해 본다.

예제 8-12

[그림 8-31(a)]의 증폭기에 대해 하측 차단 주파수 f_L이 100 Hz가 되도록 설계하라. 단, $R_s=0.5\ \text{k}\Omega$, $R_1=100\ \text{k}\Omega$, $R_2=100\ \text{k}\Omega$, $R_E=4.3\ \text{k}\Omega$, $R_C=4.7\ \text{k}\Omega$, $R_L=3\ \text{k}\Omega$, $\beta_0=150$, $g_m=35\ \text{mA/V}$, $r_o=81.5\ \text{k}\Omega$, $V_{CC}=10\ \text{V}$이다.

풀이

시상수 τ_E에 의해 $0.8\omega_L$이 되도록 하고, 나머지 시상수 τ_{C1}와 τ_{C2}에 의해 각각 $0.1\omega_L$이 되도록 설계한다.

① C_E 값 결정 : 식 (8.48)로부터,

$$C_E=\frac{1}{2\pi\times 0.8f_L\times R'_E}=\frac{1}{2\pi\times 80\times 0.03\times 10^3}=66.3\ \mu\text{F}$$

② C_{C1} 값 결정 : 식 (8.46)으로부터,

$$C_{C1}=\frac{1}{2\pi\times 0.1f_L\times R_{C1}}=\frac{1}{2\pi\times 10\times 4.46\times 10^3}=3.57\ \mu\text{F}$$

③ C_{C2} 값 결정 : 식 (8.49)로부터,

$$C_{C2}=\frac{1}{2\pi\times 0.1f_L\times R_{C2}}=\frac{1}{2\pi\times 10\times 7.44\times 10^3}=2.14\ \mu\text{F}$$

응용 8-8

[그림 8-31(a)]의 증폭기에 대해 하측 차단 주파수 f_L이 100 Hz가 되도록 설계하라. 단, 각 커패시터의 시상수가 ω_L에 1/3씩 기여하도록 하고, 저항값과 BJT 파라미터는 [예제 8-12]와 동일한 값을 사용한다.

[정답 : $C_E=159.18\ \mu\text{F}$, $C_{C1}=1.07\ \mu\text{F}$, $C_{C2}=0.64\ \mu\text{F}$]

8.3 BJT 증폭기의 고주파 응답특성

증폭기의 고주파 응답특성은 트랜지스터 내부의 기생 커패시턴스와 부하 커패시턴스에 의해 나타나며, 상측 차단 주파수(또는 대역폭)를 결정하는 요인이 된다. 이 절에서는 공통 이미터, 공통 컬렉터, 공통 베이스 증폭기의 고주파 응답특성을 이해한다. 증폭기의 고주파 응답특성은 전달함수(즉, 전압이득)를 구하여 해석할 수 있다. 그러나 이 방법은 다소 복잡한 수식 전개 과정을 필요로 한다. 이 절에서는 개방회로 시상수법(open-circuit time constant method)을 적용하여 간략화된 방법으로 해석한다. 이 절에서 다루는 주파수 영역은 [그림 8-33]과 같이 고주파 영역이며, 결합 및 바이패스 커패시터가 충분히 커서 신호 주파수 범위에서 이들에 의한 영향이 무시될 수 있을 정도로 작다고 가정한다.

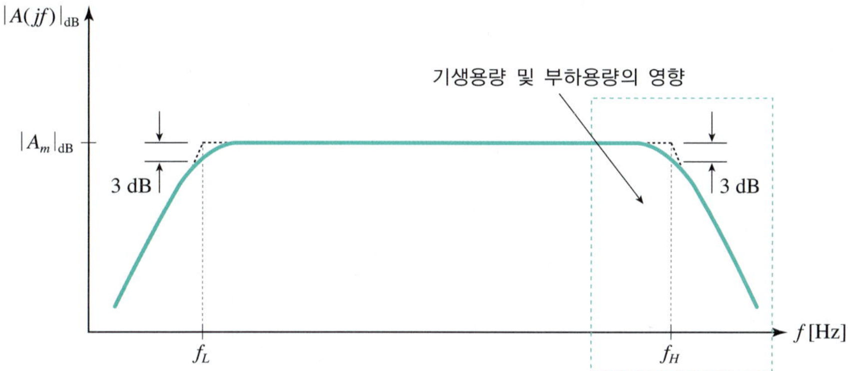

[그림 8-33] 8.3절에서 다루는 주파수 영역

8.3.1 공통 이미터 증폭기의 고주파 응답특성

전압이득을 이용한 해석

[그림 8-34(a)]는 공통 이미터 증폭기이며, BJT 내부의 기생 정전용량 C_π와 C_μ가 고려된 고주파 소신호 등가회로는 [그림 8-34(b)]와 같다. 여기에서 결합 커패시터 C_{C1}와 C_{C2} 그리고 바이패스 커패시터 C_E는 충분히 큰 값을 가져 신호 주파수에서 임피던스가 무시할 수 있을 정도로 작다고 가정한다.

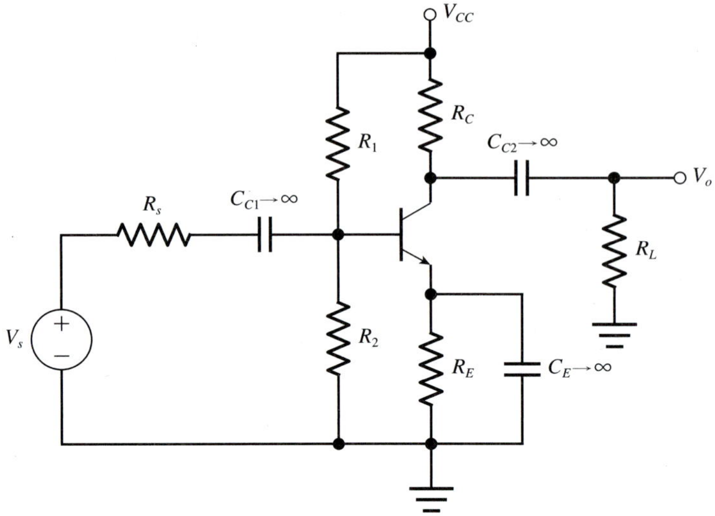

(a) 공통 이미터 증폭기

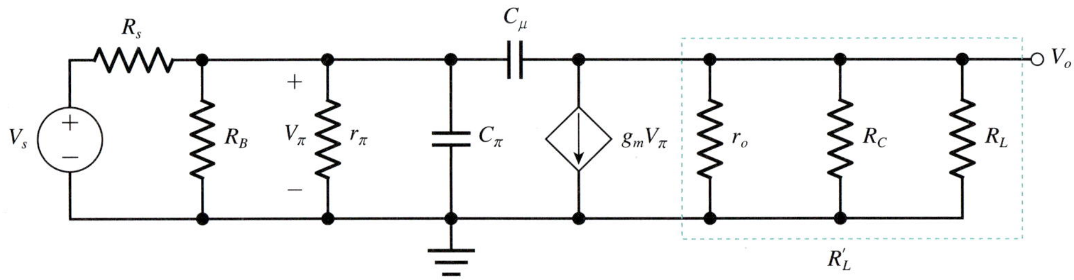

(b) 고주파 소신호 등가회로

[그림 8-34] 공통 이미터 증폭기 및 고주파 소신호 등가회로

먼저 입력단인 베이스에서 KCL을 적용하면,

$$\frac{V_s-V_\pi}{R_s}=\left(\frac{1}{R_B}+\frac{1}{r_\pi}+sC_\pi\right)V_\pi+sC_\mu(V_\pi-V_o) \tag{8.51}$$

$R_B=R_1 \| R_2$이다. 식 (8.51)을 정리하면 다음과 같다.

$$\frac{V_s}{R_s}=\left(\frac{1}{R_s}+\frac{1}{R_B}+\frac{1}{r_\pi}+s(C_\pi+C_\mu)\right)V_\pi-sC_\mu V_o \tag{8.52}$$

출력단인 컬렉터에서 KCL을 적용하면,

$$sC_\mu(V_o-V_\pi)+g_mV_\pi+\frac{1}{R'_L}V_o=0 \tag{8.53}$$

$R'_L = r_o \| R_C \| R_L$이다. 식 (8.53)에서 V_π를 구하면 다음과 같다.

$$V_\pi = \frac{sC_\mu + \dfrac{1}{R'_L}}{sC_\mu - g_m} V_o \tag{8.54}$$

식 (8.54)의 V_π를 식 (8.52)에 대입한 후 정리하여 전압이득 $A_v(s)$를 구하면,

$$A_v(s) = \frac{V_o}{V_s} = \frac{-\dfrac{g_m R'_L (R_B \| r_\pi)}{R_s + (R_B \| r_\pi)}(1 - sC_\mu/g_m)}{1 + s[R'_s\{C_\pi + (1 + g_m R'_L) C_\mu\} + R'_L C_\mu] + s^2 R'_s R'_L C_\pi C_\mu} \tag{8.55}$$

$R'_s = R_s \| R_B \| r_\pi$이다. 식 (8.55)는 하나의 영점 주파수(z_1)와 두 개의 극점 주파수($p_1 \ll p_2$)를 가지며, 통상적인 소자 파라미터 값에 대해 영점 주파수와 두 번째 극점 주파수는 매우 큰 값을 가지므로(즉, $p_1 \ll p_2$, z) 그 영향을 무시할 수 있다. 따라서 식 (8.55)는 식 (8.56)과 같이 단일 극점을 갖는 것으로 근사화될 수 있다.

$$\begin{aligned} A_v(s) = \frac{V_o}{V_s} &\simeq \frac{-\dfrac{g_m R'_L (R_B \| r_\pi)}{R_s + (R_B \| r_\pi)}}{1 + s[R'_s\{C_\pi + (1 + g_m R'_L) C_\mu\} + R'_L C_\mu]} \\ &= \frac{A_{v0}}{1 + s/\omega_H} \end{aligned} \tag{8.56}$$

여기서 증폭기의 중대역 이득 A_{v0}는 식 (8.57)과 같이 정의되며, 이 책의 4장에서 C_π와 C_μ가 고려되지 않고 구해진 결과와 동일함을 알 수 있다.

$$A_{v0} = -\frac{g_m R'_L (R_B \| r_\pi)}{R_s + (R_B \| r_\pi)} \tag{8.57}$$

극점 주파수 ω_H는 다음과 같이 정의되며,

$$\omega_H = \frac{1}{R'_s[C_\pi + (1 + g_m R'_L) C_\mu] + R'_L C_\mu} \tag{8.58}$$

따라서 증폭기의 상측 차단 주파수 f_H는 다음과 같다.

$$f_H = \frac{\omega_H}{2\pi} = \frac{1}{2\pi[R'_s\{C_\pi + (1 + g_m R'_L) C_\mu\} + R'_L C_\mu]} \tag{8.59}$$

식 (8.56)의 전압이득을 보드 선도로 그리면 [그림 8-35]와 같다.

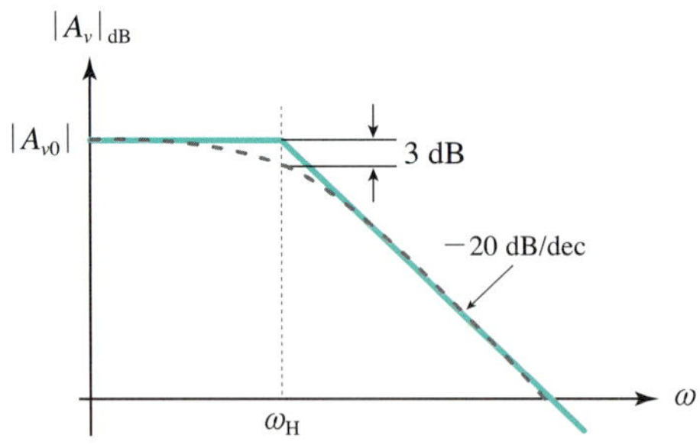

[그림 8-35] 공통 이미터 증폭기의 고주파 응답특성

밀러 정리를 이용한 해석

[그림 8-34(b)]로부터 식 (8.56)의 전압이득 관계식을 얻기 위해서는 매우 복잡한 수식 전개 과정을 거쳐야 했다. 그러나 밀러 정리(Miller's theorem)를 이용하면 증폭기의 고주파 응답특성을 보다 쉽게 이해할 수 있다. **밀러 정리**는 [그림 8-36(a)]와 같이 **전압이득이 K인 증폭기의 입력단과 출력단 사이에 어드미턴스 Y가 연결된 경우,** 이는 [그림 8-36(b)]와 같이 **입력단 쪽의 어드미턴스 Y_1과 출력단 쪽의 어드미턴스 Y_2로 분리할 수 있으며, Y_1과 Y_2는 각각 식 (8.60) 및 식 (8.61)과 같이 정의된다.** 밀러 정리에 관한 증명은 연습문제를 통해 이해하기 바란다.

$$Y_1 = Y(1-K) \tag{8.60}$$

$$Y_2 = Y(1-1/K) \tag{8.61}$$

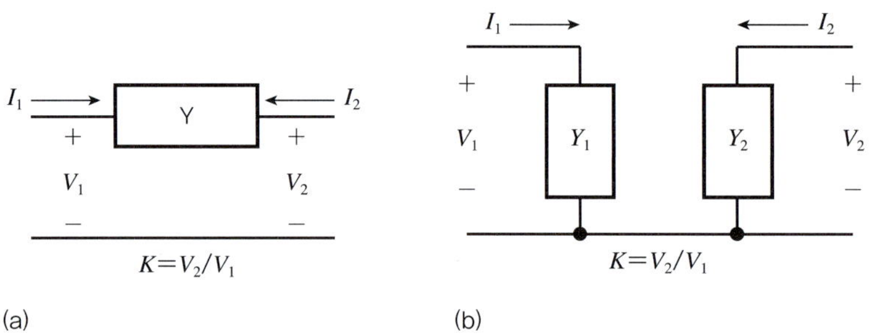

[그림 8-36] 밀러 정리

밀러 정리를 적용하여 [그림 8-34(b)]의 고주파 등가회로를 다시 그리면 [그림 8-37]과 같으며, 여기서 C_μ에 의한 입력단 쪽 커패시턴스 C_{M1}과 출력단 쪽 커패시턴스 C_{M2}는 각각 다음과 같이 정의된다.

$$C_{M1}=(1+g_m R'_L)C_\mu \tag{8.62}$$

$$C_{M2}=(1+\frac{1}{g_m R'_L})C_\mu \tag{8.63}$$

식 (8.62)와 식 (8.63)에서 $K=-g_m R'_L$은 공통 이미터 증폭기의 이득을 나타낸다. 식 (8.63)에서 $g_m R'_L \gg 1$이면, $C_{M2} \simeq C_\mu$로 근사된다. 식 (8.62)에 의하면, **C_μ는 증폭기의 이득만큼 곱해져서 입력단 쪽에 C_{M1}으로 나타나며, 이와 같은 현상을 밀러 효과(Miller effect)라고 한다.** 이후에 설명하겠지만, **밀러 효과는 증폭기의 입력 시상수를 증가시키고, 이에 의해 상측 차단 주파수(즉, 대역폭)가 감소되는 결과**로 나타난다.

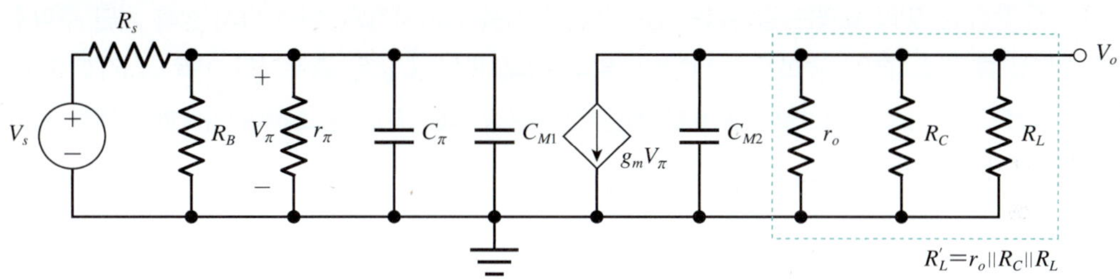

[그림 8-37] 밀러 정리를 이용한 공통 이미터 증폭기의 고주파 등가회로

[그림 8-37]로부터, 공통 이미터 증폭기의 총 입력 커패시턴스 C_i는

$$C_i=C_\pi+C_{M1}=C_\pi+(1+g_m R'_L)C_\mu \tag{8.64}$$

가 되며, $g_m R'_L \gg 1$인 경우의 출력 커패시턴스 C_o는

$$C_o \simeq C_\mu \tag{8.65}$$

가 된다.

[그림 8-37]에서 C_i가 보는 등가저항은 $R'_s=R_s || R_B || r_\pi$이며, C_o가 보는 등가저항은 R'_L이므로, 이로부터 증폭기의 입력 시상수 τ_i와 출력 시상수 τ_o를 구하면, 각각 식 (8.66)과 식 (8.67)과 같다.

$$\begin{aligned}\tau_i&=R'_s C_i=R'_s(C_\pi+C_{M1})\\&=R'_s[C_\pi+(1+g_m R'_L)C_\mu]\end{aligned} \tag{8.66}$$

$$\tau_o=R'_L C_o \simeq R'_L C_\mu \tag{8.67}$$

여기서 **시상수 τ_i는 커패시터 C_o가 개방된 상태의 시상수를 나타내며, 또한 시상수 τ_o는 커패시터 C_i가 개방된 상태의 시상수를 나타낸다.** 따라서 이들을 **개방회로 시상수**라고 한다.

식 (8.66)과 식 (8.67)을 이용하여 식 (8.56)을 다시 쓰면 다음과 같이 된다.

$$A_v(s) = \frac{A_{v0}}{1+s(\tau_i+\tau_o)} = \frac{A_{v0}}{1+s/\omega_H} \tag{8.68}$$

따라서 **증폭기의 상측 차단 주파수**는 식 (8.69)와 같이 **개방회로 시상수 합의 역수**가 된다. 이와 같이 개방회로 시상수법을 이용하면, 증폭기의 전압이득에 대한 복잡한 수식을 전개하지 않고 주파수 응답특성을 쉽게 해석할 수 있다.

$$f_H = \frac{\omega_H}{2\pi} \simeq \frac{1}{2\pi(\tau_i+\tau_o)} \tag{8.69}$$

이상을 종합하면, **밀러 효과는 증폭기의 입력 시상수 τ_i를 증가시키고, 이는 다시 상측 차단 주파수(즉, 대역폭)를 감소시키는 결과**로 나타난다. **밀러 커패시턴스 C_{M1}은 증폭기의 이득 $g_mR'_L$에 비례하므로, 증폭기의 이득이 증가할수록 상측 차단 주파수(즉, 대역폭)가 감소하여 이득과 대역폭 사이에 교환조건(trade-off)이 존재**한다.

예제 8-13

[그림 8-34(a)]의 공통 이미터 증폭기에 대해 중대역 이득 A_{v0}, 밀러 커패시턴스 C_{M1}, 입력 개방회로 시상수 τ_i, 출력 개방회로 시상수 τ_o, 상측 차단 주파수 f_H를 구하라. 단, $\beta_0=150$, $r_\pi=6.4\ \text{k}\Omega$, $r_o=\infty$, $C_\pi=13.5\ \text{pF}$, $C_\mu=2.18\ \text{pF}$, $R_1=47\ \text{k}\Omega$, $R_2=29\ \text{k}\Omega$, $R_s=0.2\ \text{k}\Omega$, $R_E=5\ \text{k}\Omega$, $R_L=5\ \text{k}\Omega$, $R_C=5\ \text{k}\Omega$이며, $V_{CC}=10\ \text{V}$이다. 결합 및 바이패스 커패시터는 ∞로 가정한다.

풀이

① 필요한 등가저항 값을 계산하면 다음과 같다.

$$R_B \| r_\pi = (47\|29\|6.4)\times 10^3 = 4.7\ \text{k}\Omega$$

$$R'_s = R_s \| R_B \| r_\pi = (0.2\|4.7)\times 10^3 = 0.19\ \text{k}\Omega$$

$$R'_L = R_C \| R_L = (5\|5)\times 10^3 = 2.5\ \text{k}\Omega$$

$$g_m = \frac{\beta_0}{r_\pi} = \frac{150}{6.4\times 10^3} = 23.4\ \text{mA/V}\text{이다.}$$

② 식 (8.57)로부터 중대역 이득을 구하면,

$$|A_{v0}| = \frac{g_mR'_L(R_B\|r_\pi)}{R_s+R_B\|r_\pi} = \frac{23.4\times 2.5\times 4.7}{0.2+4.7} = 56.1\ \text{V/V}\ \ (\simeq 35\ \text{dB})$$

③ 식 (8.62)로부터 밀러 커패시턴스 C_{M1}을 구하면,

$$C_{M1} = (1+g_mR'_L)C_\mu = (1+23.4\times 2.5)\times 2.18\times 10^{-12} = 129.7\ \text{pF}$$

④ 입력 커패시턴스 C_i를 구하면,

$$C_i = C_\pi + C_{M1} = (13.5 + 129.7) \times 10^{-12} = 143.2 \text{ pF}$$

⑤ 식 (8.66)으로부터 입력 개방회로 시상수 τ_i를 계산하면,

$$\tau_i = R_s' C_i = 0.19 \times 10^3 \times 143.2 \times 10^{-12} = 27.2 \text{ ns}$$

⑥ 식 (8.67)로부터 출력 시상수 τ_o를 계산한다.

$$\tau_o \simeq R_L' C_\mu = 2.5 \times 10^3 \times 2.18 \times 10^{-12} = 5.45 \text{ ns}$$

⑦ 따라서 상측 차단 주파수는,

$$\therefore f_H \simeq \frac{1}{2\pi(\tau_i + \tau_o)} = \frac{1}{2\pi \times (2.72 + 5.45) \times 10^{-9}} = 4.87 \text{ MHz}$$

■ 시뮬레이션 결과

시뮬레이션 결과는 [그림 8-38]과 같으며, 시뮬레이션 결과로부터 얻어진 중대역 이득은 약 34.8 dB이고, 상측 차단 주파수는 약 4.78 MHz이다. 계산 결과와 시뮬레이션 결과가 잘 일치함을 확인할 수 있다.

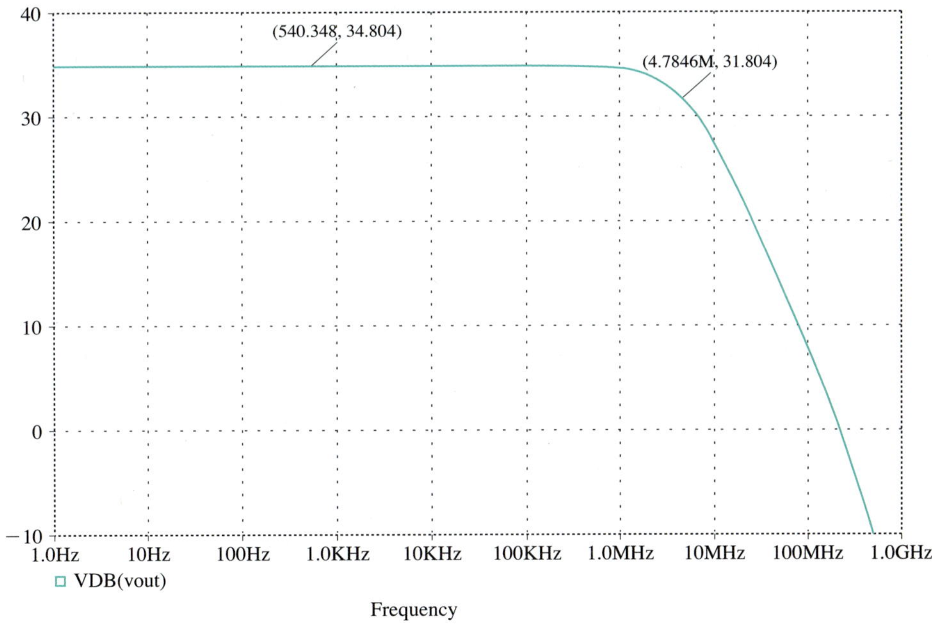

[그림 8-38] [예제 8-13]의 시뮬레이션 결과

응용 8-9

[그림 8-34(a)]의 공통 이미터 증폭기에 대해 밀러 커패시턴스 C_{M1}과 이를 이용한 상측 차단 주파수의 근사값 $f_H \simeq 1/\{2\pi R_s'(C_\pi + C_{M1})\}$를 구하라. 단, $\beta_0 = 140$, $r_\pi = 6.2\ \text{k}\Omega$, $r_o = \infty$, $C_\pi = 13.5\ \text{pF}$, $C_\mu = 3.4\ \text{pF}$이고, 결합 및 바이패스 커패시터는 ∞로 가정한다. $R_1 = 47\ \text{k}\Omega$, $R_2 = 29\ \text{k}\Omega$, $R_s = 0.2\ \text{k}\Omega$, $R_E = 5\ \text{k}\Omega$, $R_L = 10\ \text{k}\Omega$, $R_C = 10\ \text{k}\Omega$이며, $V_{CC} = 10\ \text{V}$이다.

[정답 : $C_{M1} \simeq 387.26\ \text{pF}$, $f_H \simeq 2.1\ \text{MHz}$]

이득과 대역폭의 관계

식 (8.57)과 식 (8.58)로부터 공통 이미터 증폭기의 이득-대역폭 곱은 다음과 같다.

$$|A_{v0}\omega_H| = \frac{g_m R_L'(R_B \| r_\pi)}{R_s + (R_B \| r_\pi)} \times \frac{1}{R_s'[C_\pi + (1 + g_m R_L')C_\mu] + R_L' C_\mu} \simeq \frac{g_m R_L'}{R_s[C_\pi + (1 + g_m R_L')C_\mu]} \tag{8.70}$$

여기서 $R_L'C_\mu$는 상대적으로 작은 값이므로 무시하였으며, $R_s' \simeq R_s$로 근사화하였다. 8.1.4절의 식 (8.21)로부터 트랜지스터의 단위이득 대역폭은 $\omega_T = g_m/(C_\pi + C_\mu)$이므로, 식 (8.70)을 다시 쓰면

$$|A_{v0}\omega_H| \simeq \frac{\omega_T}{1 + \omega_T R_L' C_\mu} \times \frac{R_L'}{R_s} \tag{8.71}$$

가 된다. 단위이득 대역폭 ω_T는 트랜지스터에 따라 고정되는 값이므로, 증폭기의 이득-대역폭 곱은 R_L'과 R_s에 따라 영향을 받는다.

부하 커패시턴스의 영향

[그림 8-39(a)]는 부하 커패시턴스 C_L이 포함된 공통 이미터 증폭기이며, [그림 8-39(b)]는 밀러 정리를 적용한 고주파 소신호 등가회로이다. [그림 8-39(b)]에서 볼 수 있듯이, 입력 시상수 τ_i는 C_L의 영향을 받지 않으므로 식 (8.66)과 동일하며, 출력 시상수 τ_o는 식 (8.67)로부터 다음과 같이 변경된다.

$$\tau_o = R_L'(C_\mu + C_L) \tag{8.72}$$

식 (8.72)를 식 (8.69)에 적용하면, **부하 커패시턴스는 증폭기의 상측 차단 주파수를 감소시킨다.**

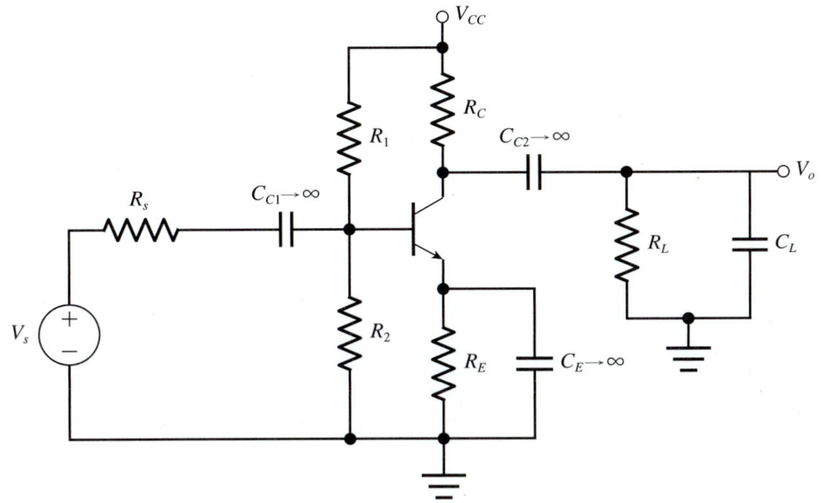

(a) 공통 이미터 증폭기

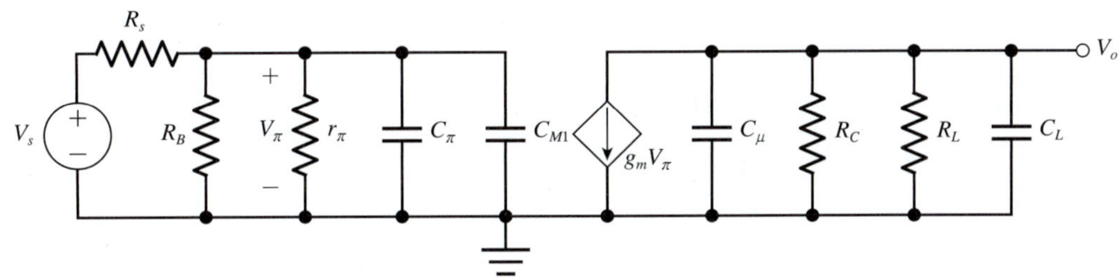

(b) 고주파 소신호 등가회로

[그림 8-39] 부하 C_L을 갖는 공통 이미터 증폭기 및 고주파 소신호 등가회로

예제 8-14

[예제 8-13]의 공통 이미터 증폭기에 $C_L=10$ pF의 부하 커패시턴스가 연결된 경우의 상측 차단 주파수를 구하라.

풀이

식 (8.72)로부터 출력 시상수 τ_o를 구하면,

$$\tau_o = R'_L(C_\mu + C_L) = 2.5\times10^3\times(2.18+10)\times10^{-12} = 30.45 \text{ ns}$$

[예제 8-13]의 결과를 이용하여 상측 차단 주파수를 구하면,

$$\therefore f_H \simeq \frac{1}{2\pi(\tau_i+\tau_o)} = \frac{1}{2\pi\times(27.2+30.45)\times10^{-9}} = 2.76 \text{ MHz}$$

응용 8-10

[예제 8-13]의 공통 이미터 증폭기의 상측 차단 주파수가 3.5 MHz가 되기 위해 부하 커패시턴스 C_L은 얼마 이하가 되어야 하는가?

[정답 : $C_L < 5.13$ pF]

8.3.2 공통 컬렉터 증폭기의 고주파 응답특성

[그림 8-40(a)]는 공통 컬렉터 증폭기 회로이며, [그림 8-40(b)]는 고주파 소신호 등가회로이다. 개방회로 시상수법을 적용하여 고주파 응답특성을 해석한다.

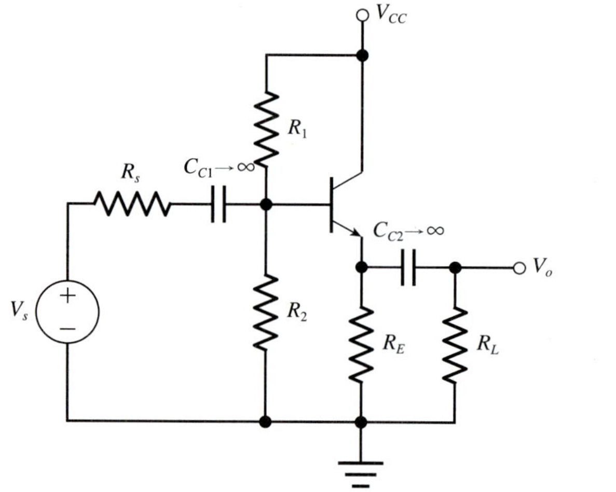

(a) 공통 컬렉터 증폭기

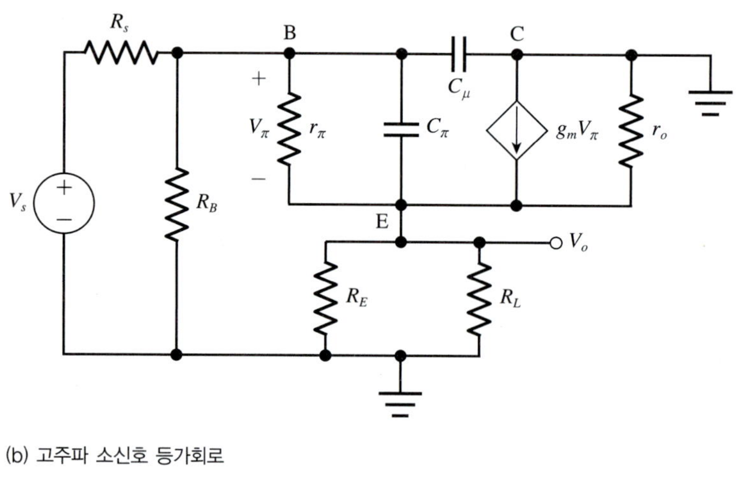

(b) 고주파 소신호 등가회로

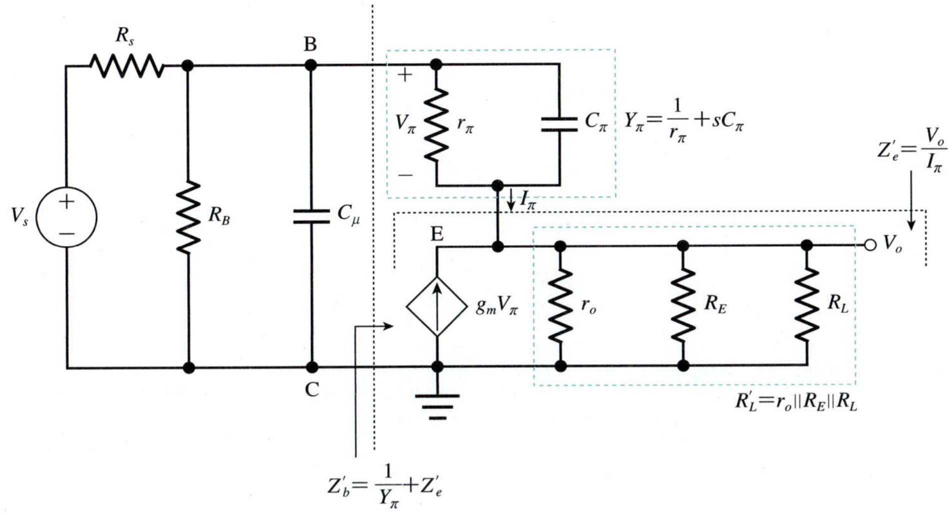

(c) 재배치된 고주파 소신호 등가회로

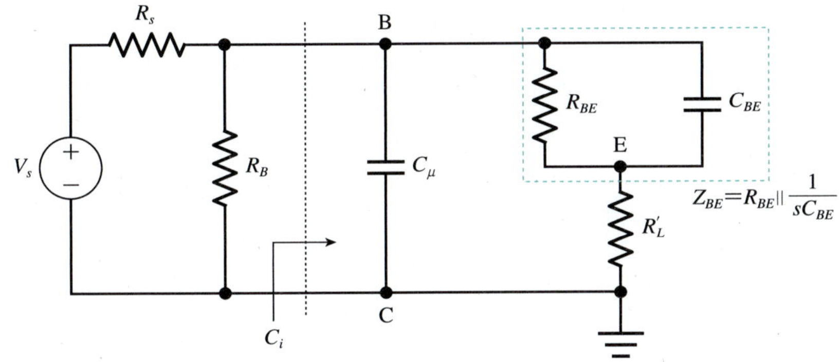

(d) 간략화된 고주파 소신호 등가회로

[그림 8-40] 공통 컬렉터 증폭기 및 고주파 소신호 등가회로

해석의 편의를 위해 [그림 8-40(b)]의 소신호 등가회로를 [그림 8-40(c)]와 같이 재배치할 수 있으며, 이로부터 $Y_\pi = 1/r_\pi + sC_\pi$에 흐르는 전류 I_π를 구하면 다음과 같다.

$$I_\pi = Y_\pi V_\pi \tag{8.73}$$

출력전압 V_o를 구하면,

$$V_o = (I_\pi + g_m V_\pi) R'_L = (Y_\pi + g_m) R'_L V_\pi \tag{8.74}$$

여기서 $R'_L = r_o \| R_E \| R_L$이다. [그림 8-40(c)]에서 임피던스 Z'_e를 구하면 식 (8.75)와 같으며,

$$Z'_e = \frac{V_o}{I_\pi} = \frac{V_o}{Y_\pi V_\pi} = \frac{(Y_\pi + g_m)R'_L}{Y_\pi} \tag{8.75}$$

따라서 C_μ를 제외한 베이스와 접지 사이의 임피던스 Z'_b는 다음과 같다.

$$\begin{aligned} Z'_b &= \frac{1}{Y_\pi} + Z'_e = \frac{1 + g_m R'_L}{Y_\pi} + R'_L \\ &= \frac{1 + g_m R'_L}{1/r_\pi + sC_\pi} + R'_L = Z_{BE} + R'_L \end{aligned} \tag{8.76}$$

식 (8.76)으로부터 베이스-이미터 사이의 임피던스 Z_{BE}는,

$$\begin{aligned} Z_{BE} &= \frac{1 + g_m R'_L}{1/r_\pi + sC_\pi} \\ &= \frac{1}{\dfrac{1}{r_\pi(1 + g_m R'_L)} + \dfrac{sC_\pi}{1 + g_m R'_L}} = R_{BE} \| \frac{1}{sC_{BE}} \end{aligned} \tag{8.77}$$

저항 R_{BE}와 커패시터 C_{BE}의 병렬연결이 되며, 여기서 R_{BE}와 C_{BE}는 각각 다음과 같이 정의된다.

$$R_{BE} = (1 + g_m R'_L) r_\pi \tag{8.78}$$

$$C_{BE} = \frac{C_\pi}{1 + g_m R'_L} \tag{8.79}$$

따라서 [그림 8-40(c)]의 등가회로는 [그림 8-40(d)]와 같이 간략화될 수 있다.

[그림 8-40(d)]로부터 개방회로 시상수법을 적용하여 상측 차단 주파수를 구할 수 있다. 먼저 C_{BE}가 개방된 상태에서 C_μ가 보는 등가저항 R_μ를 구하면

$$\begin{aligned} R_\mu &= R'_s \| (R_{BE} + R'_L) \\ &= R'_s \| [(1 + g_m R'_L) r_\pi + R'_L] \end{aligned} \tag{8.80}$$

가 되며, 여기서 $R'_s = R_s \| R_B$이고, $R_B = R_1 \| R_2$이다. 따라서 C_μ에 의한 시상수 τ_μ는 다음과 같다.

$$\begin{aligned} \tau_\mu &= R_\mu C_\mu = [R'_s \| \{(1 + g_m R'_L) r_\pi + R'_L\}] C_\mu \\ &\simeq [R'_s \| (1 + g_m R'_L) r_\pi] C_\mu \end{aligned} \tag{8.81}$$

다음으로 C_μ가 개방된 상태에서 C_{BE}가 보는 등가저항 R_π를 구하면,

$$R_\pi = (R_s' + R_L') \| R_{BE} \tag{8.82}$$

C_{BE}에 의한 시상수 τ_π는 다음과 같다.

$$\begin{aligned} \tau_\pi = R_\pi C_{BE} &= [(R_s' + R_L') \| \{(1+g_m R_L') r_\pi\}] \frac{C_\pi}{1+g_m R_L'} \\ &\simeq [R_s' \| (1+g_m R_L') r_\pi] \frac{C_\pi}{1+g_m R_L'} \end{aligned} \tag{8.83}$$

식 (8.81)과 식 (8.83)으로부터, 시상수의 합은 다음과 같다.

$$\tau_p = \tau_\mu + \tau_\pi = [R_s' \| (1+g_m R_L') r_\pi] \left(C_\mu + \frac{C_\pi}{1+g_m R_L'} \right) \tag{8.84}$$

상측 차단 주파수는 개방회로 시상수 합의 역수로 표현되므로,

$$f_H = \frac{\omega_H}{2\pi} \simeq \frac{1}{2\pi \tau_p} \tag{8.85}$$

[그림 8-40(d)]에서 볼 수 있듯이, 공통 컬렉터 증폭기의 베이스 단자에서 본 입력 커패시턴스 C_i는

$$C_i = C_\mu + \frac{C_\pi}{1+g_m R_L'} \simeq C_\mu + \frac{1}{\omega_T R_L'} \tag{8.86}$$

가 되며, 이는 8.3.1절에서 설명한 공통 이미터 증폭기의 입력 커패시턴스 $C_\pi + (1+g_m R_L')C_\mu$에 비해 매우 작다. 식 (8.86)에서 $\omega_T = 2\pi f_T$는 BJT의 단위이득 대역폭을 나타내며, 매우 큰 값이므로 **공통 컬렉터 증폭기의 입력 커패시턴스는 $C_i \simeq C_\mu$로 다시 근사화**될 수 있다. 이는 공통 컬렉터 증폭기의 전압이득이 1에 가까워, 밀러 효과가 매우 작게 나타나기 때문이라고 해석할 수도 있다. 따라서 공통 컬렉터 증폭기는 **앞단에 대한 용량성 부하로 작용하지 않으며, f_H가 커서 고주파 응답특성이 우수**하다. 또한, 공통 컬렉터 증폭기는 출력저항이 r_e로 매우 작아 CC-CE 종속연결 구조에서 CE 증폭단의 입력 시상수를 매우 작게 만드는 역할을 한다. 따라서 CC-CE 종속연결 증폭기는 공통 이미터 단일 증폭기에 비해 고주파 응답특성이 우수하다. 이에 대해서는 연습문제를 통해 학습하기 바란다.

예제 8-15

[그림 8-40(a)]의 공통 컬렉터 증폭기에 대해 상측 차단 주파수 f_H를 구하라. 단, $\beta_0=180$, $r_\pi=1$ kΩ, $r_o=\infty$이고, $C_\pi=62.4$ pF, $C_\mu=1.8$ pF, $R_1=47$ kΩ, $R_2=29$ kΩ, $R_s=0.2$ kΩ, $R_L=5$ kΩ, $R_E=0.5$ kΩ이고, 결합 및 바이패스 커패시터는 ∞로 가정한다.

풀이

① 필요한 등가저항 값을 계산하면 다음과 같다.

$$R'_L=R_E \| R_L=(0.5\|5)\times 10^3=0.45 \text{ k}\Omega$$

$$R'_s=R_s \| R_1 \| R_2=(0.2\|47\|29)\times 10^3 \simeq 0.2 \text{ k}\Omega$$

$$g_m=\frac{\beta_0}{r_\pi}=\frac{180}{1.0\times 10^3}=180 \text{ mA/V}$$

$1+g_m R'_L=1+180\times 0.45=82$이다.

② 식 (8.81)로부터 τ_μ를 구하면,

$$\begin{aligned}\tau_\mu&=R_\mu C_\mu \simeq [R'_s \| (1+g_m R'_L) r_\pi] C_\mu \\ &=(0.2\|82)\times 10^3\times 1.8\times 10^{-12}=0.36 \text{ ns}\end{aligned}$$

③ 식 (8.83)으로부터 τ_π를 구하면,

$$\begin{aligned}\tau_\pi&=R_\pi C_{BE} \simeq [R'_s \| (1+g_m R'_L) r_\pi]\frac{C_\pi}{1+g_m R'_L} \\ &=(0.2\|82)\times 10^3\times \frac{62.4\times 10^{-12}}{82}=0.15 \text{ ns}\end{aligned}$$

④ 따라서 상측 차단 주파수는,

$$\therefore f_H \simeq \frac{1}{2\pi(\tau_\mu+\tau_\pi)}=\frac{1}{2\pi\times(0.36+0.15)\times 10^{-9}}=312.1 \text{ MHz}$$

[예제 8-13]의 공통 이미터 증폭기의 4.87 MHz보다 매우 큰 값을 갖는다.

■ **시뮬레이션 결과**

시뮬레이션 결과는 [그림 8-41]과 같으며, 시뮬레이션 결과로부터 얻어진 상측 차단 주파수는 약 285.42 MHz이다. 계산 결과가 시뮬레이션 결과와 차이나는 이유는 시상수 계산과정에서의 근사화 때문이다.

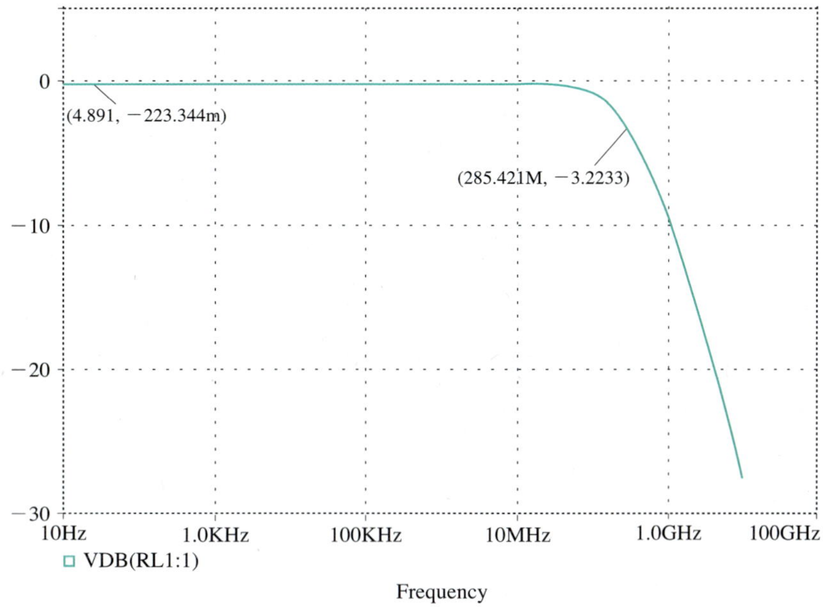

[그림 8-41] [예제 8-15]의 시뮬레이션 결과

응용 8-11

[예제 8-15] 회로의 입력 커패시턴스 C_i를 구하라.

[정답 : 2.56 pF]

8.3.3 공통 베이스 증폭기의 고주파 응답특성

[그림 8-42(a)]는 공통 베이스 증폭기 회로이며, [그림 8-42(b)]는 고주파 소신호 등가회로이다. 개방회로 시상수법을 적용하여 고주파 응답특성을 해석해 본다.

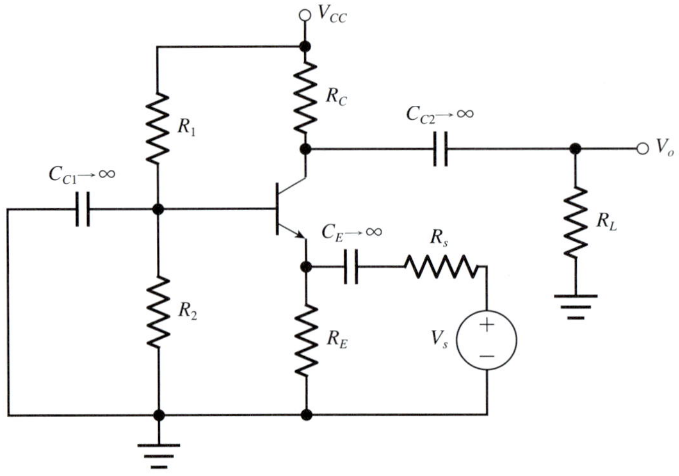

(a) 공통 베이스 증폭기

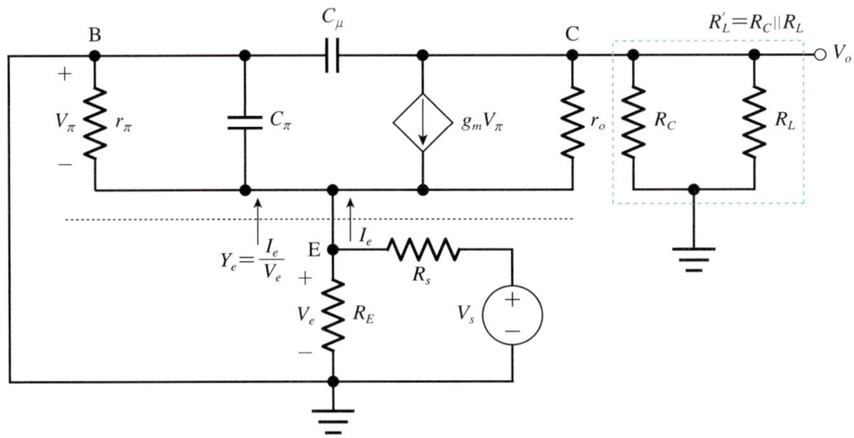

(b) 고주파 소신호 등가회로

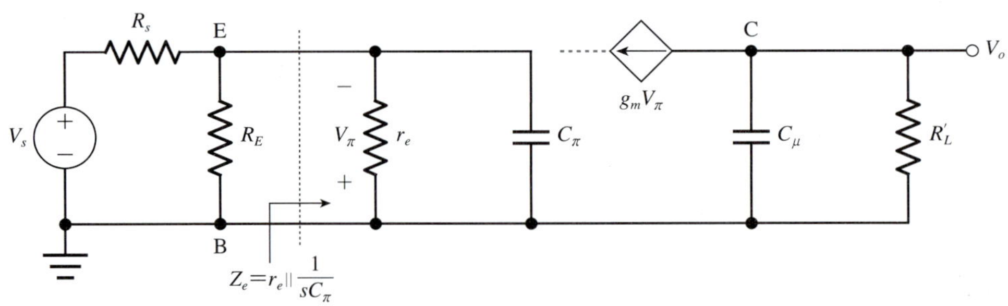

(c) 간략화된 고주파 소신호 등가회로

[그림 8-42] 공통 베이스 증폭기 및 고주파 소신호 등가회로

[그림 8-42(b)]로부터 이미터에서 KCL을 적용하여 이미터 전류 I_e를 구하면

$$I_e = -\left(\frac{1}{r_\pi} + g_m + sC_\pi\right)V_\pi = \left(\frac{1}{r_\pi} + g_m + sC_\pi\right)V_e \tag{8.87}$$

가 되며, 여기서 베이스가 접지되어 있으므로 $V_\pi = -V_e$이며, $r_o = \infty$로 가정하였다. 이미터 단자에서 본 입력 어드미턴스 Y_e는,

$$\begin{aligned} Y_e &= \frac{I_e}{V_e} = \frac{1}{r_\pi} + g_m + sC_\pi \\ &= \frac{1+\beta_0}{r_\pi} + sC_\pi \\ &= \frac{1}{r_e} + sC_\pi \end{aligned} \tag{8.88}$$

따라서 공통 베이스 증폭기의 입력단 임피던스는 이미터 증분저항 r_e와 커패시터 C_π의 병렬연결로 볼 수 있다. 출력단 임피던스는 C_μ와 $R'_L = R_C \| R_L$의 병렬연결이 된다. 그러므로 [그림 8-42(b)]의 소신호 등가회로는 [그림 8-42(c)]와 같이 간략화될 수 있다.

공통 베이스 증폭기의 입력 커패시턴스 C_i는 다음과 같다.

$$C_i = C_\pi \tag{8.89}$$

밀러 효과를 갖지 않으므로 공통 이미터 증폭기에 비해 고주파 특성이 우수하다. 공통 베이스 증폭기는 입력 임피던스가 r_e로 매우 작아, 공통 이미터 증폭기의 밀러 효과를 감소시키므로, 고주파 특성을 개선하기 위한 CE-CB 구조의 캐스코드 증폭기(8.5절) 구성에 사용된다.

[그림 8-42(c)]로부터 입력 시상수 τ_i와 출력 시상수 τ_o를 구하면,

$$\tau_i = (R'_s \| r_e)C_\pi \tag{8.90}$$

$$\tau_o = R'_L C_\mu \tag{8.91}$$

여기서 $R'_s = R_s \| R_E$이다. 따라서 공통 베이스 증폭기의 상측 차단 주파수 f_H는 식 (8.92)와 같다. 통상, r_e는 매우 작은 값을 가지므로, C_π보다 C_μ가 f_H에 주된 영향을 미친다.

$$f_H \simeq \frac{1}{2\pi(\tau_i + \tau_o)} = \frac{1}{2\pi[(R'_s \| r_e)C_\pi + R'_L C_\mu]} \tag{8.92}$$

예제 8-16

[그림 8-42(a)]의 공통 베이스 증폭기에 대해 상측 차단 주파수 f_H를 구하라. 단, $\beta_0=145$, $r_\pi=6.58$ kΩ, $r_o=\infty$, $C_\pi=13$ pF, $C_\mu=2.7$ pF, $R_1=47$ kΩ, $R_2=5$ kΩ, $R_s=0.1$ kΩ, $R_C=10$ kΩ, $R_L=10$ kΩ, $R_E=0.5$ kΩ이다. 결합 및 바이패스 커패시터는 ∞로 가정한다.

풀이

① 필요한 등가저항 값을 계산하면 다음과 같다.

$$R'_s=R_s \| R_E=(0.1\|0.5)\times 10^3=0.083\ \text{k}\Omega$$

$$R'_L=R_C \| R_L=(10\|10)\times 10^3=5\ \text{k}\Omega$$

$$r_e=\frac{r_\pi}{\beta_0+1}=\frac{6.58}{146}\times 10^3=0.045\ \text{k}\Omega\text{이다.}$$

② 식 (8.90)으로부터 τ_i를 구하면,

$$\tau_i=(R'_s \| r_e)C_\pi$$
$$=(0.083\|0.045)\times 10^3\times 13\times 10^{-12}=0.38\ \text{ns}$$

③ 식 (8.91)로부터 τ_o를 구하면,

$$\tau_o=R'_L C_\mu=5\times 10^3\times 2.7\times 10^{-12}=13.5\ \text{ns}$$

④ 따라서 상측 차단 주파수는,

$$\therefore\ f_H\simeq\frac{1}{2\pi(\tau_i+\tau_o)}=\frac{1}{2\pi\times(0.38+13.5)\times 10^{-9}}=11.47\ \text{MHz}$$

■ 시뮬레이션 결과

시뮬레이션 결과는 [그림 8-43]과 같으며, 시뮬레이션 결과로부터 얻어진 상측 차단 주파수는 약 10.9 MHz이다.

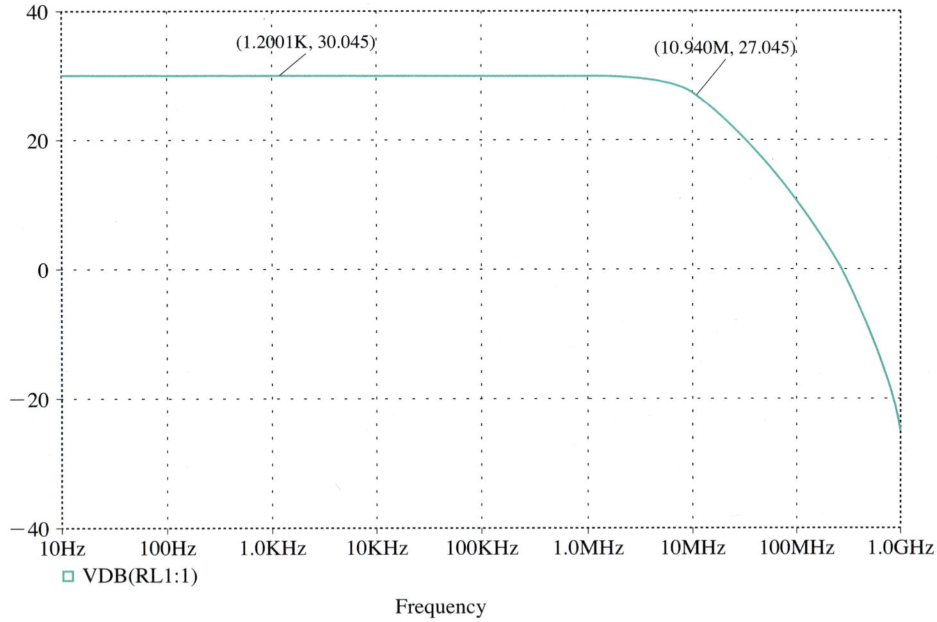

[그림 8-43] [예제 8-16]의 시뮬레이션 결과

응용 8-12

[그림 8-42(a)]의 공통 베이스 증폭기에 대해 상측 차단 주파수 f_H를 구하라. 단, $\beta_0=120$, $r_\pi=31.3$ kΩ, $r_o=\infty$, $C_\pi=7.36$ pF, $C_\mu=2.0$ pF, $R_1=47$ kΩ, $R_2=3.3$ kΩ, $R_s=0.2$ kΩ, $R_C=5$ kΩ, $R_L=5$ kΩ, $R_E=0.5$ kΩ이고, 결합 및 바이패스 커패시터는 ∞로 가정한다.

[정답 : 27.7 MHz]

8.4 FET 증폭기의 고주파 응답특성

FET 증폭기의 고주파 응답특성은 8.3절에서 설명한 BJT 증폭기와 유사한 방법으로 해석될 수 있다. 이 절에서는 공통 소오스, 공통 드레인, 공통 게이트 증폭기의 고주파 응답특성을 개방회로 시상수법을 적용하여 간략화된 방법으로 해석한다. 8.3절에서와 동일하게 결합 및 바이패스 커패시터가 충분히 커서 신호 주파수 범위에서 이들에 의한 영향은 무시될 수 있을 정도로 작다고 가정한다.

8.4.1 공통 소오스 증폭기의 고주파 응답특성

[그림 8-44(a)]는 공통 소오스 증폭기 회로이며, [그림 8-44(b)]는 고주파 소신호 등가회로이다. 8.3.1절에서 설명한 밀러 정리를 이용하면, 입력단 쪽에 나타나는 커패시턴스 C_{M1}과 출력단쪽에 나타나는 커패시턴스 C_{M2}는 각각 다음과 같다.

$$C_{M1}=(1+g_mR'_L)C_{gd} \tag{8.93}$$

$$C_{M2}=\left(1+\frac{1}{g_mR'_L}\right)C_{gd} \tag{8.94}$$

여기서 $R'_L=r_o \| R_L \| R_D$이다. 공통 소오스 증폭기의 이득이 $g_mR'_L \gg 1$이면 $C_{M2} \simeq C_{gd}$로 근사화할 수 있다. 따라서 [그림 8-44(b)]의 소신호 등가회로는 [그림 8-44(c)]와 같다.

[그림 8-44(c)]로부터, 공통 소오스 증폭기의 총 입력 커패시턴스 C_i는 다음과 같고,

$$C_i=C_{gs}+C_{M1}=C_{gs}+(1+g_mR'_L)C_{gd} \tag{8.95}$$

출력 커패시턴스 C_o는,

$$C_o \simeq C_{gd}+C_{db} \tag{8.96}$$

C_{db}는 드레인-기판(접지) 사이의 기생 커패시턴스이다.

증폭기의 입력 시상수 τ_i와 출력 시상수 τ_o는 각각 다음과 같다.

$$\tau_i=R'_sC_i=R'_s[C_{gs}+(1+g_mR'_L)C_{gd}] \tag{8.97}$$

$$\tau_o=R'_LC_o \simeq R'_L(C_{gd}+C_{db}) \tag{8.98}$$

여기서 R'_s는 C_i가 보는 개방회로 등가저항으로 $R'_s=R_{si} \| R_G$이고, $R_G=R_1 \| R_2$이며, R'_L은 C_o가 보는 개방회로 등가저항으로 $R'_L=r_o \| R_D \| R_L$이다. 따라서 증폭기의 상측 차단 주파수는 식 (8.99)와 같이 표현할 수 있다.

$$\begin{aligned} f_H &= \frac{\omega_H}{2\pi} \simeq \frac{1}{2\pi(\tau_i+\tau_o)} \\ &= \frac{1}{2\pi[R'_s\{C_{gs}+(1+g_mR'_L)C_{gd}\}+R'_L(C_{gd}+C_{db})]} \end{aligned} \tag{8.99}$$

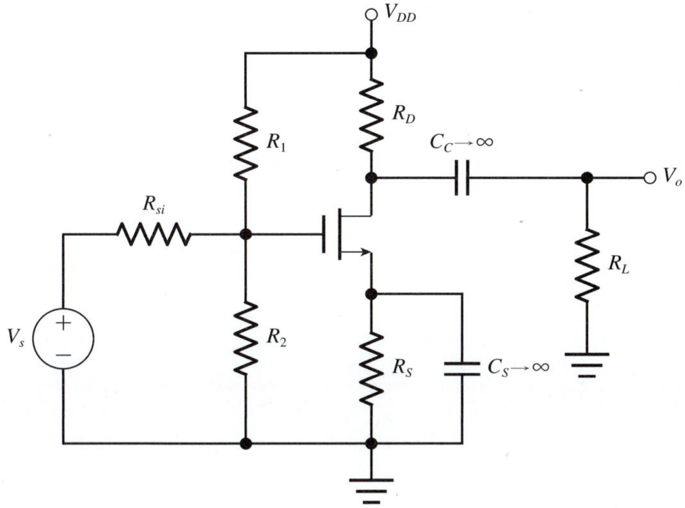

(a) 공통 소오스 증폭기

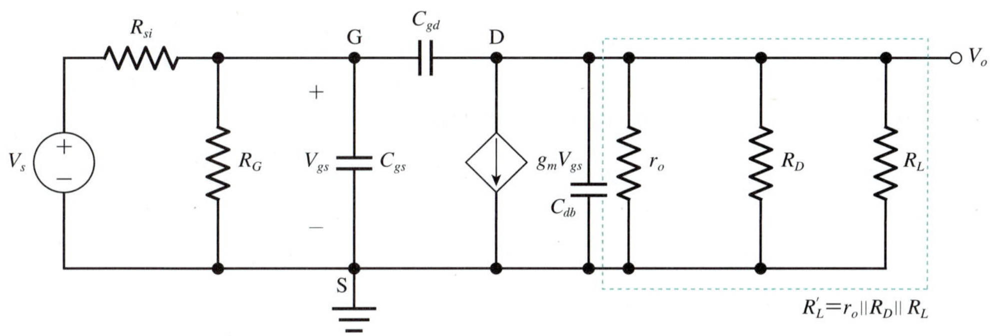

(b) 고주파 소신호 등가회로

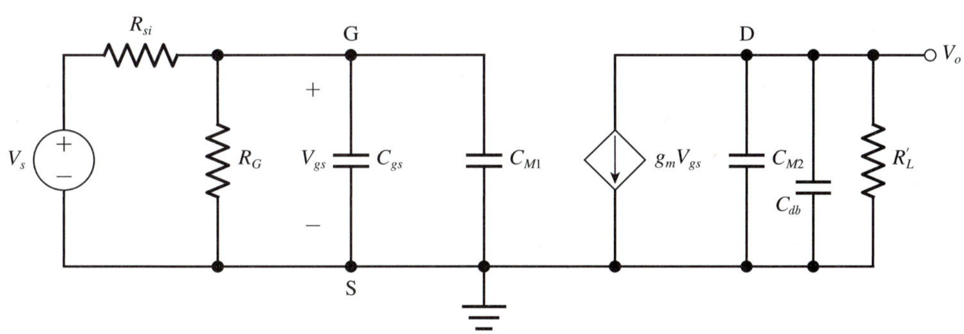

(c) 밀러 정리를 적용한 고주파 소신호 등가회로

[그림 8-44] 공통 소오스 증폭기 및 고주파 소신호 등가회로

예제 8-17

[그림 8-44(a)]의 공통 소오스 증폭기에 대해 밀러 커패시턴스 C_{M1}, 입력 개방회로 시상수 τ_i, 출력 개방회로 시상수 τ_o, 상측 차단 주파수 f_H를 구하라. 단, $g_m=21.4\text{ mA/V}$, $C_{gs}=7.4\text{ pF}$, $C_{gd}=2.4\text{ pF}$, $C_{db}=39.5\text{ pF}$, $R_1=150\text{ k}\Omega$, $R_2=16\text{ k}\Omega$, $R_{si}=1\text{ k}\Omega$, $R_L=10\text{ k}\Omega$, $R_D=10\text{ k}\Omega$이며, r_o와 결합 커패시터는 ∞로 가정한다.

풀이

① 필요한 등가저항 값을 계산하면 다음과 같다.

$$R'_s=R_{si}\|R_1\|R_2=(1\|150\|16)\times 10^3=0.935\text{ k}\Omega$$

$$R'_L=R_D\|R_L=(10\|10)\times 10^3=5\text{ k}\Omega$$

$$g_mR'_L=21.4\times 5=107$$

② 식 (8.93)으로부터 밀러 커패시턴스 C_{M1}을 구하면,

$$C_{M1}=(1+g_mR'_L)C_{gd}=(1+107)\times 2.4\times 10^{-12}=259.2\text{ pF}$$

③ 입력 커패시턴스 C_i를 구하면,

$$C_i=C_{gs}+C_{M1}=(7.4+259.2)\times 10^{-12}=266.6\text{ pF}$$

④ 식 (8.97)로부터 입력 개방회로 시상수 τ_i를 계산하면,

$$\tau_i=R'_sC_i=0.935\times 10^3\times 266.6\times 10^{-12}=249.3\text{ ns}$$

⑤ 식 (8.98)로부터 출력 시상수 τ_o를 계산한다.

$$\tau_o=R'_L(C_{gd}+C_{bd})=5\times 10^3\times(2.4+39.5)\times 10^{-12}=209.5\text{ ns}$$

⑥ 상측 차단 주파수는,

$$\therefore\ f_H\simeq\frac{1}{2\pi(\tau_i+\tau_o)}=\frac{1}{2\pi\times(249.3+209.5)\times 10^{-9}}=346.9\text{ kHz}$$

■ **시뮬레이션 결과**

시뮬레이션 결과는 [그림 8-45]와 같으며, 시뮬레이션 결과로부터 얻어진 상측 차단 주파수는 약 309.7 kHz이다.

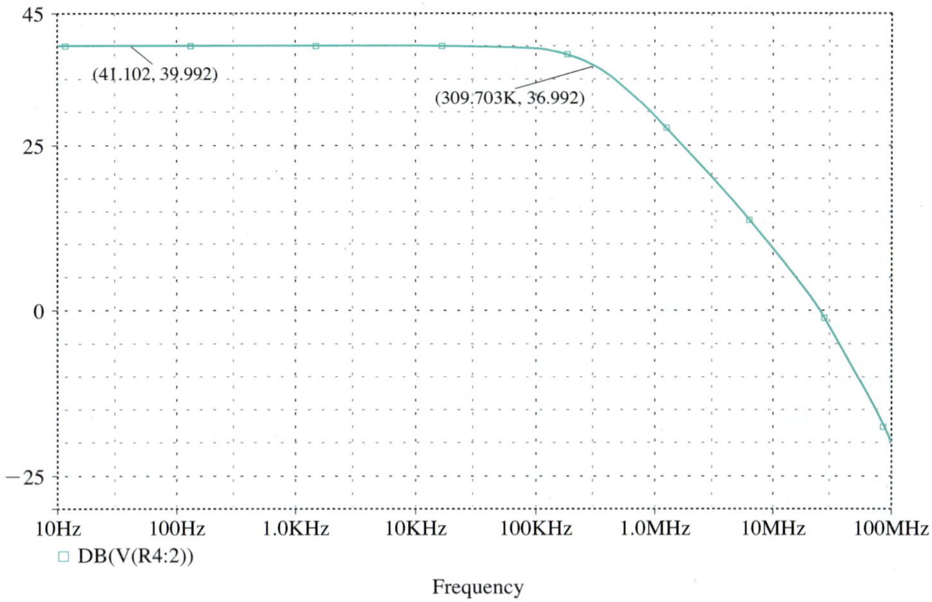

[그림 8-45] [예제 8-17]의 시뮬레이션 결과

응용 8-13

[그림 8-44(a)] 공통 소오스 증폭기의 상측 차단 주파수 f_H를 구하라. 단, g_m=21.4 mA/V, C_{gs}=7.4 pF, C_{gd}=2.4 pF, C_{db}=28.2 pF, R_1=450 kΩ, R_2=48 kΩ, R_{si}=1 kΩ, R_L=5 kΩ, R_D=5 kΩ이며, r_o와 결합 커패시터는 ∞로 가정한다.

[정답 : 750.96 kHz]

8.4.2 공통 드레인 증폭기의 고주파 응답특성

[그림 8-46(a)]는 공통 드레인 증폭기 회로이며, [그림 8-46(b)]는 고주파 소신호 등가회로이다. 8.3.2절의 공통 컬렉터 증폭기와 동일한 방법으로 고주파 응답특성을 해석할 수 있다.

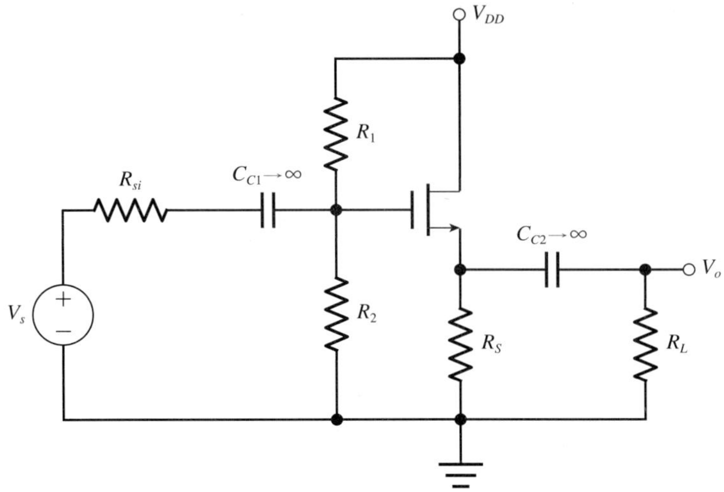

(a) 공통 드레인 증폭기

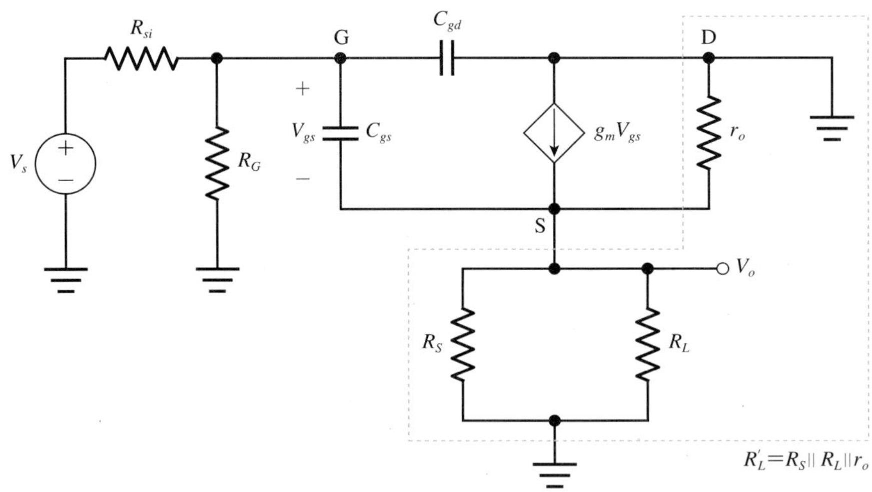

(b) 고주파 소신호 등가회로

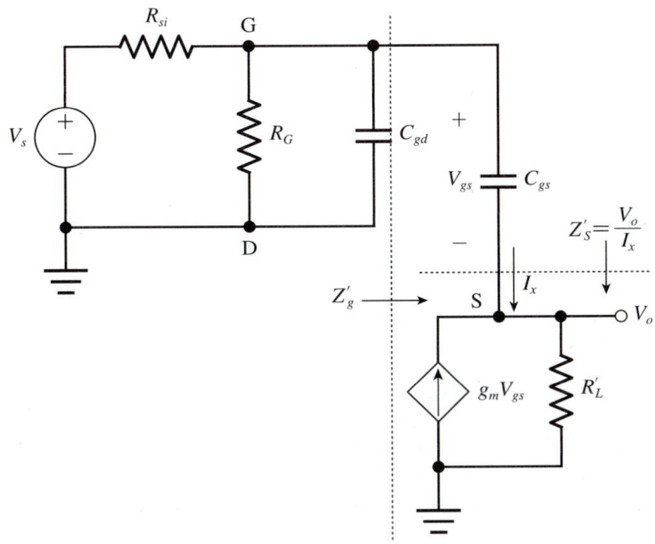

(c) 재배치된 고주파 소신호 등가회로

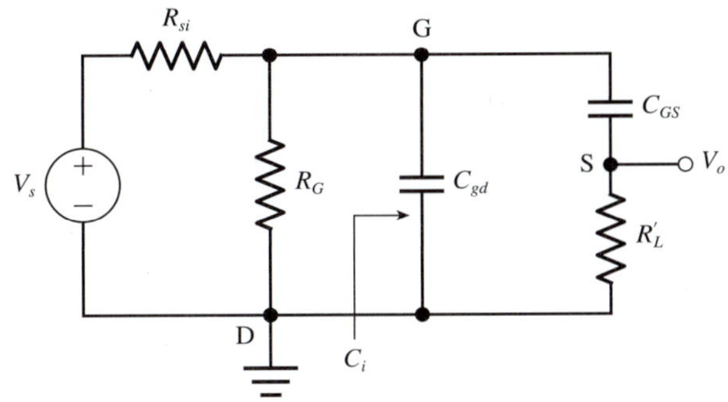

(d) 간략화된 고주파 소신호 등가회로

[그림 8-46] 공통 드레인 증폭기 및 고주파 소신호 등가회로

해석의 편의를 위해 [그림 8-46(b)]의 소신호 등가회로를 [그림 8-46(c)]와 같이 재배치할 수 있으며, 여기서 $r_o = \infty$로 가정하였다. 이로부터 출력전압 V_o를 구하면,

$$V_o = (g_m + sC_{gs}) R'_L V_{gs} \tag{8.100}$$

여기서 $R'_L = R_S \| R_L$이다. [그림 8-46(c)]에서 임피던스 Z'_S를 구하면,

$$Z'_S = \frac{V_o}{I_x} = \frac{(g_m + sC_{gs}) R'_L}{sC_{gs}} = \frac{g_m R'_L}{sC_{gs}} + R'_L \tag{8.101}$$

따라서 [그림 8-46(c)]에서 C_{gd}를 제외한 게이트와 접지 사이의 임피던스 Z'_g는

$$Z'_g = \frac{1}{sC_{gs}} + Z'_S = \frac{1+g_m R'_L}{sC_{gs}} + R'_L \tag{8.102}$$

$$= \frac{1}{sC_{GS}} + R'_L$$

가 되어 커패시터 C_{GS}와 R'_L의 직렬연결이 되며, 여기서 게이트-소오스 사이의 등가 커패시턴스 C_{GS}는 다음과 같이 정의된다.

$$C_{GS} = \frac{C_{gs}}{1+g_m R'_L} \tag{8.103}$$

따라서 [그림 8-46(c)]의 등가회로는 [그림 8-46(d)]와 같이 간략화될 수 있다.

[그림 8-46(d)]로부터 개방회로 시상수법을 적용하여 상측 차단 주파수를 구할 수 있다. 먼저, C_{GS}가 개방된 상태에서 C_{gd}가 보는 등가저항은 $R'_i = R_{si} \| R_G$이므로, C_{gd}에 의한 시상수 τ_{gd}는,

$$\tau_{gd} = R'_i C_{gd} \tag{8.104}$$

여기서 $R_G = R_1 \| R_2$이다. 다음으로, C_{gd}가 개방된 상태에서 C_{GS}가 보는 등가저항은 $R_{GS} = R'_i + R'_L$이므로, C_{gs}에 의한 시상수 τ_{gs}는 다음과 같다.

$$\tau_{gs} = \frac{C_{gs}}{1+g_m R'_L}(R'_i + R'_L) \tag{8.105}$$

식 (8.104)와 식 (8.105)로부터, 시상수의 합은 다음과 같다.

$$\tau_p = \tau_{gd} + \tau_{gs} = R'_i C_{gd} + \left(\frac{C_{gs}}{1+g_m R'_L}\right)(R'_i + R'_L) \tag{8.106}$$

상측 차단 주파수는 개방회로 시상수 합의 역수로 표현되므로,

$$f_H = \frac{\omega_H}{2\pi} \simeq \frac{1}{2\pi\tau_p} \tag{8.107}$$

[그림 8-46(d)]에서 볼 수 있듯이, 공통 드레인 증폭기의 게이트 단자에서 본 입력 커패시턴스 C_i는 다음과 같다.

$$C_i = C_{gd} + \frac{C_{gs}}{1+g_m R'_L} \tag{8.108}$$

MOSFET의 단위이득 각주파수 ω_T는 다음과 같으므로,

$$\omega_T = \frac{g_m}{C_{gs} + C_{gd}} \tag{8.109}$$

$g_mR'_L \gg 1$이고 $C_{gs} \gg C_{gd}$이면, 식 (8.109)를 이용하여 식 (8.108)을 다음과 같이 근사화할 수 있다.

$$C_i \simeq C_{gd} + \frac{1}{\omega_T R'_L} \tag{8.110}$$

이는 공통 소오스 증폭기의 입력 커패시턴스 $C_{gs}+(1+g_mR'_L)C_{gd}$에 비해 상당히 작다. $\omega_T=2\pi f_T$는 MOSFET의 단위이득 대역폭을 나타내며 매우 큰 값이므로, **공통 드레인 증폭기의 입력 커패시턴스는 $C_i \simeq C_{gd}$로 다시 근사화**될 수 있다. 이는 공통 드레인 증폭기의 전압이득이 1에 가까우므로, 밀러 효과가 매우 작게 나타나기 때문이라고 해석할 수도 있다. 따라서 공통 드레인 증폭기는 **앞단에 대한 용량성 부하로 작용하지 않으며, f_H가 커서 고주파 응답특성이 우수**하다.

예제 8-18

[그림 8-46(a)]의 공통 드레인 증폭기의 상측 차단 주파수 f_H를 구하라. 단, $g_m=61.5$ mA/V, $C_{gs}=7.4$ pF, $C_{gd}=2.4$ pF, $R_1=250$ kΩ, $R_2=160$ kΩ, $R_{si}=1$ kΩ, $R_L=4$ kΩ, $R_S=0.5$ kΩ이며, r_o와 결합 커패시터는 ∞로 가정한다.

풀이

① 필요한 등가저항 값을 계산하면 다음과 같다.

$$R_G=R_1 \| R_2=(250 \| 160)\times 10^3 \simeq 97.6 \text{ k}\Omega$$
$$R'_i=R_{si} \| R_G=(1 \| 97.6)\times 10^3 \simeq 1 \text{ k}\Omega$$
$$R'_L=R_S \| R_L=(0.5 \| 4)\times 10^3 = 0.44 \text{ k}\Omega$$
$$R_{GS}=R'_i+R'_L=(1+0.44)\times 10^3 = 1.44 \text{ k}\Omega$$
$$g_mR'_L=61.5\times 0.44=27.1$$

② 식 (8.103)으로부터 $C_{GS}=C_{gs}/(1+g_mR'_L)$을 구하면,

$$C_{GS}=\frac{C_{gs}}{(1+g_mR'_L)}=\frac{7.4}{1+27.1}\times 10^{-12}=0.26 \text{ pF}$$

③ 식 (8.104), 식 (8.105)로부터 개방회로 시상수를 계산하면,

$$\tau_{gd}=R'_iC_{gd}=1\times 10^3\times 2.4\times 10^{-12}=2.4 \text{ ns}$$
$$\tau_{gs}=R_{GS}C_{GS}=1.44\times 10^3\times 0.26\times 10^{-12}=0.37 \text{ ns}$$

④ 따라서 상측 차단 주파수는,

$$\therefore f_H \simeq \frac{1}{2\pi(\tau_{gd}+\tau_{gs})}=\frac{1}{2\pi\times(2.4+0.37)\times 10^{-9}}=57.5 \text{ MHz}$$

■ **시뮬레이션 결과**

시뮬레이션 결과는 [그림 8-47]과 같으며, 시뮬레이션 결과로부터 얻어진 상측 차단 주파수는 약 58.4 MHz이다.

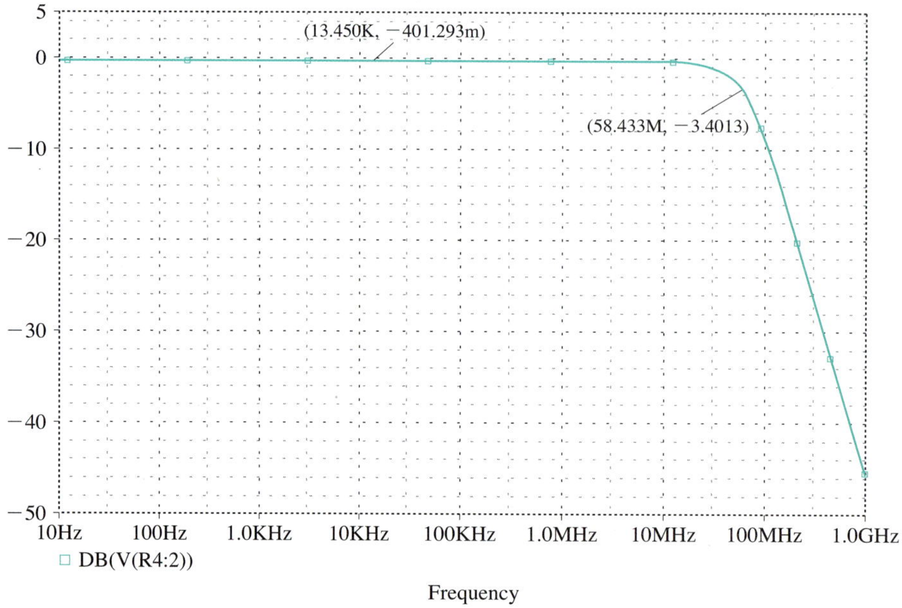

[그림 8-47] [예제 8-18]의 시뮬레이션 결과

응용 **8-14**

[예제 8-18] 회로의 입력 커패시턴스 C_i를 구하라.

[정답 : 2.76 pF]

8.4.3 공통 게이트 증폭기의 고주파 응답특성

[그림 8-48(a)]는 공통 게이트 증폭기 회로이며, [그림 8-48(b)]는 고주파 소신호 등가회로이다. 개방회로 시상수법을 적용하여 고주파 응답특성을 해석해 본다.

[그림 8-48(b)]로부터 소오스에서 KCL을 적용하여 소오스 전류 I_s를 구하면,

$$I_s = -(g_m + sC_{gs})V_{gs} = (g_m + sC_{gs})V_s \tag{8.111}$$

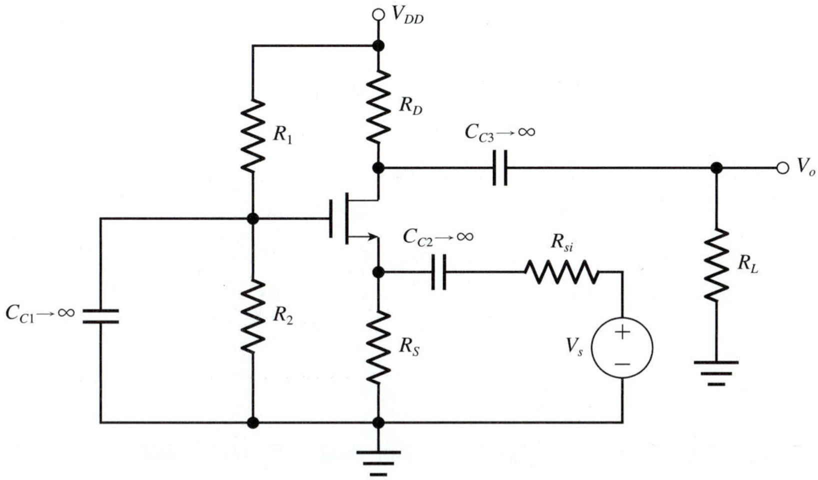

(a) 공통 게이트 증폭기

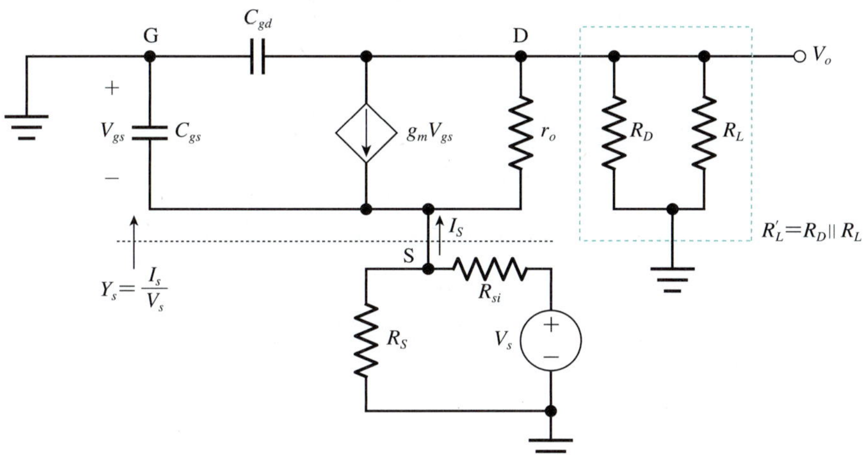

(b) 고주파 소신호 등가회로

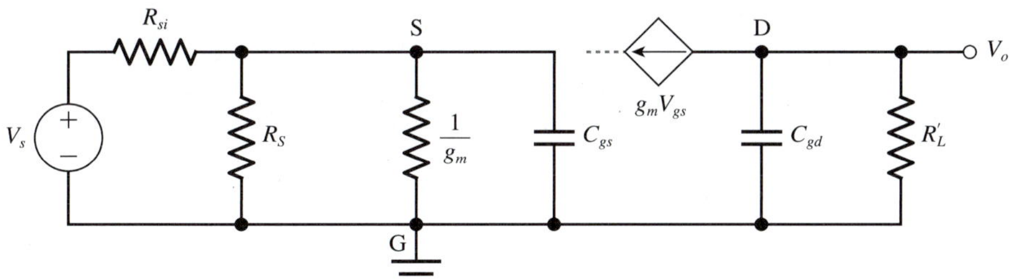

(c) 간략화된 고주파 소신호 등가회로

[그림 8-48] 공통 게이트 증폭기 및 고주파 등가회로

여기서 게이트가 접지되어 있으므로 $V_{gs}=-V_s$이며, $r_o=\infty$로 가정하였다. 소오스 단자에서 본 입력 어드미턴스 Y_s는 다음과 같다.

$$Y_s=\frac{I_s}{V_s}=g_m+sC_{gs} \tag{8.112}$$

따라서 공통 게이트 증폭기의 입력단 임피던스는 소오스 증분저항 $1/g_m$과 커패시터 C_{gs}의 병렬연결로 볼 수 있다. 출력단 임피던스는 C_{gd}와 $R'_L=R_D \| R_L$의 병렬연결이 된다. 따라서 [그림 8-48(b)]의 소신호 등가회로는 [그림 8-48(c)]와 같이 간략화될 수 있다. 공통 게이트 증폭기의 입력 커패시턴스 C_i는,

$$C_i=C_{gs} \tag{8.113}$$

밀러 효과를 갖지 않으므로 공통 소오스 증폭기에 비해 고주파 특성이 우수하다. 공통 게이트 증폭기는 입력 임피던스가 $1/g_m$로 매우 작아, 공통 소오스 증폭기의 밀러 효과를 감소시키므로, 고주파 특성을 개선하기 위한 CS-CG 구조의 캐스코드 증폭기(8.5절) 구성에 사용된다.

[그림 8-48(c)]로부터 입력 시상수 τ_i와 출력 시상수 τ_o를 구하면

$$\tau_i=[R'_i \| (1/g_m)]C_{gs} \tag{8.114}$$

$$\tau_o=R'_L C_{gd} \tag{8.115}$$

가 되고, 여기서 $R'_i=R_{si} \| R_s$이다. 따라서 공통 게이트 증폭기의 상측 차단 주파수 f_H는 식 (8.116)과 같다. 통상, $1/g_m$은 매우 작은 값을 가지므로, f_H는 C_{gs}보다 C_{gd}가 주된 영향을 미친다.

$$f_H \simeq \frac{1}{2\pi(\tau_i+\tau_o)}=\frac{1}{2\pi[\{R'_i \| (1/g_m)\}C_{gs}+R'_L C_{gd}]} \tag{8.116}$$

예제 8-19

[그림 8-48(a)]의 공통 게이트 증폭기의 상측 차단 주파수 f_H를 구하시오. 단, $g_m=19.1$ mA/V, $C_{gs}=7.4$ pF, $C_{gd}=2.4$ pF, $R_1=250$ kΩ, $R_2=35$ kΩ, $R_{si}=1$ kΩ, $R_S=0.5$ kΩ, $R_L=10$ kΩ, $R_D=10$ kΩ이며, r_o와 결합 커패시터는 ∞로 가정한다.

풀이

① 필요한 등가저항 값을 계산하면 다음과 같다.

$$R'_i=R_{si} \| R_S=(1 \| 0.5)\times 10^3 \simeq 0.33\ \text{k}\Omega$$

$$R'_L=R_D \| R_L=(10 \| 10)\times 10^3=5\ \text{k}\Omega$$

$$1/g_m \simeq 0.05\ \text{k}\Omega$$

② 식 (8.114), 식 (8.115)로부터 개방회로 시상수를 계산하면,

$$\tau_i = [R'_i \| (1/g_m)]C_{gs} = (0.33 \| 0.05) \times 10^3 \times 7.4 \times 10^{-12} = 0.32 \text{ ns}$$

$$\tau_o = R'_L C_{gd} = 5 \times 10^3 \times 2.4 \times 10^{-12} = 12 \text{ ns}$$

③ 따라서 상측 차단 주파수는

$$\therefore f_H \simeq \frac{1}{2\pi(\tau_i + \tau_o)} = \frac{1}{2\pi \times (0.32 + 12) \times 10^{-9}} = 12.9 \text{ MHz}$$

■ **시뮬레이션 결과**

시뮬레이션 결과는 [그림 8-49]와 같으며, 시뮬레이션 결과로부터 얻어진 상측 차단 주파수는 약 6.9 MHz이다. 계산 결과와 시뮬레이션 결과와의 차이는 C_{db} 커패시턴스의 영향이다.

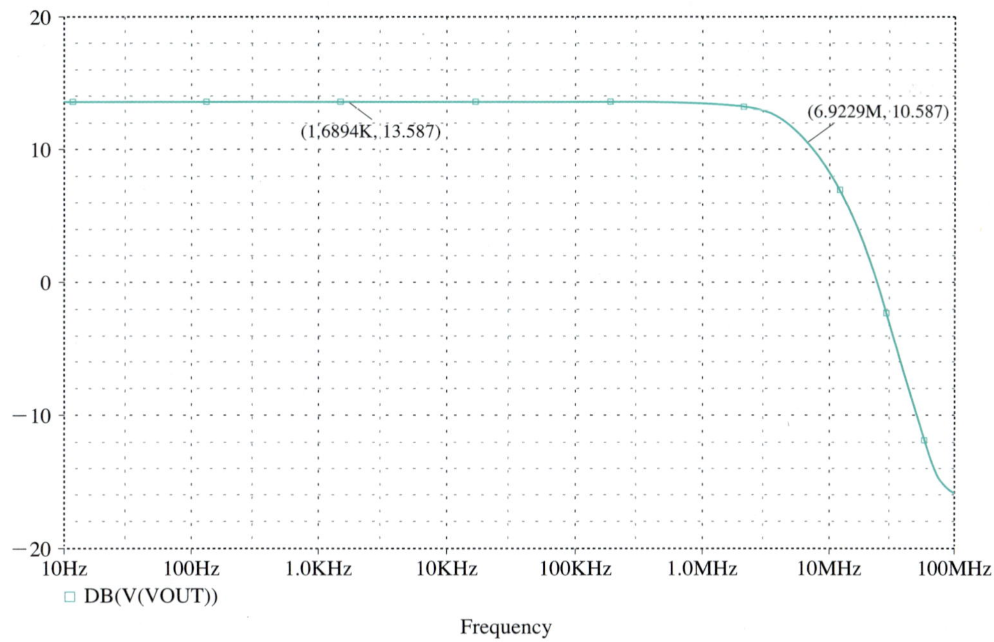

[그림 8-49] [예제 8-19]의 시뮬레이션 결과

응용 8-15

[예제 8-19] 회로의 입력 커패시턴스 C_i를 구하라.

[정답 : 7.4 pF]

8.5 다단 증폭기의 주파수 응답특성

이 절에서는 증폭기가 2단 이상 종속으로 연결된 다단 증폭기의 주파수 응답특성에 대해 살펴본다. 먼저 2개의 공통 이미터 증폭기가 종속연결되는 경우의 주파수 응답특성에 대해 알아보고, 고주파 응답특성을 개선하기 위한 캐스코드(cascode) 증폭기 구조의 주파수 응답특성에 대해 알아본다. 증폭기의 상측 차단 주파수를 구하기 위하여 8.3절과 8.4절에서 사용되었던 개방회로 시상수법을 적용한다. 앞에서와 동일하게 결합 및 바이패스 커패시터가 충분히 커서 신호 주파수 범위에서 이들에 의한 영향은 무시될 수 있을 정도로 작다고 가정한다.

8.5.1 CE-CE 증폭기의 주파수 응답특성

[그림 8-50(a)]는 2단 공통 이미터 증폭기 회로이다. [그림 8-50(b)]는 고주파 소신호 등가회로이며, 8.3절에서 설명한 밀러 정리를 적용하여 $C_{\mu1}$과 $C_{\mu2}$에 의한 밀러 커패시턴스 C_{M1}, C_{M2}를 구하면 각각

$$C_{M1}=(1+g_{m1}R'_{C1})C_{\mu1} \tag{8.117}$$

$$C_{M2}=(1+g_{m2}R'_{L})C_{\mu2} \tag{8.118}$$

가 되고, 따라서 소신호 등가회로를 간략화시키면 [그림 8-50(c)]와 같다. 여기서 $R_{B1}=R_{11}\|R_{12}$, $R_{B2}=R_{21}\|R_{22}$, $R_{in}=R_{B1}\|r_{\pi1}$, $R'_{C1}=r_{o1}\|R_{C1}\|R_{B2}\|r_{\pi2}$이고, $R'_{L}=r_{o2}\|R_{C2}\|R_{L}$이다.

[그림 8-50(c)]로부터 개방회로 시상수법을 적용하여 각 커패시턴스에 의한 시상수를 구한다. 먼저, Q1의 베이스 단자에서 $C_{\pi1}+C_{M1}$이 보는 개방회로 등가저항은 $R'_s=R_s\|R_{in}$이므로, 시상수 τ_{B1}은 다음과 같다.

$$\tau_{B1}=R'_s(C_{\pi1}+C_{M1}) \tag{8.119}$$

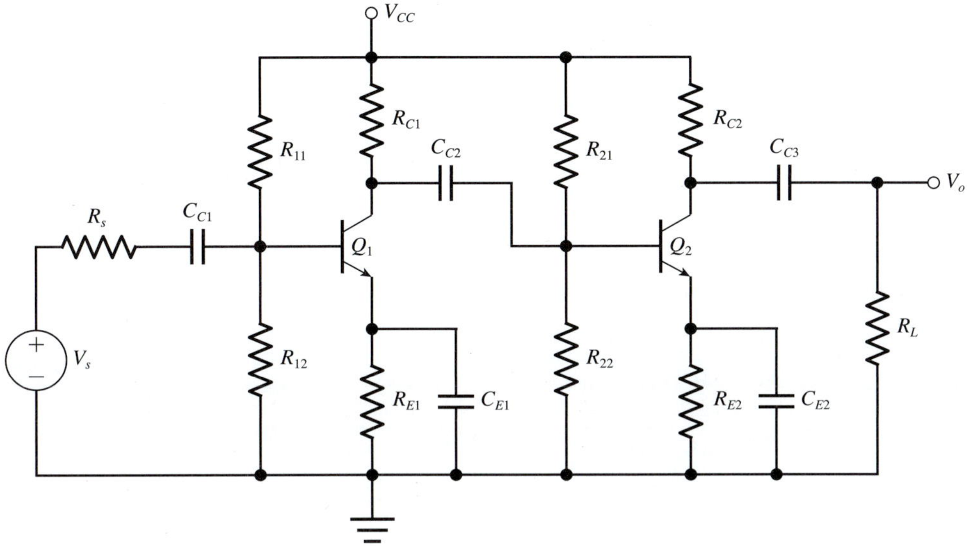

(a) CE-CE 2단 증폭기

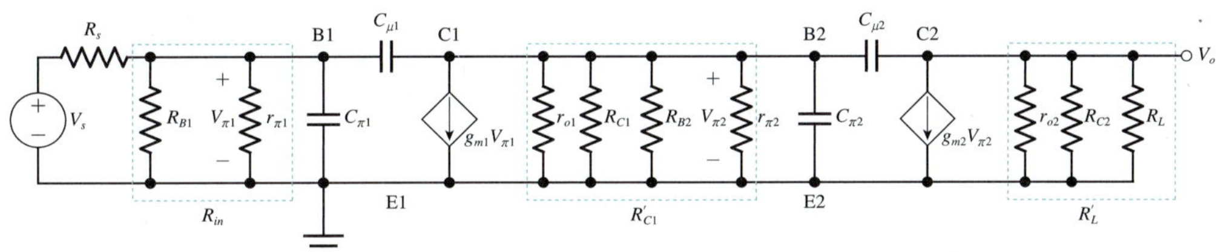

(b) 고주파 소신호 등가회로

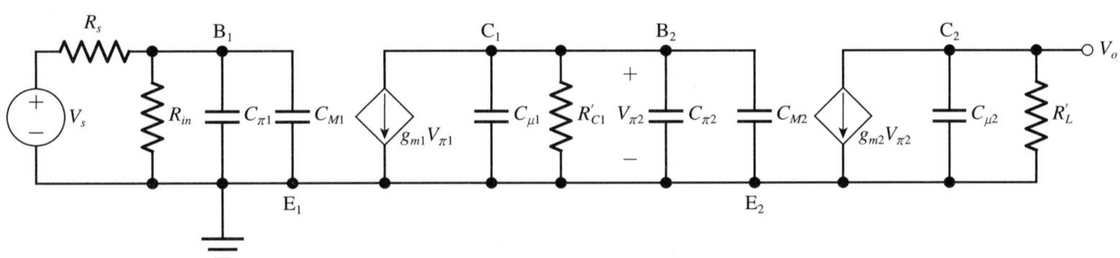

(c) 밀러 정리를 이용하여 간략화된 소신호 등가회로

[그림 8-50] CE-CE 2단 증폭기

다음으로, Q1의 컬렉터(즉, Q2의 베이스) 단자에서 $C_{\mu 1}+C_{\pi 2}+C_{M2}$가 보는 개방회로 등가저항은 R'_{C1}이므로, 시상수 τ_{C1}은 다음과 같다.

$$\tau_{C1}=R'_{C1}(C_{\mu 1}+C_{\pi 2}+C_{M2}) \tag{8.120}$$

또한 Q2의 컬렉터 단자에서 $C_{\mu 2}$가 보는 개방회로 등가저항은 R'_L이므로, 시상수 τ_{C2}는,

$$\tau_{C2}=R'_L C_{\mu 2} \tag{8.121}$$

따라서 **증폭기의 상측 차단 주파수는 개방회로 시상수 합의 역수**가 되므로, f_H는 식 (8.122)와 같다.

$$\begin{aligned} f_H &= \frac{\omega_H}{2\pi} \simeq \frac{1}{2\pi(\tau_{B1}+\tau_{C1}+\tau_{C2})} \\ &= \frac{1}{2\pi[R'_s(C_{\pi 1}+C_{M1})+R'_{C1}(C_{\mu 1}+C_{\pi 2}+C_{M2})+R'_L C_{\mu 2}]} \end{aligned} \tag{8.122}$$

예제 8-20

[그림 8-50(a)] 증폭기의 상측 차단 주파수 f_H를 구하라. 단, $g_{m1}=g_{m2}=18.3$ mA/V, $r_{\pi 1}=r_{\pi 2}=7.9$ kΩ, $C_{\pi 1}=C_{\pi 2}=11.9$ pF, $C_{\mu 1}=C_{\mu 2}=2.2$ pF, $R_{11}=R_{21}=123$ kΩ, $R_{12}=R_{22}=58$ kΩ, $R_s=0.3$ kΩ, $R_L=2$ kΩ, $R_{C1}=R_{C2}=8$ kΩ이고, $r_{o1}=r_{o2}=\infty$, 결합 및 바이패스 커패시터는 ∞로 가정한다.

풀이

① 필요한 등가저항 값을 계산하면 다음과 같다.

$$R_{B1}=R_{B2}=R_{11}\|R_{12}=(123\|58)\times 10^3=39.4\text{ k}\Omega$$
$$R_{in}=R_{B1}\|r_{\pi 1}=(39.4\|7.9)\times 10^3=6.6\text{ k}\Omega$$
$$R'_s=R_s\|R_{in}=(0.3\|6.6)\times 10^3=0.29\text{ k}\Omega$$
$$R'_{C1}=R_{C1}\|R_{B2}\|r_{\pi 2}=(8\|39.4\|7.9)\times 10^3=3.6\text{ k}\Omega$$
$$R'_L=R_{C2}\|R_L=(8\|2)\times 10^3=1.6\text{ k}\Omega$$
$$g_{m1}R'_{C1}=18.3\times 3.6=65.9\text{ A/V}$$
$$g_{m2}R'_L=18.3\times 1.6=29.3\text{ A/V}$$

② 각 단의 밀러 커패시턴스를 계산하면,

$$C_{M1}=(1+g_{m1}R'_{C1})C_{\mu 1}=66.9\times 2.2\times 10^{-12}=147.2\text{ pF}$$
$$C_{M2}=(1+g_{m2}R'_L)C_{\mu 2}=30.3\times 2.2\times 10^{-12}=66.7\text{ pF}$$

③ 식 (8.119)~식 (8.121)로부터 개방회로 시상수를 계산하면,

$$\tau_{B1}=R_s'(C_{\pi1}+C_{M1})=0.29\times10^3\times(11.9+147.2)\times10^{-12}=46.14\ \text{ns}$$

$$\tau_{C1}=R_{C1}'(C_{\mu1}+C_{\pi2}+C_{M2})=3.6\times10^3\times(2.2+11.9+66.7)\times10^{-12}=290.88\ \text{ns}$$

$$\tau_{C2}=R_L'C_{\mu2}=1.6\times10^3\times2.2\times10^{-12}=3.52\ \text{ns}$$

④ 따라서 상측 차단 주파수는,

$$\therefore f_H\simeq\frac{1}{2\pi(\tau_{B1}+\tau_{C1}+\tau_{C2})}$$

$$=\frac{1}{2\pi\times(46.14+290.88+3.52)\times10^{-9}}=467.4\ \text{kHz}$$

■ **시뮬레이션 결과**

시뮬레이션 결과는 [그림 8-51]과 같으며, 시뮬레이션 결과로부터 얻어진 상측 차단 주파수는 약 484.3 kHz이다.

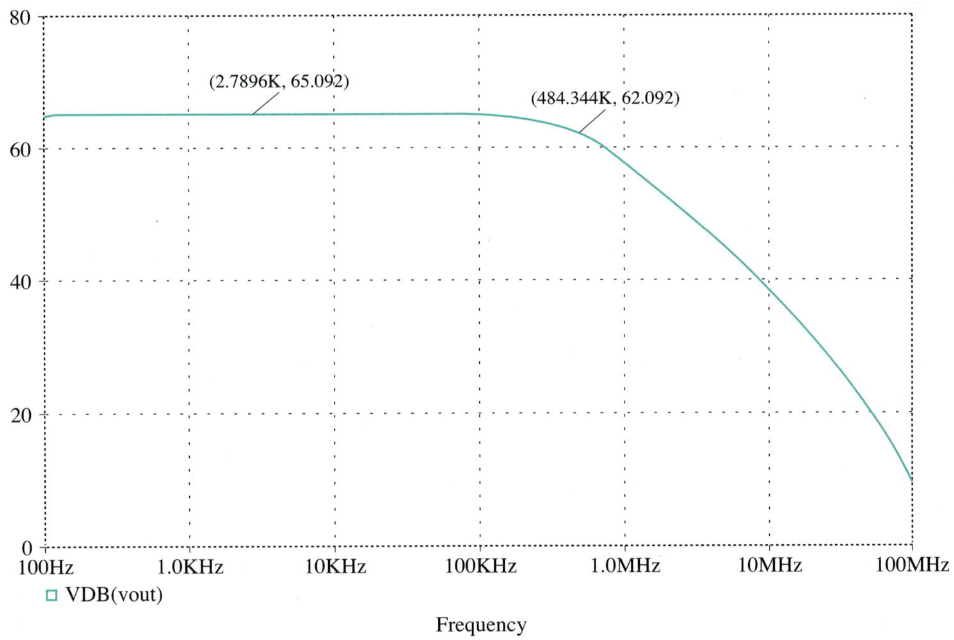

[그림 8-51] [예제 8-20]의 시뮬레이션 결과

종속 증폭단의 대역폭과 개별 증폭단 대역폭의 관계

[그림 8-50(a)]의 종속 증폭단의 대역폭과 개별 증폭단의 대역폭은 어떤 관계가 있는지 알아본다. [그림 8-50(c)]로부터, Q2 증폭단이 미치는 부하효과를 고려한 Q1 증폭단의 입력 시상수 τ_{i1}과 출력 시상수 τ_{o1}은 각각 다음과 같으며,

$$\tau_{i1} = R'_s(C_{\pi 1} + C_{M1}) \tag{8.123}$$

$$\tau_{o1} = R'_{C1} C_{\mu 1} \tag{8.124}$$

따라서 Q1 증폭단의 대역폭 f_{H1}은 식 (8.125)와 같이 표현된다.

$$f_{H1} \simeq \frac{1}{2\pi(\tau_{i1} + \tau_{o1})} = \frac{1}{2\pi[R'_s(C_{\pi 1} + C_{M1})] + R'_{C1} C_{\mu 1}} \tag{8.125}$$

다음으로 Q1 증폭단의 출력저항 $R_{o1} = r_{o1} \| R_{C1}$을 Q2 증폭단의 입력 신호원 저항으로 한 Q2 증폭단의 입력 시상수 τ_{i2}와 출력 시상수 τ_{o2}는 각각 다음과 같으며,

$$\tau_{i2} = (R_{o1} \| R_{B2} \| r_{\pi 2})(C_{\pi 2} + C_{M2}) \tag{8.126}$$

$$\tau_{o2} = R'_L C_{\mu 2} \tag{8.127}$$

따라서 Q2 증폭단의 대역폭 f_{H2}는 다음과 같이 표현된다.

$$f_{H2} \simeq \frac{1}{2\pi(\tau_{i2} + \tau_{o2})} = \frac{1}{2\pi[R'_{C1}(C_{\pi 2} + C_{M2}) + R'_L C_{\mu 2}]} \tag{8.128}$$

여기서 $R'_{C1} = R_{o1} \| R_{B2} \| r_{\pi 2}$이다. 이제, 식 (8.125) 및 식 (8.128)과 식 (8.122)의 관계를 구하면,

$$\frac{1}{f_H} = \frac{1}{f_{H1}} + \frac{1}{f_{H2}} \tag{8.129}$$

즉, 다음과 같음을 알 수 있다.

$$f_H = \frac{f_{H1} f_{H2}}{f_{H1} + f_{H2}} \tag{8.130}$$

식 (8.130)은 마치 병렬연결된 두 저항의 합성 저항값을 나타내는 수식과 동일한 형태이다. 즉, **종속 증폭단의 대역폭은 개별 증폭단 대역폭의 작은 값보다 작아지게(즉, $f_H < f_{H1}, f_{H2}$) 된다.** 대역폭이 큰 증폭기와 대역폭이 작은 증폭기를 종속연결하면 전체 증폭기의 대역폭은 작은 대역폭에 의해 제한됨을 의미하며, 이는 당연한 이치라고 하겠다. 종속 증폭단의 중대역 이득 A_{vo}와 개별 증폭단의 중대역 이득 A_{vo1}, A_{vo2}는 다음 관계를 갖는다.

$$A_{vo} = A_{vo1} A_{vo2} \tag{8.131}$$

응용 8-16

$A_{vo1}=50$, $f_{H1}=1$ MHz인 증폭단과 $A_{vo2}=250$, $f_{H2}=0.2$ MHz인 증폭단이 종속연결된 경우의 대역폭과 중대역 이득을 구하라. 단, 개별 증폭단의 중대역 이득과 대역폭은 증폭단 사이의 부하효과가 고려된 값이다.

[정답 : $A_{vo}=12{,}500$, $f_H=0.167$ MHz]

8.5.2 캐스코드 증폭기의 주파수 응답특성

8.3절과 8.4절에서 설명한 바와 같이, 공통 이미터 증폭기와 공통 소오스 증폭기는 밀러 효과에 의해 대역폭이 작아지는 단점을 갖는다. 즉, 밀러 효과에 의해 $(1+g_mR'_L)C_\mu$ 또는 $(1+g_mR'_L)C_{gd}$의 커패시턴스가 증폭기의 입력단에 나타나고, 이에 의해 증폭기의 입력 시상수가 증가하여 대역폭이 감소하게 된다. 밀러 커패시턴스는 증폭기의 이득 $g_mR'_L$에 비례하므로, 증폭기의 이득이 커질수록 대역폭이 감소하여 이득과 대역폭 사이에 교환조건이 존재한다. 이 절에서는 밀러 효과를 최소화할 수 있는 캐스코드 증폭기에 대해 살펴본다.

캐스코드 증폭기는 증폭기의 이득을 감소시키지 않으면서 밀러 효과를 최소화할 수 있도록 공통 이미터(소오스) 증폭기에 공통 베이스(게이트) 증폭기를 종속연결한 구조이다. 8.3.3절과 8.4.3절에서 설명한 공통 베이스(게이트) 증폭기는 입력 저항과 입력 커패시턴스가 매우 작으면서 전류이득이 1에 가까운 전류 버퍼이므로, 앞단의 공통 이미터(소오스) 증폭기의 $g_mR'_L$을 작게 하여 밀러 효과를 최소화시킨다.

[그림 8-52(a)]는 CE-CB 캐스코드 증폭기 회로이다. 공통 이미터 증폭기 Q1의 출력이 공통 베이스 증폭기 Q2의 이미터로 연결되어 있으며, Q2의 컬렉터에 부하 R_L이 연결되어 있는 구조이다. Q2의 베이스는 결합 커패시터 C_B를 거쳐 접지로 연결된다. [그림 8-52(b)]는 고주파 소신호 등가회로이며, 여기서 $R_B=R_2 \| R_3$는 바이어스 저항을 나타낸다.

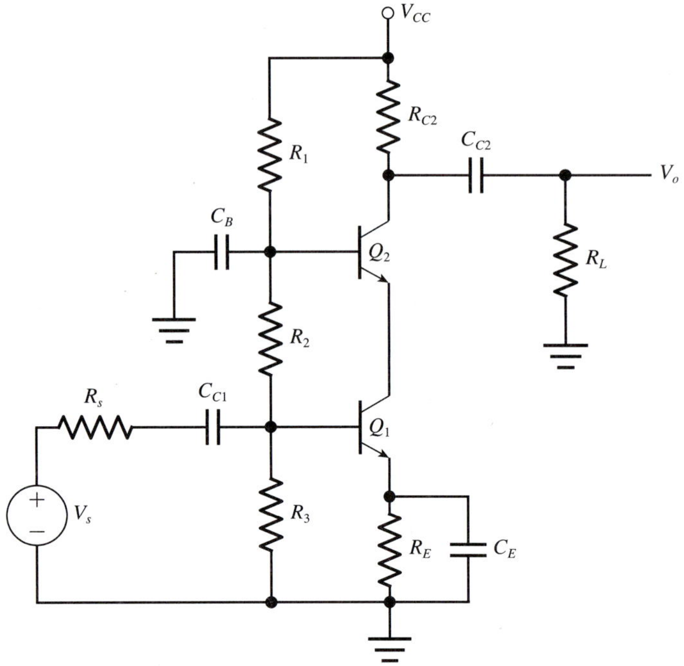

(a) CE-CB 캐스코드 증폭기

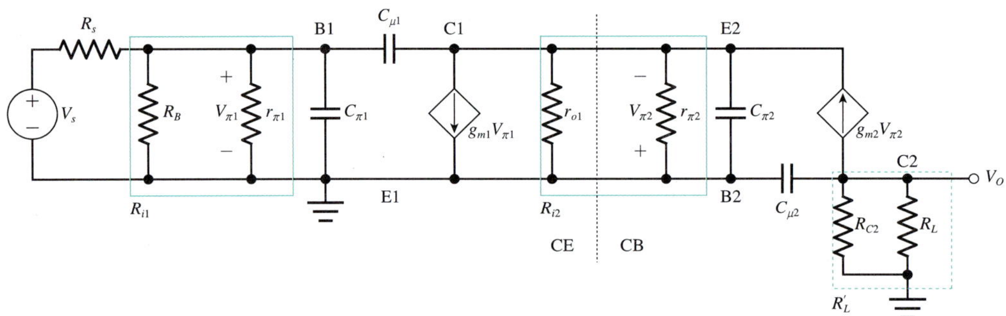

(b) 고주파 소신호 등가회로

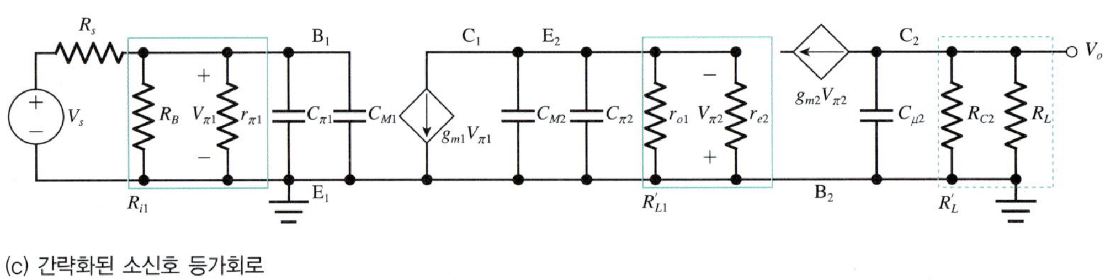

(c) 간략화된 소신호 등가회로

[그림 8-52] CE-CB 캐스코드 증폭기

8.3.3절에서 설명한 공통 베이스 증폭기의 입력단 등가회로([그림 8.42(c)])에 의하면, 공통 베이스 증폭기의 입력 저항은 r_{e2}이고, 입력 커패시턴스는 $C_{\pi 2}$이다. 따라서 공통 이미터 단의 부하는 $R'_{L1}=r_{o1}\|r_{e2}\simeq r_{e2}$가 된다. 이를 이용하여 공통 이미터 증폭기에 밀러 정리를 적용하면, 밀러 커패시턴스 C_{M1}, C_{M2}는 각각 다음과 같이 표현된다.

$$C_{M1}=(1+g_{m1}R'_{L1})C_{\mu 1}=(1+g_{m1}r_{e2})C_{\mu 1}\simeq 2C_{\mu 1} \tag{8.132}$$

$$C_{M2}=\left(1+\frac{1}{g_{m1}R'_{L1}}\right)C_{\mu 1}=\left(1+\frac{1}{g_{m1}r_{e2}}\right)C_{\mu 1}\simeq 2C_{\mu 1} \tag{8.133}$$

여기서 Q1과 Q2의 특성이 동일하여 $r_{e2}\simeq 1/g_{m1}$으로 가정하였다. 식 (8.132)와 식 (8.133)의 관계를 이용하여 [그림 8-52(b)]를 간략화하면 [그림 8-52(c)]와 같은 등가회로가 얻어진다. 여기서 $R_{i1}=R_B\|r_{\pi 1}$이고, $R'_{L1}=r_{o1}\|r_{e2}\simeq r_{e2}$이다.

[그림 8-52(c)]로부터 개방회로 시상수법을 적용하여 각 커패시턴스에 의한 시상수를 구할 수 있다. 먼저, Q1의 베이스 단자에서 $C_{\pi 1}+C_{M1}$이 보는 개방회로 등가저항은 $R'_s=R_s\|R_{i1}$이므로, 시상수 τ_{B1}은 다음과 같다.

$$\tau_{B1}=R'_s(C_{\pi 1}+C_{M1})\simeq R'_s(C_{\pi 1}+2C_{\mu 1}) \tag{8.134}$$

다음으로, Q1의 컬렉터(즉, Q2의 이미터) 단자에서 $C_{M2}+C_{\pi 2}$가 보는 개방회로 등가저항은 $R'_{L1}\simeq r_{e2}$이므로 시상수 τ_{C1}은,

$$\tau_{C1}=R'_{L1}(C_{M2}+C_{\pi 2})\simeq r_{e2}(2C_{\mu 1}+C_{\pi 2}) \tag{8.135}$$

또한 Q2의 컬렉터 단자에서 $C_{\mu 2}$가 보는 개방회로 등가저항은 R'_L이므로 시상수 τ_{C2}는,

$$\tau_{C2}=R'_L C_{\mu 2} \tag{8.136}$$

따라서 캐스코드 증폭기의 상측 차단 주파수는 식 (8.137)과 같이 표현된다.

$$\begin{aligned} f_H&=\frac{\omega_H}{2\pi}\simeq\frac{1}{2\pi(\tau_{B1}+\tau_{C1}+\tau_{C2})} \\ &=\frac{1}{2\pi[R'_s(C_{\pi 1}+2C_{\mu 1})+r_{e2}(2C_{\mu 1}+C_{\pi 2})+R'_L C_{\mu 2}]} \end{aligned} \tag{8.137}$$

예제 8-21

[그림 8-52(a)]의 캐스코드 증폭기의 상측 차단 주파수 f_H를 구하라. 단, $g_{m1}=g_{m2}=37$ mA/V, $r_{\pi1}=4.1$ kΩ, $r_{\pi2}=4.3$ kΩ, $C_{\pi1}=C_{\pi2}=17.6$ pF, $C_{\mu1}=2.7$ pF, $C_{\mu2}=2.0$ pF, $R_1=18$ kΩ, $R_2=4$ kΩ, $R_3=8$ kΩ, $R_s=1$ kΩ, $R_E=3.3$ kΩ, $R_{C2}=5$ kΩ, $R_L=15$ kΩ이고, $r_{o1}=r_{o2}=\infty$, 결합 및 바이패스 커패시터는 ∞로 가정한다.

풀이

① 필요한 등가 저항값을 계산하면 다음과 같다.

$$R_B=R_2 \| R_3=(4\|8)\times 10^3=2.67\ \text{k}\Omega$$

$$R_{i1}=R_B \| r_{\pi1}=(2.67\|4.1)\times 10^3=1.6\ \text{k}\Omega$$

$$R'_s=R_s \| R_{i1}=(1\|1.6)\times 10^3=0.6\ \text{k}\Omega$$

$$R'_{L1}\simeq r_{e2}=\frac{1}{g_{m2}}=\frac{1}{37\times 10^{-3}}=0.027\ \text{k}\Omega$$

$$R'_L=R_{C2} \| R_L=(5\|15)\times 10^3=3.75\ \text{k}\Omega$$

② 식 (8.134)~식 (8.136)으로부터 개방회로 시상수를 계산하면,

$$\begin{aligned}\tau_{B1}&=R'_s(C_{\pi1}+2C_{\mu1})\\&=0.6\times 10^3\times(17.6+5.4)\times 10^{-12}=13.8\ \text{ns}\end{aligned}$$

$$\begin{aligned}\tau_{C1}&=r_{e2}(2C_{\mu1}+C_{\pi2})\\&=0.027\times 10^3\times(5.4+17.6)\times 10^{-12}=0.62\ \text{ns}\end{aligned}$$

$$\begin{aligned}\tau_{C2}&=R'_L C_{\mu2}\\&=3.75\times 10^3\times 2\times 10^{-12}=7.5\ \text{ns}\end{aligned}$$

③ 따라서 상측 차단 주파수는,

$$\begin{aligned}\therefore f_H&\simeq\frac{1}{2\pi(\tau_{B1}+\tau_{C1}+\tau_{C2})}\\&=\frac{1}{2\pi\times(13.8+0.62+7.5)\times 10^{-9}}=7.26\ \text{MHz}\end{aligned}$$

■ **시뮬레이션 결과**

시뮬레이션 결과는 [그림 8-53]과 같으며, 시뮬레이션 결과로부터 얻어진 상측 차단 주파수는 약 9.06 MHz이다.

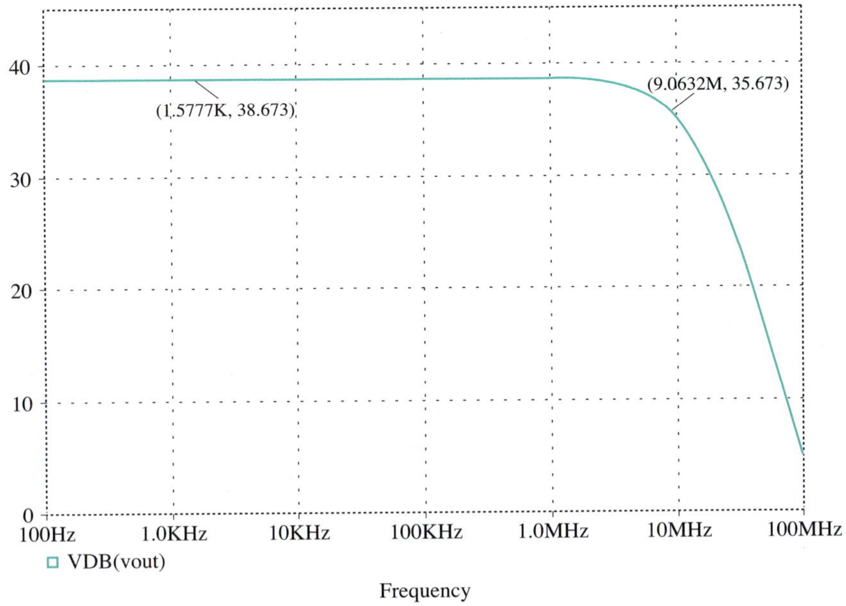

[그림 8-53] [예제 8-21]의 시뮬레이션 결과

8.6 응용회로 설계

지금까지 증폭기의 주파수 응답특성에 대하여 살펴보았다. 이 장에서 설명한 내용을 적용하여 증폭기 회로를 설계해 본다. 다음의 설계사양을 만족하는 증폭기를 설계하고, 시뮬레이션을 통해 설계사양을 만족하는지 확인해 본다. 바이어스 회로 설계와 중대역 이득에 관한 내용은 3장~6장을 참조하기 바란다. 주어진 회로의 특성(중대역 이득, 차단 주파수)을 해석하는 문제와는 다르게, 설계문제는 소자값을 어떻게 선택하느냐에 따라 다양하게 구현될 수 있다. 따라서 최적의 결과(최소의 부품 수, 최소의 커패시턴스 값, 최소의 전류소모 등)를 얻을 수 있도록 설계해야 한다는 점에 유의한다.

■ **설계사양**

- 중대역 이득 : $|A_{v0}| \geq 1{,}000$
- 하측 차단 주파수 : $f_L \leq 100$ Hz
- 상측 차단 주파수 : 10 MHz $\leq f_H \leq$ 15 MHz
- 신호원 저항 : $R_s = 0.5$ kΩ
- 부하 저항 : $R_L = 1$ kΩ
- 전원 전압 : $V_{CC} = 20$ V

■ **회로 구조 결정을 위한 고려 사항**

- $|A_{v0}f_H| = (1\sim1.5) \times 10^{10}$ 으로 매우 커서 단일 증폭단으로는 구현할 수 없으며, 따라서 다단 증폭기를 사용해야 한다. 공통 이미터 증폭기 2단을 종속연결하여 구현하는 경우에는 밀러 효과로 인해 10 MHz 이상의 대역폭을 얻는 것은 매우 어려운 일이다. 따라서 고주파 특성이 우수한 캐스코드 증폭기에 공통 이미터 증폭단을 연결하는 방법을 사용할 수 있다. 그러나 이 방법 또한 공통 이미터 증폭기에 존재하는 밀러 효과에 의해 대역폭이 제한된다. 따라서 캐스코드 증폭기와 공통 이미터 사이에 공통 컬렉터 증폭기를 연결하면 고주파 응답특성을 개선시킬 수 있다. 그 이유는 8.3.2절에서 학습한 공통 컬렉터 증폭기의 특성에 기인한다. CC-CE 종속연결 증폭기의 고주파 응답특성에 대해서는 연습문제를 통해 확인하기 바란다. [그림 8-54]는 주어진 사양을 만족하는 증폭기의 예시 회로이며, 캐스코드-CC-CE의 종속연결 구조이다. 그림의 예시 회로를 참고하여 설계해 보기 바란다. 물론, 다른 회로 구조로도 구현이 가능할 것이며, 이에 관해서는 독자가 창의력을 발휘하여 설계해 보기 바란다.

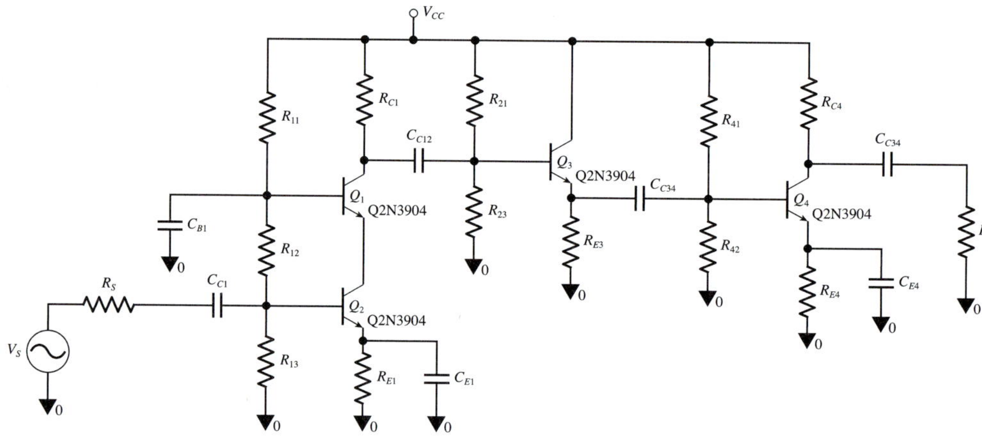

[그림 8-54] 예시 회로

8.7 요약

■ **주파수 응답특성** 증폭기 출력이 입력신호의 주파수 성분에 따라 영향 받는 특성을 의미하며, 증폭기 내부의 기생 커패시턴스와 외부의 결합 및 부하 커패시턴스에 영향을 받는다.

■ **보드 선도** Bode plot 증폭기 전달함수의 크기와 위상각을 주파수에 대해 그린 그래프이며, 증폭기 주파수 응답특성의 해석과 귀환 증폭기의 안정도 판별(9.3절)에 유용하게 사용된다.

■ **하측 차단 주파수** lower cutoff frequency f_L 주파수가 감소함에 따라 증폭기의 이득이 기준값(중대역 이득)에 비해 -3 dB만큼 감소되는 주파수로 정의되며, 증폭기의 저주파 응답특성을 나타낸다. 출력 전력이 1/2로 감소하는 주파수를 의미하며, 따라서 하측 반전력(half-power) 주파수라고도 한다.

■ **상측 차단 주파수** upper cutoff frequency f_H 주파수가 증가함에 따라 증폭기의 이득이 기준값(중대역 이득)에 비해 -3 dB 만큼 감소되는 주파수로 정의되며, 증폭기의 고주파 응답특성을 나타낸다. f_H는 상측 반전력 주파수라고도 한다.

■ **대역폭** bandwidth BW 주파수에 무관하게 증폭기의 이득이 일정한 값을 갖는 주파수 범위를 말하며, $\mathrm{BW}=f_H-f_L$로 정의된다.

■ **중대역 이득** midband gain $|A_m|_{\mathrm{dB}}$ 증폭기의 기준 이득값을 나타내며, 주파수에 무관하게 일정한 값을 갖는다.

■ **이득-대역폭 곱** gain-bandwidth product GBP 중대역 이득의 크기와 대역폭의 곱으로 정의되며, 증폭기의 성능지수(figure of merit)로 사용된다. 주어진 증폭기 회로에 대해 GBP는 일정한 값을 가지며, 따라서 이득과 대역폭 사이에는 교환조건(trade-off)이 존재한다.

■ **단위이득 대역폭** unity-gain bandwidth f_T 중대역 전류이득 β_0와 상측 차단 주파수 f_β의 곱으로 정의된다.

■ **BJT의 내부 기생 정전용량** parasitic capacitance **성분** 순방향 바이어스된 이미터-베이스 접합의 정전용량 C_π와 역방향 바이어스된 베이스-컬렉터 접합의 공핍영역 접합 정전용량 C_μ가 존재한다.

■ **MOSFET의 내부 기생 정전용량 성분** 게이트-채널의 정전용량, 게이트-소오스/드레인 중첩(overlap)에 의한 정전용량, 그리고 소오스/드레인-기판의 접합 정전용량 등이 존재한다.

■ **단락회로 시상수법** short-circuit time constant method 다수의 커패시턴스가 존재하는 경우, 각각의 커패시터에 대해 나머지 커패시터들을 단락시킨 상태에서 시상수를 독립적으로 구한 후, 이들에 의한 하측 차단 주파수를 모두 더하여 증폭기의 근사적인 하측 차단 주파수를 구하는 방법이다.

■ **개방회로 시상수법** open-circuit time constant method 다수의 커패시턴스가 존재하는 경우, 각각의 커패시터에 대해 나머지 커패시터들을 개방시킨 상태에서 시상수를 독립적으로 구한 후, 이들 시상수를 모두 더하여 증폭기의 근사적인 상측 차단 주파수를 구하는 방법이다.

■ **증폭기의 저주파 응답특성** 각 커패시터가 갖는 단락회로 시상수 역수의 합으로 계산된다. 트랜지스터 외부의 결합 및 바이패스 커패시턴스는 증폭기의 하측 차단 주파수를 증가시키는 영향을 미친다.

■ **증폭기의 고주파 응답특성** 각 커패시터가 갖는 개방회로 시상수 합의 역수로 계산된다. 트랜지스터 내부의 기생 커패시턴스와 부하 커패시턴스는 증폭기의 상측 차단 주파수를 감소시키는 영향을 미친다.

■ **밀러 정리** Miller theorem 전압이득이 K인 증폭기의 입력단과 출력단 사이에 어드미턴스 Y가 연결된 경우, 이는 입력단 쪽의 어드미턴스 $Y_1 = Y(1-K)$와 출력단 쪽의 어드미턴스 $Y_2 = Y(1-1/K)$로 분리할 수 있다.

■ **밀러 효과** Miller effect C_μ 또는 C_{gd}가 증폭기의 이득만큼 곱해져서 입력단 쪽에 나타나는 현상으로, 증폭기의 입력 시상수를 증가시키고 이에 의해 상측 차단 주파수(즉, 대역폭)가 감소되는 결과로 나타난다.

■ **공통 이미터(소오스) 증폭기의 고주파 응답특성** 밀러 효과에 의해 증폭기의 이득이 증가할수록 대역폭이 감소하여 이득과 대역폭 사이에 교환조건(trade-off)이 존재한다.

■ **공통 컬렉터(드레인) 증폭기의 고주파 응답특성** 입력 커패시턴스는 $C_i \simeq C_\mu (C_i \simeq C_{gd})$가 되어 앞단에 대한 용량성 부하로 작용하지 않으며, f_H가 커서 고주파 응답특성이 우수하다.

■ **공통 베이스(게이트) 증폭기의 고주파 응답특성** 밀러 효과를 갖지 않으므로 공통 이미터 증폭기에 비해 고주파 특성이 우수하며, 입력 저항이 $r_e(1/g_m)$로 매우 작아 공통 이미터(소오스) 증폭기의 밀러 효과를 감소시켜 고주파 특성을 개선하기 위한 CE-CB (CS-CG) 구조의 캐스코드 증폭기 구성에 사용된다.

■ **종속 증폭단의 대역폭** $f_H = f_{H1} f_{H2} / (f_{H1} + f_{H2})$가 되어 개별 증폭단의 대역폭보다 작아진다.

■ **캐스코드** cascode **증폭기** 공통 이미터(소오스) 증폭기에 공통 베이스(게이트) 증폭기를 종속으로 연결한 구조이며, 공통 베이스(게이트) 증폭기의 작은 입력저항에 의해 공통 이미터 증폭기의 밀러 효과가 최소화되고, 이에 의해 고주파 응답특성이 개선되는 증폭기이다.

Chapter_08 연습문제

8.1 다음 전달함수의 크기와 위상에 대한 점근 보드 선도를 그려라.

$$A(s)=\frac{10^6(s+10^5)}{(s+10^3)(s+10^4)}$$

8.2 다음 전달함수의 크기와 위상에 대한 점근 보드 선도를 그려라.

$$A(s)=\frac{10s^2}{(1+s/10)(1+s/10^2)(1+s/10^6)}$$

8.3 다음 전달함수의 크기에 대한 점근 보드 선도를 그리고, 중대역 이득 $|A_m|_{\text{dB}}$, 하측 차단 주파수 f_L, 그리고 상측 차단 주파수 f_H를 구하라.

$$A(s)=\frac{10^2 s}{(1+s/10^3)(1+s/10^5)}$$

8.4 BJT가 $I_{CQ}=1.2$ mA로 바이어스되어 있다. $C_\pi=12$ pF, $C_\mu=2.5$ pF이고, $\beta_0=150$인 경우에 f_β와 f_T를 구하라.

8.5 BJT가 $I_{CQ}=0.6$ mA로 바이어스되어 있다. $C_\mu=0.2$ pF, $f_T=2.5$ GHz이고, $\beta_0=150$인 경우에 C_π를 구하라.

8.6 MOSFET가 $I_{DQ}=120$ μA로 바이어스되어 있다. $C_{gs}=0.5$ pF, $C_{gd}=0.06$ pF이고, $K_n=0.1$ mA/V^{2}인 경우에 f_T를 구하라.

8.7 바이패스 커패시터를 갖는 공통 이미터 증폭기의 저주파 소신호 등가회로([그림 8-29(b)])로부터 (a) 전압이득 $A_v(s)=V_o/V_s$를 유도하고, 중대역 이득 $|A_{v0}|$와 극점 주파수 ω_p 및 영점 주파수 ω_z를 각각 구하라. (b) $|A_v|$에 대한 보드 선도를 그려라. (c) 하측 차단 주파수 f_L이 식 (8.45)가 됨을 보여라. 단, 바이어스 저항 R_B의 영향은 무시한다.

8.8 [그림 8-55]의 바이패스 커패시터를 갖는 공통 소스 증폭기에 대해 (a) 전압이득 $A_v(s)=V_o/V_i$를 유도하고, 중대역 이득 $|A_{v0}|$와 극점 주파수 ω_p 및 영점 주파수 ω_z를 각각 구하라. (b) $|A_v|$에 대한 보드 선도를 그려라. (c) 하측 차단 주파수 f_L의 식을 유도하라.

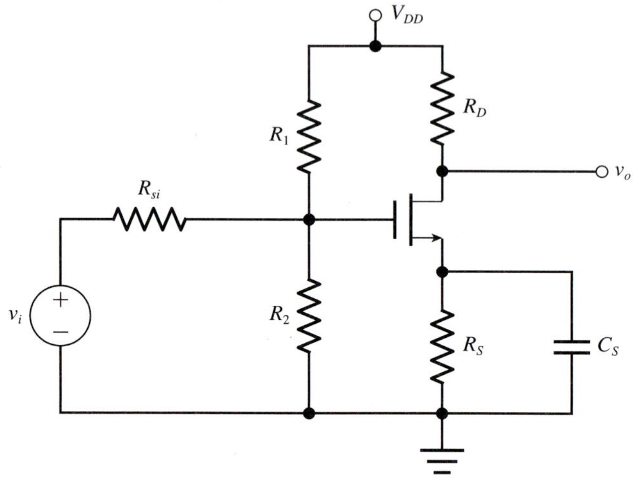

[그림 8-55]

8.9 [그림 8-55]의 회로에서 하측 차단 주파수 f_L을 구하라. 단, $R_{si}=0.2\ \text{k}\Omega$, $R_1=500\ \text{k}\Omega$, $R_2=220\ \text{k}\Omega$, $R_S=2\ \text{k}\Omega$, $R_D=4\ \text{k}\Omega$, $C_S=10\ \mu\text{F}$, $K_n=1.0\ \text{mA/V}^2$, $V_{Tn}=1\ \text{V}$, $V_{DD}=10\ \text{V}$이며, $\lambda=0$으로 가정한다.

8.10 [그림 8-56]의 공통 컬렉터 증폭기에서 C_C가 갖는 단락회로 시상수 τ_o의 식을 유도하라.

8.11 문제 **8.10**의 회로에서 하측 차단 주파수 f_L을 구하라. 단, $R_1=100\ \text{k}\Omega$, $R_2=85\ \text{k}\Omega$, $R_E=4\ \text{k}\Omega$, $R_L=4\ \text{k}\Omega$, $C_C=2\ \mu\text{F}$, $\beta_0=130$, $V_{BE(on)}=0.7\ \text{V}$, $V_{CC}=12\ \text{V}$, $V_A=85\ \text{V}$이다.

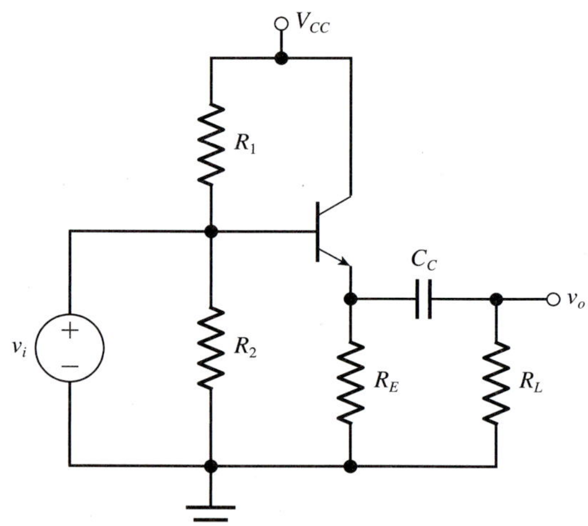

[그림 8-56]

8.12 [그림 8-57]은 결합 및 바이패스 커패시터를 갖는 공통 소오스 증폭기 회로이다. 단락회로 시상수법을 적용하여 하측 차단 주파수 f_L의 수식을 유도하라.

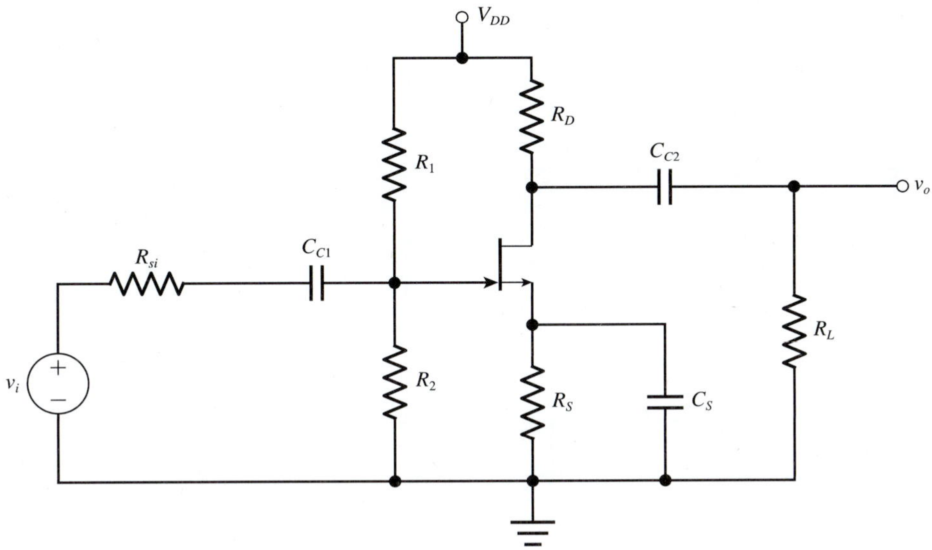

[그림 8-57]

8.13 문제 **8.12**의 [그림 8-57]의 회로에 대해 하측 차단 주파수 f_L을 구하라. 단, R_{si}=0.5 kΩ, R_1=450 kΩ, R_2=250 kΩ, R_S=3.3 kΩ, R_D=8.7 kΩ, R_L=20 kΩ, C_{C1}=1 μF, C_{C2}=1 μF, C_S=5 μF, V_{DD}=15 V이고, g_m=2.0 mA/V, $r_o=\infty$이다.

8.14 문제 **8.12**의 [그림 8-57]의 회로에서 하측 차단 주파수 f_L=100 Hz이며, 바이패스 커패시터 C_S에 의해 $0.8f_L$이 결정되고, 결합 커패시터 C_{C1}과 C_{C2}에 의한 하측 차단 주파수 영향은 $0.1f_L$이 되도록 커패시터 C_S, C_{C1}과 C_{C2}의 값들을 결정하라. 또한 증폭기의 중대역 이득을 구하라. 단, R_{si}=100 kΩ, R_1=1.4 MΩ, R_2=0.6 MΩ, R_S=3.0 kΩ, R_D=5 kΩ, R_L=10 kΩ이고, JFET의 I_{DSS}=6 mA, $V_{GS,off}$=−3 V, V_{DD}=20 V이고, $r_o=\infty$로 가정한다.

8.15 [그림 8–58]의 공통 베이스 증폭기 회로에 단락회로 시상수법을 적용하여 하측 차단 주파수 f_L의 수식을 유도하라.

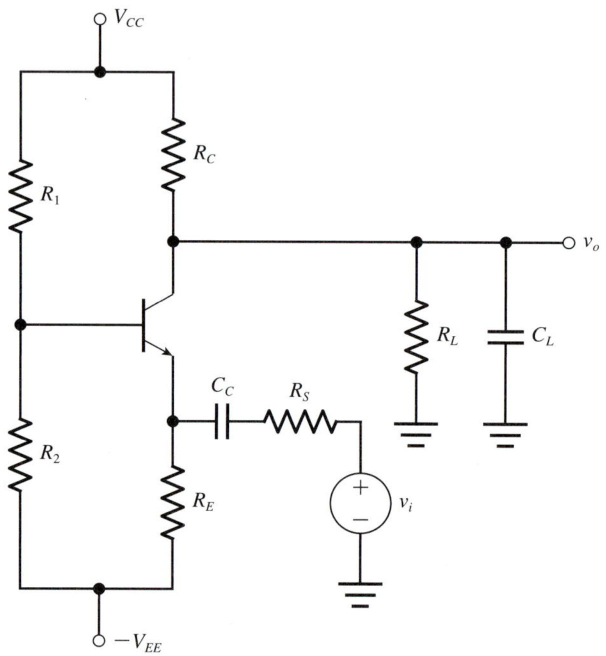

[그림 8–58]

8.16 [그림 8–59]의 공통 게이트 증폭기 회로에 단락회로 시상수법을 적용하여 하측 차단 주파수 f_L의 수식을 유도하라.

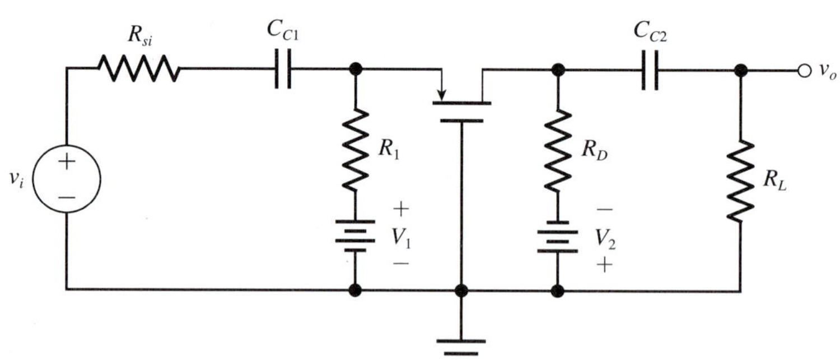

[그림 8–59]

8.17 문제 **8.16**의 [그림 8-59]의 회로에서 하측 차단 주파수가 $f_L=20$ Hz가 되도록 결합 커패시터 C_{C1}과 C_{C2}의 값을 구하라. 단, C_{C1}에 의해 $0.9f_L$이 되고, C_{C2}에 의해 $0.1f_L$이 되도록 하며, $R_1=2.0$ kΩ, $R_D=1.6$ kΩ, $R_L=30$ kΩ, $R_{si}=0.3$ kΩ, $g_m=2$ mA/V이다.

8.18 [그림 8-36]의 회로에 대해 밀러 정리를 나타내는 식 (8.60)과 식 (8.61)을 증명하라.

8.19 [그림 8-60]의 공통 이미터 증폭기 회로에 대해 하측 차단 주파수 f_L과 상측 차단 주파수 f_H를 구하라. 단, $C_{C1}=0.2$ μF, $R_S=0.8$ kΩ, $R_1=56$ kΩ, $R_2=6$ kΩ, $R_C=4$ kΩ, $R_E=0.2$ kΩ, $V_{BE(on)}=0.7$ V, $\beta_o=120$, $f_T=500$ MHz, $C_\mu=1.8$ pF, $V_{CC}=12$ V이며, $V_A=\infty$, $C_E\to\infty$로 가정한다.

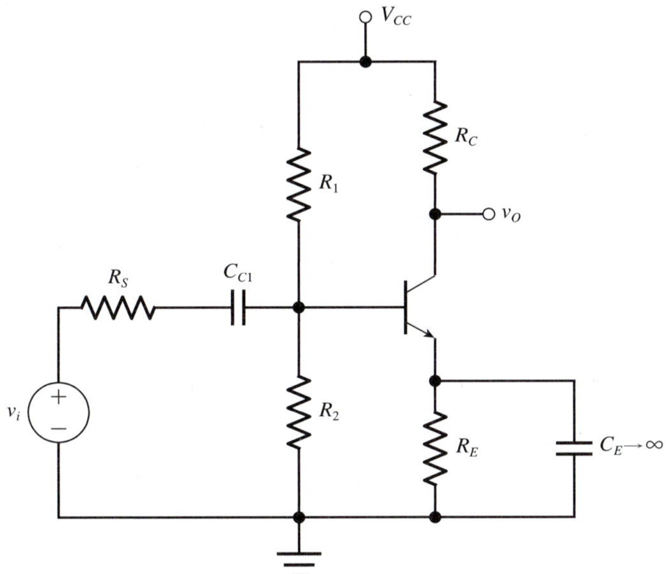

[그림 8-60]

8.20 [그림 8-61]의 공통 이미터 증폭기 회로에 대해 (a) 밀러 커패시턴스 C_M과 전체 입력 커패시턴스 C_i를 구하라. (b) 입력 시상수 τ_i와 출력 시상수 τ_o를 구하라. (c) 상측 차단 주파수 f_H를 구하라. 단, $R_S=2$ kΩ, $R_1=33$ kΩ, $R_2=22$ kΩ, $R_C=2$ kΩ, $R_E=1$ kΩ, $R_L=5$ kΩ, $V_{BE(on)}=0.7$ V, $\beta_0=120$, $V_A=100$, $f_T=800$ MHz, $C_\mu=1$ pF, $V_{CC}=10$ V이며, $C_{C1}=C_{C2}=C_E=\infty$로 가정한다.

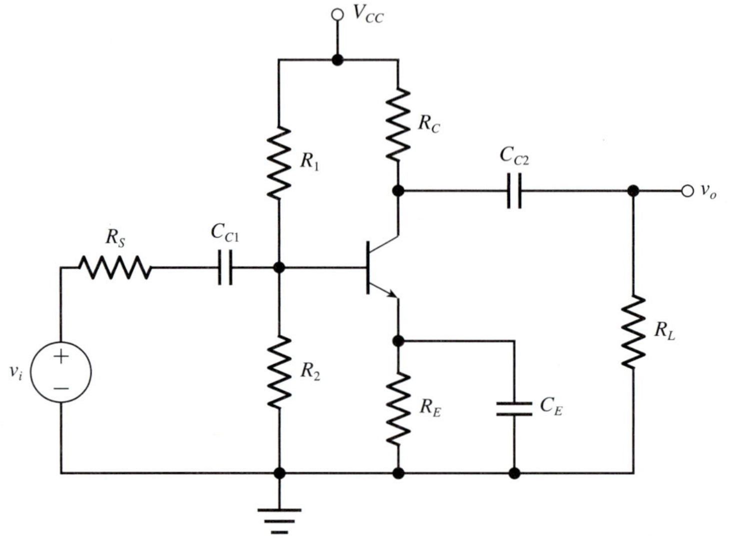

[그림 8-61]

8.21 [그림 8-62]의 공통 컬렉터 증폭기 회로에 대해 (a) 입력 커패시턴스 C_i를 계산하라. (b) 상측 차단 주파수 f_H를 구하라. 단, $R_S=0.5\ \text{k}\Omega$, $R_B=330\ \text{k}\Omega$, $R_E=2.0\ \text{k}\Omega$, $V_{BE(on)}=0.7\ \text{V}$, $\beta_0=180$, $f_T=600\ \text{MHz}$, $C_\mu=1.5\ \text{pF}$, $V_{CC}=10\ \text{V}$이며, $C_C=\infty$, $V_A\to\infty$를 가정한다.

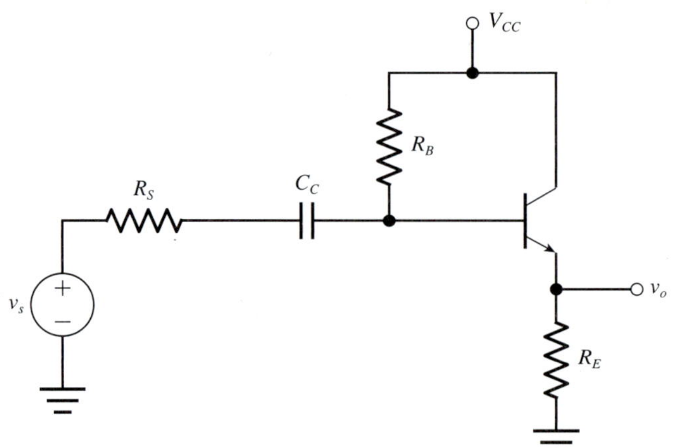

[그림 8-62]

8.22 [그림 8-62]의 회로에 대해 하측 차단 주파수 $f_L=40$ Hz가 되도록 결합 커패시터 C_C의 값을 구하라. 단, 다른 조건은 문제 **8.21**과 동일하다.

8.23 [그림 8-63]의 공통 소오스 증폭기 회로에 대해 (a) 밀러 커패시턴스 C_M과 입력 커패시턴스 C_i를 구하라. (b) 상측 차단 주파수 f_H를 구하라. 단, $R_{si}=1$ kΩ, $R_1=770$ kΩ, $R_2=330$ kΩ, $R_D=4.3$ kΩ, $V_{Tn}=1.5$ V, $K_n=1.5$ mA/V^2, $C_{gs}=6$ pF, $C_{gd}=0.7$ pF, $V_{DD}=10$ V이며, $\lambda=0$, $C_C=\infty$를 가정한다.

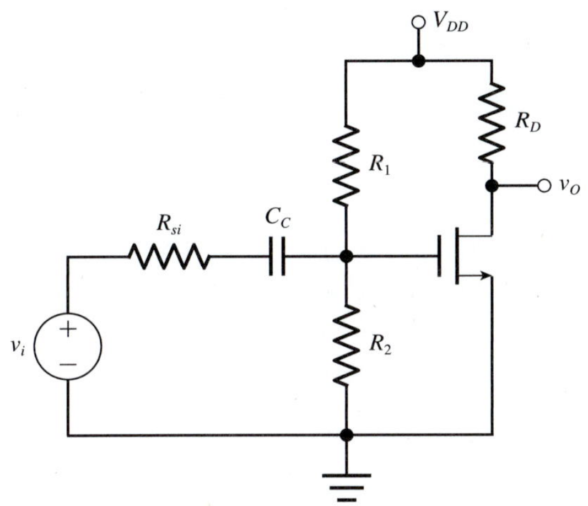

[그림 8-63]

8.24 [그림 8-63]의 회로에 대해 하측 차단 주파수 $f_L=200$ Hz가 되도록 결합 커패시터 C_C의 값을 구하라. 단, 다른 조건은 문제 **8.23**과 동일하다.

8.25 [그림 8-64]의 공통 소오스 증폭기 회로에 대해 (a) 밀러 커패시턴스 C_M과 입력 커패시턴스 C_i를 구하라. (b) 상측 차단 주파수 f_H를 구하라. 단, $R_{si}=1$ kΩ, $R_G=100$ kΩ, $R_D=1.3$ kΩ, $R_S=1.5$ kΩ, $V_{Tp}=-2.0$ V, $K_p=4.0$ mA/V^2, $\lambda=0.01$ V^{-1}, $C_{gs}=12$ pF, $C_{gd}=1$ pF, $V_{SS}=V_{DD}=10$ V이다.

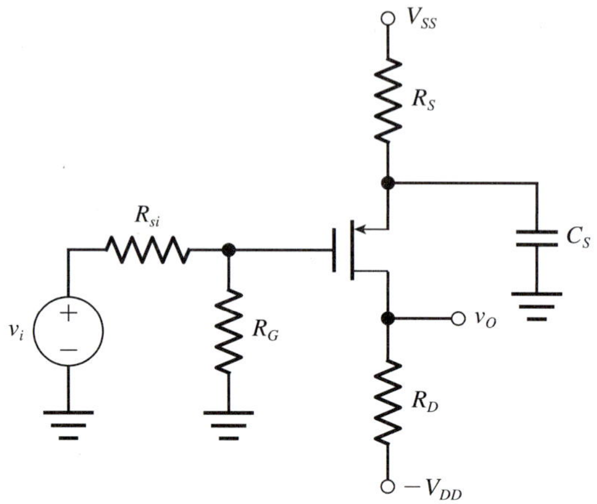

[그림 8-64]

8.26 [그림 8-65]의 CC-CE 증폭기 증폭기에 대해 개방회로 시상수법을 적용하여 상측 차단 주파수 f_H를 구하라. 단, $R_s=4$ kΩ, $R_1=R_2=100$ kΩ, $R_{E1}=4.3$ kΩ, $R_{E2}=3.6$ kΩ, $R_C=R_L=4.0$ kΩ이며, $C_{C1}=C_{C2}=C_E=\infty$로 가정한다. 두 BJT는 특성이 동일하며 $\beta_0=100$, $f_T=400$ MHz, $C_\mu=2$ pF, $V_{CC}=10$ V이고 $r_o \to \infty$로 가정한다.

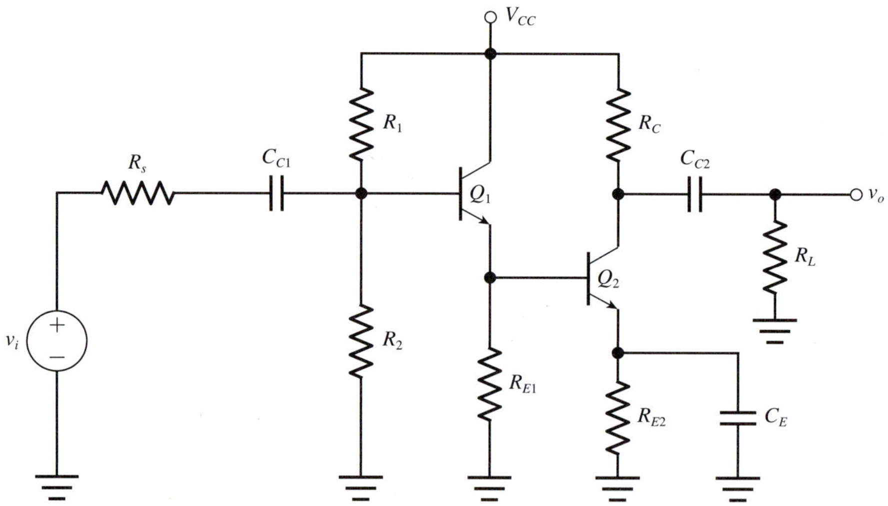

[그림 8-65]

8.27 [그림 8-66]의 CC-CB 캐스코드 증폭기에 대해 상측 차단 주파수 f_H를 구하라. 단, BJT의 $\beta_0=100$, $C_\mu=2$ pF, $f_T=400$ MHz, $R_C=10$ kΩ, $R_s=2$ kΩ, $V_{CC}=20$ V, $V_B=5$ V, $I_{EE}=0.5$ mA이고, $V_A=\infty$로 가정한다.

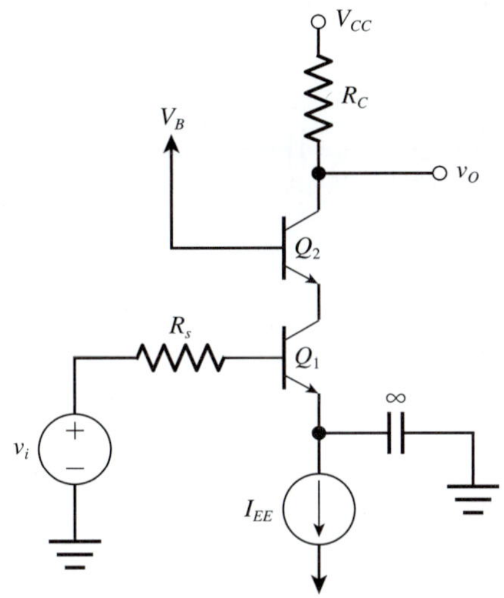

[그림 8-66]

8.28 [그림 8-67]의 다단 증폭기 회로를 PSPICE로 시뮬레이션하여 중대역 이득 A_{vo}, 하측 차단 주파수 f_L, 상측 차단 주파수 f_H, 그리고 대역폭을 구하라.

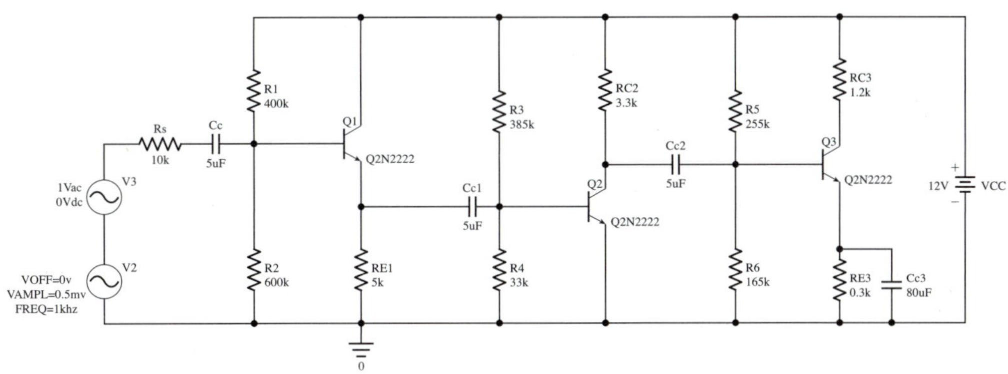

[그림 8-67]

8.29 [그림 8-68]의 CS-CG 캐스코드 증폭기를 PSPICE로 시뮬레이션하여 중대역 이득 A_{vo}, 하측 차단 주파수 f_L, 상측 차단 주파수 f_H, 그리고 대역폭을 구하라.

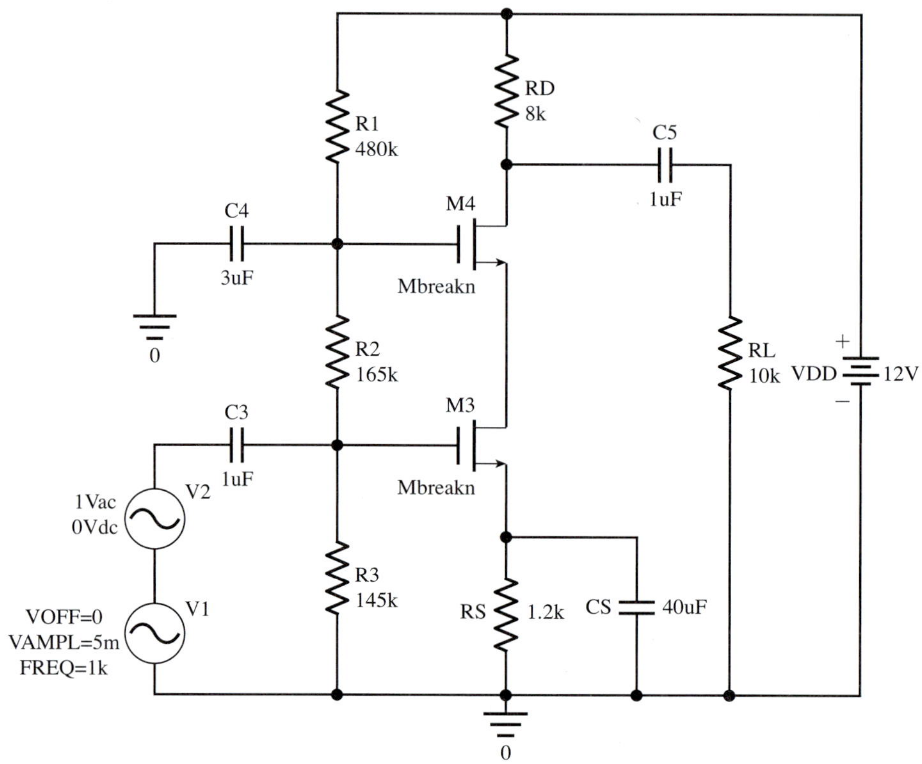

[그림 8-68]

Chapter

09

귀환 증폭기

학습목표

- 귀환의 기본 개념과 부귀환에 의해 나타나는 특성을 이해한다.
- 4가지 귀환 증폭기의 구조와 폐루프 이득, 입력저항과 출력저항 특성을 살펴본다.
- 귀환 증폭기의 해석과정과 방법을 익히고, 귀환 증폭기의 안정도 판별 원리와 방법을 이해한다.
- 이득여유와 위상여유의 개념을 이해하고, 안정도 판별에 적용하는 방법을 배운다.
- 주파수 보상을 통해 귀환 증폭기의 안정도를 향상시키는 개념과 방법을 공부한다.

귀환(feedback) 또는 되먹임이라는 개념은 1900년대 초 미국에서 유선전화의 보급과 함께 태동되었다. 미국의 동부에서 서부를 연결하는 4,200여 킬로미터의 전화망이 가설되면서 긴 선로 길이에 의한 신호감쇠를 방지하기 위해 증폭기를 설치하게 되었다. 그러나 증폭기의 이득이 불안정하고 잡음이 심하여 이를 해결하기 위한 방안을 연구하던 중, 웨스턴 전기 회사(Western Electric Company)의 Harold S. Black에 의해 부귀환(negative feedback)의 개념이 발명되었고, 1928년에 공식적인 특허로 인정받게 되었다. 그 이후, 귀환은 증폭기뿐만 아니라 각종 전자기기 및 시스템의 제어에 폭넓게 적용되고 있다.

이 장에서는 증폭기에 국한하여 부귀환의 개념을 체계적으로 정리하고, 부귀환 증폭기가 갖는 여러 가지 특성을 살펴본다. 또한 부귀환 증폭기를 4가지 형태로 구분하여 구조를 이해하고, 해석방법을 상세히 살펴본다. 부귀환 개념은 이 책의 11장에서 설명되는 연산 증폭기 회로에도 중요하게 적용되므로, 상세히 이해할 필요가 있다.

부귀환 증폭기는 주파수 응답특성에 의해 정귀환(positive feedback)으로 변하는 불안정한 상태가 될 수 있으며, 이번 장의 후반부에서는 부귀환 증폭기의 안정도 판별과 주파수 보상 방법에 관해 설명한다. 이를 잘 이해하기 위해서는 7장에서 설명된 주파수 응답특성에 대한 충분한 이해가 필요하다. 한편, 정귀환은 증폭기 회로에는 사용되지 않으며, 발진기 및 파형 발생기 회로의 기본 동작원리가 된다. 이에 관해서는 12장에서 상세히 설명한다.

9.1 부귀환의 기본 개념

9.1.1 귀환이란?

귀환이란 어떤 시스템의 출력 중 일부 또는 전부를 입력으로 되돌려서 그 시스템의 특성을 변경시키거나 제어하는 과정이며, 사람의 몸뿐만 아니라 각종 제어 시스템과 통신 시스템, 전기 및 전자회로 등 우리가 사용하고 있는 대부분의 시스템은 귀환을 포함하고 있다. 인체는 호르몬을 이용한 귀환 시스템에 의해 생물학적 조절이 이루어지며, 자동 온도조절 기능을 갖는 에어컨과 보일러 등도 대표적인 귀환 시스템이다. 이 책에서 다루고 있는 전자회로에서는 공통 컬렉터 증폭기의 큰 입력저항과 작은 출력저항이 귀환에 의해 나타나는 특성이며, 또한 공통 이미터(소오스) 증폭기에 이미터(소오스) 저항을 추가하여 동작점을 안정시키는 것도 귀환의 예이다.

일반적으로, 귀환은 크게 정귀환(positive feedback)과 부귀환(negative feedback)으로 구분된다. 이 책에서 다루고 있는 전자회로 측면에서 정귀환과 부귀환은 다음과 같이 정의한다. 입력으로 되돌아가는 출력신호(전류 또는 전압)의 위상이 외부에서 인가되는 입력신호(전류 또는 전압)의 위상과 동일하여 이들 두 신호가 증폭기의 입력단에서 더해지는 귀환 시스템을 정귀환이라고 한다. 반면에, **부귀환 증폭기는 입력으로 되돌아가는 출력신호(전류 또는 전압)의 위상이 외부에서 인가되는 입력신호의 위상과 반대가 되어 이들 두 신호의 차가 증폭되는 시스템**이다. 일반적으로 정귀환은 슈미트 트리거(Schmitt trigger), 발진기(oscillator) 등의 회로에 사용되고, 대부분의 증폭기 회로에서는 부귀환이 사용된다. 이 장에서는 부귀환에 대해서만 다루며, 정귀환은 12장에서 설명한다.

귀환 증폭기의 일반적인 모델

귀환 증폭기(또는 시스템)의 일반적인 구조는 [그림 9-1]과 같이 모델링할 수 있으며, 이득 A를 갖는 기본 증폭기, 귀환될 출력신호를 추출하는 샘플링 회로, 귀환신호를 증폭기의 입력단으로 보내는 귀환회로, 그리고 외부의 입력신호와 귀환신호를 더하는 합(合) 회로 등으로 구성된다. 여기서 신호 X는 전압 또는 전류를 나타낸다.

이상적인 귀환 시스템은 일반적으로 다음과 같은 가정을 전제로 한다. 첫째, 기본 증폭기(즉, 귀환회로가 포함되지 않는 증폭기)는 입력 쪽에서 출력 쪽으로 순방향의 신호 전달만을 가지며, 역방향의 신호전달은 무시할 수 있을 정도로 작다. 둘째, 귀환회로는 출력 쪽에서 입력 쪽으로 역방향의 신호 전달만을 가지며, 순방향의 신호전달은 무시할 수 있을 정도로 작다. 실제 경우에 이들 가정에 의한 오차는 그리 크지 않으므로, 이 장에서는 귀환 증폭기의 해석에 이들 두 가지 가정을 적용한다. 이상적인 귀환 증폭기에서는 기본 증폭기, 귀환회로, 외부 신호원들이 상호 부하로 작용하지 않는다고 가정한다. 그러나 실제 증폭기 회로에서는 이들의 부하효과를 고려하여 해석해야 하며, 이에 관해서는 9.2절에서 설명한다.

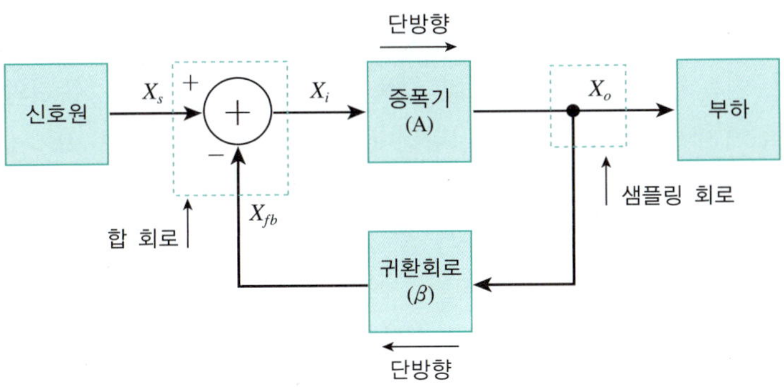

[그림 9-1] 귀환 증폭기의 일반적인 구조

앞에서 설명된 이상적인 경우를 가정하여 귀환 증폭기의 전달함수와 파라미터를 정의해 보자. 기본 증폭기의 이득을 A라고 하면, 출력 X_o는

$$X_o = AX_i \tag{9.1}$$

로 표현되며, 여기서 A를 개방루프 이득(open-loop gain)이라고 한다. 출력 X_o와 귀환신호 X_{fb}의 비(ratio)를 귀환율(feedback factor)이라고 하며, 식 (9.2)와 같이 정의한다.

$$\beta \equiv \frac{X_{fb}}{X_o} \tag{9.2}$$

식 (9.2)에 의하면, 귀환율 β는 출력신호 중 입력으로 되돌려지는 비율을 나타내며, β가 클수록 귀환이 많이 일어남을 의미한다(바이폴라 트랜지스터의 순방향 전류이득 β_o와 귀환율 β를 혼동하지 않기 바란다. 이 장에서는 혼동을 방지하기 위하여 β_o를 h_{fe}로 표현한다). 식 (9.2)로부터, 귀환신호 X_{fb}는

$$X_{fb} = \beta X_o \tag{9.3}$$

가 된다. $0 \le \beta \le 1$의 값을 가지므로 $\beta = 0$이면 귀환이 없는 증폭기를 나타내며, $\beta = 1$이면 출력신호가 모두 귀환됨을 의미한다. 부귀환 증폭기에서 귀환신호 X_{fb}는 외부 입력신호 X_s와 위상이 반대이므로, 기본 증폭기의 입력은 다음과 같이 표현된다.

$$X_i = X_s - X_{fb} \tag{9.4}$$

식 (9.3)을 식 (9.4)에 대입한 후, 이를 다시 식 (9.1)에 대입하여 귀환 증폭기의 전달함수를 구하면 다음과 같으며,

$$A_f = \frac{X_o}{X_s} = \frac{A}{1 + A\beta} \tag{9.5}$$

여기서 A_f를 귀환 증폭기의 폐루프 이득(closed-loop gain)이라고 한다. 식 (9.5)에서 $A\beta$는 루프이득(loop gain)이라고 하며, 이는 [그림 9-1]에서 기본 증폭기의 입력 X_i가 기본 증폭기와 귀환회로로 구성되는 폐루프를 거치면서 얻는 이득을 나타낸다. 부귀환 증폭기에서는 $A\beta > 0$이 되며, 정귀환 증폭기에서는 $A\beta < 0$이 된다. $A\beta \gg 1$이면, 식 (9.5)는 다음과 같이 근사화될 수 있다.

$$A_f \simeq \frac{1}{\beta} \tag{9.6}$$

식 (9.6)은 **귀환 증폭기의 폐루프 이득이 귀환율 β에 의해 결정됨을 의미한다.** 즉, **기본 증폭기의 특성에 의한 영향이 무시될 수 있을 정도로 작아지고, 귀환회로에 의해서 결정되는 안정된 폐루프**

이득을 갖게 된다. 이는 부귀환이 갖는 중요한 장점 중의 하나이다. 식 (9.6)을 귀환 증폭기 설계에 적용하면 증폭기 설계가 매우 단순화된다. 즉, 기본 증폭기의 이득을 고려하지 않고, 귀환율의 역수 $1/\beta$이 귀환 증폭기의 페루프 이득이 되도록 귀환회로를 설계하면 된다.

예제 9-1

[그림 9-2]의 회로에 부귀환이 존재하는지 확인하고, 귀환율 β와 루프이득 $A\beta$를 구하라. 또한 식 (9.5)에 의한 폐루프 이득과 식 (9.6)에 의한 폐루프 이득을 각각 구하라. 단, 연산 증폭기의 개방루프 이득은 $A=100{,}000$이다.

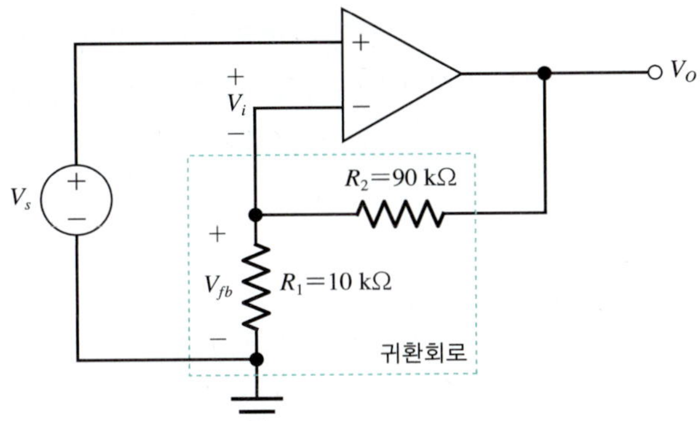

[그림 9-2]

풀이

[그림 9-2]의 회로에서 저항 R_1과 R_2를 통해 출력신호 $X_o=V_o$가 연산 증폭기의 반전입력단자로 되돌아가므로 부귀환이 존재한다(연산 증폭기의 반전입력단자와 출력의 신호는 서로 반대 위상을 갖는다. 11.1.2절 참조). 이때 R_1에 걸리는 전압이 귀환신호 $X_{fb}=V_{fb}$가 된다. 그림에서 $V_{fb}=\frac{R_1}{R_1+R_2}V_o$ 이므로 식 (9.2), 식 (9.5) 및 식 (9.6)으로부터 다음과 같이 계산된다.

① $\beta \equiv \frac{V_{fb}}{V_o} = \frac{R_1}{R_1+R_2} = \frac{10}{10+90} = 0.1$

② $A\beta = 10^5 \times 0.1 = 10^4$이며, $A\beta > 0$이므로 부귀환이 존재한다.

③ $A_f = \frac{V_o}{V_s} = \frac{A}{1+A\beta} = \frac{10^5}{1+10^4} = 9.999\text{ V/V}$

④ $A_f \simeq \frac{1}{\beta} = 1 + \frac{R_2}{R_1} = 10\text{ V/V}$

개방루프 이득이 $A=100{,}000$으로 매우 큰 값을 가지므로, 식 (9.5)의 결과와 식 (9.6)의 결과가 거의 같으며, 오차는 0.1%로 무시할 수 있을 정도로 작다.

응용 9-1

개방루프 이득이 $A=50{,}000$인 기본 증폭기에 부귀환을 걸어 폐루프 이득 $A_f=40$인 귀환 증폭기를 설계하고자 한다. 귀환율 β를 구하라.

[정답 : $\beta=0.02498\simeq0.025$]

9.1.2 부귀환 증폭기의 특성

증폭기에 부귀환을 걸면 여러 가지 측면에서 증폭기의 특성이 변하게 된다. 예를 들면, 부귀환에 의해 증폭기의 동작점이 안정되어 안정된 이득을 얻을 수 있으며, 입력과 출력 임피던스가 증가 또는 감소하고, 증폭기의 대역폭이 커지며, 선형으로 동작하는 범위가 넓어지고 잡음의 영향이 감소되는 등의 장점이 얻어진다. 또한, 부귀환에 의해 증폭기의 이득이 감소하고, 증폭기가 불안정해져서 발진 또는 발산할 수 있다는 단점도 함께 존재한다. 귀환 증폭기의 안정도에 관해서는 9.3절에서 설명되며, 여기서는 부귀환 증폭기의 장점에 관해서 살펴본다.

부귀환에 의한 이득 둔감도(gain desensitivity) 증가

식 (9.6)에서 설명되었듯이, 부귀환을 갖는 증폭기에서는 기본 증폭기의 특성 변화에 의한 영향이 무시될 수 있을 정도로 작아져서 폐루프 이득이 안정된 값을 갖는다. 기본 증폭기를 구성하는 바이폴라 트랜지스터, 전계효과 트랜지스터, 연산 증폭기 등은 소자의 특성, 온도 등의 변화에 민감하게 영향 받을 수 있으나, 귀환회로는 일반적으로 수동소자로만 구성되므로 안정된 폐루프 이득을 얻을 수 있다.

부귀환에 의해 폐루프 이득이 안정화되는 정도(즉, 소자의 특성, 온도 등의 변화에 영향을 받지 않는 정도)를 둔감도로 표현한다. 귀환회로의 β가 고정된 값을 갖는다는 가정 하에 식 (9.5)를 개방루프 이득 A에 대해 미분하면 다음과 같다.

$$\frac{dA_f}{dA}=\frac{(1+A\beta)-A\beta}{(1+A\beta)^2}=\frac{1}{(1+A\beta)^2} \tag{9.7}$$

식 (9.7)로부터 다음의 관계식을 얻을 수 있으며,

$$\frac{dA_f}{A_f}=\frac{1}{(1+A\beta)}\frac{dA}{A} \tag{9.8}$$

여기서 dA_f/A_f와 dA/A는 각각 폐루프 이득과 개방루프 이득의 퍼센트 변화(percent change)를 나타내며, $(1+A\beta)$를 둔감도라고 한다. 부귀환 증폭기에서 $A\beta>0$이므로, $dA_f/A_f<dA/A$가 되며, **폐루프 이득은 개방루프 이득에 비해 소자의 특성, 온도 등의 변화에 영향을 적게 받음**을 의미

한다. **즉, 부귀환 증폭기는 소자의 특성, 온도 등의 변화에 대한 둔감도가 커서 안정된 폐루프 이득을 갖는다.** 식 (9.8)에서 귀환율 β가 커서 귀환이 많이 일어날수록, 폐루프 이득의 둔감도가 증가함을 알 수 있다.

예제 9-2

[예제 9-1]의 회로에서 연산 증폭기의 개방루프 이득이 10% 변화하는 경우에 폐루프 이득의 퍼센트 변화를 구하라. 단, 연산 증폭기의 개방루프 이득은 $A=100{,}000$이다.

풀이

[예제 9-1]로부터 $A\beta=10^4$이므로, 이를 식 (9.8)에 대입하면,

$$\frac{dA_f}{A_f}=\frac{1}{(1+A\beta)}\frac{dA}{A}=\frac{1}{1+10^4}\times\frac{0.1\times10^5}{10^5}=0.001\%$$

개방루프 이득의 10% 변화에 대해 폐루프 이득은 0.001% 변화하므로, 폐루프 이득이 개방루프 이득의 변화에 매우 둔감함을 알 수 있다. 이는 부귀환에 의해 얻어지는 중요한 특성 중 하나이다.

응용 9-2

귀환율 $\beta=0.2$이고 폐루프 이득이 $A_f=5$인 귀환 증폭기에서 개방루프 이득 A가 5% 변화하는 경우에, 폐루프 이득의 퍼센트 변화가 0.005% 이하가 되도록 하려면 개방루프 이득 A는 얼마 이상 되어야 하는가?

[정답 : $A\geq4{,}995$]

부귀환에 의한 대역폭의 증가

[그림 9-1]의 귀환 증폭기 모델에서 개방루프 이득 A가 단일 극점 주파수 ω_h를 갖는다면, 기본 증폭기의 고주파 특성은 식 (9.9)와 같이 표현할 수 있다.

$$A(s)=\frac{A_0}{1+s/\omega_h} \tag{9.9}$$

여기서 A_0는 기본 증폭기의 저주파 이득을 나타내며, ω_h는 개방루프 대역폭을 낸다. 식 (9.9)를 식 (9.5)에 대입하면 귀환 증폭기의 폐루프 이득은 식 (9.10)과 같이 표현되며, 여기서 귀환율 β는 주파수에 무관하다고 가정한다.

$$A_f(s)=\frac{A(s)}{1+A(s)\beta}=\frac{A_0/(1+s/\omega_h)}{1+\beta A_0/(1+s/\omega_h)} \tag{9.10}$$

식 (9.10)을 정리하면 식 (9.11)과 같으며, 따라서 귀환 증폭기의 고주파 응답특성은 저주파 폐루프 이득 A_{f0}와 단일 극점 주파수 ω_H를 갖는다.

$$A_f(s) = \frac{A_0}{1+A_0\beta} \times \frac{1}{1+s/[(1+A_0\beta)\omega_h]} = \frac{A_{f0}}{1+s/\omega_H} \tag{9.11}$$

여기서, 귀환 증폭기의 저주파 폐루프 이득 A_{f0}와 상측 차단 주파수(즉, 폐루프 대역폭) ω_H는 각각 식 (9.12)와 식 (9.13)과 같이 정의된다.

$$A_{f0} = \frac{A_0}{1+A_0\beta} \tag{9.12}$$

$$\omega_H = (1+A_0\beta)\omega_h \tag{9.13}$$

식 (9.13)으로부터, **귀환 증폭기의 폐루프 대역폭 ω_H는 개방루프 대역폭 ω_h에 비해 $(1+A_0\beta)$배만큼 증가됨**을 알 수 있으며, 이는 부귀환에 의해 나타나는 특성이다. 식 (9.12)와 식 (9.13)으로부터 다음 관계를 얻을 수 있다.

$$A_{f0}\omega_H = A_0\omega_h \tag{9.14}$$

이는 주어진 기본 증폭기에 대해 귀환 증폭기의 이득-대역폭 곱은 일정하다는 것을 의미한다. 식 (9.12)~식 (9.14)로부터, **귀환 증폭기의 폐루프 이득 A_{f0}와 대역폭 ω_H 사이에 교환조건이 존재함**을 알 수 있다. 즉, **귀환율 β가 클수록(즉, 귀환이 많을수록) 폐루프 이득 A_{f0}는 감소하며, 폐루프 대역폭 ω_H는 증가**하게 된다. 식 (9.14)로부터

$$f_H = \frac{A_0 f_h}{A_{f0}} \tag{9.15}$$

가 되므로, 기본 증폭기의 개방루프 특성 A_0와 f_h를 알고 있으면, 폐루프 이득 A_{f0}를 갖는 귀환 증폭기의 대역폭 f_H를 구할 수 있다.

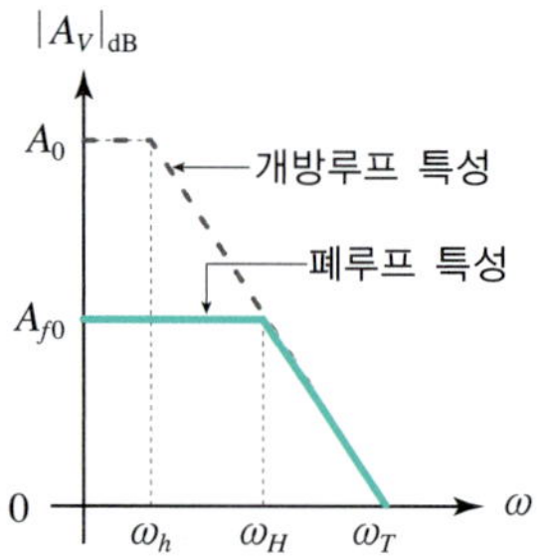

[그림 9-3] 개방루프 대역폭과 폐루프 대역폭의 관계

[그림 9-3]은 식 (9.14)가 나타내는 개방루프 주파수 특성과 폐루프 주파수 특성의 관계를 보이고 있으며, 이는 개방루프 고주파 특성이 식 (9.9)로 표현되는 단일 극점 주파수를 갖거나 또는 두 번째 극점 주파수가 단일이득(unity gain) 주파수 ω_T보다 큰 경우에 유효하다.

예제 9-3

[예제 9-1]의 회로에서 연산 증폭기의 저주파 개방루프 이득이 $A_0=100{,}000$이고, 개방루프 대역폭이 $f_h=10$ Hz인 경우에, 폐루프 대역폭 f_H를 구하라.

풀이

[예제 9-1]에서 $A_{f0}=10$이므로, 식 (9.15)로부터 다음과 같이 된다.

$$f_H=\frac{A_0 f_h}{A_{f0}}=\frac{10^6}{10}=100\text{ kHz}$$

응용 9-3

저주파 개방루프 이득이 $A_0=50{,}000$이고, 개방루프 대역폭이 $f_h=100$ Hz인 경우에, 폐루프 대역폭이 $f_H \geq 500$ Hz 가 되도록 하려면 폐루프 이득 A_{f0}는 얼마 이하가 되어야 하는가?

[정답 : $A_{f0} \leq 10^4$]

부귀환에 의한 신호 대 잡음비의 개선

증폭기에는 여러 가지 원인에 의해 잡음이 발생할 수 있으며, 발생된 잡음은 증폭기의 이득만큼 증폭되어 신호와 함께 증폭될 수 있다. 증폭기에서 발생하는 잡음 중 대표적인 것으로 전원잡음을 꼽을 수 있으며, 이는 부하에 큰 전류를 공급하는 출력단 전력 증폭기와 교류전원을 정류하여 증폭기의 DC 전원으로 사용하는 경우에 발생될 수 있다. 오디오 증폭기에서 “붕~”하는 소리로 들리는 험 잡음(hum noise)이 대표적인 전원잡음이다. 참고로, 신호전력과 잡음전력의 비(ratio)를 데시벨(decibel)로 표시하여 신호 대 잡음비(signal-to-noise ratio)로 정의하고, 이를 줄여서 S/N으로 표시한다. S/N이 클수록 증폭기가 잡음의 영향을 적게 받음을 의미한다.

[그림 9-4(a)]는 귀환을 갖지 않는 증폭기에 잡음 v_n이 존재하는 경우이다. 증폭기 이득이 A인 경우의 출력 v_{oA}는 다음과 같이 표현된다.

$$v_{oA}=A(v_s+v_n) \tag{9.16}$$

따라서 신호출력 S_o와 잡음출력 N_o의 비는 다음과 같이 되어 신호와 잡음이 동일하게 증폭된다. 여기서 S_i와 N_i는 각각 신호입력과 잡음입력을 나타낸다.

$$(S/N)_o = \frac{S_o}{N_o} = \frac{Av_s}{Av_n} = \frac{S_i}{N_i} \tag{9.17}$$

[그림 9-4(b)]는 귀환을 갖는 2단 증폭기 사이에 잡음 v_n이 존재하는 경우이다. 증폭기의 출력 v_{oB}는 다음과 같으며,

$$v_{oB} = A_1A_2v_i + A_2v_n \tag{9.18}$$

여기서 A_1과 A_2는 각각 첫째단과 둘째단 증폭기의 이득을 나타낸다. [그림 9-4(b)]에서 귀환전압 v_{fb}는

$$v_{fb} = \beta v_{oB} \tag{9.19}$$

이므로, 첫째단 증폭기의 입력전압 v_i는 다음과 같이 표현된다.

$$v_i = v_s - v_{fb} = v_s - \beta v_{oB} \tag{9.20}$$

식 (9.20)을 식 (9.18)에 대입하여 정리하면, 다음과 같다.

$$v_{oB} = \frac{A_1A_2}{1+A_1A_2\beta}v_s + \frac{A_2}{1+A_1A_2\beta}v_n \tag{9.21}$$

따라서 [그림 9-4(b)] 회로의 출력 S/N은 식 (9.22)와 같이 된다.

$$(S/N)_o = \frac{S_o}{N_o} = \frac{A_1A_2v_s}{A_2v_n} = A_1\frac{S_i}{N_i} \tag{9.22}$$

식 (9.17)과 비교하여, 부귀환을 갖는 [그림 9-4(b)]의 증폭기는 입력 S/N에 비해 출력 S/N이 첫째단 증폭기의 이득 A_1배 만큼 증가하였음을 알 수 있다. 이와 같이 **부귀환에 의해 증폭기의 신호 대 잡음비가 개선된다**. 식 (9.21)에서 $A_1A_2\beta \gg 1$이면, 식 (9.23)과 같이 근사화할 수 있다.

$$v_{oB} = \frac{1}{\beta}v_s + \frac{1}{A_1\beta}v_n \tag{9.23}$$

식 (9.23)으로부터 잡음 출력을 줄이기 위해서는 첫째단 증폭기의 이득 A_1을 크게 해야 하며, 또한 식 (9.22)로부터 출력 S/N은 A_1에 비례함을 알 수 있다. 따라서 [그림 9-4(b)] 회로의 출력 S/N을 개선하기 위해서는 입력단 증폭기의 이득 A_1을 크게 해야 한다.

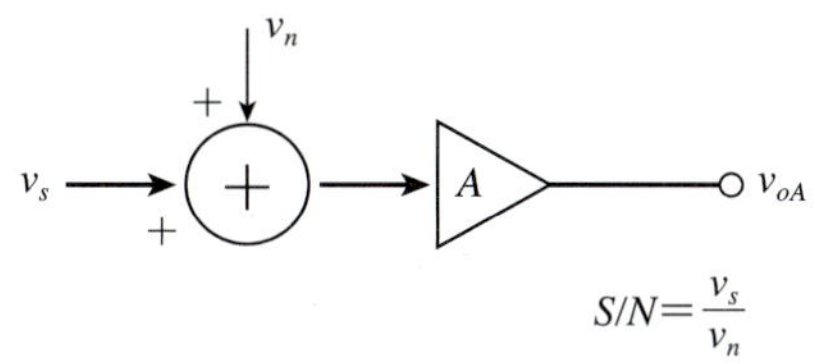

(a) 귀환이 없는 개방루프의 경우

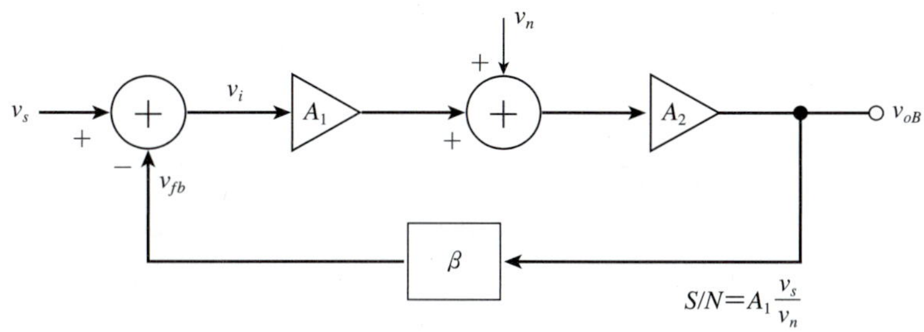

(b) 부귀환을 갖는 경우

[그림 9-4] 부귀환에 의한 신호 대 잡음비(S/N)의 개선

예제 9-4

[그림 9-4(b)]의 회로에 대해 다음 표에 주어진 첫째단 증폭기 이득 A_1의 값에 대한 신호출력과 잡음출력, 그리고 출력 S/N $(S/N)_o$과 입력 S/N $(S/N)_i$의 비를 구하라. 단 둘째단 증폭기의 이득은 $A_2 = 10$이고 귀환율은 $\beta = 0.1$이다.

A_1	신호출력 (S_o)	잡음출력 (N_o)	$(S/N)_o/(S/N)_i$
10			
100			
1,000			
10,000			

풀이

식 (9.23)을 이용하여 계산하면 다음 표와 같으며, 출력 S/N과 입력 S/N의 비는 첫째단 증폭기의 이득 A_1과 같아짐을 알 수 있다. 따라서 [그림 9-4(b)] 회로의 출력 S/N을 개선하기 위해서는 첫째 단 증폭기 이득 A_1을 크게 해야 한다.

A_1	신호출력 (S_o)	잡음출력 (N_o)	$(S/N)_o/(S/N)_i$
10	$10v_s$	v_n	10
100	$10v_s$	$0.1v_n$	100
1,000	$10v_s$	$0.01v_n$	1,000
10,000	$10v_s$	$0.001v_n$	10,000

예제 9-5

[그림 9-5]의 회로에 대해 출력 S/N을 구하고, 부귀환에 의해 출력 S/N이 개선되는지 설명하라.

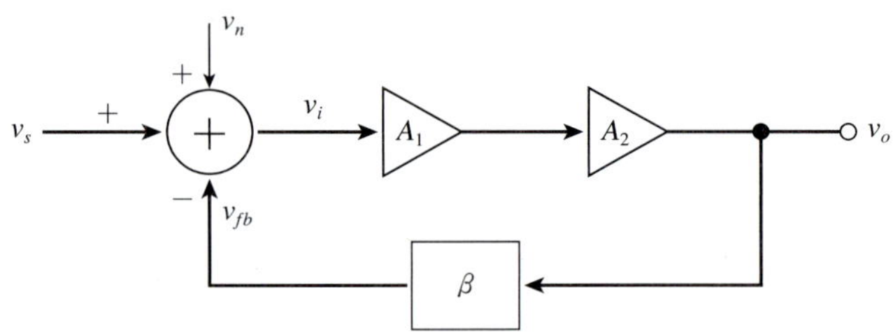

[그림 9-5]

풀이

증폭기의 출력 v_o는 다음과 같으며,

$$v_o = A_1 A_2 v_i \qquad (1)$$

귀환전압은 $v_{fb} = \beta v_o$이므로, 첫째단 증폭기의 입력전압 v_i는 다음과 같이 된다.

$$v_i = v_s + v_n - v_{fb} = v_s + v_n - \beta v_o \qquad (2)$$

식 (2)를 식 (1)에 대입하여 정리하면,

$$v_o = \frac{A_1 A_2}{1 + A_1 A_2 \beta}(v_s + v_n) \qquad (3)$$

따라서 [그림 9-5] 회로의 출력 S/N은 다음과 같다.

$$(S/N)_o = \frac{S_o}{N_o} = \frac{S_i}{N_i} \qquad (4)$$

[그림 9-4(b)]의 귀환 증폭기와 비교하여, [그림 9-5]의 귀환 증폭기는 출력 S/N이 개선되지 않으며, [그림 9-4(a)]의 개방루프 증폭기와 동일한 출력 S/N을 갖는다. 따라서 [그림 9-4(b)]와 같이 첫째단에는 낮은 잡음특성과 높은 전압이득을 갖는 소신호 증폭기를 사용하고, 둘째단에는 부하에 큰 전력을 공급할 수 있는 전력 증폭기를 사용하면, 부귀환에 의해 둘째단 전력 증폭기의 잡음을 크게 감소시킬 수 있다. 이와 같은 개념은 오디오 증폭기, 유 · 무선 통신용 증폭기 등에 일반적으로 적용된다.

응용 9-4

[그림 9-4(b)]의 회로에서 첫째단 소신호 증폭기의 이득은 $A_1=200$이고, 둘째단 전력 증폭기의 이득은 $A_2=1$이며, 귀환율 $\beta=1$이다. $v_s=1$ V이고 $v_n=1$ V인 경우에 대해 신호출력 v_o와 잡음출력 v_{no}를 구하고, 출력 S/N을 구하라.

[정답 : $v_o \simeq 1$ V, $v_{no} \simeq 0.005$ V, $(S/N)_o=200(46\text{ dB})$]

9.2 귀환 증폭기의 해석

[그림 9-1]에서 설명한 바와 같이, 귀환 증폭기에서 귀환을 위해 샘플링되는 출력신호 X_o와 입력단으로 되돌아오는 귀환신호 X_{fb}는 각각 전압 또는 전류 중 하나가 된다. 따라서 귀환 증폭기는 X_o와 X_{fb}에 따라 4가지 형태로 구현될 수 있다. 이 절에서는 4가지 귀환 증폭기의 구조와 특성을 이해하고, 귀환 증폭기 해석 방법을 익힌다.

9.2.1 귀환 증폭기의 4가지 형태

귀환 증폭기의 형태는 출력 쪽에서 샘플링되는 신호의 형태와 입력 쪽으로 되돌아오는 귀환신호의 형태에 따라 결정된다. [그림 9-6]은 샘플링되는 출력신호에 따른 출력 쪽의 연결형태(즉, 기본 증폭기의 출력 쪽과 귀환회로의 연결형태)를 보이고 있다. 출력 쪽에서 전압이 샘플링되는 경우(즉, $X_o=V_o$인 경우)에는 [그림 9-6(a)]와 같이 귀환회로가 기본 증폭기에 병렬(shunt)로 연결되며, 전류가 샘플링되는 경우(즉, $X_o=I_o$인 경우)에는 [그림 9-6(b)]와 같이 직렬(series)로 연결된다. 이는 전압을 측정하기 위해서는 전압계를 병렬로 연결하고, 전류를 측정하기 위해서는 전류계를 직렬로 연결하는 것과 같은 이치이다.

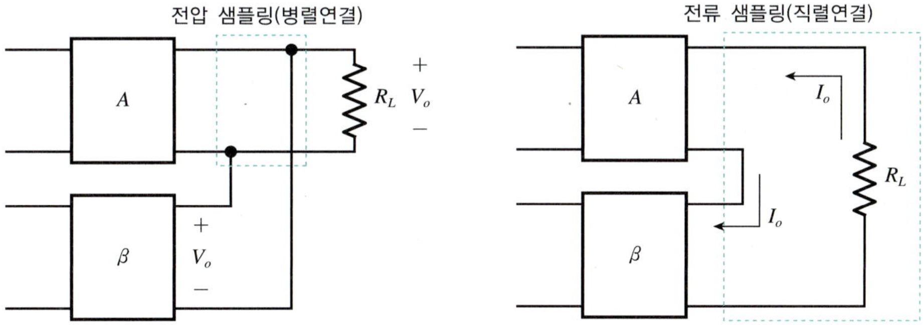

(a) 병렬(shunt) 연결(전압 샘플링)　　(b) 직렬(series) 연결(전류 샘플링)

[그림 9-6] 귀환 증폭기의 출력 쪽 연결형태

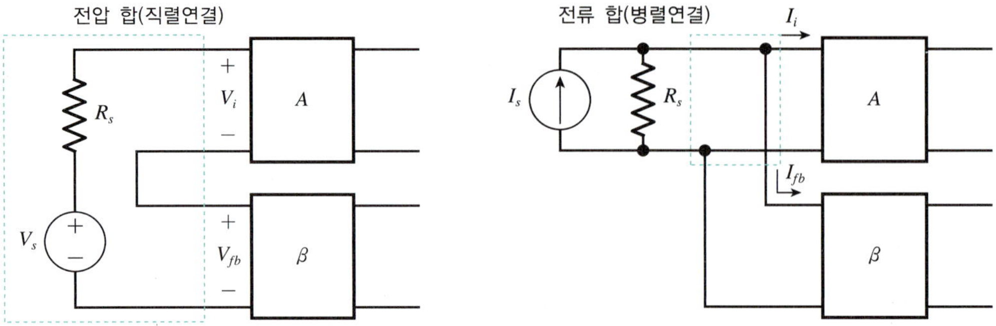

(a) 직렬(series) 연결(전압 귀환)　　(b)병렬(shunt) 연결(전류 귀환)

[그림 9-7] 귀환 증폭기의 입력 쪽 연결형태

입력 쪽의 연결형태(즉, 기본 증폭기의 입력 쪽과 귀환회로의 연결형태)는 귀환신호의 형태에 따라 결정된다. 귀환신호가 전압(즉, $X_{fb}=V_{fb}$)인 경우에는 [그림 9-7(a)]와 같이 입력 쪽이 직렬로 연결되고, 귀환신호가 전류(즉, $X_{fb}=I_{fb}$)인 경우에는 [그림 9-7(b)]와 같이 병렬로 연결된다. 이는 전압을 합하기 위해서는 전압원들을 직렬로 연결하고, 전류를 합하기 위해서는 전류원들을 병렬로 연결하는 것과 같은 이치이다.

귀환 증폭기의 구조는 [그림 9-6]과 [그림 9-7]의 조합에 의해 다음과 같이 4가지 중 하나로 구현될 수 있으며, "입력 쪽의 연결형태-출력 쪽의 연결형태"의 형식으로 표현한다.

- **직렬-병렬 귀환 증폭기([그림 9-8(a)])** : 입력 쪽이 직렬연결이고 출력 쪽이 병렬연결인 귀환 증폭기로서 입력 쪽에서 외부 입력전압 V_s와 귀환전압 V_{fb}가 합해져서 기본 증폭기의 입력전압 V_i가 만들어지며, 출력신호도 전압 V_o가 된다. 따라서 기본 증폭기와 귀환 증폭기는 전압 증폭기(voltage amplifier)이며, 각각 개방루프 전압이득 A_v와 폐루프 전압이득 A_{vf}를 갖는다. 귀환회로는 출력전압 V_o를 귀환전압 V_{fb}로 변환하는 역할을 하며, 따라서 귀환율은 $\beta_v \equiv V_{fb}/V_o$가 된다. 폐루프 전압이득은 식 (9.5)에 의해 $A_{vf}=A_v/(1+A_v\beta_v)$가 된다.
- **병렬-직렬 귀환 증폭기([그림 9-8(b)])** : 입력 쪽이 병렬연결이고 출력 쪽이 직렬연결인 귀환 증폭기로서 입력 쪽에서 외부 입력전류 I_s와 귀환전류 I_{fb}가 합해져서 기본 증폭기의 입력전류 I_i가 만들어지며, 출력신호도 전류 I_o가 된다. 따라서 기본 증폭기와 귀환 증폭기는 전류 증폭기(current amplifier)이며, 각각 개방루프 전류이득 A_i와 폐루프 전류이득 A_{if}를 갖는다. 귀환회로는 출력전류 I_o를 귀환전류 I_{fb}로 변환하는 역할을 하며, 따라서 귀환율은 $\beta_i \equiv I_{fb}/I_o$가 된다. 폐루프 전류이득은 식 (9.5)에 의해 $A_{if}=A_i/(1+A_i\beta_i)$가 된다.

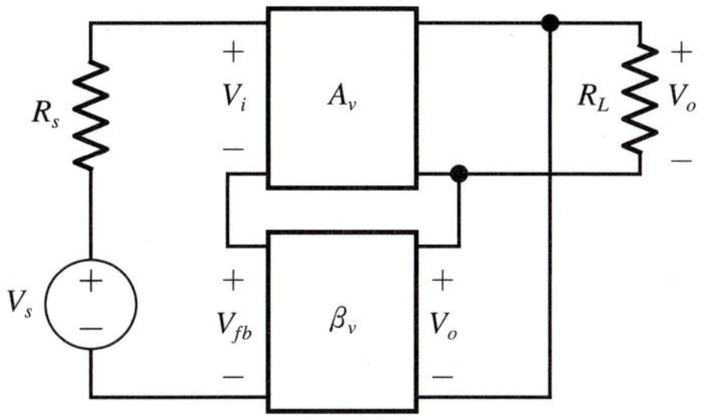

(a) 직렬–병렬 귀환 증폭기(전압 증폭기)

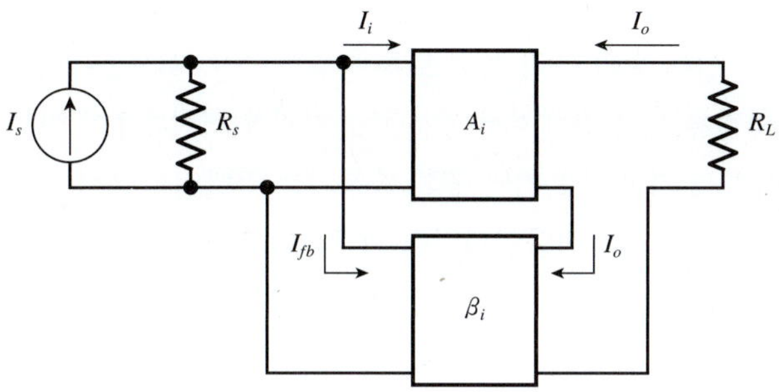

(b) 병렬–직렬 귀환 증폭기(전류 증폭기)

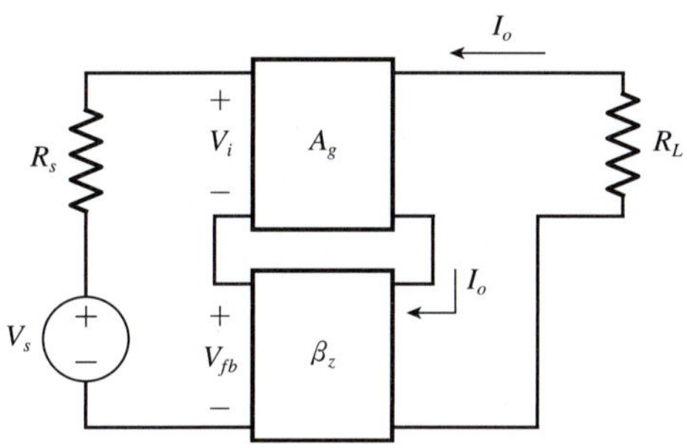

(c) 직렬–직렬 귀환 증폭기(전달컨덕턴스 증폭기)

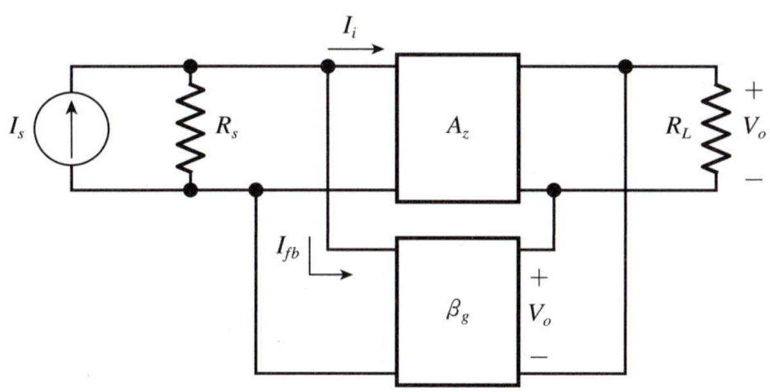

(d) 병렬–병렬 귀환 증폭기(전달임피던스 증폭기)

[그림 9–8] 귀환 증폭기의 4가지 형태

- **직렬-직렬 귀환 증폭기([그림 9-8(c)])** : 입력 쪽과 출력 쪽이 모두 직렬연결인 귀환 증폭기로서 입력 쪽에서 외부 입력전압 V_s와 귀환전압 V_{fb}가 합해져서 기본 증폭기의 입력전압 V_i가 만들어지며, 출력신호는 전류 I_o가 된다. 따라서 기본 증폭기와 귀환 증폭기는 전달컨덕턴스 증폭기(transconductance amplifier)이며, 각각 개방루프 전달컨덕턴스 A_g와 폐루프 전달컨덕턴스 A_{gf}를 갖는다. 귀환회로는 출력전류 I_o를 귀환전압 V_{fb}로 변환하는 역할을 하며, 따라서 귀환율은 $\beta_z \equiv V_{fb}/I_o$가 된다. 폐루프 전달컨덕턴스는 식 (9.5)에 의해 $A_{gf}=A_g/(1+A_g\beta_z)$가 된다.

- **병렬-병렬 귀환 증폭기([그림 9-8(d)])** : 입력 쪽과 출력 쪽이 모두 병렬연결인 귀환 증폭기로서 입력 쪽에서 외부 입력전류 I_s와 귀환전류 I_{fb}가 합해져서 기본 증폭기의 입력전류 I_i가 만들어지며, 출력신호는 전압 V_o가 된다. 따라서 기본 증폭기와 귀환 증폭기는 전달임피던스 증폭기(transimpedance amplifier)이며, 각각 개방루프 전달임피던스 A_z와 폐루프 전달임피던스 A_{zf}를 갖는다. 귀환회로는 출력전압 V_o를 귀환전류 I_{fb}로 변환하는 역할을 하며, 따라서 귀환율은 $\beta_g \equiv I_{fb}/V_o$가 된다. 폐루프 전달임피던스는 식 (9.5)에 의해 $A_{zf}=A_z/(1+A_z\beta_g)$가 된다.

9.2.2 귀환 증폭기의 해석 방법

귀환 증폭기의 폐루프 이득, 입력 및 출력저항 특성의 해석을 위해 9.1.1절에서 설명된 다음의 두 가지 가정을 적용하며, 이는 일반적으로 허용될 수 있는 가정이다. 또한 귀환회로는 저항 소자로만 구성된다고 가정하며, 이는 귀환회로가 커패시터나 인덕터 등의 수동소자로 구성되는 경우로 확대 적용될 수 있다.

- 가정-1 : 증폭기의 입력 쪽에서 출력 쪽으로의 순방향 신호전달은 기본 증폭기를 통해서만 일어나고, 귀환회로에 의한 성분은 무시할 수 있을 정도로 작다.
- 가정-2 : 증폭기의 출력 쪽에서 입력 쪽으로의 역방향 신호전달은 귀환회로를 통해서만 일어나고, 기본 증폭기에 의한 성분은 무시할 수 있을 정도로 작다.

근사화된 해석

식 (9.5)를 이용하여 귀환 증폭기의 폐루프 이득을 구하기 위해서는 개방루프 전압이득 A와 귀환율 β를 알아야 한다. A를 구하기 위해서는 귀환회로가 기본 증폭기에 미치는 부하효과를 고려해야 하며, 이는 다소 복잡한 과정을 거쳐야 한다. 그러나 $A\beta \gg 1$인 경우에는 식 (9.5)가 다음과 같이 근사화될 수 있다.

$$A_{xf} = \frac{A_x}{1 + A_x\beta_x} \simeq \frac{1}{\beta_x} \tag{9.24}$$

여기서 A_{xf}와 β_x는 귀환 증폭기의 형태에 따라 A_{vf}, A_{if}, A_{gf}, A_{zf}와 β_v, β_i, β_g, β_z 중 하나가 된다. 식 (9.24)는 귀환 증폭기의 폐루프 이득이 기본 증폭기의 특성 A_x와 무관하게 귀환율 β_x에 의해 결정됨을 의미하며, 이는 귀환 증폭기에 의해 나타나는 중요한 특성 중의 하나이다. 식 (9.24)는 귀환 증폭기의 근사적인 해석과 설계에 유용하게 활용될 수 있다.

귀환회로의 부하효과를 고려한 해석

9.1.1절의 [그림 9-1]과 식 (9.5)에서는 귀환회로가 이상적인 특성을 가져 기본 증폭기에 미치는 부하효과가 없다고 가정하였다. 그러나 실제의 귀환 증폭기에서는 귀환회로가 기본 증폭기에 부하로 작용하여 개방루프 이득 A에 영향을 미치며, 이는 또한 폐루프 이득과 입력저항 및 출력저항에 영향을 미친다. 따라서 귀환 증폭기의 정확한 해석을 위해서는 귀환회로가 기본 증폭기에 미치는 부하효과가 고려된 상태에서 개방루프 이득을 구해야 한다. 귀환회로의 부하효과는 귀환 증폭기의 입력 쪽과 출력 쪽으로 나누어 생각할 수 있으며, 또한 입력 쪽과 출력 쪽의 연결형태(즉, 직렬 또는 병렬)에 따라 달라진다.

[그림 9-9]는 귀환회로가 증폭기의 입력 쪽에 미치는 영향을 보이는 등가회로이다. [그림 9-9(a)]는 귀환 증폭기의 입력 쪽이 직렬연결인 경우의 등가회로이며, 여기서 $R_{\beta i}$는 귀환회로가 기본 증폭기의 입력 쪽에 미치는 부하효과 저항을 나타낸다. [그림 9-9(b)]와 같이 $R_{\beta i}$를 분리하여 귀환회로의 부하효과를 고려하면, 귀환회로는 이상적인 경우로 대체될 수 있다. [그림 9-9(c)]는 귀환 증폭기의 입력 쪽이 병렬연결인 경우의 등가회로이다. [그림 9-9(d)]와 같이 $R_{\beta i}$를 분리하여 귀환회로의 부하효과를 고려하면, 귀환회로는 이상적인 경우로 대체될 수 있다.

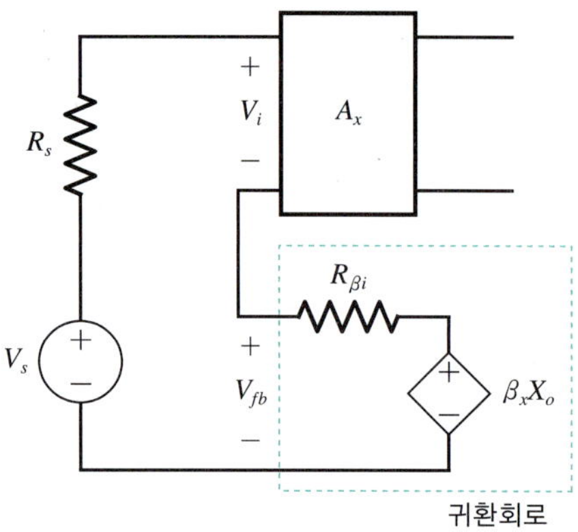

(a) 입력 쪽이 직렬연결인 경우

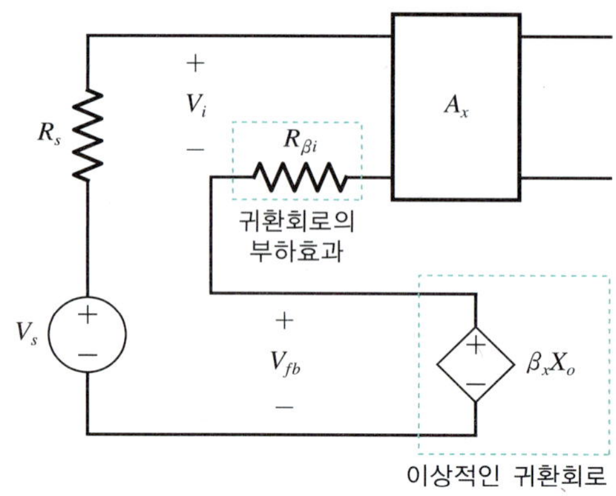

(b) (a)의 등가회로

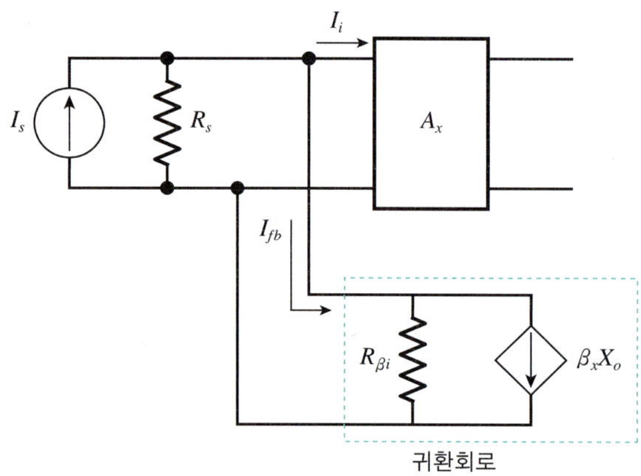

(c) 입력 쪽이 병렬연결인 경우

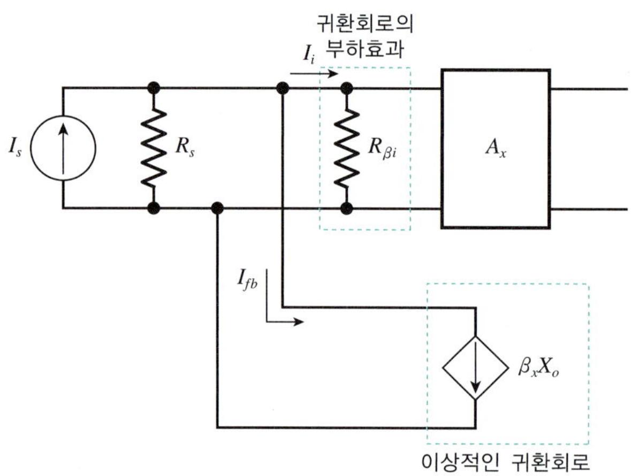

(d) (c)의 등가회로

[그림 9-9] 귀환회로가 입력 쪽에 미치는 부하효과

귀환회로가 기본 증폭기의 입력 쪽에 미치는 부하효과 저항 $R_{\beta i}$는 출력 쪽의 연결형태(즉, 샘플링되는 출력신호의 형태)에 영향을 받는다. $R_{\beta i}$는 출력 쪽 회로에서 출력신호가 샘플링되지 않도록 만든 상태에서 구해지며, 다음 방법으로 구할 수 있다.

- 출력 쪽이 병렬연결(전압 샘플링)인 경우 : 전압이 샘플링되는 출력노드를 접지로 단락시킨(즉, $V_o=0$으로 만들어 전압이 샘플링되지 않도록 만든) 상태에서 기본 증폭기의 입력 쪽에 나타나는 저항이 $R_{\beta i}$이다.
- 출력 쪽이 직렬연결(전류 샘플링)인 경우 : 전류가 샘플링되는 지점의 출력루프를 개방한(즉, $I_o=0$으로 만들어 전류가 샘플링되지 않도록 만든) 상태에서 기본 증폭기의 입력 쪽에 나타나는 저항이 $R_{\beta i}$이다.

[그림 9-10]은 귀환회로가 증폭기의 출력 쪽에 미치는 영향을 보이는 등가회로이다. 앞에서 설명된 가정-2(즉, 증폭기의 입력 쪽에서 출력 쪽으로 귀환회로를 통한 순방향 전달은 무시할 수 있다)를 적용하면, 귀환회로에 점선으로 표시된 제어전원은 무시될 수 있다. [그림 9-10(a)]는 귀환 증폭기의 출력 쪽이 직렬연결인 경우의 등가회로이며, 여기서 $R_{\beta o}$는 귀환회로가 기본 증폭기의 출력 쪽에 미치는 부하효과 저항을 나타낸다. [그림 9-10(b)]와 같이 $R_{\beta o}$를 분리하여 귀환회로의 부하효과를 고려하면, 귀환회로는 이상적인 경우로 대체될 수 있다. [그림 9-10(c)]는 귀환 증폭기의 출력 쪽이 병렬연결인 경우의 등가회로이며, [그림 9-10(d)]와 같이 $R_{\beta o}$를 분리하여 귀환회로의 부하효과를 고려할 수 있으며, 따라서 귀환회로는 이상적인 경우로 대체될 수 있다.

귀환회로가 기본 증폭기의 출력 쪽에 미치는 부하효과 저항 $R_{\beta o}$는 입력 쪽의 연결형태(즉, 귀환신호의 형태)에 영향을 받는다. $R_{\beta o}$는 입력 쪽 회로에서 귀환신호가 합해지지 않도록 만든 상태에서 구해지며, 다음 방법으로 구할 수 있다.

- 입력 쪽이 병렬연결(전류가 합해지는)인 경우 : 전류가 합해지는 입력노드를 접지로 단락시킨(즉, 귀환전류가 기본 증폭기의 입력에 도달하지 못하도록 만든) 상태에서 기본 증폭기의 출력에 나타나는 저항이 $R_{\beta o}$이다.
- 입력 쪽이 직렬연결(전압이 합해지는)인 경우 : 전압이 합해지는 지점의 입력루프를 개방한(즉, 귀환전압이 기본 증폭기의 입력에 도달하지 못하도록 만든) 상태에서 기본 증폭기의 출력에 나타나는 저항이 $R_{\beta o}$이다.

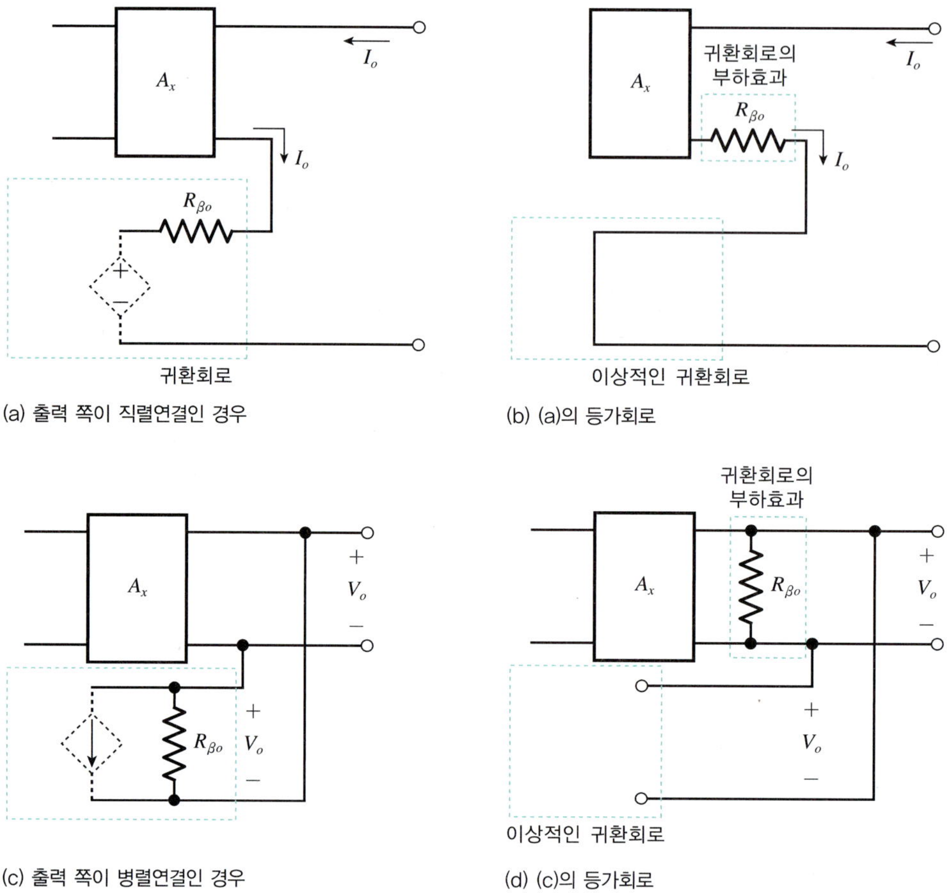

[그림 9-10] 귀환회로가 출력 쪽에 미치는 부하효과

예제 9-6

[그림 9-11(a)]의 귀환 증폭기에서 귀환회로의 구성과 귀환형태(입력과 출력의 연결형태)를 확인하고, 이를 토대로 귀환회로의 부하효과가 고려된 개방루프(즉, 귀환이 없는) 증폭기 회로를 그려라.

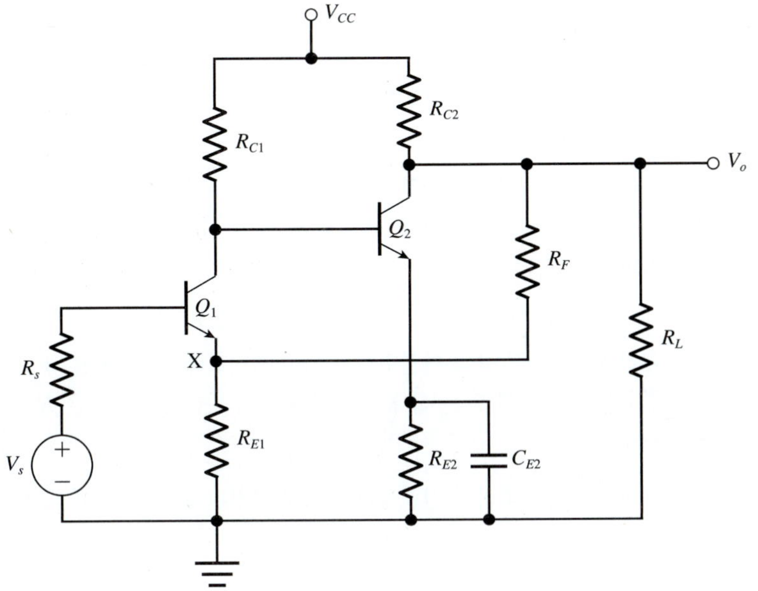

(a) 회로도

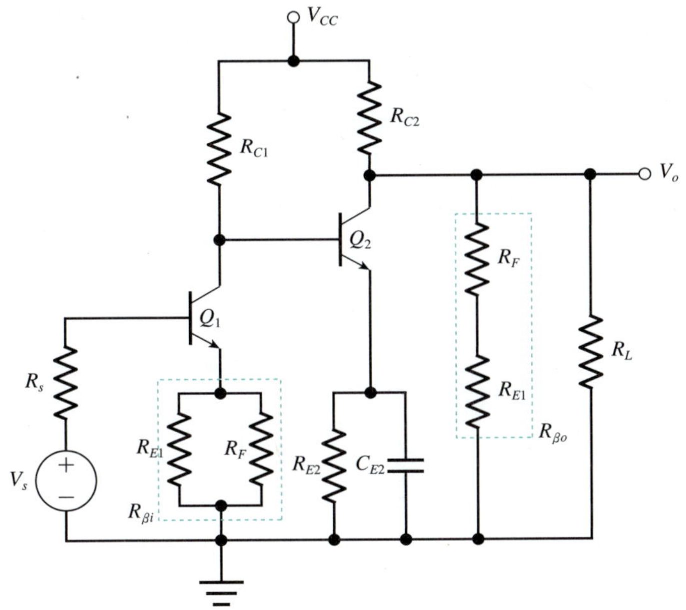

(b) 귀환회로의 부하효과가 고려된 개방루프 회로

[그림 9-11]

풀이

- 귀환회로의 구성 : 전체 증폭기의 입력 쪽은 Q1의 베이스-이미터를 포함하는 루프이고, 출력은 Q2의 컬렉터이다. 증폭기의 입력루프와 출력 노드 사이에 저항 R_{E1}와 R_F가 연결되어 있으므로, 귀환회로는 저항 R_{E1}과 R_F로 구성된다.
- 귀환의 형태 : 저항 R_{E1}와 외부 입력 V_s가 루프를 구성하고 있으므로 입력 쪽은 직렬연결이며, 따라서 귀환신호는 전압(즉, $X_{fb}=V_{fb}$)이다. 저항 R_F가 Q2의 컬렉터에 가지(branch)형태로 연결되어 있으므로 출력 쪽은 병렬연결이며, 샘플링되는 신호는 전압(즉, $X_o=V_o$)이다. 따라서 직렬-병렬 귀환 증폭기이다.
- 귀환회로가 입력 쪽에 미치는 부하효과 : 출력 쪽의 연결형태에 의해 결정된다. 출력 쪽이 병렬연결이므로, Q2의 컬렉터를 접지시켜 $V_o=0$으로 만든 상태에서 입력 쪽에 나타나는 저항은 $R_{\beta i}=R_{E1}\,||\,R_F$이다([그림 9-11(b)] 참조).
- 귀환회로가 출력 쪽에 미치는 부하효과 : 입력 쪽의 연결형태에 의해 결정된다. 입력 쪽이 직렬연결이므로, Q1의 이미터와 R_{E1}의 접점([그림 9-11(a)]에서 X점)을 개방시킨 상태에서 출력 쪽인 Q2의 컬렉터에 나타나는 저항은 $R_{\beta o}=R_{E1}+R_F$이다([그림 9-11(b)] 참조).

[그림 9-11(b)]는 귀환회로가 증폭기의 입력 쪽과 출력 쪽에 미치는 부하효과가 고려된 개방루프(즉, Q2의 컬렉터에서 Q1의 이미터로 귀환되는 경로가 없다.) 증폭기의 회로도이다. 이 회로에서 개방루프 이득 A를 구하고, 이를 이용하여 폐루프 이득, 입력저항 및 출력저항을 구하면 된다.

응용 9-5

[그림 9-12]의 귀환 증폭기에 대해 [예제 9-6]을 반복하라.

[정답 : 귀환회로 : 저항 R_E로 구성됨
귀환형태 : 직렬-직렬 귀환
귀환회로의 부하효과 : 저항 R_E가 입력 쪽과 출력 쪽 모두에 각각 직렬로 나타남]

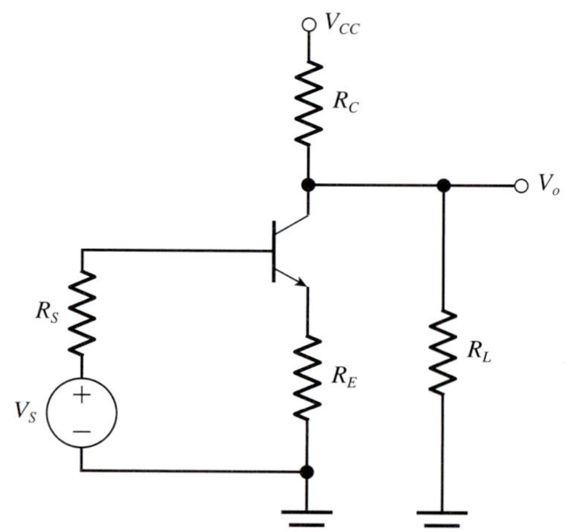

[그림 9-12]

예제 9-7

[그림 9-13(a)]의 귀환 증폭기에 대해 [예제 9-6]을 반복하라.

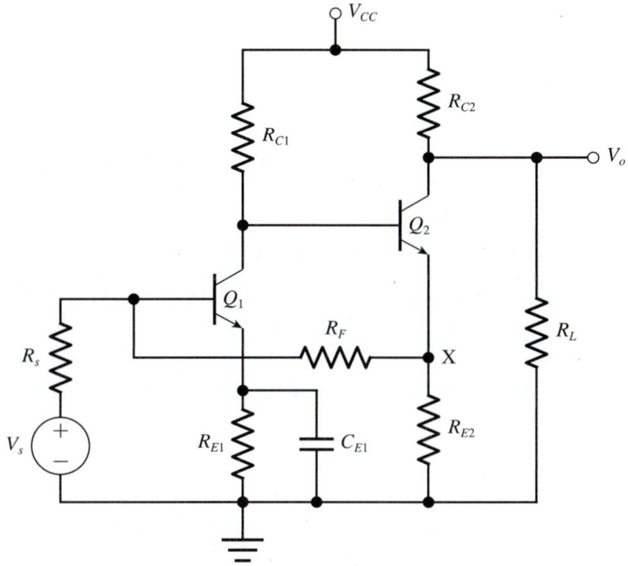

(a) 회로도

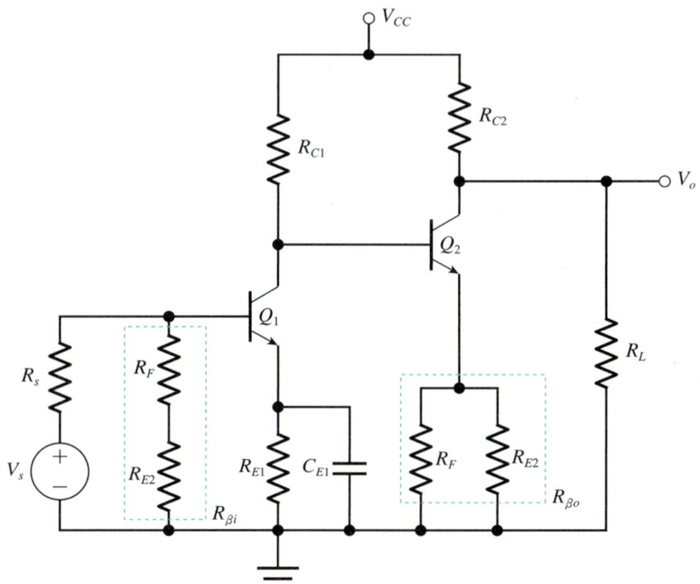

(b) 귀환회로의 부하효과가 고려된 개방루프 회로

[그림 9-13]

풀이

- 귀환회로의 구성 : 전체 증폭기의 입력 쪽은 Q1의 베이스-이미터를 포함하는 루프이고, 출력은 Q2의 컬렉터-이미터를 포함하는 루프이다. 증폭기의 입력루프와 출력루프 사이에 저항 R_F와 R_{E2}가 연결되어 있으므로, 귀환회로는 저항 R_F와 R_{E2}로 구성된다.
- 귀환의 형태 : 외부 입력 V_s가 인가되는 Q1의 베이스에 저항 R_F가 가지형태로 연결되어 있으므로 입력 쪽은 병렬연결이며, 귀환신호는 전류(즉, $X_{fb}=I_{fb}$)이다. 저항 R_{E2}가 출력루프에 포함되어 있으므로(즉, 전압 V_o가 나오는 Q2의 컬렉터에 저항 R_{E2}가 가지형태로 연결되어 있지 않으므로) 출력 쪽은 직렬연결이며, 샘플링되는 신호는 전류(즉, $X_o=I_o$)이다. 따라서 병렬-직렬 귀환 증폭기이다.
- 귀환회로가 입력 쪽에 미치는 부하효과 : 출력 쪽의 연결형태에 의해 결정된다. 출력 쪽이 직렬연결이므로, Q2의 이미터와 R_{E2}의 접점([그림 9-13(a)]에서 X점)을 개방시킨 상태에서 입력 쪽인 Q1의 베이스에 나타나는 저항은 $R_{\beta i}=R_F+R_{E2}$이다. ([그림 9-13(b)] 참조)
- 귀환회로가 출력 쪽에 미치는 부하효과 : 입력 쪽의 연결형태에 의해 결정된다. 입력 쪽이 병렬연결이므로, Q1의 베이스를 접지시킨 상태에서 출력 쪽에 나타나는 저항은 $R_{\beta o}=R_F \| R_{E2}$이다. ([그림 9-13(b)] 참조)

[그림 9-13(b)]는 귀환회로가 증폭기의 입력 쪽과 출력 쪽에 미치는 부하효과가 고려된 개방루프(즉, Q2의 이미터에서 Q1의 베이스로 귀환되는 경로가 없다) 증폭기의 회로도이다. 이 회로도에서 개방루프 이득 A를 구하고, 이를 이용하여 폐루프 이득, 입력저항 및 출력저항을 구하면 된다.

응용 9-6

[그림 9-14]의 귀환 증폭기에 대해 [예제 9-6]을 반복하라.

[정답 : 귀환회로 : 저항 R_F로 구성됨
귀환형태 : 병렬-병렬 귀환
귀환회로의 부하효과 : 저항 R_F가 입력 쪽과 출력 쪽 모두에 각각 병렬로 나타남]

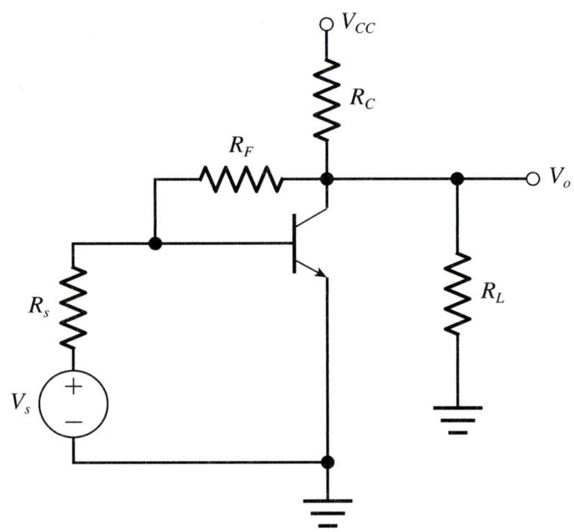

[그림 9-14]

귀환 증폭기의 입력 및 출력 저항

귀환 증폭기의 입력저항은 입력 쪽의 연결형태와 기본 증폭기의 입력저항 R_i에 영향을 받으며, 출력저항은 출력 쪽의 연결형태와 기본 증폭기의 출력저항 R_o에 영향을 받는다. 또한, 개방루프 이득 A와 귀환율 β에도 영향을 받는다. 이때, 기본 증폭기의 입력저항 R_i, 출력저항 R_o, 그리고 개방루프 이득 A는 앞에서 설명된 귀환회로의 부하효과가 고려된 상태로 적용되어야 함에 유의한다. 입력 쪽의 연결형태와 출력 쪽의 연결형태에 따라 다음과 같이 4가지 경우로 나누어 해석할 수 있다.

① 입력 쪽이 직렬연결(귀환신호가 전압)인 경우의 입력저항

[그림 9-15(a)]는 입력 쪽이 직렬연결, 즉 귀환되는 신호가 전압($X_{fb}=V_{fb}$)인 경우에 입력저항 R_{if}를 구하기 위한 회로이다. 입력저항 R_{if}는 전압원 V_t에서 들여다 본 귀환 증폭기 전체의 입력저항이다. [그림 9-15(a)]로부터,

$$\begin{aligned} V_t &= V_i + V_{fb} \\ &= V_i + \beta_x X_o = V_i + \beta_x A_x V_i = (1+A_x\beta_x)V_i \end{aligned} \tag{9.25}$$

여기서 귀환율 β_x는 출력 쪽의 연결형태에 따라 결정된다. 즉, 출력 쪽이 병렬연결인 경우에는 $\beta_v=V_{fb}/V_o$가 되며, 직렬연결인 경우에는 $\beta_z=V_{fb}/I_o$가 된다. 또한, 개방루프 이득 A_x는 출력 쪽이 병렬연결인 경우에는 $A_v=V_o/V_s$가 되며, 직렬연결인 경우에는 $A_g=I_o/V_s$가 된다. 기본 증폭기의 입력전류 I_t는,

$$I_t = \frac{V_i}{R_i} \tag{9.26}$$

여기서 R_i는 기본 증폭기의 개방루프 입력저항을 나타내며, 귀환회로가 입력 쪽에 미치는 부하효과를 포함한다. 식 (9.25)와 식 (9.26)으로부터, 입력저항 R_{if}는 다음과 같다.

$$R_{if} = \frac{V_t}{I_t} = \frac{(1+A_x\beta_x)V_i}{V_i/R_i} = (1+A_x\beta_x)R_i \tag{9.27}$$

식 (9.27)로부터, **입력 쪽이 직렬연결인 귀환 증폭기의 입력저항은 기본 증폭기의 입력저항 R_i보다 $(1+A_x\beta_x)$배 증가함을 알 수 있으며, 이는 전압 증폭기 또는 전달컨덕턴스 증폭기의 이상적인 입력저항 특성에 가까워지는 바람직한 것**이다.

② 입력 쪽이 병렬연결(귀환신호가 전류)인 경우의 입력저항

[그림 9-15(b)]는 입력 쪽이 병렬연결, 즉 귀환되는 신호가 전류($X_{fb}=I_{fb}$)인 경우에 입력저항 R_{if}를 구하기 위한 회로이다. 입력저항 R_{if}는 전류원 I_t에서 들여다 본 귀환 증폭기 전체의 입력저항이다. [그림 9-15(b)]로부터,

$$I_t = I_i + I_{fb} \tag{9.28}$$
$$= I_i + \beta_x X_o = I_i + \beta_x A_x I_i = (1 + A_x \beta_x) I_i$$

여기서 귀환율 β_x는 출력 쪽의 연결형태에 따라 결정된다. 즉, 출력 쪽이 병렬연결인 경우에는 $\beta_g = I_{fb}/V_o$가 되며, 직렬연결인 경우에는 $\beta_i = I_{fb}/I_o$가 된다. 또한, 개방루프 이득 A_x는 출력 쪽이 병렬연결인 경우에는 $A_z = V_o/I_s$가 되며, 직렬연결인 경우에는 $A_i = I_o/I_s$가 된다. R_i에 걸리는 전압 V_i는

$$V_i = R_i I_i \tag{9.29}$$

가 되며, 여기서 R_i는 기본 증폭기의 개방회로 입력저항을 나타내며, 귀환회로가 입력 쪽에 미치는 부하효과를 포함한다. 식 (9.28)과 식 (9.29)로부터, 입력저항 R_{if}는 식 (9.30)과 같이 된다.

$$R_{if} = \frac{V_i}{I_t} = \frac{R_i I_i}{(1 + A_x \beta_x) I_i} = \frac{R_i}{(1 + A_x \beta_x)} \tag{9.30}$$

식 (9.30)으로부터, **입력 쪽이 병렬연결인 귀환 증폭기의 입력저항은 기본 증폭기의 입력저항 R_i보다 $1/(1+A_x\beta_x)$배 감소함을 알 수 있으며, 이는 전류 증폭기 또는 전달임피던스 증폭기의 이상적인 입력저항 특성에 가까워지는 바람직한 것**이다.

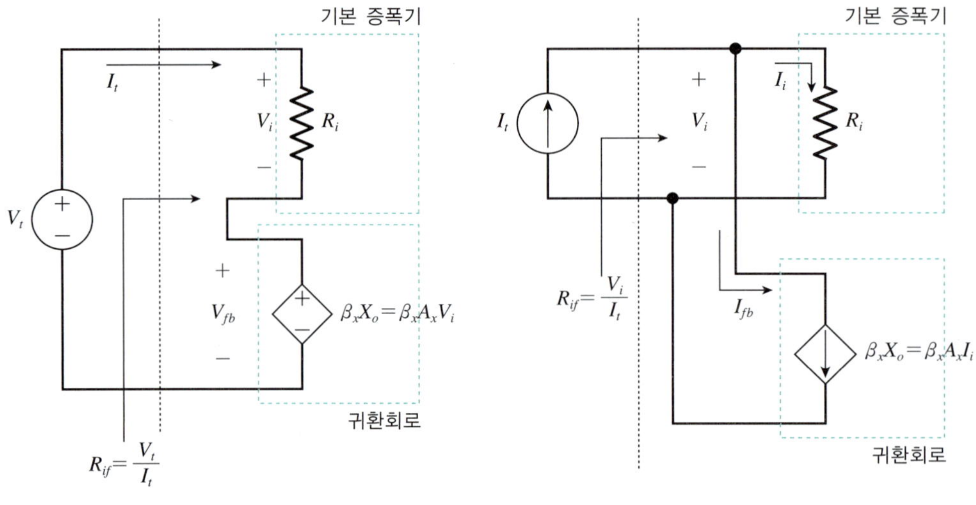

[그림 9-15] 귀환 증폭기의 입력저항 R_{if}를 구하기 위한 입력 쪽 등가회로

③ 출력 쪽이 직렬연결(전류 샘플링)인 경우의 출력저항

[그림 9-16(a)]는 출력 쪽이 직렬연결, 즉 샘플링되는 신호가 전류($X_o=I_o$)인 경우에 출력저항 R_{of}를 구하기 위한 회로이다. 출력저항 R_{of}는 신호원 I_t에서 들여다 본 귀환 증폭기 전체의 출력저항이며, 입력 쪽의 외부 신호원을 $X_s=0$으로 만든 상태에서 구해진다. [그림 9-16(a)]로부터,

$$V_t=(I_t-A_xX_i)R_o \tag{9.31}$$

여기서 개방루프 이득 A_x는 입력 쪽의 연결형태에 따라 결정되며, 입력 쪽이 병렬연결인 경우에는 $A_i=I_o/I_s$가 되고, 직렬연결인 경우에는 $A_g=I_o/V_s$가 된다. 또한, R_o는 기본 증폭기의 개방회로 출력저항을 나타내며, 귀환회로가 출력 쪽에 미치는 부하효과를 포함한다. 외부 신호원이 $X_s=0$인 상태에서 기본 증폭기의 입력 X_i는,

$$X_i=X_s-\beta_xI_t=-\beta_xI_t \tag{9.32}$$

여기서 귀환율 β_x는 입력 쪽의 연결형태에 따라 결정된다. 즉, 입력 쪽이 병렬연결인 경우에는 $\beta_i=I_{fb}/I_o$가 되며, 직렬연결인 경우에는 $\beta_z=V_{fb}/I_o$가 된다. 식 (9.32)를 식 (9.31)에 대입한 후 정리하면, 출력저항 R_{of}는 식 (9.33)과 같다.

$$R_{of}=\frac{V_t}{I_t}=\frac{[(1+A_x\beta_x)I_t]R_o}{I_t}=(1+A_x\beta_x)R_o \tag{9.33}$$

식 (9.33)으로부터, **출력 쪽이 직렬연결인 귀환 증폭기의 출력저항은 기본 증폭기의 출력저항 R_o보다 $(1+A_x\beta_x)$배 증가함을 알 수 있으며, 이는 전류 증폭기 또는 전달컨덕턴스 증폭기의 이상적인 출력저항 특성에 가까워지는 바람직한 것**이다.

④ 출력 쪽이 병렬연결(전압 샘플링)인 경우의 출력저항

[그림 9-16(b)]는 출력 쪽이 병렬연결, 즉 샘플링되는 신호가 전압($X_o=V_o$)인 경우에 출력저항 R_{of}를 구하기 위한 회로이다. 출력저항 R_{of}는 신호원 V_t에서 들여다 본 귀환 증폭기 전체의 출력저항이며, 입력 쪽의 외부 신호원을 $X_s=0$으로 만든 상태에서 구해진다. [그림 9-16(b)]로부터,

$$I_t=\frac{V_t-A_xX_i}{R_o} \tag{9.34}$$

여기서 개방루프 이득 A_x입력 쪽의 연결형태에 따라 결정된다. 즉, 입력 쪽이 병렬연결인 경우에는 $A_z=V_o/I_s$가 되며, 직렬연결인 경우에는 $A_v=V_o/V_s$가 된다. 또한, R_o는 기본 증폭기의 개방회로 출력저항을 나타내며, 귀환회로가 출력 쪽에 미치는 부하효과를 포함한다. 외부 신호원이 $X_s=0$인 상태에서 기본 증폭기의 입력신호 X_i는,

$$X_i=V_s-\beta_xV_t=-\beta_xV_t \tag{9.35}$$

여기서 귀환율 β_x는 입력 쪽의 연결형태에 따라 결정된다. 즉, 입력 쪽이 병렬연결인 경우에는 $\beta_g = I_{fb}/V_o$가 되며, 직렬연결인 경우에는 $\beta_v = V_{fb}/V_o$가 된다. 식 (9.35)를 식 (9.34)에 대입한 후, 정리하면 출력저항 R_{of}는 식 (9.36)과 같이 된다.

$$R_{of} = \frac{V_t}{I_t} = \frac{V_t}{\frac{(1+A_x\beta_x)V_t}{R_o}} = \frac{R_o}{1+A_x\beta_x} \tag{9.36}$$

식 (9.36)으로부터, **출력 쪽이 병렬연결인 귀환 증폭기의 출력저항은 기본 증폭기의 출력저항 R_o보다 $1/(1+A_x\beta_x)$배 감소함을 알 수 있으며, 이는 전압 증폭기 또는 전달임피던스 증폭기의 이상적인 출력저항 특성에 가까워지는 바람직한 것**이다.

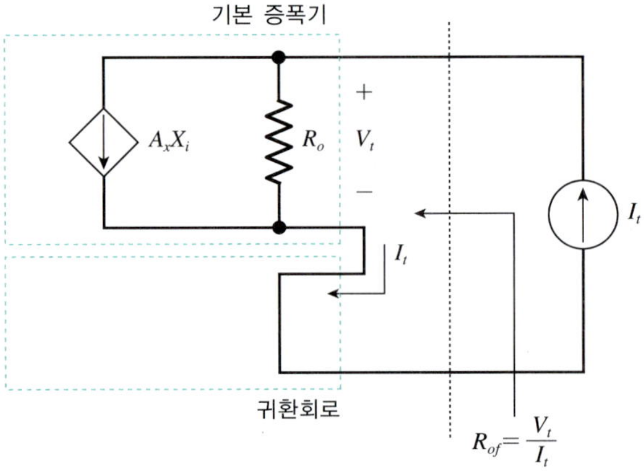

(a) 직렬연결인 경우

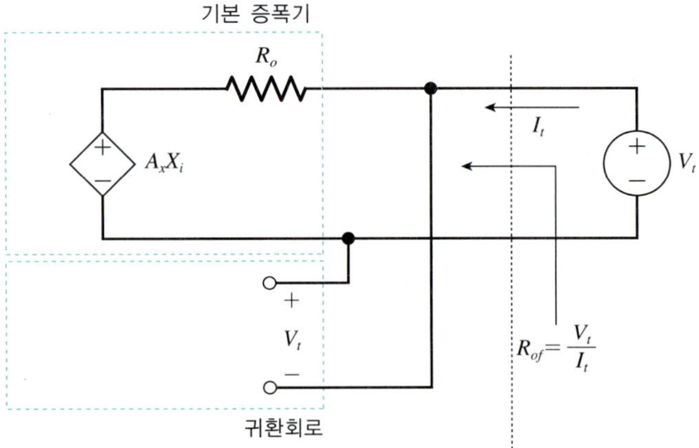

(b) 병렬연결인 경우

[그림 9-16] 귀환 증폭기의 출력저항 R_{of}를 구하기 위한 출력 쪽 등가회로

결론적으로, 귀환 증폭기의 입 · 출력 저항에 관해 다음과 같이 정리할 수 있다.

- 입력 쪽이 직렬연결인 **직렬**–병렬, **직렬**–직렬 귀환 증폭기의 입력저항 R_{if} : 기본 증폭기의 입력저항 R_i보다 $(1+A\beta)$배 증가한다.
- 입력 쪽이 병렬연결인 **병렬**–병렬, **병렬**–직렬 귀환 증폭기의 입력저항 R_{if} : 기본 증폭기의 입력저항 R_i보다 $1/(1+A\beta)$배 감소한다.
- 출력 쪽이 직렬연결인 직렬–**직렬**, 병렬–**직렬** 귀환 증폭기의 출력저항 R_{of} : 기본 증폭기의 출력저항 R_o보다 $(1+A\beta)$배 증가한다.
- 출력 쪽이 병렬연결인 직렬–**병렬**, 병렬–**병렬** 귀환 증폭기의 출력저항 R_{of} : 기본 증폭기의 출력저항 R_o보다 $1/(1+A\beta)$배 감소한다.

4가지 귀환 증폭기의 특성

[표 9–1]은 앞에서 설명된 4가지 귀환 증폭기의 특성을 요약한 것이다.

[표 9–1] 4가지 귀환 증폭기의 특성 요약

연결형태		증폭기 형태	X_s	X_i	X_{fb}	X_o	A_x	β_x	페루트 이득 A_{xf}	입력저항 R_{if}	출력저항 R_{of}
입력	출력										
직렬	병렬	전압 증폭기	V_s	V_i	V_{fb}	V_o	A_v	β_v	A_{vf}	$(1+A_v\beta_v)R_i$	$\frac{R_o}{(1+A_v\beta_v)}$
병렬	직렬	전류 증폭기	I_s	I_i	I_{fb}	I_o	A_i	β_i	A_{if}	$\frac{R_i}{(1+A_i\beta_i)}$	$(1+A_i\beta_i)R_o$
직렬	직렬	전달컨덕턴스 증폭기	V_s	V_i	V_{fb}	I_o	A_g	β_z	A_{gf}	$(1+A_g\beta_z)R_i$	$(1+A_g\beta_z)R_o$
병렬	병렬	전달임피던스 증폭기	I_s	I_i	I_{fb}	V_o	A_z	β_g	A_{zf}	$\frac{R_i}{(1+A_z\beta_g)}$	$\frac{R_o}{(1+A_z\beta_g)}$

귀환 증폭기의 해석 과정

앞에서 설명된 내용을 종합하면, 귀환 증폭기는 다음과 같은 과정으로 해석될 수 있다.

- 단계–① : 증폭기의 출력 쪽에서 입력 쪽으로 연결되는 귀환경로와 귀환회로를 구성하는 소자를 확인한다.
- 단계–② : 입력 쪽과 출력 쪽의 연결형태를 다음의 방법으로 확인한다.
  ㉠ 입력 쪽 연결형태 확인 : 귀환회로의 소자 중 일부가 입력 쪽 루프에 포함되어 있으면 직렬연결이고, 가지(branch) 형태로 연결되어 있으면 병렬연결로 판단한다.

㉡ 출력 쪽 연결형태 확인 : 귀환회로의 소자 중 일부가 출력 쪽 루프에 포함되어 있으면 직렬연결이고, 출력전압 V_o가 나오는 노드에서 가지(branch) 형태로 연결되어 있으면 병렬연결로 판단한다.

- 단계-③ : 입력과 출력의 연결형태에 따라 귀환회로가 입력 쪽과 출력 쪽에 미치는 부하효과를 고려한 개방루프 회로를 찾는다.
- 단계-④ : 단계-③에서 얻어진 회로에 대해 소신호 등가회로를 이용하여 개방루프 이득 A_x, 입력저항 R_i, 출력저항 R_o 그리고 귀환율 β_x를 구한다.
- 단계-⑤ : 귀환 증폭기 전체에 대한 폐루프 이득 A_{xf}, 입력저항 R_{if}, 출력저항 R_{of}를 구한다.

9.2.3 직렬-병렬 귀환 증폭기

[그림 9-17(a)]는 이상적인 직렬-병렬 귀환 증폭기의 등가회로이다. 출력 쪽이 병렬연결이므로 출력에서 전압이 샘플링($X_o=V_o$)되고, 입력 쪽이 직렬연결이므로 귀환신호는 전압($X_{fb}=V_{fb}$)이며, 따라서 전압 증폭기로 동작한다. [그림 9-17(a)]에서는 귀환회로가 이상적인 특성을 가져 기본 증폭기에 미치는 부하효과가 없다고 가정하였으며, 실제의 회로에서 귀환회로가 미치는 부하효과는 9.2.2절에서 설명된 방법에 의해 기본 증폭기의 특성(A_v, R_i, R_o)에 반영되어야 한다.

먼저 폐루프 전압이득을 구해본다. [그림 9-17(a)]로부터 출력전압 V_o는,

$$V_o=A_vV_i \tag{9.37}$$

A_v는 기본 증폭기의 전압이득(즉, 개방루프 전압이득)을 나타낸다. 귀환전압 V_{fb}는 다음과 같고

$$V_{fb}=\beta_vV_o \tag{9.38}$$

신호원의 저항 R_s가 매우 작다고 가정하면 기본 증폭기의 입력전압 V_i는 다음과 같다.

$$V_i=V_s-V_{fb}=V_s-\beta_vV_o \tag{9.39}$$

식 (9.37)~식 (9.39)로부터 폐루프 이득을 구하면, 식 (9.40)과 같으며 이는 9.1.1절에서 설명된 식 (9.5)와 동일한 결과가 됨을 알 수 있다.

$$A_{vf}=\frac{V_o}{V_s}=\frac{A_v}{1+A_v\beta_v} \tag{9.40}$$

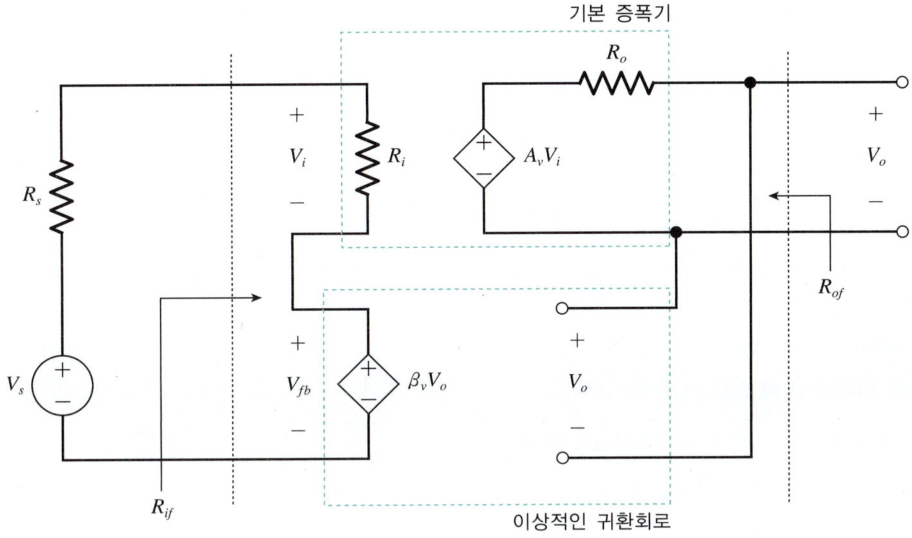

(a) 이상적인 직렬-병렬 귀환 증폭기

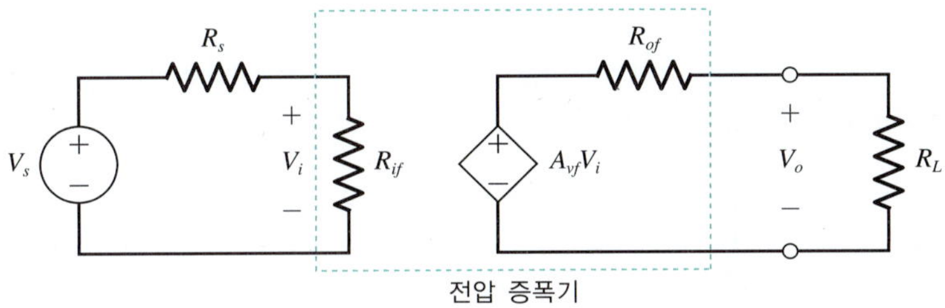

(b) 등가회로

[그림 9-17] 직렬-병렬 귀환 증폭기의 등가회로

$A_v\beta_v \gg 1$이면, 식 (9.40)은 다음과 같이 근사화될 수 있다.

$$A_{vf} \simeq \frac{1}{\beta_v} \tag{9.41}$$

직렬-병렬 귀환 증폭기의 입력저항은 입력 쪽이 직렬연결이므로 식 (9.27)에 의해,

$$R_{if} = (1 + A_v\beta_v)R_i \tag{9.42}$$

즉, $(1+A_v\beta_v)$배 증가하며 출력저항은 출력 쪽이 병렬연결이므로 식 (9.36)에 의해,

$$R_{of} = \frac{R_o}{1 + A_v\beta_v} \tag{9.43}$$

$1/(1+A_v\beta_v)$배 감소한다.

식 (9.40)~식 (9.43)으로부터, 직렬-병렬 귀환 증폭기는 [그림 9-17(b)]와 같은 등가회로로 표현할 수 있다. 예제를 통하여 직렬-병렬 귀환 증폭기의 해석 방법을 익혀본다.

예제 9-8

[그림 9-18]의 귀환 증폭기에 대해 다음의 과정으로 해석하라. 단, $h_{fe1}=175$, $h_{fe2}=170$, $r_{\pi1}=1.3$ kΩ, $r_{\pi2}=3.2$ kΩ, $r_{o1}=r_{o2}=\infty$이고 $R_s=1.0$ kΩ, $R_{C1}=2.2$ kΩ, $R_{C2}=3.3$ kΩ, $R_{E1}=0.1$ kΩ, $R_F=20$ kΩ, $R_L=10$ kΩ이며, 바이어스 저항은 $R_1=R_3=100$ kΩ, $R_2=R_4=25$ kΩ이다. $R_{E11}=0.4$ kΩ, $R_{E2}=1.5$ kΩ는 바이패스 커패시터에 의해 신호 주파수 영역에서 단락되는 것으로 보며, 결합 및 바이패스 커패시터들은 매우 큰 값을 갖는다고 가정한다. 귀환율 β와 BJT의 순방방 단락 전류이득 β_0의 혼동을 피하기 위해 β_0를 h_{fe}로 표시한다.

(a) 귀환경로와 귀환회로를 구성하는 소자를 확인한다.
(b) 입력 쪽과 출력 쪽의 연결형태를 확인한다.
(c) 부귀환임을 설명한다(단, 트랜지스터의 주파수 응답특성은 무시한다).
(d) 귀환회로의 부하효과를 고려한 개방루프 회로를 그린다.
(e) β_v를 구하여 근사화된 폐루프 전압이득을 구한다.
(f) 단계-(d)에서 얻어진 회로에 대해 개방루프 전압이득 A_v, 입력저항 R_i 및 출력저항 R_o을 구한다.
(g) 폐루프 이득 A_{vf}, 입력저항 R_{if} 및 출력저항 R_{of}을 구한다.

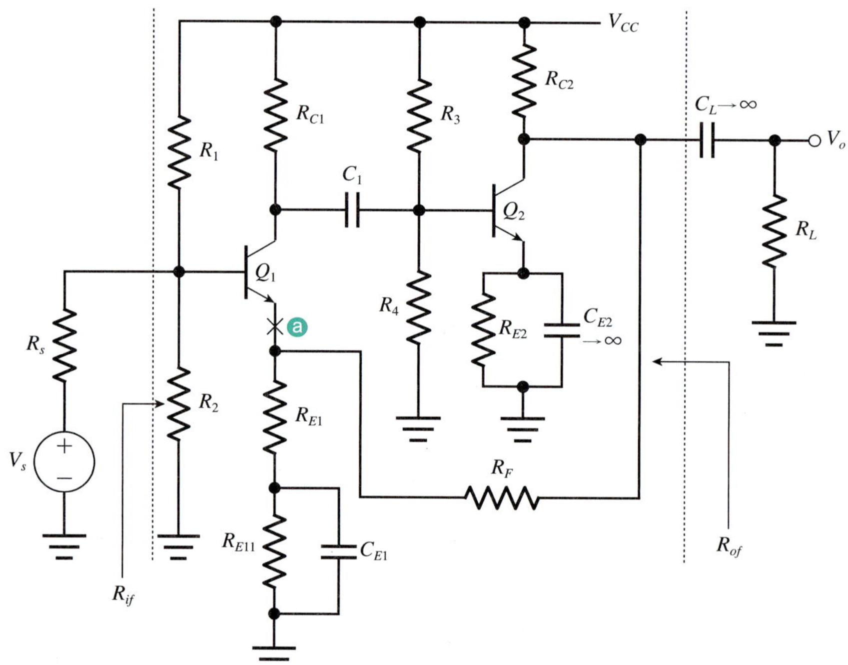

[그림 9-18]

풀이

(a) 증폭기의 입력 쪽은 Q1의 베이스-이미터와 저항 R_{E1}, R_{E11}을 포함하는 루프이며, 출력 쪽은 Q2의 컬렉터-이미터를 포함하는 루프이다. 증폭기의 출력 쪽과 입력 쪽이 저항 R_{E1}과 R_F에 의해 연결되어 있으므로, 귀환회로는 저항 R_{E1}과 R_F로 구성된다. 저항 R_{E11}는 큰 바이패스 커패시터에 의해 단락되므로 귀환회로에 포함되지 않으며, DC 바이어스에만 영향을 미친다.

(b) 증폭기의 입력 쪽 루프에 귀환회로를 구성하는 저항 R_{E1}이 포함되어 있으므로 입력 쪽은 직렬연결이다. 출력전압 V_o가 나오는 Q2의 컬렉터에 귀환회로를 구성하는 저항 R_F가 가지형태로 연결되어 있으므로(즉, 출력 쪽 루프에 저항 R_F가 포함되어 있지 않음), 출력 쪽은 병렬연결이다. 따라서 직렬-병렬 귀환 증폭기이다.

(c) 공통 이미터 증폭기 2단으로 구성되어 있으므로, 개방회로 전압이득은 $A_v>0$ (공통 이미터 증폭기의 전압이득은 음수(negative)임. 4장 참조)이고, R_{E1}에 걸리는 귀환전압은 출력전압 V_o와 위상이 같으므로 $\beta>0$이다. 따라서 $A\beta>0$이므로 부귀환 증폭기이다.

(d) ① 귀환회로가 입력 쪽에 미치는 부하효과 : 출력 쪽의 연결형태에 의해 결정된다. 출력 쪽이 병렬연결이므로, Q2의 컬렉터를 접지시켜 $V_o=0$으로 만든 상태에서 Q1의 이미터에 나타나는 저항이 입력 쪽에 나타나는 부하효과이며, $R_{\beta i}=R_{E1} \| R_F$이다([그림 9-19(a)] 참조).

② 귀환회로가 출력 쪽에 미치는 부하효과 : 입력 쪽의 연결형태에 의해 결정된다. 입력 쪽이 직렬연결이므로, Q1의 이미터와 R_{E1}의 접점([그림 9-18]에서 ⓐ로 표시된 부분)을 개방시킨 상태에서 Q2의 컬렉터에 나타나는 저항이 출력 쪽에 나타나는 부하효과이며, $R_{\beta o}=R_{E1}+R_F$이다([그림 9-19(a)] 참조).

③ 따라서 귀환회로의 부하효과가 고려된 기본 증폭기(개방루프) 회로는 [그림 9-19(a)]와 같다.

(e) 귀환전압 V_{fb}는 저항 R_{E1}에 걸리는 전압이므로, [그림 9-19(a)]로부터,

$$V_{fb}=\frac{R_{E1}}{R_{E1}+R_F}V_o'$$

따라서 귀환율 β_v는,

$$\beta_v=\frac{V_{fb}}{V_o'}=\frac{R_{E1}}{R_{E1}+R_F}=\frac{0.1}{0.1+20}=4.98\times 10^{-3}$$

폐루프 전압이득은 식 (9.41)로부터 다음과 같다.

$$A_{vf}=\frac{V_o}{V_s}\simeq\frac{1}{\beta_v}=1+\frac{R_F}{R_{E1}}=1+\frac{20}{0.1}=201 \text{ V/V}$$

(f) 귀환회로의 부하효과가 고려된 개방루프 증폭기([그림 9-19(a)])의 소신호 등가회로는 [그림 9-19(b)]와 같으며, 이로부터 기본 증폭기의 개방루프 이득, 입력저항, 출력저항을 구한다(개방루프 증폭기의 해석 방법은 이 책의 4장을 참조한다).

① 개방루프 이득 A_v : [그림 9-19(b)]의 소신호 등가회로로부터, 각 증폭단의 전압이득을 다음과 같이 구한다.

- 첫째단의 이득 A_{v1} : Q1은 이미터 저항 R'_{E1}와 컬렉터 저항 R'_{C1}을 갖는 공통 이미터 증폭기이므로, Q1의 베이스에서 본 입력저항 R_{b1}는,

$$R_{b1}=r_{\pi 1}+(1+h_{fe1})R'_{E1}=1.3+(1+175)\times 0.1=18.9\text{ k}\Omega$$

여기서,

$$R'_{E1}=R_{E1}\,||\,R_F=0.1\,||\,20\simeq 0.1\text{ k}\Omega$$

Q1 증폭단의 전압이득 A_{v1}은 다음과 같다.

$$A_{v1}=\frac{-h_{fe1}R'_{C1}}{R_{b1}}\frac{R_i}{R_s+R_i}=\frac{-175\times 1.22}{18.9}\times\frac{9.72}{1+9.72}=-10.24\text{ V/V}$$

신호원에서 보는 개방루프 입력저항은 다음과 같다.

$$R_{B1}=R_1\,||\,R_2=100\,||\,25=20\text{ k}\Omega$$

$$R_i=R_{B1}\,||\,R_{b1}=20\,||\,18.9=9.72\text{ k}\Omega$$

$$R_{B2}=R_3\,||\,R_4=100\,||\,25=20\text{ k}\Omega$$

$$R'_{C1}=R_{C1}\,||\,R_{B2}\,||\,r_{\pi 2}=2.2\,||\,20\,||\,3.2=1.22\text{ k}\Omega$$

- 둘째단의 이득 A_{v2} : Q2는 부하 저항 R'_L을 갖는 공통 이미터 증폭기이므로, A_{v2}는 다음과 같다.

$$A_{v2}=\frac{-h_{fe2}R'_L}{r_{\pi 2}}=\frac{-170\times 2.2}{3.2}=-116.88\text{ V/V}$$

여기서,

$R'_L=R_{C2}\,||\,(R_{E1}+R_F)\,||\,R_L=3.3\,||\,20.1\,||\,10=2.2\text{ k}\Omega$이다.

- 개방루프 이득 : $A_v=A_{v1}A_{v2}=(-10.24)\times(-116.88)=1{,}196.85\text{ V/V}$

② 개방루프 입력저항 R_i : $R_i=R_{B1}\,||\,R_{b1}=20\,||\,18.9=9.72\text{ k}\Omega$이다.

③ 개방루프 출력저항 R_o : Q2의 컬렉터에서 본 출력저항은,

$$R_o=R_{C2}\,||\,(R_{E1}+R_F)=3.3\,||\,20.1=2.83\text{ k}\Omega$$

(g) 단계-(e)와 단계-(f)에서 구한 값들을 식 (9.40), 식 (9.42), 식 (9.43)에 대입하여 폐루프 이득 A_{vf}, 입력저항 R_{if} 및 출력저항 R_{of}을 각각 계산하면 다음과 같다.

① $A_v\beta_v=1{,}196.85\times 4.98\times 10^{-3}=5.96$

② $A_{vf}=\dfrac{A_v}{1+A_v\beta_v}=\dfrac{1{,}196.85}{1+5.96}=176.96\ \text{V/V}$

단계-(e)에서 구한 근사적인 폐루프 이득 $A_{vf}\simeq 201$과 다소 차이가 있으며, 이는 $A_v\beta_v=5.96$으로 비교적 작은 값이므로, 근사화 오차가 발생하였기 때문이다. [그림 9-18] 회로를 PSPICE로 시뮬레이션하면 전압이득이 약 160정도 되며, 따라서 계산결과와 시뮬레이션 결과가 매우 근접함을 확인할 수 있다.

③ $R_{if}=(1+A_v\beta_v)R_i=(1+5.96)\times 9.72\times 10^3=67.65\ \text{k}\Omega$

입력 쪽이 직렬연결이므로, 기본 증폭기의 입력저항에 비해 매우 큰 값을 가지며, 이는 전압 증폭기의 이상적인 입력저항 특성에 잘 부합된다.

④ $R_{of}=\dfrac{R_o}{1+A_v\beta_v}=\dfrac{2.83\times 10^3}{1+5.96}=0.41\ \text{k}\Omega$

출력 쪽이 병렬연결이므로, 기본 증폭기의 출력저항에 비해 매우 작은 값을 가지며, 이는 전압 증폭기의 이상적인 출력저항 특성에 잘 부합된다.

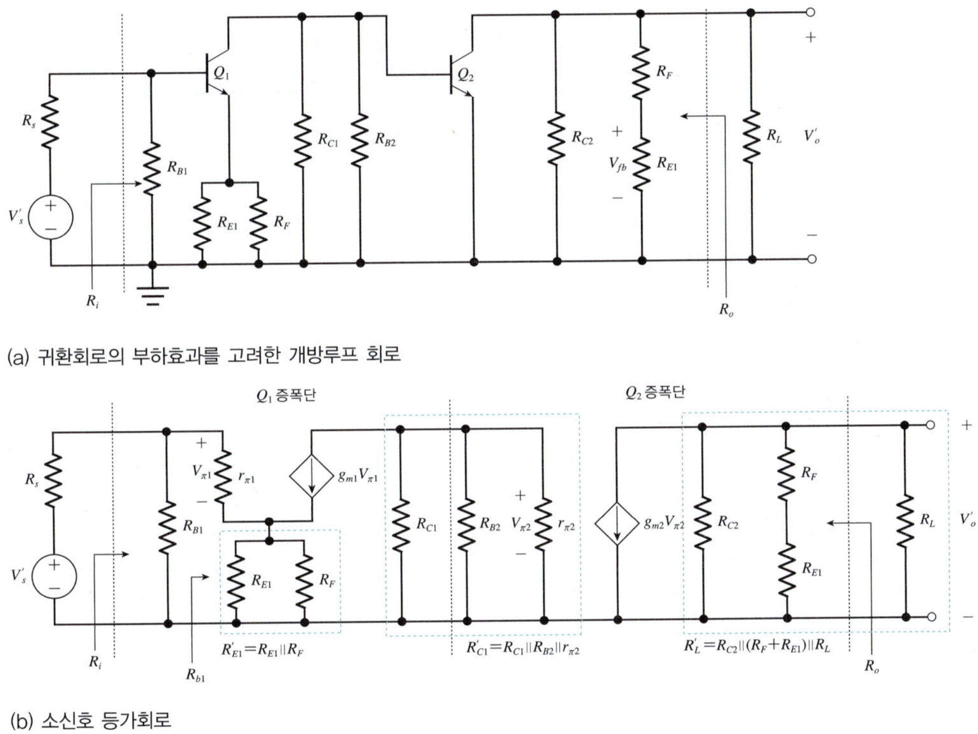

[그림 9-19] [그림 9-18] 회로의 개방루프 회로

응용 9-7

[예제 9-8]의 [그림 9-18] 회로에서 Q1의 이미터 저항 $R_{E1}=0.2\ \text{k}\Omega$인 경우에 페루프 전압이득 $A_{vf}\simeq 30$이 되도록 설계하고자 한다. 귀환저항 R_F의 값을 결정하라.

[정답 : $R_F=5.8\ \text{k}\Omega$]

응용 9-8

[그림 9-20]의 귀환 증폭기에 대해 V_{fb}, β_v와 근사적인 A_{vf}를 구하라.

[정답 : $V_{fb}=V_o$, $\beta_v=1$, $A_{vf}\simeq 1/\beta_v=1$]

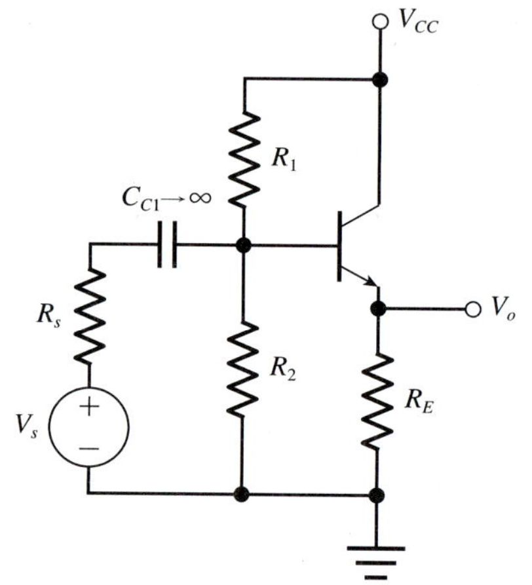

[그림 9-20]

응용 9-9

[그림 9-21]의 귀환 증폭기에 대해 V_{fb}, β_v와 근사적인 A_{vf}를 구하라.

[정답 : $V_{fb}=\dfrac{R_1}{R_1+R_2}V_o$, $\beta_v=\dfrac{R_1}{R_1+R_2}$,

$A_{vf}\simeq 1/\beta_v=1+\dfrac{R_2}{R_1}$]

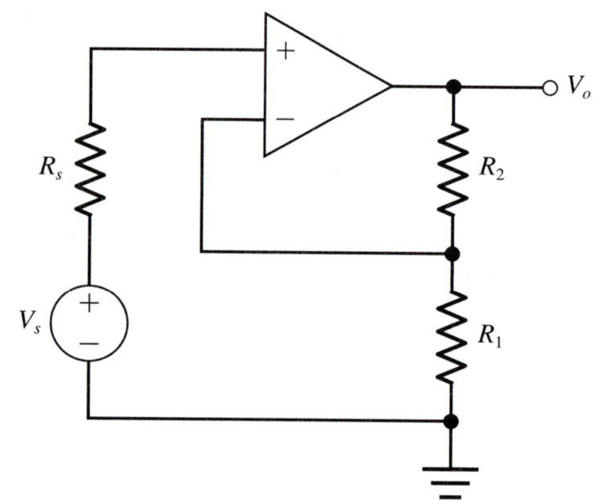

[그림 9-21]

9.2.4 병렬-직렬 귀환 증폭기

[그림 9-22(a)]는 이상적인 병렬-직렬 귀환 증폭기의 등가회로이다. 출력 쪽이 직렬연결이므로 출력에서 전류가 샘플링($X_o = I_o$)되고, 입력 쪽이 병렬연결이므로 귀환신호는 전류($X_{fb} = I_{fb}$)이며, 따라서 전류 증폭기로 동작한다. [그림 9-22(a)]에서는 귀환회로가 이상적인 특성을 가져 기본 증폭기에 미치는 부하효과가 없다고 가정하였으며, 실제 회로에서 귀환회로가 미치는 부하효과는 9.2.2절에서 설명된 방법에 의해 기본 증폭기의 특성(A_i, R_i, R_o)에 반영되어야 한다.

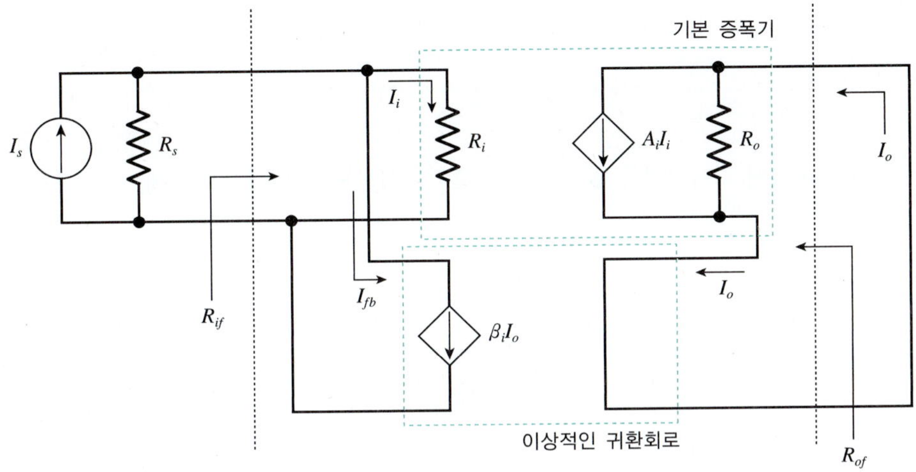

(a) 이상적인 병렬-직렬 귀환 증폭기

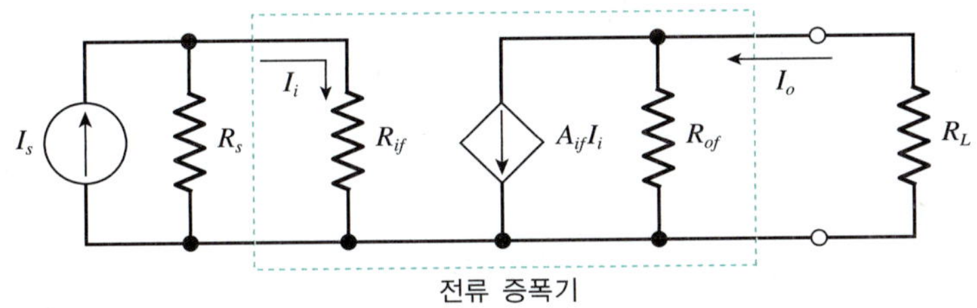

(b) 등가회로

[그림 9-22] 병렬-직렬 귀환 증폭기의 등가회로

먼저 폐루프 전류이득을 구해본다. [그림 9-22(a)]로부터 출력전류 I_o는,

$$I_o = A_iI_i \tag{9.44}$$

여기서 A_i는 기본 증폭기의 전류이득(즉, 개방루프 전류이득)을 나타낸다. 귀환전류 I_{fb}는,

$$I_{fb} = \beta_iI_o \tag{9.45}$$

신호원의 저항 R_s가 매우 크다고 가정하면 기본 증폭기의 입력전류 I_i는 다음과 같다.

$$I_i = I_s - I_{fb} = I_s - \beta_i I_o \tag{9.46}$$

식 (9.44)~식 (9.46)으로부터 폐루프 이득을 구하면, 식 (9.47)과 같으며, 이는 9.1.1절에서 설명된 식 (9.5)와 동일한 결과가 됨을 알 수 있다.

$$A_{if} = \frac{I_o}{I_s} = \frac{A_i}{1 + A_i\beta_i} \tag{9.47}$$

$A_i\beta_i \gg 1$이면, 식 (9.47)은 다음과 같이 근사화될 수 있다.

$$A_{if} \simeq \frac{1}{\beta_i} \tag{9.48}$$

병렬-직렬 귀환 증폭기의 입력저항은 입력 쪽이 병렬연결이므로 식 (9.30)에 의해,

$$R_{if} = \frac{R_i}{1 + A_i\beta_i} \tag{9.49}$$

가 되어 $1/(1+A_i\beta_i)$배 감소하며, 출력저항은 출력 쪽이 직렬연결이므로 식 (9.33)에 의해,

$$R_{of} = (1 + A_i\beta_i)R_o \tag{9.50}$$

가 되어 $(1+A_i\beta_i)$배 증가한다.

식 (9.47)~식 (9.50)으로부터, 병렬-직렬 귀환 증폭기는 [그림 9-22(b)]와 같은 등가회로로 표현할 수 있다. 예제를 통하여 병렬-직렬 귀환 증폭기의 해석 방법을 익혀본다.

예제 9-9

[그림 9-23]의 귀환 증폭기에 대해 다음의 과정으로 해석하라. 단, $h_{fe1} = h_{fe2} = 170$, $r_{\pi 1} = 3.2\ \text{k}\Omega$, $r_{\pi 2} = 2.8\ \text{k}\Omega$, $r_{o1} = r_{o2} = \infty$이고, $R_s = 1.0\ \text{k}\Omega$, $R_{C1} = R_{C2} = 3.3\ \text{k}\Omega$, $R_F = 10\ \text{k}\Omega$, $R_{E2} = 0.2\ \text{k}\Omega$, $R_L = 10\ \text{k}\Omega$이며, 바이어스 저항은 $R_1 = 80\ \text{k}\Omega$, $R_2 = 20\ \text{k}\Omega$, $R_3 = 100\ \text{k}\Omega$, $R_4 = 25\ \text{k}\Omega$이다. $R_{E1} = 1.3\ \text{k}\Omega$, $R_{E22} = 1.3\ \text{k}\Omega$는 바이패스 커패시터에 의해 신호 주파수 영역에서 단락되는 것으로 보며, 결합 및 바이패스 커패시터들은 매우 큰 값을 갖는다고 가정한다.

(a) 귀환경로와 귀환회로를 구성하는 소자를 확인한다.
(b) 입력 쪽과 출력 쪽의 연결형태를 확인한다.
(c) 부귀환임을 설명한다(단, 트랜지스터의 주파수 응답특성은 무시한다).
(d) 귀환회로의 부하효과를 고려한 개방루프 회로를 그린다.
(e) β_i를 구하여 근사화된 폐루프 전류이득을 구한다.

(f) 단계-(d)에서 얻어진 회로에 대해 개방루프 이득 A_i, 입력저항 R_i 및 출력저항 R_o을 구한다.

(g) 폐루프 이득 A_{if}, 입력저항 R_{if} 및 출력저항 R_{of}을 구한다.

(h) A_{if}로부터 폐루프 전압이득 A_{vf}를 구한다.

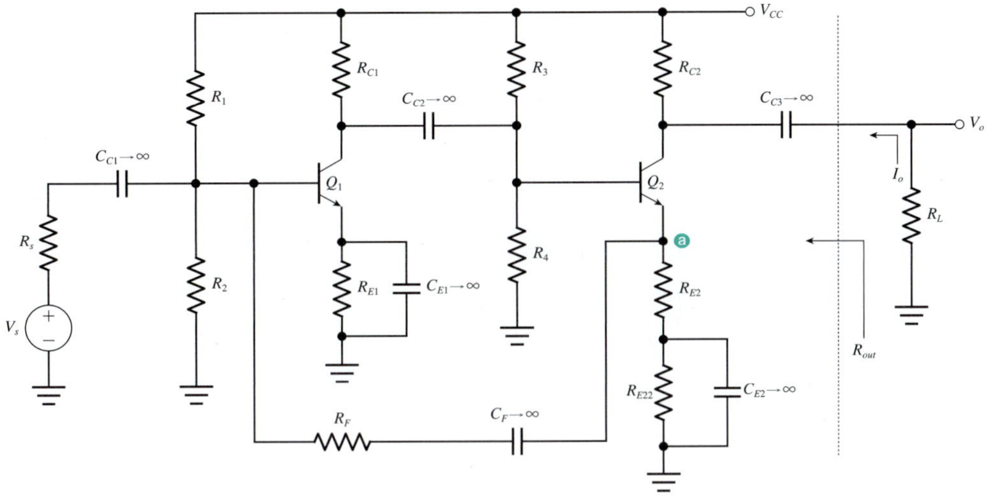

[그림 9-23]

풀이

(a) 증폭기의 입력 쪽인 Q1의 베이스와 출력 쪽인 Q2의 컬렉터-이미터 루프가 저항 R_F와 R_{E2}에 의해 연결되어 있으므로, 귀환회로는 저항 R_F와 R_{E2}로 구성된다. 저항 R_{E22}는 큰 바이패스 커패시터에 의해 단락되므로 귀환회로에 포함되지 않으며, DC 바이어스에만 영향을 미친다.

(b) 저항 R_F가 Q1의 베이스에 가지 형태로 연결되어 있으므로 입력 쪽은 병렬연결이다. 저항 R_{E2}가 출력루프에 포함되어 있으므로, 출력 쪽은 직렬연결이다. 따라서 병렬-직렬 귀환 증폭기이다.

(c) 공통 이미터 증폭기 2단으로 구성되어 있고, 입력전류와 출력전류 I_o는 180°의 위상차를 가지므로, 개방회로 이득은 $A_i < 0$이다. 또한, 귀환신호 I_{fb}가 출력전류 I_o와 180°의 위상차를 가지므로, $\beta < 0$이다. 따라서 $A\beta > 0$이므로 부귀환 증폭기이다.

(d) ① 귀환회로가 입력 쪽에 미치는 부하효과 : 출력 쪽의 연결형태에 의해 결정된다. 출력 쪽이 직렬연결이므로, Q2의 이미터와 저항 R_{E2}의 접점([그림 9-23]에서 ⓐ로 표시된 지점)을 개방한 상태에서 Q1의 베이스에 나타나는 저항이 입력 쪽에 나타나는 부하효과이며, $R_{\beta i} = R_F + R_{E2}$이다([그림 9-24(a)] 참조).

② 귀환회로가 출력 쪽에 미치는 부하효과 : 입력 쪽의 연결형태에 의해 결정된다. 입력 쪽이 병렬연결이므로, Q1의 베이스를 접지시킨 상태에서 Q2의 이미터에 나타나는 저항이 출력 쪽에 나타나는 부하효과이며, $R_{\beta o} = R_F \| R_{E2}$이다([그림 9-24(a)] 참조).

③ 따라서 귀환회로의 부하효과가 고려된 개방루프 회로는 [그림 9-24(a)]와 같다. 저항 R_{E1}과 R_{E22}는 매우 큰 바이패스 커패시터에 의해 단락된다.

(e) 귀환전류 I_{fb}는 저항 R_F에 흐르는 전류이므로, [그림 9-24(a)]로부터,

$$I_{fb}=\frac{-R_{E2}}{R_F+R_{E2}}I_{e2}$$

따라서 귀환율은 다음과 같다.

$$\beta_i=\frac{I_{fb}}{I_{e2}}=\frac{-R_{E2}}{R_F+R_{E2}}=\frac{-0.2}{10+0.2}=-19.61\times10^{-3}$$

식 (9.48)로부터 폐루프 전류이득의 근사값은 다음과 같다.

$$A_{if}=\frac{I_{e2}}{I_s}\simeq\frac{1}{\beta_i}=-\left(1+\frac{R_F}{R_{E2}}\right)=-51\text{ A/A}$$

참고로, 부하 R_L에 흐르는 전류 I_o에 대한 폐루프 전류이득 $A'_{if}=I_o/I_s$는 다음과 같다.

$$A'_{if}=\frac{I_o}{I_s}=\frac{I_{e2}}{I_s}\times\frac{I_o}{I_{e2}}\simeq A_{if}\times\frac{I_o}{I_{c2}}=A_{if}\times\frac{R_{C2}}{R_{C2}+R_L}=-51\times\frac{3.3}{3.3+10}=-12.65\text{ A/A}$$

(f) 귀환회로의 부하효과가 고려된 개방루프 증폭기 회로([그림 9-24(a)])의 소신호 등가회로는 [그림 9-24(b)]와 같으며, 이로부터 기본 증폭기의 개방루프 이득, 입력저항, 출력저항을 구한다.

① 개방루프 이득 A_i : [그림 9-24(b)]의 소신호 등가회로로부터 다음과 같이 구한다.

• $V_{\pi1}=\dfrac{R'_{B1}}{R_s+R'_{B1}}V'_s=\dfrac{2.1}{1+2.1}V'_s=0.68V'_s$이며,

여기서, $R'_{B1}=R_{B1}\|(R_F+R_{E2})\|r_{\pi1}=2.1\text{ k}\Omega$, $R_{B1}=R_1\|R_2=80\|20=16\text{ k}\Omega$이다.

• Q2의 베이스 전압은,

$$V_{b2}=-g_{m1}(R'_{C1}\|R_{i2})V_{\pi1}=-53.1\times2.63\times0.68V'_s=-94.96V'_s\text{이다.}$$

여기서, $g_{m1}=h_{fe1}/r_{\pi1}=53.1\text{ mA/V}$, $R'_{C1}=R_{C1}\|R_{B2}=2.83\text{ k}\Omega$, $R_{B2}=R_3\|R_4=20\text{ k}\Omega$, R_{i2}는 이미터 저항 R'_{E2}를 갖는 Q2 증폭단의 입력저항으로 $R_{i2}=r_{\pi2}+(1+h_{fe2})R'_{E2}=37\text{ k}\Omega$이고, $R'_{E2}=R_F\|R_{E2}\simeq0.2\text{ k}\Omega$이다.

• Q2의 이미터 전류는,

$$I_{e2}=\frac{V_{b2}}{r_{e2}+R'_{E2}}=\frac{-94.96}{(0.0164+0.2)\times10^3}V'_s=-438.8\times10^{-3}V'_s\text{이며,}$$

여기서 $r_{e2}=\dfrac{r_{\pi2}}{1+h_{fe2}}=0.0164\text{ k}\Omega$는 Q2의 이미터에서 본 소신호 등가저항이다.

• 따라서 개방회로 전류이득은 다음과 같이 계산된다.

$$A_i = \frac{I_{e2}}{I'_s} = \frac{I_{e2}}{V'_s/R_s} = -438.8 \text{ A/A}$$

② 개방루프 입력저항 R_i : 베이스에서 본 입력저항은,

$$R_i = R_{B1} \| (R_F + R_{E2}) \| r_{\pi 1} = 2.1 \text{ k}\Omega$$

③ 개방루프 출력저항 R_o : 컬렉터에서 본 출력저항은,

$$R_o = \frac{R'_{C1} + r_{\pi 2}}{1 + h_{fe2}} + R'_{E2} = \frac{2.83 + 2.8}{1 + 170} + 0.2 = 0.23 \text{ k}\Omega$$

(g) 단계-(e)와 단계-(f)에서 구한 값들을 식 (9.47), 식 (9.49), 식 (9.50)에 대입하여 폐루프 이득 A_{if}, 입력저항 R_{if} 및 출력저항 R_{of}을 각각 계산하면 다음과 같다.

① $A_i\beta_i = -438.8 \times (-19.61 \times 10^{-3}) = 8.6$

② $A_{if} = \dfrac{I_{e2}}{I_s} = \dfrac{A_i}{1 + A_i\beta_i} = \dfrac{-438.8}{1 + 8.6} = -45.71$

단계-(e)에서 구한 근사적인 폐루프 이득 $A_{if} \simeq -51$과 매우 근접한 값임을 알 수 있다.

③ $R_{if} = \dfrac{R_i}{1 + A_i\beta_i} = \dfrac{2.1 \times 10^3}{1 + 8.6} = 0.22 \text{ k}\Omega$

입력 쪽이 병렬연결이므로, 기본 증폭기의 입력저항에 비해 매우 작은 값을 가지며, 이는 전류 증폭기의 이상적인 입력저항 특성에 잘 부합된다.

④ $R_{of} = (1 + A_i\beta_i)R_o = (1 + 8.6) \times 0.23 \times 10^3 = 2.21 \text{ k}\Omega$

부하 R_L이 보는 증폭기의 출력저항 R'_{of}는 이미터 저항 R_{of}를 갖는 공통 이미터 증폭기의 컬렉터 저항 $R'_{of} = r_{o2}[1 + g_{m2}(r_{\pi 2} \| R_{of})]$로 계산될 수 있다.

(h) 폐루프 전압이득 A_{vf}는 다음과 같이 계산된다.

- 부하 R_L에 흐르는 전류는,

$$I_o = \left(\frac{R_{C2}}{R_{C2} + R_L}\right) I_{c2} \simeq \left(\frac{R_{C2}}{R_{C2} + R_L}\right) I_{e2}$$

따라서

$$A_{vf} = \frac{V_o}{V_s} = \frac{-R_L I_o}{R_s I_s} = \frac{-R_L}{R_s}\left(\frac{R_{C2}}{R_{C2} + R_L}\right) A_{if}$$
$$= \frac{-10}{1} \times \left(\frac{3.3}{3.3 + 10}\right) \times (-45.71) = 113.4$$

위의 계산 결과는 [그림 9-23]의 회로에 대한 PSPICE 시뮬레이션 결과에 매우 근접한 값이다.

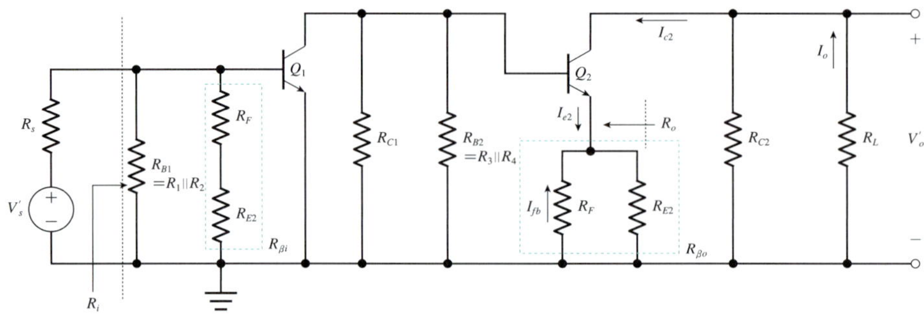

(a) 귀환회로의 부하효과를 고려한 개방루프 회로

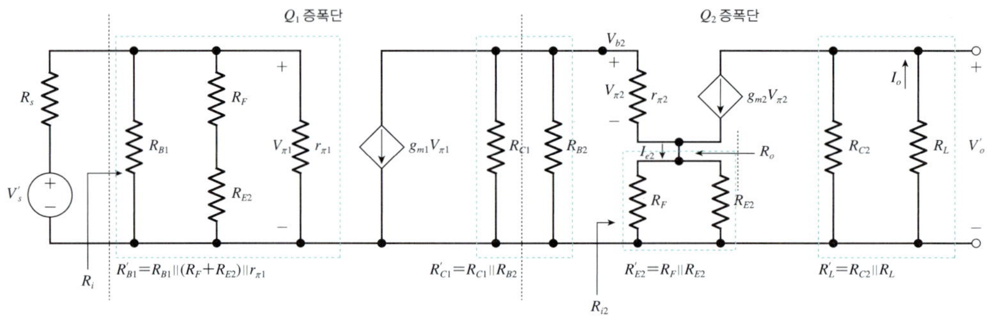

(b) 소신호 등가회로

[그림 9-24] [그림 9-23] 회로의 개방루프 회로

9.2.5 직렬-직렬 귀환 증폭기

[그림 9-25(a)]는 이상적인 직렬-직렬 귀환 증폭기의 등가회로이다. 입력 쪽과 출력 쪽이 모두 직렬연결이므로 출력에서 전류가 샘플링($X_o = I_o$)되고, 귀환신호는 전압($X_{fb} = V_{fb}$)이며, 따라서 전달컨덕턴스 증폭기로 동작한다. [그림 9-25(a)]에서는 귀환회로가 이상적인 특성을 가져 기본 증폭기에 미치는 부하효과가 없다고 가정하였으며, 실제의 회로에서 귀환회로가 미치는 부하효과는 9.2.2절에서 설명된 방법에 의해 기본 증폭기의 특성(A_g, R_i, R_o)에 반영되어야 한다.

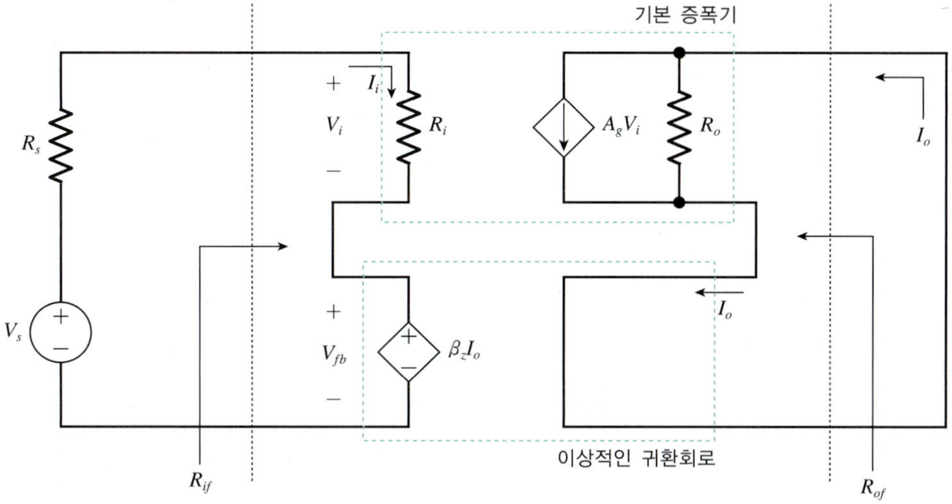

(a) 이상적인 직렬-직렬 귀환 증폭기

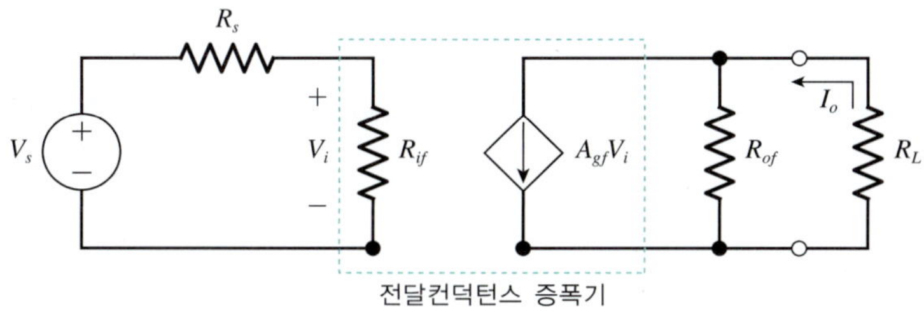

(b) 등가회로

[그림 9-25] 직렬-직렬 귀환 증폭기의 등가회로

먼저, 폐루프 전달컨덕턴스를 구해본다. [그림 9-25(a)]로부터 출력전류 I_o는,

$$I_o = A_g V_i \tag{9.51}$$

여기서 A_g는 기본 증폭기의 전달컨덕턴스(즉, 개방루프 전달컨덕턴스)를 나타낸다. 귀환전압 V_{fb}는,

$$V_{fb} = \beta_z I_o \tag{9.52}$$

신호원의 저항 R_s가 매우 작다고 가정하면 기본 증폭기의 입력전압 V_i는 다음과 같다.

$$V_i = V_s - V_{fb} = V_s - \beta_z I_o \tag{9.53}$$

식 (9.51)~식 (9.53)으로부터 폐루프 전달컨덕턴스를 구하면 식 (9.54)와 같으며, 이는 9.1.1절에서 설명된 식 (9.5)와 동일한 결과가 됨을 알 수 있다.

$$A_{gf}=\frac{I_o}{V_s}=\frac{A_g}{1+A_g\beta_z} \tag{9.54}$$

$A_g\beta_z \gg 1$이면, 식 (9.54)는 다음과 같이 근사화될 수 있다.

$$A_{gf}\simeq\frac{1}{\beta_z} \tag{9.55}$$

직렬-직렬 귀환 증폭기의 입력저항은 입력 쪽이 직렬연결이므로 식 (9.27)에 의해,

$$R_{if}=(1+A_g\beta_z)R_i \tag{9.56}$$

가 되어 $(1+A_g\beta_z)$배 증가하며, 출력저항은 출력 쪽이 직렬연결이므로 식 (9.33)에 의해,

$$R_{of}=(1+A_g\beta_z)R_o \tag{9.57}$$

가 되어 $(1+A_g\beta_z)$배 증가한다.

식 (9.54)~식 (9.57)로부터, 직렬-직렬 귀환 증폭기는 [그림 9-25(b)]와 같은 등가회로로 표현할 수 있다.

예제 9-10

[그림 9-26]의 귀환 증폭기에 대해 다음의 과정으로 해석하라. 단, $g_m=1.4$ mA/V, $\lambda=0$이고, $R_S=0.5$ kΩ, $R_D=7$ kΩ이며, 바이어스 저항은 $R_1=165$ kΩ, $R_2=35$ kΩ이다.

(a) 귀환경로와 귀환회로를 구성하는 소자를 확인한다.
(b) 입력 쪽과 출력 쪽의 연결형태를 확인한다.
(c) 부귀환임을 설명한다(단, 트랜지스터의 주파수 응답특성은 무시한다).
(d) 귀환회로의 부하효과를 고려한 개방루프 회로를 그린다.
(e) β_z를 구하여 근사화된 폐루프 전달컨덕턴스를 구한다.
(f) 단계-(d)에서 얻어진 개방루프 회로에 대해 이득 A_g, 입력저항 R_i 및 출력저항 R_o을 구한다.
(g) 폐루프 전달컨덕턴스 A_{gf}, 입력저항 R_{if} 및 출력저항 R_{of}을 구한다.
(h) A_{gf}로부터 폐루프 전압이득 A_{vf}를 구한다.

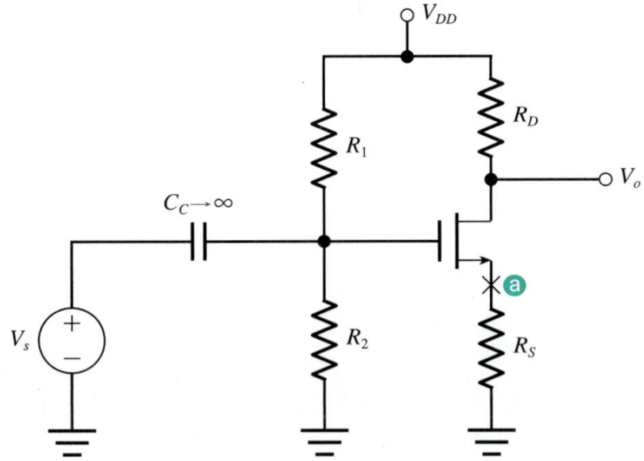

[그림 9-26]

풀이

(a) 소오스 저항 R_S를 갖는 공통 소오스 증폭기 회로이며, 증폭기의 입력 쪽인 게이트-소오스 루프와 출력 쪽인 드레인-소오스 루프에 저항 R_S가 연결되어 있으므로, 귀환회로는 저항 R_S로 구성된다.

(b) 저항 R_S가 입력 쪽 루프와 출력 쪽 루프에 모두 포함되어 있으므로, 입력 쪽과 출력 쪽이 모두 직렬연결이다. 따라서 직렬-직렬 귀환 증폭기이다.

(c) 공통 소오스 증폭기 1단으로 구성되어 있고, 입력전압과 출력전류 I_o는 동일 위상이므로, 개방회로 이득은 $A_g > 0$이다. 또한, 귀환신호 V_{fb}가 출력전류 I_o와 동일 위상이므로, $\beta > 0$이다. 따라서 $A\beta > 0$ 이므로 부귀환 증폭기이다.

(d) ① 귀환회로가 입력 쪽에 미치는 부하효과 : 출력 쪽의 연결형태에 의해 결정되며 출력 쪽이 직렬연결이므로, 소오스와 저항 R_S의 접점([그림 9-26]에서 ⓐ로 표시된 부분)을 개방시킨 상태에서 증폭기의 입력 쪽에 나타나는 저항이 부하효과 $R_{\beta i} = R_S$이다([그림 9-27(a)] 참조)

② 귀환회로가 출력 쪽에 미치는 부하효과 : 입력 쪽의 연결형태에 의해 결정되며 입력 쪽이 직렬연결이므로, 소오스와 저항 R_S의 접점([그림 9-26]에서 ⓐ로 표시된 부분)을 개방시킨 상태에서 증폭기의 출력 쪽에 나타나는 저항이 부하효과 $R_{\beta o} = R_S$이다([그림 9-27(a)] 참조)

③ 따라서 귀환회로의 부하효과가 고려된 개방루프 회로는 [그림 9-27(a)]와 같다.

(e) 귀환전압 V_{fb}는 저항 R_S에 걸리는 전압이므로, [그림 9-27(a)]로부터, $V_{fb} = R_S I'_o$가 되며 따라서 귀환율은 $\beta_z = \frac{V_{fb}}{I'_o} = R_S = 0.5\ \text{k}\Omega$가 된다.

식 (9.55)로부터 폐루프 전달컨덕턴스의 근사값은 다음과 같다.

$$A_{gf} = \frac{I_o}{V_s} \simeq \frac{1}{\beta_z} = \frac{1}{R_S} = 2\ \text{mA/V}$$

(f) 귀환회로의 부하효과가 고려된 개방루프 증폭기 회로([그림 9-27(a)])의 소신호 등가회로는 [그림 9-27(b)]와 같으며, 이로부터 기본 증폭기의 개방루프 이득, 입력저항, 출력저항을 구한다.

① 개방루프 이득 A_g : [그림 9-27(b)]의 소신호 등가회로에서 게이트-소오스 루프에는 전류가 흐르지 않아 $V_{gs}=V_s'$이므로, $I_o'=g_m V_{gs}=g_m V_s'$이다. 따라서,

$$A_g=\frac{I_o'}{V_s'}=g_m$$

② 개방루프 입력저항 R_i : 베이스에서 본 입력저항은 $R_i=R_G=R_1 \| R_2$이다.

③ 개방루프 출력저항 R_o : 컬렉터에서 본 출력저항은 $R_o=R_D$이다.

(g) 단계-(e), 단계-(f)에서 구한 값들을 식 (9.54), 식 (9.56), 식 (9.57)에 대입하여 폐루프 전달컨덕턴스 A_{gf}, 입력저항 R_{if} 및 출력저항 R_{of}을 다음과 같이 계산한다.

① $A_g\beta_z=g_m R_S=1.4\times 0.5=0.7$

② $A_{gf}=\dfrac{I_o}{V_s}=\dfrac{A_g}{1+A_g\beta_z}=\dfrac{g_m}{1+g_m R_S}=\dfrac{1.4\times 10^{-3}}{1+0.7}=0.82\ \text{mA/V}$

단계-(e)에서 구한 근사적인 폐루프 이득 $A_{gf}\simeq 2$ mA/V와 큰 차이가 있으며, 이는 MOSFET의 g_m 값이 작고, $A_g\beta_z=0.7$로 작아 근사화 조건($A_g\beta_z \gg 1$)을 만족하지 못해 오차가 커진 것이다.

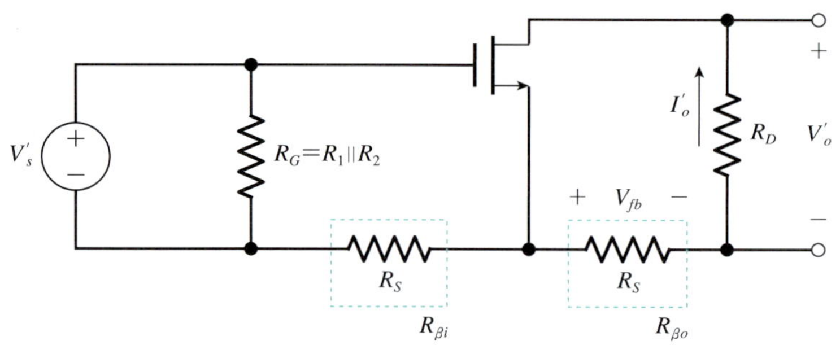

(a) 귀환회로의 부하효과를 고려한 개방루프 회로

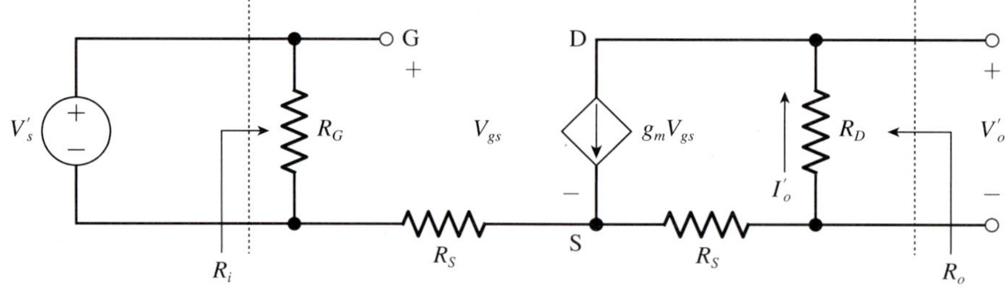

(b) 소신호 등가회로

[그림 9-27] [그림 9-26] 회로의 개방루프 회로

③ MOSFET 증폭기의 입력저항은 무한대에 가까운 값을 가지며, 바이어스 회로의 저항 $R_G = R_1 \| R_2$에 의해 영향을 받는다.

④ $R_{of} = (1 + A_g \beta_z) R_o = (1 + 0.7) \times 7 \times 10^3 = 11.9\ \text{k}\Omega$

출력 쪽이 직렬연결이므로, 기본 증폭기의 출력저항에 비해 커졌다.

(h) 전압이득 A_{vf}는 다음과 같이 계산된다.

$$A_{vf} = \frac{V_o}{V_s} = \frac{-R_D I_o}{V_s} = -R_D A_{gf} = \frac{-g_m R_D}{1 + g_m R_S} = \frac{-1.4 \times 7}{1 + 1.4 \times 0.5} = -5.76\ \text{V/V}$$

[그림 9-26]의 증폭기에 귀환 개념을 적용하지 않고, 소신호 등가회로로부터 직접 구해진 전압이득 수식과 동일한 결과임을 확인할 수 있다.

응용 9-10

[그림 9-28]의 귀환 증폭기에 대해 식 (9.55)를 적용하여 근사적인 A_{gf}와 전압이득 A_{vf}의 수식을 구하라.

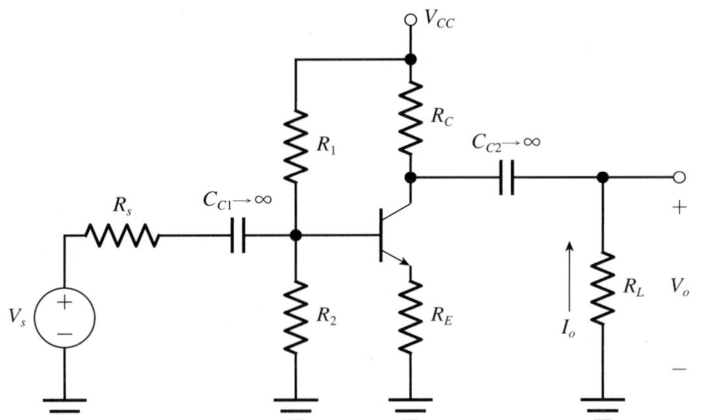

[그림 9-28]

[정답 : $A_{gf} = \frac{I_o}{V_s} \simeq \frac{1}{\beta_z} = \frac{1}{R_E} \frac{R_C}{R_C + R_L}$,

$A_{vf} = \frac{V_o}{V_s} = \frac{-R_L I_o}{V_s} = -R_L A_{gf} \simeq \frac{-(R_C \| R_L)}{R_E}$]

응용 9-11

[그림 9-29]의 귀환 증폭기에 대해 β_z와 근사적인 A_{gf}의 수식을 구하라.

[정답 : $\beta_z = V_{fb}/I_o = R_F$, $A_{gf} = I_o/V_s \simeq 1/R_F$]

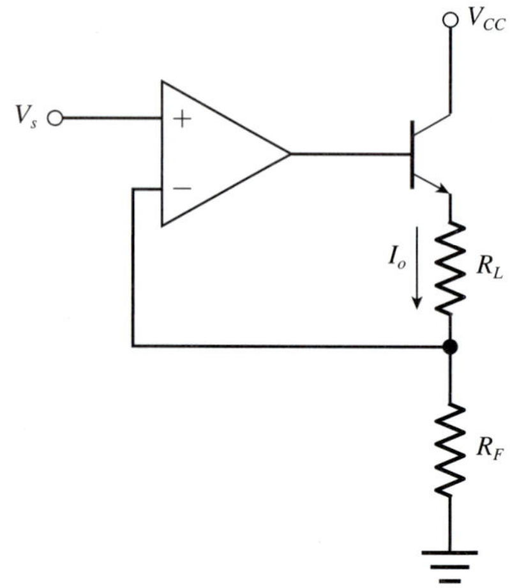

[그림 9-29]

9.2.6 병렬-병렬 귀환 증폭기

[그림 9-30(a)]는 이상적인 병렬-병렬 귀환 증폭기의 등가회로이다. 입력과 출력이 모두 병렬연결이므로 출력 쪽에서 전압이 샘플링($X_o = V_o$)되고, 귀환신호는 전류($X_{fb} = I_{fb}$)이며, 따라서 전달임피던스 증폭기로 동작한다. [그림 9-30(a)]에서는 귀환회로가 이상적인 특성을 가져 기본 증폭기에 미치는 부하효과가 없다고 가정하였으며, 실제의 회로에서 귀환회로가 미치는 부하효과는 9.2.2절에서 설명된 방법에 의해 기본 증폭기의 특성(A_z, R_i, R_o)에 반영되어야 한다.

먼저, 폐루프 전달임피던스를 구해본다. [그림 9-30(a)]로부터, 출력전압 V_o는

$$V_o = A_z I_i \tag{9.58}$$

가 되며, 여기서 A_z는 기본 증폭기의 전달임피던스(즉, 개방루프 전달임피던스)를 나타낸다. 귀환전류 I_{fb}는

$$I_{fb} = \beta_g V_o \tag{9.59}$$

가 되며, 신호원의 저항 R_s가 매우 크다고 가정하면 기본 증폭기의 입력전류 I_i는 다음과 같다.

$$I_i = I_s - I_{fb} = I_s - \beta_g V_o \tag{9.60}$$

식 (9.58)~식 (9.60)으로부터 폐루프 전달임피던스를 구하면, 식 (9.61)과 같으며, 이는 9.1.1절에서 설명된 식 (9.5)와 동일한 결과가 됨을 알 수 있다.

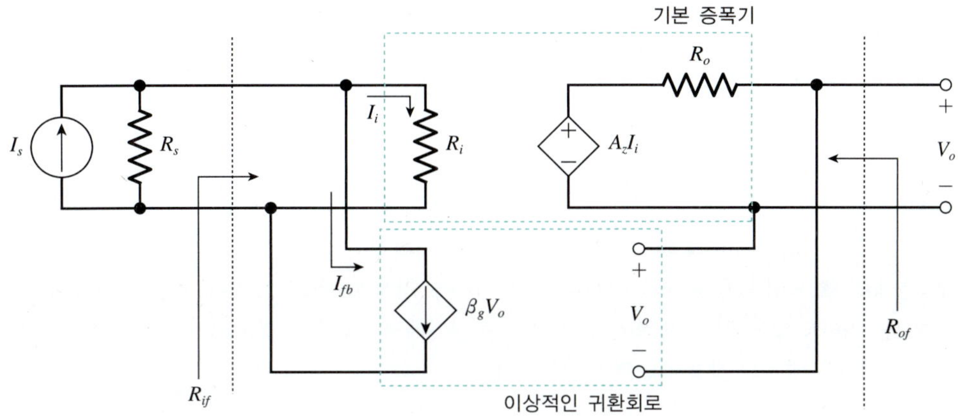

(a) 이상적인 병렬-병렬 귀환 증폭기

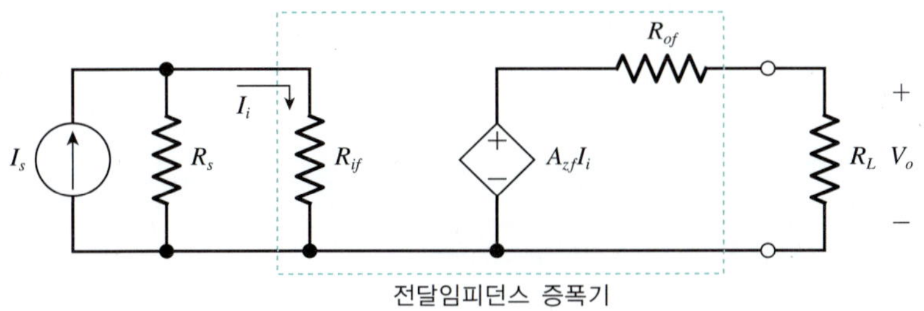

(b) 등가회로

[그림 9-30] 병렬-병렬 귀환 증폭기의 등가회로

$$A_{zf}=\frac{V_o}{I_s}=\frac{A_z}{1+A_z\beta_g} \tag{9.61}$$

$A_z\beta_g \gg 1$이면, 식 (9.61)은 다음과 같이 근사화될 수 있다.

$$A_{zf}\simeq\frac{1}{\beta_g} \tag{9.62}$$

병렬-병렬 귀환 증폭기의 입력저항은 입력 쪽이 병렬연결이므로 식 (9.30)에 의해

$$R_{if}=\frac{R_i}{(1+A_z\beta_g)} \tag{9.63}$$

가 되어 $1/(1+A_z\beta_g)$배 감소하며, 출력저항은 출력 쪽이 병렬연결이므로 식 (9.36)에 의해

$$R_{of}=\frac{R_o}{(1+A_z\beta_g)} \tag{9.64}$$

가 되어 $1/(1+A_z\beta_g)$배 감소한다.

식 (9.61)~식 (9.64)로부터, 병렬-병렬 귀환 증폭기는 [그림 9-30(b)]와 같은 등가회로로 표현할 수 있다.

예제 9-11

[그림 9-31]의 귀환 증폭기에 대해 다음의 과정으로 해석하라. 단, $h_{fe}=150$, $r_\pi=3.8\ \text{k}\Omega$, $r_o=\infty$이고, $R_s=1\ \text{k}\Omega$, $R_C=8\ \text{k}\Omega$, $R_F=10\ \text{k}\Omega$이며, 바이어스 저항은 $R_1=123\ \text{k}\Omega$, $R_2=58\ \text{k}\Omega$이다. $R_E=5\ \text{k}\Omega$는 바이패스 커패시터에 의해 신호 주파수 영역에서 단락되는 것으로 보며, 결합 및 바이패스 커패시터들은 매우 큰 값을 갖는다고 가정한다.

(a) 귀환경로와 귀환회로를 구성하는 소자를 확인한다.
(b) 입력 쪽과 출력 쪽의 연결형태를 확인한다.
(c) 부귀환임을 설명한다(단, 트랜지스터의 주파수 응답특성은 무시한다).
(d) 귀환회로의 부하효과를 고려한 개방루프 회로를 그린다.
(e) β_g를 구하여 근사화된 폐루프 전달임피던스를 구한다.
(f) 단계-(d)에서 얻어진 회로에 대해 개방루프 전달임피던스 A_z, 입력저항 R_i 및 출력저항 R_o을 구한다.
(g) 폐루프 전달임피던스 A_{zf}, 입력저항 R_{if} 및 출력저항 R_{of}을 구한다.
(h) A_{zf}로부터 폐루프 전압이득 A_{vf}를 구한다.

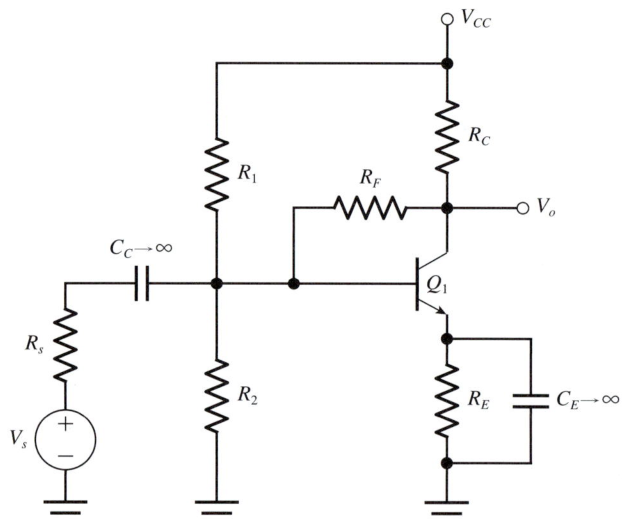

[그림 9-31]

풀이

(a) 증폭기의 입력 쪽인 베이스와 출력 쪽인 컬렉터가 저항 R_F에 의해 연결되어 있으므로, 귀환회로는 저항 R_F로 구성된다. 저항 R_E는 큰 바이패스 커패시터에 의해 단락되므로 귀환회로에 포함되지 않으며, DC 바이어스에만 영향을 미친다.

(b) 저항 R_F가 베이스에 가지형태로 연결되어 있으므로 입력 쪽은 병렬연결이다. 출력전압 V_o가 나오는 컬렉터에 저항 R_F가 가지형태로 연결되어 있으므로, 출력 쪽도 병렬연결이다. 따라서 병렬-병렬 귀환 증폭기이다.

(c) 공통 이미터 증폭기이고, 입력전류와 출력전압 V_o는 180°의 위상차를 가지므로, 개방회로 이득은 $A_z<0$이다. 또한, 귀환신호 I_{fb}가 출력전압 V_o와 180°의 위상차를 가지므로, $\beta<0$이다. 따라서 $A\beta>0$이므로 부귀환 증폭기이다.

(d) ① 귀환회로가 입력 쪽에 미치는 부하효과 : 출력 쪽의 연결형태에 의해 결정되며 출력 쪽이 병렬연결이므로, 컬렉터를 접지시켜 $V_o=0$으로 만든 상태에서 베이스에 나타나는 저항이 입력 쪽에 나타나는 부하효과 $R_{\beta i}=R_F$이다([그림 9-32(a)] 참조).

② 귀환회로가 출력 쪽에 미치는 부하효과 : 입력 쪽의 연결형태에 의해 결정되며 입력 쪽이 병렬연결이므로, 베이스를 접지시킨 상태에서 컬렉터에 나타나는 저항이 출력 쪽의 부하효과 $R_{\beta o}=R_F$이다([그림 9-32(a)] 참조).

③ 따라서 귀환회로의 부하효과가 고려된 개방루프 회로는 [그림 9-32(a)]와 같다.

(e) 귀환전류 I_{fb}는 저항 R_F에 흐르는 전류이므로, [그림 9-32(a)]로부터

$I_{fb}=\dfrac{-V'_o}{R_F}$ 가 되며, 따라서 귀환율은 $\beta_g=\dfrac{I_{fb}}{V'_o}=\dfrac{-1}{R_F}$ 가 된다.

식 (9.62)로부터 페루프 전달임피던스의 근사값은 다음과 같다.

$$A_{zf}=\frac{V_o}{I_s}\simeq\frac{1}{\beta_g}=-R_F=-10\ \text{k}\Omega$$

(f) 귀환회로의 부하효과가 고려된 개방루프 증폭기([그림 9-32(a)])의 소신호 등가회로는 [그림 9-32(b)]와 같으며, 이로부터 기본 증폭기의 개방루프 전달임피던스, 입력저항, 출력저항을 구한다.

① 개방루프 전달임피던스 A_z : [그림 9-32(b)]의 소신호 등가회로로부터,

$$A_z=\frac{V'_o}{I'_s}=-g_m(R_s\|R_i)(R_F\|R_C)=-126.18\ \text{k}\Omega\text{이며,}$$

여기서 $g_m=h_{fe}/r_\pi=39.47\ \text{mA/V}$, $R_s\|R_i=R_s\|R_B\|R_F\|r_\pi=0.72\ \text{k}\Omega$, $R_B=R_1\|R_2=39.4\ \text{k}\Omega$, $R_F\|R_C=4.44\ \text{k}\Omega$이다.

② 개방루프 입력저항 R_i : 베이스에서 본 입력저항은 $R_i=R_B\|R_F\|r_\pi=2.57\ \text{k}\Omega$이다.

③ 개방루프 출력저항 R_o : 컬렉터에서 본 출력저항은

$R_o = R_C \| R_F = 4.44\ \text{k}\Omega$이다.

(g) 단계-(e)와 단계-(f)에서 구한 값들을 식 (9.61), 식 (9.63), 식 (9.64)에 대입하여 폐루프 전달임피던스 A_{zf}, 입력저항 R_{if}, 출력저항 R_{of}을 각각 다음과 같이 계산한다.

① $A_z\beta_g = -126.18 \times (-0.1) = 12.62$

② $A_{zf} = \dfrac{A_z}{1 + A_z\beta_g} = \dfrac{-126.18 \times 10^3}{1 + 12.62} = -9.26\ \text{k}\Omega$

단계-(e)에서 구한 근사적인 폐루프 전달임피던스 $A_{zf} \simeq -10\ \text{k}\Omega$과 매우 근접한 값임을 알 수 있다.

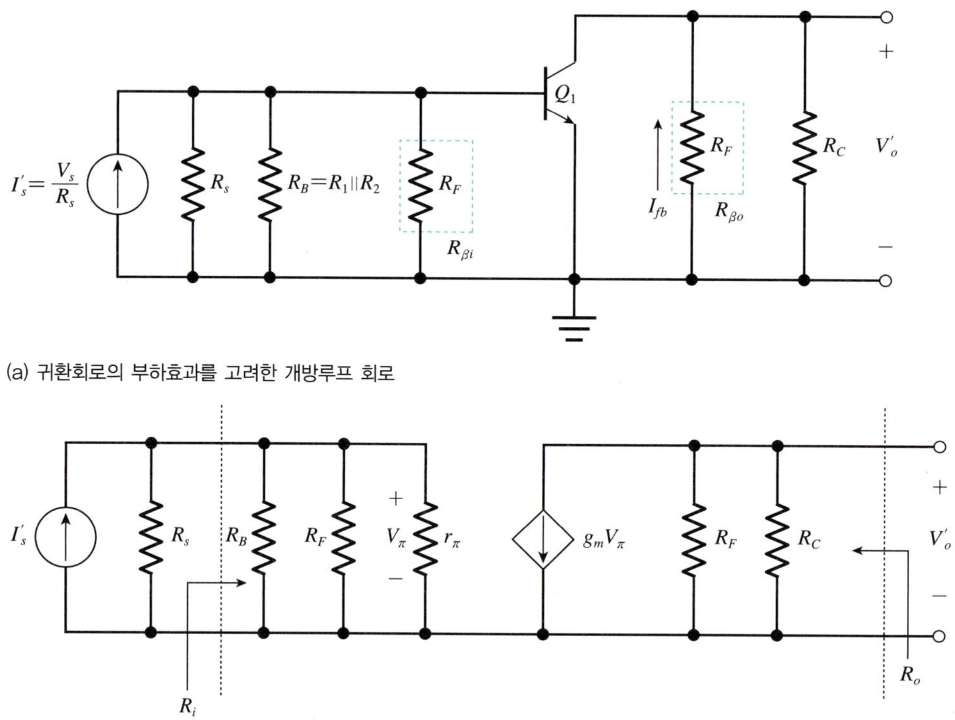

(a) 귀환회로의 부하효과를 고려한 개방루프 회로

(b) 소신호 등가회로

[그림 9-32] [그림 9-31] 회로의 개방루프 회로

③ $R_{if}=\dfrac{R_i}{1+A_z\beta_g}=\dfrac{2.57\times10^3}{1+12.62}=0.19\ \text{k}\Omega$

입력 쪽이 병렬연결이므로, 기본 증폭기의 입력저항에 비해 매우 작은 값을 가지며, 이는 전달임피던스 증폭기의 이상적인 입력저항 특성에 잘 부합된다.

④ $R_{of}=\dfrac{R_o}{1+A_z\beta_g}=\dfrac{4.44\times10^3}{1+12.62}=0.33\ \text{k}\Omega$

출력 쪽이 병렬연결이므로, 기본 증폭기의 출력저항에 비해 매우 작은 값을 가지며, 이는 전달임피던스 증폭기의 이상적인 출력저항 특성에 잘 부합된다.

(h) 폐루프 전압이득 A_{vf}는 다음과 같이 계산되며, 이는 [그림 9-31]의 회로에 대한 PSPICE 시뮬레이션 결과에 매우 근접한 값이다.

$$A_{vf}=\frac{V_o}{V_s}=\frac{V_o}{R_sI_s}=\frac{A_{zf}}{R_s}=\frac{-9.26}{1}=-9.26\ \text{V/V}$$

응용 9-12

[그림 9-33]의 귀환 증폭기에 대해 식 (9.62)를 적용하여 근사적인 A_{zf}와 전압이득 A_{vf}를 구하라.

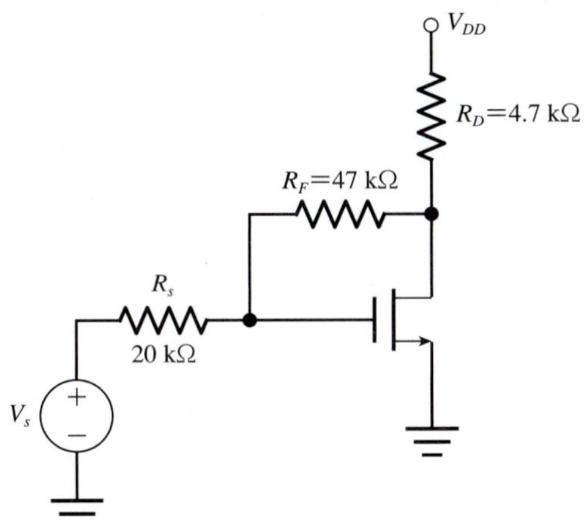

[그림 9-33]

[정답 : $A_{vf}\simeq-R_F=-47\ \text{k}\Omega$, $A_{vf}\simeq-2.35\ \text{V/V}$]

9.3 귀환 증폭기의 안정도 판별

9.2절에서 부귀환 증폭기의 특성과 해석 방법에 대해 살펴보았으며, 귀환 증폭기가 주파수에 무관한 특성을 갖는 중대역(midband)에서 동작하는 경우를 가정하였다. 8장에서 설명되었듯이, 증폭기를 구성하는 능동소자(즉, 트랜지스터 또는 연산 증폭기)는 주파수 응답특성을 가지며, 이에 의해 출력신호의 위상이 주파수에 영향을 받는다. 증폭기의 주파수 응답특성에 의해 출력신호의 위상이 변하면, 귀환신호와 입력신호가 동일 위상이 되어 정귀환으로 동작할 수 있으며, 따라서 귀환 증폭기가 발진하는 불안정 상태가 될 수 있다. 특정 주파수에서 회로가 발진하게 되면 더 이상 증폭기로 사용할 수 없게 되므로, 귀환 증폭기는 동작 주파수 영역에서 안정성(stability)이 보장되어야 한다. 이 절에서는 귀환 증폭기의 안정도를 판별하는 방법에 대해 살펴본다.

9.3.1 나이퀴스트 판별법

9.1.1절에서 귀환 증폭기의 폐루프 이득은 식 (9.5)와 같이 표현됨을 설명하였다. 증폭기의 개방루프 이득이 갖는 주파수 특성을 고려하면, 식 (9.5)에 A를 $A(s)$로 바꾸어 식 (9.65)와 같이 다시 표현할 수 있다.

$$A_f(s)=\frac{A(s)}{1+\beta A(s)} \tag{9.65}$$

여기서 귀환회로는 저항 소자로만 구성되어 귀환율 β는 주파수에 무관하게 일정한 값을 갖는다고 가정한다. 귀환회로가 커패시터 또는 인덕터와 같이 주파수 특성을 갖는 소자로 구성될 수 있으며, 이에 대해서는 12장에서 설명한다.

식 (9.65)에 $s=j\omega$를 대입하면 식 (9.66)과 같이 표현되며,

$$A_f(j\omega)=\frac{A(j\omega)}{1+A(j\omega)\beta}=\frac{A(j\omega)}{1+L(j\omega)} \tag{9.66}$$

여기서 $L(j\omega)=A(j\omega)\beta$를 루프이득이라고 한다. 루프이득은 [그림 9-1]의 귀환 증폭기 블록도에서 기본 증폭기와 귀환회로로 구성되는 폐루프의 이득을 나타내며, 주파수에 따른 크기와 위상으로 나누어 다음과 같이 표현할 수 있다.

$$L(j\omega)=|L(j\omega)|\phi(\omega) \tag{9.67}$$

주파수 $\omega=\omega_{180}$에서 루프이득의 위상이 $\phi(\omega_{180})=-180°$가 되고, 루프이득의 크기가 $|L(j\omega_{180})|=1$이 된다면, 루프이득은 식 (9.68)과 같다.

$$L(j\omega_{180}) = -1 \tag{9.68}$$

따라서 식 (9.66)으로부터 **귀환 증폭기의 폐루프 이득은 $A_f(j\omega_{180}) \to \infty$가 된다. 폐루프 이득이 무한대라는 것은 외부의 입력신호 없이(전원이 인가된 상태에서) 지속적으로 출력이 나오는 발진 상태(즉, 불안정 상태)를 의미하며, 이는 증폭기가 정귀환(positive feedback) 상태에 있음을 의미한다. 따라서 식 (9.68)을 발진조건이라고 한다.** 이는 발진기 회로에서 중요한 역할을 하며, 정귀환을 이용하는 발진기 회로에 관해서는 이 책의 12장에서 설명된다.

식 (9.68)의 발진조건을 루프이득의 크기와 위상으로 나누어 표현하면 다음과 같으며,

$$|L(j\omega_{180})| = 1 \tag{9.69a}$$

$$\phi(\omega_{180}) = -180^\circ \tag{9.69b}$$

따라서 **발진조건의 물리적인 의미는 기본 증폭기의 입력신호 X_i와 $L(j\omega) = A(j\omega)\beta$의 폐루프를 거쳐 입력 쪽으로 되돌아 온 귀환신호 X_f가 크기와 위상이 동일함**을 의미한다. $\omega = \omega_{180}$에서 $|L(j\omega_{180})| > 1$이면 발진 출력신호의 진폭이 시간에 따라 지속적으로 증가하여 결국에는 포화되는 발산(divergence) 상태가 된다. $\omega = \omega_{180}$에서 $|L(j\omega_{180})| < 1$이면 발진 출력신호의 진폭이 시간에 따라 지속적으로 감소하여 궁극적으로는 0이 되므로 증폭기는 안정 상태가 된다. 이와 같이, 루프이득 $L(j\omega)$의 주파수 특성은 귀환 증폭기의 안정도(stability)에 영향을 미치는 요소가 되며, 식 (9.68) 또는 식 (9.69)는 귀환 증폭기의 안정도를 판별하는 기준이 된다.

나이퀴스트 선도

나이퀴스트 선도(Nyquist plot)는 주파수에 따른 루프이득의 궤적을 복소 평면에 표시한 것으로 귀환 증폭기의 안정도 판별에 사용될 수 있다. [그림 9-34]는 나이퀴스트 선도의 한 예이다. $\omega = 0$에서부터 ∞까지 주파수를 변화시키면서 루프이득의 크기 $|L(j\omega)|$와 위상 $\phi(\omega)$ 벡터의 궤적을 그린 것이다. 그림에서 점선으로 표시된 부분은 음의 주파수에 대한 궤적이며, x축을 중심으로 서로 대칭의

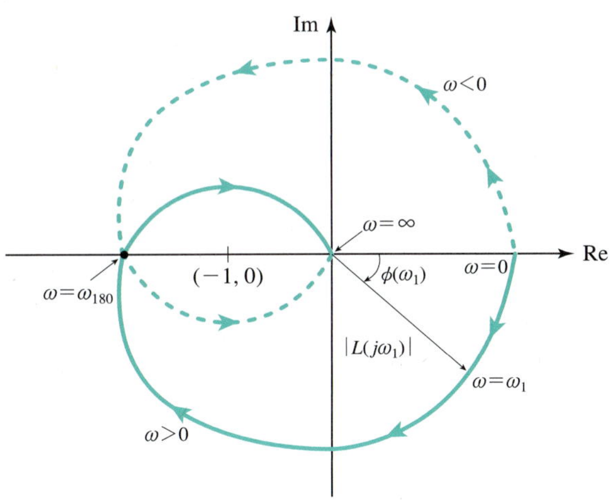

[그림 9-34] 나이퀴스트 선도

모양을 갖는다. 루프이득의 위상이 $\phi(\omega_{180})=-180^\circ$가 되는 주파수 ω_{180}은 나이퀴스트 선도가 음의 x축과 교차되는 주파수를 의미한다.

나이퀴스트 선도에서 $(-1, 0)$점은 루프이득의 크기가 1이고 위상이 -180°인 점을 나타내므로, 식 (9.68) 또는 식 (9.69)의 조건이 만족되는 점이다. 따라서 나이퀴스트 선도의 모양에 따라 다음과 같이 안정도를 판별할 수 있으며, 이를 나이퀴스트 판별법(Nyquist Criterion)이라고 한다.

- [그림 9-34]와 같이 나이퀴스트 선도가 음의 x축 상의 $(-1, 0)$점을 포함하면, $|L(j\omega_{180})|>1$이므로 증폭기 출력이 발산하는 불안정 상태가 된다.
- [그림 9-35(a)]와 같이 나이퀴스트 선도가 음의 x축 상의 $(-1, 0)$점을 통과하면, $|L(j\omega_{180})|=1$이므로 식 (9.68)의 조건을 만족하여 증폭기 출력이 발진하는 불안정 상태가 된다.
- [그림 9-35(b)]와 같이 나이퀴스트 선도가 음의 x축 상의 $(-1, 0)$점을 포함하지 않으면, $|L(j\omega_{180})|<1$이므로 증폭기는 안정하다.

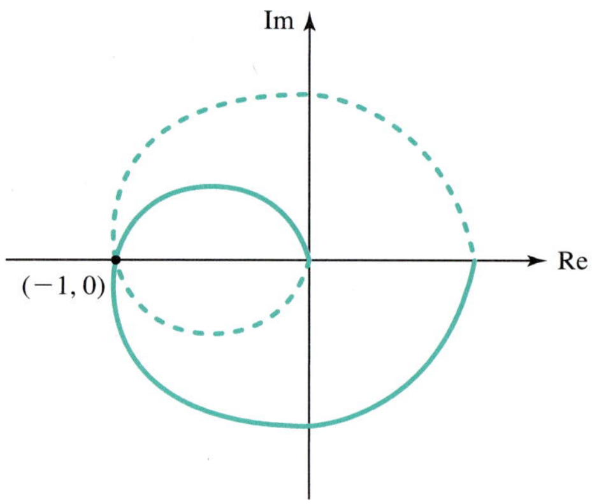

(a) 발진하는 경우

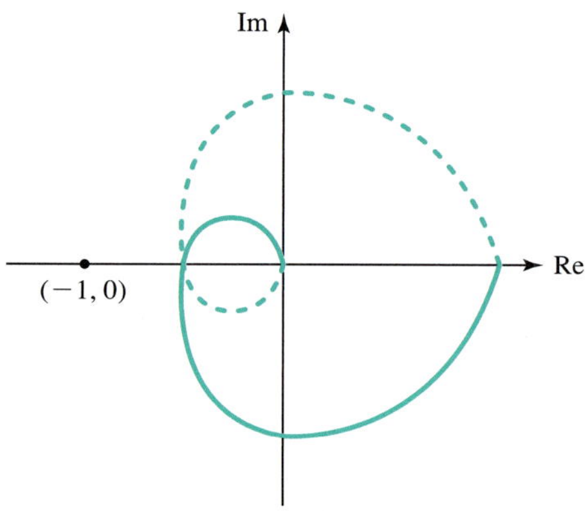

(b) 안정한 경우

[그림 9-35] 나이퀴스트 선도를 이용한 안정도 판별

9.3.2 이득여유와 위상여유

귀환 증폭기의 안정도를 판별하고, 안정하다면 불안정해지기까지 얼마나 여유가 있는 지, 또는 불안정하다면 불안정한 정도가 얼마나 심한지 등을 나타내기 위해 이득여유(gain margin)와 위상여유(phase margin) 파라미터가 사용된다. 9.3.1절에서 설명된 바와 같이, 증폭기의 안정과 불안정을 판별하는 기준인 식 (9.69)를 이용하여 이들 파라미터를 정의한다. 이득여유와 위상여유는 다음의 두 가지 기준 주파수에서 정의된다.

- 이득교차 각주파수(gain crossover angular frequency) ω_G : 루프이득의 크기가 $|L(j\omega_G)|=1$이 되어는 각주파수
- 위상교차 각주파수(phase crossover angular frequency) ω_{180} : 루프이득의 위상이 $\phi(\omega_{180})=-180^\circ$가 되는 각주파수

이들 주파수는 식 (9.69)의 두 가지 조건 중 하나를 만족시키는 기준 주파수이며, 따라서 이들 기준 주파수로부터 다음과 같이 이득여유와 위상여유를 정의한다.

식 (9.69b)의 조건이 만족되는 주파수 $\omega=\omega_{180}$에서 나머지 조건인 식 (9.69a)가 만족되기까지 루프이득의 크기가 갖는 여유를 이득여유라고 하며, 식 (9.70)과 같이 정의된다.

$$GM=-20\log|L(j\omega_{180})| \tag{9.70}$$

$GM>0$이면 $|L(j\omega_{180})|<1$이므로 증폭기는 안정하며, $GM\leq 0$이면 $|L(j\omega_{180})|\geq 1$이므로 증폭기는 불안정하다. [그림 9-36]은 나이퀴스트 선도와 이득여유 GM의 관계를 보이고 있다. [그림 9-36(a)]는 $GM>0$이므로 안정한 귀환 증폭기의 나이퀴스트 선도이며, [그림 9-36(b)]는 $GM<0$이므로 불안정한 귀환 증폭기의 나이퀴스트 선도이다.

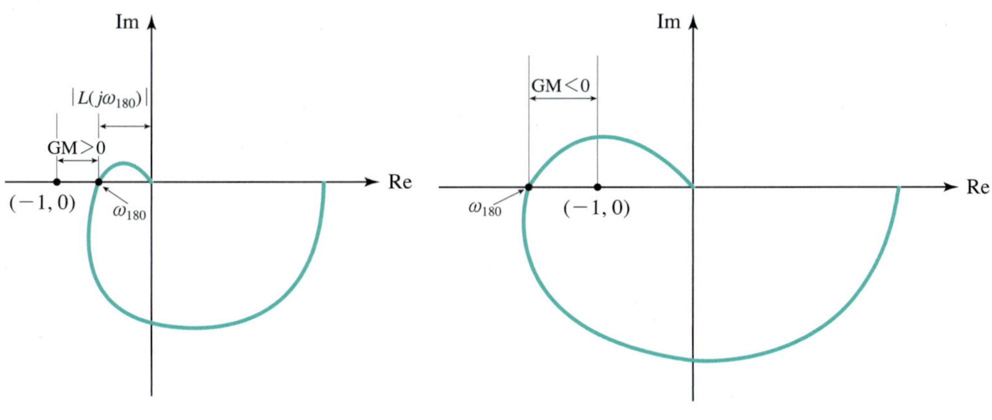

(a) 안정한 증폭기의 경우(GM>0)

(b) 불안정한 증폭기의 경우(GM<0)

[그림 9-36] 나이퀴스트 선도와 이득여유의 관계

식 (9.69a)의 조건이 만족되는 주파수 $\omega=\omega_G$에서 나머지 조건인 식 (9.69b)가 만족되기까지 루프이득의 위상이 갖는 여유를 위상여유라고 하며, 식 (9.71)과 같이 정의된다.

$$\phi_M=\phi(\omega_G)+180^\circ \tag{9.71}$$

$\phi_M > 0$이면 $\phi(\omega_G) > -180°$이므로 증폭기는 안정하며, $\phi_M \le 0$이면 $\phi(\omega_G) \le -180°$이므로 증폭기는 불안정하다. [그림 9-37]은 나이퀴스트 선도와 위상여유 ϕ_M의 관계를 보이고 있다. ω_G는 루프이득의 크기가 1이 되는 주파수이므로, 반지름이 1인 원과 나이퀴스트 선도가 만나는 점에서의 주파수가 ω_G이며, 이 주파수에서의 위상이 $\phi(\omega_G)$가 된다. [그림 9-37(a)]는 $\phi_M > 0$이므로 안정한 귀환 증폭기의 나이퀴스트 선도이며, [그림 9-37(b)]는 $\phi_M < 0$이므로 불안정한 귀환 증폭기의 나이퀴스트 선도이다. 식 (9.69)의 두 조건을 모두 만족하여 증폭기가 발진하는 경우에는 이득여유와 위상여유가 모두 0이 된다.

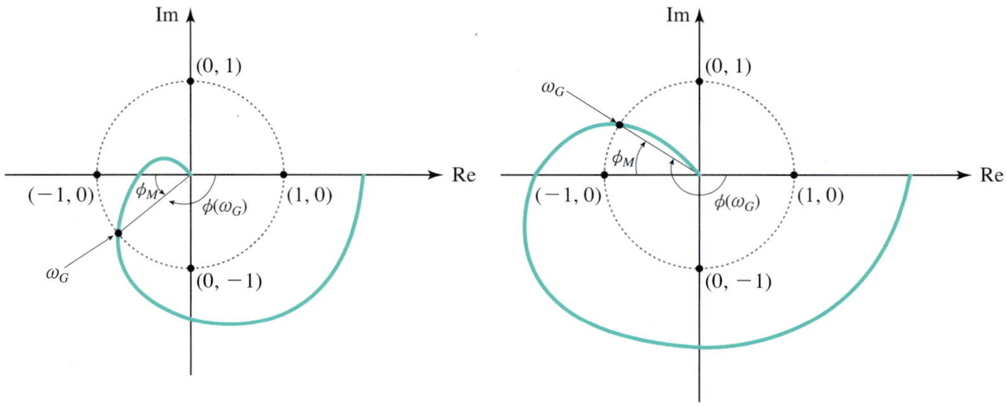

(a) 안정한 증폭기의 경우($\phi_M > 0$)　　(b) 불안정한 증폭기의 경우($\phi_M < 0$)

[그림 9-37] 나이퀴스트 선도와 위상여유의 관계

9.3.3 루프이득의 보드 선도를 이용한 안정도 판별

귀환 증폭기의 안정도 판별과 이득여유 및 위상여유 해석을 위한 또 다른 방법으로 보드 선도(bode plot)를 이용할 수 있다. 증폭기 회로에 대한 시뮬레이션으로부터 보드 선도를 쉽게 얻을 수 있으므로, 이 방법은 나이퀴스트 선도를 이용하는 방법에 비해 보편적으로 사용된다. 보드 선도에 대해서는 8.1.2절을 참고하기 바란다.

[그림 9-38]은 루프이득 $L(j\omega)$의 크기와 위상에 대한 보드 선도를 보이고 있다. 9.3.2절에서 설명된 원리를 적용하면, 보드 선도에서 이득여유 GM과 위상여유 ϕ_M을 구할 수 있다. 위상여유는 다음 방법으로 구할 수 있다. 크기의 보드 선도에서 루프이득의 크기가 1(즉, 0 dB)이 되는 주파수 ω_G를 찾은 후, ω_G에서 루프이득의 위상을 구하면 $\phi(\omega_G)$가 되며, 이 값에 180°를 더하면 위상여유가 된다. 이득여유를 구하는 방법은 다음과 같다. 위상의 보드 선도에서 루프이득의 위상이 $-180°$가 되는 주파수 ω_{180}을 찾은 후, ω_{180}에서 루프이득의 크기를 구하면 $|L(j\omega_{180})|$가 되며, 이 값에 마이너스(−)를 붙이면 이득여유가 된다. [그림 9-38]의 경우는 위상여유와 이득여유가 모두 음수(즉, $GM < 0$이고 $\phi_M < 0$)이므로, 불안정한 귀환 증폭기의 보드 선도이다.

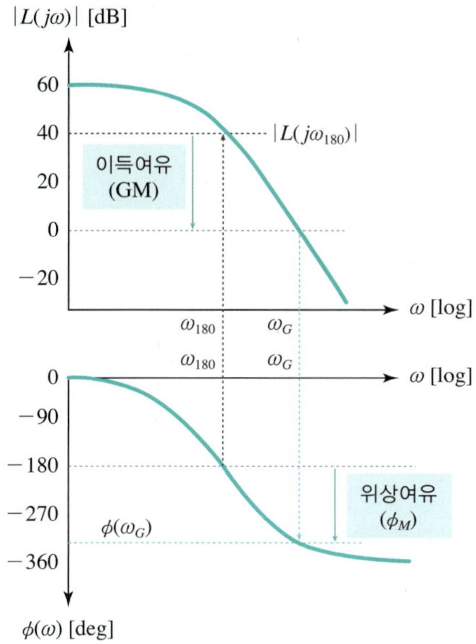

[그림 9-38] 점근 보드 선도와 이득여유 및 위상여유의 관계

예제 9-12

[그림 9-39]는 귀환 증폭기의 루프이득 $L(j\omega)$의 점근 보드 선도이다. 이득교차 각주파수 ω_G, 위상교차 각주파수 ω_{180}, 이득여유 GM, 위상여유 ϕ_M 등을 구하고, 이로부터 증폭기의 안정도를 판별하라.

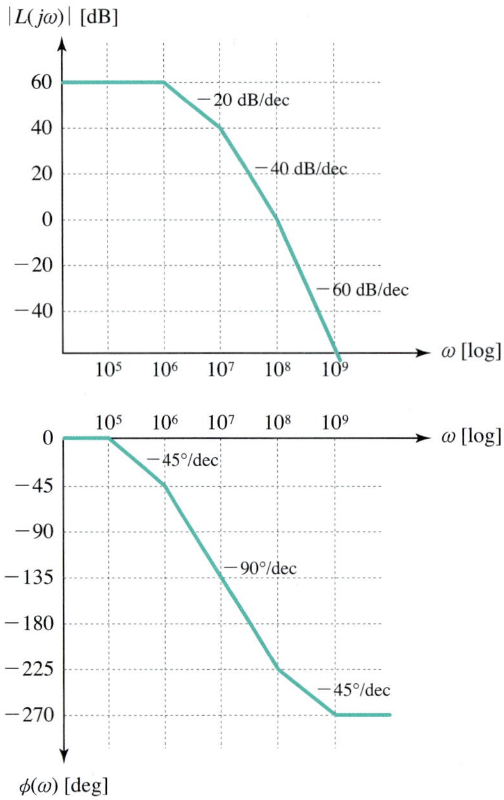

[그림 9-39]

풀이

① 이득교차 각주파수 ω_G : 크기의 보드 선도에서 $\omega < 10^6$ rad/sec의 루프이득 크기는 60 dB이고, $10^6 \leq \omega < 10^7$ rad/sec에서 -20 dB/dec의 기울기로 감소하므로, $\omega = 10^7$ rad/sec에서 루프이득의 크기는 40 dB이다. $10^7 \leq \omega < 10^8$ rad/sec에서는 -40 dB/dec의 기울기로 감소하므로, 루프이득의 크기가 1이 되는 이득교차 각주파수는 $\omega_G = 10^8$ rad/sec이다.

② 위상교차 각주파수 ω_{180} : 위상의 보드 선도에서 $\omega < 10^5$ rad/sec의 루프이득의 위상은 0° 이고, $10^5 \leq \omega < 10^6$ rad/sec에서 $-45°$/dec의 기울기로 감소하므로, 우성극점 주파수 $\omega = 10^6$ rad/sec에서 위상은 $-45°$이다. $10^6 \leq \omega < 10^8$ rad/sec에서는 $-90°$/dec의 기울기로 감소하므로, 두 번째 극점 주파수인 $\omega = 10^7$ rad/sec에서 루프이득의 위상은 $-135°$이다. 따라서 루프이득의 위상이 $-180°$가 되는 위상교차 각주파수는 $\omega_{180} = 10^{7.5}$ rad/sec이다.

③ 이득여유 GM : $\omega_{180}=10^{7.5}$ rad/sec에서 루프이득의 크기가 20 dB이므로, 식 (9.70)에 의해 이득여유는 GM=−20 dB이다.

④ 위상여유 ϕ_M : $\omega_G=10^8$ rad/sec에서 루프이득의 위상은 -225°이므로, 식 (9.71)에 의해 위상여유는 $\phi_M=-225^\circ+180^\circ=-45^\circ$이다.

⑤ 이득여유와 위상여유가 모두 0보다 작으므로 이 귀환 증폭기는 불안정하다.

위에서 구한 값들을 점근 보드 선도에 표시하면 [그림 9-40]과 같다.

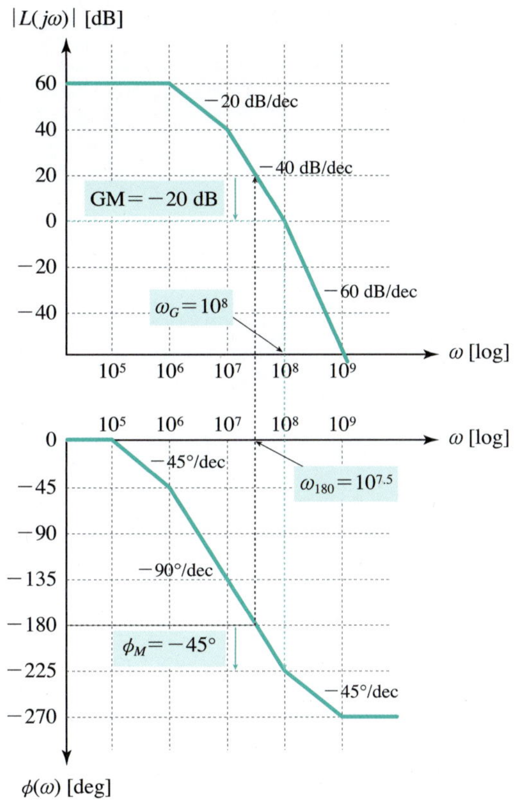

[그림 9-40] [예제 9-12]의 이득여유와 위상여유

응용 9-13

[그림 9-41]의 루프이득 $L(j\omega)$의 점근 보드 선도에서 이득교차 각주파수 ω_G, 위상교차 각주파수 ω_{180}, 이득여유 GM, 위상여유 ϕ_M 등을 구하고, 이로부터 증폭기의 안정도를 판별하라.

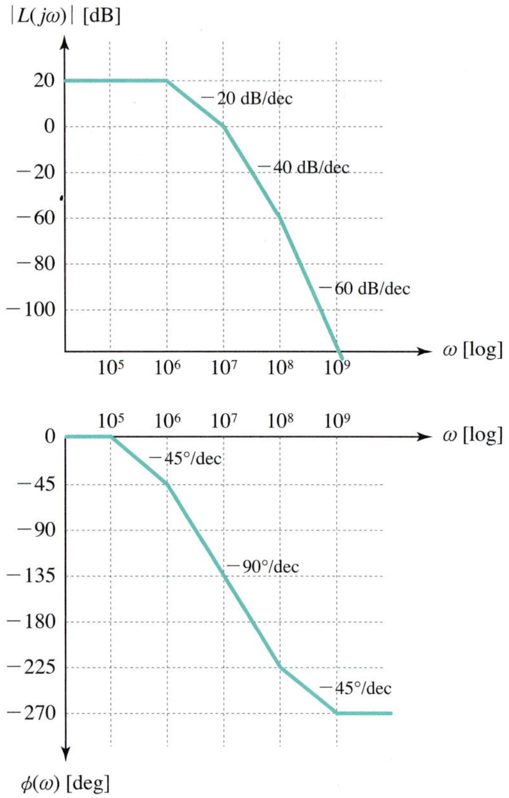

[그림 9-41]

[정답 : $\omega_G = 10^7$ rad/sec, $\omega_{180} = 10^{7.5}$ rad/sec, GM$=20$ dB, $\phi_M = 45°$, 안정]

개방루프 이득의 보드 선도를 이용한 안정도 판별법

루프이득의 보드 선도 대신에 개방루프 이득(즉, 귀환 증폭기를 구성하는 기본 증폭기 이득)의 보드 선도를 이용하여 안정도를 판별할 수 있으며, 기본적인 원리는 다음과 같다. 루프이득의 크기는 식 (9.72)와 같이 표현할 수 있다.

$$20\log|L(j\omega)| = 20\log|A(j\omega)\beta| = 20\log|A(j\omega)| - 20\log\left|\frac{1}{\beta}\right| \tag{9.72}$$

이득교차 각주파수 ω_G는 루프이득의 크기가 1(즉, 0 dB)이 되는 주파수이므로, 식 (9.72)로부터 $20\log|L(j\omega_G)|=20\log|A(j\omega_G)|-20\log|1/\beta|=0$가 된다. 9.1.1절의 식 (9.6)에 의해 $A_f\simeq 1/\beta$이므로,

$$20\log|A(j\omega_G)|=20\log\left|\frac{1}{\beta}\right|\simeq 20\log|A_f| \tag{9.73}$$

가 된다. 식 (9.73)은 **폐루프 이득과 개방루프 이득의 크기가 같아지는 주파수가 근사적으로 이득교차 각주파수 ω_G 임을 의미**하며, 따라서 주파수 ω_G에서 식 (9.71)를 이용하여 위상여유의 근사값을 구할 수 있다. 귀환회로가 저항성 소자로만 구성되는 경우에, β는 주파수에 무관하며 따라서 개방루프 이득 $A(j\omega)$와 루프이득 $L(j\omega)=A(j\omega)\beta$는 동일한 위상 특성을 갖는다는 사실을 토대로 한다. 따라서 루프이득의 보드 선도 없이 개방루프 보드 선도와 폐루프 이득으로부터 쉽게 안정도를 판별할 수 있다는 장점을 갖는다.

예제 9-13

증폭기의 개방루프 이득이 다음과 같이 3개의 극점을 가지며, 이 증폭기를 이용하여 폐루프 이득이 $A_f=50$ dB인 귀환 증폭기를 설계하였다. 설계된 귀환 증폭기의 안정도를 판별하라.

$$A(jf)=\frac{10^4}{(1+jf/10^4)(1+jf/10^6)(1+jf/10^7)}$$

풀이

개방루프 이득의 점근 보드 선도는 [그림 9-42]와 같다. 식 (9.73)으로부터, 이득교차 각주파수 ω_G에서 개방루프 이득은 50 dB이 된다. 크기의 보드 선도에서 $\omega<10^4$ rad/sec의 개방루프 이득은 80 dB이고, $10^4\le\omega<10^6$ rad/sec에서 -20 dB/dec의 기울기로 감소하므로, $\omega=10^5$ rad/sec에서 개방루프 이득은 60 dB이다. 따라서 개방루프 이득이 50 dB이 되는 이득교차 각주파수는 $\omega_G=10^{5.5}$ rad/sec이다.

위상의 보드 선도로부터, $\omega<10^3$ rad/sec의 위상은 $0°$이고, $10^3\le\omega<10^6$ rad/sec에서 위상이 $-45°$/dec의 기울기로 감소하므로, $\omega_G=10^{5.5}$ rad/sec에서의 위상은 $\phi(\omega_G)=(-45°/\text{dec})\times(5.5-3)\text{dec}=-112.5°$가 된다. 따라서 위상여유는 식 (9.71)에 의해 $\phi_M=67.5°$이며, $\phi_M>0$이므로 증폭기는 안정하다.

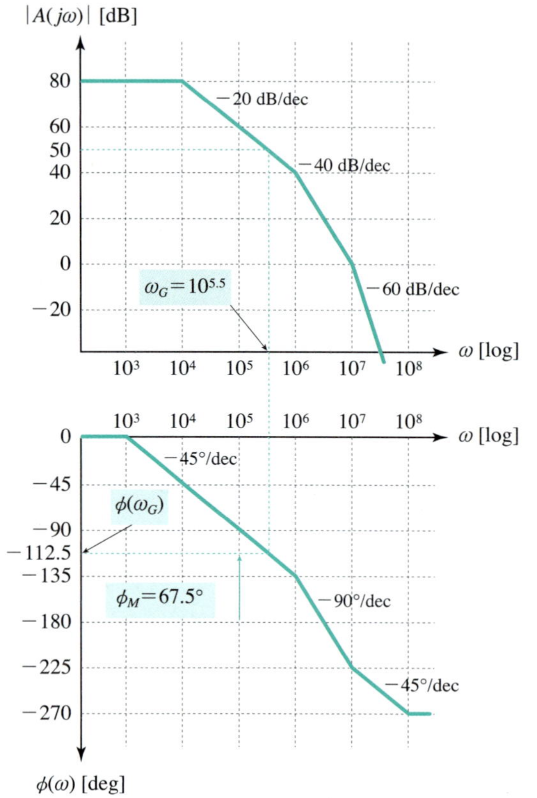

[그림 9-42] [예제 9-13]의 개방루프 점근 보드 선도 및 위상여유

응용 9-14

[예제 9-13]의 개방루프 이득 특성에 대하여, 폐루프 이득이 $A_f = 20$ dB인 귀환 증폭기의 이득교차 각주파수 ω_G, 위상여유 ϕ_M을 구하고, 안정도를 판별하라.

[정답 : $\omega_G = 10^{6.5}$ rad/sec, $\phi_M = 0^\circ$, 불안정]

응용 9-15

[예제 9-13]의 개방루프 이득 특성에 대하여, 위상여유가 $\phi_M = 45^\circ$가 되도록 하려면 폐루프 이득이 최소한 얼마 이상 되어야 하는가?

[정답 : $A_f \geq 40$ dB]

9.4 주파수 보상

9.3.3절의 [예제 9-13]과 [응용 9-14]를 통해 다음과 같은 사실을 알 수 있다. 즉, 극점이 3개 이상인 증폭기에 β를 크게 하여 귀환을 많이 걸면(즉, 폐루프 이득 A_f가 작으면) 증폭기의 위상 여유가 감소하여 불안정해진다. 부귀환 증폭기에서 귀환율 β가 클수록 둔감도가 커지는 장점을 갖지만(9.1.2절), 증폭기의 불안정 가능성이 높아지게 된다. 귀환 증폭기의 안정도 판별 결과로 이득여유와 위상여유가 설계사양보다 작거나 또는 불안정하다고 판단되면 증폭기로 사용될 수 없으며, 안정도를 높여야 한다. 귀환 증폭기의 이득여유와 위상여유를 크게 만들어 안정도를 높이는 방법을 주파수 보상(frequency compensation)이라고 한다. 이 절에서는 귀환 증폭기의 주파수 보상의 원리와 방법에 대해 살펴본다.

9.4.1 극점분리 보상법과 밀러 보상

[예제 9-12]의 루프이득은 식 (9.74)와 같이 표현되며, 이 귀환 증폭기는 위상여유가 $\phi_M = -45^\circ$로 불안정하다고 판별되었다. 이 귀환 증폭기의 위상여유를 0 보다 크게 만들어 안정화시키는 주파수 보상 방법을 알아본다.

$$L(s) = \frac{10^3}{(1+s/10^6)(1+s/10^7)(1+s/10^8)} \tag{9.74}$$

주파수 보상의 기본 원리는 이득교차 각주파수 ω_G에서 루프이득의 위상지연(여기서, 위상지연은 마이너스 위상을 의미함)이 작아지도록 만드는 것이다. 이를 위해 **우성극점(dominant pole)을 원점 방향의 작은 값으로 이동시키면 이득교차 각주파수 ω_G 값이 작아지게 되고, 따라서 위상지연 $\phi(\omega_G)$가 작아져 위상여유가 커지게 되는 원리이다.** 루프이득의 다른 극점 주파수들은 그대로 유지한 상태에서 우성극점(즉, 극점 주파수들 중 가장 작은 극점 주파수)만 작은 값으로 이동시키면 결과적으로 **우성극점과 인접 극점(second pole)과의 간격이 벌어지게 되며, 따라서 이 방법을 극점분리(pole split) 보상법**이라고 한다.

[그림 9-43]은 보상되지 않은 경우(점선)와 극점분리 보상법을 적용한 경우(실선)의 점근 보드 선도를 보이고 있다. 점선 보드 선도의 우성극점 ω_{p1}을 실선의 보드 선도와 같이 ω'_{p1}로 이동시키면, 이동된 우성극점 ω'_{p1}과 두 번째 극점 ω_{p2} 사이에 루프이득 크기가 -20 dB/dec의 기울기로 감소하는 주파수 범위가 넓어지게 된다. 두 번째 폴 ω_{p2}와 세 번째 폴 ω_{p3}는 변경되지 않으므로, 이득교차 각주파수(즉, 루프이득의 크기가 0 dB이 되는 주파수)가 ω_G에서 ω'_G로 작아지게 되며, 따라서 ω'_G에서의 위상지연이 작아져 위상여유가 증가하게 된다. 루프이득의 중대역 이득

$|L_0|$가 클수록(즉, 증폭기의 개방루프 이득이 클수록) 우성극점을 원점 방향으로 많이 이동시켜야 귀환 증폭기를 안정화시킬 수 있다. 예제를 통하여 극점분리 보상법의 원리를 이해해 본다.

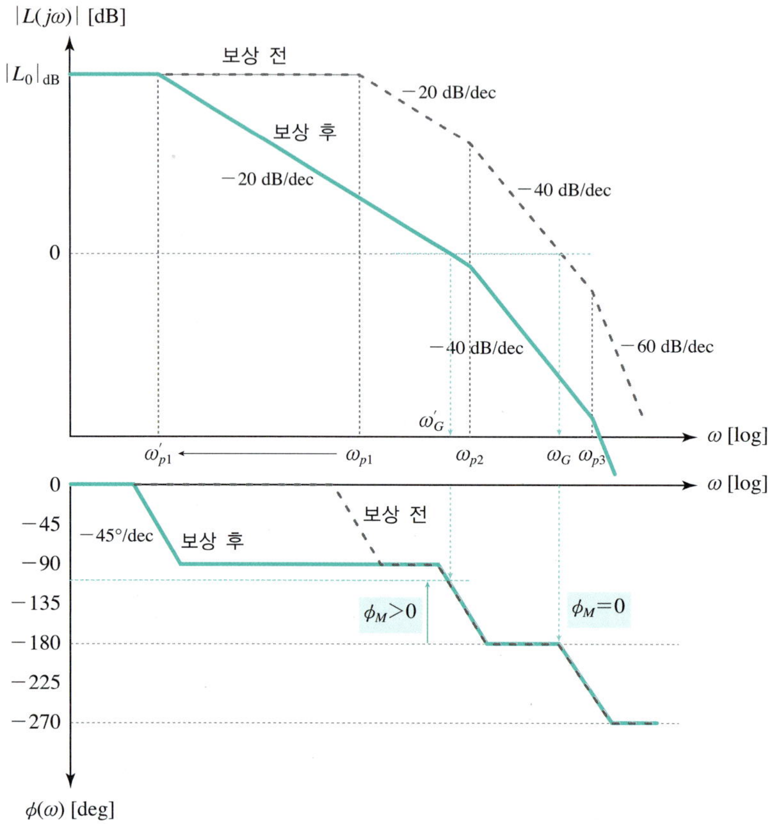

[그림 9-43] 극점분리 보상법의 원리

예제 9-14

식 (9.74)의 우성극점을 $\omega_{p1}=10^6$ rad/sec에서 $\omega'_{p1}=10^3$ rad/sec로 다음과 같이 이동시킨 경우의 근사적인 이득교차 각주파수와 위상여유를 구하고, 안정도를 판별하라.

$$L(s)=\frac{10^3}{(1+s/10^3)(1+s/10^7)(1+s/10^8)}$$

풀이

루프이득에 대한 점근 보드 선도는 [그림 9-44]와 같다.

① 이득교차 각주파수 ω_G : 크기에 대한 보드 선도에서 루프이득의 크기가 1이 되는 이득교차 각주파수는 $\omega_G=10^6$ rad/sec이다.

② 위상여유 ϕ_M : $\omega_G=10^6$ rad/sec에서 루프이득의 위상은 $-90°$이므로, 식 (9.71)에 의해 위상여유는 $\phi_M=90°$이다. 따라서 이 귀환 증폭기는 안정하다.

③ 참고로 위상교차 각주파수는 $\omega_{180}=10^{7.5}$ rad/sec이고, 이득여유는 40 dB이다.

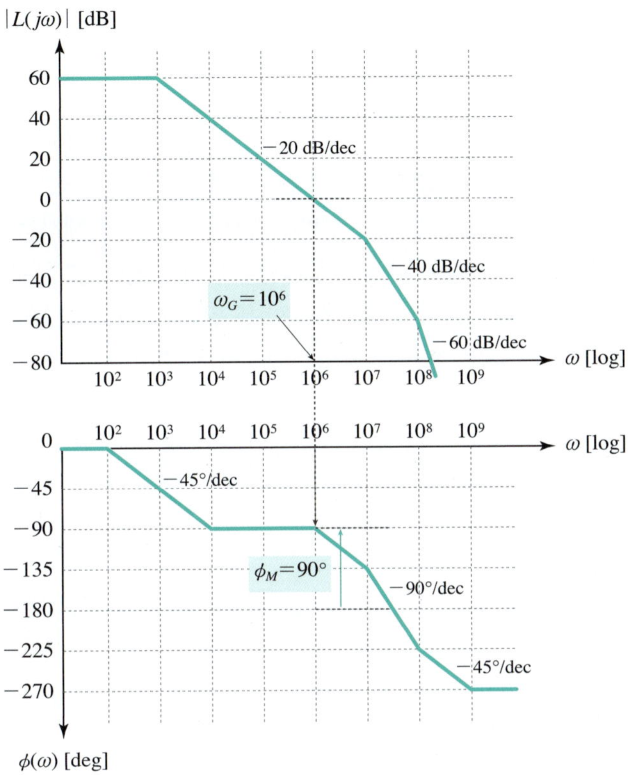

[그림 9-44] [예제 9-14]의 점근 보드 선도 및 위상여유

응용 9-16

귀환 증폭기의 루프이득이 다음과 같은 경우에, 극점분리 보상법을 이용하여 $\phi_M=45°$가 되도록 하려면 우성극점 주파수 ω_1은 근사적으로 얼마가 되어야 하는가?

$$L(s)=\frac{10^5}{(1+s/\omega_1)(1+s/10^6)(1+s/10^7)}$$

[정답 : $\omega_1=10$ rad/sec]

[예제 9-12]에서 불안정한 것으로 판정된 루프이득의 우성극점을 $\omega_{p1}=10^6$ rad/sec에서 $\omega'_{p1}=10^3$ rad/sec로 이동시켜 극점분리 보상을 하면 위상여유가 증가하여 귀환 증폭기의 안정도가 증가함을 확인하였다. 그러나 우성극점 주파수는 증폭기의 대역폭을 결정하는 요소이므로, 우성극점을 원점 근처로 이동시키면 증폭기의 대역폭이 감소하게 된다. 즉, 증폭기의 안정도와 대역폭 사이에는 교환조건이 존재하며, 귀환 증폭기의 안정도를 위해서는 대역폭을 일부 희생해야 한다.

다음으로는 극점분리 주파수 보상을 위한 회로구현 방법을 알아본다. 8.3절에서 설명된 바에 의하면, 증폭기의 상측 차단 주파수(즉, 우성극점)는 증폭기의 시상수와 역수 관계를 갖는다. 따라서 극점분리 보상법에 의해 우성극점을 원점 방향의 작은 주파수로 이동시키기 위해서는 우성극점을 결정하는 내부 커패시턴스 값을 크게 만들어 시상수가 커지도록 해야 한다. 넓은 주파수 영역에서 증폭기의 안정도를 보장하기 위해서는 우성극점 주파수를 원점 방향으로 많이 이동시켜야 하므로, 큰 용량의 커패시터가 필요하다. 연산 증폭기(11장 참조)와 같이 반도체 IC로 제작되는 경우에, 큰 용량의 커패시터는 많은 칩 면적을 필요로 하여 IC의 제조 단가가 높아지게 된다. 따라서 작은 칩 면적을 사용하는 주파수 보상 방법이 필요하며, 이를 위해 8.3.1절에서 설명된 밀러 정리가 이용된다.

[그림 9-45]는 차동입력단, 이득단, 그리고 출력단으로 구성되는 연산 증폭기의 내부 블록도이다. 연산 증폭기의 우성극점이 이득단의 입력 시상수에 의해 결정된다면, [그림 9-45(a)]와 같이 이득단의 입력과 출력 사이에 보상용 커패시터 C_F를 연결하여 효과적인 극점분리 보상회로를 구현할 수 있다. 밀러 정리(8.3.1절)에 의해 [그림 9-45(b)]와 같이 분리할 수 있으며, 이때 이득단의 입력 쪽에 나타나는 밀러 커패시턴스는 식 (9.75)와 같이 된다.

$$C_M=(1+A)C_F \tag{9.75}$$

따라서 작은 보상 커패시터 C_F를 사용하여 이득단의 이득 A배 만큼 증배된 큰 커패시터가 있는 것처럼 동작하게 되며, 이를 밀러 보상(Miller compensation)이라고 한다. 밀러 보상은 내부 주파수 보상을 갖는 연산 증폭기에 보편적으로 사용되는 방법이다. 밀러 보상에 의한 우성극점 주파수는 근사적으로 다음과 같으며, 여기서 저항 R_1은 이득단의 입력 쪽에 보이는 등가 저항이다.

$$\omega'_{p1}=\frac{1}{R_1C_M} \tag{9.76}$$

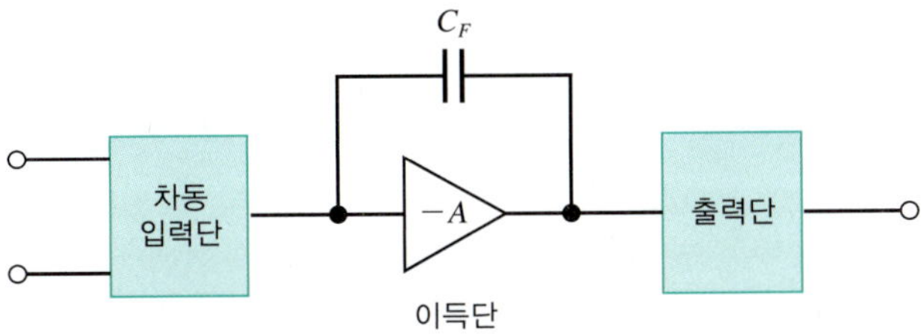

(a) 밀러 보상

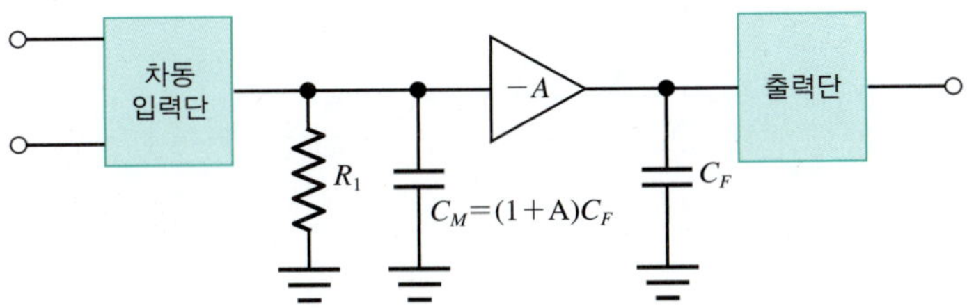

(b) 등가회로

[그림 9-45] 밀러 보상

9.4.2 우성극점 삽입법

주파수 보상을 위한 또 다른 방법은 **증폭기에 존재하는 우성극점 보다 작은 새로운 우성극점을 삽입하여 위상여유를 증가**시키는 것이며, 이 방법을 **우성극점 삽입법**(dominant pole insertion)이라고 한다. 기본적인 원리는 극점분리 보상법과 동일하다. [그림 9-46]은 보상되지 않은 경우(점선)와 우성극점 삽입법을 적용한 경우(실선)의 점근 보드 선도를 보이고 있다. 보상 이전 보드 선도의 우성극점 ω_{p1}보다 작은 새로운 우성극점 ω_{p0}을 삽입하면, 이득교차 각주파수가 ω_G에서 ω_G'로 작아지게 되며, 따라서 ω_G'에서의 작은 위상지연에 의해 위상여유가 증가하게 된다. [그림 9-46]에서는 삽입된 우성극점에 의해 원래의 극점 주파수들이 영향을 받지 않는다고 가정하였으나, 실제의 경우에는 약간 변할 수 있다.

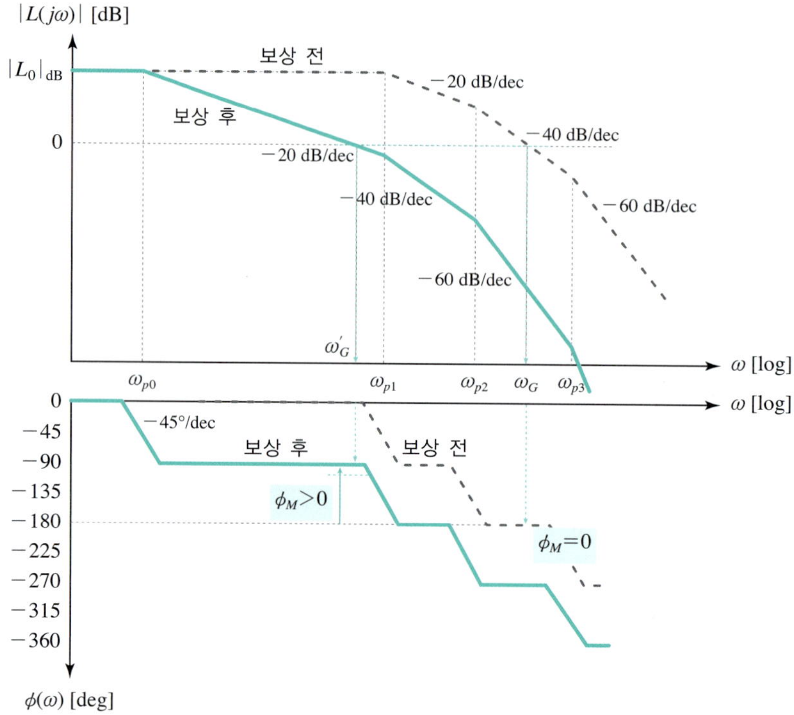

[그림 9-46] 우성극점 삽입법

예제 9-15

귀환 증폭기의 루프이득이 다음과 같은 경우에, 우성극점 삽입법을 이용하여 $\phi_M=45^\circ$가 되도록 하려면 삽입되는 우성극점 주파수 ω_{p0}은 근사적으로 얼마가 되어야 하는가? 단, 기존의 극점 주파수들은 삽입된 우성극점에 영향을 받지 않는다고 가정한다.

$$L(s)=\frac{10^4}{(1+s/10^6)(1+s/10^7)(1+s/10^8)}$$

풀이

새로운 우성극점 ω_{p0}을 삽입하면, 루프이득은 다음과 같이 변경되며, 극점 ω_{p0}이 삽입되기 이전의 우성극점 $\omega_{p1}=10^6$ rad/sec는 두 번째 극점 주파수가 된다.

$$L'(s)=\frac{10^4}{(1+s/\omega_{p0})(1+s/10^6)(1+s/10^7)(1+s/10^8)}$$

① 이득교차 각주파수 ω_G : 삽입된 우성극점 ω_{p0}가 $\omega_{p0}<0.1\omega_{p1}$라고 가정하면, 극점 삽입 후에 $\omega_{p1}=10^6$rad/sec는 두 번째 극점이 되므로 위상은 $\phi(\omega_{p1})=-135^\circ$가 된다. 따라서 $\omega_{p1}=10^6$ rad/sec에서 $\phi_M=45^\circ$가 되므로, 이득교차 각주파수는 $\omega_G=\omega_{p1}$이 된다.

② 루프이득의 중대역 이득은 $20\log 10^4 = 80$ dB이고, 삽입된 우성극점 ω_{p0}와 두 번째 극점 ω_{p1} 사이에는 루프이득의 크기가 -20 dB/dec의 기울기로 감소하므로, 삽입되는 우성극점 ω_{p0}는 극점 $\omega_{p1} = 10^6$ rad/sec보다 4 decade 작아야 한다. 따라서 $\omega_{p0} \simeq 10^{6-4} = 10^2$ rad/sec가 된다.

[그림 9-47]은 우성극점이 삽입되기 전(점선)과 삽입된 후(실선)의 점근 보드 선도이다.

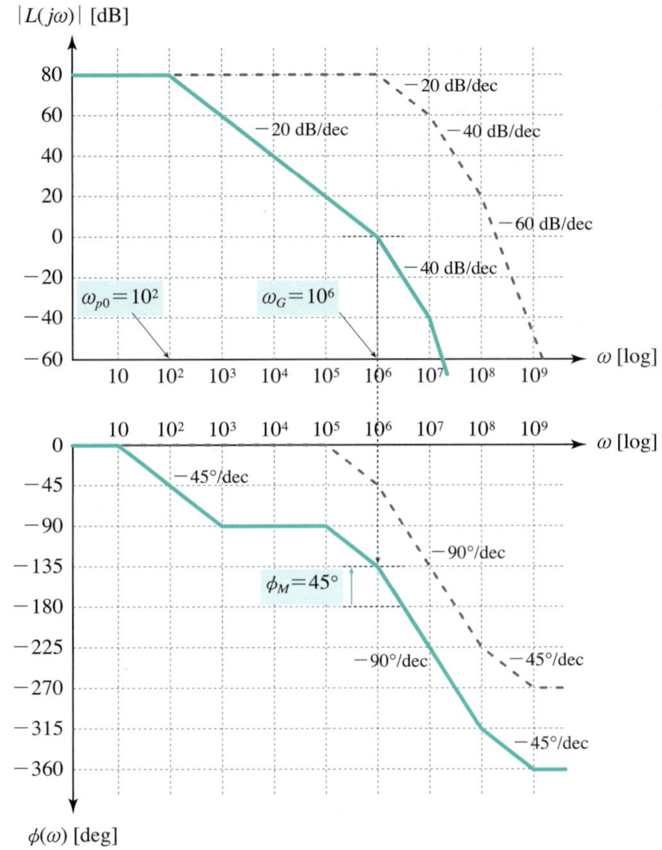

[그림 9-47] [예제 9-15]의 점근 보드 선도

응용 9-17

귀환 증폭기의 루프이득이 다음과 같은 경우에, 우성극점 삽입법을 이용하여 $\phi_M = 45°$가 되도록 하려면 삽입되는 우성극점 주파수 ω_{p0}은 근사적으로 얼마가 되어야 하는가? 단, 기존의 극점 주파수들은 삽입된 우성극점에 영향을 받지 않는다고 가정한다.

$$L(s) = \frac{10^5}{(1+s/5\times10^5)(1+s/10^7)(1+s/10^8)}$$

[정답 : $\omega_1 \simeq 5$ rad/sec]

9.5 응용회로 설계과제

지금까지 귀환 증폭기의 특성과 해석에 대하여 살펴보았다. 9장에서 설명된 내용을 적용하여 귀환 증폭기 응용회로를 설계해 본다. 다음의 설계사양을 만족하는 회로를 설계하고, 시뮬레이션을 통해 설계사양을 만족하는지 확인해 본다.

■ **설계 사양**

- 회로의 기능 : 포토다이오드(photodiode)에서 출력되는 전류를 증폭하여 전압으로 변환한다.
- 포토다이오드의 선택과 전류 범위는 설계자가 결정한다.
- 포토다이오드의 출력전류를 전압으로 변환하기 위해 전달임피던스 증폭기를 사용하며, 증폭기의 폐루프 이득은 $A_{zf}=5\sim10\ \mathrm{k\Omega}$ 정도가 되도록 설계자가 결정한다.
- 전달임피던스 증폭기는 연산 증폭기를 이용하는 [그림 9-48(a)] 또는 BJT를 이용하는 [그림 9-48(b)]의 회로를 기본으로 한다.

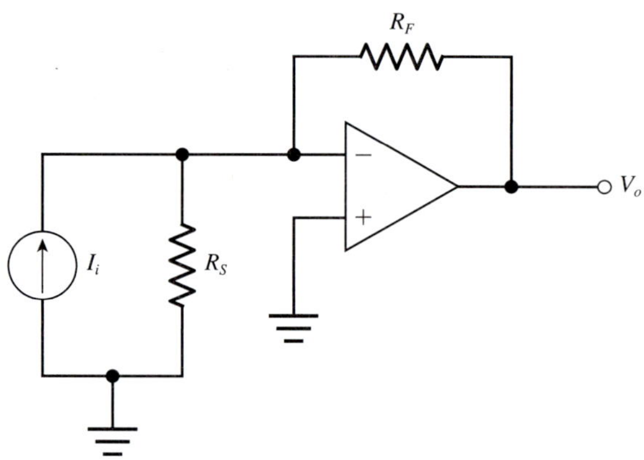

(a) 연산 증폭기를 이용한 전달임피던스 증폭기

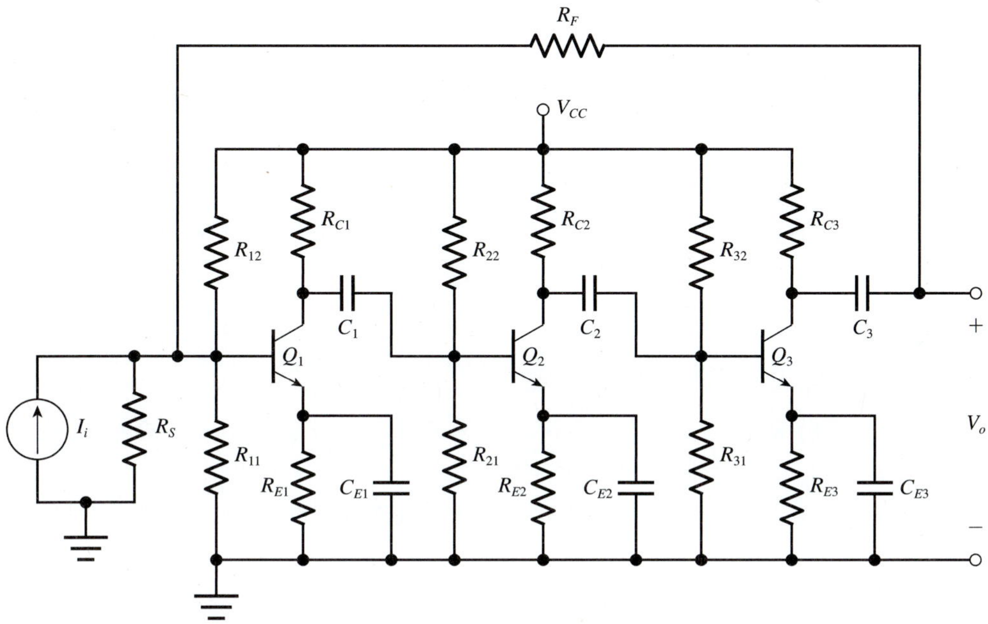

(b) BJT를 이용한 전달임피던스 증폭기

[그림 9-48] 설계과제의 예시 회로

9.6 요약

■ **귀환** feedback 어떤 시스템의 출력 중 일부 또는 전부를 입력으로 되돌려서 그 시스템의 특성을 변경시키거나 제어하는 과정으로서 정귀환(positive feedback)과 부귀환(negative feedback)으로 구분된다.

■ **부귀환 증폭기** 입력으로 되돌려지는 출력신호(전류 또는 전압)의 위상이 외부에서 인가되는 입력신호의 위상과 반대가 되어 이들 두 신호의 차가 기본 증폭기에 입력되는 귀환 증폭기이다.

■ **개방루프 이득** open-loop gain 귀환을 갖지 않는 기본 증폭기의 이득을 나타내며, A로 표시한다.

■ **폐루프 이득** closed-loop gain $A_f = A/(1 + A\beta)$로 표현되며, $A\beta$는 기본 증폭기와 귀환회로를 통해 얻어지는 루프이득(loop gain)으로서 부귀환 증폭기에서는 $A\beta > 0$이 되며, 정귀환 증폭기에서는 $A\beta < 0$이 된다.

■ **부귀환 증폭기의 특성**

- 둔감도 증가 : $A\beta \gg 1$이면 $A_f \simeq 1/\beta$가 되므로, 기본 증폭기 특성의 영향이 무시할 수 있을 정도로 작아지게 되고 귀환회로에 의해서 결정되는 안정된 폐루프 이득을 갖게 된다. 즉, 폐루프

이득은 개방루프 이득에 비해 소자의 특성, 온도 등의 변화에 영향을 적게 받아 둔감도가 커지게 된다.

- 대역폭 증가 : 귀환 증폭기의 대역폭은 개방루프 대역폭에 비해 $(1+A_0\beta)$배 만큼 증가한다. 귀환 증폭기의 폐루프 이득 A_{f0}와 대역폭 ω_H 사이에는 교환조건이 존재하며, 귀환율 β가 클수록(즉, 귀환이 증가할수록) 폐루프 이득 A_{f0}는 감소하고 대역폭 ω_H는 증가한다.
- 신호 대 잡음비(signal-to-noise ratio) 개선 : 부귀환에 의해 증폭기의 신호 대 잡음비가 개선된다.

■ **귀환 증폭기의 형태** 출력 쪽에서 샘플링되는 신호의 형태(전류 또는 전압)와 입력 쪽으로 되돌아오는 귀환신호의 형태(전류 또는 전압)에 따라 4가지로 구분된다.

- 직렬-병렬 귀환 증폭기 : 입력 쪽이 직렬연결이고 출력 쪽이 병렬연결인 전압 증폭기이다. 귀환율은 $\beta_v \equiv V_{fb}/V_o$이며, 폐루프 전압이득은 $A_{vf}=A_v/(1+A_v\beta_v)$가 된다.
- 병렬-직렬 귀환 증폭기 : 입력 쪽이 병렬연결이고 출력 쪽이 직렬연결인 전류 증폭기이다. 귀환율은 $\beta_i \equiv I_{fb}/I_o$이며, 폐루프 전류이득은 $A_{if}=A_i/(1+A_i\beta_i)$가 된다.
- 직렬-직렬 귀환 증폭기 : 입력 쪽과 출력 쪽이 모두 직렬연결인 전달컨덕턴스 증폭기(trans conductance amplifier)이다. 귀환율은 $\beta_z \equiv V_{fb}/I_o$이며, 폐루프 전달컨덕턴스는 $A_{gf}=A_g/(1+A_g\beta_z)$가 된다.
- 병렬-병렬 귀환 증폭기 : 입력 쪽과 출력 쪽이 모두 병렬연결인 전달임피던스 증폭기(trans-impedance amplifier)이다. 귀환율은 $\beta_g \equiv I_{fb}/V_o$이며, 폐루프 전달임피던스는 $A_{zf}=A_z/(1+A_z\beta_g)$가 된다.

■ **귀환 증폭기의 입력저항** 입력 쪽의 연결형태와 기본 증폭기의 입력저항 R_i에 영향을 받으며, 개방루프 이득 A와 귀환율 β에도 영향을 받는다.

- 입력 쪽이 직렬연결(귀환신호가 전압)인 경우 : $R_{if}=(1+A\beta)R_i$가 되어 기본 증폭기의 입력저항 R_i보다 $(1+A\beta)$배 증가한다.
- 입력 쪽이 병렬연결(귀환신호가 전류)인 경우 : $R_{if}=R_i/(1+A\beta)$가 되어 기본 증폭기의 입력저항 R_i보다 $1/(1+A\beta)$배 감소한다.

■ **귀환 증폭기의 출력저항** 출력 쪽의 연결형태와 기본 증폭기의 출력저항 R_o에 영향을 받으며, 개방루프 이득 A와 귀환율 β에도 영향을 받는다.

- 출력 쪽이 직렬연결(전류 샘플링)인 경우 : $R_{of}=(1+A\beta)R_o$가 되어 기본 증폭기의 출력저항 R_o보다 $(1+A\beta)$배 증가한다.
- 출력 쪽이 병렬연결(전압 샘플링)인 경우 : $R_{of}=R_o/(1+A\beta)$가 되어 기본 증폭기의 출력저항 R_o보다 $1/(1+A\beta)$배 감소한다.

■ **이득교차 각주파수** gain crossover angular frequency ω_G 루프이득의 크기가 $|L(j\omega_G)|=1$이 되어는 각주파수

■ **위상교차 각주파수** phase crossover angular frequency ω_{180} 루프이득의 위상이 $\phi(\omega_{180})=-180°$가 되는 각주파수

■ **이득여유** gain margin $\omega=\omega_{180}$에서 루프이득 크기의 데시벨 값에 마이너스 부호를 붙여 $GM=-20\log|L(j\omega_{180})|$로 정의되며, $GM>0$이면 $|L(j\omega_{180})|<1$이므로 증폭기는 안정하며, $GM\leq 0$이면 $|L(j\omega_{180})|\geq 1$이므로 증폭기는 불안정하다.

■ **위상여유** phase margin $\omega=\omega_G$에서 루프이득 위상값에 180을 더하여 $\phi_M=\phi(\omega_G)+180°$로 정의되며, $\phi_M>0$이면 $\phi(\omega_G)>-180°$이므로 증폭기는 안정하며, $\phi_M\leq 0$이면 $\phi(\omega_G)\leq -180°$이므로 증폭기는 불안정하다.

■ **주파수 보상** frequency compensation 귀환 증폭기의 이득여유와 위상여유를 크게 만들어 안정도를 높이는 방법

- 극점분리 보상법 : 우성극점(dominant pole)을 원점 방향의 작은 값으로 이동시키면 이득교차 각주파수 ω_G 값이 작아지게 되고, 따라서 위상지연 $\phi(\omega_G)$가 작아져 위상여유가 커지게 만드는 방법
- 우성극점 삽입법 : 증폭기에 존재하는 우성극점 보다 작은 새로운 우성극점을 삽입하여 위상여유를 증가시키는 방법

Chapter_09 연습문제

9.1 [그림 9-1]의 귀환 증폭기에 대해 다음 표의 귀환율 β와 개방루프 이득 A에 대한 루프이득 $A\beta$와 폐루프 이득 A_f를 구하라.

개방루프 이득 (A)	$\beta=0.1$		$\beta=0.25$	
	$A\beta$	A_f	$A\beta$	A_f
40 dB				
60 dB				
80 dB				
∞				

9.2 [그림 9-1]의 귀환 증폭기에서 개방루프 이득 A가 아래와 같은 경우에 대해 폐루프 이득 $A_f=140$이 되기 위한 귀환율 β 값을 구하라.

개방루프 이득 (A)	귀환율 (β)
4×10^2	
4×10^3	
4×10^4	
∞	

9.3 [그림 9-49]의 귀환 증폭기에서 기본 증폭기의 개방루프 이득이 $A_1=400$, $A_2=20$이다. (a) [그림 9-49(a)]의 귀환 증폭기에 대해 전체 폐루프 이득 $A_f=V_o/V_i=80$이 되기 위한 귀환율 β_1을 구하고, 개방루프 이득 A_1이 10% 감소하는 경우에 폐루프 이득의 퍼센트 변화를 구하라. (b) [그림 9-49(b)]의 귀환 증폭기에 대해 전체 폐루프 이득 $A_f=V_o/V_i=80$이 되기 위한 귀환율 β_2을 구하고, 개방루프 이득 A_1이 10% 감소하는 경우에 폐루프 이득의 퍼센트 변화를 구하라. (c) 문제 (a)와 (b)의 결과로부터, 이득의 둔감도 측면에서 우수한 귀환 증폭기 구조는 어느 것인가?

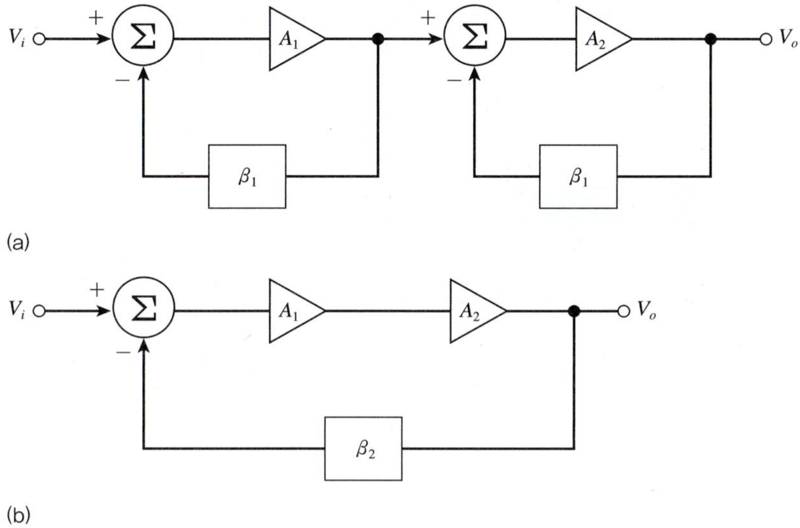

[그림 9-49]

9.4 [그림 9-49]의 귀환 증폭기에서 $\beta_1=0.1$, $\beta_2=0.0117$이다. 기본 증폭기의 개방루프 이득은 $A_1=A_2$이고, [그림 9-50]과 같다. (a) [그림 9-49(a)]의 귀환 증폭기에 대해 폐루프 이득 $A_f=V_o/V_i$의 변화를 그래프로 그려라. (b) [그림 9-49(b)]의 귀환 증폭기에 대해 폐루프 이득 $A_f=V_o/V_i$의 변화를 그래프로 그려라. (c) 문제 (a), (b)의 결과로부터, 증폭기 출력의 왜곡이 작은 귀환 증폭기 구조는 어느 것인가?

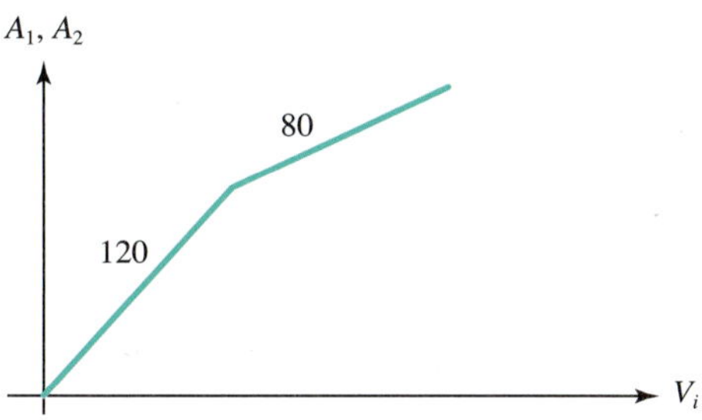

[그림 9-50]

9.5 명목상 전압이득이 100인 증폭기 2개에 대해 실제 전압이득을 측정하였더니 다음의 표와 같았다. (a) 두 증폭기를 종속으로 연결하고 귀환을 걸어 안정된 이득 100을 얻기 위한 귀환율 β를 구하라. (b) (a)에서 결정된 귀환율을 갖는 증폭기에서 예열(warm-up) 후의 이득은 몇 % 변하는가?

	증폭기-A	증폭기-B
전원인가 시	50	90
예열 후	70	110

9.6 [그림 9-51(a)]는 이득이 200인 오디오 증폭기이며, 출력 V_o에 0.5 V의 hum 잡음이 존재한다. [그림 9-51(b)]와 같이 음귀환을 걸어 폐루프 이득 $A_f=200$을 유지하면서 출력 hum 잡음을 0.025 V로 줄이고자 한다. 필요한 증폭기 이득 A와 귀환율 β를 구하라.

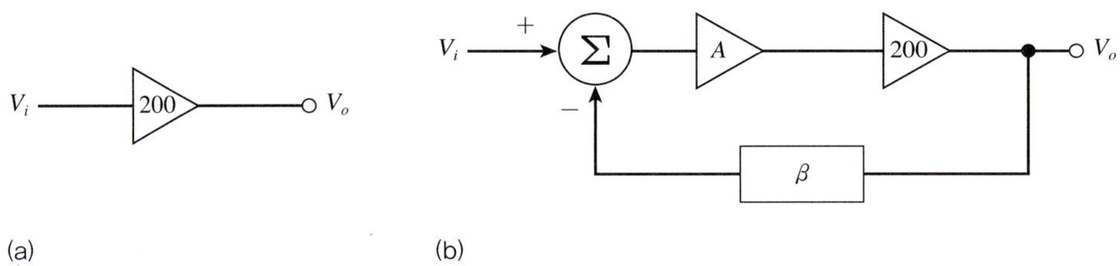

[그림 9-51]

9.7 다음의 입력저항-출력저항 특성을 만족하기 위한 귀환 증폭기의 형태를 써라.

입력저항-출력저항 특성	귀환 증폭기의 입력-출력 결선형태
작은 입력저항-작은 출력저항	
작은 입력저항-큰 출력저항	
큰 입력저항-작은 출력저항	
큰 입력저항-큰 출력저항	

9.8 직렬-병렬 귀환 증폭기의 폐루프 전압이득이 $A_{vf}=80$이고, 개방회로 파라미터는 전압이득 $A_v=10^5$, 입력저항 $R_i=5\ \text{k}\Omega$, 출력저항 $R_o=25\ \text{k}\Omega$이다. 귀환 증폭기의 입력저항 R_{if}와 출력저항 R_{of}를 구하라.

9.9 병렬-직렬 귀환 증폭기의 폐루프 전류이득이 $A_{if}=80$이고, 개방회로 파라미터는 전류이득 $A_i=10^5$, 입력저항 $R_i=5\ \text{k}\Omega$, 출력저항 $R_o=25\ \text{k}\Omega$이다. 귀환 증폭기의 입력저항 R_{if}와 출력저항 R_{of}를 구하라.

9.10 [그림 9-20]의 회로에 대해 (a) 귀환회로의 부하효과가 고려된 개방루프(즉, 귀환이 없는) 증폭기 회로를 그려라. (b) (a)에서 얻어진 개방루프 회로에 대해 전압이득 A_v를 구하라. (c) (b)에서 얻어진 A_v와 귀환율 β_v를 이용하여 폐루프 전압이득 $A_{vf}=V_o/V_s$을 구하고, [응용 9-8]의 근사적인 폐루프 전압이득과 비교하라.

9.11 [그림 9-52] 회로에 대해 (a) 귀환회로의 구성과 귀환형태(입력과 출력의 연결형태)를 확인하라. (b) 귀환율 β_v를 구하고, 이를 이용하여 근사화된 폐루프 전압이득 $A_{vf}=V_o/V_s$를 구하라. 단, $R_1=200\ \text{k}\Omega$, $R_2=38\ \text{k}\Omega$, $R_{C1}=6\ \text{k}\Omega$, $R_{E1}=0.4\ \text{k}\Omega$, $R_{C2}=10\ \text{k}\Omega$, $R_{E2}=3.3\ \text{k}\Omega$, $R_{E3}=1.2\ \text{k}\Omega$, $R_F=10\ \text{k}\Omega$, $V_{CC}=10\ \text{V}$이다.

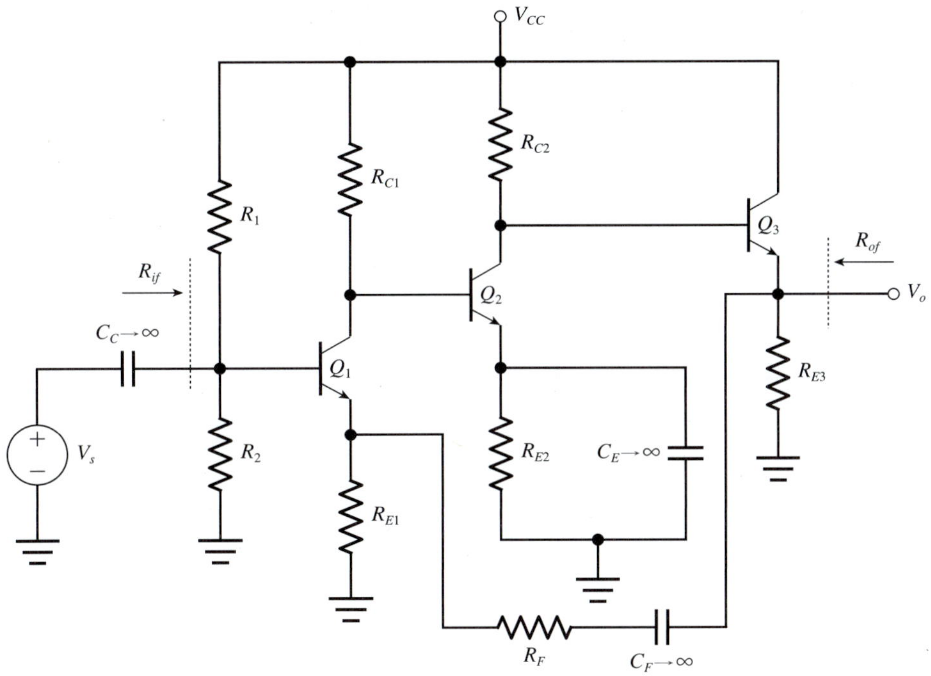

[그림 9-52]

9.12 [그림 9-52]의 회로에 대해 (a) 귀환회로의 부하효과가 고려된 개방루프(즉, 귀환이 없는) 증폭기 회로를 그려라. (b) (a)에서 얻어진 개방루프 회로에 대해 이득 A_v, 입력저항 R_i 및 출력저항 R_o을 구하라. (c) (b)에서 얻어진 A_v와 귀환율 β_v를 이용하여 폐루프 이득 $A_{vf}=V_o/V_s$을 구하고, 문제 **9.11**에서 근사적으로 계산된 값과 비교하라. (d) (b)에서 얻어진 R_i, R_o를 이용하여 입력저항 R_{if}와 출력저항 R_{of}를 구하라. 저항값들은 문제 **9.11**과 동일하며, BJT Q_1, Q_2, Q_3는 모두 동일하게 $\beta_0=\beta_{DC}=150$, $V_{BE(on)}=0.7$ V이고, $V_A=\infty$로 가정한다.

9.13 [그림 9-53]의 회로에 대해 (a) 귀환회로의 부하효과가 고려된 개방루프(즉, 귀환이 없는) 증폭기 회로를 그려라. (b) (a)에서 얻어진 개방루프 회로에 대해 이득 A_v와 귀환율 β_v를 구하라. (c) (b)에서 얻어진 값들을 이용하여 폐루프 이득 A_{vf}를 구하라. 단, $R_S=0.7$ kΩ, $I_{DQ}=8.0$ mA, $V_{Tn}=1.5$ V, $K_n=4.0$ mA/V^{2}이며, $\lambda\rightarrow\infty$로 가정한다.

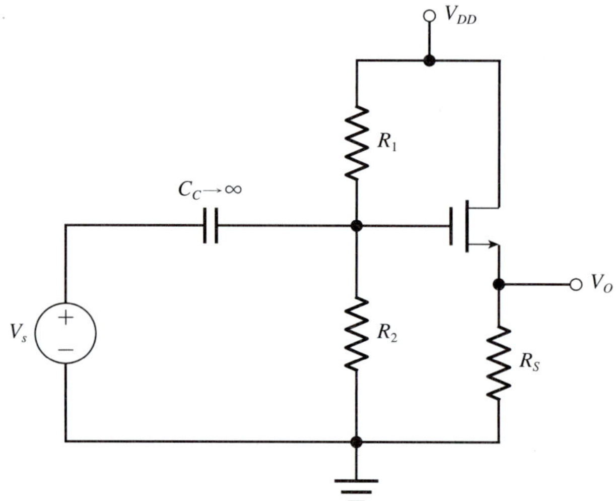

[그림 9-53]

9.14 [그림 9-54] 귀환 증폭기가 부귀환을 갖는지, 아니면 정귀환을 갖는지를 회로 동작으로 설명하고, 루프이득 $A\beta$의 부호를 통해 입증하라.

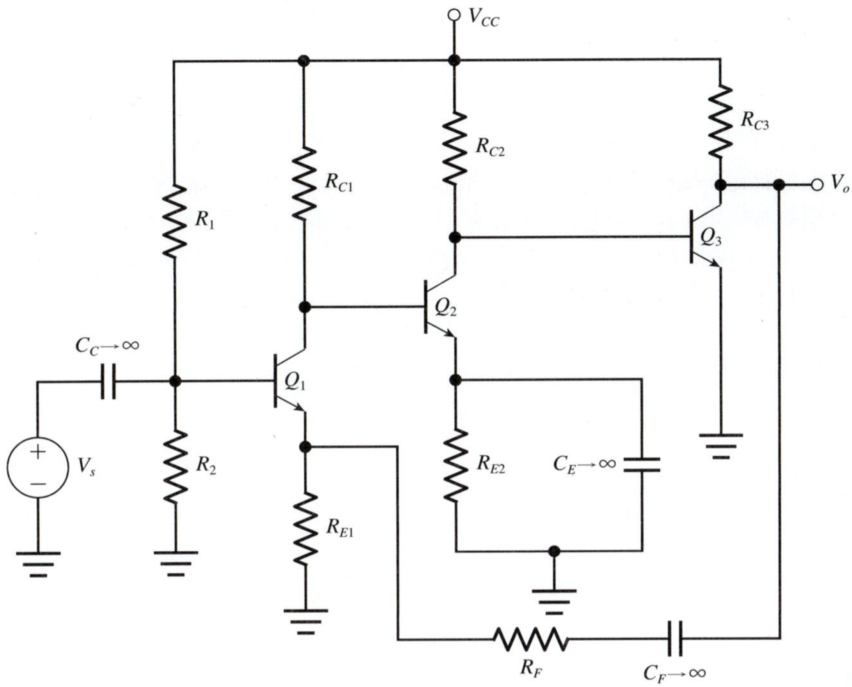

[그림 9-54]

9.15 [그림 9-55] 회로에 대해 (a) 귀환회로의 구성과 귀환형태(입력과 출력의 연결형태)를 확인하시오. (b) 귀환율 β_i를 구하라. (c) 귀환율 β_i를 이용하여 근사화된 폐루프 전류이득이 $A_{if} = I_o/I_s \simeq 1 + \frac{R_f}{R_1}$ 임을 보여라.

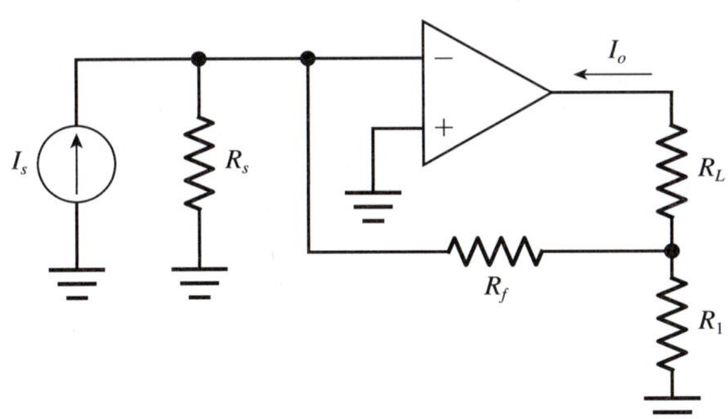

[그림 9-55]

9.16 [그림 9-55]의 회로에 대해 (a) 귀환회로의 부하효과가 고려된 개방루프(즉, 귀환이 없는) 증폭기 회로를 그려라. (b) (a)에서 얻어진 개방루프 회로에 대해 전류이득 A_i, 입력저항 R_i 및 출력저항 R_o을 구하라. (c) (b)에서 얻어진 A_i와 귀환율 β_i를 이용하여 폐루프 전류이득 $A_{if}=I_o/I_s$을 구하고, 문제 **9.15**의 근사적인 폐루프 전류이득과 비교하라. (d) (b)에서 얻어진 R_i, R_o를 이용하여 입력저항 R_{if}와 출력저항 R_{of}를 구하라. 또한, R_{if}에서 신호원 저항 R_s가 제외된 입력저항 R_{in}, R_{of}에서 부하저항 R_L이 제외된 출력저항 R_{out}을 구하라. 단, 연산증폭기는 개방회로 전압이득 $A_{od}=10^4$ V/V, 입력저항 $R_{id}=400$ kΩ, 출력저항 $R_{od}=1.2$ kΩ이고, $R_L=10$ kΩ, $R_1=0.1$ kΩ, $R_f=1$ kΩ, $R_s=10$ kΩ이다.

9.17 [그림 9-56]회로에 대해 (a) 귀환회로의 구성과 귀환형태(입력과 출력의 연결형태)를 확인하라. (b) 귀환율 β_i를 구하고, 이를 이용하여 근사화된 폐루프 전류이득 $A_{if}=I_o/I_s$를 구하라. 단, $R_S=10$ kΩ, $R_{C1}=35$ kΩ, $R_{C2}=2$ kΩ, $R_E=1$ kΩ, $R_L=1.2$ kΩ, $R_F=10$ kΩ, $V_{CC}=V_{EE}=10$ V이다.

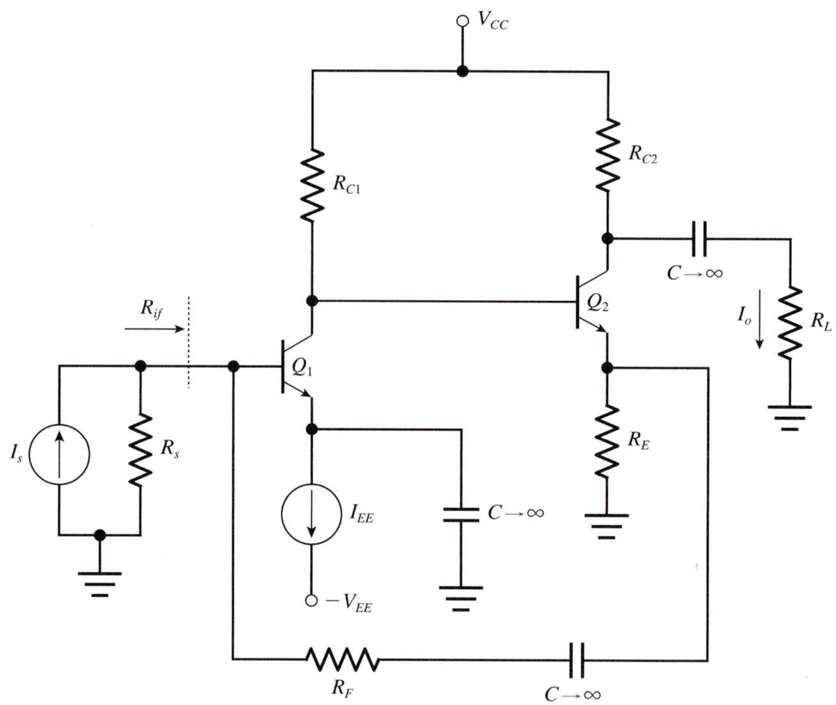

[그림 9-56]

9.18 [그림 9-56]의 회로에 대해 (a) 귀환회로의 부하효과가 고려된 개방루프(즉, 귀환이 없는) 증폭기 회로를 그려라. (b) (a)에서 얻어진 개방루프 회로에 대해 이득 A_i와 입력저항 R_i를 구하라. (c) (b)에서 얻어진 A_i와 귀환율 β_i를 이용하여 폐루프 이득 $A_{if}=I_o/I_s$을 구하고, 문제 **9.17**에서 근사적으로 계산된 값과 비교하라. (d) (b)에서 얻어진 R_i를 이용하여 입력저항 R_{if}를 구하라. 단, 저항값들은 문제 **9.11**과 동일하며, $I_{EE}=0.2$ mA이며, BJT Q_1, Q_2는 동일하게 $\beta_0=\beta_{DC}=120$, $V_{BE(on)}=0.7$ V이고, $V_{CC}=V_{EE}=10$ V이고, $V_A\rightarrow\infty$로 가정한다.

9.19 [그림 9-28]의 회로에 대해 (a) 귀환회로의 부하효과가 고려된 개방루프(즉, 귀환이 없는) 증폭기 회로를 그려라. (b) (a)에서 얻어진 개방루프 회로에 대해 전달컨덕턴스 A_g를 구하라. (c) (b)에서 얻어진 A_g와 귀환율 β_z를 이용하여 폐루프 전달컨덕턴스 $A_{gf}=I_o/V_s$와 전압이득 $A_{vf}=V_o/V_s$을 구하고, [응용 9-10]의 근사적인 폐루프 전압이득과 비교하라. 단, 바이어스 저항 R_1, R_2의 영향은 무시하며, $R_1=600$ kΩ, $R_2=90$ kΩ, $R_s=0.1$ kΩ, $R_E=0.5$ kΩ, $R_C=R_L=9.4$ kΩ, $\beta_0=\beta_{DC}=160$, $V_{BE(on)}=0.7$ V, $V_{CC}=15$ V이며, $V_A\rightarrow\infty$로 가정한다.

9.20 [그림 9-57] 회로에 대해 (a) 귀환회로의 구성과 귀환형태(입력과 출력의 연결형태)를 확인하라. (b) 귀환율 β_z를 구하고, 이를 이용하여 근사화된 폐루프 전달컨덕턴스 $A_{gf}=i_o/v_s$와 전압이득 $A_{vf}=v_o/v_s$를 구하라. 단, $R_{C1}=9$ kΩ, $R_{C2}=4$ kΩ, $R_{C3}=0.5$ kΩ, $R_{E1}=R_{E3}=0.1$ kΩ, $R_F=0.65$ kΩ이다.

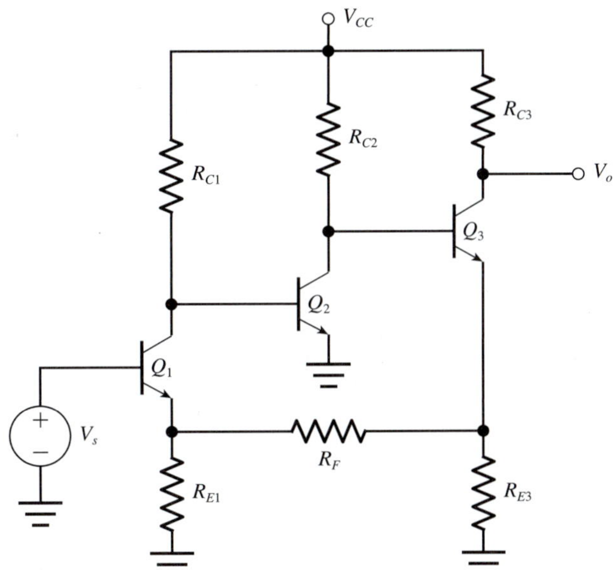

[그림 9-57]

9.21 [그림 9-57]의 회로에 대해 (a) 귀환회로의 부하효과가 고려된 개방루프(즉, 귀환이 없는) 증폭기 회로를 그려라. (b) (a)에서 얻어진 개방루프 회로에 대해 전달컨덕턴스 A_g를 구하라. (c) (b)에서 얻어진 A_g와 귀환율 β_z를 이용하여 폐루프 전달컨덕턴스 $A_{gf}=I_o/V_s$와 전압이득 $A_{vf}=V_o/V_s$을 구하고, 문제 **9.20**의 근사적인 폐루프 이득과 비교하라. 단, 저항값들은 문제 **9.20**과 동일하며, BJT의 $\beta_0=100$, $V_A\rightarrow\infty$이고, 각 트랜지스터의 바이어스 전류는 $I_{CQ1}=0.6\text{ mA}$, $I_{CQ2}=1\text{ mA}$, $I_{CQ3}=5\text{ mA}$이다.

9.22 [그림 9-58] 회로에 대해 (a) 귀환회로의 구성과 귀환형태(입력과 출력의 연결형태)를 확인하라. (b) 귀환율 β_g를 구하고, 이를 이용하여 근사화된 폐루프 전달임피던스 $A_{zf}=V_o/I_s$와 전압이득 $A_{vf}=V_o/V_s$을 구하라. 단, $R_s=0.2\text{ k}\Omega$, $R_{C1}=30\text{ k}\Omega$, $R_{C2}=10\text{ k}\Omega$, $R_{C3}=0.6\text{ k}\Omega$, $R_F=20\text{ k}\Omega$이다.

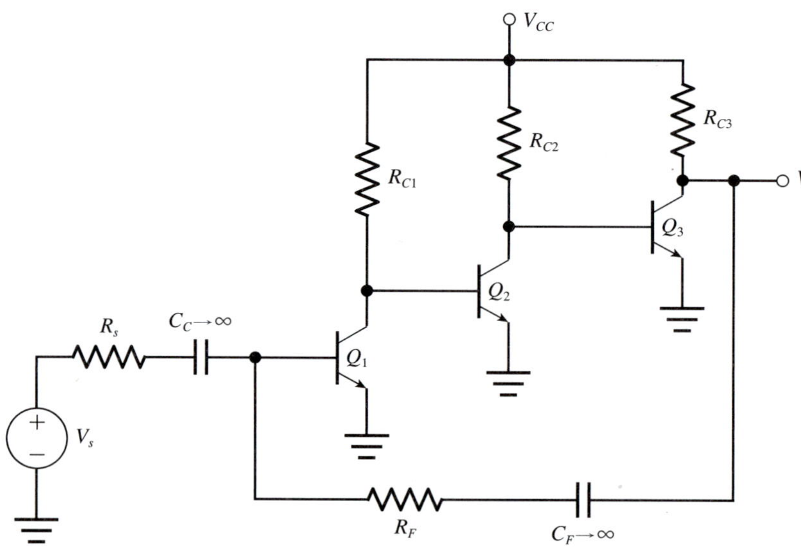

[그림 9-58]

9.23 [그림 9-59] 귀환 증폭기가 부귀환을 갖는지, 아니면 정귀환을 갖는지를 정성적인 설명과 함께 루프이득 $A\beta$가 양수인지 음수인지 입증하라.

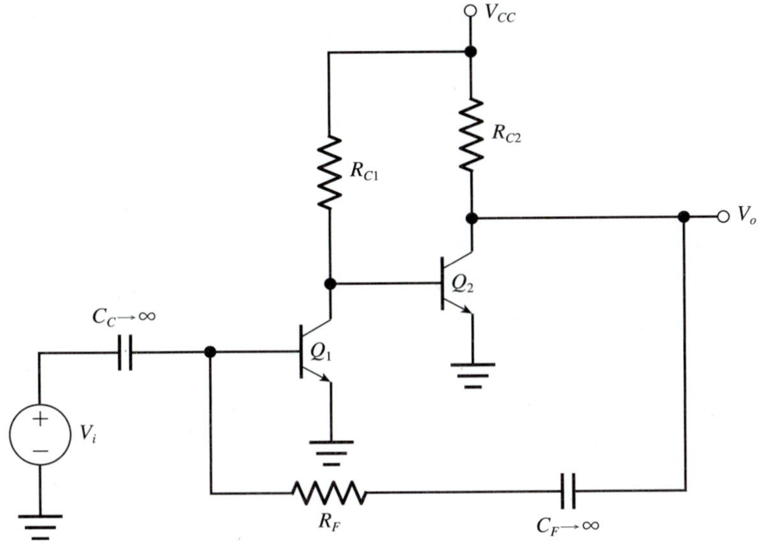

[그림 9-59]

9.24 귀환 증폭기의 루프이득이 다음과 같으며, $\omega_1 = 10^5$rad/sec이다. (a) 점근 보드 선도를 그려라. (b) 이득교차 각주파수 ω_G, 위상교차 각주파수 ω_{180}, 이득여유 GM, 위상여유 ϕ_M 등을 구하라. (c) (b)로부터 증폭기의 안정도를 판별하라.

$$L(s) = A(s)\beta = \frac{10^3}{(1+s/\omega_1)(1+s/10^6)(1+s/10^7)}$$

9.25 문제 **9.24**의 귀환 증폭기가 위상여유 $\phi_M \simeq 45°$를 갖기 위해 ω_1은 얼마가 되어야 하는가?

9.26 귀환 증폭기의 루프이득이 다음과 같다. (a) $\beta = 0.00632$, (b) $\beta = 0.0632$에 대해 점근 보드 선도를 그리고, 근사적인 이득교차 각주파수 ω_G와 위상여유 ϕ_M을 구하여 각 β값에 대한 증폭기의 안정도를 판별하라.

$$L(s) = A(s)\beta = \frac{\beta(5 \times 10^3)}{(1+s/10^3)(1+s/10^4)(1+s/10^5)}$$

9.27 귀환 증폭기의 루프이득이 다음과 같다. (a) $\beta=0.2$에 대해 점근 보드 선도를 그리고, 근사적인 이득교차 각주파수 ω_G와 위상여유 ϕ_M을 구하여 안정도를 판별하라. (b) 위상여유 $\phi_M=70°$가 되도록 β값을 결정하라.

$$L(s)=A(s)\beta=\frac{\beta(5\times10^3)}{(1+s/10^3)^2(1+s/10^4)}$$

9.28 귀환 증폭기를 구성하는 기본 증폭기의 개방루프 이득이 다음과 같다. (a) 개방루프 이득의 점근 보드 선도를 그려라. (b) 폐루프 이득 $A_f=85$ dB인 귀환 증폭기를 설계한 경우, 설계된 귀환 증폭기의 위상여유 ϕ_M을 구하고 안정도를 판별하라.

$$A(s)=\frac{10^5}{(1+s/10^4)(1+s/10^5)(1+s/10^7)}$$

9.29 다음의 루프이득을 갖는 귀환 증폭기의 저주파 폐루프 이득은 $A_f=40$이다. 극점분리 보상법을 이용하여 위상여유 $\phi_M=50°$가 되도록 하기 위한 우성극점 주파수의 새로운 값을 구하라.

$$L(s)=A(s)\beta=\frac{\beta\times5\times10^4}{(1+s/10^4)(1+s/10^6)(1+s/10^8)}$$

9.30 [그림 9-52]의 귀환 증폭기를 PSPICE로 시뮬레이션하여 전압이득 $A_{vf}=V_o/V_s$을 구하고, 문제 9.11의 계산 결과와 비교하라.

Chapter

10

전력 증폭기

학습목표

- 바이어스 방법에 따른 증폭기의 분류와 특성을 이해한다.
- 증폭기에 사용되는 트랜지스터의 정격전력, 안전동작영역, 방열대책 등을 배운다.
- A급 전력 증폭기의 전력효율을 이해한다.
- B급 푸시풀 증폭기의 구조, 동작특성, 전력효율 등을 살펴본다.
- AB급 푸시풀 출력단의 바이어스 방법을 공부한다.
- 전력 증폭기 IC의 특성을 이해한다.

3~6장에서 설명된 바와 같이, BJT나 FET 소자가 증폭기로 동작하기 위해서는 바이어스를 걸어 동작점을 설정해야 하며, 일반적으로 소신호(small-signal) 증폭기에는 선형동작영역의 중앙에 동작점을 설정한다. 그렇다면 스피커나 모터와 같은 부하에 수~수십 W의 큰 전력을 공급하는 증폭기는 동작점을 어떻게 설정해야 할까? 소신호 증폭기와 동일하게 선형동작영역의 중앙에 동작점을 설정하면, 큰 진폭의 신호에 대해 선형성이 유지되지 않으며 전력소비가 커서 발열 문제가 심각해질 수 있다.

이번 장에서는 큰 진폭의 신호를 부하에 공급하는 전력 증폭기의 바이어스 방법과 회로 구조에 대해 살펴본다. 먼저 여러 가지 바이어스 방법에 따른 증폭기의 동작특성을 이해한 후, 증폭기의 전력변환 효율에 대해 살펴본다. 증폭기는 DC 전원으로부터 받은 전력 중 일부를 교류전력으로 변환하여 부하에 공급하고, 나머지는 열로 소모한다. 따라서 큰 출력을 갖는 전력 증폭기에서는 전력변환 효율을 극대화할 수 있는 회로 구조와 바이어스 방법이 중요하다. 대표적인 전력 증폭기 방식인 푸시풀 증폭기 구조와 바이어스 방법, 그리고 전력변환 효율 등에 대해 상세히 살펴본다. 또한 증폭기에 사용되는 트랜지스터 소자의 정격전력, 안전동작영역, 방열대책 등은 회로의 안정된 동작과 신뢰성에 영향을 미치는 요소이며 실제 회로설계에서 중요하게 고려되어야 하므로, 이에 대한 충분한 이해가 필요하다.

10.1 증폭기의 분류

증폭기에 사용되는 BJT와 FET 등의 트랜지스터들은 입력신호와 출력신호의 관계가 선형적이지 않은 비선형 소자이다. 그러나 동작점을 중심으로 신호의 진폭이 작게 변하는 소신호 증폭기는 신호변화 성분에 대한 트랜지스터의 특성을 선형으로 모델링하여 해석할 수 있으며, 4장과 6장에서 설명한 증폭기들이 이에 해당된다. 진폭이 큰 신호를 증폭하는 대신호(large-signal) 증폭기에서는 트랜지스터의 비선형 특성에 의해 증폭기 출력이 왜곡될 수 있으므로, 큰 동적범위(dynamic range)에서 선형성을 유지할 수 있도록 소신호 증폭기와는 다른 바이어스 방법이 필요하다. 또한, 소신호 증폭기에서는 신호전력이 크지 않으므로 전력소비에 의한 발열문제가 심각하지 않으나, 부하에 큰 전력을 공급하는 전력 증폭기에서는 전력효율과 발열문제가 중요한 요소가 된다.

[그림 10-1]은 간단한 3단 증폭기의 예이다. 제1단은 신호원에서 입력되는 작은 진폭(수 mV 정도)의 신호를 증폭하는 소신호 증폭기(전치 증폭기(preamplifier)라고도 함)이고, 그 출력은 제2단을 통해 다시 증폭된다. 최종 출력단은 스피커, 모터 등의 장치를 구동하기 위해 필요한 전

력(수~수십 W)을 공급하는 전력 증폭기이다. 제1단과 제2단의 증폭기에서는 트랜지스터가 선형영역에서 동작하도록 바이어스하여 신호의 왜곡(즉, 파형의 찌그러짐)이 최소화되도록 하는 것과 증폭기의 이득이 중요하다. 반면에, 출력단(제3단) 증폭기에서는 제2단까지 증폭된 큰 진폭의 신호가 트랜지스터의 비선형영역에까지 영향을 미쳐 출력파형에 왜곡이 발생할 수 있고, 부하에 큰 전력을 공급하므로 큰 전류에 의한 전력소비가 크다. 따라서 출력단 증폭기는 큰 동적범위를 가지면서 높은 전력효율이 얻어지도록 소신호 증폭기와는 다른 바이어스 방법이 필요하며, 또한 작은 저항의 부하를 구동할 수 있도록 작은 출력저항을 갖는 것이 중요하다.

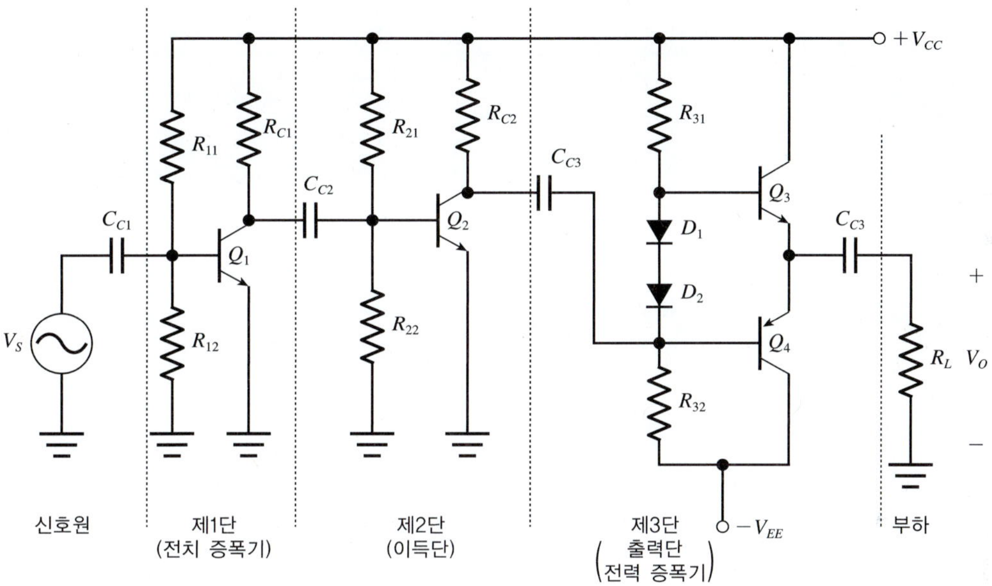

[그림 10-1] 간단한 3단 증폭기의 예

증폭기는 동작점의 위치에 따라 A급 바이어스 증폭기, B급 바이어스 증폭기, AB급 바이어스 증폭기, C급 바이어스 증폭기 등으로 구분할 수 있으며, [그림 10-2]는 동작점의 위치와 이에 따른 증폭기의 전류 파형을 보이고 있다.

[그림 10-2(a)]와 같이 **컬렉터 전류의 선형영역 중앙에 동작점이 설정된 경우를 A급 바이어스 증폭기**라고 하며, **입력전류의 전체 주기가 왜곡 없이 증폭되어 컬렉터 전류로 나오므로 선형성이 잘 유지**된다. 그러나 **입력전류에 무관하게 바이어스 전류 I_{CQ}가 항상 흐르므로 이에 의한 DC 전력소비 $V_{CEQ}I_{CQ}$가 커서 전력효율이 낮다.** 4장과 6장에서 설명한 소신호 증폭기들이 이에 해당된다.

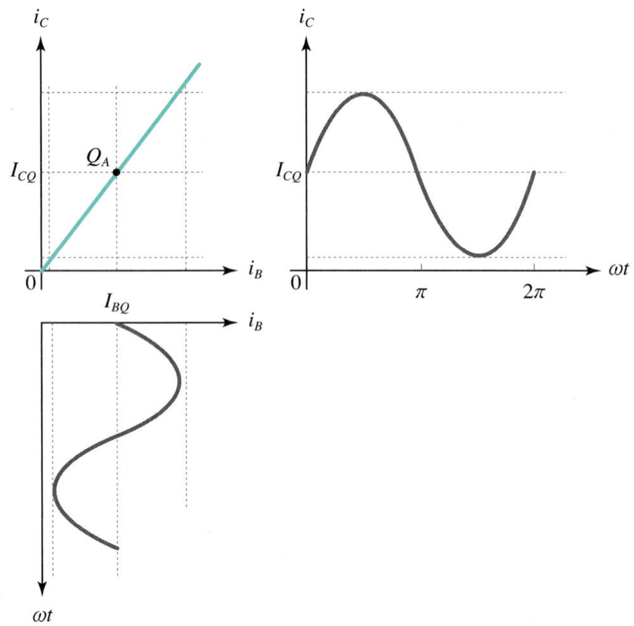

(a) A급 바이어스

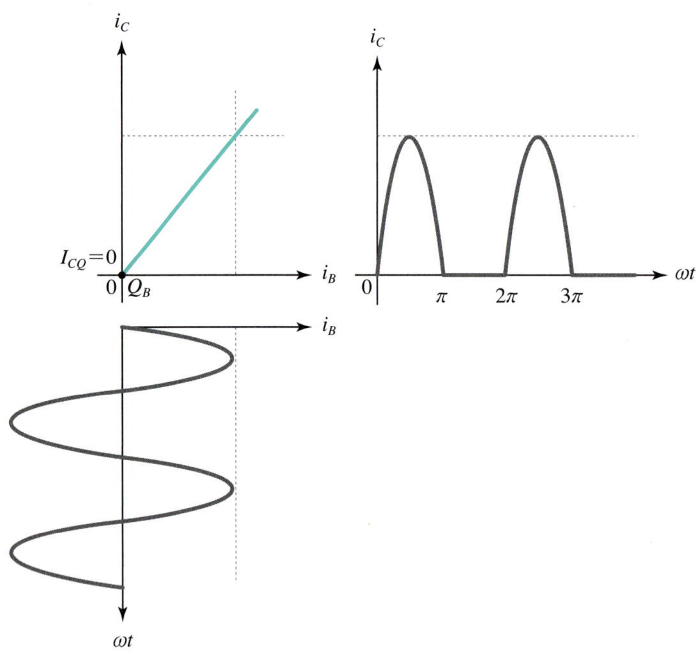

(b) B급 바이어스

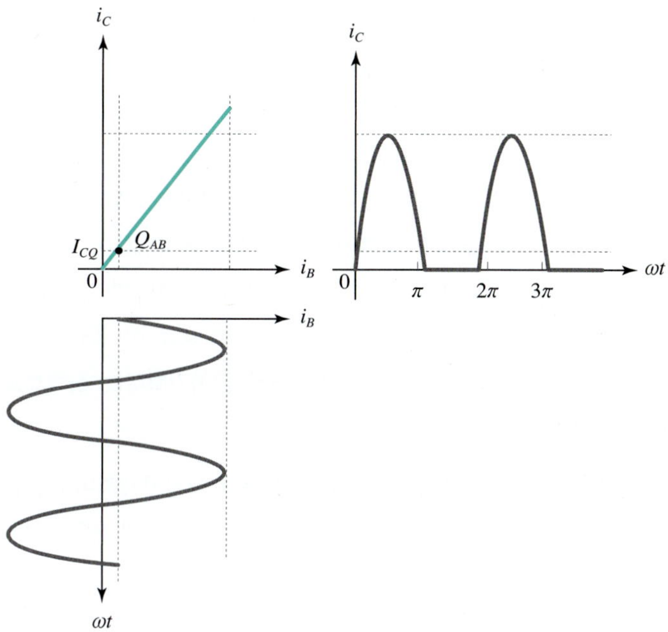

(c) AB급 바이어스

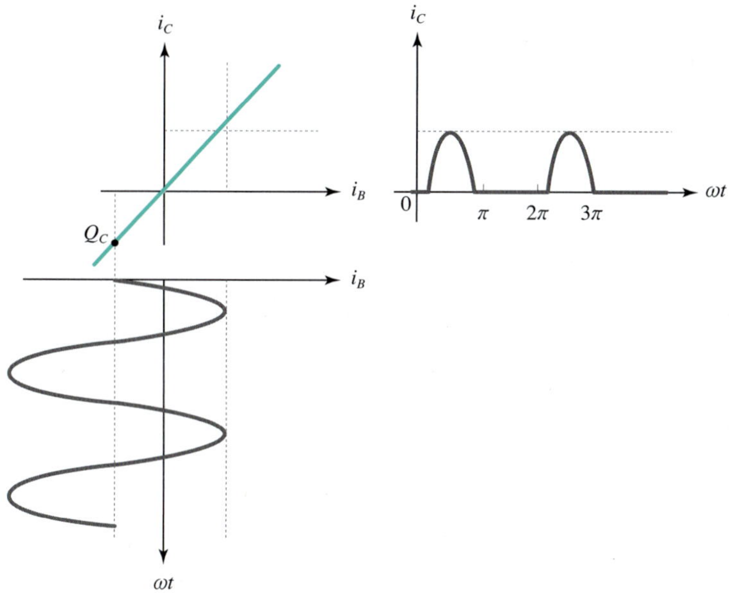

(d) C급 바이어스

[그림 10-2] 동작점 위치에 따른 증폭기의 전류 파형

[그림 10-2(b)]와 같이 **트랜지스터의 차단점(즉, $I_{CQ}=0$이 되는 지점)에 동작점이 설정된 경우를 B급 바이어스 증폭기**라고 하며, **입력전류의 양(+)의 반 주기만 증폭되어 컬렉터 전류로 나오고 음(-)의 반 주기는 트랜지스터의 차단영역에 해당하므로 컬렉터 전류가 흐르지 않아 출력파형의 왜곡이 심하다. 그러나 차단되는 반 주기의 신호를 얻기 위해 또 하나의 트랜지스터를 사용하는 상보형 푸시풀(complementary push-pull) 구조를 이용하여 전체 주기의 신호를 얻을 수 있다. 바이어스 전류 I_{CQ}가 0이므로 DC 전력소비가 이론적으로 0이 되어 A급 증폭기보다 전력효율이 높다.** B급 바이어스를 갖는 푸시풀 증폭기는 트랜지스터의 V_{BE} 전압강하에 의해 출력파형에 왜곡이 발생(10.4.1절)하며, 이 왜곡을 없애기 위해 [그림 10-2(c)]와 같이 **동작점을 A급 바이어스 쪽으로 약간 이동시킨 증폭기를 AB급 바이어스 증폭기**라고 한다. 당연히 **B급 증폭기보다는 전력효율이 떨어지고, A급 증폭기보다는 전력효율이 높다.**

C급 증폭기는 [그림 10-2(d)]와 같이 **트랜지스터의 차단점 이하에 동작점이 설정된 경우이다. 입력신호의 반 주기 이하의 일부만 출력으로 나오고, 나머지 반 주기 이상이 차단되므로 출력파형의 왜곡이 가장 심하다.** 왜곡을 갖는 정현파는 고조파(harmonics) 성분을 포함하고 있으므로, **증폭기 출력에 LC 동조회로를 이용하면 고조파 성분이 제거된 기본파 성분을 얻을 수 있다. 컬렉터 전류의 평균치가 가장 작으므로, 전력효율이 가장 높다.**

10.2 트랜지스터의 정격 및 방열대책

10.2.1 트랜지스터의 정격

트랜지스터가 동작할 수 있는 전압, 전류 및 전력소비의 한계치를 정격이라고 하며, 제조회사에서 제공하는 규격표(data sheet)에 명시되어 있다. **BJT의 정격은 컬렉터-이미터 전압 V_{CEO}, 컬렉터-베이스 전압 V_{CBO}, 이미터-베이스 전압 V_{EBO} 등의 전압과 최대 컬렉터 전류 $I_{C,max}$, 그리고 최대 전력소비 $P_{D,max}$ 등의 파라미터 값들로 표시된다. 정격값이 초과되면 트랜지스터의 정상 동작이 보장되지 않거나 소자가 치명적인 손상을 받을 수 있으므로, 회로설계 시에 고려되어야 한다.**

[표 10-1]은 범용(소신호 증폭 및 스위칭용) BJT와 전력 증폭기용 BJT의 정격을 보이고 있다. 소신호 BJT의 컬렉터 정격전류는 1 A 이하인 반면에 전력 증폭기용 BJT는 수~수십 A의 정격전류를 갖는다. 컬렉터 정격전류 $I_{C,max}$는 컬렉터 전류에 따른 전류이득의 감소(컬렉터 전류가 증가할수록 트랜지스터의 전류이득은 감소함. [그림 10-3] 참조), 소자와 패키지 사이의 본딩 와이어(bonding wire)의 최대 허용 전류, 최대 전력소비를 고려한 허용 전류 한계 등에 영향을 받는다.

BJT의 허용 가능한 최대 전압은 PN 접합의 항복현상(breakdown)에 관련된다. 베이스가 개방된 상태(즉, $I_B=0$)에서 컬렉터-이미터 전압이 항복전압(breakdown voltage) V_{CEO}에 도달하면 컬렉터 전류가 급격히 증가하는 항복현상이 나타난다. 전력 증폭기용 BJT는 수십~수백 V 정도의 V_{CEO} 내압을 가지며, 소신호 BJT는 수십 V 정도이다. 트랜지스터가 선형영역에서 동작하는 경우에는 V_{CEO}에 도달하기 전에 컬렉터 전류가 급격히 증가하며, 일단 항복현상이 일어나면 컬렉터-이미터 I-V 특성곡선들은 항복유지 전압 $V_{CEO(sus)}$ 근처로 모이게 된다. $V_{CEO(sus)}$는 트랜지스터가 항복상태를 유지하기 위해 필요한 최소 전압을 의미하며, V_{CEO}보다 수~십 수 V 정도 작은 값을 갖는다. 회로상의 트랜지스터는 $V_{CEO(sus)}$보다 작은 전압에서 동작해야 한다.

트랜지스터에서 소비되는 전력은 열로 발생되며, 전력소비가 증가할수록 소자의 온도가 상승한다. 트랜지스터는 최대 접합온도 이하에서 동작해야 하므로, 허용 가능한 전력소비에 한계를 가지게 된다. 소신호 BJT와 전력 증폭기용 BJT는 허용 가능한 전력소비(즉, 정격전력)에서 큰 차이를 갖는다. 소신호 BJT의 정격전력은 1 W 이하이지만, 전력 증폭기용 BJT는 수~수십 W 이상의 정격전력을 가져 큰 전력소비에 견딜 수 있다. 대부분의 소신호 트랜지스터는 플라스틱 패키지가 사용되어 트랜지스터 접합과 패키지 사이의 열저항(thermal resistance)이 수십 ℃/W 정도로 크다. 반면에 전력 증폭기용 BJT는 열전달이 우수한 금속 패키지가 사용되므로 열저항이 수 ℃/W 이하로 작으며, 따라서 큰 전력소비를 견딜 수 있다.

[표 10-1] 바이폴라 트랜지스터의 정격

구분 / 파라미터	소신호 증폭 및 스위칭용		전력 증폭기용	
	2N2222A	2N3904	2N3055	2N6275
V_{CEO} [Vdc]	40	40	60	120
$I_{C,max}$(continuous) [Adc]	0.6	0.2	15	50
$P_{D,max}$ @$T_A=25$℃ [W]	0.5	0.625	–	–
$P_{D,max}$ @$T_C=25$℃ [W]	1.8	1.5	115	250
Thermal resistance θ_{JA} [℃/W]	300	200	–	–
Thermal resistance θ_{JC} [℃/W]	83.3	83.3	1.52	0.7
f_T [MHz]	300	300	2.5	30
β_{DC} (DC 전류이득)	35~100	30~100	5~20	10~50

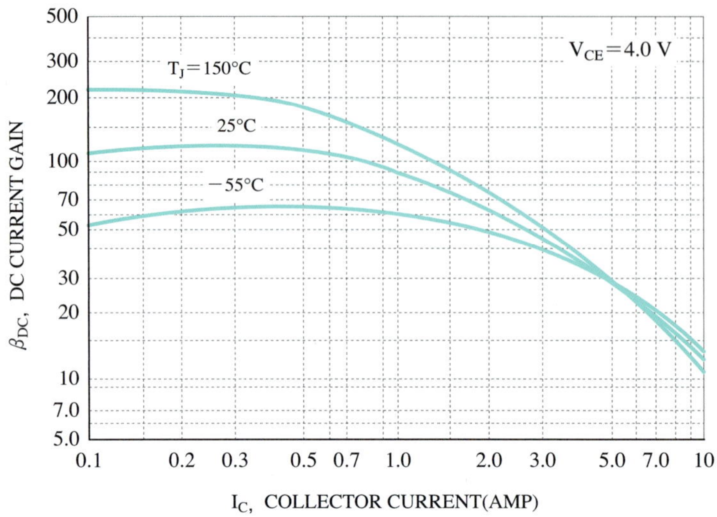

[그림 10-3] 2N3055 전력 증폭기용 BJT의 DC 전류이득 특성

전력 증폭기용 BJT들은 수~수십 A의 전류 능력을 갖도록 하기 위해 접합 면적이 큰 구조로 제작되며, 따라서 큰 접합 정전용량(C_μ, C_π)을 갖는다. 이에 의해 단위이득 대역폭 f_T는 소신호 BJT의 수백 MHz에 비해 상대적으로 매우 작은 값인 수~수십 MHz를 가지며, 또한 DC 전류이득 β_{DC}도 수~수십 정도로 작은 값을 갖는다. [그림 10-3]은 2N3055 전력 증폭기용 BJT의 β_{DC} 특성이며, 컬렉터 전류가 클수록 DC 전류이득이 크게 감소하고, 온도에 큰 영향을 받는다.

트랜지스터가 안전하게 동작할 수 있는 영역을 안전동작영역(Safe Operation Area, SOA)이라고 하며, 최대 정격전류 $I_{C,max}$, 컬렉터-이미터 항복유지전압 $V_{CEO(sus)}$, 최대 정격전력 $P_{D,max}$, 그리고 2차 항복(second breakdown) 등에 의해 결정된다. 2차 항복현상은 큰 전류와 전압으로 동작하는 트랜지스터에서 발생하는 현상으로서 이미터-베이스 접합에 흐르는 전류 밀도의 불균일(이를 전류 밀집(current crowding) 현상이라고 함)에 의해 국부적으로 전력소비가 증가하여 온도가 상승하게 되고, 이에 의해 국부적으로 전류가 증가하며, 전류 증가는 다시 소자의 온도 상승을 유발하는 정귀환(positive feedback) 작용에 의해 궁극적으로 소자가 치명적인 손상을 받게 되는 항복현상이다.

[그림 10-4(a)]는 BJT의 정격값들과 안전동작영역의 관계를 보이고 있으며, [그림 10-4(b)]는 안전동작영역을 로그 눈금으로 변환하여 표시한 것이다. 실제 증폭기에서는 BJT가 선형영역에서 동작해야 하므로, [그림 10-4]의 안전동작영역에서 차단영역과 포화영역을 제외한 나머지

영역에서 동작하도록 설계되어야 한다. 예를 들어 선형영역에서 동작하는 2N627x 전력증폭용 BJT의 안전동작영역은 [그림 10-5]와 같다.

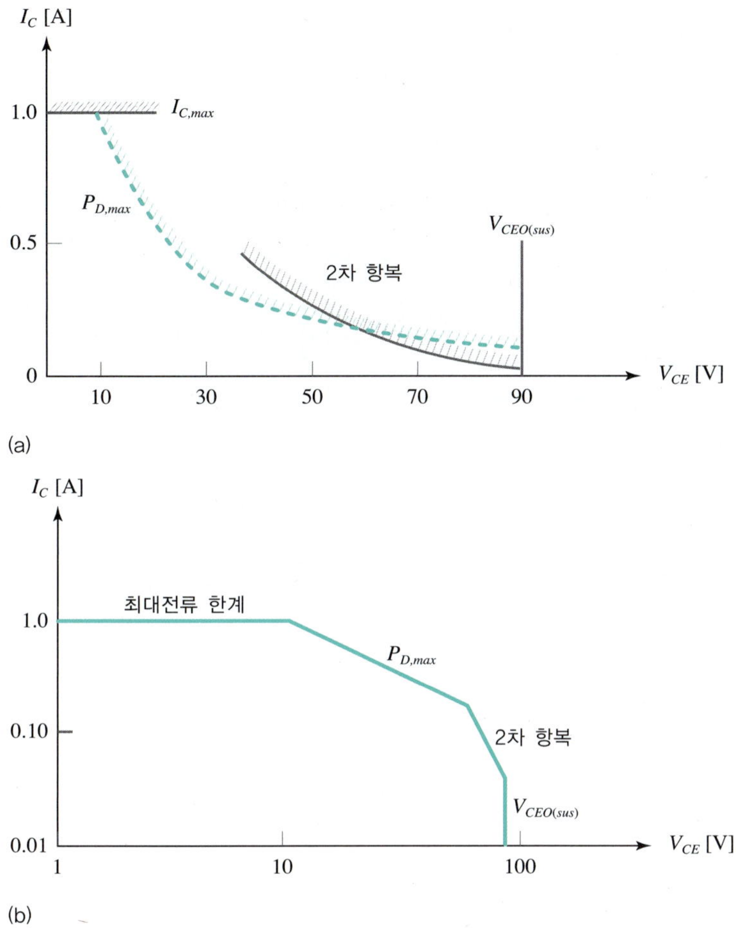

[그림 10-4] 트랜지스터의 안전동작영역

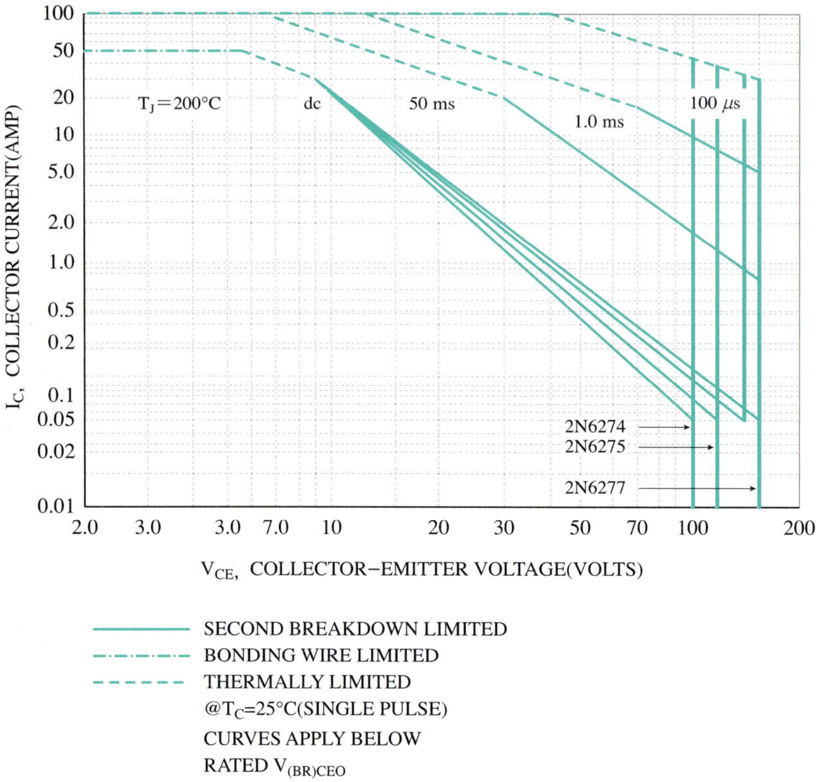

[그림 10-5] 전력증폭용 BJT(2N627x)의 안전동작영역

예제 10-1

[그림 10-6]의 공통 이미터 증폭기에서 BJT의 전류, 전압, 전력소비의 정격값들을 구하고, 안전동작영역을 표시하라. 단, $R_L = 6\ \Omega$이고, $V_{CC} = 12\ \text{V}$이다.

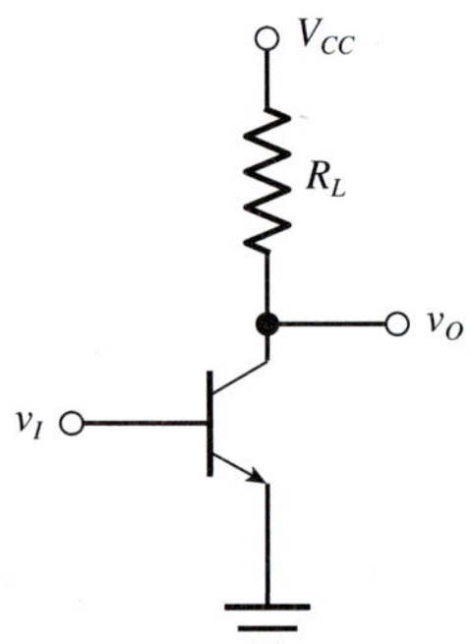

[그림 10-6]

풀이

① 최대 컬렉터 전류 $I_{C,max}$: $V_{CE}=0$일 때 컬렉터 전류의 최댓값은,

$$I_{C,max}=\frac{V_{CC}}{R_L}=\frac{12}{6}=2\text{ A}$$

② 최대 컬렉터 전압 $V_{CE,max}$: $I_C\simeq 0$일 때 컬렉터-이미터 전압이 최대가 되므로,

$$V_{CE,max}=V_{CC}=12\text{ V}$$

③ 최대 전력소비 $P_{D,max}$: 트랜지스터에서 소비되는 전력은 다음과 같으므로,

$$P_D=V_{CE}I_C=(V_{CC}-R_LI_C)I_C=V_{CC}I_C-R_LI_C^2$$

최대 전력소비가 발생하는 전류와 전압 조건을 $\frac{dP_D}{dI_C}=V_{CC}-2R_LI_C=0$으로부터 구하면,

$I_C=\frac{V_{CC}}{2R_L}=\frac{12}{2\times 6}=1$ A와 $V_{CE}=V_{CC}-R_LI_C=12-6\times 1=6$ V이다. 따라서 최대 전력소비는,

$$P_{D,max}=V_{CE}I_C=6\times 1=6\text{ W}$$

④ 따라서 정격전류가 2 A 이상, 정격전압이 12 V 이상 그리고 정격전력이 6 W 이상인 소자를 선택하면 된다.

⑤ 앞에서 구해진 값들로부터 BJT의 안전동작영역을 표시하면 [그림 10-7]과 같다. 최대 전력소비는 포물선으로 표시되며, DC 부하선과 전력곡선이 만나는 점에서 최대 전력소비가 발생된다.

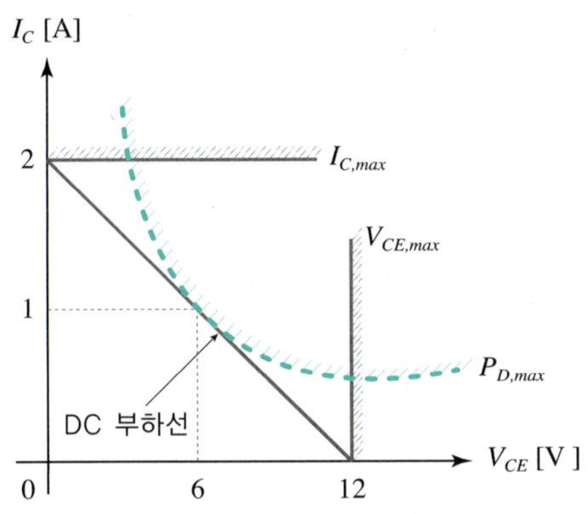

[그림 10-7] [예제 10-1]의 안전동작영역

예제 10-2

[그림 10-8]의 공통 컬렉터 증폭기에서 BJT의 전류, 전압, 전력소비의 정격값들을 구하라. 단, BJT의 $\beta_{DC}=170$이고, $R_E=100\ \Omega$, $V_{CC}=15$ V이다.

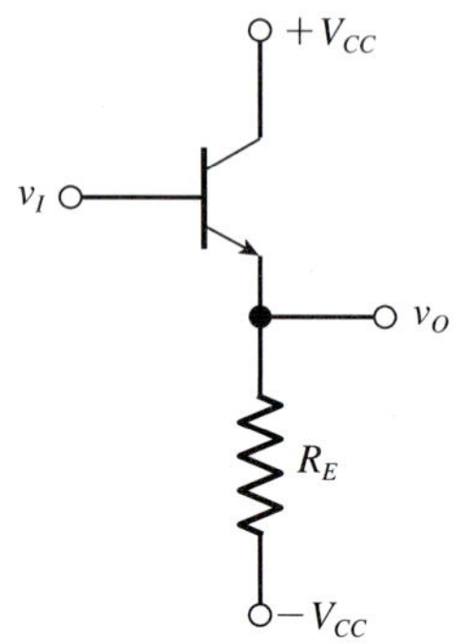

[그림 10-8]

풀이

① 최대 컬렉터 전류 $I_{C,max}$: $V_{CE}\simeq 0$일 때 컬렉터 전류가 최대가 되므로,

$$I_{C,max}=\frac{2V_{CC}}{R_E}=\frac{30}{100}=0.3\text{ A}$$

② 최대 컬렉터 전압 $V_{CE,max}$: $I_E\simeq I_C=0$일 때 컬렉터-이미터 전압이 최대가 되므로,

$$V_{CE,max}=2V_{CC}=30\text{ V}$$

③ 최대 전력소비 $P_{D,max}$: 트랜지스터에서 소비되는 전력은 다음과 같으므로,

$$P_D=V_{CE}I_C=(2V_{CC}-R_EI_E)I_C\simeq(2V_{CC}-R_EI_C)I_C=2V_{CC}I_C-R_EI_C^2$$

$\dfrac{dP_D}{dI_C}=V_{CC}-R_EI_C=0$으로부터 최대 전력소비가 발생하는 전류와 전압을 구하면,

$I_C=\dfrac{V_{CC}}{R_E}=\dfrac{15}{100}=0.15$ A와 $V_{CE}=2V_{CC}-R_EI_C=30-100\times 0.15=15$ V이다. 따라서 최대 전력소비는,

$$P_{D,max}=V_{CE}I_C=15\times 0.15=2.25\text{ W}$$

④ 따라서 정격전류가 0.3 A 이상, 정격전압이 30 V 이상, 그리고 정격전력이 2.25 W 이상인 소자를 선택하면 된다.

응용 10-1

[그림 10-9]의 회로에서 MOSFET의 전류, 전압, 전력소비의 정격값들을 구하고, 안전동작영역을 표시하라. 단, $R_D=10\ \Omega$이고, $V_{DD}=20$ V이다.

[정답 : $I_{D,max}=2$ A, $V_{DS,max}=20$ V, $P_{D,max}=10$ W]

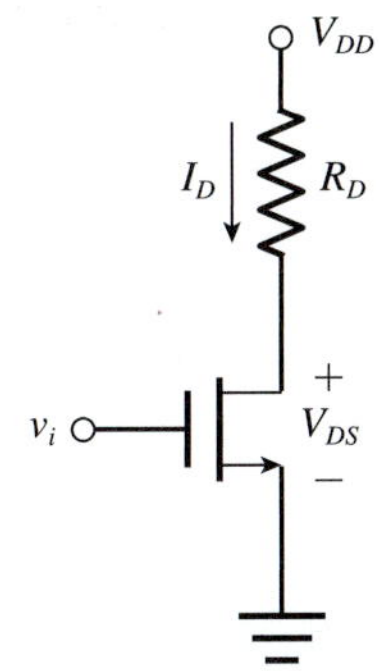

[그림 10-9]

10.2.2 방열대책

트랜지스터에 전류가 흐르면 $P_D=V_{CE}I_C$에 의한 전력소비가 일어나고, 전력소비는 열로 발생되므로 소자의 온도가 상승하게 된다. 온도가 상승하면, 전류 증폭률 β_0가 증가하게 되고, 이에 의해 전류가 증가하여 온도는 더욱 상승하게 된다. 이와 같은 정귀환 작용에 의해 소자의 온도가 계속 상승하는 **열폭주(thermal runaway) 현상**이 발생되며, 이는 소자에 치명적인 손상을 유발할 수 있다. 온도 상승에 의한 소자의 손상을 방지하기 위해 허용 가능한 소자(접합) 온도의 최대치가 규정되며, 실리콘 트랜지스터의 최대 접합온도는 150~200℃ 정도이다.

트랜지스터의 온도제한을 반영하기 위해 허용 가능한 최대 소비전력인 정격전력 $P_{D0,rated}$를 규정한다. 접합에서 발생되는 열은 소자를 감싸고 있는 패키지(플라스틱 또는 금속)를 통해 대기로 방출된다. 트랜지스터의 정격전력은 대기온도 $T_A=25$℃ 또는 케이스 온도 $T_C=25$℃를 기준으로 규정되며, 대기 또는 케이스 온도가 상승함에 따라 허용 가능한 최대 전력소비가 감소하게 된다. **온도에 따른 최대 전력소비 특성을 나타내는 그래프를 전력저하곡선(power derating curve)**라고 한다. 전력저하곡선은 **대기 온도 또는 케이스 온도를 기준으로 표시되며, 케이스 재질에 따라 달라진다.**

[그림 10-10]은 대기온도 T_A에 따른 전력저하곡선을 보이고 있다. 대기온도 $T_A \leq 25$℃에서는 평균 소비전력이 $P_{D,max}=P_{D0}$까지 허용되고, $T_A>25$℃에서는 허용 가능한 소비전력이 $-1/\theta_{JA}$ W/℃의 비율로 감소하여 온도 $T_{J,max}$에서 $P_{D,max}=0$ W가 됨을 의미한다. 여기서 최대 접합온도 $T_{J,max}$는 허용 가능한 전력소비가 0 W가 되는 트랜지스터 접합온도를 의미하며, $T_{A0}=25$℃에서 $T_{J,max}$ 사이의 기울기 $-1/\theta_{JA}$ W/℃를 전력저하계수(power derating factor)라고 한다. 전력저

하계수의 역수 θ_{JA}를 접합과 대기 사이의 열저항(thermal resistance)으로 정의하며, 이는 접합에서 발생된 열이 대기 중으로 방출되는 열전도의 방해(저항) 정도를 나타낸다.

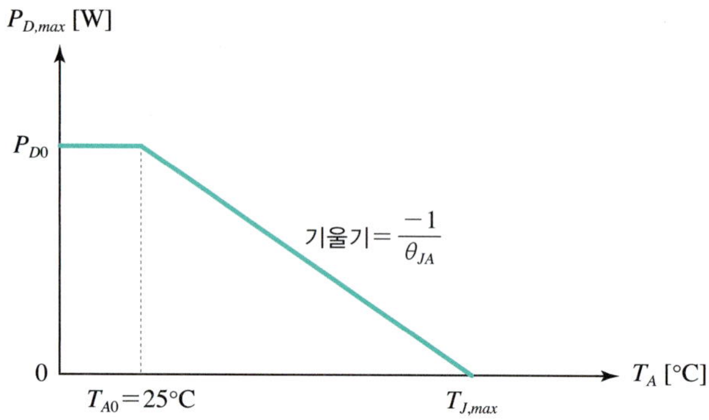

[그림 10-10] 대기온도에 대한 전력저하곡선

[그림 10-10]으로부터, 대기온도 $T_A > T_{A0}$에서 트랜지스터가 견딜 수 있는 최대 전력소비 $P_{D,max}$는 다음과 같이 표현되며,

$$P_{D,max} = \frac{T_{J,max} - T_A}{\theta_{JA}} \tag{10.1}$$

접합과 대기 사이의 열저항 θ_{JA}는 식 (10.2)와 같이 표현할 수 있다. 통상, $T_{A0}=25°C$가 사용된다.

$$\theta_{JA} = \frac{T_{J,max} - T_{A0}}{P_{D0}} \tag{10.2}$$

열저항은 열전도의 방해 정도를 나타내며, 전기적인 저항과 유사한 의미를 갖는다. 즉, 열저항이 작으면 열전도가 잘되고, 열저항이 크면 열전도가 잘되지 않음을 의미한다. [그림 10-11]은 전기저항과 열저항의 유사성을 보이고 있다. [그림 10-11(a)]의 전기회로에서 두 지점 사이의 저항이 R이고 흐르는 전류가 I인 경우에 두 지점 사이의 전압 차는 옴의 법칙에 의해 $V_1 - V_2 = R \times I$가 된다. [그림 10-11(b)]는 열저항과 전기저항의 유사성을 이용하여 열전도 등가회로를 나타낸 것이다. 소비전력 P_D는 전류 I에 대응되고, 열저항 θ는 전기저항 R에 대응되며, 온도 T는 전압 V에 대응된다. 따라서 소비전력이 P_D이고 두 지점 사이의 열저항이 θ인 경우에 온도 차는 $T_1 - T_2 = \theta \times P_D$로 표현할 수 있다.

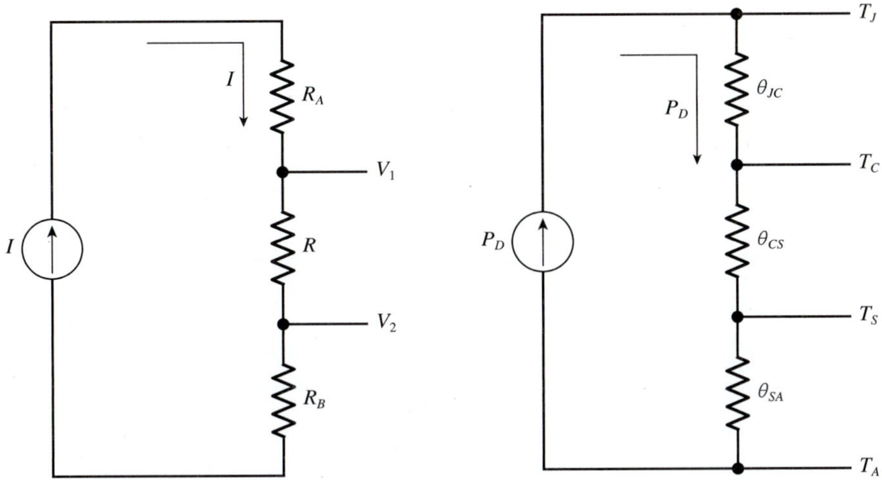

(a) 전기저항, 전류, 전압의 관계　　(b) 열저항, 소비전력, 온도의 관계

[그림 10-11] 전기저항과 열저항의 유사성

트랜지스터의 소비전력이 P_D인 경우에, 접합온도 T_J와 대기온도 T_A 사이에는 식 (10.3)의 관계가 성립하며,

$$T_J - T_A = \theta_{JA} P_D \tag{10.3}$$

여기서 θ_{JA}는 접합과 대기 사이의 열저항으로 ℃/W의 단위를 가지며, 1 W의 전력소비에 대한 접합온도의 상승을 나타낸다. 식 (10.3)은 열저항이 θ_{JA}인 트랜지스터에서 P_D의 전력소비가 발생하는 경우에 접합의 온도가 $T_J - T_A$ 만큼 상승함을 의미한다. 접합온도의 상승 없이 큰 전력소비에 견디기 위해서는 발생되는 열을 대기 중으로 잘 방출해야 하므로, 접합과 대기 사이의 열저항 θ_{JA}가 작아야 한다.

통상, 트랜지스터는 플라스틱 또는 금속 재질로 패키징되므로, 접합과 대기 사이의 열저항 θ_{JA}는 다음과 같이 표현되며,

$$\theta_{JA} = \theta_{JC} + \theta_{CA} \tag{10.4}$$

여기서 θ_{JC}는 접합과 케이스(패키지) 사이의 열저항을 나타내며, θ_{CA}는 케이스와 대기 사이의 열저항을 나타낸다. θ_{CA}는 패키지 재질(플라스틱 또는 금속)과 구조에 따라 달라진다. 케이스와 대기 사이의 열저항 θ_{CA}를 감소시키기 위해 소자에 방열기구(heat sink)를 부착하기도 하며, 이 경우에 θ_{JA}는 다음과 같이 표현된다.

$$\theta_{JA} = \theta_{JC} + \theta_{CS} + \theta_{SA} \tag{10.5}$$

여기서 θ_{CS}는 케이스와 방열기구 사이의 열저항, θ_{SA}는 방열기구와 대기 사이의 열저항을 나타낸다. 방열기구의 열저항은 매우 작은 값을 가지므로, $\theta_{CA} > \theta_{CS} + \theta_{SA}$가 되어 열전도가 잘 일어나게 된다. 식 (10.5)를 식 (10.3)에 대입하면, 방열기구가 부착된 트랜지스터의 열전달 모델은 다음과 같다.

$$T_J - T_A = (\theta_{JC} + \theta_{CS} + \theta_{SA})P_D \tag{10.6}$$

전력저하곡선은 [그림 10-12]와 같이 케이스 온도를 기준으로 만들어질 수도 있으며, [그림 10-10]의 대기온도를 기준으로 한 전력저하곡선과 비교하여 x축이 케이스 온도 T_C가 되며, 케이스 온도 $T_{C0} = 25℃$가 기준온도로 사용된다. 이 경우에, 식 (10.1)은 다음과 같이 수정된다.

$$P_{D,max} = \frac{T_{J,max} - T_C}{\theta_{JC}} \tag{10.7}$$

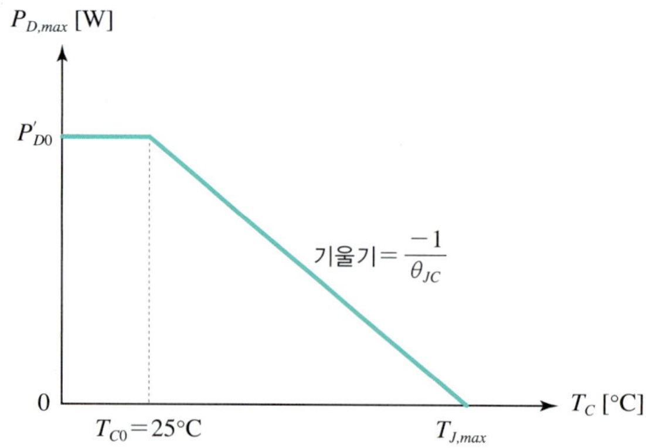

[그림 10-12] 케이스 온도에 대한 전력저하곡선

[그림 10-13]은 2N6275 전력 증폭기용 BJT의 전력저하(전력소비-케이스 온도) 곡선을 보이고 있으며, 최대 접합온도는 $T_{J,max} = 200℃$이고, $T_C = 25℃$에서 $P_{D0} = 250$ W이다. 최대 접합온도 $T_{J,max} = 200℃$에서 $P_{D,max} = 0$ W이고, 케이스 온도 $T_C \le 25℃$에서는 트랜지스터의 평균 소비전력이 250 W까지 허용되며, $T_C > 25℃$에서는 허용되는 소비전력이 -1.43 W/℃의 비율로 감소하여 $\theta_{JC} = 0.7℃/\text{W}$의 열저항을 갖는다. [그림 10-14]는 2N3094 BJT의 패키지 형태에 따른 전력저하(대기온도-전력소비) 곡선을 보이고 있으며, 패키지 형태에 따라 P_{D0}와 열저항 θ_{JA}가 달라짐을 볼 수 있다.

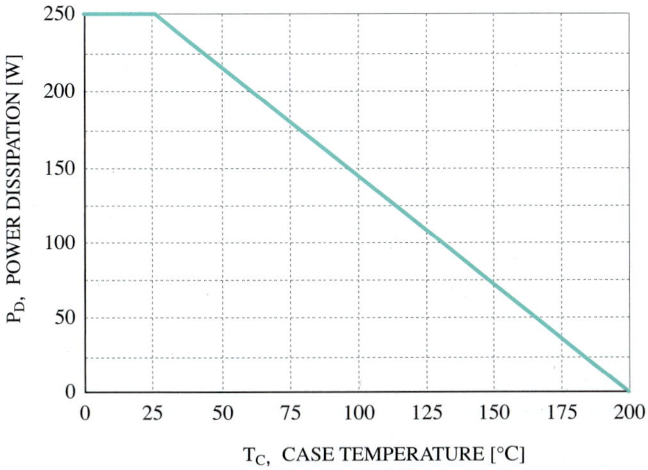

[그림 10-13] 2N6275 전력 증폭기용 BJT의 전력저하(케이스 온도-전력소비) 곡선

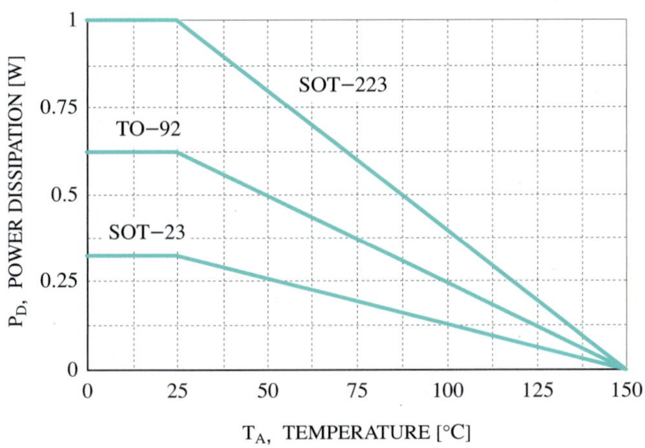

[그림 10-14] 2N3094 BJT의 패키지 형태에 따른 전력저하(대기온도-전력소비) 곡선

예제 10-3

SOT-223 패키지를 갖는 2N3094 BJT의 전력저하곡선([그림 10-14])을 이용하여 다음을 각각 구하라. (a) 접합과 대기 사이의 열저항 θ_{JA}, (b) $T_A=75$℃에서 안전하게 소비할 수 있는 최대 전력소비 $P_{D,max}$, (c) $P_D=0.5$ W가 소비될 때의 접합의 온도 T_J

풀이

(a) [그림 10-14]의 전력저하곡선으로부터, $T_{A0}=25$℃일 때 허용 가능한 최대 전력소비는 $P_{D0}=1$ W이고, 최대 접합온도는 $T_{J,max}=150$℃이다. 따라서 식 (10.2)로부터,

$$\theta_{JA}=\frac{T_{J,max}-T_{A0}}{P_{D0}}=\frac{150-25}{1}=125℃/\text{W}$$

(b) 식 (10.1)로부터, $P_{D,max}=\dfrac{T_{J,max}-T_A}{\theta_{JA}}=\dfrac{150-75}{125}=0.6$ W

(c) 식 (10.3)으로부터, $T_J=T_A+\theta_{JA}P_D=25+125\times0.5=87.5$℃

예제 10-4

최대 접합온도가 $T_{J,max}=200$℃이고, 열저항이 $\theta_{JC}=1.8$℃/W, $\theta_{CA}=48.2$℃/W, $\theta_{CS}=0.6$℃/W, $\theta_{SA}=5$℃/W인 소자가 대기온도 $T_A=32$℃에서 동작하는 경우에 다음을 각각 구하라. (a) 방열기구를 부착하지 않은 상태에서 허용 가능한 최대 소비전력 (b) 방열기구를 부착한 상태에서 허용 가능한 최대 소비전력 (c) 방열기구를 부착한 상태에서 허용 가능한 최대 전력소비가 일어날 때의 케이스 온도와 방열기구의 온도

풀이

(a) 식 (10.1)과 식 (10.4)로부터, $P_{D,max}=\dfrac{T_{J,max}-T_A}{\theta_{JC}+\theta_{CA}}=\dfrac{200-32}{1.8+48.2}=3.36$ W

(b) 식 (10.1)과 식 (10.5)로부터, $P_{D,max}=\dfrac{T_{J,max}-T_A}{\theta_{JC}+\theta_{CS}+\theta_{SA}}=\dfrac{200-32}{1.8+0.6+5}=22.7$ W

따라서 방열기구를 부착하지 않은 경우에 비해 약 6.7배의 전력소비를 견딜 수 있다.

(c) 식 (10.6)으로부터 방열기구의 온도는, $T_S=T_A+\theta_{SA}P_D=32+5\times22.7=145.5$℃, 케이스의 온도는 $T_C=T_S+\theta_{CS}P_D=145.5+0.6\times22.7=159.1$℃이다.

따라서 전력소비가 $P_D=22.7$ W일 때의 열전도 등가모델은 [그림 10-15]와 같다.

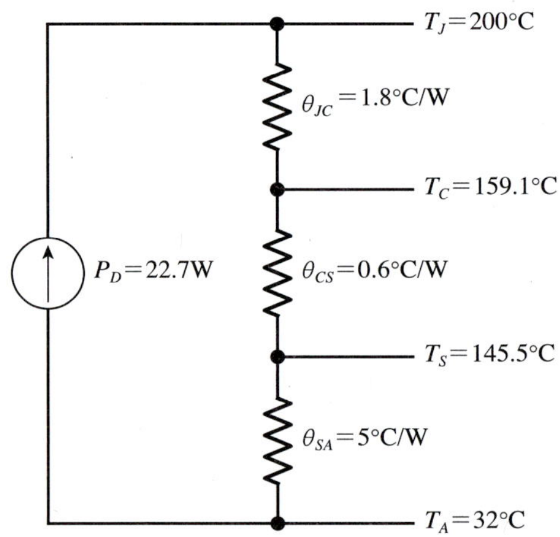

[그림 10-15] [예제 10-4]의 열전도 등가모델

응용 10-2

2N6275 BJT의 전력저하곡선([그림 10-13])을 이용하여 다음을 각각 구하라. (a) 접합과 케이스 사이의 열저항 θ_{JC}, (b) $T_C=50$℃에서 안전하게 소비할 수 있는 최대 전력소비 $P_{D,max}$, (c) $P_D=100$ W가 소비될 때의 접합과 케이스 사이의 온도차

[정답 : (a) $\theta_{JC}=0.7$℃/W, (b) $P_{D,max}=214.3$ W, (c) $T_J-T_C=95$℃]

응용 10-3

최대 접합온도가 $T_{J,max}=150$℃, $P_{D0}=100$ W이고, $\theta_{JC}=1.25$℃/W인 소자가 대기온도 $T_A=30$℃에서 방열기구를 부착하고 50 W의 전력을 소비해야 하는 경우에 방열기구의 열저항은 얼마 이하가 되어야 하는가? 단, $\theta_{CS}=0.5$℃/W이다.

[정답 : $\theta_{SA}\leq 0.65$℃/W]

10.3 A급 전력 증폭기

대부분의 소신호 증폭기들은 선형영역의 중앙 근처에 동작점이 설정된 A급 바이어스를 사용한다. A급 바이어스 증폭기는 입출력 선형성은 우수하지만, 전력효율이 낮다는 단점을 갖는다. **A급 바이어스 전력 증폭기의 전력효율을 높이기 위한 방법으로 인덕터 결합 또는 변압기 결합 구조가 사용**된다. 이 절에서는 A급 바이어스 증폭기의 전력효율과 인덕터 결합 및 변압기 결합 증폭기에 대해 살펴본다.

10.3.1 A급 증폭기의 전력효율

[그림 10-16(a)]의 공통 이미터 증폭기에서 BJT는 저항 R_B에 의해 A급으로 바이어스되며, 동작점 전류와 전압은 다음과 같이 표현된다. DC 베이스 전류는,

$$I_{BQ}=\frac{V_{CC}-V_{BE(on)}}{R_B} \tag{10.8}$$

DC 컬렉터 전류는,

$$I_{CQ}=\beta_{DC}I_{BQ} \tag{10.9}$$

여기서 β_{DC}는 BJT의 DC 전류이득을 나타낸다. 컬렉터-이미터 바이어스 전압은 다음과 같이 표현된다.

$$V_{CEQ}=V_{CC}-R_CI_{CQ} \tag{10.10}$$

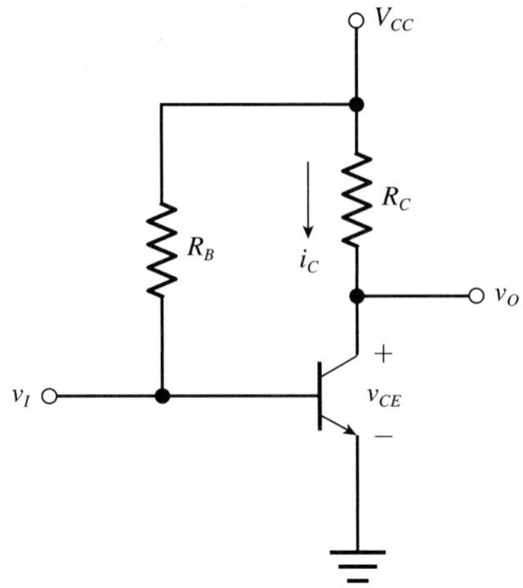

(a) A급 바이어스된 공통 이미터 증폭기

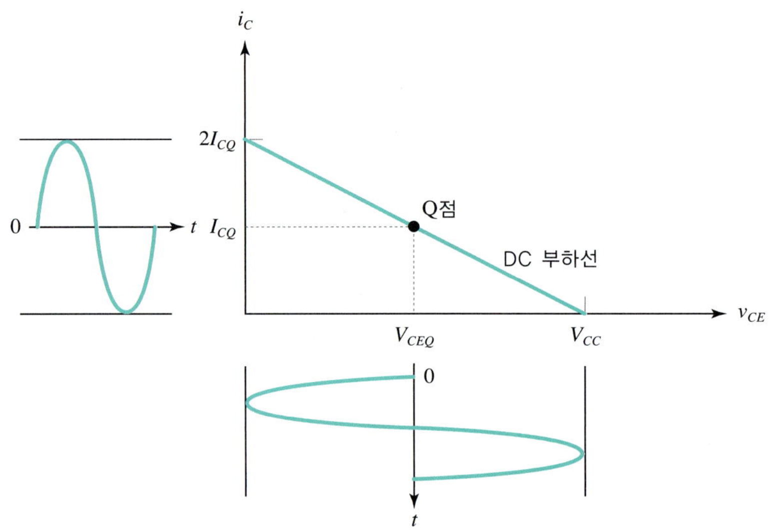

(b) 동작점 및 출력특성

[그림 10-16] A급 바이어스 증폭기와 출력 특성

[그림 10-16(b)]는 A급 바이어스 증폭기의 부하선과 식 (10.8)~식 (10.10)에 의해 결정되는 동작점을 보이고 있다. 트랜지스터의 동작점을 선형영역의 중앙점에 설정하면 교류 출력신호의 스윙을 최대로 할 수 있다. 즉, 바이어스 컬렉터 전류가 $I_{CQ} \simeq V_{CC}/(2R_C)$로 설정되면 왜곡 없이 얻을 수 있는 교류 컬렉터 전류의 진폭이 최대가 될 것이며, 또한 컬렉터-이미터 바이어스 전압이 $V_{CEQ} \simeq V_{CC}/2$로 설정되면 교류 컬렉터 전압의 스윙이 최대가 될 수 있다.

트랜지스터의 동작점이 [그림 10-16(b)]와 같이 A급 바이어스로 설정된 경우에 대한 증폭기의 전력효율을 살펴본다. 정현파 입력에 대한 컬렉터 전류 i_C와 컬렉터 이미터 전압 v_{CE}는 각각 다음과 같다.

$$i_C = I_{CQ} + I_{cm}\sin\omega t \tag{10.11}$$

$$v_{CE} = V_{CEQ} - V_{cm}\sin\omega t \tag{10.12}$$

여기서 I_{cm}과 V_{cm}은 각각 컬렉터 전류와 컬렉터 전압의 진폭을 나타낸다. 통상 $i_C \gg i_B$이므로 베이스 전류 i_B를 무시하면, 컬렉터 전류와 전압이 최대진폭을 가질 때 트랜지스터에서 소비되는 전력은 식 (10.11)과 식 (10.12)에 $I_{cm}=I_{CQ}$, $V_{cm}=V_{CC}/2$를 대입하면 다음과 같다. 여기서 트랜지스터의 포화영역을 무시하고, 이상적인 경우를 가정하였다.

$$\begin{aligned} P_D = v_{CE}i_C &= \frac{V_{CC}I_{CQ}}{2}(1-\sin^2\omega t) \\ &= \frac{V_{CC}I_{CQ}}{4}(1+\cos 2\omega t) \end{aligned} \tag{10.13}$$

식 (10.13)으로부터, 트랜지스터에서 소비되는 평균 전력은 $\overline{P_D}=V_{CC}I_{CQ}/4$이고, 최댓값은 $P_{D,max}=V_{CC}I_{CQ}/2$임을 알 수 있다.

[그림 10-17]은 정현파 입력에 대한 A급 증폭기의 컬렉터 전류, 컬렉터-이미터 전압, 전력소비의 관계이다. [그림 10-17(b)]의 컬렉터 전류는 식 (10.11)에 의한 파형이며, [그림 10-17(c)]의 컬렉터-이미터 전압은 식 (10.12)에 의한 파형이다. 또한 [그림 10-17(d)]의 소비전력은 식 (10.13)에 의한 파형이다. 트랜지스터의 소비전력은 입력신호가 0인 $\omega t=0$, π, 2π, 3π, $\cdots$에서 최대가 되며, 이는 동작점에서의 전력소비 $V_{CC}I_{CQ}/2$를 나타낸다. 따라서 트랜지스터는 바이어스에 의한 지속적인 전력소비 $P_{D,max}=V_{CC}I_{CQ}/2$를 견딜 수 있어야 하며, 트랜지스터의 정격전력은 이 보다 커야 한다. 입력신호의 진폭이 최대가 되는 $\omega t=\pi/2$, $3\pi/2$, $5\pi/2$, $\cdots$에서 소비전력은 0이 된다.

증폭기는 DC 전원으로부터 전력을 받아 이 중 일부를 교류신호의 증폭에 사용하고, 나머지는 열로 소비한다. **전원으로부터 공급된 DC 평균전력과 부하에 공급된 교류전력의 비를 전력 변환 효율(power conversion efficiency) 또는 전력효율**이라고 하며, 다음과 같이 정의된다.

$$\eta = \frac{\text{부하에 공급된 평균 교류전력}}{\text{전원에서 공급받은 평균 DC전력}} \times 100\% = \frac{\overline{P_L}}{\overline{P_S}} \times 100\% \tag{10.14}$$

전원 V_{CC}로부터 공급되는 평균 DC 전력은 다음과 같다.

$$\overline{P_S} = V_{CC} I_{CQ} \tag{10.15}$$

부하에 공급되는 평균 교류전력은 다음과 같으며,

$$\overline{P_L} = \frac{V_{cm}}{\sqrt{2}} \frac{I_{cm}}{\sqrt{2}} = \frac{I_{cm}^2 R_C}{2} = \frac{V_{cm}^2}{2R_C} \tag{10.16}$$

여기서 V_{cm}과 I_{cm}는 각각 컬렉터 전압과 컬렉터 전류의 진폭을 나타낸다. 전원에서 공급받은 전력과 부하에 공급된 전력의 차이는 트랜지스터에서 소비되며, 이는 열로 발생된다. 트랜지스터에서 소비되는 평균전력 $\overline{P_D}$는 다음과 같이 된다.

$$\overline{P_D} = \overline{P_S} - \overline{P_L} \tag{10.17}$$

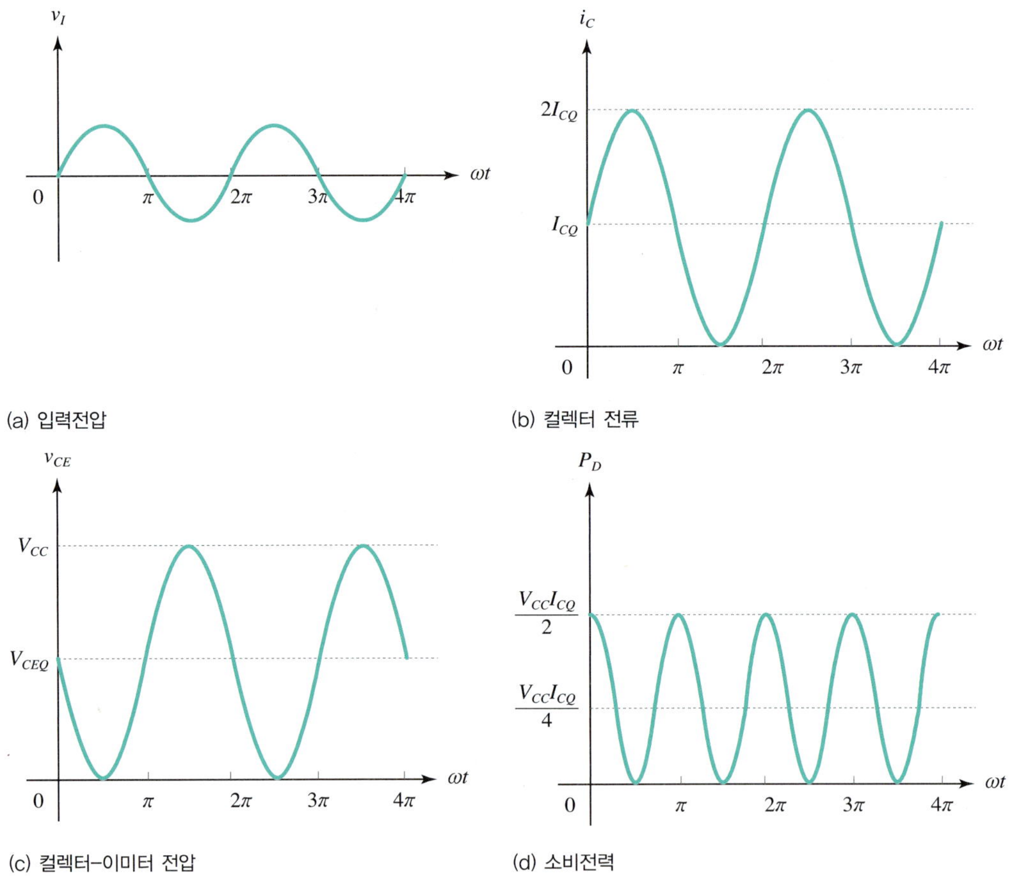

[그림 10-17] A급 바이어스 증폭기의 전류, 전압, 소비전력의 상호관계

$V_{cm}=V_{CC}/2$이고 $I_{cm}=I_{CQ}$일 때 부하에 공급되는 전력이 최대가 되므로, 이를 식 (10.16)에 대입하면 부하에 공급되는 최대 평균전력은 다음과 같다.

$$\overline{P_{L,max}}=\frac{1}{2}\left(\frac{V_{CC}I_{CQ}}{2}\right) \tag{10.18}$$

따라서 식 (10.15)와 식 (10.18)을 식 (10.14)에 대입하면, A급 바이어스 증폭기의 최대 전력효율은 다음과 같다.

$$\eta_{max}=\frac{\overline{P_{L,max}}}{\overline{P_S}}\times 100\%=\frac{\frac{1}{4}V_{CC}I_{CQ}}{V_{CC}I_{CQ}}\times 100\%=25\% \tag{10.19}$$

즉, 트랜지스터의 차단영역과 포화영역을 무시하여 $V_{cm}=V_{CC}/2$이고 $I_{cm}=I_{CQ}$라고 가정한 이상적인 경우에 대해, **A급 바이어스 증폭기의 이론적인 최대 효율이 25%**이다. 실제의 증폭기는 차단영역과 포화영역을 제외한 선형영역에서 동작해야 하므로, $V_{cm}<V_{CC}/2$이고 $I_{cm}<I_{CQ}$이며, 또한 바이어스 회로에 의한 전력소비가 존재한다. 따라서 **실제의 경우에 A급 바이어스 증폭기의 전력효율은 25%보다 작은 값을 가지며, 나머지 전력은 트랜지스터에서 열로 소비된다.** A급 바이어스 증폭기는 큰 출력을 얻기 위한 전력 증폭기로는 비효율적임을 알 수 있다.

예제 10-5

[그림 10-16(a)]의 공통 이미터 증폭기에 대해 동작점이 부하선의 중앙에 위치하도록 바이어스 저항 R_B의 값을 결정하라. 또한, 교류 입력신호 v_I에 의한 베이스 전류의 진폭이 $I_{bm}=7$ mA인 경우에 대해, 전원으로부터 공급된 평균 DC 전력, 부하에 공급되는 평균 교류전력, 트랜지스터에서 소비되는 평균 전력, 전력효율 등을 구하라. 단, $R_C=20\ \Omega$, $V_{CC}=12$ V, $\beta_{DC}=30$이고, $V_{BE(on)}=0.7$ V이다.

풀이

① 동작점 전류, 전압 및 바이어스 저항값 : $V_{CE}=0$일 때 컬렉터 전류의 최댓값은,

$$I_{C,max}=\frac{V_{CC}}{R_C}=\frac{12}{20}=0.6\text{ A}$$

동작점의 컬렉터 전류는 $I_{CQ}=\frac{I_{C,max}}{2}=0.3$ A으로 결정한다.

따라서 베이스 전류는 $I_{BQ}=\frac{I_{CQ}}{\beta_{DC}}=10$ mA가 되어야 하므로, 바이어스 저항은,

$$R_B=\frac{V_{CC}-V_{BE(on)}}{I_{BQ}}=\frac{12-0.7}{10\times 10^{-3}}=1.13\text{ k}\Omega$$

동작점의 컬렉터-이미터 전압은 $V_{CEQ}=V_{CC}-R_CI_{CQ}=12-20\times 0.3=6$ V이다.

② 전원에서 공급된 평균 DC 전력 : 식 (10.15)로부터,

$$\overline{P_S}=V_{CC}I_{CQ}=12\times 0.3=3.6\text{ W}$$

③ 부하에 공급되는 평균 교류전력 : 컬렉터 전류의 진폭은

$$I_{cm}=\beta_{DC}I_{bm}=30\times7\times10^{-3}=210\text{ mA}$$

이므로 식 (10.16)으로부터,

$$\overline{P_L}=\frac{R_C I_{cm}^2}{2}=\frac{20\times0.21^2}{2}=0.44\text{ W}$$

④ 트랜지스터에서 소비되는 평균 전력 : 식 (10.17)로부터,

$$\overline{P_D}=\overline{P_S}-\overline{P_L}=3.6-0.44=3.16\text{ W}$$

⑤ 전력변환 효율 : 식 (10.14)로부터,

$$\eta=\frac{\overline{P_L}}{\overline{P_S}}\times100\%=\frac{0.44}{3.6}\times100\%=12.2\%$$

따라서 식 (10.19)의 이론적인 최대 효율보다 작은 값을 가지며, 부하에 0.44 W의 전력을 공급하기 위해 증폭기에서 3.16 W를 소비하므로 전력효율 측면에서 바람직하지 못하다고 할 수 있다. A급 증폭기의 전력효율을 높이기 위해 다음에 설명되는 인덕터 결합 또는 변압기 결합이 사용된다.

예제 10-6

[그림 10-18]의 공통 소오스 증폭기의 동작점 전압 V_{DSQ}, 동작점 전류 I_{DSQ}를 구하라. 또한, 드레인 전압이 동작점을 중심으로 $V_{DS,sat}$~14 V의 범위에서 최대로 스윙하는 경우의 전력변환 효율을 구하라. 단, $R_D=4\text{ k}\Omega$, $V_{DD}=15\text{ V}$, $V_{Tn}=0.8\text{ V}$, $K_n=0.5\text{ mA/V}^2$, $\lambda=0$이다.

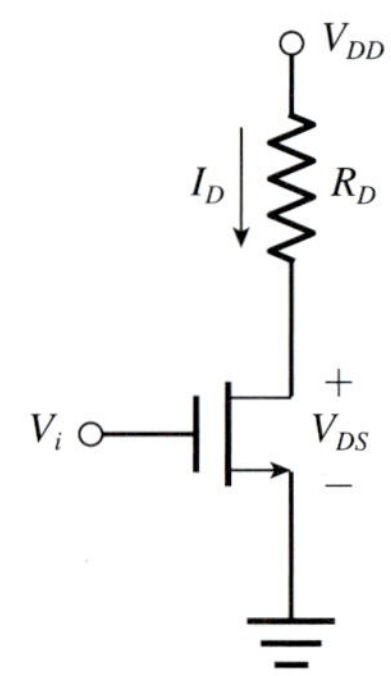

[그림 10-18]

풀이

① $V_{DS,sat}$: 포화영역과 선형영역의 경계점 $V_{DS,sat}=V_{GS}-V_{Tn}$에서 드레인 전류는,

$$I_D=\frac{1}{2}K_n(V_{GS}-V_{Tn})^2=\frac{1}{2}K_nV_{DS,sat}^2$$

이를 부하선 방정식 $V_{DS}=V_{DD}-R_DI_D$에 대입하면,

$$V_{DS,sat}=V_{DD}-\frac{1}{2}K_nV_{DS,sat}^2R_D$$가 된다.

주어진 K_n과 R_D의 값을 대입한 후, 방정식을 풀면, $V_{DS,sat}=3.4\text{ V}$

② 동작점 : $V_{DSQ}=3.4+\dfrac{14-3.4}{2}=8.7\text{ V}$

$$I_{DQ}=\frac{V_{DD}-V_{DSQ}}{R_D}=\frac{15-8.7}{4\times10^3}=1.58\text{ mA}$$

③ 전원에서 공급된 평균 DC 전력 : $\overline{P_S}=V_{DD}I_{DQ}=15\times1.58\times10^{-3}=23.7$ mW

④ 부하에 공급되는 평균 교류전력 : 드레인 전압이 동작점을 중심으로 $V_{DS,sat}$~14 V의 범위에서 최대로 스윙하는 경우에 드레인 전압의 진폭은

$$V_{dm}=\frac{14-3.4}{2}=5.3\text{ V이며, 따라서 }\overline{P_L}=\frac{V_{dm}^2}{2R_D}=\frac{5.3^2}{2\times4\times10^3}=3.51\text{ mW}$$

⑤ 전력변환 효율 : $\eta=\frac{\overline{P_L}}{\overline{P_S}}\times100\%=\frac{3.51}{23.7}\times100\%=14.8\%$

응용 10-4

[그림 10-19]의 공통 컬렉터 증폭기가 $I_{EQ}=100$ mA로 바이어스되어 있다. 출력전압의 진폭이 4 V인 경우의 전력변환 효율을 구하라. 단, $V_{CC}=10$ V, $R_E=40\ \Omega$이다.

[정답 : $\eta=20\%$]

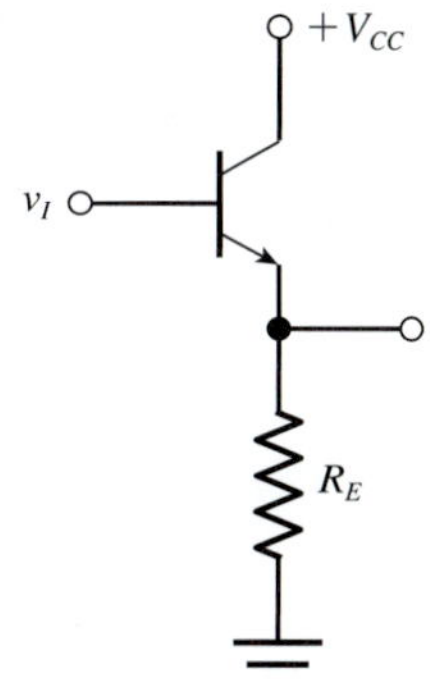

[그림 10-19]

10.3.2 인덕터 결합 A급 전력 증폭기

앞절에서 설명된 A급 바이어스 증폭기는 바이어스 전류 I_{CQ}에 의한 전력소비가 커서 이론적인 최대 전력효율이 25%(실제로 이보다 훨씬 작음)로 매우 작으며, 따라서 큰 출력을 얻기 위한 전력 증폭기로는 비효율적이라는 것을 설명하였다. A급 전력 증폭기의 컬렉터 저항 대신에 [그림 10-20(a)]와 같이 인덕터를 사용하면, 출력전압의 스윙을 증가시킬 수 있어 전력변환효율을 높일 수 있다. 코일의 내부저항은 $R_{coil}\simeq0$으로 무시할 수 있으며, 인덕턴스 L은 직류에 대해 단락회로로 동작하고, 신호의 최저 주파수에서 매우 큰 임피던스를 가져 개방회로 역할을 할 수 있도록 $\omega L\gg R_L$로 선택한다. 또한 결합 및 바이패스 커패시터는 직류에서 개방회로로 동작하며, 신호 주파수에서 단락회로로 동작하도록 큰 값으로 선택한다.

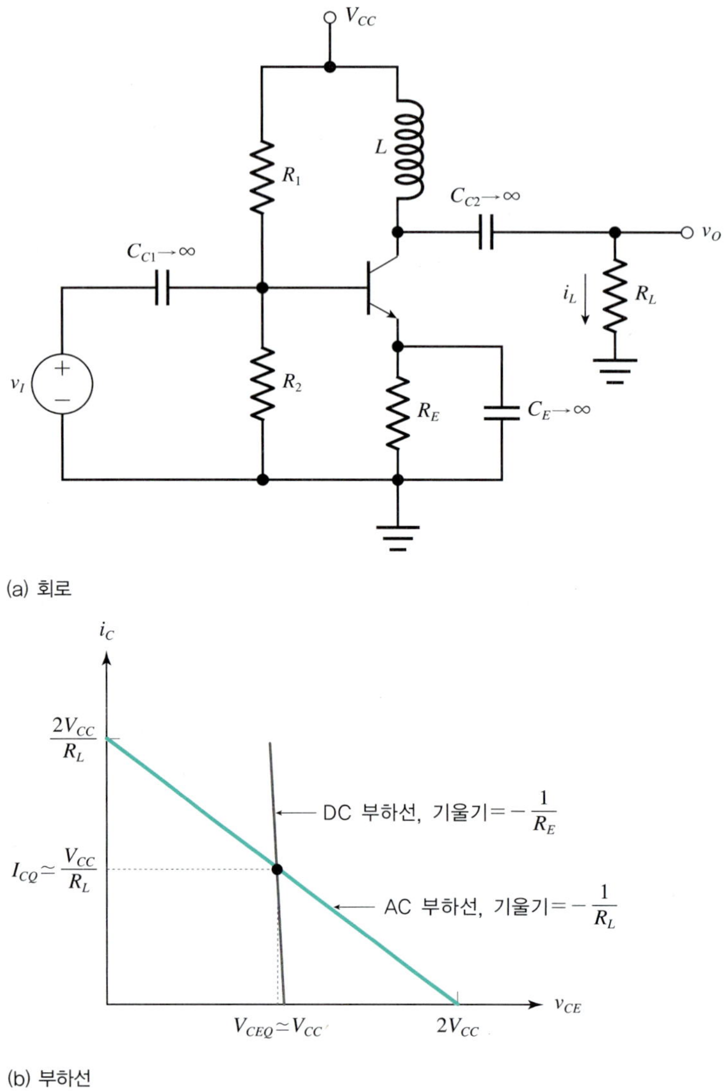

[그림 10-20] 인덕터 결합 A급 전력 증폭기

먼저 출력신호의 최대 스윙을 얻기 위한 동작점 결정에 대해 알아본다. 컬렉터 회로에 직류 KVL을 적용하면 다음과 같으며,

$$V_{CC}=v_{CE}+R_Ei_E\simeq v_{CE}+R_Ei_C \tag{10.20}$$

여기서 $\beta_o \gg 1$이므로 $i_E \simeq i_C$로 가정하였다. 따라서 직류 부하선(DC load line)은 [그림 10-20(b)]에서 보는 바와 같이 기울기가 $-1/R_E$인 직선이며, $R_E \ll R_L$로 선택하므로 기울기가 매우 큰 거의 수직에 가까운 직선이다.

교류신호에 대해 컬렉터 회로에 KVL을 적용하면 다음과 같으며,

$$v_{ce} = -R_L i_c = R_L i_L \tag{10.21}$$

따라서 교류 컬렉터 전류는 다음과 같이 표현된다.

$$i_c = i_C - I_{CQ} = -\frac{v_{ce}}{R_L} = -\left(\frac{v_{CE} - V_{CEQ}}{R_L}\right) \tag{10.22}$$

출력신호가 동작점을 중심으로 최대의 대칭 스윙을 갖도록 하기 위해 $v_{CE} \simeq 0$에서 $i_{c,max} = 2I_{CQ}$ 즉, 교류 컬렉터 전류의 진폭이 I_{CQ}가 되도록 하면, 식 (10.22)로부터,

$$I_{CQ} = \frac{V_{CEQ}}{R_L} \tag{10.23}$$

직류 부하선과 교류 부하선(AC load line)은 동작점 Q에서 만나므로, 식 (10.23)을 식 (10.20)에 대입하여 동작점 전류 I_{CQ}와 전압 V_{CEQ}를 구하면 다음과 같다.

$$I_{CQ} = \frac{V_{CC}}{R_L + R_E} \tag{10.24}$$

$$V_{CEQ} = \frac{R_L}{R_L + R_E} V_{CC} \tag{10.25}$$

이미터 저항 R_E는 동작점의 적정한 안정도를 유지하면서 바이어스에 의한 전력손실을 최소화하기 위해 $R_E \ll R_L$이 되도록 가능한 작은 값으로 선택된다. 식 (10.24)와 식 (10.25)는 각각 식 (10.26)과 식 (10.27)과 같이 근사화될 수 있으며, 여기서 $a \ll 1$이면, $1/(1+a) \simeq 1-a$의 근사를 적용하였다.

$$I_{CQ} = \frac{V_{CC}}{R_L}\left(\frac{1}{1 + R_E/R_L}\right) \simeq \frac{V_{CC}}{R_L}\left(1 - \frac{R_E}{R_L}\right) \simeq \frac{V_{CC}}{R_L} \tag{10.26}$$

$$V_{CEQ} = \frac{R_L}{R_L + R_E} V_{CC} = \left(\frac{V_{CC}}{1 + R_E/R_L}\right) \simeq V_{CC}\left(1 - \frac{R_E}{R_L}\right) \simeq V_{CC} \tag{10.27}$$

따라서 교류 부하선은 식 (10.22)로부터 기울기 $-1/R_L$을 가지며, 식 (10.26)과 식 (10.27)에 의한 Q점을 지나는 직선이 되어 [그림 10-20(b)]와 같다. 최대 컬렉터 전류의 스윙은 $I_{CQ} \simeq V_{CC}/R_L$를 중심으로 0에서 $2I_{CQ}$까지이며, 최대 컬렉터-이미터 전압의 스윙은 $V_{CEQ} \simeq V_{CC}$를 중심으로 0에서 $2V_{CC}$까지이다. 실제 경우 BJT의 포화영역과 차단영역을 고려하면 출력전

류 및 전압의 스윙 범위는 약간 작아지지만, 여기에서는 편의상 이상적인 BJT로 가정하였다.

컬렉터 저항 R_C를 갖는 경우의 부하선 [그림 10-16(b)]와 비교하여, [그림 10-20(b)]에서 교류 부하선의 x축 교점은 $2V_{CC}$가 된다([그림 10-16(a)]의 회로와 [그림 10-20(a)]의 회로에는 동일하게 전원 V_{CC}가 사용되었음). 이는 인덕터에 의해 등가적으로 전원전압이 2배가 되는 효과가 얻어진 것이며, 인덕터의 에너지 저장 특성에 의해 직류전원 V_{CC}와 직렬인 제2의 V_{CC}로 작용하기 때문이라고 해석할 수 있다.

다음으로 전력효율을 알아본다. 인덕터 결합 증폭기는 일반적인 A급 바이어스 증폭기에 비해 출력전압과 전류의 진폭이 두 배가 되므로, 전력효율이 증가한다. 식 (10.26)과 식 (10.27)을 이용하면, 전원에 의해 공급된 DC 평균전력은,

$$\overline{P_S}=V_{CC}I_{CQ}\simeq\frac{V_{CC}^2}{R_L} \tag{10.28}$$

부하에 공급되는 전력은 출력전류의 진폭이 $I_{cm}\simeq I_{CQ}$일 때 최대가 되고, $I_{CQ}\simeq V_{CC}/R_L$이므로 최대 평균전력은 다음과 같다.

$$\overline{P_{L,max}}=\frac{I_{cm}^2R_L}{2}\simeq\frac{V_{CC}^2}{2R_L} \tag{10.29}$$

따라서 인덕터 결합 A급 바이어스 증폭기의 최대 전력효율은,

$$\eta_{max}=\frac{\overline{P_{L,max}}}{\overline{P_S}}\times 100\%=\frac{V_{CC}^2/(2R_L)}{V_{CC}^2/R_L}\times 100\%=50\% \tag{10.30}$$

[그림 10-16(a)]의 **컬렉터 저항 R_C를 갖는 A급 바이어스 증폭기의 25%에 비해 2배인 50%가 된다.** BJT에서 소비되는 전력은,

$$\overline{P_D}=\overline{P_S}-\overline{P_L}=\frac{V_{CC}^2}{R_L}-\frac{I_{cm}^2R_L}{2} \tag{10.31}$$

입력신호가 없을 때(즉, 교류 컬렉터 전류가 0일 때) 발생되는 최대 전력소비는 다음과 같다.

$$\overline{P_{D,max}}=\overline{P_S}=\frac{V_{CC}^2}{R_L}=V_{CEQ}I_{CQ} \tag{10.32}$$

예제 10-7

[그림 10-21]의 인덕터 결합 A급 바이어스 증폭기에서 BJT의 정격전력은 $P_{D,max}=20$ W이고, 컬렉터-이미터 포화전압은 $V_{CE,sat}=2$ V이다. 요구되는 전원전압 V_{CC}를 구하고, 출력전압이 최대 스윙을 가질 때의 전력변환 효율을 구하라. 단, $R_L=5\ \Omega$이다.

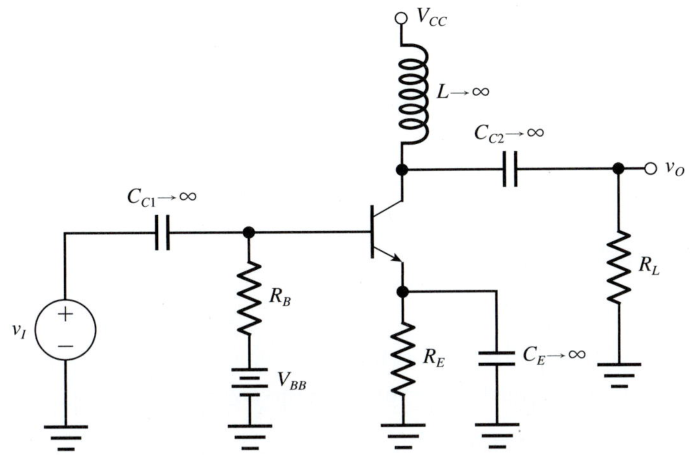

[그림 10-21]

풀이

식 (10.22)로부터, 교류 부하선 방정식은 $i_c = i_C - I_{CQ} = -\dfrac{v_{ce}}{R_L} = -\left(\dfrac{v_{CE} - V_{CEQ}}{R_L}\right)$이고 컬렉터 전류의 최대치는 $i_C = 2I_{CQ}$이며, $v_{CE} = v_{CE,sat}$이므로,

$$R_L I_{CQ} = V_{CEQ} - V_{CE,sat} \qquad (1)$$

가 된다. 주어진 BJT의 정격전력으로부터,

$$P_{D,max} = V_{CEQ} I_{CQ} = 20\ \mathrm{W} \qquad (2)$$

식 (1)과 식 (2)를 연립하여 풀면, $I_{CQ} \simeq 1.81$ A, $V_{CEQ} \simeq 11.05$ V가 된다. 따라서 전원전압은 $V_{CC} \simeq V_{CEQ} = 11$ V로 한다. 전원에 의해 공급되는 평균전력은 식 (10.28)에 의해,

$$\overline{P_S} = V_{CC} I_{CQ} = 11 \times 1.81 = 19.91\ \mathrm{W}$$

최대 스윙을 갖는 컬렉터 전류의 진폭은 $I_{cm} \simeq I_{CQ} = 1.81$ A이므로, 부하에 공급되는 최대 평균전력은 식 (10.29)에 의해,

$$\overline{P_{L,max}} \simeq \frac{I_{cm}^2 R_L}{2} = \frac{1.81^2 \times 5}{2} = 8.19\ \mathrm{W}$$

따라서 최대 전력효율은,

$$\eta_{max} = \frac{\overline{P_{L,max}}}{\overline{P_S}} \times 100\% = \frac{8.19}{19.91} \times 100\% = 41.14\%$$

트랜지스터에서 소비되는 최대 전력 $\overline{P_{D,max}}$은 입력신호가 없을 때, 즉 컬렉터 전류가 0이 되어 부하에 공급되는 전력이 $\overline{P_L} = 0$인 경우이며, $\overline{P_{D,max}} = \overline{P_S} = 19.91$ W이므로 BJT의 정격을 초과하지 않는다.

응용 10-5

[그림 10-21]의 회로에서 BJT의 정격전력은 $P_{D,max}=24$ W이고, 컬렉터-이미터 포화전압은 $V_{CE,sat}=2$ V이다. 전원전압 V_{CC}와 출력전압이 최대 스윙을 가질 때의 전력효율을 구하라. 단, $R_L=8\ \Omega$이다.

[정답 : $V_{CC}=15$ V, $\eta=42.67\%$]

10.3.3 변압기 결합 A급 전력 증폭기

앞절에서 설명된 인덕터 결합 전력 증폭기와 유사하게 A급 바이어스 증폭기의 전력변환 효율을 높이기 위해 [그림 10-22(a)]와 같은 변압기 결합(transformer-coupled) 전력 증폭기가 사용된다. 공통 이미터 증폭기의 컬렉터 저항 대신에 변압기의 1차측이 연결되고, 2차측에는 부하 R_L이 연결되며, 변압기는 이상적인 것으로 가정한다.

변압기의 1차측과 2차측의 권선비(turn ratio)가 a:1인 경우에 $v_1=av_2$이고 $i_C=-i_L/a$이므로, 변압기의 1차측(즉, BJT의 컬렉터와 접지 사이)에서 들여다 본 임피던스는 식 (10.33)과 같다.

$$\frac{v_1}{-i_C}=\frac{av_2}{i_L/a}=a^2\frac{v_2}{i_L}=a^2R_L=R'_L \tag{10.33}$$

즉, 부하 R_L이 권선비 a:1인 변압기로 결합되면 권선비의 제곱에 비례하는 실효 교류저항 R'_L가 증폭기의 컬렉터에 나타나게 된다.

직류 부하선과 교류 부하선의 교점으로부터 동작점을 결정하는 과정은 10.3.2절과 동일하며, 단지 부하 R_L이 실효 교류저항 R'_L로 치환되는 것만 다르다. 컬렉터 회로에 직류 KVL을 적용하면 다음과 같으며,

$$V_{CC}=v_{CE}+R_Ei_E\simeq v_{CE}+R_Ei_C \tag{10.34}$$

여기서 $\beta_o\gg1$이므로 $i_E\simeq i_C$로 가정하였다. 따라서 직류 부하선은 [그림 10-22(b)]에서 보는 바와 같이 기울기가 $-1/R_E$인 직선이며, $R_E\ll R'_L$로 선택하므로 기울기가 매우 큰 거의 수직에 가까운 직선이다.

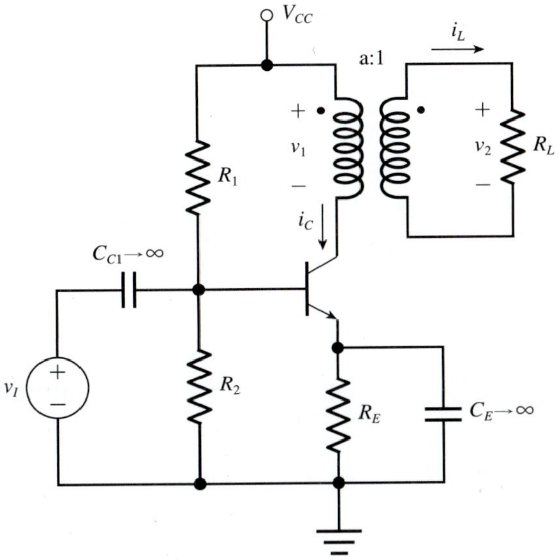

(a) 회로

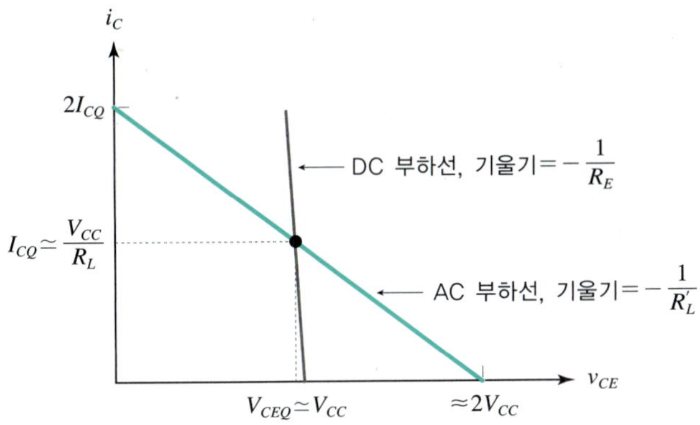

(b) 부하선

[그림 10-22] 변압기 결합 A급 전력 증폭기

교류신호에 대해 컬렉터 회로에 KVL을 적용하면 다음과 같으며,

$$v_{ce} = -R'_L i_c = R'_L i_L \tag{10.35}$$

따라서 교류 컬렉터 전류는 다음과 같이 표현된다.

$$i_c = i_C - I_{CQ} = -\frac{v_{ce}}{R'_L} = -\left(\frac{v_{CE} - V_{CEQ}}{R'_L}\right) \tag{10.36}$$

출력신호가 동작점을 중심으로 최대의 대칭 스윙을 갖도록 하기 위해 $v_{CE} \simeq 0$에서 $i_{c,max} = 2I_{CQ}$가 되도록 하면, 식 (10.36)으로부터,

$$I_{CQ} = \frac{V_{CEQ}}{R'_L} \tag{10.37}$$

직류 부하선과 교류 부하선은 동작점 Q에서 만나므로, 식 (10.24)와 식 (10.25)의 R_L을 R'_L로 치환하고 10.3.2절과 동일한 근사화를 통해 전류 I_{CQ}와 전압 V_{CEQ}를 구하면 다음과 같다.

$$I_{CQ} \simeq \frac{V_{CC}}{R'_L}\left(1 - \frac{R_E}{R'_L}\right) \simeq \frac{V_{CC}}{R'_L} \tag{10.38}$$

$$V_{CEQ} \simeq V_{CC}\left(1 - \frac{R_E}{R'_L}\right) \simeq V_{CC} \tag{10.39}$$

따라서 교류 부하선은 식 (10.36)으로부터 기울기 $-1/R'_L$을 가지며, 식 (10.38)과 식 (10.39)의 Q점을 지나는 직선이 되어 [그림 10-22(b)]와 같다. 최대 컬렉터 전류의 스윙은 $I_{CQ} \simeq V_{CC}/R'_L$를 중심으로 0에서 $2I_{CQ}$까지이며, 최대 컬렉터-이미터 전압의 스윙은 $V_{CEQ} \simeq V_{CC}$를 중심으로 0에서 $2V_{CC}$까지이다. 인덕터 결합을 갖는 경우의 부하선 [그림 10-20(b)]와 비교하여, 부하 R_L이 R'_L로 바뀐 것을 제외하면 동일한 특성을 가짐을 알 수 있다.

다음으로, 변압기 결합 증폭기의 전력효율을 알아본다. 전원에 의해 공급된 DC 평균전력은,

$$\overline{P_S} = V_{CC} I_{CQ} \simeq \frac{V_{CC}^2}{R'_L} \tag{10.40}$$

부하에 공급되는 전력은 출력전류의 진폭이 $I_{cm} \simeq I_{CQ}$일 때 최대가 되므로, 최대 평균전력은 다음과 같다.

$$\overline{P_{L,max}} = \frac{I_{CQ}^2 R'_L}{2} \simeq \frac{V_{CC}^2}{2R'_L} \tag{10.41}$$

따라서 인덕터 결합 A급 바이어스 증폭기의 최대 전력효율은,

$$\eta_{max} = \frac{\overline{P_{L,max}}}{\overline{P_S}} \times 100\% = \frac{V_{CC}^2/(2R'_L)}{V_{CC}^2/R'_L} \times 100\% = 50\% \tag{10.42}$$

가 되어 [그림 10-20(a)]의 **인덕터 결합 A급 바이어스 증폭기와 동일하게 50%의 최대 전력효율을 갖는다**. BJT에서 소비되는 전력은,

$$\overline{P_D} = \overline{P_S} - \overline{P_L} = \frac{V_{CC}^2}{R'_L} - \frac{I_{cm}^2 R'_L}{2} \tag{10.43}$$

입력신호가 없을 때(즉, 교류 컬렉터 전류가 0일 때) 발생되는 최대 전력소비는 다음과 같다.

$$\overline{P_{D,max}}=\overline{P_S}=\frac{V_{CC}^2}{R_L'}=V_{CEQ}I_{CQ} \tag{10.44}$$

지금까지의 설명에서 변압기는 이상적인 특성을 갖는 것으로 가정하였다. 그러나 실제 변압기는 손실이 있으므로 부하에 전달되는 전력이 감소하여 전력변환 효율이 약간 작아진다. 식 (10.33)에 의하면 변압기의 권선비에 의해 실효 교류부하 R_L'이 조정될 수 있으며 식 (10.38)에 의해 동작점 Q는 부하 R_L'에 관계되므로, 부하에 최대의 전력을 전달하기 위한 동작점을 권선비로 조정할 수 있다는 융통성을 갖는다. 가청 주파수(audio frequency)용 변압기는 철심을 갖도록 만들어지므로 무겁고 부피가 커지며, 또한 파형의 왜곡이 발생할 수 있다.

예제 10-8

[그림 10-22(a)]의 변압기 결합 증폭기에서 부하 $R_L=10\ \Omega$에 최대 전력이 공급되도록 변압기의 권선비 a를 구하라. 또한 결정된 권선비 a에 대해 동작점 전류 I_{CQ}, 전압 V_{CEQ}, 전원전압 V_{CC}, 부하에 공급되는 최대 전력 $P_{L,max}$, 그리고 전력효율을 구하라. 단, BJT는 정격 컬렉터 전류 $I_{C,max}=0.8$ A, 정격 컬렉터-이미터 전압 $V_{CEO}=50$ V, 정격전력 $P_{D,max}=5$ W를 갖는다.

풀이

식 (10.44)와 식 (10.37)로부터 동작점 전압과 전류를 구하면,

$$I_{CQ}=\sqrt{\frac{P_{D,max}}{R_L'}}=\sqrt{\frac{P_{D,max}}{a^2R_L}}=\frac{0.71}{a} \tag{1}$$

$$V_{CEQ}=\sqrt{R_L'P_{D,max}}=\sqrt{a^2R_LP_{D,max}}=7.07\ a \tag{2}$$

식 (1)로부터, $2I_{CQ}=\frac{1.42}{a}<I_{C,max}=0.8$ A (3)

식 (2)로부터, $2V_{CEQ}=14.14\ a<V_{CEO}=50$ V (4)

식 (3)과 식 (4)에 의해 권선비 a는 $1.78<a<3.54$의 값을 갖는다. 따라서 $a=2$ 또는 3이 되어야 한다. $a=2$로 결정하면,

$$I_{CQ}=\frac{0.71}{2}=0.36\text{ A이고, } V_{CEQ}=7.07\times 2=14.14\text{ V}$$

따라서 전원전압은,

$$V_{CC}\simeq V_{CEQ}=14.14\text{ V}$$

전원에 의해 공급되는 평균전력은,

$$\overline{P_S}=V_{CC}I_{CQ}=14.14\times 0.36=5.09\text{ W}$$

부하에 공급되는 최대 평균전력은,

$$\overline{P_{L,max}} \simeq \frac{I_{cm}^2 R'_L}{2} = \frac{0.36^2 \times 2^2 \times 10}{2} = 2.59\text{ W}$$

따라서 전력효율은,

$$\eta_{max} = \frac{\overline{P_{L,max}}}{P_S} \times 100\% = \frac{2.59}{5.09} \times 100\% = 50\%$$

응용 10-6

[그림 10-22(a)]의 변압기 결합 증폭기에서 동작점 전류 I_{CQ}, 전압 V_{CEQ}와 컬렉터 전류의 진폭이 $I_{cm}=0.9I_{CQ}$인 경우의 부하에 공급되는 평균전력, 전력효율을 구하라. 단, 변압기의 권선비는 $a=5$이고, $R_L=8\ \Omega$, $V_{CC}=10$ V이다.

[정답 : $I_{CQ} \simeq 50$ mA, $V_{CEQ} \simeq 10$ V, $\overline{P_L}=0.2$ W, $\eta=40\%$]

10.4 B급 푸시풀 전력 증폭기

10.3절에서 설명된 바와 같이, A급 바이어스 증폭기는 최대 전력변환 효율이 컬렉터 저항을 갖는 경우에는 25%, 인덕터 또는 변압기 결합을 갖는 경우는 50%이다. 또한 선형영역의 중앙에 동작점을 설정하므로, 입출력 신호의 선형성이 우수하여 파형의 왜곡은 없으나, 컬렉터 전류의 최대 진폭은 바이어스 전류값 이내가 되어 큰 진폭의 신호를 처리하기에 적합하지 않다. 출력단의 전력변환 효율을 높임과 동시에 큰 진폭의 신호를 처리하기 위해서는 푸시풀(push-pull) 증폭기 구조가 사용된다. 이 절에서는 B급 푸시풀 증폭기의 구조와 동작원리, 전력효율, 교차왜곡 등의 특성을 알아본다.

10.4.1 B급 푸시풀 전력 증폭기의 구조 및 동작원리

B급 푸시풀 증폭기는 [그림 10-23(a)]와 같이 **NPN 트랜지스터와 PNP 트랜지스터의 상보형(complementary) 구조**를 가지며, NPN 트랜지스터의 컬렉터에는 양(+)의 전원 V_{CC}가 사용되고, PNP 트랜지스터의 컬렉터에는 음(-)의 전원 $-V_{CC}$가 사용된다. 입력신호 v_I는 두 트랜지스터의 베이스로 인가되며, 출력은 이미터 접점에서 얻어진다. 각 BJT는 동작점이 차단점에 설정되는 B급 바이어스를 갖는다.

두 BJT가 이상적인 특성을 갖는다고 가정하면, $v_I>0$인 경우에는 NPN 트랜지스터 Q_n이 도통되고 PNP 트랜지스터 Q_p는 차단되어 [그림 10-23(b)]와 같이 전원 V_{CC}로부터 Q_n을 통해 부하 R_L로 전류가 흐르며, 따라서 Q_n은 이미터 폴로워(공통 컬렉터)로 동작하여 입력전압 v_I와 출력전압 v_O는 동일 위상을 갖는다. $v_I<0$인 경우에는 NPN 트랜지스터 Q_n은 차단되고 PNP 트랜지스터 Q_p가 도통되어 [그림 10-23(c)]와 같이 부하 R_L로부터 Q_p를 통해 전원 $-V_{CC}$로 전류가 흐르며, 따라서 Q_p는 이미터 폴로워로 동작하여 입력전압 v_I와 출력전압 v_O는 동일 위상을 갖는다. 즉, **각 트랜지스터가 입력신호의 반 주기씩 통과시켜 입력신호 전체가 출력**된다.

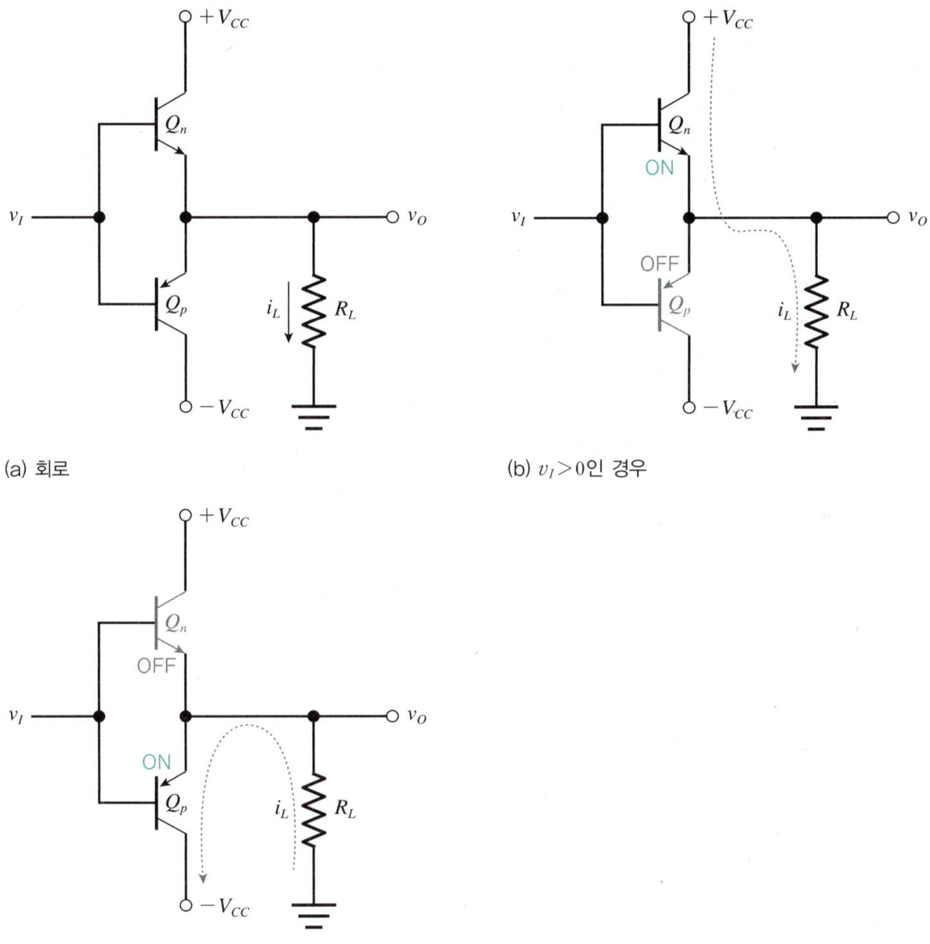

(a) 회로

(b) $v_I>0$인 경우

(c) $v_I<0$인 경우

[그림 10-23] B급 푸시풀 전력 증폭기

이상적인 B급 푸시풀 증폭기의 부하선은 [그림 10-24]와 같다. 부하전류는 V_{CC}/R_L에서 $-V_{CC}/R_L$의 범위로 스윙하며, 컬렉터-이미터 포화전압을 무시하는 경우에 출력전압은 V_{CC}에서 $-V_{CC}$ 범위로 스윙하여 최대 진폭이 V_{CC}가 되므로 큰 진폭의 신호를 부하에 전달할 수 있다.

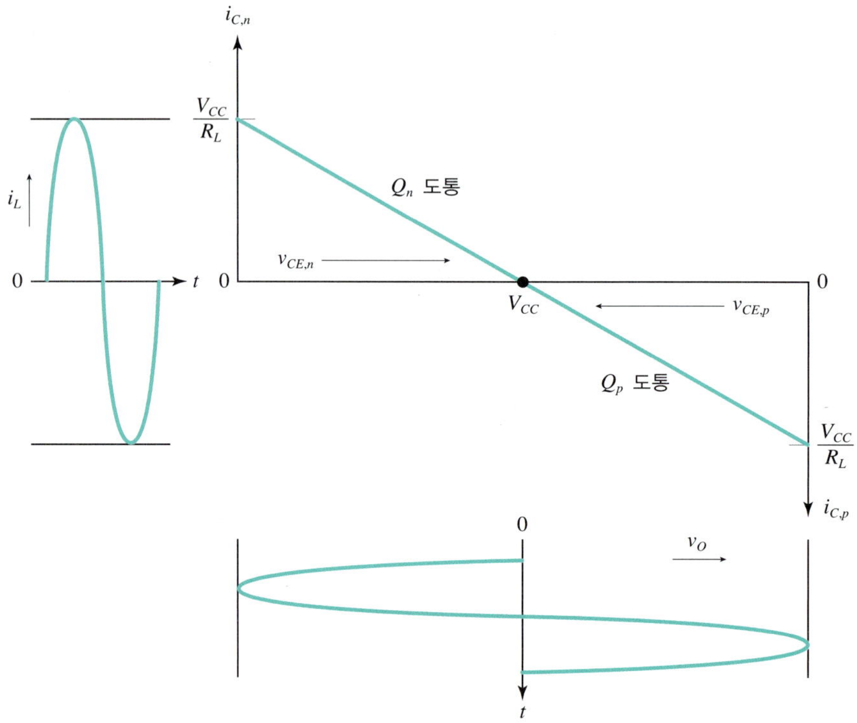

[그림 10-24] 이상적인 B급 푸시풀 증폭기의 부하선

실제로 BJT는 이미터-베이스 접합의 전압강하 $V_{BE(on)} \simeq 0.7$ V를 가지므로, **$-0.7 \leq v_I \leq 0.7$의 범위에서 트랜지스터 Q_n과 Q_p가 모두 차단되어 출력이 0이 된다.** 따라서 [그림 10-25(a)]와 같이 출력파형에 왜곡이 발생한다. **입력신호가 0을 통과하는 근처에서 왜곡이 발생하므로, 교차왜곡(crossover distortion)**이라고 하며, 이 영역을 데드 존(dead zone)이라고 한다. 이와 같은 교차왜곡이 발생되지 않으려면 Q_n과 Q_p의 동작점을 선형영역 쪽으로 약간 옮겨 AB급으로 바이어스해야 하며, 이에 대해서는 다음 절에서 설명한다.

[그림 10-25(b)]는 B급 푸시풀 증폭기의 입출력 전달특성 곡선을 보이고 있다. $-0.7 \leq v_I \leq 0.7$의 범위에서 기울기는 0이 되며, 그 이외의 입력 범위에서는 기울기가 1인 직선이 된다.

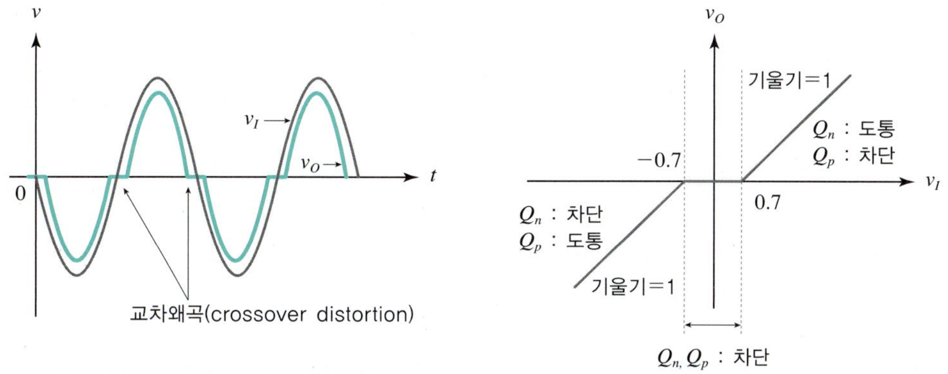

(a) 입력과 출력전압 (b) 입출력 전달특성 곡선

[그림 10-25] B급 푸시풀 증폭기의 교차왜곡 및 전달특성

[그림 10-25]와 같이 증폭기의 입출력 특성이 선형이 아닌 경우(즉, 출력에 왜곡이 발생하는 경우), **왜곡된 출력신호는 입력신호의 기본 주파수 성분과 고조파(harmonics) 성분의 합으로 나타난다.** 증폭기의 입력전류가 $i_b = I_{bm}\cos\omega t$인 경우에 왜곡된 출력전류 i_c를 i_b의 멱급수로 표현하면 다음과 같으며,

$$\begin{aligned} i_c &= G_1 i_b + G_2 i_b^2 + G_3 i_b^3 + \cdots \\ &= G_1 I_{bm}\cos\omega t + G_2 I_{bm}^2 \cos^2\omega t + G_3 I_{bm}^3 \cos^3\omega t + \cdots \\ &= I_C + B_0 + B_1\cos\omega t + B_2\cos(2\omega t) + B_3\cos(3\omega t) + \cdots \end{aligned} \tag{10.45}$$

$\cos^2\omega t = (1+\cos 2\omega t)/2$가 적용되었다. 식 (10.45)에서 $I_C + B_0$는 DC 성분이며, B_1는 기본 주파수 성분의 진폭, B_2는 제2고조파 성분의 진폭, 그리고 B_3는 제3고조파 성분의 진폭을 나타낸다. 기본 주파수 성분의 진폭과 고조파 성분의 진폭의 비를 고조파 왜곡이라고 하며, $D_2 = |B_2|/|B_1|$을 제2고조파 왜곡, $D_3 = |B_3|/|B_1|$을 제3고조파 왜곡이라고 한다. [그림 10-26]은 비선형 왜곡에 의해 발생되는 제2고조파 성분을 보이고 있으며, 왜곡이 심할수록 고차 고조파 성분들이 크게 나타난다.

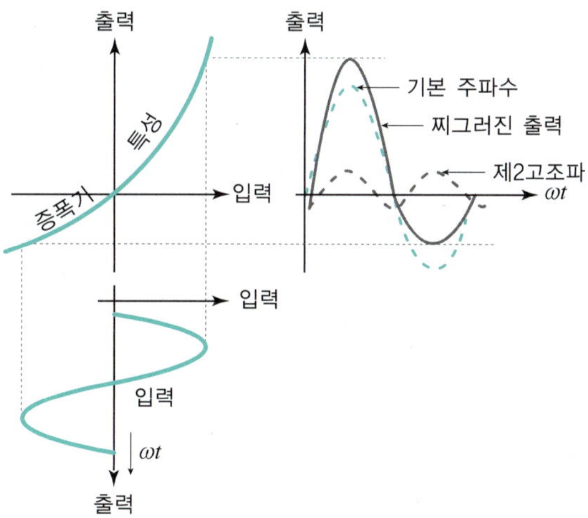

[그림 10-26] 비선형 왜곡에 의한 고조파 성분

총 고조파 왜곡(Total Harmonic Distortion, THD)은 식 (10.46)과 같이 정의되며,

$$\text{THD}=\sqrt{D_2^2+D_3^2+\cdots}=\frac{\sqrt{B_2^2+B_3^2+\cdots}}{B_1} \tag{10.46}$$

THD가 클수록 파형의 왜곡이 심하다는 것을 의미한다. 왜곡을 갖는 증폭기의 출력전력은 다음과 같으며,

$$\begin{aligned}P&=(B_1^2+B_2^2+B_3^2+\cdots)\frac{R_L}{2}\\&=(1+D_2^2+D_3^2+\cdots)P_1=(1+\text{THD}^2)P_1\end{aligned} \tag{10.47}$$

여기서 $P_1=B_1^2R_L/2$는 기본 주파수 성분의 출력전력을 나타낸다. 예를 들어 THD=10%라면, 총 출력전력은 $P=(1+0.1^2)P_1=1.01P_1$가 되어 기본파 전력의 1% 만큼 증가하게 된다.

10.4.2 B급 푸시풀 전력 증폭기의 전력효율

B급 푸시풀 증폭기의 전력효율에 대해 알아본다. 전원 V_{CC}는 입력신호의 양(+)의 반 주기 동안 전류를 공급하고, 전원 $-V_{CC}$는 입력신호의 음(−)의 반 주기 동안 전류를 공급하므로, 각 전원에 의해 공급된 평균 DC 전류는 다음과 같으며,

$$\begin{aligned}I_{av}&=\frac{1}{T}\int_0^{T/2}i_L dt=\frac{1}{T}\int_0^{T/2}I_{Lm}\sin\omega t\,dt\\&=\frac{I_{Lm}}{T}\frac{1}{\omega}[-\cos\omega t]_0^{T/2}=\frac{I_{Lm}}{\pi}=\frac{V_{om}}{\pi R_L}\end{aligned} \tag{10.48}$$

여기서 I_{Lm}은 부하전류의 진폭을 나타내며, V_{om}은 출력전압의 진폭을 나타낸다. 따라서 두 전원에 의해 공급된 평균 DC 전력은 다음과 같다.

$$\overline{P_S}=\overline{P_{S+}}+\overline{P_{S-}}=2V_{CC}I_{av}=\frac{2V_{CC}V_{om}}{\pi R_L} \tag{10.49}$$

부하에 공급된 평균전력은 다음과 같다.

$$\overline{P_L}=\frac{V_{om}^2}{2R_L} \tag{10.50}$$

따라서 B급 푸시풀 증폭기의 전력변환 효율은 다음과 같다.

$$\eta=\frac{\dfrac{V_{om}^2}{2R_L}}{\dfrac{2V_{CC}V_{om}}{\pi R_L}}=\frac{\pi V_{om}}{4V_{CC}}\times 100\% \tag{10.51}$$

[그림 10-24]로부터 이상적인 경우의 출력전압의 최대 진폭은 $V_{om}=V_{CC}$이므로, 이를 식 (10.51)에 대입하면, B급 푸시풀 증폭기의 최대 전력효율은 다음과 같다.

$$\eta_{max}=\frac{\pi}{4}\times 100\%=78.5\% \tag{10.52}$$

따라서 10.3절에서 설명된 **A급 증폭기의 25%, 인덕터 또는 변압기 결합 A급 증폭기의 50%보다 높은 전력효율**을 가지며, 이는 동작점이 차단점에 설정되므로 바이어스에 의한 전력소비가 없고 큰 출력을 부하에 공급할 수 있다는 사실에 기인한다.

다음으로 트랜지스터 Q_n과 Q_p에서 소비되는 전력을 알아본다. 식 (10.49)와 식 (10.50)으로부터,

$$\overline{P_D}=\overline{P_S}-\overline{P_L}=\frac{2V_{CC}V_{om}}{\pi R_L}-\frac{V_{om}^2}{2R_L} \tag{10.53}$$

가 되어 출력전압의 진폭 V_{om}의 함수로 표현된다. 식 (10.53)을 V_{om}에 대한 그래프로 나타내면 [그림 10-27]과 같다. 식 (10.53)을 V_{om}에 대해 미분하여 0으로 놓으면,

$$\frac{d\overline{P_D}}{dV_{om}}=\frac{2V_{CC}}{\pi R_L}-\frac{V_{om}}{R_L}=0 \tag{10.54}$$

따라서 출력전압의 진폭이 $V_{om}=2V_{CC}/\pi$일 때 트랜지스터의 전력소비가 최대가 된다. $V_{om}=2V_{CC}/\pi$를 식 (10.53)에 대입하면, B급 푸시풀 증폭기의 최대 전력소비는 다음과 같으며,

$$\overline{P_{D,max}}=\frac{2V_{CC}^2}{\pi^2 R_L} \tag{10.55}$$

따라서 B급 푸시풀 증폭기의 각 트랜지스터(Q_n, Q_p)에서 소비되는 최대 전력은 식 (10.56)과 같으며, BJT의 정격전력은 이 보다 커야 한다.

$$\overline{P_{Q,max}}=\frac{V_{CC}^2}{\pi^2 R_L} \tag{10.56}$$

식 (10.51)에 $V_{om}=2V_{CC}/\pi$를 대입하여 전력효율을 구하면,

$$\eta=\frac{\pi}{4V_{CC}}\times\frac{2V_{CC}}{\pi}\times 100\%=50\% \tag{10.57}$$

가 되어 전력소비가 최대일 때 B급 푸시풀 증폭기의 전력효율은 50%가 된다.

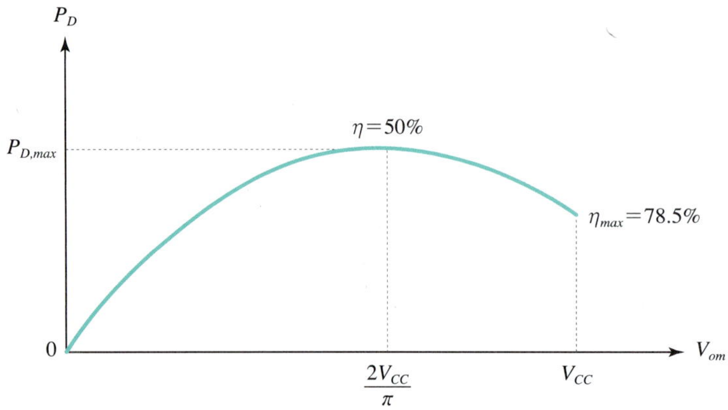

[그림 10-27] B급 푸시풀 증폭기의 출력전압 진폭에 따른 전력소비 특성

$V_{om}=V_{CC}$일 때 부하에 공급되는 전력이 최대가 되므로 식 (10.50)으로부터,

$$\overline{P_{L,max}}=\frac{1}{2}\frac{V_{CC}^2}{R_L} \tag{10.58}$$

식 (10.56)과 식 (10.58)으로부터 부하에 공급되는 최대 전력과 트랜지스터 정격전력의 관계를 구하면 다음과 같다.

$$\overline{P_{Q,max}}=\frac{2}{\pi^2}\overline{P_{L,max}}\simeq 0.2\overline{P_{L,max}} \tag{10.59}$$

식 (10.59)로부터, **B급 푸시풀 증폭기를 구성하는 트랜지스터의 정격전력은 부하에 공급되는 최대 전력의 약 20% 이상 되어야 한다. 이는 트랜지스터 정격전력의 약 5배 정도의 최대 출력전력을 얻을 수 있다**는 의미이다. 예를 들어, B급 푸시풀 증폭기에서 최대 10 W의 출력전력을 얻고자 한다면, 최소한 2 W 이상의 정격전력을 갖는 트랜지스터를 선택해야 한다.

예제 10-9

[그림 10-23(a)]의 B급 푸시풀 증폭기가 $R_L=6\ \Omega$의 부하에 평균 5 W의 전력을 공급해야 한다. 트랜지스터의 컬렉터-이미터 포화전압을 고려하여 전원전압 $\pm V_{CC}$는 출력전압의 진폭보다 2 V 크게 선택하고자 한다. 전원전압의 크기 V_{CC}를 구하고, 전원에서 공급된 평균 DC 전력, 전력변환 효율, 그리고 각 트랜지스터의 정격전력을 구하라.

풀이

① 전원전압의 크기 : 식 (10.50)으로부터, 부하에 평균 5 W의 전력을 공급하기 위한 출력전압의 진폭은,

$$V_{om}=\sqrt{2R_L\overline{P_L}}=\sqrt{2\times6\times5}=7.75\text{ V}$$

따라서 전원전압의 크기는,

$$V_{CC}=V_{om}+2=7.75+2\simeq10\text{ V}$$

② 전원에서 공급된 평균 DC 전력 : 식 (10.49)로부터,

$$\overline{P_S}=\frac{2V_{CC}V_{om}}{\pi R_L}=\frac{2\times10\times7.75}{\pi\times6}=8.22\text{ W}$$

③ 전력변환 효율 : $\eta=\dfrac{5}{8.22}\times100\%=60.83\%$

④ 트랜지스터의 정격전력 : 식 (10.56)으로부터,

$$\overline{P_{Q,max}}=\frac{V_{CC}^2}{\pi^2R_L}=\frac{10^2}{\pi^2\times6}=1.69\text{ W}$$

[그림 10-28]은 [예제 10-9]의 B급 푸시풀 증폭기에 대한 PSPICE 시뮬레이션 결과를 보이고 있다. [그림 10-28(a)]의 Transient 해석 결과로부터, 출력전압은 입력전압과 동일 위상을 가지며, 입력전압의 0 V 근처에서 출력전압이 0 V가 되는 교차왜곡이 발생함을 볼 수 있다. [그림 10-28(b)]는 Transient 해석 결과로부터 얻어진 입출력 전달특성 곡선이며, $-0.7\le v_I\le0.7$의 범위에서 출력이 0이 되는 데드 존이 존재함을 확인할 수 있다. [그림 10-28(c)]는 Transient 해석 결과에 대한 푸리에(Fourier) 주파수 분석 결과이며, [그림 10-28(d)]는 주파수 성분들의 크기와 위상을 보이고 있다. 교차왜곡에 의해 발생되는 고조파 성분의 크기는 기본파 성분에 비해 상대적으로 매우 작은 것을 볼 수 있으며, 총 고조파 왜곡은 THD$\simeq$5.1%로 나타났다.

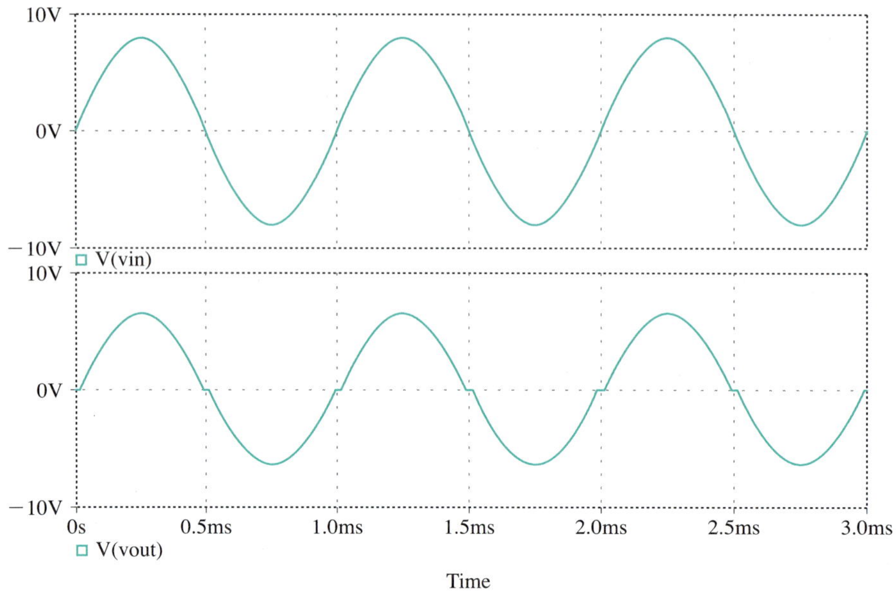

(a) Transient 해석 결과

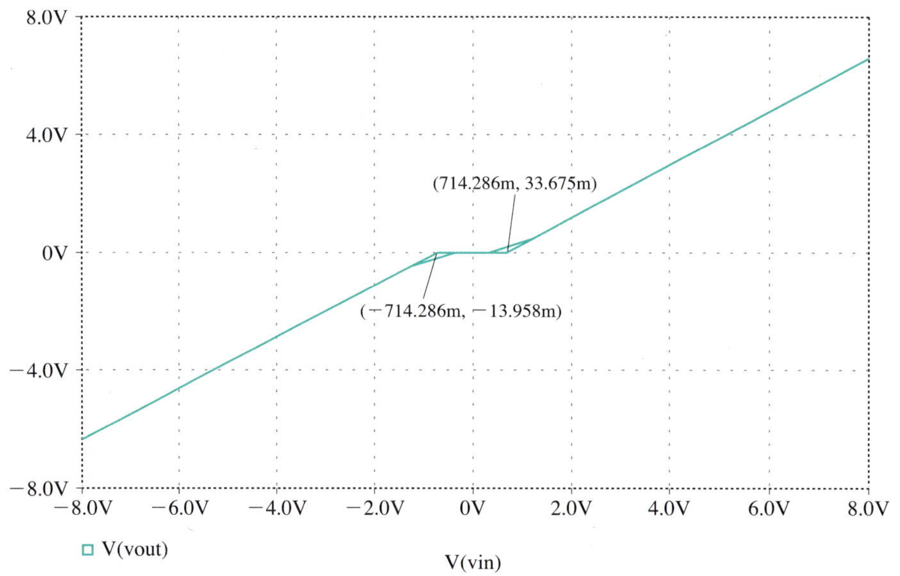

(b) 입출력 전달특성 곡선

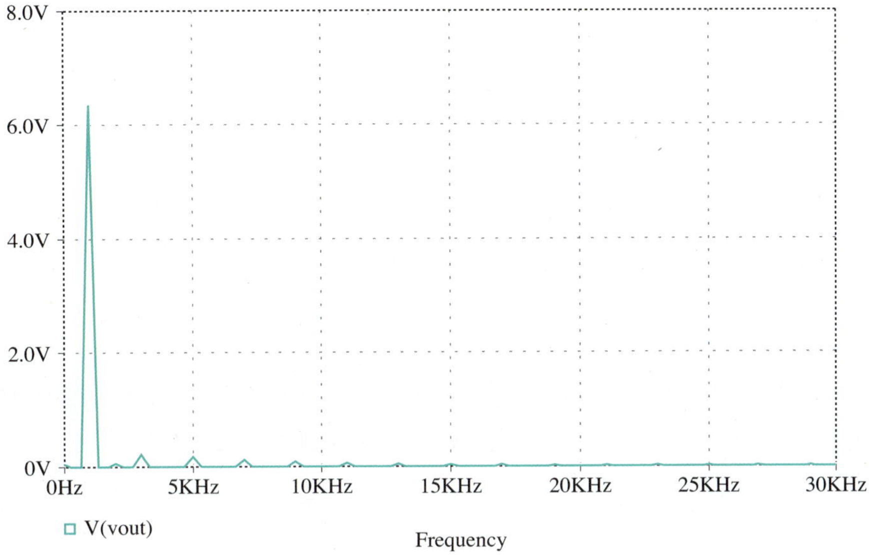

(c) 푸리에 주파수 분석 결과

```
******************************************************************************
FOURIER COMPONENTS OF TRANSIENT RESPONSE V(vout)

DC COMPONENT =    4.993466E-02
```

HARMONIC NO	FREQUENCY (HZ)	FOURIER COMPONENT	NORMALIZED COMPONENT	PHASE (DEG)	NORMALIZED PHASE (DEG)
1	1.000E+03	6.332E+00	1.000E+00	-6.314E-02	0.000E+00
2	2.000E+03	5.298E-02	8.368E-03	-8.997E+01	-8.991E+01
3	3.000E+03	2.205E-01	3.483E-02	-1.783E+02	-1.782E+02
4	4.000E+03	1.151E-02	1.818E-03	8.986E+01	8.992E+01
5	5.000E+03	1.766E-01	2.790E-02	-1.781E+02	-1.780E+02
6	6.000E+03	6.980E-04	1.102E-04	8.770E+01	8.777E+01
7	7.000E+03	1.189E-01	1.878E-02	-1.776E+02	-1.775E+02
8	8.000E+03	5.710E-04	9.017E-05	-8.879E+01	-8.872E+01
9	9.000E+03	8.367E-02	1.321E-02	-1.774E+02	-1.774E+02

```
TOTAL HARMONIC DISTORTION =    5.090674E+00 PERCENT
```

(d) 주파수 성분들의 크기 및 THD

[그림 10-28] [예제 10-9]의 시뮬레이션 결과

응용 10-7

[그림 10-23(a)]의 B급 푸시풀 증폭기에서 진폭 $V_{om}=20$ V의 신호가 $R_L=16\ \Omega$의 부하에 공급된다. 전원에서 공급된 평균 DC 전력, 전력변환 효율, 그리고 각 트랜지스터의 정격전력을 구하라. 단, 전원 전압 $V_{CC}=30$ V이다.

[정답 : $\overline{P_S}=23.87$ W, $\overline{P_L}=12.5$ W, $\eta=52.37\%$, $\overline{P_{Q,max}}=5.69$ W]

10.5 AB급 푸시풀 출력단

B급 푸시풀 증폭기의 교차왜곡을 제거하기 위해 동작점을 선형영역 쪽으로 약간 이동시키는 AB급 바이어스 방법이 사용된다. 이 절에서는 출력단 푸시풀 증폭기의 AB급 바이어스 방법에 대해 살펴본다.

10.5.1 푸시풀 증폭기의 AB급 바이어스

[그림 10-29(a)]와 같이 전압 V_{BB}를 푸시풀 증폭기의 Q_n과 Q_p의 베이스 사이에 인가하여 AB급으로 바이어스하면, 교차왜곡이 발생되지 않도록 할 수 있다. 실제의 경우에는 전압 V_{BB}를 인가하는 대신에 다이오드 또는 트랜지스터를 이용한 바이어스 방법이 사용되며, 이에 대해서는 뒤에서 설명된다. Q_n과 Q_p의 특성이 동일하다면, $V_{BB}/2$는 Q_n의 베이스-이미터 접합에 인가되고, 나머지 $V_{BB}/2$는 Q_p의 이미터-베이스 접합에 인가된다. 따라서 $v_I=0$일 때 Q_n과 Q_p가 모두 도통되고 출력이 $v_O=0$이 되어 [그림 10-29(b)]와 같이 원점을 통과하며 기울기가 1인 전달특성을 갖도록 바이어스할 수 있다. 각 트랜지스터에 흐르는 바이어스 전류 I_{CQ}는 다음과 같으며,

$$I_{CQ}=I_S e^{V_{BB}/2V_T} \tag{10.60}$$

바이어스 전압 V_{BB}를 통해 원하는 바이어스 전류 I_{CQ}를 조정할 수 있다. 두 트랜지스터의 베이스 사이의 전압은 V_{BB}로 일정하므로,

$$v_{BE,n}+v_{EB,p}=V_{BB} \tag{10.61}$$

이로부터 두 트랜지스터의 컬렉터 전류 $i_{C,n}$과 $i_{C,p}$는 다음의 관계를 갖는다.

$$V_T\ln\left(\frac{i_{C,n}}{I_S}\right)+V_T\ln\left(\frac{i_{C,p}}{I_S}\right)=2V_T\ln\left(\frac{I_{CQ}}{I_S}\right) \tag{10.62}$$

따라서,

$$i_{C,n}i_{C,p}=I_{CQ}^2 \tag{10.63}$$

의 관계가 성립하며, Q_n과 Q_p에 흐르는 컬렉터 전류의 곱은 바이어스 전류의 제곱으로 일정하다. 입력전압이 증가하면 Q_n의 $v_{BE,n}$이 바이어스 전압이 $V_{BB}/2$ 보다 증가하게 되어 컬렉터 전류 $i_{C,n}$이 증가한다. 그러나 식 (10.61)과 같이 두 트랜지스터의 베이스 사이의 전압은 바이어스 전압 V_{BB}로 일정하므로, $v_{BE,n}$의 증가는 $v_{EB,p}$의 감소를 초래하여 Q_p의 컬렉터 전류 $i_{C,p}$는 감소하게 된다. 즉, Q_n의 전류 $i_{C,n}$이 증가하면 식 (10.63)을 만족하도록 Q_p의 컬렉터 전류 $i_{C,p}$가 감소하게 되며, 반대로 Q_n의 전류 $i_{C,n}$이 감소하면 Q_p의 컬렉터 전류 $i_{C,p}$가 증가하게 된다. 따라서 10.4.1절에서 설명된 B급 푸시풀 증폭기와 동일하게 동작하며, 단지 $-0.7 \le v_I \le 0.7$의 범위에서 Q_n과 Q_p가 모두 도통되어 교차왜곡만 제거된다.

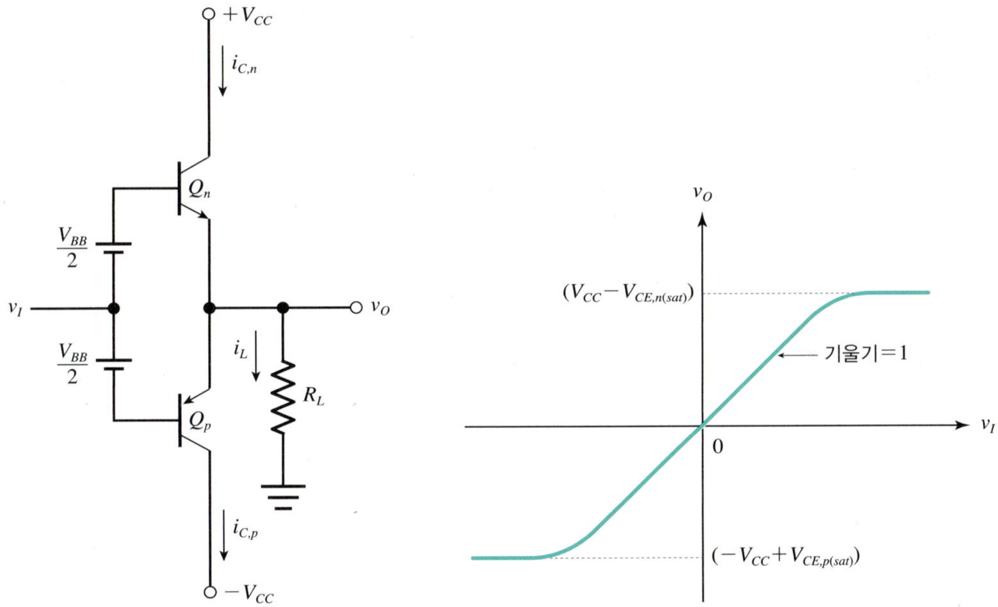

(a) 푸시풀 증폭기의 AB급 바이어스 (b) 입출력 전달특성

[그림 10-29] AB급 바이어스를 갖는 푸시풀 증폭기

AB급 푸시풀 증폭기는 $v_I=0$인 경우에 식 (10.60)의 바이어스 전류가 흐르므로, B급 푸시풀 증폭기에 비해 소비전력이 커서 전력효율이 다소 떨어진다. 전력효율은 10.4.2절에서 설명된 수식을 동일하게 적용할 수 있으며, 각 트랜지스터의 전력소비와 전원에서 공급되는 평균전력

이 AB급 바이어스에 의한 정적 전력소비 $V_{CC}I_{CQ}$ 만큼 증가하게 된다. 그러나 AB급 푸시풀 증폭기의 바이어스 전류 I_{CQ}는 부하전류의 진폭에 비해 매우 작은 값을 가지므로, 정적 전력소비는 매우 작다. 정적 전력소비 $V_{CC}I_{CQ}$는 각 트랜지스터의 정격전력에 고려되어야 하며, B급 증폭기보다 큰 정격전력의 트랜지스터가 사용되어야 한다.

10.5.2 다이오드를 이용한 푸시풀 출력단의 AB급 바이어스

[그림 10-30]은 다이오드를 이용한 AB급 바이어스 푸시풀 증폭기이다. 두 개의 다이오드 쌍 D_1, D_2가 푸시풀 증폭기의 베이스 사이에 연결되며, 다이오드 쌍에서 발생되는 전압 강하에 의해 트랜지스터 Q_n과 Q_p의 바이어스 전압 V_{BB}가 만들어진다. 두 다이오드에 의한 바이어스 전압 V_{BB}는 전류원 전류 I_{bias}에 의해 조정된다.

이 회로는 푸시풀 증폭기의 동작점 전류가 온도에 대해 안정화되는 장점을 갖는다. AB급 바이어스 증폭기의 정적 전력소비에 의해 온도가 상승하면, 트랜지스터의 베이스-이미터 전압 V_{BE}는 음의 온도계수(약 -2 mV/℃ 정도)로 감소한다. V_{BE}의 감소에 의해 전류가 증가하고, 따라서 전력소비도 증가하여 온도가 더욱 상승하는 정귀환 작용이 일어나게 된다.

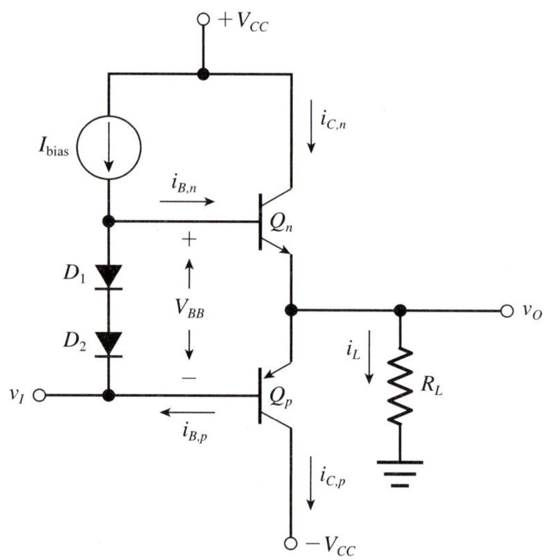

[그림 10-30] 다이오드를 이용한 AB급 바이어스 푸시풀 증폭기

궁극적으로는 소자가 파괴되는 열폭주(thermal runaway) 현상이 발생할 수 있다. 그러나 다이오드 쌍을 Q_n과 Q_p에 직접 접촉시키면, 다이오드 쌍과 Q_n, Q_p의 온도가 동일한 비율로 상승하게 되므로, 다이오드 쌍에 의해 생성되는 V_{BB} 전압 감소가 바이어스 전류 I_Q를 일정하게 유지시킴으로써 동작점 전류가 온도에 대해 안정화된다.

집적회로(integrated circuit, IC)에 사용되는 AB급 푸시풀 증폭기에서는 바이어스를 위한 다이오드 쌍이 트랜지스터로 만들어진다. [그림 10-31]은 uA741 연산 증폭기의 출력단 회로이다. 트랜지스터 Q_{14}와 Q_{20}이 푸시풀 출력단이며, Q_{18}과 Q_{19}, 그리고 저항 R_{10}은 푸시풀 출력단의 AB급 바이어스를 위한 레벨 시프터(level shifter)로서 [그림 10-30]의 다이오드 쌍 D_1, D_2를 구현한 것이다. Q_{15}와 Q_{21}, 그리고 저항 R_6, R_7은 출력단의 단락(short-circuit) 보호회로이며, Q_{22}는 이득단으로부터 신호 V_i를 받는 공통 컬렉터 버퍼이다. Q_{14}와 AB급 바이어스 레벨 시프터 Q_{18}, Q_{19}는 전류원 I_{bias}로부터 바이어스 전류를 공급받는다.

$I_{C18} \ll I_{C19}$이고 Q_{19}의 베이스 전류를 무시할 수 있다고 하면 $I_{C19} \simeq I_{Bias}$로 볼 수 있으므로(정상상태에서 Q_{15}와 Q_{21}은 차단상태이며, Q_{14}의 베이스 전류를 무시하였음.), Q_{19}의 베이스-이미터 전압은 다음과 같다.

$$V_{BE19} \simeq V_T \ln\left(\frac{I_{C19}}{I_{S19}}\right) \tag{10.64}$$

이때 Q_{18}의 컬렉터 전류는 다음과 같으며,

$$I_{C18} \simeq I_{R10} = \frac{V_{BE19}}{R_{10}} \tag{10.65}$$

따라서 Q_{18}의 베이스-이미터 전압은 다음과 같다.

$$V_{BE18} = V_T \ln\left(\frac{I_{C18}}{I_{S18}}\right) \tag{10.66}$$

식 (10.64)와 식 (10.66)으로부터, 푸시풀 출력단 Q_{14}, Q_{20}의 베이스 사이의 바이어스 전압 V_{BB}는 다음과 같다.

$$V_{BB} = V_{BE18} + V_{BE19} = V_T \ln\left(\frac{I_{C18}}{I_{S18}}\right) + V_T \ln\left(\frac{I_{C19}}{I_{S19}}\right) \tag{10.67}$$

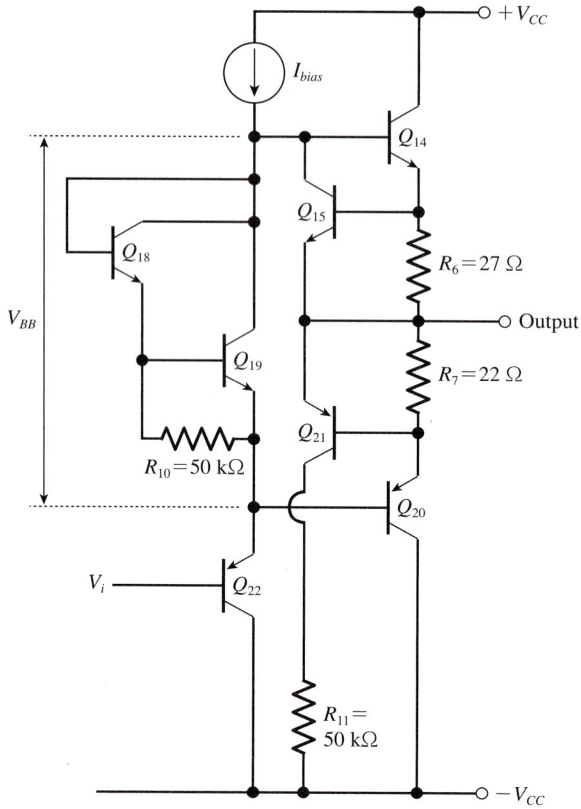

[그림 10-31] uA741 연산증폭기의 AB급 바이어스 푸시풀 출력단

예제 10-10

[그림 10-31]의 회로에서 푸시풀 출력단의 바이어스 전압 V_{BB}와 Q_{14}, Q_{20}의 바이어스 전류를 구하라. 단, Q_{18}, Q_{19}의 이미터-베이스 접합의 역방향 포화전류는 $I_{S18}=I_{S19}=10^{-14}$ A이고, 전류원 전류는 $I_{bias}=220\ \mu$A이며, BJT의 전류 증폭율은 $\beta_{DC}=200$이다.

풀이

식 (10.64)로부터, Q_{19}의 베이스-이미터 전압은,

$$V_{BE19} \simeq V_T \ln\left(\frac{I_{C19}}{I_{S19}}\right) = 0.026 \times \ln\left(\frac{220 \times 10^{-6}}{10^{-14}}\right) = 0.62\ \text{V}$$

식 (10.65)로부터, Q_{18}의 컬렉터 전류는,

$$I_{C18} \simeq I_{R10} = \frac{V_{BE19}}{R_{10}} = \frac{0.62}{50 \times 10^3} = 12.4\ \mu\text{A}$$

따라서 식 (10.66)으로부터, Q_{18}의 베이스-이미터 전압은 다음과 같다.

$$V_{BE18}=V_T\ln\left(\frac{I_{C18}}{I_{S18}}\right)=0.026\times\ln\left(\frac{12.4\times10^{-6}}{10^{-14}}\right)=0.54\ \text{V}$$

$$I_{C19}=I_{bias}-I_{C18}=(220-12.4)\times10^{-6}=207.6\ \mu\text{A}$$이고,

$I_{B19}=I_{C19}/\beta_{19}=(207.6\times10^{-6})/200=1.04\ \mu\text{A}$이므로, $I_{C18}\ll I_{C19}$와 Q_{19}의 베이스 전류를 무시할 수 있다는 가정이 성립된다. 푸시풀 출력단 Q_{14}, Q_{20}의 베이스 사이에 인가되는 바이어스 전압 V_{BB}는 다음과 같다.

$$V_{BB}=V_{BE18}+V_{BE19}=0.54+0.62=1.16\ \text{V}$$

따라서 $V_{BE14}=V_{BE20}=V_{BB}/2=0.58\ \text{V}$가 되며, 바이어스 전류는 다음과 같다.

$$I_{C14}=I_{C20}=I_S e^{V_{BE14}/V_T}=10^{-14}e^{0.58/0.026}=48.76\ \mu\text{A}$$

10.5.3 V_{BE} 배율기를 이용한 푸시풀 출력단의 AB급 바이어스

푸시풀 출력단의 AB급 바이어스를 위해 [그림 10-32]의 BJT Q_1과 저항 R_1, R_2로 구성되는 V_{BE} 배율기(V_{BE} multiplier) 회로가 사용될 수 있다. Q_1의 베이스 전류를 무시하면, 저항 R_1, R_2에 흐르는 전류는 다음과 같으며,

$$I_R=\frac{V_{BE1}}{R_2} \tag{10.68}$$

따라서 전압 V_{BB}는,

$$V_{BB}=(R_1+R_2)I_R=\left(1+\frac{R_1}{R_2}\right)V_{BE1} \tag{10.69}$$

따라서 푸시풀 출력단 Q_n, Q_p의 AB급 바이어스 전압 V_{BB}를 저항비 R_1/R_2로 조정할 수 있다. 바이어스 전압 V_{BB}가 V_{BE1}과 저항비 R_1/R_2의 곱으로 생성되므로 V_{BE} 배율기라고 한다. V_{BE1} 전압은 전류원 I_{Bias}로부터 공급되는 컬렉터 전류 I_{C1}에 의해 다음과 같이 결정되며, 여기서 I_{S1}은 트랜지스터 Q_1의 이미터-베이스 접합의 역방향 포화전류이다.

$$V_{BE1}=V_T\ln\left(\frac{I_{C1}}{I_{S1}}\right) \tag{10.70}$$

입력전압 v_I가 증가함에 따라 출력전압 v_O가 증가하고, 따라서 $i_{C,n}$과 $i_{B,n}$이 증가한다. 이에 의해 Q_1의 컬렉터 전류 I_{C1}이 감소하게 되지만, 식 (10.70)에서 보는 바와 같이 I_{C1}과 V_{BE1}은 로그함수적인 관계를 가지므로 식 (10.69)의 바이어스 전압 V_{BB}는 거의 일정한 값을 유지하게 된다.

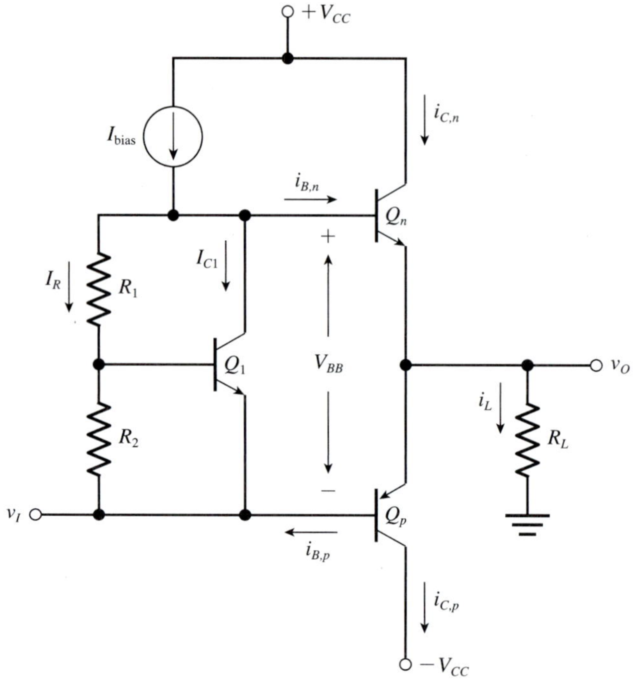

[그림 10-32] V_{BE} 배율기를 이용한 푸시풀 출력단의 AB급 바이어스

예제 10-11

[그림 10-32]의 회로에서 V_{BE} 배율기의 전류(I_R+I_{C1})가 항상 1 mA 이상 유지되도록 하기 위한 I_{Bias}를 결정하라. 또한, 푸시풀 출력단 Q_n, Q_p의 바이어스 전류가 $I_{CQ}=2$ mA되도록 하기 위한 V_{BB}를 구하고, V_{BE} 배율기를 설계하라. 단, 출력전압의 최대 진폭은 $V_{om}=10$ V이고, Q_n과 Q_p는 특성이 동일하며, $\beta_n=\beta_p=50$, $I_{S,n}=I_{S,p}=10^{-13}$ A이다. Q_1의 $I_{S1}=10^{-14}$ A이고, $V_{CC}=15$ V, $R_L=100$ Ω이다.

풀이

① I_{Bias} : 100 Ω의 부하에 공급되는 출력전압의 최대 진폭이 $V_{om}=10$ V이므로, 부하전류의 최대 진폭은 $i_{Lm}=\dfrac{V_{om}}{R_L}=\dfrac{10}{100}=0.1$ A이고, 따라서 트랜지스터 Q_n에 공급되어야 하는 최대 베이스 전류는 $i_{B,nm}=\dfrac{i_{C,nm}}{\beta_n}\simeq\dfrac{i_{Lm}}{\beta_n}=2$ mA이다. V_{BE} 배율기의 전류가 항상 1 mA 이상 유지되기 위해서는 $I_{Bias}=(1+2)\times 10^{-3}=3$ mA가 되어야 하며, 이 전류는 V_{BE} 배율기와 Q_n의 베이스 전류를 공급한다.

② V_{BB} : 푸시풀 출력단 Q_n, Q_p의 바이어스 전류가 $I_{CQ}=2$ mA되어야 하므로,

$$V_{BB}=2V_T\ln\left(\frac{I_{CQ}}{I_{S,n}}\right)=2\times0.026\times\ln\left(\frac{2\times10^{-3}}{10^{-13}}\right)=1.23\text{ V}\text{이다.}$$

③ V_{BE} 배율기 설계 : $v_I=0$인 경우에 $i_L=0$이므로, $I_{Bias}=3$ mA는 모두 V_{BE} 배율기로 흐르게 되며, 이는 I_R과 I_{C1}으로 분배된다. 여기서 $I_{Bias}=3$ mA가 I_R과 I_{C1}으로 분배되는 비율이 중요하다. 출력 전압의 진폭이 최대 $V_{om}=10$ V일 때 Q_n의 베이스로 $i_{B,nm}\simeq2$ mA가 공급되어야 하므로, $I_R<1$ mA가 되어야 한다. 만약 $I_R>1$ mA이면 $I_{C1}\simeq0$이 되어 Q_1은 차단상태가 된다. 이 예제에서는 $I_R=0.5$ mA, $I_{C1}=2.5$ mA가 되도록 한다.

$I_R=0.5$ mA에 대해,

$$R_1+R_2=\frac{V_{BB}}{I_R}=\frac{1.23}{0.5\times10^{-3}}=2.46\text{ k}\Omega$$

$I_{C1}=2.5$ mA에 대해,

$$V_{BE1}=V_T\ln\left(\frac{I_{C1}}{I_{S1}}\right)=0.026\times\ln\left(\frac{2.5\times10^{-3}}{10^{-14}}\right)=0.68\text{ V}$$

따라서,

$$R_2=\frac{V_{BE1}}{I_R}=\frac{0.68}{0.5\times10^{-3}}=1.36\text{ k}\Omega\text{이고, }R_1=2.46-1.36=1.1\text{ k}\Omega$$

응용 10-8

[그림 10-32]의 회로에서 V_{BE} 배율기의 $R_1=R_2=1.5$ kΩ이고, $I_{C1}=1$ mA일 때 $V_{BE1}=0.66$ V이다. V_{BE} 배율기에 공급되어야 하는 전류를 구하라. 단, $I_{S1}=10^{-14}$A이다.

[정답 : 1.44 mA]

응용 10-9

[그림 10-32]의 회로에서 $R_1=2$ kΩ, $R_2=2.4$ kΩ이고, $I_{C1}=1.5$ mA일 때 $V_{BE1}=0.67$ V이다. V_{BB} 전압과 Q_n, Q_p의 바이어스 전류 I_{CQ}를 구하라. 단, $I_{S1}=10^{-14}$A이고, $I_{S,n}=I_{S,p}=10^{-13}$A이다.

[정답 : $V_{BB}=1.23$ V, $I_{CQ}=1.87$ mA]

10.5.4 달링톤 쌍을 이용한 AB급 출력단

푸시풀 출력단의 전류 공급능력을 크게 하기 위해 단일 트랜지스터 대신에 [그림 10-33]과 같은 **달링톤 쌍(Darlington pair)이 사용**된다. [그림 10-33(a)]의 NPN 달링톤 쌍은 두 개의 NPN 트랜지스터를 결합하여 전류를 증폭하는 역할을 한다. Q_1의 이미터가 Q_2의 베이스로 연결되므로 Q_2의 이미터 전류는 다음과 같으며, 여기서 β_{o1}과 β_{o2}는 각각 Q_1과 Q_2의 순방향 전류이득을 나타낸다.

$$i_{E2}=(1+\beta_{o2})i_{B2}=(1+\beta_{o2})(1+\beta_{o1})i_{B1}\simeq\beta_{o1}\beta_{o2}i_{B1} \tag{10.71}$$

따라서 Q_1의 베이스 전류가 $\beta_{o1}\beta_{o2}$배 만큼 증폭되어 Q_2의 이미터 전류로 출력된다. **달링톤 쌍은 전류 증폭률 $\beta_o\simeq\beta_{o1}\beta_{o2}$를 가지며, $V_{BE}=V_{BE1}+V_{BE2}$인 단일 트랜지스터로 등가시킬 수 있으며, 수퍼 트랜지스터(super transistor) 라고도 한다.** PNP 달링톤 쌍은 [그림 10-33(b)]와 같이 구현되며, NPN 달링톤 쌍과 동일하게 $\beta\simeq\beta_{o1}\beta_{o2}$의 전류 증폭률을 갖는다.

[그림 10-34]는 달링톤 쌍을 이용한 AB급 푸시풀 출력단의 예이다. 달링톤 쌍의 AB급 바이어스를 위해 10.5.3절에서 설명된 V_{BE} 배율기가 사용되고 있으며, 바이어스 전압 V_{BB}는 NPN 달링톤 쌍 Q_1, Q_2에 의한 $V_{BE1}+V_{BE2}$와 PNP 달링톤 쌍의 Q_3에 의한 V_{BE3}의 합이 되도록 생성된다.

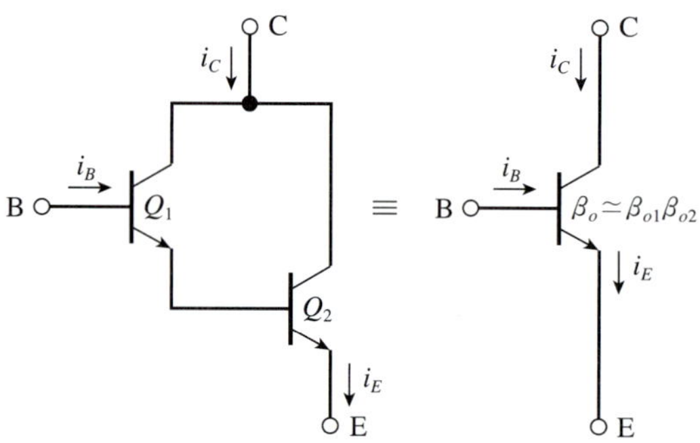

(a) NPN 달링톤 쌍

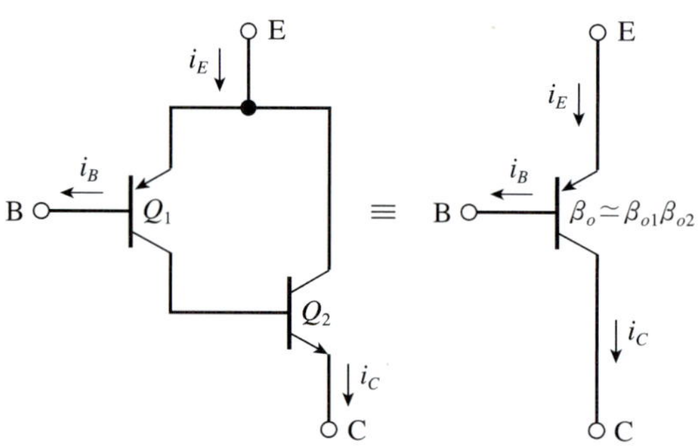

(b) PNP 달링톤 쌍

[그림 10-33] 달링톤 쌍

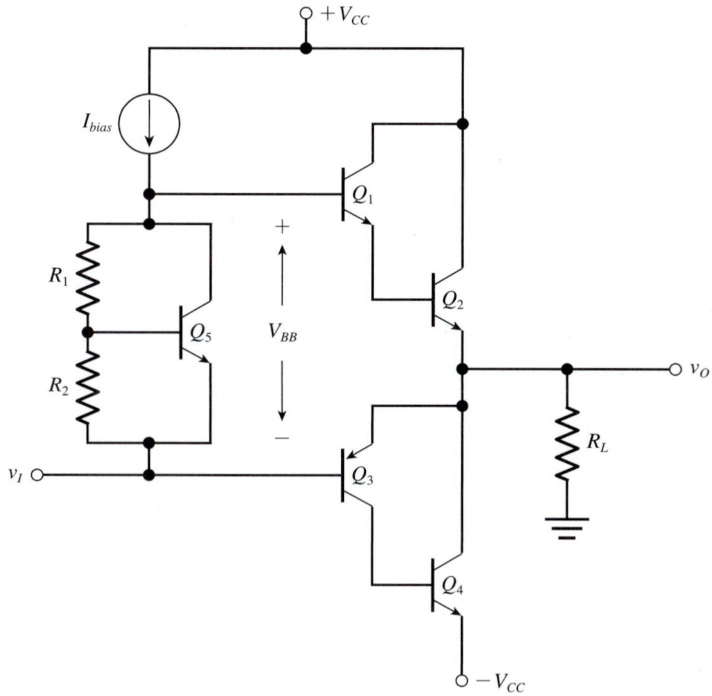

[그림 10-34] 달링톤 쌍을 갖는 푸시풀 출력단

10.6 전력 증폭기 IC

출력전력과 대역폭 및 응용분야에 따라 다양한 형태의 전력 증폭기 IC들이 시판되고 있다. 이 절에서는 오디오 주파수의 신호를 증폭하는 전력 증폭기 IC를 소개한다.

[그림 10-35]는 내셔널 세미컨덕터(National Semiconductor) 사의 오디오 전력 증폭기 IC인 LM1875의 대표적인 응용회로를 보이고 있다. LM1875 오디오 전력 증폭기는 $R_L = 4\ \Omega$ 또는 8 Ω의 부하에 최대 30 W의 출력전력을 공급할 수 있으며, 최대 공급 전류는 4 A이고 대역폭은 70 kHz이다. 또한 1 kHz, 20 W의 출력에 대해 THD=0.015%의 낮은 총 고조파 왜곡을 갖는다. 과열보호(thermal protection) 회로를 내장하고 있으며, IC의 온도가 170℃ 정도가 되면 전원이 차단되어 회로가 보호된다. LM1875 IC는 고성능 오디오 시스템 및 계측 시스템에 사용된다.

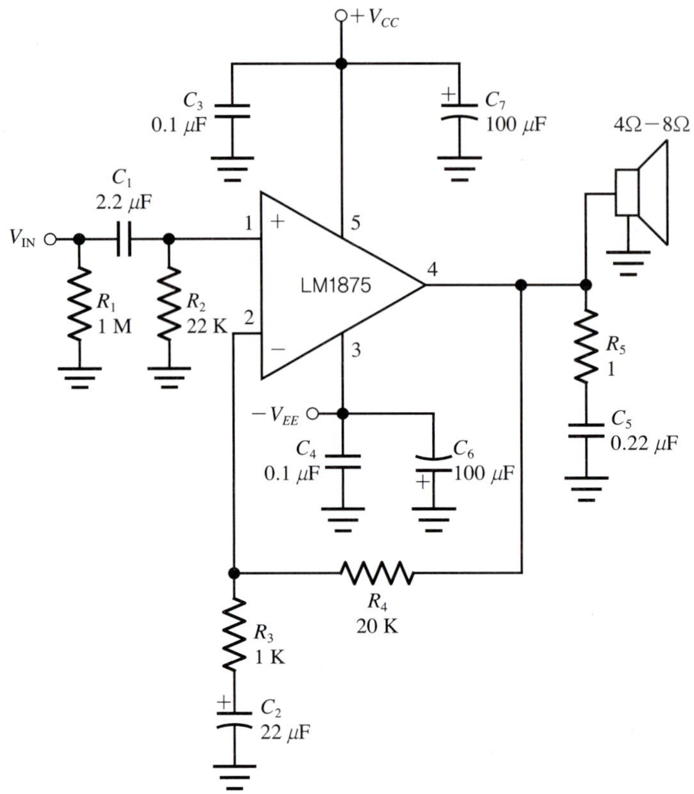

[그림 10-35] LM1875 오디오 전력 증폭기의 응용 예(내셔널 세미컨덕터 사)

[그림 10-36]은 아날로그 디바이스(Analog Devices) 사의 오디오 전력 증폭기 IC인 SSM2211의 응용회로를 보이고 있다. SSM2211 오디오 전력 증폭기는 R_L=4 Ω 또는 8 Ω의 부하에 최대 1.5 W의 출력전력을 공급할 수 있으며, 대역폭은 4 MHz이다. 또한 1.5 W의 출력에 대해 1% 이하의 총 고조파 왜곡을 가지며, 2.7~5.5 V의 단일 전원전압으로 동작한다. SSM2211 IC는 휴대형 컴퓨터 및 단말기, 스피커 폰 등의 저출력 응용회로에 사용된다.

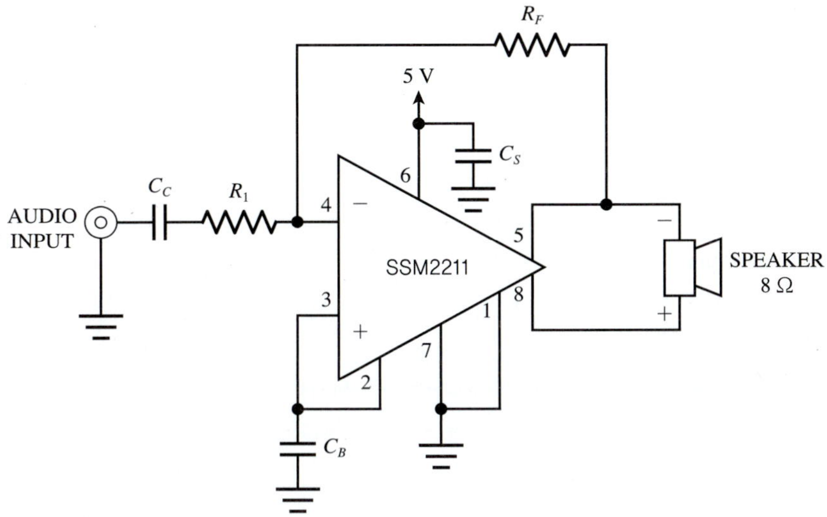

[그림 10-36] SSM2211 오디오 전력 증폭기의 응용 예(아날로그 디바이스 사)

10.7 응용회로 설계과제

지금까지 전력 증폭기의 바이어스 방법과 전력소비 및 방열대책 등에 대하여 살펴보았다. 이 장에서 설명된 내용을 적용하여 전력 증폭기 응용회로를 설계해 본다. 다음의 설계사양을 만족하는 회로를 설계하고, 회로를 제작하여 동작을 확인해 본다.

■ **설계 사양**

- 회로의 기능 : 가청주파수 신호를 증폭하여 스피커로 출력하는 오디오 증폭기를 설계한다.
- 스피커로 출력되는 전력의 범위와 오디오 증폭기 IC의 선택은 설계자가 결정한다.
- 스피커 출력을 조정할 수 있도록 가변저항을 사용하여 오디오 전력 증폭기의 이득을 조정한다. 이득의 조정 범위는 선택된 IC의 규격을 참고하여 설계자가 결정한다.

10.8 요약

■ **전력 증폭기** power amplifier 스피커, 모터 등의 장치를 구동하기 위해 필요한 수~수십 W의 전력을 공급하는 출력단 증폭기로서 동적범위가 커야 하고, 전력변환 효율이 좋아야 한다.

■ **바이어스 방법에 따른 증폭기의 분류** 동작점의 위치에 따라 A급, B급, AB급, C급 바이어스 증폭기 등으로 구분된다.

- A급 바이어스 증폭기 : 컬렉터 전류의 선형영역 중앙에 동작점이 설정된 증폭기로서, 입력전류의 전체 주기가 왜곡 없이 증폭되어 컬렉터 전류로 나오므로 선형성이 잘 유지된다. 그러나 입력전류에 무관하게 바이어스 전류 I_{CQ}가 항상 흐르므로 이에 의한 DC 전력소비 $V_{CEQ}I_{CQ}$가 커서 전력효율이 낮다.
- B급 바이어스 증폭기 : 트랜지스터의 차단점에 동작점이 설정된 증폭기로서, 입력전류의 반 주기만 컬렉터 전류로 나오고 나머지 반 주기는 차단되어 출력파형의 왜곡이 심하다. 상보형 푸시풀(complementary push-pull) 구조를 이용하여 전체 주기의 신호를 얻을 수 있다. 바이어스 전류 I_{CQ}가 0이므로 DC 전력소비가 이론적으로 0이 되어 A급 증폭기보다 전력효율이 높다.
- AB급 바이어스 증폭기 : B급 푸시풀 증폭기의 교차왜곡을 제거하기 위해 동작점을 A급 바이어스 쪽으로 약간 이동시킨 것으로서, B급 증폭기 보다는 전력효율이 떨어지고, A급 증폭기 보다는 전력효율이 높다.
- C급 바이어스 증폭기 : 차단점 이하에 동작점이 설정된 증폭기로서, 입력신호의 반 주기 이하의 일부만 출력으로 나오고, 나머지 반 주기 이상이 차단되므로 출력파형의 왜곡이 가장 심하다. 증폭기 출력에 LC 동조회로를 이용하면 고조파 성분이 제거된 기본파 성분을 얻을 수 있다. 컬렉터 전류의 평균치가 가장 작으므로, 전력효율이 가장 높다.

■ **BJT의 정격** 컬렉터-이미터 전압 V_{CEO}, 컬렉터-베이스 전압 V_{CBO}, 이미터-베이스 전압 V_{EBO} 등의 내압과 최대 컬렉터 전류 $I_{C,max}$, 그리고 최대 전력소비 $P_{D,max}$ 등의 파라미터 값들로 표시된다. 정격값이 초과되면 트랜지스터의 정상 동작이 보장되지 않거나 소자가 치명적인 손상을 받을 수 있으므로, 회로설계 시에 고려되어야 한다.

■ **안전동작영역** Safe Operation Area, SOA 트랜지스터가 안전하게 동작할 수 있는 영역으로서, 최대 정격전류 $I_{C,max}$, 컬렉터-이미터 항복유지전압 $V_{CEO(sus)}$, 최대 정격전력 $P_{D,max}$, 그리고 2차 항복(second breakdown) 등에 의해 결정된다.

■ **열폭주** thermal runaway **현상** 트랜지스터에 전류가 흐르면 $P_D = v_{CE}i_C$에 의한 전력소비가 일어나고, 전력소비는 열로 발생되므로 소자의 온도가 상승하게 된다. 온도가 상승하면 전류 증폭률이 증가하고, 이에 의해 전류가 증가하여 온도는 더욱 상승하게 된다. 이와 같은 정귀환 작용에 의해 소자의 온도가 계속 상승하여 소자에 치명적인 손상이 유발될 수 있다.

■ **전력저하곡선** power derating curve 온도에 따른 최대 전력소비 특성을 나타내는 그래프로서, 대기온도 또는 케이스 온도를 기준으로 표시된다.

■ **열전달 모델** 방열기구가 부착된 트랜지스터의 열전달 모델은 다음과 같다.

$$T_J - T_A = (\theta_{JC} + \theta_{CS} + \theta_{SA})P_D = \theta_{JA}P_D$$

- 허용 가능한 최대 전력소비 : $P_{D,max} = \dfrac{T_{J,max} - T_C}{\theta_{JC}}$, $P_{D,max} = \dfrac{T_{J,max} - T_A}{\theta_{JA}}$

■ **전력효율** power conversion efficiency 전원으로부터 공급된 DC 평균전력과 부하에 공급된 교류전력의 비를 나타내며, 다음과 같이 정의된다.

$$\eta = \frac{\text{부하에 공급된 평균 교류전력}}{\text{전원에서 공급받은 평균 DC전력}} \times 100\% = \frac{\overline{P_L}}{\overline{P_S}} \times 100\%$$

■ **A급 바이어스 전력 증폭기의 전력효율** 입출력 선형성은 우수하지만, 전력효율이 매우 낮다는 단점을 갖는다. 전력효율을 높이기 위한 방법으로 인덕터 결합 또는 변압기 결합 구조가 사용된다.

- 컬렉터 저항 R_C를 갖는 경우 : 이론적인 최대 효율이 25%이며, 실제의 경우에 전력효율은 이보다 작은 값을 갖는다.
- 인덕터 또는 변압기 결합의 경우 : 이론적인 최대 효율이 50%이다.

■ **B급 푸시풀** push-pull **증폭기의 전력효율** NPN 트랜지스터와 PNP 트랜지스터의 상보형(complementary) 구조를 가지며, 각 트랜지스터가 입력신호의 반 주기씩 통과시킴으로써 입력신호의 전체 주기가 출력으로 전달된다.

- 교차왜곡(crossover distortion) : $-0.7 \le v_I \le 0.7$의 범위에서 트랜지스터가 모두 차단되어 출력이 0이 되는 왜곡으로서 왜곡된 출력신호는 입력신호의 기본 주파수 성분과 고조파(harmonics) 성분의 합으로 나타난다.
- 이론적인 최대 효율이 75%이다.

■ **푸시풀 증폭기의 AB급 바이어스** B급 푸시풀 증폭기의 교차왜곡을 제거하기 위해 동작점을 선형영역 쪽으로 약간 이동시키는 바이어스로서, 다이오드 쌍, V_{BE} 배율기 등을 이용하여 바이어스 전압을 생성한다.

■ **달링톤 쌍** Darlington pair 푸시풀 출력단의 전류 공급 능력을 크게 하기 위해 전류 증폭률 $\beta_o = \beta_{o1}\beta_{o2}$를 갖도록 만든 복합 트랜지스터 쌍이다.

Chapter_10 연습문제

10.1 [그림 10-37]의 증폭기에 사용된 BJT의 정격은 $I_{C,max}=1.5$ A, $V_{CE,max}=50$ V, $P_{D,max}=6.25$ W이다. (a) 부하선과 트랜지스터의 안전동작영역(SOA)을 그려라. (b) $R_C=100$ Ω에 대한 가장 좋은 동작점 Q(I_{CQ}와 V_{CEQ})를 결정하라.

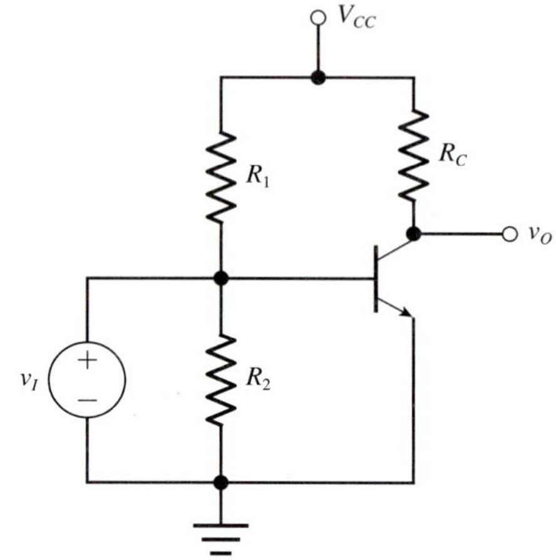

[그림 10-37]

10.2 [그림 10-9]의 증폭기에 사용된 MOSFET의 정격은 $I_{D,max}=5$ A, $V_{DS,max}=50$ V, $P_{D,max}=35$ W이고, $V_{DD}=45$ V, $R_D=15$ Ω, $V_{Tn}=2$ V, $K_n=0.2$ A/V^2 이다. (a) 부하선과 트랜지스터의 안전동작영역(SOA)을 그려라. (b) $V_i=5$ V일 때의 드레인 전류 I_D, 전압 V_{DS} 그리고 전력소모 P_D를 구하라. (c) 가장 좋은 동작점 전류 I_{DQ}와 전압 V_{DSQ}를 결정하고, 이 때의 게이트 전압 V_i와 트랜지스터에서 소모되는 전력을 구하라.

10.3 [그림 10-38]의 공통 소오스 증폭기에서 (a) 동작점 전류 I_{DQ}와 전압 V_{DSQ}, 그리고 동작점에서의 전력소모를 구하라. (b) MOSFET의 정격값 $I_{D,max}$, $V_{DS,max}$, $P_{D,max}$을 구하라. 단, MOSFET의 파라미터는 $V_{Tn}=2.1$ V, $K_n=0.5$ A/V^2 이고, $R_1=178.5$ kΩ, $R_2=21.5$ kΩ, $R_L=15$ Ω, $V_{DD}=40$ V이다.

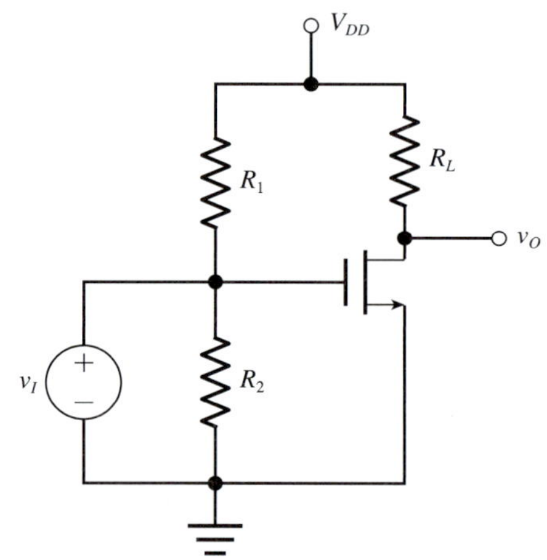

[그림 10-38]

10.4 [그림 10-39]의 공통 이미터 증폭기의 동작점 Q가 DC 부하선의 중앙에 설정되어 있다. (a) 동작점 전류 I_{CQ}와 전압 V_{CEQ}를 구하라. (b) BJT의 정격값 $I_{C,max}$, $V_{CE,max}$, $P_{D,max}$을 구하라. 단, $R_C=62.5\ \Omega$, $R_E=11\ \Omega$, $R_L=1\ \text{k}\Omega$, $V_{CC}=20\ \text{V}$이다.

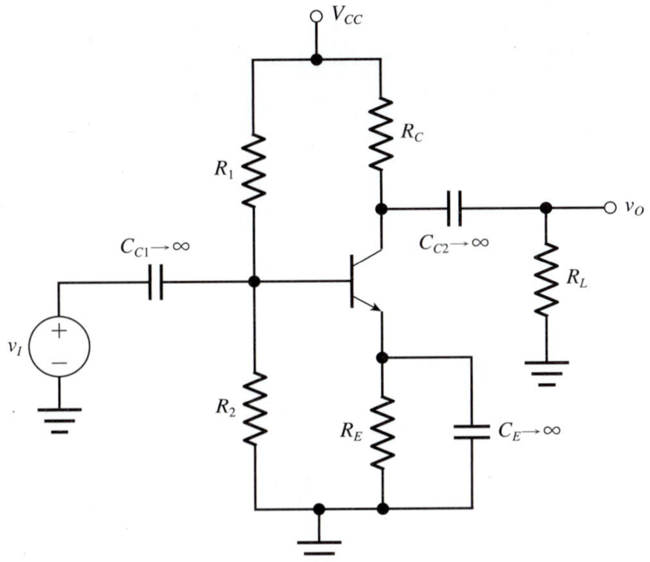

[그림 10-39]

10.5 $\theta_{JC}=1.8$℃/W이고 $\theta_{CS}=0.6$℃/W인 MOSFET가 $\theta_{SA}=2.5$℃/W인 방열기구로 패키지되어 있다. $I_D=4.2\ \text{A}$, $V_{DS}=5\ \text{V}$인 경우에, 대기온도 $T_A=27$℃에서 접합온도 T_J, 케이스 온도 T_C, 그리고 방열기구의 온도 T_S를 구하라.

10.6 정격전력 $P_{D0}=25\ \text{W}$, $T_{J,max}=170$℃인 소자가 대기온도 $T_A=30$℃에서 안전하게 소비할 수 있는 최대 전력은 얼마인가?

10.7 [그림 10-13]의 전력저하곡선을 갖는 BJT 소자가 대기온도 $T_A=35$℃에서 최대 75 W까지의 전력소비를 허용해야 한다. 방열기구의 열저항은 얼마 이하가 되어야 하는가? 단, $\theta_{CS}=0.5$℃/W이다.

10.8 $T_{J,max}=200$℃이고 $\theta_{JC}=17.5$℃/W인 트랜지스터에 $\theta_{SA}=3.5$℃/W인 방열기구가 부착되어 있다. (a) 대기온도 $T_A=25$℃에서 최대 허용소비전력을 구하라. (b) 대기온도가 ΔT℃ 증가함에 따라 허용가능한 소비전력의 감소 $-\Delta P_D$를 구하라. 단, $\theta_{CS}=0.1$℃/W이다.

10.9 $T_{J,max}=200$℃인 소자가 $T_C=25$℃에서 $P_{D0}=35$ W를 소모하고, 대기온도 $T_A=25$℃에서 $P_{D0}=2$ W를 소모한다. (a) θ_{JA}와 θ_{JC}를 구하라. (b) 대기온도 $T_A=40$℃에서 안전하게 소비할 수 있는 최대 전력은 얼마인가? (c) 방열기구를 부착한 상태로 $T_A=40$℃에서 안전하게 소비할 수 있는 최대 전력은 얼마인가? 단, $\theta_{CS}=0.5$℃/W, $\theta_{SA}=1.5$℃/W이다.

10.10 [그림 10-39]의 회로에서 교류 입력신호 v_i에 의한 베이스 전류의 진폭이 $I_{bm}=6$ mA이다. 전원으로부터 공급된 평균 DC 전력, 부하에 공급되는 평균 교류전력, 트랜지스터에서 소비되는 평균 전력, 전력효율 등을 구하라. 단, BJT 파라미터는 $\beta_0=30$이고, $V_{BE(on)}=0.7$ V이다.

10.11 [그림 10-40]의 이미터 폴로워 회로가 $R_L=8\ \Omega$의 부하에 진폭이 0.6 V인 정현파를 공급한다. 전력효율을 구하라. 단, $V_{CC}=2$ V이고 $I_{EE}=80$ mA이다.

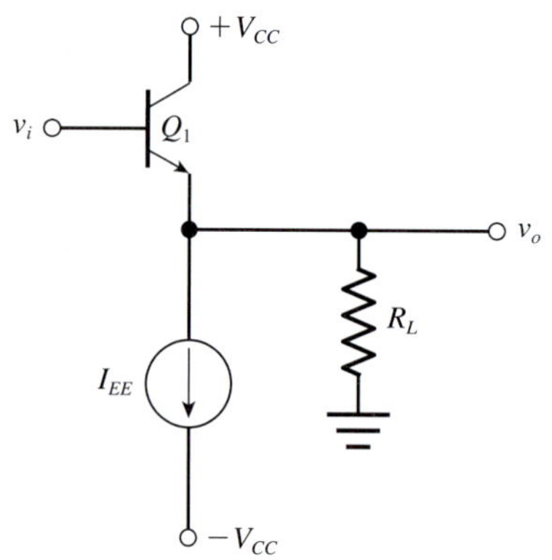

[그림 10-40]

10.12 [그림 10-40]의 이미터 폴로워 회로가 소신호 전압이득 $A_v=0.8$로 설계되었다. $v_o=V_p\sin\omega t$의 정현파 출력이 $R_L=8\ \Omega$의 부하에 공급할 수 있는 최대 평균전력을 구하라. 단, 트랜지스터 Q_1은 정현파의 최대 진폭 $V_{p,max}=I_{EE}R_L$에서 차단상태로 된다.

10.13 [그림 10-41]의 회로에서 출력전압은 진폭이 10 V인 정현파이다. 전원에서 공급받은 평균 전력 $\overline{P_S}$, 부하에 공급되는 평균전력 $\overline{P_L}$, 전력효율 η를 각각 구하라. 단, $V_{CC}=V_{EE}=12$ V, $I_{EE}=100$ mA, $R_L=80\ \Omega$이다.

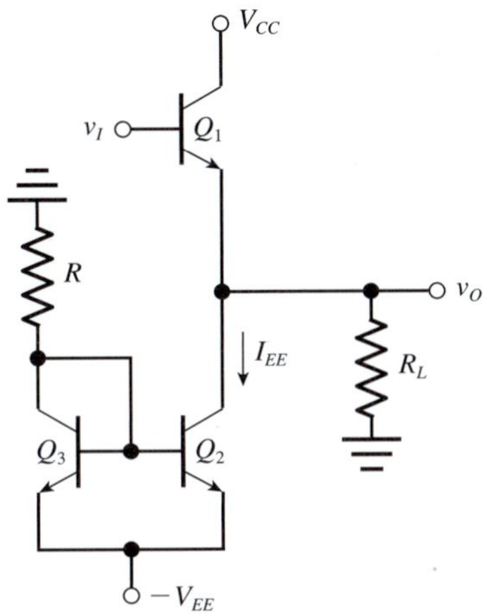

[그림 10-41]

10.14 [그림 10-41]의 회로에 대해서 (a) 출력 정현파의 최대 진폭을 $V_{p,max}=8$ V로 만들기 위해 필요한 바이어스 전류 I_{EE}의 최솟값과 저항 R을 구하라. (b) 전원에서 공급된 평균전력 $\overline{P_S}$, 부하에 공급된 평균전력 $\overline{P_L}$, 그리고 전력효율 η를 각각 구하라. 단, $R_L=0.1\ \text{k}\Omega$, $V_{CC}=V_{EE}=10$ V이고, $\beta_0=100$, $V_{BE(on)}=0.7$ V이다.

10.15 [그림 10-20]의 인덕터 결합 증폭기에서 부하에 공급되는 최대 평균전력 $\overline{P_{L,max}}$와 전력효율 η를 구하라. $V_{CC}=12$ V, $R_L=1.3\ \text{k}\Omega$, $R_E=0.2\ \text{k}\Omega$이다. 단, $V_{CE,sat}=0$ V로 가정한다.

10.16 [그림 10-20]의 인덕터 결합 증폭기에서 BJT의 정격전력은 $P_{D,max}=24$ W이다. (a) 출력전압이 가질 수 있는 최대 스윙과 전원전압 V_{CC}를 구하라. (b) 이때 부하에 공급되는 최대 전력과 최대 전력효율을 구하라. $R_L=2.4\ \text{k}\Omega$, $R_E=0.1\ \text{k}\Omega$이다. 단, $V_{CE,sat}=0$ V로 가정한다.

10.17 [그림 10-42]의 변압기 결합(transformer-coupled) 이미터 폴로워의 최대 전력변환 효율식을 유도하라.

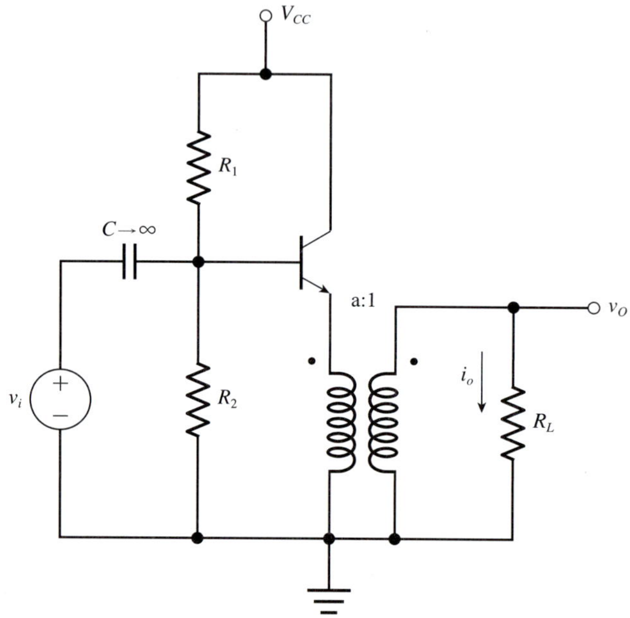

[그림 10-42]

10.18 [그림 10-42]의 회로에서 동작점 전류 I_{CQ}를 구하라. 그리고 이미터 전류의 진폭이 $I_{em}=0.9I_{CQ}$로 제한되는 경우에 전원에서 공급받은 평균전력 $\overline{P_S}$, 부하에 공급되는 평균전력 $\overline{P_L}$, 전력효율 η을 각각 구하라. 단, 변압기의 권선비는 $a=10$이고, $R_L=8\ \Omega$, $V_{CC}=10$ V이다.

10.19 [그림 10-42]의 회로가 $R_L=8\ \Omega$의 스피커에 최대 전력 $\overline{P_{L,max}}=2.5$ W을 공급하도록 변압기의 권선비 a를 구하라. 단, $V_{CC}=15$ V이다.

10.20 [그림 10-43]의 푸시풀 증폭기에서 입력 v_I에 정현파가 인가될 때, v_I, v_O, i_{Cn}, i_{Cp}, i_L, v_{CEn}, v_{CEp}, 그리고 $p_D=v_{CEn}i_{Cn}+v_{CEp}i_{Cp}$의 파형을 그려라. 단, 교차왜곡은 무시한다.

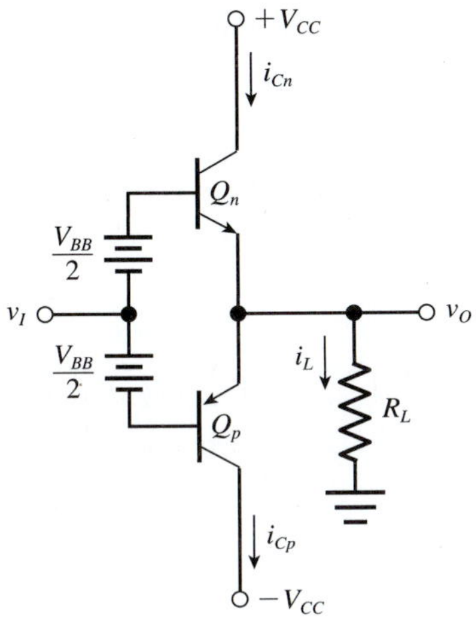

[그림 10-43]

10.21 [그림 10-43]의 회로에서 $R_L=500\ \Omega$, $V_{CC}=15$ V이다. 출력전압의 진폭이 $V_{om}=14.4$ V일 때, 부하 R_L에 공급되는 전력과 이때의 전력효율, 그리고 BJT의 순시 소비전력을 구하라. 단, 교차왜곡은 무시한다.

10.22 [그림 10-44]의 회로에서 연산증폭기의 큰 개방회로 이득 A_0에 의해 푸시풀 증폭기의 교차왜곡 $\pm V_{BE}$가 크게 감소하여 $v_I \simeq v_O$가 됨을 보여라.

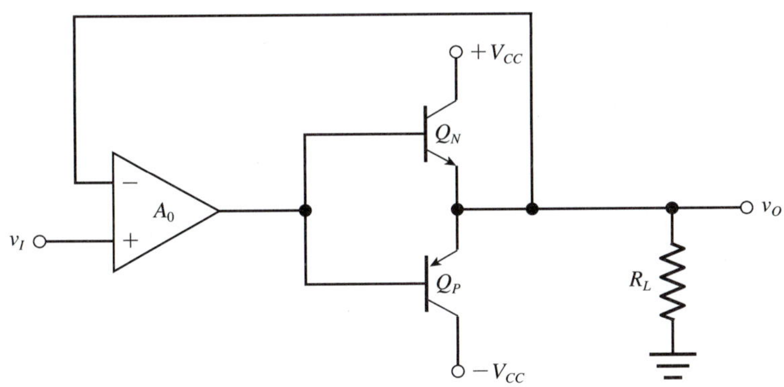

[그림 10-44]

10.23 저주파 증폭기의 출력전압에 기본 주파수 성분의 진폭이 10 V, 제2고조파 성분의 진폭이 0.4 V, 제3고조파 성분의 진폭이 0.3 V이다. 이때 총 고조파 왜곡(THD)는 얼마인가?

10.24 A급 바이어스된 BJT 공통 이미터 전력증폭기에서 컬렉터 전류의 최대치를 10 mA로 제한하는 경우에, 부하저항에 공급되는 정현파 출력의 최대 전력을 구하라. 단, 전원전압은 $V_{CC}=10$ V이다.

10.25 [그림 10-30]의 AB급 푸시풀 증폭기가 $R_L=8\ \Omega$의 부하에 1.2 W의 전력을 공급하기 위해 필요한 전원전압 V_{CC}의 최솟값과 전류 I_{Bias}의 최솟값을 구하라. 단, $\beta_0=50$이고, $|V_{CE,sat}|=1.0$ V이다.

10.26 [그림 10-30]의 AB급 푸시풀 증폭기에서 Q_n과 Q_p의 정격전력은 각각 2.5 W이다. 트랜지스터의 전력소모가 최대일 때, 부하 $R_L=8\ \Omega$에 공급되는 전력을 구하라.

10.27 [그림 10-45]의 AB급 푸시풀 증폭기가 부하 $R_L=8\ \Omega$에 $\overline{P_L}=1.6$ W의 평균전력을 공급한다. 트랜지스터 Q_1과 Q_2에서 소비되는 전력을 구하라. 단 $V_{CC}=V_{EE}=10$ V이다.

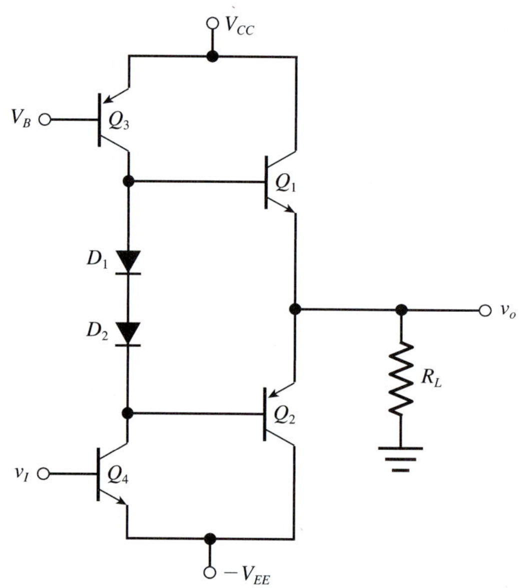

[그림 10-45]

10.28 [그림 10-45]의 회로에서 트랜지스터 Q_1과 Q_2의 정격전력은 0.8 W이고, $V_{CC}=10$ V이다. 트랜지스터의 전력소모가 최대일 때, 부하 $R_L=8\ \Omega$에 공급되는 평균 전력과 이 때의 전력 효율을 구하라.

10.29 [그림 10-30]의 회로를 PSPICE로 시뮬레이션하여 v_I와 v_O의 파형을 관찰하고, 푸리에 주파수 해석을 통해 THD를 구하라.

10.30 [그림 10-44]의 회로를 PSPICE로 시뮬레이션하여 v_I와 v_O의 파형을 관찰하고, 푸리에 주파수 해석을 통해 THD를 구하라.

현/장/의 목/소/리 #03

기본에 충실한 것이

글. **김우성** _에이앤디엔지니어링 연구개발

전자공학 및 컴퓨터공학의 발전은 하루가 다르게 급속도로 발전하고 있으며 그러한 시스템을 개발하는 사람들은 끊임없이 새로운 기술을 접목하고 받아들이는 준비를 해야만 한다. 누구나 하나정도는 가지고 있을 핸드폰만 보더라도 몇 달 전에 비싼 돈을 주고 구입했던 것이, 더 우수한 기능의 핸드폰이 출시되면서 금세 공짜폰으로 전락하고 만다.

요즘 기본적인 전자제품들은 대부분 디지털이다. 저전력 설계와 제품의 내부 보드에 들어가는 IC(Integrated Circuit)들은 대부분 원칩화되어 있다. 하드웨어 구조는 점점 간결해지는 추세이며, 그 내부 알고리즘의 우수성이 제품의 성능을 많이 좌우한다. 그러나 아무리 내부 프로그램 성능이 우수하고 디자인이 우수해도, 그 제품을 동작시키기 위한 기반은 전원(power)이다. 시스템 내부에 전원 공급이 원활하지 못하다면 아무리 다른 성능이 뛰어나다고 한들 우수한 제품이 될 수는 없을 것이다.

기본이 부실하면 문제가 커진다

필자는 민방위 경보통제시스템의 하드웨어를 개발하는 업무를 맡고 있다. 경보시스템은 개인이 보유할 수 있는 단품이 아니라, 야외에 설치되고 DB(데시벨)가 큰 스피커 출력을 내는 대전력 시스템이다. 그러다 보니 전원의 안정성이 무엇보다 중요하다. 입력전원은 AC전원과 배터리를 사용하면서 충전전원장치를 통해 내부 시스템으로 DC전원 출력을 제공하게 된다.

그런데 2009년, 현장에 나간 경보시스템 일부 장치의 전원이 계속 터져나가는 문제가 발생했다. 배경은 다음과 같다. 해당 제품은 통제 명령이 유선 또는 위성을 통해 들어오고, 제품 내부에 위성 수신기와 위성 수신기 전원을 공급하는 모듈이 있는 것이다. 위성 수신기 전원 모듈도 구형과 신형, 두 종류로 분류되어 있다. 현장에서 문제가 생긴 부분은 바로 위성 수신기 구형 전원이 들어가 있는 제품이었다. 문제 발생이 잦아지면서 생산관리팀에서 해결이 힘들어지자, 결국 연구개발팀이 원인 파악과 수리 등을 맡게 되었다.

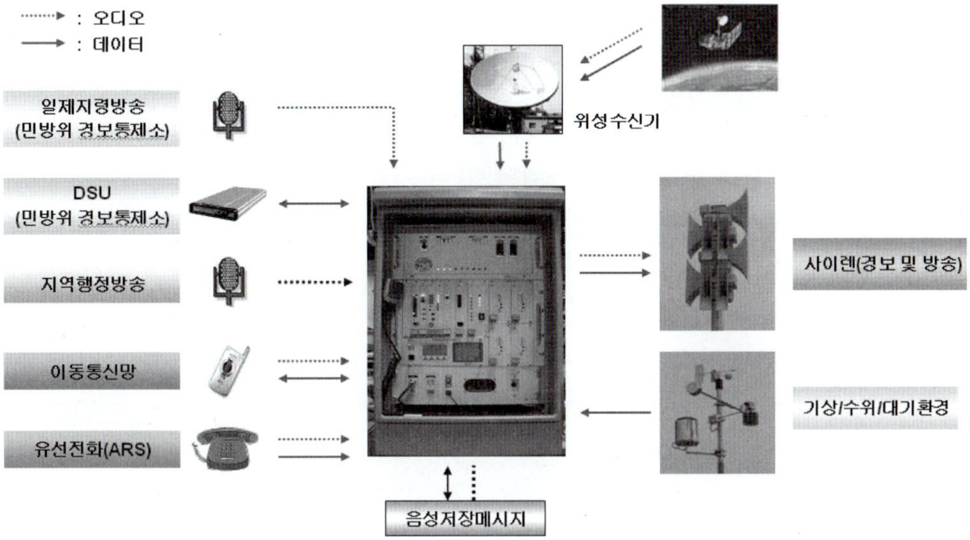

● 운용 개념도

간단할 수도 있지만 시스템이 복잡하고 지역마다 설치된 제품 구성이 서로 틀리기 때문에 또 그렇게 간단하지만은 않은 문제였다. 연구소에서 제품에 위성 케이블을 직접 연결하고 위성 수신기 전원을 구형으로 교체하여 시험해 본 결과 원인을 알 수 있었다. 대략적으로 설명해 보면, 위성수신기 전원은 충전전원장치로부터 전원을 공급받는데 충전전원장치의 부하 전류 스펙이 위성 수신기 전원에서의 큰 돌입전류를 감당하지 못하여 이런 상황이 발생한 것이다.

시스템 설계 과정에서 장치에 따른 부하 전류를 정확히 파악하지 못하여, 현장에서 하드웨어를 직접 교체해야만 하는 큰 문제가 된 것이다.

테크닉보다는 원리 이해가 중요

필자도 아직 배울게 무궁무진하지만 실무를 하면서 느낀 점은 대학에서 각종 전자공학 관련 전공을 많이 배웠어도 정작 실무에 적용하기에는 막막한 부분이 많다는 것이다. 대학교 시절 배우던 기반 지식은 굉장히 중요하지만, 핵심적이고 기본적인 것들에 대한 원리 이해를 간과하고 문제를 풀고 외우기에 급급한 학습을 한다면 실무에 적용하는 데 많은 시간과 노력이 필요할 수 있다.

예로 중학교 때부터 배워왔던 옴의 법칙 $V=IR$과 같은 간단한 법칙을 완전히 이해하기까지는 많은 생각과 노력 그리고 실습이 필요하다. 특히 전압은 쉽게 고려해서 설계를 하지만 전류는 전압만큼 쉽게 감안하고 측정할 수 있는 것이 아니다. 그래서 초보자들은 전류에 대해 많이 간과하는 경향이 있고, 실제로 전류가 적게 흘러서 동작을 하지 않거나 또는 초과해서 부품이 손상되거나 하는 경우를 많이 보았다. 특히 이번 위성수신기 전원 문제의 경우는 설계하고자 하는 대상의 전력과 전압, 전류를 잘 고려하여 설계를 한다는 것이 간단해 보일 수도 있지만 그만큼 시스템의 가장 중요한 기반이라는 것을 절실히 느낀 사례 중 하나였다.

Chapter

11

연산 증폭기

학습목표

- 연산 증폭기의 기능과 특성 파라미터를 살펴본다.
- 이상적인 연산 증폭기의 특성과 가상단락 및 가상접지의 개념을 이해한다.
- 연산 증폭기를 이용한 반전 증폭기, 비반전 증폭기, 전압 폴로어 회로의 해석과 설계를 배운다.
- 차동 증폭기, 계측 증폭기, 적분기와 미분기, 정밀 반파정류기 등의 연산 증폭기 응용회로를 이해한다.
- 연산 증폭기의 주파수 특성, 슬루율, 오프셋 전압, 바이어스 전류 등의 파라미터가 연산 증폭기 응용회로에 미치는 영향을 공부한다.
- 연산 증폭기 회로의 고장진단 방법을 배운다.

이번 장의 주제인 연산 증폭기(operational amplifier)는 다양한 회로들을 아주 쉽고 간단하게 구현할 수 있도록 만들어진 아날로그 집적회로(Integrated Circuit; IC)이다. 연산(operational)이라는 명칭은 아날로그 컴퓨터에서 4칙 연산을 구현할 수 있다는 의미로 붙여졌으나, 오늘날에는 '언제, 어디서든지, 어떤 용도로도 쓸 수 있도록 만들어진 증폭기' 라는 의미로 사용된다. 한마디로 만능에 가까운 증폭기라고 할 수 있다.

연산 증폭기 IC는 BJT 또는 FET 개별소자에 비해 사용의 편리성과 성능의 우수함으로 인해 실제의 아날로그 회로 구현에 폭넓게 사용되는 능동소자이다. 예를 들어, 전압이득이 200인 증폭기를 설계하는 경우를 생각해 보자. BJT 또는 FET 개별소자를 사용하는 경우에는, 3~6장에서 설명된 바와 같이 트랜지스터의 동작점을 설계하고, 임피던스와 주파수 특성을 고려하는 등 다소 복잡한 설계과정을 거쳐야 한다. 그러나 연산 증폭기를 이용하면 간단하게 2~3개의 저항만을 사용하여 쉽게 구현할 수 있다.

이번 장에서는 연산 증폭기란 무엇인지, 어떤 기능과 특성 파라미터를 갖는지, 또 어떤 응용회로에 사용되는지를 설명한다. 그리고 11.1절에서는 연산 증폭기 회로의 해석과 설계에 기본이 되는 가상접지와 가상단락 등 중요한 개념들에 대해 충분히 이해할 수 있을 것이다. 연산 증폭기는 비교기로 사용되는 경우를 제외하고는 대부분 귀환과 함께 사용된다. 이번 장에서는 부귀환(negative feedback)을 걸어 사용하는 다양한 응용회로들의 해석과 설계를 설명하고, 정귀환(positive feedback)을 걸어 사용하는 응용회로들은 12장에서 설명된다.

연산 증폭기 IC는 이상적 증폭기에 가까운 특성을 가지며, 가격 또한 매우 싸서 증폭기뿐만 아니라 비교기, 아날로그 계산기, 데이터 변환기, 타이머 등 다양한 응용회로에 사용된다. 현재 수십 종류 이상의 연산 증폭기 IC들이 시판되고 있으며, 실용성이 매우 뛰어난 소자이다. 따라서 연산 증폭기의 특성과 다양한 응용회로를 잘 이해하는 것이 매우 중요하다.

11.1 연산 증폭기 개요

11.1.1 연산 증폭기의 역사

연산 증폭기는 직류 및 교류신호 증폭기, 임피던스 매칭용 버퍼, 전류-전압 변환기, 적분기, 정밀 정류기, 아날로그 필터, 발진기 등 다양한 선형 및 비선형 아날로그 회로에 폭넓게 사용되는 소자이다. 응용범위가 광범위하여 아날로그 회로에서 차지하는 중요성이 그 어떤 소자보다도 높으며, 따라서 연산 증폭기의 특성, 파라미터, 응용회로 등에 대한 폭넓은 이해가 필요하다. 연산 증폭기는 아날로그 신호의 가산, 감산, 적분, 미분 등 수학적 연산을 구현할 수 있어 연산 증폭기라고 불리게 되었으며, 개략적인 역사는 다음과 같다.

- **연산 증폭기의 효시** : 1941년 미국 벨 연구소(Bell Labs)의 Karl D. Swartzel Jr.에 의해 발명된 “범용 고이득 반전 피드백 증폭기”(US Patent 2,401,779)가 연산 증폭기의 효시로 알려져 있다. 오늘날의 연산 증폭기가 반전 입력과 비반전 입력을 갖는 것과는 다르게, 초기의 연산 증폭기는 단일 반전 입력만 가지며 3개의 진공관으로 구성되어 90 dB의 이득과 ±350 V의 전압에서 동작하도록 설계되었다. 이 증폭기는 제2차 세계대전에서 M9 대포에 레이더 시스템과 함께 사용되어 90%에 가까운 명중률을 달성하여 그 유용성이 입증되었다.
- **연산 증폭기 명칭의 사용** : 미국 컬럼비아대학교의 John R. Ragazzini 교수가 1947년에 발표한 논문에서 처음으로 사용하였으며, 반전과 비반전 두 개의 입력단자를 갖는 연산 증폭기 회로가 최초로 제안되었다.
- **최초의 상업용 연산 증폭기** : 1953년 진공관 연산 증폭기(model K2-W)가 GAP/R (George A. Philbrick Researches, Incorporated) 사에서 출시되었으며, [그림 11-1(a)]가 2개의 진공관으로 구성된 최초의 상업용 연산 증폭기이다.
- **최초의 실리콘 트랜지스터 연산 증폭기** : 1947년 트랜지스터가 발명되고, 1954년 실리콘 트랜지스터가 제작됨에 따라 진공관을 실리콘 트랜지스터로 대체하기 위한 시도가 진행되었다. 그 결과 1961년에 실리콘 트랜지스터를 연결하여 만든 연산 증폭기(model P45)가 GAP/R 사에 의해 개발되었다.
- **최초의 IC 연산 증폭기** : 바이폴라 트랜지스터와 저항이 단일 칩에 집적된 IC(integrated circuit) 형태의 연산 증폭기가 페어차일드(Fairchild Semiconductor) 사에서 uA702라는 모델로 1963년에 상용화되었다. 그러나 uA702는 작은 이득과 작은 동작 범위로 인해 1965년 uA709가 발표되기 전까지는 많이 사용되지 않았다.
- **IC 연산 증폭기의 보편화** : 페어차일드 사에서 기존의 제품이 갖는 한계를 개선하여 범용성이 뛰어난 LM101(1967년)과 uA741(1968년)을 상용화하면서 연산 증폭기의 사용이 보편화되기 시작하였다. [그림 11-1(b)]는 uA741 연산 증폭기 IC의 내부 확대사진이다. uA741은 LM101과 매우 유사한 구조와 성능을 가지나, 칩 내부에 30 pF의 주파수 보상(frequency compensation)용 커패시터가 추가되어 외부에 보상 커패시터를 사용하지 않아도 되도록 개발되었다. 그 이후 반도체 제조 기술의 발전에 의해 1970년대에 MOSFET를 이용한 연산 증폭기가 개발되었으며, uA741은 40여년이 지난 오늘날까지도 범용으로 사용되고 있다. [그림 11-2]는 시판되고 있는 연산 증폭기들의 일부이다.

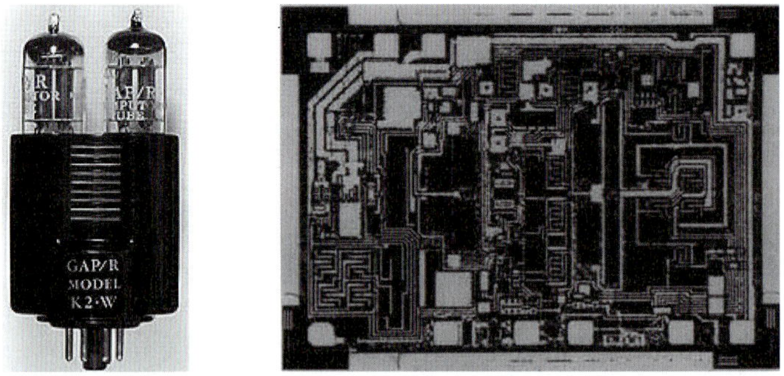

(a) 최초의 상업용 연산 증폭기(model K2-W, 1953년)　(b) uA741(1968년) 연산 증폭기 IC의 내부 확대사진

[그림 11-1] 연산 증폭기의 발전과정

[그림 11-2] 다양한 형태의 연산 증폭기

11.1.2 연산 증폭기란?

연산 증폭기의 입 · 출력 단자

연산 증폭기는 [그림 11-3]과 같이 기본적으로 두 개의 입력단자와 하나의 출력단자, 그리고 두 개의 전원단자 등 5개의 단자를 갖는다. 두 개의 입력단자 중 하나는 반전(inverting) 입력단자로, 다른 하나는 비반전(noninverting) 입력단자로 사용되며 각각 기호 "−"와 "+"로 표시된다. 각 입력단자는 해당 단자로 입력된 신호와 출력신호의 위상 관계를 나타낸다. 즉, 반전 입력단자로 입력된 신호와 출력신호의 위상은 반전 관계(180° 위상차)를 가지며, 비반전 입력단자로 입력된 신호와 출력신호는 동일 위상이 된다. 연산 증폭기는 2개의 전원단자를 가지며, $+V_{CC}$와 $-V_{CC}$의 두 개의 전원을 사용하거나 또는 $-V_{CC}$ 전원 대신에 접지가 사용되기도 한다. 그 외에 오프셋 제거(offset nulling)를 위한 2개의 핀과 주파수 보상을 위한 핀을 갖기도 한다.

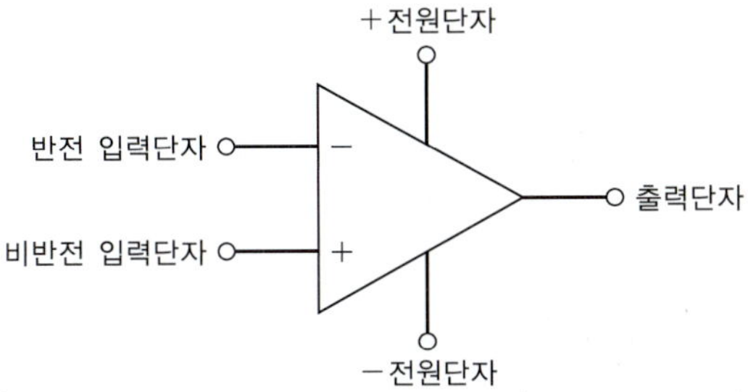

[그림 11-3] 연산 증폭기의 기호 및 단자

연산 증폭기의 기능

연산 증폭기가 두 개의 입력단자를 갖도록 만들어진 것은 두 단자로 입력되는 신호의 차(difference)를 증폭하기 위한 것이다. 두 입력단자에 인가된 신호의 차를 연산 증폭기의 자체 이득만큼 증폭한 후, 단일 신호로 출력하는 기능을 갖는다. [그림 11-4]에서 두 입력신호의 차를 $v_d = v_2 - v_1$(비반전단자 전압과 반전단자 전압의 차)라고 하면, 연산 증폭기의 출력 v_O는 식 (11.1)과 같이 표현할 수 있다.

$$v_O = A_{od}(v_2 - v_1) = A_{od} v_d \tag{11.1}$$

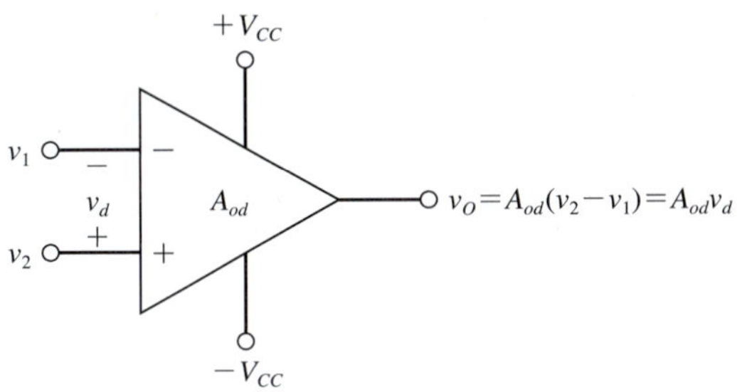

[그림 11-4] 연산 증폭기의 기능

여기서 연산 증폭기 자체의 이득 A_{od}를 개방루프 이득(open-loop gain)이라고 한다. 결론적으로 **연산 증폭기는 두 입력신호의 차를 개방루프 이득만큼 증폭하여 출력하는 차동입력, 단일출력 전압 증폭기(differential-input single-ended-output voltage amplifier)**라고 할 수 있다.

연산 증폭기의 내부 회로

연산 증폭기의 내부 회로는 다소 복잡하게 구성된다. [그림 11-5]는 대표적인 범용 연산 증폭기인 uA741 IC의 내부 회로도이며, 크게 나누어 입력단, 이득단, 출력단, 레벨 시프터(level-shifter), 바이어스 회로 등으로 구성된다. 각 블록의 주요 특징을 요약하면 다음과 같다.

- **입력단(블록-ⓐ)** : 차동쌍(differential pair)으로 구성되며, 반전단자와 비반전단자에 인가되는 입력(신호-**1**)의 차(difference)를 증폭하여 단일 출력(신호-**2**)을 만든다. 차동쌍을 구성하는 트랜지스터 Q1-Q3와 Q2-Q4는 CC-CB(공통 컬렉터-공통 베이스) 구조로 구성되며, CC의 큰 입력 임피던스는 연산 증폭기의 입력 임피던스를 크게 만들며, CB는 전류 버퍼로 동작한다. 트랜지스터 Q5~Q7과 저항 R1~R3은 차동쌍을 구성하는 능동부하(active load)이며, CC의 출력전류가 CB를 거쳐 능동부하의 높은 저항을 통해 비교적 큰 전압이득을 만든다. Q8과 Q9는 차동쌍에 바이어스 전류를 공급하는 전류거울(current mirror)이며, 연산 증폭기의 중요한 특성 파라미터 중의 하나인 공통모드 제거비(Common-Mode Rejection Ratio; CMRR)를 크게 만드는 역할을 한다. 이에 관해서는 7장을 참고하기 바란다.
- **이득단(블록-ⓑ)** : 트랜지스터 Q16과 Q17은 CC-CE(공통 컬렉터-공통 이미터) 구조로 구성되어 차동단의 출력(신호-**2**)을 증폭하여 신호-**3**을 만든다. CC는 차동단과 CE 사이에 임피던스 매칭용으로 사용되었으며, 이를 통해 CE의 작은 입력 임피던스가 차동단에 부하로 작용하여 차동단의 이득이 작아지는 것을 방지한다. Q12와 Q13은 CE(Q17)의 능동부하로 사용되는 전류거울이다. 이득단의 출력과 입력 사이에 연결된 커패시터 C1(30 pF)은 주파수 보상을 위해 사용된 것으로서, 밀러 효과(8.3절)를 이용하여 작은 용량으로 큰 커패시턴스가 삽입된 것과 동일한 효과를 갖도록 만들어지며, 이를 밀러 보상(Miller compensation)이라 한다. C1에 의해 개방루프 주파수 응답에 우성극점(dominant pole)이 삽입되고, 연산 증폭기가 귀환을 갖는 증폭기 회로로 동작할 때 외부에 보상회로를 사용하지 않아도 안정도(stability)가 유지되도록 한다.
- **레벨 시프터(블록-ⓒ)** : 트랜지스터 Q18, Q19, Q22, R10으로 구성되며, 이득단 출력(신호-**3**)의 DC 레벨을 시프트시켜 출력단 푸시풀(push-pull) 증폭기에 교차왜곡이 발생하지 않도록 한다. CC 구조의 Q22는 이득단과 레벨 시프터 사이의 임피던스 매칭용 버퍼로 사용되어 레벨 시프터의 부하효과로 인한 이득 감소를 방지한다.
- **출력단(블록-ⓓ)** : 트랜지스터 Q14와 Q20은 푸시풀 구조로 구성되어 레벨 시프터의 출력(신호-**4**)을 최종 출력(신호-**5**)으로 보내는 역할을 한다. 푸시풀 구조를 구성하는 Q14와 Q20은 각각 공통 컬렉터 구조를 가지므로, 연산 증폭기가 작은 출력저항을 갖도록 만든다. 출력단에 포함된 트랜지스터 Q15와 Q21, 저항 R6와 R7은 출력 보호회로(short-circuit protection)를 구성한다. 트랜지스터 Q15와 Q21은 정상 상태에서는 차단되어 전류가 흐르지 않으며, 연산 증폭기의 출력이 접지로 단락되는 경우에 도통되어 푸시풀 증폭기(Q14, Q20)에 과전류가 흐르는 것을 방지한다.

• **바이어스 회로(블록-ⓔ)** : 트랜지스터 Q8~Q13으로 구성되는 전류원 회로는 차동단, 이득단, 출력단 회로에 바이어스 전류를 공급한다.

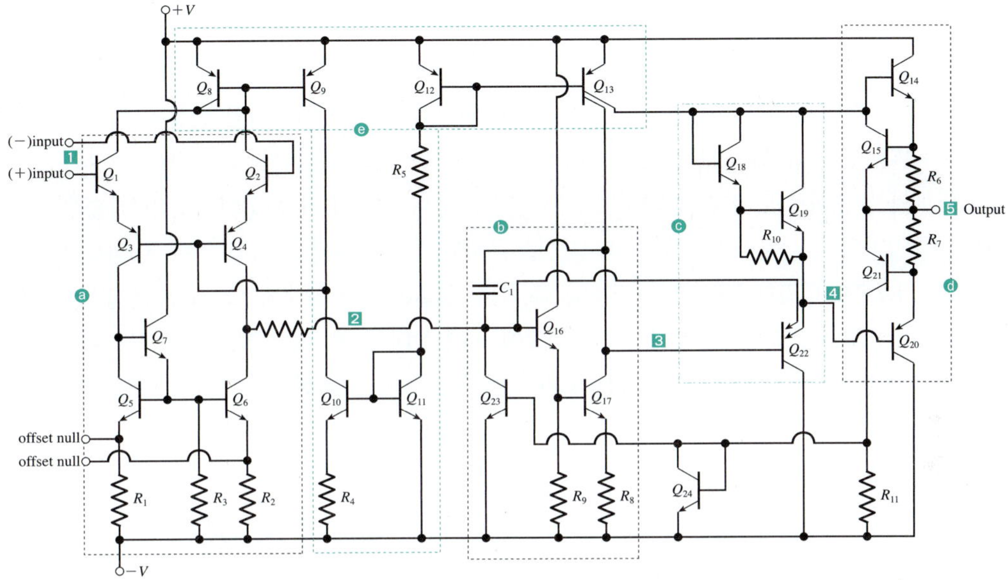

[그림 11-5] uA741 연산 증폭기 IC의 내부 회로도

11.1.3 이상적인 연산 증폭기의 특성

연산 증폭기의 전기적인 특성은 개방루프 이득, 입력저항, 입력 바이어스 전류, 출력저항, 대역폭, 공통모드 제거비, 슬루율(slew rate) 등의 파라미터로 표현된다.

• **개방루프 이득(open-loop gain)** : 두 입력단자로 인가되는 신호는 차동쌍에 의해 증폭되고, 이는 이득단에 의해 다시 한 번 증폭된다. 따라서 신호가 2단에 걸쳐 증폭되므로 매우 큰 자체 이득 즉, 개방루프 이득을 갖는다. 예를 들어 차동단과 이득단의 이득이 각각 500과 200이면, **개방루프 이득**은 $A_{od}=500\times 200=100{,}000\ \mathrm{V/V}$으로 **매우 큰 값**이 된다.

• **입력저항** : 입력 차동단은 CC-CB로 구성되므로, 각 입력단자에서 연산 증폭기 내부로 들여다 본 **입력저항**은 공통 컬렉터 증폭기의 입력저항이 되어 **큰 값**을 갖는다. 특히 FET 입력단을 갖는 연산 증폭기는 무한대에 가까운 입력저항을 갖는다.

• **입력 바이어스 전류** : 입력저항이 매우 크므로, 입력단자로 흐르는 **바이어스 전류는 매우 작은 값**을 갖는다.

• **출력저항** : 출력단을 구성하는 푸시풀 증폭기는 공통 컬렉터 구조를 가지므로, 출력단자에서 연산 증폭기 내부로 들여다 본 **출력저항은 매우 작은 값**을 갖는다.

• **공통모드 제거비(CMRR)** : 입력단을 구성하는 차동쌍의 특성에 의해 **매우 큰 값**을 갖는다.

[그림 11-5]의 연산 증폭기 내부 회로가 갖는 특성에 의해 연산 증폭기의 일부 파라미터들은 이상적인(ideal) 경우에 가까운 값을 가지며, 따라서 연산 증폭기를 이상적인 전압 증폭기로 모델링할 수 있다. 연산 증폭기의 특성을 이상적인 경우로 근사화하면, 연산 증폭기로 구성되는 증폭기 회로와 응용회로의 설계 및 해석이 크게 단순화된다. [표 11-1]은 LM741 연산 증폭기 파라미터의 일반적인 값들과 이상적인 특성으로 근사화시킨 경우를 보이고 있다. **이상적인 연산 증폭기는 개방루프 이득과 입력저항이 무한대(즉, 다른 값들에 비해 상대적으로 매우 큰 값)이며, 입력 바이어스 전류와 출력저항은 0(즉, 다른 값들에 비해 상대적으로 매우 작은 값)이다.** 따라서 연산 증폭기의 전기적인 특성을 [그림 11-6]과 같은 등가회로로 표현할 수 있다. 연산 증폭기는 [그림 11-5]와 유사한 구조를 가져 이상적 특성에 가깝도록 설계되므로, 실제의 연산 증폭기 파라미터 값들을 사용하는 경우와 비교하면 오차가 매우 작다. [그림 11-6]의 이상적 연산 증폭기 등가회로는 11.2절 이후에서 연산 증폭기 응용회로의 해석과 설계에 사용된다.

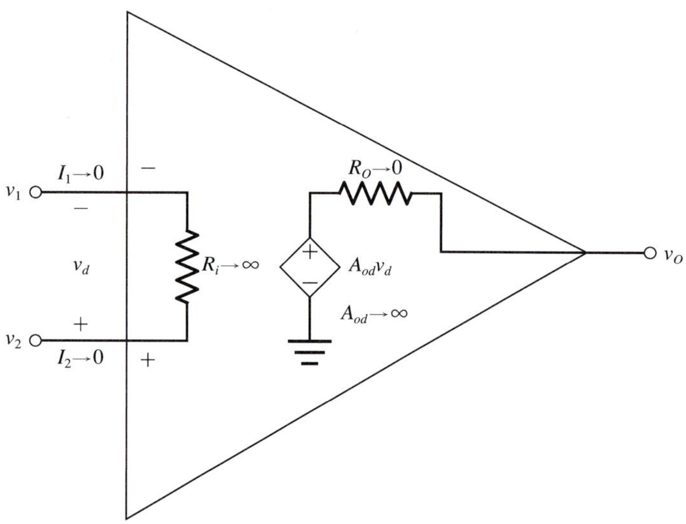

[그림 11-6] 이상적인 연산 증폭기의 등가회로

[표 11-1] 연산 증폭기의 특성 파라미터

파라미터	LM741	이상적인 경우
개방루프 이득	200,000	∞
입력저항	2 MΩ	∞
입력 바이어스 전류	80 nA	0
출력저항	75 Ω	0
공통모드 제거비	90 dB	∞
단위이득 대역폭	1 MHz	∞

가상단락과 가상접지의 개념

연산 증폭기의 이상적인 특성 파라미터로부터 가상단락이라는 개념이 얻어지며, 이는 회로해석과 설계에 적용되는 중요한 개념이다. 이상적인 연산 증폭기의 개방루프 이득이 무한대이므로, 출력전압 v_O(통상적으로 v_O의 최대 스윙은 전원전압 $\pm V_{CC}$보다 2~4 V 작은 값을 가짐)에 대해 연산 증폭기의 두 입력단자 사이의 전압차 v_d는 식 (11.2)와 같이 0에 가까운 매우 작은 값을 갖게 된다.

$$v_d = \frac{v_O}{A_{od}} \to 0 \tag{11.2}$$

예를 들어 $A_{od}=100{,}000$이고, $v_O=5$ V인 경우에 $v_d=5/100{,}000=50\ \mu$V가 된다. 또한 이상적인 연산 증폭기의 입력저항은 무한대이므로, 두 입력단자로 흐르는 전류는 0이라고 할 수 있다. 이 사실로부터 **연산 증폭기의 두 입력단자 사이의 전압이 0에 가까워 두 단자가 단락(short)된 것처럼 보이지만, 두 단자에 흐르는 전류가 0인 특성을 가상단락(virtual short)**이라고 한다. 이와 같은 가상단락 현상은 연산 증폭기의 개방루프 이득과 입력저항이 무한대에 가깝게 큰 값을 갖는 특성에 기인하는 것이며, 개념적으로 표현하면 [그림 11-7(a)]와 같다. [그림 11-7(b)]와 같이 **연산 증폭기의 비반전단자를 접지시키고 반전단자에 부귀환을 걸면, 연산 증폭기 입력단자 사이의 가상단락 현상에 의해 반전단자가 접지된 것처럼 보이게 되며, 이를 가상접지(virtual ground)**라고 한다. 이와 같은 가상단락과 가상접지 특성은 연산 증폭기 응용 회로의 해석과 설계에 폭넓게 적용되며, 11.2절 이후의 회로해석에 사용된다.

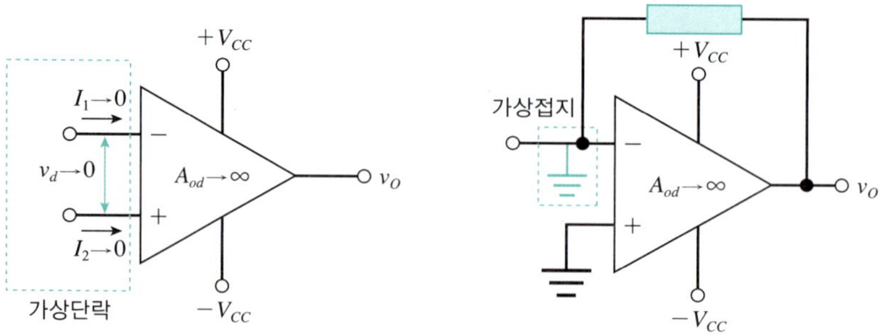

(a) 가상단락 (b) 가상접지

[그림 11-7] 가상단락과 가상접지의 개념

연산 증폭기에 부귀환을 걸어 사용하는 이유

[그림 11-8(a)]와 같이 연산 증폭기 자체를 개방루프로 사용하는 경우의 출력전압은 어떻게 될까? 앞에서 설명된 바와 같이, 연산 증폭기의 출력전압은 식 (11.1)과 같이 두 입력단자 사이의 전압차 v_d가 개방루프 이득 A_{od} 만큼 증폭된 값을 갖는다. 그런데 문제는 연산 증폭기의 개방루프 이득이 100,000 이상의 매우 큰 값을 갖는다는 것이다. 예를 들어 $A_{od}=100,000$인 연산 증폭기에 $v_d=1$ mV가 인가되면, 이론적인 출력전압의 크기는 $v_O=A_{od}v_d=100$ V가 된다. 그러나 실제 연산 증폭기 최대출력전압은 전원전압 $\pm V_{CC}$보다 2~4 V 작은 값을 가지므로, 출력은 [그림 11-8(b)]와 같이 $+V_{max}$ 또는 $-V_{max}$로 포화된다. 즉, 입력전압이 기준전압보다 크면 $v_O=V_{max}$가 되며, 기준전압보다 작으면 $v_O=-V_{max}$가 되어 입력전압과 기준전압과의 크기를 비교하는 비교기(comparator)로 동작한다.

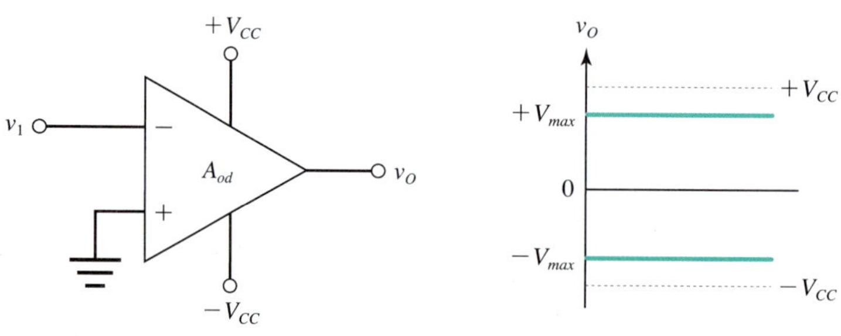

(a) 비교기 (b) 개방루프 출력

[그림 11-8] 연산 증폭기가 개방루프로 사용되는 경우

이와 같이 연산 증폭기를 개방루프로 사용하면 매우 작은 입력전압에 대해 출력이 포화되어 선형동작을 상실하므로, 비교기 이외에는 개방루프로 사용하지 않는다. 대부분의 증폭기나 응용

회로들은 [그림 11-9(a)]와 같이 연산 증폭기의 출력에서 반전단자로 저항, 커패시터, 인덕터, 다이오드, 트랜지스터 등의 소자가 연결된 부귀환을 걸어 사용한다. 연산 증폭기에 부귀환을 걸면 폐루프(closed-loop) 이득이 작아지는 대신에 선형동작 범위가 넓어져 비교적 큰 입력전압에 대해 출력이 포화되지 않고 선형으로 동작하게 된다. [그림 11-9(b)]는 연산 증폭기의 개방루프와 폐루프 입 · 출력 전달특성을 보여준다. 그림에서 보는 바와 같이 연산 증폭기는 개방루프 이득(기울기)이 매우 커서 작은 v_d에 대해 포화되는 반면에, 부귀환을 걸면 폐루프 이득이 작아지고 선형으로 동작하는 범위가 넓어진다. 따라서 대부분의 증폭기나 응용회로들은 [그림 11-9(a)]와 같이 부귀환을 걸어 사용하게 된다.

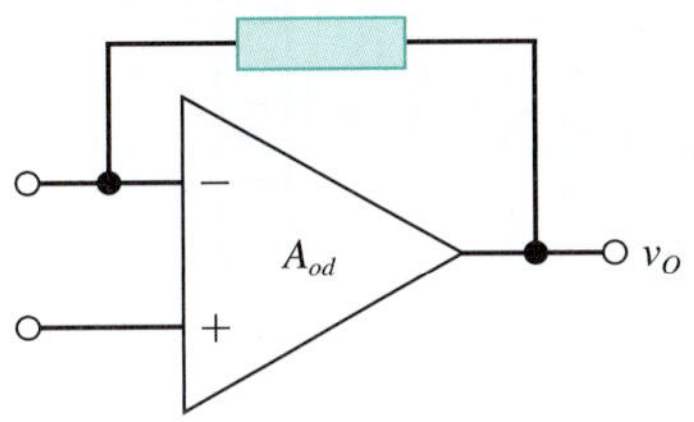

(a) 부귀환을 갖는 연산 증폭기

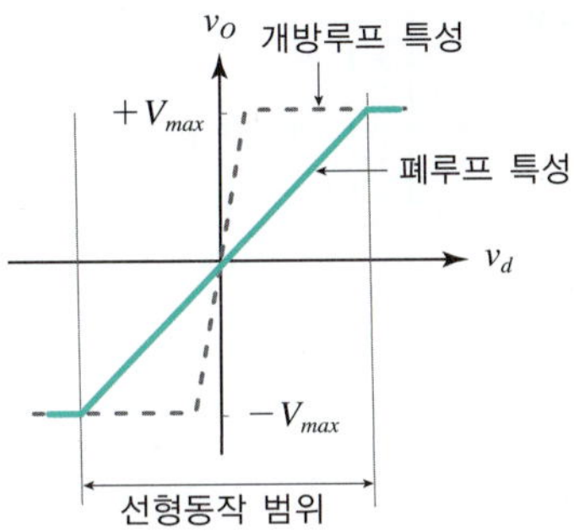

(b) 입 · 출력 전달특성

[그림 11-9] 연산 증폭기가 부귀환을 갖는 경우

11.1.4 상용화된 연산 증폭기 IC

연산 증폭기의 응용범위가 광범위해짐에 따라 다양한 형태의 연산 증폭기 IC들이 시판되고 있다. LM741C, LM318, LF356 등은 하나의 연산 증폭기로 구성된 IC이고, TL082, LF353, LM833, AD708 등은 2개의 연산 증폭기로 구성된 dual OP Amp IC이며, LM324, AD704 등은 4개의 연산 증폭기로 구성된 quad OP Amp IC이다. [그림 11-10]은 연산 증폭기 IC들의 외부 핀 구성을 보여 준다. 그리고 [표 11-2]는 대표적인 연산 증폭기 IC들의 주요 특징을 요약한 것이다. CLC404는 2,600 V/μs의 매우 큰 슬루율을 가지며, CLC425는 1.9 GHz의 매우 큰 대역폭을 갖지만, 큰 바이어스 전류를 필요로 한다. LM12CL은 13,000 mA의 매우 큰 출력전류를 갖지만, 상대적으로 작은 대역폭과 작은 슬루율을 가지며, LM7171은 최대 출력전류가 100 mA로 작지만 매우 큰 슬루율을 가져 빠른 출력전압 스위칭을 갖는다. 제조회사에서 제공하는 데이터 시트를 참고하여 출력회로의 요구조건에 따른 적합한 사양의 연산 증폭기를 사용해야 한다.

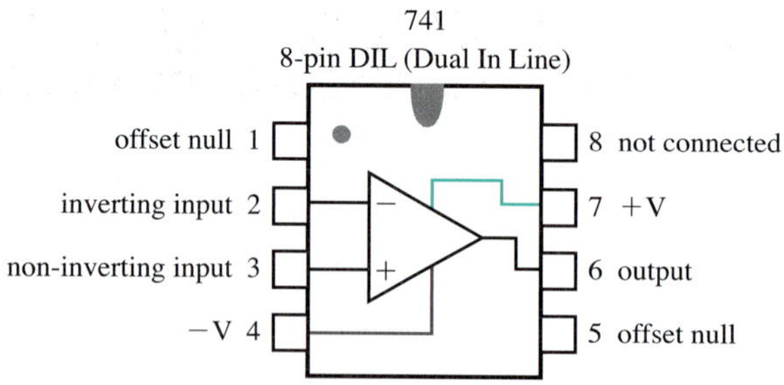

(a) 단일 OP Amp IC

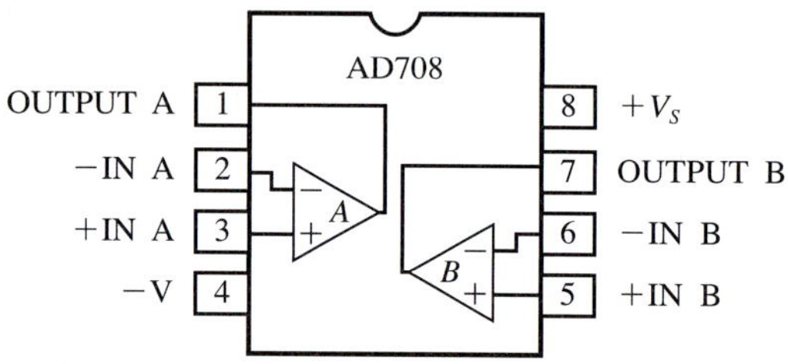

(b) Dual OP Amp IC

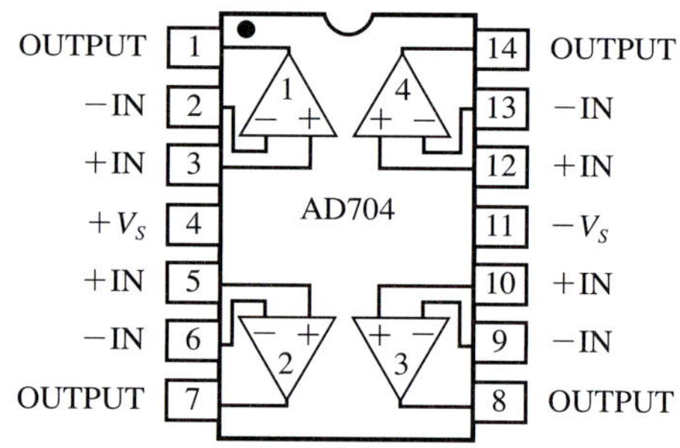

(c) Quad OP Amp IC

[그림 11-10] 연산 증폭기 IC의 핀 구성

[표 11-2] 상용화된 연산 증폭기 IC의 특성

OP Amp MODEL	OP Amp 개수	전원전압 (MIN/MAX)	대역폭 (MHz)	최대 바이어스 전류 (nA)	슬루율 (V/us)	최대 출력전류 (mA)
TL082	2	12/36	4	8	13	17
LM301A	1	10/36	1	250	0.5	25
LM318	1	10/40	15	500	70	20
LM324	4	3/32	1	45	0.25	20
LF353	2	12/36	4	8	13	20
LF356	1	10/36	5	8	12	25
LF411	1	10/36	4	20	15	25
LM741C	1	10/36	1	500	0.5	25
LM833	2	10/36	15	1,050	7	40
LM1458	2	6/36	1	800	10	45
CA3130	1	5/16	15	0.05	10	20
CLC404	1	10/14	232	44,000	2,600	70
CLC425	1	5/14	1,900	40,000	350	90
LM12CL	1	15/80	0.7	1,000	9	13,000
LM7171	1	5.5/36	200	12,000	4,100	100

11.2 반전 및 비반전 증폭기

이 절에서는 연산 증폭기의 기본적인 응용회로인 반전 및 비반전 증폭기 회로에 대해 살펴본다. 일반적으로 증폭기 회로에서 가장 중요한 요소는 입력신호를 파형의 왜곡 없이 증폭하는 선형성(linearity)이다. 즉 신호의 동적범위(dynamic range)에서 증폭기의 선형성이 유지되어야 한다. 11.1.3절에서 설명한 바와 같이, 연산 증폭기를 이용한 증폭기 회로는 출력단자와 반전단자 사이에 부귀환을 걸어 선형성을 갖도록 만든다. 실제 연산 증폭기는 이상적인 특성에 가까운 파라미터 값을 가지므로, 이 절에서는 이상적인 연산 증폭기 특성을 이용하여 반전 및 비반전 증폭기 회로를 해석하고, 실제 파라미터 값을 적용한 경우와 차이를 비교해 본다.

11.2.1 반전 증폭기

[그림 11-11(a)]는 연산 증폭기를 이용한 반전 증폭기(inverting amplifier) 회로이다. 출력 v_O가 저항 R_2를 통해 반전단자로 귀환되어 부귀환을 형성하고 있다. 입력신호 v_I는 저항 R_1을 통해 반전단자로 인가되고, 비반전단자는 접지되어 있다. 연산 증폭기가 이상적인 특성을 갖는 경우와 그렇지 않은 경우에 대해 폐루프 이득 $A_v = v_O/v_I$와 입력저항 및 출력저항을 해석해 본다.

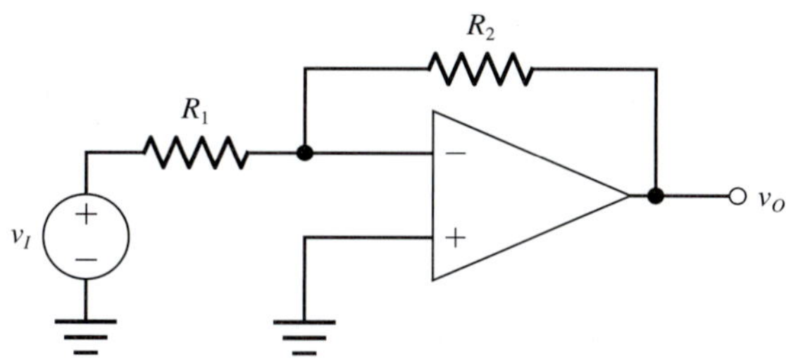

(a) 반전 증폭기

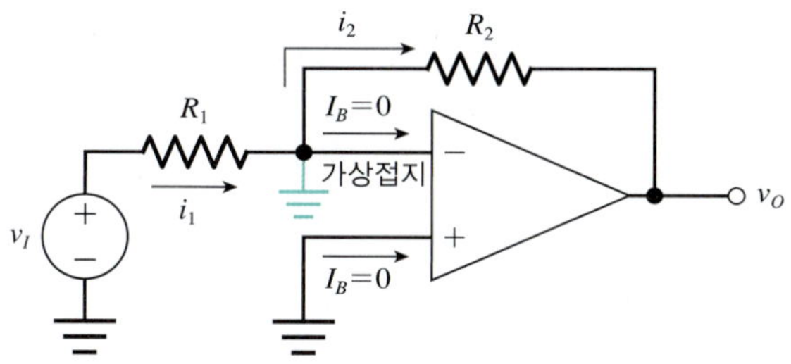

(b) 가상접지가 고려된 반전 증폭기

[그림 11-11] 반전 증폭기 회로

연산 증폭기가 이상적인 특성을 갖는 경우

11.1.3절에서 설명한 바와 같이, 이상적인 연산 증폭기의 두 입력단자 사이에는 가상단락이 존재하며 [그림 11-11(a)]의 회로에서 비반전단자는 접지되어 있으므로, 반전단자는 가상접지된다. 또한 이상적인 연산 증폭기의 입력단자로 들어가는 전류는 0이다. 따라서 [그림 11-11(b)]와 같이, 입력신호 v_I에서 저항 R_1으로 흐르는 전류 i_1과 저항 R_2에 흐르는 전류 i_2는 같아져,

$$i_1 = \frac{v_I}{R_1} = i_2 = -\frac{v_O}{R_2} \tag{11.3}$$

가 된다. 따라서 반전 증폭기의 폐루프 이득은 식 (11.4)와 같다.

$$A_v = \frac{v_O}{v_I} = -\frac{R_2}{R_1} \tag{11.4}$$

여기서 폐루프 이득의 부호가 마이너스(−)인 것은 입력신호 v_I와 출력신호 v_O의 위상이 반전 관계라는 것을 의미하며, 따라서 반전 증폭기라고 한다. 이는 입력신호가 저항 R_1을 통해 반전단자로 입력되기 때문이다. 식 (11.4)에서 반전 증폭기의 폐루프 이득은 연산 증폭기의 특성과는 무관하며, 저항비 R_2/R_1에 의해 결정됨을 알 수 있다. 이는 9장에서 설명한 부귀환 증폭기의 특성이라고 할 수 있다.

신호원 v_I에서 반전 증폭기를 들여다 본 입력저항은 식 (11.5)와 같다.

$$R_i = \frac{v_I}{i_1} = \frac{v_I}{v_I/R_1} = R_1 \tag{11.5}$$

식 (11.5)가 나타내는 반전 증폭기의 입력저항은 [그림 11-11(b)]로부터 쉽게 이해할 수 있다. 반전 증폭기의 반전단자가 가상접지되므로, 신호원 v_I에서 반전 증폭기를 들여다 본 입력저항은 당연히 R_1이 된다. 식 (11.4)와 식 (11.5)로부터, 반전 증폭기의 폐루프 이득과 입력저항을 동시에 크게 하기 위해서는 귀환저항 R_2도 함께 커져야 한다. 즉, 귀환저항 R_2가 고정된 상태에서 입력저항을 크게 하면, 폐루프 이득이 작아지게 된다. 전압 증폭기의 입력저항은 클수록 좋다는 사실을 고려할 때, 반전 증폭기의 입력저항이 R_1인 것은 이상적인 전압 증폭기의 입력저항 특성에 부합되지 않는 단점이 된다. 반전 증폭기의 출력단은 분기 피드백

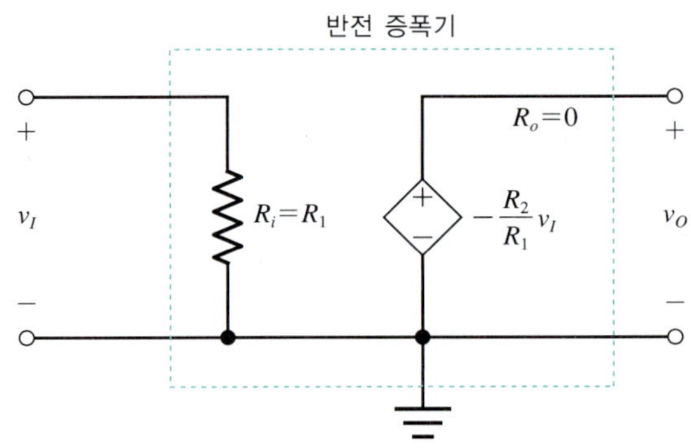

[그림 11-12] 반전 증폭기의 등가회로

(shunt feedback)을 가지므로, 부하에서 들여다 본 출력저항은 $R_o \to 0$이 되어 이상적인 전압 증폭기의 출력저항 특성에 잘 부합된다. 이상의 내용을 요약하면, [그림 11-11(a)]의 반전 증폭기 회로는 [그림 11-12]와 같은 전압 증폭기의 등가회로로 표현할 수 있다.

예제 11-1

[그림 11-11(a)]의 반전 증폭기에서 폐루프 이득 A_v와 입력저항 R_i를 구하라. 단, $R_1 = 2.7\ \mathrm{k\Omega}$, $R_2 = 47\ \mathrm{k\Omega}$이다.

풀이

① 폐루프 이득 : $A_v = \dfrac{v_O}{v_I} = -\dfrac{R_2}{R_1} = -\dfrac{47}{2.7} = -17.4\ \mathrm{V/V}$, ② 입력저항 : $R_i = R_1 = 2.7\ \mathrm{k\Omega}$

■ 시뮬레이션 결과

시뮬레이션 결과는 [그림 11-13]과 같으며, 0.5 V 진폭의 입력신호가 이득 −17.4로 증폭된 결과로 위상이 반전된 진폭 8.536 V의 신호가 출력됨을 확인할 수 있다. 출력신호 진폭의 계산값은 $V_p = 17.4 \times 0.5 = 8.7$ V이며, 시뮬레이션 결과와 약 0.164 V 오차가 발생하였다. 그 이유는 식 (11.4)를 유도하는 과정에서 이상적인 연산 증폭기(즉, $A_{od} \to \infty$)로 가정하였기 때문이다.

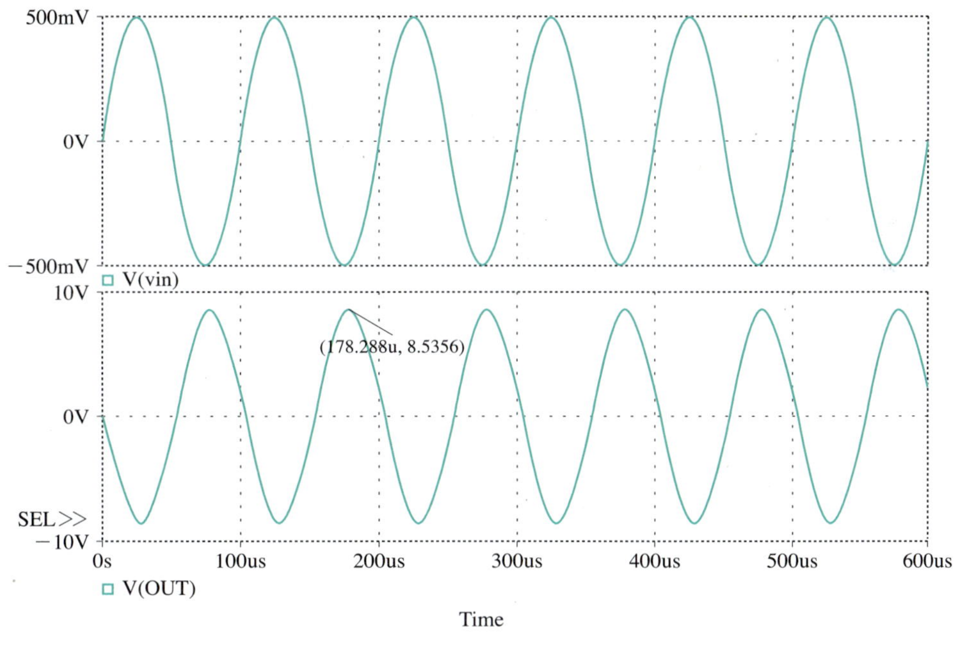

[그림 11-13] [예제 11-1]의 시뮬레이션 결과

예제 11-2

페루프 이득 $A_v=-20$ V/V, 입력저항 $R_i=33$ kΩ이 되도록 반전 증폭기 회로를 설계하라.

풀이

① 입력저항이 33 kΩ이므로, $R_1=R_i=33$ kΩ

② 식 (11.4)로부터, $R_2=|A_v|R_1=20\times 33\times 10^3=660$ kΩ

예제 11-3

페루프 이득 $A_v=-29$ V/V가 되도록 반전 증폭기 회로를 설계하라. 단, 사용되는 저항값의 총합은 600 kΩ 이하가 되도록 한다.

풀이

식 (11.4)로부터 $R_2=|A_v|R_1=29R_1$이며, 문제의 조건으로부터 $R_1+R_2=600$ kΩ이다. 두 식을 연립하여 풀면, $R_1=20$ kΩ, $R_2=29\times 20=580$ kΩ이다.

응용 11-1

페루프 이득 $A_v=-20$ V/V가 되도록 반전 증폭기 회로를 설계하라. 단, 귀환저항 $R_2=1$ MΩ을 사용한다.

[정답 : $R_1=50$ kΩ]

응용 11-2

페루프 이득 $A_v=-5$ V/V, 입력저항 $R_i=100$ kΩ이 되도록 반전 증폭기 회로를 설계하라.

[정답 : $R_1=100$ kΩ, $R_2=500$ kΩ]

연산 증폭기가 이상적이지 않은 경우

연산 증폭기가 이상적이지 않은 경우(즉, A_{od}가 무한대가 아닌 유한한 값을 갖는 경우), 반전 증폭기의 폐루프 이득을 구하고 이상적인 연산 증폭기의 폐루프 이득 식 (11.4)와 비교해 본다. 연산 증폭기의 개방루프 이득이 유한한 값을 갖는 경우에는 반전단자에 가상접지가 성립하지 않으며, 따라서 [그림 11-14]와 같이 반전단자에는 전압 v_1이 나타나게 된다. 연산 증폭기의 입력단자로 들어가는 전류는 외부의 저항 R_1, R_2에 흐르는 전류 i_1, i_2에 비해 무시할 수 있을 정도로 작다고 하면(실제로 이 조건이 만족되도록 설계함), $i_1=i_2$는 다음과 같다.

$$i_1 = \frac{v_I - v_1}{R_1} = i_2 = \frac{v_1 - v_O}{R_2} \tag{11.6}$$

연산 증폭기의 두 입력단자 사이의 전압차는 $v_d = -v_1$이므로 출력 v_O는,

$$v_O = A_{od} v_d = -A_{od} v_1 \tag{11.7}$$

식 (11.7)로부터 $v_1 = -v_O / A_{od}$를 식 (11.6)에 대입하여 정리하면, 반전 증폭기의 폐루프 이득은 다음과 같다.

$$A_v = \frac{v_O}{v_I} = \frac{-\dfrac{R_2}{R_1}}{1 + \dfrac{1}{A_{od}}\left(1 + \dfrac{R_2}{R_1}\right)} \tag{11.8}$$

식 (11.8)에서 연산 증폭기의 개방루프 이득 A_{od}를 무한대로 하면, 식 (11.4)와 동일한 결과가 됨을 알 수 있다.

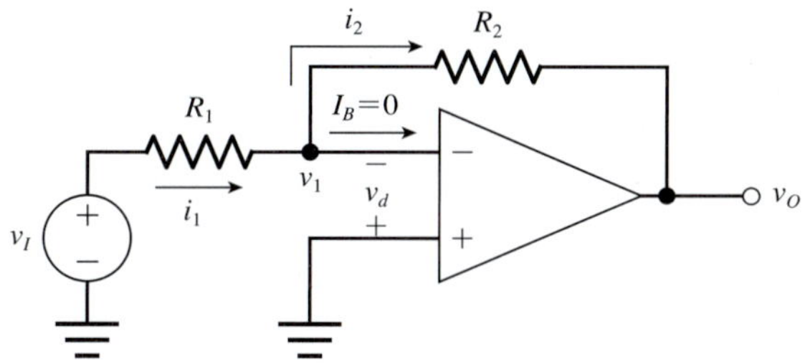

[그림 11-14] 연산 증폭기가 이상적이지 않은 경우의 반전 증폭기 회로(반전단자에 가상접지가 성립하지 않음)

예제 11-4

연산 증폭기의 개방루프 이득 A_{od}가 50,000, 100,000, 200,000, 그리고 ∞인 경우에 대해 각각 반전 증폭기의 폐루프 이득을 비교하라. 단, $R_1 = 20\ \text{k}\Omega$이고, $R_2 = 580\ \text{k}\Omega$이다.

풀이

식 (11.8)을 이용하여 각각의 개방루프 이득에 대한 폐루프 이득을 구하면 다음의 표와 같으며, $A_{od} \to \infty$인 경우의 폐루프 이득과 비교하여 0.1% 이하의 오차를 갖는다. 따라서 반전 증폭기 회로의 해석 및 설계를 위해 식 (11.4)를 사용해도 무방하다.

A_{od}	A_v	오차(%)
50,000	−28.9826	0.06
100,000	−28.9913	0.03
200,000	−28.9956	0.015
∞	−29	−

반전 가산기

[그림 11-15]와 같이 반전 증폭기에 두 개 이상의 입력이 인가되면 반전 가산기로 동작하며, 연산 증폭기가 이상적이라고 가정하여 출력전압을 구해본다. 반전단자가 가상접지되므로, 각 저항에 흐르는 전류는 다음과 같다.

$$i_1 = \frac{v_{I1}}{R_1} \tag{11.9}$$

$$i_2 = \frac{v_{I2}}{R_2} \tag{11.10}$$

$$i_3 = \frac{v_{I3}}{R_3} \tag{11.11}$$

이상적인 연산 증폭기의 입력단자로 들어가는 전류는 0이므로,

$$i_F = i_1 + i_2 + i_3 = \frac{v_{I1}}{R_1} + \frac{v_{I2}}{R_2} + \frac{v_{I3}}{R_3} \tag{11.12}$$

반전단자가 가상접지되어 있으므로 출력 v_O는,

$$v_O = -R_F i_F = -\left(\frac{R_F}{R_1}v_{I1} + \frac{R_F}{R_2}v_{I2} + \frac{R_F}{R_3}v_{I3}\right) \tag{11.13}$$

따라서 [그림 11-15]의 회로는 각 입력신호를 저항비에 의한 이득만큼 증폭하여 가산하는 반전 가산기로 동작한다. $R_1 = R_2 = R_3 = R$이면,

$$v_O = -\frac{R_F}{R}(v_{I1} + v_{I2} + v_{I3}) \tag{11.14}$$

가 되어 입력신호를 모두 더한 후, $-R_F/R$ 만큼 증폭하는 회로로 동작한다.

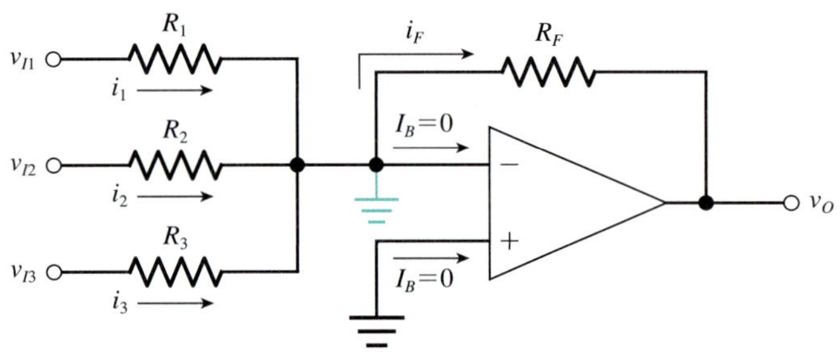

[그림 11-15] 반전 가산기

예제 11-5

[그림 11-15]의 반전 가산기의 출력전압을 구하라. 단, $R_1=20\ \text{k}\Omega$, $R_2=40\ \text{k}\Omega$, $R_3=60\ \text{k}\Omega$, $R_F=60\ \text{k}\Omega$이다.

풀이

식 (11.13)으로부터,

$$\begin{aligned} v_O &= -\left(\frac{R_F}{R_1}v_{I1}+\frac{R_F}{R_2}v_{I2}+\frac{R_F}{R_3}v_{I3}\right)=-\left(\frac{60}{20}v_{I1}+\frac{60}{40}v_{I2}+\frac{60}{60}v_{I3}\right) \\ &= -(3v_{I1}+1.5v_{I2}+v_{I3}) \end{aligned}$$

응용 11-3

$v_O=-5(v_{I1}+v_{I2}+v_{I3}+v_{I4})$가 되도록 반전 가산기를 설계하라. 단, 귀환저항 $R_F=100\ \text{k}\Omega$이다.

[정답 : $R_1=R_2=R_3=R_4=20\ \text{k}\Omega$]

11.2.2 비반전 증폭기

[그림 11-16(a)]는 연산 증폭기를 이용한 비반전 증폭기 회로이다. 출력 v_O가 저항 R_2를 통해 반전단자로 귀환되어 부귀환을 형성하고 있으며, 반전단자에 연결된 저항 R_1은 접지되어 있다. 입력신호 v_I는 비반전단자로 인가된다. 연산 증폭기가 이상적인 특성을 갖는 경우와 그렇지 않은 경우에 대해 폐루프 이득 $A_v=v_O/v_I$와 입력저항 및 출력저항을 해석해 본다.

연산 증폭기가 이상적인 특성을 갖는 경우

11.1.3절에서 설명된 바와 같이, 이상적인 연산 증폭기의 두 입력단자 사이에는 가상단락이 존재하므로, 반전단자의 전압은 $v_1=v_I$이다. [그림 11-16(b)]로부터 저항 R_1에 흐르는 전류 i_1과 저항 R_2에 흐르는 전류 i_2는 각각,

$$i_1=-\frac{v_1}{R_1}=-\frac{v_I}{R_1} \tag{11.15}$$

$$i_2=\frac{v_1-v_O}{R_2}=\frac{v_I-v_O}{R_2} \tag{11.16}$$

이상적인 연산 증폭기의 입력단자로 들어가는 전류는 0이므로, $i_1=i_2$가 되어

$$-\frac{v_I}{R_1}=\frac{v_I-v_O}{R_2} \tag{11.17}$$

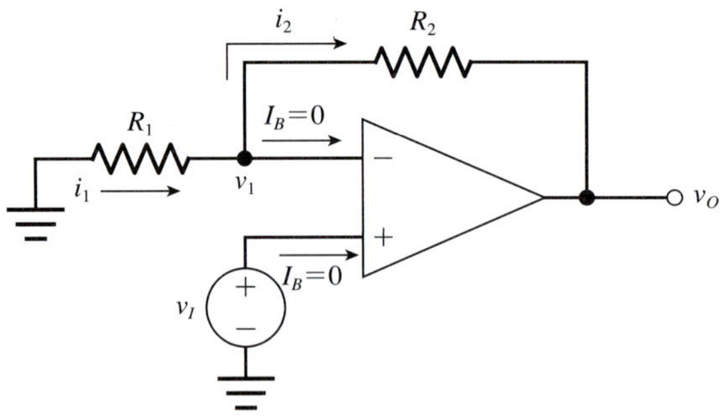

(a) 비반전 증폭기

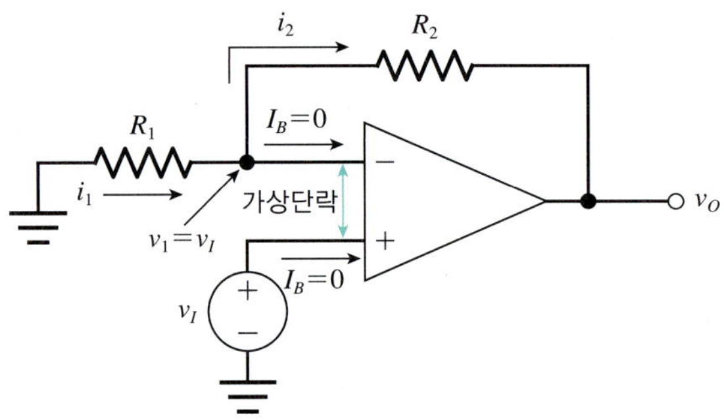

(b) 가상단락이 고려된 비반전 증폭기

[그림 11-16] 비반전 증폭기 회로

가 되며, 따라서 비반전 증폭기의 폐루프 이득은 식 (11.18)과 같다.

$$A_v = \frac{v_O}{v_I} = 1 + \frac{R_2}{R_1} \tag{11.18}$$

여기서 폐루프 이득의 부호가 플러스(+)인 것은 입력신호 v_I와 출력신호 v_O가 동일 위상이라는 것을 의미하며, 따라서 비반전 증폭기라고 한다. 이는 입력신호가 비반전단자로 입력되는 것에 기인한다. 식 (11.18)로부터, 비반전 증폭기의 폐루프 이득은 연산 증폭기의 특성에는 무관하며, 저항비 R_2/R_1에 의해 결정됨을 알 수 있다. 이는 반전 증폭기와 동일한 특성이다.

신호원 v_I에서 비반전 증폭기를 들여다 본 입력저항은 식 (11.19)와 같다.

$$R_i = \frac{v_I}{I_B} = \frac{v_I}{0} = \infty \tag{11.19}$$

[그림 11-16]의 비반전 증폭기는 입력단이 직렬귀환(series feedback)을 가지므로, 연산 증폭기의 입력저항보다 훨씬 큰 입력저항을 갖게 된다. 전압 증폭기의 입력저항은 클수록 좋으므로, 비반전 증폭기가 무한대의 입력저항을 갖는 것은 이상적인 전압 증폭기의 입력저항 특성에 잘 부합된다고 할 수 있다. 비반전 증폭기의 출력저항은 반전 증폭기와 동일하게 $R_o \to 0$이 되어 이상적인 전압 증폭기의 출력저항 특성에 잘 부합된다. 이상의 내용을 요약하면, [그림 11-16(a)]의 비반전 증폭기 회로는 [그림 11-17]과 같은 등가회로로 표현할 수 있다.

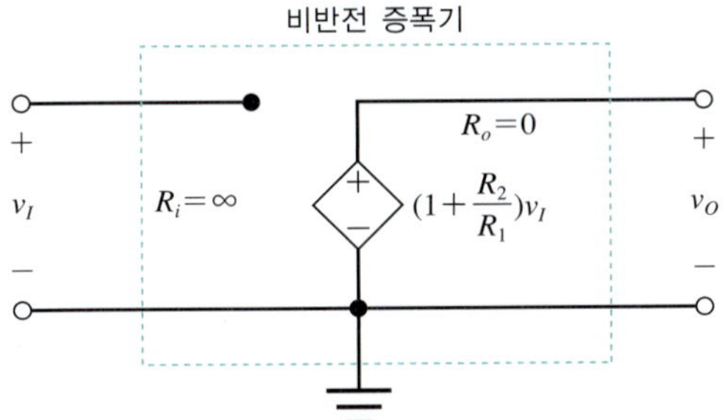

[그림 11-17] 비반전 증폭기의 등가회로

예제 11-6

[그림 11-16(a)]의 비반전 증폭기에서 페루프 이득 A_v를 구하라. 단, $R_1=3.3\text{ k}\Omega$이고 $R_2=47\text{ k}\Omega$이다.

풀이

식 (11.18)로부터,

$$A_v = \frac{v_O}{v_I} = 1 + \frac{R_2}{R_1} = 1 + \frac{47}{3.3} = 15.2\text{ V/V}$$

■ **시뮬레이션 결과**

시뮬레이션 결과는 [그림 11-18]과 같으며, 0.5 V 진폭의 입력신호가 이득 15.2로 증폭된 결과로 입력신호와 동일 위상의 진폭 7.536 V의 신호가 출력됨을 확인할 수 있다. 출력신호 진폭의 계산값은 $v_O=15.2\times0.5=7.6$ V이며, 시뮬레이션 결과와 약 0.064 V 오차가 발생하였다. 이는 식 (11.18)을 유도하는 과정에서 이상적인 연산 증폭기(즉, $A_{od}\to\infty$)로 가정하였기 때문이다.

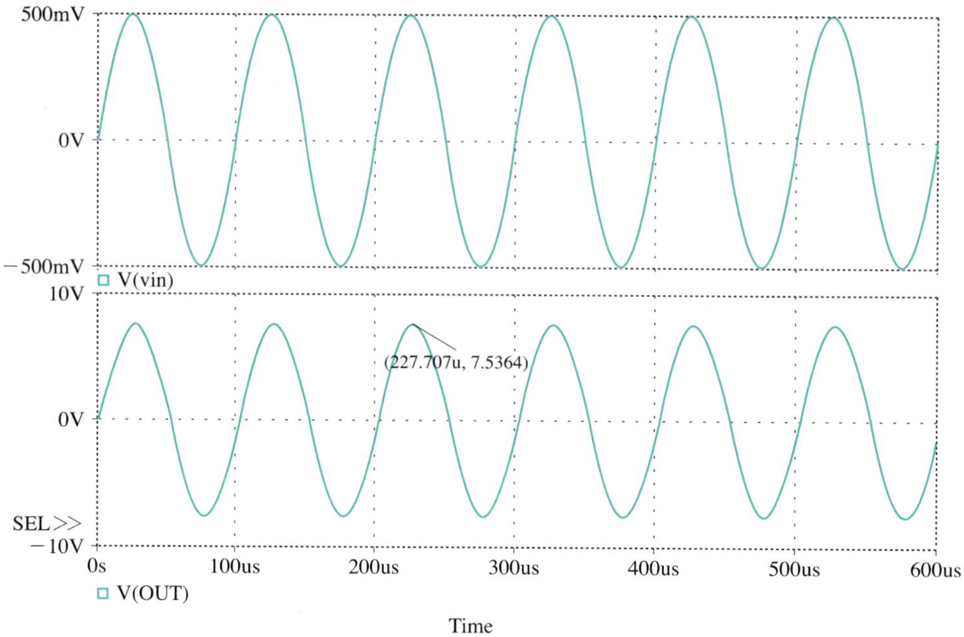

[그림 11-18] [예제 11-6]의 시뮬레이션 결과

예제 11-7

페루프 이득 $A_v=30$ V/V가 되도록 비반전 증폭기 회로를 설계하라. 단, 사용되는 저항값의 총합은 600 kΩ 이하가 되도록 한다.

풀이

식 (11.18)로부터 $R_2=(A_v-1)R_1=29R_1$이며,

문제의 조건으로부터 $R_1+R_2=600$ kΩ이다.

두 식을 연립하여 풀면,

$$R_1=20\text{ k}\Omega,\ \ R_2=29\times 20=580\text{ k}\Omega$$

응용 11-4

페루프 이득 $A_v=26$ V/V가 되도록 비반전 증폭기 회로를 설계하라. 단, 귀환저항 $R_2=1$ MΩ을 사용한다.

[정답 : $R_1=40$ kΩ]

연산 증폭기가 이상적이지 않은 경우

연산 증폭기가 이상적이지 않은 경우(즉, A_{od}가 무한대가 아닌 유한한 값을 갖는 경우)의 비반전 증폭기 회로에 대해 폐루프 이득을 구해보고, 이상적인 연산 증폭기 경우의 폐루프 이득 식 (11.18)과 비교해 본다. 연산 증폭기의 개방루프 이득이 유한한 값을 가지면 두 입력단자 사이에 가상단락이 성립하지 않으며, 따라서 [그림 11-19]와 같이 반전단자에 전압 v_1이 나타나게 된다. 연산 증폭기의 두 입력단자 사이의 전압차는 $v_d = v_I - v_1$이므로 출력 v_O는,

$$v_O = A_{od} v_d = A_{od}(v_I - v_1) \tag{11.20}$$

가 된다. 출력전압 v_O와 반전단자 전압 v_1의 관계를 구하면

$$v_1 = \frac{R_1}{R_1 + R_2} v_O \tag{11.21}$$

가 되므로, 식 (11.21)을 식 (11.20)에 대입하여 정리하면, 비반전 증폭기의 폐루프 이득은 다음과 같다.

$$A_v = \frac{v_O}{v_I} = \frac{1 + \dfrac{R_2}{R_1}}{1 + \dfrac{1}{A_{od}}\left(1 + \dfrac{R_2}{R_1}\right)} \tag{11.22}$$

식 (11.22)에서 연산 증폭기의 개방루프 이득 A_{od}를 무한대로 하면, 식 (11.18)과 동일한 결과가 됨을 알 수 있다.

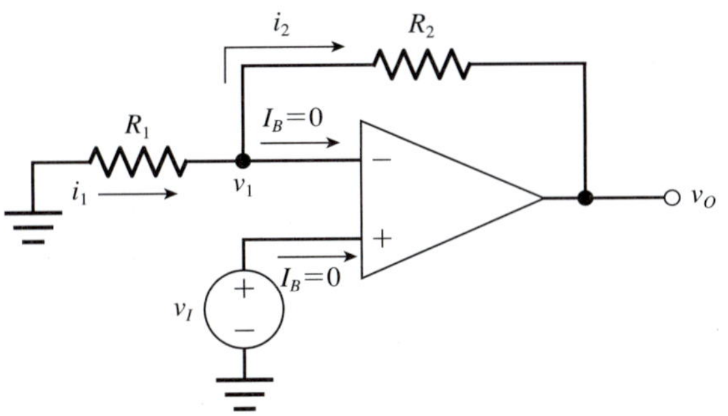

[그림 11-19] 연산 증폭기가 이상적이지 않은 경우의 비반전 증폭기 회로(두 입력단자 사이에 가상단락이 성립하지 않음)

예제 11-8

연산 증폭기의 개방루프 이득 A_{od}가 50,000, 100,000, 200,000, 그리고 ∞인 경우에 대해 각각 비반전 증폭기의 폐루프 이득을 비교하라. 단, $R_1 = 20\ \text{k}\Omega$이고, $R_2 = 580\ \text{k}\Omega$이다.

풀이

식 (11.22)를 이용하여 개방루프 이득에 대한 폐루프 이득을 구하면 다음의 표와 같으며, $A_{od} \to \infty$인 경우의 폐루프 이득과 비교하여 0.1% 이하의 오차를 갖는다. 따라서 비반전 증폭기 회로의 해석 및 설계를 위해 식 (11.18)을 사용해도 무방하다.

A_{od}	A_v	오차(%)
50,000	29.982	0.06
100,000	29.991	0.03
200,000	29.996	0.015
∞	30	–

전압 폴로어

전압 폴로어(voltage follower)는 [그림 11-20]과 같이 연산 증폭기의 출력이 반전단자로 직접 연결되고 입력이 비반전단자로 인가되는 회로이며, [그림 11-16(a)]의 비반전 증폭기에서 $R_2 = 0$인 경우라고 볼 수 있다. 이상적인 연산 증폭기에 대해 두 입력단자는 가상단락되므로, $v_O = v_I$가 되어 전압 폴로어의 폐루프 이득은 다음과 같다.

$$A_v = \frac{v_O}{v_I} = 1 \tag{11.23}$$

이는 비반전 증폭기의 전압이득을 나타내는 식 (11.18)에 $R_2 = 0$을 대입한 것과 동일한 결과이며, 단위이득(unity gain) 증폭기라고도 한다. 전압 폴로어는 비반전 증폭기와 동일하게 입력저항이 무한대이고 출력저항은 0이므로, 임피던스 매칭용 버퍼의 이상적인 특성을 갖는다.

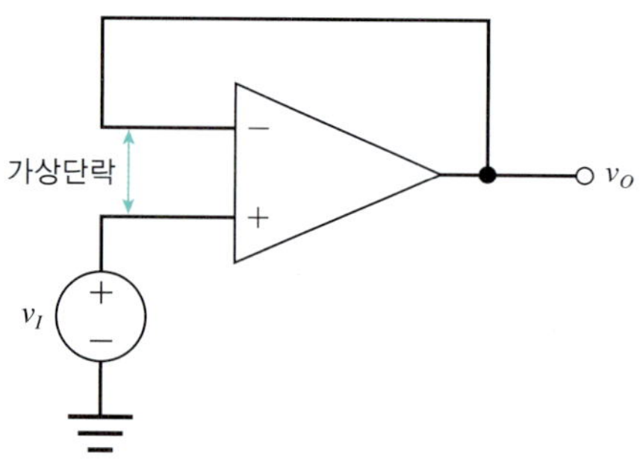

[그림 11-20] 전압 폴로어

연산 증폭기가 이상적이지 않은 경우의 전압 폴로어의 전압이득은 식 (11.22)에 $R_2 = 0$을 대입하면,

$$A_v = \frac{v_O}{v_I} = \frac{1}{1+\frac{1}{A_{od}}} = \frac{A_{od}}{A_{od}+1} \tag{11.24}$$

따라서 전압 폴로어의 출력은 다음과 같다.

$$v_O = \frac{A_{od}}{A_{od}+1} v_I \tag{11.25}$$

전압 폴로어의 입력 v_I와 출력 v_O 사이의 오차는

$$v_e = v_I - v_O = \frac{v_I}{A_{od}+1} \tag{11.26}$$

가 되어, 매우 작은 값이 된다. 이상적인 연산 증폭기에 대해 $A_{od} \rightarrow \infty$이면, 전압 폴로어의 오차는 $v_e \rightarrow 0$이 되어 $v_O = v_I$가 된다.

비반전 가산기

[그림 11-21(a)]와 같이 비반전 증폭기에 두 개 이상의 입력이 인가되면 비반전 가산기로 동작한다. 연산 증폭기가 이상적이라고 가정하여 출력전압을 구해본다. 중첩의 정리(superposition theorem)를 적용하여 각 입력신호에 의한 출력전압을 독립적으로 구한 후, 이들을 모두 합하여 출력전압을 구할 수 있다. 먼저 $v_{I2}=0$인 상태([그림 11-21(b)])의 비반전단자 전압 v_+는,

$$v_+ = \left(\frac{R_2}{R_1+R_2}\right) v_{I1} \tag{11.27}$$

이므로 v_{I1}에 의한 출력 v_{O1}은 다음과 같이 표현된다.

$$v_{O1} = \left(1+\frac{R_F}{R_A}\right) v_+ = \left(1+\frac{R_F}{R_A}\right)\left(\frac{R_2}{R_1+R_2}\right) v_{I1} \tag{11.28}$$

동일한 방법으로 $v_{I1}=0$인 상태([그림 11-21(c)])의 v_{I2}에 의한 출력 v_{O2}는,

$$v_{O2} = \left(1+\frac{R_F}{R_A}\right) v_+ = \left(1+\frac{R_F}{R_A}\right)\left(\frac{R_1}{R_1+R_2}\right) v_{I2} \tag{11.29}$$

따라서 출력전압은 식 (11.30)과 같이 되어 비반전 가산기로 동작한다.

$$\begin{aligned} v_O &= v_{O1} + v_{O2} \\ &= \left(1+\frac{R_F}{R_A}\right)\left[\left(\frac{R_2}{R_1+R_2}\right) v_{I1} + \left(\frac{R_1}{R_1+R_2}\right) v_{I2}\right] \end{aligned} \tag{11.30}$$

$R_1 = R_2 = R_A = R_F = R$이면 출력전압은,

$$v_O = v_{I1} + v_{I2} \tag{11.31}$$

가 되어 두 입력신호의 합이 출력된다.

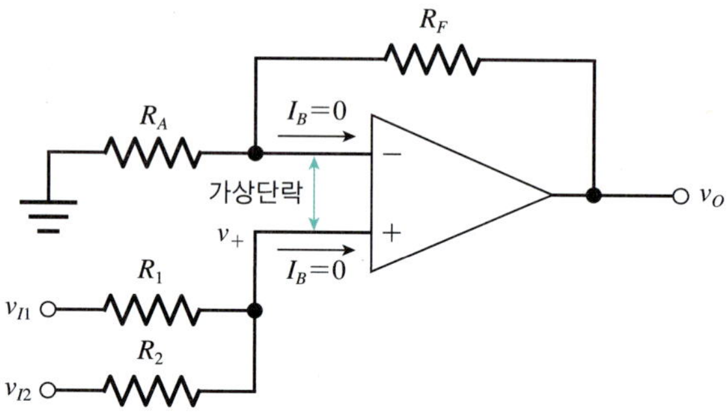

(a) 비반전 가산기

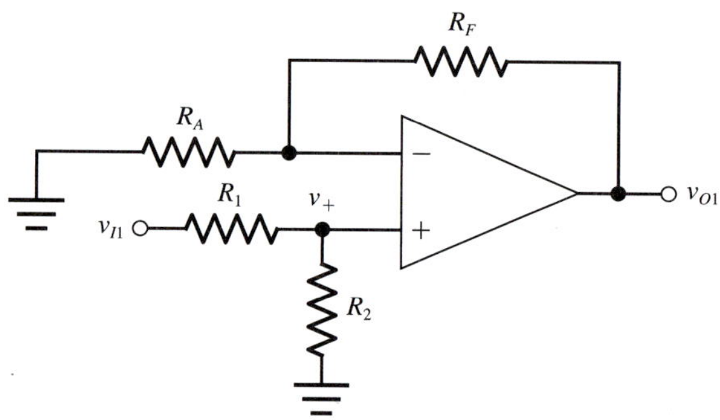

(b) $v_{I2}=0$인 경우

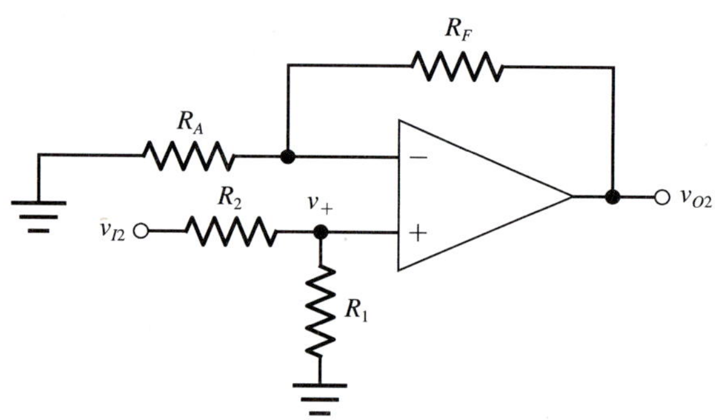

(c) $v_{I1}=0$인 경우

[그림 11-21] 비반전 가산기

예제 11-9

[그림 11-22]의 비반전 가산기 회로의 출력전압을 구하라. 단, $R_1=R_2=R_3=2\text{ k}\Omega$, $R_A=10\text{ k}\Omega$, $R_F=80\text{ k}\Omega$이다.

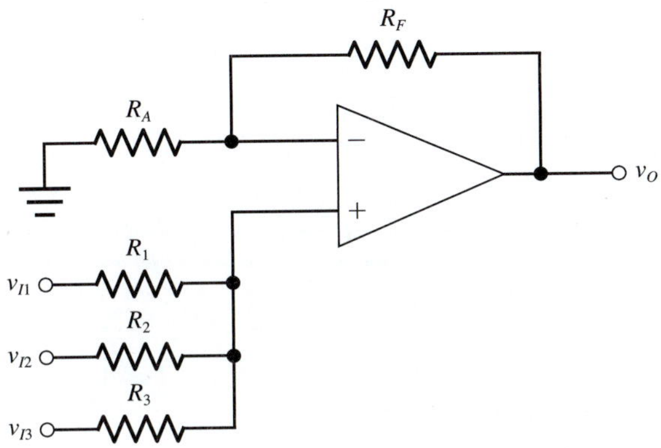

[그림 11-22]

풀이

① $v_{I2}=v_{I3}=0$인 상태에서 비반전단자의 전압 v_+는,

$$v_+=\left(\frac{R_2\|R_3}{R_1+(R_2\|R_3)}\right)v_{I1}=\left(\frac{2\|2}{2+(2\|2)}\right)v_{I1}=\frac{1}{3}v_{I1}$$

따라서 v_{I1}에 의한 출력 v_{O1}은,

$$v_{O1}=\left(1+\frac{R_F}{R_A}\right)v_+=\left(1+\frac{80}{10}\right)\times\frac{1}{3}v_{I1}=3v_{I1}$$

② $v_{I1}=v_{I3}=0$인 상태에서 비반전단자의 전압 v_+는,

$$v_+=\left(\frac{R_1\|R_3}{R_2+(R_1\|R_3)}\right)v_{I2}=\frac{1}{3}v_{I2}$$

따라서 v_{I2}에 의한 출력 v_{O2}은,

$$v_{O2}=\left(1+\frac{R_F}{R_A}\right)v_+=\left(1+\frac{80}{10}\right)\times\frac{1}{3}v_{I2}=3v_{I2}$$

③ $v_{I1}=v_{I2}=0$인 상태에서 비반전단자의 전압 v_+는,

$$v_+=\left(\frac{R_1\|R_2}{R_3+(R_1\|R_2)}\right)v_{I3}=\frac{1}{3}v_{I3}$$

따라서 v_{I3}에 의한 출력 v_{O3}은,

$$v_{O3}=\left(1+\frac{R_F}{R_A}\right)v_+=\left(1+\frac{80}{10}\right)\times\frac{1}{3}v_{I3}=3v_{I3}$$

④ $\therefore v_O = v_{O1} + v_{O2} + v_{O3} = 3(v_{I1} + v_{I2} + v_{I3})$

■ 시뮬레이션 결과

[그림 11-22]의 비반전 가산기 회로에 진폭 1 V의 동일한 신호가 인가된 경우의 시뮬레이션 결과는 [그림 11-23]과 같으며, 출력신호의 진폭은 8.97 V로 이론적인 계산값 9 V에 매우 가까운 결과가 얻어졌다.

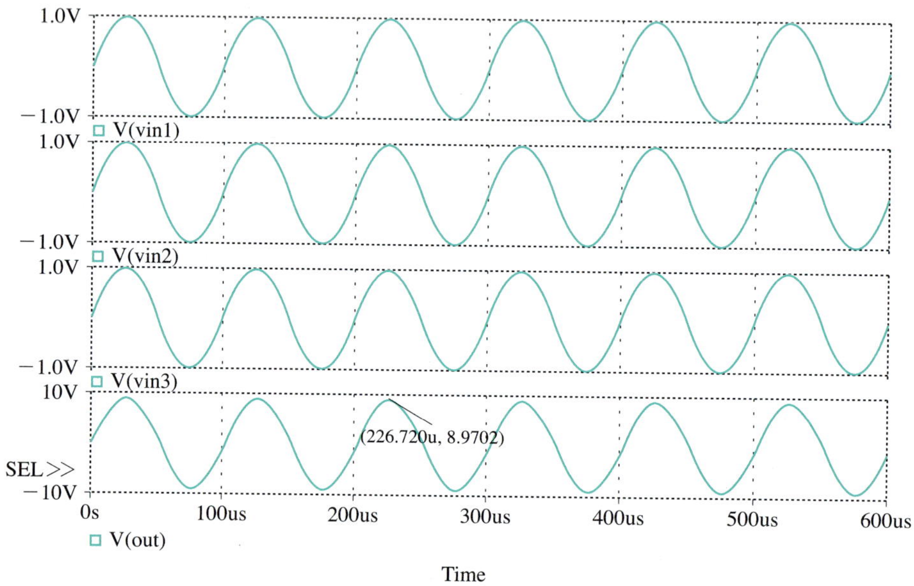

[그림 11-23] [예제 11-9]의 시뮬레이션 결과

응용 11-5

[그림 11-22]의 회로에서 출력전압이 $v_O = v_{I1} + v_{I2} + v_{I3}$가 되도록 하기 위한 저항 R_A와 R_F의 비를 구하라. 단, $R_1 = R_2 = R_3 = 2\ \text{k}\Omega$이다.

[정답 : $R_F/R_A = 2$]

11.3 연산 증폭기 응용회로

11.2절에서는 연산 증폭기를 이용한 기본적인 증폭기 회로에 대해 설명하였다. 이 절에서는 연산 증폭기를 이용한 다양한 응용회로들에 대해 살펴본다. 이 절에서 설명되는 응용회로들은 기본적으로 부귀환을 가지며, 부귀환 경로에 저항, 커패시터, 다이오드 등의 다양한 소자들이 사용된다. 연산 증폭기에 정귀환(positive feedback)을 인가하여 사용할 수도 있으나, 이에 대해서는 12장에서 설명한다.

11.3.1 차동 증폭기

11.1절에서 설명된 바와 같이, 연산 증폭기는 두 입력단자에 인가되는 신호의 차(difference)를 증폭하는 기능을 가지고 있다. 그러나 연산 증폭기에 부귀환이 걸린 상태에서 두 입력신호의 차를 외부의 저항값에 비례하여 증폭하는 회로가 필요한 경우에는 [그림 11-24]와 같은 차동 증폭기(difference amplifier) 회로가 사용한다. 반전단자에 인가되는 입력 v_{I1}은 위상이 반전되어(즉, 마이너스 부호를 가지고) 증폭된 신호가 출력에 나타나며, 비반전단자에 인가되는 입력 v_{I2}는 동일 위상으로 증폭되어 출력에 나타나므로, 결국 [그림 11-24]의 회로는 v_{I2}의 증폭된 신호와 v_{I1}의 증폭된 신호의 차를 출력하는 회로가 된다.

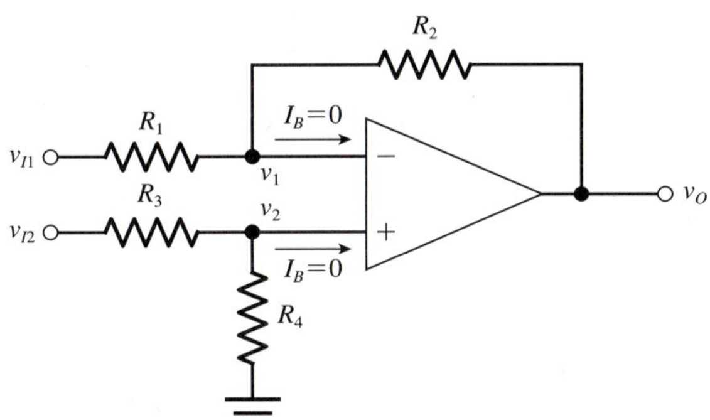

[그림 11-24] 차동 증폭기 회로

이 회로는 중첩의 정리를 이용하여 해석할 수 있다. 먼저, [그림 11-25(a)]를 이용하여 $v_{I2}=0$인 상태에서 v_{I1}에 의한 출력 v_{O1}을 구한다. $v_{I2}=0$인 상태에서 비반전단자에는 저항 $R_3 \| R_4$가 연결되지만, 이상적인 연산 증폭기에서 비반전단자로 흐르는 전류는 0이므로, [그림 11-25(a)]의 회로는 반전 증폭기로 동작한다. 따라서 v_{O1}은 다음과 같다.

$$v_{O1} = -\frac{R_2}{R_1} v_{I1} \tag{11.32}$$

다음으로 [그림 11-25(b)]를 이용하여 $v_{I1}=0$인 상태에서 v_{I2}에 의한 출력 v_{O2}를 구한다. 이때 비반전단자의 전압 v_2는,

$$v_2=\left(\frac{R_4}{R_3+R_4}\right)v_{I2}=\left(\frac{R_4/R_3}{1+R_4/R_3}\right)v_{I2} \tag{11.33}$$

[그림 11-25(b)]의 회로는 비반전 증폭기로 동작하므로 v_{O2}는 다음과 같다.

$$v_{O2}=\left(1+\frac{R_2}{R_1}\right)v_2=\left(1+\frac{R_2}{R_1}\right)\left(\frac{R_4/R_3}{1+R_4/R_3}\right)v_{I2} \tag{11.34}$$

따라서 출력전압은 식 (11.35)와 같다.

$$v_O=v_{O1}+v_{O2}=\left(1+\frac{R_2}{R_1}\right)\left(\frac{R_4/R_3}{1+R_4/R_3}\right)v_{I2}-\left(\frac{R_2}{R_1}\right)v_{I1} \tag{11.35}$$

식 (11.36)을 식 (11.35)에 대입하면, 차동 증폭기의 출력전압은 식 (11.37)과 같이 간략화되어 두 입력신호의 차를 증폭하는 회로로 동작하며, $A_d=R_2/R_1$를 **폐루프** 차동이득(closed-loop differential gain)이라고 한다.

$$\frac{R_2}{R_1}=\frac{R_4}{R_3} \tag{11.36}$$

$$v_O=\frac{R_2}{R_1}(v_{I2}-v_{I1})=A_d(v_{I2}-v_{I1}) \tag{11.37}$$

참고로 11.1.2절에서 설명된 연산 증폭기 자체의 이득 A_{od}을 **개방루프** 차동이득(open-loop differential gain)이라고 한다. 식 (11.35)에 $R_1=R_3$이고, $R_2=R_4$의 조건을 적용해도 식 (11.37)과 동일한 결과가 얻어지지만, 일반적으로 저항기의 오차로 인해 두 쌍의 저항값이 같아지도록($R_1=R_3$, $R_2=R_4$) 만드는 것보다 저항값의 비(ratio)가 같아지도록 만드는 것이 쉬우므로, 식 (11.36)의 조건을 적용하여 설계한다.

식 (11.37)에 의하면, $v_{I1}=v_{I2}$이면 $v_O=0$이 되어, 두 입력신호에 존재하는 공통모드(common-mode) 신호는 완전하게 제거되어 출력에 나타나지 않는다. 그러나 식 (11.36)의 조건이 만족되지 않으면, $v_{I1}=v_{I2}$인 경우에 $v_O\neq 0$이 되어 두 입력신호의 공통성분이 완전히 제거되지 않는다. 이 경우에 차동 증폭기의 성능을 나타내는 파라미터 CMRR(common-mode rejection ratio, 공통모드 제거비)를 분석해 본다. 두 입력신호에 포함된 공통모드 신호 v_{cm}은,

$$v_{cm}=\frac{v_{I1}+v_{I2}}{2} \tag{11.38}$$

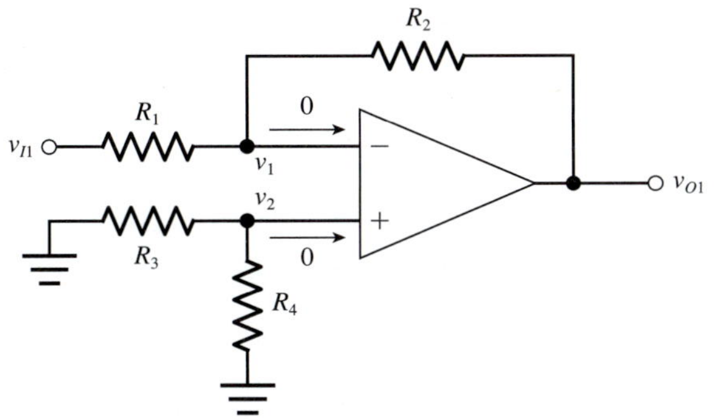

(a) v_{I1}에 의한 출력

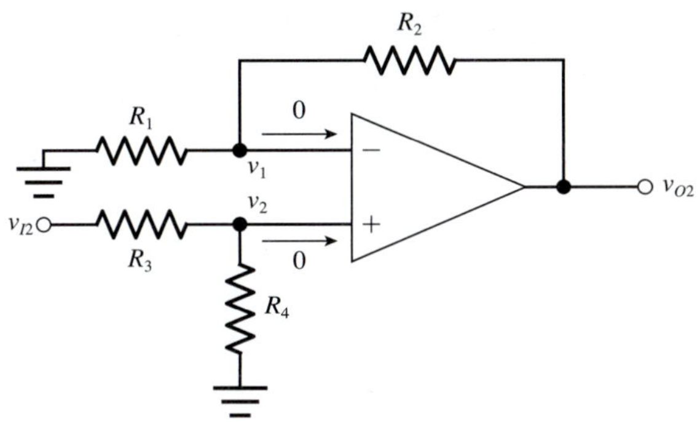

(b) v_{I2}에 의한 출력

[그림 11-25] 중첩의 정리를 이용한 차동 증폭기 해석

두 입력신호는 각각 다음과 같이 표현된다.

$$v_{I1}=v_{cm}-\frac{v_d}{2} \tag{11.39a}$$

$$v_{I2}=v_{cm}+\frac{v_d}{2} \tag{11.39b}$$

여기서 $v_d=v_{I2}-v_{I1}$를 나타낸다. 식 (11.39)를 식 (11.35)에 대입하면, 차동 증폭기의 출력전압은,

$$v_O=\left(1+\frac{R_2}{R_1}\right)\left(\frac{R_4/R_3}{1+R_4/R_3}\right)\left(v_{cm}+\frac{v_d}{2}\right)-\left(\frac{R_2}{R_1}\right)\left(v_{cm}-\frac{v_d}{2}\right) \tag{11.40}$$

공통모드 이득은 다음과 같고,

$$A_c=\frac{v_O}{v_{cm}} \tag{11.41}$$

CMRR은 식 (11.42)와 같이 정의된다.

$$\text{CMRR} = \left| \frac{A_d}{A_c} \right| \tag{11.42a}$$

$$\text{CMRR}_{\text{dB}} = 20\log_{10} \left| \frac{A_d}{A_c} \right| \tag{11.42b}$$

이상적으로 차동 증폭기의 CMRR은 무한대가 될수록 좋으며, 실제 경우에는 70~100 dB 정도 되도록 하는 것이 바람직하다. CMRR이 유한한 값을 갖는 것은 차동 증폭기를 구성하는 저항값이 식 (11.36)을 만족하지 못하거나 연산 증폭기의 파라미터가 이상적인 값을 갖지 않는 것에 기인한다.

다음으로 차동 증폭기의 입력저항 특성 즉, 두 입력신호의 차 $v_{I2} - v_{I1}$이 보는 차동입력저항 R_{id}를 구해본다. [그림 11-26]에서 보는 바와 같이 연산 증폭기의 두 입력단자는 가상단락되어 있으므로 $R_2/R_1 = R_4/R_3$인 조건에서 차동입력저항은 다음과 같다.

$$R_{id} = 2R_1 \tag{11.43}$$

식 (11.37)과 식 (11.43)으로부터, **차동 증폭기는 차동이득과 차동입력저항 사이에는 서로 교환조건이 존재**함을 알 수 있다. 차동이득을 증가시키기 위해서는 R_1이 작을수록 좋으나, R_1이 작으면 차동입력저항이 작아지게 된다. 차동이득과 차동입력저항을 동시에 크게 하기 위해서는 R_1과 R_2를 동시에 크게 해야 하지만, R_2가 너무 크면 회로 동작에 영향을 미치게 된다. **차동 증폭기의 차동입력저항이 $R_{id} = 2R_1$이 되는 점이 단점**이라고 할 수 있다.

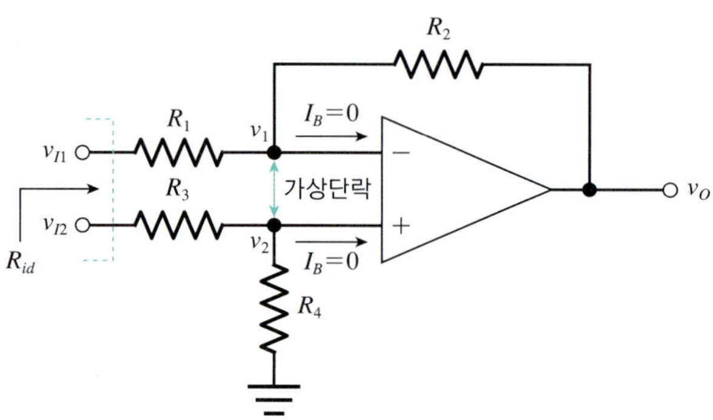

[그림 11-26] 차동 증폭기의 입력저항

예제 11-10

폐루프 차동이득 $A_d = 20$ V/V가 되도록 [그림 11-24]의 차동 증폭기를 설계하고, 차동입력저항을 구하라. 단, 연산 증폭기에 연결되는 저항의 최댓값은 1 MΩ 이하가 되도록 한다.

풀이

① 식 (11.36)과 식 (11.37)로부터 $A_d = \frac{R_2}{R_1} = \frac{R_4}{R_3} = 20\ \text{V/V}$가 된다.

② 설계조건에 의해 연산 증폭기에 연결되는 저항의 최댓값은 1 MΩ 이하가 되어야 하므로,

$$R_2 = R_4 = 1\ \text{M}\Omega\text{이고, } R_1 = R_3 = \frac{1\times 10^6}{20} = 50\ \text{k}\Omega\text{이다.}$$

③ 식 (11.43)으로부터, 차동입력저항은 $R_{id} = 2R_1 = 100\ \text{k}\Omega$이다.

■ 시뮬레이션 결과

[예제 11-10]에서 설계된 차동 증폭기의 시뮬레이션 결과는 [그림 11-27]과 같다. 두 입력신호 v_{I1}과 v_{I2}는 각각 진폭이 100 mV이고 위상이 서로 반대인 정현파이며, 두 입력신호에 공통으로 2 V의 직류가 포함되어 있다. 시뮬레이션 결과에서 볼 수 있듯이, 두 입력신호의 차 $v_{I2} - v_{I1} = 200$ mV가 차동이득 $A_d = 20$ V/V 만큼 증폭되어 출력의 진폭은 4 V가 되었으며, 또한 두 입력신호에 공통으로 포함된 2 V의 직류 성분이 제거되어 0 V를 기준으로 v_O가 출력되고 있음을 확인할 수 있다.

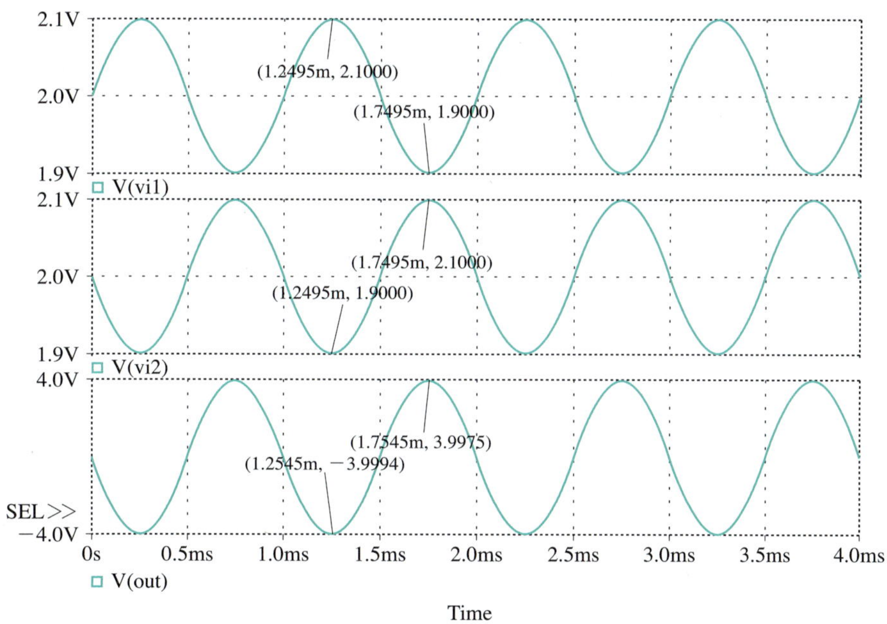

[그림 11-27] [예제 11-10]의 시뮬레이션 결과

예제 **11-11**

[그림 11-24]의 차동 증폭기에서 $R_2/R_1=20$이고, $R_4/R_3=22$로 10%의 오차를 갖는 경우의 CMRR을 구하라.

풀이

식 (11.40)으로부터, 출력은 다음과 같다.

$$v_O=21\times\frac{22}{23}\left(v_{cm}+\frac{v_d}{2}\right)-20\times\left(v_{cm}-\frac{v_d}{2}\right)=20.087\left(v_{cm}+\frac{v_d}{2}\right)-20\times\left(v_{cm}-\frac{v_d}{2}\right)$$

이를 정리하면 $v_O=0.087v_{cm}+20.0435v_d$가 되므로,

$$A_c=\frac{v_O}{v_{cm}}=0.087\text{ V/V},\ A_d=\frac{v_O}{v_d}=20.0435\text{ V/V}$$가 된다.

따라서 식 (11.42)로부터, CMRR$=47.25$ dB이 된다.

응용 **11-6**

차동이득이 $A_d=20$ V/V이고, 차동입력저항이 $R_{id}=50$ kΩ이 되도록 [그림 11-24]의 차동 증폭기를 설계하라.

[정답 : $R_1=R_3=25$ kΩ, $R_2=R_4=500$ kΩ]

응용 **11-7**

[그림 11-24]의 차동 증폭기에서 $R_2/R_1=21$이고, $R_4/R_3=20$으로 설계된 경우의 CMRR을 구하라.

[정답 : CMRR$=52.88$ dB]

계측 증폭기

회로 내의 두 노드 사이의 전압 차를 감지하여 증폭하는 회로는 측정 대상이 되는 회로에 부하로 작용하지 않아야 하며, 이를 위해서는 차동 증폭기의 입력저항이 무한대에 가까워야 한다. 앞에서 설명된 차동 증폭기는 두 노드 사이의 전압 차를 감지하여 증폭하는 기능적인 측면에서는 적합하지만, 입력저항과 차동이득 사이에 교환조건이 존재하고 차동입력저항이 $R_{id}=2R_1$이므로, 이상적인 전압 증폭기의 입력저항 특성을 갖지 못한다.

앞에서 설명된 차동 증폭기의 단점(즉, 유한한 입력저항)을 개선하기 위해 [그림 11-28]의 계측 증폭기(instrument amplifier)가 사용된다. [그림 11-28]의 계측 증폭기는 두 입력신호가 각각 연산 증폭기 A_1, A_2의 비반전 입력단자로 인가되므로, 11.2.2절에서 설명된 바와 같이 두 입력

신호에서 본 차동 입력저항은 무한대에 가까운 매우 큰 값을 가져 측정되는 회로에 부하효과를 미치지 않는다. 연산 증폭기가 이상적이라고 가정하여 [그림 11-28]의 계측 증폭기의 차동이득 특성을 해석해 본다.

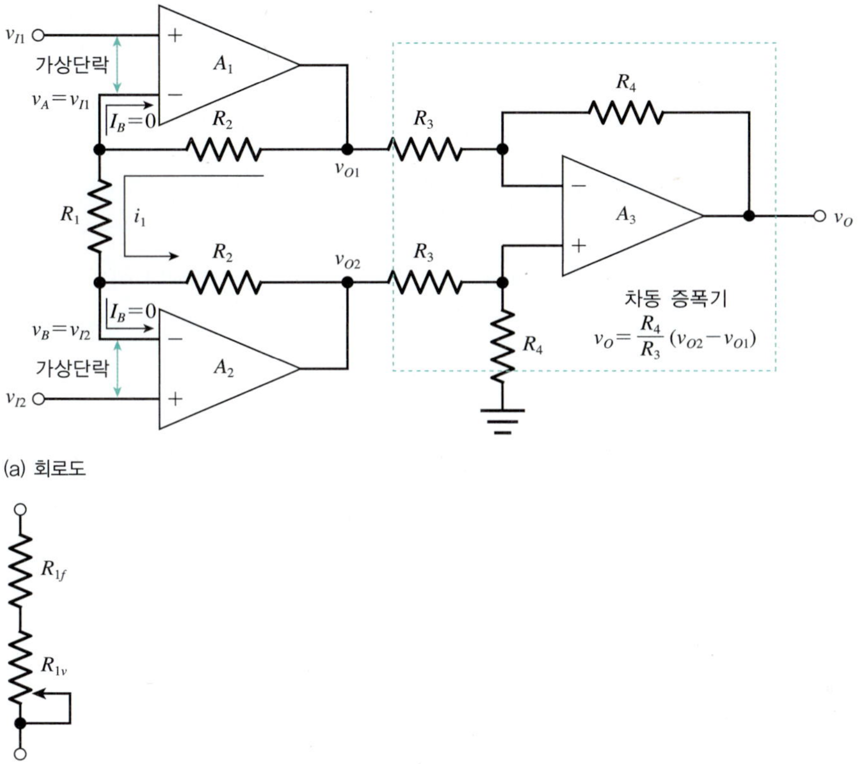

(a) 회로도

(b) 저항 R_1을 고정저항 R_{1f}와 가변저항 R_{1v}로 구현

[그림 11-28] 계측 증폭기 회로

두 연산 증폭기 A_1과 A_2의 반전단자와 비반전단자 사이에는 가상단락이 성립하므로, 두 연산 증폭기의 반전단자 전압은 각각 $v_A = v_{I1}$과 $v_B = v_{I2}$가 된다. 따라서 저항 R_1에 흐르는 전류 i_1은,

$$i_1 = \frac{v_A - v_B}{R_1} = \frac{v_{I1} - v_{I2}}{R_1} \tag{11.44}$$

두 연산 증폭기의 입력단자로 흐르는 전류는 모두 0이므로, 전류 i_1은 각 연산 증폭기의 귀환저항 R_2로 흐르게 되어 각 연산 증폭기의 출력전압은,

$$v_{O1}=v_{I1}+R_2 i_1=\left(1+\frac{R_2}{R_1}\right)v_{I1}-\frac{R_2}{R_1}v_{I2} \quad (11.45a)$$

$$v_{O2}=v_{I2}-R_2 i_1=-\frac{R_2}{R_1}v_{I1}+\left(1+\frac{R_2}{R_1}\right)v_{I2} \quad (11.45b)$$

따라서 최종 출력전압은 식 (11.46)과 같이 표현되며, 계측 증폭기의 이득은 식 (11.47)과 같이 정의된다.

$$v_O=\frac{R_4}{R_3}(v_{O2}-v_{O1})=\frac{R_4}{R_3}\left(1+\frac{2R_2}{R_1}\right)(v_{I2}-v_{I1}) \quad (11.46)$$

$$A_v\equiv\frac{R_4}{R_3}\left(1+\frac{2R_2}{R_1}\right) \quad (11.47)$$

식 (11.47)에서 계측 증폭기의 전압이득은 저항 R_1, R_2, R_3, R_4에 모두 관계되나 하나의 저항을 통해 조정하는 것이 바람직하므로, 저항 R_1을 통해 전압이득 A_v를 조정한다. 통상, 저항 R_1은 [그림 11-28(b)]와 같이 고정저항 R_{1f}과 가변저항 R_{1v}을 직렬로 연결하여 구현되며, 가변저항 R_{1v}을 통해 전압이득을 조정한다. [그림 11-28]과 식 (11.46)을 함께 생각해 보면, 입력단의 두 연산 증폭기는 비반전 증폭기 구조를 가지므로 계측 증폭기의 입력저항을 매우 크게 만들어 측정되는 회로에 대한 부하효과가 최소화되도록 하며, 또한 저항 R_1을 통해 이득을 제공한다. 또한 $R_3=R_4$로 설계하면 출력단의 차동 증폭기는 두 입력신호에 존재하는 공통모드 신호를 제거하는 역할을 하여 우수한 계측 증폭기로 동작하게 된다.

예제 11-12

[그림 11-28]의 계측 증폭기가 2~1,000 범위의 전압이득을 갖도록 설계하라. 단, 저항 R_1은 [그림 11-28(b)]와 같이 고정저항 R_{1f}와 50 kΩ의 가변저항 R_{1v}의 직렬연결로 구현한다.

풀이

설계 문제는 저항값의 선택에 따라 다양한 결과가 얻어질 수 있다. 이 예제에서는 $R_3=R_4$로 하여 차동 증폭기는 단지 두 입력신호에 존재하는 공통모드 신호를 제거하는 역할만 하도록 하고, 전압이득은 입력단을 통해 얻어지도록 한다. 식 (11.46)에서 $R_1=R_{1v}+R_{1f}$로 두면, 가변저항이 최댓값(즉, $R_{1v}=50$ kΩ)일 때 전압이득이 최소가 되므로,

$$A_{v,min}=1+\frac{2R_2}{R_{1f}+50\text{ k}\Omega}=2\text{ V/V} \quad (1)$$

가변저항이 최솟값(즉, $R_{1v}=0$ Ω)일 때 전압이득이 최대가 되므로,

$$A_{v,max}=1+\frac{2R_2}{R_{1f}}=1{,}000\text{ V/V} \quad (2)$$

가 된다. 식 (1)과 식 (2)로부터 두 저항값은 다음과 같다.

$$R_{1f} = \frac{50 \times 10^3}{998} = 50.1\ \Omega,\ R_2 = \frac{999}{2} \times R_{1f} = 25.025\ \text{k}\Omega$$

응용 11-8

[그림 11-28]의 계측 증폭기에서 $R_4/R_3=2$, $R_2=100\ \text{k}\Omega$이고, R_1은 고정저항 $R_{1f}=1\ \text{k}\Omega$과 가변저항 $R_{1v}=100\ \text{k}\Omega$의 직렬연결로 구성되는 경우에 전압이득의 범위를 구하라.

[정답 : $5.96 \leq A_v \leq 402$]

11.3.2 적분기와 미분기

연산 증폭기는 아날로그 신호의 적분과 미분 연산을 위한 회로에 사용될 수 있으며, 이 절에서는 적분기와 미분기 회로에 대해 해석해 본다.

적분기

[그림 11-29]는 연산 증폭기를 이용한 적분기(integrator) 회로이며, [그림 11-11(a)]의 반전 증폭기 회로에서 귀환저항 R_2 대신에 커패시터가 연결된 구조이다. 연산 증폭기가 이상적이라고 가정하면 연산 증폭기의 반전단자는 가상접지되어 있으므로 전류 i_R은,

$$i_R = \frac{v_I}{R} \tag{11.48}$$

커패시터 양단의 전압은 $v_C = -v_O$이므로, 커패시터에 흐르는 전류 i_C는,

$$i_C = C\frac{dv_C}{dt} = -C\frac{dv_O}{dt} \tag{11.49}$$

연산 증폭기의 반전단자로 흐르는 전류는 0이므로, 저항 R을 통해 흐르는 전류 i_R은 커패시터 C에 흐르는 전류 i_C와 같으며 따라서,

$$i_R = \frac{v_I}{R} = i_C = -C\frac{dv_O}{dt} \tag{11.50}$$

가 된다. 식 (11.50)으로부터 출력전압은,

$$v_O(t) = \frac{-1}{RC}\int v_I(t)dt \tag{11.51}$$

가 되며, 여기서 커패시터의 초기 충전전압은 0으로 가정하였다. 따라서 [그림 11-29] 회로의 출력전압은 입력전압 $v_I(t)$의 적분값으로 표현되며, 마이너스 부호를 가지므로 반전 적분기(inverting integrator)라고 한다. 식 (11.51)에서 RC를 적분시상수(integral time-constant)라고 하며, 이는 입력전압이 적분되는 속도를 나타낸다. 커패시터의 초기 충전전압이 V_C인 경우의 출력전압은 식 (11.52)와 같이 표현된다.

$$v_O(t) = -V_C - \frac{1}{RC}\int v_I(t)dt \tag{11.52}$$

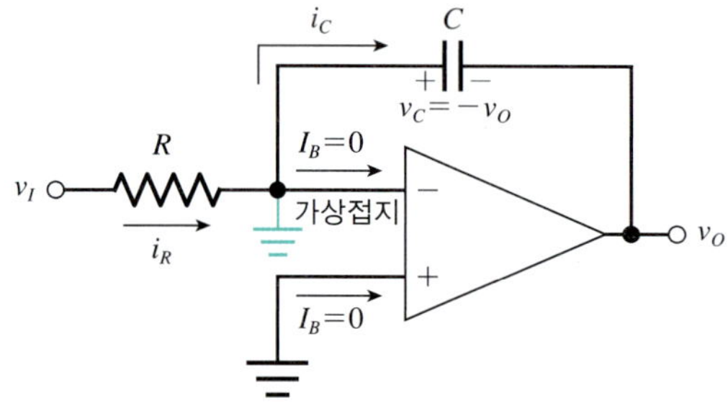

[그림 11-29] 반전 적분기 회로

[그림 11-29]의 반전 적분기에서 입력 v_I에 DC가 포함된 경우에는 커패시터 C가 개방루프로 동작하여 연산 증폭기의 출력이 전원전압 근처의 $\pm V_{max}$로 포화되어 적분기로 동작할 수 없다. 이와 같은 단점을 개선하기 위하여 [그림 11-30]과 같이 커패시터에 병렬로 저항 R_F를 연결하여 DC 경로를 만들어 준다. DC 입력에 대해 커패시터는 개방루프로 동작하고 저항 R_F는 부귀환을 형성하므로, 마치 반전 증폭기와 같이 동작하여 DC 이득은,

$$A_{DC} = -\frac{R_F}{R} \tag{11.53}$$

를 갖는다. DC 입력에 대한 출력전압의 포화를 최소화하기 위해서는 저항 R_F가 작을수록 좋으나, 이 회로에서 저항 R_F는 커패시터 C에 충전되는 전압의 방전경로를 형성하므로, 저항 R_F가 작을수록 출력전압이 감소하여 이상적인 적분기의 특성을 잃게 된다. 즉, **적분기의 이상적인 특성의 유지와 DC 입력에 의한 출력전압의 포화를 방지하는 것 사이에 교환조건이 존재하게 되며, 따라서 적절한 R_F 값의 선택이 중요하다.** 일반적으로, R_F를 통한 방전에 의해 적분기 출력파형이 왜곡되는 것을 최소화하기 위해서는 R_F를 가능한 큰 값으로 선택하는 것이 좋다.

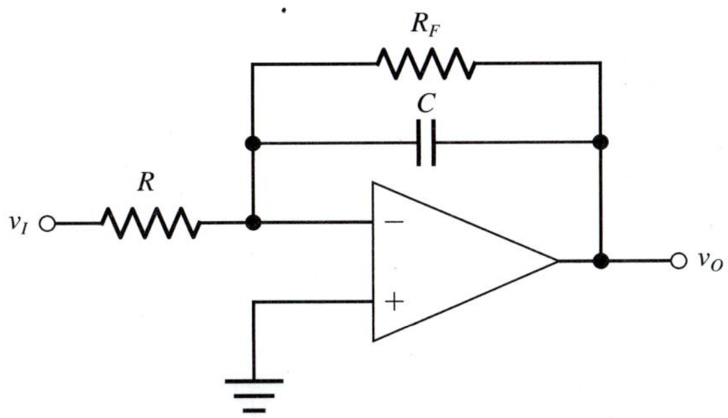

[그림 11-30] 귀환저항을 갖는 반전 적분기 회로

[그림 11-30] 회로의 전달함수를 구하면

$$A(s)=\frac{v_O}{v_I}=-\frac{R_F \| \frac{1}{sC}}{R}=-\frac{R_F}{R}\frac{1}{1+s/\omega_H} \tag{11.54}$$

가 되므로, [그림 11-30]의 반전 적분기 회로는 주파수 영역에서 보면 차단 주파수가 $\omega_H=1/(R_F C)$인 저역통과필터로 동작한다.

예제 11-13

[그림 11-30]의 반전 적분기에 [그림 11-31]과 같은 펄스가 인가된다. (a) R_F가 없는 경우와 (b) $R_F=1\ \text{M}\Omega$인 경우 각각에 대해 출력전압의 파형을 그리려라. 단, $R=10\ \text{k}\Omega$, $C=10\ \text{nF}$이고, 커패시터의 초기 전압은 0 V이다.

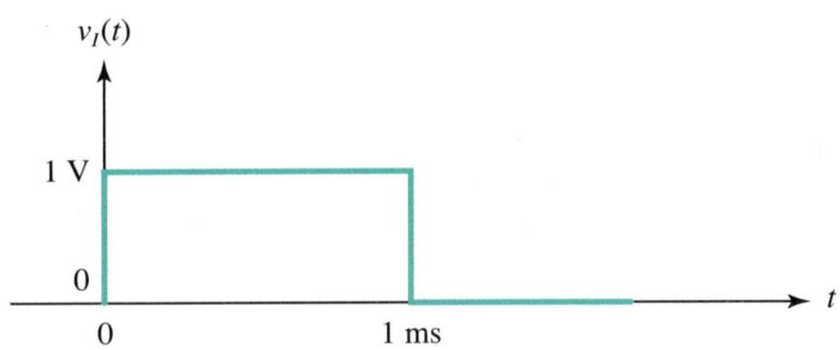

[그림 11-31] 반전 적분기의 입력 파형

풀이

(a) R_F가 없는 경우 : 식 (11.51)로부터 출력전압은 다음과 같이 표현된다.

$$v_O(t)=\frac{-1}{RC}\int v_I(t)dt=\frac{-1}{10^{-4}}\int_0^{1ms}1dt=-10^4 t(0\le t\le 1\ \text{ms})$$

① $0\le t\le 1$ ms : -10^4의 기울기로 감소하는 직선

② $t>1$ ms : $v_O(t)=-10$ V인 수평 직선

따라서 R_F가 없는 경우의 출력전압 파형은 [그림 11-32(a)]와 같다.

(b) $R_F=1\ \text{M}\Omega$인 경우 : 식 (11.53)으로부터 DC 이득은

$$A_{DC} = -\frac{R_F}{R} = -\frac{1\ \text{M}\Omega}{10\ \text{k}\Omega} = -100\ \text{V/V}$$이므로, $v_O(\infty) = A_{DC} v_I = -100\ \text{V}$가 된다.

따라서 출력전압은 $v_O(t) = -100(1 - e^{-t/\tau})$ (단, $0 \le t \le 1$ ms)로 표현되며, 여기서 시상수 $\tau = R_F C = 10^6 \times 10 \times 10^{-9} = 10$ ms이다.

① $0 \le t \le 1$ ms : 시상수 $\tau = 10$ ms로 지수함수적으로 감소하는 곡선
② $t = 1$ ms : $v_O\,(t=1\ \text{ms}) = -100(1 - e^{-1/10}) = -9.5$ V
③ $t > 1$ ms : 시상수 $\tau = 10$ ms로 지수함수적으로 상승하는 곡선

따라서 $R_F = 1$ MΩ인 경우의 출력전압 파형은 [그림 11-32(b)]와 같다.

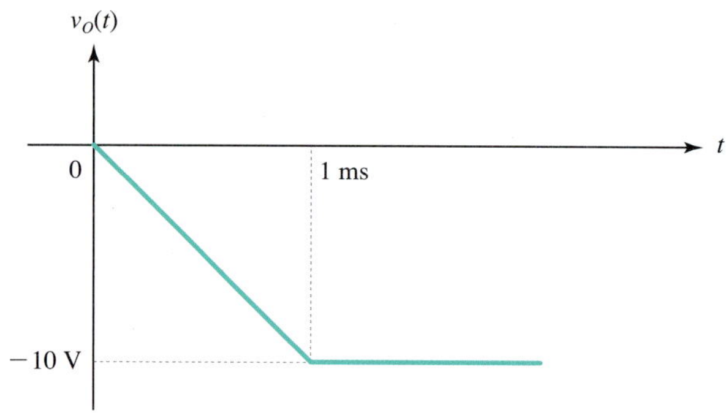

(a) R_F가 없는 경우

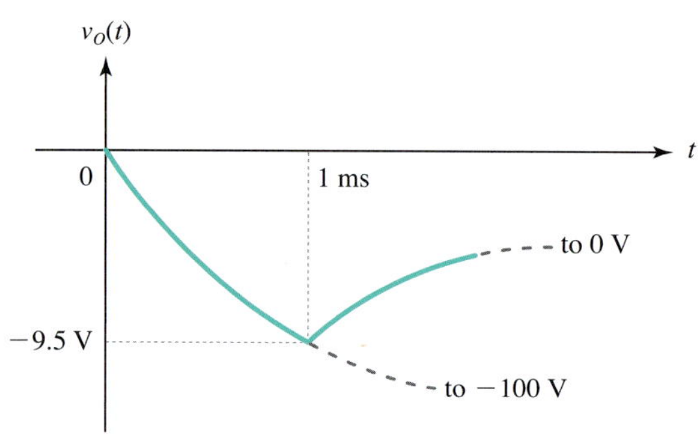

(b) $R_F = 1$ MΩ인 경우

[그림 11-32] [예제 11-13]의 출력파형

[그림 11-32]의 (a)와 (b)를 비교해 보면 알 수 있듯이, 저항 R_F에 의해 출력 v_O가 직선적인 특성을 벗어나 곡선 모양을 가지게 되며(즉, 이상적인 적분기 특성에서 벗어나게 되며), 또한 $t = 1$ ms에서의 출력전압이 -10 V에서 -9.5 V로 0.5 V 상승하였으며, 이와 같은 출력전압의 상승은 커패시터에 충전된 전하가 저항 R_F를 통해 방전한 것에 기인한다. 저항 R_F가 작을수록 시상수 $\tau = R_F C$가 작아

져서 방전이 많이 일어나게 되므로, 출력전압의 파형이 더욱 곡선모양을 가지게 되며, 또한 $t=1$ ms 에서의 출력전압도 더욱 상승하게 된다.

■ 시뮬레이션 결과

[그림 11-33]은 $R_F=1$ MΩ이 연결된 반전 적분기의 시뮬레이션 결과이다. $t=1$ ms에서 출력전압은 -9.58 V이며, R_F를 통한 커패시터의 방전 시상수가 매우 커서 $0 \leq t \leq 1$ ms 범위에서는 출력전압이 거의 직선으로 감소하는 것을 볼 수 있으며, $t>1$ ms에서는 R_F를 통한 커패시터의 방전에 의해 출력이 지수함수적으로 상승하고 있음을 확인할 수 있다.

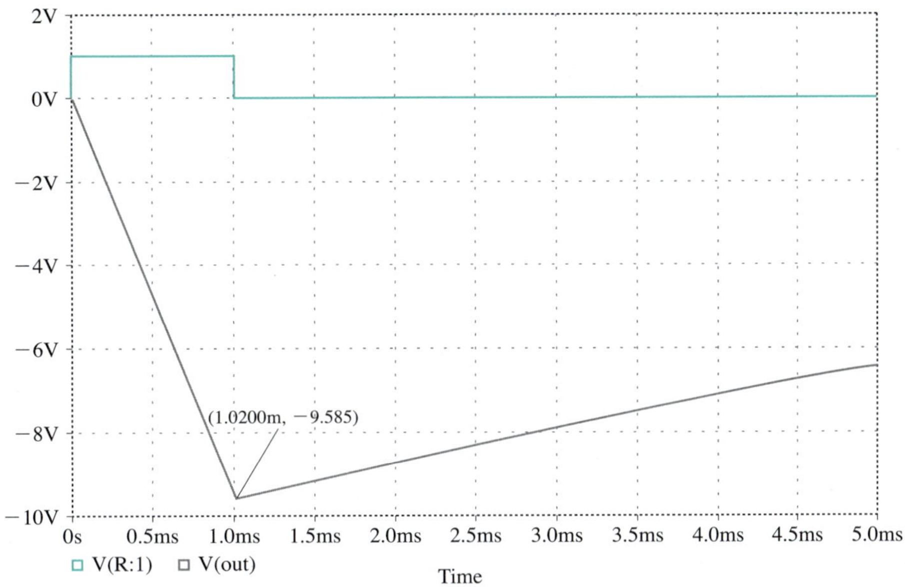

[그림 11-33] 반전 적분기의 시뮬레이션 결과

응용 11-9

[그림 11-29]의 반전 적분기에 [그림 11-34]와 같은 구형 펄스가 인가되는 경우의 출력전압 파형을 그려라. 단, $R=1$ kΩ, $C=0.1$ uF이다.

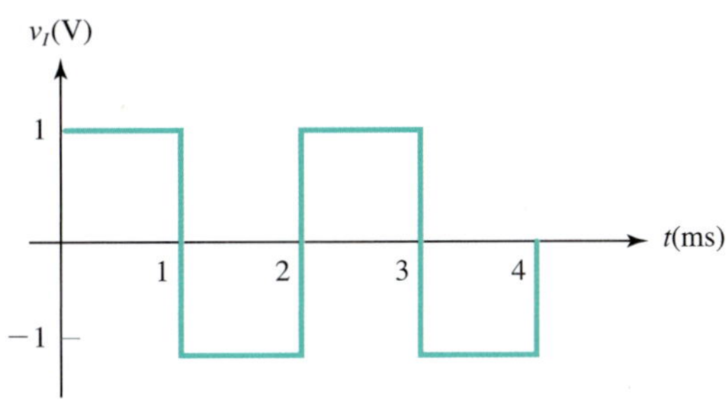

[그림 11-34] [응용 11-9]의 입력전압

미분기

미분 연산은 적분 연산의 반대이므로, [그림 11-29]의 적분기 회로에서 저항 R과 커패시터 C의 위치를 [그림 11-35]와 같이 바꾸면 미분기(differentiator) 회로가 된다. 미분기 회로는 적분기 회로와 동일한 방법으로 해석할 수 있다. 연산 증폭기가 이상적이라고 가정하면, 연산 증폭기의 반전단자는 가상접지되어 있으므로, 커패시터에 흐르는 전류 i_C는 다음과 같다.

$$i_C = C\frac{dv_I}{dt} \tag{11.55}$$

연산 증폭기의 반전단자로 흐르는 전류는 0이므로, 커패시터 C에 흐르는 전류 i_C는 저항 R을 통해 흐르는 전류 i_R와 같으며, 따라서 출력전압은,

$$v_O(t) = -Ri_R = -Ri_C = -RC\frac{dv_I}{dt} \tag{11.56}$$

따라서 [그림 11-35] 회로의 출력전압은 입력전압 $v_I(t)$의 미분값으로 표현되며, 마이너스 부호를 가지므로 반전 미분기(inverting differentiator)라고 한다. [그림 11-35]의 미분기 회로는 고역통과필터로 동작하므로, 고주파 잡음의 영향을 많이 받게 되어 특수한 경우를 제외하고는 일반적으로 사용되지 않는다.

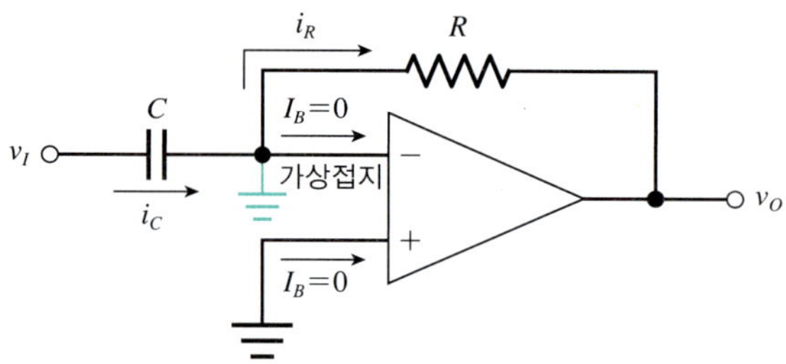

[그림 11-35] 반전 미분기 회로

11.3.3 정밀 반파정류기

연산 증폭기는 선형 회로뿐만 아니라 다양한 형태의 비선형 회로에도 응용되고 있다. 대표적인 비선형 응용회로인 정밀 반파정류 회로에 대해 살펴본다.

정밀 반파정류 회로

[그림 11-36(a)]는 다이오드를 이용한 반파정류 회로이다. [그림 11-36(b)]의 입·출력 전달특성 곡선에서 보는 바와 같이, 다이오드의 커트인(cut-in) 전압 $V_\gamma \simeq 0.7$ V 만큼의 신호 감쇄를 가지며, 또한 입력신호의 진폭이 V_γ 보다 작으면 정류할 수 없는 단점을 갖는다. 연산 증폭기의

높은 개방루프 이득 특성을 이용하면, 다이오드의 커트인 전압에 의해 발생되는 단점들이 무시할 수 있을 정도로 작아지도록 개선할 수 있다.

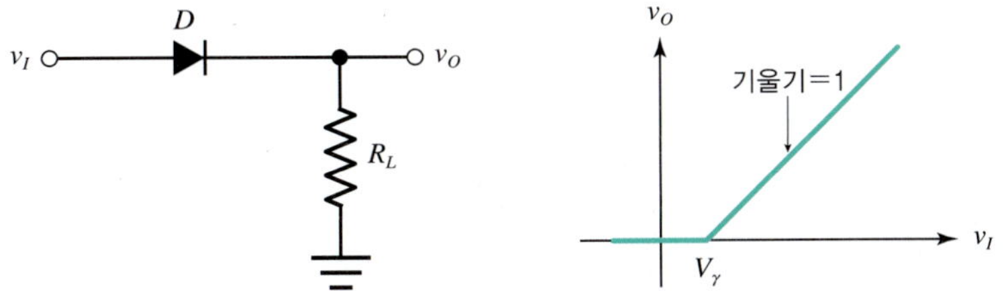

(a) 반파정류 회로 (b) 전달특성 곡선

[그림 11-36] 반파정류 회로

[그림 11-37(a)]는 다이오드와 연산 증폭기를 이용한 정밀 반파정류 회로(precision half-wave rectifier)이며, 입력신호가 연산 증폭기의 비반전단자로 인가되고 다이오드의 캐소드 전압이 반전단자로 귀환되는 비반전 증폭기의 비선형 응용회로이다. 이 회로의 동작을 살펴본다. 먼저, 입력이 $v_I>0$인 경우에 연산 증폭기의 출력이 $v_a>0$가 되어 다이오드는 도통상태가 되며, 이때의 연산 증폭기 출력은,

$$v_a=(v_I-v_O)A_{od} \tag{11.57}$$

여기서 A_{od}는 연산 증폭기의 개방루프 이득을 나타낸다. [그림 11-37(a)]로부터 출력 v_O를 구하면 다음과 같으며,

$$v_O=v_a-V_\gamma \tag{11.58}$$

식 (11.57)을 식 (11.58)에 대입하여 정리하면,

$$v_O=\frac{A_{od}}{1+A_{od}}v_I-\frac{V_\gamma}{1+A_{od}} \tag{11.59}$$

가 된다. $V_\gamma \simeq 0.7$ V이고, 연산 증폭기의 개방루프 이득 A_{od}는 매우 큰 값을 가지므로,

$$v_O \simeq v_I \tag{11.60}$$

가 되어 전압 폴로어와 유사하게 동작된다. 입력이 $v_I \leq 0$인 경우에는 연산 증폭기의 출력이 $v_a<0$가 되어 다이오드는 개방상태가 되므로, 연산 증폭기 출력으로부터 반전단자로의 귀환경로가 끊어지게 되어 출력은 $v_O=0$이 된다. 따라서 [그림11-37(a)]의 회로는 [그림 11-37(b)]와 같은 전달특성 곡선을 갖는다. 즉, 다이오드의 커트인 전압에 의한 출력전압의 감쇄는

$V_\gamma/(1+A_{od})$로 작아지게 되며, 또한 정류 가능한 입력신호의 진폭은 $v_I \geq V_\gamma/(1+A_{od})$가 되어 이상적인 반파정류기에 가까운 특성을 갖는다. [그림 11-37(a)]의 회로에서 다이오드의 방향을 반대로 바꾸면, 입력신호의 양의 반 주기가 차단되고 음의 반 주기가 통과되는 정밀 반파정류 회로가 된다.

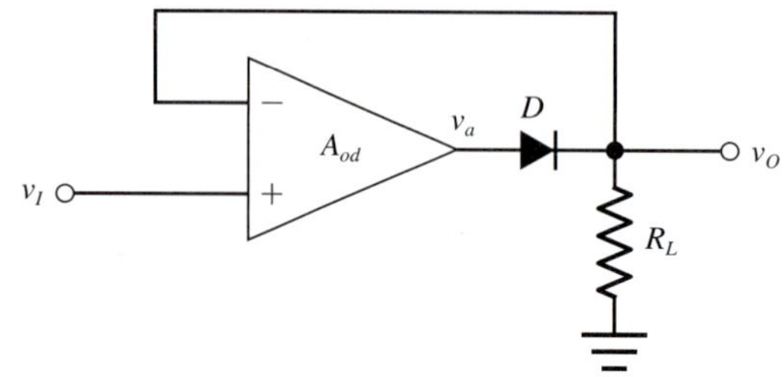

(a) 정밀 반파정류 회로

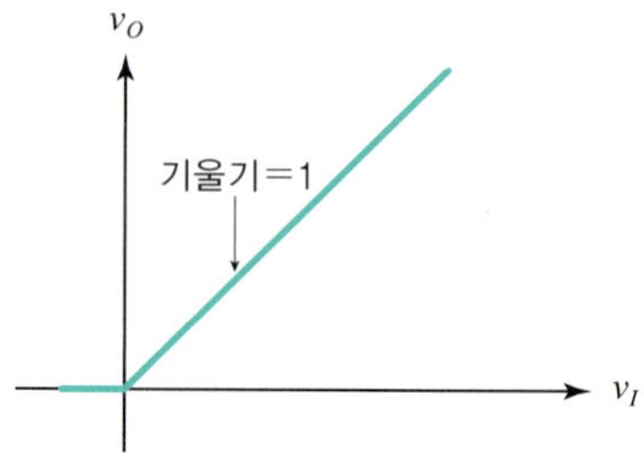

(b) 전달특성 곡선

[그림 11-37] 정밀 반파정류 회로

[그림 11-37(a)]의 정밀 반파정류 회로에서 입력이 $v_I \leq 0$인 경우에 다이오드는 개방상태가 되어 연산 증폭기는 부귀환을 갖지 않는 개방루프로 동작하게 되므로, 연산 증폭기의 출력 v_a는 음의 전원전압에 가까운 $-V_{max}$로 포화된다. 따라서 입력이 음의 반 주기에서 양의 반 주기로 변화할 때, 연산 증폭기가 포화동작영역에서 선형동작영역으로 복귀하기 위해 비교적 큰 시간이 소요되는 단점을 갖는다. 이는 반파정류 회로의 동작속도를 제한하는 요인이 되며, 11.4절에서 설명되는 연산 증폭기의 슬루율(slew rate) 즉, 단위시간당 연산 증폭기 출력의 최대 변화율에 의해 영향을 받는다.

응용 11-10

[그림 11-37(a)]의 회로에서 다이오드의 방향이 반대인 경우에 대한 입 · 출력 전달특성 곡선을 그려라.

이득을 갖는 정밀 반파정류 회로

[그림 11-37(a)]의 회로를 [그림 11-38]과 같이 변형하면, 반파정류와 증폭이 동시에 실현되어 이득을 갖는 반파정류 회로로 동작한다. [그림 11-38]의 회로는 다이오드가 삽입된 것을 제외하고는 비반전 증폭기와 동일한 구조를 갖는다. 따라서 $v_I > 0$인 경우에는 이득이 $A_v = 1 + R_2/R_1$인 비반전 증폭기로 동작하고, $v_I \leq 0$인 경우에는 출력은 $v_o = 0$이 되고 연산 증폭기의 출력 v_a는 포화된다.

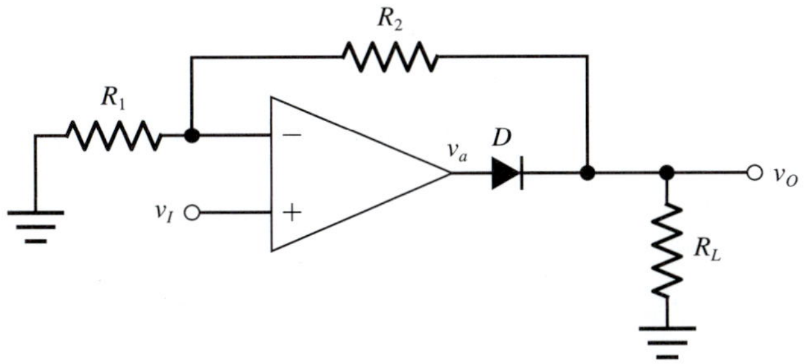

[그림 11-38] 이득을 갖는 정밀 반파정류 회로

고속 정밀 반파정류 회로

[그림 11-37(a)]의 정밀 반파정류 회로가 갖는 단점 즉, 입력이 $v_I \leq 0$인 경우에 다이오드가 개방상태가 되어 연산 증폭기의 출력이 $-V_{max}$로 포화되는 현상을 개선하기 위해 [그림 11-39]와 같은 고속 정밀 반파정류 회로가 사용된다. [그림 11-37(a)]의 회로와 비교하여 연산 증폭기의 출력과 반전단자 사이의 귀환경로에 다이오드 D_1이 추가되었으며, 입력신호는 반전단자로 인가되어 반전 반파정류 회로로 동작한다. 또한 저항 R_1과 R_2에 의한 부귀환을 통해 반파정류된 출력신호의 증폭이 이루어진다.

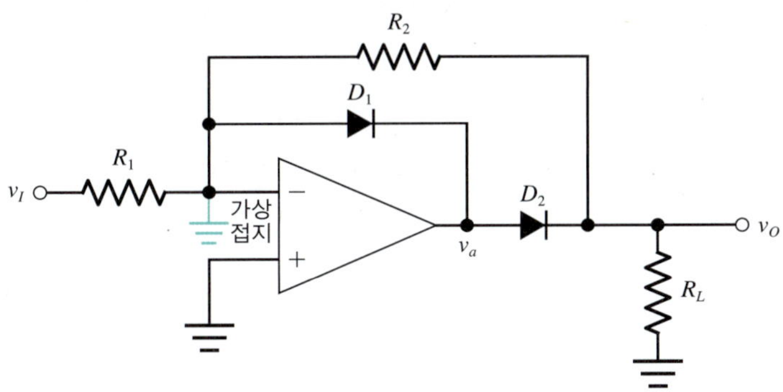

(a) 고속 정밀 반파정류 회로

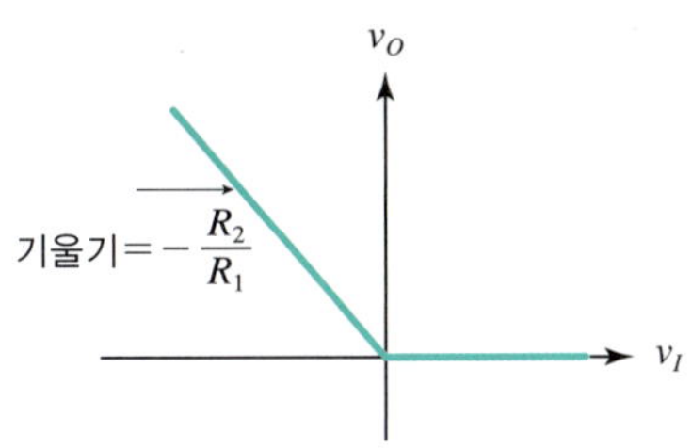

(b) 전달특성 곡선

[그림 11-39] 고속 정밀 반파정류 회로

$v_I \geq 0$인 경우에는, 연산 증폭기의 출력이 $v_a < 0$가 되어 다이오드 D_1은 도통상태가 되고 다이오드 D_2는 개방상태가 되므로, 연산 증폭기 출력과 반전단자 사이에는 도통된 다이오드 D_1을 통해 귀환경로가 형성된다. 연산 증폭기의 반전단자는 가상접지되어 있으므로 연산 증폭기의 출력은 $v_a \simeq -V_\gamma$로 유지된다. 이때 다이오드 D_2는 개방상태이므로 출력은 $v_O = 0$이 된다. 다이오드 D_1은 입력의 플러스(+) 반 주기 동안에 부귀환 경로를 형성하여 연산 증폭기의 출력이 포화되는 것을 방지하며, 따라서 [그림 11-37(a)]의 회로에 비해 고속으로 동작하도록 만드는 역할을 한다.

$v_I < 0$인 경우에는 연산 증폭기의 출력이 $v_a > 0$가 되어 다이오드 D_1은 개방상태가 되고 다이오드 D_2는 도통상태가 되므로, 연산 증폭기 출력과 반전단자 사이에는 도통된 다이오드 D_2와 저항 R_2를 통해 귀환경로가 형성된다. 따라서 출력은,

$$v_O = -\frac{R_2}{R_1} v_I \ \ (\text{단, } v_I < 0) \tag{11.61}$$

가 되어 이득 $-R_2/R_1$ 만큼 증폭되고 위상이 반전된 신호가 출력되며, [그림 11-39(b)]와 같은 전달특성 곡선을 갖는다. [그림 11-39(a)]의 회로에서 다이오드 D_1, D_2의 방향을 반대로 바꾸면, 입력신호의 음의 반 주기가 차단되고 양의 반 주기가 반전되어 증폭되는 고속 정밀 반파 정류 회로가 된다.

응용 11-11

[그림 11-39(a)]의 회로에서 다이오드 D_1, D_2의 방향이 반대인 경우에 대한 입 · 출력 전달특성 곡선을 그려라.

11.4 연산 증폭기 특성 파라미터의 영향

11.2절과 11.3절에서 연산 증폭기를 이용한 다양한 응용회로들을 살펴보았으며, 이들 회로의 해석 및 설계에 있어서 연산 증폭기가 이상적(ideal)이라고 가정하였다. 대부분 이상적인 연산 증폭기를 가정하여도 실제와 비교했을 때 큰 오차가 발생되지 않으며, 이는 11.1.2절에서 설명된 연산 증폭기 내부 회로의 특성에 기인한다. 그러나 연산 증폭기가 갖는 주파수 응답특성, 슬루율, 오프셋 전압 등의 특성 파라미터들은 여러 가지 측면에서 회로의 성능과 동작에 영향을 미치게 된다. 연산 증폭기의 주파수 특성은 반전 또는 비반전 증폭기의 대역폭에 영향을 미치며, 연산 증폭기의 슬루율은 회로의 대신호 응답특성에 영향을 미치게 된다. 또한 연산 증폭기의 오프셋 전압과 바이어스 전류는 적분기와 같은 회로의 동작에 영향을 미치게 되므로, 연산

증폭기 파라미터에 대한 이해를 토대로 이들의 영향이 최소화되도록 설계해야 한다. [표 11-3]은 대표적인 연산 증폭기의 특성 파라미터를 보이고 있다. uA741은 바이폴라 연산 증폭기이고, LF353은 JFET 입력단을 갖는 BIFET 연산 증폭기이다.

[표 11-3] 연산 증폭기의 특성 파라미터

파라미터	uA741	LF353 BIFET
대신호 전압이득	200,000 V/V	100,000 V/V
입력저항	2 MΩ	10^{12} Ω
입력 바이어스 전류	10 nA	50 pA
입력 오프셋 전류	2 nA	25 pA
입력 오프셋 전압	1 mV	5 mV
입력전압 범위	±15 V ($V_S=\pm 22$ V)	±15 V ($V_S=\pm 18$ V)
출력전압 스윙	±14 V	±13.5 V
공통모드 제거비	90 dB	100 dB
단위이득 대역폭	1 MHz	4 MHz
슬루율	0.5 V/μs	13 V/μs

11.4.1 연산 증폭기의 주파수 특성

연산 증폭기의 개방루프 주파수 특성

연산 증폭기는 유한한 개방루프 이득과 주파수 응답특성을 갖는다. [그림 11-40]은 uA741 연산 증폭기의 개방루프 주파수 응답특성을 나타내고 있다. uA741은 11.1.2절의 [그림 11-5]에서 설명되었듯이 주파수 보상 커패시터를 내장하고 있으며, 따라서 단일 극점 주파수를 갖는다. uA741은 $f_h=10$ Hz의 개방루프 차단 주파수와 $f_T=1$ MHz의 단위이득 대역폭을 가지며, 100 dB의 개방루프 이득을 갖는다. 따라서 uA741의 개방루프 주파수 특성을 식 (11.62)와 같이 표현할 수 있다.

$$A(s)=\frac{A_O}{1+s/\omega_h} \tag{11.62}$$

여기서 A_O는 연산 증폭기의 개방루프 이득을 나타내며, ω_h는 개방루프 차단 주파수를 나타낸다. 내부에 주파수 보상을 갖는 연산 증폭기는 두 번째 극점 주파수가 f_T보다 큰 값을 갖도록 설계되며, 따라서 $f_h \sim f_T$의 주파수 범위에서 개방루프 이득이 -20 dB/dec의 기울기로 감소하는 특성을 갖는다. 이 경우에 연산 증폭기의 단위이득 대역폭은 다음과 같이 표현할 수 있다.

$$f_T = A_O f_h \tag{11.63}$$

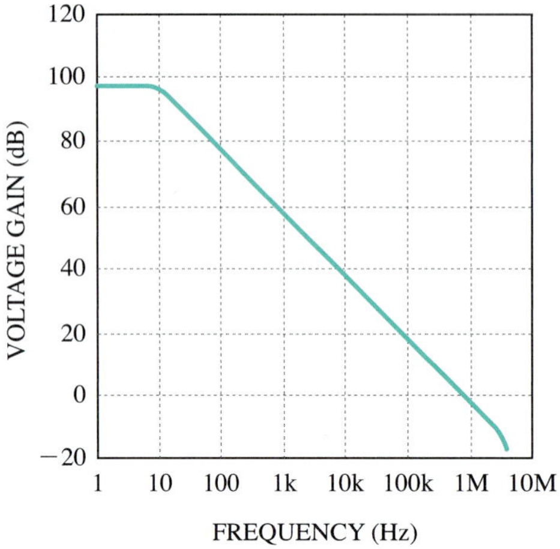

[그림 11-40] uA741 연산 증폭기의 개방루프 주파수 응답특성

비반전 증폭기의 주파수 응답특성

식 (11.62)의 개방루프 주파수 응답특성이 비반전 증폭기의 주파수 응답특성에 미치는 영향을 알아본다. [그림 11-41]의 비반전 증폭기에서 연산 증폭기가 유한한 개방루프 이득을 갖는 경우의 폐루프 이득(11.2.2절의 식 (11.22))을 식 (11.64)에 다시 나타내었다.

$$A_{CL} = \frac{v_O}{v_I} = \frac{1+(R_2/R_1)}{1+\dfrac{1+(R_2/R_1)}{A_{od}}} \tag{11.64}$$

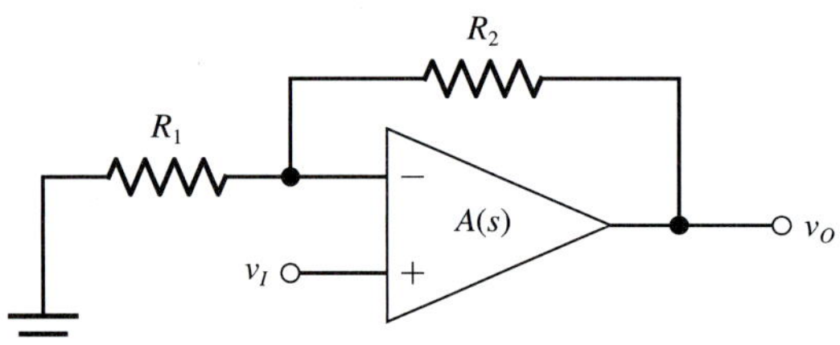

[그림 11-41] 비반전 증폭기

식 (11.62)가 나타내는 연산 증폭기의 개방루프 주파수 응답특성을 식 (11.64)의 A_{od}에 대입하여 정리하면 다음과 같다.

$$A_{CL}(s)=\frac{1+(R_2/R_1)}{1+\dfrac{1+(R_2/R_1)}{A_O/(1+s/\omega_h)}}=\frac{1+(R_2/R_1)}{1+\dfrac{1+(R_2/R_1)}{A_O}}\times\frac{1}{1+\dfrac{s}{\omega_h\left(1+\dfrac{A_O}{1+(R_2/R_1)}\right)}}$$

$$=\frac{A_{CLO}}{1+s/\omega_H} \tag{11.65}$$

식 (11.65)는 단일 극점 주파수 ω_H를 갖는 저역통과 시스템의 주파수 응답특성을 나타내므로, A_{CLO}는 비반전 증폭기의 저주파 폐루프 이득을 나타내며, ω_H는 상측 차단 주파수를 나타낸다. 식 (11.65)로부터 A_{CLO}와 ω_H는 각각 식 (11.66)과 식 (11.67)과 같이 정의된다.

$$A_{CLO}=\frac{1+(R_2/R_1)}{1+\dfrac{1+(R_2/R_1)}{A_O}} \tag{11.66}$$

$$\omega_H=\left(1+\frac{A_O}{1+(R_2/R_1)}\right)\omega_h \tag{11.67}$$

통상 $A_O \gg [1+(R_2/R_1)]$이므로, 식 (11.66)은 식 (11.68)과 같이 근사될 수 있으며, 이는 11.2.2절에서 이상적인 연산 증폭기에 대해 얻어진 비반전 증폭기의 폐루프 이득과 동일하다.

$$A_{CLO}\simeq 1+\frac{R_2}{R_1} \tag{11.68}$$

식 (11.68)을 식 (11.67)에 대입하고 $A_O \gg A_{CLO}$를 적용하여 근사화시키면, 비반전 증폭기의 상측 차단 주파수(또는 대역폭)는 다음과 같다.

$$f_H\simeq\frac{A_O f_h}{A_{CLO}}=\frac{f_T}{A_{CLO}} \tag{11.69}$$

또한 식 (11.69)와 식 (11.63)으로부터 다음 관계를 얻을 수 있다.

$$A_{CLO}f_H=A_O f_h=f_T \tag{11.70}$$

식 (11.70)은 비반전 증폭기의 폐루프 이득과 대역폭의 곱이 연산 증폭기 개방루프 이득과 대역폭의 곱(즉, 단위이득 대역폭 f_T)과 같음을 의미한다. 식 (11.70)은 연산 증폭기 개방루프 주파수 특성이 $f_h \sim f_T$의 주파수 범위에서 -20 dB/dec의 직선으로 감소하는 경우에만 유효하며, 그렇지 않은 경우에는 오차가 존재한다. uA741과 같이 내부에 주파수 보상용 커패시터를 갖는 대부분의 연산 증폭기들은 이 조건을 만족하므로, 식 (11.70)을 적용할 수 있다.

식 (11.70)으로부터, **비반전 증폭기의 폐루프 이득과 대역폭 사이에는 상호 교환조건이 존재함**을 알 수 있다. 즉, 비반전 증폭기의 폐루프 이득이 클수록 대역폭은 작아지며, 통상 폐루프 이득은 개방루프 이득보다 작은 값을 가지므로(즉, $A_O \gg A_{CLO}$), 식 (11.70)으로부터 비반전 증폭기의 대역폭은 연산 증폭기의 개방루프 대역폭보다 큰 값을 갖는다. [그림 11-42]는 비반전 증폭기의 폐루프 이득과 대역폭의 관계를 보이고 있다.

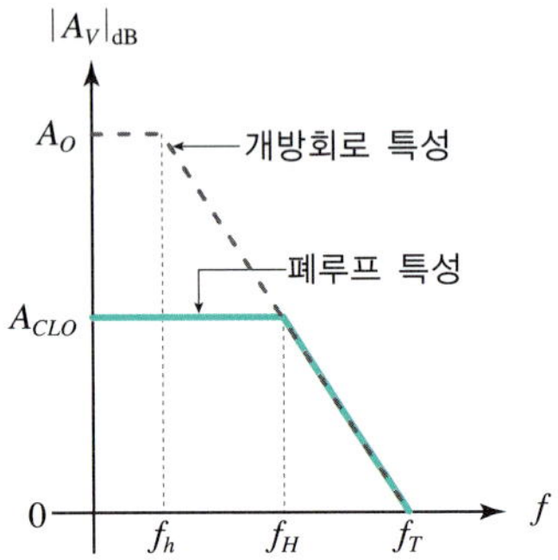

[그림 11-42] 비반전 증폭기의 폐루프 이득과 대역폭의 관계

예제 11-14

$f_T = 1$ MHz인 연산 증폭기를 사용하여 폐루프 이득이 50인 비반전 증폭기를 설계하였다. 설계된 비반전 증폭기의 대역폭을 구하라.

풀이

식 (11.70)으로부터, $f_H = \dfrac{f_T}{A_{CLO}} = \dfrac{1 \times 10^6}{50} = 20$ kHz

응용 11-12

$f_T = 1$ MHz인 연산 증폭기로 구현된 전압 폴로어의 대역폭을 구하라.

[정답 : 1 MHz]

응용 11-13

$f_T = 4$ MHz인 연산 증폭기를 사용하여 대역폭이 $f_H = 20$ kHz인 비반전 증폭기를 설계하는 경우, 비반전 증폭기의 허용 가능한 최대 폐루프 이득은 얼마인가?

[정답 : 200]

반전 증폭기의 주파수 응답특성

반전 증폭기의 주파수 응답특성도 유사하게 해석할 수 있다. [그림 11-43]의 반전 증폭기에서 연산 증폭기가 유한한 개방루프 이득을 갖는 경우의 폐루프 이득(11.2.1절의 식 (11.8))을 식 (11.71)에 다시 나타내었다.

$$A_{CL}=\frac{v_O}{v_I}=\frac{-\dfrac{R_2}{R_1}}{1+\dfrac{1}{A_{od}}\left(1+\dfrac{R_2}{R_1}\right)} \tag{11.71}$$

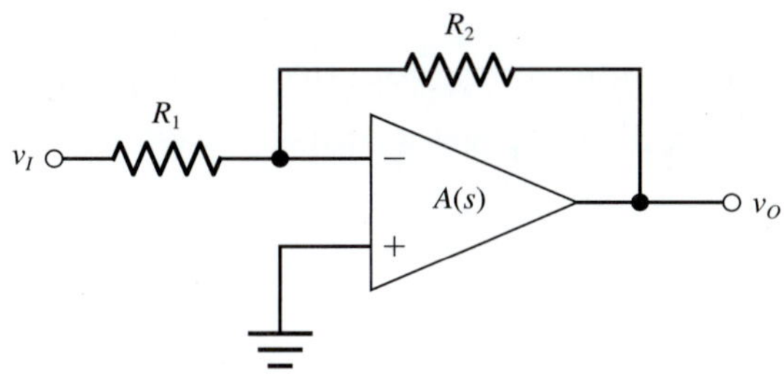

[그림 11-43] 반전 증폭기

식 (11.62)가 나타내는 연산 증폭기의 개방루프 주파수 응답특성을 식 (11.71)의 A_{od}에 대입하여 정리하면 다음과 같다.

$$A_{CL}(s)=\frac{-R_2/R_1}{1+\dfrac{1+(R_2/R_1)}{A_O/(1+s/\omega_h)}}=\frac{-R_2/R_1}{1+\dfrac{1+(R_2/R_1)}{A_O}}\times\frac{1}{1+\dfrac{s}{\omega_h\left(1+\dfrac{A_O}{1+(R_2/R_1)}\right)}}$$

$$=\frac{A_{CLO}}{1+s/\omega_H} \tag{11.72}$$

식 (11.72)로부터 반전 증폭기의 저주파 폐루프 이득 A_{CLO}와 상측 차단 주파수 ω_H는 각각 식 (11.73)과 식 (11.74)와 같이 정의된다.

$$A_{CLO}=\frac{-R_2/R_1}{1+\dfrac{1+(R_2/R_1)}{A_O}} \tag{11.73}$$

$$\omega_H=\left(1+\frac{A_O}{1+(R_2/R_1)}\right)\omega_h \tag{11.74}$$

통상 $A_O \gg [1+(R_2/R_1)]$이므로, 식 (11.73)은 식 (11.75)와 같이 근사될 수 있으며, 이는 11.2.1절에서 이상적인 연산 증폭기에 대해 얻어진 반전 증폭기의 폐루프 이득과 동일하다.

$$A_{CLO} \simeq -\frac{R_2}{R_1} \tag{11.75}$$

식 (11.75)를 식 (11.74)에 대입하고 $A_O \gg |A_{CLO}|$를 적용하여 근사화시키면, 반전 증폭기의 상측 차단 주파수(또는 대역폭)는,

$$f_H \simeq \frac{A_O f_h}{1+|A_{CLO}|} = \frac{f_T}{1+|A_{CLO}|} \tag{11.76}$$

만약 반전 증폭기의 폐회로 이득이 $|A_{CLO}| \geq 10$이면, 비반전 증폭기와 동일하게 식 (11.77)의 관계를 적용할 수 있으며, 따라서 반전 증폭기도 폐루프 이득과 대역폭 사이에는 상호 교환조건이 존재한다.

$$|A_{CLO}| f_H \simeq A_O f_h = f_T \tag{11.77}$$

예제 11-15

비반전 증폭기와 반전 증폭기의 폐루프 이득이 각각 다음의 표와 같은 경우에 대역폭을 구하라. 단, 연산 증폭기의 단위이득 대역폭은 $f_T = 1$ MHz이다.

구분	폐루프 이득
비반전 증폭기	1,000
	100
	10
	1
반전 증폭기	-1
	-10
	-100
	-1,000

풀이

식 (11.69)과 식 (11.76)로부터 대역폭을 구하면 다음과 같으며, 반전 증폭기의 저주파 폐루프 이득이 $|A_{CLO}| \geq 10$이면 근사적으로 비반전 증폭기의 대역폭과 같아짐을 알 수 있다.

구분	폐루프 이득	대역폭
비반전 증폭기	1,000	1 kHz
	100	10 kHz
	10	100 kHz
	1	1 MHz
반전 증폭기	−1	500 kHz
	−10	90.9 kHz
	−100	9.9 kHz
	−1,000	999 Hz

11.4.2 슬루율

연산 증폭기 출력전압의 진폭이 작은(즉, 소신호 출력인) 경우에는 11.4.1절에서 설명된 대역폭이 증폭기의 출력에 영향을 미친다. 그러나 출력전압의 진폭이 큰 대신호 출력인 경우에는 연산 증폭기의 슬루율(slew rate) 파라미터에 의해 출력이 영향을 받는다. 슬루율은 식 (11.78)과 같이 단위시간당 출력전압 변화의 최댓값으로 정의되며, V/μs의 단위로 표시된다.

$$\mathrm{SR} \equiv \left(\frac{dv_O}{dt}\right)_{max} \tag{11.78}$$

uA741 연산 증폭기의 슬루율은 0.5 V/μs이며, 이는 1 μs 동안 출력전압이 최대 0.5 V 변할 수 있음을 의미한다. 슬루율은 연산 증폭기 출력의 반응속도를 나타내는 파라미터이며, 연산 증폭기 내부에 존재하는 커패시턴스 성분에 의해 영향을 받는다.

예를 들어 [그림 11−44(a)]의 전압 폴로어에 [그림 11−44(b)]와 같은 계단입력이 인가되는 경우를 생각해 보자. 연산 증폭기의 슬루율이 무한대인 경우에는, 출력전압은 계단입력과 동일한 모양이 될 것이다. 그러나 계단입력의 진폭은 충분히 큰 값이고 연산 증폭기가 유한한 슬루율을 갖는 경우에는, [그림 11−44(c)]와 같이 출력전압이 일정한 기울기를 갖고 상승하여 출력파형에 왜곡이 발생하게 된다. 계단입력의 진폭이 슬루율에 영향을 받지 않을 정도로 작은 경우에는 연산 증폭기의 출력 시상수에 의해 지수함수적으로 증가하게 된다. 이와 같이 **슬루율은 큰 진폭의 신호가 출력되는 경우에 영향을 미치며, 따라서 대신호 특성**이라고 한다.

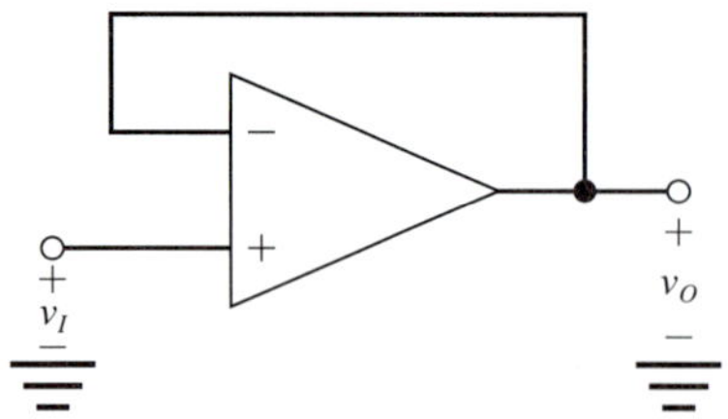

(a) 전압 폴로어

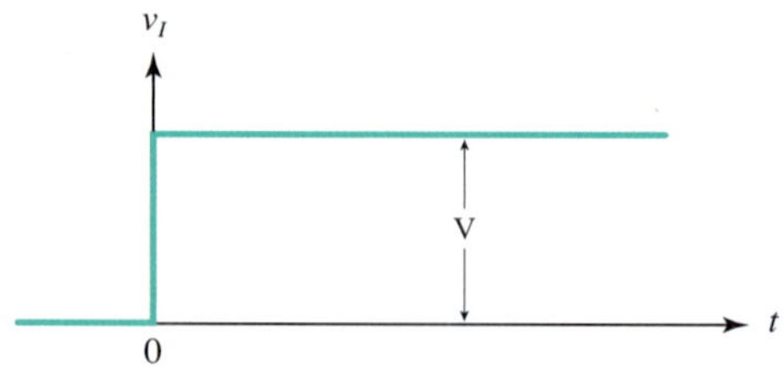

(b) 계단입력

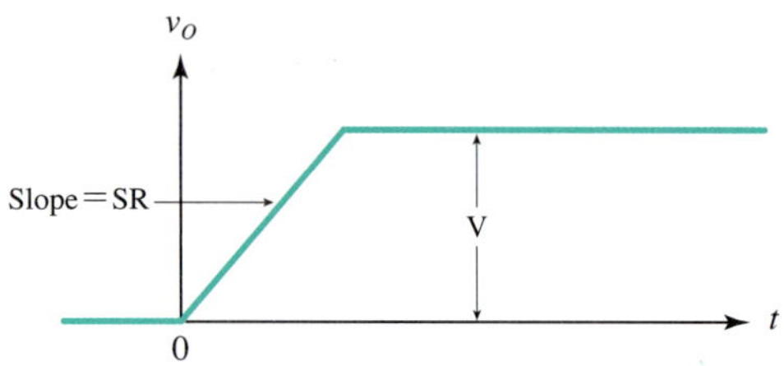

(c) 슬루율에 의한 출력파형의 왜곡

[그림 11-44] 연산 증폭기의 슬루율 특성

슬루율이 정현파 출력에 미치는 영향을 살펴본다. 연산 증폭기의 출력이 $v_O(t)=V_p\sin\omega t$인 경우에 출력전압의 변화율은

$$\frac{dv_O}{dt}=\frac{d(V_p\sin\omega t)}{dt}=\omega V_p\cos\omega t \tag{11.79}$$

가 된다. 정현파는 x축을 통과하는 시점에서 기울기가 최대가 되므로, 출력전압의 최대 변화율은 출력 정현파가 x축을 통과하는 시점이 되며, 따라서 슬루율은 식 (11.78)에 의해 다음과 같이 표현된다.

$$\mathrm{SR}=\left(\frac{dv_O}{dt}\right)_{max}=(\omega V_p\cos\omega t)_{max}=2\pi f V_p \tag{11.80}$$

식 (11.80)은 출력 정현파가 슬루율의 영향을 받는 임계조건을 나타내며, 다음과 같은 의미를 갖는다. 출력 정현파의 최대 기울기 ωV_p가 연산 증폭기의 슬루율 SR보다 작으면(즉, $\omega V_p<\mathrm{SR}$) 출력 정현파는 슬루율의 영향을 받지 않으며, 반대로 $\mathrm{SR}\le\omega V_p$이면 출력 정현파는 슬루율의 영향을 받아 왜곡이 발생한다.

식 (11.80)으로부터, 슬루율의 영향을 두 가지 측면으로 해석할 수 있으며, 슬루율 제한 출력전압 진폭(slew-rate-limited amplitude) $V_{p,max}$과 슬루율 제한 주파수(slew-rate-limited frequency) f_{max}을 각각 식 (11.81)과 식 (11.82)로 정의할 수 있다.

$$V_{p,max} = \frac{SR}{2\pi f} \tag{11.81}$$

$$f_{max} = \frac{SR}{2\pi V_p} \tag{11.82}$$

식 (11.81)은 신호 주파수 f에 대해 왜곡이 발생하지 않는 최대 출력전압의 진폭 $V_{p,max}$를 정의하며, 식 (11.82)는 출력신호의 진폭 V_p에 대해 왜곡이 발생하지 않는 최대 주파수 f_{max}를 정의한다. f_{max}를 대신호 대역폭이라고 한다. 연산 증폭기의 슬루율 SR이 클수록 $V_{p,max}$와 f_{max}가 커짐을 알 수 있다. [그림 11-45]는 정현파의 진폭과 주파수에 따른 슬루율의 영향을 보인 예이다. 진폭과 주파수가 모두 큰 정현파(파형-(a))는 슬루율의 영향을 받아 파형-(b)와 같이 왜곡된 형태로 출력되며, 진폭은 크지만 주파수가 작은 정현파(파형-(c))와 주파수는 크지만 진폭이 작은 정현파(파형-(d))는 슬루율의 영향을 받지 않아 왜곡되지 않은 상태로 출력된다.

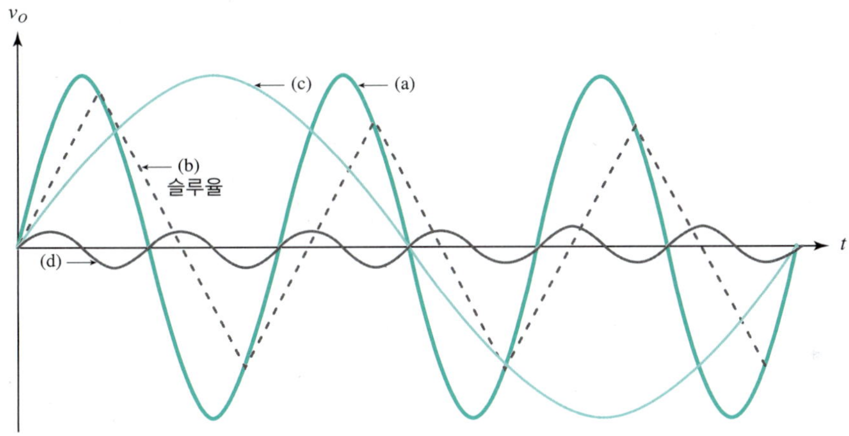

[그림 11-45] 정현파의 진폭과 주파수에 따른 슬루율의 영향

식 (11.82)로부터, **연산 증폭기의 출력이 정격 출력전압 $V_{o,rated}$일 때, 출력에 왜곡이 발생하는 임계 주파수를 최대전력 대역폭(full-power bandwidth) f_{FPBW}로 정의**하며, 식 (11.83)과 같이 정의된다.

$$f_{FPBW} = \frac{SR}{2\pi V_{o,rated}} \tag{11.83}$$

11.4.1절에서 설명된 대역폭 f_H는 출력전압의 진폭이 작아 슬루율의 영향을 받지 않는 경우의 대역폭을 나타내며, 따라서 소신호 대역폭이라고 한다. 통상, **f_{FPBW}는 f_H보다 작은 값을 갖는다.**

예제 11-16

폐루프 이득이 $A_{CLO}=20$ V/V인 비반전 증폭기의 소신호 대역폭 f_H와 출력전압의 진폭이 $V_p=10$ V인 경우의 대신호 대역폭 f_{max}를 각각 구하라. 단, 연산 증폭기의 단위이득 주파수는 $f_T=1$ MHz이고, 슬루율은 SR$=0.5$ V/μs이며, 전원전압은 $V_{CC}=\pm 15$ V이다.

풀이

① 소신호 대역폭 : 식 (11.69)로부터,

$$f_H=\frac{f_T}{A_{CLO}}=\frac{1\times 10^6}{20}=50 \text{ kHz}$$

② 대신호 대역폭 : 식 (11.82)로부터,

$$f_{max}=\frac{\text{SR}}{2\pi V_p}=\frac{0.5 \text{ V}/\mu\text{s}}{2\pi\times 10 \text{ V}}=7.96 \text{ kHz}$$

따라서 출력전압의 진폭이 $V_p=10$ V인 경우의 대신호 대역폭은 소신호 대역폭의 약 1/6 정도가 된다.

예제 11-17

폐루프 이득이 $A_{CLO}=5$ V/V인 비반전 증폭기에 주파수 20 kHz의 정현파가 입력되는 경우에, 출력에 왜곡이 발생되지 않기 위해 허용 가능한 입력전압의 최대 진폭은 얼마인가? 단, 연산 증폭기의 슬루율은 SR$=0.5$ V/μs이다.

풀이

식 (11.81)로부터, 슬루율에 의해 제한되는 출력전압의 최대 진폭은 다음과 같다.

$$V_{p,max}=\frac{\text{SR}}{2\pi f}=\frac{0.5 \text{ V}/\mu\text{s}}{2\pi\times 20\times 10^3}=4.0 \text{ V}$$

따라서 출력에 왜곡이 발생되지 않기 위해 허용 가능한 입력전압의 최대 진폭은,

$$v_{I,max}=\frac{V_{p,max}}{A_{CLO}}=\frac{4.0}{5}=0.8 \text{ V}$$

■ **시뮬레이션 결과**

[그림 11-46]은 폐루프 이득이 $A_{CLO}=5$ V/V인 비반전 증폭기에 주파수가 20 kHz이고, 진폭이 $V_p=1.5$ V인 정현파가 입력되는 경우의 시뮬레이션 결과이며, 슬루율에 의해 출력전압에 왜곡이 발생하여 삼각파 형태의 전압이 출력되고 있음을 확인할 수 있다.

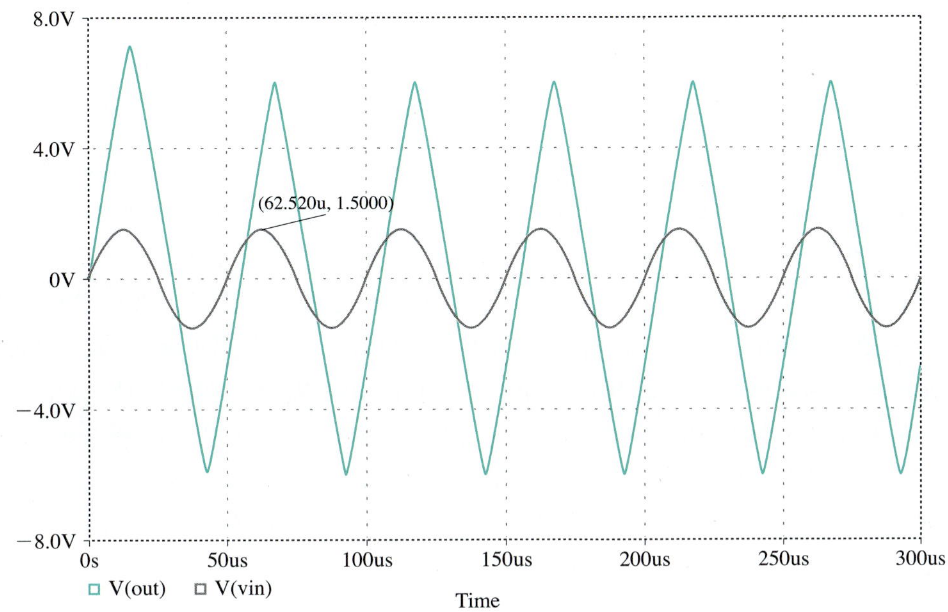

[그림 11-46] 슬루율에 의한 비반전 증폭기 출력전압의 왜곡

응용 11-14

슬루율이 SR=0.5 V/μs이고, 정격 출력전압이 $V_{o,rated}=\pm 12$ V인 연산 증폭기의 최대전력 대역폭 f_{FPBW}은 얼마인가?

[정답 : 6.6 kHz]

응용 11-15

슬루율이 SR=0.5 V/μs인 연산 증폭기에서 출력전압이 0 V에서 5 V까지 변화하는 데 걸리는 시간은 얼마인가?

[정답 : 10 μs]

응용 11-16

슬루율이 SR=2.0 V/μs인 연산 증폭기를 사용한 전압 폴로어에 주파수가 50 kHz인 정현파가 입력되는 경우에, 출력에 왜곡이 발생되지 않기 위해 허용 가능한 입력전압의 최대 진폭은 얼마인가?

[정답 : 6.37 V]

11.4.3 오프셋 전압

연산 증폭기는 내부 회로가 직접결합(direct-coupled)에 의해 구성되며 큰 DC 전압이득을 가지므로, DC를 증폭할 수 있다는 장점과 함께 DC 오프셋 전압이 발생하는 단점도 갖는다. 연산 증폭기의 오프셋 전압은 두 가지로 구분된다. [그림 11-47(a)]와 같이 **개방루프 상태에서 두 입력단자가 접지로 연결되어 0 V가 인가되면**, 이상적인 연산 증폭기는 출력전압이 0 V가 된다. 그러나 **실제의 연산 증폭기는 출력에 DC 전압이 발생될 수 있으며, 이를 출력 DC 오프셋 전압(output DC offset voltage)**라고 한다. [11-47(b)]와 같이 **출력 DC 전압을 0 V로 만들기 위해 개방루프 연산 증폭기에 인가되어야 하는 DC 전압을 입력 DC 오프셋 전압(input DC offset voltage)**이라고 하며, 단순히 오프셋 전압이라고도 한다. 입력 오프셋 전압은 연산 증폭기의 데이터시트에 명시되어 있으며, 바이폴라 연산 증폭기의 경우 1~2 mV 범위이고, 정밀 연산 증폭기의 경우에는 수십 uV 범위를 갖는다. 오프셋 전압은 온도에 영향을 받으며, μV/℃의 범위를 갖는다. 오프셋 전압이 발생하는 원인은 연산 증폭기 입력단의 차동 증폭기를 구성하는 트랜지스터들의 특성 불일치(mismatch)와 반도체 제조공정 등에 영향을 받는다. 따라서 동일 모델의 연산 증폭기에서도 오프셋 전압의 극성(+ 또는 −)과 크기가 서로 다를 수 있으며, 통계적인 분포를 갖는다.

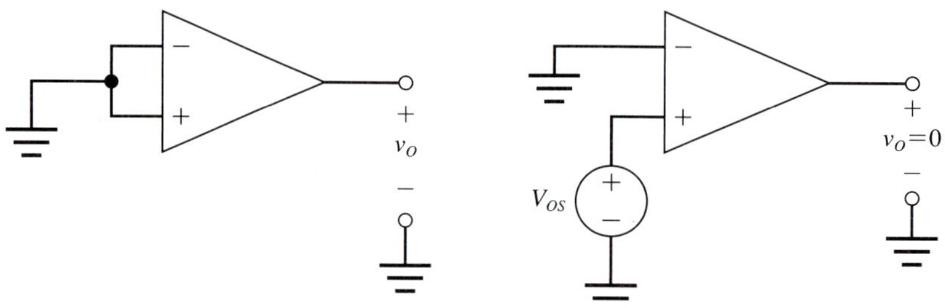

(a) 출력 오프셋 전압 (b) 입력 오프셋 전압

[그림 11-47] 연산 증폭기의 오프셋 전압

연산 증폭기의 오프셋 전압에 민감하게 영향을 받는 대표적인 예로 적분기를 꼽을 수 있다. [그림 11-48(a)]는 11.3.2절에서 설명된 반전 적분기 회로이며, 적분기의 입력을 0으로 하고, 연산 증폭기의 오프셋 전압 V_{OS}만 존재하는 상태를 나타내고 있다. DC 오프셋 전압에 의한 적분기 출력은 식 (11.84)와 같이 표현된다.

$$v_O(t)=V_{OS}+\frac{V_{OS}}{RC}t \tag{11.84}$$

따라서 시간이 지남에 따라 적분기의 출력전압은 전원전압에 가까운 값으로 포화될 것이다. 이와 같은 오프셋 전압의 영향을 최소화하기 위해서는 [그림 11-48(b)]와 같이 커패시터 C에 병렬로 저항 R_F를 연결하여 오프셋 전압에 의한 DC 전류 V_{OS}/R_F가 저항 R_F를 통해 흐르도록 한다. 이때의 출력 DC 전압은 $v_O=[1+(R_F/R)]V_{OS}$가 되며, R_F가 작을수록 DC 출력은 작아진다. 그러나 11.3.2절에서 설명된 바와 같이, R_F가 작을수록 이상적인 적분기의 특성을 잃게 되며, 따라서 적절한 R_F의 선택이 중요하다.

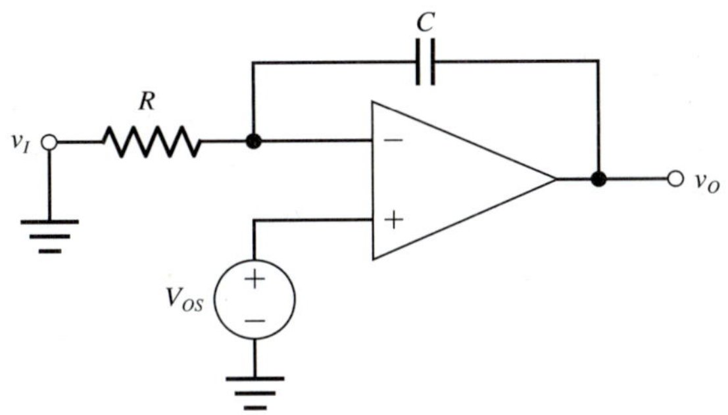

(a) 반전 적분기

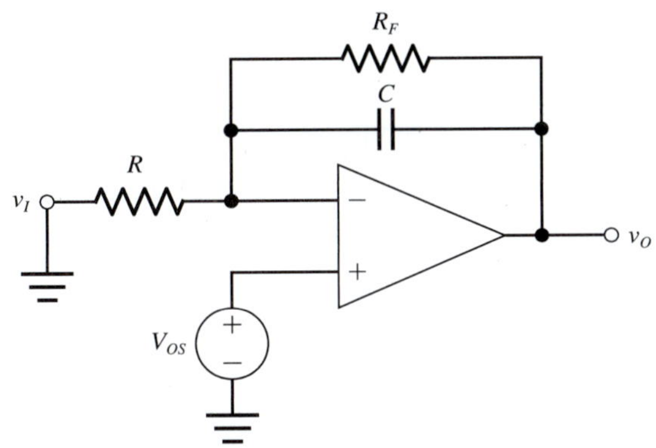

(b) dc 전류경로를 갖는 적분기

[그림 11-48] 오프셋 전압이 적분기에 미치는 영향

연산 증폭기는 내부에 직접결합 구조를 가지고 있으므로, 교류신호와 오프셋 DC 전압이 함께 증폭되어 출력된다. 따라서 증폭된 DC 오프셋 전압에 출력신호가 중첩되어 나타나므로, 출력의 스윙 범위가 작아지게 된다. 예를 들어, 폐루프 이득이 500인 비반전 증폭기에 5 mV의 오프셋 전압을 갖는 연산 증폭기가 사용된 경우에, 출력에는 2.5 V의 DC 오프셋 전압이 발생되고, 그만큼의 출력신호 스윙 범위가 감소하게 된다.

일부 연산 증폭기에는 오프셋 제거(offset nulling)를 위한 단자를 포함하고 있으며, [그림 11-49]와 같이 오프셋 제거 단자에 가변저항기를 연결하여 오프셋 전압의 영향을 제거할 수 있다. 연산 증폭기가 오프셋 제거 단자를 갖지 않는 경우에는 반전 또는 비반전단자에 가변저항기를 연결하여 오프셋을 제거할 수 있다. 교류신호만 증폭하는 경우에는 커패시터 결합을 사용하면 오프셋 전압의 영향을 제거할 수 있다.

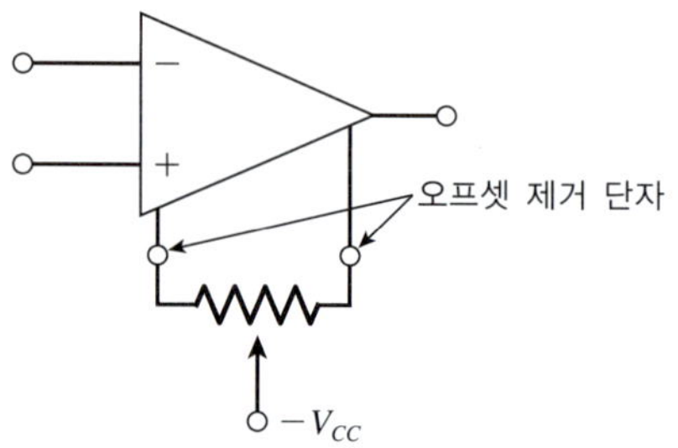

[그림 11-49] 오프셋 제거(offset nulling) 단자를 이용한 오프셋 영향 제거

11.4.4 입력 바이어스 전류의 영향

11.1.3절에서 이상적인 연산 증폭기의 두 입력단자에 흐르는 전류는 0이라고 가정하였다. 그러나 [그림 11-5]에서 볼 수 있듯이, 연산 증폭기의 입력단을 구성하고 있는 차동 증폭기가 선형 영역에서 동작하기 위해서는 차동 증폭기의 베이스에 바이어스 전류가 흘러야 하며, 이는 연산 증폭기의 입력전류가 된다. [그림 11-50]에서 연산 증폭기의 **두 입력단자로 흐르는 전류를 각각 I_{B1}, I_{B2}라고 할 때, 두 전류의 평균치를 입력 바이어스 전류** I_B라고 하며, **두 입력 바이어스 전류의 차를 입력 오프셋 전류** I_{OS}로 다음과 같이 정의한다.

$$I_B = \frac{I_{B1} + I_{B2}}{2} \tag{11.85}$$

$$I_{OS} = |I_{B1} - I_{B2}| \tag{11.86}$$

입력 바이어스 전류는 차동 증폭기의 형태에 따라 방향과 크기가 달라진다. 예를 들어 차동 증폭기가 NPN 트랜지스터로 구성되면 I_B는 연산 증폭기로 들어가게 되며, PNP 트랜지스터로 구성되면 I_B는 연산 증폭기에서 나오는 방향이 된다. 차동 증폭기가 JFET 또는 MOSFET로 구성되는 경우에는 BJT 연산 증폭기에 비해 상대적으로 작은 수~수십 pA의 범위를 갖는다. [표 11-3]으로부터, BJT 연산 증폭기인 uA741의 바이어스 전류는 10 nA 정도이고, JFET 입력단을 갖는 LF353은 50 pA 정도이다. JFET 입력단을 갖는 연산 증폭기의 입력 바이어스 전류는 접합누설전류 성분이고, MOSFET 입력단을 갖는 연산 증폭기는 입력단 ESD(Electro-Static Discharge) 보호회로에 흐르는 누설전류 성분이 입력 바이어스 전류가 된다.

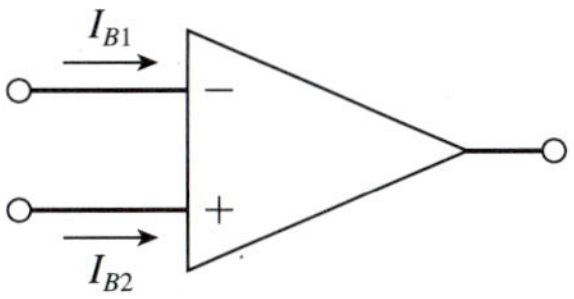

[그림 11-50] 연산 증폭기의 입력 바이어스 전류

입력 바이어스 전류는 연산 증폭기 회로의 DC 전압을 유발한다. 예를 들어, [그림 11-51]의 회로를 생각해 본다. 두 입력단자는 접지되어 0 V가 인가되고 있으며, 연산 증폭기에는 입력 바이어스 전류가 흐른다. 연산 증폭기의 개방회로 이득이 매우 크다고 하면 반전단자는 가상접지가 성립하므로, 저항 R_1에는 전류가 흐르지 않는다. 따라서 반전단자로 흐르는 입력 바이어스 전류 I_{B1}은 연산 증폭기의 출력에서 저항 R_2를 통해 흐르게 되고, 이에 의해 발생되는 DC 출력전압은

$$V_O = R_2 I_{B1} \tag{11.87}$$

가 된다. 즉, 두 입력이 모두 0 V인 상태에서 입력 바이어스 전류에 의해 출력에 DC 전압이 발생된다. [그림 11-51]은 반전 또는 비반전 증폭기 구조이고, 저항 R_2는 증폭기의 이득에 관계되므로, 식 (11.87)에 의하면 저항 R_2가 클수록(즉, 증폭기의 이득이 클수록) 입력 바이어스 전류에 의한 출력 DC 전압이 커지게 된다.

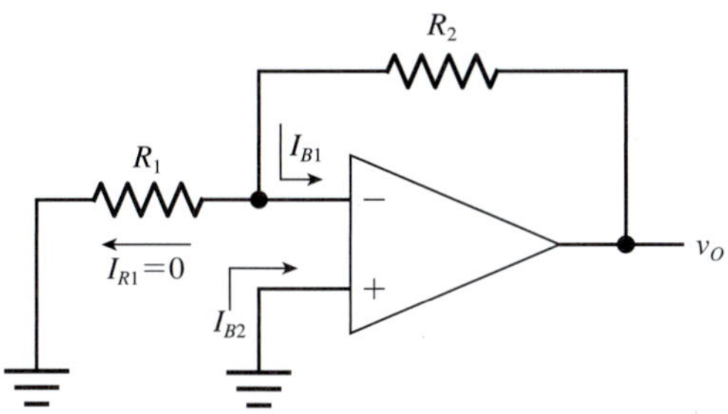

[그림 11-51] 입력 바이어스 전류에 의한 출력 DC 전압

[그림 11-52]와 같이 비반전단자에 저항 R_3를 연결하면, 입력 바이어스 전류에 의한 영향을 제거할 수 있다. 바이어스 전류 I_{B2}에 의한 비반전단자의 전압 V_2는 다음과 같다.

$$V_2 = -R_3 I_{B2} \tag{11.88}$$

연산 증폭기의 두 입력단자에 가상단락을 적용하면, 저항 R_1에 흐르는 전류는,

$$I_{R1} = \frac{V_2}{R_1} = -\frac{R_3}{R_1} I_{B2} \tag{11.89}$$

따라서 저항 R_2에 흐르는 전류는 다음과 같다.

$$I_{R2}=I_{B1}+I_{R1}=I_{B1}-\frac{R_3}{R_1}I_{B2} \tag{11.90}$$

바이어스 전류에 의한 DC 출력전압 V_O는 다음과 같다.

$$\begin{aligned} V_O&=R_2I_{R2}+V_2 \\ &=R_2\left(I_{B1}-\frac{R_3}{R_1}I_{B2}\right)-R_3I_{B2} \end{aligned} \tag{11.91}$$

식 (11.91)에서 $I_{B1}=I_{B2}=I_B$(즉, $I_{OS}=0$으로 입력 오프셋 전류의 영향은 고려하지 않음)으로 두고, $V_O=0$이 되는 저항 R_3의 값을 구하면,

$$R_3=\frac{R_1R_2}{R_1+R_2}=R_1 \| R_2 \tag{11.92}$$

즉, [그림 11-52]의 회로에서 $R_3=R_1 \| R_2$를 비반전단자에 연결하면 바이어스 전류에 의한 영향을 제거할 수 있으며, 이때의 입력 오프셋 전류 I_{OS}에 의한 출력전압은 다음과 같다. 통상, $I_{OS}<I_B$이므로, 바이어스 전류의 영향을 제거하기 위해 [그림 11-52]의 방법이 일반적으로 사용된다.

$$V_O=R_2I_{OS} \tag{11.93}$$

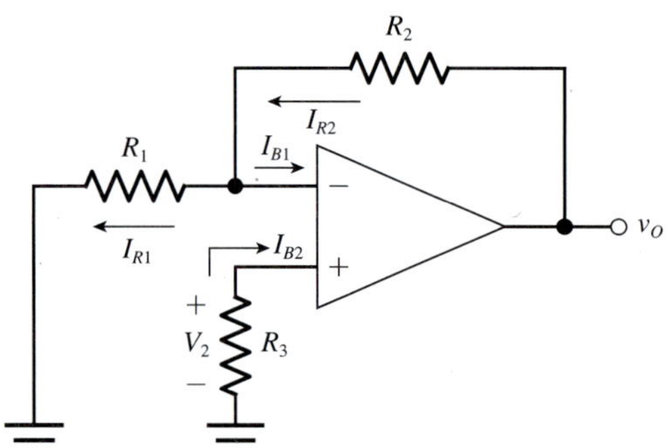

[그림 11-52] 입력 바이어스 전류 영향의 제거

예제 11-18

[그림 11-52]의 회로에서 입력 바이어스 전류의 영향을 제거하기 위한 저항 R_3의 값을 구하고, R_3가 있는 경우와 없는 경우의 DC 출력전압을 구하라. 단, $R_1=200\ \text{k}\Omega$, $R_2=800\ \text{k}\Omega$이고, $I_B=100\ \text{nA}$, $I_{OS}=30\ \text{nA}$이다.

풀이

① 식 (11.92)로부터, $R_3 = R_1 \| R_2 = 200 \| 800 = 160\ \text{k}\Omega$

② R_3가 있는 경우의 DC 출력전압 : $V_O = R_2 I_{OS} = 800 \times 10^3 \times 30 \times 10^{-9} = 24\ \text{mV}$

③ R_3가 없는 경우의 DC 출력전압 : $V_O = R_2 (I_B + I_{OS}) = 800 \times 10^3 \times 130 \times 10^{-9} = 104\ \text{mV}$

응용 11-17

[그림 11-53]의 반전 가산기에서 입력 바이어스 전류의 영향을 제거하기 위한 저항 R_4의 값을 구하라. $R_1 = 20\ \text{k}\Omega$, $R_2 = 40\ \text{k}\Omega$, $R_3 = 60\ \text{k}\Omega$, $R_F = 60\ \text{k}\Omega$이다.

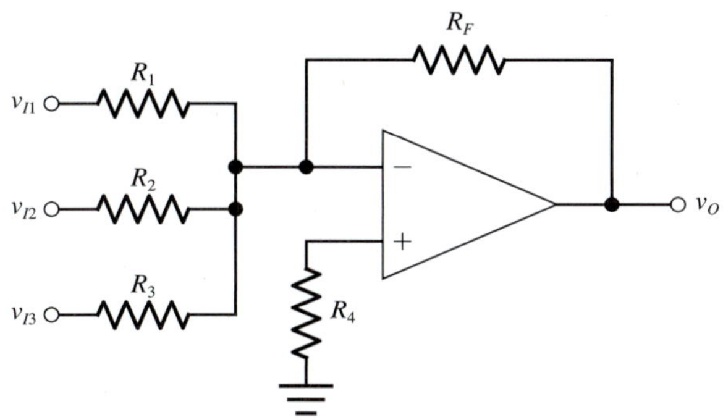

[그림 11-53] 3입력 반전 가산기

[정답 : 9.23 kΩ]

11.5 연산 증폭기 회로의 고장진단

회로가 기판에 실장된 후 전원과 입력신호를 인가하고 출력을 측정하였을 때, 회로가 정상적으로 동작하지 않는 경우가 있을 수 있다. 올바로 동작하지 않는 회로의 오동작 원인을 찾는 과정을 고장진단(troubleshooting)이라고 한다. 연산 증폭기 회로에서 이상적인 연산 증폭기를 가정하여 설계한 경우에, 측정된 출력이 설계사양과 다소 차이가 있을 수 있으며, 이는 연산 증폭기가 갖는 파라미터에 기인하는 오차이다. 그러나 전원과 입력신호가 올바로 인가된 상태에서 출력신호가 나오지 않거나 전혀 다른 신호가 측정되는 경우에는 연산 증폭기에 관한 지식과 경험을 토대로 고장의 원인과 위치를 찾아야 한다. 회로의 고장진단에서 가장 중요한 것은 전원과 입력신호가 올바로 인가되고 있는지를 확인하는 것이며, 두 번째로는 회로를 구성하는 부품들이 올바로 연결되었는지 즉, 소자간의 연결점에 접촉 불량이 없는지를 확인하는 것이고, 그 다음으로는 소자의 불량여부를 확인하는 것이다. 이 절에서는 기본적인 반전 및 비반전 증폭기의 고장진단에 대해 살펴본다.

11.5.1 비반전 증폭기 회로의 고장진단

[그림 11-54(a)]의 비반전 증폭기에 전원전압 $V_{CC}=\pm 10$ V와 $v_I=0.2\sin\omega t$를 인가한 상태에서 오실로스코우프로 출력전압을 측정하였다. 비반전 증폭기의 폐루프 이득은 $A_{CLO}=1+R_2/R_1=5$이므로, 회로가 정상 동작하는 경우의 출력은 $v_O=1.0\sin\omega t$가 될 것이다. 저항 $R_1=10$ kΩ, $R_2=40$ kΩ이 정확하게 사용되었다는 가정 하에 오동작에 대한 고장진단은 다음과 같다.

- **전원전압 근처로 포화된 구형파 형태의 신호가 출력되는 경우([그림 11-54(b)])**
  입력신호가 매우 큰 이득으로 증폭되었다고 판단할 수 있다. 따라서 연산 증폭기의 출력단자에서 반전단자로 귀환되는 경로 또는 저항 R_2가 개방되었다고 진단할 수 있다.

- **$v_O \simeq v_I$인 신호가 출력되는 경우([그림 11-54(c)])**
  폐루프 이득이 1인 전압 폴로어로 동작한 결과라고 판단할 수 있다. 따라서 연산 증폭기의 반전단자에서 접지사이의 경로 또는 저항 R_1이 개방되었다고 진단할 수 있다.

- **입력신호의 진폭을 증가시킴에 따라 출력신호의 한쪽이 포화되어 잘리는 경우([그림 11-54(d)])**
  DC 오프셋 전압의 영향이라고 판단할 수 있으므로, 연산 증폭기의 옵셋 제거 단자에 가변저항기가 올바로 연결되었는지 확인하고, 가변저항을 조정하여 옵셋 전압을 제거한다.

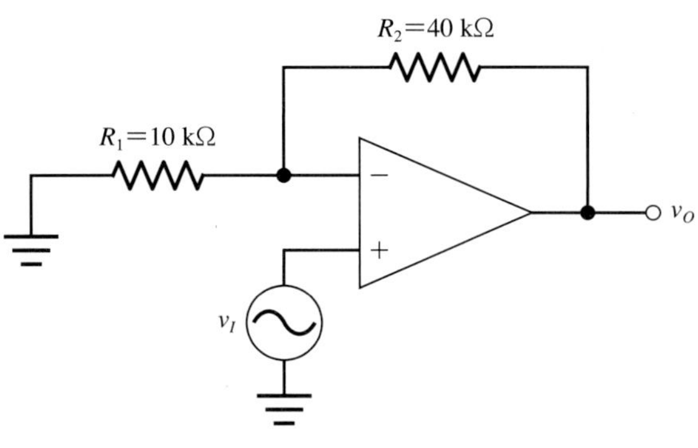

(a)

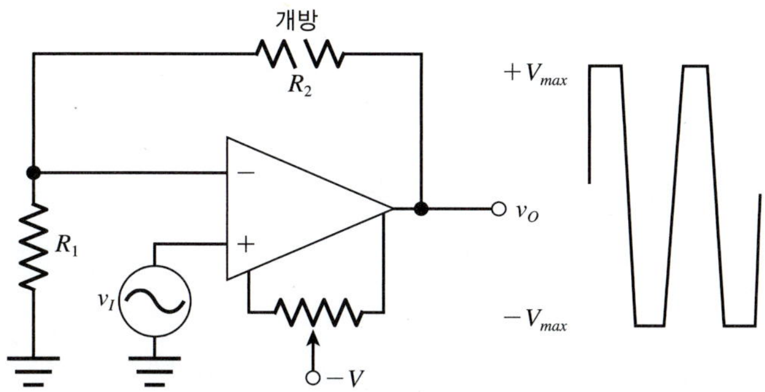

(b)

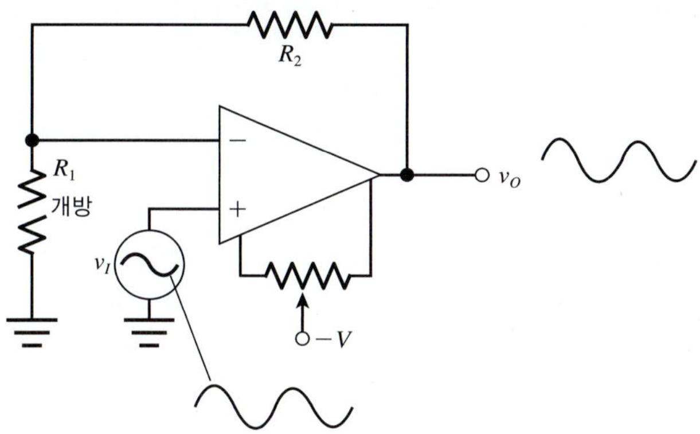

(c)

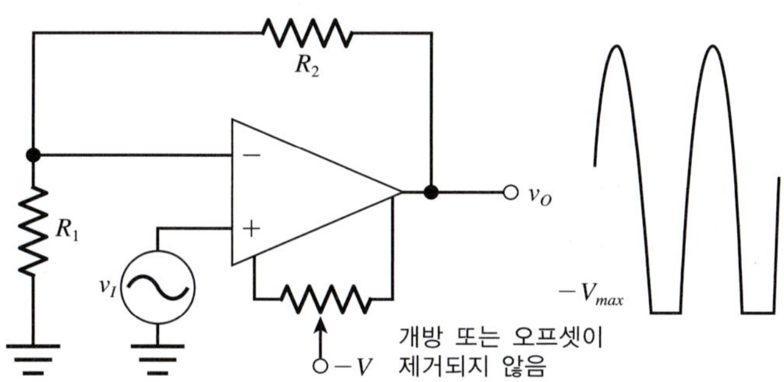

(d)

[그림 11-54] 비반전 증폭기의 고장진단

11.5.2 반전 증폭기 회로의 고장진단

[그림 11-55(a)]의 반전 증폭기에 전원전압 $V_{CC}=\pm 10$ V와 $v_I=0.2\sin\omega t$를 인가한 상태에서 오실로스코우프로 출력전압을 측정하였다. 반전 증폭기의 폐루프 이득은 $A_{CLO}=-R_2/R_1=-5$이므로, 회로가 정상 동작하는 경우의 출력은 $v_O=-1.0\sin\omega t$가 될 것이다. 저항 $R_1=10$ kΩ, $R_2=50$ kΩ이 정확하게 사용되었다는 가정 하에 오동작에 대한 고장진단은 다음과 같다.

- **전원전압 근처로 포화된 구형파 형태의 신호가 출력되는 경우([그림 11-55(b)])**
  입력신호가 매우 큰 이득으로 증폭되었다고 판단할 수 있다. 따라서 연산 증폭기의 출력단자에서 반전단자로 귀환되는 경로 또는 저항 R_2가 개방되었다고 진단할 수 있다.

- **$v_O \simeq 0$ V가 출력되는 경우([그림 11-55(c)])**
  입력신호가 올바로 인가되지 않고 있다고 판단할 수 있다. 따라서 연산 증폭기의 반전단자에서 입력신호 사이의 경로 또는 저항 R_1이 개방되었다고 진단할 수 있다.

- **입력신호의 진폭을 증가시킴에 따라 출력신호의 한쪽이 포화되어 잘리는 경우([그림 11-55(d)])**
  DC 오프셋 전압의 영향이라고 판단할 수 있으므로, 연산 증폭기의 옵셋 제거 단자에 가변저항기가 올바로 연결되었는지 확인하고, 가변저항을 조정하여 옵셋 전압을 제거한다.

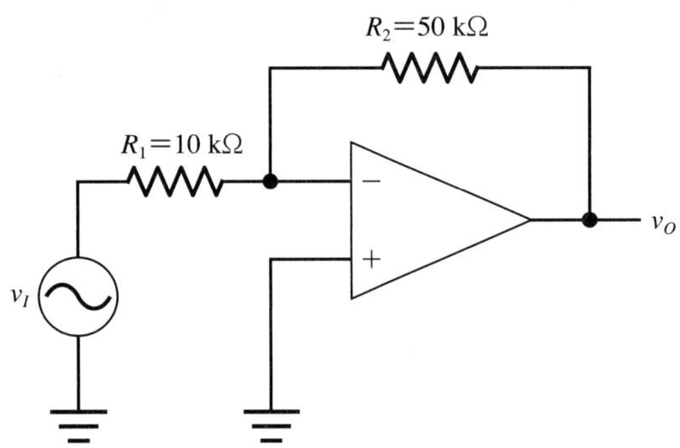

(a)

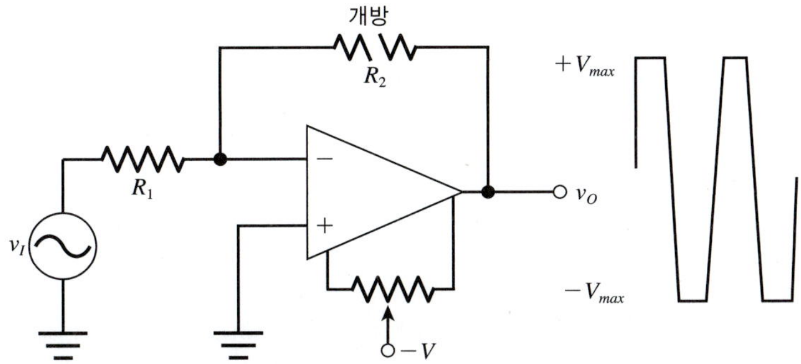

(b)

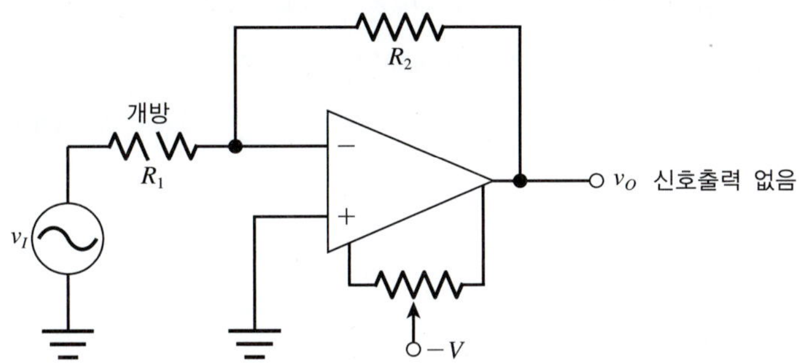

(c)

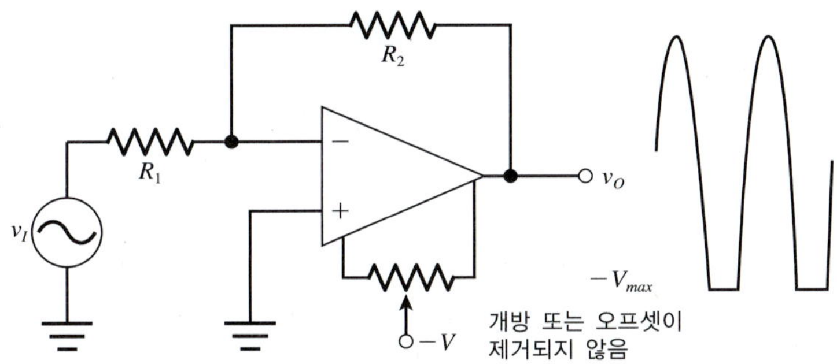

(d)

[그림 11-55] 반전 증폭기의 고장진단

11.6 응용회로 설계과제

지금까지 연산 증폭기의 특성과 다양한 응용회로에 대하여 살펴보았다. 이 장에서 설명된 내용을 적용하여 응용회로를 설계해 본다. 다음의 설계사양을 만족하는 회로를 설계하고, 부품을 실장하여 설계사양에 맞게 동작하는지 확인해 본다.

■ 설계 사양

- 회로의 기능 : thermistor가 포함된 브릿지 회로에서 출력되는 전압을 계측 증폭기로 증폭한 후, 디지털 신호로 변환하고, LED 또는 7-segment LED에 디스플레이한다. [그림 11-56]은 응용회로 설계과제의 예시 회로를 보이고 있다.
- Thermistor의 선택과 측정 온도의 범위 및 해상도는 설계자가 결정한다.
- 브릿지 회로를 이용하여 온도에 따른 thermistor의 저항 변화를 전압으로 변환한다.
- 브릿지 회로의 출력이 전원에 영향을 받지 않도록 적절한 기준전압회로(voltage reference circuit)을 사용한다.
- 브릿지 회로의 출력을 계측 증폭기를 사용하여 단일 출력전압으로 증폭한다.
- 계측 증폭기의 출력을 ADC 또는 비교기를 사용하여 디지털로 변환한다.
- 디지털 신호를 LED 또는 7-Segment에 표시한다.

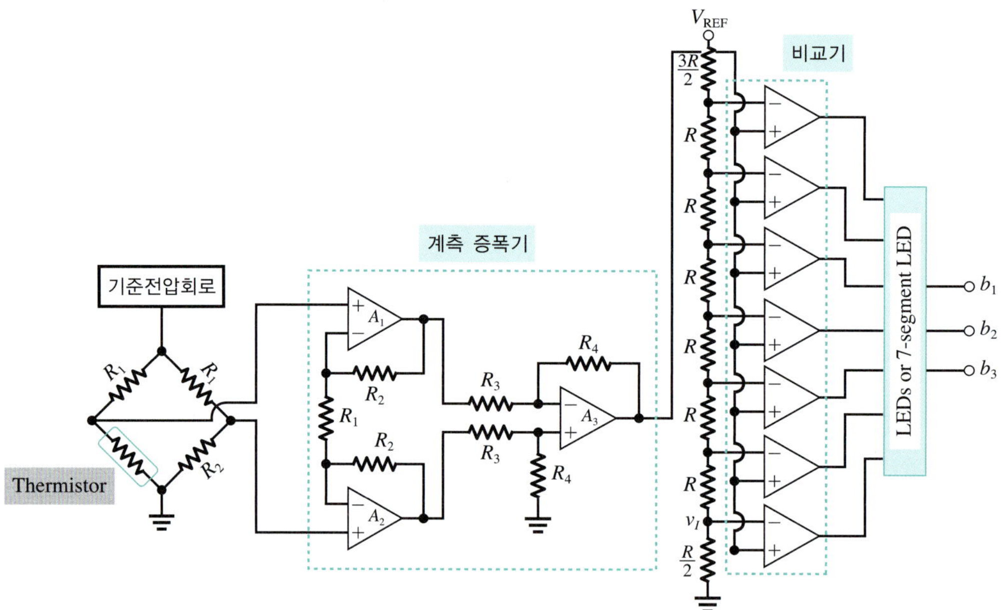

[그림 11-56] 설계과제의 회로

11.7 요약

■ **연산 증폭기** 반전 입력단자와 비반전 입력단자에 인가되는 신호의 차를 개방루프 이득(즉, 연산 증폭기의 자체 이득) 만큼 증폭하여 출력하는 차동입력 단일출력 전압 증폭기(differential-input single-ended-output voltage amplifier)이다.

■ **연산 증폭기의 내부 구조** ① 차동쌍(differential pair)으로 구성되어 반전단자와 비반전단자에 인가되는 입력의 차를 증폭하여 단일 출력을 만드는 차동 입력단, ② 차동단의 출력을 증폭하는 이득단, ③ 푸시풀 증폭기와 보호회로로 구성되는 출력단, ④ 푸시풀 증폭기의 교차왜곡을 제거하기 위한 레벨 시프터(level shifter)단, 그리고 ⑤ 전체 회로에 바이어스 전류를 공급하는 전류원 바이어스 회로 등으로 구성된다.

■ **이상적인 연산 증폭기의 특성** 개방루프 이득, 입력저항, 그리고 대역폭이 무한대이고, 입력 바이어스 전류와 출력저항이 0인 특성을 갖는다.

■ **가상단락** Virtual short 연산 증폭기의 두 입력단자 사이의 전압이 0에 가까워 두 단자가 단락(short)된 것처럼 보이지만, 두 단자에 흐르는 전류가 0인 특성을 가상단락이라고 한다.

■ **가상접지** Virtual short 연산 증폭기의 비반전단자를 접지시키고 반전단자에 부귀환을 걸면, 연산 증폭기 두 입력단자 사이의 가상단락 현상에 의해 반전단자가 접지된 것처럼 보는 현상을 가상접지라고 한다.

■ **연산 증폭기에 부귀환을 걸어 사용하는 이유** 연산 증폭기는 개방루프 이득이 매우 커서 매우 작은 입력전압에 대해 출력이 포화되므로, 부귀환을 걸어 폐루프 이득을 작게 만들면 선형으로 동작하는 범위가 넓어지게 된다.

■ **반전 증폭기** $A_v = -R_2/R_1$의 폐루프 이득을 가지며, 입력신호와 출력신호의 위상이 반전 관계를 갖는다. 신호원에서 반전 증폭기를 들여다 본 입력저항은 $R_i = R_1$이며, 폐루프 이득과 입력저항을 동시에 크게 하기 위해서는 귀환저항 R_2도 함께 커져야 한다.

■ **비반전 증폭기** $A_v = 1 + (R_2/R_1)$의 폐루프 이득을 가지며, 입력신호와 출력신호의 위상이 같다. 신호원에서 반전 증폭기를 들여다 본 입력저항은 $R_i \to \infty$로 이상적인 전압 증폭기의 입력저항 특성에 잘 부합된다.

■ **전압 폴로어** voltage follower $A_v = 1$인 비반전 증폭기의 특수한 경우이며, 입력저항이 무한대이고 출력저항은 0이므로, 임피던스 매칭용 버퍼의 이상적인 특성을 갖는다.

■ **차동 증폭기** difference amplifier 두 입력신호의 차를 증폭하며, $R_2/R_1 = R_4/R_3$인 경우에 $A_d = R_2/R_1$의 폐루프 차동이득을 갖는다. $R_{id} = 2R_1$의 차동입력저항을 가지며, 차동이득과 차동입력저항 사이에는 교환조건이 존재한다.

- **연산 증폭기의 개방루프 주파수 특성** 연산 증폭기는 유한한 개방루프 이득과 주파수 응답특성을 갖는다. 내부에 주파수 보상을 갖는 연산 증폭기의 개방루프 주파수 특성은 $A(s)=A_O/(1+s/\omega_h)$로 표현되며, A_O는 연산 증폭기의 개방루프 이득을 나타내고, ω_h는 개방루프 차단 주파수를 나타낸다.
- **비반전 증폭기의 주파수 응답특성** 저주파 폐루프 이득이 A_{CLO}이 비반전 증폭기의 대역폭은 $f_H=f_T/A_{CLO}$로 주어지며, f_T는 연산 증폭기의 단위이득 대역폭이다. 따라서 $A_{CLO}f_H=A_Of_h=f_T$의 관계가 성립하여 폐루프 이득과 대역폭 사이에는 교환조건이 존재한다.
- **반전 증폭기의 주파수 응답특성** 폐루프 이득이 $|A_{CLO}|\geq 10$이면, 비반전 증폭기와 동일하게 $|A_{CLO}|f_H=A_Of_h=f_T$을 적용할 수 있으며, 따라서 폐루프 이득과 대역폭 사이에는 교환조건이 존재한다.
- **슬루율** slew rate 단위시간당 출력전압 변화의 최댓값으로 정의되며, 진폭이 큰 신호가 출력되는 경우에 영향을 미치게 되며, 따라서 대신호 특성이라고 한다.
- **최대전력 대역폭** full-power bandwidth f_{FPBW} 연산 증폭기의 출력이 정격 출력전압일 때, 출력에 왜곡이 발생하는 임계 주파수를 의미하며, 소신호 대역폭 f_H에 비해 작은 값을 갖는다.
- **오프셋 전압** 연산 증폭기의 두 입력단자가 접지로 연결된 상태에서 발생되는 DC 출력전압을 0 V로 만들기 위해 개방루프 연산 증폭기에 인가되어야 하는 DC 전압으로서, 오프셋 전압을 0 V로 제거하지 않으면 이득이 큰 증폭기의 출력 스윙 범위가 작아진다.
- **입력 바이어스 전류** 두 입력단자로 흐르는 전류의 평균치로 정의되며, DC 출력전압을 유발한다.

Chapter_11 연습문제

11.1 [그림 11–11(a)]의 반전 증폭기 회로에서 입력신호가 0.5 V일 때, 출력은 9 V이다. R_2=12 kΩ인 경우, 저항 R_1은 얼마가 되어야 하는가? 단, 이상적인 연산 증폭기로 가정한다.

11.2 [그림 11–11(a)]의 반전 증폭기 회로에서 R_1=120 Ω이고 R_2=22 kΩ이다. 입력전압 v_I=50 mV에 대한 출력전압 v_O는 얼마인가? 단, 이상적인 연산 증폭기로 가정한다.

11.3 [그림 11–16(a)]의 비반전 증폭기 회로에서 입력신호가 120 mV일 때, 출력은 12 V이다. R_2=15 kΩ인 경우, 저항 R_1은 얼마가 되어야 하는가? 단, 이상적인 연산 증폭기로 가정한다.

11.4 [그림 11–16(a)]의 비반전 증폭기 회로에서 R_1=120 Ω이고 R_2=22 kΩ이다. 입력전압 v_I=75 mV에 대한 출력전압 v_O는 얼마인가? 단, 이상적인 연산 증폭기로 가정한다.

11.5 [그림 11–57] 회로에서 입력전압 v_I=3 V에 대한 출력전압 v_O는 얼마인가? 단, 연산 증폭기의 개방회로 이득은 $A_{od}=10^4$ V/V이다.

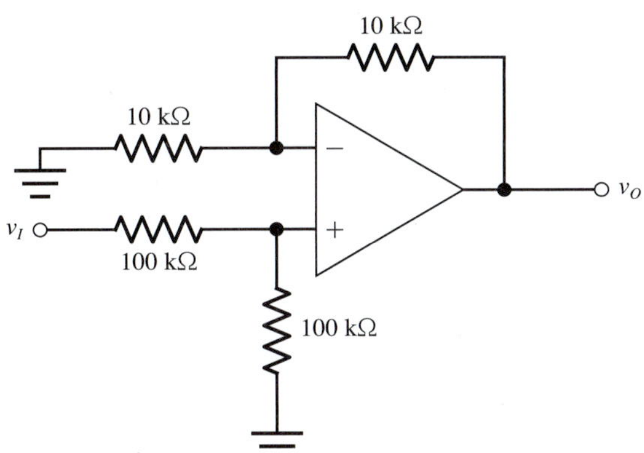

[그림 11–57]

11.6 [그림 11-58]의 T형 귀환회로를 갖는 반전 증폭기의 폐루프 이득 $A_v = v_O/v_I$를 구하라. 단, 이상적인 연산 증폭기로 가정한다.

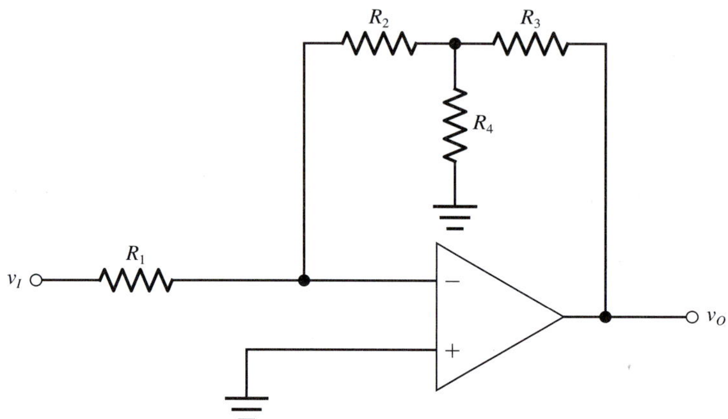

[그림 11-58]

11.7 [그림 11-59] 회로의 폐루프 이득 $A_v = v_O/v_I$를 구하고, [그림 11-58]의 회로에서 $R_1 = R_2 = R_3 = R_4$인 경우와 비교하라. 단, 이상적인 연산 증폭기로 가정한다.

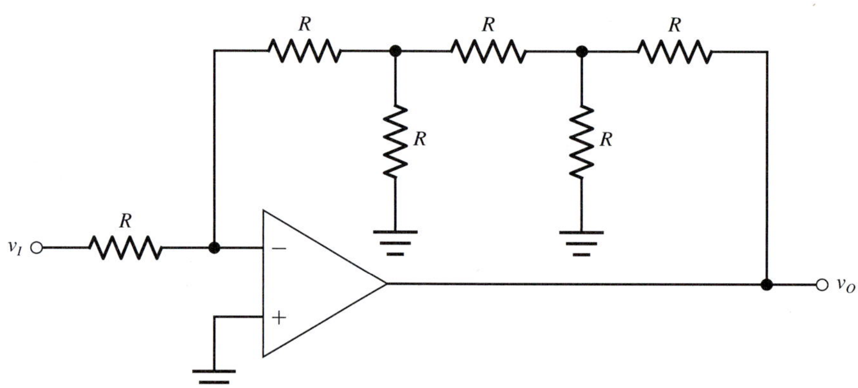

[그림 11-59]

11.8 [그림 11-60] 회로의 폐루프 이득 $A_v = v_O / v_I$를 구하라. 단, 이상적인 연산 증폭기로 가정한다.

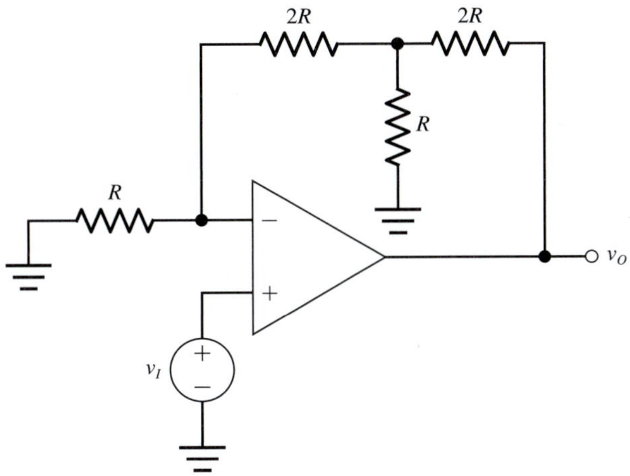

[그림 11-60]

11.9 [그림 11-24]의 차동 증폭기 회로에서 입력전압 $v_I = 2.5$ V, $v_{I2} = 2.6$ V일 때, 저항 R_1, R_2, R_3, R_4에 흐르는 전류와 출력전압 v_O를 구하라. 단, $R_1 = R_3 = 15\ \text{k}\Omega$, $R_2 = R_4 = 10R_1$이고, 이상적인 연산 증폭기로 가정한다.

11.10 [그림 11-61] 회로의 출력전압 v_O를 구하라. 단, 이상적인 연산 증폭기로 가정한다.

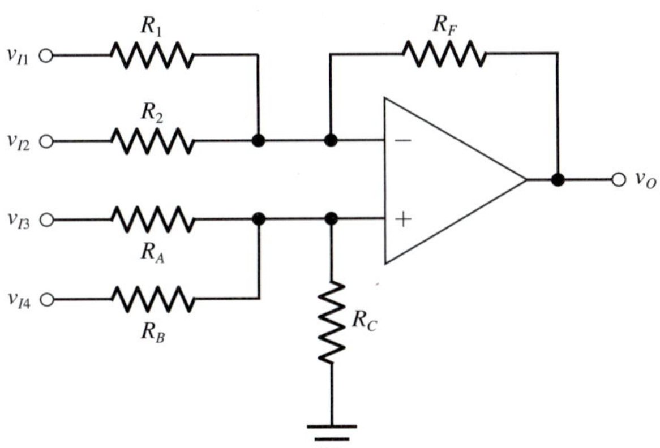

[그림 11-61]

11.11 [그림 11-61] 회로에서 출력전압이 $v_O = -(10v_{I1} + 4v_{I2}) + 5v_{I3} + 2v_{I4}$가 되도록 설계하라. 단, 이상적인 연산 증폭기로 가정한다.

11.12 [그림 11-62]는 전류-전압 변환기 회로이다. 입력전류 i_S와 출력전압 v_O 사이의 관계를 구하고, 입력저항 R_i를 구하라. 단, 이상적인 연산 증폭기로 가정한다.

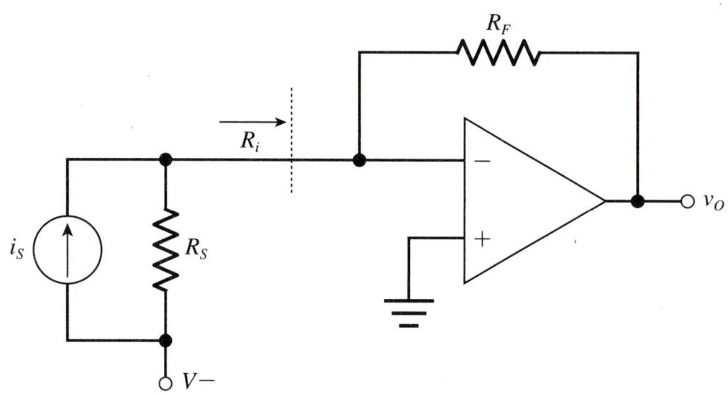

[그림 11-62]

11.13 [그림 11-63]은 전압-전류 변환기 회로이다. 입력전압 v_I와 출력전류 i_L 사이의 관계를 구하라. 단, 이상적인 연산 증폭기로 가정한다.

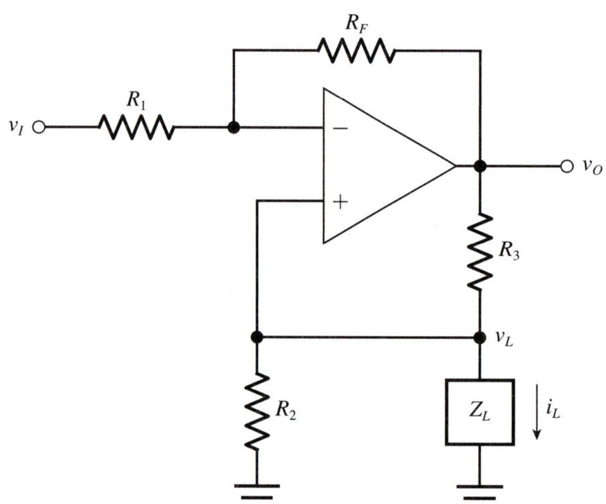

[그림 11-63]

11.14 [그림 11-64] 회로의 입력전압 v_I와 출력전압 v_O 사이의 관계를 구하라. 단, 이상적인 연산 증폭기로 가정한다.

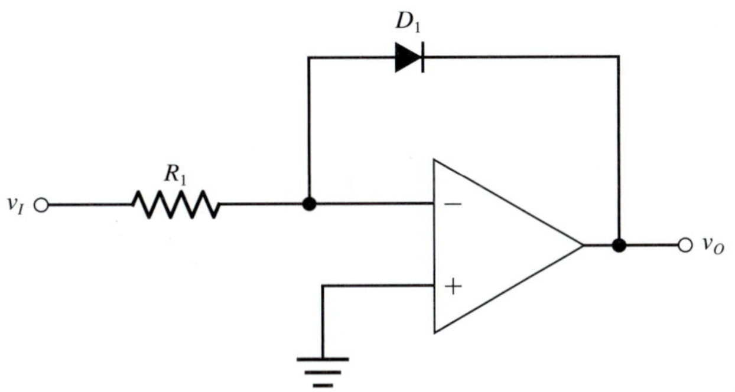

[그림 11-64]

11.15 [그림 11-65] 회로의 입력전압 v_I와 출력전압 v_O 사이의 관계를 구하라. 단, 이상적인 연산 증폭기로 가정한다.

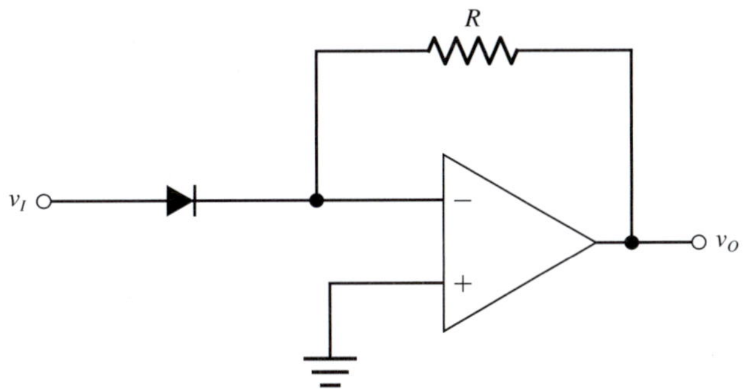

[그림 11-65]

11.16 [그림 11-66] 회로의 출력전압 v_O를 구하라. 단, 이상적인 연산 증폭기로 가정한다.

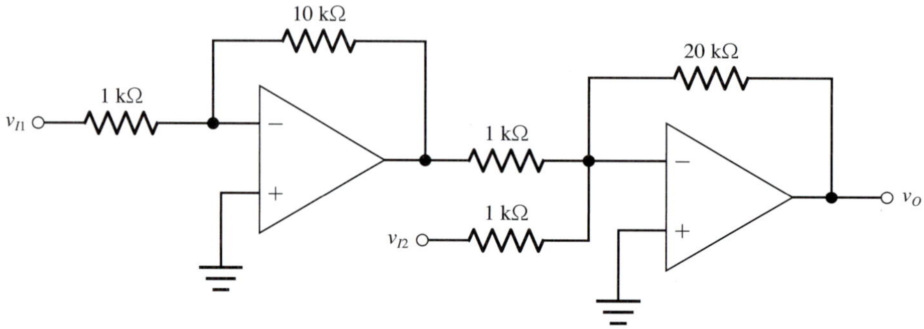

[그림 11-66]

11.17 [그림 11-67] 회로의 출력전압 v_{O1}과 v_{O2}의 관계를 구하라. 단, 이상적인 연산 증폭기로 가정한다.

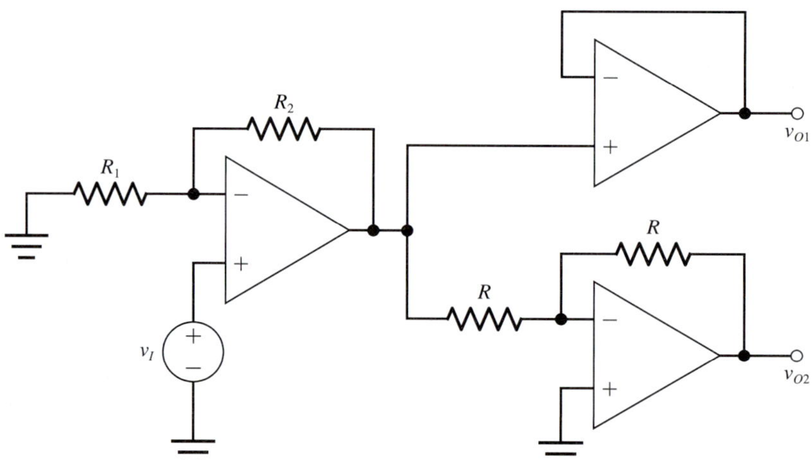

[그림 11-67]

11.18 [그림 11-68] 계측 증폭기 회로의 전압이득이 $A_v=V_o/V_i=900$ V/V이 되도록 설계하라. 입력신호의 진폭은 $V_i=10$ mV이고, 전원전압은 ±15 V이다. 연산 증폭기는 uA741을 사용하며, uA741의 입력 바이어스 전류는 $I_B=500$ nA이다.

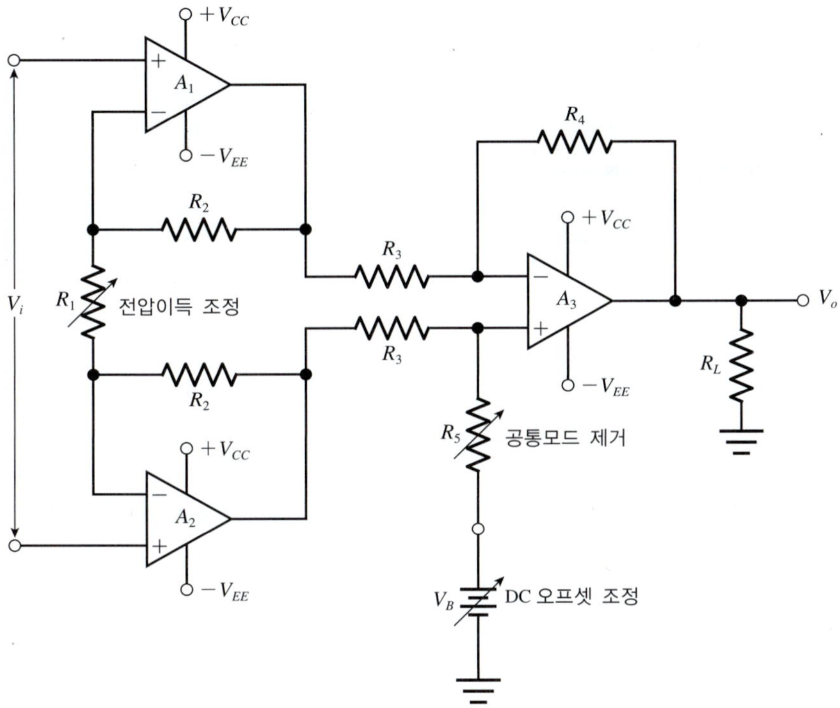

[그림 11-68]

11.19 [그림 11-69] 회로에 대해 i_Z, i_2, V_O를 구하라. 단, R_S=5 kΩ, R_1=10 kΩ, R_2=15 kΩ, V_S=10 V이고, 이상적인 연산 증폭기로 가정한다.

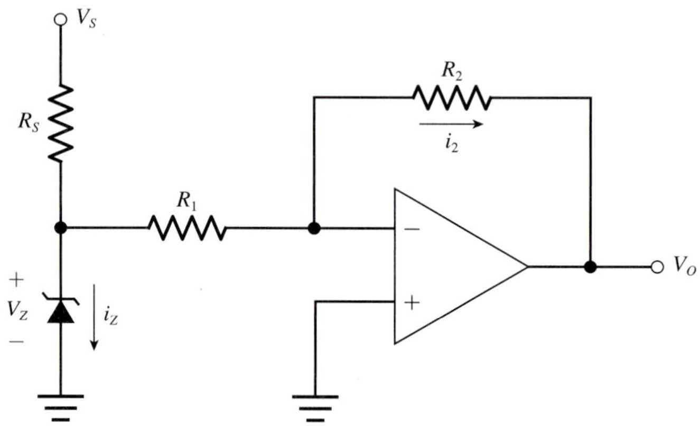

[그림 11-69]

11.20 [그림 11-70] 회로는 정밀 전압기준(voltage reference) 회로이다. V_O=9 V가 되도록 회로를 설계하라. 단, 전원전압은 V_{CC}=12 V, V_{EE}=−12 V이고, 연산 증폭기는 uA741을 사용하며, 제너다이오드의 제너전압은 V_Z=4.3 V이고, 전류는 I_Z=20 mA이다.

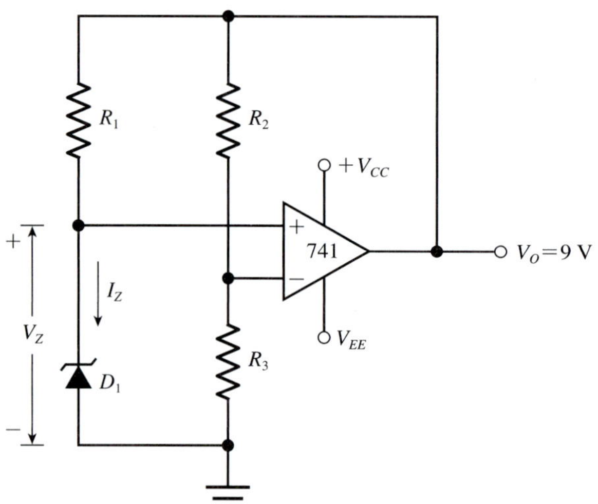

[그림 11-70]

11.21 [그림 11−29]의 반전 적분기 회로에 [그림 11−71]의 입력이 인가될 때, 출력전압 v_O의 파형을 그려라. 단, 적분시상수는 1 ms이고, 적분기의 출력은 0 V로 초기화되어 있다. 이상적인 연산 증폭기로 가정한다.

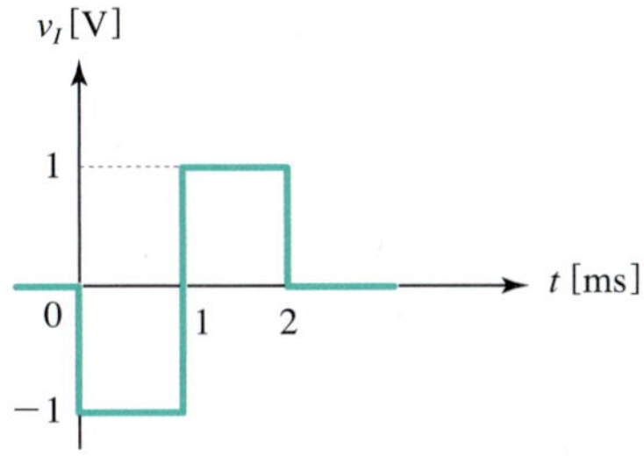

[그림 11−71]

11.22 [그림 11−29]의 반전 적분기 회로에 [그림 11−72]의 입력이 인가될 때, 출력전압 v_O의 파형을 그려라. 단, 적분시상수는 1 ms이고 적분기의 출력은 0 V로 초기화되어 있다. 이상적인 연산 증폭기로 가정한다.

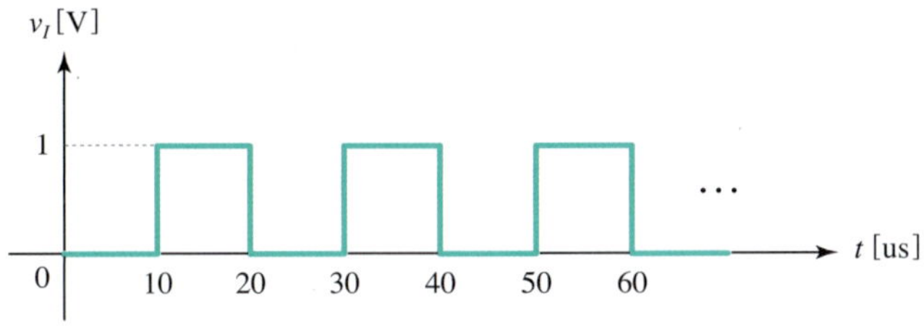

[그림 11−72]

11.23 [그림 11−73]의 미분기 회로에 그림과 같은 삼각파 입력이 인가되는 경우의 출력전압 v_O의 파형을 그려라. 단, 이상적인 연산 증폭기로 가정한다.

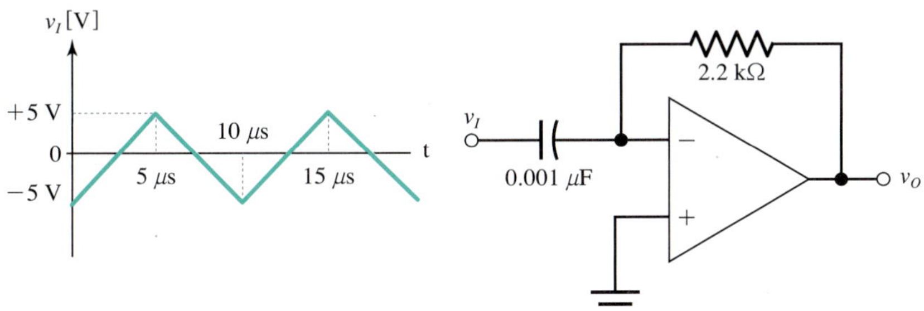

[그림 11−73]

11.24 [그림 11-74]의 회로에 정현파 입력이 인가되는 경우에, A, B, C점의 파형과 출력전압 v_O의 파형을 그려라.

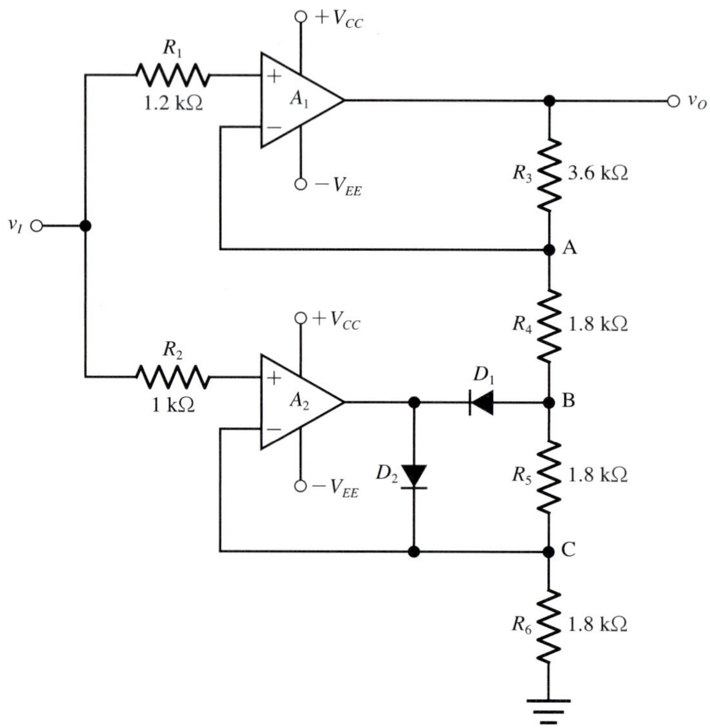

[그림 11-74]

11.25 폐루프 이득이 100 V/V인 비반전 증폭기의 상측 차단 주파수가 15 kHz이다. 동일한 연산 증폭기를 사용하여 대역폭이 $f_H=20$ kHz인 비반전 증폭기를 만드는 경우에 얻을 수 있는 최대 이득은 얼마인가?

11.26 [그림 11-43]의 반전 증폭기에서 $R_2/R_1=20$으로 설계되었으며, 연산 증폭기의 개방회로 이득은 10,000 V/V이고, 단위이득 주파수는 $f_T=10^6$ Hz이다. 반전 증폭기의 상측 차단 주파수 f_H를 구하라.

11.27 uA741 연산 증폭기를 사용하여 전압이득이 700 V/V이고 대역폭이 40 kHz인 증폭기를 설계하라. 단, uA741 연산 증폭기의 단위이득 대역폭은 $f_T = 1$ MHz이다.

11.28 uA741 연산 증폭기를 사용하여 출력전압이 $v_o = 500v_1 + v_2$이고 대역폭이 20 kHz인 증폭기를 설계하라. 단, uA741 연산 증폭기의 단위이득 대역폭은 $f_T = 1$ MHz이다.

11.29 uA741 연산 증폭기를 이용한 전압 폴로어에 대해 답하라. (a) 출력 정현파 진폭이 5 V인 경우에 슬루율 제한 차단 주파수를 구하라. (b) 전압 폴로어가 800 kHz의 단위이득 차단 주파수로 동작할 수 있는 출력 정현파의 최대 진폭을 구하라. 단, uA741 연산 증폭기의 슬루율은 SR = 0.5 V/μs이다.

11.30 연산 증폭기를 이용한 전압 폴로어에 [그림 11-75]와 같은 삼각파가 인가되는 경우에, 출력이 왜곡되지 않을 삼각파의 최대 주파수는 얼마인가? 단, 연산 증폭기의 슬루율은 SR = 8 V/μs이다.

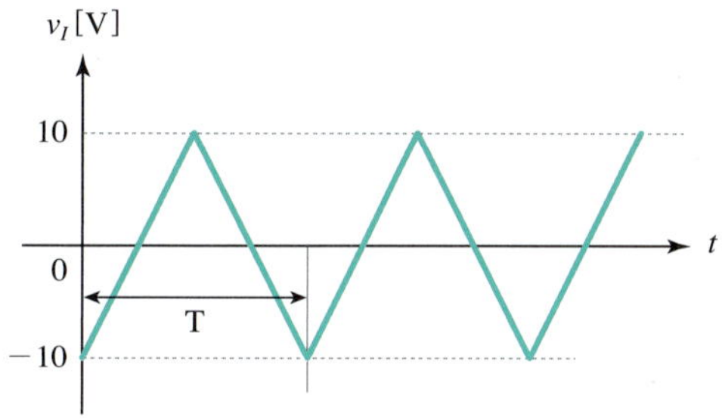

[그림 11-75]

현/장/의 목/소/리 #04

마스터 엔지니어가 되자

글. **김상일** _전임연구원, 쎄트렉아이

'인공위성' 은 뭔가 있어 보이기도 하고 어려워 보이기도 하는 묘한 느낌을 가진 단어이다. 필자가 이 회사에 지원한 것도 Digital HW 분야에 관심이 있었기 때문이지 인공위성에 무언가를 해보고 싶다는 생각이 아니었기 때문에 처음에는 약간의 두려움도 있었다. 지금은 누구보다도 이 분야에 매력을 느끼며 일을 하고 있지만 말이다.

계속 배우면서 도전하라

입사 후 1년이 채 되지 않았을 때 별센서 개발이라는 업무를 시작하였다. 별센서는 위성의 자세를 결정하는 가장 정밀한 센서이다. 이름 그대로 하늘의 별을 관측하고 관측된 별을 이용하여 현재 자신의 위치를 위성 메인 컴퓨터에 전송한다. 쉽게 생각하면 옛날 뱃사람들이 별자리를 보고 위치를 찾는 것과 같다. 우리는 그보다 좀 더 현대적인 방법으로 위치를 찾는다고 보면 된다.

• 별센서(Figure 1 Star Tracker)

하지만 대학교를 갓 졸업하고 실무를 많이 경험하지 않은 나에게 별센서는 이름만 멋져 보였지 결코 만만한 상대는 아니었다. 별센서는 이름만 센서이지 사실은 광학시스템이라고 봐도 무방하다. 결국 렌즈를 통과해 들어온 별이미지가 CCD에 맺혀야 하기 때문이다. 그래서 가장 먼저 CCD부터 공부하기 시작하였다. 주변회로를 이해하고 동작 특성을 분석하고 FPGA 코드(code)를 이용하여 시뮬레이션 작업을 수행하였다.

그리고 이제 어느 정도 CCD는 이렇게 사용해야 하는구나! 라고 생각할 틈도 없이 DSP를 공부해야 했다. 별센서는 광학계를 통해 이미지만 전송하는 것이 아니라 전송 받은 이미지를 이용하여 현재 자기 자신의 자세를 결정해야 하기 때문에 내부에서 수학적 계산을 위해 DSP를 사용한다. 물론 필자와 같은 HW 엔지니어가 DSP 내부 알고리즘 코드를 작성하지는 않지만 그래도 DSP를 통한 외부 메모리 액세스(access), 통신 코드 등은 처리할 수 있어야 했다. 또다시 공부가 시작되었다. 게다가 CCD와 같이 어느 정도 전자적인 베이스(base)가 아니라 SW적인 마인드가 필요했기 때문에 가장 힘들었던 때이기도 하였다.

넓고 다양한 지식을 습득하라

그다지 커 보이지 않는 별센서라는 시스템에도 CCD, FPGA, DSP 등 다양한 분야의 지식이 필요하고 이용된다. 필자가 학교에 다닐 때 실수했던 부분이 어느 하나의 디바이스(device)를 이용하여 한 가지 시스템만 만든 것이다. 다른 시스템을 배우려고 하지 않았고 새로운 것에 대한 막연한 어려움이 마음 속에 있었다.

하지만 위에서 애기했듯이 HW 엔지니어의 역할을 하기 위해서는 좀 더 넓고 다양한 분야의 지식을 빨리 경험해 보고 습득하는 것이, 나중에 사회에 나오거나 혹은 진학을 했을 때에도 자신의 무기가 되어줄 것이다. 처음부터 완벽할 수는 없다. 어렵지만 차근차근 시작해 보자. 여러 디바이스를 계속 접해나가다 보면 어느 순간 마스터 엔지니어가 되어 있는 자신을 발견할 수 있을 것이다. 물론 필자도 현재 진행형이다.

Chapter 12

응용회로

학습목표

- 발진의 기본 개념과 정현파 발진기 회로를 살펴본다.
- 연산 증폭기를 이용한 슈미트 트리거 회로의 동작원리와 특성을 이해한다.
- 구형파, 삼각파 등 비정현파 발생 회로의 동작과 특성을 배운다.
- 555 타이머 IC를 이용한 구형파 및 펄스 발생기의 동작과 특성을 이해한다.
- 레귤레이터를 이용한 전압 안정회로의 동작과 특성을 이해한다.

3장에서 11장까지 다룬 내용들은 모두 증폭기와 관련이 있다. BJT와 FET, 연산 증폭기를 이용한 여러 가지 증폭기들의 구성과 특성, 부귀환에 의한 특성 개선 및 안정도 판별 등을 살펴보았다. 마지막 12장에서는 증폭기 범주에 속하지 않는 다양한 아날로그 응용회로들에 대해 설명한다.

일반적으로 증폭기에서는 부귀환(negative feedback)을 이용하여 둔감도 증가, 임피던스 조정, 대역폭 확대 등의 특성을 개선한다. 그러나 외부의 입력신호 없이 회로 자체의 동작에 의해 특정 주파수의 신호(정현파, 구형파, 삼각파, 톱니파)를 생성하는 발진기(oscillator) 또는 파형 발생기 회로는 정귀환(positive feedback)을 갖도록 구성된다. 정귀환은 9장에서 설명된 부귀환의 반대 개념으로 정현파 발진기와 슈미트 트리거(Schmitt trigger)의 핵심 동작원리가 된다. 12.1절에서는 정귀환을 이용한 바르크하우젠(Barkhausen) 발진조건과 다양한 정현파 발진기 회로를 설명하고, 12.2절에서는 연산 증폭기에 정귀환을 걸어 이력(Hysteresis) 특성을 갖도록 만든 슈미트 트리거와 구형파 및 펄스 발생기 응용회로에 대해 설명한다. 12.3절에서는 구형파 발생기와 타이밍 회로에 폭넓게 사용되는 555 타이머 IC와 다양한 응용회로를 설명하고, 12.4절에서는 안정화되지 않은 전원전압으로부터 안정화된 DC 전압을 부하에 공급하는 전압 레귤레이터(voltage regulator) 소자와 전원회로에 대해 설명한다.

이 장에서 설명되는 회로들 이외에도 아날로그 필터, 변조기와 복조기, 아날로그-디지털 변환기(ADC), 디지털-아날로그 변환기(DAC) 등 다양한 응용회로들이 존재한다. 이 책에서 설명한 내용을 기초로 다양한 응용회로를 추가적으로 학습하기 바란다.

12.1 정현파 발진기

발진기(oscillator)는 전원이 인가된 상태에서 외부의 입력신호 없이 회로 자체의 동작에 의해 특정 주파수의 신호를 생성하는 회로이다. 귀환 증폭기를 구성하는 귀환회로에 주파수 특성을 갖는 커패시터나 인덕터 등의 소자를 포함시키면, 특정 주파수에서 루프 이득이 정확하게 -1이 되는 정귀환(positive feedback)이 걸리게 되어 정현파가 발생되며, 이와 같이 공진(resonance) 현상을 이용하는 발진회로를 선형 발진기(linear oscillator)라고 한다. 정현파 발진기는 귀환회로에 저항과 커패시터를 사용하는 RC 발진기, 커패시터와 인덕터를 사용하는 LC 동조(tuned) 발진기로 구분된다. RC 발진기는 수십 Hz에서 수 MHz 범위의 정현파를 생성할 수 있으며, LC 동조 발진기는 수백 MHz까지의 정현파를 생성할 수 있다. 이 절에서는 정현파 발진 조건을 알아보고, RC 발진기와 LC 동조 발진기의 구성과 특성을 이해한다.

12.1.1 발진 조건

정현파 발진기는 9장에서 설명된 귀환 증폭기와 동일한 구조를 가지며, 귀환회로에 커패시터나 인덕터 등의 소자를 포함시켜 정귀환에 의해 발진조건이 만족되도록 하는 점이 다르다. 9장의 부귀환 증폭기에서는 증폭기 동작의 안정성을 위해 동작 주파수 범위에서 정귀환이 발생되지 않도록 하는 것이 중요했던 반면에, 이 절에서 설명되는 발진기 회로는 정귀환을 만들어 발진조건을 만족시키는 것이 중요하다.

[그림 12-1]은 정현파 발진기의 기본적인 구조를 보이고 있으며, 기본 증폭기와 주파수 선택적 특성을 갖는 귀환회로, 그리고 출력을 샘플링하는 부분으로 구성된다. 기본 증폭기를 통해 증폭된 출력신호 X_o는 주파수 선택적 특성을 갖는 귀환회로를 통해 기본 증폭기의 입력 쪽으로 귀환되며, 실제의 발진기 회로에서는 외부의 입력신호는 인가되지 않는다. 9장에서 설명된 귀환 증폭기의 폐루프 이득을 이용하여 발진 조건을 유도해 본다.

[그림 12-1]로부터 귀환 증폭기의 폐루프 이득은 다음과 같으며,

$$A_f(s)=\frac{A(s)}{1+A(s)\beta(s)}=\frac{A(s)}{1+L(s)} \tag{12.1}$$

여기서 $A(s)$는 기본 증폭기의 이득을 나타내고, $\beta(s)$는 귀환회로의 귀환율을 나타낸다. 9장에서는 귀환회로가 저항소자로만 구성되었으나, 발진기 회로에서는 정귀환을 만들기 위해 주파수 선택적 특성을 갖는 소자들로 구성되므로, $\beta(s)$로 표현됨에 주목한다.

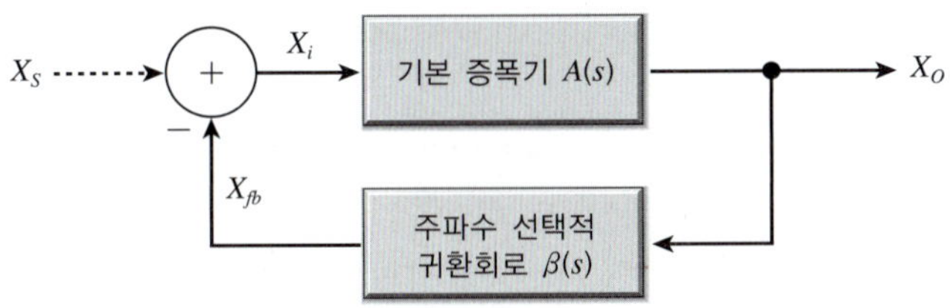

[그림 12-1] 정현파 발진기의 기본 구조

식 (12.1)로부터 루프 이득 $L(s)$가 특정 주파수 ω_o에서 식 (12.2)의 조건을 만족하면, 전체 귀환 증폭기의 폐루프 이득은 ∞가 된다.

$$L(j\omega_0)=A(j\omega_0)\beta(j\omega_0)=-1 \tag{12.2}$$

폐루프 이득이 무한대가 된다는 것은 외부의 입력신호 없이도 출력이 생성됨을 의미하며, 이때의 특정 주파수 ω_0를 발진 주파수라고 한다. 식 (12.2)를 **바르크하우젠의 발진조건**이라고 한다.

식 (12.2)의 조건을 루프 이득의 크기와 위상으로 나누어 다시 표현하면 다음과 같다.

$$|L(j\omega_0)|=1 \tag{12.3a}$$

$$\angle L(j\omega_0)=-180^\circ \tag{12.3b}$$

여기서 한 가지 주목해야 할 사실이 있다. [그림 12-1]에서 귀환신호 X_{fb}가 기본 증폭기의 입력으로 되돌아 올 때 음(−)의 부호를 가지고 있으므로, 식 (12.3b)에 주어진 루프 이득의 위상 -180°를 함께 고려하면, 기본 증폭기와 귀환회로의 폐루프를 거치면서 신호 X_i가 받는 총 위상이동은 360°가 된다는 것이다. 따라서 식 (12.3)이 나타내는 물리적인 의미는, **신호 X_i가 기본 증폭기와 귀환회로의 폐루프를 통해 귀환신호 X_{fb}로 귀환될 때, 원래 기본 증폭기의 입력신호 X_i와 X_{fb}가 크기와 위상이 정확하게 같아지는 조건**을 나타내며, 이는 **외부의 입력신호 없이도 출력 X_o가 지속적으로 발생되어 발진할 수 있음을 의미한다.** 식 (12.3)이 내포하는 의미를 다르게 해석하면, 이득교차 각주파수와 위상교차 각주파수가 ω_o로 동일한 값이고, 또한 위상여유 $\phi_M=0$이 되는 주파수가 발진 주파수 ω_o이다(이득교차 각주파수, 위상교차 각주파수, 그리고 위상여유 등은 9.3.2절을 참조하기 바란다). [그림 12-1]에서 외부 입력 $X_s=0$일 때 $X_i=-X_{fb}=-\beta X_o$이면, $X_o=AX_i=-A\beta X_o$이므로, $A\beta=-1$이 되어 식 (12.2)의 바르크하우젠의 발진조건이 만족됨을 확인할 수 있다.

12.1.2 RC 발진기

RC 발진기는 저항 R과 커패시터 C로 구성되는 귀환회로의 주파수 선택적 특성에 의해 발진 주파수 ω_o에서 식 (12.3b)의 발진조건이 만족되어 정현파를 생성하는 회로이다. 기본 증폭기는 발진신호의 진폭을 일정하게 유지시켜 식 (12.3a)의 조건이 만족되도록 이득을 제공한다. 대표적인 RC 발진기인 위상이동 발진기와 빈 브릿지(Wien bridge) 발진기의 회로구조와 동작특성을 살펴본다.

위상이동 발진기

[그림 12-2]는 연산 증폭기를 이용한 위상이동(phase-shift) 발진기 회로이며, 이득이 $-R_F/R$인 반전 증폭기와 위상이동 RC 귀환회로로 구성된다. 위상이동 귀환회로는 커패시터 C와 저항 R의 3단 연결로 구성되며, 반전 증폭기의 출력 v_O를 -180° 만큼 위상이동 시키는 역할을 한다.

반전 증폭기에 의한 $-180°$의 위상이동과 RC 귀환회로에 의한 $-180°$의 위상이동에 의해 폐루프의 위상이동이 정확하게 $-360°$가 되어 식 (12.3b)의 조건이 만족되고, 반전 증폭기의 이득 $-R_F/R$에 의해 식 (12.3a)의 조건이 만족되면 발진이 일어나게 된다. [그림 12-2]의 회로에서 반전 증폭기의 반전 입력단자는 가상접지되므로(11.1.3절 참조), 저항 $R_1=R$은 위상이동 귀환회로와 반전 증폭기에 공통으로 사용된다.

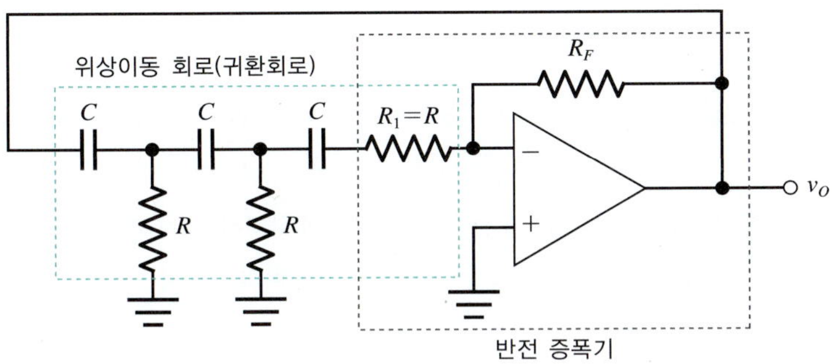

[그림 12-2] 위상이동 발진기

[그림 12-2] 회로의 루프 이득은 식 (12.4)와 같이 주어진다(수식의 유도는 다소 복잡한 과정을 거치므로 생략한다).

$$L(j\omega)=\frac{R_F}{R}\frac{-j(\omega RC)^3}{[1-6(\omega RC)^2]+j(\omega RC)[5-(\omega RC)^2]} \tag{12.4}$$

식 (12.4)가 식 (12.2)의 발진조건을 만족하기 위해서는, 발진 주파수 $\omega=\omega_o$에서 식 (12.4)의 분모의 실수부분(즉, $[1-6(\omega RC)^2]$)이 0이 되어야 한다. 이 조건으로부터 발진 주파수 f_o는 식 (12.5)와 같이 되며, 저항 R과 커패시터 C의 값을 변경하여 발진 주파수를 조정할 수 있다.

$$f_o=\frac{\omega_o}{2\pi}=\frac{1}{2\pi\sqrt{6}RC} \tag{12.5}$$

식 (12.5)를 식 (12.4)에 대입하면 발진을 지속하기 위한 반전 증폭기의 이득 조건은 다음과 같이 된다.

$$\frac{R_F}{R}=29 \tag{12.6}$$

식 (12.6)은 RC 귀환회로의 신호감쇄를 보상하여 일정한 진폭의 정현파가 발생되도록 하기 위해 필요한 증폭기의 이득 조건을 나타내며, 실제 회로에서 발진이 시작되기 위해서는 29보다 약간 (3% 정도) 큰 이득을 필요로 한다.

예제 12-1

[그림 12-2]의 위상이동 발진기의 발진 주파수와 발진을 지속하기 위해 필요한 저항 R_F의 값을 구하라. 단, $R=10\ \text{k}\Omega$, $C=20\ \text{nF}$이고, 연산 증폭기의 전원전압은 $\pm V_{CC}=\pm 5\ \text{V}$이다.

풀이

식 (12.5)로부터 발진 주파수는,

$$f_o=\frac{1}{2\pi\sqrt{6}RC}=\frac{1}{2\pi\sqrt{6}\times 2\times 10^{-4}}=324.87\ \text{Hz}$$

식 (12.6)으로부터 $R_F=29R=290\ \text{k}\Omega$이 되며, 실제 경우에 발진시키기 위해 $R_F=300\ \text{k}\Omega$을 사용하면 된다.

[그림 12-3]은 [예제 12-1]의 소자값과 $R_F=300\ \text{k}\Omega$을 사용하여 시뮬레이션한 결과이다. [그림 12-3(a)]에서 보는 바와 같이 발진이 안정화되기까지 약 2초의 시간이 소요되며, 그 이후에 전원전압 $\pm V_{CC}=\pm 5\ \text{V}$에 가까운 진폭의 정현파가 발진되는 것을 볼 수 있다. [그림 12-3(b)]는 발진된 정현파를 확대한 것이며, 정현파의 주기는 약 3.2 ms이고, 발진 주파수는 $f_o=312.5\ \text{Hz}$가 되어 식 (12.5)에 의해 계산된 결과와 유사함을 확인할 수 있다.

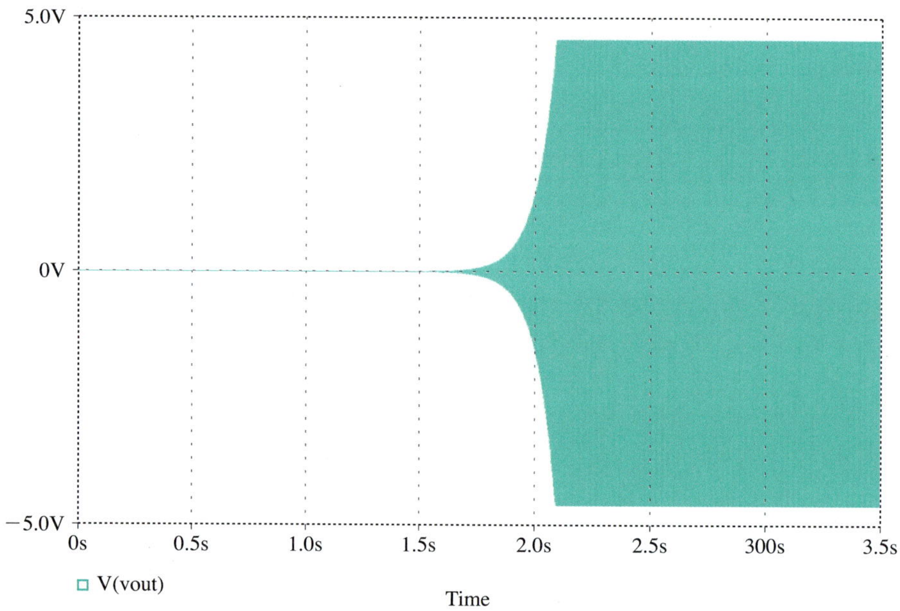

(a) 시뮬레이션 결과

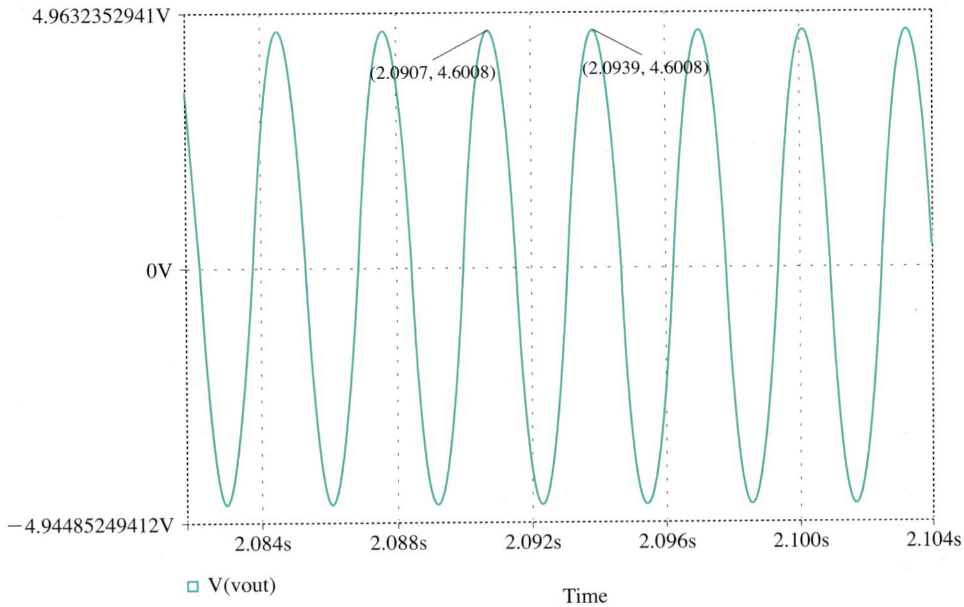

(b) (a)의 확대 파형

[그림 12-3] [예제 12-1]의 시뮬레이션 결과

응용 12-1

[그림 12-2]의 위상이동 발진기에서 $f_o = 1$ kHz의 정현파가 발진되도록 저항 R과 R_F의 값을 구하라. 단, $C = 5.6$ nF을 사용한다.

[정답 : $R = 11.6$ kΩ, 식 (12.6)에 의한 계산값은 $R_F = 336.48$ kΩ이나 실제로는 발진의 시작을 위해 $R_F \simeq 348$ kΩ을 사용한다.]

빈 브릿지 발진기

[그림 12-4(a)]는 연산 증폭기를 이용한 빈 브릿지(Wien bridge) 발진기 회로이다. 이득이 $1 + (R_2/R_1)$인 비반전 증폭기와 RC 귀환회로로 구성되며 저항 R_1, R_2와 RC 귀환회로는 [그림 12-4(b)]와 같이 평형 브릿지 구조를 형성하고 있다. 저항 R_1, R_2는 부귀환을 형성하고 있으며, RC 귀환회로는 정귀환을 형성하고 있다. 비반전 증폭기의 위상이동은 $0°$이며, 귀환회로도 $0°$의 위상이동을 제공한다. 따라서 폐루프의 총 위상이동이 $0°$가 되어 식 (12.3b)의 발진조건이 만족되며, 비반전 증폭기의 이득에 의해 식 (12.3a)의 조건이 만족되면 발진이 일어난다.

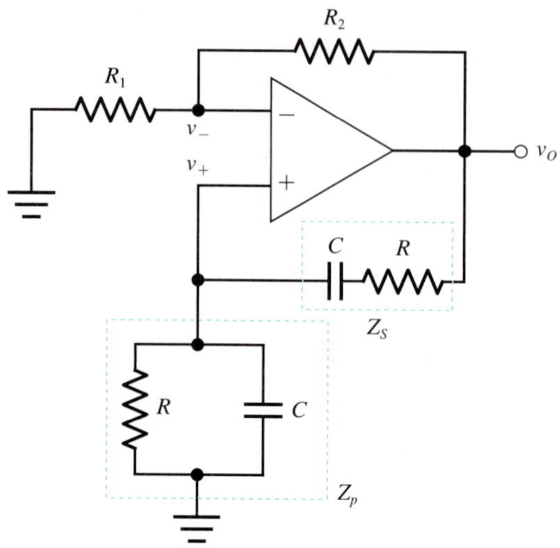

(a) 회로도

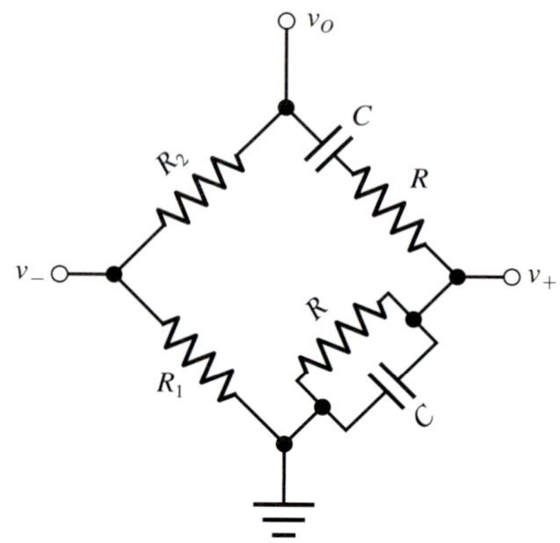

(b) 브릿지 등가회로

[그림 12-4] 빈 브릿지 발진기 회로

[그림 12-4(a)] 회로의 루프 이득은 귀환회로의 전달함수와 비반전 증폭기 이득의 곱으로 식 (12.7)과 같이 주어지며,

$$L(s)=\left(\frac{Z_p}{Z_p+Z_s}\right)\left(1+\frac{R_2}{R_1}\right) \tag{12.7}$$

여기서 $Z_p=R\parallel(1/sC)$이고, $Z_s=R+(1/sC)$이다. $s=j\omega$와 Z_p, Z_s를 식 (12.7)에 대입하여 정리하면 다음과 같다.

$$L(j\omega)=\left(1+\frac{R_2}{R_1}\right)\left[\frac{1}{3+j(\omega RC-1/\omega RC)}\right] \tag{12.8}$$

[그림 12-4(a)]의 회로는 RC 귀환회로가 비반전단자로 연결되는 정귀환을 가지므로, 발진조건은 $L(j\omega_o)=1$이 되며, 따라서 발진 주파수 ω_o에서 다음 조건이 만족되어야 한다.

$$\omega_o RC-\frac{1}{\omega_o RC}=0 \tag{12.9}$$

식 (12.9)로부터 빈 브릿지 발진기의 발진 주파수 f_o는 식 (12.10)과 같으며, 저항 R과 커패시터 C의 값을 변경하여 발진 주파수를 조정할 수 있다.

$$f_o=\frac{\omega_o}{2\pi}=\frac{1}{2\pi RC} \tag{12.10}$$

식 (12.9)를 식 (12.8)에 대입하여 $L(j\omega_o)=1$이 되도록 하면, 발진을 지속하기 위한 이득 조건은 식 (12.11)과 같이 된다.

$$\frac{R_2}{R_1}=2 \tag{12.11}$$

식 (12.11)은 RC 귀환회로의 신호감쇄를 보상하여 일정한 진폭의 정현파가 발생되도록 하기 위한 증폭기의 이득을 나타내며, 실제 회로에서 발진이 시작되기 위해서는 2보다 약간 큰 이득을 필요로 한다.

예제 12-2

[그림 12-4(a)]의 빈 브릿지 발진기의 발진 주파수를 구하라. 단, $R=10$ kΩ, $C=20$ nF이고, $R_1=10$ kΩ, $R_2=20.3$ kΩ이고, 연산 증폭기의 전원전압은 $\pm V_{CC}=\pm 5$ V이다.

풀이

식 (12.10)으로부터 발진 주파수는,

$$f_o=\frac{1}{2\pi RC}=\frac{1}{2\pi\times 2\times 10^{-4}}=795.77\ \text{Hz}$$

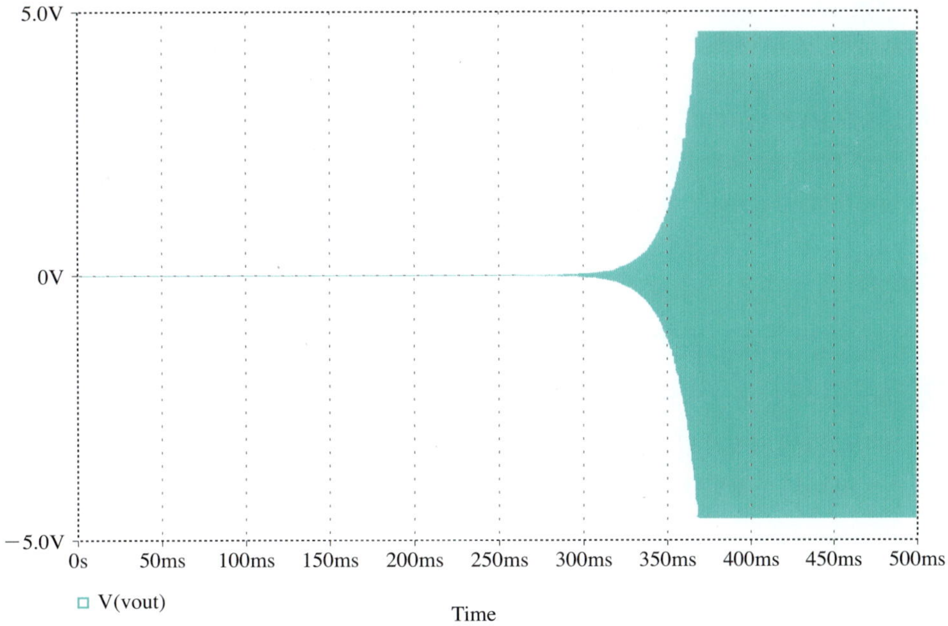

(a) 시뮬레이션 결과

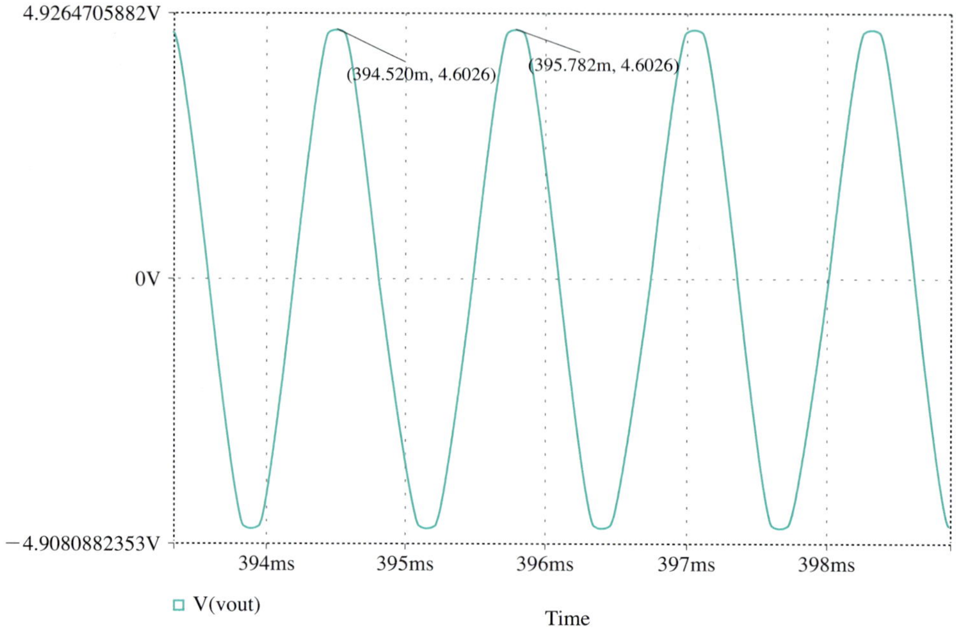

(b) (a)의 확대 파형

[그림 12-5] [예제 12-2]의 시뮬레이션 결과

[그림 12-5]는 [예제 12-2]의 시뮬레이션 결과이다. [그림 12-5(a)]에서 보는 바와 같이, 발진이 안정화되기까지 약 370 ms의 시간이 소요되며, 그 이후에 전원전압 $\pm V_{CC}=\pm 5$ V에 가까운 진폭을 갖는 정현파가 발진되는 것을 볼 수 있다. [그림 12-5(b)]는 발진된 정현파를 확대한 것이며, 정현파의 주기는 약 1.26 ms이고, 발진 주파수는 $f_o=793.65$ Hz가 되어 식 (12.10)에 의해 계산된 결과와 유사함을 확인할 수 있다.

응용 12-2

[그림 12-4(a)]의 빈 브릿지 발진기에서 $f_o=10$ kHz의 정현파가 발진되도록 커패시터 C의 값을 구하라. 단, $R=10$ kΩ을 사용한다.

[정답 : $C=1.59$ nF]

12.1.3 LC 동조 발진기

LC 동조 발진기는 인덕터 L과 커패시터 C로 구성되는 귀환회로의 주파수 선택적 특성에 의해 발진 주파수 ω_o에서 식 (12.3b)의 발진조건이 만족되어 정현파를 발생하는 회로이다. 증폭기는 식 (12.3a)의 조건이 만족되도록 이득을 제공하여 발진 정현파의 진폭을 일정하게 유지시킨다. LC 동조 발진기는 수백 kHz에서 수백 MHz 범위의 정현파를 생성할 수 있으나, RC 발진기에 비해 발진 주파수의 조정 범위가 좁다.

[그림 12-6(a)]는 연산 증폭기를 이용한 LC 동조 발진기의 일반적인 형태를 보이고 있으며, 연산 증폭기 대신에 FET 또는 BJT가 사용될 수 있다. Z_1, Z_2, Z_3는 귀환회로를 구성하는 L과 C의 임피던스를 나타낸다.

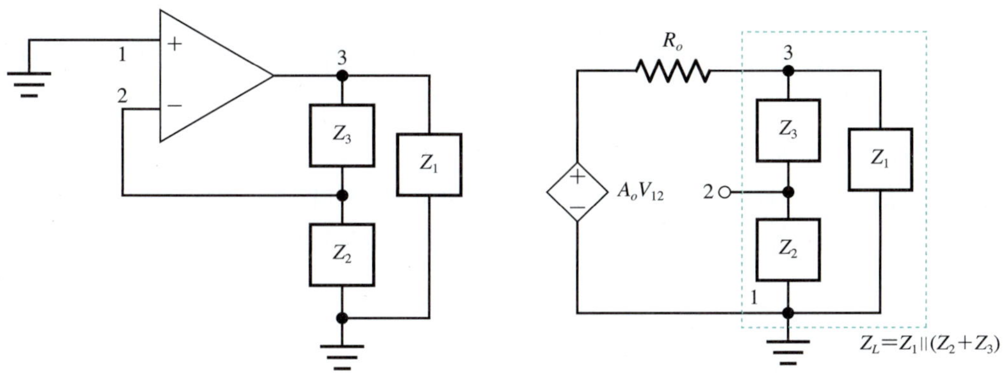

(a) LC 동조 발진기의 구조 (b) (a)의 등가회로

[그림 12-6] LC 동조 발진기의 일반적인 형태

[그림 12-6(b)]의 등가회로에서 루프 이득 L을 구하면 식 (12.12)와 같으며,

$$L = \frac{Z_L}{Z_L + R_o} \frac{Z_2}{Z_2 + Z_3} A_o \tag{12.12}$$

여기서 $Z_L = Z_1 \| (Z_2 + Z_3)$이며, R_o와 A_o는 각각 연산 증폭기의 출력저항과 개방회로 이득을 나타낸다. 식 (12.12)에 $Z_L = Z_1(Z_2 + Z_3)/(Z_1 + Z_2 + Z_3)$을 대입하여 정리하면, 다음과 같다.

$$L = \frac{A_o Z_1 Z_2}{R_o(Z_1 + Z_2 + Z_3) + Z_1(Z_2 + Z_3)} \tag{12.13}$$

Z_1, Z_2, Z_3가 커패시터 또는 인덕터로만 구성되는 경우에, $Z_1=jX_1$, $Z_2=jX_2$, $Z_3=jX_3$의 순수한 리액턴스(reactance)로 표현할 수 있으며, 이를 식 (12.13)에 대입하여 정리하면 다음과 같다.

$$L=\frac{-A_oX_1X_2}{jR_o(X_1+X_2+X_3)-X_1(X_2+X_3)} \tag{12.14}$$

식 (12.14)가 바르크하우젠의 발진조건을 만족하기 위해서는 분모의 허수부분이 0이 되어야 한다.

$$X_1+X_2+X_3=0 \tag{12.15}$$

이를 식 (12.14)에 대입하면 발진 주파수 ω_o에서의 루프 이득은 다음과 같이 표현된다.

$$L(j\omega_o)=\frac{A_oX_2}{X_2+X_3}=-\frac{X_2}{X_1}A_o \tag{12.16}$$

식 (12.16)이 식 (12.2)의 발진조건 $L(j\omega_o)=-1$을 만족하기 위해서는 X_1과 X_2는 동일 부호(즉, 동일 종류의 소자)이고, X_3는 이들과 반대 부호(즉, 다른 종류의 소자)여야 한다. 이와 같은 사실로부터 두 가지 형태의 LC 동조 발진기를 구성할 수 있다. X_1과 X_2가 커패시터의 리액턴스이고 X_3는 인덕터의 리액턴스인 경우를 콜피츠(Colpitts) 발진기라 하고, 반대로 X_1과 X_2가 인덕터의 리액턴스이고 X_3가 커패시터의 리액턴스인 경우를 하틀리(Hartley) 발진기라고 한다.

콜피츠 발진기

[그림 12-7]은 MOSFET 증폭기를 이용한 콜피츠 발진기 회로이며, 두 개의 커패시터 C_1, C_2와 한 개의 인덕터 L이 사용된다. X_1과 X_2가 커패시터의 리액턴스이고, X_3는 인덕터의 리액턴스이므로, $X_1=\frac{-1}{\omega C_1}$, $X_2=\frac{-1}{\omega C_2}$, $X_3=\omega L$을 식 (12.15)에 대입하면,

$$X_1+X_2+X_3=-\left(\frac{1}{\omega_oC_1}+\frac{1}{\omega_oC_2}\right)+\omega_oL=0 \tag{12.17}$$

따라서 발진 주파수는 식 (12.18)과 같으며,

$$f_o=\frac{\omega_o}{2\pi}=\frac{1}{2\pi\sqrt{L\left(\frac{C_1C_2}{C_1+C_2}\right)}}=\frac{1}{2\pi\sqrt{LC}} \tag{12.18}$$

여기서 $C=C_1C_2/(C_1+C_2)$는 직렬연결된 두 커패시터의 합성 커패시턴스를 나타낸다. [그림 12-7]의 공통 소오스 증폭기의 이득은 $A_o=g_mR$이고, $X_1=-1/(\omega C_1)$, $X_2=-1/(\omega C_2)$이므로, 이를 식 (12.16)에 대입하면 발진을 지속하기 위한 이득 조건은 다음과 같다. 여기서 g_m은 MOSFET의 전달컨덕턴스를 나타낸다.

$$g_m R = \frac{C_2}{C_1} \tag{12.19}$$

실제 회로에서 발진이 시작되기 위해서는 증폭기의 이득이 식 (12.19)보다 약간 커야 한다.

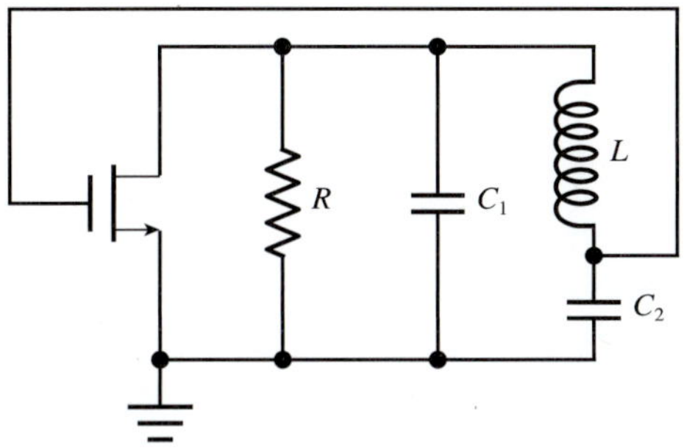

[그림 12-7] 콜피츠 발진기

응용 12-3

[그림 12-7]의 콜피츠 발진기에서 $L=2\ \mu\text{H}$, $C_1=C_2=2\ \text{nF}$이고, $R=2\ \text{k}\Omega$인 경우에 발진 주파수를 구하고, 발진을 지속하기 위해 필요한 MOSFET의 전달컨덕턴스 g_m을 구하라.

[정답 : $f_o=3.56\ \text{MHz}$, $g_m=0.5\ \text{mA/V}$]

하틀리 발진기

[그림 12-8]은 MOSFET 증폭기를 이용한 하틀리 발진기 회로이며, 두 개의 인덕터 L_1, L_2와 한 개의 커패시터 C가 사용된다. X_1과 X_2가 인덕터의 리액턴스이고, X_3는 커패시터의 리액턴스이므로, $X_1=\omega L_1$, $X_2=\omega L_2$, $X_3=\frac{-1}{\omega C}$을 식 (12.15)에 대입하면

$$X_1+X_2+X_3=(\omega_o L_1+\omega_o L_2)-\frac{1}{\omega_o C}=0 \tag{12.20}$$

가 되며, 따라서 발진 주파수는 식 (12.21)과 같다.

$$f_o=\frac{\omega_o}{2\pi}=\frac{1}{2\pi\sqrt{(L_1+L_2)C}}=\frac{1}{2\pi\sqrt{LC}} \tag{12.21}$$

여기서 $L=L_1+L_2$은 직렬연결된 두 인덕터의 합성 인덕턴스를 나타낸다.

[그림 12-8]의 공통 소오스 증폭기의 이득은 $A_o=g_m R$이고, $X_1=\omega L_1$, $X_2=\omega L_2$이므로, 이를 식 (12.16)에 대입하면 발진을 지속하기 위한 조건은 다음과 같다.

$$g_m R = \frac{L_1}{L_2} \tag{12.22}$$

실제 회로에서 발진이 시작되기 위해서는 증폭기의 이득이 식 (12.22) 보다 약간 커야 한다.

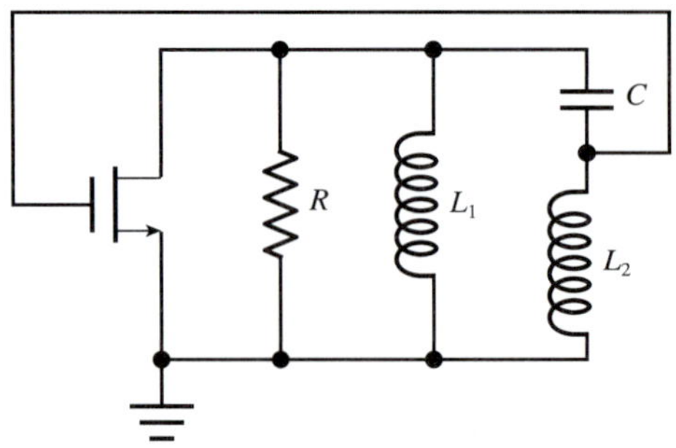

[그림 12-8] 하틀리 발진기

응용 12-4

[그림 12-8]의 하틀리 발진기에서 $L_1=L_2=2\ \mu$H, $C=1$ nF이고, $R=2$ kΩ인 경우에 발진 주파수를 구하고, 발진을 지속하기 위해 필요한 BJT의 전달컨덕턴스 g_m을 구하라.

[정답 : $f_o=2.52$ MHz, $g_m=0.5$ mA/V]

12.2 슈미트 트리거

11.1.3절에서 설명된 바와 같이, 연산 증폭기를 개방회로로 사용하면 기준전압과 입력전압을 비교하는 비교기(comparator)로 동작한다. 그러나 이와 같은 단순 비교기는 기준전압 근처의 잡음에 대해 민감하게 반응하는 단점을 갖는다. **비교기에 정귀환(positive feedback)을 걸면 두 개의 문턱전압을 갖는 이력(履歷, Hysteresis) 특성이 나타나게 되고, 이에 의해 비교기가 잡음에 둔감한 특성을 갖게 된다. 정귀환을 갖는 비교기를 재생 비교기(regenerative comparator) 또는 슈미트 트리거(Schmitt trigger)라고 한다.** 슈미트 트리거는 **두 개의 안정된 출력상태를 갖는 쌍안정 멀티바이브레이터의 일종으로 구형파 발생기(비안정 멀티바이브레이터)와 펄스 발생기(단안정 멀티바이브레이터) 등 다양한 회로에 사용된다.** 슈미트 트리거는 트랜지스터로 구현할 수도 있으나, 여기에서는 연산 증폭기(또는 비교기)를 이용한 여러 가지 슈미트 트리거 회로의 동작 원리와 특성을 살펴본다.

12.2.1 반전 슈미트 트리거

[그림 12-9(a)]는 반전(inverting) 슈미트 트리거 회로이다. 입력이 반전단자로 인가되므로 반전 슈미트 트리거라고 하며, 연산 증폭기의 출력이 저항 R_1과 R_2를 통해 비반전단자로 귀환되

므로 정귀환이 걸리고 있다(참고로, 11장에서는 연산 증폭기의 출력이 반전단자로 귀환되는 부귀환회로를 설명하였다).

정귀환에 의해 나타나는 이력 특성을 살펴본다. 연산 증폭기의 비반전단자에 나타나는 전압은 다음과 같다.

$$v_+ = \frac{R_1}{R_1+R_2} v_O = \beta v_O \tag{12.23}$$

연산 증폭기의 두 입력단자 사이의 전압차 $v_d = \beta v_O - v_I$가 개방회로 이득만큼 증폭되어 출력에 나타나며, 이때 정귀환 작용(즉, 비반전단자로 귀환되는 신호가 연산 증폭기 출력의 변화를 더욱 심화시키는 작용)에 의해 v_O는 양(positive)의 포화전압 V_H 또는 음(negative)의 포화전압 V_L 중 하나가 된다. 즉, $v_d > 0$인 경우에는 $v_O = V_H$가 되고, $v_d < 0$인 경우에는 $v_O = V_L$이 된다. 따라서 출력이 V_L에서 V_H로 또는 그 반대로 천이되는 임계전압은 $v_d = 0$으로 만드는 입력전압이 된다.

먼저 출력이 $v_O = V_H$인 경우에 입력 v_I의 변화에 대한 출력의 변화를 살펴본다. 비반전단자 전압은 $v_+ = \beta V_H$이므로, $v_I < \beta V_H$이면 $v_d > 0$이 되어 출력은 $v_O = V_H$를 유지한다. 입력전압이 증가하여 $v_I > \beta V_H$가 되면 $v_d < 0$이 되므로, 출력은 음의 포화전압 V_L로 천이된다. 따라서 출력이 V_H에서 V_L로 천이되는 임계전압 V_{TH}를 식 (12.24)와 같이 정의할 수 있으며,

$$V_{TH} = \beta V_H = \frac{R_1}{R_1+R_2} V_H \tag{12.24}$$

V_{TH}를 상측 문턱전압(upper threshold voltage)이라고 한다. [그림 12-9(b)]의 입출력 전달특성에서 보는 바와 같이 상측 문턱전압 V_{TH}는 출력이 V_H에서 V_L로 천이되는 임계전압을 나타내며, $\beta > 0$이고 $V_H > 0$이므로, $V_{TH} > 0$이다.

다음으로 출력이 $v_O = V_L$인 경우에 입력 v_I의 변화에 대한 출력의 변화를 살펴본다. 비반전단자 전압은 $v_+ = \beta V_L$이므로, $v_I > \beta V_L$이면 $v_d < 0$가 되어 출력은 $v_O = V_L$을 유지한다. 입력전압이 감소하여 $v_I < \beta V_L$가 되면 $v_d > 0$이므로, 출력은 양의 포화전압 V_H로 천이된다. 따라서 출력이 V_L에서 V_H로 천이되는 임계전압을 식 (12.25)와 같이 정의할 수 있으며,

$$V_{TL} = \beta V_L = \left(\frac{R_1}{R_1+R_2}\right) V_L \tag{12.25}$$

V_{TL}을 하측 문턱전압(lower threshold voltage)이라고 한다. [그림 12-9(c)]의 입출력 전달특성에서 보는 바와 같이, 하측 문턱전압 V_{TL}는 출력이 V_L에서 V_H로 천이되는 임계전압을 타나내며, $\beta > 0$이고 $V_L < 0$이므로, $V_{TL} < 0$이다.

[그림 12-9(b)]와 [그림 12-9(c)]를 하나로 합치면 [그림 12-9(d)]와 같은 입출력 전달특성 곡선을 얻을 수 있으며, 따라서 [그림 12-9(a)]의 반전 슈미트 트리거 회로는 두 개의 서로 다른 문턱전압 V_{TL}과 V_{TH}을 갖는다. 이와 같이 두 개의 문턱전압이 나타나는 현상을 이력(hysteresis) 특성이라고 하며, 이는 정귀환에 의해 나타나는 현상이다. 식 (12.24)와 식 (12.25)에서 $V_H = |V_L|$이면, $V_{TH} = |V_{TL}|$(즉, 크기가 같고 부호가 반대)임을 알 수 있다.

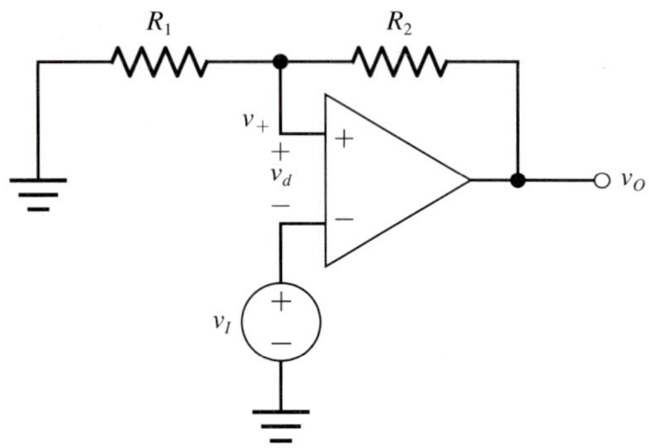

(a) 기본 회로

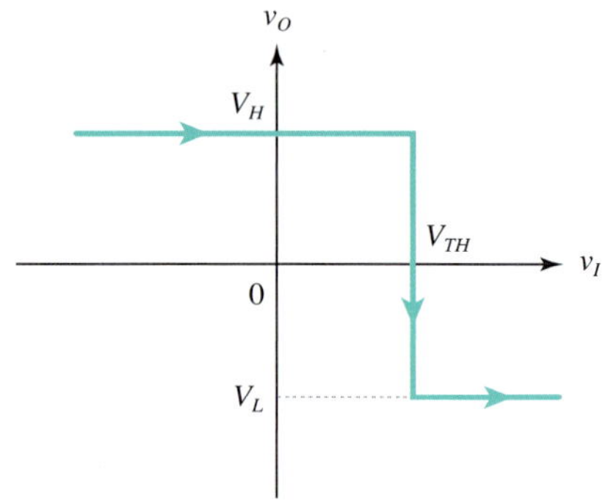

(b) 입력이 증가할 때의 전달특성

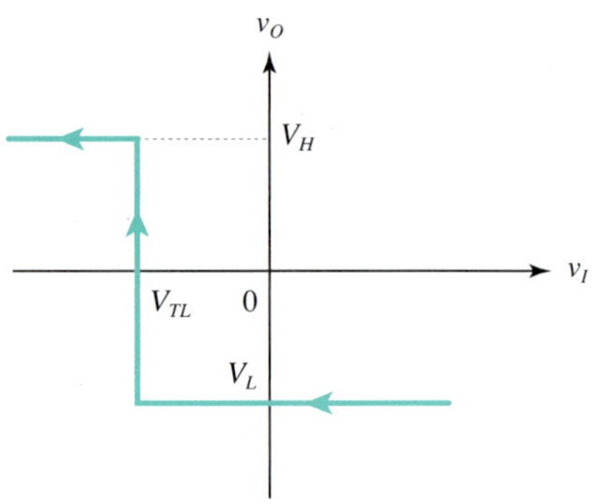

(c) 입력이 감소할 때의 전달특성

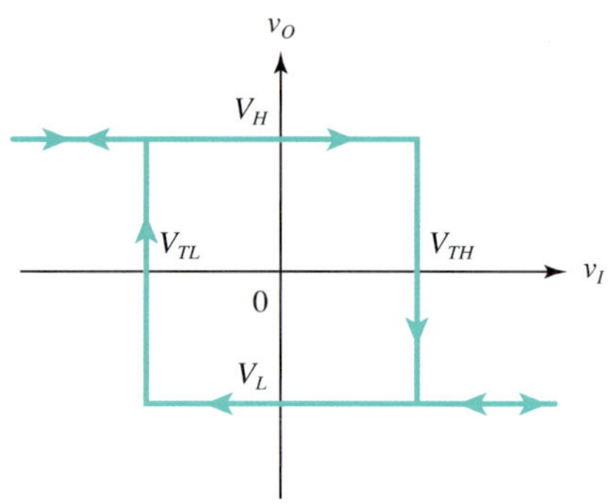

(d) 이력특성 곡선

[그림 12-9] 반전 슈미트 트리거

[그림 12-9(d)]의 이력특성 곡선에서 두 문턱전압 사이의 폭을 이력폭(hysteresis width)이라고 하며, 다음과 같이 정의된다.

$$V_{HW} \equiv V_{TH} - V_{TL} \tag{12.26}$$

$V_H = -V_L = V_o$라고 하면, 식 (12.24)와 식 (12.25)로부터

$$V_{HW} = \beta(V_H - V_L) = \frac{2R_1}{R_1 + R_2} V_o \tag{12.27}$$

가 된다. 따라서 **슈미트 트리거의 이력특성을 나타내는 V_{TL}과 V_{TH} 그리고 V_{HW} 등의 파라미터는 저항 R_1과 R_2의 비(ratio)에 의해 결정**된다.

예제 12-3

[그림 12-9(a)]의 반전 슈미트 트리거 회로에서 V_{TL}, V_{TH}, V_{HW} 값을 구하라. 단, $R_1=100\ \mathrm{k\Omega}$, $R_2=400\ \mathrm{k\Omega}$이고, $V_H=-V_L=11.6\ \mathrm{V}$이며, 연산 증폭기의 전원전압은 $V_{CC}=\pm 12\ \mathrm{V}$이다.

풀이

식 (12.24)로부터, $V_{TH}=\dfrac{R_1}{R_1+R_2}V_H=\dfrac{100}{100+400}\times 11.6=2.32\ \mathrm{V}$

식 (12.25)로부터, $V_{TL}=\left(\dfrac{R_1}{R_1+R_2}\right)V_L=\dfrac{100}{100+400}\times(-11.6)=-2.32\ \mathrm{V}$

식 (12.26)으로부터, $V_{HW}=V_{TH}-V_{TL}=2.32-(-2.32)=4.64\ \mathrm{V}$

[그림 12-10(a)]는 진폭 10 V이고, 주파수 10 Hz인 정현파 입력에 대한 [예제 12-3] 회로의 PSPICE 시뮬레이션 결과이다. $v_I>V_{TH}$이면 $v_O=-V_L$이 되고, $v_I<V_{TL}$이면 $v_O=V_H$가 되어 반전 슈미트 트리거로 동작함을 확인할 수 있다. [그림 12-10(b)]는 입출력 전달특성([그림 12-10(a)]의 Transient 시뮬레이션 결과에서 x축을 입력전압 vin으로 하여 얻어짐)이며, $V_H\simeq 11.61$ V, $V_L\simeq -11.61$ V, $V_{TL}\simeq -2.33$ V, $V_{TH}\simeq 2.33$ V이고, $V_{HW}\simeq 4.66$ V로 나타났다. 시뮬레이션 파형에 대한 측정오차를 고려하면, 식 (12.24)~식 (12.26)에 의해 계산된 값들과 거의 일치함을 알 수 있다.

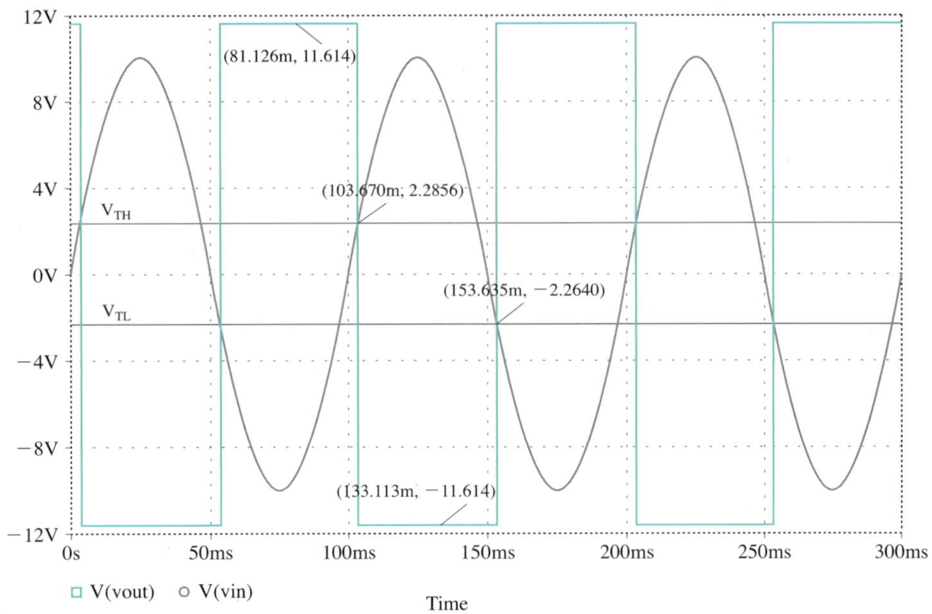

(a) 정현파 입력(진폭 10 V, 주파수 10 Hz)에 대한 반전 슈미트 트리거의 출력

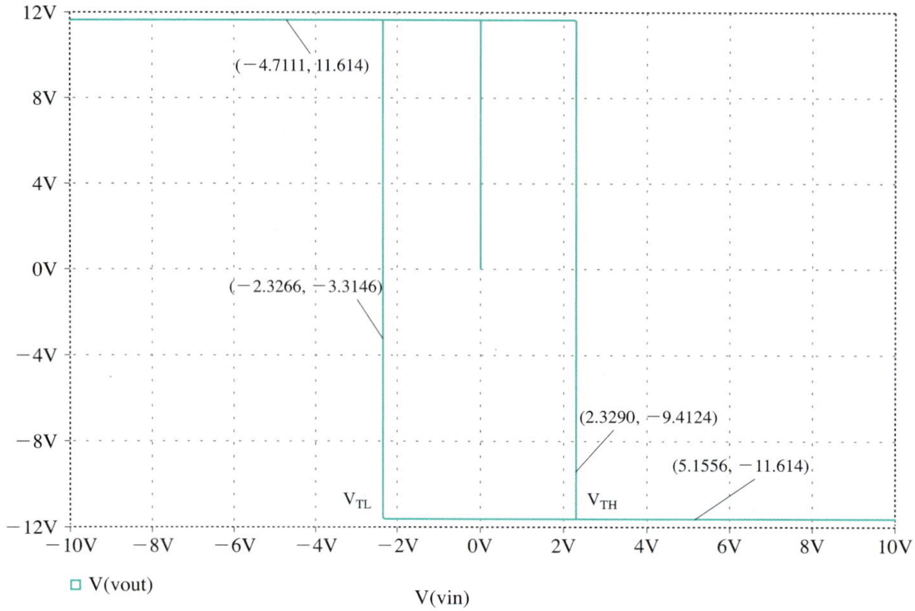

(b) 입 · 출력 전달특성 곡선

[그림 12-10] [예제 12-3]의 시뮬레이션 결과

응용 12-5

[그림 12-9]의 반전 슈미트 트리거 회로에서 이력폭이 $V_{HW}=5$ V가 되도록 저항비 R_1/R_2를 구하라. 단, $V_H=-V_L=10$ V이다.

[정답 : $R_1/R_2=1/3$]

12.2.2 비반전 슈미트 트리거

[그림 12-11(a)]는 비반전(noninverting) 슈미트 트리거 회로로, 입력이 비반전단자로 인가되므로 비반전 슈미트 트리거라고 한다. 연산 증폭기의 출력이 저항 R_1과 R_2를 통해 비반전단자로 귀환되므로 정귀환이 걸리고 있다.

중첩의 정리(superposition theorem)를 적용하면 연산 증폭기의 비반전단자에 나타나는 전압은 식 (12.28)과 같이 표현할 수 있다.

$$v_+=\left(\frac{R_2}{R_1+R_2}\right)v_I+\left(\frac{R_1}{R_1+R_2}\right)v_O=\left(\frac{R_2}{R_1+R_2}\right)v_I+\beta v_O \tag{12.28}$$

연산 증폭기의 반전단자가 접지되어 있으므로 두 입력단자 사이의 전압차는 $v_d=v_+$가 되며, 반전 슈미트 트리거와 동일한 원리에 의해 $v_d>0$이면 $v_O=V_H$가 되고, $v_d<0$이면 $v_O=V_L$이 된다. 따라서 출력이 V_L에서 V_H로 또는 그 반대로 천이되는 임계전압은 $v_+=0$으로 만드는 입력전압이 된다.

먼저 출력이 $v_O=V_L$인 경우에 입력 v_I의 변화에 대한 출력의 변화를 살펴본다. 출력이 V_L에서 V_H로 천이되기 위해서는 $v_+>0$이 되어야 하며, $v_+=0$으로 만드는 입력전압이 상측 문턱전압 V_{TH}가 된다. 식 (12.28)에 $v_+=0$, $v_O=V_L$, $v_I=V_{TH}$을 대입하여 정리하면,

$$V_{TH}=-\frac{R_1}{R_2}V_L \tag{12.29}$$

$v_I<V_{TH}$이면 $v_+<0$이 되므로 출력은 $v_O=V_L$를 유지한다. [그림 12-11(b)]의 입출력 전달특성에서 보는 바와 같이, 상측 문턱전압 V_{TH}는 출력이 V_L에서 V_H로 천이되는 임계전압을 타나내며, $V_L<0$이므로 $V_{TH}>0$이다.

다음으로 출력이 $v_O=V_H$인 경우에 입력 v_I의 변화에 대한 출력의 변화를 살펴본다. 출력이 V_H에서 V_L로 천이되기 위해서는 $v_+<0$이 되어야 하며, $v_+=0$으로 만드는 입력전압이 하측 문턱전압 V_{TL}이 된다. 식 (12.28)에 $v_+=0$, $v_O=V_H$, $v_I=V_{TL}$을 대입하여 정리하면,

$$V_{TL}=-\frac{R_1}{R_2}V_H \tag{12.30}$$

$v_I>V_{TL}$이면 $v_+>0$이 되므로 출력은 $v_O=V_H$를 유지한다. [그림 12-11(c)]의 입출력 전달특성에서 보는 바와 같이, 하측 문턱전압 V_{TL}는 출력이 V_H에서 V_L로 천이되는 임계전압을 타나내며, $V_H>0$이므로 $V_{TL}<0$이다.

[그림 12-11]의 (b)와 (c)를 하나로 합치면 (d)와 같은 입출력 전달특성 곡선을 얻을 수 있다. 따라서 [그림 12-11(a)]의 비반전 슈미트 트리거 회로는 두 개의 서로 다른 문턱전압 V_{TL}과 V_{TH}을 갖는다. 식 (12.29)와 식 (12.30)에서 $V_H=|V_L|$이면, $V_{TH}=|V_{TL}|$(즉, 크기가 같고 부호가 반대)임을 알 수 있다.

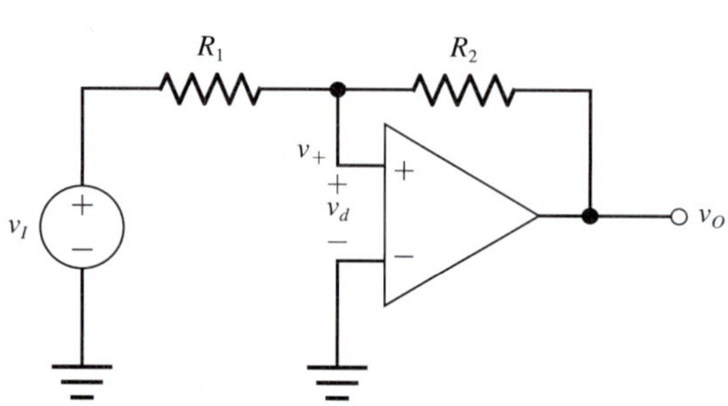

(a) 기본 회로

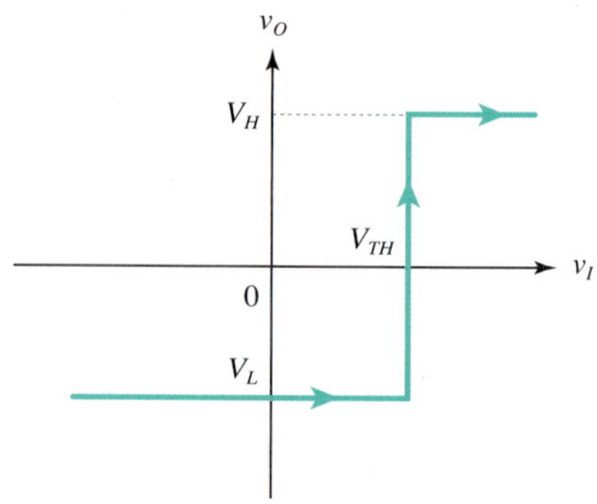

(b) 입력이 증가할 때의 전달특성

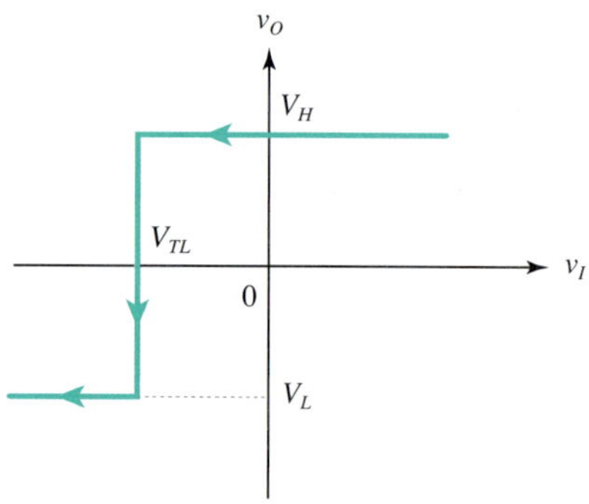

(c) 입력이 감소할 때의 전달특성

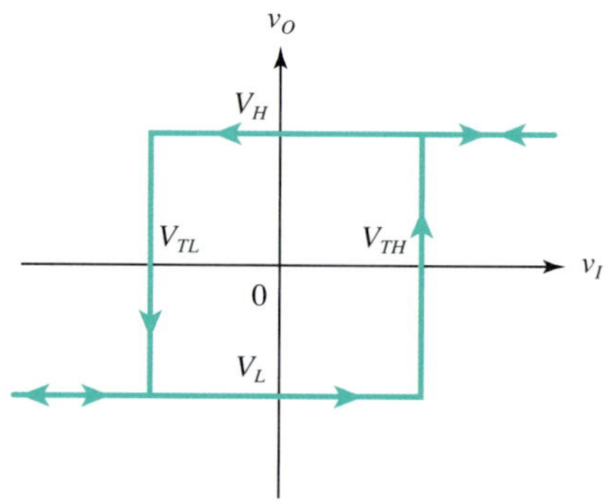

(d) 이력특성 곡선

[그림 12-11] 비반전 슈미트 트리거

[그림 12-9(d)]와 [그림 12-11(d)]의 비교를 통해 반전 슈미트 트리거와 비반전 슈미트 트리거의 차이를 이해할 수 있다. $v_I > V_{TH}$인 경우에 반전 슈미트 트리거는 출력이 $V_H \rightarrow V_L$ 천이가 일어나며, 비반전 슈미트 트리거에서는 출력이 $V_L \rightarrow V_H$로 반대의 천이가 일어난다.

$V_H = -V_L = V_o$인 경우, 식 (12.29)와 식 (12.30)로부터 비반전 슈미트 트리거의 이력폭은 다음과 같다.

$$V_{HW} = V_{TH} - V_{TL} = \frac{2R_1}{R_2} V_o \tag{12.31}$$

반전 슈미트 트리거와 동일하게 **이력특성을 나타내는 V_{TL}, V_{TH}, V_{HW} 파라미터는 저항 R_1과 R_2의 비(ratio)에 의해 결정**된다.

예제 12-4

[그림 12-11(a)]의 비반전 슈미트 트리거 회로에서 V_{TL}, V_{TH}, V_{HW} 값을 구하라. 단, $R_1 = 100\ \text{k}\Omega$, $R_2 = 400\ \text{k}\Omega$이고, $V_H = -V_L = 11.6\ \text{V}$이며, 연산 증폭기의 전원전압은 $V_{CC} = \pm 12\ \text{V}$이다.

풀이

식 (12.29)로부터, $V_{TH} = -\dfrac{R_1}{R_2} V_L = -\dfrac{1}{4} \times (-11.6) = 2.9\ \text{V}$

식 (12.30)로부터, $V_{TL} = -\dfrac{R_1}{R_2} V_H = -\dfrac{1}{4} \times (11.6) = -2.9\ \text{V}$

식 (12.31)로부터, $V_{HW} = V_{TH} - V_{TL} = 2.9 - (-2.9) = 5.8\ \text{V}$

[그림 12-12(a)]는 진폭 10 V이고, 주파수 10 Hz인 정현파 입력에 대한 [예제 12-4] 회로의 PSPICE 시뮬레이션 결과이다. $v_I > V_{TH}$이면 $v_O = V_H$가 되고, $v_I < V_{TL}$이면 $v_O = V_L$이 되어 비반전 슈미트 트리거로 동작함을 확인할 수 있다. [그림 12-12(b)]는 입출력 전달특성([그림 12-12(a)]의 시뮬레이션 결과로부터 x축을 입력전압 vin으로 표시하여 얻어짐)이며, $V_H \simeq 11.61\ \text{V}$, $V_L \simeq -11.61\ \text{V}$, $V_{TL} \simeq -2.81\ \text{V}$, $V_{TH} \simeq 2.81\ \text{V}$이고, $V_{HW} \simeq 5.62\ \text{V}$로 나타났다. 시뮬레이션 파형에 대한 측정 오차를 고려하면, 식 (12.29)~식 (12.31)에 의해 계산된 값들과 거의 일치함을 알 수 있다.

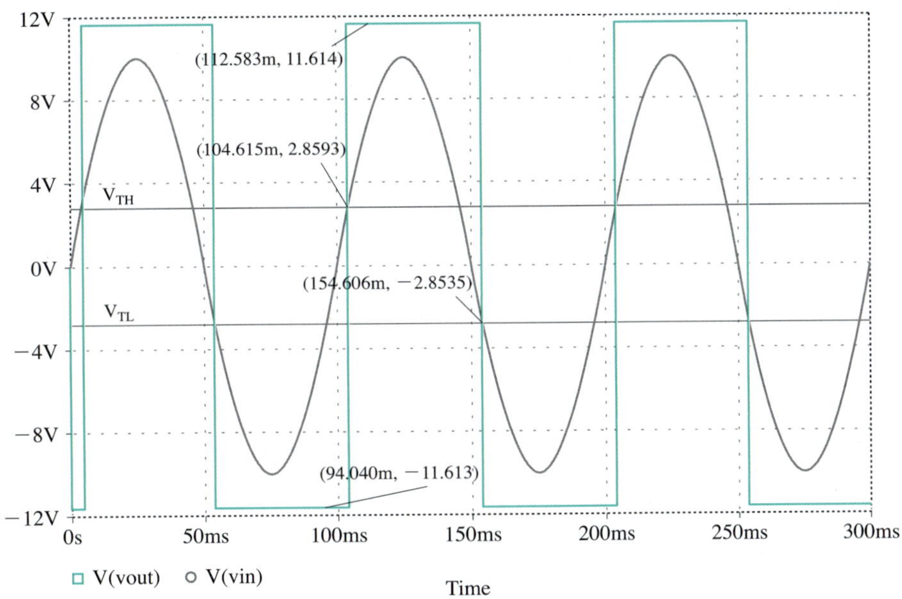

(a) 정현파 입력(진폭 10 V, 주파수 10 Hz)에 대한 비반전 슈미트 트리거의 출력

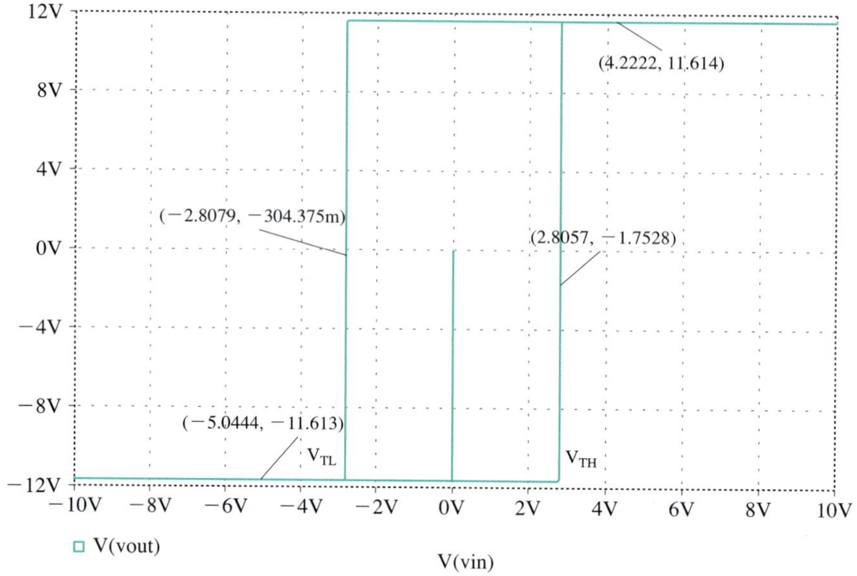

(b) 입 · 출력 전달특성 곡선

[그림 12-12] [예제 12-4]의 시뮬레이션 결과

응용 12-6

[그림 12-11]의 비반전 슈미트 트리거 회로에서 이력폭이 $V_{HW}=4$ V가 되도록 저항비 R_1/R_2를 구하라. 단, $V_H=-V_L=10$ V이다.

[정답 : $R_1/R_2=1/5$]

12.2.3 이력특성 곡선의 수평 이동

12.2.1절과 12.2.2절에서 설명된 기본적인 반전 및 비반전 슈미트 트리거는 $V_H=|V_L|$인 경우에, $V_{TH}=|V_{TL}|$이 되어 두 개의 문턱전압이 크기는 같고 부호가 반대인 특성을 갖는다. 슈미트 트리거가 사용되는 응용회로에서는 V_{TL}과 V_{TH}가 모두 음수 또는 양수이거나, x축 방향으로 수평 이동된 이력 특성이 필요한 경우가 있다. 이를 위해 입력신호가 인가되지 않는 단자에 기준전압을 인가하여 이력특성 곡선을 수평으로 이동시키는 방법이 사용된다.

기준전압을 갖는 반전 슈미트 트리거

[그림 12-13(a)]는 반전 슈미트 트리거 회로의 비반전단자 쪽에 기준전압 V_R이 연결된 경우이다. 중첩의 정리를 적용하면 연산 증폭기의 비반전단자에 나타나는 전압 v_+는 식 (12.32)와 같이 표현할 수 있다.

$$v_+=\left(\frac{R_2}{R_1+R_2}\right)V_R+\beta v_O \tag{12.32}$$

여기서 $\beta=R_1/(R_1+R_2)$는 귀환율을 나타낸다. 연산 증폭기 두 입력단자의 전압차 v_d는

$$v_d=v_+-v_I=\left(\frac{R_2}{R_1+R_2}\right)V_R+\beta v_O-v_I \tag{12.33}$$

가 되며, 출력이 V_L에서 V_H로 또는 그 반대로 천이되는 임계전압은 $v_d=0$으로 만드는 입력전압이다. 반전 슈미트 트리거이므로, 출력이 V_L에서 V_H로 천이되는 임계전압이 V_{TL}이며, 출력이 V_H에서 V_L로 천이되는 임계전압이 V_{TH}이다.

출력이 $v_O=V_H$인 경우, $v_d=0$으로 만드는 임계전압 V_{TH}는 식 (12.33)에 $v_d=0$, $v_O=V_H$, $v_I=V_{TH}$를 대입하여 다음과 같이 얻어진다.

$$V_{TH}=\left(\frac{R_2}{R_1+R_2}\right)V_R+\beta V_H=\frac{R_2V_R+R_1V_H}{R_1+R_2} \tag{12.34}$$

출력이 $v_O=V_L$인 경우에, $v_d=0$으로 만드는 임계전압 V_{TL}은 식 (12.33)에 $v_d=0$, $v_O=V_L$, $v_I=V_{TL}$을 대입하여 다음과 같이 얻어진다.

$$V_{TL}=\left(\frac{R_2}{R_1+R_2}\right)V_R+\beta V_L=\frac{R_2V_R+R_1V_L}{R_1+R_2} \tag{12.35}$$

$V_H=|V_L|=V_o$인 경우에, 식 (12.34)와 식 (12.35)로부터 반전 슈미트 트리거의 이력폭은 식 (12.36)과 같다.

$$V_{HW}=V_{TH}-V_{TL}=\frac{2R_1}{R_1+R_2}V_o \tag{12.36}$$

식 (12.36)은 $V_R=0$인 경우의 식 (12.27)과 동일하며, 따라서 기준전압 V_R은 이력폭에 영향을 미치지 않는다. 식 (12.24)와 식 (12.34), 그리고 식 (12.25)와 식 (12.35)를 각각 비교해 보면, 두 개의 문턱전압이 각각 $R_2V_R/(R_1+R_2)$ 만큼 수평 이동되었음을 알 수 있다. $V_R>0$이면, 이력특성 곡선은 [그림 12-13(b)]와 같이 오른쪽으로 수평 이동된다. $V_H=-V_L=V_o$인 경우에, 이력특성 곡선의 수평 이동 크기 V_S는 다음과 같으며,

$$V_S=V_{TL}+\frac{V_{HW}}{2}=\left(\frac{R_2}{R_1+R_2}\right)V_R \tag{12.37}$$

따라서 기준전압 V_R은 이력특성 곡선을 좌 · 우로 수평 이동시키는 역할을 한다.

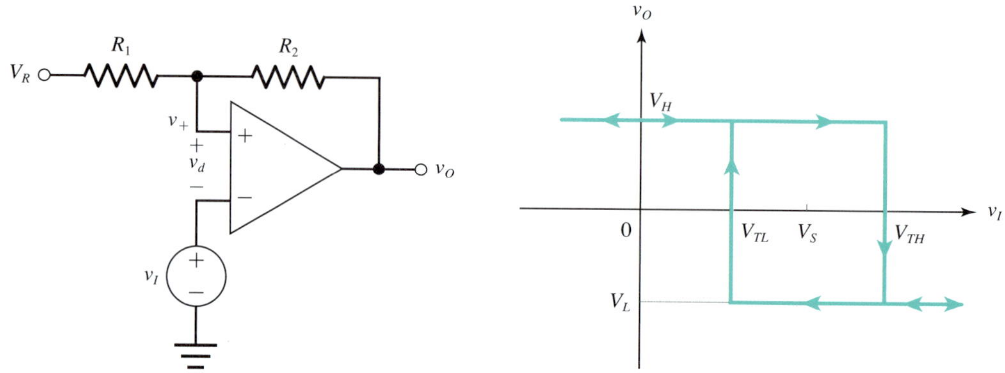

(a) 회로 (b) 입출력 전달특성

[그림 12-13] 기준전압을 갖는 반전 슈미트 트리거

예제 12-5

[그림 12-13(a)]의 반전 슈미트 트리거 회로에서 $V_R=4$ V인 경우에 V_{TL}, V_{TH}, V_{HW}, V_S 값을 구하라. 단, $R_1=100$ kΩ, $R_2=400$ kΩ이고, $V_H=-V_L=11.6$ V이며, 연산 증폭기의 전원전압은 $V_{CC}=\pm 12$ V이다.

풀이

식 (12.34)로부터, $V_{TH}=\dfrac{R_2V_R+R_1V_H}{R_1+R_2}=\dfrac{400\times 4+100\times 11.6}{100+400}=5.52$ V

식 (12.35)로부터, $V_{TL}=\dfrac{R_2V_R+R_1V_L}{R_1+R_2}=\dfrac{400\times 4-100\times 11.6}{100+400}=0.88$ V

식 (12.36)으로부터, $V_{HW}=V_{TH}-V_{TL}=5.52-0.88=4.64$ V

식 (12.37)로부터, $V_S=\left(\dfrac{R_2}{R_1+R_2}\right)V_R=\dfrac{400}{100+400}\times 4=3.2$ V

[예제 12-3]의 결과와 비교하여 이력폭 V_{HW}는 전압 V_R에 무관하게 동일하며, V_{TH}와 V_{TL}은 x축 방향으로 $V_S=3.2$ V 만큼 이동되었음을 확인할 수 있다.

[그림 12-14(a)]는 진폭 10 V이고, 주파수 10 Hz인 정현파 입력에 대한 [예제 12-5] 회로의 PSPICE 시뮬레이션 결과이다. $v_I>V_{TH}$이면 $v_O=V_L$이 되고, $v_I<V_{TL}$이면 $v_O=V_H$가 되어 반전 슈미트 트리거로 동작하며, $V_R=4$ V에 의해 V_{TH}와 V_{TL}이 모두 $V_S>0$ 만큼 시프트 되었음을 확인할 수 있다.

[그림 12-14(b)]는 입 · 출력 전달특성([그림 12-14(a)]의 시뮬레이션 결과로부터 x축을 입력전압 vin으로 표시하여 얻어짐)이다. $V_{TL}\simeq 0.87$ V, $V_{TH}\simeq 5.51$ V이고, $V_{HW}\simeq 4.64$ V이며, 이력특성 곡선이 x축 방향으로 수평 이동되었음을 확인할 수 있다. 시뮬레이션 파형에 대한 측정오차를 고려하면, 계산된 값들과 거의 일치함을 알 수 있다.

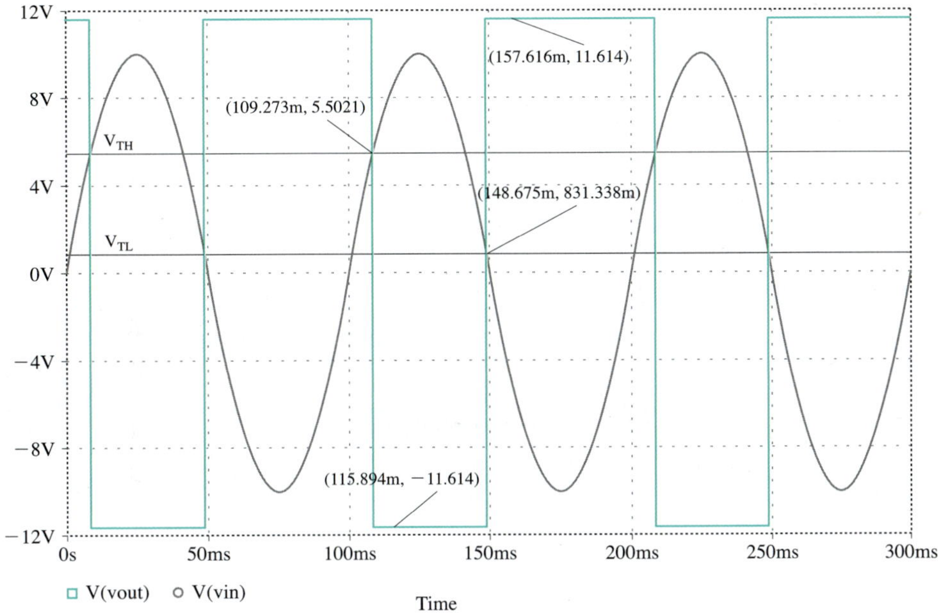

(a) 정현파 입력(진폭 10V, 주파수 10Hz)에 대한 반전 슈미트 트리거의 출력

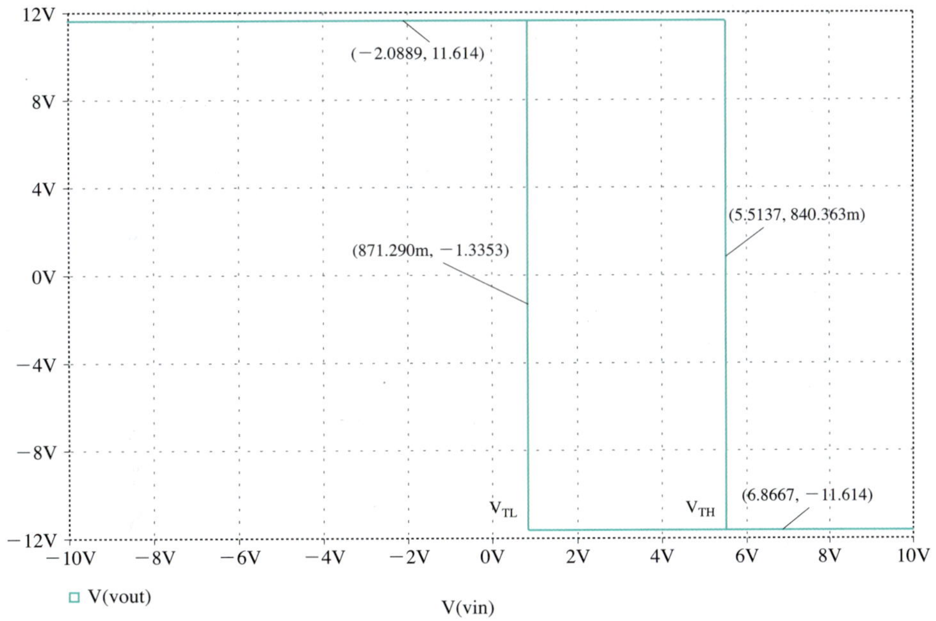

(b) 입 · 출력 전달특성 곡선

[그림 12-14] [예제 12-5]의 시뮬레이션 결과(V_R = 4 V인 경우)

응용 12-7

[그림 12-13]의 반전 슈미트 트리거 회로에서 이력폭이 $V_{HW}=5$ V가 되고, $V_S=3$ V가 되기 위한 기준전압 V_R을 구하라. 단, $V_H=-V_L=10$ V이다.

[정답 : $V_R=4$ V]

기준전압을 갖는 비반전 슈미트 트리거

[그림 12-15(a)]는 반전단자에 기준전압 V_R이 연결된 비반전 슈미트 트리거 회로이다. 비반전 단자의 전압은 식 (12.28)과 같으므로, 연산 증폭기 두 입력단자의 전압 차는

$$v_d=v_+-V_R=\left(\frac{R_2}{R_1+R_2}\right)v_I+\beta v_O-V_R \tag{12.38}$$

가 되며, 출력이 V_L에서 V_H로 또는 그 반대로 천이되는 임계전압은 $v_d=0$으로 만드는 입력전압이다. 비반전 슈미트 트리거이므로, 출력이 V_L에서 V_H로 천이되는 임계전압이 V_{TH}이며, 출력이 V_H에서 V_L로 천이되는 임계전압이 V_{TL}이다.

출력이 $v_O=V_L$인 경우, $v_d=0$으로 만드는 임계전압 V_{TH}는 식 (12.38)에 $v_d=0$, $v_O=V_L$, $v_I=V_{TH}$를 대입하여 다음과 같이 얻어진다.

$$V_{TH}=\left(1+\frac{R_1}{R_2}\right)V_R-\frac{R_1}{R_2}V_L \tag{12.39}$$

출력이 $v_O=V_H$인 경우, $v_d=0$으로 만드는 임계전압 V_{TL}은 식 (12.38)에 $v_d=0$, $v_O=V_H$, $v_I=V_{TL}$을 대입하여 다음과 같이 얻어진다.

$$V_{TL}=\left(1+\frac{R_1}{R_2}\right)V_R-\frac{R_1}{R_2}V_H \tag{12.40}$$

$V_H=|V_L|=V_o$인 경우에, 식 (12.39)와 식 (12.40)으로부터 비반전 슈미트 트리거의 이력폭은 식 (12.41)과 같다.

$$V_{HW}=V_{TH}-V_{TL}=\frac{2R_1}{R_2}V_o \tag{12.41}$$

식 (12.41)은 $V_R=0$인 경우의 식 (12.31)과 동일하며, 따라서 기준전압 V_R은 이력폭에 영향을 미치지 않는다. 식 (12.29)와 식 (12.39) 그리고 식 (12.30)과 식 (12.40)을 각각 비교해 보면, 두 개의 문턱전압이 각각 $[1+(R_1/R_2)]V_R$ 만큼 수평 이동됨을 알 수 있다. $V_R>0$이라면, 이력특성 곡선은 [그림 12-15(b)]와 같이 오른쪽으로 수평 이동된 결과가 된다. $V_H=-V_L=V_o$인 경우에, 이력특성 곡선의 수평이동 크기 V_S는 다음과 같으며,

$$V_S = V_{TL} + \frac{V_{HW}}{2} = \left(1 + \frac{R_1}{R_2}\right) V_R \qquad (12.42)$$

따라서 기준전압 V_R는 이력특성 곡선을 좌 · 우로 수평 이동시키는 역할을 한다.

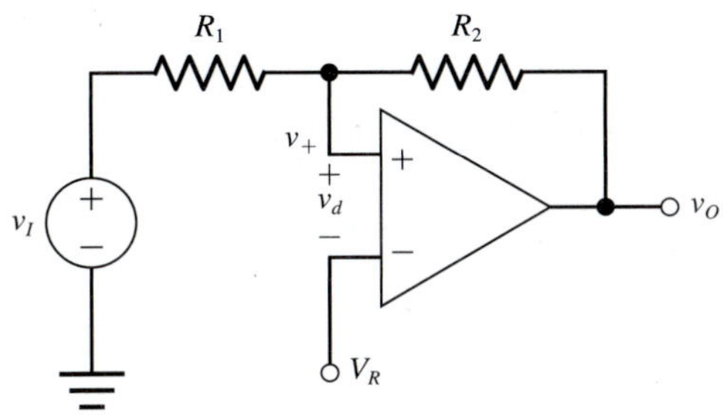

(a) 회로

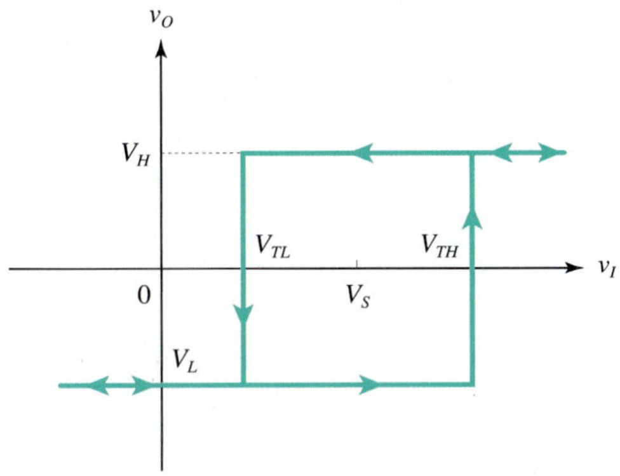

(b) 입출력 전달특성

[그림 12-15] 기준전압을 갖는 비반전 슈미트 트리거

예제 12-6

[그림 12-15(a)]의 비반전 슈미트 트리거 회로에서 $V_R = 4$ V인 경우에 V_{TL}, V_{TH}, V_{HW}, V_S 값을 구하라. 단, $R_1 = 100$ kΩ, $R_2 = 400$ kΩ이고, $V_H = -V_L = 11.6$ V이며, 연산 증폭기의 전원전압은 $V_{CC} = \pm 12$ V이다.

풀이

식 (12.39)로부터,

$$V_{TH} = \left(1 + \frac{R_1}{R_2}\right) V_R - \frac{R_1}{R_2} V_L = \left(1 + \frac{100}{400}\right) \times 4 - \frac{100}{400} \times (-11.6) = 7.9 \text{ V}$$

식 (12.40)으로부터,

$$V_{TL} = \left(1 + \frac{R_1}{R_2}\right) V_R - \frac{R_1}{R_2} V_H = \left(1 + \frac{100}{400}\right) \times 4 - \frac{100}{400} \times 11.6 = 2.1 \text{ V}$$

식 (12.41)로부터,

$$V_{HW} = V_{TH} - V_{TL} = 7.9 - 2.1 = 5.8 \text{ V}$$

식 (12.42)로부터,

$$V_S = \left(1 + \frac{R_1}{R_2}\right) V_R = \left(1 + \frac{100}{400}\right) \times 4 = 5 \text{ V}$$

[예제 12-4]의 결과와 비교하여, 이력폭 V_{HW}는 전압 V_R에 무관하게 동일하며, V_{TH}와 V_{TL}은 x축 방향으로 $V_S=5$ V 만큼 이동되었음을 확인할 수 있다.

[그림 12-16(a)]는 진폭 10 V이고, 주파수 10 Hz인 정현파 입력에 대한 [예제 12-6] 회로의 PSPICE 시뮬레이션 결과이다. $v_I > V_{TH}$이면 $v_O = V_H$이 되고, $v_I < V_{TL}$이면 $v_O = V_L$이 되어 비반전 슈미트 트리거로 동작하며, $V_R=4$ V에 의해 V_{TH}와 V_{TL}이 모두 $V_S>0$ 만큼 시프트되었음을 확인할 수 있다. [그림 12-16(b)]는 입 · 출력 전달특성에 대한 시뮬레이션 결과([그림 12-16(a)]의 시뮬레이션 결과로부터 x축을 입력전압 vin으로 표시하여 얻어짐)이다. $V_{TL} \simeq 2.16$ V, $V_{TH}=7.77$ V이고 $V_{HW} \simeq 5.61$ V이며, 이력특성 곡선이 x축 방향으로 수평 이동되었음을 확인할 수 있다. 시뮬레이션 파형에 대한 측정오차를 고려하면, 계산된 값들과 거의 일치함을 알 수 있다.

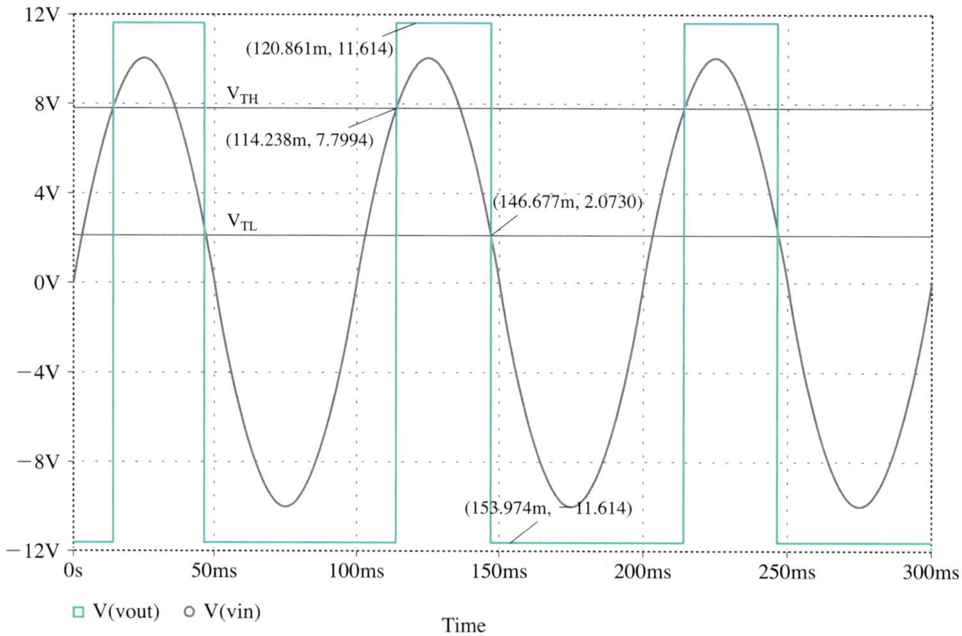

(a) 정현파 입력(진폭 10 V, 주파수 10 Hz)에 대한 비반전 슈미트 트리거의 출력

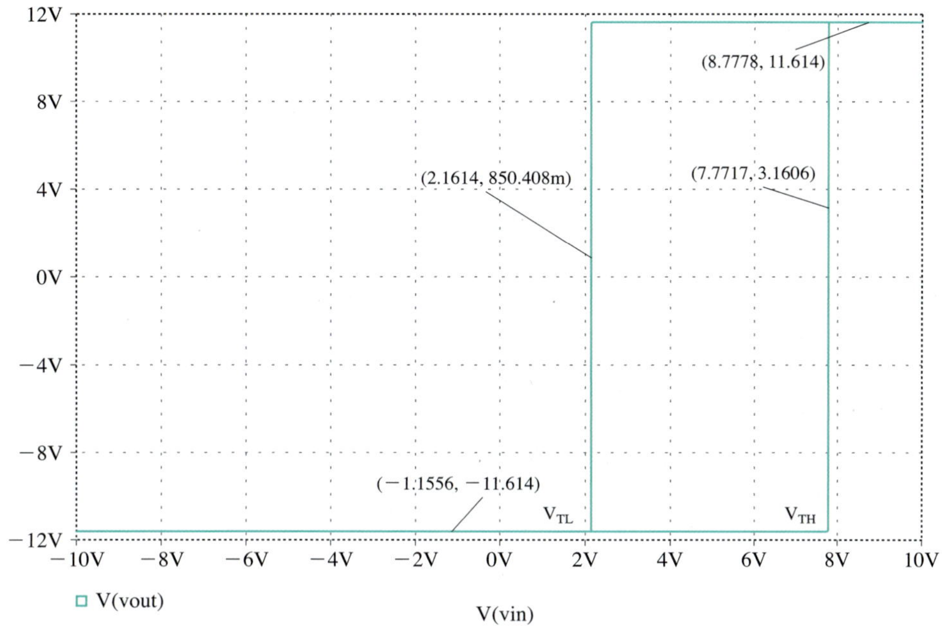

(b) 입 · 출력 전달특성 곡선

[그림 12-16] [예제 12-6]의 시뮬레이션 결과(V_R=4 V인 경우)

응용 12-8

[그림 12-15(a)]의 비반전 슈미트 트리거 회로에서 이력폭이 $V_{HW}=4$ V가 되고, $V_S=3$ V가 되도록 하기 위한 기준전압 V_R을 구하라. 단, $V_H=-V_L=10$ V이다.

[정답 : $V_R=2.5$ V]

12.2.4 슈미트 트리거 출력전압의 조정

슈미트 트리거 회로의 출력에 [그림 12-17(a)]와 같이 제너다이오드를 추가하면, 출력전압을 원하는 값으로 조정할 수 있다. 제너다이오드 D_{Z1}과 D_{Z2}의 특성이 동일하다면, 슈미트 트리거의 출력전압은 [그림 12-17(b)]와 같이 $V_H=V_Z+V_\gamma$, $V_L=-(V_Z+V_\gamma)$가 된다. 여기서 V_Z는 제너전압이고 V_γ는 순방향 커트인(cut-in) 전압을 나타낸다.

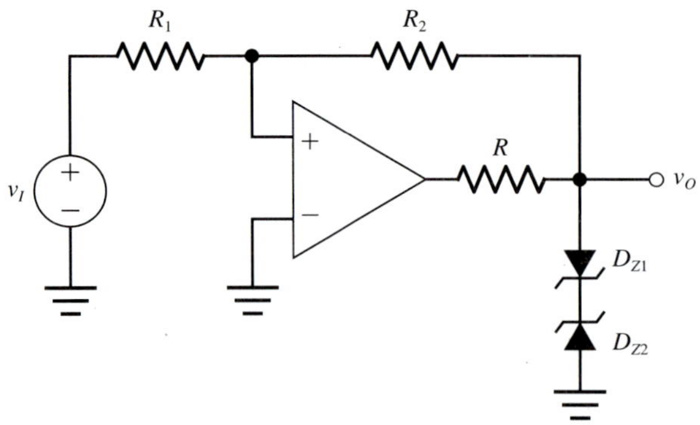

(a) 회로도

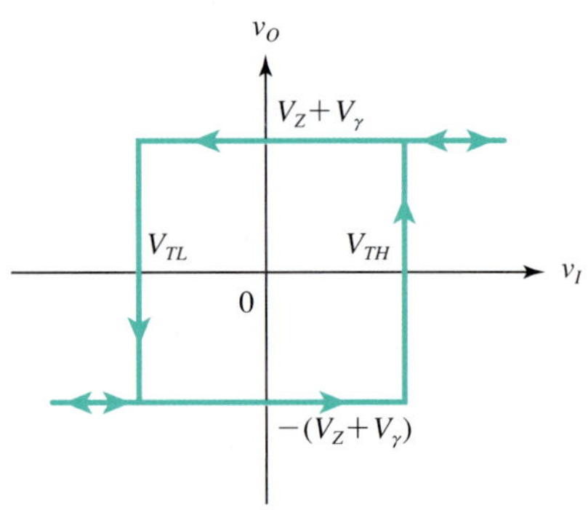

(b) 입출력 전달특성

[그림 12-17] 제너다이오드 리미터를 갖는 슈미트 트리거

슈미트 트리거의 출력전압을 조정하기 위해 [그림 12-18(a)]와 같이 다이오드 브릿지 회로를 사용할 수도 있다. 연산 증폭기의 출력이 $v'_O=V_H$이면, 다이오드 D_1이 ON되어 제너다이오드에 제너전압 V_Z가 걸리고 다이오드 D_3도 ON되며, 다이오드 D_2와 D_4는 OFF된다. $v'_O=V_L$이면, 다이오드 D_4가 ON되어 제너다이오드에 제너전압 V_Z가 걸리고 다이오드 D_2도 ON되며, 다이오드 D_1과 D_3은 OFF된다. 4개의 다이오드가 동일한 특성을 갖는다면, 슈미트 트리거의 출력전압은 [그림 12-18(b)]와 같이 $V_H=V_Z+2V_\gamma$, $V_L=-(V_Z+2V_\gamma)$가 된다.

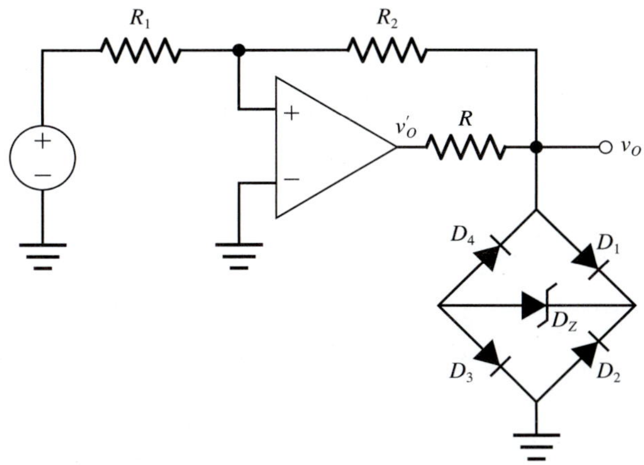

(a) 회로도

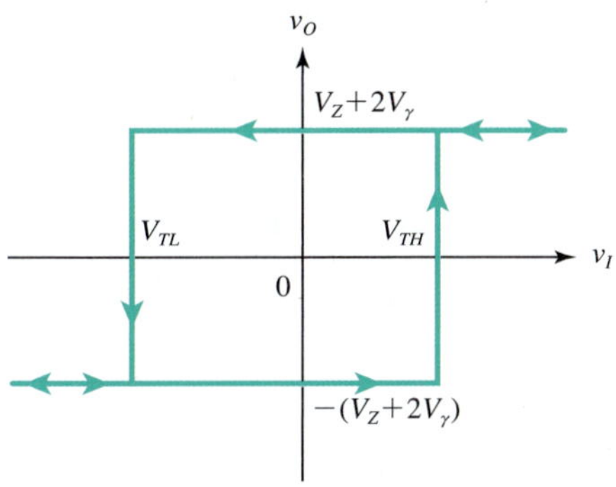

(b) 입출력 전달특성

[그림 12-18] 다이오드 브릿지 리미터를 갖는 슈미트 트리거

12.2.5 슈미트 트리거의 잡음제거 특성

슈미트 트리거의 기본적인 응용은 두 개의 문턱전압을 갖는 이력특성을 이용하여 회로의 동작에 영향을 미치는 잡음(채터링, chattering)을 제거하는 것이다.

[그림 12-19]는 슈미트 트리거를 이용한 잡음 제거의 예를 보이고 있다. 센서(온도센서, 조도센서, 압력센서 등)의 출력전압이 설정된 기준값 근처에서 불규칙하게 변화하는 경우에, 그 시스템은 불안정한 동작을 하게 될 것이다. 예를 들어, 설정된 온도값에 따라 자동으로 ON/OFF되는 에어컨을 생각해 보자. 에어컨이 동작하여 온도가 내려가면 에어컨은 동작을 멈추고, 에어컨이 동작을 멈추어 온도가 상승하면 다시 에어컨이 동작되도록 제어하고자 한다. 이를 위해 [그림 12-19(a)]와 같이 단순 비교기(개방회로로 사용된 연산 증폭기)를 사용하는 경우, 실내온도가 설

정된 온도값 근처에서 작은 변화로 상승과 하강을 반복하면, 비교기의 출력에 채터링이 발생되어 에어컨의 ON/OFF 동작이 반복적으로 일어나게 될 것이다. 그러나 [그림 12-19(b)]와 같이 슈미트 트리거를 이용하는 경우는 에어컨의 ON, OFF 동작에 의한 실내온도의 변화 폭이 슈미트 트리거의 이력폭 V_{HW} 보다 작으면 슈미트 트리거의 출력이 변하지 않아 에어컨의 ON/OFF 동작이 안정적으로 이루어지게 된다. 즉, 슈미트 트리거의 이력특성에 의해 설정된 온도값 근처에서 발생되는 비교기 출력의 채터링 현상을 제거할 수 있다.

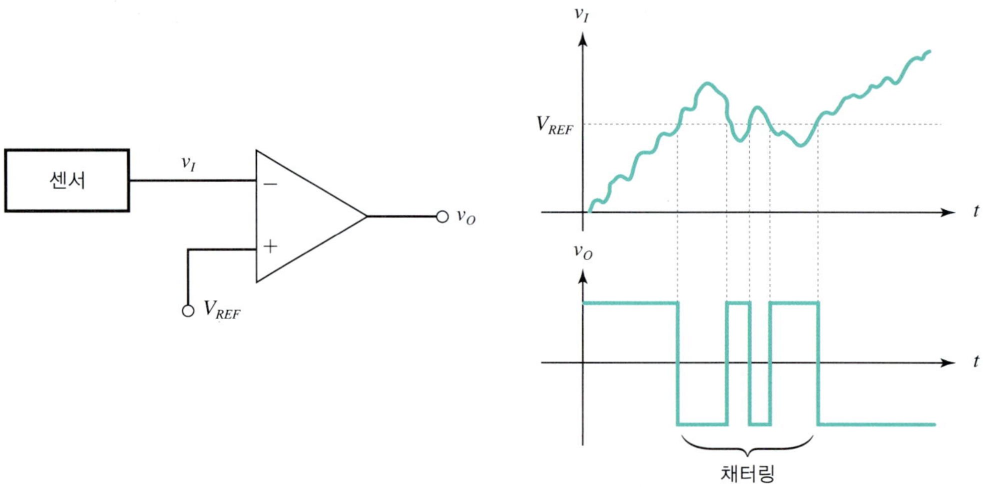

(a) 단순 비교기를 사용하는 경우

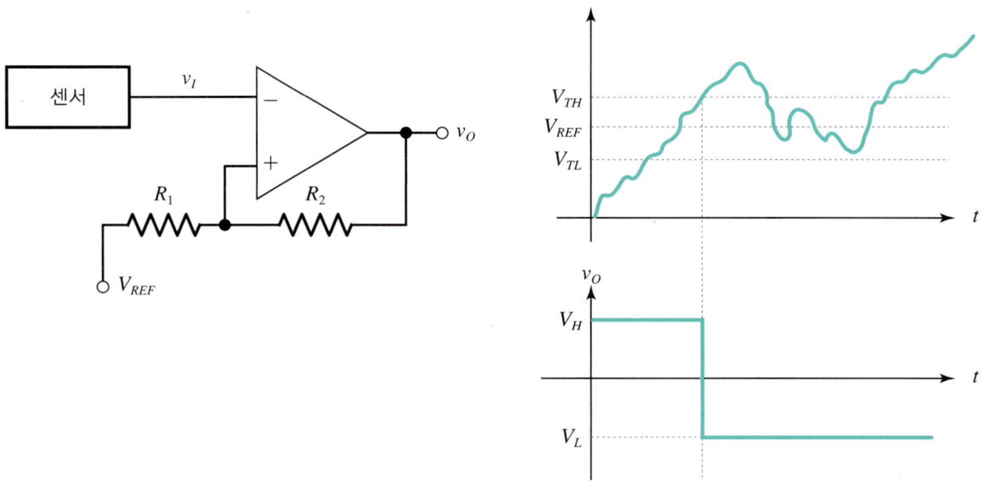

(b) 슈미트 트리거를 사용하는 경우

[그림 12-19] 슈미트 트리거를 이용한 채터링 잡음의 제거

[그림 12-20(a)]는 슈미트 트리거를 이용한 채터링 잡음 제거의 또 다른 예를 보이고 있다. 푸시버튼(push button) 스위치, 릴레이(relay) 등의 기계식 접점을 갖는 소자에서는 스위치가 ON 또는 OFF되는 순간에 전압 V_a가 하강/상승하는 채터링 잡음이 발생하게 되며, 이는 스위치를 여러 번 ON/OFF 시킨 것처럼 되어 회로의 오동작을 유발하는 요인이 된다. 잡음이 존재하는 전압 V_a를 [그림 12-20(a)]와 같이 슈미트 트리거를 통과시키면, [그림 12-20(b)]와 같이 잡음이 제거된 깨끗한 파형을 얻을 수 있다. 스위치가 ON되는 순간에 전압 V_a가 하측 문턱전압 V_{TL} 보다 작아지면 반전 슈미트 트리거의 출력은 $V_b = V_H$가 되고, V_a에 존재하는 잡음의 진폭이 슈미트 트리거의 이력폭 V_{HW} 보다 작으면 $V_b = V_H$를 유지하게 된다. 또한 스위치가 OFF되는 순간에 전압 V_a가 슈미트 트리거의 상측 문턱전압 V_{HW}보다 커지면 반전 슈미트 트리거의 출력은 $V_b = V_L$이 되고, 그 이후에 V_a에 존재하는 잡음의 진폭이 슈미트 트리거의 이력폭 V_{HW}보다 작으면 $V_b = V_L$를 유지하게 된다. 따라서 슈미트 트리거를 이용하면 스위치의 ON, OFF 순간에 발생하는 채터링 잡음이 제거된 깨끗한 펄스를 얻을 수 있다.

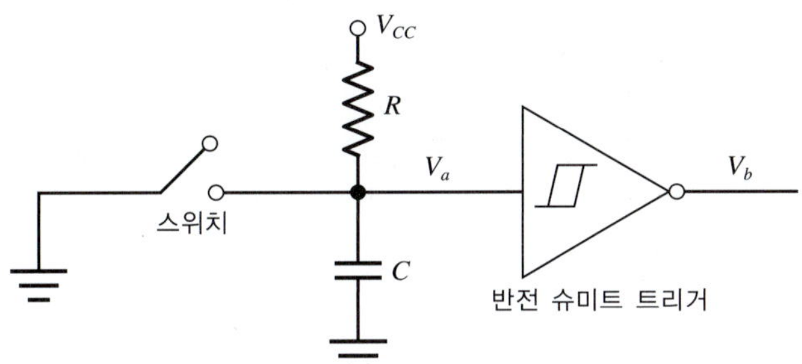

(a)

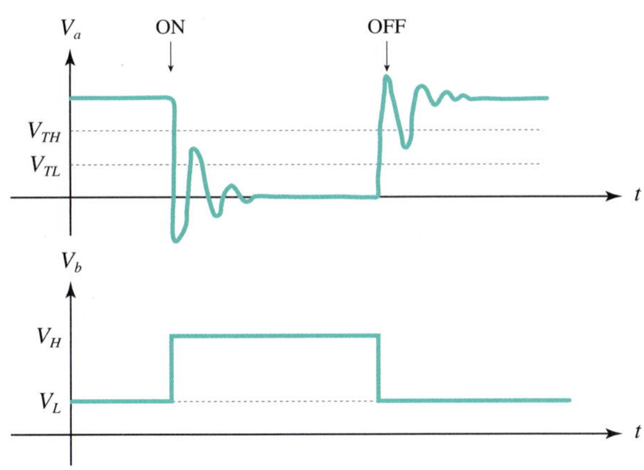

(b)

[그림 12-20] 슈미트 트리거를 이용한 접촉식 스위치의 채터링 잡음 제거

12.3 비정현파 발생기

구형파, 삼각파, 톱니파 등의 비정현파(non−sinusoidal waveform) 신호는 12.2절에서 설명된 슈미트 트리거 또는 555 타이머 IC 회로를 이용하여 생성할 수 있다. 구형파 발생기는 두개의 출력상태를 주기적으로 반복하여 구형파를 생성하므로 비안정 멀티바이브레이터(astable multivibrator)라고 하며, 삼각파와 톱니파는 구형파 발생기에 적분기 등의 부가회로를 추가하여 생성된다. 펄스 발생기는 외부의 트리거 신호에 의해 정해진 폭의 펄스를 생성하는 회로이며, 하나의 안정된 출력상태를 가지므로 단안정 멀티바이브레이터(monostable multivibrator)라고 한다. 이 절에서는 비안정 멀티바이브레이터와 단안정 멀티 바이브레이터 회로의 구조와 동작원리를 살펴본다.

12.3.1 슈미트 트리거를 이용한 구형파 발생기

[그림 12−21(a)]는 반전 슈미트 트리거를 이용한 구형파(square waveform) 발생기 회로이며, 슈미트 트리거의 출력이 저항 R과 커패시터 C에 의해 연산 증폭기의 반전단자로 귀환되는 구조이다. 슈미트 트리거의 출력은 리미터에 의해 $v_O = \pm(V_Z + V_\gamma) = \pm V_o$가 된다. 반전단자로 귀환되는 커패시터의 전압에 의해 슈미트 트리거의 출력이 반복적으로 천이되면서 [그림 12−21(b)]와 같은 구형파가 발생되며, 외부에서 인가되는 입력신호 없이 회로 자체의 동작에 의해 주기적인 구형파가 발생되는 비안정 멀티바이브레이터이다.

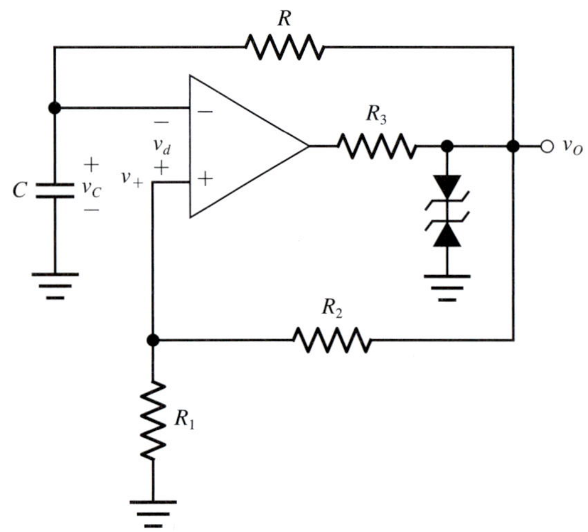

(a) 회로

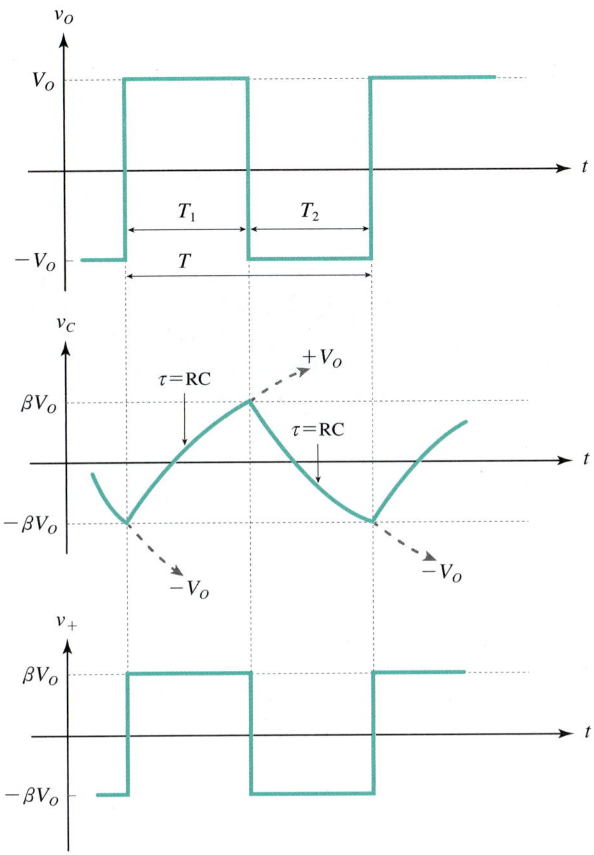

(b) 동작 파형

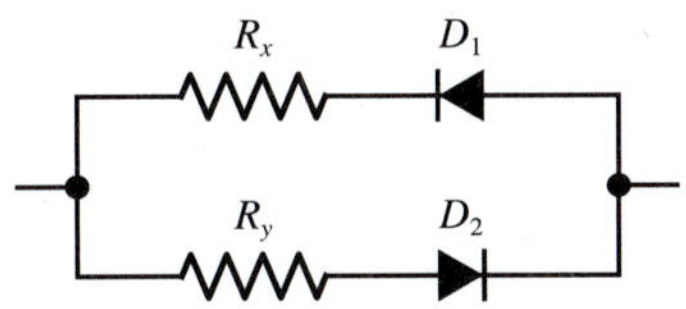

(c) 비대칭 구형파 발생을 위한 저항-다이오드 쌍

[그림 12-21] 슈미트 트리거를 이용한 구형파 발생기

[그림 12-21(a)]의 회로에서 비반전단자의 전압은 식 (12.43)과 같으며, 여기서 $\beta = R_1/(R_1+R_2)$는 귀환율이다.

$$v_+ = \frac{R_1}{R_1+R_2} v_O = \beta v_O \tag{12.43}$$

반전단자의 전압은 시상수 $\tau = RC$를 갖는 커패시터의 전압 $v_C(t)$이며, 다음과 같이 표현된다.

$$v_C(t) = v_{final} + (v_{initial} - v_{final}) e^{-t/\tau} \tag{12.44}$$

따라서 연산 증폭기의 두 입력단자 사이의 전압차 v_d는 식 (12.45)와 같다.

$$v_d = v_+ - v_C(t) = \beta v_O - v_C(t) \tag{12.45}$$

[그림 12-21(b)]의 파형을 참고하여 구형파가 생성되는 동작원리와 출력 구형파의 주기를 구해 본다. 먼저, $t<0$에서 슈미트 트리거의 출력이 $v_O=-V_o$이고, 따라서 커패시터는 $-V_o$를 향해 충전하고 있다고 가정한다. $t=0$에서 커패시터의 전압이 $v_C(0)=-\beta V_o$가 된다면 식 (12.45)에 의해 $v_d=0$이 되므로, 슈미트 트리거의 출력은 $v_O=V_o$로 천이된다. 이때, 비반전단자의 전압은 식 (12.43)에 의해 $v_+=\beta V_o$가 되며, 커패시터 C는 시상수 $\tau=RC$를 가지고 $+V_o$를 향해 충전하므로, 커패시터의 전압 $v_C(t)$는 다음과 같이 표현된다.

$$v_C(t)=V_o+(-\beta V_o-V_o)e^{-t/\tau}=V_o[1-(\beta+1)e^{-t/\tau}] \tag{12.46}$$

커패시터의 전압이 증가함에 따라 $t=T_1$에서 $v_C(T_1)=\beta V_o$가 되면, 식 (12.46)으로부터

$$v_C(T_1)=V_o[1-(\beta+1)e^{-T_1/\tau}]=\beta V_o \tag{12.47}$$

가 되므로, 이 순간에 $v_d=0$이 되어 슈미트 트리거의 출력은 $v_O=-V_o$가 된다. 따라서 식 (12.47)로부터 $v_O=V_o$인 기간 T_1을 구하면 다음과 같다.

$$T_1=\tau\ln\left(\frac{1+\beta}{1-\beta}\right)=RC\ln\left(\frac{1+\beta}{1-\beta}\right) \tag{12.48}$$

동일한 과정에 의해 $v_O=-V_o$인 기간 T_2를 구할 수 있다. $t<0$에서 슈미트 트리거의 출력이 $v_O=V_o$이고, 따라서 커패시터는 V_o를 향해 충전하고 있다고 가정한다. $t=0$에서 커패시터의 전압이 $v_C(0)=\beta V_o$이 된다면 식 (12.45)에 의해 $v_d=0$이 되므로, 슈미트 트리거의 출력은 $v_O=-V_o$로 천이된다. 이때 비반전단자의 전압은 식 (12.43)에 의해 $v_+=-\beta V_o$가 되며, 커패시터 C는 시상수 $\tau=RC$를 가지고 $-V_o$를 향해 충전하므로, 커패시터의 전압 $v_C(t)$는 다음과 같이 표현된다.

$$v_C(t)=-V_o+(\beta V_o+V_o)e^{-t/\tau}=V_o[-1+(\beta+1)e^{-t/\tau}] \tag{12.49}$$

커패시터의 전압이 감소함에 따라 $t=T_2$에서 $v_C(T_2)=-\beta V_o$가 되면, 식 (12.49)부터

$$v_C(T_2)=V_o[-1+(\beta+1)e^{-T_2/\tau}]=-\beta V_o \tag{12.50}$$

가 되므로, 이 순간에 $v_d=0$이 되어 슈미트 트리거의 출력은 $v_O=V_o$가 된다. 따라서 식 (12.50)으로부터 T_2을 구하면 다음과 같다.

$$T_2=\tau\ln\left(\frac{1+\beta}{1-\beta}\right)=RC\ln\left(\frac{1+\beta}{1-\beta}\right) \tag{12.51}$$

식 (12.48)과 식 (12.51)로부터, $T_1=T_2$가 되어 대칭 구형파가 생성됨을 알 수 있으며, 이는 커패시터가 $+V_o$를 향해 충전하는 시상수와 $-V_o$를 향해 충전하는 시상수가 같기 때문이다. 따라서 출력 구형파의 충격계수(duty cycle)는 다음과 같다.

$$\delta \equiv \frac{T_1}{T_1+T_2} \times 100\% = 50\% \tag{12.52}$$

출력 구형파의 주기 T는 다음과 같으며, $f=1/T$의 발진 주파수를 갖는다.

$$T = T_1 + T_2 = 2RC\ln\left(\frac{1+\beta}{1-\beta}\right) \tag{12.53}$$

슈미트 트리거 회로에서 $R_1=R_2$이면 $\beta=1/2$이 되며, 이를 식 (12.53)에 적용하면 출력 구형파의 주기는 다음과 같다.

$$T = 2RC\ln(3) \simeq 2.2RC \tag{12.54}$$

식 (12.54)로부터, 구형파의 주기(또는 주파수)는 커패시터의 시상수 $\tau=RC$에 의해 조정됨을 알 수 있다. 통상적으로 발진 주파수의 범위는 커패시터(10배 단위의 값들)를 통해 선택하고, 발진 주파수의 미세 조정은 저항 R을 통해 이루어진다.

[그림 12-21(a)]의 회로에서 반전단자로 귀환되는 저항 R을 [그림 12-21(c)]와 같이 다이오드와 저항 R_x, R_y로 대체하면, 비대칭 구형파를 얻을 수 있다. $v_O=V_o$이면, 다이오드 D_1이 도통되고 D_2는 개방되어 시상수 $\tau_1=R_xC$를 가지며, $v_O=-V_o$이면, 다이오드 D_1이 개방되고 D_2는 도통되어 시상수 $\tau_2=R_yC$를 갖는다. 따라서 $R_x>R_y$이면, $T_1>T_2$가 되어 $\delta>50\%$인 구형파가 발생되며, $R_x<R_y$이면, $T_1<T_2$가 되어 $\delta<50\%$인 구형파가 발생된다.

예제 12-7

[그림 12-21(a)]의 구형파 발생기 회로에서 발진 주파수 $f=1$ kHz가 되도록 R과 C의 값을 결정하라. 단, 슈미트 트리거의 $\beta=1/2$이고, $V_o=\pm5.5$ V이다.

풀이

식 (12.54)로부터 $T=2.2RC=1\times10^{-3}$이므로, $RC=454.55\times10^{-6}$가 된다. 따라서 $C=0.1\ \mu$F으로 하면, $R=4.55$ kΩ가 된다.

[그림 12-22]는 [예제 12-7] 회로의 시뮬레이션 결과를 보이고 있다. 외부의 트리거 신호 없이 회로가 자체적인 발진을 시작하기 위해 약 10 ms 정도의 과도기간이 경과한 후, 1 kHz의 구형파가 생성됨을 확인할 수 있다.

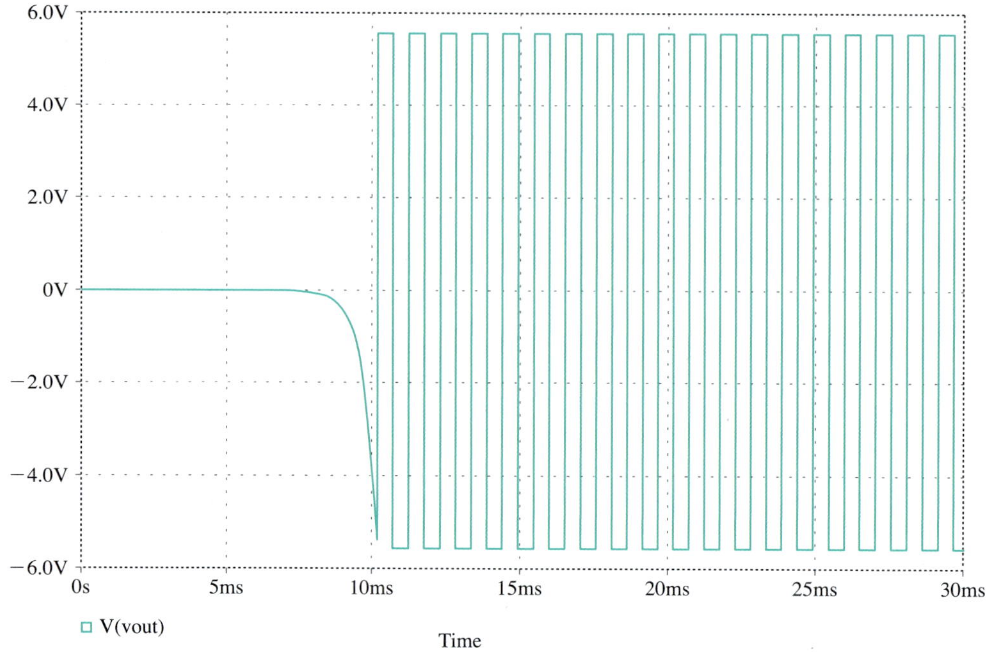

[그림 12-22] [예제 12-7]의 시뮬레이션 결과

응용 12-9

[그림 12-21(a)]의 구형파 발생기 회로에서 $R=33\ \mathrm{k\Omega}$과 $C=0.01\ \mu\mathrm{F}$인 경우에 발진 주파수를 구하라. 단, 슈미트 트리거의 $R_1=10\ \mathrm{k\Omega}$, $R_2=20\ \mathrm{k\Omega}$이고, $V_o=\pm 5.5\ \mathrm{V}$이다.

[정답 : $f \simeq 2.2\ \mathrm{kHz}$]

12.3.2 삼각파 발생기

삼각파(triangular waveform)는 구형파를 적분하여 생성할 수 있으며, [그림 12-23(a)]는 슈미트 트리거와 적분기를 이용한 삼각파 발생기 회로이다. 슈미트 트리거의 출력이 리미터에 의해 $v_A=\pm(V_Z+V_\gamma)=\pm V_o$가 되며, 이는 반전 적분기의 입력으로 인가되고, 적분기의 출력 v_O가 비반전 슈미트 트리거의 입력으로 인가된다. 슈미트 트리거의 반전단자에는 기준전압 V_R이 인가되고 있다. 기준전압 V_R이 인가되는 비반전 슈미트 트리거의 특성은 12.2.3절에서 설명되었으며, 반전 적분기는 11.3.2절을 참고하기 바란다. 슈미트 트리거의 출력인 구형파가 적분되어 삼각파가 생성되며, 적분기의 출력인 삼각파에 의해 슈미트 트리거 출력이 천이되는 과정이 반복되어 [그림 12-23(b)]와 같은 삼각파가 발생된다.

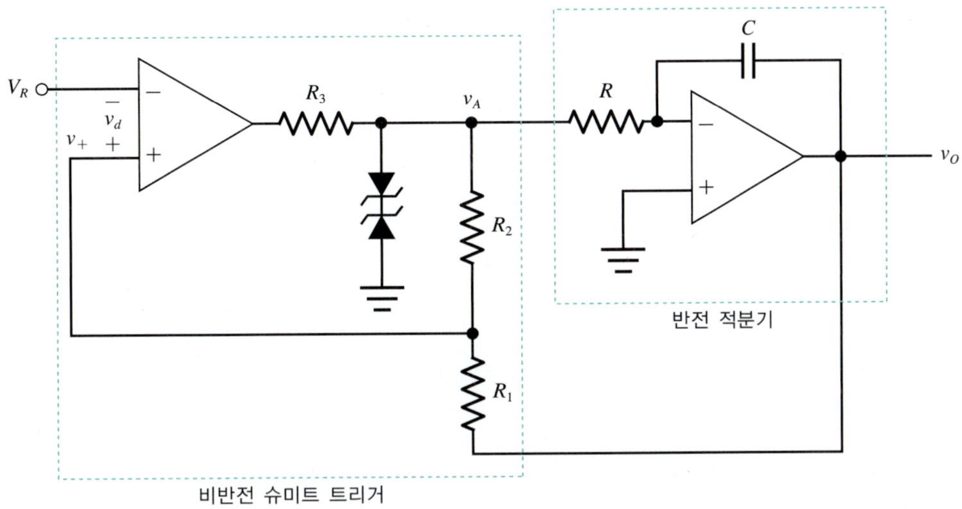

(a) 회로

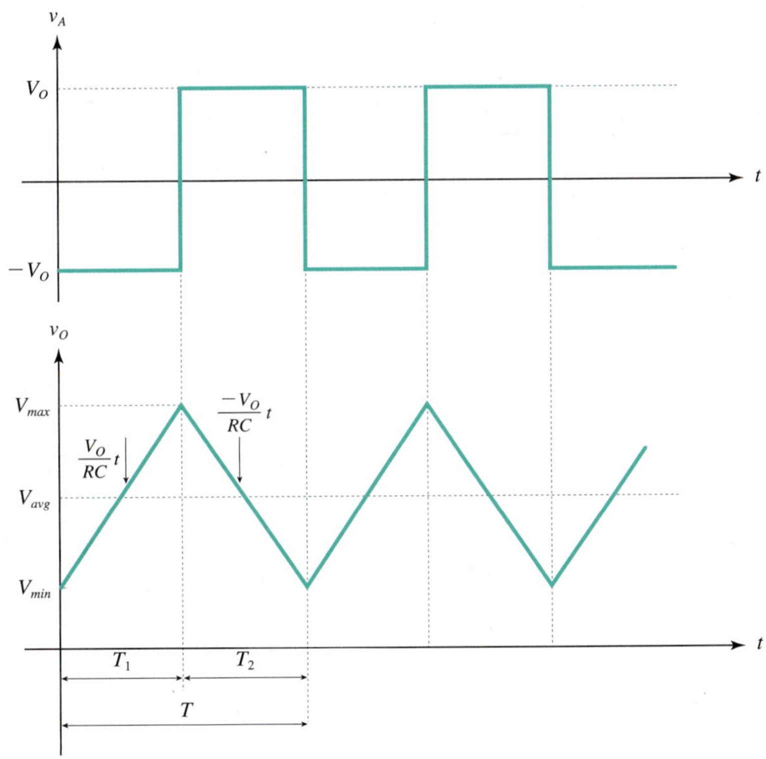

(b) 동작 파형

[그림 12-23] 슈미트 트리거를 이용한 삼각파 발생기

[그림 12-23(a)]의 회로에서, 슈미트 트리거 비반전단자의 전압은 중첩의 정리에 의해 다음과 같다.

$$v_+=\frac{R_1}{R_1+R_2}v_A+\frac{R_2}{R_1+R_2}v_O=\frac{R_1v_A+R_2v_O}{R_1+R_2} \tag{12.55}$$

연산 증폭기 두 입력단자의 전압차 v_d는

$$v_d=v_+-V_R=\frac{R_1v_A+R_2v_O}{R_1+R_2}-V_R \tag{12.56}$$

가 되며, 반전 적분기의 출력 v_O가 시간에 따라 증가 또는 감소하여 $v_d=0$이 되는 순간에 슈미트 트리거의 출력이 V_o에서 $-V_o$로, 또는 그 반대로 천이된다.

[그림 12-23(b)]의 파형을 참고하여 삼각파가 생성되는 동작원리와 출력 삼각파의 주기를 구해본다. $t=0$에서 슈미트 트리거의 출력이 $v_A=-V_o$인 경우에 적분기의 출력 v_O는 다음과 같이 시간에 따라 증가하는 직선이 된다.

$$v_O(t)=\frac{V_o}{RC}t \tag{12.57}$$

적분기의 출력 $v_O(t)$가 시간에 따라 증가하여 $t=T_1$에서 $v_+=V_R$이 되어 $v_d=0$이 되면, 슈미트 트리거의 출력은 $-V_o$에서 V_o로 천이된다. 이때 출력 삼각파는 최대 피크값 V_{max}를 가지며, 식 (12.55)에 $v_+=V_R$, $v_A=-V_o$, $v_O=V_{max}$를 대입하여 정리하면 출력 삼각파의 최대 피크값 V_{max}는 다음과 같다.

$$V_{max}=\left(1+\frac{R_1}{R_2}\right)V_R+\frac{R_1}{R_2}V_o \tag{12.58}$$

동일한 방법으로 $t=0$에서 슈미트 트리거의 출력이 $v_A=V_o$인 경우에 적분기의 출력 v_O는 다음과 같이 시간에 따라 감소하는 직선이 된다.

$$v_O(t)=\frac{-V_o}{RC}t \tag{12.59}$$

적분기의 출력 $v_O(t)$가 시간에 따라 감소하여 $t=T_2$에서 $v_+=V_R$이 되어 $v_d=0$이 되면, 슈미트 트리거의 출력은 V_o에서 $-V_o$로 천이된다. 이때 출력 삼각파는 최소 피크값 V_{min}을 가지며, 식 (12.55)에 $v_+=V_R$, $v_A=V_o$, $v_O=V_{min}$을 대입하여 정리하면 출력 삼각파는 최소 피크값 V_{min}은 다음과 같다.

$$V_{min}=\left(1+\frac{R_1}{R_2}\right)V_R-\frac{R_1}{R_2}V_o \tag{12.60}$$

식 (12.58)과 식 (12.60)으로부터 출력 삼각파의 평균값은 다음과 같다.

$$V_{avg}=\frac{V_{max}+V_{min}}{2}=\left(1+\frac{R_1}{R_2}\right)V_R \tag{12.61}$$

식 (12.58), 식 (12.60), 식 (12.61)에 의하면 출력 삼각파의 진폭과 평균값은 저항비 R_1/R_2과 슈미트 트리거의 기준전압 V_R에 의해 영향을 받는다. 따라서 기준전압 V_R을 통해 출력 삼각파의 평균값(즉, y축 방향으로 수직이동)을 조정하고, 삼각파의 진폭은 저항비 R_1/R_2를 통해 조정할 수 있다. $V_R=0$이면, 출력 삼각파의 평균값은 0이 되므로 x축을 중심으로 V_oR_1/R_2와 $-V_oR_1/R_2$의 피크값을 갖는다.

출력 삼각파의 주기, 충격계수 등 시간 축의 파라미터는 다음과 같이 구해진다. 식 (12.57)과 식 (12.59)로부터 출력 삼각파가 시간에 따라 상승 또는 하강하는 기울기는 각각 V_o/RC와 $-V_o/RC$이므로, 상승 기간 T_1과 하강 기간 T_2는 같다.

$$T_1=T_2=\frac{V_{max}-V_{min}}{V_o/RC}=\frac{2R_1}{R_2}RC \tag{12.62}$$

따라서 대칭 삼각파가 발생되며, 출력 삼각파의 충격계수는 다음과 같다.

$$\delta\equiv\frac{T_1}{T_1+T_2}\times 100\%=50\% \tag{12.63}$$

출력 삼각파의 주기 T와 발진 주파수 $f=1/T$는 각각 다음과 같다.

$$T=T_1+T_2=\frac{4R_1}{R_2}RC \tag{12.64}$$

$$f=\frac{1}{T}=\frac{R_2}{4RCR_1} \tag{12.65}$$

식 (12.64)와 식 (12.65)로부터, 출력 삼각파의 주기와 주파수는 슈미트 트리거의 출력전압 $v_A=\pm V_o$와 무관함을 알 수 있다. 저항비 R_2/R_1은 삼각파의 진폭 및 평균값에 관계되므로, 출력 삼각파의 주기(주파수)는 적분기의 적분 시상수를 결정하는 R과 C를 통해 조정하는 것이 바람직하다. 출력 삼각파의 최대 주파수는 적분기를 구성하는 연산 증폭기의 슬루율 또는 연산 증폭기의 출력전류에 의해 제한된다.

예제 12-8

[그림 12-23(a)]의 회로에서 출력 삼각파의 피크값 V_{max}와 V_{min}, 평균값 V_{avg}, 주기 T, 주파수 f, 그리고 충격계수 δ를 구하라. 단, 슈미트 트리거의 저항은 $R_1=R_2=100\ \text{k}\Omega$이고, 출력전압은 $v_A=\pm V_o=\pm 5.5\ \text{V}$이며, $V_R=0\ \text{V}$이다. 적분기의 저항과 커패시터는 $R=2.7\ \text{k}\Omega$, $C=0.1\ \mu\text{F}$이다.

풀이

① 피크값 : $V_R=0$ V이므로 식 (12.58)과 식 (12.60)에 의해,

$$V_{max}=-V_{min}=\frac{R_1}{R_2}V_o=\frac{100}{100}\times 5.5=5.5 \text{ V}$$

② 평균값 V_{avg} : $V_R=0$ V이므로 식 (12.61)에 의해 $V_{avg}=0$ V이다.

③ 주기 T : 식 (12.64)에 의해 $T=\frac{4R_1}{R_2}RC=4\times 2.7\times 0.1\times 10^{-3}=1.08$ ms

④ 주파수 f : $f=\frac{1}{T}=\frac{1}{1.08}=925.93$ Hz

⑤ 충격계수 δ : 대칭 삼각파가 생성되므로 $\delta=50\%$이다.

[그림 12-24]는 [예제 12-8] 회로의 시뮬레이션 결과이다. 시뮬레이션 결과에 의한 출력 삼각파의 주파수는 약 870 Hz이며, 계산결과에 근접한 값이다.

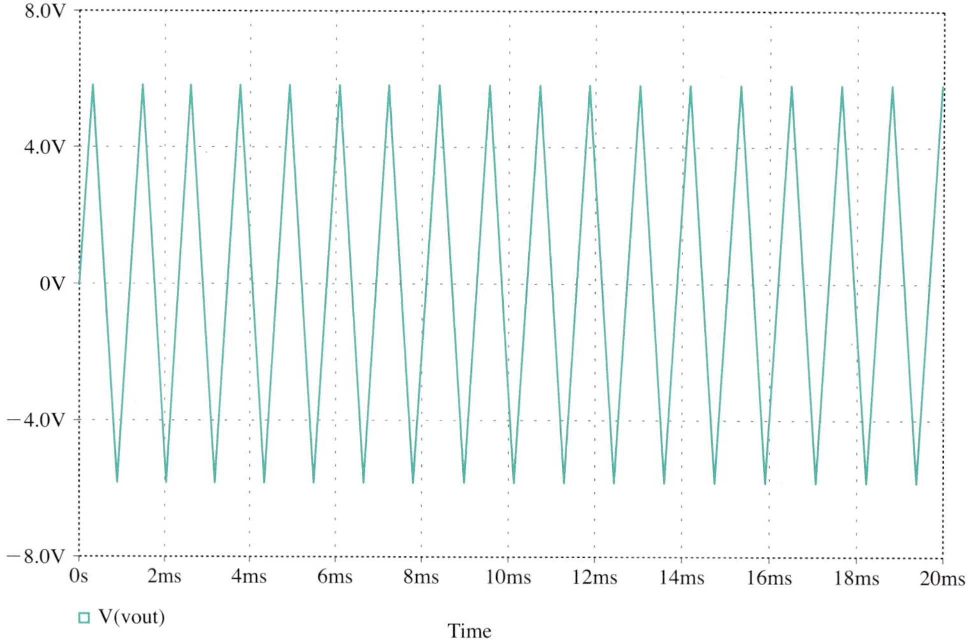

[그림 12-24] [예제 12-8]의 시뮬레이션 결과

응용 12-10

[그림 12-23(a)]의 회로에서 출력 삼각파의 평균값이 $V_{avg}=3$ V, 주파수는 $f=500$ Hz가 되도록 기준 전압 V_R, 적분기의 저항 R, 커패시터 C의 값을 구하라. 단, 슈미트 트리거의 저항은 $R_1=10$ kΩ, $R_2=20$ kΩ이고, 슈미트 트리거의 출력전압은 $v_A=\pm V_o=\pm 5.5$ V이다.

[정답 : $V_R=2$ V, $R=10$ kΩ, $C=0.1$ μF]

비대칭 삼각파 발생 회로

[그림 12-23(a)]의 회로에서 적분기의 저항 R을 [그림 12-21(c)]와 같이 다이오드-저항 쌍으로 대체하면, 비대칭 삼각파를 얻을 수 있다. $v_A=-V_o$이면, 다이오드 D_1이 도통되고 D_2는 개방되어 적분 시상수 $\tau_1=R_xC$를 가지며, $v_A=V_o$이면 다이오드 D_1이 개방되고 D_2는 도통되어 적분 시상수 $\tau_2=R_yC$를 갖는다. 따라서 $R_x>R_y$이면 $T_1>T_2$가 되어 $\delta>50\%$인 삼각파가 발생되며, $R_x<R_y$이면 $T_1<T_2$가 되어 $\delta<50\%$인 삼각파가 발생된다.

비대칭 삼각파를 얻기 위한 또 다른 방법은 [그림 12-23(a)]의 회로에서 적분기의 비반전 단자에 접지 대신에 전압 V_D를 인가하는 것이다. 전압 V_D는 출력 삼각파의 피크값 V_{max}와 V_{min}에는 영향을 미치지 않으며, 출력 삼각파의 기울기에만 영향을 미친다. 출력 삼각파의 기울기는 $(V_o+V_D)/RC$와 $-(V_o-V_D)/RC$가 되므로, T_1과 T_2는 각각 다음과 같다.

$$T_1=\frac{V_{max}-V_{min}}{(V_o+V_D)/RC}=\frac{\frac{2R_1}{R_2}RCV_o}{V_o+V_D} \tag{12.66a}$$

$$T_2=\frac{V_{max}-V_{min}}{(V_o-V_D)/RC}=\frac{\frac{2R_1}{R_2}RCV_o}{V_o-V_D} \tag{12.66b}$$

식 (12.66)으로부터 출력 삼각파의 충격계수는 식 (12.67)과 같이 되며,

$$\delta=\frac{T_1}{T_1+T_2}\times 100\%=\frac{1}{2}\left(1-\frac{V_D}{V_o}\right)\times 100\% \tag{12.67}$$

전압 V_D의 극성(+ 또는 −)에 따라 $\delta>50\%$ 또는 $\delta<50\%$인 비대칭 삼각파가 발생된다. $V_D=0$이면 $\delta=50\%$인 대칭 구형파가 된다. $V_D\simeq V_o$이면 $\delta\simeq 0$이 되어 $T\simeq T_2$인 톱니파가 발생되고, $V_D\simeq -V_o$이면 $\delta\simeq 1$이 되어 $T\simeq T_1$인 톱니파가 발생된다.

예제 12-9

[그림 12-23(a)]의 회로에서 적분기의 비반전 단자에 $V_D=3$ V를 인가한 경우의 출력 삼각파의 충격계수 δ를 구하라. 단, 슈미트 트리거의 저항은 $R_1=10$ kΩ, $R_2=20$ kΩ이고, 출력전압은 $v_A=\pm V_o=\pm 5.5$ V이며, 기준전압 $V_R=0$ V이다. 적분기의 저항과 커패시터는 $R=10$ kΩ, $C=0.1$ μF이다.

풀이

식 (12.67)에 의해,

$$\delta=\frac{1}{2}\left(1-\frac{V_D}{V_o}\right)=\frac{1}{2}\times\left(1-\frac{3}{5.5}\right)\times 100\%=22.73\%$$

[예제 12-9] 회로의 시뮬레이션 결과는 [그림 12-25]와 같으며, 시뮬레이션 결과에 의한 출력 삼각파의 충격계수는 $\delta=23.6\%$이며, 계산결과에 근접한 값이다.

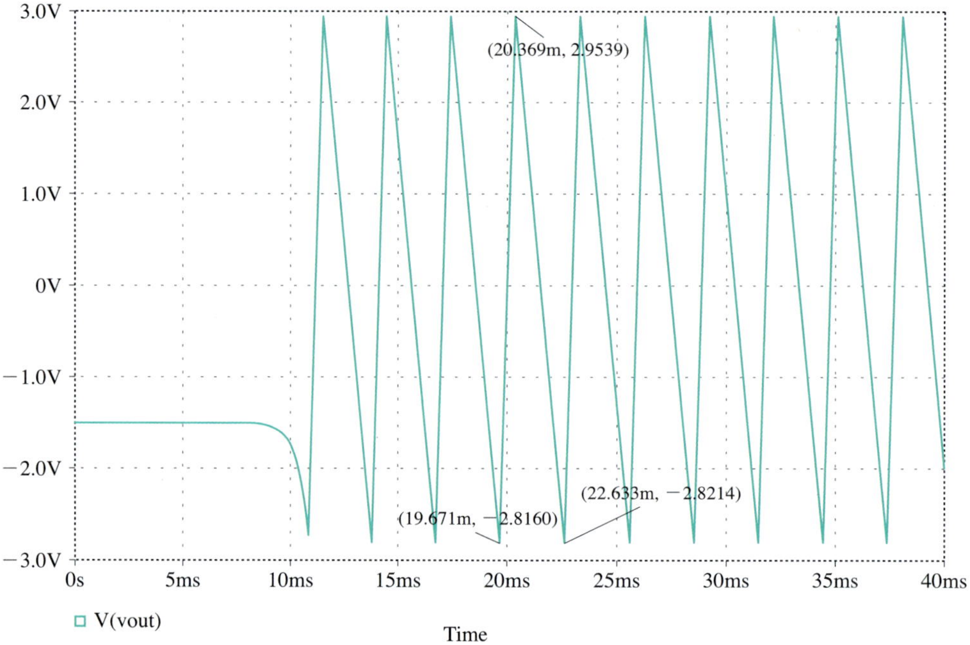

[그림 12-25] [예제 12-9]의 시뮬레이션 결과

응용 12-11

[그림 12-23(a)]의 회로에서 출력 삼각파의 충격계수가 $\delta=35\%$가 되도록 하기 위한 전압 V_D를 구하라. 단, 슈미트 트리거의 출력전압은 $v_A=\pm V_o=\pm 5.5$ V이다.

[정답 : $V_D=1.65$ V]

예제 12-10

[그림 12-23(a)]의 회로에서 적분기의 비반전 단자에 $V_D=5.52$ V를 인가한 경우와 $V_D=-5.52$ V를 인가한 경우에 대해 시뮬레이션을 통해 출력파형을 확인하라. 단, 슈미트 트리거의 저항 $R_1=10$ kΩ, $R_2=20$ kΩ이고, 출력전압은 $v_A=\pm V_o=\pm 5.52$ V이며, 기준전압 $V_R=0$ V이다. 적분기의 저항과 커패시터는 $R=10$ kΩ, $C=0.1$ μF이다.

풀이

$V_D=5.52$ V인 경우의 시뮬레이션 결과는 [그림 12-26(a)]와 같으며, $\delta\simeq 0\%$인 톱니파가 발생된다. $V_D=-5.52$ V인 경우의 시뮬레이션 결과는 [그림 12-26(b)]와 같으며, $\delta\simeq 100\%$인 톱니파가 발생된다.

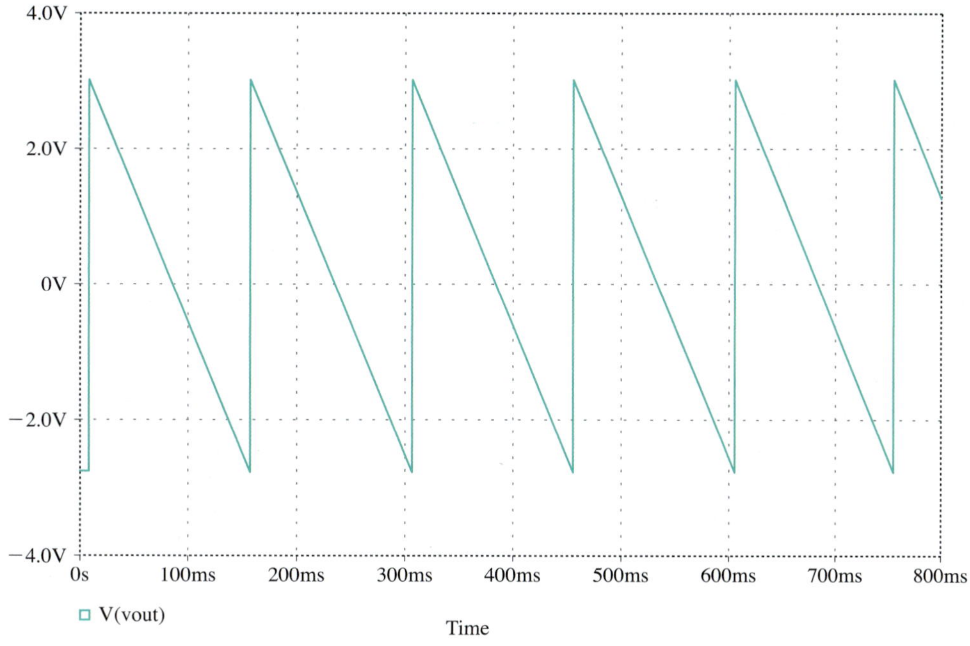

(a) $V_D=5.52$ V인 경우

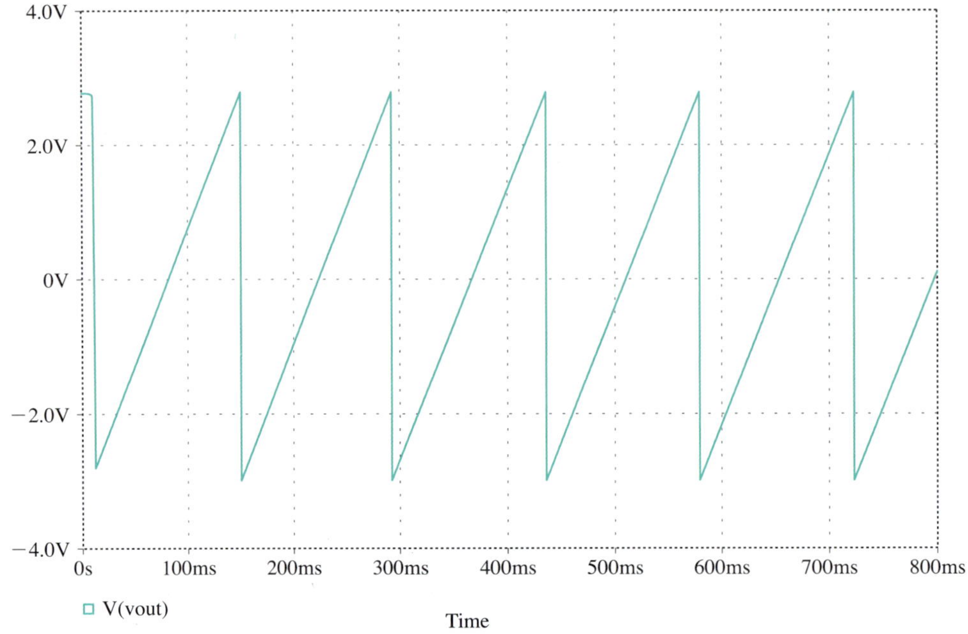

(b) $V_D = -5.52$ V인 경우

[그림 12-26] [예제 12-10]의 시뮬레이션 결과

12.3.3 555 타이머 IC를 이용한 구형파 발생기

555 타이머 IC는 구형파 발생기(비안정 멀티바이브레이터), 펄스 발생기(단안정 멀티바이브레이터) 등 비정현파(non-sinusoidal waveform) 신호의 생성을 위해 폭넓게 사용되는 소자이며, 외부에 저항과 커패시터의 단순한 연결에 의해 다양한 응용회로를 구현할 수 있다.

[그림 12-27(a)]는 555 타이머 IC의 내부 구성을 보여주고 있다. 두 개의 비교기와 한 개의 RS 플립플롭(flip-flop), 방전 트랜지스터, 기준전압 생성용 저항 등으로 구성된다. 세 개의 저항(동일한 값을 가짐)은 전원전압 V_{CC}를 3등분하여 비교기의 기준전압 $V_{TH} = \frac{2}{3}V_{CC}$와 $V_{TL} = \frac{1}{3}V_{CC}$을 만들며, 두 개의 비교기 출력은 각각 RS 플립플롭의 리셋과 셋 입력으로 사용된다. RS 플립플롭의 Q 출력은 출력회로를 통해 외부로 출력되며, $\overline{Q}$ (Q의 반전)는 방전 트랜지스터의 베이스로 인가된다. 방전 트랜지스터의 이미터는 접지로 연결되고, 컬렉터는 외부의 방전단자로 연결된다. RS 플립플롭이 리셋되어 $\overline{Q}$= '1'(논리 '1')이 되면, 방전 트랜지스터가 ON 되어 방전단자에 연결된 외부의 커패시터가 방전된다. 비교기-1의 비반전단자는 문턱전압 단자로 사용되고, 비교기-2의 반전단자는 트리거 단자로 사용된다.

[그림 12-27(b)]는 555 타이머 IC의 핀 구성도이다. reset 단자는 'active low' 리셋에 의해 출력을 0으로 만들며, 컨트롤(control) 단자는 내부의 $V_{TH}=\frac{2}{3}V_{CC}$를 외부로 연결한 단자이며, V_{TH}를 외부에서 가변하여 타이머의 동작을 제어하기 위해 사용한다. 통상 V_{TH}를 가변시키지 않는 경우에는 컨트롤 단자와 접지 사이에 0.1 μF의 커패시터를 연결하여 사용한다.

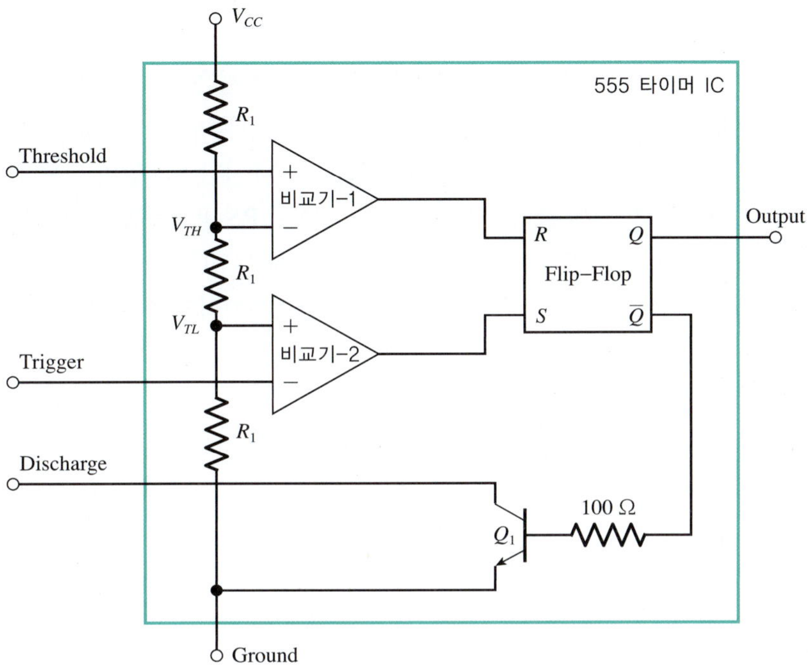

(a) 내부 구조

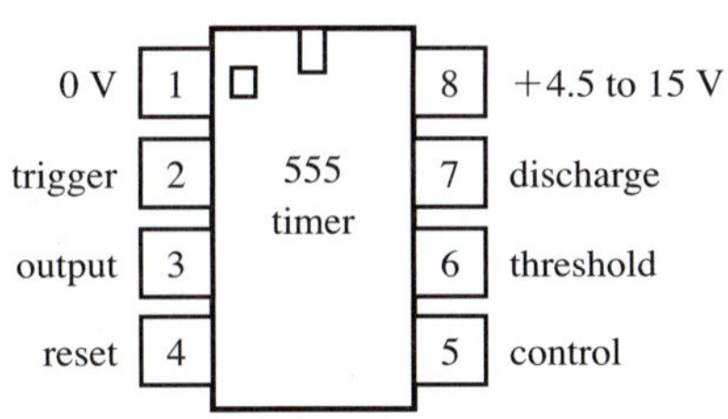

(b) 핀 구성

[그림 12-27] 555 타이머 IC의 핀 구성 및 내부 구조

[그림 12-28(a)]는 555 타이머 IC를 이용한 구형파 발생기 회로이다. 외부에 저항 R_A, R_B, 커패시터 C가 전원과 접지 사이에 직렬로 연결되고, 저항 R_B와 커패시터의 접점에 문턱 전압단자와 트리거 단자가 연결되며, 방전단자는 저항 R_A와 R_B의 접점에 연결된다.

구형파가 생성되는 동작원리는 다음과 같다. 초기에 RS 플립플롭이 셋되어 있다고 가정하면, $Q=$ '1', $\overline{Q}=$ '0'이 되어 출력은 $v_O=V_{CC}$가 되고 방전 트랜지스터는 OFF된다. 따라서 커패시터 C는 시상수 $\tau_1=(R_A+R_B)C$를 가지고 V_{CC}를 향해 충전한다. 커패시터가 충전됨에 따라 커패시터 전압 $v_C(t)$가 지수함수적으로 증가하게 되고, $v_C>V_{TH}$가 되는 순간 비교기-1의 출력이 논리 '1'이 되어 RS 플립플롭은 리셋된다(이때, 비교기-2의 출력은 논리 '0'을 유지하고 있다). 따라서 출력은 $v_O=0$이 되고 방전 트랜지스터는 ON된다. 방전 트랜지스터가 ON되면, 커패시터는 시상수 $\tau_2=(R_B+R_{on})C$(여기서 R_{on}은 도통된 BJT의 등가저항을 나타낸다)를 가지고 0 V를 향해 방전하게 된다. 커패시터가 방전함에 따라 $v_C(t)$가 지수 함수적으로 감소하게 되고, $v_C<V_{TH}$가 되는 순간 비교기-1의 출력은 논리 '0'이 된다. 커패시터의 전압이 더욱 감소하여 $v_C<V_{TL}$이 되는 순간 비교기-2의 출력이 논리 '1'이 되므로, RS 플립플롭은 셋 되고 $Q=$ '1', $\overline{Q}=$ '0'이 된다(이때, 비교기-1의 출력은 논리 '0'을 유지하고 있다). 따라서 출력은 $v_O=V_{CC}$이 되고 방전 트랜지스터는 OFF된다. 이와 같은 커패시터의 주기적인 충전, 방전과정에 의해 RS 플립플롭이 주기적으로 셋과 리셋되어 구형파가 생성되며, [그림 12-28(b)]는 회로의 동작 파형을 보이고 있다.

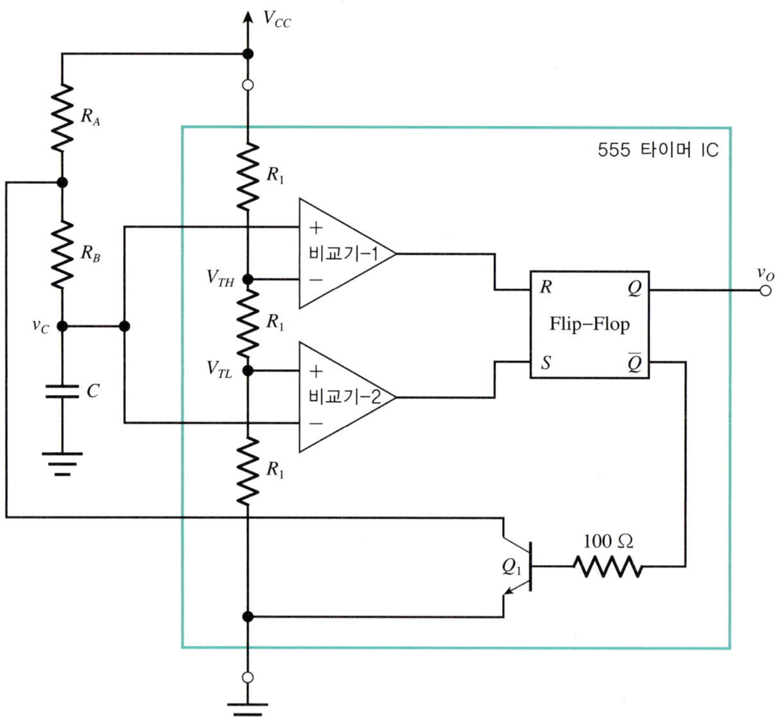

(a) 회로도

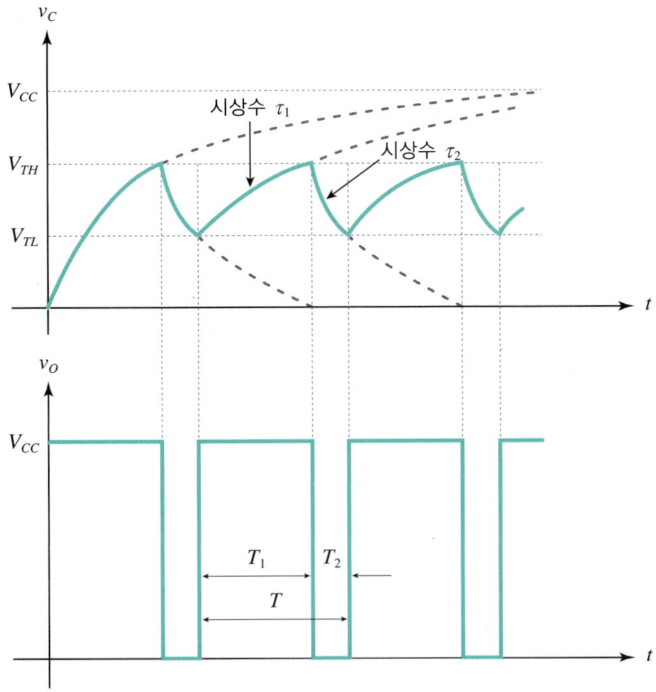

(b) 커패시터 전압 및 출력전압 파형

[그림 12-28] 555 타이머 IC를 이용한 비안정 멀티바이브레이터

출력 구형파의 주기와 충격계수 등은 커패시터 전압 $v_C(t)$를 이용하여 구할 수 있다. 먼저 $v_O=V_{CC}$가 되는 기간 T_1을 구해본다. $t=0$에서 $v_C(0)=V_{TL}=\frac{1}{3}V_{CC}$가 되어 RS 플립플롭이 셋 되고 $v_O=V_{CC}$가 된다고 가정한다. 커패시터는 시상수 $\tau_1=(R_A+R_B)C$를 가지고 V_{CC}를 향해 충전을 시작하며, 커패시터의 전압은 식 (12.68)과 같이 표현된다.

$$v_C(t)=V_{CC}+(V_{TL}-V_{CC})e^{-t/\tau_1}=V_{CC}(1-\frac{2}{3}e^{-t/\tau_1}) \tag{12.68}$$

$t=T_1$에서 커패시터의 전압이 $v_C(T_1)=V_{TH}=\frac{2}{3}V_{CC}$가 되면, RS 플립플롭이 리셋되어 $v_O=0$이 된다. 이 조건을 식 (12.68)에 대입하여 T_1을 구하면 다음과 같다.

$$T_1=(R_A+R_B)C\ \ln\ 2\simeq 0.69(R_A+R_B)C \tag{12.69}$$

동일한 방법으로 $v_O=0$이 되는 기간 T_2를 구할 수 있다. $t=0$에서 $v_C(0)=V_{TH}=\frac{2}{3}V_{CC}$가 되어 RS 플립플롭이 리셋되고 $v_O=0$이 된다고 가정한다. 커패시터는 시상수 $\tau_2=(R_B+R_{on})C\simeq R_BC$을 가지고 0를 향해 방전을 시작하며, 커패시터의 전압은 식 (12.70)과 같다.

$$v_C(t) = V_{TH}e^{-t/\tau_2} = \frac{2}{3}V_{CC}e^{-t/\tau_2} \tag{12.70}$$

$t=T_2$에서 커패시터의 전압이 $v_C(T_2)=V_{TL}=\frac{1}{3}V_{CC}$가 되면, RS 플립플롭이 셋되어 $v_O=V_{CC}$가 된다. 이 조건을 식 (12.70)에 대입하여 T_2을 구하면 다음과 같다.

$$T_2 = R_BC\ \ln\ 2 \simeq 0.69R_BC \tag{12.71}$$

식 (12.69)와 식 (12.71)로부터 출력 구형파의 주기 T와 주파수 $f=1/T$는 각각 다음과 같다.

$$T = T_1 + T_2 = 0.69(R_A + 2R_B)C \tag{12.72}$$

$$f = \frac{1}{T} = \frac{1}{0.69(R_A+2R_B)C} \tag{12.73}$$

충격계수 δ는 식 (12.74)와 같으며, $\delta > 50\%$인 비대칭 구형파가 발생된다. $R_B \gg R_A$이면 $\delta \simeq 50\%$인 대칭에 가까운 구형파를 생성할 수 있다.

$$\delta = \frac{T_1}{T} \times 100\% = \frac{R_A+R_B}{R_A+2R_B} \times 100\% \tag{12.74}$$

식 (12.73)으로부터 저항 R_A, R_B, 그리고 커패시터 C의 값에 따른 출력 구형파의 근사적인 주파수는 [표 12-1]과 같으며 R_B에 가변저항을 사용하여 주파수를 조정할 수 있다.

[표 12-1] 555 타이머 IC를 이용한 비안정 멀티바이브레이터의 근사적인 주파수

C	R_A=1 kΩ R_B=10 kΩ	R_A=10 kΩ R_B=100 kΩ	R_A=100 kΩ R_B=1 MΩ
0.001 μF	68 kHz	6.8 kHz	680 Hz
0.01 μF	6.8 kHz	680 Hz	68 Hz
0.1 μF	680 Hz	68 Hz	6.8 Hz
1 μF	68 Hz	6.8 Hz	0.68 Hz
10 μF	6.8 Hz	0.68 Hz	0.068 Hz

예제 12-11

[그림 12-28(a)]의 비안정 멀티바이브레이터에서 출력 구형파의 주파수와 충격계수를 구하라. 단, $R_A = R_B = 10\ \text{k}\Omega$이고, $C = 0.1\ \mu\text{F}$이다.

풀이

① 식 (12.73)으로부터,

$$f = \frac{1}{0.69(R_A + 2R_B)C} = \frac{1}{0.69 \times (10+20) \times 10^{-4}} = 483.1\ \text{Hz}$$

② 식 (12.74)로부터,

$$\delta = \frac{R_A + R_B}{R_A + 2R_B} \times 100\% = \frac{10+10}{10+20} \times 100\% = 66.67\%$$

[그림 12-29]는 [예제 12-11]의 PSPICE 시뮬레이션 결과이다. 시뮬레이션 결과로부터 $T_1 = 1.39$ ms, $T_2 = 0.7$ ms가 되고, $f = 476.47$ Hz, $\delta = 66.51\%$가 되어 수식에 의한 계산결과와 유사함을 확인할 수 있다.

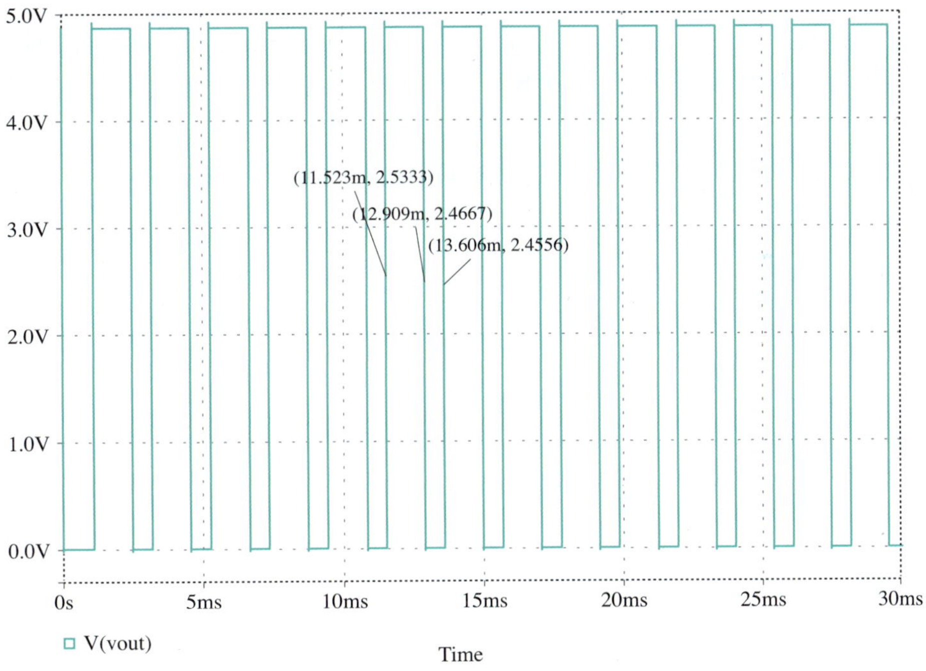

[그림 12-29] [예제 12-11]의 시뮬레이션 결과

응용 12-12

[그림 12-28(a)]의 비안정 멀티바이브레이터에서 출력 구형파의 주파수가 $f=5$ Hz가 되도록 저항 R_A, R_B 그리고 커패시터 C의 값을 결정하라. 단, $R_A=0.1R_B$를 사용한다.

[정답 : $C=1\ \mu$F, $R_A=13.8$ kΩ, $R_B=138$ kΩ]

12.3.4 555 타이머 IC를 이용한 펄스 발생기

[그림 12-30(a)]는 555 타이머 IC를 이용한 펄스 발생기 회로이다. 외부에 저항 R과 커패시터 C가 전원과 접지 사이에 직렬로 연결되며, 저항과 커패시터의 접점에 문턱 전압단자와 방전단자가 연결되며, 트리거 단자에는 트리거 신호가 연결된다.

외부에서 인가되는 트리거 신호에 의해 펄스가 생성되는 원리는 다음과 같다. 초기에 RS 플립플롭이 리셋되어 있다고 가정하면, $Q=$ '0', $\overline{Q}=$ '1'이 되어 출력은 $v_O=0$이 되고, 방전 트랜지스터가 ON되어 커패시터 C는 방전되므로 $v_C=0$을 유지하고 있다. 이때 트리거 전압이 $v_T>V_{TL}$을 유지하면, 두 개의 비교기 출력은 모두 논리 '0'이 되어 안정된 상태(즉, $v_O=0$)를 유지한다. $t=0$에서 $v_T<V_{TL}$인 트리거 펄스가 인가되면, 비교기-2의 출력이 논리 '1'이 되므로(이때, 비교기-1의 출력은 논리 '0'을 유지하고 있다), RS 플립플롭이 셋되어 출력은 $v_O=V_{CC}$가 되고, 방전 트랜지스터는 OFF된다. 방전 트랜지스터가 OFF되므로 커패시터 C는 시상수 $\tau=RC$를 가지고 V_{CC}를 향해 충전하게 되며, 커패시터의 전압 $v_C(t)$는 다음과 같이 표현된다.

$$v_C(t)=V_{CC}(1-e^{-t/\tau}) \tag{12.75}$$

커패시터가 충전을 지속함에 따라 $v_C(t)$가 지수함수적으로 증가하게 되고, $v_C>V_{TH}$가 되는 순간 비교기-1의 출력이 논리 '1'이 되어 RS 플립플롭은 리셋된다. 트리거 신호는 적당한 시점에 $v_T>V_{TL}$가 되어 비교기-2의 출력은 논리 '0'을 유지하고 있다. 따라서 출력은 $v_O=0$이 되고 방전 트랜지스터는 ON된다. 방전 트랜지스터가 ON되면 커패시터는 시상수 $\tau_2=R_{on}C$(여기서 R_{on}은 도통된 BJT의 등가저항을 나타낸다)를 가지고 0 V를 향해 방전하게 되며, R_{on}은 매우 작은 값이므로 커패시터는 빠르게 방전한다. 커패시터가 방전됨에 따라 $v_C<V_{TH}$가 되면 비교기-1의 출력은 논리 '0'이 되고, 비교기-2는 $v_T>V_{TL}$인 트리거 입력에 의해 역시 논리 '0'을 유지하고 있으므로, 초기의 안정상태로 복귀하게 된다. 이 안정상태는 $v_T<V_{TL}$인 트리거 신호가 다시 인가되기까지 유지된다.

[그림 12-30(b)]는 이 회로의 동작 파형을 보이고 있으며, 외부에서 인가되는 트리거 신호에 의해 펄스가 생성됨을 알 수 있다. 트리거 신호가 인가되기 전까지는 하나의 안정된 출력상태를 무한히 유지하고, 트리거 신호에 의해 펄스가 생성되는 동작을 하므로, 단안정 멀티바이브레이터(monostable multivibrator)라고도 한다.

출력 펄스의 폭은 커패시터 전압 $v_C(t)$를 이용하여 구할 수 있다. $t=0$에서 트리거 펄스가 인가된 후, $t=T$에서 커패시터 전압은 $v_C(t)=V_{TH}=\frac{2}{3}V_{CC}$가 되므로, 이를 식 (12.75)에 대입하여 펄스의 폭 T를 구하면 다음과 같다.

$$T=RC\ \ln\ 3\simeq 1.1RC \tag{12.76}$$

식 (12.76)으로부터, 출력 펄스의 폭은 시상수 RC에 의해 결정되며, 전원전압 또는 내부 회로의 특성에 무관함을 알 수 있다. 트리거 펄스 v_T의 폭은 출력펄스의 폭 T보다 작아야 한다.

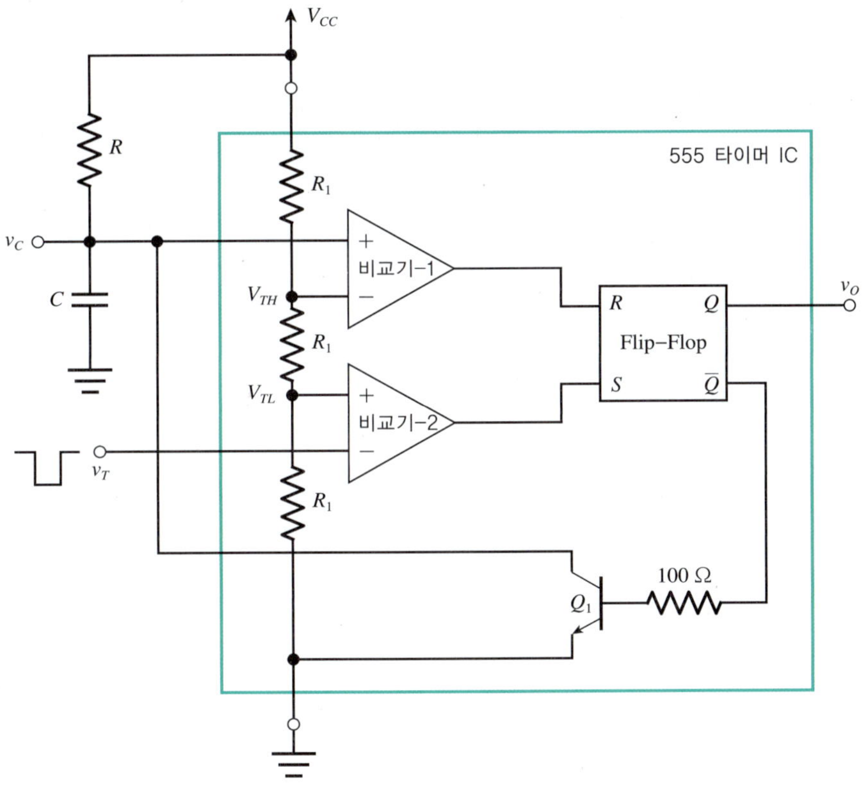

(a) 회로도

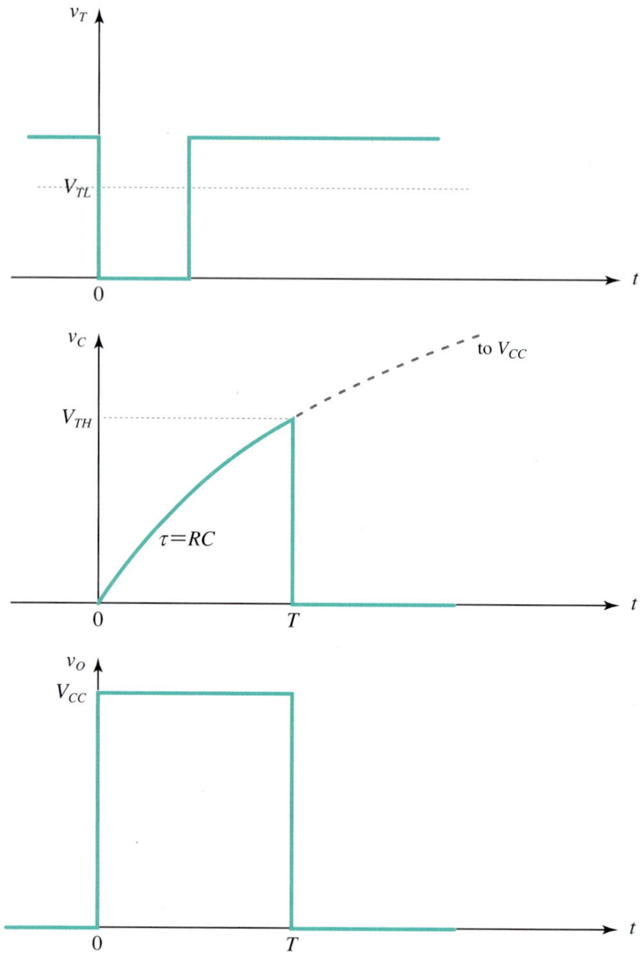

(b) 커패시터 전압 및 출력전압 파형

[그림 12-30] 555 타이머 IC를 이용한 단안정 멀티바이브레이터

예제 12-12

[그림 12-30(a)]의 단안정 멀티바이브레이터 회로에서 출력 펄스의 폭 T를 구하라. 단, $R=10\ \text{k}\Omega$이고, $C=10\ \mu\text{F}$이다.

풀이

식 (12.76)으로부터,

$$T=1.1RC=1.1\times10\times10\times10^{-3}=110\ \text{ms}$$

[그림 12-31]은 [예제 12-12]의 PSPICE 시뮬레이션 결과이다. 시뮬레이션 결과로부터, $T=109.6$ ms가 되어 수식에 의한 계산결과와 유사함을 확인할 수 있다.

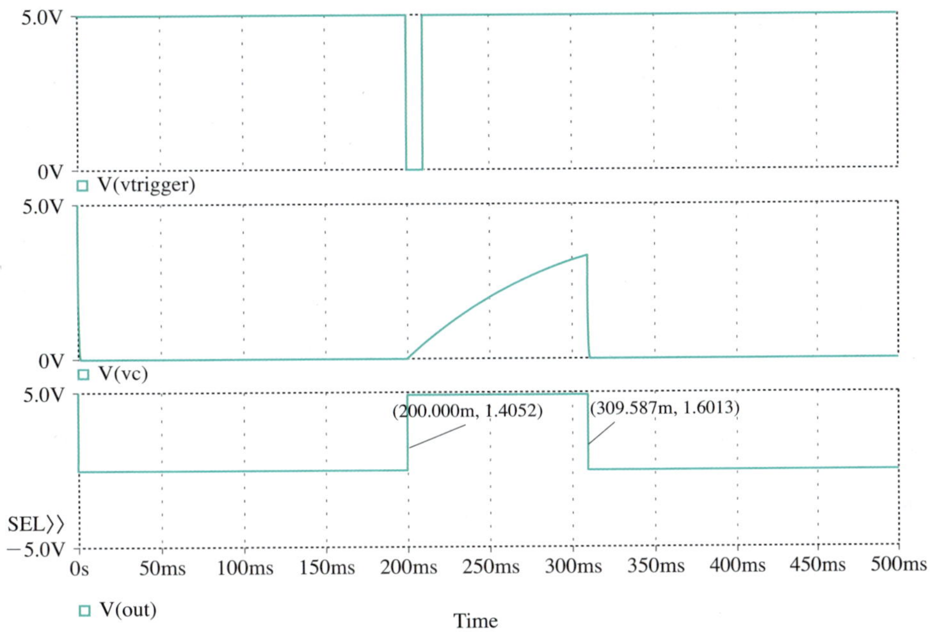

[그림 12-31] [예제 12-12]의 시뮬레이션 결과

응용 12-13

[그림 12-30(a)]의 단안정 멀티바이브레이터에서 출력 펄스의 폭이 $T=500$ ms가 되도록 저항 R과 커패시터 C의 값을 결정하라.

[정답 : $C=10\ \mu\text{F}$, $R=45.45\ \text{k}\Omega$]

12.4 전압 레귤레이터

전압 레귤레이터(voltage regulator)는 안정화되지 않은 전원전압의 변동이나 부하의 변동에 무관하게 안정화된 DC 전압을 부하에 공급하는 소자로서 AC 전원으로부터 DC 전압을 만드는 전원회로나 높은 DC 전압으로부터 낮은 DC 전압을 얻기 위한 전원회로에서 폭넓게 사용된다. 이 절에서는 전압 레귤레이터의 기본적인 구조와 동작원리를 살펴본다.

12.4.1 직렬형 전압 레귤레이터

직렬형 전압 레귤레이터의 기본 구조는 [그림 12-32(a)]와 같으며, 안정화되지 않은 입력전압 V_I로부터 입력전압, 부하저항, 온도 등의 변동에 무관하게 안정화된(regulated) 출력전압 V_L을 만든다. 기준전압 발생기는 안정화되지 않은 입력전압 V_I로부터 기준전압 V_R을 만들기 위해 제너다이오드와 저항으로 구성되며, 기준전압 V_R은 연산 증폭기를 통한 부귀환에 의해 안정화된 출력전압 V_L로 변환된다. 이미터 폴로워로 동작하는 바이폴라 트랜지스터 Q1은 연산 증폭기의 출력전류(수십 mA 범위)를 증폭하여 부하에 대한 전류 공급능력을 크게 해주며, 통과(pass) 트랜지스터라고 한다. 부하에 큰 전류를 공급해야 하는 경우에는 Q1 대신에 달링톤 쌍(Darlington pair)이 사용되기도 한다.

[그림 12-32(a)]의 회로에서 연산 증폭기의 부귀환 동작에 의해 출력전압 V_L이 안정화되는 원리는 다음과 같다. 외적인 요인에 의해 출력전압 V_L이 증가하면, 연산 증폭기의 반전단자로 들어가는 귀환전압 V_{fb}가 증가하게 되고, 연산 증폭기는 두 입력단자의 전압 차 $V_d=V_R-V_{fb}$를 증폭하여 $V_d=0$이 될 때까지 출력전압 V_L을 감소시킨다. 반대로 출력전압 V_L이 감소하면 귀환전압 V_{fb}가 감소하게 되므로, 이에 의해 $V_d=0$이 될 때까지 출력전압 V_L이 증가된다. 이와 같이 연산 증폭기는 기준전압 V_R과 귀환전압 V_{fb}의 차이를 증폭하여 출력전압 V_L이 일정한 값을 갖도록 부귀환 동작을 하며, 따라서 오차 증폭기라고 부른다. 참고로 저항 R_1, R_2를 통한 연산 증폭기 입력 쪽의 귀환은 직렬귀환을 갖는다(9.2.1절 참조).

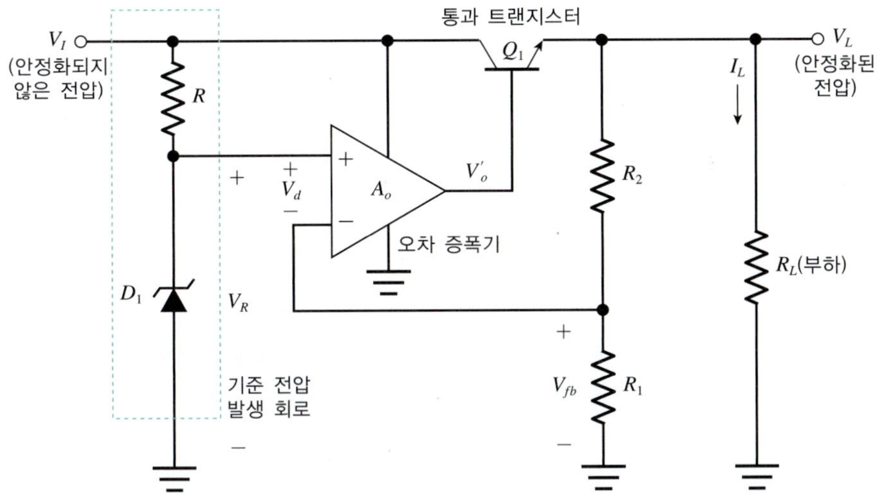

(a) 직렬형 전압 레귤레이터 내부 회로

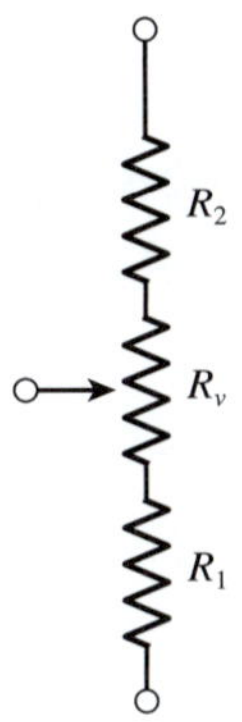

(b) 안정화된 출력전압 V_L의 조정

[그림 12-32] 직렬형 전압 레귤레이터

[그림 12-32(a)]의 회로에서 연산 증폭기의 출력전압 V'_o는 다음과 같다.

$$V'_o = V_d A_o = V_{BE(on)} + V_L \tag{12.77}$$

여기서 A_o는 연산 증폭기의 개방회로 이득을 나타내며, $V_{BE(on)}$은 바이폴라 트랜지스터의 베이스-이미터 전압을 나타낸다. 연산 증폭기 두 입력단자의 전압 차는 $V_d = V_R - V_{fb}$이고 귀환전압은 $V_{fb} = \beta V_L$이므로, 이들을 식 (12.77)에 대입하여 안정화된 출력전압 V_L를 구하면 다음과 같다.

$$V_L = \frac{A_o V_R}{1 + A_o\beta} - \frac{V_{BE(on)}}{1 + A_o\beta} \simeq \frac{A_o}{1 + A_o\beta} V_R \tag{12.78}$$

여기서 $\beta = R_1/(R_1 + R_2)$은 귀환율이다. 식 (12.78)에서 $A_o\beta \gg 1$이면

$$V_L \simeq \frac{V_R}{\beta} = \left(1 + \frac{R_2}{R_1}\right)V_R \tag{12.79}$$

가 되며, 따라서 저항비 R_2/R_1(즉, 귀환율 β)을 통해 안정된 출력전압 V_L을 조정할 수 있다. 귀환율 β가 1에 가까울수록 출력 $V_L \simeq V_R$이 되며, β가 1보다 작을수록 출력전압 V_L은 기준전압 V_R보다 커진다. 일반적으로 [그림 12-32(b)]와 같이 저항 R_1, R_2 사이에 가변저항 R_v를 달아 가변저항을 통해 안정된 출력전압 V_L의 크기를 조정한다.

여기서 한 가지 유의해야할 점은, 안정화되지 않은 입력전압 V_I가 안정된 출력전압 V_L보다 큰 값(즉, $V_I > V_L$)이 되어야 통과 트랜지스터 Q1이 선형영역에서 동작할 수 있다는 점이다. 직렬형 레귤레이터에서 통과 트랜지스터에 의한 전압강하 $V_{CE} = V_I - V_L$를 손실전압(dropout voltage)이라고 하며, 통상 수 V 정도의 값을 갖는다. 통과 트랜지스터의 손실전압이 1 V 이하로 작은 레귤레이터를 LDO(Low DropOut) 레귤레이터라고 한다. LDO 레귤레이터는 입력 DC 전압과 출력 DC 전압의 차가 작은 경우(예를 들면, 3.3 V에서 2.5 V를 만드는 경우)에 사용된다.

직렬형 전압 레귤레이터의 한 가지 단점은 통과 트랜지스터가 항상 ON되어 있으므로 전력소모가 크다는 것이다. 저항 R_1, R_2에 흐르는 전류가 부하전류 I_L보다 매우 작다고 가정하면, 통과 트랜지스터에서 소모되는 전력은 다음과 같다.

$$P_{D,ptr} = V_{CE} I_C \simeq (V_I - V_L) I_L \tag{12.80}$$

입력전압 V_I와 출력전압 V_L의 차이만큼 열로 소모되어 효율이 떨어지므로 발열문제를 해결하기 위해 방열판을 부착해야 한다.

전압 레귤레이터의 성능

이상적인 전압 레귤레이터는 AC 전원전압의 변동 및 부하전류의 변동에 무관하게 일정한 전압을 출력한다. 그러나 실제의 전압 레귤레이터는 내부회로의 특성에 의해 AC 전원전압 및 부하전류의 변동에 일부분 영향을 받게 되며, 외부 요인의 영향을 적게 받을수록 우수한 레귤레이터라고 할 수 있다. 전압 레귤레이터의 성능을 나타내는 지표로 전원조정률(line regulation)과 부하조정률(load regulation)이 사용된다.

전원조정률은 레귤레이터에 공급되는 전원전압(line voltage)의 변동에 대해 레귤레이터 출력전압이 공칭치(公稱値, nominal value)로부터 변동되는 양을 백분율로 나타내며, 식 (12.81)과 같이 정의된다.

$$VR_{line}=\frac{\Delta V_L/V_{nom}}{\Delta V_{IN}}\times 100\% \tag{12.81}$$

여기서 ΔV_L은 공급 전원전압의 변동 ΔV_{IN}에 따른 레귤레이터 출력전압의 변동을 나타내며, V_{nom}은 레귤레이터 출력전압의 공칭치를 나타낸다. 예를 들어 공급 전원전압의 변동 5 V에 대해 레귤레이터의 출력전압이 공칭 출력전압 10 V로부터 0.25 V 변한다면, $VR_{line}=(0.25/10)/5\times 100\%=0.5\%$이다.

부하조정률 VR_{load}은 무부하(즉, 전압 레귤레이터에 부하가 걸리지 않은) 상태와 최대 부하가 걸린 상태의 레귤레이터 출력전압의 변동률을 의미하며, 식 (12.82)와 같이 정의된다.

$$VR_{load}=\frac{V_{NL}-V_{FL}}{V_{NL}}\times 100\% \tag{12.82}$$

여기서 V_{NL}은 부하전류가 0(즉, zero-load current)인 무부하 상태의 레귤레이터 출력전압을 나타내고, V_{FL}은 최대 허용 부하전류(즉, full-load current)가 흐르는 상태의 레귤레이터 출력전압을 나타낸다. 실제 회로에서 무부하 전류는 최대 부하전류의 1% 정도로 가정한다. 예를 들어 무부하 시에 레귤레이터 출력전압이 10 V이고 최대 허용 전류 시의 출력전압이 9.8 V라면, $VR_{load}=[(10-9.8)/10]\times 100\%=2\%$이다. 전원조정률과 부하조정률이 작을수록 우수한 전압 레귤레이터라고 할 수 있다.

12.4.2 3단자 전압 레귤레이터 IC

전압 레귤레이터 IC는 안정된 DC 전압을 생성하는 집적회로(IC) 형태의 소자이며, 내부 회로는 12.4.1절에서 설명된 [그림 12-32(a)]의 회로와 함께 부하 단락 시에 과도한 출력전류가 흘러 소자가 파괴되는 것을 방지하기 위한 전류제한(current limiting) 회로와 소자의 온도가 일정 온도 이상 올라가면 전류를 자동으로 차단하는 열차단(thermal shutout) 회로 등을 포함하고 있다.

일반적인 레귤레이터 IC들은 입력단자, 접지단자, 출력단자 1~2개 등 3개 또는 4개의 외부단자를 갖는다. 출력전압을 기준으로 양(+)의 출력전압을 갖는 소자, 음(−)의 출력전압을 갖는 소자, 동일한 크기의 양과 음의 출력전압을 갖는 소자, 출력전압을 가변할 수 있는 소자 등 다양한 형태가 있다. 시판되고 있는 전압 레귤레이터들의 출력 DC 전압은 수 V에서 수십 V 범위이고, 부하에 공급할 수 있는 전류용량은 수십 분의 1 A에서 수 A 범위이다.

[표 12-2]는 양의 전압을 공급하는 LM340-x와 음의 전압을 공급하는 LM320 전압 레귤레이터의 특성을 요약한 것이다.

[표 12-2] LM340/320-x 전압 레귤레이터 IC의 특성

모델	LM340-5.0	LM340-12	LM320K-5.0	LM320K-12
V_L [V]	+5	+12	−5	−12
VR_{line} [mV]	3	4	10	4
VR_{load} [mV]	10	12	60	10
$I_{L,max}$ [A]	1.5	1.5	1.5	1.5
Dropout [V]	2.0	2.0	2.0	2.0

[그림 12-33(a)]는 3단자 레귤레이터 IC를 이용하여 안정화된 고정 전압을 얻는 회로이다. 안정화되지 않은 입력 전원과 레귤레이터 IC와의 연결선이 긴 경우에 리드선의 인덕턴스에 의한 발진을 방지하기 위해 입력단과 접지 사이에 커패시터 C_1을 연결하며, 보통 0.22 μF이 사용된다. 출력단의 커패시터 C_2는 출력전압의 과도응답(transient response)을 개선하기 위한 것으로서 보통 0.1 μF이 사용된다.

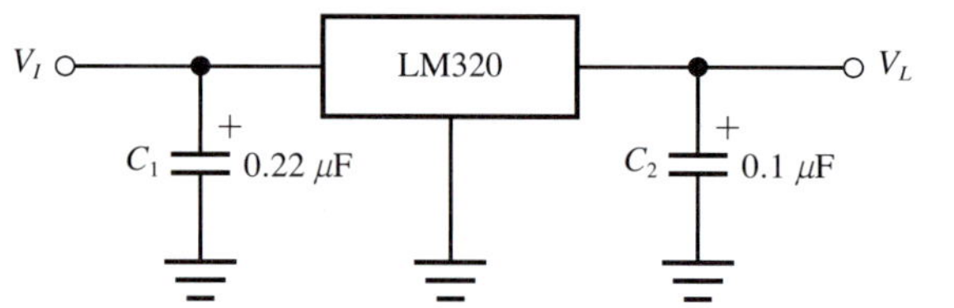

(a) 안정화된 고정 전압 생성

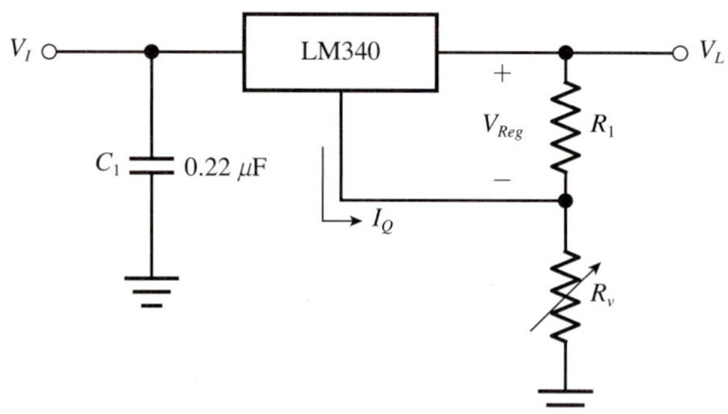

(b) 안정화된 가변 전압 생성

[그림 12-33] 3단자 전압 레귤레이터 IC를 이용한 정전압 생성 회로

[그림 12-33(b)]는 가변저항 R_v를 이용하여 가변 레귤레이터를 구성한 예이며, 레귤레이터 IC의 공통단자를 저항 R_1과 가변저항 R_v의 접점에 연결하여 구성한다. 이 경우 안정화된 레귤레이터의 출력전압 V_{Reg}는 저항 R_1 양단에 나타나며, 출력전압 V_L은 다음과 같이 결정된다.

$$V_L = V_{Reg} + \left(\frac{V_{Reg}}{R_1} + I_Q\right)R_v \simeq \left(1 + \frac{R_v}{R_1}\right)V_{Reg} \qquad (12.83)$$

여기서 I_Q는 공통단자에 흐르는 레귤레이터의 정적전류로서 입력 전원전압과 부하의 변동에 대해 크게 변하지 않으며 $V_{Reg}/R_1 \gg I_Q$가 되도록 설계한다.

[그림 12-34]는 양(+) 전압용 LM340과 음(−) 전압용 LM320 레귤레이터 IC를 이용하여 안정화된 양의 정전압 $+V_L$과 음의 정전압 $-V_L$을 생성하는 회로이다. 출력 쪽의 다이오드는 $+V_L$과 $-V_L$이 부하 쪽에서 단락되었을 때 회로를 보호하기 위한 것이다.

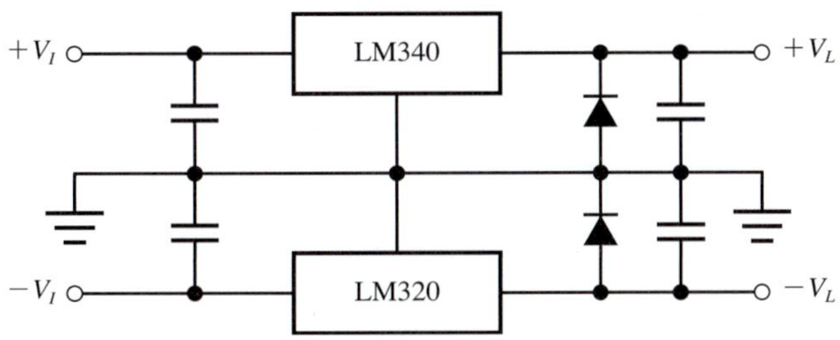

[그림 12-34] 3단자 전압 레귤레이터 IC를 이용한 양과 음의 정전압 생성 회로

출력전류가 수 A 이상인 레귤레이터 IC도 있으나, 가격이 비싸고 전력소모가 커서 큰 방열기구를 부착해야 한다. 부하에서 요구되는 전류가 레귤레이터 IC의 최대 전류를 초과하는 경우에는 [그림 12-35(a)]와 같이 외부에 통과 트랜지스터 Q1을 추가하여 전류 공급능력을 크게 만들 수 있다. 통과 트랜지스터의 이미터-베이스에는 저항 $R_1 = 3\ \Omega$을 연결한다. 부하전류가 $I_O < 200$ mA(0.6 V/3 Ω=200 mA)이면 통과 트랜지스터 Q1은 OFF 상태가 되어 부하전류는 레귤레이터 IC를 통해 공급된다. 부하전류가 증가하여 R_1에서의 전압강하가 약 0.6 V를 넘으면, 통과 트랜지스터 Q1이 ON되어 200 mA를 초과하는 전류는 통과 트랜지스터에 의해 공급된다. 이 회로에서 Q1을 ON 시키기 위해서 입력전압 V_I는 다음의 조건을 만족해야 하며,

$$V_I \geq V_{DO} + V_{EB,Q1} \qquad (12.84)$$

여기서 V_{DO}는 레귤레이터의 손실전압이고 $V_{EB,Q1}$은 통과 트랜지스터 Q1의 이미터-베이스 전압을 나타낸다.

[그림 12-35(a)]의 회로는 출력단자가 단락(short-circuit) 되었을 경우에 과도한 전류가 흘러서 통과 트랜지스터 Q1이 손상될 수 있다. [그림 12-35(b)]와 같이 전류제한 회로 Q2와 저항 R_{SC}를 추가하면, R_{SC}의 전압강하가 Q2의 V_{EB} 전압을 초과하는 경우에 Q2가 ON되어 통과 트랜지스터 Q1이 보호된다. 이 회로에서 Q1과 Q2를 모두 ON 시키기 위해서는 다음 조건이 만족되어야 한다.

$$V_I \geq V_{DO} + V_{EB,Q1} + V_{EB,Q2} \tag{12.85}$$

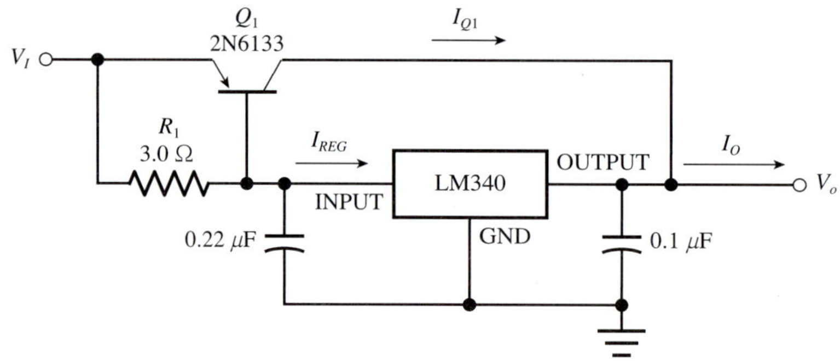

(a) 통과 트랜지스터를 추가하여 출력전류를 증가시킨 회로

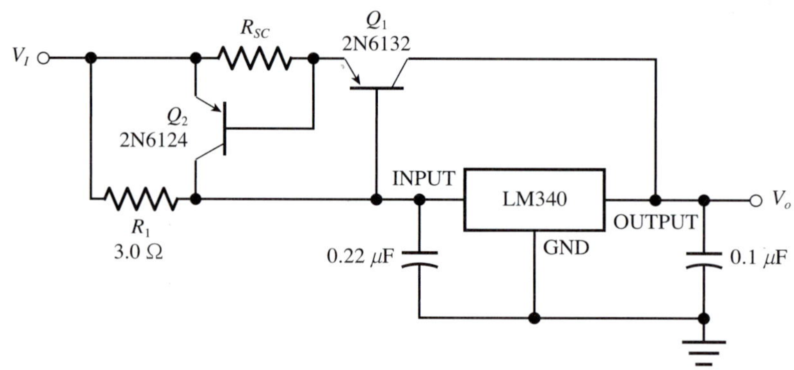

(b) 전류제한 회로가 추가된 회로

[그림 12-35] 전류용량을 증가시킨 정전압 생성 회로

예제 12-13

LM317은 [그림 12-36]과 같이 외부에 저항을 연결하여 출력전압을 조정할 수 있는 레귤레이터 IC이다. V_L=9 V의 정전압을 얻기 위한 저항 R_1과 R_2의 값을 결정하라. 단, V_{Reg}=1.25 V이고, I_{ADJ}=100 μA이다.

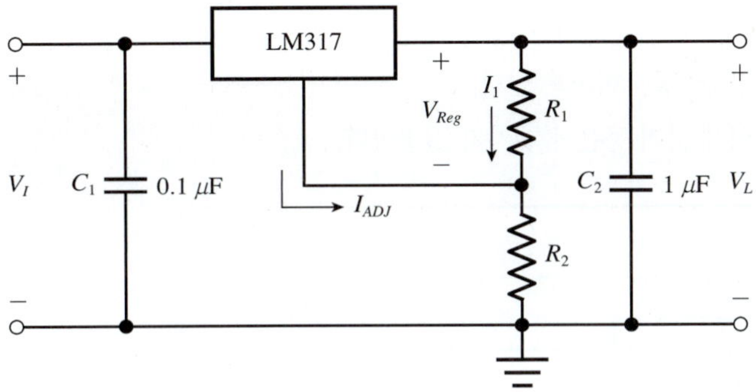

[그림 12-36]

풀이

I_{ADJ}=100 μA이므로 $I_1 \gg I_{ADJ}$이 되도록 I_1=5 mA로 결정하여 저항값을 구한다.

$$R_1 = \frac{V_{Reg}}{I_1} = \frac{1.25}{5\times10^{-3}} = 0.25\ \text{k}\Omega$$

$$R_2 = \frac{V_L - V_{Reg}}{I_1} = \frac{9-1.25}{5\times10^{-3}} = 1.55\ \text{k}\Omega$$

[그림 12-36]의 회로에서 $I_1 \gg I_{ADJ}$이므로,

$$V_L = \left(1+\frac{R_2}{R_1}\right)V_{Reg} = \left(1+\frac{1.55}{0.25}\right)\times 1.25 = 9\ \text{V}$$가 된다.

12.5 응용회로 설계과제

12장에서 설명된 555 타이머 IC를 이용하여 응용회로를 설계해 본다. 다음의 설계사양을 만족하는 회로를 설계하고, 부품을 실장하여 설계사양에 맞게 동작하는 지 확인해 본다.

■ 설계 1

555 타이머 IC를 이용한 비안정 멀티바이브레이터 응용회로([그림 12-37])

설계 사양

- cds 조도센서를 이용하여 주변이 어두워지면 LED가 점멸하는 회로를 설계한다.
- LED 점멸신호는 555 타이머 IC를 이용한 비안정 멀티바이브레이터로 생성하며, 발진 주파수는 가변저항을 이용하여 조정할 수 있도록 한다.
- cds 조도센서는 입사되는 빛의 세기에 따라 저항이 작아지는 소자이므로, 주변이 밝으면 cds의 저항값이 작아져 비안정 멀티바이브레이터가 리셋 되도록 하고, 주변이 어두우면 cds의 큰 저항값에 의해 멀티바이브레이터가 동작하도록 한다.
- cds 소자와 LED가 점멸하는 임계 밝기 등은 설계자가 결정한다.

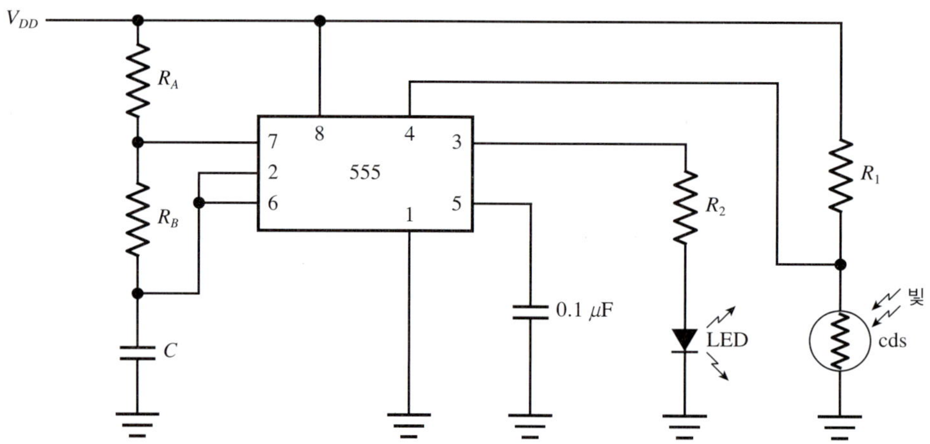

[그림 12-37]

■ 설계 2

555 타이머 IC를 이용한 단안정 멀티바이브레이터 응용회로([그림 12-38])

설계 사양

- 버튼 스위치를 누르면, 설정된 시간 동안 동작하는 타이머 회로를 설계한다.
- 555 타이머 IC를 이용한 단안정 멀티바이브레이터를 구성하고, 버튼 스위치를 트리거 입력으로 사용한다.
- 두 개의 LED를 사용하여 타이머의 동작을 나타낸다. 즉, 타이머가 동작하는 동안 적색 LED는 ON, 녹색 LED는 OFF되고, 타이머가 동작을 멈추면 적색 LED는 OFF, 녹색 LED는 ON 되도록 한다.
- 타이머의 동작시간을 가변저항의 조정으로 설정할 수 있도록 하며, 동작시간 조정 범위는 설계자가 결정한다.

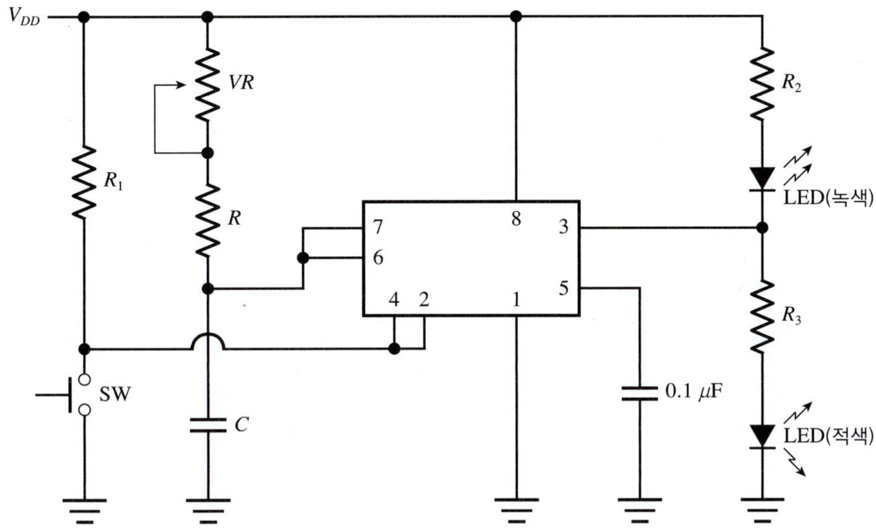

[그림 12-38]

12.6 요약

■ **바르크하우젠** Barkhausen**의 발진조건** 주파수 ω_o에서 루프 이득이 $L(j\omega_o)=A(j\omega_o)\beta(j\omega_o)=-1$이 되는 조건으로서 귀환 증폭기의 폐루프 이득이 이론상으로 ∞가 되어 외부의 입력신호 없이도 발진 출력이 얻어진다.

■ **RC 발진기** 저항 R과 커패시터 C로 구성되는 귀환회로의 위상이동에 의해 발진조건이 만족되어 정현파를 생성하는 회로로서 위상이동 발진기와 빈 브릿지 발진기가 있다.

- 위상이동(phase-shift) 발진기의 발진 주파수 : $f_o=\dfrac{1}{2\pi\sqrt{6}RC}$
- 빈 브릿지(Wien bridge) 발진기의 발진 주파수 : $f_o=\dfrac{1}{2\pi RC}$

■ **LC 동조 발진기** 인덕터 L과 커패시터 C로 구성되는 귀환회로의 주파수 선택적 특성에 의해 발진 주파수 ω_o에서 발진조건이 만족되어 정현파를 생성한다. L과 C의 위치에 따라 콜피츠 발진기와 하틀리 발진기로 구분된다.

- 콜피츠 발진기의 발진 주파수 : $f_o=\dfrac{1}{2\pi\sqrt{L\left(\dfrac{C_1C_2}{C_1+C_2}\right)}}$
- 하틀리 발진기의 발진 주파수 : $f_o=\dfrac{1}{2\pi\sqrt{(L_1+L_2)C}}$

■ **슈미트 트리거** Schmitt trigger 비교기에 정귀환(positive feedback)을 걸어 이력(Hysteresis) 특성을 갖도록 만든 쌍안정 멀티바이브레이터이다.

- 이력특성을 나타내는 V_{TL}, V_{TH}, V_{HW}는 정귀환을 만드는 저항 R_1과 R_2의 비(ratio)에 의해 결정된다.
- 기준전압을 인가하여 이력특성 곡선을 이동시켜 V_{TL}과 V_{TH}를 조정할 수 있다. 이 때, 기준전압은 이력폭 V_{HW}에는 영향을 미치지 않는다.
- 제너다이오드를 이용하여 출력전압의 크기를 조정할 수 있다.
- 이력특성을 이용하면 채터링(chattering) 잡음을 제거할 수 있다.

■ **슈미트 트리거 응용** 채터링 잡음 제거, 구형파 발생기(비안정 멀티바이브레이터), 펄스 발생기(단안정 멀티바이브레이터) 등 다양한 회로에 사용된다. 구형파 발생기의 출력을 적분기에 인가하면 삼각파 또는 톱니파를 생성할 수 있다.

■ **555 타이머 IC** 구형파 발생기(비안정 멀티바이브레이터), 펄스 발생기(단안정 멀티바이브레이터) 등 비정현파 신호의 생성을 위해 폭넓게 사용되는 소자이다.

- 비안정 멀티바이브레이터의 주기 : $T=T_1+T_2=0.69(R_A+2R_B)C$
- 비안정 멀티바이브레이터의 충격계수 : $\delta=\dfrac{T_1}{T}\times 100\%=\dfrac{R_A+R_B}{R_A+2R_B}\times 100\%$
- 단안정 멀티바이브레이터의 펄스폭 : $T=RC\ \ln\ 3\simeq 1.1RC$

■ **전압 레귤레이터** 공급 전원전압의 변동이나 부하의 변동에 무관하게 일정한 전압을 부하에 공급하는 소자이다. 전압 레귤레이터의 성능을 나타내는 지표로 전원조정률(line regulation)과 부하조정률(load regulation)이 사용된다.

- 전원조정률 : 레귤레이터에 공급되는 전원전압(line voltage)의 변동에 대해 레귤레이터 출력전압이 공칭치(公稱値, nominal value)로부터 변동되는 양을 백분율로 나타낸다.

$$VR_{line}=\frac{\Delta V_{NL}/V_{nom}}{\Delta V_{IN}}\times 100\%$$

- 부하조정률 : 무부하(즉, 전압 레귤레이터에 부하가 걸리지 않은) 상태와 최대 부하가 걸린 상태의 레귤레이터 출력전압의 변동을 백분율로 나타낸다.

$$VR_{load}=\frac{V_{NL}-V_{FL}}{V_{NL}}\times 100\%$$

■ **3단자 전압 레귤레이터 IC** 안정화되지 않은 전원전압으로부터 안정된 정전압을 얻기 위해 전원회로에서 폭넓게 사용되는 소자이며, 양(+) 전압용, 음(−) 전압용, 고정 전압용, 가변 전압용 등 다양한 소자가 있다.

Chapter_12 연습문제

12.1 [그림 12-39]의 위상이동 발진기 회로에 대해 (a) 발진 주파수가 $f_o = 1/(2\pi\sqrt{6}RC)$ 임을 보여라. (b) 발진을 유지하기 위한 증폭기의 이득이 $|A_v| = g_m R_L = 29$ 임을 보여라. 단, $R_L = R_D \| r_o$이며 RC 회로가 증폭기에 미치는 부하효과는 무시한다.

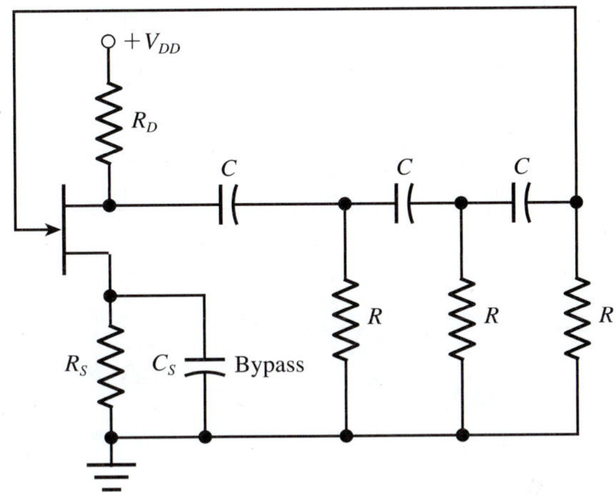

[그림 12-39]

12.2 문제 **12.1**의 [그림 12-39] 회로에서 발진 주파수 $f_o = 10$ kHz로 발진하기 위해 필요한 R_D와 C 값을 구하라. 단, $R = 100$ kΩ이고, JFET는 $g_m = 5$ mA/V, $r_o = 50$ kΩ이며, 발진 주파수에서 JFET의 C_{gs}와 C_{gd}는 무시한다.

12.3 [그림 12-40]의 위상이동 발진기 회로에 대해 (a) 발진 주파수가 $f_o = 1/(2\pi\sqrt{3}RC)$ 임을 보여라. (b) 발진을 유지하기 위한 증폭기의 이득이 $R_1/R = 8$ 임을 보여라. 단, 연산 증폭기는 이상적 특성을 갖는다고 가정한다.

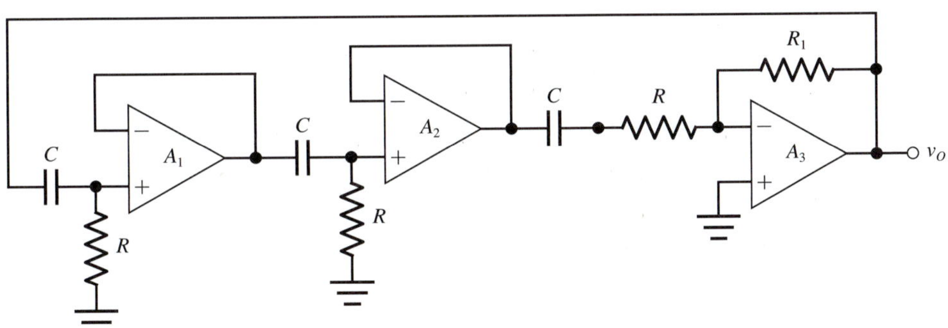

[그림 12-40]

12.4 문제 **12.3**의 [그림 12-40] 회로에서 R=10 kΩ이고 C=0.1 pF인 경우에 발진 주파수 f_o와 발진을 유지하기 위해 필요한 R_1 값을 계산하라.

12.5 [그림 12-41]의 위상이동 발진기 회로에 대해 (a) 발진 주파수가 f_o와 (b) 발진을 유지하기 위한 조건 R_F/R를 구하라. 단, 연산 증폭기는 이상적 특성을 갖는다고 가정한다.

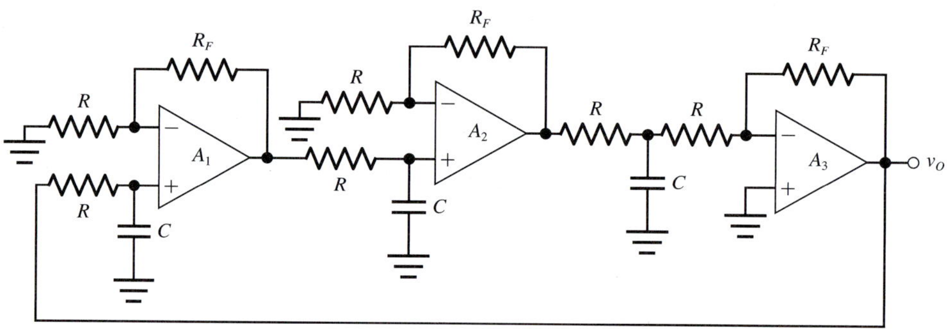

[그림 12-41]

12.6 [그림 12-7]의 콜피츠 발진기에서 발진 주파수 f_o=1 MHz가 되도록 회로를 설계하라. 단, L=100 μH, MOSFET의 전달컨덕턴스는 g_m=0.5 mA/V이다.

12.7 [그림 12-7]의 콜피츠 발진기에서 발진 주파수 f_o=0.5 MHz가 되도록 회로를 설계하라. MOSFET의 바이어스 전류는 I_D=1.5 mA, V_{Tn}=0.8 V, K_n=0.5 mA/V^2 이고, C_1=0.01 μF, R=4 kΩ이다.

12.8 [그림 12-7]의 콜피츠 발진기에서 발진 주파수가 f_o=1 MHz~2 MHz가 되도록 인덕터 L의 범위를 정하라. 단, C_1=100 pF, C_2=7.5 nF이다.

12.9 [그림 12-8]의 하틀리 발진기에서 발진 주파수가 f_o=1 MHz~2 MHz가 되도록 커패시터 C의 범위를 정하라. 단, L_1=2 mH, L_2=20 μH이다.

12.10 [그림 12-42]의 회로에 대해 (a) 발진 주파수 f_o를 구하고, (b) 발진을 유지하기 위한 R_2/R_1을 구하라.

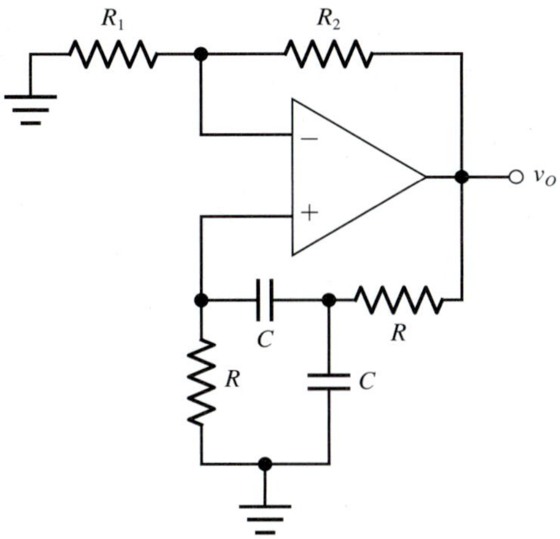

[그림 12-42]

12.11 [그림 12-43]의 회로에 대해 (a) 발진 주파수 f_o를 구하고, (b) 발진을 유지하기 위한 R_2/R_1을 구하라.

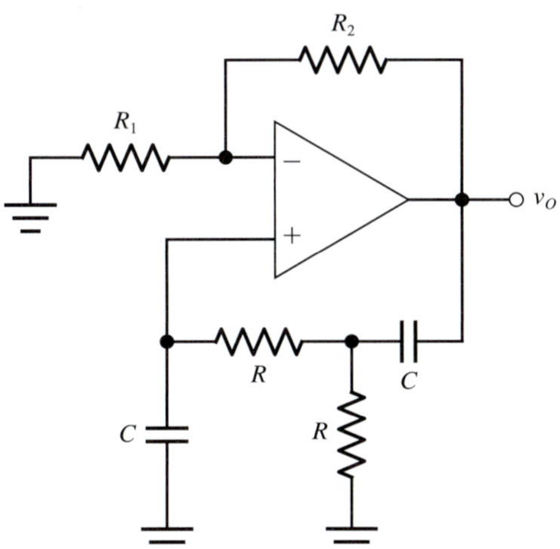

[그림 12-43]

12.12 [그림 12-9(a)]의 회로가 이력전압 $V_{HW}=2$ V가 되도록 설계하라. 단, $V_H=-V_L=8$ V이고, 저항 R_1, R_2에 흐르는 전류는 0.25 mA이고, 연산 증폭기의 입력전류는 0으로 가정한다.

12.13 [그림 12-13(a)]의 회로에서 $V_{TH}=2$ V, $V_{TL}=1$ V가 되도록 기준전압 V_R과 저항 R_2의 값을 결정하라. 단, $V_H=-V_L=10$ V이고, $R_1=10$ kΩ이다.

12.14 [그림 12-15(a)]의 회로에서 $V_{TL}=-2$ V, $V_{TH}=-1$ V가 되기 위한 기준전압 V_R과 저항 R_2의 값을 결정하라. 단, $V_H=-V_L=10$ V이고, $R_1=2$ kΩ이다.

12.15 [그림 12-44]의 슈미트 트리거 회로에 대해 (a) V_H, V_L, V_{TH}, V_{TL}, V_{HW}를 구하고, (b) 입출력 전달특성 그래프를 그려라. 단, $R=1$ kΩ이고, 다이오드의 커트인 전압은 V_γ로 표시한다.

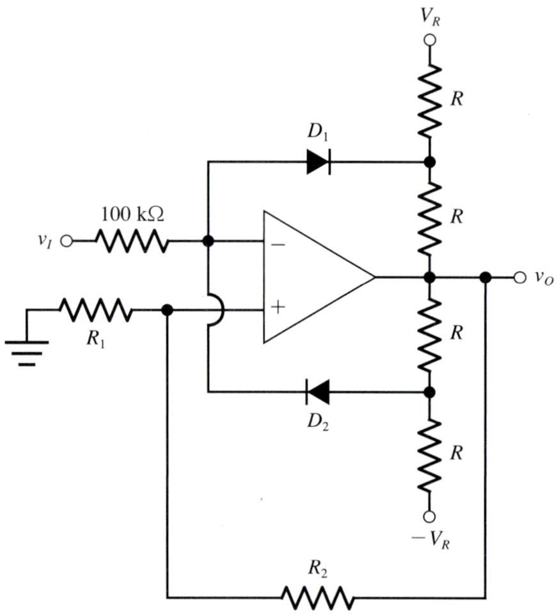

[그림 12-44]

12.16 문제 **12.15**의 [그림 12-44] 회로에서 (a) $V_H = -V_L = 2.5$ V가 되도록 V_R 값을 결정하라. (b) 결정된 V_R에 대해 $V_{TH} = -V_{TL} = 2.0$ V가 되도록 R_1/R_2를 결정하라. 단, 다이오드의 커트인 전압은 $V_\gamma = 0.7$ V이다.

12.17 [그림 12-45]의 슈미트 트리거 회로에 대해 (a) V_H, V_L, V_{TH}, V_{TL}, V_{HW}를 구하고, (b) 입출력 전달특성 그래프를 그려라. 단, $R = 1$ kΩ이고, 다이오드의 커트인 전압은 V_γ로 표시한다.

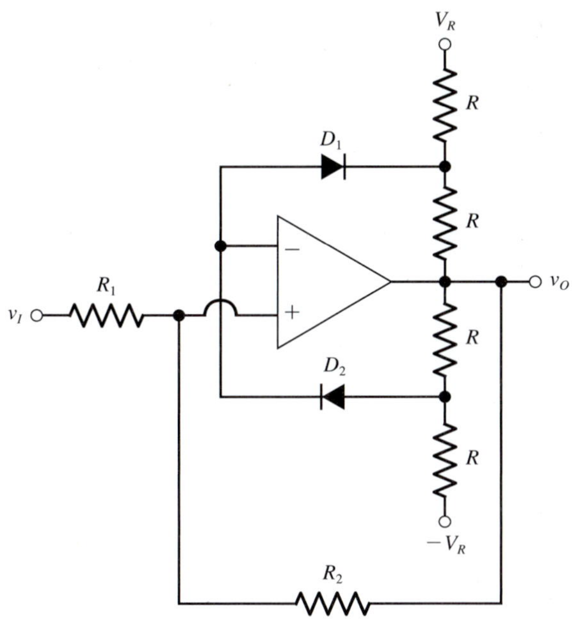

[그림 12-45]

12.18 문제 **12.17**의 [그림 12-45] 회로에서 (a) $V_H = -V_L = 2.5$ V가 되도록 V_R 값을 결정하라. (b) 결정된 V_R에 대해 $V_{TH} = -V_{TL} = 2.0$ V가 되도록 R_1/R_2를 결정하라. 단, 다이오드의 커트인 전압은 $V_\gamma = 0.7$ V이다.

12.19 [그림 12-46]의 슈미트 트리거 회로에 대해 (a) V_H, V_L, V_{TH}, V_{TL}, V_{HW}를 구하고, (b) 입출력 전달특성 그래프를 그려라. 단, $R_1=10\ \text{k}\Omega$, $R_2=60\ \text{k}\Omega$, $R=10\ \text{k}\Omega$이고, 다이오드의 커트인 전압은 $V_\gamma=0.7\ \text{V}$이다.

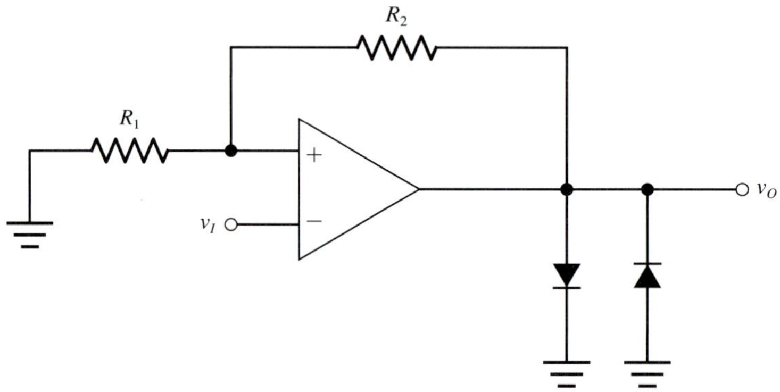

[그림 12-46]

12.20 [그림 12-47]의 반전 슈미트 트리거 회로에 대해 V_{TH}와 V_{TL}을 구하고, 동작을 설명하라. 단, 다이오드의 커트인 전압은 V_γ이다.

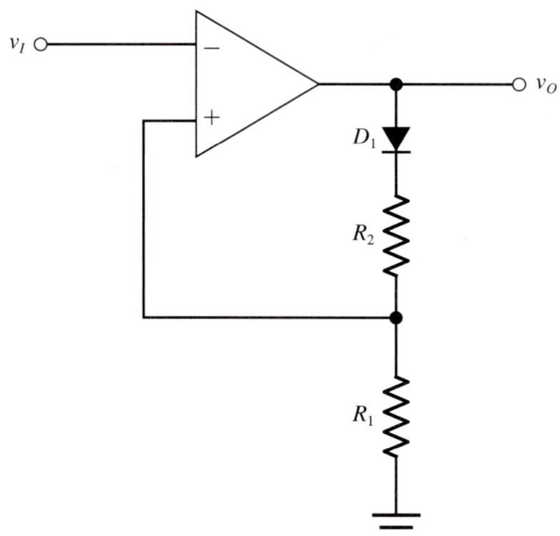

[그림 12-47]

12.21 [그림 12-48]의 슈미트 트리거 회로에 대해 V_{TH}와 V_{TL}을 구하고, 동작을 설명하라. 단, 다이오드의 커트인 전압은 V_γ이다.

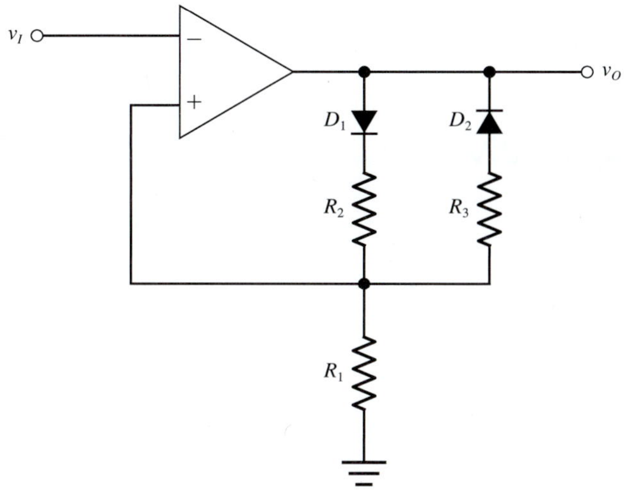

[그림 12-48]

12.22 [그림 12-49]의 비반전 슈미트 트리거 회로에 대해 V_{TH}와 V_{TL}을 구하고, 동작을 설명하라. 단, 다이오드의 커트인 전압은 V_γ이다.

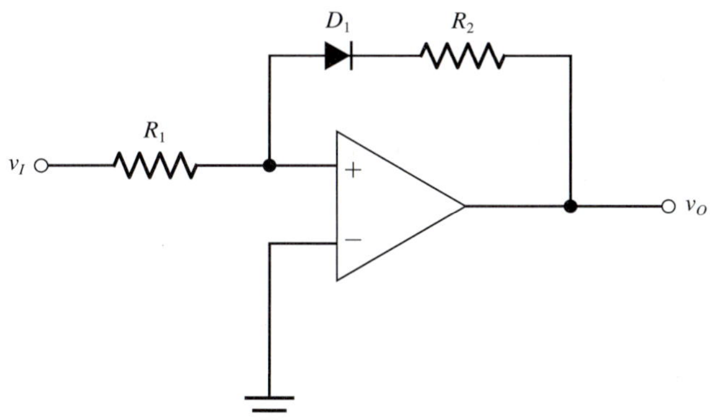

[그림 12-49]

12.23 [그림 12-50]의 비반전 슈미트 트리거 회로에 대해 V_{TH}와 V_{TL}을 구하고, 동작을 설명하라. 단, 다이오드의 커트인 전압은 V_γ이다.

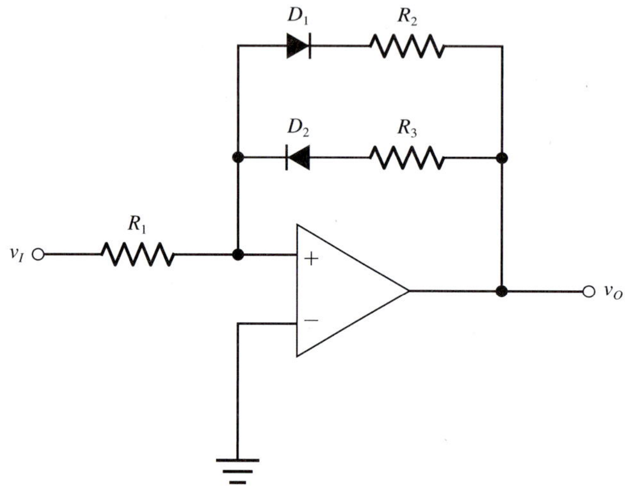

[그림 12-50]

12.24 [그림 12-21(a)]의 회로에서 출력 구형파의 진폭이 V_o=5 V이고 주파수가 f=1 kHz되도록 설계하라. 단, $\beta=R_1/(R_1+R_2)=0.46$, C=10 nF이고, 제너다이오드의 순방향 커트인 전압은 V_γ=0.7 V이다.

12.25 [그림 12-28(a)]의 비안정 멀티바이브레이터에서 출력 구형파의 주파수가 f=40 kHz, 충격계수가 δ=80%가 되도록 설계하라. 단, C=680 pF이다.

12.26 [그림 12-28(a)]의 비안정 멀티바이브레이터에서 출력 구형파의 주파수와 충격계수를 구하라. 단, R_A=10 kΩ, R_B=45 kΩ이고, C=0.01 μF이다.

12.27 [그림 12-30(a)]의 회로에서 C=1 nF을 사용하여 T=10 μs의 펄스가 생성되도록 R값을 결정하라.

12.28 [그림 12-30(a)]의 회로에서 T=5 ms의 펄스가 생성되도록 설계하라.

12.29 [그림 12–51]의 비안정 멀티바이브레이터 회로에 가변저항 R_v=50 kΩ이 사용된다. (a) 발진 주파수의 범위를 구하라. (b) 충격계수의 범위를 구하라. 단, $R_A=R_B=2$ kΩ, $C=0.01$ μF이다.

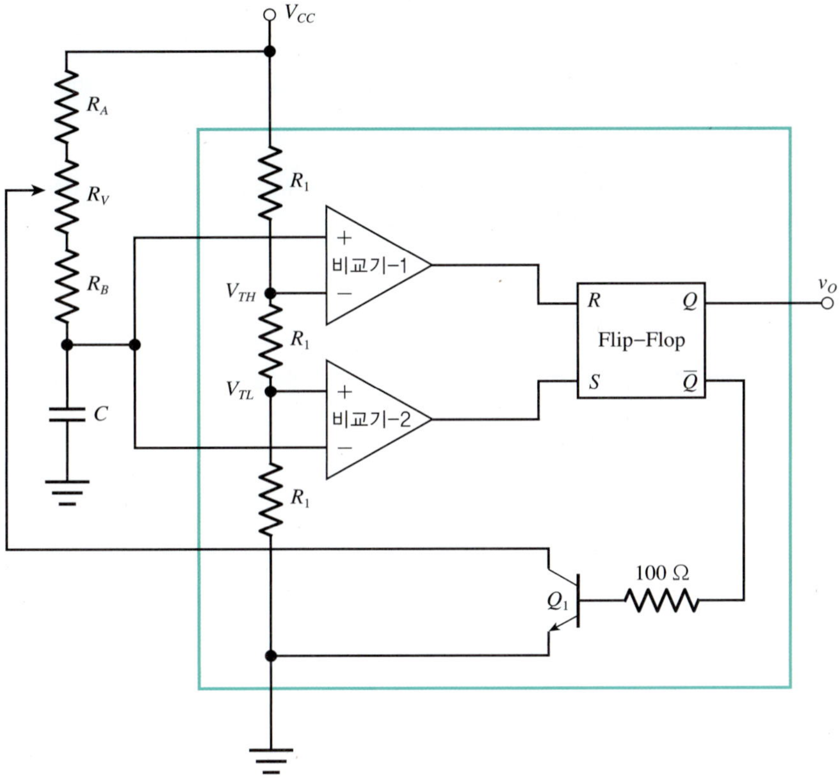

[그림 12–51]

함께 보면 좋은 도서

Sedra/Smith, *Microelectronic Circuits*, 5th Edition, 2007

Behzad Razavi, *Fundamentals of Microelectronics*, John Willey& Sons, INC, 2008

Donald A. Neamen, *Microelectronics–Circuit Analysis and Design*, 3rd Edition, Mcgraw–Hill, 2008

Albert Malvino, David J. Bates, *Electronics Principles*, 7th Edition, Mcgraw–Hill, 2007

Thomas L. Floyd, *Electronics Devices*, 8th Edition, Pearson, 2008

C.J. Savant, M.S Roden, G.L. Carpenter, *Electronic Design–Circuits and Systems*, Benjamin and Cummings Publishing Company, 1987

J. Millman, A. Grabel, *Microelectronics*, McGraw Hill, 1987

박송배, *현대전자회로*, 문운당, 1990

D.A. Bell, *Operational Amplifiers–Applications*, Troubleshooting and Designs, Prentice–Hall, 1990

최평, 조용범, 목형수, 백동철, 이승한, *PSpice 기초와 활용*, 복두출판사, 2000

서영수, 황락훈, 조문택, *완벽 PSPICE*, 대영사, 2000

가

나

다

라, 마

바

사

아

자

차

카, 타

파

하

숫자, 기호

A

B

C

D

E, F

G, H, I

J, K, L

M

N

O

P

Q, R

S

T

U, V

W, Z